SPECIÈS

DES

HYMÉNOPTÈRES

D'EUROPE

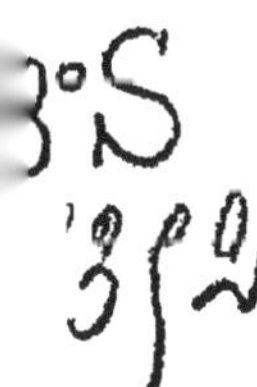

GRAY. — TYP. ET LITH. FRANCIS BOUFFAUT.

SPECIES

DES

HYMÉNOPTÈRES

D'EUROPE & D'ALGÉRIE

ENRICHI DE PLANCHES COLORIÉES DONNANT,
D'APRÈS NATURE,
OUTRE UN OU PLUSIEURS SPECIMENS DES INSECTES DE CHAQUE GENRE,
DE NOMBREUX DESSINS AU TRAIT
DES CARACTÈRES UTILES A L'INTELLIGENCE DU TEXTE;

Rédigé d'après les principales collections,
les mémoires les plus récents des auteurs et les communications
des entomologistes spécialistes

PAR

ED. ANDRÉ

Membre de la Société entomologique de France,
Membre correspondant de la Société des Sciences historiques et naturelles de Semur,
Membre correspondant de la Société d'Etudes scientifiques de Paris,
Ingénieur des Arts et Manufactures, etc.

Ouvrage honoré de la Souscription de Monsieur le Ministre de l'Agriculture et du Commerce

Est quâdam prodire tenus, si non datur ultrà.
(HORACE, épître I, livre I, vers 32).

TOME PREMIER

CHEZ L'AUTEUR, A BEAUNE (CÔTE-D'OR)
1879

A LA MÉMOIRE DE MON PÈRE,

A MA MÈRE.

—

CETTE ŒUVRE EST LEUR ŒUVRE,

CAR, SI PEU QUE JE SOIS,

JE LE DOIS A LEUR SOLLICITUDE ET A LEUR EXEMPLE.

PRÉFACE

Dès qu'un auteur offre un nouvel ouvrage au public, il lui incombe, en même temps, un certain nombre de devoirs, dont le premier consiste à présenter son œuvre au lecteur et à l'informer de ce qu'il a l'intention de lui exposer et de la manière dont il compte le faire.

L'ouvrage que je commence aujourd'hui sera considérable ; il nécessitera de ma part une somme énorme de travail et de recherches, et je sais que beaucoup me trouveront bien osé d'assumer une pareille tâche. Son utilité est incontestable et incontestée ; ce qui l'est beaucoup moins, c'est la possibilité de le mener à bonne fin. Tout ce que je puis dire sur ce point, c'est que tous mes instants, tous mes efforts et toute ma volonté sont, dès à présent et pour toujours, mis au service de cette œuvre, qui sera l'œuvre de ma vie. L'indulgence du lecteur fera le reste, et le concours bienveillant des entomologistes venant à mon aide, nous arriverons tous ensemble au but poursuivi. A d'autres le soin de faire progresser des questions d'un autre ordre, j'ai choisi celle-ci et je m'y consacre.

L'engagement que je prends ici, pour n'être que moral, n'en est pas moins considéré par moi comme des plus sérieux, et l'apparition régulière des parties successives de ce travail en sera la meilleure preuve.

Mon but est de déblayer la voie, de faciliter des études qui sont trop négligées, et, par cela même, de faire naître des travailleurs, des observateurs, qui auront, pour leur part, la tâche de conduire en avant une science que je leur aurai montrée si imparfaite encore.

L'introduction, cette entrée en matière indispensable à tout ouvrage de la nature de celui-ci, sera aussi concise que possible, mais elle ne négligera cependant aucun détail; elle sera conduite de façon qu'un lecteur, si inexpérimenté soit-il, puisse y trouver tous les renseignements utiles et la solution de toutes les questions que peut soulever la pratique de la science. Dans toutes ses parties, cette introduction est à peu près inédite, puisqu'aucun travail d'ensemble de la nature de celui-ci n'a encore vu le jour. Une bibliographie des ouvrages généraux la terminera, tandis que l'étude de chaque famille commencera par la bibliographie particulière à cette famille. Une courte introduction supplémentaire et spéciale précédera les tableaux dichotomiques afférents à chacune d'elles.

Persuadé que la concision sera une des qualités essentielles de ce travail, je ne me laisserai jamais envahir par des détails oiseux, mais, par contre, je n'omettrai rien de ce qui sera utile, les renseignements relatifs aux mœurs me semblant surtout d'une nécessité absolue dans l'étude des hyménoptères.

Je ferai tous mes efforts pour rendre les déterminations en même temps sûres, faciles et rapides, dans la plus grande mesure que possible. Pour cela, je me résignerai souvent à reléguer au second plan des caractères peut-être plus sérieux ou plus scientifiques, pour mettre en vedette ceux dont l'observation sera plus simple, tout en gardant une constance suffisante pour leur donner toute garantie.

Dans le choix des insectes à faire entrer, pour chaque

genre, dans les planches, je me ferai une loi de résister au désir naturel que chacun éprouve à montrer les représentants les plus extraordinaires ou les plus richement colorés de sa science favorite, pour, au contraire, donner, comme types, les espèces les plus répandues, celles que chacun pourra obtenir dans une première chasse. Mon but est facile à comprendre, et réside dans l'ambition que j'ai de former des hyménoptérologistes, d'aider les débutants, tout en restant fidèle à mon programme. Une autre obligation, que je m'imposerai, sera de représenter toutes les espèces nouvelles que je serai forcé peut-être d'établir, et je resterai lié par cette promesse tant que la réalisation n'en sera pas rendue matériellement impossible par l'affluence trop grande de ces nouveautés.

J'en serai d'ailleurs aussi sobre que possible, et toute espèce qui ne me semblerait qu'imparfaitement caractérisée, ou bien dont je n'aurai pu voir qu'un trop petit nombre d'exemplaires, sera réservée pour une étude ultérieure, et seulement indiquée, ou même passée sous silence, selon le cas.

Je ne ménagerai pas, dans les planches, les détails grossis des caractères employés, toutes les fois que cela sera utile à l'intelligence du texte, ne craignant pas de les en encombrer, et sacrifiant ainsi le coup d'œil à l'utilité pratique.

Enfin, dans l'exécution des types figurés dans ces planches, je ferai passer, avant toute considération, l'exactitude absolue du dessin, de façon que le facies propre à chaque genre ressorte bien nettement de leur examen.

Je dirai, dans l'introduction, jusqu'où doit s'étendre une faune européenne et je ferai voir que l'Europe géographique ne peut être scientifiquement prise pour limite d'une faune entomologique. Je dois cependant prévenir de suite le lecteur que, contrairement à ce que j'enseignerai, je considèrerai seulement les insectes capturés entre l'Oural, le Caucase, la Méditerranée et l'Océan, sans tenir compte des côtes asiatiques et africaines, l'Algérie seule faisant exception. La raison, qui m'a fait adopter cette marche, réside dans ce fait que l'ordre que j'étudie est encore si incomplètement connu dans ces pays lointains que, même avec les recherches les plus multipliées, je n'arriverais qu'à faire un travail extrêmement imparfait, presque inutile pour l'étude sérieuse de la faune circà-méditerranéenne, et que l'adjonction à mes tableaux des quelques espèces connues et décrites ne conduirait qu'à les encombrer sans avantage appréciable. Je me contenterai d'indiquer en note, aussi souvent que possible, les insectes mentionnés comme provenant de ces pays. L'Algérie sera cependant comprise dans mon travail, car ses richesses entomologiques sont beaucoup mieux connues, et nos relations avec cette colonie sont si nombreuses et si faciles, que nous ne pouvons nous désintéresser autant de sa faune, dont nous obtenons, d'ailleurs sans difficulté, beaucoup d'échantillons.

Pour arriver à donner, par la suite, à l'ensemble de l'ouvrage une régularité et une méthode suffisantes, tout en gardant, ou à peu près, ma liberté d'action dans l'ordre des familles examinées successivement, j'aurai soin de ne mettre, dans chacun des volumes, que des familles se suivant exactement dans l'ordre naturel. L'interversion ultérieure des volumes permettra de replacer facilement la suite des familles dans l'ordre convenable. Un résultat inévitable de cette marche sera que je ne pourrai m'astreindre à faire des volumes d'un nombre exact de fascicules, puisqu'ils devront toujours se terminer à la fin d'une famille. Les souscripteurs, s'engageant pour un minimum de 4 fascicules, auront, quand même, un nombre égal de pages en échange du prix de leur souscription.

Au fur et à mesure de leur apparition, les volumes recevront nécessairement une tomaison résultant de l'ordre de leur publication, tomaison que rendra ensuite inexacte l'interversion dont je parlais tout-à-l'heure. Les souscripteurs pourront néanmoins faire relier les volumes dès qu'ils seront terminés, attendu qu'il suffira, plus tard, de détacher la première feuille du titre, et, sur l'onglet réservé à cet effet, de coller un nouveau titre que j'aurai soin de leur fournir. Pour le dos du volume, les souscripteurs pourront, au lieu de faire dorer la tomaison sur la reliure elle-même, la faire placer sur une pièce mobile facile à changer.

Tel est le plan général que j'ai cru devoir adopter après de longues et de mûres réflexions. Les conditions de ce plan soulèveront peut-être des critiques. Que les contradicteurs aient seulement le soin de mettre, en regard de leurs désirs, la possibilité de les réaliser pratiquement, et je crois que ce seul examen les ramènera à partager mes idées.

Je ne puis terminer cette préface, déjà trop longue, sans remplir un autre devoir qui m'est bien doux, puisqu'il consiste à signaler hautement, une fois de plus, l'obligeance inépuisable des entomologistes et à les en remercier publiquement, en mon nom et surtout au nom de la science. Bien d'autres m'aideront de leur concours dans la durée de cette publication. Qu'il me suffise pour aujourd'hui d'inscrire ici quelques noms et d'adresser mes remerciements les plus empressés à MM. A. Rouget, de Dijon; Lichtenstein, de Montpellier; Gobert, de Mont-de-Marsan; Pandellé, de Tarbes; Puton, de Remiremont; Perez, de Bordeaux; Bugnon, de Lausanne; Marquet, de Toulouse; Tournier, de Peney, près Genève; Abeille de Perrin et Ancey, de Marseille; de Gaulles, Dollfus, Léveillé, Gambey, etc., de Paris; Cameron, de Glascow; Rondani, de Parme; etc. Je m'arrête, car j'aurais à citer une trop longue liste. Je dois pourtant un souvenir tout spécial, et un remerciement particulièrement reconnaissant et affectueux à mon frère, M. Ernest André, de Gray, dont les conseils, la collaboration, la bibliothèque et les collections ont été mises à contribution par moi dans la plus large mesure, et dont le concours sur tous les points relatifs à l'installation matérielle et scientifique de cet ouvrage m'est d'un secours exceptionnel.

Que tous les souscripteurs qui ont si obligeamment répondu à mon appel, reçoivent aussi un profond témoignage de ma gratitude. La science leur sera reconnaissante d'avoir rendu possible une publication qui, dans ma pensée, devant résumer tout ce qui a été fait, servira de base et de point de départ aux études nouvelles que je souhaite aussi nombreuses que possible.

ED. ANDRÉ.

Beaune, ce 1er mars 1879.

INTRODUCTION

—

I

DE L'ENTOMOLOGIE EN GÉNÉRAL

1. — **Les Études entomologiques.** — Étudier l'entomologie semble, aux yeux du plus grand nombre, un passe-temps agréable sans aucune portée et sans utilité. Les railleries ne sont même pas souvent sans pleuvoir à l'adresse des personnes assez simples pour s'occuper de petites bêtes considérées toujours comme plus ou moins dangereuses ou repoussantes. C'est là l'opinion générale.

Si nous passons maintenant au camp des adeptes de cette science, nous y voyons celle-ci étudiée avec une véritable passion, non pas seulement par des désœuvrés, mais par les hommes les plus haut placés, les plus distingués et les plus intelligents. Ici, comme en beaucoup de choses, c'est l'opinion du petit nombre qui est la meilleure, et si le gros public ne comprend pas, chez des personnes raisonnables, ce goût qu'il taxe d'enfantin, c'est uniquement parce qu'il n'en connaît ni les difficultés, ni l'utilité, et surtout qu'il ne peut en apprécier les jouissances.

Je ne veux pas rééditer ici ce qui a été dit mille fois sur les beautés et les merveilles que nous révèle l'étude de la nature. Je m'adresse à des entomologistes animés déjà du feu sacré, et je veux seulement, en quelques mots, montrer la meilleure manière de cultiver cette science pour y trouver l'intérêt le plus grand, les plaisirs les plus réels, et, en même temps, pour arriver à la faire progresser le plus rapidement.

Il y a, en effet, plusieurs manières de comprendre et d'étudier l'entomologie ; par suite plusieurs catégories d'entomologistes pouvant se classer en deux séries principales : les collectionneurs et les observateurs.

Parmi les premiers se placent déjà de simples amateurs, ramassant des insectes sans but bien déterminé, et sans résultat autre que de remplir des cadres d'espèces plus ou moins brillantes. Ceux-là ne méritent aucun intérêt.

Sur un échelon plus élevé se trouvent ceux qui cherchent à réunir chez eux la faune d'un pays ; ils adaptent quelquefois des noms aux espèces, mais n'ont aussi, le plus souvent, qu'un but assez restreint et ne méritent pas encore le nom d'entomologistes.

Enfin nous arrivons aux collectionneurs sérieux, bornant parfois aussi leur ambition à étudier les insectes d'une localité, mais ne faisant que de la science systématique, ne s'inquiétant absolument que de classification sans s'occuper ni des mœurs, ni des métamorphoses. Ces savants, parmi lesquels on compte les hommes les plus éminents, sont aussi les plus nombreux, et on leur doit des travaux d'autant plus recommandables, que la partie systématique de la science est l'un des principaux outils dont a besoin de se servir le naturaliste, dans la véritable acception du mot. Mais ce n'est qu'un outil, et réduire l'entomologie à ce point de vue, c'est en faire une science trop abstraite, c'est lui enlever, avec son utilité pratique qui est incontestable, toute sa grâce, toute sa poésie et les sources des principales jouissances qu'elle peut procurer.

Tout autre est le travail du naturaliste proprement dit. Il accepte les résultats de ses collègues, se réservant de les vérifier par ses propres observations ; mais il a des vues plus larges. Chez lui, peu de cartons méthodiquement arrangés ; ses insectes sont souvent brisés par le fait même de ses études. Il n'a rien dans son cabinet qui puisse attirer les yeux, sinon un désordre apparent de flacons, de plantes desséchées, de boîtes de toutes grandeurs et des papiers portant en tous sens des notes et des croquis. Tout son travail se trouve à peu près confiné dans le registre de ses observations; mais là s'étalent de véritables trésors, inappréciables pour le public et formant les matériaux des ouvrages importants qu'il médite, et qui doivent repousser d'un pas les bornes des connaissances humaines.

De nos jours, la science ne peut plus s'étudier comme on le faisait encore dans la première moitié de ce siècle, où les savants s'évertuaient presque uniquement à trouver les systèmes de classification les meilleurs et les plus rationnels, car c'est en effet par là qu'il fallait commencer. Leurs études comprenaient, non seulement la totalité des insectes, mais encore les crustacés, les annélides, etc.

Aujourd'hui, l'entomologie s'est tellement étendue, les savants en ont si bien reculé les limites, qu'une vie d'homme serait tout à fait insuffisante pour embrasser l'étude de tant d'êtres différents. Il faut maintenant, de toute nécessité, nous restreindre, non seulement aux insectes seuls, mais encore, parmi eux, choisir un ordre ou même une famille, pour lui consacrer nos soins. L'analyse d'un seul genre suffit souvent même à occuper un naturaliste. Nous ne devons donc pas calquer les travaux trop vastes de nos devanciers, mais nous résigner à n'apporter chacun qu'une petite pierre à l'édifice de la science, si nous voulons qu'elle soit parfaite, laissant seulement à l'érudition, plutôt qu'au mérite de quelques-uns, le soin de réunir tous ces fragments épars et de les coordonner. Le rôle de l'entomologiste est, aujourd'hui, d'arriver à connaître les secrets les plus intimes de la vie des insectes qu'il étudie. C'est là que la science présente les plus grandes lacunes et qu'elle appelle le plus de recrues.

Aussi, pour répondre aux questions étonnées de beaucoup de gens sur ce que peut avoir de sérieux l'étude de ces petits êtres, et encore pour montrer aux débutants la marche générale à suivre, ne sera-t-il pas hors de propos d'indiquer ici les conditions que doit remplir un travailleur sérieux, désireux d'arriver à un résultat, si minime qu'il soit, et d'en doter la science.

Le naturaliste ou l'entomologiste observateur, tel que je le comprends, doit être assez au courant des travaux systématiques pour connaître parfaitement l'ordre qu'il a pris à tâche d'étudier et pouvoir rectifier les erreurs qui se seraient glissées dans les catalogues; il doit, de plus, en raison des relations intimes qui relient tous les insectes entre eux, avoir une connaissance générale, mais moins approfondie, de tous les autres ordres. Il doit être assez botaniste pour pouvoir nommer les plantes qui servent de nourriture ou d'habitat aux insectes qu'il recherche; il doit enfin avoir des notions de géologie suffisantes pour pouvoir distinguer la nature des régions qu'il parcourt et où vivent ces mêmes insectes.

Chaque individu qu'il possède a ainsi déjà un petit dossier qui lui est spécial, et où se trouvent relatées les conditions les plus générales de son existence. Mais là ne se borne pas le travail du naturaliste. Il faut qu'il cherche à profiter de toutes les circonstances pouvant lui révéler les mœurs de ses captures. Il doit voir si ses victimes sont parasites, herbivores, carnassières, etc. ; il doit les observer dans toutes les phases de leur vie, il doit faire tout son possible, au besoin, pour conduire à bien des élevages longs et difficiles, pour être témoin de l'éclosion de l'œuf, suivre la vie et les mues de la larve, voir sa transformation en nymphe, puis en insecte parfait; il doit noter les dates de toutes ces circonstances, examiner les conditions de l'accouplement et de la ponte, etc., etc.

Il doit encore recueillir et conserver les galles et autres productions spéciales qui sont l'œuvre des insectes; il doit aussi réunir les notes publiées un peu partout sur le sujet qu'il examine, en tirer des conséquences pour la dispersion géographique, les variations dans la nourriture, etc.

Il y a déjà là matière à des recherches si multipliées et si longues, que beaucoup se contenteront de ces renseignements qui forment un tout complet.

Ce n'est encore cependant qu'un côté de l'étude de l'insecte, et l'organisation intérieure peut aussi occuper le naturaliste et lui révéler de nouvelles merveilles, s'il entreprend ce travail. Il doit alors être, outre ce que j'ai déjà énuméré, micrographe et préparateur aussi parfait que possible ; il doit pouvoir disséquer et analyser ses insectes dans les plus petits détails, conserver tous les faits observés dans des notes et des croquis nombreux, correspondant à des préparations microscopiques, qui forment une seconde collection parallèle à celle que nous faisons habituellement, et qui n'est pas la moins intéressante.

Le naturaliste, enfin, doit être dessinateur et coloriste aussi habile que possible, pour pouvoir rendre par le crayon et le pinceau tous les détails que lui a révélés sa loupe ou son microscope; écrivain expérimenté pour fixer dans des ouvrages bien faits les résultats nombreux de ses observations, de façon à les rendre exactement, complètement, et cependant sans longueurs ni aridité. Car ce serait crime à lui de conserver dans ses cartons toutes ces notes si précieuses, et il doit se résigner à les soumettre, toujours sans retard, à l'appréciation et aussi à la critique de ses collègues.

Si nous ajoutons des éléments d'optique assez étendus, la connaissance de cinq ou six langues étrangères et des langues mortes classiques, nous aurons parcouru, à peu près, le cercle de ce que doit savoir l'entomologiste observateur réellement digne de ce nom.

D'après ce portrait, il semblerait qu'il est impossible d'arriver à réunir une pareille somme de connaissances. Il est certain que beaucoup d'entre elles feront le plus souvent défaut; mais l'amour véritable de la science y suppléera toujours, et suggérera des moyens de tourner les difficultés qui peuvent se présenter, la pratique de l'observation en apprenant toujours beaucoup plus que toutes les leçons, même d'un maître.

M'objectera-t-on que le temps nécessaire à des études poursuivies d'une façon si complète doit empêcher d'y prétendre tous ceux qui n'ont pas une position indépendante. Ici, l'expérience a toujours prouvé le contraire, et les travaux les plus importants sont souvent sortis de la plume des savants les plus empêchés par les obligations de la vie journalière. J'ai dit que l'entomologie devenait une passion pour quelques uns, et j'en trouve précisément la preuve dans ces travailleurs infatigables qui, après avoir satisfait, pendant de longues heures, aux charges de leur état, trouvent encore le temps de faire les observations les plus longues, les plus patientes et les plus minutieuses. Il faut, d'ailleurs, bien se persuader que l'étude consciencieuse, même d'un seul insecte, peut constituer un travail des plus utiles et du plus grand mérite.

Si l'on compare le portrait qui précède, et qui est celui à la ressemblance duquel doivent aspirer, sans jamais désespérer d'y parvenir, les jeunes gens zélés et passionnés pour la science, avec ce que sont la plupart de ceux qui se disent entomologistes, il y a loin. Aussi est-il des degrés, et, sans atteindre la perfection, on peut, en se restreignant à des recherches plus modestes, rendre de réels services à l'histoire naturelle.

Mais il est, par dessus tout, une qualité qui est indispensable à tout entomologiste sérieux, petit ou grand, c'est la patience. Avec elle, on vaincra des difficultés qui pourraient, tout d'abord, paraître insurmontables; sans elle, ces difficultés s'accroîtront, au contraire, à chaque pas, et finiront par devenir inextricables.

Je ne parlerai pas d'une troisième sorte de savant, que j'appellerai le naturaliste philosophe. Celui-ci se sert des résultats obtenus par les autres, pour en tirer de hautes conséquences, en déduire des vues générales sur l'organisation et le but de la création, toutes choses d'un intérêt considérable, mais qui sortent tout à fait du cadre de cet ouvrage.

En résumé, nous voyons que l'entomologie est une science sérieuse, et qu'il faut l'étudier sérieusement. Ses résultats pour l'agriculture, et par conséquent pour la richesse nationale, sont immenses, si l'on considère les pertes énormes que celle-ci subit, chaque année, par le fait des insectes nuisibles. Elle est tout aussi utile à d'autres points de vue, et son influence bienfaisante n'est pas moins manifeste quand on la voit procurer un aliment, agréable à tous égards, à l'activité des jeunes gens, donner un but à leurs promenades, une occupation à leurs loisirs; quand aussi c'est le refuge où viennent puiser la consolation ceux qu'a éprouvés le malheur et que les chagrins accableraient, si notre science n'arrivait à leur secours, en les mettant en présence des splendeurs de la création jusque dans les êtres les plus humbles et les plus dédaignés.

2. — **La Nomenclature entomologique.** — Étant donné le nombre immense d'êtres divers qui composent l'ordre des insectes, il était indispensable de désigner chacun d'eux par un nom différent, si l'on voulait pouvoir les distinguer les uns des autres dans les ouvrages spéciaux. Il fallait, en outre, que ces noms si multipliés fussent soumis à certaines règles pour soulager la mémoire et ne pas la charger inutilement d'appellations sans liens et trop nombreuses.

D'autre part, la science étant cosmopolite, et ne reconnaissant d'autres frontières que celles que lui donne naturellement notre ignorance, il devenait nécessaire que tous ces noms fussent aussi cosmopolites et ne pussent varier d'un peuple à un autre.

Pour répondre à ces divers besoins, on a dû passer par une série de tâtonnements plus ou moins heureux, et ce n'est que lorsque l'immortel Linné eût doté la science de ce que nous appellerons la *nomenclature binominale*, que celle-ci pût faire de sérieux progrès. Les noms de tous les êtres composant les séries naturelles de tous ordres ont, dès lors, été formés de deux mots distincts, correspondant à peu près à ce que, pour nous-mêmes, nous désignons par les expressions de nom et de prénom.

Tout d'abord nous pouvons faire un premier partage dans la série de tous les insectes et les diviser en un petit nombre de groupes, comprenant chacun tous les individus qui ont les mêmes organes essentiels (nutrition, reproduction, etc.) conformés de la même manière et dont les premiers états (larve, nymphe) ont des rapports et des ressemblances non équivoques. Ces premiers groupes sont désignés, chez les insectes, sous le nom d'*ordres*. On distingue actuellement huit ordres, mais cette première classification ne s'est établie que très progressivement, comme nous le verrons.

Si nous prenons chacun des *ordres*, dont nous venons de parler, nous pouvons partager les insectes qui le composent en séries comprenant chacune tous ceux qui, par leurs mœurs à tous leurs états et leur conformation générale, semblent concourir à un même but dans les vues de la nature et ont, par conséquent, des affinités indiscutables. Ces réunions d'insectes forment les diverses *familles*.

A leur tour, ces familles, par l'examen plus approfondi des caractères et des formes des êtres qu'elles renferment, peuvent se classer en diverses catégories réunissant chacune tous les individus les plus semblables sous le rapport des formes extérieures. Ces catégories ont reçu le nom de *genres*, et sont désignées par un substantif qui appartient, à la fois, à tous les insectes compris dans un même genre.

Mais ceux-ci sont encore loin d'être identiques et se divisent en groupes composés d'individus seuls capables d'être reproduits les uns par les autres. Chacune de ces réunions d'individus, parfois très dissemblables entre eux, est une *espèce*, et à chaque espèce a été imposé un adjectif ou un qualificatif qui, joint au substantif désignant le genre, forme le *nom* de l'insecte.

Pour ramener un insecte donné à l'espèce à laquelle il appartient, nous sommes réduits, le plus souvent, à invoquer seulement les ressemblances extérieures, et je dois dire que ce n'est qu'exceptionnellement que cette méthode est en défaut. Mais il y a des cas, que les progrès de l'entomologie rendent chaque jour plus nombreux, où des dissemblances extérieures considérables existent entre les individus d'une même espèce, comme nous le verrons. Les études biologiques seules permettent alors d'arriver à dévoiler la vraie nature de l'insecte.

Les grandes divisions primaires de la famille et du genre peuvent quelquefois, selon les besoins, se subdiviser en coupes secondaires, ce sont : les *tribus* ou *sous-familles* et les *sous-genres* dont le nom seul dispense de toute explication.

Il semble donc qu'une définition exacte et rigoureuse de *l'ordre*, de la *famille*, du *genre*, et de *l'espèce* soit seule indispensable pour éviter toute confusion, et que ces divisions doivent être parfaitement délimitées. Il n'en est malheureusement rien, et si, dans la plupart des cas, ces conditions se trouvent remplies, il y a, presque toujours aussi, quelques types intermédiaires servant de transition entre un groupe et ses voisins, et donnant lieu à d'interminables discussions entre les savants. Les espèces elles-mêmes qui paraissent devoir être tout-à-fait distinctes les unes des autres par les conditions de la reproduction, se trouvent parfois présenter des motifs de confusion par suite des hybridations trop fréquentes et aussi des conditions spéciales de cette reproduction. Darwin, avec sa théorie d'un type originel unique ou presque unique, est venu encore jeter le doute dans beaucoup d'esprits sur la nature de l'espèce, et indiquer l'hypothèse que tous les êtres sont plus ou moins parents.

Je sortirais complètement des bornes où je veux renfermer mon travail, si j'effleurais seulement les discussions auxquelles ont donné lieu toutes ces questions. De nouvelles définitions, outre qu'elles ne pourraient être plus exactes que celles qui ont été émises par la plupart des auteurs, n'auraient pour nous aucune utilité pratique et ne serviraient qu'à grossir le dossier de ces problèmes scientifiques sans leur faire faire le moindre pas vers une solution.

C'est par la vue des insectes, par l'habitude que l'on aura de les étudier, de suivre leurs évolutions et les conditions de leur vie, que chacun se fera une idée plus ou moins nette de ces divisions ; mais, dans l'état actuel de la science, toute définition précise est prématurée et même impossible.

Etant donnés tous les individus d'une espèce entomologique, possédant les conditions nécessaires de reproduction mutuelle, nous sommes encore amenés à y faire entrer et à réunir par conséquent, sous un même nom, des individus de grandeur et de couleur souvent très différentes. Ces variations constituent alors ce que l'on nomme des *variétés* ; celles-ci se retrouvent souvent, d'une façon constante, dans un même pays ou sous une même latitude, formant alors des *races*. On est convenu de leur donner le nom de l'espèce à laquelle elles se rapportent, en y ajoutant soit un numéro, soit un nom supplémentaire, soit un signe distinctif quelconque.

J'ai dit que chaque espèce est désignée par la réunion du nom générique et du qualificatif qui lui est spécial. Ces deux mots sont toujours empruntés à la langue latine, considérée comme langue universelle adoptée par tous les savants.

Chaque espèce, quelle qu'elle soit, a été nécessairement décrite, pour la première fois, par un entomologiste quelconque. C'est celui-ci qui devient, alors de droit, son parrain, et lui impose le nom spécifique qui lui plaît ; il est tenu seulement d'adopter le nom générique qui revient à l'insecte, d'après ses caractères.

Il peut arriver aussi que plusieurs savants découvrent le même insecte en même temps, et en fassent des descriptions simultanées, ou que, un insecte étant déjà valablement décrit par quelqu'un, se trouve décrit à nouveau plus tard par un second inventeur qui n'aurait pas eu communication de la première description, ou qui l'aurait méconnue. De là deux, trois noms, ou même davantage, appliqués à un même insecte. Quand l'erreur se trouve reconnue, et que ces différentes descriptions se rapportent certainement à une même espèce, on est convenu d'adopter, comme nom définitif, celui qui a été donné le plus anciennement, pourvu que la description venant à l'appui se trouve être assez explicite pour permettre de reconnaître l'espèce à coup sûr. Les autres noms sont inscrits à la suite comme *synonymes*, pour assurer la concordance des divers ouvrages, et le nom de l'auteur de chacune de ces descriptions est placé à la suite des synonymes et du nom définitivement adopté.

Il n'est pas besoin de montrer combien ces descriptions multipliées, pour un même insecte, jettent de confusion dans la science; les rectifications, en effet, n'arrivent ensuite que bien lentement, et les catalogues se trouvent chargés, de cette façon, d'espèces purement nominales. Aussi est-ce toujours avec la plus grande circonspection que les savants doivent indiquer les insectes qu'ils considèrent comme nouveaux, et ils n'ont le droit de le faire qu'après s'être entourés de tous les renseignements désirables.

Le choix du nom spécifique, appliqué à un insecte, est laissé tout entier à la volonté de l'inventeur, pourvu que celui-ci se conforme aux règles grammaticales de la langue latine. Aussi y a-t-il des abus, qu'il n'est peut-être pas inutile de signaler ici. En thèse générale, le meilleur nom est celui qui donnera, sur l'insecte décrit, un renseignement essentiel se rapportant à son habitat, à sa forme, si elle est extraordinaire, à sa couleur, si elle est remarquable. On donne quelquefois le nom d'un entomologiste connu ou ami, dont on veut ainsi honorer le grand savoir. Rien de mieux quand il n'y a pas quelque chose de particulièrement remarquable à signaler dans l'insecte en question, mais je suis d'avis que les noms propres, qui ne donnent aucun renseignement utile, doivent être employés avec la plus grande modération, et c'est là précisément l'objet du premier abus que je veux signaler On voit, en effet, se multiplier, chaque jour, ces noms sans aucun rapport avec l'insecte décrit, et je crois que cette tendance ne peut que gagner à être enrayée.

Un second abus consiste dans l'emploi, pour les noms spécifiques, de mots sans signification aucune, tirés soit de la mythologie, soit d'une source plus difficile encore à reconnaître. Nous avons des ouvrages où ces noms, incompréhensibles et rebelles à la mémoire, se montrent trop souvent et je ne peux que condamner ce procédé pour les raisons déjà énoncées. En résumé, je crois que les noms les meilleurs sont ceux qui donnent une indication quelconque et aussi importante que possible sur l'insecte.

Dans toute description d'insecte, il est essentiel, outre le nom latin, de donner, dans la même langue, un abrégé des caractères principaux, suffisant pour distinguer l'espèce décrite de toutes celles qui en seraient voisines. C'est ce que l'on nomme la *diagnose*. Elle ne doit rien contenir que d'utile, afin d'être aussi courte que possible, mais aussi ne rien omettre d'essentiel, pour qu'elle ne puisse être confondue avec une autre. On peut même recommander d'y inscrire les caractères dont se sont servis les monographes spécialistes dans la division de leurs espèces, afin de pouvoir facilement y faire entrer le nouveau venu.

Cette diagnose constitue, avec le nom spécifique, l'état civil de l'insecte. On peut la faire suivre d'une description détaillée en langue vulgaire, mais celle-ci n'a plus le caractère officiel de la diagnose. Cette description doit surtout être comparative, et donner les dissemblances les plus frappantes qui ont obligé à séparer l'insecte décrit de tous ceux qui lui ressemblent le plus. Si ces différences sont peu importantes, comme cela arrive souvent, il ne faut se résoudre à donner la nouvelle description que si l'on a pu examiner un grand nombre d'exemplaires des deux sexes ; les nouveautés décrites trop souvent sur un seul ou sur deux individus étant la source principale du fléau des synonymies.

En dehors de la nomenclature proprement dite, nous devons nous occuper aussi de savoir ce qu'on entend par classification.

Les insectes, considérés dans leur ensemble, ont entre eux des rapports qui sont plus ou moins étroits ou plus ou moins éloignés. Si l'on veut les ranger dans un ordre rationnel, il est évident que l'on placera, les uns vers les autres, ceux qui ont le plus de caractères communs, et dont les mœurs seront aussi semblables que possible. En procédant ainsi, on peut arriver à renfermer les insectes dans une série ininterrompue, dont chaque terme est plus semblable à celui qui le précède et à celui qui le suit qu'à tout autre. Les transitions sont même, le plus souvent, assez insensibles pour que les coupes qu'il faut faire nécessairement, afin de former les genres et les familles, soient quelquefois indécises. Cette classification, comprise comme je viens de le montrer, est ce qu'on appelle une *classification naturelle*. C'est la seule parfaite, celle vers la réalisation de laquelle doivent tendre toutes nos investigations.

Mais, comme cette classification naturelle s'appuie sur l'ensemble des caractères de chaque insecte, il serait fort difficile, étant donné un sujet quelconque, de trouver sa place exacte dans la série, et, par suite, le nom qui lui a été assigné. Aussi, dans ce but spécial, et dans l'impuissance où nous sommes de faire mieux, a-t-on imaginé des classifications dites *artificielles*, fondées non plus sur l'ensemble des caractères, mais sur l'un deux seulement ou au moins sur un petit nombre d'entre eux. Ainsi une classification, qui diviserait seulement les insectes en insectes ailés et en insectes aptères, s'appuierait sur le caractère unique résultant de la présence ou de l'absence des ailes, sans s'inquiéter des autres. Evidemment cette division sera insuffisante, puisque nous réunirons ainsi des êtres éminemment distincts. Cette classification serait artificielle, mais elle permettrait à notre esprit de trouver de suite à quelle classe appartient un insecte donné. Si nous divisons successivement chacune de ces classes en plusieurs autres s'appuyant aussi, chaque fois, sur un caractère unique, nous arriverons à connaître assez facilement le nom cherché; mais cette méthode est toute mécanique et ne tient aucun compte des affinités naturelles des espèces entre elles, affinités résultant, non de la présence ou de l'absence d'un certain caractère différentiel; mais bien de la réunion de tous les faits essentiels pouvant influer sur le rôle assigné à l'insecte.

Les classifications artificielles, bien plus à notre portée, par suite de l'ignorance où nous sommes de la plupart des faits se rattachant à l'existence intime de chaque insecte, ont été aussi les premières qui aient pris naissance, et aujourd'hui encore, nous en sommes réduits à des systèmes, non plus tout-à-fait artificiels, mais qui ne se rapprochent que bien peu d'une classification complètement naturelle, telle que la nature l'a conçue. On peut même dire que, plus nos connaissances s'accroîtront, plus nous approcherons de ce desideratum, mais que nous ne pouvons espérer d'y parvenir avant bien longtemps, puisque, pour cela, tous les secrets de la vie des insectes devraient nous être dévoilés et que nous avons encore malheureusement beaucoup à faire avant d'y arriver. Chaque jour amène son progrès et nous rapproche de la perfection, que l'homme n'atteindra jamais, car alors il cesserait d'être l'homme.

3. — Aperçu historique sur la classification des insectes en général. — L'entomologie remonte déjà haut, puisque Aristote (384-322 av. J.-C.) en fit une science spéciale, en distinguant les articulés des autres animaux, et en en faisant une classe particulière sous le nom d'*entoma.*

Après lui, nous passons directement à Pline (23-79 ap. J.-C.) qui, dans ses compilations, reproduisit à peu près ce que disait son devancier.

Nous ne devons pas considérer comme entomologistes Ovide ni Virgile, pas plus que Collumelle et Varron, bien qu'ils se soient occupés plus que tous les auteurs de leur temps, à propos des abeilles, de l'ordre que nous étudions.

Pendant de longues années, l'entomologie sommeilla, et jusqu'au XIIIe siècle, rien de nouveau n'apparaît dans son histoire.

Albert de Bollstadt, plus connu sous le nom d'Albert-le-Grand (né en Souabe entre 1193 et 1205) ne fit, à cette époque, que mentionner les insectes. Encore ne trouve-t-on dans ses écrits que ce qu'en avait dit Aristote.

Longtemps après, au XVIe siècle, Rondelet (1507-1565) et Belon (1517-1564) remirent la zoologie en honneur, et Harway accorda enfin aux insectes un fluide nourricier analogue au sang des animaux supérieurs, dont il venait de découvrir les phénomènes circulatoires. Dans son traité *de differentiis animalium*, E. Wotton ébauchait une première classification bien imparfaite, tandis que Jean Bauhin (1598) et Conrad Gesner (1516-1558) faisaient connaître de nouvelles observations.

Après eux, Aldrovande, en Italie (1522-1605), Johnston (1633) en Angleterre, terminent avec Goëdart (1662), cette première série de savants cherchant avec ardeur, sans trop le découvrir, le fil qui les guidera dans le dédale de cette multitude d'êtres divers vivant sous leurs yeux.

Le XVIIe siècle ne devait pas cependant se terminer sans voir s'accomplir un progrès réel dans l'entomologie. Un hollandais, Jean Swammerdam (1637-1680), appliquant à notre science les ressources nouvelles que venaient de procurer au monde savant Janssen et Dobbel (1620) par l'invention du microscope, tente une première classification raisonnée de tous les animaux qu'il range parmi les insectes ; il les divise en quatre ordres, dont les caractères ressortent de leurs différents modes de métamorphose.

Après lui, mettant à profit ses récentes découvertes, deux anglais, Ray de concert avec Willughby, firent connaître une méthode de classement fondée aussi sur les métamorphoses, mais confondant encore, avec les insectes, toutes sortes d'invertébrés disparates.

Réaumur (1683-1757), cet observateur inimitable, dont on ne peut encore aujourd'hui négliger les ouvrages, puis son continuateur de Geer (1720-1778), Bonnet, de Genève (1720-1793), Rœsel, de Nuremberg (1746), viennent ensuite, dans leurs mémoires si remarquables, jeter un jour tout nouveau et inattendu sur les mœurs de beaucoup d'insectes, préparant ainsi la voie au véritable législateur de l'histoire naturelle.

Vers la même époque, en effet, paraît en Suède un homme qui devait donner définitivement à l'étude de la nature le rang d'une science véritable. Linné (né en 1707 à Rœshult, mort à Upsal en 1778), lui consacra toute son existence, et l'entomologie lui doit, en particulier, d'avoir été enfin dotée d'une méthode, il est vrai, tout artificielle, mais qui, facilitant son étude, fut le point de départ de travaux nombreux, dont la série ne s'est plus interrompue jusqu'à nos jours. Cette méthode, basée presque uniquement sur la présence ou l'absence et sur la nature des ailes, distinguait sept ordres encore presque tous adoptés aujourd'hui.

A dater de cette époque, l'essor était donné, et il ne faut plus chercher, à travers la suite des temps, les rares auteurs s'occupant, le plus souvent accidentellement, des insectes, on est, au contraire, obligé de négliger la plupart de ceux, trop nombreux, qui se produisent, et d'y faire un choix.

Nous voyons, en 1762, Geoffroy mettre au jour son *Histoire abrégée des Insectes des environs de Paris*, tandis qu'en Allemagne Fabricius (1778), se basant sur des caractères tout autres que Linné, donnait son nom à une nouvelle classification tirée uniquement de la conformation diverse des organes buccaux.

Je passe sous silence les travaux de Schæffer (1764), Scopoli (1777), Illiger (1798), Clairville (1798), Fourcroy (1785), Schranck 1781), Rossi (1790), Pallas (1782), Olivier (1800), les deux Huber (1810 et 1814), et bien d'autres, malgré leur importance, parce qu'ils font moins époque dans l'histoire de l'entomologie, et j'arrive à Latreille (1762-1833.)

Celui-ci, mettant en œuvre tous les résultats obtenus par ses devanciers, leur adjoignant le fruit de ses immenses travaux et de ses nombreuses observations, vint enfin asseoir l'entomologie sur une base définitive. Sa méthode, la plus naturelle jusqu'à lui, partageait les insectes en douze ordres, et elle a à peine été modifiée de nos jours.

Après lui Leach (1817), Kirby (1818), Burmeister (1832) et d'autres ont fait connaître diverses classifications qui n'ont pu être généralement adoptées comme celle de Latreille. Je veux citer encore, comme méritant toute notre admiration, les travaux de Lamark, Drury, Newport, Jurine, Savigny, de Saussure, Dufour, Perris, Costa, Blanchard, etc. J'aurai à en énumérer bien d'autres dans le cours de cet ouvrage ; mais je ne puis insister sur ce sujet, et je renverrai le lecteur désireux de l'approfondir à l'excellent historique donné par M. Lacordaire dans son *Introduction à l'Entomologie*, ainsi qu'aux renseignements bibliographiques que je ferai connaître plus loin.

De nos jours, on a séparé des insectes un certain nombre d'articulés qui ne peuvent y trouver place, comme les crustacés, les myriapodes, les aptères, les arachnides, et on n'y a laissé subsister que huit ordres, pouvant se caractériser comme suit :

Ils renferment, dans leur ensemble, tous les animaux ayant un squelette extérieur divisé en segments ou anneaux, pourvus, à l'état parfait, de six pattes, et, le plus souvent, d'ailes, à respiration trachéenne, présentant une tête, un thorax et un abdomen distincts, enfin subissant des métamorphoses.

Comprise de cette façon, la classe des insectes peut se diviser, comme je l'ai dit, en huit ordres, de la manière suivante :

I. Métamorphoses complètes. — Ailes inégales.
- † Bouche munie de mandibules. — 4 ailes.
  - * Ailes antérieures cornées . . . . COLÉOPTÈRES.
  - ** Les 4 ailes membraneuses, veinées. . . HYMÉNOPTÈRES.
- †† Bouche munie d'un suçoir.
  - * 4 ailes membraneuses, couvertes d'écailles . . . . LÉPIDOPTÈRES.
  - ** 2 ailes membraneuses. . . . . DIPTÈRES.
- ††† Bouche présentant des organes à la fois suceurs et broyeurs. . . . . RHIPIPTÈRES.

II. Métamorphoses tantôt complètes, tantôt incomplètes. 4 ailes égales, membraneuses, reticulées . . . . . NÉVROPTÈRES.

III. Métamorphoses incomplètes. — 4 ailes, les supérieures ordinairement plus ou moins cornées, les inférieures membraneuses.
- † Bouche munie de mandibules. . . . . ORTHOPTÈRES.
- †† Bouche munie d'un suçoir. . . . . HÉMIPTÈRES.

Les caractères généraux inscrits dans le tableau qui précède ne laissent pas que de subir de nombreuses exceptions et je ne me dissimule pas ses grandes imperfections. Le caractère emprunté aux ailes, laisse, en effet, particulièrement à désirer, bien des espèces des divers ordres en étant dépourvues. Lorsque nous aurons étudié successivement toutes les familles d'hyménoptères, je me réserve de donner, comme conclusion à cet ouvrage, une définition plus exacte et plus scientifique de ces insectes et les comprenant tous sans exception. Qu'il me suffise de dire aujourd'hui que les individus aptères se reconnaîtront, presque toujours facilement, à la présence des mandibules et d'une tarière ou d'un aiguillon. Dans tous les cas, la conformation spéciale des mâchoires et de la lèvre, disposées pour la succion, conformation que nous apprendrons à connaître plus tard, sera un caractère peut-être moins facile à vérifier, mais décisif.

II

ÉTUDE PARTICULIÈRE DES INSECTES HYMÉNOPTÈRES. (1)

§ 1er. — FORMATION DES COLLECTIONS

Avant de songer à étudier les hyménoptères, comme tous les insectes en général, il faut d'abord se préoccuper de savoir les recueillir et les préparer. C'est ce que je vais tâcher d'enseigner dans les chapitres suivants.

1. — Chasse aux hyménoptères. — L'habitat des hyménoptères étant d'une nature plus restreinte que celui des coléoptères, leur récolte semble devoir en être simplifiée. Il n'en est rien cependant, et la difficulté plus grande de leur capture, à cause de la rapidité de leur vol, m'oblige à entrer dans des détails plus minutieux. La connaissance générale de leurs mœurs aidera aussi beaucoup à les rencontrer.

Pendant les journées chaudes de l'été, un procédé général et qui procurera un grand nombre d'espèces de toutes les familles, consistera à explorer les plantes fleuries qui se trouvent sur le bord des chemins, vers la lisière des bois, dans les clairières, dans les champs, etc. La vipérine, les chardons, les ombellifères, en général, les mille-feuilles, les ronces, les hièbles, et mille autres fourniront, d'avril à octobre, de nombreux spécimens pouvant se

(1) Du grec : ὑμήν, ένος, membrane, et πτερόν, aile. — Insectes à ailes membraneuses.

répartir dans chacune des familles. Pour cette chasse qui est la plus habituelle, il suffira de se munir d'un filet à papillons, en forte gaze. Quelques entomologistes trouvent commode de se servir, dans certaines circonstances, d'une réduction de ce même filet auquel ils ne donnent que 10 à 15 centimètres de diamètre, avec un manche de 50 à 60 centimètres. Ce petit instrument permet de saisir facilement les insectes posés sur les fleurs. Quand il s'agit de fleurs de ronces ou d'autres plantes dures ou épineuses, notre gaze serait vite déchirée, et il faut alors, ou bien arrêter au vol les hyménoptères dans leur fuite, ou se servir du filet en forte toile des coléoptéristes.

Si l'on a enfermé un ou plusieurs individus dans l'un ou l'autre de ces filets, il reste à les faire entrer dans le flacon sans leur permettre d'user contre nous de leur aiguillon. Dans ce but, j'emploie un flacon à large embouchure et, enfermant, avec une main, l'insecte dans la partie extrême du filet, j'introduis le goulot dans cette prison dont je réduis, peu à peu, les dimensions, jusqu'à ce que ma capture, refoulée vers l'extrémité, se trouve forcée de pénétrer dans le flacon. Appuyant alors, par dessus la gaze, le doigt sur l'ouverture, ce qui se fait sans danger, quelle que soit la fureur du prisonnier, on peut retirer le flacon du filet, et on n'a plus qu'à le boucher rapidement, en profitant d'un instant où l'insecte se trouve au fond.

Mais, pour continuer la chasse, il est essentiel que cet insecte meure de suite. Voici, pour cela, un moyen facile, réussissant parfaitement et ne présentant aucun danger, tout en conservant les produits de la chasse parfaitement frais, ce qui est une condition indispensable. Je prends, comme je l'ai dit, un flacon à large ouverture, je le remplis à moitié de sciure de bois, grosse, lavée et bien sèche. Je choisis un bouchon saillant suffisamment pour pouvoir être bouché et débouché rapidement et sans efforts. Enfin j'introduis, dans l'intérieur, un fragment de tuyau de plume long de trois centimètres environ, fermé à chaque extrémité par un tampon de coton, et contenant dans l'intérieur quelques grains de cyanure de potassium. Ce cyanure est, comme l'on sait, un poison violent et l'on ne saurait trop prendre de précautions dans son usage. Aussi est-il prudent de faire préparer à l'avance, par un droguiste, une petite provision de ces tubes. Si, par suite d'une chûte ou d'un autre accident, le flacon vient à se briser dans le vêtement, à entamer même la chair du chasseur avec ses débris, le tuyau de plume qui est élastique, ne cédera jamais, et la blessure restera inoffensive, ce qui n'arrive pas avec les autres systèmes. Le cyanure ainsi employé dure assez longtemps, et le même tube servira plusieurs jours de suite, pourvu qu'on évite d'introduire dans le flacon toute cause d'humidité, comme des fragments de plante, ou des insectes mouillés et écrasés. Les hyménoptères, à peine le flacon est-il fermé, tombent suffoqués sous l'influence des vapeurs dégagées par le cyanure à travers les tampons de coton. Ils ne sont cependant pas morts, et ils reviendraient à la vie, si on les mettait de suite au grand air. Ils doivent au moins séjourner dans le flacon de vingt à trente minutes, pour que l'effet soit complet.

Pour les insectes dont nous nous occupons, il faut éviter de se servir de tout poison liquide, qui mouillerait leurs ailes et leurs poils et les rendrait méconnaissables. On doit donc proscrire l'alcool, la benzine, etc.

Pour les très-petits insectes qui se perdraient dans la sciure, de petits flacons spéciaux seront nécessaires.

Je ne veux parler, que pour le condamner, d'un procédé indiqué dans quelques ouvrages et qui consiste à piquer les gros insectes vivants, à travers la gaze du filet, et à les placer ainsi dans une boîte de chasse. Outre le sentiment pénible que fait naître une pareille opération, les mouvements désordonnés auxquels ils se livrent ne peuvent que les détériorer.

Enfin on a préconisé (voyez : *Entom. monthly Mag.* 1875) un mode d'asphyxie qui consiste à faire entrer, dans le flacon de chasse, les vapeurs d'une allumette soufrée. Ce procédé, certainement efficace, me semble moins simple, quoique bon à recommander dans le cas où l'on ne voudrait ou ne pourrait se servir de cyanure.

Outre le procédé général de chasse dont j'ai parlé, il faut encore connaître diverses méthodes plus particulières à certaines familles.

Si l'on sort le matin, lorsque le soleil est encore près de l'horizon, en avril ou mai, on trouvera souvent les fleurs peuplées d'hyménoptères divers engourdis par le froid et, par conséquent, très-faciles à prendre. Ces excursions matinales ont encore l'avantage de procurer, à coup sûr, certaines espèces, si l'on connait leur plante de prédilection. Quand le soleil les a réchauffées, elles reprennent leur vivacité et, devenant beaucoup plus volages, quittent volontiers ces mêmes fleurs pour aller butiner au loin.

Si l'on rencontre des chemins peu fréquentés, pierreux, des talus sablonneux, on pourra les voir souvent criblés de trous où entrent et sortent une foule d'hyménoptères fouisseurs, mellifères, ou leurs parasites. Le filet de gaze les atteindra sûrement dans leurs évolutions.

Il faut encore surveiller les murs exposés au midi ; ceux en pisé sont particulièrement favorables.

Sur les tas de pierres ou de bois bien ensoleillés, d'autres espèces viennent s'abattre pour pénétrer dans les interstices et y trouver un abri pour leur progéniture. Beaucoup de représentants de la belle famille des chrysides ne se prennent que là. Mais la surface inégale de ces monceaux rend les captures avec le filet assez difficiles. M. Abeille de Perrin nous apprend (*Feuille des J. Nat. mars* 1877) qu'il tourne la difficulté en plantant, dans les trous, des fleurs coupées d'euphorbe ou de carotte. Les volages insectes s'y arrêtent bien, un instant, dans leur course vagabonde et un adroit coup de filet peut alors faucher en même temps fleur et insecte.

Enfin des recherches spéciales sont nécessaires pour découvrir d'autres espèces. Les fourmis, par exemple, se cachent sous les pierres, dans les vieux troncs, ou élèvent des nids volumineux au milieu des broussailles. Si l'on se livre à leur chasse, on peut, en quelques heures, recueillir un grand nombre d'espèces représentées chacune par beaucoup d'individus. Leur détermination subséquente étant assez laborieuse, il est indispensable de se munir, pour ce cas spécial, d'un grand nombre de tubes fermés à un bout, et de ne mettre, dans chacun d'eux, que le produit d'une même fourmilière. Si la saison est favorable, on trouvera, en même temps, les sexes ailés et on les joindra aux ouvrières. Si l'on possède déjà celles-ci et qu'on ne veuille se procurer que des mâles ou des femelles, il faut cependant prendre toujours quelques ouvrières avec eux, car la détermination de ces dernières est beaucoup plus facile, celle des mâles et des femelles isolés étant quelquefois impossible.

Il ne faut pas oublier encore que, sous les pierres très profondément enfoncées ou à l'extrémité de pieux fichés en terre, on peut, pendant la belle saison, rencontrer des espèces de fourmis aveugles très-rares, et qu'on aura même beaucoup plus de chance, là qu'ailleurs, de trouver des insectes non encore connus. L'exploration des grottes ne doit pas être négligée, car rien n'empêche que cet habitat spécial ne nous livre des hyménoptères, comme il a donné déjà des coléoptères, des arachnides, etc.

Par ces diverses méthodes, on arrivera à réunir un très grand nombre d'espèces, mais on ne pourra jamais ou presque jamais trouver toutes celles qui habitent la localité qu'on explore. Pour les hyménoptères, plus peut-être que pour les autres ordres, il faut, concurremment avec les chasses actives, avoir recours aux éducations. Pour des familles entières et extrêmement nombreuses, celles des Ichneumonides, des Chalcidites, et, en général, des hyménoptères parasites, celle des Cynipides et d'autres, beaucoup de raisons militent en faveur du système des éducations. Ces insectes souvent fort petits, présentent, dans leur étude et leur détermination, des difficultés spéciales résultant de leur ressemblance souvent désespérante, de leur nombre immense, et aussi, il faut bien le dire, de notre ignorance à leur égard. Les nombreuses espèces encore inédites ou non connues créent à l'entomologiste des difficultés particulières. Sans les détruire complètement, les données que l'on a sur l'habitat et le parasitisme d'un individu, sont souvent un précieux jalon pour arriver à son identité. Mais ce n'est là encore que l'avantage le moins sérieux ; le principal est qu'on obtient ainsi, du même coup, la connaissance des mœurs de l'insecte, et que c'est là précisément le desideratum final du naturaliste. Enfin, en ayant recours aux éclosions, on se procure ces espèces avec facilité et souvent en nombre, tandis que les battues les plus consciencieuses dans la campagne ne parviendraient pas à les donner, ou ne le feraient que par individus isolés; chacun de ceux-ci nécessiterait tout un travail de détermination, au lieu que le nom de toute la nichée est connu par une seule étude. Ces petites bestioles sont souvent si délicates, qu'on ne saurait s'attacher à les avoir trop fraîches, et c'est un vœu réalisé complètement par les éducations. La connaissance exacte de l'habitat d'une espèce permet aussi de la rechercher plus tard et de la retrouver facilement, quand le besoin de nouveaux exemplaires se fait sentir. Je veux encore citer l'avantage qui consiste à pouvoir, d'une part, séparer des espèces très-voisines, dont la différence d'habitat fait mieux soupçonner aussi la différence spécifique, d'autre part, s'assurer de l'identification des deux sexes d'une même espèce; ceux-ci sont assez différents, dans bien des cas, pour qu'on les ait décrits, maintes fois, comme espèces distinctes.

Ces éducations ne présentent, d'ailleurs, aucune difficulté et peuvent réussir sans beaucoup de soin. En effet, tandis que certains insectes gallicoles, lignicoles, etc., ne peuvent parvenir à l'état parfait dans nos flacons, parce qu'ils n'y trouvent pas des conditions hygiéniques convenables, leurs parasites réussissent, au contraire, la plupart du temps; ils sont bien moins sensibles aux influences morbifiques de la sécheresse ou de la moisissure que leurs hôtes eux-mêmes, ce qui se comprend, puisqu'ils vivent, le plus souvent, dans le corps même de leurs victimes, et que ce milieu ne subit que très indirectement les influences extérieures.

Le matériel nécessaire consiste simplement en petits flacons de dimensions variées, généralement à larges goulots, en une collection de tubes, de petit diamètre pour la plupart, fermés à un bout et longs seulement d'environ 4 à 5 centimètres. Ces tubes et ces flacons seront fermés, les uns avec des bouchons de liége, les autres avec des capuchons de papier ou de gaze fixés par un fil; on n'a jamais assez de ces petits ustensiles. Il faut aussi quelques grands bocaux, des boites de carton à fermeture exacte, et enfin des boîtes à couvercle garni de gaze, pour l'élevage des diverses chenilles. Des pots à fleurs à demi remplis de terre et recouverts d'un papier qui les ferme complètement, sont aussi fort utiles; la toile métallique doit être proscrite, car elle ne serait pas une barrière pour nos minuscules espèces. Les tubes fermés, dont j'ai parlé tout-à-l'heure, peuvent se remplacer, souvent avec avantage, par de simples tronçons d'un tube de verre ordinaire, à chaque extrémité desquels on adapte un bouchon ou un papier. Ces tubes, ouverts aux deux bouts, permettent un nettoyage commode, rapide et complet, outre la facilité que l'on a de se les procurer partout.

C'est dans ces tubes, flacons ou bocaux que l'on renferme les galles diverses, les petites branches habitées par des larves, etc. Ces matériaux peuvent se recueillir en tous temps, et leur recherche permet d'utiliser même les belles journées d'hiver. Quant à leur nature, elle est infiniment variée, et il ne serait pas possible de les énumérer même en partie. Pour s'en rendre compte un peu complètement, il faut parcourir les indications biologiques des catalogues, et l'on y verra tous les habitats connus, ce qui n'est encore que la plus minime partie de ce qui est à connaître.

Il faut recueillir toutes les galles, excroissances ou renflements des différentes plantes ; peu importe d'ailleurs que ces difformités soient produites par des hyménoptères, des diptères, des homoptères, etc. Il faut prendre les graines habitées, les feuilles minées, les rameaux percés, les tiges sèches de ronce, d'églantier, de sureau, etc., il faut élever les chenilles que l'on rencontre et ne pas se regarder comme battu, si elles se transforment en chrysalides, car elles arrivent souvent à cette forme, mais ne peuvent aller au-delà; quelquefois il en sort des myriades de Braconides ou d'Ichneumonides, des Microgaster qui se construisent en dehors de petits cocons. Là encore rien n'est définitif, car ces cocons de parasites peuvent donner naissance à quelque Chalcidite parasite au deuxième degré. Il faut avoir soin de reconnaître les larves qui s'enfoncent en terre, et, alors, placer une certaine épaisseur de celle-ci au fond du flacon ; les parasites écloront plus tard.

Il faut recueillir avec soin les coquilles vides, souvent habitées par diverses larves, les nids d'hyménoptères, les cocons, les chrysalides, les fourreaux de Psyché, les pucerons gonflés et désséchés, fixés aux feuilles de diverses plantes, les pupes de diptères, que l'on trouvera dans la terre, sous les feuilles mortes. On peut encore déterrer avec soin les larves des insectes coprophages, sous les crottins, ou fungivores, sous les champignons, qui se sont ensevelies pour se transformer, celles des nécrophores et autres insectes, sous les cadavres des petits animaux, dans la campagne. En les replaçant dans la terre un peu humide, au fond des flacons, on peut arriver, sinon à mener à bien ces larves elles-mêmes, du moins à obtenir les parasites qu'elles contiendraient. Les nymphes des coccinelles, sur les feuilles, donnent aussi diverses espèces. Ne laissez pas non plus échapper les œufs des lépidoptères, des hémiptères, etc. fixés aux feuilles, aux tiges, aux murailles, sous les pierres ; ils vous donneront de minuscules espèces spéciales, souvent impossibles à trouver autrement. Les oothèques des Mantides, les nids et les coques d'araignées trouveront leur place dans nos tubes.

Recueillons encore les capitules ou les calathides des composées, carduacées, etc., les siliques ou les gousses des crucifères et des légumineuses; tout cela abrite une nombreuse population.

Dans les détritus, les fumiers, les plaies des arbres, vivent une multitude de larves qu'il faut prendre et placer, avec une certaine quantité de la matière qu'elles habitent, dans un flacon, dont la moitié a été remplie de terre humide. On doit alors avoir soin de ne pas fermer avec un bouchon, mais simplement avec un papier ou une gaze fine, et de donner de l'air, plusieurs fois par jour, pour éviter la moisissure. Quelques-unes au moins, de ces larves donneront certainement naissance à des parasites.

Vous pouvez aussi, en juillet ou août, chercher les entonnoirs des larves de Formica-Leo, les installer dans une boîte, et les nourrir jusqu'à leur transformation en coque, qui ne tardera pas. Vous aurez peut-être, en enfermant ensuite ces coques dans un flacon, des parasites intéressants.

Jusqu'en avril, il est meilleur de ne pas fermer les flacons ou les boîtes, et de laisser à l'air libre les fagots de branchages attaqués Il n'y a pas à craindre d'évasion jusqu'à cette époque, et on évitera ainsi deux fléaux des éducations artificielles, la sécheresse et la moisissure. Il faut, d'ailleurs en tout temps, se tenir en garde contre elles, soit en humectant légèrement l'intérieur des flacons quand il en est besoin, soit en détruisant, au moyen d'un petit pinceau imbibé d'acide phénique, les moindres traces de champignons parasites dès qu'il s'en produit.

Je n'en finirais pas, si je voulais énumérer toutes les sources qui peuvent procurer des hyménoptères. Je vais me borner aux quelques indications qui précèdent, pour aborder un sujet auxiliaire, mais cependant non moins important.

Quand tous les flacons sont garnis, on doit les surveiller et les visiter chaque jour un à un, avec les plus grandes précautions pour ne pas faire subir des chocs trop considérables aux prisonniers contre les parois de leur habitation. Ces visites auront lieu surtout le matin, car c'est pendant la nuit que se fait en général la transformation. Elles permettront, presque toujours, de constater quelque éclosion nouvelle ; il est important de recueillir les insectes, pendant qu'ils sont très frais et de ne pas attendre qu'ils meurent et se dessèchent au fond du flacon. On doit, au contraire, consacrer chaque jour un instant à leur préparation et à leur étiquetage, qui feront l'objet d'un chapitre spécial. Il est cependant utile de dire ici que chaque flacon, boîte ou tube, doit porter une étiquette indiquant la nature de ce qui y est introduit avec le lieu d'origine.

Il est préférable encore de les numéroter simplement ; sur un petit registre spécial, où chaque page porte un numéro correspondant à ceux des flacons, on inscrit les renseignements que je réclamais tout-à-l'heure. On peut aussi le faire moins brièvement, et ajouter, au fur et à mesure des éclosions, le nom des parasites obtenus. C'est ce que j'appellerai le *livre des éducations*.

Mais là ne se bornera pas notre comptabilité. A chaque éclosion, les insectes étant préparés, comme je le montrerai, on doit tenir note exacte du flacon d'où ils sont sortis, et, par suite, de leur habitat et de la date de leur naissance. Ces indications seraient encombrantes sur une étiquette enfilée dans l'épingle. Il vaut infiniment mieux adopter un deuxième registre, que je nommerai: *livre d'éclosion*. Chacune de ses pages sera divisée en quatre colonnes de largeur appropriée à ce que l'on doit y inscrire et portant comme entête : n^os d'ordre — dates d'éclosion — noms — observations.

La première colonne (n^os d'ordre) donne les nombres tels qu'ils se suivent naturellement.

La deuxième colonne (dates d'éclosion) indique ces dates avec exactitude.

La troisième colonne (noms) restera tout d'abord en blanc, et sera remplie au fur et à mesure des déterminations.

La quatrième, enfin, (observations) donnera tous les détails utiles sur l'habitat, le lieu d'origine, (plaine montagne, endroits secs ou humides, etc.) et les notes particulières auxquelles peut donner lieu l'insecte considéré.

A l'épingle, qui supporte cet insecte, est fixé seulement un numéro correspondant au numéro d'ordre de ce registre.

Les deux registres dont je viens de parler peuvent même être mis en relation l'un avec l'autre, les numéros des individus éclos étant reportés sur la note d'éducation de chaque flacon.

Cette petite tenue de livres est excessivement simple; en même temps qu'elle évite l'encombrement des boîtes par des étiquettes trop nombreuses ou trop volumineuses, elle supprime toute erreur, et elle constitue, en fin de compte, une sorte de répertoire d'éclosion fort instructif et fort intéressant. L'idée première en revient à M. Lichtenstein, qui l'a indiquée dans les *Petites Nouvelles entomologiques*—1877, n° 170.

J'ai encore, avant de terminer, à faire une dernière recommandation. Quand une éclosion importante se produit, il s'y trouve, en même temps, et des parasites, et des victimes épargnées. Il faut recueillir ces dernières, les piquer avec soin, les déterminer ou les faire déterminer, si elles appartiennent à un ordre d'insectes que l'on ne connaît pas, et porter leur nom sur le livre d'éclosion au numéro du parasite; réciproquement porter au numéro de la victime, si elle est elle-même un hyménoptère, l'indication des parasites. C'est, en effet, un renseignement important à conserver. Souvent on ne pourra connaître cette victime; mais l'aspect de la larve, de la chrysalide, etc. donnera une idée du genre d'insectes auquel elle peut appartenir, et il faut le noter, de façon à garder au moins cette indication approchée.

Il sera bon enfin de joindre dans la collection, aux hyménoptères leurs parasites, aux parasites leurs victimes d'ordre quelconque, quand on le peut, puis les coques, les galles, chrysalides, etc. d'où ils sont sortis. Cet ensemble forme, avec les renseignements que l'on a notés, un véritable monument scientifique, un fait acquis.

2. — **Préparation.** — Dès que la chasse est terminée, on doit s'occuper de préparer les insectes recueillis, et si on ne le fait le jour même, on ne doit pas attendre plus tard que le lendemain, car ils se dessèchent et deviennent cassants. Les antennes tombent sous les doigts, et les pattes ou les ailes conservent les positions anormales qu'elles ont prises dans les dernières convulsions qui ont amené la mort. Les insectes frais se manient, au contraire, avec facilité et sans qu'on ait à craindre de les briser.

Il n'y a pas, pour les hyménoptères en général, de procédé particulier de préparation. Tous ceux qui sont assez gros (quatre millimètres et au-dessus), doivent être traversés par une épingle à insectes qui perce le thorax à peu près vers son milieu.

Avec un pinceau fin, on débarrasse le sujet des poussières qui pourraient y adhérer; on ramène les antennes en avant de façon à les rendre bien visibles; on place les pattes d'une manière symétrique, sans les écarter du corps, car elles deviendraient embarrassantes; on tâche enfin de ramener les ailes dans une position normale, mais de façon que l'abdomen ne soit pas voilé par elles, et que leur observation qui est essentielle, soit rendue facile.

Si, comme cela arrive très-souvent, l'abdomen tend à tomber et à former un angle droit avec le thorax, ce qui donne à l'insecte un aspect disgracieux, contre nature, et en rend l'étude malaisée, on le relève en enfilant dans l'épingle une petite bande de carton bristol assez rigide pour le soutenir; quand l'insecte est sec, on enlève ce carton et l'abdomen garde la position qu'on lui a donnée. Si l'on veut apporter encore plus de soin à cette préparation, on peut étaler les ailes, comme font les lépidoptéristes pour les papillons; mais ce travail, qui donne beaucoup de cachet à une collection, n'ajoute que bien peu à sa valeur scientifique, et si l'on met en balance, d'un côté, le temps énorme que coûtent ces soins minutieux, de l'autre, le peu d'utilité réelle du résultat obtenu, on verra que l'entomologiste fera beaucoup mieux d'éviter ces précautions superflues, pour reporter son zèle et ses loisirs dans l'étude plus approfondie des caractères de l'insecte. Il y a, dans tout cela, tant à faire, qu'une minute perdue inutilement ne peut se regagner. Aussi ne veux-je pas ici décrire de procédé pour cet étalage inutile.

Les insectes qui ne sont pas encore très-petits, mais ont cependant une taille inférieure à quatre millimètres, peuvent, si l'on ne veut pas employer d'épingle, qui détruirait une partie du thorax, être collés sur des petites bandes de carton, comme on fait pour les coléoptères. Dans ce cas, je conseillerai de coller deux mâles et deux femelles, un des exemplaires de chaque sexe l'étant sur le dos. La colle à employer doit être composée de gomme arabique bien blanche, additionnée d'un peu de sucre qui lui donne du liant, et d'acide phénique qui assure sa conservation. Les proportions suivantes indiquées déjà dans d'autres ouvrages, et que j'ai expérimentées, sont très-recommandables.

	Gr.	Cent.
Gomme arabique pure en morceaux	50	»
Sucre blanc	15	»
Acide phénique cristallisable	»	50
Eau distillée en quantité suffisante pour obtenir une consistance sirupeuse.		

S'il s'agit d'insectes très exigus, par exemple les Chalcidites, les Proctotrupiens, les petits Ichneumonides, etc., il faut suivre d'autres procédés. C'est, le plus souvent, par éclosion qu'on les obtient.

Si donc vous avez recueilli dans une chasse, ou si quelques uns de vos flacons à élèves laissent voir, le matin, sur leur paroi, un insecte, un Chalcidite, par exemple, nouvellement éclos, cherchant le jour et la lumière avec autant d'avidité que leurs larves mettaient d'obstination à les fuir, demandant surtout une issue à tous les interstices, il ne faut pas lui laisser le temps de déflorer la fraîcheur de ses ailes, et, si l'action de la lumière a suffisamment raffermi ses organes, vous devez procéder de suite à sa préparation, qu'il est toujours mauvais de remettre au lendemain.

Pour cela, vous ouvrez le flacon d'éducation, vous faites passer adroitement l'insecte ou les insectes dans un petit tube que vous fermez incomplètement avec un très-léger tampon de coton, puis vous l'introduisez dans un flacon spécial, contenant un de nos tubes à cyanure. Les petites bestioles ne tardent pas à subir son influence délétère et perdent, peu à peu, leurs mouvements. On ne doit pas trop se hâter de les remettre à l'air libre, car l'asphyxie ne serait pas complète; il faut attendre quinze à vingt minutes au moins.

Quelquefois, pour tuer ces petits insectes, on a recours à la chaleur; mais, bien que ce moyen soit simple et efficace, il faut éviter de l'employer, car on risque toujours de brûler ou de racornir les ailes, quoiqu'un simple passage du tube dans une flamme d'alcool suffise pour les faire mourir.

Nos captures étant sans vie, nous arrivons à la préparation proprement dite. Ici se présentent plusieurs méthodes dont deux surtout méritent notre attention, à cause de leur emploi le plus général. L'exiguité de la taille de ces insectes étant souvent très-grande, beaucoup de collectionneurs se contentent d'agir, comme avec les coléoptères, les hémiptères, etc., c'est-à-dire qu'ils les fixent sur un petit rectangle de carton au moyen d'une gouttelette de gomme. Ce procédé est trop employé, car il détériore, le plus souvent, les individus sur lesquels on opère en engluant leurs ailes et les rendant méconnaissables.

Le second procédé, employé surtout en Allemagne, est de beaucoup préférable. Aussi le recommanderai-je d'une façon spéciale et donnerai-je tous les détails nécessaires pour sa bonne exécution. Des insectes bien préparés et bien disposés pour l'étude, sans qu'il soit besoin cependant d'un étalage complet, présentent un intérêt et une valeur bien plus considérables que s'ils étaient massacrés ou plongés dans un océan de colle.

Ce procédé, employé pour les microlépidoptères, est celui du piquage au moyen de fragments de fil argenté excessivement fin. Ce fil se vend à bas prix sous forme de bobines. Au moyen d'un ciseau ordinaire, on le coupe en tronçons de 15 millimètres environ, en ayant soin de faire la section obliquement, afin que les extrémités soient aussi aigües que possible. Puis, au moyen de pinces à bec très-fin, on saisit, avec la main droite, un de ces fils, à environ deux millimètres d'une des extrémités. Sur un doigt de la main gauche, on maintient l'insecte couché sur le côté, et un peu d'habitude aidant, au besoin même avec le secours d'une grosse loupe montée, on arrive facilement à percer, avec l'extrémité du fil argenté, la poitrine de l'insecte du côté inférieur ou sternal. Ceci fait, on pose le dos sur un morceau de moelle de sureau, et appuyant sur celui-ci, le fil traverse le thorax ; on le pousse de façon à ce qu'il fasse saillie d'un millimétre environ.

Cette opération, sans doute assez délicate à cause de la petitesse souvent excessive des individus à préparer, devient cependant très-facile et très-rapide avec un peu d'habitude, quelle que soit cette petitesse, à condition que l'insecte soit frais.

On pique ensuite l'autre pointe du fil argenté vers l'une des extrémités d'un parallelipipède découpé, aussi nettement que possible avec une lame bien tranchante, dans de la moelle de sureau parfaitement blanche. A l'autre extrémité de cette moelle, on fait passer une épingle à insectes ordinaire, nº 3 ou 4, qui sert de support à tout l'appareil. Un seul fragment de sureau peut porter plusieurs insectes, pourvu qu'ils appartiennent à la même espèce.

Il ne reste plus qu'à faire traverser par l'épingle le signe indiquant le sexe, quand on le peut, et le numéro correspondant à celui accordé sur le livre d'éclosions à l'insecte considéré, puis à le placer dans une boîte de dépôt, en attendant son examen définitif.

Si l'objet n'est pas trop volumineux, on enfile encore dans l'épingle un petit rectangle de carton sur lequel sera collé, avec soin, l'œuf, la galle, ou la coque d'où est sorti l'hyménoptère. Si cet objet est trop gros, on lui consacre une épingle spéciale munie du même numéro que l'insecte, et portant en outre, si cela est possible, et s'il s'agit d'un parasite, un exemplaire de la victime.

Quant au rangement en collection, il n'y a rien de spécial à en dire, si non qu'il ne faut pas se fier sur ce que l'on a affaire souvent à de très-petits hyménoptères, pour leur ménager la place. Ceux-ci étant presque toujours parasites, il faut que chaque espèce présente un grand nombre d'exemplaires mâles et femelles avec leurs victimes. Comme ces dernières peuvent souvent se rapporter à plusieurs insectes différents, chaque habitat constaté doit être représenté avec les parasites qui en sont sortis, pour bien étudier les variétés possibles.

La mise en collection des autres hyménoptères, de taille plus considérable, n'exige pas d'autre précaution que celle qui consiste à placer, autant que possible, dans l'épingle, l'indication du sexe et de la patrie. Chaque nom doit laisser, entre le suivant et lui-même, assez de place pour qu'on puisse y mettre des individus de toutes les grandeurs, surtout les plus grands et les plus petits, ainsi que les variétés, puis tout ce qui se rattache à cet insecte, galles, nids, dégats, parasites, préparation des parties délicates, œufs, larves, nymphes, si on le peut, préparées comme nous le verrons, etc.

Tout cet ensemble constituera, à chaque espèce pour laquelle on pourra le réunir, un résumé de toutes les conditions de sa vie.

Pour quelques unes, (les Tenthrédines), les larves sont très-semblables aux chenilles de lépidoptères, et toutes les fois qu'on le pourra, il sera bon de les joindre aux insectes parfaits, en les préparant comme on fait des chenilles. On les fend un peu par dessous, du côté de l'anus, puis on les presse légèrement soit entre les doigts, soit en passant sur le corps, de la tête à l'extrémité, une surface arrondie comme un manche de porte-plume, de façon à faire sortir, par l'ouverture pratiquée, tous les organes intérieurs. On introduit ensuite, dans la même ouverture, l'extrémité d'un brin de paille non écrasé, formant tube; dans lequel on souffle. La peau se distend, reprend sa forme arrondie, et si on la passe légèrement, tout en soufflant, au-dessus de quelques charbons ardents, elle se dessèche, et conserve la forme que l'air lui a donnée. Il ne reste plus qu'à couper le brin de paille au ras du corps, à coller la larve préparée, soit sur un carton, soit sur un fragment de l'arbuste qui lui sert de nourriture, et à la fixer, à sa place, au moyen d'une épingle, dans la collection.

On agira de même pour les chenilles ou larves ayant servi de victimes aux hyménoptères parasites, et que l'on joint à ceux-ci, dans les boîtes, comme pièces de conviction.

Dans les autres familles d'hyménoptères, les larves sont toujours molles, blanches, inertes, et il est préférable de les conserver dans de très-petits tubes remplis d'alcool. Une ou deux épingles les fixent aussi à leur place dans la collection.

Si l'on fait une étude sérieuse et complète, il est de grande utilité de pouvoir examiner facilement les parties les plus délicates et les plus cachées, comme les pièces de la bouche, les pattes, les antennes, les tarières, les aiguillons, les organes génitaux mâles, etc. Il est très-commode, pour épargner du temps et augmenter la valeur d'une collection, de faire de tous ces objets de véritables préparations microscopiques, que l'on peut ensuite étudier tout à loisir.

Pour y arriver, il y a deux opérations successives à exécuter, la dissection et la préparation.

Pour les insectes d'assez grande taille, la dissection ne présente pas de difficulté. S'il s'agit des pièces de la bouche, on sépare d'abord la tête du thorax, puis, avec un ciseau très-fin dont une branche pénètre dans le trou occipital, on fend la tête sur les côtés jusqu'à l'angle des mandibules. La tête se trouve divisée en deux calottes, contenant, chacune, une partie de ces pièces de la bouche. Au moyen d'une aiguille emmanchée et d'une aiguille à cataracte, on sépare facilement, en s'aidant d'une loupe montée, s'il le faut, toutes ces différentes parties.

Pour la tarière et l'aiguillon, on fend l'abdomen à son extrémité en dessus ou en dessous, et on retire ensuite facilement ces organes, ainsi que les parties plus intérieures qui y sont adhérentes.

Une simple pression à l'extrémité de l'abdomen fait, le plus souvent, saillir complètement à l'extérieur, les organes génitaux mâles, et il est facile de les séparer.

L'extraction des pattes, des antennes ou des ailes ne demande que du soin, sans qu'il soit besoin d'explication spéciale.

A l'égard des très-petites espèces, pour lesquelles ces préparations ont surtout de l'intérêt, les difficultés sont bien plus grandes. On commence par se procurer une petite plaque de cire bien blanche, des pinces très-fines, des aiguilles emmanchées et une aiguille dite à cataracte. On sépare d'abord la tête du thorax, on la place sur la plaquette de cire où elle adhère un peu, on la couvre d'une goutte d'eau ; puis on relève les antennes qui pourraient se trouver couchées sur la tête, et on les appuie sur la cire. Avec l'aiguille à cataracte, on fait ensuite deux sections dans la tête, allant du trou occipital à l'insertion de chacune des mandibules. On obtient ainsi quatre fragments, dont deux contiennent chacun quelques pièces de la bouche, qu'il est alors facile de séparer. Pour la tarière, les pattes, les antennes, il n'y a rien à ajouter à ce que j'en ai dit. Pour les ailes, il est bon d'enlever d'abord, avec les ciseaux ou les aiguilles, l'écaillette qui en recouvre la base. Ensuite, avec l'aiguille dans la main droite, une pince fine dans la main gauche, on tâche de les désarticuler, de façon à conserver intactes les pièces de cette articulation.

Ces dissections étant terminées à souhait (et on y arrivera très-facilement avec un peu d'adresse, de patience et surtout de pratique), il faut procéder à la préparation proprement dite.

Pour les grosses espèces, on colle simplement et avec soin les parties disséquées sur des rectangles de carton bien blanc.

Pour les petites, on doit faire de véritables préparations microscopiques, ce qui d'ailleurs est bien simple. On se procure des lames de verre bien pur, des lamelles minces et du baume du Canada. On commence par bien laisser sécher les pièces que l'on veut conserver, en les étalant sur un papier blanc, puis on les place entre deux lames de verre, avec une goutte d'essence de térébenthine, le tout étant attaché avec un fil.

On nettoie, d'autre part parfaitement, à l'acide, une lame de verre, et on y dépose une goutte de baume du Canada, qu'on ramollit en passant rapidement, au moyen de pinces, la lame sur une flamme d'alcool. Le baume se liquéfie, s'étend sur le verre, et, quand sa surface est bien unie, on y dépose, avec le plus grand soin, les petits fragments que l'on retire de la térébenthine, en les plaçant avec ordre, de façon à pouvoir les reconnaître et les étiqueter convenablement. On chauffe de nouveau légèrement, puis on recouvre le tout avec une lamelle mince, bien propre. Il faut prendre de grandes précautions pour éviter que des bulles d'air, si petites qu'elles soient, séjournent entres les deux verres. Elles produiraient autant de taches qui empêcheraient de voir les objets préparés. Pour y arriver, on a soin de chauffer très-légèrement le baume contenant les objets de façon à le rendre bien liquide; on saisit avec des pinces fines, la petite lamelle, on l'appuie, par un des bords, sur la lame de verre et on la couche doucement sur le baume, de façon que tout l'air soit chassé. Il faut agir assez rapidement, quoique sans précipitation. La pratique, ou les ouvrages spéciaux, indiqueront à chacun tous les détails et les tours de main impossibles à décrire ici. Quand ces opérations sont terminées, on presse légèrement sur la lamelle pour chasser l'excédant de baume, et on laisse la préparation sécher et se durcir pendant quelques jours. Lorsqu'il n'y a plus à craindre que la lamelle se déplace, on enlève avec un peu d'alcool le baume qui dépasse celle-ci, puis on colle, sur l'extrémité de la lame de verre, une étiquette indiquant la nature de la préparation. On n'a plus qu'à la placer dans une boîte à rainures, où elle vient prendre son rang pour constituer une collection des plus utiles pour l'étude.

Il est encore fort intéressant de conserver les organes intérieurs, les appareils de respiration, de circulation, de digestion, de reproduction, de sécrétion, etc. Mais les préparations de cette nature nécessitent des connaissances spéciales pour lesquelles je ne puis que renvoyer aux traités de micrographie.

En règle générale, tout insecte qui est entré dans la collection, muni de tous les documents et renseignements qui y sont relatifs, ne doit plus en sortir. Il faut mettre en collection assez d'individus pour avoir à peu près toutes les dégradations de taille pour les deux sexes, puis ceux provenant de pays très-différents, enfin toutes les variétés. Il est donc nécessaire, si l'on veut y ajouter tous les renseignements que j'ai indiqués, de donner à chaque espèce un grand espace dans les boîtes. Les noms de famille, de genre et d'espèce seront sur des papiers de teintes différentes, en ayant soin, si l'on s'occupe aussi de réunir les espèces exotiques, de consacrer, pour leurs étiquettes spécifiques spéciales, les couleurs suivantes :

Bleu, aux insectes provenant d'Afrique.
Jaune, — — d'Asie,
Vert, — — d'Amérique,
Rose, — — d'Océanie.

Les étiquettes blanches étant réservées à tous les insectes d'Europe. Si une espèce se rencontre en même temps en Europe et en Afrique, par exemple, le nom spécifique sera sur papier blanc, mais l'individu provenant d'Afrique portera, sur un petit papier bleu enfilé dans l'épingle, le nom exact du pays d'origine : Algérie, Egypte, Gabon, etc.

Le goût de chacun doit, avant tout, présider l'arrangement de sa collection, cependant les points que je viens de traiter doivent rester uniformes pour tout le monde, afin de faciliter les relations d'échange.

A côté de la collection, on a nécessairement, d'abord des boîtes renfermant les doubles déterminés, dont on a pas l'usage pour soi-même, et qui servent aux échanges ; puis d'autres boîtes, servant de magasin, où l'on enferme les insectes provenant des chasses ou des éclosions, à mesure qu'on les obtient, et en attendant qu'on ait le temps de les examiner. Si parmi eux, il en est dont on ne puisse reconnaître le nom spécifique avec sûreté au moyen des ouvrages, on fera bien de les placer dans la collection, avec des étiquettes sans nom, à la fin du genre auquel ils appartiennent. On les a de cette manière souvent sous les yeux, et il est facile de les comparer avec leur congénères ; leur place, de plus, se trouve ainsi réservée.

3. — **Conservation des Collections.** — Une collection contenant un grand nombre de types et renfermant de nombreux renseignements, comme j'ai indiqué que cela doit avoir lieu,

représente, pour celui qui l'a réunie, une somme de travail souvent très-considérable. C'est, de plus, une propriété pouvant avoir de la valeur, et enfin surtout, un monument scientifique qui mérite les soins les plus assidus. Aussi la question de conservation de ces collections est-elle très-importante et l'on ne saurait trop s'en préoccuper. La première précaution à prendre est de se servir de boîtes à fermeture aussi hermétique que possible. Mais, en général, il ne faut pas trop compter sur leur perfection et on doit toujours surveiller minutieusement leur contenu. Cette attention continue, l'ouverture fréquente des cartons est une des meilleures conditions de conservation.

Les collections entomologiques ont à craindre plusieurs sortes d'ennemis, d'abord les insectes rongeurs, puis la moisissure et l'humidité. Contre le premier, la bonne installation des boîtes et leur ouverture fréquente sont les meilleures garanties. Quelques entomologistes piquent dans un des coins une éponge ou un tampon de coton nu ou enfermé dans un petit récipient de verre et fortement imbibé d'acide phénique. D'autres emploient du mercure, du camphre, de l'essence de thym, etc., dans ces derniers temps, on a préconisé la naphtaline purifiée, et l'essence d'amandes amères du commerce; la plupart se contentent de fréquentes visites.

Quand un peu de poussière au fond d'une boîte signale l'invasion d'un insecte destructeur, il faut, en frappant sur le fond, en examinant de près les individus que l'on suppose attaqués, le rechercher avec ardeur et ne se donner de repos que lorsqu'on l'a trouvé. Les larves d'anthrènes se laissent facilement tomber sous l'influence d'une secousse un peu vive. Point de pitié alors pour ce terrible ravageur, il faut l'écraser sans attendre; de même pour les acarus et les mites que l'on voit souvent courir avec agilité au fond des boîtes.

Enfin, chaque fois que l'on reçoit par échange de nouveaux insectes, il est très-prudent de leur faire subir une quarantaine dans un carton spécial, et ce ne sera que lorsqu'on aura la certitude qu'ils ne recèlent aucun ennemi, qu'on les admettra dans la collection elle-même. On a recommandé encore, pour ce cas, l'emploi de l'alcool arsenié, qui se prépare en plaçant simplement un fragment d'acide arsénieux au fond d'un flacon d'esprit de vin.

On y plonge et on y laisse séjourner un certain temps les insectes qui ne craignent pas d'être mouillés. Pour les autres, on est réduit à porter, avec un pinceau, un peu de cette alcool dans toutes les parties où l'on peut craindre la présence d'œufs ou de larves.

La moisissure est tout aussi terrible et plus difficile encore à déloger. Si vous avez une armoire ou un local sensiblement humide, il faut les abandonner de suite et employer un autre endroit. Si cette humidité n'est que très-faible, on peut la combattre, souvent avec succès, en s'assurant d'abord que les fermetures de l'armoire sont bonnes, et en mettant, sur quelques-uns des rayons, des soucoupes contenant du chlorure de calcium. Cette substance, très-avide d'eau, absorbe toutes les vapeurs aqueuses qui se trouvent dans le meuble en même temps qu'elle. Enfin une très-bonne condition est de placer sa collection dans une chambre habituellement chauffée en hiver.

Si, malgré les précautions prises, on s'aperçoit que quelques cartons sont atteints de moisissure, on peut les en débarrasser en passant, sur les individus endommagés, un pinceau doux imbibé de benzine ou d'éther. Ce procédé si simple suffit pour rendre, à des insectes en fort mauvais état, un aspect tout autre.

Dans le cas où des têtes, pattes ou antennes seraient brisées ou tombées, on peut les recoller à leur place, si le sujet est précieux, et on arrive à de bons résultats avec du soin et de la patience. Mais il ne faut absolument le faire que si l'on est tout à fait sûr de rapporter les parties brisées à l'insecte même auquel elles appartiennent, Toute erreur dans cette circonstance serait très-regrettable, et il vaudrait mieux le garder incomplet que de lui adjoindre des organes qui laisseraient le moindre doute sur leur provenance.

4. — Rédaction du Catalogue. — Le catalogue d'une collection en est la clef véritable, et sa rédaction, bien comprise, est fort importante et moins simple qu'on ne pourrait le supposer.

Un système, fort employé, consiste à prendre un catalogue imprimé et à pointer simplement les espèces que l'on possède. Cette méthode praticable encore avec les coléoptères, les lépidoptères, même les hémiptères, le devient beaucoup moins quand il s'agit d'hyménoptères, dont de nombreuses espèces nouvelles apparaissent souvent, qui ne peuvent exister sur des catalogues plus ou moins anciennement édités. Celui de Kirschner, qui est à peu près le seul employable, contient forcément beaucoup de lacunes, puisque, depuis son apparition, des travaux assez nombreux ont été mis au jour.

Il est donc bien préférable de rédiger soi-même son catalogue. Si l'on prend cette peine, il n'en coûte guère plus de lui faire comprendre des renseignements un peu plus détaillés. Pour cela, chacun doit suivre son inspiration et noter les circonstances qui l'intéressent le plus.

Le plan général consistera cependant toujours à avoir un registre portatif et contenant environ 6 à 700 pages. On divisera ce nombre de pages, en s'aidant des indications du catalogue de Kirschner, en parties proportionnelles à l'importance des familles, et on inscrira, en tête de chacune d'elles, le nom de ces familles. Le nombre de pages assigné à celles-ci sera, à son tour, partagé proportionnellement à l'étendue de chacun des genres qu'elles contiennent, et leur nom sera inscrit à sa place. Il sera très-commode de n'employer, pour tout cela, que le verso des pages (à gauche du lecteur), le recto étant laissé en blanc et destiné à recevoir, en face de chacun des noms, les indications que l'on désirera y inscrire, soit la localité où l'on trouve habituellement l'insecte, avec sa date d'apparition, la partie de l'Europe qu'il affectionne, soit une note rapide sur ses mœurs, soit la nomenclature des variétés que l'on possède, des parasites qui lui sont adjoints dans la collection, soit les synonymies, soit toute autre chose, suivant le goût de chacun. En agissant ainsi, on se crée un répertoire plein de notes intéressantes, que l'on peut porter partout avec soi, et qui est un véritable résumé de la collection.

5. — **Détermination des insectes et usage des tableaux dichotomiques.** — Pour la détermination, ou la recherche du nom assigné à un insecte, une simple loupe avec plusieurs grossissements doit, le plus souvent, suffire. Les préparations des parties délicates, que j'ai conseillé d'exécuter, seront aussi d'un grand secours. D'ailleurs les caractères employés dans les tables dichotomiques seront toujours, autant que possible, choisis parmi les plus faciles à constater, et indépendants des sexes.

Le système dichotomique a été imaginé, à la suite d'une espèce de défi, par le chevalier de Lamarck (né à Bazentin en 1744, mort à Paris, membre de l'Institut et professeur au Jardin des Plantes, en 1829). Par son application, les êtres sont loin de se trouver rangés convenablement, eu égard à ce que doit être une classification. Celle que l'on obtient ainsi est complètement artificielle; mais cette méthode donne une si grande facilité pour arriver à connaître le nom d'une espèce, qu'on doit la choisir toutes les fois que l'on veut *déterminer*, quitte ensuite à placer convenablement l'animal, ou la plante, dans la série naturelle des êtres. Aussi a-t-elle été adoptée de nos jours, soit sous sa forme primitive, soit sous la forme dite *analytique*, pour tous les ouvrages d'histoire naturelle ayant pour but principal de conduire rapidement à des noms exacts.

La base de ce système consiste à placer toujours le lecteur en face de deux hypothèses contraires. Le sujet considéré doit forcément, par sa nature, rentrer dans l'une ou dans l'autre. De là ressort une première division des êtres étudiés, des insectes pour ce qui nous regarde, en deux parties. Recommençant pour la première de ces parties, comme on a fait pour la totalité, on a encore deux subdivisions : chacune d'elles peut aussi, de la même manière, se partager en deux autres et ainsi de suite, jusqu'à ce qu'on arrive à n'avoir plus à choisir qu'entre deux noms. Un dernier groupe de deux hypothèses contraires les différencie, à leur tour, et indique, en dernière analyse, celui-là même qui convient à l'insecte que l'on examine.

Toute la difficulté consiste à choisir, pour ces phrases opposées, des caractères convenant en même temps à toute une série d'insectes, assez simples pour être vérifiés facilement et assez constants pour qu'on ne soit jamais induit en erreur.

Ceci posé, la marche à suivre pour employer les tableaux dichotomiques en découle facilement.

Etant donné un insecte, une guêpe, par exemple, on commence par lire attentivement les phrases caractéristiques contenues dans le paragraphe marqué **1** du tableau des familles, et à voir laquelle des deux phrases convient à l'insecte. On lit alors le numéro qui suit la phrase adoptée, et on se reporte au paragraphe indiqué par ce numéro. On y retrouve deux autres phrases, avec lesquelles on agit de même, et ainsi de suite jusqu'à ce qu'au lieu d'arriver à un numéro de renvoi, on trouve, à la suite de la dernière hypothèse adoptée, le nom d'une famille. C'est celle qui est cherchée.

On passe alors au tableau spécial des genres de cette famille, et on opère de même jusqu'à ce qu'on obtienne le nom du genre de l'insecte qu'il s'agit de déterminer.

On cherche enfin le tableau des espèces de ce genre, et on arrive aussi facilement au nom spécifique.

Quelle que soit la perfection d'un tableau dichotomique, il peut se faire que deux phrases contraires laissent un peu dans l'indécision pour un insecte petit ou mal caractérisé. On doit alors poursuivre l'une des phrases, et si l'on parvient à un résultat impossible, par exemple qu'elle conduise à des insectes noirs ou jaunes, tandis qu'on en a examiné un bleu, on revient au point où l'on a hésité, et on reprend la seconde phrase, qui conviendra, alors très-probablement, à l'insecte en question.

Pour toute détermination, l'habitude, la connaissance des facies aident beaucoup, et les débutants feront toujours bien, soit de se procurer une petite collection typique bien déterminée qui leur donnera une idée générale des diverses formes, soit de consulter de bonnes planches. Ils distingueront ainsi presque toujours, à première vue, au moins la famille, souvent le genre d'un insecte.

Les déterminations nécessitent beaucoup de soins et de patience, car un nom inexact, dans une collection, est comme une tache, d'autant plus à craindre qu'elle peut rester inaperçue fort longtemps et occasionner beaucoup d'autres erreurs.

§ 2. — STRUCTURE EXTERNE

Le corps de tout hyménoptère, à l'état parfait, se compose de trois parties principales : *la tête, le thorax et l'abdomen,* portant, chacune, un certain nombre d'organes accessoires.

La surface entière du corps est composée d'un tégument corné continu, dont l'épaisseur varie seulement en certains endroits et devient très mince dans les articulations, de façon à ne plus y conserver qu'une consistance membraneuse.

Ce squelette, tout extérieur, peut présenter une différence très-grande, suivant les espèces, dans sa dureté et sa solidité. Il porte intérieurement des saillies, ou des apophyses, auxquelles viennent se fixer les muscles de l'insecte. Enfin il présente plusieurs ouvertures nécessaires pour l'entrée et la sortie des aliments, ainsi que pour laisser place aux organes de la respiration, de la vision et à ceux de la reproduction.

La surface extérieure de ce squelette offre des modifications extrêmement nombreuses qui s'expriment par des termes différents, et qui se rapportent aux sculptures dont elle est ornée, à son état glabre ou velu, lisse ou chagriné, etc. Toutes ces expressions devant trouver leur place et leur explication rigoureuse dans le glossaire qui va suivre cette introduction, ce serait faire double emploi que de les rapporter ici. Je me contenterai seulement d'insister sur la nécessité absolue qu'il y a à s'accorder, d'une façon complète, sur la valeur de chacun de ces mots techniques et, aussi, sur leur équivalent dans les langues étrangères les plus usitées.

I. TÊTE

La *tête* (pl. I) placée, comme toujours, à la partie antérieure du corps, est distinctement séparée du thorax qui la suit. Elle est portée sur une sorte de pédicule ligamenteux ou *col* plus ou moins court, quelquefois même invisible, qui lui permet certains mouvements, souvent très-étendus, autour de son axe. Sa forme varie dans d'assez grandes proportions ; elle peut être arrondie, cubique, conique, aplatie, prolongée ou non en museau, etc. Par sa position relativement au thorax, elle est avancée, penchée, inclinée, infléchie, etc. Elle peut porter des appendices cornés, être lisse, ou plus ou moins ponctuée, striée, chagrinée, etc.

Elle est fixée au thorax par l'intermédiaire de téguments et de muscles qui s'attachent à sa partie postérieure. Les organes intérieurs, filets nerveux, œsophage, appareil circulatoire, etc. passent de l'un à l'autre au travers du col, et pénètrent dans la tête par une ouverture située à sa partie la plus postérieure, souvent au fond d'une concavité profonde, et qui porte le nom de *trou occipital*. La région avoisinant ce trou est *l'Occiput* (fig. 1, a). Au-dessus, et à la partie la plus élevée de la tête se trouve le *vertex* (*b*) qui porte les *ocelles* (*c*) ou yeux lisses. En redescendant vers la bouche, nous trouvons, entre la partie supérieure des *yeux* (*i*), et au-dessous des ocelles, un espace non délimité d'une façon nette et portant le nom de *front* (*d*).

Au-dessous et précisément entre les yeux, la région qu'ils enferment est la *face*. Elle porte les antennes et est parfois garnie de lamelles, de carènes, de sillons, de cavités diverses. Le plus souvent, elle se confond plus ou moins avec le front.

La face est limitée en avant, d'une façon quelquefois indistincte, par la pièce recouvrant immédiatement la *bouche* et que l'on nomme *l'épistome* (*f*) ou le *chaperon*. Celui-ci peut-être entouré de sillons profonds, sur le milieu des bords latéraux desquels se voit souvent une fossette spéciale, qui porte le nom de *fossette clypéale*. Rarement l'épistome porte des appendices cornés. Entre la face et lui, se voit, dans quelques genres, une pièce distincte et limitée qui a reçu le nom de *postépistome*. Enfin le nom de *joues* est réservé à l'espace situé derrière les yeux au-dessus des mandibules.

Quelles que soient sa forme et la nature de sa surface, la tête porte toujours des organes fort importants, qui se divisent en *organes fixes*, et en *organes mobiles*, savoir :

1° les yeux ;
2° les ocelles,

pour les pièces fixes.

Et : 1° les antennes ;
2° les parties de la bouche,

pour les pièces mobiles.

II. PIÈCES FIXES DE LA TÊTE

Ces pièces ne comprennent que les organes de la vision, qui sont ordinairement très-perfectionnés ou plutôt très-complexes chez les hyménoptères. Ils se composent, d'abord, des *yeux* proprement dits, puis des *ocelles* appelés quelquefois *stemmates*. Je vais les examiner successivement, mais je dois dire, dès maintenant, que souvent les ocelles font défaut, ou au moins s'oblitèrent complètement, et que, dans quelques cas rares, les yeux

eux-mêmes manquent tout-à-fait, constituant ainsi des insectes aveugles. Ce phénomène, qui se retrouve dans d'autres ordres, surtout chez les coléoptères, a lieu, pour les hyménoptères, dans quelques espèces de fourmis, dites hypogées, c'est-à-dire vivant profondément enterrées sous des pierres, des pièces de bois, des piquets, etc.

1. — **Yeux.** — Les yeux (pl. I, fig. 1, *i*), souvent très-gros, relativement à la taille de l'insecte, sont toujours situés de chaque côté de la tête et à une place variable dans le sens longitudinal. Ils arrivent quelquefois jusqu'à l'angle d'insertion des mandibules, d'autres fois en restent très-éloignés.

Ils sont enchâssés dans des ouvertures pratiquées dans les téguments de la tête, et présentant généralement un rebord plus ou moins prononcé. C'est ce qu'on appelle *l'orbite* des yeux, souvent entouré de fossettes profondes.

Les yeux peuvent offrir des dispositions diverses qu'il faut noter. Ils sont *rapprochés* ou *éloignés*, leur circonférence peut-être *arrondie*, *ovale*, *réniforme*, etc.; enfin ils sont généralement convexes et saillants sur la surface de la tête. Leur couleur varie dans des limites très-étendues, et nous y trouverions des caractères très-commodes, si elle ne changeait pas, la plupart du temps, après la mort.

Leur surface peut être *velue* ou *glabre* et cette circonstance est quelquefois invoquée avec avantage pour séparer certaines espèces.

Si nous venons à examiner leur structure intime, nous trouvons qu'ils ne constituent pas des organes simples, mais que, examinés à un faible grossissement, ils se laissent décomposer en une multitude d'yeux élémentaires juxtaposés et formant, par leur ensemble, un appareil complet et unique. Par suite de cette disposition, la surface des yeux présente une structure en facettes hexagonales plus ou moins nombreuses (depuis une seule, dans les espèces presque aveugles, jusqu'à plusieurs milliers), dont chacune est une *cornée* correspondant à un œil distinct. A chacun de ces yeux élémentaires, aboutit un filet nerveux qui transmet au ganglion céphalique l'impression des objets extérieurs. Toutes ces impressions doivent sans aucun doute se confondre, de façon à procurer à l'insecte une image unique, avec tous ses reliefs, de l'objet qu'il considère. Les facettes d'un même œil sont le plus souvent égales ; il arrive cependant quelquefois qu'elles diminuent de grandeur sur certaines de ses parties.

Cette structure spéciale a fait donner à ces organes le nom d'*yeux composés* ou *réticulés*.

Ces yeux sont immobiles, mais leur dimension et leur convexité leur permettent de voir, sans mouvements, ce qui existe dans un rayon très-étendu autour de la tête de l'insecte.

La vision à distance ne peut qu'être fort utile à des êtres qu'un vol rapide exposerait à des chocs dangereux, s'ils ne pouvaient se détourner à temps des obstacles. La vision très-rapprochée leur est aussi nécessaire pour qu'ils puissent se rendre compte des objets sur lesquels ils se trouvent, des travaux qu'ils exécutent, des entraves apportées à leur marche. Il est difficile de comprendre, avec les seules données de l'optique, la manière dont peuvent se satisfaire, au moyen d'un même organe, des besoins si distincts. Il faut admettre, ou que les facettes subissent quelques modifications dans leur courbure quand cela est nécessaire, ou que, pour les objets rapprochés, le toucher et l'odorat remplacent presque complètement la vision.

2. — Ocelles. — Les *Ocelles* (pl. I, fig. 1, c) sont placés au sommet de la tête, sur le vertex. Ce sont de véritables yeux, de dimension bien plus restreinte que les autres, mais jouissant des mêmes propriétés visuelles. Ils en diffèrent cependant, d'une façon complète, en ce sens qu'ils sont simples, et non à facettes, comme les yeux proprement dits.

Ils sont presque toujours au nombre de trois, disposés soit en ligne droite, soit en triangle, soit en ligne plus ou moins courbée, le sommet du triangle ou de la courbe se trouvant du côté de la face. Rarement on n'en aperçoit qu'un seul, plus souvent ils sont presque indistincts ou même manquent tout-à-fait, par suite de leur oblitération plus ou moins complète.

Les ocelles se présentent sous la forme de points arrondis, saillants, lisses et convexes. Leur couleur est très-variée, et ils forment quelquefois, au sommet de la tête de l'insecte, comme un diadème étincelant de diamants ou de rubis.

Leur fonction spéciale pour la vision est peu connue, et je crois inutile de rappeler ici les hypothèses diverses émises sur leur compte, car elles ne sont rien moins que certaines.

III. — PIÈCES MOBILES DE LA TÊTE.

1. — **Antennes.** — Les antennes (pl. II) sont ces appendices mobiles, plus ou moins allongés, qui ornent la tête de tous nos insectes, et dont la forme est des plus variables.

Elles sont insérées soit près de l'épistome, soit au milieu ou au-dessus de la face. Cette insertion a lieu, le plus souvent, dans une fossette creusée de chaque côté de la tête, et qui est tantôt courte, tantôt allongée pour recevoir, dans le repos, une partie des antennes. Elle porte le nom de *fossette antennaire* (pl. I, fig. 1, *k*).

L'espace situé sur la face, entre les deux insertions, est quelquefois large, et les antennes sont dites alors *écartées*, quelquefois, au contraire, très-étroit et les antennes sont, dans ce cas, *rapprochées*.

Sur la face ou au fond de la fossette antennaire, se trouve une proéminence fixe qui sert de point d'attache et d'articulation à cet organe, on l'appelle la *radicule* ou le *torulus*. (pl. I, fig. 1, *l*). Quelques auteurs l'ont considérée comme un premier article, mais bien à tort, puisqu'elle n'est pas articulée, et fait partie intégrante de la tête.

L'antenne se continue en une série de segments ou anneaux portant le nom spécial d'*articles*, dont les grandeurs relatives et la forme donnent des caractères précieux au classificateur.

Souvent le premier article, ou *article basilaire*, est beaucoup plus gros et plus allongé que les autres. Il porte alors le nom spécial de *scape*. Le reste de l'antenne, pour des familles entières, forme un angle avec ce scape, et l'on dit alors que l'antenne est *coudée* ou *brisée* (pl. I, fig. 1, *m*). La portion de l'antenne articulée avec le scape prend la dénomination de *funicule* ou *fouet* de l'antenne. Quelquefois entre le scape et le funicule, ou entre le premier et le second article de celui-ci, se placent de petits articles de dimensions très-restreintes, nommés *entr'articles*, *annelets* ou *articles supplémentaires*. (Pl. II, fig. 4, 5, 6).

Enfin les derniers articles peuvent se resserrer, se gonfler et former, à l'extrémité du funicule, une sorte de bouton plus ou moins conique, ou ovoïde, parfois aplati et foliacé, qui est la *massue*. Celle-ci peut comprendre, dans son ensemble, plusieurs articles distincts : elle est alors *articulée* (fig. 12), ou bien on ne distingue, à sa surface, aucune division, et elle est dite alors *inarticulée*. (fig. 27).

Rarement l'article terminal de l'antenne forme un véritable crochet. (fig. 26).

Le nombre des articles de l'antenne varie considérablement, suivant le genre de l'insecte, depuis 3 seulement jusqu'à plus de 60.

Considérée dans sa forme générale, l'antenne peut être :

droite, quand elle a la même direction dans toute sa longueur. (Fig. 2, 18, 24, etc.)

coudée, quand le funicule forme un angle avec le scape, (Fig. 1, 3 à 12, 32, 33).

filiforme, quand son épaisseur est la même dans toute sa longueur, et qu'elle a l'apparence d'un fil. (Fig. 34).

sétiforme ou *sétacée*, quand elle est rigide et que son diamètre diminue peu à peu de la base à l'extrémité, qui devient une pointe aigüe. (Fig. 25).

fusiforme, quand elle est plus grosse au milieu qu'aux deux extrémités. (Fig. 17).

moniliforme, quand ses articles sont arrondis, bien séparés et qu'ils rappellent un chapelet. (Fig. 3 et 6).

claviforme, quand son extrémité se renfle en massue. (Fig. 12, 27 et 30).

cultriforme, quand, étant renflée au milieu d'un seul côté, sa forme rappelle celle d'un couteau ou d'un sabre. (Fig. 31).

flabellée ou *flabelliforme*, quand la plupart de ses articles donnent naissance à des appendices allongés et aplatis, rappelant les branches d'un éventail. (Fig. 29).

pectinée, quand ses articles donnent naissance latéralement à des appendices, conservant leur écartement et leur direction, comme les dents d'un peigne. (Fig. 15, 16 et 19).

dentée en scie, quand, par la forme des articles successifs, l'antenne présente, sur sa longueur, l'apparence d'une scie. (Fig. 14).

appendiculée, quand quelques-uns de ses articles offrent des prolongements de forme quelconque.

fourchue, quand un ou plusieurs articles se divisent en deux branches. (Fig. 28).

subulée, quand elle a la forme d'une alène, et que, après un renflement, l'extrémité pointue est allongée. (Fig. 35).

épaisse, si le diamètre est grand relativement à la longueur. (Fig. 13).

grêle, si le diamètre est petit relativement à la longueur. (Fig. 18).

atténuée, quand, épaisse jusque près de l'extrémité, celle-ci s'amincit subitement.

noueuse, quand quelques articles intermédiaires sont plus gros que les autres.

irrégulière, quand la structure de ses articles ne permet pas de la rattacher à une forme connue. (Fig. 22).

Etc.

Dans certains genres, les antennes d'un sexe sont toutes différentes de celles de l'autre sexe. Elles sont, très-souvent, plus longues chez le mâle, quoique la proportion contraire se présente aussi plus rarement. Les mâles les ont parfois plus longuement velues, munies d'appendices plus singuliers et plus visibles. La couleur enfin peut être différente en tout ou en partie. (Fig. 4 et 5, 8 et 9, 14 et 15, 16 et 17).

Quant à la composition intime des antennes, il y a peu de choses à en dire, si ce n'est que leurs anneaux, successivement articulés les uns aux autres, ne sont que de véritables tubes creux, dont la surface, au moins à l'extrémité, est percée de pores plus ou moins nombreux. Ces tubes servent d'enveloppes et d'abri à des filets nerveux divers, qui donnent à ces organes leur sensibilité extrême et leur fournissent le moyen de remplir les fonctions dont ils sont chargés; ils contiennent en outre tous les muscles qui transmettent le mouvement aux diverses portions de l'antenne.

Les filets nerveux antennaires prennent naissance sur le ganglion situé dans la tête ou ganglion cérébral. Dans les antennes à massue, celle-ci semble destinée à favoriser la ramification de la substance nerveuse sur une plus grande surface; il paraît certain, d'ailleurs, que le siége de la fonction dévolue à l'antenne se place plus particulièrement dans la massue ou dans les appendices foliacés ou autres, quand ils existent.

Cette fonction, elle-même, a divisé de tous temps les expérimentateurs et on ne peut assurer encore que l'opinion adoptée soit exactement vraie. Cependant des observations nombreuses qui ont été faites à ce sujet, il résulte que l'antenne serait le siège de l'odorat chez les hyménoptères et, en général, chez tous les insectes. Des preuves multipliées indiquent que ce sens existe à un haut degré chez eux, et qu'il supplée à ce que d'autres peuvent avoir d'imparfait. C'est lui qui leur indique de loin la présence des fleurs qu'ils affectionnent, et qui, sans cela, resteraient bien souvent cachées à leurs yeux. C'est lui encore qui guide les mâles jusqu'à leurs femelles, alors que celles-ci sont à peine sorties de leur coque. L'odorat est donc un des sens les plus importants pour eux, et l'antenne qui en serait le siège, serait, par conséquent, un organe essentiel à l'existence normale de nos insectes.

De plus, il est permis de supposer que les antennes possèdent aussi des propriétés tactiles bien développées, et le mouvement continuel, que beaucoup d'espèces leur impriment dans la marche, peut leur servir, en même temps, pour leur indiquer les menus obstacles qui les gêneraient et pour leur permettre de saisir dans l'air, d'une façon plus certaine, les émanations où ils puisent la piste, soit des fleurs qui leur fournissent le miel, soit des insectes qu'ils doivent donner comme aliments à leurs larves, soit des femelles vers lesquelles le vœu de la nature les appelle.

2. — Parties de la bouche. — La bouche (pl. I) est, bien entendu, placée à la partie antérieure de la tête. Les pièces qui la composent, sont des plus importantes chez les insectes et surtout chez les hyménoptères. Ce sont, en effet, non-seulement les instruments de la capture et de la déglutition des aliments, mais, en outre, elles renferment de véritables outils qui servent, aux femelles, à parfaire la construction de leur nid, à puiser le miel et les sucs destinés aux jeunes larves, aux mâles à atteindre les femelles et à s'en emparer. Ces pièces sont assez compliquées, et leur forme ou leur importance respective varie avec les instincts divers assignés à chaque espèce, et aussi avec ses besoins.

D'une manière générale, la bouche d'un hyménoptère se compose, en dessus de l'ouverture buccale, où aboutit l'œsophage :

1° D'une pièce médiane, unique, cornée, appelée *labre* (fig. 6 et 8), fermant la partie supérieure de la bouche et jouant le rôle de la lèvre des animaux vertébrés. Sa forme est très-variable et on ne peut, souvent, le distinguer de l'épistome. (fig. 1 et 15).

2° De deux pièces cornées, symétriques, simples ou plus ou moins dentées et irrégulières, aigües ou obtuses, souvent en partie recouvertes par le labre, se mouvant horizontalement autour de leur base, comme autour de deux charnières. Ce sont les *mandibules* (fig. 1, 3, 7, 9, 11, 14, 15, 24, 25, 26 et 28); elles représentent les parties les plus dures et les plus puissantes des pièces de la bouche, celles qui sont chargées des fonctions les plus difficiles. Ce sont les pinces qui saisissent les proies, qui creusent les terriers, qui soutiennent les fardeaux pendant la marche ou le vol. Presque toujours, elles sont très-dures; les muscles qui les font agir sont vigoureux et d'autant plus fortement attachés à la boîte crânienne que l'insecte est destiné à s'attaquer à des substances plus résistantes. Leur forme varie beaucoup, comme je l'ai dit, et est toujours appropriée aux besoins que la nature a donnés à l'hyménoptère. Le plus ordinairement, elles sont à peu près triangulaires, avec un côté extérieur lisse, tandis que l'autre côté, qui est la partie travaillante, est denté et présente des aspérités diverses et très-variables d'un genre à l'autre. Quelques auteurs ont cru pouvoir classer ces dentures, comme on l'a fait pour les animaux supérieurs, et y ont distingué des incisives, des canines, des molaires, etc. Je ne veux pas m'arrêter à ces divisions, qui ne peuvent nous être utiles en rien. Les formes en sont, en effet, si variables qu'il ne me semble pas possible de les désigner d'une façon nette et exacte, et surtout de manière à ce qu'une mandibule étant donnée, on puisse, à coup sûr, la rapporter à une denture déterminée. Quand je devrai m'appuyer sur un caractère tiré de la forme des mandibules, je croirai plus pratique de l'indiquer en langage ordinaire d'une façon approchée, et de renvoyer, pour plus de précision, à la figure qui le représentera.

Souvent les mandibules sont glabres, souvent aussi elles sont pourvues de poils plus ou moins longs, formant quelquefois de véritables panaches. Leur couleur est encore assez caractéristique; elles peuvent être noires, brunes, jaunes, etc., en tout ou en partie. Elles sont profondément sillonnées ou présentent des pans coupés en divers sens. D'autre fois, ce sont de véritables scies, des ciseaux tranchants, des pelles à transporter le sable et à gâcher le mortier, etc. Il existe encore des formes quelque peu extraordinaires et anormales, surtout dans certains genres exotiques ; leur dimension peut s'exagérer et atteindre des proportions réellement curieuses avec des dispositions plus ou moins contournées.

D'après leur forme et leur destination, elles se croisent comme les lames d'un ciseau où elles viennent seulement se juxtaposer. (fig. 14 et 15).

Elles varient enfin souvent aussi d'après le sexe, ce qui a bien sa raison d'être, puisque les femelles ont à remplir un rôle beaucoup plus complexe que les mâles. Chez les fourmis où il y a, dans quelques cas, quatre sortes d'individus dont les rôles sont bien distincts, les mandibules d'une même espèce sont très-différentes, suivant qu'elles appartiennent, par exemple, aux ouvrières ou aux soldats.

Pour que le croisement des mandibules puisse s'opérer convenablement, il arrive souvent que les dentelures ou les sillons de l'une ne sont pas exactement reproduits dans l'autre, que si, par exemple, l'une des mandibules a deux dents, l'autre en a trois, etc.

Considérées dans leur structure intime, on peut constater qu'elles sont creuses ou plutôt remplies seulement de matières pulpeuses, de nerfs et de trachées. Les muscles qui les font mouvoir se fixent sur des portions cartilagineuses qui sont peut-être, d'après M. Marcel de Serres, une prolongation de la substance interne.

3° Sous les mandibules se trouve l'ouverture buccale ou *pharynx*, qui peut se fermer et s'ouvrir à volonté au moyen d'une valve, qui est l'*épipharynx*, de Savigny, l'*épiglotte* ou *sous-labre*, de Latreille. Cette pièce est insérée verticalement sur la voûte de la bouche, derrière l'origine du labre. Inférieurement, et opposée à l'épipharynx, est une seconde valve ou *hypopharynx*, insérée aussi verticalement au bord inférieur du pharynx. L'ensemble de ces deux valves forme comme deux lèvres qui ferment complètement le pharynx, à la volonté de l'insecte, et y retiennent les matières, toujours très-liquides, qu'il y introduit, et que ses autres appareils buccaux, à peine modifiés de ceux des insectes seulement broyeurs, seraient inhabiles à contenir. Les hyménoptères sont, à peu près, les seuls à posséder ces appendices.

4° Sous le pharynx, ou plutôt sur ses côtés inférieurs, prennent naissance deux pièces qui existent dans tous les autres ordres broyeurs, mais qui, ici, sont profondément modifiées. Ce sont les *mâchoires* (fig, 2, 10, 13, 16, 20, 23, 27). Elles sont au nombre de deux, de consistance beaucoup moins dure que les mandibules, mais peuvent, au besoin, prendre comme elles un mouvement horizontal. Comme chez tous les insectes, elles se composent, chacune, de deux parties principales : la *tige* (fig. 12, *a*) articulée à la tête, et le *lobe* (fig, 12, *b*) qui est fixé sur la tige. Celle-ci est toujours d'une nature plus ou moins cornée. Son articulation, les bords du pharynx, les valves qui ferment celui-ci, forment un ensemble de parties membraneuses très-flexibles, contractiles ou protractiles, en relation avec des muscles nombreux, et limités par de petits fils capillaires plus durs, qui en forment les bords. La déglutition s'opère par les mouvements simultanés de tous ces organes élastiques, dès que les aliments liquides arrivent à leur portée. La seconde portion de la mâchoire, ou le lobe maxillaire, est chargée de les y amener, concurremment avec une dernière pièce buccale, que nous étudierons ensuite sous le nom de *languette* (fig. 12, *e*).

Le lobe de chacune des mâchoires a moins de consistance que la tige ; il reste plus membraneux et élastique. Sa forme varie dans des proportions considérables. Tantôt, et lorsque les insectes n'ont pas besoin de recueillir de miel pour leur postérité, mais seulement pour eux-mêmes, ce lobe a une forme plus ou moins irréguliérement arrondie et il est peu prolongé ; tantôt, lorsque des provisions de miel doivent être faites pour les jeunes larves, il prend des dimensions exagérées, s'allongeant en une forme lancéolée souvent très-aigüe, concave en dedans, et appelée, par la réunion des deux lobes et de la languette, à constituer une sorte de trompe ou de suçoir. Des poils et des cils plus ou moins raides concourent, par leur mouvement vibratile, joint à l'élasticité des parties de cette trompe, à faire monter les liquides sucrés dans son intérieur, de façon à les amener au pharynx.

Vers la jonction des parties cornées et membraneuses de chaque mâchoire, se trouvent fixés extérieurement des appendices, uniques pour chacune d'elles, mobiles, articulés, qui sont les *palpes* dits *maxillaires* (fig. 12 et 13, *c*). Ce sont de véritables petites antennes, qui autrefois ont même porté le nom d'antennules. Ils sont composés d'un nombre variable d'articles, depuis un à six, suivant les genres. Quelquefois même, ils manquent complètement. Leur substance est assez solide ; le dernier seul, doué aussi souvent de formes spéciales, présente une consistance plus molle, une surface papilleuse, qui est évidemment le lieu de terminaison de filets nerveux, chargés de leur donner des aptitudes, sur lesquelles il n'est guère possible aujourd'hui que de faire des hypothèses.

Le rôle des palpes est en effet assez obscur, et a donné lieu à bien des interprétations ; on peut cependant supposer qu'ils sont destinés, d'abord, à remplacer les antennes pour les objets très-rapprochés, et particulièrement ceux destinés à la nourriture ou à la confection des nids. On ne peut évidemment leur refuser des propriétés tactiles très-développées, et ils doivent servir de mains pour manier, concurremment avec les mandibules, les matières si diverses mises en œuvre par nos hyménoptères. L'odorat ou le goût doivent bien aussi rentrer dans leurs fonctions. Il y a à ce sujet des expériences extrêmement délicates à tenter.

Enfin, je dois ajouter que les palpes sont, il est vrai, de très-petits organes, mais comme ils sont faciles à séparer et à étudier, on peut en tirer de bons caractères, quand on n'en a pas rencontré d'autres plus aisés à vérifier.

5° Enfin, et pour terminer l'étude de la structure de la bouche, nous trouvons, placée entre les deux mâchoires et insérée à la partie inférieure du pharynx, une pièce intermédiaire unique, qui est la *lèvre inférieure* (fig. 5, 17, 22, 27). Elle se compose, comme les mâchoires, d'une base plus cornée, et d'une portion, courte le plus souvent, quelquefois au contraire très-allongée, membraneuse et très-flexible. La première a été nommée, par Latreille, le *menton* (fig. 5, *a*), et la seconde est la *languette* ou *ligula* (fig. 5, *b*).

Le menton est une petite pièce, ordinairement rectangulaire, qui ne sert que de support à l'autre partie, concourant cependant à fermer la partie inférieure de la bouche, entre les mâchoires, avec lesquelles elle se trouve reliée, puisque, quand celles-ci s'ouvrent, la lèvre s'avance en même temps.

La languette est une lame membraneuse ou cartilagineuse très-flexible, dont l'extrémité peut être bifide ou trifide, et est ordinairement garnie de poils plus ou moins soyeux, en forme de brosse. Sa longueur est en raison des besoins de l'insecte, et mesurée à peu près sur celle des lobes maxillaires, qu'elle dépasse cependant le plus souvent un peu. Appliquée contre ces lobes, auxquels elle peut s'unir très-exactement, elle forme avec ceux-ci une sorte de tube à trois parois, où les liquides nourriciers s'introduisent et sont poussés vers le pharynx par les contractions simultanées de la languette et des lobes, et par les mouvements vibratiles des cils, comme je l'ai dit. Mais la languette a encore un autre rôle qui lui est spécial, et que son extrémité très-flexible et très-délicate, le plus souvent aussi très-velue, est chargée d'accomplir : c'est de puiser directement les sucs mielleux des fleurs pour les amener à l'orifice du tube.

Ce qui contribue encore à faire varier la longueur de la languette et des lobes maxillaires, est l'obligation où se trouvent les insectes, par suite de leurs différents besoins et de leur instinct particulier, de chercher le miel dans des fleurs à corolle plane ou tubuleuse, et le rapport harmonique qui existe sous ce point de vue, comme sous bien d'autres encore, entre l'entomologie et la botanique n'est pas ce qu'il y a de moins admirable et de moins attachant dans l'étude que nous entreprenons.

A la base de la languette se placent symétriquement, et plus ou moins près les unes des autres, quatre pièces, savoir :

D'abord deux *palpes*, dits *labiaux*, (fig. 5, *c*, 12 *f*, 18), composés, comme les maxillaires, d'un nombre variable d'articles et servant vraisemblablement aux mêmes usages; la forme et le nombre de leurs articles peuvent aussi fournir, dans quelques cas difficiles, des caractères très-précieux.

Ensuite, et au-dessous de ces deux palpes, deux appendices, soit lancéolés, soit allongés comme de véritables fils, généralement velus, de consistance molle ou membraneuse, et qui portent le nom de *paraglosses*. Leurs fonctions ne sont pas connues, au moins avec certitude, et leur étude demande des observations nouvelles, dont la difficulté ne peut qu'être très-grande.

Ces pièces (lobes maxillaires, languette, etc.) très-longues et très-visibles, dans certaines espèces, lorsqu'elles sont en action, deviennent, au contraire, difficiles à apercevoir au repos; car elles se replient sur elles-mêmes, de façon à se loger et à se cacher complètement dans une cavité pratiquée inférieurement dans la tête, entre le pharynx et le trou occipital. La partie cornée des machoires leur sert alors d'étui. Illiger a donné le nom de *promuscis* au prolongement formé par la trompe des hyménoptères, quand ce prolongement est sensible et en forme de museau

IV. — THORAX

La partie intermédiaire du corps des insectes porte le nom général de *thorax*. Il comprend un certain nombre de divisions que nous définirons tout-à-l'heure, et sert de support aux appareils de la locomotion, les pattes et les ailes.

Le thorax, (pl. III), pris dans son ensemble, forme une masse très-irrégulière, allongée ou ovoïde, quelquefois globuleuse.

On peut déjà le diviser en deux parties, selon que l'on considère le dessus ou le dessous. La partie supérieure, ou dorsale, porte le nom collectif de *notum* ou *tergum*, la partie inférieure, celui de *sternum*.

Si on l'examine, au contraire, en partant de la tête pour aller vers l'abdomen, on le trouve composé de trois parties ou *segments* principaux, qui sont en commençant vers la tête:

1° *Le Prothorax*, comprenant en dessus le *pronotum*, en dessous le *prosternum*, ce dernier ne portant que les pattes antérieures.

2° Le Mésothorax, formé par le *mesonotum* auquel sont fixées les *ailes antérieures* ou *supérieures* et le *mesosternum*, qui est le point d'attache des *pattes intermédiaires*.

3° *Le Métathorax*, composé du *metanotum*, qui porte les *ailes postérieures* ou *inférieures*, et du *metasternum*, qui soutient les *pattes postérieures*.

Chacune de ces trois parties se subdivise, en outre, en un certain nombre de régions séparées plus ou moins distinctement par des sillons, et qu'il nous reste à examiner.

Je ne m'arrêterai, d'ailleurs, qu'aux pièces visibles sans entrer dans le détail de celles qui en sont seulement des prolongements internes.

1. — **Prothorax.** — Le prothorax, nommé aussi *collier*, s'unit directement avec la tête, comme nous l'avons vu, par l'intermédiaire d'une sorte de mince pédicule ou *col*. Les téguments qui forment le col, passent au travers d'une ouverture arrondie du prothorax, et se fixent sur ses bords. Cette ouverture est formée, partie par l'extrémité antérieure du pronotum, partie par celle du prosternum.

Le pronotum est souvent peu visible, enfoncé sous l'occiput et n'apparaît parfois que sous la forme d'un mince ruban bordant en avant le thorax. D'autres fois, il prend beaucoup plus d'importance, et sa forme est alors très-variable. Il peut être très-étroit en son milieu et large sur ses bords, ou sa forme générale peut paraître, vue en dessus, triangulaire, quadrangulaire, trapézoïdale ou en croissant. Les parties latérales antérieures du pronotum, souvent plus développées ou autrement colorées que le reste, sont les *épaules*. Sur la ligne médiane se voit fréquemment un sillon plus ou moins profond ou simplement une ligne plus lisse Sa surface peut acquérir les mêmes variations de poli ou de ponctuation, de pubescence ou de nudité que la tête ou les autres parties du thorax; ces variations sont indiquées par une série d'expressions que j'inscrirai plus tard. Enfin cette surface même s'appelle le *disque* du pronotum.

On admet généralement que les trois segments du thorax sont composés des mêmes parties et en même nombre, les unes s'oblitérant quelquefois en même temps que d'autres prennent un accroissement proportionnel. Dans cette hypothèse, le disque du pronotum en serait le *scutellum*. En avant, et réduites à l'état membraneux, ou oblitérées, en tous cas invisibles, seraient deux pièces, le *præscutum* et le *scutum* du prothorax, tandis qu'en arrière, une autre pièce, le *postscutellum* serait devenue interne. Dans tous les cas, nous n'avons à tenir compte ici que de celle qui est visible que nous nommerons simplement le *pronotum*.

Dans le même ordre d'idées, le prosternum devrait présenter

beaucoup plus de pièces qu'il n'est possible d'en apercevoir à l'extérieur. Au centre et sur la partie médiane serait le *medisternum*, toujours visible, en avant duquel se placerait une partie interne, *l'entothorax*. Sur les côtés, nous trouvons deux pièces latérales antérieures, nommées les *episternum*, réduites souvent à un filet très-grêle, disparaissant même quelquefois, tandis que, dans d'autres circonstances, elles prendraient, au contraire, assez d'accroissement pour, en se rejoignant en dessus, former une sorte de deuxième pronotum, qui a jeté dans l'erreur quelques naturalistes.

Derrière les episternum, se trouvent encore deux pièces latérales, les *épimères*, qui, avec le medisternum, forment deux ouvertures où passent les articulations des hanches. Ces épimères ne peuvent se détruire, puisqu'elles servent de support direct aux hanches qui existent toujours.

Enfin une pièce spéciale que présentent presque constamment le second segment thoracique, le *paraptère*, manque dans le prosternum parce qu'elle est liée intimement à l'existence des ailes.

L'avantage de cette hypothèse d'un même plan pour l'arrangement et le nombre des parties du thorax, se saisira facilement. Elle permet, en effet, de reconnaître par l'analogie, le but et la nature des pièces existantes, celles qui manquent ayant pu s'oblitérer, les autres prenant un accroissement proportionnel, tandis que jamais ne peut s'en intercaler une nouvelle.

On a signalé l'existence de stigmates prothoraciques entre les pro-et-mésothorax, au-dessus des ailes antérieures, mais ils sont à peu près invisibles.

On voit donc que le prothorax a une structure très-simple, la plupart des pièces qui existent dans les autres segments ayant disparu. Le prosternum est d'ailleurs toujours plus important que le pronotum, ce qui s'explique par le grand nombre de muscles qui doivent s'y insérer pour les articulations des pattes et de la tête.

2. — **Mésothorax.** — Le mésothorax présente une complication plus grande que le prothorax en raison des insertions des ailes antérieures qui s'y trouvent placées.

Le mesonotum offre, immédiatement derrière le pronotum

une surface étendue placée au milieu du dos, qui est le *scutum du mésothorax*; il est quelquefois partagé en deux parties par un sillon médian, ou en trois par deux sillons latéraux, mais ce ne sont que des divisions superficielles. En arrière, et aussi sur le milieu du dos, se voit encore une large pièce, souvent plus grande que le scutum, qui est le *scutellum du mésothorax*, divisé aussi souvent par des sillons plus ou moins apparents. Les præscutum et postscutellum restent internes, comme dans le prothorax.

C'est dans le scutum que s'ouvre le passage de l'articulation des ailes antérieures. On voit à cet endroit deux petites pièces, que l'on a nommées les *parapsides*, et qui ne seraient, d'après M. Lacordaire, que de simples divisions du scutum.

Vers l'angle formé latéralement par le scutum et le scutellum, et au-dessous de l'ouverture d'insertion des ailes, se trouve une pièce ronde ou en triangle plus ou moins irrégulier, non soudée, mais seulement articulée avec les parties voisines, de façon à supporter quelques mouvements peu étendus. Cette pièce, qui sert à protéger l'articulation des ailes antérieures, a reçu beaucoup de noms différents, selon les auteurs. C'est l'*écaillette*, l'*écaille*, la *pterygode*, le *point calleux* ou *squamula*. C'est enfin le *paraptère* des autres ordres d'insectes. Nous adopterons la première de ces expressions, *l'écaillette*, en raison de la forme de cette partie, qui rappelle la coquille d'un mollusque bivalve.

Le mesosternum contient, ou peut contenir, les différentes pièces que j'ai signalées à propos du prosternum, savoir : le medisternum, les deux episternum et les deux épimères. Souvent le mesosternum se prolonge très-loin sous le métathorax, ce qui reporte en arrière les pattes intermédiaires. Il peut même présenter une foule de dispositions particulières, des échancrures, des prolongements de nature diverse, qui forment de bons caractères spécifiques.

Disons enfin, en terminant, que le mésothorax semble porter, dans son articulation avec le métathorax, une paire d'orifices stigmatiques généralement tout-à-fait invisibles, comme ceux du prothorax.

3. — Métathorax. — Le métathorax présente en-dessus une surface médiane, qui est le *scutum du métathorax*, immédiatement suivie par une autre, qui est le *scutellum du métathorax.*

Ces deux pièces, ou l'une d'elles, sont quelquefois peu visibles et peu distinctes; la dernière manque même souvent. D'autres fois, elles montrent des sillons superficiels qui les partagent en diverses régions. Presque contigüe au mésothorax, se voit pratiqué dans le scutum métathoracique, l'ouverture d'insertion des ailes postérieures. Celle-ci n'est pas couverte d'une écaille, comme dans les ailes antérieures, et c'est tout au plus si l'articulation est garantie par un repli du scutum du métathorax, presque recouvert par les côtés du scutellum mésothoracique, quand il existe. Le præscutum et le postscutellum sont encore ici invisibles à l'extérieur, sauf, en ce qui regarde le dernier, dans une famille à abdomen sessile, les Tenthrédines.

Sur le scutum se laisse apercevoir, dans quelques cas, une sorte de cicatrice simulant une ouverture de stigmate, mais ce n'en est que l'apparence, le métathorax ne portant jamais ces organes.

Dans beaucoup de cas, ces divisions du métathorax se confondent et s'enchevêtrent les unes dans les autres, de façon à rendre leur identification fort difficile, et ce n'est alors qu'au prix de dissections extrêmement minutieuses qu'on arrive à l'établir. Quoi qu'il en soit, il n'y a jamais que les parties que j'ai énumérées, plus ou moins petites ou étendues, plus ou moins divisées par des sillons.

A la face inférieure, le metasternum présente, sans plus de complication, les parties que j'ai indiquées pour les autres segments, medisternum, épimères et episternums.

Ces pièces inférieures sont refoulées souvent presque en entier sous l'abdomen, et les hanches postérieures sont alors situées très en arrière.

Telle est, dans ses formes les plus générales, l'économie du thorax des hyménoptères. Si l'on suit attentivement, sur nature, sur un frelon, par exemple, la succession des parties qui le composent, on arrivera toujours à trouver, dans la masse thoracique, une division ou un segment de plus que ceux que j'ai indiqués. En effet, à la suite du métathorax, se trouve, intimement soudée avec lui, une pièce souvent très-grande, à laquelle s'attache l'abdomen proprement dit. Cette pièce a été regardée comme une division du thorax, et on y trouvait l'analogue du postscutellum des autres segments. Latreille, d'abord, puis Audouin, ont démontré, d'une façon irréfutable, que cette partie extrême constituait le premier segment abdominal, tandis que le pédiculé, dans le frelon, par exemple, n'en était que le second. Je ne veux rappeler ici qu'une des preuves qui démontrent la vérité de cette assertion ; elle consiste dans la présence d'une paire de stigmates. Le métathorax en est constamment dépourvu, tandis que les segments abdominaux en portent presque tous. Latreille a assigné à cette partie spéciale le nom de *segment médiaire*. Il a, en général, une forme demi-circulaire, ouverte à la face postérieure en fer à cheval, pour laisser place à l'insertion de l'abdomen.

Celle-ci se fait souvent par la simple continuation des téguments du segment médiaire au segment abdominal suivant. Chez quelques familles, où l'abdomen est très-mobile, on trouve, en outre, une disposition particulière pour assurer cette mobilité. A la partie supérieure de l'ouverture du segment médiaire se fixe une sorte de ligament filiforme tendineux, contractile, dont l'autre extrémité va s'attacher au pédicule de l'abdomen. Ce ligament, en se contractant, agit comme un levier pour faire tourner l'abdomen autour de l'extrémité de son pédicule, et, par conséquent, pour le relever. Quand ce ligament se détend, l'abdomen retombe. On lui a donné le nom de *funiculus*.

Je viens de montrer que le premier segment abdominal apparent n'est, en réalité, que le second. Cependant, pour éviter toute confusion, et pour faire concorder mes explications avec les formes qui frapperont les yeux, je dois prévenir que je donnerai toujours, dans les descriptions, au pédicule, le nom de premier segment abdominal, et au segment médiaire celui d'extrémité du métathorax. L'erreur évidente que je commettrai ne pourra avoir de conséquences fâcheuses après les explications auxquelles je viens de me livrer, et le lecteur y trouvera l'avantage d'une détermination plus simple et plus facile.

Le thorax étant ainsi décrit dans ses formes les plus complexes, il reste à indiquer les modifications et les simplifications qui s'y présentent.

La première qui saute aux yeux, consiste dans l'absence des ailes, et par conséquent de l'ouverture d'insertion, et des paraptères. Ce fait se produit dans diverses familles, les Ichneumonides, les Braconides, les Chalcidites, les Cynipides, les Proctotrupiens, les Mutilles, les Formicides, les Scoliens. Mais, même parmi ces insectes aptères, le thorax subit de nombreuses modifications, depuis les Mutilles où l'on n'aperçoit presque aucune division jusqu'aux fourmis où un grand nombre des régions indiquées existent.

De plus, sinon dans leur nombre, au moins dans leur forme, les pièces thoraciques nous montrent des variations très-grandes. Elles sont souvent complètement irrégulières, ou démesurément allongées, (fig. 12) elles portent des épines ou des dents caractéristiques, des fossettes régulièrement disposées, des stries les partageant en aires, constantes dans un même genre, et dont on s'est servi efficacement pour la classification, comme dans le métathorax des Ichneumons. On y remarque aussi quelquefois des dépressions ou des sillons très-prononcés, des séries de points élevés etc., toutes modifications que nous aurons occasion de signaler chaque fois qu'elles se présenteront.

V. — APPENDICES DU THORAX

Il me reste à étudier maintenant les différents organes qui prennent leur point d'attache sur le thorax. Ce sont les appareils de locomotion, comprenant :

1° les pattes,

2° les ailes.

1. — Pattes. — Les pattes (pl. III) des hyménoptères à l'état parfait, comme celles de tous les insectes proprement dits, sont au nombre de six, savoir : deux *pattes antérieures*, articulées au prosternum, deux *pattes intermédiaires*, articulées au mesosternum, deux *pattes postérieures*, articulées au metasternum.

Les pattes sont, on le sait, les organes spéciaux de la locomotion terrestre. Aucun hyménoptère, à l'état parfait, n'en est privé, et, dans toutes les familles, elles sont composées de mêmes parties, qui existent toujours, et qui ne se modifient que sous le rapport de la forme.

Qu'elle appartienne à une paire ou à une autre, chaque patte se compose de :

1° *La hanche*, articulée directement avec les bords de l'ouverture coxale formée par l'épimère et l'episternum. Audouin a signalé entre le thorax et la base des hanches une petite pièce servant à faciliter l'articulation et le mouvement de la patte. Il l'a nommé le *trochantin*. Je n'ai pu la découvrir chez les hyménoptères, et il est à supposer que, si elle existe, elle est cachée dans l'intérieur des téguments.

Les hanches sont ordinairement courtes, épaisses, plus ou moins triangulaires, quelquefois dentées on épineuses. Leur face intérieure présente des portions plates ou courbées, se croisant à angle saillant, qui se logent dans des parties creuses correspondantes du thorax et s'y appliquent parfaitement. L'extrémité qui s'articule au thorax est la plus large, c'est la *base* des hanches. La partie opposée va en se rétrécissant jusqu'à l'extrémité ou *partie apicale*. Les hanches sont le plus souvent velues, au moins à la face externe.

2° A la suite des hanches, apparaissent, soit une, soit deux petites masses cornées assez irrégulières, articulées entre elles, et ayant pour but de donner une grande étendue aux mouvements du reste de la patte, tout en les limitant à la façon d'une rotule; on les nomme les *trochanters*.

3° Les trochanters s'articulent directement avec les *cuisses*. Celles-ci sont ordinairement la partie la plus considérable de la patte, Elles prennent des formes très-variées, mais, en tous cas, leurs deux extrémités se réduisent à deux articulations fort étroites. Le plus souvent la cuisse est linéaire, conique ou pyramidale, cylindrique ou fusiforme; tantôt elle présente des lignes saillantes, dentées ou non en scie, armées d'épines; elle est glabre ou garnie de poils plus ou moins longs; tantôt elle prend des dimensions exagérées, relativement à la grosseur de l'insecte, présentant alors une forme lenticulaire ou tout-à-fait aplatie, parfois concave en dedans. Ces formes diverses varient aussi avec le sexe, et fournissent des caractères bons à employer pour les distinguer.

4° Les *tibias* viennent ensuite et offrent, eux aussi, des formes très-diverses, mais moins variées cependant que les cuisses. Le plus ordinairement, ils sont cylindriques ou coniques, allongés, avec des arêtes saillantes, des dents, des épines ou des éperons en nombre variable. Leur longueur peut devenir très-grande, et ils sont alors très déliés.

Les *éperons* qu'ils portent très-souvent sont plus ou moins mobiles et affectent des formes très-diverses. Chez quelques espèces, il leur est adjoint de petites pelotes membraneuses, appelées *patella*.

5° *Les tarses*, enfin, terminent la patte. Ils sont composés d'une série de petites pièces ou *articles*, mobiles les uns sur les autres, et en nombre variable. Le premier article est souvent plus gros et plus long que les autres. Dans quelques familles, il a reçu le nom particulier de *métatarse*. Il prend alors une importance spéciale, en ce sens qu'il sert aux abeilles, par exemple, au transport du pollen récolté sur les fleurs ; il devient alors aplati, rectangulaire. Ordinairement tous les articles du tarse sont cylindriques ou coniques, quelquefois cordiformes avec une échancrure inférieure qui les rend bilobés. A la base de l'articulation de chaque article, on aperçoit parfois des pelotes ou vésicules membraneuses (patellæ) où bien le dessous des tarses est couvert d'une couche de poils courts, soyeux et serrés, ayant l'apparence du velours. On a donné à cette disposition le nom de *brosse*. Enfin on peut signaler encore, dans quelques tarses, de véritables appareils pneumatiques, portant le nom de *ventouses*. Ce sont des petites cupules dans l'intérieur desquelles, par un mouvement musculaire, l'insecte peut faire complètement le vide.

Tous ces appendices divers servent à la marche des hyménoptères, et c'est avec leur aide qu'on peut les voir avancer sur les surfaces les plus lisses et s'y maintenir facilement, même quand ces surfaces sont verticales ou renversées et que rien alors ne les soutient.

Chaque article des tarses est muni, en outre, dans quelques cas, de poils ou de cils plus ou moins raides. Le dernier porte toujours deux appendices spéciaux, cornés, qui sont les *ongles*. Ils ont la la forme de véritables griffes, sont simples ou bifides, armés ou non de petites dents très-fines, et sont accompagnés d'une petite *pelote* membraneuse. Ces ongles leur servent aussi à assurer la marche et à assujettir des proies difficiles à transporter.

Les pattes peuvent être glabres ou courtement velues. Elles présentent encore, en quelques circonstances, sur les cuisses, des touffes allongées et épaisses de poils soyeux. Elles font alors partie de l'appareil pollinigère, et Klug leur a donné le nom de *floccus*. La même disposition se retrouve, mais infiniment plus rarement, aux tibias.

2. — Ailes. — Les *ailes* (pl. IV) sont, comme je l'ai dit, les organes spéciaux du vol, et leur importance ne laisse aucun doute, puisqu'un insecte, qui, devant en avoir, vient à en être privé accidentellement, ne peut plus pourvoir à tous les besoins qui le sollicitent. Les Hyménoptères ont généralement quatre ailes, savoir : *deux ailes antérieures* ou *supérieures*, plus grandes et plus fortes que les autres, liées au mesonotum, et *deux ailes inférieures* ou *postérieures*, liées au metanotum.

Chez un certain nombre d'espèces, les ailes manquent totalement, au moins dans l'un des sexes, et constituent ainsi des individus *aptères*. Ce sont ordinairement les femelles qui sont privées de cet organe. Il existe aussi cependant des mâles aptères, quoiqu'en bien petit nombre. Chez les fourmis, la femelle vierge est ailée, mais ses ailes tombent ou sont arrachées, dès qu'elle est fécondée. Les femelles stériles, que nous connaissons sous le nom d'ouvrières ou de soldats n'ont jamais d'ailes chez les Formicides.

Enfin il en existe dont les ailes sont bien développées, mais restent toujours à l'état rudimentaire, où n'atteignent qu'une partie de la longueur qui serait normale pour la taille de l'insecte. Elles sont alors à peu près inutiles au vol.

Les ailes sont attachées au thorax par l'intermédiaire d'articulations assez compliquées, et elles sont mues par des muscles très-puissants. Si l'on réfléchit, en effet, combien grand doit être l'effort nécessité par l'action du vol, non seulement parce que l'aile n'a qu'une surface fort limitée par rapport au poids du corps, mais aussi parce que l'insecte est obligé souvent, à un moment donné, de transporter des fardeaux réellement énormes pour sa taille, on reste étonné de voir que cet effort est transmis par une surface aussi petite que l'est l'articulation de l'aile.

Cette articulation se fait au moyen d'une série de petits corps de substance cornée, s'enchevêtrant les uns dans les autres, et noyés dans une partie membraneuse. Ces petits corps, nommés *osselets* ou *épidèmes d'articulation*, sont combinés de telle sorte qu'en roulant les uns sur les autres, ils forcent l'aile à prendre, quand elle est mise en jeu par les muscles qui lui sont spéciaux, toute la série des mouvements successifs qui sont nécessaires pour donner lieu au vol. Il ne faut pas seulement un mouvement rectiligne d'ascension ou de descente, mais il faut que la surface alaire prenne des inflexions particulières, des inclinaisons calculées, pour que l'air oppose le plus de résistance que possible pendant la descente de l'aile, et qu'au contraire, il s'échappe avec la plus grande facilité pendant sa montée. Cette étude intéressante du vol des insectes, comme de celui des oiseaux, a tenté l'esprit observateur de plus d'un savant distingué, et nous possédons, à cet égard, des travaux extrêmement sérieux qu'il ne m'est même pas permis d'effleurer ici, malgré le grand intérêt qui s'y rattache, mais dont on trouvera l'indication dans le relevé bibliographique placé plus loin.

Jurine qui, le premier, a étudié, d'une façon complète, la structure de l'aile, a distingué les épidèmes d'articulation par différents noms, qui sont, pour l'aile supérieure :

le grand radial ;
le petit radial ;
le grand cubital ;
le petit cubital ;
le grand huméral ;
le petit huméral ;
le naviculaire.

Le cuilleron, ou épaulette, ce que j'ai appelé écaillette, est plutôt, à mon sens, une pièce appartenant au thorax qu'à l'articulation de l'aile, puisque, dans les autres ordres, elle devient fixe, de mobile qu'elle est chez les hyménoptères, et prend place parmi les divisions du mésothorax.

L'aile inférieure nous offre des épidèmes nommés :

l'échancré ;
le scutellaire ;
le diadémal ;
le fourchu ;
la massue.

Sur ces épidèmes viennent s'articuler, par de solides ligaments, deux ou trois apophyses cornées qui forment la base réelle de l'aile.

Si nous passons à la structure même de celles-ci, nous la voyons formée par une membrane mince, parcheminée, brillante, le plus souvent transparente, quelquefois, au contraire, diversement colorée. C'est la *membrane de l'aile*. Elle est composée par la réunion intime de deux feuillets très-minces superposés. Pour lui donner de la rigidité, et la rendre propre à la fonction qu'elle a à remplir, cette membrane est soutenue, sur toute sa surface, par des tiges saillantes, cornées, prenant naissance dans les apophyses de la base de l'aile dont elles ne sont qu'un prolongement et un développement. On leur a donné le nom de *nervures*. Elles sont placées entre les deux feuillets membraneux dont je viens de parler, qui les recouvrent exactement; de plus elles se divisent et se subdivisent en ramifications qui forment un réseau plus ou moins compliqué. Ces nervures sont creuses et forment de véritables tubes plano-convexes dont la partie supérieure surtout est saillante sur l'aile, et diminuant graduellement de diamètre jusqu'à leur extrémité. A l'intérieur, ces nervures contiennent une trachée, ou tube respiratoire roulé en spirale. Ces trachées amènent l'air dans les ailes, et celui-ci, tout en leur donnant de la légèreté, contribue, paraît-il, aussi, à les distendre lors de l'éclosion de l'insecte. Les nervures sont le plus souvent colorées d'une façon assez obscure, et, en tous cas, ont une teinte plus foncée ou au moins aussi foncée que celle de la membrane.

« Les tubes qui constituent les nervures sont toujours continus, « excepté chez quelques hyménoptères à abdomen pétiolé, où « l'on observe, principalement aux points où ils s'anastomosent « entre eux, des espèces de petites taches arrondies, transpa- « rentes, et auxquelles leur ressemblance avec des *bulles d'air* a « fait donner ce nom. Elles sont produites par l'interruption « subite des nervures qui, en arrivant aux points où ces taches « sont situées, perdent leur forme tubulaire et s'éparpillent en « petits filets imperceptibles, lesquels, en se réunissant plus « loin, reprennent leur figure première. Leur couleur répandue « sur une plus grande surface, perd nécessairement de l'intensié « de sa nuance et produit cette transparence dont nous avons « parlé. Les trachées contenues dans l'intérieur des nervures ne « sont jamais interrompues. En examinant ces bulles d'air au « microscope, on s'aperçoit qu'elles sont toujours accompagnées

« d'un léger pli de la membrane qui coupe la nervure exactement « au point où elles existent, et si ce pli change de direction, elles « en changent avec lui. On peut en conclure qu'elles ont pour « but de diminuer l'épaisseur de l'aile, afin qu'elle puisse se « distendre un peu, lorsque cela est nécessaire, et qu'elles « jouent ainsi le rôle de véritables articulations. »

(Lacordaire, *Introduction à l'Entomologie*).

Vue sous un certain jour, la membrane des ailes est très-fréquemment irisée, d'autres fois elle présente les colorations les plus diverses, jusqu'à devenir presque noire et opaque avec des reflets d'or ou d'azur les plus riches. Ordinairement elle est transparente, et dite *hyaline*. Si elle a une partie plus ou moins assombrie, elle est *nuageuse* ou *enfumée*.

L'aile inférieure offre, à peu près, la même structure que l'aile supérieure. Elle possède cependant en plus, à son bord supérieur, une série de petits cils très-raides formant de véritables épines, dont l'extrémité est recourbée à angle aigu de façon à constituer de petits *crochets*, presque microscopiques. Leur but est de relier l'une à l'autre les deux ailes pendant le vol, et d'en empêcher la séparation. Ils sont en nombre très-variable. J'en ai trouvé quelquefois seulement trois, d'autres fois plus de vingt, selon les espèces considérées. On pourrait même peut-être en tirer un caractère spécifique, si l'on n'était exposé à des erreurs fréquentes par suite de la chute accidentelle de quelques-uns de ces crochets. La membrane alaire peut être glabre; le plus souvent elle est velue et les poils excessivement ténus qui la couvrent, forment parfois des lignes continues donnant lieu à de véritables dessins. Il y a des espèces où un espace délimité est glabre, le reste étant velu. Enfin les bords des ailes sont souvent garnis de longs cils parallèles qui en prolongent la surface, et donnent une élasticité complète à ces bords sous la pression de l'air.

Beaucoup d'hyménoptères présentent, à un certain point du bord supérieur de leurs grandes ailes, un renflement de la nervure, souvent assez considérable, faisant peut-être l'office d'un contrepoids. On le nomme le *carpe* ou *stigma*.

Ajoutons enfin que, chez un certain nombre de nos insectes, les ailes, au lieu de rester étendues dans le repos, comme cela se produit le plus habituellement, se plissent longitudinalement et se replient de façon à ramener la partie inférieure sous la partie supérieure. On dit alors que les ailes sont *pliées*.

Considérées sous le rapport de leur position générale, les ailes des hyménoptères sont croisées sur le dos, de façon à voiler l'abdomen. Leur longueur varie considérablement relativement à celle du corps. Tantôt elles dépassent de beaucoup l'abdomen; elles sont alors dites : *longues*; tantôt elles sont bien plus courtes que lui et en atteignent seulement la moitié ou le tiers; elles sont alors *courtes*. Toutes les dimensions relatives intermédiaires se rencontrent aussi.

Je ne puis étendre davantage ces renseignements généraux; les expressions spéciales à chaque forme, à chaque partie, ou à chaque manière d'être, trouveront leur explication suffisante dans le glossaire.

J'ai dit que les nervures, en se croisant et en s'anastomosant, formaient un véritable réseau. C'est ce réseau qu'il me reste à examiner avec détail, son étude étant des plus importantes pour la connaissance des hyménoptères.

Les portions membraneuses ainsi comprises entre plusieurs nervures qui se croisent sont ce qu'on appelle des *cellules*.

Les cellules présentent, dans leur dispositions générales, des analogies constantes qui ont permis de les classer et de leur donner des noms spéciaux, ainsi qu'aux nervures.

Le nombre des nervures et des cellules est très-variable; il faut d'abord considérer l'aile dans sa forme la plus compliquée et arriver ensuite, par élimination, à la connaissance de celles qui sont plus simples. (1)

La nervure qui suit le bord supérieur de l'aile antérieure et traverse le carpe, prend le nom de *nervure costale* ou *marginale*. Elle est souvent double enfermant alors une cellule nommée *cellule brachiale*, sa nervure inférieure étant dite *sous costale*. Son épaisseur dépasse celle de toutes les autres dans la plupart des espèces.

(1) Le lecteur devra, pour l'intelligence facile du texte, suivre sur la planche IV, les descriptions que je vais donner des différentes parties de l'aile, cette planche représentant une aile idéale et montrant toutes les nervures et cellules indiquées.

En dessous et partant aussi de l'articulation, se trouvent successivement la *nervure médiane* et la *nervure anale*.

Entre les nervures sous-costale et médiane, est enfermée la *cellule costale* dont le troisième côté est formé par la nervure *margino-discoïdale*.

Entre les nervures médiane et anale est la *cellule médiane*, terminée par la *nervure médio-discoïdale*. Au-dessous de la nervure anale est la *cellule anale* limitée par le bord inférieur de l'aile.

Ces quatre cellules, brachiale, costale, médiane et anale, constituent la *partie basilaire* de l'aile, ou partie *brachiale*.

Si nous continuons cet examen en nous dirigeant vers le centre de l'aile, nous rencontrerons d'abord trois autres cellules qui seront :

La *première discoïdale*, limitée par la *nervure margino-discoïdale*, la *nervure discoïdale*, la *première nervure récurrente* et la *nervure cubitale*.

La *deuxième discoïdale*, limitée par les *première* et *deuxième nervures récurrentes*, par la *nervure transverso-discoïdale*, la *nervure postérieure* et la *nervure cubitale*.

Et la *troisième discoïdale* limitée par la *nervure anale*, la *nervure médio-discoïdale*, la *nervure transverso-discoïdale*, et la *nervure discoïdale*.

L'ensemble des trois cellules discoïdales constitue le *disque* de l'aile.

Entre le disque et la nervure costale, nous trouvons, d'abord, une série de une à quatre cellules, qui sont les *cellules cubitales*, distinguées entre elles par les dénominations de *première*, *seconde*, *etc.*, la première étant celle qui confine à la nervure costale. La dernière est le plus souvent incomplète et seulement amorcée. Elles sont séparées des discoïdales par la nervure *cubitale*; de la cellule supérieure, qui est la *cellule radiale*, par la nervure *radiale*, et entre elles par les première, deuxième, etc., nervures *transverso-cubitales*.

La cellule *radiale*, dont je viens de parler, est quelquefois double ou triple, ce qui donne la *première*, la *deuxième* et la *troisième radiales*. Elles sont comprises entre la nervure costale et la nervure radiale. Quelquefois la première cubitale est coupée en partie par une très-faible nervure allant dans son milieu de bas en haut, ou plus souvent de haut en bas. La première, la deuxième et la troisième cubitales peuvent être *pétiolées*, c'est-à-dire que les deux nervures transverso-cubitales qui les enferment se réunissent avant d'atteindre la nervure radiale. La forme et les grandeurs relatives, ainsi que le nombre des cellules cubitales, sont des caractères très-fréquemment employés dans les classifications, et il importe de se rendre parfaitement compte de la position de ces cellules et de toutes les autres, pour savoir les distinguer au premier coup d'œil. Dans toute une grande famille (Ichneumonides), la deuxième cubitale plus petite, mais de forme régulière et le plus souvent constante pour chaque genre, a reçu un nom particulier en raison de sa grande importance. On l'appelle l'*aréole.*

La cellule radiale peut avoir son extrémité pointue sur la nervure costale même, ou en dehors de cette nervure. Dans ce cas, il arrive souvent qu'elle se prolonge par un fragment de nervure plus ou moins long, parallèle ou non au bord de l'aile. On dit alors que la radiale est *appendicée* ou *appendiculée*. Si cet appendice atteint la côte de l'aile, il forme une petite cellule supplémentaire, appelée *cellule appendicée*.

La réunion des cellules radiales et cubitales forme la partie cubito-radiale de l'aile, plus connue sous le nom de *région caractéristique*, en raison des caractères très-nombreux qu'y trouvent les entomologistes pour classer les hyménoptères.

Enfin l'extrémité inférieure de l'aile ne contient généralement pas de cellule fermée; mais seulement des amorces de nervures donnant lieu à des divisions incomplètes que l'on a cependant distinguées sous les noms de *première* et *deuxième cellules postérieures*, séparées entre elles par la *nervure postérieure*, des discoïdales par la deuxième récurrente et la nervure postérieure, et enfin des cubitales par la nervure cubitale qui, souvent, n'existe plus à cet endroit, ce qui confond toutes ces parties ensemble.

Cette région mal dessinée, formant l'extrémité de l'aile porte le nom de *limbe* proprement dit. Signalons encore au bord inférieur de l'aile une nervure qui n'occupe qu'une partie de sa longueur et va souvent rejoindre la nervure anale pour se souder ou s'articuler avec elle. Je l'appellerai *nervure inférieure*. Son but est évidemment de servir de point d'attache aux crochets qui garnissent le bord supérieur de l'aile inférieure.

Dans un certain nombre d'insectes (Tenthrédines), il existe encore, en dessous de la nervure anale, une cellule allongée, étroite, qu'il est très nécessaire de connaître parfaitement parce qu'elle est d'un usage constant pour séparer certains genres entre eux. On lui a donné le nom de *cellule* ou *aréole lancéolée*. Elle est limitée inférieurement par une nervure spéciale dite : *accessoire*. Elle peut offrir diverses modifications que l'on distingue ainsi :

On dit qu'elle est *contractée*, quand la nervure accessoire vient se joindre à la nervure anale et elle est *longuement* ou *courtement contractée*, suivant que les deux nervures se réunissent sur une portion plus ou moins grande de leur longueur, ou ne font que se toucher.

On dit qu'elle est *pétiolée*, quand les deux nervures se confondent en une seule vers le milieu de la cellule et ne se séparent plus, de façon à former à celle-ci comme une tige ou un pédicule.

On dit qu'elle est *traversée par une nervure droite*, quand une petite branche, perpendiculaire en même temps aux deux nervures, vient la diviser en deux cellules.

On dit, enfin, qu'elle est *traversée par une nervure oblique*, quand cette branche n'est pas perpendiculaire aux deux nervures constituant l'aréole lancéolée.

Elle est *ouverte*, quand aucun de ces cas ne se présente.

Chez les mêmes insectes, la cellule brachiale peut rarement être traversée longitudinalement par une nervure supplémentaire fourchue, dite *nervure intercalaire*, qui la divise en trois parties, ou transversalement par un court rameau vertical qui la partage en deux portions.

On y rencontre aussi quelquefois, en dessous de la nervure accessoire, un fragment de nervure que Thomson appelle *nervus axillaris, nervure axillaire*.

Il faut encore expliquer que je donne le nom de *nervure interstitiale* à toute nervure qui semble faire le prolongement d'une autre nervure, par exemple quand une nervure récurrente est immédiatement au-dessous d'une nervure transverso-cubitale.

Il n'existe pas d'aile présentant toutes les nervures ou cellules, offrant aussi toutes les dispositions dont je viens de parler. Un grand nombre de ces divisions manque souvent et certaines espèces n'offrent même aucune nervure visible ou n'en montrent qu'une ou deux. Il y a de grandes simplifications, mais quelles que soient les nervures ou les cellules qui subsistent, on peut toujours les ramener au type que nous venons d'étudier.

Les petits hyménoptères parasites (Chalcidites, etc.), sont ceux où l'aile a le moins de complication. Il peut même ne s'y trouver aucune nervure visible. Le plus souvent il y en a une seule qui est la nervure sous-costale.

Chez quelques uns cependant de ces mêmes parasites, qui forment passage avec les groupes à ailes moins simples et moins nues, on rencontre, outre la nervure sous-costale, d'autres nervures très-peu distinctes qui ne sont peut-être que des plissements de la membrane ; on les a réunies sous le nom collectif de *venæ spuriæ*. Quelques auteurs leur ont cependant donné des noms particuliers, ainsi qu'aux cellules qu'elles enferment, *cubitus*, *cellula basalis*, etc., mais nous entrerons dans ces détails lorsque nous viendrons à étudier ces petites familles.

Très-souvent la nervure unique dont j'ai parlé donne naissance, chez ces insectes, à une branche terminée ou non par un bouton en massue de forme variée. On lui a imposé le nom de *rameau stigmatical* et les diverses portions de la nervure ont reçu des dénominations distinctes, savoir :

1° *Rameau huméral*, pour la partie qui va de la base de l'aile au point où elle rejoint le bord supérieur. Cette portion a même été par M. Thomson subdiviée en *postcosta* et *præstigma*.

2° *Rameau marginal* pour celle qui suit le bord de l'aile jusqu'au rameau stigmatical.

3° *Rameau postmarginal*, pour celle qui part de ce même point pour suivre plus ou moins loin le bord de l'aile.

On a distingué, enfin, dans la massue du rameau stigmatical sous le nom de *uncus*, l'appendice pointu qu'elle présente quelquefois.

Il n'y a en général pas lieu, dans ces ailes si simples, de s'occuper des cellules, puisqu'en réalité il n'en existe point.

Un petit nombre d'espèces (*mymar*) présentent enfin des ailes où la nervure sous-costale subsiste seule et sans membrane sur une partie de la longueur de l'aile. La membrane forme alors à l'extrémité de cette tige comme une palette longuement ciliée.

L'aile inférieure ou postérieure des hyménoptères n'a, au point de vue de l'étude, qu'une importance bien moindre. Il faut cependant savoir quelles sont les parties qui la composent, pour ne pas être arrêté par les cas assez rares où il est nécessaire d'en faire usage.

Elle offre aussi une *nervure costale* et une *sous-costale*, enfermant entre elles la *cellule brachiale*. Nous trouvons encore au-dessous les *nervures, médiane* et *anale*.

Entre les nervures sous-costale et médiane, se place la *cellule costale*, limitée d'autre part par une *nervure margino-discoïdale*.

Entre les nervures, médiane et anale, est aussi la *cellule médiane*, limitée, au troisième côté, par la *nervure médio-discoïdale*.

Ce nom de cellule médiane a été appliqué à tort par beaucoup d'auteurs, à toute cellule fermée située dans le champ de l'aile inférieure, et ils ont entendu parler de ce que nous allons apprendre à connaître sous le nom de cellule discoïdale.

Entre la nervure anale et le bord inférieur, est la *cellule anale*.

Au centre de l'aile, nous trouvons deux ou trois cellules le plus souvent non fermées ou n'en présentant qu'une seule qui soit complète. Ce sont les *cellules discoïdales*, séparées entre elles par la ou les nervures *transverso-discoïdales*.

Là se bornent les divisions de l'aile inférieure. Il y a bien encore une amorce de cellule radiale, mais pas de cubitale, à moins que l'on ne considère comme telle, avec quelques auteurs, la ou les cellules discoïdales contigües à la radiale.

Enfin, dans un grand nombre de petites espèces, cette aile est nue ou presque nue. Peut-être même se réduit-elle quelquefois à un fil.

Si nous revenons à l'aile antérieure, nous pourrons constater que toutes les cellules indiquées, ou une partie d'entre elles, se rencontrent le plus souvent les mêmes dans tous les individus d'un même genre. On y a donc trouvé, comme je l'ai déjà dit, des caractères très-faciles à saisir. Aussi tous les auteurs, depuis que Jurine a initié les savants à cette composition de l'aile, s'en sont-ils emparés et les ont-ils employés dans leurs ouvrages. Il en est résulté malheureusement une certaine confusion, venant de ce que chaque auteur a cru pouvoir adopter, pour la désignation des nervures et des cellules, des expressions spécialement choisies par lui. De là ressort aujourd'hui la nécessité d'établir, pour tous ces noms différents, se rapportant aux mêmes objets, une table de concordance. C'est celle que je place ici et où j'ai réuni les termes adoptés par les principaux auteurs, ajoutant qu'il serait désirable que de nouvelles dénominations ne vinssent plus s'y ajouter à l'avenir.

TABLEAU SYNONYMIQUE

DES DIFFÉRENTES PARTIES DE L'AILE ANTÉRIEURE DES HYMÉNOPTÈRES

I. — **Bords de l'Aile.** — *Margines*

1. Bord antérieur. — *Margo anterior.*

Syn. — *Le bord externe*, Jurine. — *Le bord costal*, de Romand-*Costa*, Latreille. — *Bord extérieur*, Lepelletier (1825). — *Nervure costale*, Lacordaire. — *Nervus costalis*, Fallen, Dahlbom. — *Margo anticus*, Gravenhorst. — *Première Nervure humérale*, Wesmaël. — *Radius supérieur*, Lepelletier (1836). — *Radius*. Hartig. — *Costal Nervure*, Kirby, Shuckard.

2. Bord postérieur. — *Margo posterior.*

Syn. — *Le bord interne*, Jurine. — *Bord postérieur*, de Romand. — *Bord intérieur*, Lepelletier (1825). — *Nervure anale*, Lacordaire. — *Margo internus*, Gravenhorst. — *Côté intérieur*, Wesmaël. — *Bord inférieur*, Lepelletier (1836). — *Posterior Margin*, Shuckard.

3. Bord apical. — *Margo apicalis.*

Syn.— *Le bord postérieur*, Jurine et Lepelletier.— *Le bord apical*, de Romand.— *Margo posticus*, Gravenhorst. — *Côté postérieur*, Wesmaël. — *The apical Margin*, Shuckard.

II. — **Nervures.** — *Venæ* ou *Nervi*.

A. — Nervures longitudinales

1. Nervure costale. — *Nervus costalis.*

Syn.—*Radius*, Jurine, Hartig.—*Costa*, Latreille.— *Nervure costale*,

Lacordaire. — *Première Nervure humérale,* Wesmaël. — *Radius supérieur,* Lepelletier. — *Nervus costalis,* Fallen, Haliday, Dahlbom, Schenck. — *Costa.* Thomson. — *Vena marginalis,* Foerster. — *Costal Nervure,* Kirby, Shuckard. — *Randrippe, Costa marginalis,* Mayr. — *Randader, Randnerv,* Zaddach.

2. NERVURE SOUS-COSTALE. — *Nervus subcostalis.*

SYN. — *Cubitus,* Jurine, Hartig. — *Post costa,* Latreille. — *Nervure sous-costale,* Lacordaire. — *Première Nervure humérale,* Wesmaël. — *Cubitus supérieur,* Lepelletier. — *Nervure post costale,* de Romand. — *Nervus auxiliaris,* Fallen, Dahlbom, Schenck. — *Post costal Nervure,* Kirby, Shuckard. — *Nervus subcostalis,* Nees ab Esenbeck, Haliday. — *Vena submarginalis,* Foerster. — *Schulterrippe, Costa Scapularis,* Mayr. — *Unterrandnerv,* Zaddach. — *Nervus postcostalis,* ou *Postcosta,* Thomson.

3. NERVURE MÉDIANE. — *Nervus medius.*

SYN. — *Nervure brachiale,* Jurine. — *Nervus internus,* Latreille. — *Nervure médiane,* Lacordaire. — *Deuxième Nervure humérale,* Wesmaël. — *Première Nervure intermédiaire,* Lepelletier. — *Nervure externo-médiane,* de Romand. — *Externo-mediane Nervure,* Kirby, Shuckard. — *Nervus radians,* Dahlbom. — *Vena media,* Hartig, Foerster. — *Nervus anterior,* ou *præbrachialis,* Haliday. — *Mittelrippe, Costa media,* Mayr. — *Nervus cubitalis,* ou *Cubitus,* Thomson. — *Nervus submedialis,* Schenck.

4. NERVURE ANALE. — *Nervus analis.*

SYN. — *Nervure sous-médiane,* Lacordaire. — *Troisième Nervure humérale,* Wesmaël. — *Seconde Nervure intermédiaire,* Lepelletier. — *Nervure anale,* de Romand. — *Anal Nervure,* Kirby, Shuckard. — *Vena postica,* Hartig. — *Nervus posterior* ou *probrachialis,* Haliday. — *Vena postica, Hinterader,* Foerster. — *Innenrippe, Costa Internomedia,* Mayr. — *Nervus brachialis,* ou *Brachium,* Thomson. — *Nervus analis,* Dahlbom, Schenck.

5. NERVURE RADIALE. — *Nervus radialis.*

SYN. — *Radius,* Lepelletier (1825), Wesmaël, Dahlbom, Haliday, Schenck. — *Radius inférieur,* Lepelletier (1836). — *Nervure radiale,* Lacordaire, de Romand, Sichel. — *Vena radialis,* Hartig,

Foerster. — *Radial Nervure,* Shuckard. — *Subradialader,* Zaddach. — *Nervus marginalis,* Thomson.

6. Nervure cubitale. — *Nervus cubitalis.*

Syn. — *Cubitus,* Lepelletier (1825), Wesmaël, Dahlbom, Haliday. — *Nervure cubitale,* Lacordaire, de Romand, Sichel. — *Cubitus inférieur,* Lepelletier (1836). — *The Cubital Nervure,* Schuckard. — *Vena cubitalis,* Hartig, Foerster. — *Cubitalrippe,* Mayr. — *Innere et aussere Ast der Cubitalrippe,* Mayr. — *Cubitus,* Zaddach. — *Nervus submarginalis,* Thomson.

7. Nervure discoidale. — *Nervus discoïdalis.*

Syn. — *Nervure discoïdale,* de Romand. — *Vena media,* Foerster. *Nervure parallèle,* Wesmaël. — *Nervus analis,* Haliday. — *Discoïdalnerv,* Zaddach. — *Subdiscoïdal Nervure,* Shuckard.

8. Nervure postérieure. — *Nervus posterior.*

Syn. — *Nervure parallèle,* Wesmaël. — *Vena media,* Foerster. — *Subdiscoïdal Nervure,* Shuckard. — *Nervus analis,* Haliday.

9. Nervure intercalaire. — *Nervus intercalaris.*

Syn. — *Vena intercalaris,* Foerster. — *Nervus mediastinus,* Thomson.

10. Nervure accessoire. — *Nervus accessorius.*

Syn. — *Begleitader, Vena accessoria,* Forster. — *Nervus humeralis,* ou *Humerus,* Thomson.

11. Nervure inférieure. — *Nervus inferior.*

12. Nervure axillaire. — *Nervus axillaris.*

B. — NERVURES TRANSVERSALES

13. Nervure margino-discoidale. — *Nervus margino-discoidalis.*

Syn. — *Vena basalis,* Foerster, Hartig. — *Nervus* ou *Vena basalis,* Thomson. — *Nervus brachialis,* Haliday. — *The externo medial Nervure,* Shuckard. — *Grundrippe, Costa basalis, äussere Ast der Mittelrippe,* Mayr.

14. Nervures transverso-radiales. — *Nervi transverso-radiales.*

Syn. — *Nervures récurrentes radiales*, de Romand. — *Radialscheidnerv*, Zaddach.

15. Nervures transverso-cubitales. — *Nervi transverso-cubitales.*

Syn. — *Nervures récurrentes cubitales*, de Romand. — *Nervus connectens*, Dahlbom. — *Nervi transversi*, Fallen. — *Querrippe*, Mayr. — *The transverso-cubital Nervure*, Shuckard. — *Venula transverso-cubitalis*, Costa. — *Cubitalscheidnerv*, Zaddach.

16. Nervure transverso-discoïdale. — *Nervus transverso-discoïdalis.*

Syn. — *Vena media*, Foerster.

17. Nervures récurrentes. — *Nervi recurrentes.*

Syn. — *Nervures récurrentes*, Jurine, Wesmaël, Lepelletier. — *Nervi recurrentes*, Dahlbom, Schenck, Hartig, Thomson, Haliday, Nees ab Esenbeck. — *Nervures récurrentes discoïdales*, de Romand. — *Anastomoses medii alæ*, Latreille. — *Venæ transverso-discoïdales*, Foerster. — *Venulæ transverso-discoïdales*, Costa. — *Rucklaufendadern*, Hartig.

18. Nervure medio-discoïdale. — *Nervus medio-discoïdalis.*

Syn. — *Nervus connectens*, Dahlbom. — *Nervus brachialis*, Haliday. — *The transverso-medial Nervure*, Shuckard. — *Vena transverso-humeralis*, Foerster. — *Innere Ast der Mittelrippe*, Mayr. — *Nervus transversus ordinarius*, Thomson.

19. Nervure transverso-brachiale. — *Nervus transverso-brachialis.*

Syn. — *Vena transverso-submarginalis*, Foerster.

III. — Cellules. — *Areolæ*

1. Cellule brachiale. — *Areola brachialis.*

Syn. — *Cellule brachiale*, Lepelletier (1825). — *Première Cellule brachiale*, Lepelletier (1836). — *Cellule costale*, Lacordaire, de Romand. — *The Costal Area*, Kirby. — *The costal Cell*, Shuckard.

— *Cellula intercubitalis*, Dahlbom. — *Areola subradialis*, Hartig. — *Areola costalis*, Haliday. — *Areola mediastina*, Nees ab Esenbeck. — *Cellula costalis*, Thomson. — *Area submarginalis*, Foerster. — *Schulterzelle*, Mayr.

2. Cellule costale. — *Areola costalis.*

Syn. — *Cellule sous-costale*, Lacordaire. — *Première cellule humérale*, Wesmaël. — *Deuxième cellule brachiale*, Lepelletier. — *Cellule médiane*, de Romand. — *The intermediate Area*, Kirby. — *The externo medial Cell*, Shuckard. — *Cellula humeralis externa*, Gravenhorst. — *Areola brachialis anterior*, Nees ab Esenbeck. — *Areola præbrachialis*, Haliday. — *Area humeralis antica*, Foerster. — *Aussere Mittelzelle*, Mayr. — *Area costalis*, Fallen, Dahlbom.

3. Cellule médiane. — *Areola media.*

Syn. — *Cellule médiane*, Lacordaire. — *Deuxième Cellule humérale*, Wesmaël. — *Troisième cellule brachiale*, Lepelletier. — *Cellule sous-médiane*, de Romand. — *Cellula humeralis intermedia*, Gravenhorst. — *The interno-medial Cell*, Shuckard. — *Areola humeralis media*, Hartig. — *Area humeralis media interna*, Foerster. — *Innere Mittelzelle*, Mayr.

4. Cellule anale. — *Areola analis.*

Syn. — *Cellule anale*, Lacordaire, de Romand. — *Troisième Cellule humérale*, Wesmaël. — *Quatrième Cellule brachiale*, Lepelletier. — *Anal Area*, Kirby. — *The anal Cell*, Shuckard. — *Cellula humeralis interna*, Gravenhorst. — *Cellula postica*, Dahlbom. — *Areola humeralis postica*, Hartig. — *Area humeralis postica*, Foerster.

5. Première cellule postérieure. — *Areola posterior prima.*

Syn. — *Première Cellule du limbe*, Lepelletier. — *Quatrième Cellule discoïdale*, de Romand. — *Troisième Cellule discoïdale*, Dahlbom, Sichel. — *Cellula postica externa*, Gravenhorst. — *2° Apical Cell*, Shuckard. — *Areola externa media*, Haliday. — *Areola discoïdalis tertia*, Foerster. — *Erste Hinterzelle*, Zaddach.

6. Deuxième cellule postérieure. — *Areola posterior secunda.*

Syn. — *Cellule anale*, Wesmaël, Haliday. — *Deuxième Cellule du limbe*, Lepelletier. — *Cellule apicale*, de Romand. — *1 apical*

Cell, Shuckard. — *Apical Areole*, Kirby. — *Cellula discoïdalis externa*, Gravenhorst. — *Area specularis*, Nees ab Esenbeck. — *Area terminalis*, Dahlbom. — *Aussere Hinterzelle*. Zaddach.

7. Cellule lancéolée. — *Areola lanceolata.*

Syn. — *Areola lanceolata*, Hartig. — *Area humeralis lanceolata*, Foerster. — *Cellula lanceolata*, Thomson. — *Lanzellformige Zelle*, Zaddach. — *Cellula analis*, Costa.

Peut se diviser en deux autres qui forment la première (vers l'articulation), et la seconde aréoles de la cellule lancéolée. — La petite nervure divisante, droite ou oblique, est appelée par Thomson. *Nervus transverso-humeralis.*

8. Première cellule discoidale. — *Areola discoïdalis prima.*

Syn. — *Première cellule discoïdale*. Lepelletier. — *Cellule discoïdale supérieure externe*, Wesmaël. — *Deuxième cellule discoïdale*, de Romand. — *Areola costalis*, Fallen. — *Cellula discoïdalis interior*, Gravenhorst. — *The 1 discoïdal*, Shuckard. — *Areola exterior* ou *prædiscoïdalis*, Haliday. — *Areola discoïdalis prima*, Foerster. — *Discoïdal Cell*, Smith. — *Discoïdalzelle*, Mayr. — *Cellula discoïdalis prima*, Costa. — *Erste Discoïdalzelle*, Zaddach. — *Cellula furcata*, Thomson.

9. Deuxième cellule discoidale. — *Areola discoïdalis secunda.*

Syn. — *Cellule discoïdale inférieure*, Lepelletier (1825). — *Troisième cellule discoïdale*, Lepelletier (1836), de Romand. — *Cellule discoïdale inférieure*, Wesmaël. — *Areola specularis*, Fallen, Dahlbom. — *Cellula discoïdalis intermedia*, Gravenhorst. — *3 Discoïdal Cell*, Shuckard. — *Areola exterior*, Haliday. — *Areola intermedia*, Gravenhorst. — *Areola discoïdalis secunda*, Foerster. — *Cellula discoïdalis secunda*, Costa. — *Zweite Discoïdalzelle*, Zaddach. — *Cellula discoïdalis*, Thomson.

10. Troisième cellule discoidale. — *Areola discoïdalis tertia.*

Syn. — *Deuxième cellule discoïdale supérieure*, Lepelletier (1825). — *Deuxième cellule discoïdale*, Lepelletier (1836). — *Cellule discoïdale interne*, Wesmaël. — *Cellule sous-discoïdale*, de Romand. — *Area costalis*, Fallen, Dahlbom. — *Middle Areole*, Kirby. — *Cellula postica interna*, Gravenhorst. — *Areola posterior* ou *podiscoïdalis*, Haliday. — *Areola humeralis media externa*, Foerster. — *Cellula discoïdalis tertia*, Costa. — *Cellula secunda brachialis*, Thomson. — *Dritte Discoïdalzelle*, Zaddach.

11. Première cellule cubitale. — *Areola cubitalis prima.*

Syn. — *Première cellule cubitale,* Lepelletier, de Romand, Jurine, Sichel. — *Areola submarginalis,* Latreille.— *Areola intermedia,* Fallen. — *Middle Areole,* Kirby. — *Cellula cubitalis interna,* Gravenhorst. — *Areola costalis,* Dahlbom.— *The 1 Cubital Cell,* Shuckard. — *Areola cubitalis prima,* Foerster.— *Submarginal Cell,* Smith. — *Erste Cubitalzelle,* Mayr, Hartig, Zaddach, — *Cellula cubitalis prima,* Costa. — *Cellula prima submarginalis,* Thomson.

12. Deuxième cellule cubitale. — *Areola cubitalis secunda.*

Syn. — *Deuxième cellule cubitale,* Lepelletier, Lacordaire, Wesmaël, de Romand, Sichel, Jurine. — *Cellula intermedia (areola)* Gravenhorst. — *Areola intermedia,* Dahlbom. — *Areola cubitalis secunda,* Foerster. — *The 2 Cubital Cell,* Shuckard. — *Zweite Cubitalzelle,* Hartig, Zaddach. — *Cellula cubitalis secunda,* Costa. — *Cellula secunda submarginalis,* Thomson.

13. Troisième cellule cubitale. — *Areola cubitalis tertia.*

Syn. — *Troisième cellule cubitale,* Lepelletier, Lacordaire, Wesmaël, de Romand, Sichel, Jurine.—*Cellula externa,* Gravenhorst. — *Areola terminalis,* Dahlbom. — *Areola cubitalis tertia,* Foerster. — *Dritte Cubitalzelle,* Hartig, Zaddach. — *Cellula cubitalis tertia,* Costa.— *Cellula tertia submarginalis,* Thomson.

14. Quatrième cellule cubitale. — *Areola cubitalis quarta.*

Syn. — *Quatrième cellule cubitale,* Lepelletier, Lacordaire, Sichel, Jurine. — *Areola cubitalis quarta,* Foerster.— *Cellula cubitalis quarta,* Costa.— *Vierte Cubitalzelle,* Hartig, Zaddach.— *Cellula quarta submarginalis,* Thomson. — *Apical Areole,* Kirby.

15. Première cellule radiale. — *Areola radialis prima.*

Syn. — *Première cellule radiale,* Lepelletier, Lacordaire, de Romand, Jurine, Sichel. — *Areola marginalis prima,* Latreille. — *Area costalis prima,* Fallen.— *Areola radialis prima,* Foerster, Haliday. — *Erste Radialzelle,* Hartig, Zaddach. — *The 1 Costal Area,* Kirby. — *Prima cellula radialis,* Gravenhorst, Costa. — *The 1 Radial* ou *Margin Cell,* Shuckard. — *Marginal Cell,* Smith. — *Cellula prima marginalis,* Thomson.

16. Deuxième cellule radiale. — *Areola radialis secunda.*

Syn. — *Seconde cellule radiale*, Lepelletier, Lacordaire, de Romand, Jurine, Sichel. — *Areola marginalis secunda*, Latreille. — *Area costalis secunda*, Fallen. — *Areola radialis secunda*, Foerster, Haliday. — *Zweite Radialzelle*, Hartig, Zaddach. — — *2 Costal Area*, Kirby. — *Secunda cellula radialis*, Gravenhorst. — *Cellula secunda marginalis*, Thomson.

17. Troisième cellule radiale. — *Areola radialis tertia.*

Syn. — *Troisième cellule radiale*, Lepelletier, Lacordaire, de Romand, Jurine, Sichel. — *Areola marginalis tertia*, Latreille. — *Area costalis tertia*, Fallen. — *Areola radialis tertia*, Foerster, Haliday. — *Dritte Radialzelle*, Hartig, Zaddach. — *3 Costal Area*, Kirby. — *Cellula tertia marginalis*, Thomson.

18. Cellule appendicée. — *Areola appendicea.*

Syn. — *Areola appendicea*, Foerster, Hartig: — *Cellula appendicea*, Costa.

TABLEAU SPÉCIAL

DE LA SYNONYMIE DES DIFFÉRENTES PARTIES DE L'AILE DES CHALCIDITES

Nervure sous-costale. — *Unterrandader.*
(Voir plus haut sa synonymie).

Elle se divise en :

1. Rameau huméral, — *Schulterast.* — *Schulterstuck.*

Syn. — *Ramus humeralis*, Foerster (1856). — *Abscissa humeralis*, Foerster (1877). — *Humerus*, Haliday.

2. Rameau marginal. — *Randast.*

Syn. — *Ramus marginalis*, Foerster (1856). — *Abscissa marginalis*, Foerster (1877). — *Ulna*, Haliday.

3. Rameau stigmatical. — *Zweig.*

Syn. — *Ramus stigmaticus,* Foerster (1856). — *Abscissa radialis,* Forster (1877). — *Ramulus stigmaticus,* Nees ab Esenbeck. — *Cubitus,* Haliday.

4. Rameau post-marginal. — *Hinterrandast.*

Syn. — *Ramus post marginalis,* Foerster (1856). — *Abscissa post marginalis,* Foerster (1877) — *Radius,* Haliday.

SYNONYMIE DU CARPE OU STIGMA

Carpe, Lacordaire.—*Randmal,* Hartig.— *Stigma,* Nees ab Esenbeck, Gravenhorst, Shuckard, Wesmaël, Dahlbom. de Romand, Thomson. — *Le Point,* Jurine. — *Le Point épais,* Lepelletier. — *Punctum costale,* Fallen. — *Carpus,* Zaddach.

VI. — ABDOMEN

A la suite du thorax vient se placer le troisième segment de l'insecte ou *segment abdominal.*

L'abdomen est lié au thorax par des téguments qui, tantôt embrassent une grande partie de son diamètre, tantôt, au contraire, sont resserrés et réunis en un pédicule plus ou moins mince et allongé ; d'où les dénominations d'abdomen *sessile* pour le premier cas, d'abdomen *pédiculé* ou *pétiolé* pour le second.

A propos du thorax, j'ai signalé le cordon tendineux ou funiculus qui soutient l'abdomen dans certaines espèces, ainsi que le segment médiaire, ou premier anneau de l'abdomen soudé au thorax ; je n'y reviendrai donc pas.

L'abdomen, pris dans son ensemble, présente des formes très-variées. Le plus ordinairement, il est ovalaire et allongé ; d'autres fois, au contraire, il est presque globuleux, ou conique, comprimé latéralement jusqu'à devenir foliacé, ou bien déprimé par-dessus. Les femelles l'ont ordinairement plus allongé et plus pointu que les mâles. La face inférieure, en général convexe, peut devenir plane et même fortement concave. Les anneaux successifs présentent quelquefois des étranglements ou leur ensemble est complètement cylindrique. Dans d'autres cas, l'abdomen devient à peu près filiforme. Il peut enfin être glabre ou velu, lisse ou ponctué, etc., et présenter toutes les conditions superficielles que nous ont montrées les autres parties du corps.

La portion soudée au thorax est la *base* de l'abdomen, la partie opposée en est la région *apicale* ou *anale*. Le dessus est le *dos* ou *tergum*, le dessous est le *ventre*.

Il ne porte point d'appendices comme le thorax, mais son extrémité renferme les organes très-importants de la reproduction, auxquels nous aurons à nous arrêter longuement tout-à-l'heure.

La jonction de l'abdomen avec le thorax se fait, le plus habituellement tout-à-fait à l'extrémité postérieure de celui-ci, et il en est le prolongement naturel. Dans des cas assez rares, cette insertion a lieu à la partie supérieure du métathorax, ou, plus rarement encore, en-dessous de celui-ci, qui avance ainsi un peu sur le pédicule abdominal.

Si nous jetons maintenant les yeux sur chacun des anneaux dont l'ensemble constitue l'abdomen, nous remarquerons d'abord qu'ils présentent deux portions complètement distinctes, l'une supérieure, qui est le demi arceau *dorsal*, l'autre inférieure qui est le demi arceau *ventral*. Ces arceaux ne sont pas simplement soudés l'un à l'autre par leur bord, mais les dorsaux recouvrent un peu les arceaux du ventre qui leur correspondent, de façon que la membrane qui les unit est repliée en dessous. Cette disposition, peu visible dans beaucoup d'espèces, le devient bien davantage dans quelques autres, où le bord de l'arceau dorsal peut même former une ligne tranchante.

Les segments successifs s'emboîtent aussi l'un dans l'autre de la même manière, et les portions qui sont recouvertes perdent de plus en plus leur consistance cornée, de façon à devenir complètement membraneuses à leur jonction avec le segment supérieur.

La ligne de séparation des arceaux dorsaux et ventraux est souvent placée sur les côtés, de telle sorte que ces arceaux sont à peu près égaux ; d'autres fois la partie ventrale est bien plus étroite que la portion dorsale du même segment.

Les segments successifs sont loin d'avoir la même forme, dans beaucoup de cas, ni même souvent des formes analogues. Dans un certain nombre d'abdomens pédiculés, le pédicule donne un segment filiforme, linéaire, dont l'arceau ventral est presque impossible à constater. Ce pédicule peut devenir conique ou pyriforme, noueux ou aplati, enfin diversement sculpté par des stries ou des sillons. Une modification très-curieuse se présente encore chez les fourmis, où le pédicule prend le nom spécial de *pétiole*. On voit, en effet, celui-ci surmonté d'une lame aplatie ou *écaille*, de forme très-diverse suivant les espèces, tantôt simple, tantôt munie d'épines ou d'appendices. Chez les Myrmicides, ce pétiole, au lieu d'être formé par un segment abdominal unique, en comprend deux, unis entre eux par une véritable articulation plus ou moins noduleuse.

Souvent le segment pédiculaire se dilate de façon à reprendre les dimensions normales de la base de l'abdomen; d'autres fois, il reste en entier linéaire, et le second segment seul présente le diamètre de l'ensemble de l'abdomen; enfin il y a des cas où ce pédicule étant en forme de poire ou d'entonnoir, l'abdomen offre une contraction très-visible à l'insertion du segment suivant. Il ne serait pas possible de détailler toutes les formes diverses qui peuvent se rencontrer, sous ce rapport, chez les hyménoptères. Les autres segments, tout en offrant encore bien des variations, ont cependant entre eux une plus grande similitude.

Avant d'aller plus loin, je dois encore signaler sur les arceaux supérieurs, la présence à chacun de leurs angles antérieurs et près de leur jonction avec l'arceau inférieur correspondant, d'ouvertures rondes ou elliptiques, qui sont les orifices par lesquels l'air extérieur pénètre dans les organes respiratoires de l'insecte. On leur a donné le nom de *stigmates*, et le rebord corné qui les entoure a reçu la dénomination de *péritrème*. Leur couleur est parfois un peu différente de celle de l'abdomen, et leur nombre est légèrement variable suivant les espèces, les derniers segments abdominaux pouvant ou non en présenter.

Le nombre réel des segments de l'abdomen, chez les hyménoptères, est de huit, dont trois sont spécialement affectés à contenir les organes de la génération. Mais si l'on considère les segments *apparents*, on arrive à des chiffres tout autres, et souvent différents d'un sexe à l'autre, ce qui tient à ce que les derniers arceaux se recouvrent ou deviennent rudimentaires. Ainsi certains hyménoptères semblent n'avoir qu'un seul segment abdominal, c'est-à-dire un abdomen d'une seule pièce, tandis que d'autres présentent trois, quatre, cinq ou six segments.

Il est essentiel aussi de tenir compte que, dans ce nombre de huit segments, je ne fais pas rentrer le segment médiaire de Latreille soudé au thorax, et que je considère l'abdomen tel qu'il se présente à la vue.

Le sixième segment, quand on l'aperçoit, offre souvent, entre ses arceaux dorsaux et ventraux, une fente transversale, qui termine l'abdomen, et est destinée à laisser passer les excréments et les organes reproducteurs. C'est le segment *apical* ou *anal* ; ce nom s'adapte aussi aux segments précédents quand les derniers ne sont pas visibles.

Le septième est souvent incomplet et ne présente alors qu'un arceau dorsal, ou plutôt l'arceau ventral s'est transformé en une pièce annexe des organes reproducteurs. Il est ordinairement invisible, et caché dans l'intérieur du précédent. Il renferme l'orifice du rectum.

Enfin le huitième, habituellement encore plus incomplet ou plus transformé, enveloppe directement les organes générateurs. Sa moitié dorsale a reçu, quand elle est visible et qu'elle a conservé l'apparence d'un arceau, le nom d'*épipygium*, et la moitié ventrale, dans le même cas, celui d'*hypopygium*. L'épipygium, dans un petit nombre d'espèces, présente aussi deux stigmates (Ibalia, Phasganophora, Leucospis). Il protège la poche à venin lorsqu'elle existe, l'oviducte ou canal excréteur des œufs, chez les femelles, et il soutient la base des pièces intérieures de l'aiguillon, ou de la tarière, comme nous le verrons. L'hypopygium est le plus souvent divisé lui-même en deux pièces ayant la forme d'écailles. Quelquefois il laisse voir seulement à sa partie inférieure, une fente plus ou moins large où passe chez les femelles les pièces de la tarière ou de l'aiguillon. Enfin, dans le même sexe, chacune de ses écailles se prolonge en arrière en une sorte d'appendice demi-cylindrique, quelquefois à peine visible à la loupe, d'autres fois extraordinairement allongé en dehors du corps. Ces appendices sont, soit soudés, soit articulés avec l'hypopygium, selon qu'ils doivent rester fixes, ou subir des mouvements plus ou moins étendus. La réunion des deux appendices forme un *fourreau* cylindrique qui contient et protège la tarière ou l'aiguillon.

Chez les insectes mâles, on trouve les mêmes segments abdominaux, mais il est tout aussi difficile de les suivre dans leur transformation. Les organes reproducteurs offrent des appendices qui ne sont que ces segments modifiés. Il arrive cependant très-souvent que ce sexe présente un segment abdominal apparent de plus que la femelle de la même espèce. Ce fait trouve son explication dans la simplification des organes reproducteurs. Les segments apicaux présentent aussi chez les mâles, plus rarement chez les femelles, des sculptures particulières, des épines, des dents plus ou moins aigües ou nombreuses, des fossettes ou des appendices quelconques.

Chez les femelles de certains genres, la partie ventrale est couverte d'une couche de poils fins formant une brosse, qui sert à recueillir le pollen des fleurs. On nomme cette brosse la *palette ventrale*.

Notons enfin que le bord des segments est souvent garni de cils plus ou moins allongés et que, dans quelques cas, l'abdomen, pouvant se recourber sous le sternum, en même temps que la tête se penche aussi en dessous, l'insecte ne semble plus former qu'une boule, et y trouve un moyen particulier de défense, puisqu'il ne présente plus ainsi aux attaques de ses ennemis qu'une cuirasse polie et impénétrable.

VII. — APPENDICES DE L'ABDOMEN.

Organes de reproduction ou de défense.

Ces organes, intimement liés à l'abdomen, doivent s'étudier en même temps. Ils présentent, chez tous les hyménoptères, la même série de pièces, mais celles-ci subissent des modifications excessivement profondes dans leur forme et même dans leur destination, au moins en ce qui regarde les organes femelles.

1. — Organes femelles. — Les organes reproducteurs des hyménoptères femelles se composent : 1° d'une partie intérieure, ou ovaire, donnant naissance aux œufs et les contenant jusqu'au moment de leur expulsion ; il se prolonge en un conduit excréteur membraneux, qui se nomme *l'oviducte*.

2° D'une partie extérieure comprenant une série de pièces diverses qui concourent à la ponte des œufs sur les objets ou insectes destinés à les recevoir, et servent, dans d'autres cas, à obtenir la paralysie de ces insectes mêmes, ou à coopérer à la défense de l'hyménoptère.

Je ne veux pas insister sur les organes intérieurs dont nous n'aurons jamais à faire usage et qui sortent du cadre de cette introduction, mais je dois, au contraire, donner sur les organes extérieurs, certains détails très-utiles à connaître.

Quel que soit l'hyménoptère femelle considéré, les organes en question sont composés de pièces en nombre égal et de même nom, bien que leur forme puisse varier considérablement.

Chez la plus grande partie des hyménoptères, ces organes extérieurs ont pour but de déposer les œufs dans l'intérieur des plantes, ou sur les insectes destinés à servir de pâture aux jeunes larves qui en écloront. Dans ce cas, cet appareil porte le nom collectif de *tarière* ou *oviscapte*, et l'insecte qui en est pourvu, est un insecte *térébrant*.

Chez les autres, au contraire, les mêmes organes avec des pièces à peu près identiques, ont pour mission, soit de porter dans l'intérieur des insectes que la mère destine comme victimes à sa progéniture, un poison qui les rend inertes sans les tuer, soit de leur servir d'arme défensive, quand un ennemi vient les inquiéter. Ils portent alors le nom *d'aiguillon*, et les insectes sont dits: *porte-aiguillons*.

Tarière ou aiguillon, les pièces qui les constituent sont renfermées entièrement, comme je l'ai dit, dans les trois derniers segments abdominaux. Il faut seulement observer que, dans des cas très-nombreux, le dernier arceau ventral, ou hypopygium, est prolongé au loin, en dehors du corps, souvent d'une façon démesurée, tandis que d'autres fois, on ne voit absolument rien à l'extérieur, quand ces organes sont au repos. Dans le premier cas, la tarière est dite *saillante*, dans le second elle est *cachée*. L'aiguillon n'est jamais saillant dans le repos. Dans quelques cas très-rares la tarière est recourbée sur le dos.

Ce prolongement soudé ou articulé de l'hypopygium, qui

enferme toutes les autres pièces, se compose ainsi que je l'ai déjà dit, de deux valves séparées, demi cylindriques, plus ou moins velues, diversement colorées, quelquefois beaucoup plus longues que le corps entier, d'autres fois entièrement couvertes par les précédents segments de l'abdomen. Ces deux valves, par leur réunion, forment un cylindre complet, que l'on nomme le *fourreau*. Son but est de protéger les autres organes souvent très-délicats; quand ceux-ci doivent entrer en action, les valves s'écartent, et les pièces intérieures, poussées par des muscles spéciaux, saillissent en dehors, et prennent différents mouvements, suivant l'opération qu'elles doivent accomplir, comme nous le verrons plus loin.

Si l'on entr'ouvre ces valves, on en voit sortir une sorte de tube allongé, aigu, portant en dessous une fente longitudinale, qui le parcourt d'un bout à l'autre, et qui lui donne l'aspect d'un canal à ouverture très-étroite. Ce tube, qui s'évase à sa base en forme d'entonnoir, porte le nom de *gaîne* ou de *gorgeret*. Ce n'est encore qu'une enveloppe, mais elle a aussi un rôle spécial, qui consiste à pratiquer, dans les plantes ou les animaux, l'ébauche des trous par lesquels doivent pénétrer les instruments plus délicats contenus dans l'intérieur. Cette gaîne est reliée, à sa partie la plus interne, avec la base de l'hypopygium, au moyen d'arcs cornés, sortes d'apophyses qui en sont les *supports*, et par l'intermédiaire desquelles, sous l'impulsion de certains muscles, elle peut saillir en dehors du fourreau pour remplir son office.

Dans l'intérieur de ce tube incomplet, se meuvent deux pièces très-déliées, en forme de pique ou de sabre, très-souvent dentées à leur extrémité sur le bord inférieur, tandis qu'elles sont tranchantes au bord supérieur. Ce sont les *stylets*. Leur base se prolonge aussi en forme d'arcs, qui sont les *supports des stylets*, et leur donnent, à la volonté de l'insecte, des mouvements de va-et-vient qui peuvent être très-rapides. Ces supports sont reliés avec la base de l'épipygium.

L'extrémité de celui-ci forme aussi deux sortes de valves plus ou moins nettement caractérisées qui enferment l'extrémité du rectum, tandis que l'ouverture de l'oviducte aboutit vers la base de la gaîne.

A l'état de repos, l'extrémité de l'aiguillon se trouve relevée près de l'anus, tandis que, dans les tarières, surtout celles qui sont saillantes, leur extrémité est souvent bien loin en dehors du corps.

L'ensemble de ces organes comprend donc cinq pièces : deux valves de fourreau, une gaîne et deux stylets, et elles se retrouvent chez tous les hyménoptères femelles. Mais les modifications de ces parties sont si variées et si profondes, qu'il faut à l'observateur la plus grande habileté de dissection pour pouvoir les distinguer dans beaucoup de cas. Je n'appellerai ici l'attention que sur quelques formes principales.

Dans toute une famille à larves phytophages, celle des Tenthrédines ou mouches à scie, la femelle pond souvent ses œufs, comme nous le verrons, sous l'écorce des rameaux tendres de diverses plantes et, pour chaque œuf, elle est obligée de faire une petite incision longitudinale dans cette écorce. Elle y arrive par le mouvement alternatif et rapide qu'elle donne à ses stylets. Ceux-ci, pour cet usage spécial, ont une forme aplatie, plus ou moins courbée, et le bord inférieur présente une véritable denture de scie, tandis que les côtés offrent des saillies successives qui lui donnent l'apparence et lui font remplir l'office d'une lime.

Chez les pupivores, immense agglomération d'insectes, dont les larves vivent en parasites dans le corps d'autres larves, le stylet n'agit plus par son côté ou sa tranche, mais par sa pointe. Il pratique une blessure que le tranchant de son arme élargit en se retirant, et où pénètre l'œuf.

Chez les guêpes, les abeilles et les autres porte-aiguillon, celui-ci est finement dentelé à son extrémité. Il a seulement pour but de porter dans une plaie une liqueur acide, qui agit comme un venin et produit une tuméfaction souvent étendue chez l'homme, la paralysie ou la mort chez les petits animaux et les insectes. Ce venin est secrété par des glandes spéciales et il s'emmagasine dans une poche membraneuse située dans les derniers segments abdominaux. Un vaisseau délié, part de cette poche et va conduire le venin à l'origine de la gaine. Il s'écoule le long du canal de celle-ci jusque dans la blessure. Très-souvent, dans la précipitation qu'il met à les retirer après avoir piqué, lorsqu'il est à son tour menacé, l'insecte abandonne ses stylets dans la plaie, et c'est pour lui une grosse lésion qui entraîne toujours sa mort.

Une seule tribu, chez les hyménoptères, semble privée de ces organes, tarière ou aiguillon, c'est celle des Formicides ; mais par une dissection minutieuse, on arrive cependant à retrouver intérieurement des petites pièces très-rudimentaires, mais qui n'en sont pas moins les analogues de celles que nous venons d'étudier. Elles n'ont plus aucune fonction, et représentent seulement un organe tout-à-fait atrophié. Chez ces mêmes insectes, on ne retrouve même plus le nombre connu des segments abdominaux. Il y a lieu de croire cependant que cette disparition d'un segment n'est qu'apparente et que des recherches approfondies amèneront la découverte de quelque vestige, qui permettra de faire rentrer cette exception dans la règle.

Chez les térébrants, les arceaux dorsaux de l'abdomen sont le plus souvent plus prolongés en arrière, de façon que la base de la tarière semble sortir du corps avant son extrémité. Plus rarement, elle prend naissance tout-à-fait à la pointe de l'abdomen.

2.— Organes mâles.— Chez les mâles nous trouvons aussi des organes intérieurs et des organes extérieurs ; les premiers sont des tubes en forme de fils déliés, chargés de secréter le liquide fécondant, qui va se réunir dans un canal collecteur, ou canal *déférent*, aboutissant au pénis.

Les organes extérieurs comprennent différentes pièces ayant seulement pour but de maintenir la jonction des sexes pendant l'accouplement, et d'autres servant à l'accomplissement de cet acte même. Cette dernière fonction est remplie par le pénis seul, renfermé et protégé par une enveloppe cornée. Les parties servant à relier les deux sexes se composent de pinces de formes très-diverses, variant même d'une espèce à l'autre dans un même genre. Chez le plus grand nombre, nous trouvons extérieurement deux grosses pièces recourbées en dedans, souvent velues au moins à l'extrémité, curieusement contournées et dentées d'une façon quelquefois singulière. Elles saisissent la femelle par les derniers segments abdominaux, et les sculptures particulières dont je viens de parler ont pour but, soit en s'encastrant dans d'autres anfractuosités qui garnissent ces segments, soit en les embrassant seulement d'une façon étroite, de les assujettir solidement. Entre ces pinces, s'en trouvent deux autres plus minces et plus déliées ayant vraisemblablement pour objet de pénétrer dans l'intérieur de l'extrémité de l'abdomen de la femelle et de le maintenir ouvert afin d'y faciliter l'introduction du pénis. Pendant l'accouplement, celui-ci qui est membraneux sort de son enveloppe cornée, devient fortement saillant et va pénétrer jusque dans l'orifice de l'oviducte, où il dépose la liqueur qui doit féconder les œufs à leur passage. Nous appellerons les premières grosses pièces, *pinces extérieures*, les secondes *pinces intérieures*, sans entrer d'avantage dans le détail de ces organes qui varient, bien entendu, d'une manière considérable suivant la famille que l'on examine. Leur étude approfondie, est, d'ailleurs, encore à faire, et les observations devront nécessairement se porter de plus en plus de ce côté, car il est présumable que l'on y trouvera des caractères très-sérieux pour distinguer les espèces des simples variétés.

Dans un grand nombre de genres, ces organes mâles sont fixés d'une manière si intime à la femelle pendant l'accouplement, que, lorsque celui-ci est terminé, les deux sexes ne peuvent plus se séparer. Ce n'est qu'au prix d'efforts réitérés, où leurs pattes postérieures jouent un grand rôle, que les femelles parviennent, dans ce cas, à se débarrasser du mâle. Aussi les organes générateurs de celui-ci sont-ils souvent, par suite de ces efforts, violemment arrachés de son corps, et restent-ils fixés pendant un certain temps à l'abdomen de la femelle. Cette mutilation amène nécessairement la mort de ce mâle.

VIII. — NEUTRES.

Je dois dire maintenant quelques mots d'une modification extrêmement curieuse de certaines femelles, celles des abeilles, des guêpes, des bourdons, des fourmis. Sous l'influence d'une nourriture, spéciale, le plus grand nombre n'acquiert point la faculté de procréer leur espèce. Elles restent des êtres incomplets sous ce rapport, mais chez lesquels des qualités d'autre nature viennent remplacer ce qui leur manque ainsi. Ce sont des travailleurs infatigables, pour lesquels l'instinct paraît souvent s'approcher de bien près de l'intelligence. Les organes proprement dits de la génération s'atrophient chez elles à peu près complètement, et leur rôle change en entier par ce seul fait. Aussi leur a-t-on donné le nom *d'ouvrières*.

Chez les fourmis, ces mêmes femelles peuvent encore, dans quelques espèces, acquérir des facultés particulières, différentes de celles attribuées aux ouvrières proprement dites. Leur office est de protéger le nid, et de pourvoir aussi, dans certains cas, à l'acquisition de véritables esclaves. On les a nommées à bien juste titre, les *soldats*, leur fonction étant, en effet, exclusivement celle de nos armées

Les ouvrières, de même que les soldats, diffèrent souvent beaucoup des femelles fécondes et des mâles de la même espèce. La taille diminue, quelquefois les ailes disparaissent, la forme elle-même change ainsi que la couleur, et il est essentiel de trouver dans un même nid tous ces individus différents pour pouvoir, d'une façon certaine, les rapporter à une seule et même espèce. Ces modifications si profondes sous l'influence seule d'un changement dans la nourriture de la larve, modifications qui rendent les neutres si parfaitement appropriés à l'accomplissement des devoirs qu'ils ont à remplir, ne sont pas une des moindres merveilles de l'étude que nous entreprenons. Nous traiterons d'ailleurs tout au long ces questions, lorsqu'il y aura lieu.

§ 3. — FONCTIONS DE REPRODUCTION.

1. — Accouplement. — Chez les Hyménoptères, comme chez la plupart des insectes, la jonction des deux sexes est le plus souvent nécessaire pour assurer la fécondation des œufs qui seront pondus par la femelle. Cet acte si important a toujours été très-difficile à observer, car, la plupart du temps, c'est au sein des airs, à une grande hauteur qu'il se produit. Dans certaines espèces, il ne peut même s'effectuer que pendant le vol, et l'on a observé que des reines d'abeilles enfermées dans une ruche restaient toujours vierges, malgré le grand nombre de mâles qui les entouraient. Comme chez la plupart des êtres animés, le mâle est plus ardent que l'autre sexe et bien que, dans des cas nombreux, cet acte doit lui coûter la vie, il met la plus grande activité à poursuivre les femelles, auxquelles il donne parfois à peine le temps de sortir de leur coque.

Quelques observateurs ont été assez heureux pour voir s'accomplir l'accouplement, et je ne puis mieux faire que de rapporter ici les remarques qu'ils nous ont laissées à ce sujet.

Réaumur, qu'il faut toujours citer quand on arrive à ces observations si délicates, décrit l'accouplement des Torymus, très-petites espèces d'hyménoptères aux brillantes couleurs, parasites des larves d'autres insectes. On peut résumer ainsi son observation :

Le mâle se place d'abord sur le milieu du corps de la femelle, de manière que les deux têtes sont tournées du même côté ; mais il y a encore loin de celle du mâle à celle de la femelle, parce que celle-ci surpasse beaucoup l'autre en grandeur. Dès que le mâle s'est posé, il marche en avant, jusqu'à ce que sa tête excède un peu celle de sa compagne. Alors il incline tellement sa tête du côté de la sienne qu'il semble lui donner un baiser. Cette caresse, qui ne dure qu'un instant, une fois faite, il va promptement à reculons jusqu'à ce que son derrière se trouve par delà celui de la femelle. Il le recourbe et le fait passer sous l'extrémité du ventre de celle-ci ; là il le tient fixé un moment, puis il commence son manège. Réaumur l'a vu renouveler par le même jusqu'à vingt fois ; le mâle ne s'est retiré que pour céder forcément la place à un individu du même sexe plus frais.

Lepelletier de St-Fargeau décrit ainsi l'accouplement des Anthophora et des Xylocopa, hyménoptères mellifères :

« Dans le vol, les parties qui accompagnent celles qui caractérisent le sexe et qui servent à saisir les parties de la femelle, « sont sorties du corps et très-visibles. Ainsi j'ai souvent vu, dans « la plus grande chaleur d'un beau jour, plusieurs mâles de di- « verses espèces d'Anthophora, parcourir plusieurs fois de suite « une ligne horizontale de plus d'une trentaine de pas en face « d'une muraille ou tertre de sable, où existaient un grand « nombre de nids de leur espèce et où de jeunes femelles sortaient « incessamment de ces nids. Lorsque l'une de celles-ci ressent le « désir des approches du mâle, elle se pose sur ces endroits, « l'anus entrouvert et les ailes médiocrement écartées. Alors le

« mâle se précipite sur elle et la saisit. Le mâle et la femell
« réunis s'envolent ensemble et l'observateur les perd souvent d
« vue.

« Cependant la Xylocopa perce-bois, nous a laissé voir un
« partie de ce qui se passe ensuite . . . . . . J'ai vu plusieurs foi
« des couples de cette espèce posés sur le bord d'un toit ou su
« l'extrémité d'une gouttière, le mâle placé sur le dos de l
« femelle, les deux anus étroitement unis, les pattes du mâl
« serrant étroitement le corps de la femelle, les antérieures entr
« les première et seconde paires de celle-ci, les intermédiaires d
« mâle entre la seconde et la troisième paires de la femelle
« et les postérieures du mâle étreignant, au-delà des posté
« rieures de la femelle, l'articulation de l'abdomen au cor
« selet. Dans cette position, les ailes de la femelle étaient dan
« le repos, libres et un peu écartées. Elles entraient souvent, e
« même temps que celles du mâle, dans un violent trémousse
« ment, tandis que les deux corps restaient dans une immobilit
« absolue. Chaque trémoussement m'a toujours paru composé d
« trois battements. L'accouplement, du moins après que le coupl
« est posé, dure ordinairement un demi-quart d'heure au plus, e
« je n'ai pas jugé nécessaire de compter le nombre des trémousse
« ments d'ailes qui sont fréquents et très-nombreux. Vers la fin
« le mâle paraît cesser d'étreindre sa femelle, ses trémoussement
« d'ailes s'affaiblissent visiblement, puis il se laisse aller tout à
« fait, et pend, renversé à l'anus de la femelle, qui seule agit
« encore ses ailes. Bientôt elle le rejette violemment avec se
« pattes de derrière. J'ai vu aussi ce dernier fait pour un mâl
« d'Anthophora pilipède dont la femelle s'était rapprochée de terr
« après son accouplement. Les mâles, ainsi détachés de leur
« femelles, ne peuvent plus ni marcher ni se renvoler, ils s
« roulent par un mouvement des ailes quelque temps sur la terr
« et périssent bientôt. En pressant leur abdomen, je me suis sou
« vent assuré qu'ils avaient perdu entièrement leurs partie
« génitales et celles qui leur servent à assujettir l'anus de l
« femelle. »

(*Histoire naturelle des Hyménoptères*, tome II, p. 19).

Le même auteur raconte ainsi ce qu'il a pu observer pour l'accouplement des Bembex, hyménoptères fouisseurs.

« .... Voit-il sortir la femelle de son trou, le mâle se « précipite sur elle et fait ce qu'il peut pour la saisir dans ses « embrassements. Heureux s'il y parvient, et si un ou plusieurs « autres mâles, l'ayant aperçue en même temps, ne troublent « pas ses brusques caresses. En effet, ces mâles sont tellement « ardents que trois ou quatre se jettent quelquefois en même « temps sur la même femelle et se roulent avec elle sur le sable. « Alors il arrive quelquefois qu'aucun d'eux ne parvient à saisir « la femelle, qui s'éloigne momentanément. Si le mâle s'est fixé « sur la femelle (je n'ai pu en saisir les circonstances et n'ai vu « que le fait), le couple s'envole hors de la portée des yeux et le « reste de l'accouplement ainsi que ses suites pour le mâle, restent « nécessairement ignorés. La femelle, au bout d'un quart d'heure « à peu près, ainsi que j'ai pu l'évaluer, revient à son trou et « continue à le creuser. »

(*Histoire naturelle des Hyménoptères*, tome II, p. 561).

2. — Parthénogenèse. — J'ai dit, en parlant de l'accouplement, que la jonction des sexes est *le plus souvent* nécessaire pour la fécondation des œufs. En effet, cette condition que, jusqu'à ces derniers temps, on jugeait indispensable, souffre des exceptions qui ont été révélées d'abord en Allemagne par le docteur Adler, puis expérimentées et vérifiées ensuite par divers entomologistes. Ce fait si curieux se produit parmi des hyménoptères gallicoles et peut se résumer ainsi. Une femelle, fécondée par un mâle, pond des œufs et donne en même temps naissance à une galle, d'où, après le temps voulu, éclot un insecte tout différent de sa mère, et rapporté jusque là, non-seulement à une espèce, mais même à un genre distinct. Cet insecte ne présente absolument que des individus du sexe féminin, et il n'en existe réellement pas de mâles. Aussi pond-il à son tour, sans nouvelle fécondation, des œufs, qui se trouvent bientôt enfermés dans une nouvelle galle différente de la première. Il en sort plus tard un hyménoptère semblable à la première femelle considérée, et par conséquent d'aspect tout autre que celui de sa véritable mère. Cette génération présente les deux sexes qui s'accouplent, et la même série de faits se reproduit. C'est donc, pour ces insectes bisexués, une apparition périodique de deux en deux générations, donnant, comme individus intermédiaires, des êtres constamment du sexe femelle et ne nécessitant pas le concours d'un mâle pour la fécondation de leurs produits.

D'autres ordres d'insectes, des hémiptères homoptères, quelques diptères, avaient déjà donné lieu à de semblables observations. Mais on ne les avait pas encore faites pour les hyménoptères, et elles viennent bouleverser de fond en comble la classification adoptée jusqu'ici pour beaucoup d'espèces.

On a même signalé aussi un fait semblable dans d'autres familles d'hyménoptères (Odynerus, Tenthrédines), mais c'est moins bien prouvé.

Rien n'est plus curieux que ce phénomène, dont la raison d'être nous échappe encore. Il vient ajouter une merveille et un problème de plus dans l'étude déjà si complexe et si intéressante de nos hyménoptères.

3. — Ponte. — Ce n'est que sur d'assez rares documents que nous pouvons étudier les circonstances diverses de la ponte, cet acte final des appareils générateurs.

Le nombre des œufs que pondent les femelles d'hyménoptères est nécessairement très-variable, puisque, dans certains cas, comme pour les abeilles, une seule femelle est chargée du soin de peupler une ruche et même d'y apporter un excédant de population constituant les essaims, tandis que d'autres fois, (Cerceris), la femelle est obligée, pour chaque œuf qu'elle pond, de creuser, à grand travail, un nid en terre. Ce nombre varie depuis 5 à 6 jusqu'à plusieurs milliers.

Voici quelques observations d'auteurs illustres qui vont nous montrer les diverses manœuvres des femelles.

« J'ai eu, dit Degeer (mem. insect., tome II, p. 879), occasion « de voir un Ichneumon doré à longue tarière (Degeer appelle « ainsi un petit parasite de la famille des Chalcidites) dans » l'action d'introduire cette tarière dans une galle de chêne. « L'Ichneumon commençait d'abord à baisser la véritable tarière « et à la faire sortir d'entre les deux demi-fourreaux. Il la plaçait « ensuite dans une situation perpendiculaire au corps et à la sur-

« face de la galle, de sorte qu'elle touchait avec sa pointe à cette « surface. Pour pouvoir se mettre dans une telle position, il fut « obligé de se hausser sur ses pattes le plus qu'il était possible. « Après cela, je vis que la tarière s'enfonçait peu à peu dans la « galle, et qu'à la fin, elle s'y trouvait introduite dans toute sa « longueur, de sorte que le ventre de l'ichneumon venait à tou- « cher la surface de la galle. Alors l'insecte fit du mouvement « avec sa tarière de haut en bas ; il la retirait un peu et d'abord « après il l'enfonçait de nouveau : c'était comme s'il voulait tâter « quelque chose dans l'intérieur de la galle, avec la pointe de sa « tarière. Sans doute qu'il y cherchait la loge du ver, ou bien le « ver même, pour y pondre ses œufs auprès de lui ; ensuite il re- « tira sa tarière hors de la galle, en se haussant considérablement « sur ses deux pieds. Un moment après, il la pique de nouveau « dans un autre endroit de la galle, et après l'avoir retirée encore, « il l'enfonce dans la galle pour la troisième fois, toujours de la « même manière. Après cette dernière opération, il s'envola. « Pendant l'action même, il n'était point du tout farouche ; il pa- « raissait fort attaché à sa besogne et se laissait approcher avec « une loupe. »

Réaumur nous fait connaitre encore les circonstances de la ponte d'un autre hyménoptère dont la larve vit des feuilles du rosier. La mère, munie d'une tarière en forme de scie, dont j'ai parlé plus haut, se place sur la partie la plus mince d'un rameau d'églantier, plante l'extrémité de sa tarière dans l'écorce, puis fait jouer les deux stylets qui forment scie, jusqu'à ce qu'une courte entaille ait été faite dans l'écorce. Elle y dépose alors un œuf qu'elle arrose avec une liqueur mousseuse, puis recommence à côté. Elle en place ainsi 5 à 6 à la suite l'un de l'autre. Ce qu'il y a de très-curieux, c'est que le lendemain de cette opération la partie de la branche qui contient les œufs est devenue noire, et que, chaque œuf ayant acquis un volume bien plus gros que celui qu'il avait au moment de la ponte, l'écorce se trouve soulevée à la place de chacun d'eux et présente ainsi une série de petites convexités avec une fente sur l'un des côtés, laissant apercevoir l'œuf qui y est contenu.

Huber, enfin, rapporte l'expérience suivante à propos d'une abeille :

« ...... Cette mère, pressée de pondre, ne put retenir ses « œufs plus longtemps ; nous lui vîmes faire un dernier effort et « allonger son abdomen. La partie inférieure de l'anus s'écartait « assez de la supérieure pour laisser une ouverture qui mit à « découvert une partie de la capacité interne du ventre. Nous « vîmes l'aiguillon dans son étui dans la partie supérieure de « cette cavité. La mère fit alors de nouveaux efforts, et nous « vîmes un œuf sortir du bout du canal de l'ovaire, et s'élancer « dans la cavité dont nous avons parlé ; puis les lèvres se refer- « mèrent, et ce ne fut qu'après quelques instants qu'elles se « rouvrirent bien moins que la première fois, et suffisamment « pour laisser sortir l'œuf que nous avions vu tomber dans cette « cavité. »

§ IV. — MÉTAMORPHOSES

La période pendant laquelle les hyménoptères sont aptes à la reproduction est la plus courte pour eux, et depuis longtemps déjà ils sont nés quand ils peuvent enfin s'élancer dans les airs.

Nous avons vu la femelle, recherchée par les mâles de son espèce, s'accoupler, puis pondre des œufs que son admirable instinct lui apprend à placer dans les conditions les plus favorables. Ces œufs vont donner naissance à des larves, qui se transformeront plus tard en nymphes, et celles-ci produiront enfin, par une dernière métamorphose, l'insecte parfait, qui à son tour, mettra au jour une nouvelle génération.

Nos insectes passent donc par quatre états différents : œuf, larve, nymphe et état parfait. Quelques entomologistes admettent une cinquième phase, se plaçant entre la larve et la nymphe, et lui donnent le nom de *seconde larve* ou *larve contractée*. Celle-ci ne diffère le plus souvent de la larve proprement dite que par son état de repos et sa privation complète de nourriture. Dans quelques cas assez rares, sa forme diffère plus notablement de celle de la larve. Je ne m'en occuperai d'ailleurs pas davantage, me proposant seulement de signaler ce que cette forme transitoire présentera d'intéressant, lorsqu'il y aura lieu.

1. — Œufs. — Les œufs des hyménoptères sont bien peu connus et ce que l'on sait d'eux, n'offre qu'un médiocre intérêt. Pour la plupart, ils sont blancs, ovoïdes, plus ou moins allongés ou courbés ; d'autres fois, ils présentent, au contraire, des colorations diverses, jaune, verte, etc. On en a signalé qui se trouvaient munis d'une sorte de pédicule servant à les fixer sur le corps des chenilles destinées à servir de pâture aux jeunes larves qui vont éclore. L'apparition des larves a lieu, presque toujours, très-peu de temps après la ponte des œufs. Il est présumable que la température a une certaine influence sur la précocité ou le retard des éclosions. Les larves phytophages resteraient cependant en général un peu plus longtemps dans l'œuf que les larves carnassières ou mellivores, sans que ce délai dépassât toutefois quinze à vingt jours. Ce n'est qu'avec le plus grand doute que quelques auteurs parlent d'œufs qui passeraient l'hiver.

La structure intime des œufs est, à peu près, toujours la même, au moins pour ceux qui ont pu être observés. C'est une enveloppe plus ou moins parcheminée et résistante, enfermant un liquide où l'embryon acquiert un développement très-rapide. Plus la nourriture destinée à la larve est exposée à se détériorer rapidement, comme les chenilles anesthésiées par le venin de la mère, ou les provisions mielleuses accumulées par celle-ci, plus la petite larve arrive à sortir vite de son enveloppe. Les œufs sont généralement enduits, en passant dans l'oviducte de la mère, d'une substance visqueuse et agglutinante, qui sert à coller l'œuf et à le maintenir à l'endroit convenable pour que la jeune larve trouve, dès en naissant, à portée de ses mandibules, une nourriture appropriée.

Disons enfin que quelques œufs (Tenthrédines, Cynipides, Formicides), ont la singulière propriété d'augmenter sensiblement de volume après la ponte. Ce phénomène manque encore d'explication suffisante.

2. — Larves. — Les larves des hyménoptères présentent des formes assez variées et, bien qu'on n'en ait encore qu'une connaissance très-incomplète, il est cependant déjà possible d'en donner une description générale suffisante.

On peut d'abord les partager en deux grandes classes présentant un aspect tout-à-fait distinct. Dans la première se rangent les larves de toute une grande famille qui, pourvues de pattes cornées et membraneuses comme les chenilles des lépidoptères, ornées aussi de couleurs variées, ont avec elles des ressemblances extérieures frappantes. Aussi les a-t-on désignées sous le nom de *fausses chenilles*. Elles sont herbivores ou phytophages, et, vivant souvent par troupes nombreuses, elles causent à nos plantations des dommages sérieux. Il est toujours facile de les distinguer des vraies chenilles ou larves de papillons, parce que celles-ci n'ont jamais moins de huit pattes, ni plus de seize, y compris les écailleuses, tandis que les fausses chenilles ont toujours, soit moins de huit, soit plus de seize pattes.

Les six pattes antérieures fixées de part et d'autre de chaque côté des trois premiers anneaux qui suivent la tête, sont articulées, de consistance cornée et pourvues de crochets. Elles représentent les pattes que conservera l'insecte à l'état parfait. On leur a donné le nom de *pattes écailleuses*.

Toutes les autres, dites *pattes membraneuses*, ne sont que des sortes de mamelons charnus, coniques, dépourvus de crochets, et qui n'ont vraisemblablement d'autre fonction que celle de soutenir la larve, sans avoir une action bien directe sur la progression. Ces appendices sont fixés inférieurement de chaque côté des segments abdominaux, qui peuvent en être tous munis, sauf le premier. Celles qui sont situées sur le dernier ont ordinairement une conformation et une direction différentes des autres; on leur a donné le nom spécial de *pattes anales*. Certaines espèces ne présentent absolument que les six pattes écailleuses.

La seconde classe, que l'on peut distinguer parmi les larves des hyménoptères, comprend toutes celles qui n'ont pas de vraies pattes, et qui sont dans l'impossibilité de pourvoir elles-mêmes à leur nourriture et de se transporter d'un lieu à un autre. La mère les place à l'endroit même où elles trouveront, le plus souvent en même temps, un abri et une provision suffisante pour leur alimentation. Ces larves, qui forment la très-grande majorité de celles des insectes que nous étudions, sont presque inertes et, comme elles ne sont jamais exposées à subir les intempéries de l'air ou le contact des objets extérieurs, leur épiderme semble bien plus délicat que celui des fausses chenilles. Leur couleur est presque toujours blanche, cependant on voit aussi de fréquents exemples où elle est jaune, rouge, etc. Tandis que les fausses chenilles sont toujours munies de mandibules très-visibles et relativement puissantes, celles-ci n'en présentent de semblables que dans quelques familles, les autres offrant des appareils buccaux en général difficiles à apercevoir et à disséquer. Les larves de la première classe ont aussi des yeux assez gros et simples placés sur les côtés de la tête, celles de la seconde classe, au contraire, paraissent en être privées complètement.

Toutes doivent posséder des antennes plus ou moins rudimentaires, en tous cas, plus ou moins membraneuses. Il faut avouer cependant que, dans des cas nombreux, on n'en voit aucune trace, soit qu'elles soient rétractiles et susceptibles de se cacher dans l'intérieur de la tête, soit que réellement elles n'existent pas.

Un très-grand nombre de larves ont les téguments de la tête durs et cornés, autrement colorés que le reste du corps. Souvent aussi ces parties plus solides ne se trouvent que sur quelques portions de la tête et du premier segment qui la suit, formant ainsi de bons caractères pour les distinguer les unes des autres. Cette dernière disposition ne se voit, d'ailleurs, que chez les larves apodes, les autres ressemblant tout-à-fait, sous ce rapport, à de véritables chenilles. Quelquefois les mandibules seules sont dures et colorées, et forment ainsi deux taches souvent imperceptibles au-devant de la tête. Ajoutons enfin, qu'un grand nombre de larves portent à la lèvre, située comme chez les insectes parfaits, mais fort difficile à distinguer, un appareil spécial qui se présente sous forme d'un tube contractile percé à son extrémité d'une ouverture en bec de flûte à laquelle vient aboutir le canal déférent d'une glande qui est la *glande séricifique*. Cet organe est la *filière* au moyen de laquelle ces larves construisent leurs coques ou tapissent de soie l'intérieur de leur logement.

Parmi les larves apodes enfin, un certain nombre offre à l'observateur une série de mamelons, quelquefois ombiliqués, situés généralement sur la portion dorsale du corps. Ces mamelons complètement charnus servent à faciliter les mouvements très-restreints qu'ont à exécuter ces larves, soit dans les cellules qu'elles occupent dans les galles, soit dans les interstices divers qu'elles habitent. On leur a donné le nom spécial de *pseudopodes*.

Le nombre des segments composant le corps des larves d'hyménoptères semble être uniformément de douze, non compris la tête. Ces segments sont très-souvent presque impossibles à distinguer à cause des plis et des rides sans nombre qui les garnissent. D'autres fois, ils sont bien visibles, un étranglement très-sensible venant les séparer les uns des autres. Ce nombre de segments correspond à celui que nous avons trouvé dans les insectes parfaits (trois pour le thorax et neuf pour l'abdomen y compris le segment médiaire).

Les larves sont pourvues de stigmates, comme les insectes parfaits. Ces ouvertures sont souvent fort-difficiles à apercevoir. Toutes les fois que j'ai pu les constater, je les ai trouvés au nombre de huit paires placées sur les côtés des segments Ce sont toujours les mêmes anneaux qui me les ont offerts, savoir le second (sans parler de la tête), ou segment mésothoracique, le cinquième, ou deuxième segment abdominal et tous les suivants, sauf les deux derniers. Ces ouvertures stigmatiques se présentent, le plus souvent, avec une forme arrondie assez régulière, excepté celle du segment mésothoracique qui, dans quelques cas assez rares, m'a semblé présenter une grandeur plus considérable et une forme plus allongée. Chez les fausses chenilles fortement colorées, les stigmates forment souvent des taches rondes ou oblongues de couleur fort différente, ce qui les rend très-visibles.

Un certain nombre de larves apodes pourvues ou non de mamelons dorsaux, que j'ai appelé pseudopodes, possèdent, en outre, de chaque côté des segments abdominaux et au-dessous des stigmates, une ligne saillante formant un bourrelet membraneux qui s'étend jusqu'à l'extrémité du corps. Ce doit être encore un appareil spécial pour un déplacement très-limité.

Les segments thoraciques, c'est-à-dire les trois premiers qui suivent la tête, sont en général plus gros et plus renflés que les suivants ; dans quelques espèces, le premier de ces segments présente latéralement une tache ordinairement rouge, formée de petits points colorés très-nombreux et très-rapprochés. Le dernier segment, ou segment anal, a souvent une forme spéciale Dans les fausses chenilles, il porte généralement deux fausses pattes membraneuses. Dans les larves apodes, il devient quelquefois arrondi en forme de calotte avec des sillons irradiés aboutissant tous à un point central qui est l'anus; d'autres fois, il est tout-à-fait cylindrique, strié et ombiliqué à son extrémité postérieure qui est aplatie; souvent, enfin, il est simplement conique et continue la forme de l'abdomen. Enfin, certaines larves paraissent manquer complètement d'orifice anal, ce qui revient à dire qu'elles assimilent la totalité de leurs aliments.

Nos larves sont quelquefois glabres et très-luisantes, d'autres fois plus ternes ou garnies de poils plus ou moins longs et diversement colorés, même chez quelques larves apodes et blanches. D'autres (parmi les fausses chenilles) ont à la surface du corps de véritables épines soit simples, soit bifides ou même trifides.

Je laisse de côté les détails relatifs aux parties intimes de la bouche, mâchoires, lèvres, palpes, détails qui nous entraîneraient trop loin et que je pourrai aborder plus tard pour quelques espèces, s'il y a lieu. Je ne parlerai pas davantage des organes intérieurs, qui ne peuvent nous intéresser, me contentant seulement d'indiquer qu'ils sont en général différents de ceux des insectes parfaits qui devront en éclore. Par exemple, les vaisseaux biliaires sont, presque toujours, bien moins nombreux dans la larve que dans l'insecte parfait.

A peine sortie de l'œuf, la larve se met à dévorer la pâture mise à sa portée par la mère, et rapidement sa taille augmente, ses formes se dessinent, ses couleurs s'accusent, et changent même assez souvent, à mesure qu'elle avance en âge. Comme toutes les larves, celles des hyménoptères sont sujettes aux *mues*, c'est-à-dire qu'elles se dépouillent à diverses reprises de leur peau, devenue un vêtement trop étroit et incommode. Ces mues, au nombre de trois ou quatre, sont toujours un moment critique auquel elles se préparent par l'abstinence, se réservant d'ailleurs de redoubler de voracité lorsque cet événement important pour elles est terminé. Cependant, il y a, paraît-il, des exceptions, en ce sens que plusieurs larves d'hyménoptères ne subissent aucune mue. On a signalé celles des abeilles, des guêpes, des fourmis, etc.

Souvent des œufs pondus à l'automne donnent immédiatement de très-jeunes fausses-chenilles que vient surprendre l'hiver. Alors elles se cachent, et trouvent partout des abris contre les intempéries. Revienne le printemps, et les rayons vivifiants du soleil leur rendent toute leur activité. On les voit alors monter à l'assaut de nos arbustes et dévorer les bourgeons.

Les larves, enfermées dès leur naissance avec leur pâture, ont bien vite fait de la consommer et d'atteindre leur taille définitive. Elles restent alors ensuite de longs mois sans mouvements et sans nourriture, pour ne se transformer en nymphes que lorsque l'heure fixée a sonné pour elles. D'autres, au contraire, comme celles des abeilles, voient se succéder très-rapidement toutes leurs métamorphoses, et trois semaines suffisent pour obtenir d'un œuf un insecte parfait.

Il y a des espèces qui ont seulement une double génération chaque année. L'une d'elles, qui a lieu pendant le printemps et l'été, passe très-vite par ses diverses phases, tandis que l'autre, qui a à traverser l'hiver, nécessite des délais beaucoup plus prolongés.

Quand la larve est arrivée à son entière croissance et que le moment de la transformation approche, elle songe, dans beaucoup de cas, à se construire un abri ou une coque, ce qui d'ailleurs est loin d'être général. Les unes entrent en terre, d'autres sortent du corps de leurs victimes, la plupart restent dans la loge préparée par la mère et où elles ont vécu.

Ces coques sont de nature, de forme et de couleur extrêmement variées, et il ne me serait pas possible d'indiquer même sommairement toutes les modifications que l'on peut y constater.

Quelques unes sont doubles et composées extérieurement d'un réseau à larges mailles, résistant, élastique, enfermant et protégeant une autre enveloppe appliquée plus exactement sur la nymphe, et qui est faite d'une pellicule mince et flexible.

D'autres ont une apparence parcheminée, colorées diversement en jaune ou en brun, ou simplement incolores et transparentes. Elles sont rondes ou ont des côtés anguleux, les extrémités sont aussi arrondies ou bien l'une d'elles est aplatie et forme comme un couvercle; d'autres fois cette face aplatie porte en son centre une pointe relevée et tortillée. Dans d'autres cas, une extrémité est ronde et l'autre plus ou moins pointue.

Quelques coques ont, au contraire, une apparence cotonneuse; elles sont alors généralement blanches bien que d'autres couleurs se rencontrent aussi.

Un grand nombre sont lisses et glabres; d'autres, au contraire, sont garnies de poils raides.

Quant la larve établit sa coque, elle emploie, bien entendu, ses filières; mais il en est quelques-unes qui, pour donner de la solidité à leur petite construction, y incrustent divers fragments, comme, par exemple, les débris cornés des insectes dont elles ont vécu.

La larve reste quelquefois un long espace de temps dans sa coque, sans subir de métamorphose. Elle prend une apparence plus inerte, sa taille se raccourcit et se gonfle en même temps, et elle passe ainsi souvent bien longtemps dans l'immobilité. C'est cet état que l'on a désigné sous le nom spécial de *larve contractée*.

Beaucoup d'autres ne se construisent pas de coque et se métamorphosent à nu. Mais elles sont alors renfermées dans un nid de terre, dans une galerie profonde, ou dans l'intérieur d'une galle ou du corps d'une victime, de sorte qu'elles se trouvent tout-à-fait à l'abri des intempéries et des accidents. Quelques-unes ont seulement la précaution de garnir auparavant leur réduit d'une mince couche de soie qui doit leur fournir un coucher plus moelleux.

Quelle que soit l'industrie d'une larve sous ce rapport, dès qu'elle est installée dans son réduit, il se fait en elle un travail intérieur dont les anatomistes n'ont encore suivi les périodes que bien incomplètement. Non-seulement l'aspect extérieur va se modifier, mais les organes internes eux-mêmes subissent de profonds changements. La peau de la larve se fend et, repoussée peu à peu par des mouvements imperceptibles, elle va se pelotonner au fond de la coque ou de la loge, en compagnie d'excréments dont un certain nombre de larves se débarrassent avant de subir cette crise importante.

La nymphe apparait alors avec toutes les apparences extérieures de l'insecte parfait.

3. — Nymphes. — La nymphe présente, en effet, soit en entier, soit à l'état rudimentaire, tous les organes dévolus à l'insecte parfait. Les antennes et les pattes sont entièrement développées et collées le long du corps. Les yeux, les ocelles, les pièces de la bouche sont apparentes ainsi que les organes externes de la génération. Parmi ceux-ci, les tarières allongées sont surtout visibles, et elles sont toujours couchées sur le dos de l'abdomen, atteignant celui du thorax, le derrière de la tête, et se poursuivant même plus loin suivant leur dimension relative. Les ailes sont à l'état rudimentaire ou plus exactement on n'en aperçoit qu'une sorte de court fourreau dans l'intérieur duquel elles sont pliées et chiffonnées. Ces fourreaux sont placés de chaque côté du thorax et couvrent plutôt sa partie inférieure que le dos. Tous ces organes ne sont pas libres et semblent soudés au corps. Il n'en est rien cependant, et si on soumet la nymphe à un examen plus minutieux, on s'aperçoit bien vite que tous ces appendices, ainsi que le corps entier, sont couverts par une membrane continue qui en épouse à peu près toutes les formes et toutes les saillies, en les rendant cependant plus obtuses. Cette membrane maintient en place des organes encore trop débiles, en même temps qu'elle les protège. Elle est toujours très-mince et transparente, nos nymphes ne se montrant jamais à l'extérieur, et l'on n'en voit pas qui soient pourvues d'une carapace dure et cornée comme les chrysalides de papillons.

C'est sous l'abri de cette enveloppe que mûrissent, pour ainsi dire, les différentes parties de l'insecte. Si l'on examine une nymphe quelconque peu après sa transformation, on lui voit une coloration uniformément blanche ou jaunâtre qu'elle conserve quelques jours ; les yeux seuls ont une teinte beaucoup plus foncée. Si on continue à l'observer avec assiduité, on voit les yeux devenir plus sombres, en même temps que la tête et le thorax se colorent peu à peu des nuances qu'ils doivent avoir définitivement. Cette couleur apparaît d'abord avec le plus d'intensité sur les parties du thorax qui seront saillantes, comme si les portions enfoncées se trouvaient voilées par l'épaisseur des membranes interposées. Ces taches foncées, d'abord séparées, se réunissent peu à peu et la nymphe présente bientôt la coloration même qui est propre à l'insecte parfait. L'abdomen se colore le dernier, ainsi que la poitrine, les pattes et les antennes. Les ailes, toujours enfermées dans leur fourreau, forment, quand la nymphe a acquis toute sa couleur, comme deux taches allongées translucides.

Lorsqu'elle est arrivée à cet état de perfection, la nymphe est bien près de rejeter ses langes, et, en effet, on voit bientôt une fente se produire à la partie supérieure du thorax dans la membrane protectrice. Le thorax, puis la tête se dégagent; les antennes sortent de leur fourreau avec les pattes antérieures; suivent les deux autres paires de pattes et enfin l'abdomen.

L'insecte est né, mais il est encore bien faible et il reste quelques heures, parfois plusieurs jours dans sa prison, pour permettre à ses membres de s'affermir, à ses articulations d'apprendre à jouer convenablement. Les ailes sont ce qu'il y a de plus imparfait, on en aperçoit à peine des traces; elles sont chiffonnées et semblent manquer de fermeté. Peu à peu, cependant, sous l'influence (suivant quelques anatomistes) de l'air qui s'engage dans les nervures, et qui est doué d'une certaine pression par suite des contractions thoraciques de l'insecte, l'aile se déploie, ses cellules se dessinent, elle se sèche, prend de la consistance et de la raideur.

A ce moment le nouveau né est prêt à prendre son essor. Mais il est enfermé et il lui faut encore tout un travail pour paraître à l'air libre. Ici les procédés varient encore beaucoup suivant les espèces. Parmi celles qui sont encloses dans une coque, les unes déchirent simplement et sans aucuns soins une des extrémités de celle-ci; les autres, au contraire, découpent avec leurs mandibules une calotte parfaitement régulière, qu'elles rejettent de côté, et qui tourne, comme autour d'une charnière, sur une petite portion non entamée de son contour.

Si la coque était souterraine, placée dans un nid, une coquille, un fragment de bois sec, l'insecte sait se diriger immédiatement et par le chemin le plus court vers la liberté, en se creusant une route avec ses mandibules. Ainsi agissent ceux qui ont vécu sans coque, dans les galles, les tiges sèches, etc. De petits trous ronds indiquent l'orifice de sortie de la bestiole; et si nous couvrons nos flacons d'éducation avec un papier trop faible, nous nous apercevrons bien souvent d'une évasion, à la vue de ces petites ouvertures.

Va maintenant, frêle insecte, élance-toi dans les airs et viens, par les merveilles de ton admirable instinct, par les couleurs brillantes dont tu es paré, par tes formes si gracieuses et si élancées, par l'étonnante perfection du dernier de tes organes, viens exalter les louanges de ton Créateur. Tu es la preuve vivante de sa toute-puissance et c'est se rapprocher de lui que de l'admirer en apprenant à te connaître.

§ V. — PHYSIOLOGIE ET BIOLOGIE GÉNÉRALES

1. — Nourriture. — Si nous considérons les hyménoptères à l'état parfait, la question de leur nourriture est, la plupart du temps, peu importante ; beaucoup d'entre eux, en effet, éclosent et meurent sans en prendre. Leur rôle principal repose dans la reproduction de l'espèce, et, ce résultat étant atteint, leur conservation personnelle est entrée pour bien peu de chose dans le plan de la nature. Nous avons vu que beaucoup de mâles mouraient immédiatement après l'accouplement ; les femelles, ayant en outre à s'occuper postérieurement de travaux plus ou moins compliqués et pénibles, une nourritnre un peu abondante leur est plus nécessaire.

La durée de leur vie, à l'état de liberté, est très-variable et s'appuie surtout sur l'importance de ce qu'elles ont à accomplir avant de disparaître. Les femelles qui n'ont pas besoin de se livrer à des constructions difficiles pour y abriter leur progéniture, celles qui vivent en parasites, etc., ont bientôt fait de remplir le vœu de la nature, et par suite leur existence est beaucoup plus limitée. Celles qui doivent creuser la terre ou le bois, gâcher le mortier ou se livrer, enfin, à des occupations assez compliquées, voient leurs jours se prolonger suffisamment pour que tout cela ait le temps de s'accomplir sans cependant que leur axistence aille plus loin que le commencement de l'hiver venant succéder à l'été qui les a vu naître. L'espèce, dans ces deux cas, n'existe pendant la mauvaise saison qu'à l'état de larve, et si, par un hiver exceptionnellement doux, on peut rencontrer quelques individus plus ou moins engourdis, cachés sous divers abris, on ne doit les considérer que comme des exceptions. Il est cependant des cas assez rares, où, pour certaines espèces, cette exception devient la règle. On peut, en effet, les trouver à l'état parfait en plein hiver, soit sous les mousses épaisses ou les écorces, soit au fond des tubes creusés dans la moelle des tiges sèches.

D'autres, au contraire, dont les conditions de vie sont différentes, particulièrement les espèces sociales, voient se perpétuer l'existence de leurs femelles en toute saison. L'hiver les engourdit, mais elles conservent cependant le germe fécondateur qu'elles ont reçu d'un mâle à l'automne, et au printemps, leur ponte et leurs travaux commencent. C'est le cas des guêpes, des bourdons, etc. Dans les sociétés plus perfectionnées, abeilles, fourmis, le même engourdissement a lieu, à moins que l'hiver ne soit très-clément, mais il se produit en même temps pour les femelles fécondes et pour les ouvrières. Dans ces deux derniers cas, la durée de la vie de ces insectes est bien plus prolongée et peut s'évaluer d'un an et demi à deux ans.

Pendant ces périodes courtes ou longues, il est indispensable que ces mères si affairées prennent quelque nourriture. On peut dire que toutes se nourrissent des liqueurs sucrées qu'elles happent avec leur languette dans le fond de la corolle des fleurs. Il en est cependant qui s'attaquent en outre aux matières animales; l'on connaît, en effet, les déprédations que les guêpes font souvent dans les viandes fraîches laissées à leur disposition, surtout celles qui peuvent leur fournir quelques particules sucrées, comme le foie par exemple; personne n'ignore aussi les combats qu'elles livrent à nos mouches domestiques pour les mettre à mort. Ce n'est là certainement qu'une nourriture toute exceptionnelle, ou plutôt même il ne faut généralement y voir que des provisions destinées aux jeunes larves. Qui ne sait aussi avec quelle habileté et quelle rapidité les fourmis dissèquent les petits animaux et en font des squelettes aussi bien préparés qu'ils pourraient l'être par la main d'un habile anatomiste? Ces insectes sont peut-être les seuls qui soient à peu près omnivores, et il faut toujours considérer le suc des fleurs, des fruits, le miel ou le sucre comme la base de la nourriture de la généralité des hyménoptères. Si l'on en voit en grand nombre qui s'attaquent à divers insectes, les transportent dans leur nid, ou rongent les feuilles de diverses plantes, recueillent le pollen des fleurs ou détachent les fibres des bois morts, il ne faut pas considérer tout cela comme des faits se rattachant à l'alimentation de l'insecte lui-même, mais y reconnaître seulement la récolte des matériaux nécessaires soit à la nourriture des larves qui vont éclore, soit à la construction des nids que la nature lui a enseigné à donner pour abri à sa progéniture.

A l'état de la larve, au contraire, les hyménoptères ont une nourriture beaucoup plus variée. Un certain nombre est franchement herbivore et dépouille de leurs feuilles nos arbres ou nos plantes utiles, nous causant ainsi des dommages souvent très graves. La plupart vit de proie vivante, active ou paralysée, soit à l'intérieur du corps même de ses victimes, soit à l'extérieur ; ce qui n'est pas là le moins curieux, c'est que ces larves carnassières, qui ont à s'attaquer à des êtres infiniment plus grands et plus forts qu'elles, sont les plus inertes, et les moins capables, non-seulement de trouver seules leur nourriture, mais même de se défendre un seul instant en cas de résistance de leurs victimes. C'est à l'industrie de la mère qu'est dévolue la charge de pourvoir les petites larves, et cela de façon que celles-ci, non-seulement ne courent aucun risque, mais n'aient même pas à craindre en aucun cas l'évasion de leur proie, qu'il leur serait impossible de poursuivre.

Enfin, d'autres larves vivent exclusivement du miel qui a été préparé et rassemblé par la mère, et que celle-ci a mis à leur portée en quantité suffisante. Ces larves seraient, sans cela, aussi incapables que les précédentes de pourvoir à leur alimentation, et là encore, la mère a dû être dotée par la nature d'un instinct admirable qui lui apprend à construire et à approvisionner son nid.

2. — Station—Progression. — Les Hyménoptères étant, pour la plupart, ailés, jouissent de l'admirable faculté du vol, tandis que leurs trois paires de pattes leur permettent une progression moins rapide lorsqu'elle est nécessaire. Leurs mouvements sont en général très-vifs, et il est bien souvent difficile de les atteindre, même avec nos instruments spéciaux de chasse. Certaines espèces s'élancent avec tant de précipitation, qu'au moindre mouvement de l'observateur, elles sont déjà loin sans que celui-ci puisse même quelquefois apprécier la direction prise.

Beaucoup de petites espèces ont un vol court et saccadé, ressemblant à un véritable saut. Pendant le vol, le corps est à peu près horizontal, les pattes postérieures sont longuement étendues en arrière pour maintenir un équilibre qui tend toujours à être rompu par le mouvement des ailes. Dans le cas particulier où les mâles poursuivent leurs femelles, la position du corps pendant le vol est anormale ; il prend une direction presque verticale.

Le vol peut être très-prolongé et les abeilles, on le sait, s'éloignent souvent à de grandes distances de leur ruche.

C'est pendant le vol et au haut des airs qu'a lieu, la plupart du temps, l'accouplement. C'est en volant, enfin, que les espèces fouisseuses rapportent à leurs nids des proies d'un poids énorme relativement à leur grosseur ; on en déduit de quelle force considérable doivent être pourvus les muscles qui font mouvoir les ailes. La chaleur influe beaucoup sur la rapidité et la puissance du vol : le matin, quand le soleil levant ne darde encore que des rayons très-obliques, nos insectes restent paresseux et leurs mouvements sont mous et lents; mais quand le soleil, au contraire, est au zénith, l'œil ne peut plus les suivre dans leurs évolutions.

Un certain nombre d'hyménoptères produisent, en volant, un son plus ou moins élevé qui a reçu le nom de *bourdonnement*. Ce phénomène, connu de tout le monde, et qui doit son nom à ce que les bourdons le produisent à un haut degré, a motivé, à bien des reprises, les recherches des savants, sans que, jusqu'ici, on ait encore réussi à en trouver une explication complètement satisfaisante. Landois, qui a admis que le bourdonnement est causé par le passage rapide de l'air entre les valvules qui ferment plus ou moins les stigmates, ne doit pas être dans le vrai, car l'insecte ne peut expulser l'air avec pression. Tout récemment un savant professeur, M. Perez, l'a attribué aux battements répétés du moignon alaire contre les parties solides qui l'environnent. Mais cette hypothèse est combattue avec énergie par M. le docteur Jousset de Bellesme. Celui-ci admet deux sortes de bourdonnements : celui produisant un son grave, pendant le vol, et celui qui donne un son aigu, quand l'insecte est tenu entre les doigts ou gêné dans son mouvement. Ce dernier est toujours à l'octave aigüe du son grave. Il se produit même quand les moignons alaires sont enlevés, ce qui infirmerait la théorie de M. Perez. — M. Jousset de Bellesme attribue le bourdonnement au battement rapide des ailes (112 vibrations doubles par seconde dans le bourdon des mousses) combiné avec les vibrations thoraciques dont je vais parler. Le son aigu serait, à son tour, produit par les mouvements très-rapides de déformation que subit l'enveloppe du thorax. La coupe verticale de celui-ci, qui est ovale, verrait en effet successivement son grand axe devenir horizontal, puis vertical. Ces vibrations thoraciques, au nombre de 224 par seconde pendant le son aigu, produiraient donc ce son indépendamment des ailes, et celles-ci, par le frémissement très-rapide qu'elles subissent, quand on tient un bourdon prisonnier, viendraient seulement le renforcer. Il est certain que l'on ne sera absolument sûr d'être dans le vrai, que quand les articulations des ailes et les muscles thoraciques seront assez connus, pour que l'on puisse, de leur structure, tirer l'explication du vol silencieux de beaucoup d'hyménoptères, du vol bruyant de certains autres.

3. — Produits de sécrétion. — Les hyménoptères peuvent donner naissance à un grand nombre de produits et de sécrétions différentes utiles à leurs travaux. Nous avons déjà parlé du *miel* recueilli par les mellifères sur les fleurs, avalé, puis dégorgé par eux. La *cire* sécrétée par les abeilles se fait jour chez elles à l'articulation de quelques uns des segments abdominaux et est produite par l'élaboration que subissent dans leur corps les matières recueillies sur les fleurs. Les mêmes insectes récoltent encore le *propolis*, sorte de gomme résineuse qu'ils trouvent sur les peupliers ou les bouleaux, et à laquelle ils font subir préalablement une véritable préparation. Nous avons vu que les femelles ont, en beaucoup de cas, à leur disposition une liqueur spéciale, destinée à leur défense, qui est le *venin*, et a pour réservoir une glande particulière, ou *glande à venin*. Près de la bouche, on trouve encore d'autres organes chargés de préparer un nouveau liquide, qui a reçu le nom de *salive*, et qui sert, à beaucoup d'espèces, à ramollir et à détremper certaines matières dont, sans cela, la texture trop solide résisterait à leurs efforts. D'autres espèces, après avoir fait une plaie dans un rameau ou la feuille d'une plante, y laissent écouler un autre produit, qui possède la propriété, soit d'empêcher la fermeture de cette plaie, soit, au contraire, de provoquer un afflux de sève donnant ensuite naissance à une *galle* ou excroissance charnue ou ligneuse.

Les larves ont, dans un grand nombre de cas, la faculté de sécréter, au moyen de glandes, dites *séricifiques*, une sorte de *soie*, qui sert soit à former une coque de toutes pièces, soit à tapisser seulement l'intérieur de celle que la mère leur a construite.

Le groupe important des fourmis produit *l'acide formique* qui leur donne leur odeur caractéristique et leur sert de moyen de défense.

Les guêpes, mettant en usage les matériaux qu'elles trouvent à leur portée, et les triturant avec quelque produit spécial de sécrétion, en composent un véritable *papier* ou *carton* qui constitue la charpente de leur nid.

Des larves enfin peuvent se recouvrir entièrement d'un produit de sécrétion qui les dissimule tout-à-fait aux yeux de leurs ennemis ou, au moins, leur donne un aspect repoussant pour eux. D'autres peuvent, quand on les inquiète, lancer de chacun de leurs segments comme un jet d'une liqueur destinée à les protéger. Chez quelques-unes, cette liqueur défensive sort par la bouche.

4. — Moyens de défense — Parasitisme. — Chaque espèce a son ennemi, et même souvent de nombreux ennemis, contre lesquels elle a à subir, durant tout le cours de son existence, des luttes acharnées. Sans parler des oiseaux insectivores, des petits animaux avides de larves, des intempéries même qui leur sont souvent fatales, bien d'autres adversaires, parmi les insectes seuls, sont à redouter pour nos hyménoptères, surtout pendant leurs premiers états. Tantôt ce sont des parasites qui, venant envahir le nid construit à grands efforts et y déposer un œuf, produiront une larve destinée à consommer les provisions de son hôte ; tantôt ce sont des carnassiers attendant furtivement leur proie au coin de quelque branche, ou venant au vol la saisir jusque sur les fleurs.

La nature qui, dans son harmonie, a voulu ces luttes, y a apporté, en même temps, un tempérament dans les moyens de défense qu'elle a assignés à chacun. La rapidité du vol favorisant la fuite, l'aiguillon empoisonné, sont déjà deux moyens que nous connaissons. Nous avons vu d'autres insectes posséder la faculté de se rouler en boule, de façon à ne plus présenter qu'une cuirasse impénétrable. Nous venons de parler tout à l'heure de ces sécrétions diverses, destinées à cacher les larves ou à en faire un objet d'horreur.

Un grand nombre, destiné à la piraterie, a besoin de se soustraire à la vigilance de ses victimes, et aussi à leurs représailles ;

les uns savent se cacher à propos, s'élancer au bon moment, tandis que d'autres empruntent la livrée de leurs antagonistes, dont même un examen attentif permet à peine de les distinguer ; ils se mêlent à leurs ébats, et en profitent pour aller porter un germe de mort dans les berceaux qui viennent d'être construits.

Mais tous ces moyens, et ceux que j'omets, sont bien souvent impuissants, surtout contre le parasitisme. La femelle a beau cacher son nid au fond de quelque crevasse, le fermer hermétiquement avec un mortier solide, l'ichneumon ou le chalcidite y ont déjà pénétré, et la pauvre mère enferme en même temps, avec son œuf, un autre œuf qui détruira ses espérances.

Le parasitisme est le résultat d'une loi absolue de la nature qui défend à tout être créé de dominer soit par le nombre, soit par la force. Qu'une espèce, mise au sein de conditions favorables, se multiplie outre mesure, l'espèce parasite, qui lui est opposée, va se développer dans la même proportion et rétablir l'équilibre, un instant interrompu. Puis, leur rôle terminé, les parasites eux-mêmes sont condamnés à diminuer de nombre et à disparaître presque complètement, faute de nourriture. De là ces apparitions immenses et subites de larves ou de chenilles, dont, l'année suivante, on ne trouve plus que quelques représentants.

A notre point de vue étroit, nous appelons du nom d'*insectes utiles* ces parasites qui coopèrent à la destruction des ravageurs de nos plantations, et à ceux-ci nous appliquons l'épithète de *nuisibles*. Mais, dans l'ordre infini qui règne dans la nature, tout est utile, et si nous entrons directement en lutte avec elle, en protégeant une espèce végétale, par exemple, aux dépens d'une autre, si nous voulons, dans notre égoïsme, bouleverser ce qu'elle a établi, elle amène, pour combattre nos efforts, toute une légion d'insectes herbivores. Si ceux-ci mènent la besogne trop rapidement et font courir à la plante le risque de disparaître, les parasites apparaissent en nombre et nous viennent en aide, pour les mêmes fluctuations se reproduire encore. Ce n'est qu'au prix de travaux incessants que nous arrivons à maintenir notre empire et à conserver ce que nous avons acquis.

Nous n'avons pas d'ennemis plus terribles que certains insectes, nous n'avons pas d'amis plus dévoués que certains autres. N'est-ce pas là encore une raison qui doit nous porter vers cette étude de l'entomologie, que nous connaissions déjà si agréable et si féconde en merveilles, et que nous trouvons maintenant si utile, même si indispensable.

5. — Instinct. — S'il est une occasion où l'on doive admirer l'instinct des insectes, c'est bien lorsqu'on est amené à étudier l'ordre des Hyménoptères. C'est chez eux, en effet, que nous rencontrons les manifestations les plus étonnantes de cet instinct, et dans tout le cours de nos recherches, nous aurons à le constater à chaque pas.

L'instinct, qui est l'éducation primordiale donnée par la nature à des êtres dont les besoins seraient, sans lui, loin d'être en rapport avec leurs facultés, l'instinct est inné chez les animaux, et l'on peut dire que plus l'on descend bas dans l'échelle des êtres, plus ceux-ci sont éloignés du contact de notre intelligence, plus il a besoin d'être développé. L'homme a son instinct aussi, mais la raison et l'intelligence viennent, à chaque instant, rejeter dans l'ombre ses impulsions. Chez les mammifères, l'instinct est plus prononcé, mais il se combine avec certaines facultés, comme la mémoire, qui rendent moins uniformes les décisions qu'il suggère. Chez les poissons ou les reptiles, son importance s'accroît encore de tout ce qu'ils perdent sous d'autres rapports. Chez les insectes enfin, il règne en maître, et aucune de leurs actions ne peut être réglée par autre chose que par cette science inconsciente qui les pousse, malgré eux, à remplir le rôle qui leur est assigné. Aussi pour chacun d'eux, l'étude des mœurs est-elle simple et ne comprend-elle qu'une succession de faits qui, pour chaque individu, se renouvellent toujours les mêmes. Si, parfois, chez les espèces sociales, surtout, on constate des actions qui doivent nécessiter un raisonnement ou une combinaison d'idées, il faut se garder de mettre en jeu, pour les expliquer, ce que nous appelons intelligence. L'instinct seul, qu'il soit guidé par la nécessité de la conservation de l'espèce, de l'individu ou de la société, est capable d'amener des effets qui nous surprennent, que nous ne pouvons même pas toujours expliquer, mais qui sont simples en eux-mêmes et qui peuvent rentrer, par conséquent, dans les manifestations instinctives. Seulement, il faut avouer que certains insectes ne mettent pas habituellement en jeu tout ce que l'instinct leur permet d'imaginer et de connaître, et que certaines portions du savoir inné que la nature leur a départi ne se produit au jour que dans des circonstances spéciales. Ainsi, par exemple, un hyménoptère ravisseur a à faire pénétrer dans son trou des victimes, pour les donner en pâture à ses larves futures ; si l'une de ces victimes se trouve être, par hasard, plus grosse que les autres, et ne peut entrer dans l'ouverture qui lui est préparée, l'insecte sait qu'il faut lui enlever les pattes, puis les ailes, pour faciliter son introduction. Ce cas se présentera fortuitement, et un hyménoptère donné n'aura peut-être jamais à y pourvoir dans tout le cours de son existence. Mais, de ce que ce besoin d'amoindrir le volume d'une proie ne peut se présenter que par hasard, il n'en est pas moins vrai que la nature a pu juger utile, pour ne pas entraver les travaux commencés, de doter l'opérateur du moyen de se tirer de cette difficulté en faisant seulement appel à son instinct, quitte à ne pas user de ce moyen, à ne pas se servir de la totalité de cet instinct, si les circonstances ne le rendent pas nécessaire. L'instinct, en un mot, peut être défini : la somme de connaissances diverses attribuées à chaque animal pour pourvoir à la conservation de l'espèce d'abord, de l'individu ensuite, connaissances qui naissent avec lui, qu'il possède dès le premier jour aussi grandes qu'à la fin de sa vie, qui ne peuvent se perfectionner ni se dénaturer, et qui sont toujours les mêmes pour une même espèce, mais diffèrent essentiellement, s'il le faut, d'une espèce à l'autre.

Il est évident maintenant que cette somme de connaissances peut être restreinte ou étendue d'une façon plus ou moins considérable, sans que, pour cela, les conditions inscrites plus haut étant toujours remplies, elles cessent de ressortir de l'instinct. Il n'est pas non plus nécessaire, d'après cela, que la manifestation de *toutes* ces connaissances se produise *toujours*, et on peut parfaitement admettre qu'un cas exceptionnel étant donné, une ressource aussi exceptionnelle de l'instinct se manifeste alors, s'il le faut, pour ne mettre en péril ni l'individu ni surtout l'espèce.

Pour tout cela, nous ne sommes que des spectateurs appelés à juger, ou mieux à admirer ce qui se produit sous nos yeux, mais qui ne sont initiés ni aux moyens employés, ni aux ressources mises en œuvre, visibles ou cachées. Si nous déchirons, de temps en temps, un coin du voile qui couvre les mystères de la création, il n'en est pas moins vrai qu'il est des questions que nous ne pouvons aborder qu'avec l'hypothèse, et celle de l'instinct est du nombre. Il semble plus rationnel de n'admettre ni raisonnement ni intelligence chez les insectes, quelque haut placés qu'ils se trouvent dans l'échelle animale, et c'est pourquoi je crois pouvoir avancer que l'instinct seul, un instinct étroit et parfaitement limité, règle toutes leurs actions.

6. — Industrie — Mœurs. — Si nous passons une revue rapide des mœurs des grandes séries hyménoptérologiques, nous trouverons des faits si intéressants, que nous regretterons qu'il ne soit pas possible de les inscrire ici tout au long. Mais je ne négligerai aucune occasion de les indiquer avec détail lors de la description de chacun des genres où cela sera utile.

J'ai dit qu'une partie des hyménoptères était herbivore ou phytophage, à l'état de larve. Celles-ci, éclosant sur les branches mêmes qui doivent leur fournir la nourriture, ont bientôt fait de ronger et de dévaster un arbuste. Nos jardiniers savent quels dégâts leur causent l'Hylotome ou l'Athalie; le chêne, le pin et presque tous les arbres en nourrissent quelques espèces. Arrivées au terme de leur croissance, en août ou septembre, elles se laissent tomber sur la terre humide, s'y enfoncent et s'y construisent une double coque où elles s'enferment, l'extérieure semblable à un gros filet à mailles solides, l'intérieure étant seulement une fine tunique de soie destinée à former une enveloppe plus hermétique. Là, après un laps de temps plus ou moins long, arrive la transformation en nymphe, puis en insecte parfait, qui va pondre en incisant les branches, comme je l'ai dit. Cet insecte parfait, n'ayant aucunement à pourvoir à l'avenir de sa progéniture qui se tire fort bien seule d'affaire, n'a d'autre industrie que de placer ses œufs en lieu sûr et sur un arbuste dont les feuilles pourront être dévorées par les larves futures. Ces larves sont les seules qui soient munies de pattes et qui soient actives.

Un autre groupe pond ses œufs aussi sur les plantes, mais le résultat en est, le plus souvent, la production d'une galle de forme très-variée, abritant et en même temps fournissant la nourriture à toute une famille de larves, qui y subissent leurs métamorphoses. Là encore la mère n'a pas besoin d'une industrie spéciale ni bien compliquée.

Si nous avançons d'un degré, nous arrivons à une suite d'innombrables parasites, s'attaquant à tous les ordres d'insectes, se dévorant même quelquefois entre eux, ce qui constitue alors des parasites de parasites ou des parasites au second degré. Il n'est peut-être pas d'espèce d'insecte qui ne soit sujette à payer, pendant ses premiers états, son tribut à cet multitude carnassière, qui renferme les hyménoptères les plus petits et peut-être les plus beaux. Les femelles sont souvent pourvues de longues tarières, qui leur servent à insérer leurs œufs jusque dans les profondeurs des galles, des calices des fleurs, des fruits, des nids divers, portout enfin où une mère prévoyante a cru pouvoir mettre ses œufs en sûreté. Mais il n'est guère de barrière qui puissent les sauvegarder, et si les murs en mortier solidement gâchés par l'Osmie ou l'Anthophore semblent devoir les préserver des Ichneumons ou des Chalcidites parasites, ceux-ci ont la précaution de prendre les devants et de pénétrer dans le nid, pour y déposer leurs propres œufs, avant sa fermeture. Les chenilles leur semblent un délicieux régal, car le lépidoptériste sait combien de déconvenues lui ont procuré ces parasites; la chenille, qui contient dans son sein une quantité souvent considérable de petits vers qui vivent de sa substance, ne moure pas pour cela ; car les matières graisseuses de son corps sont d'abord attaquées à l'exclusion des organes essentiels à la vie. Il fallait, en effet, que des larves obligées de se repaître de proie vivante ne se trouvassent pas prises au dépourvu par la mort prématurée de leurs victimes. Celles-ci arrivent même souvent à se transformer en chrysalides, mais elles ne peuvent aller plus loin. Les petites larves parvenues au terme de leur croissance, se dirigent vers la peau de la chenille ou de la larve qu'elles habitent, la percent avec leurs mandibules, et en sortent, soit pour s'enfoncer en terre et y subir leurs métamorphoses, soit pour se construire de petits cocons feutrés sur le corps même du patient qui ne tarde pas à expirer, criblé qu'il est de plaies béantes. D'autres, au contraire, subissent toutes leurs transformations dans l'intérieur du corps qui les a nourries et en sortent seulement pour s'élancer dans les airs.

D'autre fois ces destructeurs s'attaquent aux œufs, et l'on voit souvent sortir, des paquets d'œufs de papillons, d'hémiptères ou d'orthoptères, toute une nichée de bestioles de la taille la plus exigüe et aux formes les plus délicates.

Les pucerons nourrissent aussi des parasites spéciaux en grand nombre et j'aurai souvent l'occasion de les citer.

Bien des questions étonnantes surgissent déjà à propos de ces insectes, et on ne peut encore comprendre comment, au travers de l'épaisseur d'une galle, d'un calice, etc., la mère peut, avec sa longue tarière, atteindre précisément le point où se tient la larve phytophage. Si son œuf n'est pas déposé exactement sur cette larve, c'est un œuf perdu, et il faut que la pondeuse ait comme un sens particulier qui la guide à défaut de ses yeux.

A côté de ces légions innombrables viennent se placer d'autres espèces vivant aussi de proie, mais de forme et d'habitudes différentes. Les Chrysides aux couleurs éclatantes ont encore une tarière, les Mutilles dont les femelles sont aptères et munies d'un aiguillon redoutable, les Scolies dont la taille est généralement bien plus grande, et qui possèdent aussi un dard envenimé, pénètrent à l'envi dans les nids des fouisseurs et des mellifères, ou bien s'attaquent aux grosses larves de Coléoptères.

Toutes autres sont les mœurs des fouisseurs dont les larves cependant doivent se nourrir aussi de proie vivante. Ici la mère n'a plus seulement le souci de déposer un œuf là où la larve qui en éclora, devra trouver sa pâture. Ses procédés sont déjà bien plus perfectionnés. Elle est obligée de construire un véritable nid qu'elle creuse en terre ou dans le bois, ou qu'elle façonne de toutes pièces avec du mortier gâché. Puis ce travail fait, elle part en chasse et revient bientôt chargée d'une proie qu'elle a dû terrasser, vaincre et enfin paralyser par une piqûre de son aiguillon dans les centres nerveux. Cette victime, saisie entre ses pattes, est transportée au vol à l'orifice du nid préparé; là, au prix d'efforts souvent considérables, elle est emportée au fond de ce trou et arrangée de façon à n'y pas causer d'encombrement. Puis une deuxième, une troisième proie, et souvent davantage, viennent la rejoindre de la même façon. Quand la mère juge la provision suffisante pour que la petite larve, qu'elle va mettre au jour, en ait assez pour arriver à toute sa taille, sans que cependant cette provision soit jamais plus grande qu'il ne faut, car l'excédant se corromprait et nuirait à l'existence ultérieure de cette larve, alors un œuf est pondu sur une des victimes anesthésiées, précisément à l'endroit où l'aiguillon l'a rendue le plus insensible.

Puis, soit qu'elle y ait placé un seul œuf, soit qu'elle en ait enfermé plusieurs dans la même galerie, la pondeuse referme le trou qu'elle avait creusé, égalise la surface du terrain de façon à rendre l'orifice méconnaissable et va plus loin pratiquer la même série d'opérations pour d'autres œufs, heureuse si, pendant ces allées et venues, un forban ichneumonien ou chryside n'est pas venu cacher son propre œuf au milieu des victimes empilées, et apporter ainsi, dans ce nid si bien approvisionné, un germe qui va y faire entrer, en même temps, la mort et la disette.

Mais c'est assez nous arrêter sur ces batailleurs ne vivant tous que de rapine. Nous arrivons enfin à des tribus à mœurs plus douces, que seul le suc des fleurs vient tenter, et qui, tout en faisant preuve d'une industrie encore plus grande que les précédents pour la construction de leurs nids, n'y apportent que du miel et ne viennent pas ternir l'admiration que l'on a pour leurs travaux par l'horreur qu'inspireraient leurs habitudes. Les mellifères construisent des nids où un art véritable vient présider. Tantôt ce sont de simples trous, soit nus, soit garnis de tentures et de courtines d'émeraudes et de pourpre, empruntées aux feuilles du rosier ou aux pétales éclatants du pavot, tantôt ce sont de véritables communautés, où chacun apporte le concours de son savoir et de son travail, et dont les abeilles domestiques et les fourmis présentent les types le plus perfectionnés.

Pourquoi faut-il qu'au milieu de ces travailleurs paisibles viennent se glisser encore des fourbes qui, sous une livrée à peu près semblable, avec des besoins identiques, préfèrent profiter du travail d'autrui plutôt que d'y coopérer eux-mêmes. Il est, en effet, des mellifères, dont les larves vivent exclusivement de miel, mais qui ne savent ni se construire des nids, ni récolter leur approvisionnement. Ils sont à l'affût des travaux de leurs compagnons, et quand ceux-ci, ayant préparé avec soin le berceau auquel ils vont confier un si précieux dépôt, s'occupent à butiner sur les fleurs du voisinage, le voleur aux aguets, pénètre dans ce nid momentanément abandonné, y dépose un œuf, qui, éclos, donnera une larve destinée au meurtre dès sa naissance, au vol ensuite jusqu'à son éclosion. La vraie propriétaire revenant chargée de pollen, ne peut s'apercevoir de rien, termine sa tâche, pond, referme le trou et se retire, ignorant qu'elle a emprisonné elle-même avec son œuf un ennemi mortel.

La république des fourmis vient enfin terminer cet exposé rapide et nous montrer, en même temps, la plus haute expression de ce à quoi peut arriver un frêle insecte, aidé par l'association et par un admirable instinct. Ici tout est réglé, chacun a sa besogne, et la vigilance, la prévoyance, le dévouement se remarquent souvent. Nous y voyons employés même, sans que ce soit à leur louange, des procédés que l'homme seul s'était appropriés; nous y voyons de véritables sultans servis par de véritables esclaves, des troupeaux parqués et entrenus avec soin, des armées permanentes uniquement occupées de la défense de la cité ou de la conquête de ces mêmes esclaves. Mille détails sembleraient impossibles ou exagérés, s'ils n'avaient été observés avec soin par d'éminents savants. Nous y reviendrons longuement lorsqu'il en sera temps.

§ VI. — DISTRIBUTION GÉOGRAPHIQUE.

Les limites d'une faune hyménoptérologique sont assez difficiles à définir, la facilité du vol de la plupart d'entre eux défiant des obstacles qui, pour d'autres insectes, sembleraient plus sérieux. Les fleuves ne peuvent être pris en aucune considération, les montagnes couronnées de neiges perpétuelles offriraient plus de garanties sous ce rapport, s'il n'existait ni gorges ni défilés pouvant donner passage à nos insectes. Seuls les déserts paraissent devoir être un obstacle infranchissable, s'ils sont assez étendus. Aussi est-il peu rationnel de chercher à délimiter une faune restreinte, comme la faune française, allemande ou italienne. Pour trouver des bornes réelles en dehors desquelles les espèces changent visiblement d'aspect et de nature, il devient nécessaire de pousser à l'est jusque par delà les monts Ourals aux déserts de l'Obi, puis à ceux de la Tartarie, de les poursuivre, à travers la Perse et la Palestine, jusqu'à ceux de la Syrie et de l'Arabie Pétrée, de continuer par les déserts de la Haute-Egypte pour atteindre enfin le Sahara. On enferme ainsi dans la même faune toutes les rives de la Méditerranée, ce qui lui a fait donner le nom de faune européo-méditerranéenne. On a désigné aussi sous celui de faune circa-méditerranéenne l'ensemble des richesses naturelles rencontrées sur les rives de cette mer, d'un côté jusqu'aux hautes montagnes qui s'étendent de la mer Noire aux Pyrénées, en passant par les Balkans, les Apennins, les Alpes et les Cévennes, de l'autre jusqu'aux déserts asiatiques et africains. Cette faune plus restreinte ne peut se séparer d'une façon complète de la faune européenne bien qu'elle présente quelques allures spéciales.

La faune européo-méditerranéenne est donc vraiment délimitée, et il est possible d'examiner et d'étudier ses productions naturelles sans trop craindre de voir les faunes voisines venir s'y mélanger en forte proportion.

Mais tous les hyménoptères sont loin d'habiter en même temps toute cette large surface et il convient de la diviser en parties ou régions constituant des sous-faunes très-incomplètement bornées, mais possédant cependant quelques caractères particuliers. Ici nous trouverons de très-grandes difficultés pour indiquer les frontières de ces sous-faunes, car bien des circonstances diverses peuvent influer sur la répartition de ces insectes, et ce n'est que par la réunion d'un très-grand nombre d'observations qu'on pourra, par la suite, arriver à les partager en séries suivant leur habitat. Il faut dire aussi que tandis que certaines espèces n'occupent qu'un espace de pays assez restreint, d'autres, au contraire, se rencontrent dans toute l'Europe et quelques unes même sont cosmopolites et se retrouvent aussi bien en Océanie ou en Amérique que chez nous.

Les conditions qui peuvent influer sur la dispersion d'une espèce d'hyménoptère sont : le climat, l'altitude, la nature du sol et par suite des plantes qu'il nourrit, enfin la répartition des autres insectes eux-mêmes, en ce qui regarde les parasites.

Le climat a surtout une grande influence et les espèces méridionales ne se rencontrent qu'exceptionnellement dans le nord. Mais il ne faudrait pas arguer de ce qu'un pays présente en été un soleil brûlant, pour conclure à la présence possible d'insectes méridionaux. La condition la plus essentielle ne réside pas seulement dans l'ardeur du soleil, mais surtout dans la prolongation des temps chauds. Plus l'hiver en moyenne finit vite, plus l'été est précoce, plus aussi les insectes méridionaux ont des conditions favorables à leur développement. C'est donc la température moyenne d'une contrée qu'il faut considérer sous ce rapport plutôt que les maxima et les minima. De temps en temps on signale, çà et là, la capture d'espèces réputées jusque là beaucoup plus méridionales, et ces trouvailles se multiplient souvent à un point tel qu'on en vient à croire au réchauffement de ce pays. C'est ce qui arrive pour la Bretagne. Souvent aussi une vallée, convenablement située à l'abri des vents froids ou dans des conditions particulièrement favorables pour conserver la chaleur des rayons solaires, donne des espèces qui ne se retrouvent plus à quelques kilomètres. Je l'ai bien constaté en Bourgogne.

L'altitude a donné lieu à des observations fort remarquables. Beaucoup d'espèces rencontrées dans les Alpes, par exemple, à des hauteurs plus ou moins grandes, se retrouvent dans les Pyrénées à des niveaux correspondants, sans se laisser voir aucunement dans les plaines ou les pays intermédiaires.

La nature du sol a aussi une influence manifeste, et je me suis bien aperçu, d'accord en cela avec de savants entomologistes, que le terrain de la formation jurassique, par exemple, était beaucoup moins riche en espèces que d'autres couches géologiques. Il est très-probable que les insectes ne font que suivre, dans leur répartition, les plantes qui servent, soit à leur propre nourriture, soit à celle des victimes qu'ils ont à sacrifier. Il faut tenir compte aussi de l'aridité ou de l'humidité du sol, de son exposition, de sa nature même, sablonneuse, argileuse ou granitique. Les espèces fouisseuses ont, en effet, sous ce rapport, des préférences bien marquées

Toutes les espèces parasites suivent naturellement la répartition de celles auxquelles elles doivent s'attaquer. Par exemple, le parasite spécial de la Mante religieuse se trouvera partout où sera cette Mante et seulement là.

En résumé, il n'est pas possible, au moins dans l'état actuel de nos connaissances, de classer chaque pays dans une région entomologique particulière, et pour l'indication de l'habitat d'une espèce, il faut, en attendant mieux, indiquer seulement les points principaux où elle a été rencontrée, ce qui permettra de la placer approximativement dans une faune méridionale ou septentrionale, alpine ou maritime, occidentale ou orientale.

Ajoutons enfin, que la faune des îles est très-souvent caractérisée d'une façon particulière pourvu qu'elles soient suffisamment éloignées des continents et qu'elles n'y aient été réunies à aucune époque. Cette observation n'est donc pas applicable à la faune européenne où toutes les îles sont trop voisines de la terre-ferme pour que des espèces aient pu y rester spéciales.

§ VII. — DIVISION DES HYMÉNOPTÈRES EN FAMILLES NATURELLES

Si l'on veut bien se reporter à ce que j'ai dit plus haut à propos des classifications, on y verra que celle, qui veut s'approcher le plus près de la vérité, doit s'appuyer non sur un certain nombre de caractères extérieurs, mais sur l'ensemble des faits capables d'influer sur l'organisation de l'insecte. J'ai dit aussi qu'il était trop tôt pour songer à établir actuellement une semblable classification, car nous ignorons encore trop de faits essentiels à connaître.

Qu'il me soit cependant permis d'esquisser ici, à grands traits, un essai d'une méthode indiquant, bien imparfaitement et surtout bien incomplètement encore, la suite philosophique que doit garder le placement successif des familles ; je m'appuierai, pour y arriver, sur la complication de plus en plus grande de leurs aptitudes instinctives, révélées par la série aussi de plus en plus longue des moyens successivement mis en jeu par nos insectes pour aboutir à l'accomplissement d'une même opération, qui a toujours pour but final la conservation de l'espèce.

Mais il ne serait pas possible, en quelques phrases, d'arriver à comparer l'instinct et les mœurs quelquefois si compliquées de nos hyménoptères, et pour parvenir à faire un travail utile et dont l'ensemble puisse être facilement saisi d'un coup d'œil, je suis forcé de prendre un détour qui nous amènera au même but et aura même encore l'avantage de faire entrer dans notre examen les premiers états de l'insecte ; ce point est certainement fort important, bien que l'état parfait doive incontestablement être considéré comme représentant les articulés dans la plénitude de leurs moyens.

Il est facile de remarquer, en effet, que les hyménoptères les plus avancés dans la série, les plus perfectionnés sous le rapport de l'instinct et des outils qu'ils doivent mettre en œuvre, correspondent précisément aux larves les plus faibles, les plus inertes, les moins capables de pourvoir elles-même à leur conservation et à leur nutrition.

Je puis donc parfaitement, renversant le problème, imaginer une classification où les êtres larviformes les plus dégradés correspondraient aux types les plus élevés dans l'ordre naturel, et, ce faisant, j'arriverai d'une façon très-correcte d'abord, beaucoup plus facilement ensuite, au but que je poursuis. Je ne veux pas engager le lecteur dans toutes les discussions philosophiques que peut soulever la comparaison des organes entre eux, afin de voir lequel a une importance prédominante, quel autre, au contraire, se trouve être d'un intérêt moins sérieux. Je ne puis que donner ici le résultat d'études prolongées, et le tableau suivant le montrera, je l'espère, aussi simplement que possible :

I. — Larves munies de pattes proprement dites, capables de passer facilement d'un lieu à un autre, de chercher leur nourriture, possédant des moyens propres de défense, et un épiderme assez résistant pour les empêcher de souffrir du contact immédiat des objets extérieurs.

PREMIÈRE DIVISION.

II. — Larves non munies de pattes vraies, ne pouvant se livrer qu'à des mouvements de translation très-limités ou nuls; incapables de pourvoir elles-mêmes à leur alimentation et de se défendre contre l'ennemi le plus faible ; n'ayant qu'un épiderme très-mince et très-délicat.

DEUXIÈME DIVISION.

PREMIÈRE DIVISION

Elle ne comprend qu'un seul groupe, celui de :

I. — Les Mouches à scie ou Tenthrédines.

DEUXIÈME DIVISION

A — La larve est placée par la mère au milieu d'un amas de nourriture, que celle-ci rencontre toute préparée et qui n'a à subir aucune manipulation de sa part.

a — La larve se contente d'une nourriture uniquement *végétale*. Elle est ordinairement enfermée dans une galle herbacée ou ligneuse, dans l'intérieur de laquelle elle peut souvent se mouvoir au moyen de pseudopodes.

II. — Les Cynipides (ex parte).

a' — La larve a besoin d'une nourriture *animale*. Elle vit soit dans le corps même d'une victime, soit à sa surface, mais toujours de sa substance même, et particulièrement des parties graisseuses.

b — La mère pond ses œufs au moyen d'une tarière et est dépourvue d'aiguillon à venin. Les victimes ne sont donc jamais paralysées et continuent à poursuivre leur existence habituelle, arrivent même parfois à se transformer en nymphes ou en chrysalides ; d'autres fois elles sont attaquées à l'état d'œuf.

III. — Les Parasites térébrants

(comprenant les insectes que nous désignons sous les noms généraux de : *Cynipides* (ex parte), *Evanides, Ichneumonides, Chalcidites* (1) *Proctotrupides, Chrysides*).

b' — La mère n'a point de tarière pour la ponte, mais possède un aiguillon à venin. Les victimes sont donc probablement paralysées avant d'être livrées aux jeunes larves.

IV. — Les Parasites aiguillonnés

(comprenant les *Scoliens*, les *Mutillaires*, les *Sapygiens*).

A' — La larve est approvisionnée de nourriture par la mère, soit que celle-ci l'ait amassée d'avance, soit qu'elle l'apporte à la larve au fur et à mesure de ses besoins. Mais cette nourriture doit d'être cherchée et transportée en lieux convenables par la mère, qui en outre lui fait subir soit une paralysie, soit même une trituration qui la dénature plus ou moins.

a — La larve exige une nourriture animale paralysée. La mère est munie d'un aiguillon à venin, qui lui sert à produire cette paralysie et à supprimer tout mouvement chez les victimes puissantes qu'elle fournit à ses larves, et qui, sous les attaques de celles-ci, feraient, sans cela, des soubresauts dangereux pour elles. La mère creuse des cavités soit dans le bois, soit dans la terre, ou bien elle construit, de toutes pièces,

(1) On pourrait citer, comme objection, les observations de MM. Giraud et Perris sur les Isosoma et les Megastigmus. Ces savants n'ont pu trouver trace de victime dévorée par les larves de ces insectes, dont cependant tous les congénères sont des parasites térébrants évidents. Ils ont donc été amenés à admettre, avec le plus grand doute, il est vrai, une nourriture végétale pour ces insectes, au moins à la fin de leur existence larvaire. Mais on ne peut se laisser arrêter par des observations ainsi isolées et non probantes, et l'analogie la plus grande donnant la même manière de vivre à tous ces insectes, on doit, jusqu'à plus ample informé, les faire rentrer dans le cadre que je trace, à la division III.

des coques terreuses pour y enfermer sa progéniture et les provisions animales qu'elle apporte de loin.

V. — Les Fouisseurs. (1)

(comprenant les *Pompiles*, les *Sphégiens*, les *Guêpes solitaires*.)

a' — La larve exige une nourriture ordinairement mielleuse, en tous cas parfaitement triturée. La mère est munie d'un aiguillon qui ne sert généralement qu'à sa défense ; elle creuse des nids comme les fouisseurs, ou bien elle les construit de toutes pièces, ou encore elle s'empare de ceux établis par d'autres insectes.

b — La larve, placée par la mère au milieu d'une provision mielleuse, se suffit ensuite à elle-même.

c — La mère creuse, construit ou approprie elle-même son nid ou l'abri qu'elle a choisi ; elle l'approvisionne elle-même de miel.

VI. — Les Mellifères solitaires nidifiants.

c' — La mère est incapable de récolter le miel et est obligée de s'emparer des travaux effectués ou des provisions réunies par les précédents, faisant ainsi acte de parasitisme indirect, puisque ses propres larves ne vivent pas de la substance de celle du nidifiant, mais s'attaquent seulement à ses provisions et, par là, la vouent à la mort dès sa naissance.

VII. — Les Mellifères solitaires parasites.

b' — La larve, placée ou non par la mère au milieu d'une provision mielleuse, ne se suffit plus à elle-même et a besoin, jusqu'à sa transformation, des soins des individus parfaits de son espèce. De là pour ceux-ci un surcroît considérable de travail, et la nécessité pour la mère de trouver une aide à côté d'elle. Pour cela, elle vit en société avec d'autres femelles de son espèce, qui concourent toutes à l'approvisionnement d'un seul nid plus ou moins compliqué, mais qui sont infécondes, et par conséquent ne font qu'apporter un secours efficace, sans amener en même temps une cause supplémentaire de travail.

c — Les sociétés se dissolvent chaque année à l'entrée de l'hiver, et il ne subsiste que quelques femelles fécondées qui s'engourdissent.

(1) Ce nom de Fouisseurs n'est pas exact pour quelques-uns d'entre eux. Un grand nombre de guêpes solitaires se construisent, en effet, des nids de toutes pièces avec de la terre gâchée. Tous les autres creusent le leur dans la terre, le sable, le vieux bois, les tiges sèches, etc.

d — La nourriture destinée aux larves est extraite des fleurs, des fruits, des matières animales, partout enfin où peuvent exister des particules sucrées. Ce n'est pas, à proprement parler, du miel, mais une matière analogue au miel et n'en différant que parce qu'au lieu d'avoir subi une préparation spéciale dans l'estomac des femelles inféconds, elle n'en a éprouvé aucune, si ce n'est une trituration.

VIII. — Les Guêpes ou Vespides sociales.

d' — La nourriture destinée aux larves est un véritable miel dégorgé par les femelles stériles, et extrait uniquement des fleurs

IX. — Les Bourdons ou Bombides.

c' — Les sociétés sont permanentes et se renouvellent perpétuellement.

d — La nourriture est exclusivement mielleuse. Les femelles fécondes sont toujours uniques dans chaque nid. Elles pondent et placent elles-mêmes leurs œufs dans les loges préparées pour les recevoir et d'où le nouvel insecte ne sortira qu'à l'état parfait. Les femelles stériles ou ouvrières, sont toujours ailées; elles se bornent, pour tous soins, à fournir aux larves la nourriture nécessaire et à les enfermer complètement lors de la transformation en nymphe. La femelle féconde est l'âme de la société et les ouvrières la suivent en partie, quand, dans des circonstances spéciales, elle quitte le nid commun.

X. — Les Abeilles ou Apides sociales.

d' — La nourriture est très-variée, en même temps animale et végétale. Le miel destiné aux larves provient de ces sources diverses. Les femelles fécondes ne sont pas uniques dans chaque nid. Leur importance morale est beaucoup moindre que chez les Abeilles, et les ouvrières, au contraire, qui sont toujours aptères, voient s'accroître les ressources de leur instinct. Les femelles ne placent pas elles-mêmes les œufs où ils doivent éclore. Les larves et les nymphes ne sont plus enfermées dans des loges, et les ouvrières peuvent les transporter d'un endroit à un autre du nid suivant les circonstances atmosphériques. La supériorité de leur instinct sur celui des Apides sociales se révèle encore, chez un certain nombre d'espèces, par la possession de véritables troupeaux chargés de fournir une liqueur sucrée d'esclaves conquis par la force, d'individus spécialement destinés à combattre, soit pour défendre la colonie, soit pour lui procurer ses esclaves, formant ainsi une réelle armée permanente.

XI. — Les Fourmis ou Formicides.

Je viens de définir ainsi onze groupes principaux d'hyménoptères différent essentiellement entre eux par les conditions mêmes de leur existence. Beaucoup de ces groupes devraient encore se subdiviser en plusieurs autres, et on y arrivera, certainement, quand nous en saurons davantage sur les mœurs de ces insectes.

Mais, pour le but pratique que je me suis proposé, il est évident que le tableau ci-dessus ne peut être d'aucune utilité et c'est pourquoi je le fais suivre, dès maintenant, d'une division artificielle de toutes les familles, permettant d'arriver facilement et rapidement à constater celle dans laquelle rentre un hyménoptère donné. (1)

§ VIII

TABLEAU ANALYTIQUE DES FAMILLES

SÉPARÉES D'APRÈS LEURS CARACTÈRES EXTÉRIEURS

I. — Abdomen sessile, soudé au thorax par le diamètre entier de sa partie basilaire, non muni d'une articulation mobile. — Trochanters bi-articulés. — Ailes antérieures pourvues d'une cellule lancéolée.

a — Tibias antérieurs avec deux éperons.

I. — Tenthredinidæ.

a' — Tibias antérieurs avec un seul éperon.

b — Abdomen presque toujours plus ou moins comprimé. Ailes antérieures avec deux cellules radiales et quatre cellules cubitales, dont la première est plus grande que la deuxième.

II. — Cephidæ.

(1) Ce tableau n'est que provisoire et je donnerai à la fin de l'ouvrage un nouveau tableau définitif plus complet et plus exact, qui sera le résultat des études successives que j'aurai faites de chaque famille et qui résumera l'état de la science à l'époque où il paraîtra.

b' — Abdomen cylindrique ou déprimé. Ailes antérieures avec une ou deux cellules radiales, et deux, trois ou quatre cellules cubitales, dont la première est plus petite que la deuxième.

III. — Siricidæ.

II. — Abdomen non soudé au thorax par le diamètre entier de sa partie basilaire, mais muni d'une articulation mobile. Ailes antérieures sans cellule lancéolée.

A — Trochanters bi-articulés.

a — Des ailes.

b — Ailes présentant toujours plusieurs cellules fermées, ou, au moins, une cellule cubitale. Antennes non coudées.

c — Ailes antérieures sans stigma.

IV. — Cynipidæ.

c' — Ailes antérieures avec un stigma.

d — Abdomen fixé sur le dos du métathorax.

V. — Evaniadæ.

d' — Abdomen fixé à l'extrémité du métathorax.

e — Prothorax réuni à la tête par un cou bien prononcé.

VI. — Stephanidæ.

e' — Prothorax non réuni à la tête par un cou distinct, mais seulement par un mince pédicule.

f — Ailes antérieures munies de deux nervures récurrentes.

g — Ailes antérieures avec quatre cellules cubitales. Métathorax terminé par un rebord enclavant une partie membraneuse.

VII. — Trigonalydæ.

g' — Ailes antérieures avec trois cellules cubitales au plus. Métathorax sans partie membraneuse.

VIII. — Ichneumonidæ.

f' — Ailes antérieures munies d'une seule nervure récurrente.

IX. — Braconidæ.

b' — Ailes sans cellule fermée et sans cubitale.

c — Pronotum n'atteignant pas l'insertion des ailes par son bord postérieur. Antennes portant de un à trois annelets. Tarière des femelles ayant son origine sous le ventre. Antennes toujours coudées.

X. — Chalcididæ.

c' — Pronotum atteignant l'insertion des ailes par son bord postérieur. Tarière des femelles sortant de la pointe même de l'abdomen. Antennes coudées ou non coudées.

XI. — Proctotrupidæ.

a' — Pas d'ailes.

b — Antennes non coudées.

c — Antennes de seize articles au plus. Abdomen plus ou moins comprimé.

IV bis. — **Cynipidæ.**

c' — Antennes de plus de seize articles. Abdomen non comprimé.

d — Antennes pourvues d'un annelet après le deuxième article.

VIII bis. — **Ichneumonidæ.**

d' — Antennes non pourvues d'un annelet après le deuxième article. Segments abdominaux deux et trois soudés, séparés seulement par une fausse articulation.

IX bis. — **Braconidæ.**

b' — Antennes coudées.

c — Vertex pourvu d'ocelles assez visibles. Tarière des ♀ naissant sous le ventre.

X bis. — **Chalcididæ.**

c' — Vertex dépourvu d'ocelles, ou ceux-ci à peu près invisibles. Tarière des ♀ naissant à la pointe même de l'abdomen.

XI bis. — **Proctotrupidæ.**

A' — Trochanters uni-articulés.

a — Des ailes.

b — Pas de cellule cubitale complètement fermée.

c — Abdomen de plus de quatre segments apparents. Pas de couleur métallique. Quelquefois des cellules cubitales incomplètes. Métanotum arrondi en arrière. Les femelles ont parfois les pattes antérieures de forme ravisseuse.

XII. — Cenopteridæ.

c' — Abdomen de trois ou quatre segments seulement, très-rarement avec un cinquième très-petit chez les ♂. Corps toujours paré de couleurs métalliques en totalité ou en partie.

Métanotum présentant des angles ou des dents sur les côtés postérieurs.

XIII. — Chrysididæ.

b' — Au moins une cellule cubitale fermée.

c — Base des ailes protégée par une écaillette.

d — Premier article des tarses postérieurs cylindriques, peu ou pas velu au côté interne.

e — Première cellule discoïdale pas particulièrement allongée, plus petite que la cellule médiane.

f — Le bord postérieur du pronotum atteint la base des ailes.

g — Premier segment abdominal visiblement séparé des autres par une contraction de l'articulation, les autres s'emboîtant régulièrement. Pattes courtes.

h — Hanches intermédiaires très-éloignées l'une de l'autre. Abdomen allongé, ovale. Chez le mâle, l'anus est souvent terminé par trois épines aiguës; antennes ♂ longues, droites, épaissies graduellement jusque vers l'extrémité. Chez la ♀, l'anus laisse voir un aiguillon unique; antennes ♀ courtes, un peu noduleuses, contournées en corne de bélier.

XIV. — Scoliadæ.

h' — Hanches intermédiaires peu distantes. Abdomen conique. Anus ne laissant voir que deux dents très-courtes ou aucune. Antennes droites, allongées, filiformes.

XV. — Mutillidæ ♂.

g' — Premier segment abdominal non séparé des autres par une contraction de l'articulation.

h — L'extrémité des tibias postérieurs n'atteint pas la pointe de l'abdomen.

XVI. — Sapygidæ.

h' — L'extrémité des tibias postérieurs dépasse la pointe de l'abdomen. Pattes dentées, éperonnées, velues ou épineuses.

XVII. — Pompilidæ.

f' — Le bord postérieur du pronotum n'atteint pas la base des ailes.

XVIII. — Sphegidæ.

e' — Première cellule discoïdale démesurément allongée, plus grande que la cellule médiane. Ailes le plus généralement pliées pendant le repos.

f — Ailes antérieures avec trois cellules cubitales fermées.

g — Ongles dentés en dessous.

XIX. — Eumenidæ.

g' — Ongles simples.

XX. — Vespidæ.

f' — Ailes antérieures avec deux cellules cubitales fermées.

XXI. — Masaridæ.

d' — Premier article des tarses postérieurs plus ou moins aplati et élargi, velu au côté interne.

e — Nervure radiale non parallèle à la nervure costale. Deux ou trois cellules cubitales égales ou inégales entre elles. Dans le cas de trois cellules cubitales égales, la troisième est aussi large sur la nervure radiale que sur la nervure cubitale. Femelles sans oreillette à l'angle externe du premier article des tarses postérieurs. Pas de femelles stériles. Vie solitaire.

XXII. — Melliferidæ.

e' — Nervure radiale parallèle à la nervure costale et tibias sans épines — ou bien nervure radiale non parallèle à la nervure costale et tibias épineux, mais alors il y a trois cellules cubitales égales, dont la troisième est plus étroite sur la nervure radiale que sur la nervure cubitale. Femelles avec une oreillette pointue ou mutique à l'angle externe du premier article des tarses postérieurs. Des femelles stériles. Vie sociale.

XXIII. — Apiaridæ.

c' — Base des ailes dépourvue d'écaillette.

XXIV. — Formicidæ ♂♀.

a' — Pas d'ailes.

b — Abdomen non pétiolé. Thorax peu ou pas divisé.

c — Tarses antérieurs armés de deux grands crochets et repliés en forme de pattes ravisseuses. Pas d'aiguillon.

XII bis. — **Cenopteridæ.**

c' — Tarses antérieurs ordinaires. Un aiguillon très-actif.

XV bis. — **Mutillidæ** ♀.

b' — Abdomen pétiolé, le pétiole composé d'un seul article surmonté d'une écaille aplatie, quelquefois sans écaille ou nodiforme, ou formé de deux articles noueux. Thorax offrant souvent de nombreuses divisions. Pas d'aiguillon ou un aiguillon assez peu sensible.

XXIV bis. — **Formicidæ** ☿, très-rar^{t}. ♂.

Les ♀ de cette famille paraissent souvent privées d'ailes ; mais elles en ont toujours eu au début de leur existence à l'état parfait et elles se les arrachent après la fécondation ; il est cependant toujours facile de reconnaître cette mutilation, ce qui les fait rentrer parmi les Hyménoptères ailés).

III

BIBLIOGRAPHIE

DES PRINCIPAUX OUVRAGES SE RAPPORTANT, D'UNE MANIÈRE GÉNÉRALE,

A L'ENTOMOLOGIE, A L'ANATOMIE DES INSECTES,

ET PARTICULIÈREMENT AUX HYMÉNOPTÈRES EUROPÉENS.

---

1. **Agassiz.** 1849 Mémoire sur les trachées des insectes. (*Proceding american Association for the Advanc. of Sciences., p. 140. — Traduction franç : Annales des Sc. natur., 3e série, XV, p. 358*).

2. **Agricola.** 1549 De animalibus subterraneis. — *Bâle.*

3. **Aischinger.** 1870 Beitrag z. Kenntn der Hym. Fauna Tyrols (*Ztschr. des Ferdinandeum zu Innsbrüch*).

4. **Albin Elz.** 1720 A natural History of englisch Insects illustr. with 100 copper Platz, etc. — *London, in-4°,*

5. **Aldrovande.** 1602 De animalibus insectis. — *In-folio, Bononiæ.*

6. **Antelme A.** 1842 Hist. nat. des Insectes et des Mollusques. — *Paris, in-12, 16 pl.*

7. **Audouin.** 1824 Recherches anatomiques sur le thorax des animaux articulés. — *Ann. des Sc. nat. t. I, p. 97.*

8. **Barthélemy** 1859 Études et Considérations générales sur la Parthenogenésie. — *Ann. des Sc. nat. p. 307.*

9. **Bassi.** 1851 Rapport relatif au passage des substances introduites dans le système trachéen des insectes.— *Ann. des Sc. nat. p. 362.*

10. **Bauer.** 1810 Versuch eines Unterrichts für den Fortsmann zur Verhütung der Waldverheerungen durch Insecten. *Erlangæ.*

11. **Bauhin J.** 1598 Historia novi et admirabilis fontis balneique in ducatu Wittembergii, etc. — *Montisbeligardi.*

12. **Bechstein et Scharfenberg.** 1804 1805 Vollstandige naturgeschichte der Schadlichen Forstinsekten. — *Leipzig.*

13. **Berkenhut.** 1789 Synopsis of the natural History of great Britain and Ireland. — *London.*

14 **Blainville**(de) 1823 Principes d'anatomie comparée. — *In-8º, Paris.*

15. **Blanchard.** 1845 Hist. natur. des Insectes, etc. — *2 vol. in-8º, 20 pl. gr. Paris.*

16. — 1851 De la circulation chez les insectes. — *Ann. des Sc. nat. p. 359 et 371.*

17. — 1866 Métamorphoses, mœurs et instinct des insectes. — *Gr. in-8º, 40 pl. Paris.*

18. **Bock.** 1785 Versuch einer wirthschaftlichen Naturgeschichte von dem Konigr. ost-und Westpreussen.—*Dessau.*

19. **Boitard.** 1843 Entomologie. — *Encycl. Roret.*

20. **Bolivar.** 1876 Apuntes acerca de la caza y conservacion de los Insectos. — *In-8º, Madrid.*

21. **Bonnsdorf.** De fabrica et usu palporum in insectis.

22. **Borowski.** 1787 Gemeinnützige Naturgesch. der Thierreichs, fortgesetz von J. Fr. W. Herbst. — *Berlin.*

23. **Bouché.** 1833 Naturgeschichte der Schadlichen und nützlichen garten Insecten. — *In-8º, Berlin.*

24. — 1834 Naturg. der Ins. Ihre ersten Zustande als Larven und Puppen. — *In-8º, 10 pl. gr. Berlin.*

25. **Brandt Ed.** 1876 Recherches anatomiques et morphologiques sur le système nerveux des hymén. — *Ctes-rendus de l'Acad. des Sc. t. 83, nº 12.*

26. **Bremi.** 1849 Beschreibung einiger Hymenopteren — *Stett. Ent. Zeit.*

27. **Brullé.** 1832 Expédition scientifique de Morée. — *Paris.*

28. — 1844 Recherches sur la transformation des appendices dans les articulés. — *Ann. des Sc. nat. p. 271.*

29. **Brunich.** 1764 Entomologia sistens insectorum tabulas systematicas cum introductione et iconibus.—*In-8º, Hafniæ.*

30. **Buchwald**(de) 1760 Species insectologiæ Daniæ.— *In-8º, Hafniæ.*

31. **Burmeister** 1832-1855 Handbuch der Entomologie. — *In-8°, 18 pl. in-4°, Berlin.*

32. — 1836 Manual of Entomology, transl. by *Shuckard.* — *In-8°, 32 pl. part. col. Londres.*

33. **Carpenter.** 1839 Animal Physiology. — *Londres.*

34. **Carus et Gerstaeker.** 1863 Handbuch der Zoologie. — *In-8°, Leipzig.*

35. **Carus C. G.** 1829 Analekten zur Naturwissenschaft und Steilkunde.— *In-8°, Dresden, pl.*

36. **Carus V.** 1846-1860 Bibliotheca Zoologica. — *T.* II, *Insecta, in-8°, Leipzig.*

37. **Cederhjelm** 1798 Fauna Ingrica, seu descript. method. Insectorum agri Petropolensis. — *In-8°, 3 pl. col. Leipzig.*

38. **Christius.** 1791 Naturgeschichte, Klassification und Nomenclatur der Insekten, vom Bienen, Wespen und Ameisen-geschlechte. — *In-4°, 60 pl. col. Francfort-s.-Mein.*

39. **Clairville.** 1798-1806 Entomologie helvétique. — *Zurich.*

40. **Claparède.** 1857 Sur la morphologie des yeux chez les arthropodes. — *Ann. des Sc. nat. p. 381.*

41. **Coquebert.** 1799 Illustratio iconographica Insectorum quæ in Musœis parisiensis observavit et in lucem edidit J. C. Fabricius, etc. — *3 parties, an* VIII, *Parisiis.*

42. **Costa A.** 1861 Fauna di regno del Napoli. — *In-4°, Naples.*

43. — 1864 Annuario del Museo zool. della R. universita di Napoli.

44. — 1866 Annuario del Museo zool. della R. universita di Napoli.

45. — 1867-1871 Prospetto sistem. degli imenotteri italiani con. illustr. di specie nuove. — *In-4°, Naples.*

46. — 1869 Annuario del Museo zool. della R. universita di Napoli.

47. — 1871 Annuario del Museo zool. della R. universita di Napoli.

48. **Curtis J.** 1824 British Entomology. — *Londres.*

49. **Cuvier.** 1836-1846 Le règne animal distribué d'après son organisation, etc, — *20 vol. gr. in-8°, 993 pl. col. Paris.*

50. — 1798 Traité élémentaire de l'histoire naturelle des animaux. — *In-8°.*

51. **Cyrillo.** 1787 Entomologiæ Neapolitanæ Specimen primum. — *In-fol. Napoli.*

52. **Dahlbom.** 1831–1833 Exercitationes hymenopt. ad illustr. faunam Suecicam. — *Londres.*

53. **Dætzel.** 1802–1804 Lehrbuch der praktischen Forstwissenschaft. — *Munich.*

Degéer. Voir : Geer (de).

54. **Derham.** 1720 Physico-Theology or a Demonstration of the Being and Attributes of God, etc. — *In-8°, Londres.*

55. **Déterville.** 1816–1819 Dictionnaire d'histoire naturelle. — *36 vol. Paris. (Entomologie par Latreille, Olivier, etc).*

56. **Dietrich.** 1863 Beitraege zur Kenntniss der im Kanton Zürich einheimischen Insekten. — *Mitth. der Schw. ent. Ges.*

57. **Donovan.** 1792–1816 The natural History of British Insects. — *16 fasc. in-8°. Londres.*

58. **Dours.** 1861 Catalogue raisonné des Hym. du département de la Somme. — *Amiens.*

59. — 1874 Catalogue synonymique des Hym. de France. — *Mém. de la Société Linnéenne du Nord de la France.*

60. **Dufour** et **Perris.** 1840 Insectes qui nichent dans les tiges de ronce. — *Ann. Soc. ent. fr.*

61. — 1841 Recherches anat. et phys. sur les Orthoptères, les Hyménoptères et les Névroptères. — *Paris, 13 pl.*

62. — 1842 Recherches sur l'anatomie des Hyménopt. — *Mém. des savants étrang. publiés par l'Ac. des Sc.*

63. — 1843 Sur le foie des insectes. — *Ann. des Sc. nat.*

64. — 1844 Excursions entomol. dans les montagnes de la vallée d'Ossau.

65. — 1850 Organes de l'odorat et de l'ouie chez les insectes. — *Ann. des Sc. nat.*

66. — 1858 Fragments d'anatomie entomolog. — *Ann. des Sc. nat.*

67. **Duftschmidt** 1805–1812 Fauna Austriæ, etc. — *2 vol. in-8°, Linz et Leipzig*

68. **Dujardin.** 1850 Mémoire sur le système nerveux des insectes. — *Ann. des Sc. nat. p. 195.*

69. — 1852 Quelques observations sur les abeilles, et particulièrement sur les actes qui, chez cet insecte, peuvent être rapportés à l'intelligence. — *Ann. des Sc. nat. p. 231.*

70. — 1867 Mémoires sur les yeux simples ou stemmates des animaux articulés. — *Ann. des Sc. nat. p. 104.*

71. **Duméril.** 1799 Plan d'une méthode naturelle pour l'étude et la classification des insectes. — *Bulletin de la Soc. philomatique, p.* 153.

72. — 1833 Considérations générales sur les insectes. — *In-8°, 60 pl. Paris.*

73. — 1858 Rapport sur un mémoire de Ch. Lespès relatif à l'appareil auditif des insectes. — *Ann. des Sc. nat. p.* 230.

74. — 1860 Entomologie analytique. — 2 *vol. in-4°,* 500 *fig. Paris.*

75. **Dutrochet.** 1840 Recherches sur la chaleur propre des êtres vivant à basse température. — *Ann. des Sc. nat. p.* 5.

76. — 1818 Sur la métamorphose du canal intestinal des insectes. — *Journal de Physique, tome* LXXXVI.

77. **Eiselt.** 1876 Geschichte, Sistematik und Litteratur der Insektenkunde. — *In-8°, Leipzig.*

78. **Erichson.** 1847 De fabrica et usu Antennarum in insectis. — *In-4°, pl. Berlin.*

79. **Eversmann** 1852 Fauna hymenopterologica Volgo-Uralensis, etc. — *Bull. de la Soc. imp. des Natural. de Moscou.*

80. **Fabre.** 1855 Études sur le rôle du tissu adipeux dans les sécrétions urinaires chez les insectes. — *Ann. des Sc. nat. p.* 351.

81. **Fabricius.** 1775 Systema entomologiæ, sistens insectorum classes, etc. — *In-8°, Lipsiæ.*

82. — 1778 Genera Insectorum. — *In-8°, Kiel.*

83. — 1778 Philosophia entomologica. — *In-8°, Hamburgi.*

84. — 1779 Reise nach Norvegien. — *Hamburg.*

85. — 1781 Species Insectorum, etc.— 2 *vol. in-8°, Hamburgi.*

86. — 1787 Mantissa Insectorum, sistens species nuper detectas. — 2 *vol. in-8°, Hafniæ.*

87. — 1792-1794 Entomologia systematica, emendata et aucta. — 4 *vol. Hafniæ.*

88. — 1798 Supplementum Entomologiæ systematicæ. — *In-8, Hafniæ.*

89. — 1804 Systema piezatorum. — *Brunswigæ.*

90. **Fallén.** 1802-1807 Observationes entomologicæ.—2 *part. in-4°, Lund.*

91. — 1813 Specimen novam hymenoptera disponendi methodum exhibens.— *Lund.*

92. **Forster J.**	1771	Novæ species insectorum, centuria prima. — *Londres*.
93. **Foerster A.**	1877	Uber die systematischen Werth der Flügelgeader bei der inseckten, etc. — *In-4°, Aix-la-Chapelle*.
94. **Fourcroy.**	1785	Entomologia parisiensis. — *2 vol. in-12, Paris*.
95. **Frauenfeld (von).**	1861	Beitrag zur Fauna Dalmatiens. — *Vienne*.
96. **Frisch.**	1721 1738	Beschreibung von allerlei Insekten in Deutschland. 13 *part. 38 pl. Berlin*.
97. **Fritsch.**	1878	Die Hemtflügler. — *Vienne, in-4°, 70 p. 6 pl*.
98. **Fuesslin.**	1775	Verzeichniss der ihm bekannten Schweizerischen Insecten. — *In-4°, pl. Zurich*.
99. —	1794	Archiv der Insecten Geschichte. — *In-4°, 50 pl. col. Winthcrthur*.
100. **Gauin M.**	1869	Uber der Embryonalhülle der Hymenopt. und Lepidopt. Embryonen. — *St-Petersbourg, gr. in-4°*.
101. **Geer (de)**	1752 1774	Mémoires pour servir a l'histoire des insectes. — *In-4°, Stockholm*.
102. **Geoffroy.**	1764	Histoire des insectes des environs de Paris. — *2 vol. in-4°, 22 pl. col. Paris*.
103. **Geoffroy St-Hilaire.**	1823	Sur le système intravertébral des insectes. — *Bull. de la Soc. philom. p. 40*.
104. **Gerstaecker.**	1863	Handbuch der Zoologie. — *Leipzig*.
105. **Ghiliani.**	1840	Catalogo degl'Imenotteri raccolti in Sicilia nel 1839. — *Atti dell'Academia giœnia di Catania, vol.* XIX.
106. **Girard, M.**	1869	Recherches sur la chaleur animale des invertébrés et specialement des insectes. — *2 pl. Paris*.
107. —	1874	Les métamorphoses des insectes. — *Paris*.
108. —	1876 1879	Traité élémentaire d'entomologie. — *Paris*.
109. **Giraud.**	1863	Mém. sur les ins. qui vivent sur le roseau commun. *Verhandl. d. z. b. Gesells. Vienne*.
110. —	1863	Hyménoptères recueillis aux environs de Suze. — *Verhandl. d. z. b. Gesells. Vienne*.
111. —	1866	Mém. sur les insectes qui nichent dans les tiges de ronce. — *Ann. Soc. entom. franç. Paris*.
112. **Gleditsch.**	1775	Systematische Einleitung in die neuere Forstwissenschaft. — *Berlin*.
113. **Gliemann**	1824	Geographische Beschreibung von Island. — *Altona*.
114. **Gmelin.**	1788	Caroli a Linné systema naturæ. Editio XIII, aucta, reformata. — *Lipsiæ*.

115. **Goedart J.** 1662 Metamorphosis et historia naturalis insectorum. — *In-12, 62 pl. Medioburgi.*

116. **Goeze.** 1780 Editio germanica operis Geeriani.

117. **Goureau.** 1868 Les insectes utiles et les insectes nuisibles. — *Auxerre.*

118. **Gravenhorst** 1801 Dissertatio sistens conspectum historiæ entomologiæ imprimis systematum entomologicorum. — *In-4o, Helmstadt.*

119. **Griffith.** 1832 The animal Kingdom arranged in Conformity with its Organization by the Baron Cuvier.—*Londres.*

120. **Guérin-Méneville.** 1829 1844 Iconographie du règne animal. — 3 *vol. gr. in-4o, Paris.*

121. — 1835 1838 Genera des insectes. — *In-8o, 60 pl. col. Paris.*

122. **Hæfnagel.** 1630 Diversæ insectorum volatilium icones ad vivum depictæ. — *Francof. ad M.*

123. **Hagen.** 1863 Bibliotheca entomologica, etc. — 2 *vol. in-8o, Leipzig.*

124. **Harris-Moses.** 1782 Exposition of english Insects. — *London.*

125. **Haussmann.** 1803 De animalium exsanguinum respiratione. — *In-4o, Hanovre.*

126 **Heer.** 1868 Uber fossile-Hymenopt. aus Œningen und Radobodj. — *In-4o, 3 pl. Zurich.*

137. **Hennert.** 1798 Uber Raupenfrass und Windbruch in den Preussischen Forsten. — *Leipzig.*

128. **Hentsch.** 1804 Epitome Entomologiæ systematicæ sec. Fabricium, continens genera et species Insectorum Eropæorum. — *Lipsiæ.*

129. **Hérold.** 1835 Disquisitiones de Animalium vertebris carentium in ovo generatione. — *Francfort-s.-M., in-fol.*

120. — 1824 Physiologische Untersuchungen uber das Ruckengefass der Insecten. — *Marburg.*

131. **Hooke.** 1665 Micrographia, or some physiological Descriptions of minute Bodies made by magnifying Glasses.— *In-fol. Londres.*

132. **Illiger.** 1795 1807 Edition de la Fauna Etrusca, de Rossi.— 2 *vol. in-8o, 11 pl. col. Helmstadt.*

133. — 1798 1806 Entomologie helvétique. — 2 *vol. in-8o, Zurich.*

134. — 1802 1807 Magazin für Insektenkunde. — 6 *vol. in-8o, Brausweig.*

135. **Jacob l'Admiral.**	1740	Observations curieuses sur les métamorphoses de beaucoup d'insectes (en hollandais). — *In-folio, 25 pl. Amsterdam.*
136. **Jacquelin du Val.**	1857	Genera des Coléoptères d'Europe. — *Introduction.*
137. **Jaennicke**	1867	Zur Hymenopteren Fauna der Umgegend von Frankfurt-a-M. — *Berliner entom. Zeitsch.*
138 **Joly.**	1849	Mémoire sur l'existence supposée d'une circulation péri-trachéenne chez les insectes. — *Ann. des Sc. nat.*
139. **Jonston.**	1633 1697	J. Jonstoni historiæ naturalis de Insectis. — *Amstelodami.*
140. **Jurine.**	1807	Nouvelle méthode de classer les hyménoptères et les diptères. — *Genève, in-4°, 14 pl. col.*
141. —	1818	Observations sur les ailes des hyménoptères. — *In-4o, 6 pl. Paris,*
142. **Kaltenbach (von)**	1862 1876	Die Pflanzenfeinde aus der Klasse der Insekten. — *Stuttgard.*
143. **Karsten.**	1789	Musœum Leskeanum. — Regnum animale — Insecta — cura *J. J. Z. Schachii.*
144. **Kawall.**	1804	Beitraege zur Kenntniss der Hymenopteren-Fauna Russlands. — *Bull. Soc. imp. d. Nat. de Moscou, p.* 293.
145. **Kirby et Spence.**	1818	Introduction to Entomology. — *1re édition, 2 vol. in-8o, 5 pl. col. Londres.*
146. —	1857	Introduction to Entomology. — *7e édition, 1 vol. in-8°, Londres.*
147. **Kirschner**	1867	Catalogus Hymenopterorum Europæ. — *In-8°, Vindebonæ.*
148. **Künckel.**	1868	Note sur l'existence des vaisseaux capillaires artériels chez les insectes. — *Ann. des Sc. nat. p.* 87.
149. **Lacaze-Duthiers.**	1849	Mémoire sur l'appareil génital femelle des hyménopt. *Ann. des Sc. nat.*
150. **Lacordaire**	1837	Introduction à l'étude de l'Entomologie — *2 vol. in-8°, pl. Paris.*
151. **Laicharting.**	1781 1784	Verzeichniss und Beschreibung der Tyroler-Insekten. — *2 vol. in-8 Zürich.*
152. **Lamark**(de)	1812	Sur les animaux sans vertèbres. — *in-8, 127 p. Paris.*
153. —	1801	Système des animaux sans vertèbres. — *in-8, Paris*
154. **Latreille.**	1796	Précis des caractères génériques des insectes, disposés dans un ordre naturel. — *An V, Brives.*

155. **Latreille.** 1802-1805 Histoire naturelle des crustacés et des insectes. — 14 *vol.*, 113 *pl. Paris.*

156. — 1806-1809 Genera crustaceorum et insectorum. — 4 *vol.* 16 *pl. Paris.*

157. — 1810 Considérations générales sur l'ordre naturel des animaux composant la classe des crustacés, des arachnides et des insectes. — *In-8°, Paris.*

158. — 1816-1819 Articles entomologiques dans le *Nouveau Dict. d'Hist. nat. appliquée aux arts, etc.*, par une réunion de naturalistes et d'agriculteurs, dit : *Dictionnaire de Déterville.*

159. — 1822 De la formation des ailes chez les insectes.— *In-8°, Paris.*

160. — 1825 Familles naturelles du règne animal. — *In-8°.*

161. — 1832 Cours d'entomologie. — *In-8°, atlas.*

162. **Leach.** 1814-1817 The zoological Miscellany, being Descriptions of new or interesting Animals. — *3 vol. in-8°*, 120 *pl. col. Londres.*

163. — 1815 Tabular View of the external Characters of Insects ne distribut of the Genera. — *In-4°, Londres.*

164. **Lefebvre.** 1838 Sur l'odorat des insectes.— *Ann. Soc. ent. fr., p.* 395.

165. **Lehmann.** 1793 De sensibus externis animalium exsanguium.

166. — 1800 De antennis insectorum. Dissertatio prior et dissert. posterior. — *Hamburgi et Londini.*

167. **Lepelletier** 1825 Encyclopédie méthodique (articles divers).

168. —et **Serville** 1823 Faune française. — *Paris.*

169. **Lepelletier** 1810 Histoire naturelle des Hyménoptères (suites à Buffon). — *In-8°, 4 vol. Paris.*

170. **Lereboullet** 1857 Coup d'œil sur l'organisation des insectes. — *In-8°, Strasbourg.*

171. **Lespès.** 1863 Mémoire sur l'appareil auditif des insectes.— *Ann. des Sc. nat., p.* 225.

172. **Leuwoenhoek.** 1695 Arcana naturæ detecta. — *In-4°, Delphin Batav.*

173. **Lindemann** 1871 Das Skelet der Hymenopteren. — *Bull. de la Soc. des Nat. de Moscou, p.* 306.

174. **Linné.** 1720 Fauna Suecica.

175. **Linné.**	1735	Caroli Linnæi Systema naturæ, sive regna tria naturæ systematice proposita per classes, ordines, genera et species. — *Lugd. Batav., gr. in-folio, 14 pl.*
176. —	1740	Systema naturæ.—2e *édition revue par Linné.*
177. —	1740	— 3e *édition, réimpression de la 1re.*
178. —	1741	— 4e *édition, réimpression de la 2e.*
179. —	1747	— 5e *édition, réimpression de la 2e.*
180. —	1748	— 6e *édition, revue par Linné.*
181. —	1748	— 7e *édition, réimpression de la 6e.*
182. —	1753	— 8e *édition, réimpression de la 6e.*
183. —	1756	— 9e *édition, réimpression de la 6e.*
184. —	1758 1759	— 10e *édition, revue par Linné.*
185. —	1762	— 11e *édition, réimpression de la 1re.*
186. —	1766 1768	— 12e *édition, revue par Linné.*
187. —	1788 1793	— 13e *édition, publiée par Gmelin.*
188. —	1761	Fauna suecica. — 2e *éd., Stockholm.*
189. —	1789	Entomologia faunæ Sueciæ descript. aucta ; curis C. de Villers.— *4 vol. in-8°, 12 pl. gr. Lugdunis.*
190. **Lister.**	1710	Historia insectorum cui subjungitur appendix de scarabæis britannicis. — *In-4°, Londres.*
191. **Lucas.**	1845	Histoire naturelle des animaux articulés de l'Algérie (tiré de l'*Exploration de l'Algérie*).—*3 vol. gr. in-4°, 122 pl. col. Paris.*
192. **Mac-Leay**	1819 1821	Horæ entomologicæ, or Essay on the annulose Animals. — *2 vol. in-8°, London.*
193. —	1830	Explanation of the comparative Anatomy of the Thorax in wingeds Insects, etc.— *Zool.-Journal, t. v, p. 45,* et *Ann. des Sc. nat., p. 95.*
194. **Marcel de Serres.**	1813	Mémoire sur les yeux lisses et les yeux composés des insectes. — *In-8°, Montpellier.*
195. —	1810	De l'odorat et des organes qui paraissent en être le siége chez les insectes. — *Ann. du Museum, t.* XVII.

196. **Marcel de Serres.** 1813 Observations sur les usages des diverses parties du tube intestinal des insectes. — *Ann. du Museum. t.* XX

197. **Marey.** 1869 Mémoire sur le vol des insectes et des oiseaux. — *In-8o, fig. Paris.*

198. **Marquet.** 1875 Aperçu des insectes hyménoptères qui habitent une partie du Languedoc. — *In-8o, Toulouse.*

199. **Mayr.** 1853 Beitrag zur Kenntniss der Insectenfauna Siebenbürgens.

200. **Merian.** 1730 De Europische Insecten met beschrij. van d. planten. — *Gr. in-folio, 47 pl., Amsterdam.*

201. **Meyer-Dur** 1852 Weitere Beitraege zur Schweizerischen Hymen.-Kunde. — *Mitth. d. Schweiz. Gesellsch., p.* 37.

202. **Mink.** 1870 Springende Hymenopteren Puppen. — *Tijdschrift von Entomologie, p.* 285.

203. **Mocsary.** 1871 Zur Hymenopteren-Fauna Siebenbürgens. — *Hermannstadt.*

204. **Moldenhauer.** 1812 Beitraege zur Anatomie der Pflanzen. — *Kiel, in-4o.*

205. **Moore J.** 1831 Remarks on the Study of Entomology, and an Hymenopterous Insect. — *Manchester.*

206. **Moufflet.** 1634 Insectorum sive minimorum animalium theatrum, etc. — *In-fol., Londres.*

207. **Muhr J.** 1878 Die Mundtheile der Insekten. — *In-fol. Prague.*

208. **Muller J.** 1816 Dissertatio de vase dorsali insectorum. — 1 *vol. in-4o, Berlin.*

209. — 1826 Zur vergleichende Physiologie der Gesichtsinnes. — *In-8o, Leipzig.* — Supplément dans les archives für die Entomologie, de Merkel. — Traduit et inséré par extrait dans les *Ann. des Sc. nat., t.* XVII *et* XVIII.

210. **Muller A.** 1877 On the Dispersal of non-Migratory Insect by atmospheric Agencies. — *In-4o, Bâle* (ex *Trans. Ent. Soc. Lond.* 1871).

211. **Newport.** 1845 Observations sur le développement des corpuscules sanguins chez les insectes et autres invertébrés. — *Ann des Sc. nat., p.* 351.

212. **Oken.** 1821 Naturgeschichte für Schulen. — *In-8o, Leipzig.*

213. **Olivier.** 1789 Entomologie.

214. — 1790 Encyclopédie méthodique.

215. **Orbigny**(d' 1842 1849 Dictionnaire universel d'histoire naturelle.

216. **Owen.** 1848 Lectures on the comparative Anatomy and Physiology of the Invertebrate Animals. — *London.*

217. **Pallas.** 1781 1782 Icones insectorum, præsertim Rossiæ Sibiriæque peculiarum. — *In-4°, Erlangen.*

218. **Panzer.** 1793 1811 Faunæ insectorum Germaniæ initia.— Deutschlands Insecten.—Continué par Germar, puis H. Scheffer. —*In-12 obl., 4572 pl. gr. et col.*

219. — 1806 Kritische Revision der Insekten Fauna Deutschlands, nach dem System bearbeitet.

220. *Peinture* d'histoire naturelle (manuel de). — *Encyclopédie Roret.*

221. **Pelletan.** 1876 Le microscope et ses applications. — 1 *vol. in-8°,*

222. **Percheron** 1837 Bibliographie entomologique. — 2 *vol. in-8°.*

223. **Perris.** 1850 Recherches sur l'odorat chez les articulés. — *Ann. des Sc. nat.*

224. **Perty.** Delectus animalium articulatorum.

225. **Petagna.** 1787 Specimen insectorum ulterioris Calabriæ. — *In-4°, 1 vol. 1 pl. Napoli.*

226. **Petiver.** 1702 1711 Gazophylacium naturæ et artis.—*In-fol. Londres.*

227. **Pierret.** 1844 Sur l'odorat des insectes. — *Ann. Soc. ent. fr.*

228. **Plateau.** 1871 Qu'est-ce que l'aile d'un insecte ? — *Stett. Ent. Zeit. p.* 33.

229. **Poda.** 1761 Insecta musæi græcensis, quæ in ordines, genera et species juxta Systema naturæ Caroli Linnæi digessit. —*In-8°.*

230. **Posselt.** 1804 Beitraege zur Anatomie der Insekten. — *In-4°, Tubingen.*

231. **Preyssler** 1779 Verzeichniss Boemischer Insekten.—*In-8°, Prague.*

232. **Ramdhor** 1800 Abbildungen zur Anatomie der Insekten. — *In-4°, Halle.*

233. — 1805 Beitraege zur Entomologie und Helminthologie. — *In-4°, Halle.*

234. — 1811 Abbildungen über die Verdauns-werkzeuge der Insekten. *In-4°, Halle.*

235. **Ray.** 1705 Methodus Insectorum, etc. — *In-8°, Londres.*

236. **Réaumur (de)** 1734-1742 Mémoires pour servir à l'histoire des Insectes. — *6 vol. in-4°, 267 pl. Paris.*

237. **Redi.** 1668 Esperienze intorno alla generatione degl' Insetti fatte, etc. — *Naples.*

238. **Rengger.** 1817 Physiologische Untersuchungen über die thierische Haushaltung der Insecten. — *Tubingen.*

239. **Retzius.** 1783 Car. Tibr. Bar. de Geer genera et species insectorum. etc. — *In-8°, Lipsiæ.*

240. **Robineau.** 1818 Recherches sur l'organisation vertébrale des crustacés, des arachnides et des insectes.— *In-8°, Paris.*

241. **Roebuck** 1877 Yorkshire Hymenoptera, etc. — *c transact. of the. Yorkshire Naturalist's Union.*

242. **Roemer.** 1789 Genera Insectorum Lin. et Fabr., iconibus illustrata. — *Vitoduri.*

243. **Roesel.** 1746-1810 Monatliche Insecten belustigungen. — *In-4°. Nürnberg. 431 pl. col.*

244. **Roget.** 1834 Animal and vegetable Physiology. — *2 vol. in-8°. Londres.*

245. **Romand (de)** 1839 Tableau de l'aile sup. des hyménoptères. — *Gr. in-4°. pl. Paris.*

246. **Rondani.** 1872 et suiv Degli Insetti nocioi et de loro parassits. — *Bull. della Societa ent. Italiana.— In-8°. Florence.*

247. **Rossi.** 1790 Fauna etrusca syst. insecta in Provinciis Florentinâ et Pisanâ collecta. — *2 vol. in-4°. 10 pl. col. Libourne.*

248. — 1792-1794 Mantissa Insectorum, exhibens species nuper in Etruria collectas. — *2 vol, in-4°. Pisis.*

249. **Rymes.** 1854 General Outline of the Organisation of the animal Kingdom. — *Londres.*

250. **Samonelle** 1819 The entomologist useful Compendium. — *London.*

251. **Savigny.** 1816 Mémoire sur les animaux sans vertèbres. — *In-8°. Paris.*

252. **Schæffer J.-C.** 1764-1779 Abhandlungen von Insekten. — *3 vol. in-4°. Regensburg.*

253. **Schæffer J.-C.** 1769 Icones insectorum circa Ratisbonam indigenorum — *in-4°. 150 pl. col. 3 vol. Regemberg.*

254. **Scheffer J.** 1851 Verzeichniss der Hymenopteren d. Viener gegend — *In-8°. Vienne.*

255. **Schelver.** 1798 Versuch einer Naturgeschichte der Sinneswerkzeuge bei den Insekten. — *in-8°. Gœttingue.*

256. **Schluga.** 1767 Primæ lineæ cognitionis insectorum.—*In-8°. Vienne.*

257. **Schranck (von Paula).** 1781 Enumeratio insectorum Austriæ indigenorum. — *In-8°, 4 pl. Augustæ Vindelicorum.*

258. — 1776 1280 Beitraege zur Naturgeschichte. — *Leipzig.*

259. — 1798 Fauna Boica oder Beschreibung der in Baiern einheimische Thiere. — *Nüremberg.*

260. **Scopoli.** 1763 Entomologia Carniolica, exhibens insecta Carnoliæ indigena. — *in-8°. Vindoboniæ.*

261. — 1786 Deliciæ floræ et faunæ Insubricæ.

262. **Seba.** 1734 1765 Locupletissimi rerum naturalium thesauri accurata descriptio et iconibus artificiosissimis expressis.

263. **Sepp.** 1760 1829 Merveilles de Dieu exposées dans les insectes de la Hollande. *(en Hollandais).* — *5 vol. in-4°.*

264. **Shuckard.** 1836 A Description of the superior Wing of the Hymenoptera etc. — *Entom Society of London.*

265. **Siebold (von).** 1843 Uber das Receptaculum Seminis der Hymenopteren Weibschen. — *Germar's Zeitschrift vol.* IV.

266. **Sirodot.** 1858 Recherches sur les sécrétions chez les insectes. — *Ann. des Sc. natur. p.* 141 *et* 251.

267. **Sorg.** 1805 Disquisitiones physiologicæ circa respirationem insectorum et vermium. —*In-8°. Rudolstadt.*

268. **Spinola.** 1806 1808 Insectorum Liguriæ (imp. hymenop.) species novæ aut rariores. — *2 vol. in-4°., 7 pl. Gênes.*

269. **Spix.** 1811 Geschichte und Beurtheilung aller System in der Zoologie, etc. — *In-8°, Nüremberg.*

270. **Sprengel.** 1815 Commentarius de quibus insecta spiritus ducant. — *Gr. in-4°, Leipzig.*

271. **Staveley.** 1862 Observations of the Nearation of the Hind Wings of Hymenopterous Insects, etc. — *Trans. lin. Sc. of London.*

272. **Stephens.** 1828-1846 Illustrations of british Entomology, or a Synopsis of british Insects. — 12 *vol. in-8o*. 100 *pl. Londres.*

273. **Strauss.** 1828 Considérations générales sur l'anatomie comparée des animaux articulés. — *Gr. in-4o. Paris.*

274. **Strœm H.** 1762 Physik og aeconomisk Beskriwelse over Sœndmœr

275. — 1767 Beschreibung norwegischer Insekten. — *Kopenhague.*

276. **Sülzer.** 1764 Kennzeichen der Insekten. — *Zürich.*

277. — 1776 Abgekürste Geschichte der Insekten. — *In-4o*. 32 *pl. Vintherthur*

278 **Swammerdam.** 1669 Biblia naturæ, sive historia insectorum in classes redacta, cum præfatione H. Boerhaave. — *in-4°, Leyde.*

279. — 1682 Traduction française de l'ouvrage précédent.

280. **Taschenberg.** 1866 Die Hymenopteren Deutschlands. — *1 vol. in-8°, Leipzig.*

281. — 1878 Praktische Insektenkunde. — *In-8°.*

282. **Thomson.** 1871 Hymenoptera Scandinaviæ. — In-8o

283. **Thünberg.** 1784-1795 Dissertatio sistens insecta Suecica. — *In-4°. Upsal*

284. — 1789 Museum animalium academiæ Upsalensis.

285. **Turton W.** 1806 A general System of Nature, etc. transladed from Gmelin's last Edition of Systema Naturæ. — *Londres.*

286. **Udmann.** 1790 Novæ insectorum species — *Norimbergæ* — 2e edition revue par Panzer. La 1re est de 1753.

287. **Vallisneri.** 1713 Nuove esperienze et osservatione intorno all' origine sui lappi e costumi di vari Insetti. — *Padua.*

288. **Verloren.** 1844 Phénomènes de la circulation chez les insectes. — *In 4o, 96 p.*

289. **Villers (de)** 1789 C. Linnæi entomologia faunæ Sueciæ descriptionibus aucta. — *In 8o. Lugd.*

290. — 1790 Prospectus d'une histoire générale des insectes de France. — *Lyon.*

291. — 1790 Nomenclator iconum entomologiæ Linneanæ. — *In-fol, 12 p., 12 pl.*

292.	**Vogt C.**	1839	Beitraege zur Nevrologie der Insekten.— *in-4°, 4 pl. Neuchatel.*
293.	**Walke-naer C.**	1802	Faune parisienne. — Inscctes. — 2 *vol. in-8°,* 7 *pl. Paris.*
294.	**Weiss-mann.**	1863	Uber die Entstehung des vollendeten Insects in Larve und Puppe. — *Frankf. a. M.*
295.	**Westwood.**	1840	An Introduction to the modern Classification of Insecten. — 2 *vol. in-8°. Londres.*
296.	**Wolff.**	1875	Das Riechorgan der Hymenopt. d. Wiener gegend. — *In-8°. Vienne.*
297.	**Wood.**	1821	Illustrations of the Linnean Genera of Insekts. — *Londres.*
298.	**Wotton.**	1552	De differentiis animalium. — *Lutetiæ.*
299.	**Zetterstedt**	1828	Fauna insectorum lapponica. — *Pars.* 1.
300.	—	1840	Insecta lapponica. — *In-4°, Lipsiæ.*
301.	**Zinke.**	1798	Naturgeschichte der schædlichen Nadélholz. Insekten. — *Weimar.*

IV

GLOSSAIRE

Dans toute science, les manières d'être particulières des objets étudiés, ainsi que les diverses parties de ces mêmes objets, ont besoin de pouvoir être exprimées d'une manière claire et précise, de façon que le lecteur comprenne parfaitement ce dont veut parler l'auteur dont il parcourt l'ouvrage. De là la nécessité de compléter la langue vulgaire qui néglige les détails, et d'adopter, pour ceux-ci, des expressions spéciales et connues de tous les savants et de tous les travailleurs. C'est un bagage littéraire dont aucune science ne saurait se passer, et dont l'entomologie a besoin comme toutes les autres branches des investigations humaines. Ces termes techniques sont représentés, soit par des mots anciens et vulgaires dont l'acception est restreinte à un objet spécial, soit par des mots entièrement nouveaux.

Comme il est de toute nécessité que cette langue scientifique soit parfaitement connue de chacun, et surtout qu'elle soit très-précisée, j'ai pensé ne pouvoir me dispenser d'insérer ici un vocabulaire, dont l'importance me semble capitale.

Chaque idiome a ainsi ses expressions spéciales, et, comme un grand nombre d'ouvrages entomologiques sont écrits dans les différentes langues usitées en Europe, j'ai cru bon d'étendre ce travail aux deux principales, savoir : l'Allemand et l'Anglais. Je sais trop quelles difficultés j'ai dû surmonter pour arriver à m'approprier cette terminologie, pour n'avoir pas jugé utile de faciliter les recherches ultérieures des savants par la publication de ces glossaires.

J'aurais même vivement désiré joindre ici, de la même manière, les vocabulaires Suédois, Hollandais, Espagnols et Italiens ; mais j'ai craint que cette longue énumération, tout utile qu'elle pût être, ne fatiguât la bienveillance de mes lecteurs.

La langue latine, comme chacun sait, est l'idiome spécial des naturalistes ; c'est elle qui supprime entre eux les frontières terrestres pour n'en faire qu'une seule nation, disons mieux, qu'une seule famille. C'est elle qui présente aussi le plus de clarté dans la différentiation des expressions voisines. Aussi veux-je m'appuyer ici complètement sur elle, et la prendre pour base en y ramenant les autres langues (1).

J'ajouterai enfin deux observations pour l'intelligence des tables qui suivent. D'abord, certains mots étant employés dans toutes les langues avec leur forme latine, je les placerai seulement dans la liste des mots latins.

Ensuite, pour ce qui regarde spécialement les couleurs, je les ai toutes réunies à la suite du mot *color* ; mon but, ce faisant, a été de faire mieux ressortir, en les groupant l'une près de l'autre, les différences exprimées par les divers termes, différences souvent trop peu prises en considération par les auteurs.

J'ajouterai enfin que je n'ai pas inscrit les diminutifs terminés ordinairement par *ulus* ou *ellus*. Leur sens exact se déduira facilement de celui du mot simple.

---

(1) Le glossaire latin donne l'explication de près de 700 mots, qui sont représentés dans les autres listes par environ 510 mots français, 700 mots allemands et 500 mots anglais.

GLOSSAIRE EXPLICATIF

LATIN-FRANÇAIS

Abbreviatus, *raccourci*. — Se dit d'une partie plus courte qu'elle n'est d'ordinaire.

Abdomen, *abdomen*. — Troisième partie du corps des insectes contenant les organes de la reproduction. (*Int. p.* LXXX) (1).

Aciculatus, *aciculé*. — Se dit des antennes ou des palpes, quand un article très-court, aigu, les termine.

Aculeus, *aiguillon*. — Organe situé à l'extrémité de l'abdomen, dépendant de ceux de la reproduction, et destiné à former une plaie et à y verser un venin. (*Int. p* LXXXV)

Acuminatus, *acuminé*. — Se dit d'une partie terminée en pointe, quand elle est fine, aigüe et un peu raide.

Acupunctatus, *acuponctué* — Qui est finement et densément ponctué.

Acutus, *aigu, tranchant*. — Terminé en pointe fine. Se dit aussi du bord saillant et tranchant d'un organe.

Adhærens, *adhérent*. — Qui ne peut se détacher facilement.

Affinis, *affine*. — Se dit d'une espece qui, sans être semblable à une autre, s'en rapproche beaucoup.

Alæ, *ailes*. — Organes du vol. (*Int. p.* LXII).

Altus, *haut*. — Indique une partie plus élevée que d'ordinaire.

Ambulatorii pedes, *pattes ambulatoires*. — Se dit des pattes destinées spécialement à la marche.

Anales pedes, *pattes anales*. — Pattes situées sur le dernier segment abdominal.

Analis, *anal*. — Se dit soit des parties qui appartiennent à l'anus, soit de celles qui sont situées du côté de l'anus.

Angulosus, *anguleux*. — Qui présente des angles plus ou moins saillants.

Angulus, *angle*. — Intersection de deux lignes ou de deux surfaces.

Angustatus, *rétréci* — Qui devient plus étroit.

Angustus, *étroit*. — Qui est long relativement à la largeur.

Annellus, *annelet*. — Petits articles placés dans les antennes entre le scape et le funicule, ou entre les premier et deuxième articles du funicule.

Annuliformis, *annuliforme*. — En forme d'anneau.

Annulus, *anneau*. — Les diverses parties qui composent le thorax et l'abdomen; s'applique surtout aux larves.

Ante. — Préfixe indiquant une situation en avant.

Antennæ, *antennes*. — Organes situés au devant de la tête, et composés d'une série de pièces articulées les unes avec les autres. (*Int. p.* XLIV).

Antepectus. — On a appelé ainsi l'ensemble des parties inférieures et latérales du prothorax.

Anterior, *antérieur*. — Placé du côté ou en devant de la tête.

Anus. — Ouverture pratiquée à l'extrémité de l'abdomen pour la sortie des aliments. — Extrémité même de l'abdomen.

Apex, *extrémité*. — Partie terminale d'un organe.

Apicalis, *apical*. — Qui tient à l'extrémité d'un organe ou d'une partie du corps.

Apodemata, *apodèmes*.—Prolongements intérieurs des parties externes soudées entre elles.

Apodus, *apode*. — Dépourvu de pattes.

Appendiceus, *appendicé*.— Se dit d'une cellule alaire qui présente à sa suite un fragment de nervure.

(1) Je renvoie ainsi à la page de l'introduction, ou l'on trouvera des détails plus circonstanciés sur le mot.

Appendiculatus, *appendiculé.* — Muni d'appendices.

Appendix, *appendice.* — Toute pièce accessoire qui est placée sur une autre.

Approximatus, *rapproché.* — Se dit des antennes, des yeux, des hanches, etc, quand l'espace qui les sépare est étroit.

Apterus, *aptère.* — Dépourvu d'ailes.

Arcuatus, *arqué.* — En forme d'arc.

Area, *champ, surface.* — Espace limité de forme quelconque.

Areola, *aréole.* — Petite cellule.

Areolatus, *aréolé.* — Qui porte des aréoles.

Armillatus. — Garni d'une bande colorée comme un bracelet.

Articulatio, *articulation.* — Portions contigües de deux organes par lesquelles ils sont articulés l'un avec l'autre.

Articulatus, *articulé* — Composé d'articles. — Se dit d'une partie qui peut se mouvoir sur une autre partie, tout en y étant fixée.

Articulus, *article.* — Pièces qui sont liées ensemble, tout en conservant leur mobilité, et qui, par leur réunion, forment un corps ou un organe.

Asper, *chagriné.* — Parsemé de petits tubercules très rapprochés, comme la peau de chagrin.

Attenuatus, *atténué.* — Qui diminue subitement de largeur ou d'épaisseur.

Auriculatus, *auriculé.* — Se dit d'une partie dilatée latéralement de part et d'autre en forme d'oreille.

Axillaris, *axillaire.* — Qui se rapportent à l'aisselle ou à l'épaule.

Baculiformis, *baculiforme.* — En forme de bâton, de baguette.

Barbatus, *barbu.* — Qui a des poils réunis en petits bouquets plus longs que ceux des parties voisines.

Basalis, *basal.* — Qui tient à la base.

Basilaris, *basilaire,* — Qui se rapporte à la base.

Basis, *base.* — C'est la portion de tout organe qui est la plus rapprochée du milieu du thorax.

Bi, — Préfixe indiquant qu'une chose est double.

Bifidus, *bifide.* — Se dit d'une partie quelconque divisée à son extrémité en deux branches.

Bombinatio, bombus, *bourdonnement.* — Bruit que font certains insectes en volant. (Int. p. CIX)

Brachialis, *brachial.* — Se dit quelquefois d'une nervure alaire. — Nom de la cellule la plus supérieure des ailes à leur base.

Brevis, *court.* — Toute partie d'une espèce est dite *courte* quand elle reste au dessous des proportions ordinaires dans les espèces de la même famille. D'une manière générale, l'antenne est *courte* si elle égale seulement la longueur de la tête; les ailes sont *courtes* si elles n'atteignent pas l'extrémité de l'abdomen; les pattes sont *courtes*, quand les postérieures n'atteignent pas, dans leur plus grande extension, l'extrémité de l'abdomen, ou quand les antérieures ne dépassent pas le devant de la tête, etc.

Cælatus, *ciselé.* — Surface présentant des portions planes de forme variée, plus élevées que le reste.

Calcar, *éperon.* — Petits appendices pointus ou de forme diverse qui se trouvent aux extrémités des tibias de beaucoup d'espèces, et sont souvent mobiles.

Calcaratus, *éperonné.* — Pourvu d'éperons.

Callosus, *calleux.* — Paraissant formé d'une substance sèche, épaisse, rugeuse et différente du reste de la surface.

Callum, callus, *callosité.* — Endroit calleux.

Calvus, *chauve.* — Se dit d'une portion dépourvue de poils dans une surface qui en est couverte.

Canaliculatus, *canaliculé.* — Présentant un canal longitudinal.

Capillaceus, *capillacé.* — en forme de cheveu.

Caput, *tête.* — Partie antérieure du corps portant les yeux, les antennes et les pièces de la bouche (Int. p. XL).

Carina, *carène.* — Ligne élevée et tranchante.

Carinatus, *caréné.* — Portant une ligne longitudinale élevée et tranchante. — Se dit aussi d'une surface dont les bords se relèvent de façon à former une gouttière au milieu.

Carpus, *carpe ou stigma.* — Portion épaissie de la nervure costale de l'aile antérieure chez beaucoup d'hyménoptères. (Int. p. LXV. et LXXX).

Catenatus, catenulatus, *enchaîné.* — Se dit d'une surface portant des sculptures dont l'ensemble simule une chaine.

Cauda, *queue.* — Derniers anneaux de l'abdomen, quand, dans quelques espèces, ils se prolongent d'une façon anormale.

Caulis, *tige.* — Partie basilaire des machoires plus ou moins cornée. — On a aussi donné ce nom au funicule de l'antenne, en dehors de la massue.

Cavatus, *creusé.* — Qui porte une cavité.

Cavitas, *cavité.* — Partie enfoncée profondément.

Cellula, *cellule.* — Portion de la membrane de l'aile enfermée entre plusieurs nervures.

Cenchri, *grains.* — Petites parties calleuses et souvent dénudées qui se trouvent. chez beaucoup d'hyménoptères, à la base du métathorax.

Cerci, *valvules hypopygiales.* — V. hypopygium.

Cernuus, *incliné.* — Se dit de la tête, lorsqu'elle forme un angle droit avec le thorax.

Character, *caractère.* — Ce qui, dans la structure d'un insecte, le fait distinguer d'un autre.

Cibaria instrumenta. — Ensemble des organes buccaux.

Cicatricosus, *cicatrisé.* — Portant des parties saillantes avec des lignes légèrement enfoncées dans les intervalles, imitant les cicatrices.

Ciliatus, *cilié.* — Garni de cils.

Cilium, *cil.* — Petits poils courts et raides placés parallèlement sur une ligne, ou sur le bord de quelque organe.

Cinctus, cingulatus, *ceint.* — Qui porte une bande autrement colorée à la base ou au milieu de l'abdomen.

Clathratus, *barré.* — Se dit d'une surface dont les sculptures simulent des barreaux.

Clava, *massue.* — Renflement de l'extrémité de l'antenne.

Clavatus, claviformis, *claviforme.* — En forme de massue.

Clypeatus, *clypéacé ou clypéiforme.* — En forme de bouclier.

Clypeus, *épistome.* — Pièce située à la partie la plus antérieure de la tête.

Coarctatus, *resserré.* — Dont la largeur diminue.

Cochleariformis, *en forme de cuiller.* — Cavité allongée et très-évasée.

Collare, *collier.* — V. pronotum.

Collum, *col.* — Pédicule qui joint la tête au thorax.

Color, *couleur.* —

DÉNOMINATION DES DIVERSES COULEURS

COULEUR NOIRE

Ater. — Noir pur mat.
Niger. — Noir pur brillant.
Carbonarius, anthracinus. — Noir de charbon.
Ebeninus. — Noir d'ébène.
Atrovelutinus. — Noir velouté.
Piceus, picinus. — Noir de poix, un peu gris verdâtre.
Fuliginosus. — Noir de suie.
Fuscus, fuscescens. — Noir brun.
Atrocæruleus. — Noir bleuâtre clair.
Atrocyaneus. — Noir bleuâtre sombre.
Fumatus, fumosus. — Noir transparent enfumé.
Nebulosus. — Gris nuageux.
Nubeculosus. — Légèrement enfumé.
Plumbeus. — Gris plombeux.
Cinereus, cinerescens, leucophæus, gilvus. — Gris cendré.
Griseus. — Gris.
Grisescens. — Grisâtre.
Lividus. — Pâle, plombé, légèrement noirâtre.
Chalybeatus. — Gris d'acier, bleuâtre.

COULEUR BLEUE

Indigoteus. — Bleu indigo sombre.
Cæruleus, cærulescens. — Bleu de mer foncé.
Cyaneus, cyanescens. — Bleu azuré foncé
Azureus. — Bleu d'azur clair
Janthinus. — Bleu violet un peu pourpré.
Hyacinthinus, amethystinus. — Azuré violet clair

COULEUR VERTE

Olivaceus. — Vert olive.
Glaucus. — Vert de mer.
Smaragdinus. — Vert émeraude.
Prasinus. — Vert bleuâtre (couleur de poireau).
Viridis. — Vert un peu jaunâtre.
Virescens. — Jaune verdâtre.
Æneus, ænescens. — Vert bronzé.

COULEUR JAUNE

Chalceus. — Jaune bronzé.
Fulvus. — Jaune roux verdâtre.
Succineus, — Jaune d'ambre, un peu verdâtre.

Citrinus. — Jaune citron clair.
Sulfureus. — Jaune soufre.
Flavescens, flavus, flavidus. — Jaune blond doré.
Aurichalceus. — Jaune d'or bronzé (laiton).
Chrysargyrus. — Vermeil.
Croceus. — Jaune brillant de safran.
Aureus, auratus. — Jaune d'or métallique.
Stramineus. — Jaune paille.
Luridus. — Jaunâtre pâle.
Ochraceus. — Jaune d'ocre.
Luteus, lutescens — Jaune un peu rougeâtre (jaune d'œuf).
Aurantiacus. — Jaune orangé.
Testaceus. — Jaune rouge brique.

COULEUR BRUNE

Castaneus. — Marron.
Alutaceus. — Brun comme le cuir.
Spadiceus — Rouge brun, bai
Badius. — Rouge brun, bai
Cinnamomeus. — Brun cannelle.
Brunneus. — Brun.

COULEUR ROUGE

Rubidus. — Rouge brun.
Rubiginosus, ferrugineus, æruginosus. — Rouge de rouille, ferrugineux.
Rufus, rufescens. — Rouge roux.
Rutilus. — Roux ardent
Erythræus. — Rouge.
Sanguineus, sanguinosus, sanguinolentus. - Rouge sang
Miniatus. — Rouge de minium.
Ruber, rubescens. — Rouge vermillon.
Carminatus. — Rouge carmin.
Purpureus, Purpurascens. — Rouge pourpre.
Igneus, ignitus, flammatus. — Rouge feu métallique.
Cupreus. — Rouge de cuivre.
Roseus — Rose.
Violaceus, violascens. — Rouge bleu-violet.

COULEUR BLANCHE

Pallidus — Blanc jaunâtre.
Eburneus. — Blanc d'ivoire (ton jaunâtre).
Argenteus, argentatus. — Blanc d'argent (ton bleuâtre).
Niveus. — Blanc de neige.
Albus, albidus. — Blanc pur.
Albicans, — Blanc avec un ton gris.
Canus, incanus, canescens. — Blanc argentin (comme les cheveux).

Comatus, *chevelu*. — Portion limitée d'une surface, couverte de poils longs et fins, comme des cheveux.

Communis, *commun*. — Se dit d'un insecte que l'on rencontre fréquemment et facilement. Ce terme n'a rien d'absolu; il peut être vrai, pour une espèce donnée, dans une localité et non dans une autre. Un insecte peut être très-commun une année, et devenir rare l'année suivante. La connaissance de l'habitat d'un insecte suffit aussi pour le rendre commun, de rare qu'il était avant qu'on ne sût précisément où le trouver.

Complanatus. *aplani*. — Non rugueux.

Compositi oculi, *yeux composés*. — Yeux formés d'un grand nombre de petits yeux élémentaires simples. (Int. p. XLII).

Compressus, *comprimé*. — Plus haut que large, ou aplati sur les côtés.

Concolor. *concolore*. — Se dit d'une partie, quand elle est en entier d'une seule couleur, ou que sa couleur est la même que celle d'une autre partie à laquelle on la compare.

Conicus, *conique* — Dont le diamètre diminue graduellement d'une extrémité à l'autre.

Connatus, *conné*. — Se dit des organes réunis à leur base.

Constrictus, *resserré*. — Dont la largeur diminue.

Contiguus, *contigu*. — Se dit des antennes, des yeux ou des hanches, quand ces organes se touchent presque à leur base.

Convexus, *convexe*. — Quand le le centre est plus élevé que les bords.

Cordatus, **cordiformis**, *cordiforme* — En forme de cœur ou de triangle à angles émoussés.

Coriaceus, *coriacé*. — Quand la surface est inégale, raboteuse et rappelle celle du cuir brut.

Cornea, *cornée*. — Membrane extérieure de l'œil.

Cornei pedes, *pattes écailleuses*. — Pattes situées, chez les larves, aux segments thoraciques.

Corneus, *corné*. — Qui a la consistance de la corne.

Corpus, *corps*. — Ensemble de toutes les parties d'un insecte, quelquefois plus spécialement la réunion de la tête, du thorax et de l'abdomen.

Corrugatus, *ridé*. — Couvert de plis courts et irréguliers.

Costa, *côte*. — Bord extérieur de l'aile. — Ligne saillante élevée et large sur une surface unie.

Costalis, *costal*. — Qui se rapporte à la côte (nervure, cellule, etc.).

Costatus, *à côtes*. — Surface garnie de côtes.

Coxa, *hanche*. — Partie des pattes directement articulée avec le thorax. (Int. p. LIX).

Crassus, *épais*. — Quand le diamètre est grand relativement à la longueur.

Creber, crebrè, *serré*. — Se dit des points ou des sculptures pressés les uns contre les autres.

Crenatus, *crenelé*. — Se dit de toute partie pourvue de petites dents obtuses et arrondies.

Cribratus, *criblé*. — Se dit d'une surface qui a l'apparence d'un tamis.

Crinitus, *chevelu*. — Comme **comatus**. Qui a des poils longs et forts comme du crin.

Cristatus, *à crête*.— Qui porte une ligne élevée et tranchante, et en même temps crénelée.

Cubitalis, *cubital*. — Se dit des nervures et cellules de l'aile. (Int. p. LXVII).

Cultriformis, *cultriforme*. — En forme de couteau.

Cuneatus, **cuneiformis**, *cunéiforme* — En forme de coin ou de cône.

Cursorii pedes, *pattes coureuses*. — Pattes spécialement disposées pour la course rapide.

Cuspidatus, *pointu*. — Qui est en forme de pointe.

Cylindricus, *cylindrique*. — D'un diamètre égal dans toute la longueur.

Deflexus, *fléchi, courbé, penché*. — Se dit d'un organe dirigé inférieurement.

Dens, *dent*. — Tout appendice dur corné, très-court et plus ou moins pointu ou triangulaire.

Densè, **densus**, *densément*, *dense*. — Se dit des poils, des points, etc., très-serrés, pressés les uns contre les autres.

Dentatus, *denté*. — Muni de dents.

Denticulatus, *denticulé*. — Muni de petites dents.

Dentiformis, *dentiforme*. — Qui a la forme d'une dent.

Depressus, *déprimé*. — Se dit d'une partie dont la hauteur est plus courte que la largeur, ou aplatie dans le sens horizontal.

Digitatus, *digité*. — Se dit lorsque des divisions ou des dessins imitent, par leur disposition, les doigts d'une main.

Dilatatus, *dilaté*. — Se dit d'une partie qui subit un accroissement anormal d'un côté ou de l'autre.

Dilutior, *plus clair*.— Se dit d'une partie dont la teinte est moins foncée que le reste.

Discoïdalis, *discoïdal*. — Nom d'une nervure des ailes qui tient au disque (V. *discus*).

Discoïdeus, *discoïde*. — Qui ressemble à un disque ou à un plateau.

Discus, *disque*. — Partie centrale de diverses portions du corps, ailes, thorax, etc.

Distantes, *écartés*. — Se dit des antennes, des yeux ou des hanches éloignés l'un de l'autre à leur base.

Distinctus, *distinct, visible*. — Facile à voir ou à constater.

Dorsum, *dos*. — Partie supérieure du corps.

Durus, *dur*. — Difficile à entamer ou à piquer.

Echinatus, *épineux*. — garni d'épines.

Elatus, *élevé*. — Qui est porté vers le haut.

Elongatulus, *diminutif* d'**Elongatus**

Elongatus, *allongé*.— Qui est long et un peu étroit.

Emarginatus, *échancré*. — Se dit quand un bord présente un angle ou une courbe rentrants.

Ensiformis, *ensiforme*. — Se dit de l'antenne qui est comprimée et à trois côtés, dont l'un est plus étroit que les deux autres.

Entothorax, Partie thoracique toujours interne (Int. p. LV).

Epicranium, *épicrane*. — On appelle ainsi toute la partie supérieure et latérale de la boîte qui forme la tête.

Epidemata, *épidèmes*. — V. **Ossicula**.

Epiglottis, *épiglotte*. — V. **Epipharynx**.

Epimeri, *épimères*. — Pièces thoraciques inférieures recevant les hanches. (Int, p. LV).

Epipharynx, valve qui sert d'opercule au pharynx et qui est située verticalement au bord supérieur de celui-ci. (Int. p. XLIX).

Epipygium, arceau dorsal du dernier segment de l'abdomen. (Int. p. LXXXIII).

Episternum, Pièce thoracique inférieure (Int. p. LV).

Epistomus, *épistome*. — V. **Clypeus**.

Erectus, *dressé*. — Qui s'élève droit.

Excavatus, *excavé*. — Qui porte une cavité.

Exilis, *grêle*. — Qui est long et mince.

Exodermus, *exoderme*. — Se dit d'un parasite qui attaque extérieurement sa victime.

Expansio alarum, *envergure*. — Distance d'une extrémité des ailes antérieures à l'autre, lorsqu'elles sont étendues.

Exsertus, *exserte*. — Se dit d'un organe visible à l'extérieur, spécialement de la tarière, quand elle dépasse l'abdomen.

Externus, *externe*. — Ce qui est en dehors.

Facies, *face*. — V. **Vultus**.

Facies, physionomie, apparence particulière d'une espèce.

Falcatus, *falciforme*. — Qui a la forme d'une faux.

Farinosus, *farineux*. — Couvert d'une pulvérulence comme de la farine.

Fascia, *fascie*. — Bande colorée.

Fasciatus, *fascié*. — Qui porte des fascies.

Fasciculatus, *fasciculé*. — Se dit des poils ramassés en faisceaux, en houppes.

Femina, *femelle*. — Individu du sexe féminin.

Femur, *cuisse*. — Partie de la patte articulée aux hanches par l'intermédiaire des trochanters et recevant, à son tour, le tibia à son autre extrémité. (Int. p. LX).

Filiformis, *filiforme*. — Qui est linéaire et allongé comme un fil.

Fimbriatus, *frangé*. — Garni de poils placés comme des cils, mais non parallèles.

Fissus, *fendu*. — Dont les divisions sont profondes.

Flabellatus, *flabellé*. — Se dit de l'antenne, quand la plupart de ses articles émettent des rameaux longs, flexibles, et aplatis, comme les branches d'un éventail.

Flagelliformis, *flagelliforme*.— En forme de fouet.

Flagellum, *funicule*. — Partie de l'antenne articulée au scape. (Int. p. XLIV).

Floccus, poils frangés longs, fins et denses, un peu frisés, de la face inférieure des cuisses, surtout des postérieures, chez quelques Mellifères.

Foliaceus, *foliacé*. — Aplati en forme de feuille.

Folliculus, *coque*. — Enveloppe soyeuse, fermée de toutes parts, où s'enferme un grand nombre de larves pour se transformer en nymphes.

Forcipes, *pinces*.—Parties externes de l'organe générateur mâle. (Int. p. LXXXIX).

Forcipiformis, en forme de pinces.

Fossorii pedes, *pattes fouisseuses*. — Pattes courtes, fortes, appropriées pour creuser la terre.

Fossula, *fossette*. — Enfoncement assez grand.

Fossulatus, *fossulé*. — Portant une ou plusieurs fossettes.

Foveatus, foveolatus, *fovéolé*. — Garni d'impressions assez grandes arrondies.

Fractæ, *brisées, coudées*. — Se dit des antennes quand le funicule peut se replier sur le scape.

Frons, *front*. — Partie antérieure de la tête, située au-dessus des yeux et sous le vertex.

Fumatus, *enfumé*. — Se dit des ailes quand la membrane est lavée de noir ou de gris, sans perdre sa transparence.

Funiculus, *funicule*. — V. **Flagellum**. — C'est aussi le ligament qui soutient l'abdomen dans quelques cas.

Furcatus, *fourchu*. — qui présente deux branches.

Fusiformis, *fusiforme*. — Se dit des organes qui présentent des renflements entre deux parties plus minces.

Fusus, *filière*. — Organe sécréteur de la soie dont se servent les larves pour construire leur coque.

Geminatus, *geminé*. — Se dit de deux points très-rapprochés et isolés, ou de deux parties semblables et adhérentes par la base.

Genæ, *joues*. — Parties de la tête situées derrière les yeux et au-dessus de la base des mandibules.

Geniculatus, *coudé*. — V. **Fractæ**.

Genitalia, *parties sexuelles.* — Organes de la reproduction dans les deux sexes.

Genu, *genou.* — Articulation de la cuisse et du tibia. — On désigne très-souvent ainsi l'extrémité de la cuisse.

Genus, *genre.* — Réunion de plusieurs espèces ayant un grand nombre de caractères communs. (Int. p. VIII).

Gibba, *bosse.* — Saillie élevée sur une surface plane ou arrondie.

Gibbosus, gibbus, *gibbeux.* — renflé en forme de bosse.

Glaber, *glabre.* — Dépourvu de poils.

Globosus, *globuleux.* — En forme de boule.

Gracilis, *grêle.* — Qui est d'un petit diamètre relativement à la longueur.

Granulatus, granulosus, *granulé.* — Parsemé de grains.

Granulus, *grain.* — Petit point élevé sur une surface unie, pareil à ceux d'une peau de chagrin.

Guttatus, *tacheté.* — Marqué de points colorés ronds en forme de gouttes.

Habitat, Endroit spécial, plante particulière etc.. où se trouve un insecte.

Hamuli, *crochets.* — Sortes de petites épines crochues situées sur la côte des ailes inférieures et servant à les maintenir fixées aux ailes supérieures pendant le vol.

Hemipterus, *hémiptère.* — Dont les ailes sont très-raccourcies.

Hemisphæricus, *hémisphérique.* — En forme de demi-sphère.

Hexapodus, *hexapode.* — Qui a six pattes.

Hirsutus, hirtus, *hérissé.* — Couvert de poils courts, raides et peu serrés.

Hispidus, *hispide.* — Couvert de poils raides et courts comme de petites épines.

Holosericeus, *soyeux.* — Qui a un aspect satiné.

Humeralis, *huméral.* — Qui se rapporte à l'épaule.

Humerus, *épaule.* — Parties latérales, souvent élargies du prothorax.

Hyalinus, *hyalin.* — Transparent.

Hybrida, *hybride.* — Individu né par la réunion des sexes de deux espèces voisines.

Hymen, *membrane.* — Partie flexible, transparente, mince comme une feuille.

Hypoglossis, *hypoglotte.* — **V. hypopharynx.**

Hypopharynx, valve verticale située en devant et au bord inférieur du pharynx, servant à le fermer avec l'épipharynx. (Int. p. L).

Hypopygium, Arceau ventral du dernier segment abdominal. (Int. p. LXXXIII).

Imago, *insecte parfait.* — Insecte qui a subi toutes ses métamorphoses, et est apte à la reproduction.

Imbricatus, *imbriqué.* — Posé l'un sur l'autre, comme les tuiles d'un toit.

Immaculatus, *immaculé.* — Sans taches.

Impressio, *impression.* — Point ou marque imprimée.

Impressus, *imprimé.* — Légèrement enfoncé dans la surface.

Inæqualis, *inégal.* — Se dit d'une surface qui a des élévations et des enfoncements irréguliers.

Incisus, *coupé, échancré* — Qui présente sur son bord une incision ou une échancrure.

Incompletus, *incomplet.* — Se dit d'une cellule qui reste ouverte.

Incrassatus, *épaissi.* — Qui devient plus épais.

Inermis, v. muticus.

Inferior, *inférieur.* — Se dit d'une partie située en dessous d'une autre; du dessous du corps; des ailes postérieures. etc.

Inflatus, *enflé.* — Se dit de la massue, quand elle est d'une grosseur disproportionnée avec le reste de l'antenne.

Inflexus, *infléchi.* — S'applique à la tête quand elle forme un angle aigu avec le thorax. — Se dit aussi de toute partie courbée en dessous.

Infundibuliformis, *infundibuliforme.* — Qui a la forme d'un entonnoir.

Infuscatus, *assombri.* — Se dit d'une couleur qui tourne au noir.

Inocularis, *inoculaire.* — Se dit de

l'insertion des antennes dans une échancrure des yeux.

Insertio, *insertion*. — Endroit où une partie est attachée à une autre

Insertus, *inséré*. — Placé, attaché.

Integer, *entier*. — Sans découpure ni division.

Inter. — Préfixe qui ajoute à un mot l'idée que les parties qu'il désigne sont situées entre deux autres ou en enserrent une autre.

Interior, *interne*.— S'applique à la portion des divers organes qui regarde le corps ou peut s'y appliquer.

Intermedius, *intermédiaire*. — Se dit de la deuxième paire de pattes fixées au mésothorax.

Interocularis, *interoculaire*.— placé entre les yeux. Se dit surtout de l'insertion des antennes.

Interruptus, *interrompu*. — Se dit de toute ligne ou fascie dont quelque portion manque.

Interstitium, **intervallum**, *intervalle*. — Surface comprise entre deux stries.

Intricatus, *embrouillé*. — Se dit d'une sculpture sans forme précise.

Intumescens, *gonflé*. — Qui se renfle en forme de bosse.

Iricolor, **iridescens**, *irisé*. — Qui a les couleurs de l'arc-en-ciel.

Irregularis, *irrégulier*. — Se dit des antennes dont la forme ne peut se rattacher à aucune autre connue ou au moins symétrique.

Jubatus, *à crinière*. — Portant des poils longs et pendants.

Labialis, *labial*. — Qui se rapporte à la levre ou qui y est fixé.

Labiatus, *labié*. — Qui est en forme de levre.

Labium, *lèvre*. — Partie inférieure des organes de la bouche comprenant le menton et la languette (Int. p. LI).

Labrum, *labre*. — Partie de la bouche située au-dessus des mandibules et contiguë à l'épistome. (Int. p. XLVIII).

Laciniatus, *lacinié*. — Qui présente des decoupures irrégulières, mais à peu près égales.

Lævigatus, **lævis**, *lisse*. — Se dit d'une surface sans inégalités.

Lamella, **lamina**, *lame*. — Portion aplatie fixée à une partie quelconque du corps.

Laminatus, pourvu d'une lame élevée.

Lanatus, *laineux*. — Couvert de poils fins, serrés et longs, frisant un peu à l'extrémité, comme la laine.

Lanceolatus, *lancéolé*. — Allongé et aminci en devant comme un fer de lance.

Lanuginosus, *lanugineux*. — Couvert d'un duvet long et moëlleux.

Larva, *larve*. — Etat d'un insecte depuis sa sortie de l'œuf jusqu'à sa transformation en nymphe.

Latus, *côté*. — Toute partie latérale du corps.

Latus, *large*. — Dont la dimension transversale est proportionnellement plus grande que la dimension longitudinale.

Latuscula, *facettes*. — Petites cornées des yeux composés.

Ligamentum, *ligament*. — Petits muscles ou tendons qui servent à relier différentes parties.

Ligula, *languette*. — Partie membraneuse de l'extrémité de la lèvre inférieure. (Int. p. LI).

Ligulatus, *ligulé*. — Portant un appendice en forme de languette,

Limbatus, *bordé*. — Dont le bord est coloré autrement que le reste de la surface.

Linea, *ligne*. — Marque linéaire étroite.— Mesure égale à 2mm2 environ.

Linearis, *linéaire*. — Allongé et à bords parallèles.

Lobatus, *lobé*. — Portant des lobes.

Lobus, *lobe*. — Appendice court, arrondi, latéral.

Longitudinalis, *longitudinal*. — Se dit de tout caractère qui règne dans la direction de la longueur du corps.

Longitudo, *longueur*.— Dimension d'un insecte, du devant de la tête à l'extrémité de l'abdomen.

Longus, *long*. — L'antenne est longue quand elle égale ou dépasse le corps; les pattes sont longues si elles paraissent hors de proportion avec les dimensions du corps.

Lucidus, *luisant*. — Qui a un certain éclat.

Lunatus, *luné*. — En forme de lune.

Lunula, *lunule*. — Tache en forme de croissant.

Macula, *tache*, *macule*. — Portion limitée, irregulière, relativement petite et d'une autre couleur que la partie sur laquelle elle se trouve.

Maculatus, *taché*. — Qui porte des taches.

Mandibulæ, *mandibules*. — Parties de la bouche placées sous le labre, au nombre de deux, servant à broyer et à saisir la nourriture (Int. p. XLVIII).

Marginalis, *marginal*. — Se dit des nervures ou cellules de la partie supérieure des ailes antérieures (Int. p. LXVI).

Marginatus, *marginé*, *rebordé*. — Dont le bord est saillant ou d'autre couleur.

Margo, *bord*. — Contour d'un organe.

Mas, *mâle*. — Individu du sexe masculin.

Maxilla, *mâchoire*. — Parties de la boucho, au nombre de deux, situees au-dessous des mandibules. (Int. p. L).

Maxillaris, *maxillaire*. — Se dit des palpes fixés aux mâchoires.

Medipectus, On a donné ce nom aux parties inférieures et latérales du méso horax.

Medius, *médian*. — Nom d'une nervure et d'une cellule des ailes. (Int. p. LXVII).

Membranacei pedes, *pattes membraneuses*. — Pattes fixees, chez les larves, aux segments ventraux.

Membranaceus, *membrâneux*. — Qui est de faible consistance, diaphane et mince.

Mentum, *menton*. — Partie basilaire de la lèvre, cornée, fixée au bas du pharynx et fermant inférieurement la bouche. (Int. p. LII).

Mesonotum, Partie supérieure du mésothorax.

Mesopleuræ, *mésopleures*. — Côtés du mésothorax.

Mesosternum, Partie inférieure du mesothorax.

Mesothorax, second segment thoracique.

Metallicus, *métallique*. — Qui a le brillant d'un métal poli.

Metamorphosis, *métamorphose*. — Passage des insectes d'un état à un autre.

Metanotum, Partie supérieure du métathorax.

Metapleuræ, *métapleures*. — Côtés du métathorax.

Metasternum, Partie inférieure du métathorax.

Metatarsus, *métatarse*. — Premier article des tarses postérieurs.

Metathorax, troisième segment thoracique.

Micans, V. nitens.

Moniliformis, *moniliforme*. — Se dit des antennes, lorsque leurs articles sont arrondis, bien séparés et semblables à des grains de chapelet.

Mucronatus, *mucroné*. — Terminé par une pointe courte et mousse.

Multi, préfixe joignant l'idée de grand nombre au mot qu'il précède, celui-ci étant d'origine latine.

Muricatus, *muriqué*. — Se dit de la forme d'une surface, quand elle se termine en pointe mousse et un peu allongée.

Musculus, *muscle*. — Faisceau de fibres contractiles, donnant le mouvement aux organes qui en sont susceptibles.

Mutatio, *mue*. — Changement de peau que subissent les larves, à plusieurs reprises, avant leur métamorphose en nymphe.

Muticus, *mutique*. — Qui n'a point d'épine.

Natatorii pedes, *pattes natatoires*. — Pattes destinées spécialement, par leur forme, à la natation.

Nebulosus, *nébuleux*. — V. **Fumatus.**

Nervulatio, *nervulation*. — Ensemble des nervures.

Nervus, *nervure*. — Tubes fins parcourant toute la surface de l'aile et servant à en soutenir la membrane et à lui donner de la rigidité.

Nitens, nitidus, *brillant*. — Etat d'une surface qui présente un éclat particulier.

Nodosus, *noueux*. — Se dit des articles antennaires qui sont plus gros que les autres, tuberculeux, en forme de nœuds.

Nodus, *nœud*. — Partie épaissie du pétiole chez les Fourmis, et en géral tout épaississement arrondi ou tuberculeux.

Notatus, *noté*. — Qui porte des taches régulières et petites.

Nuditas, *nudité*. — Endroit nu de l'abdomen de certains hyménoptères.

Nudus, *nu*. — Privé de poils ou d'écailles.

Nutans, *penché*. — Se dit de la tête quand elle forme un angle obtus avec le thorax.

Obliquus, *oblique*. — Qui n'est ni transversal, ni longitudinal.

Obliteratus, *oblitéré*. — Qui est en partie détruit et dont les fonctions ne peuvent plus s'exécuter.

Oblongus, *oblong*. — Arrondi aux deux bouts, tout en restant d'égal diamètre dans sa longueur.

Obsoletus, *obsolète*. — Peu apparent.

Obtusus, *obtus*.— Terminé en pointe mousse large, non aigüe.

Occiput, Partie postérieure de la tête,

Ocellus, *ocelle*. — Yeux lisses et simples sur le vertex.

Oculus, *œil*. — Organe de la vision

Œsophagus, *œsophage*.— Première partie du canal digestif s'ouvrant dans le pharynx.

Opacus, *opaque, mat*.— Non transparent ni translucide, employé aussi dans le sens de : mat, opposé à brillant.

Operaria, *ouvrière*.— Individu stérile chez quelques groupes d'hyménoptères sociaux,

Orbicularis, *orbiculaire*. — Qui est d'une forme ronde.

Orbita, *orbite*. — Portion de la tête où est enchassé l'œil.

Os, *bouche*. — Ensemble des organes buccaux inférieurs.

Ossicula, *osselets*. — Petites pièces cornées servant à l'articulation des ailes avec le thorax.

Ovatus, *ovale*. — Arrondi et d'égal diamètre aux deux bouts, mais de plus petit diamètre aux extrémités qu'au milieu.

Oviductus, *oviducte*. — Canal conduisant les œufs des ovaires à l'extérieur.

Oviformis, *oviforme, ovoïde*. — Arrondi et d'inégal diamètre aux deux bouts, et de plus petit diamètre aux extrémités qu'au milieu.

Oviscaptus, *oviscapte*. — Appareil de la ponte des œufs.

Ovum, *œuf*. — Premier état des insectes, celui sous lequel ils sont pondus par la mère, et qui donne naissance à la larve.

Palmatus, *palmé*.— Se dit d'un organe divisé latéralement ou à l'extrémité en plusieurs pointes comme des doigts.

Palpi, *palpes*.— Organes articulés fixés aux machoires et à la lèvre. (Int. p. LI).

Paraglossæ, *paraglosses*.— Appendices membraneux de la languette.

Parallelus, *parallèle*. — Pas plus écarté d'un côté que de l'autre.

Parapsides, *parapsides*. — Division du mesonotum.

Patella, *pelote*. — Petites pièces membraneuses ovales, placées entre les ongles et quelquefois aux articulations des articles tarsaux.

Patria, *patrie*. — Localité où se trouve un insecte.— Diffère de l'habitat en ce que ce dernier indique plus spécialement, non le pays, mais les conditions dans lesquels se rencontre un insecte.

Pectinatus, *pectiné*. — Se dit de l'antenne quand ses articles portent des appendices latéraux allongés et parallèles, comme les dents d'un peigne.

Pectus, *poitrine*. — Partie inférieure du thorax.

Pediolatus, pedunculatus, *pédunculé*. — Pourvu d'un pédoncule.

Pediolus, pedunculus, *pédoncule, pédicule*.— Partie très-rétrécie par laquelle l'abdomen s'insère sur le thorax — En général tout support étroit et court.

Pellitus, *fourré*. — Se dit d'une surface couverte de poils longs et pendants, mais en désordre.

Penicillatus, *pénicillé*. — Portant des houppes de poils, divergents à leur sommet comme un goupillon.

Penis. Organe copulateur mâle.

Pennaceus, *pennacé*. — Qui a l'apparence d'une plume.

Pentamerus, *pentamère*. — Qui a cinq articles aux tarses.

Per, préfixe qui, joint à un mot, l'amplifie, le rend analogue au superlatif.

Perfoliatus, *perfolié*. — En forme de feuille.

Perlatus, *perlé*. — Portant des points en relief et arrondis.

Pes, *patte*. — Organe de la locomotion terrestre. (Int. p. LVIII).

Petiolatus, *pétiolé*. — Qui a un pétiole. — Se dit aussi d'une cellule de l'aile qui se ferme avant d'atteindre la cellule voisine et ne s'y rattache que par une nervure unique.

Petiolus, *pétiole*. — Synonyme de pédicule; employé spécialement pour certains insectes, par exemple les fourmis.

Pharynx, ouverture buccale recevant les aliments du dehors et les menant à l'œsophage qui le suit. (Int. p. XLVIII).

Pilosus, *poilu*. — Couvert de poils longs, rares et sans raideur.

Pilus, *poil*. — Sens connu.

Planus, *plan*. — Se dit d'une surface dont le disque et le bord sont de même niveau.

Pleuræ, *pleures*. — Côtés du thorax.

Plicatus, *plié*. — Se dit des ailes qui ne restent pas étendues dans le repos, mais dont un bord vient se poser sur la partie supérieure.

Pluri, préfixe qui ajoute à un mot d'origine latine l'idée de pluralité.

Pluridentatus, *pluridenté*. — Muni de plusieurs dents.

Pollinigera instrumenta, *appareil pollinigère*. — Ensemble des organes destinés à la récolte du pollen.

Pollinosus, *pollineux*. — Garni d'une poussière ressemblant à du pollen.

Poly, préfixe qui ajoute à un mot d'origine grecque l'idée de pluralité.

Polyphagus, *polyphage*. — Qui se nourrit de plusieurs plantes indifféremment.

Porcatus, *sillonné*. — Portant des lignes larges et enfoncées.

Porosus, *poreux*. — Se dit d'un tégument ou d'une membrane perforés de petits trous qui traversent leur substance.

Porrectus, *avancé*. — Se dit de la tête quand elle ne forme pas d'angle avec le thorax et qu'elle est prolongée en avant.

Post, préfixe qui donne au mot dans lequel il entre l'idée d'une situation en arrière.

Postepistomus, *postépistome*. — Partie de la tête située derrière l'épistome.

Posterior, *postérieur*. — S'applique à la portion de chaque partie du corps qui est la plus éloignée de la tête ou du devant de la tête, spécialement à la deuxième paire d'ailes et à la troisième paire de pattes fixées au métathorax.

Posticus, *postérieur*. — Situé en arrière.

Postscutellum, pièce du thorax. (Int. p. LIII).

Præ, préfixe qui éveille l'idée d'une situation en avant ou saillante.

Præocularis, *præoculaire*. — Se dit de l'insertion des antennes devant les yeux.

Præscutum, pièce thoracique située en avant du scutum.

Prismaticus, *prismatique*. — Formé de plans qui se coupent à angles saillants.

Pro, préfixe qui implique l'idée d'une position ou d'une direction en avant.

Proboscis, *museau*. — Configuration de la tête allongée en avant.

Productus, *prolongé*. — Se dit d'un organe qui s'allonge d'une manière quelconque.

Proeminens, *proéminent*. — Se dit de la tête quand elle est horizontale et ne forme pas d'angle avec le thorax; de toute partie saillante élevée.

Prominens, *saillant*. — Qui s'allonge en avant ou en dehors d'un autre organe.

Promuscis, trompe formée par l'ensemble des machoires et de la languette. — Aussi comme **proboscis**

Pronotum, dessus du prothorax.

Prosternum, dessous du prothorax.

Prothorax, premier segment du thorax.

Pruinosus, *pruineux*. — Couvert d'une poudre, rappelant du givre.

Pseudopodus, *pseudopode*. — Organe remplissant les fonctions d'une patte sans en avoir la forme.

Pubescens, *pubescent*. — Couvert de poils très fins couchés, courts.

Pulverulentus, *pulvérulent*. — Couvert d'une poussière farineuse.

Punctatus, *ponctué*. — Parsemé de points enfoncés moyens.

Punctiformis, *punctiforme*. — Qui a l'aspect d'un point.

Punctulatus, *pointillé*. — Parsemé de très-petits points enfoncés.

Punctum, *point*. — Petit enfoncement arrondi sur une surface.

Pupa, *nymphe*. — Etat dans lequel se métamorphose la larve avant d'arriver à celui d'insecte parfait.

Purus, *pur*, *net*. — Se dit d'une couleur vive, franche.

Pustulatus, *pustulé*. — Pourvu de petites gibbosités en forme d'ampoules.— Qui a des marques colorées en forme de bulles.

Pygidium, dernier anneau de l'abdomen portant et recouvrant l'anus.

Pyriformis, *pyriforme*.—En forme de poire.

Quadratus, *carré*. — Qui a ses angles droits.

Quiete (in), *en repos*. — Etat de l'insecte quand il est arrêté et qu'il contracte plus ou moins ses membres.

Radialis, *radial*. — Nom d'une nervure et d'une cellule des ailes. (Int. p. LXVII).

Radicula, *radicule*.—Petite saillie de la tête où s'articule l'antenne.

Ramosus, *rameux*, *ramifié*. — Portant des appendices ou branches irrégulières.

Raptorii pedes, *pattes ravisseuses* — Pattes spécialement conformées pour saisir et retenir une proie. Cette disposition ne s'applique qu'aux pattes antérieures.

Rarus, *rare*.— Opposé de commun. V. **communis**.

Rectus, *droit*. — Se dit de l'antenne quand elle conserve sa direction de la base à l'extrémité.

Recurrens, récurrent (voir **recurrentes**).

Recurrentes nervi, *nervures récurrentes* — Nom de nervures qui aboutissent dans les cellules cubitales. (Int. p. LXVII).

Reflexus, *réfléchi*. — Tourné en arriere ou en dessus.

Remotus, *écarté*. — V. **distans**.

Reniformis, *réniforme*. — Qui a la forme d'un rein.

Reticulatus, *réticulé*. — Nom donné quelquefois aux yeux composés. — Se dit aussi d'une surface qui offre des lignes enfoncées peu marquées, se coupant en diverses directions pour former un réseau.

Retusus, *rétus*, *émoussé* — Dont l'extrémité est arrondie, n'est pas en pointe.

Rostrum, *rostre*, *bec*. — Ce nom s'applique parfois improprement à la trompe des hyménoptères.— On ne rencontre que dans d'autres ordres le rostre proprement dit.

Rotundatus, *arrondi*. — De forme circulaire.

Rudis, *rude*.—Se dit d'une surface parsemée de points élevés, irréguliers, inégaux.

Rugatus, *plissé*.— Se dit d'une surface ondulée dont les ondes sont serrées, petites et d'inégale hauteur.

Rugosus, *rugueux*.— Parsemé de lignes élevées, irrégulières, ou se dirigeant en tous sens.

Sagittatus, *sagitté*.— En forme de fer de flèche.

Saltatorii pedes, *pattes sauteuses* — Pattes spécialement disposées pour le saut.

Scaber, *scabre*. — Se dit d'une surface à points saillants nombreux, invisibles, qui la rendent dure au toucher.

Scapus, *Scape*. — Premier article allongé et grossi de l'antenne.

Scariosus, *scarieux*. — Fait d'une substance sèche, cartilagineuse.

Scopa, *palette ventrale ou brosse*. Partie du ventre ou des tarses couverte, chez quelques espèces, de poils fins et courts, faisant partie de l'appareil pollinigère. (Int. p. LXXXIV).

Scrobiculatus, *scrobiculé*.—Pourvu de scrobes.

Scrobs, *scrobe*. — Fossette ou sillon où peuvent entrer les antennes dans le repos.

Scutellum, *scutellum*, *écusson*.— Portion de chacun des segments thoraciques. (Int. p. LIV)

Scutum, Portion de chacun des segments thoraciques. (Int. p. LIV).

Securiformis, *sécuriforme*. — En forme de hache, triangulaire, comprimé.

Segmentum, *segment*. — Parties du corps constituant des anneaux.

Segmentum medium, *segment médiaire*. — Premier segment abdominal fixé au thorax. (Int.p. LVIII)

Semi, — Préfixe donnant l'idée de moitié.

Semicircularis, *semicirculaire*. — En forme de demi-cercle.

Semilunaris, *en croissant*. — En forme de demi-lune.

Sericans, sericeus, *soyeux*. — Couvert de poils doux, couchés et brillants.

Serra, *scie*. — Nom de la tarière des mouches à scie.

Serratus, *en scie*. — A dentelures très-fines et régulières.

Sessilis, *sessile*. — Se dit d'une partie fixée sur une autre sans l'intermédiaire de tige ni de pédicule.

Seta, *soie*. — Poils fins et brillants comme de la soie.

Setaceus, *sétacé*. — Diminuant insensiblement d'épaisseur de la base à l'extrémité, comme une soie de porc.

Setiformis, *sétiforme*. — Se dit de l'antenne qui est sétacée et terminée en pointe allongée.

Setiger, setosus, *sétigère*. — hérissé de soies rigides.

Setula, *soie*. — V. **seta**.

Setulosus, *sétuleux*, Couvert de poils rigides, tronqués à leur extrémité.

Sexus, *sexe*. — Etat masculin ou féminin.

Signatus, *marqué de taches*. — Portant des taches de forme diverse.

Similis, *semblable*. — Se dit d'un organe d'une espèce, conforme de tout point à celui d'une autre.

Simplex, *simple*. — Se dit d'une partie qui n'a rien de spécial, ni dents, ni divisions, etc., ou qui est unique.

S inuatus, *sinué*. — Qui a des sinuosités.

Sinus, *sinuosité*. — échancrure à angle très-arrondi et peu profonde

Solidus, *inarticulé*. — Se dit de la massue quand elle n'est pas divisée.

Sordidus, *sâle*. — Se dit d'une couleur assombrie, salie.

Sparsus, *épars*. — Se dit de poils ou de points qui sont clairsemés.

Spatulatus, *spatulé*. — Elargi et arrondi à l'extrémité.

Species, *espèce*. — Réunion des individus qui se reproduisent entre eux. (Int. p. VIII).

Specularis, *spéculaire*. — Se dit d'une partie limitée très brillante au milieu d'une autre qui l'est moins.

Sphæricus, *sphérique*. — Arrondi comme une boule.

Spiculiformis, *spiculiforme* — Qui a la forme d un poignard.

Spiculum, *stylet*. — Partie active de la tarière ou de l'aiguillon.

Spina, *épine*. — Appendice fin, pointu, immobile.

Spiniformis, *spiniforme*. — Qui ressemble à une épine

Spinosus, *épineux*. — Pourvu d'épines.

Spiracula, *stigmates*. — Ouvertures extérieures des conduits aérifères et respiratoires.

Squama, *écaille*. — Petite pièce cornée et aplatie. — Pièce spéciale aux fourmis.

Squamosus, *squameux*. — Couvert de petites écailles.

Squamula, *squamule*. — Petite écaille qui rend une partie squameuse — Aussi écaillette des ailes.

Stemmata, *stemmates*. — Synonyme d'ocelles.

Sternum, partie inférieure du thorax.

Stigma, v. carpus.

Stigmata, v. spiracula,

Strangulatio, *étranglement*. — Diminution subite de diamètre.

Stria, *strie*. — Petites lignes enfoncées parallèles.

Striatus, *strié*. — Portant des stries.

Striga, *raie*. — Bande étroite transverse colorée.

Strigatus, *rayé*. — Portant des raies.

Striolatus, *striolé*. — Portant des petites stries.

Sub, préfixe donnant l'idée d'infériorité comme position, ou de diminution dans l'intensité d'une qualité.

Sublabrum, *sous-labre*. — C'est l'épipharynx pour Latreille.

Submarginalis, *sous-marginal*. — Nom d'une nervure des ailes.

Subocularis, *suboculaire*. — S'applique à l'insertion des antennes au dessous des yeux.

Subulatus, *subulé*. — Se dit d'un organe qui, après un renflement, a un amincissement pointu et allonge comme une alène.

Sulcatus, *sillonné*. — Marqué de sillons.

Sulcus, *sillon.* — Ligne large et enfoncée.

Superior, *supérieur.* — Ce qui est en dessus du corps ou d'un organe.

Sutura, *suture.* — Ligne de jonction de deux parties contiguës et fixées l'une à l'autre.

Tæniatus, *rubanné.* — Qui porte des bandes colorées.

Tarsus, *tarse.*— Partie extrême de de la patte composée de portions articulées les unes sur les autres.

Tectiformis, *tectiforme.* — Qui affecte la forme d'un toit.

Tegulæ, *écaillettes.* — Petites pièces cornées, mobiles, situées à la base des ailes antérieures.

Tegumentum, *tégument.* — Partie cornée formant la surface ou la peau du corps des insectes. C'est leur squelette, qui est extérieur.

Tempora, *tempes.* — On a donné ce nom à la partie supérieure des joues.

Terebra. *tarière.* — Appareil servant à certains hyménoptères à déposer leurs œufs, soit dans les plantes, soit dans le corps de larves ou de chenilles. (Int. p. LXXXV).

Teres, *arrondi, mousse.* — S'applique aux bords des organes ou des segments qui ne sont pas tranchants.

Tergum, *dos.* — Partie supérieure du corps.

Tetra, — Préfixe indiquant qu'il y a quatre fois un objet.

Tetragonus, *tétragone.* — Qui a quatre côtés.

Tetramerus, *tétramère.* — Qui a quatre articles aux tarses.

Thorax. — Partie intermédiaire du corps portant les ailes et les pattes. (Int. p. LIII).

Tibia.— Partie de la patte articulée à la cuisse et recevant le tarse à son extrémité.

Tomentosus, *tomenteux.* — Couverts de poils fins, courts, serrés, comme entrelacés ou feutrés. — Synonyme de cotonneux.

Torulus. — Partie de la tête qui s'articule avec l'antenne.

Trachia, *trachée.* — Vaisseau puisant l'air par les stigmates et le conduisant dans l'intérieur du corps pour l'y distribuer.

Translucidus, *translucide, transparent.* — Qui laisse apercevoir les objets inférieurs à travers sa substance. Cette qualité n'empêche pas souvent une certaine coloration.

Transversus, *transversal.* — Se dit d'une partie plus large que longue.

Trapeziformis, trapezoïdalis, *trapézoïdal.* — En forme de trapèze.

Tri.— Préfixe indiquant qu'il y a trois fois un objet.

Triangularis, *triangulaire.* — En forme de triangle.

Trimerus, *trimère.* — Qui a trois articles aux tarses.

Triquetrus, *triquètre.*—Qui a trois côtés ou trois faces et trois angles.

Trochanter.— Pièces cornées simples ou doubles situées entre les hanches et les cuisses.

Truncatus, *tronqué.*—Coupé brusquement et carrément à son extrémité.

Tuberculatus, *tuberculé.* — Qui porte des tubercules.

Tuberculum, *tubercule.* — Point élevé, assez gros, irrégulier, saillant sur une surface.

Tunicatus, *tuniqué.* — Se dit de la massue des antennes quand l'un des articles de sa base est creux, et recouvre plus ou moins les suivants.

Turbinatus, *turbiné.* — Se dit du dernier article des palpes, quand il est renflé à la base et terminé brusquement en pointe.

Umbilicatus, *ombiliqué.* — Se dit d'une impression ou d'un tubercule qui a une dépression à son centre.

Undatus, *ondé.*— Se dit d'une surface renflée et creusée alternativement.

Undulatus, *ondulé.*— Comme **undatus.**

Unguiculatus, *unguiculé.*—Pourvu d'ongles ou de crochets.

Unguiculus, *petit ongle.* — V. **ungula.**

Ungula, *ongle ou crochet.*— Petite pièce crochue située à l'extrémité des tarses.

Vagina, *fourreau ou gaine.*— Partie de la tarière. (Int. p. LXXXVI).

Validus, *robuste.* — Qui est gros, qui a un aspect fort, solide.

Valvula, *valve ou valvule.* — Ce

sont les deux petites lames cornées qui enferment, à sa base, le fourreau de l'aiguillon.

Variolosus, *variolé.*— Parsemé de points enfoncés, larges, inégaux, peu profonds, moins grands que ceux indiqués par : **foveolatus.**

Velutinus, *velouté.* — A poils courts, perpendiculaires, ressemblant à du velours.

Vena, *Veine ou nervure.* — V. **nervus.**

Venter, *ventre.*— Partie inférieure de l'abdomen.

Ventosa, *ventouse.* — Cupule membraneuse située sur les tarses, susceptible de dilatation et de contraction, au moyen de laquelle quelques insectes, en y faisant le vide, peuvent se tenir sur les corps polis et s'y attacher.

Vermiculatus, *vermiculé.*— Présentant des excavations tortueuses rappelant les galeries des larves lignivores.

Verruca, *verrue.* — Élévation grande, cicatrisée.

Verrucosus, *verruqueux* — Qui porte des verrues.

Versatilis, *versatile.* — Se dit de la tête, quand elle peut faire un tour presque entier sur elle-même autour du col.

Vertex. — Partie supérieure de la tête, entre le front et l'occiput, portant les ocelles.

Verticalis, *vertical.*— Qui s'élève directement de bas en haut.

Vesicularis, *vésiculaire.* — En forme de vessie.

Vibrantes, vibratiles(antennæ), *antennes vibrantes ou vibratiles.* — Celles que les insectes agitent continuellement et rapidement.

Villosus, *villeux.* — Couvert de poils longs, flexibles et serrés.

Vitreus, *vitreux.* — Qui est transparent comme du verre.

Vitta, — Partie colorée en forme de bande ou de ruban.

Vittatus, *rubané.* — Portant des bandes colorées.

Vulgaris, *vulgaire.*— Se dit d'une espèce qui se trouve partout trèsfacilement et en grand nombre.

Vultus, *face.* — Partie de la tête située sous le front entre les yeux.

V

TERMINOLOGIE FRANÇAISE

AVEC LA TRADUCTION LATINE RENVOYANT AU GLOSSAIRE EXPLICATIF

Abdomen, *abdomen.*
Aciculé, *aciculatus.*
Acuminé, *acuminatus.*
Acuponctué, *acupunctatus.*
Adhérent, *adhærens*
Affine, *affinis.*
Aigu, *acutus.*
Aiguillon, *aculeus.*
Ailes, *alæ.*
Aire, *area.*
Allongé, *elongatus.*
Ambré, *succineus.*
Ambulatoires (pattes), *ambulatorii pedes.*
Anal, *analis.*
Anales (pattes), *anales pedes.*
Angle, *angulus.*
Anguleux, *angulosus.*
Anneau, *annulus.*
Annelet, *annellus.*
Annuliforme, *annuliformis*
Antennes, *antennæ.*
Antérieur, *anterior.*
Apical, *apicalis.*
Aplani, *complanatus.*
Aplati, *depressus.*
Apode, *apodus.*
Apodèmes, *apodemata.*
Appareils buccaux, *cibaria instrumenta.*
Appareils génitaux, *genitalia.*
Appendice, *appendix.*
Appendicé, *appendiceus.*
Appendiculé, *appendiculatus.*
Aptère, *apterus.*
Aréole, *areola.*
Aréolé, *areolatus.*
Argenté, *argenteus.—V.* **color.**
Arqué, *arcuatus.*
Arrondi, *rotundatus.*
Article, *articulus.*
Articulation, *articulatio.*
Articulé, *articulatus.*
Assombri, *infuscatus.*
Attenué, *attenuatus.*
Auriculé, *auriculatus.*
Avance, *porrectus.*
Axillaire, *axillaris.*

Azuré, *azureus*.— *V*. **color**.

Baculiforme, *baculiformis*.
Barbu, *barbatus*.
Barré, *clathratus*.
Basal, *basalis*.
Base, *basis*.
Basilaire, *basilaris*.
Bec, *rostrum*.
Bifide, *bifidus*.
Blanc, *albus, etc*.— *V*. **color**.
Bleu, *cyaneus, etc*.—*V*. **color**.
Bord, *margo*.
Bordé, *marginatus,limbatus*.
Bosse, *gibba*.
Bouche, *os*.
Bourdonnement, *bombus*.
Brachial, *brachialis*.;
Brillant, *nitens, nitidus*.
Brisé, *fractus*.
Bronzé, *æneus*.— *V*. **color**.
Brosse, *scopa*.
Brun, *brunneus*.— *V*. **color**.
Buccaux, *V*. **appareils**.

Calcariforme, *calcaratus*.
Calleux, *callosus*.
Callosité, *callum*.
Canaliculé, *canaliculatus*.
Capillacé, *capillaceus*.
Caractère, *character*.
Carêne, *carina*.
Carêné, *carinatus*.
Carmin, *carminatus*.— *V*. **color**.
Carpe, *carpus*.
Carré, *quadratus*.
Cavite, *cavitas*.
Ceint, *cinctus*.
Cellule, *cellula*.
Cendré, *cinereus*.— *V*. **color**.
Chagriné, *asper*.
Champ, *area*.
Chaperon, *clypeus*.
Chauve, *calvus*.
Chevelu, *comatus, crinitus*.
Cicatrisé, *cicatricosus*.
Cil, *cilium*.
Cilié, *ciliatus*,
Giselé, *cælatus*.
Citrin, *citrinus*. — *V*. **color**.
Clair, *clarus*.
Claviforme, *clavatus*.
Clypéacé, **clypéiforme**, *clypeatus*.
Col, *collum*.
Collier, *collare*.
Commun, *communis*.
Composés (yeux), *oculi compositi*.
Comprimé, *compressus*.
Concolore, *concolor*.
Conique, *conicus*.
Conné, *connatus*.
Contigu, *contiguus*.
Convexe, *convexus*.
Coque, *folliculus*.
Cordiforme, *cordatus*.
Coriacé, *coriaceus*.
Corné, *corneus*.
Cornée, *cornea*.
Corps, *corpus*.
Costal, *costalis*.
Côte, *costa*.
Coté. *latus*.
Côtes (à), *costatus*.
Coudé, *geniculatus*.
Couleur, *color*.
Coupé, *incisus*.
Courbé, *deflexus*.
Coureuses, **(pattes)** *cursorii pedes*.
Court, *brevis*.
Crenelé, *crenulatus*.
Crête (à), *jubatus*.
Creusé, *cavatus*.
Criblé, *cribratus*.
Crochet, *ungula, hamuli*.
Croissant (en), *semilunaris*.
Cubital, *cubitalis*.
Cuiller (en forme de), *cochleariformis*.
Cuisse, *femur*.
Cultriforme, *cultriformis*.
Cunéiforme, *cuneiformis*.
Cylindrique, *cylindricus*.

Dense, *densus*.
Densément, *densè*.
Dent, *dens*.
Denté, *dentatus*.
Denticulé, *denticulatus*.
Dentiforme, *dentiformis*.
Déprimé, *depressus*.
Dessous, *inferior pars*.
Dessus, *superior pars*.

Digité, *digitatus*.
Dilaté, *dilatatus*.
Discoïdal, *discoidalis*.
Discoïde, *discoideus*.
Disque, *discus*.
Distinct, *distinctus*.
Doré, *auratus*. — *V*. **color**.
Dos, *dorsum*, *tergum*.
Dressé, *erectus*.
Droit, *rectus*.
Dur, *durus*.

Ecaille, *squama*.
Ecaillettes, *tegulæ*.
Ecailleuses(pattes), *cornei pedes*.
Ecarté, *distans*. *remotus*.
Echancré, *emarginatus*.
Ecusson, *scutellum*.
Elargi, *dilatatus*.
Elevé, *elatus*.
Embrouillé, *intricatus*.
Emoussé, *retusus*.
Enchaîné, *catenulatus*.
Enflé, *inflatus*.
Enfumé, *fumatus*.
Ensiforme, *ensiformis*.
Entaillé, *incisus*.
Entier, *integer*.
Envergure, *expansio*.
Epais, *crassus*.
Epaissi, *incrassatus*.
Epars, *sparsus*.
Epaule, *humerus*.
Eperon, *calcar*.
Eperonné, *calcaratus*.
Epicrane, *epicranium*.
Epidèmes, *epidemata*.
Epiglotte, *epiglossis*.
Epimères, *epimeri*.
Epine, *spina*.
Epineux, *spinosus*, *echinatus*.
Epistome, *epistomus*, *clypeus*.
Espèce, *species*.
Etranglement, *strangulatio*.
Etroit, *angustus*.
Excavé, *excavatus*.
Exoderme, *exodermus*.
Exserte, *exsertus*.
Externe, *externus*.
Extrémité, *apex*.

Face, *facies*, *vultus*.
Facettes, *latuscula*.
Falciforme, *falcatus*.
Farineux, *farinosus*.
Fasciculé, *fasciculatus*.
Fascie, *fascia*.
Fascié, *fasciatus*.
Femelle, *femina*.
Fendu, *fissus*.
Filière, *fusus*.
Filiforme, *filiformis*.
Flabellé, *flabellatus*.
Flagelliforme, *flagelliformis*.
Flanc, *latus*.
Fléchi, *inflexus*.
Foliacé, *foliaceus*.
Fossette, *fossula*.
Fossulé, *fossulatus*.
Fouisseuses (pattes), *fossorii pedes*.
Fourchu, *furcatus*.
Fourreau, *vagina*.
Fourré, *pellitus*.
Fovéolé, *foveolatus*.
Frangé, *fimbriatus*.
Front, *frons*.
Funicule, *flagellum*, *funiculus*.
Fusiforme, *fusiformis*.

Gaîne, *vagina*.
Geminé, *geminatus*.
Génitaux. — *V*. **appareils**.
Genou, *genu*.
Genre, *genus*.
Gibbeux, *gibbosus*, *gibbus*.
Glabre, *glaber*.
Globuleux, *globosus*.
Gonflé, *intumescens*.
Grain, *cenchri*, *granulus*.
Granulé, *granulatus*.
Grêle, *gracilis*, *exilis*.
Gris, *griseus*.— *V*. **color**.
Grossier, *rudis*.

Hanche, *coxa*.
Haut, *altus*.
Hémiptère, *hemipterus*.
Hemisphérique, *hemisphæricus*.
Hérissé, *hirtus*.
Hexapode, *hexapodus*.
Hispide, *hispidus*.

Huméral, *humeralis*.
Hyalin, *hyalinus*.
Hybride, *hybrida*.
Hypoglotte, *hypoglossis*.

Imbriqué, *imbricatus*.
Immaculé, *immaculatus*.
Impression, *impressio*.
Imprimé, *impressus*.
Inarticulé, *inarticulatus*.
Incliné, *cernuus*.
Incomplet, *incompletus*.
Indigo (bleu), *indigoteus*. —*V*. **color**.
Inégal, *inæqualis*.
Inférieur *inferior*.
Infléchi, *inflexus*.
Infundibuliforme, *infundibuliformis*.
Inoculaire, *inocularis*.
Insecte parfait, *imago*.
Inséré, *insertus*.
Insertion, *insertio*.
Intermédiaire, *intermedius*.
Interne (coté), *interior*.
Interoculaire, *interocularis*.
Interrompu, *interruptus*.
Intervalle, *intervallum*.
Irisé, *iricolor*, *iridescens*.
Irrégulier, *irregularis*.

Jaune, *luteus*. — *V*. **color**.
Joues, *genæ*.

Labial, *labialis*.
Labié, *labiatus*.
Labre, *labrum*.
Lacinié, *laciniatus*.
Laineux, *lanatus*.
Lame, *lamella*.
Lancéolé, *lanceolatus*.
Languette, *ligula*.
Lanugineux, *lanuginosus*.
Large, *latus*.
Larve, *larva*.
Lèvre, *labium*.
Ligament, *ligamentum*.
Ligne, *linea*.
Ligulé, *ligulatus*.
Linéaire, *linearis*.
Lisse, *lævis*.
Lobe, *lobus*.
Lobé, *lobatus*.
Long, *longus*.
Longitudinal, *longitudinalis*.
Longueur, *longitudo*.
Luisant, *lucidus*.
Luné, *lunatus*.
Lunule, *lunula*.

Mâchoire, *maxilla*.
Macule, *macula*,
Mâle, *mas*.
Mandibules, *mandibulæ*.
Marginal, *marginalis*.
Marginé, *marginatus*.
Marron, *castaneus*.—*V*. **color**.
Massue, *clava*.
Mat, *opacus*.
Maxillaire, *maxillaris*.
Median, *medius*.
Membrane, *hymen*.
Membraneux, *membranaceus*.
Membraneuses (pattes), *membranacei pedes*.
Menton, *mentum*.
Mésopleures, *mesopleuræ*.
Métallique, *metallicus*.
Métamorphose, *metamorphosis*.
Métapleures, *metapleuræ*.
Métatarse. *metatarsus*.
Moniliforme, *moniliformis*.
Mousse, *teres*, *obtusus*.
Mucroné, *mucronatus*.
Mue, *mutatio*.
Muriqué. *muricatus*.
Muscle. *musculus*.
Museau, *promuscis*, *proboscis*.
Mutique, *muticus*.

Natatoires (pattes), *natatorii pedes*.
Nébuleux, *nebulosus*.
Nervulation, *nervulatio*.
Nervure, *nervus*, *vena*.
Net, *purus*.
Nœud, *nodus*.
Noir, *niger*, *ater*, *etc*. — *V*. **color**.
Noté, *notatus*.
Noueux, *nodosus*.
Nu, *nudus*.
Nudité, *nuditas*.

Nymphe, *pupa*.

Oblitéré, *obliteratus*.
Oblique, *obliquus*.
Oblong, *oblongus*.
Obsolète, *obsoletus*.
Obtus, *obtusus*.
Ocelles, *ocelli*.
Œil, *oculus*.
Œsophage, *œsophagus*.
Œuf, *ovum*.
Ombiliqué, *umbilicatus*.
Ondé, *undatus*.
Ondulé, *undulatus*.
Ongle, *ungula*.
Onguiculé, *unguiculatus*.
Opaque, *opacus*.
Orangé, *aurantiacus*.— *V.* **color**.
Orbiculaire, *orbicularis*.
Orbite, *orbita*.
Osselets, *ossicula, epidemata*.
Ouvrière, *operaria*.
Ovale, *ovalus*
Oviducte, *oviductus*.
Oviforme, *oviformis*.
Oviscapte, *oviscaptus*.
Ovoïde, *oviformis*.

Pâle, *pallidus*.—*V.* **color**.
Palette ventrale, *scopa*.
Palmé, *palmatus*.
Palpes, *palpi*.
Paraglosses, *paraglossæ*.
Parallèle, *parallelus*.
Parapsides, *parapsides*.
Parfait (insecte), *imago*.
Patrie, *patria*.
Patte, *pes*.
Pattes ambulatoires, *ambulatorii pedes*.
Pattes anales, *anales pedes*.
Pattes coureuses, *cursorii pedes*.
Pattes écailleuses, *cornei pedes*.
Pattes fausses, *membranacei pedes*.
Pattes fouisseuses, *fossorii pedes*.
Pattes membraneuses, *membranacei pedes*.
Pattes natatoires, *natatorii pedes*.
Pattes ravisseuses, *raptorii pedes*.
Pattes sauteuses, *saltatorii pedes*.
Pattes thoraciques, *cornei pedes*.
Pattes ventrales, *membranacei pedes*.
Pectiné, *pectinatus*.
Pédicule, pédoncule, *pediolus, pedunculus*.
Pédonculé, *pediolatus, pedunculatus*.
Pelote, *patella*.
Penché, *nutans*.
Pénicillé, *penicillatus*.
Pennacé, *pennaceus*.
Pentamère, *pentamerus*.
Perfolié, *perfoliatus*.
Perlé, *perlatus*.
Pétiole, *petiolus*.
Pétiolé, *petiolatus*.
Pinces, *forcipes*.
Plan, *planus*.
Pleures, *pleuræ*.
Plié, *plicatus*.
Plissé, *rugatus*.
Plombé, *plumbeus*.—*V.* **color**.
Pluridenté, *pluridentatus*.
Poil, *pilus*.
Poilu, *pilosus*.
Point, *punctum*.
Point épais, *carpus, stigma*.
Point calleux, *callum*.
Pointillé, *punctulatus*.
Pointu, *cuspidatus*.
Poitrine, *pectus*.
Pollineux, *pollinosus*.
Pollinigère (appareil), *pollinigera instrumenta*.
Polyphage, *polyphagus*.
Ponctué, *punctatus*.
Ponctiforme, *punctiformis*.
Poreux, *porosus*.
Postépistome, *postepistomus*.
Postérieur, *posterior*.
Pourpre, *purpuratus* — *V.* **color**.
Préoculaire, *præocularis*.
Prismatique, *prismaticus*.
Proéminent, *proeminens*.
Profond, *profundus*.
Prolongé, *productus*.
Pruineux, *pruinosus*.

Pseudopodes, *pseudopoda*.
Pubescent, *pubescens*.
Pulvérulent, *pulverulentus*.
Pur, *purus*.
Pustulé, *pustulatus*.
Pyriforme, *pyriformis*.

Queue, *cauda*.

Radial, *radialis*.
Radicule, *radicula*.
Raie, *striga*.
Rameux, **ramifié**, *ramosus*.
Rapproché, *approximatus*.
Rare, *rarus*.
Ravisseuses (pattes), *raptorii pedes*.
Rayé, *strigatus*.
Rebordé, *marginatus*.
Récurrentes (nervures), *recurrentes nervi*.
Réfléchi, *reflexus*.
Réniforme, *reniformis*.
Repos (en), *in quiete*.
Resserré, *constrictus, coarctatus*.
Réticulé, *reticulatus*.
Rétréci, *angustatus*.
Rétus, *retusus*.
Ridé, *corrugatus*.
Robuste, *validus*.
Rose, *roseus*.—*V*. color.
Rostre, *rostrum*.
Rouge, *ruber*.—*V*. **color**.
Roux, *rufus*.—*V*. **color**.
Rubané, *vittatus*.
Rude, *rudis*.
Rugueux, *rugosus*.

Sagitté, *sagittatus*.
Saillant, *prominens*.
Sale, *sordidus*.
Satiné, *holosericeus*.
Sauteuses (pattes), *saltatorii pedes*.
Scabre, *scaber*.
Scape, *scapus*.
Scarieux, *scariosus*.
Scie, *serra*.
Scie (denté en), *serratus*.
Scrobe, *scrobs*.
Scrobiculé, *scrobiculatus*.
Scutiforme, *clypeatus*.
Sécuriforme, *securiformis*.
Segment, *segmentum*.
Segment médiaire, *medium segmentum*.
Semblable, *similis*.
Semicirculaire, *semicircularis*.
Serré, *creber*.
Sessile, *sessilis*.
Sétacé, *setaceus*.
Setiforme, *setiformis*.
Setigère, *setiger*.
Setuleux, *setulosus*.
Sexe, *sexus*.
Sexuelles (parties), *genitalia*.
Sillon, *sulcus*.
Sillonné, *sulcatus*.
Simple, *simplex*.
Sinué, *sinuatus*.
Sinuosité, *sinus*.
Soie, *seta, setula*.
Sous-labre, *sublabrum*.
Sous-marginal, *submarginalis*.
Soyeux, *sericeus*.
Spatulé, *spatulatus*.
Spéculaire, *specularis*,
Sphérique, *sphæricus*.
Spiculiforme, *spiculiformis*.
Spiniforme, *spiniformis*.
Squameux, *squamosus*.
Squamule, *squamula*.
Stemmates, *stemmata*.
Stigmates, *spiracula*.
Strie, *stria*.
Strié, *striatus*.
Striolé, *striolatus*.
Stylet, *spiculum*.
Suboculaire, *subocularis*.
Subulé, *subulatus*.
Supérieur, *superior*.
Suture, *sutura*.

Tache, *macula*.
Taché, *maculatus*.
Tacheté, *guttatus*.
Tarière, *terebra*.
Tarse, *tarsus*.
Tectiforme, *tectiformis*.
Tégument, *tegumentum*.
Tempes, *tempora*.
Testace, *testaceus*.—*V*. **color**.
Tête, *caput*.

Tétragone, *tetragonus*.
Tétramère, *tetramerus*.
Tige, *caulis*.
Tomenteux, *tomentosus*.
Trachée, *trachia*.
Tranchant, *acutus*.
Translucide, transparent, *translucidus*.
Transversal, *transversalis*.
Trapézoide, *trapezoidalis*.
Triangulaire, *triangularis*.
Trimère *trimerus*.
Triquêtre, *triquetrus*.
Trompe, *promuscis*.
Tronqué, *truncatus*.
Tubercule, *tuberculum*.
Tuberculé, *tuberculatus*.
Tuniqué, *tunicatus*.
Turbiné, *turbinatus*.

Uni, *lævis*.

Valve, valvule, *valvula*.
Valvules hypopygiales, *cerci*.
Variolé, *variolatus*.
Veine, *vena*.
Velouté, *velutinus*.
Velu, *villosus*.
Ventouse, *ventosa*.
Ventre, *venter*.
Vermeil, *chrysargirus*.—*V*. **color**.
Vermiculé, *vermiculatus*.
Vermillon, *ruber*.—*V*. **color**.
Verrue, *verruca*.
Verruqueux, *verrucosus*.
Versatile, *versatilis*.
Vert, *viridis*.—*V*. **color**.
Vertical, *verticalis*.
Vésiculaire, *vesicularis*.
Vibrantes (antennes), *vibrantes antennæ*.
Vibratiles (antennes), *vibratiles antennæ*.
Villeux, *villosus*.
Vitreux, *vitreus*.
Vulgaire, *vulgaris*.

VI

TERMINOLOGIE ALLEMANDE

AVEC LA TRADUCTION LATINE RENVOYANT AU GLOSSAIRE EXPLICATIF

Abgeplattet, *depressus*.
Abgerundet, *rotundatus*.
Abgeschnitt, **abgestützt**, *truncatus*.
Abstehend, *erectus*.
Achsel, *humerus*.
Achsel- (1), *humeralis*.
Ader, *nervus*.
After, *anus*.
After-, *analis*.
Afterdecke, *pygidium*.
Afterklappe, *valvula analis*.
Afterraupe, *larva*.
Aftersptitzchen, *cerci*.
Ahlförmig, *subulatus*.
Ähnlich, *affinis*.
Allgemein, *communis*.
Amberfarbig, *succineus*.
Analring, *segmentum anale*.
Anhang, *appendix*.
Anhangend, *adhærens*.
Anhangzelle, *appendicea cellula*.
Anliegend, *contiguus*.
Anliegend Haare, *pubescentia*.
Arbeiter, **Arbeiterin**, *operaria*.
Arm-, *brachialis*.
Art, *species*.
Atlassartig, *holosericeus*.
Aufgebogen, *elatus*, *reflexus*.
Aufstehend, *reflexus*.
Auge, *oculus*.
Augenhöhle, *orbita*.
Ausgebuchtet, *deflexus*, *sinuatus*.
Ausgehölt, *cavatus*.
Ausgerandet, *emarginatus*.
Ausgeschnitt, *incisus*.
Ausgezackt, *laciniatus*.
Äusser, *externus*.

Backen, *genæ*.
Band, *fascia*.
Bärtig, *barbatus*.
Bauch, *venter*.
Bauchfusse, *membranacei pedes*.
Bauchringe, *segmenta ventris*.
Beborstet, *hirsutus*.
Bedornt, *spinosus*.
Behaart, *comatus*, *hirsutus*.

(1) Les mots suivis d'un - s'emploient en composition et modifient le sens du mot auquel ils sont joints, en lui ajoutant leur propre signification. — Leur indication me dispensera de donner tous les mots composés. Je n'en inscrirai que quelques-uns pour exemple, et surtout ceux qui seront les plus usités.

Beilförmig, *securiformis.*
Bein, *pes.*
Benarbt, *cicatricosus.*
Bernsteingelb, *succineus.*
Berührend, *contiguus.*
Bewimpert, *ciliatus.*
Bewölkt, *nebulosus.*
Binde, *fascia.*
Birnenartig, birnförmig, *pyriformis.*
Bläschen, blasig, *vesicularis.*
Blass, *pallidus.*
Blatterricht, *pustulatus.*
Blatternpunktirt, *variolosus.*
Blattförmig, *foliaceus.*
Blau, *cyaneus.*—*V.* **color.**
Blauschwarz, *cœruleus.*—*V.* **color**
Bleifarbig, bleigrau, *plumbeus.* — *V.* **color.**
Bloss, *nudus.*
Blosse, *nuditas.*
Blutroth, *sanguineus.*—*V.* **color.**
Bogig, *arcuatus.*
Bohrer, *terebra.*
Borste, *seta.*
Borstenförmig, *setaceus.*
Borstig, *hispidus, setosus.*
Braun, *brunneus.* —*V.* **color.**
Braunroth, *rubidus.*—*V.* **color.**
Braunschwarz, *fuscus* — *V.* **color.**
Breit, *latus.*
Brust, *pectus.*
Brustbein, *sternum.*
Brustbeine, brustfüsse, *cornei pedes.*
Brustkasten, bruststück, *thorax.*
Buckelig, *gibbosus.*
Bürste, *scopa.*
Buschelförmig, *fasciculatus.*

Carmin-, *carminatus.*—*V.* **color.**
Chytin-Panzer, *tegumentum.*
Citronengelb, *citrinus.*—*V.* **color.**
Costal-, *costalis.*
Cubital-, *cubitalis.*

Dachförmig, *tectiformis.*
Decke, *tegumentum.*
Degenförmig, *ensiformis.*
Deutlich, *distinctus.*
Dicht, *densus, densè.*
Dick, *crassus.*
Discoïdal, *discoidalis.*
Dolchförmig, *spiculiformis.*
Drehrund, *rotundatus.*
Drei-, *tri.*
Dreieckig, *triangularis.*
Dreigliedertfüssig, *trimerus.*
Dreiseitig, *triquetrus.*
Dorn, *spina.*
Dornförmig, *spiniformis.*
Dornig, *echinatus, spinosus.*
Dunkel, *obscurus.*
Dünn, *gracilis.*
Durchblättert, *perfoliatus.*
Durchscheinend, *translucidus.*

Eben, *lævis, planus.*
Ebenholz (von), *ebeninus.*
Ecke, *angulus.*
Eckig, *angulosus.*
Ei, *ovum.*
Eiförmig, *ovatus.*
Eigelb, *luteus.*—*V.* **color.**
Einbug, *sinus.*
Eindrück, *impressio.*
Einfach, *simplex.*
Einfarbig, *concolor.*
Einfügung, *insertio.*
Eingebogen, *inflexus.*
Eingedrückt, *impressus.*
Eingefügt, *insertus.*
Eingeschnitt, *incisus.*
Eingeschnürt, *constrictus.*
Einschnürung, *strangulatio.*
Eiröhre, *oviductus.*
Eirund, *oviformis.*
Elfenbeinernfarbig, *eburneus.* — *V.* **color.**
End-, *terminalis.*
Ende, *apex.*
Endknöpfe, *clava.*
Entfernt, *distans, remotus.*
Erhaben, *exsertus.*
Erhöhung, *gibba.*
Erlängert, *elongatus.*
Erweitert, *dilatatus.*
Erzfarbig, *metallicus.*

Facherförmig, *flabellatus.*

Fadenförmig, **Fadig**, *filiformis*.
Falschfuss, *pseudopodus*.
Faltig, *rugatus*.
Fangbeine, *raptorii pedes*.
Farbe, *color*.
Federförmig, *pennaceus*.
Feld, *area*.
Fest, *solidus*.
Feurig, *ignitus*.—*V*. **color**.
Filsig, *tomentosus*.
Fingerig, *digitatus*.
Flach, *planus*.
Fläche, *plana area*.
Flachgedrückt, *depressus*.
Fleck, *macula*.
Flügel, *ala*.
Flügelmahl, *carpus*, *stigma*.
Flügelschüppe, *tegula*.
Flugelspannung, *expansio alarum*.
Fortsatz, *appendix*.
Franzig, *fimbriatus*.
Freswerkzeuge, *cibaria instrumenta*.
Fühler, *antennæ*.
Fühlereinleukung, *insertio antennarum*.
Fühlergrube, *fossula antennarum*, *scrobs*.
Fünf-, *penta-*.
Funfgliederfüssig, *pentamerus*.
Furche, *sulcus*.
Fuss, *tarsus*, *pes*.
Flussglieder, *tarsorum articuli*.
Fusslos, *apodus*.

Gabelförmig, *furcatus*.
Ganzrandig, *cum margine integro*.
Gattung, *genus*.
Geader, *nervulatio*.
Gebiegt, *inflexus*.
Gebogen, *arcuatus*.
Gebrochen, *fractus*.
Gebuchtet, *sinuatus*.
Gedehnt, *dilatatus*.
Gedrückt, *compressus*.
Gefaltet, *plicatus*.
Gefingert, *digitatus*.
Geflammt, *ignitus*.—*V*. **color**.
Gefleckt, *maculatus*.
Gefurcht, *canaliculatus*, *sulcatus*.
Gefuttert, *pellitus*.
Gegliedert, *articulatus*.
Gehöckert, *tuberculatus*.
Geissel, *funiculus*, *flagellum*.
Gekämmt, *pectinatus*.
Gekerbt, *crenatus*.
Gekielt, *carinatus*.
Gekniet, *geniculatus*.
Geknöpft, *clavatus*.
Gekrümmt, *deflexus*, *curvatus*.
Gelb, *flavus*.—*V*. **color**.
Gelbbraun, *fulvus*.—*V*. **color**.
Gelblich, *luteus*.—*V*. **color**.
Geleistet, *marginatus*.
Gelenk, *articulatio*.
Gemein, *vulgaris*.
Genähert, *approximatus*.
Geneigt, *cernuus*, *nutans*.
Gerade, *rectus*.
Gerandet, *marginatus*.
Gereifelt, *striatus*.
Geringelt, *annulatus*.
Gerunzelt, *corrugatus*.
Gesägt, *serratus*.
Gesaumt, *marginatus*.
Geschalt, *tunicatus*.
Geschärft, *acutus*.
Geschlecht, *sexus*.
Geschlechttheile, **-Organe**, **-Werkzeuge**, *genitalia*.
Geschnitzt, *cælatus*.
Geschuppte, *imbricatus*.
Geschweift, *emarginatus*.
Geschwollen, *inflatus*.
Geschwungen, *sinuatus*.
Gesicht, *facies*, *vultus*.
Gespaltet, *fissus*.
Gespinnst, *folliculus*.
Gestielt, *petiolatus*.
Gestreift, *striatus*.
Gestriechen, *strigatus*.
Gestützt, *truncatus*.
Getrennt, *remotus*.
Getrübt, *fumatus*.
Gewimpert, *ciliatus*.
Gewölbt, *convexus*.
Gezähnelt, *denticulatus*.
Gezähnt, *dentatus*.
Gezeichnet, *notatus*.

Gezweit, *geminatus*.
Gitter, *clathratus*.
Glänzend, *nitidus*.
Glanzlos, *obscurus*.
Glashell, *hyalinus*.
Glatt, *lævigatus. lævis*.
Gleich, *similis*.
Glied, *articulus*.
Gliederig, *articulatus*.
Goldgelb, *auratus*.—*V.* **color**.
Grabbeine, *fossori pedes*.
Granulirt, *granulatus*.
Grau, *griseus*.—*V*. **color**.
Graulichgelb, *grisco-luteus*. — *V*. **color**.
Grob, *rudis*.
Grube, *fossula*.
Grubenförmig, **Grubig**, *fossulatus*.
Grund, *basis*.
Grund-, *basilaris*.
Grundfarbe, *principalis color*.
Grundglied, *basilaris articulus*.
Grün, *viridis*.—*V*. **color**.
Gürtel-, *cinctus*.

Haar, *pilus*.
Haarförmig, *capillaceus*.
Haarig, *pilosus, hirsitus*.
Haarkleid, *pili*.
Häkchen, *ungula*.
Halb-, *semi-, hemi-*.
Hafbflügelig, *hemipterus*.
Halbkreisförmig, *semicircularis*.
Halbkugelig, *hemisphæricus*.
Halbmondförmig, *semilunaris*.
Hals, *collare, collum*.
Halskragen, *pronotnm*.
Halsring, *collare*.
Halsschild, *prothorax*.
Haltzange, *forcipes*.
Handförmig, *palmatus*.
Hart, *durus*.
Haufig, *communis*.
Hauptfarbe, *principalis color*.
Haut, *hymen*.
Hautahnlich, **Hautig**, *membranaceus*.
Hell, *nitens, purus*.
Hellbraun, *pallidè brunneus*.— *V*. **color**.
Herabgebogen, *deflexus*.
Hevorragend, *proeminens*.
Hervorstehend, *proeminens*.
Herzförmig, *cordatus*.
Himmelblau, *azureus*.— *V*. **color**.
Hinter-, *posterior*.
Hinterbrust, *metasternum*.
Hinterfläche, *pars inferior*.
Hinterflügel, *alæ inferiores*.
Hinterhaupt, **Hinterkopf**, *occiput*.
Hinterkopfschild, *postepistomus*.
Hinterleib, *abdomen*.
Hinterrand, *posterior, inferior margo*.
Hinterrücken, *metanotum*
Hinterschildchen, *postscutellum*.
Hoch, *altus*.
Höcker, *tuberculum, gibba*.
Höckerig, *gibbosus*.
Hohle, *cavitas*.
Holperig, *scaber*.
Hornartig, *corneus*.
Hornhaut, *cornea*.
Hornig, *corneus*.
Hufte, *coxa*.

Inaugen, *inocularis*.
Indighlau, **Indigo**, *indigoleus*. — *V*. **color**.
Innenwinkel, *angulus internus*.
Innere, *interior*.

Kahl, *calvus, glaber*.
Kammförmig, *pectinatus*.
Kammzähne, *pectinatæ dentes*.
Kannelfarbig, *cinnamomeus*.— *V*. **color**.
Kantig, *angulosus*.
Kastanienbraun, *castaneus*. — *V*. **color**.
Kegelig, *conicus*.
Kehldecke, *epiglottis*.
Kehle, *pharynx, os*.
Keilförmig, *cuneiformis*.
Kettenartig, *catenulatus*.
Keule, *clava*.
Keulenförmig, **Keulig**, *clavatus*.
Kiefer, *maxilla*.
Kiefertaster, *maxillares palpi*.
Kiel, *carina*.
Kielförmig, *carinatus*.
Kinn, *mentum*.

Kinnbacken, *mandibulæ*.
Klappe, *valvula*.
Klar, *purus*.
Klaue, *ungula*.
Klauig, *unguiculatus*.
Knie, *genu*.
Knöchlien, *ossicula*, *epidemata*.
Knoten, *nodus*.
Knotig, *nodosus*.
Köhle, *clava*.
Kohlschwarz, *carbonarius*. — *V*. **color**.
Kolbig, *crassus*.
Kopf, *caput*.
Kopfschild, *clypeus*, *epistomus*.
Korn, *granulus*.
Körnicht, **Körnig**, *granulatus*.
Kralle, *ungula*.
Krallig, *unguiculatus*.
Kreiselartig, *turbinatus*.
Kreisförmig, *orbicularis*.
Krumme, *sinus*.
Kugelförmig, **Kugelig**, *globosus*, *sphæricus*.
Kupferfarbig, *cupreus*.— *V*. **color**.
Kurz, *brevis*.
Kurzhaarig, *pubescens*.

Lang, *longus*.
Länge, *longitudo*.
Längen-, *longitudinalis*.
Langhaarig, *villosus*.
Länglich, *oblongus*, *elongatus*.
Länglichrund, *ovatus*.
Lanzettförmig, *lanceolatus*.
Lappe, *lobus*.
Lappig, *lobatus*.
Larve, *larva*.
Laufbeine, *cursorii pedes*.
Lazurblau, **Lazurfarbig**, *azureus*. *V*. **color**.
Lederartig, *coriaceus*.
Legapparat, *oviscaptus*, *genitalia feminæ*.
Legbohrer, *terebra*.
Legeröhre, *vagina*.
Legescheide, *oviductus*.
Legstachel, *terebra*.
Lehmgelb, *luteus*. — *V*. **color**.
Leib, *corpus*.
Leiste, *lamella*.
Licht, *clarus*.
Linie, *linea*.
Linienförmig, *linearis*.
Lippen-, *labialis*.
Lippenförmig, *labiatus*.
Lippentaster, *labiales palpi*.
Locker, *porosus*.
Löffelförmig, *cochleariformis*.
Luftgefäss, *trachia*.
Luftlöcher, *stigmata*.

Mähnig, *jubatus*.
Mandibeln, *mandibulæ*.
Männchen, *mas*.
Matt, *opacus*.
Mause, *mutatio*.
Mehlartig, *farinosus*.
Mehlstaubig, *pruinosus*.
Mennigfarbig, *miniatus*.—*V*. **color**.
Merkmal, *character*.
Messerförmig, *cultriformis*.
Mittel-, *intermedius*.
Mittelbrust, *medipectus*, *mesosternum*.
Mittelbrustbein, **Mittelbruststück**, *mesosternum*.
Mittelleib, *thorax*.
Mittelruck, **Mittelrückenstück**, *mesonotum*.
Mondchen, *lunula*.
Mondförmig, *lunatus*.
Mondsichelförmig, *semilunaris*.
Mund, *os*.
Mundtheile, *instrumenta cibaria*.
Muskel, *musculus*.

Nabelförmig, *umbilicatus*.
Nacken, *occiput*.
Nadelförmig, *aciculatus*.
Nagelartig, *unguicutatus*.
Narbig, *cicatricosus*.
Nath, *sutura*.
Nebelig, *nebulosus*.
Nebenaugen, *ocelli*.
Nebenzungen, *paraglossæ*.
Netzaugen, *compositi oculi*.
Netzen-, *reticulatus*.
Nierenförmig, *reniformis*.

Ober, *superior*.
Oberfläche, *pars superior*.
Oberflügel, *alæ superiores*.
Oberkiefer, *mandibulæ*.
Oberlippe, *labrum*.
Ochergelb, *ochraceus*. — *V*. **color**.
Ohrig, *auriculatus*.
Olivenfarben, **Olivengrün**, *olivaceus*. — *V*. **color**.
Orangengelb, *aurantiacus*. — *V*. **color**.

Parallel, *parallelus*.
Pechbraun, **Pechschwarz**, *piceus*, *picinus*.—*V*. **color**.
Peitschenförmig, *flagelliformis*.
Pergamentartig, *membranaceus*.
Perlartig, **Perlenförmig**, *perlatus*.
Perlschnurförmig, *moniliformis*.
Pfeilförmig, *sagittatus*.
Pfriemartig, *subulatus*.
Pinzelförmig, *penicillatus*.
Platt, *depressus*.
Platte, *lamina*.
Prismatich, *prismaticus*.
Punkt, *punctum*.
Punktaugen, *ocelli*.
Punktförmig, *punctiformis*.
Punktirt, *punctatus*.
Puppe, *pupa*.
Purpurroth, *purpureus*.—*V*.**color**.

Quadrat, *quadratus*.
Quer, *transversus*.

Radial, *radialis*.
Rand, *margo*.
Rand-, *marginalis*.
Randmal, *carpus*, *stigma*.
Raubbeine, *raptorii pedes*.
Rauchbraun, **Raucherig**, *fumatus*.
Rauh, *rudis*.
Rauhkörnig, *asper*.
Raupe, *larva*.
Rauten, *latuscula*.
Regenbogenfarbig, *iricolor*, *iridescens*.
Rein, *purus*.
Ring, *annulus*.
Ringelchen, *annellus*.
Ringförmig, *annuliformis*.
Rinne, *stria*.
Rippe, *costa*.
Rippig, *costatus*.
Rosenfarbig, **Rosig**, *roseus*. — *V*. **color**.
Rostroth, *ferrugineus*.—*V*. **color**.
Roth, *rufus*.—*V*. **color**.
Rothbraun, *rubidus*.—*V*. **color**.
Rothgelb, *aurantiacus*.*V*. **color**.
Rücken, *dorsum*.
Rückenkörnchen, *cenchri*.
Rücklaufendader, *recurrentes nervi*.
Runzelig, *corrugatus*.
Russel, *rostrum*.
Ruszbraun, *fuliginosus*. — *V*. **color**.
Ruthe, *penis*.

Sabelförmig, *ensiformis*.
Safrangelb, *croceus*.—*V*. **color**.
Säge, *serra*.
Sägezähne, *serratæ dentes*.
Sammetartig, *velutinus*.
Sammetschwarz, *atro-velutinus*. —*V*. **color**.
Satinirt, *holosericeus*.
Saugnapfe, *ventosa*.
Schädelhaut, *epicranium*.
Schaft, *scapus*.
Schalenförmig, *squamiformis*.
Scharf, *acuminatus*.
Scharrbeine, *fossorii pedes*.
Scheibe, *discus*.
Scheide, *vagina*.
Scheitel, *vertex*.
Schenkel, *femur*.
Schenkelanhang, *trochanter*.
Schenkelkopf, *coxa*.
Schenkelring, *trochanter*.
Scherbengelb, *testaceus*. — *V*. **color**.
Schief, *obliquus*.
Schiene, *tibia*.
Schild, *scutum*, *clypeus*.
Schildchen, *scutellum*.
Schildförmig, *clypeatus*.
Schildwinkel, *scutelli angulus*.
Schimmernd, *lucidus*.
Schläfe, *tempora*.

Schlank, *gracilis. angustus.*
Schlund, *pharynx.*
Schmal, *gracilis, angustus.*
Schmutzig, *sordidus.*
Schnause, *proboscis.*
Schneeweis, *niveus.—V.* **color**.
Scheidig, *acutus.*
Schrag, *obliquus.*
Schreitbeine, *ambulatorii pedes.*
Schulter, *humerus.*
Schultereckel, **Schulterwinkel**, *pronoti angulus.*
Schüppchen, *squamula.*
Schuppe, *squama.*
Schuppig, *squamosus.*
Schwanz, *cauda.*
Schwarz, *niger.—V.* **color**.
Schwefelgelb, *sulfureus.* — *V.* **color**.
Schwiele, *callum.*
Schwielig, *callosus.*
Schwimbeine, *natatorii pedes.*
Schwingend, *vibrans.*
Sechsfüssig, *hexapodus.*
Seefarbig, *glaucus.—V.* **color.**
Seide, *seta, setula.*
Seidenartig, **Seidenglänzend**, *sericeus.*
Seite, *latus.*
Selten, *rarus.*
Senkrecht, *verticalis.*
Siebförmig, *cribratus.*
Silberfarbig, *argenteus.* — *V.* **color.**
Sitzend, *sessilis.*
Smaragdgrün, *smaragdinus.* — *V.* **color.**
Spatelförmig, **Spatelig**, *spatulatus.*
Speiseröhre, *œsophagus.*
Spiessförmig, *specularis.*
Spindelförmig, **Spindelig**, *fusiformis.*
Spinloch, **Spinnöffnung**, **Spinnwarze**, *fusus.*
Spitz-, *apicalis.*
Spitze, *apex.*
Spitzenwinkel, *apicalis angulus.*
Sporn, *calcar.*
Spornartig, *calcaratus.*
Springbeine, *saltatorii pedes.*
Stabförmig, *baculiformis.*
Stachel, *aculeus spiculum.*
Stahlblau, *cæruleus.—V.* **color.**
Stamm, *caulis.*
Staubig, *pulverulentus.*
Stiel, **Stielche**, *pediolus.*
Stirn, *frons.*
Strahlenrippen, *radiales nervi.*
Streif, **Strich**, *striga.*
Striechförmig, *linearis.*
Strohgelb, *stramineus.*
Stumpf, *obtusus.*
Stumpfspitzig, *mucronatus.*
Summen, *bombus.*

Tarsen, *tarsi.*
Taster, *palpi.*
Tegument, *tegumentum.*
Tibien, *tibia.*
Tief, *profondus.*
Trapezoid, *trapezoidalis.*
Trichterf rmig, *infundibuliformis.*
Tuberkel, *tuberculum.*

Überragend, *prominens.*
Unbewehrt, *muticus.*
Undeutlich, *obsoletus.*
Undurchsichtig, *opacus.*
Uneben, *inæqualis.*
Ungefleckt, *immaculatus.*
Ungeflügelt, *apterus.*
Ungegliedert, *inarticulatus.*
Ungleich, *inæqualis.*
Unregelmässig, *irregularis.*
Unter-, *sub-.*
Unteraugen, *subocularis.*
Unterbrochen, *interruptus.*
Unterflügel, *alæ inferiores.*
Unterkiefer, *maxilla.*
Unterkopf, *pars inferior capitis.*
Unterlippe, *labium.*
Unteroberlippe, *sublabrum.*
Unterrand-, *submarginalis.*
Unterseite, *pars inferior.*
Unterzungen, *hypoglossis.*
Unvollständig, *incompletus.*

Veilchenblau, *violaceus.* — *V.* **color.**

Verbreitert, *elatus*.
Verdickt, *incrassatus*.
Verdunkelt, *infuscatus*.
Verdünnt, *attenuatus*.
Verdüstert, **Verfinstert**, *infuscatus*.
Verlängert, *productus*.
Verschmälert, *angustatus*.
Verwandlung, *metamorphosis*.
Verwischt, *obliteratus*.
Viel-, *multi-, poly-*.
Vielfrass, *polyphagus*.
Vier-, *tetra-*.
Viereckig, *quadrangulus, quadratus*.
Viergliedertfüssig, *tetramerus*.
Vierseitig, *tetragonus*.
Violett, *violaceus*.—*V*. **color**.
Vollständig, *integer*.
Vor-, *præ ante*.
Voraugen, *præocularis*.
Vorbrust, *antepectus.prosternum*.
Vorder, *pro-. anterior*.
Vorderbrust, *prothorax, prosternum*.
Vorderbrustbein, *prosternum*.
Vorderbrustücken, *pronotum*.
Verderflügel, *alæ anteriores*.
Vorderrücken, *pronotum*.
Vorderschild, *præscutum*.
Vorgestreckt, *porrectus*.
Vorragend, **Vorspringend**, *porrectus, exsertus*.

Walzenförmig, **Walzig**, *cylindricus*.
Warze, *verruca*.
Warzig, *verrucosus*.
Wasserhell, **Wasserklar**, *hyalinus*.
Weibchen, *femina*.
Weichhaarig, *pubescens*.
Weiss, *albus, albidus*.—*V*. **color**.
Weissgelb, *albo-luteus*, *pallidus*. — *V*. **color**.
Wellenförmig, *undatus*.
Wendend, *versatilis*.
Wespe, *imago*.
Wimper, *cilium*.
Winkel-, *angulosus*.
Wollicht, *lanuginosus*.
Wollig, *lanatus*.
Wurmlinig, *vermiculatus*.
Wurzel, *basis*.
Wurzel-, *basilaris*.
Würzelchen, *radicula*.
Wurzelglied, *basilaris articulus*.

Zahn, *dens*.
Zahnförmig, *dentiformis*.
Zange, *forcipes*.
Zangenartig, *forcipiformis*.
Zapfenförmig, *conicus*.
Zelle, *areola, cellula*.
Zerstreut, *sparsus*.
Ziegelroth, *rubro-testaceus*. — *V*. **color**.
Zinnoberroth, *ruber*.—*V*. **color**.
Zottig, *fasciculatus*.
Zugespitzt, *acuminatus*.
Zunge, *ligula*.
Zuruckgezogenen, **Kopfe (bei)**, *in quiete*.
Zurucklaufend, *recurrens*.
Zusammen-, *simul*.
Zusammengedrückt, *compressus*.
Zusammengesetze (Auge), *oculi compositi*.
Zusammengewachsen, *connatus*.
Zwei-, *bi-*.
Zweizig, *ramosus*.
Zweispaltig, *bifidus*.
Zwischen-, *inter-*.
Zwischenglied, *annellus*.
Zwischenraum, *intervallum*.
Zwitter, *hybrida*.

VII

TERMINOLOGIE ANGLAISE

AVEC LA TRADUCTION LATINE RENVOYANT AU GLOSSAIRE EXPLICATIF

Abdomen, *abdomen.*
Aciculate, *aciculatus.*
Acuminate, *acuminatus.*
Adherent, *adhærens.*
Aeneous, *aeneus.*— *V.* **color.**
Ambercoloured, *succineus.* — *V.* **color.**
Ambulatory Legs, *ambulatorii pedes.*
Anal, *analis.*
Angulated, Angulose, *angulosus.*
Annulet, *annellus.*
Antennæ, *antennæ.*
Anterior, *anterior.*
Anthrax black, *anthracinus.* — *V.* **color.**
Anus, *anus.*
Apex, *apex.*
Apical, *apicalis.*
Apode, *apodus.*
Apodema, *apodemata.*
Appendicial, *appendiceus.*
Appendicle, *appendix.*
Appendiculate, *appendiculatus.*
Approximate, *approximatus.*
Apterous, *apterus.*
Arcuate, *arcuatus.*
Areolet, *areola.*
Argenteous, *argenteus.* — *V.* **color.**
Articulation, *articulatio.*
Ashgray, *cinereus.*— *V.* **color.**
Atrous, *ater.*— *V.* **color.**
Attenuate, *attenuatus.*
Aureous, *aureus.*— *V.* **color.**
Auriculate, *auriculatus.*
Axillary, *axillaris.*
Azured, *azureus.*— *V.* **color.**

Back, *dorsum.*
Bald, *calvus.*
Band, *fascia.*
Banded, *fasciatus.*
Barbate, *barbatus.*
Basal, *basalis.*
Base, *basis.*
Basilar, *basilaris.*
Bare, *nudus.*

Bared, *clathratus.*
Bearded, *barbatus.*
Bed of Antennæ, *torulus.*
Belly, *venter.*
Bifid, *bifidus.*
Body, *corpus.*
Borer, *terebra.*
Black, *niger.*—*V.* **color.**
Blue, *cyaneus.*—*V.* **color.**
Blunt, *teres.*
Brachial, *brachialis.*
Branched, *ramosus.*
Brassy, *æneus.*—*V.* **color.**
Breast, *pectus.*
Broad, *latus.*
Broken, *fractæ.*
Brown, *brunneus.*—*V.* **color.**
Brush, *scopa.*

Callosity, *callum.*
Callous, *callosus.*
Canaliculate, *canaliculatus.*
Capillaceous, *capillaceus.*
Careen, *carina.*
Carinate, *carinatus.*
Carminate, *carminatus.*—*V.* **color.**
Carpus, *carpus.*
Caulis, *caulis.*
Cavity, *cavitas.*
Cell, Cellule, *cellula.*
Cenchri, *cenchri.*
Cerci, *cerci.*
Chain-, *catenatus.*
Chalceous, *chalceus.*
Chalybeate, *chalybeatus.*
Characteristic, *character.*
Cheek, *genæ.*
Chestnut, *castaneus, spadiceus.* — *V.* **color.**
Cicatricose, *cicatricosus.*
Ciliate, *ciliatus.*
Cinnamonbrown, *cinnamomeus.* — *V.* **color.**
Citrine, *citrinus.* — *V.* **color.**
Clavate, *clavatus.*
Claw, *unguta.*
Clear, *distinctus.*
Cleft, *fissus.*
Club, *clava.*
Clubshaped, *clavatus.*
Clypeate, *clypeatus.*
Clypeus, *clypeus.*
Coalblack, *carbonarius.*— *V.* **color.**
Cocoon, *folliculus.*
Collar, *collare.*
Colour, *color.*
Comate, *comatus.*
Common, *communis.*
Compound Eyes, *oculi compositi.*
Compressed, *compressus.*
Concolorate, *concolor.*
Conical, *conicus.*
Connate, *connatus.*
Contiguous, *contiguus.*
Contracted, *angustatus.*
Convex, *convexus.*
Cordate, *cordatus.*
Coriaceous, *coriaceus.*
Cornea, *cornea.*
Corneous, *corneus.*
Costa, *costa.*
Costal, *costalis.*
Costate, *costatus.*
Country, *patria.*
Coxa, *coxa.*
Crenate, *crenatus.*
Crescentshaped, *semilunaris.*
Cribrate, *cribratus.*
Crinite, *crinitus.*
Cristate, *cristatus.*
Crocusyellow, *croceus.*
Cubital, *cubitalis.*
Cultriform, *cultriformis.*
Cuneiform, *cuneiformis.*
Cupreous, *cupreus.*
Cylindrical, *cylindricus.*

Daggershaped, *spiculiformis.*
Dark, *obscurus.*
Darkblue, *atrocœruleus.*
Deflexed, *deflexus.*
Dense, *densus.*
Dentate, *dentatus.*
Depressed, *depressus.*
Digger Legs, *fossorii pedes.*
Digitate, *digitatus.*
Dilatate, Dilated, *dilatatus.*
Disk, *discus.*
Distant, *distans.*
Distinct, *distinctus.*

Dot, *punctum*.
Down, *pubescentia*.
Draw-Thread, *fusus*.

Ebonyblack, *ebeninus*. —*V*. **color**.
Echinate, *echinatus*.
Egg, *ovum*.
Elongated, *elongatus*.
Emarginate, *emarginatus*.
Embossed, *cœlatus*.
Encircled, *cinctus*.
Enlarged, *dilatatus*.
Ensiform, *ensiformis*.
Epidema, *epidemata*.
Epiglottis, *epiglottis*.
Epimeri, *epimeri*.
Epistomus, *epistomus*.
Exodermous, *exodermus*.
Exserte, *exsertus*.
External, *externus*.
Eye, *oculus*.

Face, *facies*.
Facet, *latuscula*.
Farinaceous, *farinosus*.
Fascia, *fascia*.
Fasciate, *fasciatus*.
Fasciculate, *fasciculatus*.
Feeler, *antennæ*.
Female, *femina*.
Femur, *femur*.
Ferrugineous, *ferrugineus*.
Fiery, *ignitus*.—*V*. **color**.
Filiform, *filiformis*.
Fimbriate, *fimbriatus*.
Flabellate, *flabellatus*.
Flat, *complanatus*.
Flutings, *striæ*.
Foliaceous, *foliaceus*.
Foot, *pes*, *tarsus*.
Footlees, *apodus*.
Fore, *anterior*.
Forebreast, *antepectus*.
Forked, *furcatus*.
Fossulate *fossulatus*.
Fossulet, *fossula*.
Foveolate, *foveolatus*.
Front, *frons*.
Fuliginous, *fuliginosus*.
Fulvous, *fulvus* —*V*. **color**.
Funiculus, *funiculus*.
Funnelshaped, *infundibuliformis*.
Furred, *pellitus*.
Fuscous, *fuscus*.—*V*. **color**.
Fusiform, *fusiformis*.

Geminate, *geminatus*.
Generative Organs, *genitalia*.
Geniculate, *geniculatus*.
Genus, *genus*.
Gibbous, *gibbosus*.
Glabrous, *glaber*.
Glassy, *vitreus*.
Glaucous, *glaucus*.—*V*. **color**.
Globose, *globosus*.
Granulate, *granulatus*.
Granule, *granulus*.
Gray, *griseus*.—*V*. **color**.
Green, *viridis*.—*V*. **color**.
Guttate, *guttatus*.

Hair, *pilus*.
Hairy, *hirtus*.
Hard, *durus*.
Head, *caput*.
Hearshaped, *cordatus*.
Hemipter, *hemipterus*.
Hemispheric, *hemisphæricus*.
Hexapode, *hexapodus*.
Hind, *posterior*.
Hip, *coxa*.
Hirsute, *hirsutus*.
Hispid, *hispidus*.
Holosericeous, *holpsericeus*.
Humeral, *humeralis*.
Humerus, *humerus*.
Humming, *bombus*.
Hyaline, *hyalinus*.
Hybrid, *hybrida*.
Hypoglottis, *hypoglottis*.

Imago, *imago*.
Imbricate, *imbricatus*.
Immaculate, *immaculatus*.
Impressed, *impressus*.
Impression, *impressio*.
Incised, *incisus*.
Inclined, *cernuus*.
Incomplete, *incompletus*.
Incrassate, *incrassatus*.
Indigo coloured, *indigoteus*.— *V*. **color**.

Inferior, *inferior*.
Inflated, *inflatus*.
Inflexed, *inflexus*.
Infuscate, *infuscatus*.
Inocular, *inocularis*.
Inserted, *insertus*.
Insertion, *insertio*.
Integer, *integer*.
Interior, *interior*.
Intermediate, *intermedius*.
Interocular, *interocularis*.
Interrupted, *interruptus*.
Interstice, *interstitium*.
Interval, *intervallum*.
Iridescent, *iricolor*, *iridescens*.
Irregular, *irregularis*.
Iworywhite, *eburneus*.

Join, *articulus*.
Jointed, *articulatus*.
Jubate, *jubatus*.
Jumper-Legs, *saltatorii pedes*.

Kidneyshaped, *reniformis*.
Knee, *genu*.

Labial, *labialis*.
Labiate, *labiatus*.
Labium, *labium*.
Labrum, *labrum*.
Laciniate, *laciniatus*.
Lacteous, *lacteus*.
Lævigate, *lævigatus*.
Lamellated, *laminatus*.
Lamina, *lamella*.
Lanate, *lanatus*.
Lanceolate, *lanceolatus*.
Lanuginose, *lanuginosus*.
Larva, *larva*.
Lash, *cilium*.
Leadblack, *plumbeus*. —*V*. **color**.
Leathery, *coriaceus*.
Leg, *pes*.
Length, *longitudo*.
Ligament, *ligamentum*.
Light Yellow, *luridus*.— *V*. **color**.
Ligula, *ligula*.
Ligulate, *ligulatus*.
Like, *affinis*.
Line, *linea*.
Linear, *linearis*.
Livid, *lividus*.—*V*. **color**.
Lobate, *lobatus*.
Lobe, *lobus*.
Long, *longus*.
Longitudinal, *longitudinalis*.
Lunate, *lunatus*.

Male, *mas*.
Mandibles, *mandibulæ*.
Many-Thooted, *pluridentatus*.
Margin, *mrrgo*.
Marginal, *marginalis*.
Marginate, *marginatus*.
Marroon coloured, *castaneus*.
Maxilla, *maxilla*.
Maxillary, *maxillaris*.
Medial, *medius*.
Membranous, *membranaceus*.
Mentum, *mentum*.
Metallic, *metallicus*.
Metamorphosis, *metamorphosis*.
Metatarse, *metatarsus*.
Middle, *intermedius*.
Miniatous, *miniatus*.
Moniliform, *moniliformis*.
Moonshaped, *lunatus*.
Moulting, *mutatio*.
Mouth, *os*.
Mouth Organs, *instrumenta cibaria*.
Mucronate, *mucronatus*.
Muricate, *muricatus*.
Muscle, *musculus*.

Naked, *nudus*.
Narrow, *angustus*.
Natatory Legs, *natatorii pedes*.
Nebulous, *nebulosus*.
Neck, *collum*.
Nerve, Nervure, *nervus*.
Nodose, *nodosus*.
Nudity, *nuditas*.
Nutant, *nutans*.

Oblique, *obliquus*.
Obliterate, *obliteratus*.
Oblong, *oblongus*.
Obsolete, *obsoletus*.
Obtuse, *obtusus*.
Occiput, *occiput*.
Ocellus, *ocellus*.

Ocreous, *ochraceus.—V.* **color**.
Œsophagus, *œsophagus*.
Olive coloured, *olivaceus*.
Opaque, *opacus*.
Operative, *operaria*.
Orange coloured, *aurantiacus*.
Orbicular, *orbicularis*.
Orbit, *orbita*.
Osselet, *ossicula*.
Ovate, *ovatus*.
Oviduct, *oviductus*.
Oviform, *oviformis*.
Ovipositor, *oviscaptus*.

Pale, *pallidus*.
Palmate, *palmatus*
Palpus, *palpus*.
Paraglossæ, *paraglossæ*.
Parallel, *parallelus*.
Parapsides, *parapsides*.
Patella, *patella*.
Pectinate, *pectinatus*.
Pectoral Legs, *cornei pedes*.
Pediolate, *pediolatus*.
Pedunculate, *pedunculatus*.
Penicillate, *penicillatus*.
Penis, *penis*.
Pennated, *pennaceus*.
Pentameri, *pentameri*.
Perfoliated, *perfoliatus*.
Perlate, *perlatus*.
Petiole, *petiolus*.
Piceous, *piceus.—V.* **color**.
Pilose, *pilosus*.
Pincers, *forcipes*.
Pitchy, *piceus.—V.* **color**.
Plaited, *rugatus*.
Plane, *planus*.
Pleuræ, *pleuræ*.
Plicate, *plicatus*.
Point, *punctum*.
Polyphagous, *polyphagus*.
Porose, *porosus*.
Porrect, *porrectus*.
Posterior, *posterior*.
Preocular, *præocularis*.
Prismatic, *prismaticus*.
Prominent, *proeminens*.
Promuscis, *promuscis*.
Protuberance, *gibba*.
Pseudopodous, *pseudopodus*
Pubescent, *pubescens*.
Pulverulent, *pulverulentus*.
Punctate, *punctatus*.
Punctulate, *punctulatus*.
Punctured, *punctatus*.
Pupa, *pupa*.
Pure, *purus*.
Purple, *purpureus*.
Pustulate, *pustulatus*.
Pyriform, *pyriformis*.

Quadrate, *quadratus*.
Quiet, *in quiete*.

Radial, *radialis*.
Radicle, *radicula*
Ramose, *ramosus*.
Rare, *rarus*.
Recurrent, *recurrentes*.
Red, *ruber.—V.* **color**.
Redbrown, *rubidus.—V.* **color**.
Reflexed, *reflexus*.
Region, *area*.
Reticulate, *reticulatus*.
Ring, *annulus*.
Roofshaped, *tectiformis*.
Rose coloured, *roseus.—V.* **color**.
Rostrum, *rostrum*.
Rotundate, *rotundatus*
Rude, *rudis, asper*.
Rufous, *rufus.—V.* **color**.
Rugose, *rugosus*.
Runner Legs, *cursorii pedes*.
Rutilous, *rutilus.—V.* **color**.

Saffronyellow, *croceus.—V.* **color**
Sagittate, *sagittatus*.
Sanguineous, *sanguineus*.
Saw, *serra*.
Scabrous, *scaber*.
Scale, *squama*.
Scape, *scapus*.
Scariose, *scariosus*.
Scutiform, *clypeatus*.
Seagreen, *glaucus*.
Securiform, *securiformis*.
Segment, *segmentum*.

Sericeous, *sericeus*.
Serrate, *serratus*
Sessile, *sessilis*.
Setaceous, *setaceus*.
Setiform, *setiformis*.
Setigerous, *setiger*.
Setose, *setosus*.
Setulose, *setulosus*.
Sex, *sexus*.
Shank, *tibia*.
Shield, *scutum*.
Sheat, *vagina*.
Shining, *nitidus*.
Short, *brevis*, *angustus*.
Shoulder, *humerus*.
Side, *latus*.
Silk, *seta*.
Similar, *similis*.
Simple, *simplex*.
Sinuate, *sinuatus*.
Sinus, **Sinuosity**, *sinus*.
Sky-blue, *cœruleus*.
Slaty, *cœruleo-griseus*.
Small, *gracilis*.
Smaragdine, *smaragdinus*.
Smooth, *lœvis*.
Solid, *solidus*.
Spatulate, *spatulatus*.
Species, *species*.
Specular, *specularis*.
Sphærical, *sphæricus*.
Spina, *spina*.
Spineshaped, *spiniformis*,
Spinose, *spinosus*.
Spoonshaped, *cochleariformis*.
Spot, *macula*.
Spread of the Wings, *expansio alarum*.
Spur, *calcar*.
Spurred, *calcaratus*.
Squamose, *squamosus*.
Squamula, *squamula*.
Stalk, *caulis*.
Steel coloured, *chalybeatus*.
Stemmata, *stemmata*.
Stickshaped, *baculiformis*.
Stigma, *stigma*.
Stigmata, *stigmata*.
Sting, *aculeus*.
Sthraight, *rectus*.
Straitened, *angustatus*.
Straw coloured, *stramineus*.
Striate, *striatus*.
Striga, *striga*.
Strigate, *strigatus*.
Stripe, *fascia*.
Stylet, *spiculum*.
Submarginal, *submarginalis*.
Subocular, *subocularis*.
Subulate, *subulatus*.
Sulca, *sulcus*.
Sulcate, *sulcatus*.
Sulfureyellow, *sulfureus*.
Superior, *superior*.
Suture, *sutura*.
Swoked, *fumatus*.

Tail, *cauda*.
Tarsus, *tarsus*.
Tawny, *fulvus*.
Tegulæ, *tegulæ*.
Tegument, *tegumentum*.
Temples, *tempora*.
Tergum, *tergum*.
Testaceous, *testaceus*.
Tetragon, *tetragonus*.
Tetrameri, *tetrameri*.
Thick, *crassus*.
Thigh, *femur*.
Thorax, *thorax*.
Tibia, *tibia*.
Tip, *apex*.
Tomentose, *tomentosus*.
Tooth, *dens*.
Toothed, *dentatus*.
Toothshaped, *dentiformis*.
Trachea, *trachia*.
Translucid, *translucidus*.
Transverse, *transversus*.
Trapezoïdal, *trapezoidalis*.
Triangular, *triangularis*.
Trimeri, *trimeri*.
Trochanter, *trochanter*.
Truncate, *truncatus*.
Tubercle, *tuberculum*.
Tunicate, *tunicatus*.
Turbinate, *turbinatus*.

Umbilicate, *umbilicatus*.
Unarmed, *muticus*.

Undate, *undatus.*
Undulate, *undulatus.*
Unequal, *inæqualis.*
Unguiculate, *unguiculatus.*

Valvule, *valvula.*
Variolosus, *variolosus.*
Vein, *nervus, vena.*
Velutinous, *velutinus.*
Velvetblack, *atrovelutinus.*
Venter, *venter.*
Ventose, *ventosa.*
Vermiculate, *vermiculatus.*
Verrucose, *verrucosus.*
Versatile, *versatilis.*
Vertex, *vertex.*
Vertical, *vertical.*
Vesicular, *vesicularis.*
Vibratile, *vibratilis.*
Villose, *villosus.*
Violet, *violaceus.*
Vitreous, *vitreus.*
Vulgar, *vulgaris.*
Vultus, *vultus.*

Wart, *verruca.*
White, *albus.*
Whitish, *albicans.*
Widened, *elatus.*
Wingless, *apterus.*
Wings, *alæ.*
Wrinkled, *corrugatus, rugosus.*

Yellow, *flavus.*

VIII

ABRÉVIATIONS

EMPLOYÉES DANS LE COURS DE L'OUVRAGE

Ab.	Abeille de Perrin.
Aisch.	Aischinger.
B.	Baer.
Bechst.	Bechstein.
Boh.	Boheman.
Bché.	Bouché.
Boy.	Boyer de Fonscolombes.
Breb.	Brébisson.
Br.	Bremi.
Bke.	Brischke.
Brul.	Brullé.
Cam.	Cameron.
Ch.	Charsby.
Chev.	Chevrier.
Chrt.	Christius.
Cont.	Contarini.
Coq.	Coquebert.
Cost.	Costa.
Curt.	Curtis.
Cyr.	Cyrillo.
Dhlb.	Dahlbom.
Dalm.	Dalman.
Desv.	Desvignes.
Dietr.	Dietrich.
Don.	Donovan.
Dours.	Dours.
Duf.	Dufour.
Dum.	Duméril.
Eichw.	Eichwald.
Em.	Emery.
Er.	Erichson.
Evers.	Eversmann.
Fab.	Fabricius.
Fall.	Fallén.
Fisch.	Fischer.
Foerst.	Foerster.
For.	Forel.
Forst.	Forster.
Fourc.	Fourcroy.
Fr.	Frisch.
Friw.	Friwaldsky.
Fues.	Fuessly.
Geer.	Geer (de).
Geof.	Geoffroy.
Germ.	Germar.
Gerst.	Gerstaecker.
Gim.	Gimmerthal.
Gir.	Giraud.

Gm.	Gmelin.
Grav.	Gravenhorst.
Gred.	Gredler.
Grib.	Gribodo.
G. M.	Guerin-Méneville.
Gyll.	Gyllenhall.
Hal.	Haliday.
Htg.	Hartig.
H. S.	Herrich-Schaeffer.
Holm.	Holmgreen.
Ill.	Illiger.
Imch.	Imchoff.
Jur.	Jurine.
Kalt.	Kaltenbach.
Kaw.	Kawal.
Kirb.	Kirby.
Kirsch.	Kirschner.
Kl.	Klug.
Kolc.	Kolenati.
Koll.	Kollar.
Kriech.	Kriechbaumer.
Lap.	Laporte.
Lat.	Latreille.
Leach.	Leach.
Lep.	Lepelletier.
Lind.	Linden (van der).
L.	Linné.
Lj.	Ljungh.
Los.	Losana.
Luc.	Lucas.
Lund.	Lund.
Msh.	Marshall.
Mayr.	Mayr.
Meg.	Megerle.
Mein.	Meinert.
Moc.	Mocsary.
Mor.	Morawitz.
Mul.	Muller.
N. E.	Nees ab Esenbeck.
New.	Newmann.
Nwp.	Newport.
Nyl.	Nylander.
Ol.	Olivier.
Orm.	Ormerod.
Pal.	Pallas.
Panz. ou Pz.	Panzer.
Per.	Perris.
Pert.	Perty.
Pet.	Petagna.
Rad.	Radoszkowski.
Rtzb.	Ratzebourg.
Rnhd.	Reinhard.
Retz.	Retzius.
Rob.	Robert.
Rog.	Roger.
Rom.	Romand (de).
Rond.	Rondani.
Rosh.	Rosenhauer.
Rossi.	Rossi.
Rud.	Rudow.
Rut.	Ruthe.
Snds.	Saunders.
Ss.	Saussure (de).
Sax.	Saxesen.
Scharf.	Scharfenberg.
Schb.	Schembri.
Schk.	Schenck.
Schdt.	Schioedte.
Schlecht.	Schlechttendal (de).
Schol.	Scholtz.
Schr.	Schranck.
Scop.	Scopoli.
Shuck.	Shuckard.
Sich.	Sichel.
Sm.	Smith.
Sn. V.	Snellen van Vollenhoven.
Spin.	Spinola.
Stein.	Stein.
Steph.	Stephens.
Swed.	Swederus.
Tschb.	Taschenberg.
Tisch.	Tischbein.
Thoms.	Thomson.
Thunb.	Thunberg.
Tourn.	Tournier.
Villt.	Villaret (Foulques de).
Vill.	Villers (de).
Walkn.	Walkenaer.
Walk.	Walker.
W. S.	Walther Smid.
Wesm.	Wesmael.
Wstw.	Westwood.
Zadd.	Zaddach.
Zett.	Zetterstedt.

♂	Mâle.
♀	Femelle.
☿	Ouvrière. — Individu neutre.
♃	Soldat. — Individu neutre.
V.	Voyez.
Long.	Longueur.
Env.	Envergure.
Fam.	Famille.
G.	Genre.
l. c.	Loco citato.
mm.	Millimètre.
Var.	Variété.
( )	Les chiffres entre parenthèses renvoient aux numéros de la bibliographie générale quand ils sont suivis d'un astérisque, et à ceux de la bibliographie spéciale de chaque famille quand ils sont suivis d'un simple point.

IX

LISTE DES PREMIERS SOUSCRIPTEURS

A CET OUVRAGE

AYANT DROIT A LA RÉDUCTION DU PRIX (1)

> C'est à leur amour de la science que ce livre doit d'avoir vu le jour ; car ils n'ont pas craint, sur la foi d'une simple annonce, de s'engager à le soutenir, et si quelque utilité peut résulter de ce travail, c'est à eux que revient le mérite d'avoir rendu possible sa publication.

M. le Ministre de l'Agriculture et du Commerce.

SOCIÉTÉS

Association scientifique de la Gironde.
Comité d'agriculture de l'arrondissement de Beaune.
Société entomologique de Berlin.
— — de Cambridge.
— — de France.
— — Russe.
— — de Stettin.
— — Suisse.
Société des Amis des Sciences naturelles, à Rouen.
— d'Etudes Scientifiques à Paris.
— d'Histoire naturelle de la Moselle.
— Imp. des Naturalistes de Moscou.
— des Sciences historiques et naturelles, à Semur.
— I. R. Zool. bot. de Vienne.

(1) Cette liste pourra être utile pour les relations d'échange.

MM.

Abeille de Perrin, Marseille, 56, Grande-Rue Marengo (Bouches-du-Rhône).
Adler (dr), Sleswig (Prusse).
Agnel (dr), Toulon, rue Muiron, 10, Mourillon (Var).
Amblard, Agen, rue Paulin, 14 bis (Lot-et-Garonne).
Ancey, Marseille, 56, Grande-Rue Marengo (Bouches-du-Rhône).
André, Ernest, Gray, rue des Promenades, 17 (Haute-Saône).
Antessanty (abbé d'), Troyes, au lycée (Aube).
Avila (Pedro de), l'Escorial (Espagne).
Azam, Ch., Draguignan (Var).
Bairstow, Huddersfield, Woodland Mount (Angleterre).
Bargagli, Florence, via di Bardi, Palazzo Tempi (Italie).
Behn (dr), Hambourg, Wexstrasse, 16 (Allemagne).
Belon (R. P.), Lyon, rue Bugeaud, 101 (Rhône).
Bibliothèque publique, Beaune.
— — Lyon.
Bignault, J., l'Hay, par Bourg-la-Reine (Seine).
Blaud, institr, St-Germain-de-Princey, par Chantonnay (Vendée).
Bolivar, Ign., Madrid, Atocha, 21 (Espagne).
Boniface, Ch., Douai, rue d'Esquerchin, 23 (Nord).
Bostaki, Th., Paris.
Boudier, Montmorency, 20, rue Grétry (Seine-et-Oise).
Boullet, Corbie (Somme).
Bourgeois, J., Rouen, rue St-Maur, 2 (Seine-Inférieure).
Bouthéry, (dr), Langeais, (Indre-et-Loire).
Brabaut, Ingr, Marenchies, par Cambrai, (Nord).
Brevière L., receveur des domaines, St. Saulge, (Nièvre).
Bridgmann J.-B., Norwich, 69 St. Giles Street, (Angleterre).
Brongniard Ch., Paris, au Museum.
Brusina S. Agram, Musée national de zoologie, (Croatie).
Buchan Hepturn Esq. Prestonkirk, Smeaton Hepturn. (Ecosse).
Buchillot, Préparateur au Musée, Reims. (Marne).
Bugnon (dr), Lausanne, Rue de Bourg, 33. (Suisse).
Cameron Peter, Glascow, Wellow Bank. Crescent, 31. (Ecosse).
Cardiel y Mercet, Madrid, Travesia de San-Mateo, 4. (Espagne).
Carpentier Léon, Amiens, rue de la pature 16, (Somme).
Carret, Prof., Lyon, Institution des Chartreux. (Rhône)
Caulle, Percepteur de Balan, Sedan (Ardennes).
Chaboz, vérificateur des tabacs, Pont-de-Beauvoisin (Isère).
Chapman (dr), Hereford (Angleterre).
Chicote César, Madrid, rue de San-Bernardo, 44 (Espagne).
Claudon Ed., Paris, 27, quai de la Tournelle.
Costa Ach., professeur de zoologie, Naples, (Italie).
Dehlinger J., Paris, 92, rue St Denis.

DELADERRIÈRE, Valenciennes, 114, rue de Paris, (Nord).
DELAMAIN Henry, Jarnac, (Charente).
DESTERMES, professeur, Figeac, (Lot).
DEYROLLE, natur., Paris, 23, rue de la Monnaie.
DIETZ Fr., Anvers, 8, rue Van Bloer. (Belgique).
DOLLFUS Adr., Paris, 55, rue Pierre Charron.
DUBOIS M., Amiens, 21, rue Pierre l'Ermite, (Somme).
DUROUX, capitaine au 64e de ligne, Nantes, (Loire-Inférieure).
DUPARC G., Paris, quai du Louvre, 30.
DUPUIS G., négociant, Angoulême, rue St Martin, (Charente)
EMICH G., (dr). Ecuyer de S. M. Budapesth, 8, Sebastian place, (Hongrie).
ESCUELA DE INGENIEROS DE MONTES, Escorial. (Espagne).
ESCUELA DE INGENIEROS DE MINAS, Madrid; (Espagne).
FAIRMAIRE Léon, Paris, rue du bac, 94.
FALLOU J., Paris, 10, rue des Poitevins.
FINOT, capitaine, Fontainebleau, 27, rue St. Honoré, (Seine-et-Marne).
FITCH (ASA). Ed., Maldon, Essex, (Angleterre).
FRIEDLÆNDER et SOHN, libraires, Berlin, 11, Carlstrasse, (Prusse).
GALLÉ E. propriétaire, Creil, 12, cour du Château, (Oise).
GALLOIS, Ste Gemme sur Loire, par les Ponts de Cé, (Maine-et-Loire).
GAULLES (de), Paris, 54, rue Violet.
GAVOY L., Carcassonne, 5, rue de la Préfecture, (Aude).
GIARD, professeur à la Faculté, Lille, (Nord).
GIBASSIER H., propriétaire, Digoin, (Saône-et-Loire).
GILLOT, dr, Autun, (Saône-et-Loire).
GIRARD M., Paris, 9, rue Thénard.
GOBERT, dr, Mont de Marsan, (Landes).
GOGORZA José, Madrid, rue de la Puebla, 11, (Espagne).
GOOSSENS Th., Paris, 171, faubourg St Martin.
GRILAT René, Lyon, 19, rue Rivet, (Rhône).
GROUVELLE Ant., Paris, 47, rue Galilée,
GROUVELLE Jules, Paris, 26, rue des Ecoles.
GUÉDAT J., Tramelau Dessus, Jura Bernois, (Suisse).
GUÉDEL. Dr, Grenoble, 10, cours St Bruno, (Isère).
GUENEAU d'AUMONT, Dijon, boulevard Carnot, (Côte-d'Or).
GUILLAUMIN, Paris, 73, rue de Buffon.
GUIOT Aug., Dijon, 43, rue Berbisey, (Côte-d'Or).
HAMET H., professeur d'apiculture, Paris, 59, rue Monge.
HARDY John, Manchester, 118, Embden Street, Hulme, (Angleterre).
HARPUR Rev., Drayton, Beauchamp Rectory Ising, (Angleterre).
HAUT SAINT-AMOUR (de) Graville Ste Honorine, (Seine-Inférieure).
HÉNON V., curé, Aussonce par Juniville, (Ardennes).
HERVÉ E., notaire, Morlaix, rampe Ste Mélaine, (Finistère).
HEYDEN, Lucas (von), Beckenheim près Francfort sur Mein, 54, Schlossstrasse, (Allemagne).

HONNORAT Ed., Digne, quartier des Syéyès, (Basses-Alpes).
HOURY A., Mer, Loir-et-Cher.
JACOB B., Corcelles, près Neuchatel, (Suisse).
JOIGNEAUX P., député, Bois Colombes, 5, rue de la procession, (Seine).
JOLICOEUR Dr, Reims, 13, boulevard des promenades (Marne).
JOURNÉ C., Troyes, 5, mail des Tauxelles, (Aube).
JOUVE A., Sigean, (Aude).
KONOW, pasteur, Fürstemberg, Mecklenbourg, (Allemagne).
KRAATZ, dr, Berlin, 28, Linkstrasse, (Prusse).
LAHAUSSOIS, Paris, rue Biot, 22.
LALLEMAND, pharmacien, l'Arba, (Algérie).
LAMEY, inspecteur des forêts, Philippeville, (Algérie).
LAMOTTE (de), correspondant de l'Institut, propriétaire, Beaune, (Côte-d'Or).
LAYNÉ C., Lyon, 9, place Morand, (Rhône).
LEBRUN M., Troyes, rue St Loup, (Aube)
LEFÈVRE Ed., Paris, rue du bac, 112.
LELONG, (abbé), Reims, 13, rue St Hilaire, (Marne).
LELOUP Ch., Paris, 163, boulevard Montparnasse.
LETHIERRY L., Lille St Maurice, 16, rue Blanche, (Nord).
LEVASSORT G., Paris, 4, rue du Vieux Colombier.
LEVEILLÉ, Paris, 42, rue Ste Placide.
LEWIS G., Londres, 79, Upper Jhames Street, (Angleterre).
LICHTENSTEIN J., la Lironde, près Montpellier, (Hérault).
LIVON Al., Marseille, 17, rue Perrier, (Bouches-du-Rhône).
LORIFERNE J.-B., pharmacien. Sens, 134, Grande-rue, (Yonne).
LUCANTE A., Courrousan par Gondrin, (Gers).
LUCAS Hipp., Paris, au Museum.
LUZE (de), Douvres, 25, East Cliff, (Angleterre.)
MAGNIN J., Paris, 8, rue Honoré Chevalier.
MAGRETTI Paul, Cassina, (Sicile).
MAINDRON Pa.is, 17, rue Méchain.
MAISONNEUVE Dr, prof., Angers, (Maine-et-Loire).
MARION Eug., Daix, par Dijon, (Côte-d'or).
MARMOTTAN, dr, député, Paris, 31, rue Desbordes Valmore.
MARQUET Ch, Toulouse, 15, rue St Joseph (Haute-Garonne).
MASSON Ed., percepteur, le Meux par Compiègne, (Oise).
MATHIEU Aug. S., dr, Nancy, Ecole forestière, (Meurthe-et-Moselle).
MAURICE Jules, Douai, 24, rue St Julien, (Nord).
MAZARREDO C. (de), Bilbao, (Espagne).
MÉRAY Antony, Paris, 31, rue de Sèvres
MIOT Henry, substitut, Semur, (Côte-d'Or).
MOCQUERYS, dentiste, Evreux, (Eure).
MOCSARY Al., Budapest, au Museum, (Hongrie).
MOERENHAUT V., Anvers. 21, rue des Images, (Belgique).
MONNIER F., notaire, Chalon-sur-Saône, (Saône-et-Loire).

MONTANDON A., Brostenii par Folticenii, (Moldavie).
MONTEIRO A. A (de CARVALHO), Lisbonne 72, rue Alecrim, (Portugal).
MONTESSUS (de), dr, Chalon-sur-Saône, 6, rue de l'Arc, (Saône-et-Loire).
MOYEN, (abbé), Alix, (Rhône).
MULLER Alb., Berne, au museum, (Suisse).
Musée d'histoire naturelle, Madrid, (Espagne).
NINNI Al., dr, Venise, Pte Lion, (Italie).
OBERLENDER N., Rouen, 32, place St Paul, (Seine-Inférieure).
OBERTHUR Ch. et R., Rennes, (Ille-et-Vilaine).
ODIER G., Paris, 93, rue St Lazare.
OLIVE G., Marseille, 14, rue Montgrand, (Bouches-du-Rhône).
OLIVEIRA (d') Paul, Coïmbra, (Portugal).
OLIVIER Ernest, propriétaire, Besançon, (Doubs).
OLIVIER, entreposeur des tabacs, Nancy, (Meurthe-et-Moselle).
PANDELLÉ L., Tarbes, 17, rue du lycée, (Hautes-Pyrénées).
PASKAE Francis, Londres, 1, Burlington Road, W. (Angleterre).
PEREZ, dr, professeur à la Faculté des sciences, Bordeaux, (Gironde).
PERROUD Ch., Lyon, 8, rue des Marronniers, (Rhône).
PHILIBEAUX G., Seurre, (Côte-d'Or).
PICCIOLI F., professeur, Florence, 11, Via San Ilario a Columbaia, (Italie).
PIERSON, Paris, 33, rue de Viarmes.
PIGNOL J., Paris.
PLANCHON, professeur, Montpellier, (Hérault).
POWER G., Ingénieur, Rouen, place Cauchoise, (Seine-Inférieure).
PROVANCHER (abbé), Québec, Caprouge, (Canada).
PULS, pharmacien, Gand, (Belgique).
PUTON, dr, Remiremont, (Vosges).
QUINQUARLET Félix, Carnac, maison Prado, (Morbihan).
RADOSZKOWSKI Oct., Varsovie, rue Leszno $\frac{15}{719}$ (Pologne).
RAGUSA Enrico, Palerme, hotel Trinacrio, (Sicile).
RAY, conservateur du musée, Troyes, (Aube).
RECHBERG, (von SCHULTHESS), dr, Zürich, (Suisse).
REIBER F., Strasbourg, 8, faubourg de Saverne, (Alsace).
REICHE L., Paris, 191, rue St Honoré.
REMY, professeur, Lorient, (Morbihan).
REVERDI, Paris, 88, boulevard St Germain.
REYNAUD, Lyon, 19, rue de la République, (Rhône).
RŒBUCK W. D., Leeds, Sunny Bank, (Angleterre).
RONDANI C., professeur, Parme, (Italie).
ROSSET, chanoine, Martigny, Valais, (Suisse).
ROSTOCK, Dretschen près Seitschen, (Saxe).
ROUAST G., Lyon, 29, quai de la charité, (Rhône).
ROUCHY, (L'abbé), Ségur les Villas, (Cantal).
ROUGET Aug., Dijon, 28 rue de la préfecture, (Côte-d'Or).
RUDOW Dr, Perleberg, Brandebourg, (Prusse).

SAMIE Leonard, Bordeaux, 22, Chemin de Rigoulet, (Gironde).

SARDI Egidio, prof., Turin, 12, Via Zecca (Italie),

SAUNDERS (sir Sidney Sm.), Gatestone Central Hill upper Norwood (Angleterre).

SAUSSURE (de), H., Genève, Cité 23. (Suisse).

SCHLERNITZAUER J., Paris, 221, rue St. Denis.

SÉDILLOT Maurice, Paris, rue de l'Odéon, 20.

SIMON Eug., Paris, avenue du Bois de Boulogne, 56.

SNELLEN VAN VOLLENHOVEN, La Haye, 48, avenue de Meerderwoort (Hollande).

STIERLIN (dr). Schaffouse, (Suisse).

TAPPES G., Paris, 27, rue Nollet.

THIRIAT Xavier, Vagney (Vosges).

THOMAS (dr), Tauziès par Gaillac (Tarn).

TOSQUINET, (dr), Bruxelles, 79, rue Berckmans, St Gilles, (Belgique).

TOURNIER H., Peney, prés Genève, villa Tournier, (Suise).

TUGWELL W. H., pharmacien, Greenwich, 3, Lewisham Road, (Angleterre)

VALDAN (de), général, l'Isle Adam, (Seine-et-Oise).

VASIKOWICZ J., Minsk, (Russie).

VIERSZCJKI (dr), Cracovie, rue St-Jean (Autriche).

VOELKEL (dr), Lünebourg, rue St-Esprit (Hanovre).

WAGENER B., Kiel, 41, Waisenhofstrasse (Prusse).

XAMBEU, capitaine adjudant-major 22e de ligne, Lyon (Rhône).

TABLE

Avant-Propos.. vii

I. De l'Entomologie en général.

1. Les études entomologiques................. I
2. La nomenclature entomologique............ VI
3. Aperçu historique sur la classification des insectes en général..................... XIII

II. Etude particulière des Insectes hyménoptères.

§ Ier. Formation des Collections.

1. Chasse aux hyménoptères.................. XVII
2. Préparation.............................. XXVI
3. Conservation des collections XXXIV
4. Rédaction du catalogue................... XXXVI
5. Détermination des insectes et usage des tables dichotomiques........................ XXXVII

§ II. Structure externe XXXIX

1. Tête..................................... XL
2. Pièces fixes de la tête.................. XLI
   1. Yeux.................................. XLII
   2. Ocelles XLIII

3. Pièces mobiles de la tête.
  1. Antennes XLIV
  2. Parties de la bouche XLVII
4 Thorax LIII
  1. Prothorax LIV
  2. Mésothorax LV
  3. Métathorax LVI
5. Appendices du thorax.
  1. Pattes LIX
  2. Ailes LXII
    Tableau synonymique des différentes parties de l'aile antérieure des hyménoptères LXXII
    1. Bords de l'aile .... »
    2. Nervures .... »
      A. Nervures longitudinales .... »
      B. Nervures transversales LXXIV
    3. Cellules LXVV
    Tableau spécial de la synonymie des différentes parties de l'aile des Chalcidites LXXIX
    Synonymie du carpe ou stigma LXXX
6. Abdomen LXXX
7. Appendices de l'abdomen.
  1. Organes femelles LXXXIV
  2. Organes mâles LXXXVIII
8. Neutres LXXXIX

§ III. Fonctions de Reproduction.
1. Accouplement XC
2. Parthénogenèse XCIII
3. Ponte XCIV

§ IV. Métamorphoses XCVI
1. Œufs XCVII
2. Larves XCVII
3. Nymphes CIII

§ V. Physiologie et biologie générales.
1. Nourriture CVI
2. Station—Progression CVIII
3. Produits de sécrétion CX
4. Moyens de défense, parasitisme CXI

5. Instinct CXIII
6. Industrie, mœurs CXV
§ VI. **Distribution géographique** CXIX
§ VII. **Division des Hyménoptères en familles naturelles** CXXII
§ VIII. **Tableau analytique des familles** CXXVII
III. **Bibliographie des ouvrages généraux** CXXXIII
IV. **Glossaire** CXLIX
Glossaire latin-français CLI
V. **Terminologie française** CLXVI
VI. **Terminologie allemande** CLXXII
VII. **Terminologie anglaise** CLXXXI

Gray. — Imp. Francis BOUFFAUT

SPECIES

DES HYMÉNOPTÈRES

SPECIES DES HYMÉNOPTÈRES

1er GROUPE

Les Mouches à Scie

Les mouches à scie des anciens auteurs forment un groupe d'insectes parfaitement délimité par la réunion de tous leurs caractères spéciaux, et surtout par la conformation particulière que présente la tarière des femelles, conformation que j'ai déjà indiquée succinctement plus haut. Leur larves, qui sont si analogues aux chenilles des lépidoptères qu'on a pu leur appliquer le nom de *fausses chenilles*, diffèrent aussi, comme nous l'avons vu, d'une façon complète de celles de tous les autres hyménoptères, tant sous le rapport de leurs formes extérieures que sous celui de leur manière de vivre. Ces insectes constituent donc bien réellement un ensemble naturel dont je vais maintenant indiquer rapidement les caractères, en complétant ce que j'en ai dit dans l'introduction.

Leur forme générale, (ou leur facies), est peut-être moins gracieuse et moins élégante que celle de beaucoup d'autres hyménoptères. Elles n'ont pas, en effet, la taille svelte de la plupart d'entre eux, leur vol est ordinairement plus lourd, et, à l'état de repos, leurs longues ailes, qui semblent chiffonnées, cachent en grande partie les couleurs variées, parfois même métalliques, dont elles sont souvent parées. Leur étude présente cependant un intérêt d'autant plus puissant que, presque seules parmi les hyménoptères, elles rentrent dans la série des espèces qui nous sont nuisibles. Bien que leur instinct ne nous présente pas des faits aussi remarquables que celui dont sont douées quelques autres familles, leurs mœurs sont cependant, à bien des points de vue, dignes de captiver notre attention, comme j'aurai plusieurs fois lieu de l'indiquer.

Connues ordinairement sous le nom général de Tenthrédines, elles répondent au genre *Tenthredo* de Linné, dans lequel celui-ci avait seulement distingué six groupes d'une façon tout artificielle, et d'après la forme des antennes Ce sont les *Mouches à scie* de Réaumur, de Degeer, de Geoffroy, etc. Je ne puis entrer ici dans l'historique complet de la famille, ni donner, malgré l'intérêt qui s'y rattacherait, l'origine et les transformations successives de chaque genre. L'examen comparatif des synonymies, ainsi que celui de la bibliographie spéciale qui va suivre, éclairciront d'ailleurs complètement cette question pour ceux qui voudront l'approfondir.

Les mouches à scie se subdivisent en trois familles, qui sont indiquées dans le tableau général que j'ai donné de celles-ci : les *Tenthredinidæ*, les *Cephidæ*, les *Siricidæ*. Il serait superflu de revenir ici sur leurs caractères différentiels ; aussi vais-je entrer immédiatement dans l'étude spéciale de chacune d'elles. Je dirai seulement que cette division a sa raison d'être, même au point de vue des mœurs, les Tenthredinidæ étant essentiellement phyllophages, les Cephidæ vivant dans les tiges herbacées ou les bourgeons en voie d'accroissement, les Siricidæ enfin, plus robustes, s'attaquant au bois même des grands arbres.

BIBLIOGRAPHIE SPÉCIALE

DES OUVRAGES TRAITANT PARTICULIÈREMENT DES MOUCHES A SCIE (1)

---

1. **Bonnet.** 1779 Sur la grande fausse Chenille de l'osier

2. **Bosc.** 1818 Sur une nouvelle espèce de Tenthrède (T. Boleti). — *Bull. de la Soc. philom.*

3. **Brébisson.** 1818 Sur un nouveau genre d'insectes de l'ordre des Hyménoptères (Pinicola Julii) — *Bull. de la Soc. phil.*

4. **Bremi.** 1849 Beschreibung einiger Hymenopteren, die ich für noch unbeschriben und unpublicirt halte. — *Stett. Ent. Zeit. p. 92.*

5. **Brischke C.** 1850 Nematus helicinus. — *Stett. Ent. Zeit.*

6. — 1855 Abbildungen und Beschreibungen der Blattwespen Larven. — *Berlin, in-4°.*

7. **Brischke et Zaddach.** 1862 Beobachtungen über die Arten der Blatt- und Holzwespen. — Cimbicidæ. — *In-4°, Kœnigsberg.*

8. — 1863 Beobachtungen über die Arten der Blatt- und Holzwespen. — Hylotomidæ. — *In-4°, Kœnigsberg.*

9. — 1865 Beobachtungen über die Arten der Blatt- und Holzwespen. — Lydidæ. — *In-4°, Kœnigsberg.*

10. — 1875 Beobachtungen über die Arten der Blatt- und Holzwespen. — Nematidæ. — *In-4°, Kœnigsberg.*

11. **Brullé.** 1832 Sur la transformation du Cladius difformis.— *Ann. Soc. ent. fr.*

(1) Je ne puis avoir l'intention de placer ici une liste complete de tous les ouvrages ayant traite des mouches à scie. Cette énumération serait infiniment trop longue, et je ne pourrais la donner sans sortir de mon cadre. Je n'indique que les ouvrages qui sont fondamentaux ou d'une importance particulière, soit par les renseignements qu'ils donnent, soit par les descriptions nouvelles qu'ils contiennent. Le lecteur trouvera, s'il le désire, cette bibliographie parfaitement complète jusqu'à l'année 1875, dans les parties de l'ouvrage de MM. Brischke et Zaddach, portant les numéros 7 et 10.

12. **Cameron P.** 1872 Note on Gall making Saw-flie avoiding Portions of threes overhanging Water. — *Ent. mont. Mag.* p. 279.

13. — 1873 1874 Memoirs on Scottish Tenthredinidæ. — *Scottish Naturalist.*

14. — 1873 Three Species of Tenthredinidæ new in Britain. — *Scottish Naturalist,* p. 111.

15. — 1874 Description of two new Species of Tenthredinidæ from Scotland. — *Scottish Naturalist,* p. 220

16. — 1874 Notes on British Tenthredinidæ with Description of a new Species of Nematus.— *Scottish Naturalist,* p. 107.

17. — 1874 Description of a new Species of Eriocampa of Scotland. — *Scottish Naturalist,* p. 128.

18. — 1875 Description of a new Species of Nematus. — *Scottish Naturalist,* p. 9.

19. — 1875 Notes diverses. — *Scottisch Naturalist,* p. 43.

20. — 1875 Notes of the Abia Sericea. — *Scottisch Naturalist,* p. 111.

21. — 1875 Description of three new Species scottish Tenthredinidæ. — *Scottish Naturalist,* p. 127.

22. — 1875 Notes on British Tenthredinidæ, with Description of two new Species. — *Scottish Naturalist,* p. 250.

23. — 1876 Description of Tenthredinidæ. — *Scottish Naturalist,* p. 189.

24. — 1877 Notes on the British Species of Blennocampa. — *Scottish Naturalist,* p. 55.

25. — 1877 Description of a new Species of Nematus.— *Scottish Naturalist,* p. 58.

26. — 1877 Description of thre new Species British Tenthredinidæ. — *Scottish Naturalist,* p. 155.

27. — 1877 Notes. — *Scottish Naturalist,* p. 197.

28. — 1878 Description of 2 new Species of Nematus. — *Scottish Naturalist,* p. 199.

29. — 1878 On Parthenogenesis in the Tenthredinidæ. — *Scottish Naturalist,* p. 12.

30. — 1878 Parthenogenesis einer Blattwespe. — *Ent. Nachr.,* p. 188.

31. — 1878 The Fauna of Scotland.—*Nat. His. Soc of Glascow.*

32. **Cameron.** 1878 A Catalogue of the British Tenthredinidæ. — *Nat. Hist. Soc. of Glascow.*

33. — 1879 On Some new or little Known british Hymenoptera. — *Trans. Ent. Soc. of London.*

34. **Dahlbom.** 1835 Conspectus Tenthredinidum, Siricidum et Oryssinorum Scandinaviæ. — *Havniæ, in-4°.*

35. — 1837 Beobachtungen über das Eierlegen, den Embryo- und die Larve des Cimbex fasciata und Nematus conjugatus. — *Isis.*

36. **Dalman.** 1819 Nagra nya Insect genera. — *Stockholm.*

37. **Dietrich.** 1868 Beschreibung neuen Arten. — *Mitth. des Schw.-Gesellsch.*, p. 353.

38. **Doubleday.** 1833 Larva of Cræsus septentrionalis. — *Ent. Mag.*

39. **Drewsen.** 1835 Note sur le Cimbex femorata. — *Ann. Soc. ent. fr.*

40. **Dufour L.** 1854 Recherches sur l'anatomie des Hyménoptères de la famille des Urocérates. — *Ann. des Sc. nat.*

41. — 1861 Description d'un nouveau Cephus.

42. **Dugaigneau et de Tristan.** 1823 Mémoire sur le Cephe pygmée, insecte dont la larve dévore les tiges de seigle. — *Mém. de la Soc. des Sc. d'Orléans.*

43. **Eversmann.** 1847 Fauna hymenopterologica Volgo-Uralensis. — *Bull. de la Soc. imp. des Natur. de Moscou.*

44. **Fallén C. F.** 1829 Monographia Tenthredinetarum Sueciæ. — *Lund, in-8°.*

45. **Fennell.** 1833 A Singularity in the Larva of Tenthredo amerinæ. *Mag. of. nat. Hist.*

46. **Fischer.** 1806 De Nycteridio (Pteronus, Pz.). — *Act. Soc. phys. med. Moscou.*

47. **Foggo.** 1825 Notes of an Insect of the Genus Urocerus. — *Edinburg-Journal of Science.*

48. **Foerster A.** 1843 Einige neue arten aus der Familie der Blattwespen. — *Stett. Ent. Zeitung.*

49. — 1854 Neue Blattwespen. — *Bonn., in-8°.*

50. **Friwaldsky** 1876 Insectes de Hongrie, esp. nouvelles. — *Mém. de l'Ac. hongroise des Sc. math. et phys.. p. 287.*

51. **Gimmerthal** 1836 Beschreibung einiger neuen in Livland aufgefundenen Insekten. — *Bull. Soc. imp. Nat. Moscou.*

52. — 1844 Beschreibung einiger neuen Blattwespen. — *Stett. Ent. Zeitung.*

53. **Giraud Dr.** 1857 Description d'Hymén. — *Soc. zool. bot. Vienne.*

54. — 1861 Description d'Hymén. — *Soc. zool. bot. Vienne.*

55. — 1863 Mémoire sur les Insectes du roseau commun. — *Soc. zool. bot. Vienne, p.* 1251.

56. — 1863 Description et métamorphose d'une nouvelle espèce de Tenthrédine. — *Soc. zool. bot. Vienne.*

57. — 1869 Observations hyménoptérologiques et Description de la Lyda parisiensis. — *Ann. Soc. ent. fr., p.* 474.

58 — 1870 Note sur le Janus femoratus. — *Ann. Soc. ent. fr.*

59. — 1871 Observations sur les fausses Chenilles épineuses qui vivent sur le chêne et biologie de la Dineura verna, Kl. — *Ann. Soc. ent. fr., p.* 389.

60. **Goureau.** 1842-68 Notes nombreuses dans les *Ann. Soc. ent. fr.*

61. **Hartig Th.** 1837 Die Familien der Blattwespen und Holzwespen. — *Berlin.*

62. **Heer Osw.** 1848 Die Insekten Fauna der Tertiaergebirge von Œningen und Radoboj in Croatien. (G. Cephites).

63. **Huber P.** 1842 Sur la Lyda inanita. — *Mém. de la Soc. de phys. et d'hist. nat. de Genève, p.* 399, et *Ann. des Sc. nat.*, 1843, *p.* 387.

64. **Kawall H.** 1861 Entomologische Mittheilungen.— *Stett. Ent. Zeit., p.* 126.

65. — 1864 Beitraege zur Kenntniss der Hymen-fauna Russlands — *Soc. imp. des Nat. de Moscou.*

66. **Klug F.** 1803 Monographia Siricum Germaniæ atque genera illis adnumeratorum. — *Berolini.*

67. — 1818-19 Die Blattwespen nach ihren Gattungen und Arten zusammengestellt. — *Berlin.*

68. — 1819 Die Blattwespen der Fabricischen Sammlung. — *Viedemann Zool. Magas. Altona.*

69. — 1824 Entomologische Monographien (Tarpa). — *Berlin.*

70. — 1834 Jahrbücher der Insectenkunde mit besonderer Rücksicht auf die Sammlung in Kœnigs-Museum in Berlin herausgegeben (p. 224 à 253).—*Berlin, in-8°.*

71. **Kriechbaumer J.** 1839 Neue Blattwespen der Gattung Allantus. — *Soc zool. bol. Vienne.*

72. — 1877 Uber das ♂ von Cimbex fasciata. — *Ent. Nach., p.* 125.

73. — 1878 Zur Lebensweise der Tarpa spissicornis. — *Ent. Nachr., p.* 169.

74. **Kuwert.** 1878 Zur Caracteristik der Zaræa fasciata.—*Ent. Nachr.*, p. 180.

75. **Lepelletier de St-Fargeau** 1823 Monographia Tenthredinetarum. — *Paris, in-8o.*

76. — 1833 Description de trois nouvelles espèces du genre Cimbex. — *Ann. Soc. ent. fr.*

77. **Loschge.** 1787 Beschreibung einer Blattwespen Art. (Lophyrus rufus).

78. **Mocsary.** 1877 Hyménoptères nouveaux. — *Acad. hongroise des Sc. math. et phys*, p. 87.

79. — 1877 Hymenopterologia Sibirica. — *Tidjschrift voor Ent.*, p. 198.

80. **Müller E.** 1821 Uber den Afterraupenfrass in den Frankischen Kieferwaldungen.

81. **Newmann.** 1833 Larva of Lyda sylvatica, of Allantus scrophulariæ, of Nematus dimidiatus. — *Ent. Mag.*

82. — 1869 Componiscus Healayi, sp. n. auf Erlen.—*Ent. Mag.*

83. **Newport G.** 1838 Observations on the Anatomy, Habits and Œconomy of Athalia centifoliæ. — *London.*

84. **Raddatz A.** 1873 Ubersicht der Mecklenburg Blatt- und Holzwespen und Fliegen. — *Neubrand, in-8o.*

85. **Ratzeburg.** 1844 Cimbex Humboldtii. — *Stett. Ent. Zeit.*

86. **Rudow.** 1871 Die Tenthrediniden des Unterharzes nebst einigen neuen Arten anderer gegenden. — *Stett. Ent. Zeit.*

87. — 1872 Revision der Tenthredo-Ungattung, Allantus im Hartigschen Sinne. — *Stett. Ent. Zeit.*

88. — 1872 Zwei neue Blattwespen. — *Stett. Ent. Zeit.*

89. **Saunders.** 1835 Notice of the Ravage of a Blackcaterpillar upon the Turneps in the south of England. — *Journal of Proceed ent. Soc. of London.*

90. **Saxesen.** 1842 Verzeichniss der bis dahin aus Harze gefundenen Blatt- und Holzwespen. — *Nordhausen.*

91. **Schæffer.** 1779 Die Tannen Saegfliege.

92. **Schlectendal (von)** 1878 Einige neue deutsche Siricide. — *Ent. Nachr.*, p. 153.

93. **Scholtz.** 1848 Schlesiens Blattwespen. — *Breslau.*

94. **Shuckard.** 1837 Description of new Species of Sirex. (S. duplex). — *Charlesworthi Mag. nat. Hist.*

95. **Sichel.** 1856 1866 Sur l'Abia aurulenta. — *Ann. Soc. ent. fr.*

96. **Snellen van Vollenhoven.**	1857	De Inlandsche Bladwespen. — *La Haye.*
97. —	1860	Beschrijving van cenige nieuwe soorten van Bladwespen. — *Tidjschrift voor Ent.*
98. **Stein.**	1876	Neue Tenthredoniden. — *Stett. Ent. Zeit.*
99. **Taschenberg.**	1857	Schlüssel zur Bestimmung unserer einheimischen Blatt- und Holwzespen Gattungen.— *Zeitsch für die gesammte Naturwissenschaft.*
100. **Tischbein.**	1852	Hymenopterologische Beitraege.— *Stett. Ent. Zeit.*
101. **Treviranus.**	1829	Uber ein den Kieferpflanzen schaedlichen Insect.— (Lyda erythrocephala). — *Verh. der Preuss. Garienbauvereins, Berlin.*
102. **Valot Dr.**	1836	Sur une Tenthrède qui attaque les branches du chèvrefeuille. — *Cte-rendu de l'Ac. des Sc. de Paris.*
103. **Villaret (Foulques de)**	1832	Mémoire sur quatre nouvelles espèces de Tenthrédines. — *Ann. Soc. ent. fr.*
104. **Woodward**	1832	On Trichiosoma lucorum, its Pupa, Imago, Habitation. — *London, Mag. of nat. Hist.*
105. **Zaddach.**	1859	Beschreibung neuer oder wenig bekannter Blattwespen aus dem gebiete der Preuss- Fauna. — *Kœnigsberg.*
106. —	1862-75	Voyez *Brischke.*

Ire FAM. — TENTHREDINIDÆ

Caractères généraux. — Les Tenthrédines se distinguent de tous les autres hyménoptères par l'ensemble des caractères suivants :

Abdomen sessile, sans articulation mobile avec le thorax. Ailes pourvues d'une cellule lancéolée. Trochanters biarticulés, l'article basilaire étant le plus gros. Tibias antérieurs munis de deux éperons. Tarière ♀ agissant par sa tranche, et dentée en forme de scie.

Tête. — La tête présente une forme arrondie assez variable, mais elle est cependant toujours plus large que longue et offre une face aplatie terminée inférieurement par un court museau. Elle s'insère généralement tout près du thorax par des ligaments assez courts s'attachant au fond d'une concavité, quelquefois profonde, creusée dans l'occiput. Les bords de celui-ci sont même souvent assez minces, presque tranchants. La tête est ordinairement de la même largeur que le thorax. Elle porte deux yeux ovalaires plus ou moins rapprochés des mandibules, et trois ocelles sur le vertex. L'épistome est souvent échancré en devant, d'autres fois simplement arrondi. Le labre est aussi ordinairement convexe en avant, le plus souvent bien distinct de l'épistome, et coloré parfois, ainsi que ce dernier, autrement que le reste de la tête. Les mandibules sont assez puissantes, pointues, courbées, lisses ou munies de dents, au nombre de 1 à 3, à leur partie interne. Les mâchoires sont chacune divisées d'ordinaire en deux lobes, dont l'un au moins est plus ou moins aplati. Les palpes maxillaires sont formés de six articles. La lèvre pourvue de trois lobes, formés par deux profondes incisions, porte des palpes de quatre articles. Dans tous les palpes l'article basilaire est ordinairement corné, tandis que les suivants sont plus ou moins membraneux.

Les antennes, très-variables quant au nombre de leurs articles, ne le sont pas moins en ce qui regarde leur forme, et on ne peut rien indiquer de général à leur égard. La place de leur insertion est aussi tantôt portée vers le front, tantôt rapprochée de l'épistome.

Thorax. — Le thorax, plus ou moins elliptique et convexe, montre, bien séparées par de profondes stries, les diverses parties qui le composent. Le pronotum, large sur les épaules, est, la plupart du temps, très-rétréci en son milieu; plus rarement son bord postérieur est coupé droit ou à peine concave. Le mesonotum est la partie la plus considérable du thorax; le scutellum est souvent coloré autrement que le reste de la surface. Le métanotum offre une série de plis transversaux dans lesquels il est quelquefois difficile de distinguer les diverses parties qui doivent s'y trouver. On y a cependant constaté l'existence d'une pièce qui ordinairement est cachée sous les autres téguments, et qui, ici, apparaît au dehors; c'est le post-scutellum du metanotum. Il offre, enfin, comme particularité spéciale, la présence fréquente sur les côtes du scutum, et près du mesonotum, de deux petites callosités de couleur claire, symétriques, appelées *granula* par Hartig, *Cenchri*, par Thomson et quelques autres. Rarement elles sont cachées par une sorte de petite écaillette; leur usage n'est pas connu Les pattes, de longueur variable, sont aussi quelquefois différemment épineuses ou éperonnées; elles sont, le plus souvent, munies de pelotes sous-tarsales (*patella*). Rarement les articles des tarses, qui sont toujours au nombre de cinq, présentent une dilatation foliacée anormale (chez quelques Nematus). Dans quelques espèces, enfin, les cuisses postérieures ♂ sont démesurément agrandies et renflées. Les *ailes* sont presque toujours longues, arrondies à l'extrémité, et ont une apparence chiffonnée qui tient à ce que leur membrane est incomplètement tendue. Elles sont, soit hyalines, soit diversement teintées ou enfumées. Le stigma est ordinairement très-marqué; les nervures se présentent encore avec différentes nuances; elles se décolorent même souvent, ce qui semble les faire disparaître, et peut amener quelques difficultés dans la distinction des cellules, mais on les surmonte facilement avec un peu d'attention. Il peut y avoir jusqu'à 3 radiales et 4 cubitales. La cellule basale peut présenter intérieurement une nervure fourchue que nous connaissons sous le nom de nervure intercalaire. La présence de la cellule lancéolée avec ses diverses modifications, est spéciale aux mouches à scie.

Abdomen. — L'abdomen, toujours sessile, présente dans sa forme, des modifications assez considérables. Il peut être aplati presque complètement ou simplement déprimé, presque cylindrique ou même légèrement comprimé, au moins vers sa pointe. Il est formé de huit anneaux apparents ; il est toujours plus long que large, et aussi plus long que n'est le thorax. Il peut être, soit allongé, soit oviforme, régulièrement elliptique ou un peu rétréci vers le thorax. Dans un certain nombre d'espèces, le premier segment présente, après son arceau supérieur, une fente occupant la place de la jonction des deux premiers segments. Cette fente s'élargit sur sur le dos, laissant voir une partie membraneuse blanchâtre (*nuditas*). D'autres fois ce premier segment est simplement plissé. Souvent aussi les premiers arceaux supérieurs s'écartent les uns des autres en laissant voir un interstice membraneux de nuance plus claire. Les pièces sexuelles (pl. VI, fig. 7 et 12) des femelles ont été déjà décrites en partie dans l'introduction ; on y a vu que les stylets affectent une forme lamelleuse, recourbée, élargie ; ils sont très-minces et les deux bords sont surtout cornés. Le bord supérieur s'articule avec la gaîne, de façon à pouvoir glisser sur celle-ci, comme dans une coulisse ; le bord inférieur est denticulé et constitue la partie tranchante. Les dents, de formes très-diverses, varient avec les espèces, et l'on pourrait, dans bien des cas, y trouver un bon caractère, s'il n'était si difficile de le constater. Elles sont dirigées en avant, le sommet en est arrondi, le côté postérieur est très-tranchant, tandis que l'antérieur est plus épais et présente ordinairement une ou plusieurs dents secondaires. A chaque dent, correspond un épaississement dans la lamelle, donnant à celle-ci l'apparence et les fonctions d'une lime, en même temps qu'il forme un soutien, une sorte de contrefort pour la dent. Ces saillies successives se perdent à la partie supérieure dans l'épaisseur de la lamelle; celle-ci, à sa partie la plus interne, se prolonge et se fixe par une apophyse et par le support du stylet. Quelquefois les intervalles des dents sont garnis d'une série de petits appendices cornés, caractéristiques, ovoïdes, pédiculés, diversement sculptés ou striés, nommés par Hartig *boutons de la scie* (Sageknopfe). La gaîne est aussi lamelleuse, ses bords inférieurs sont dentelés, et elle est courbée d'un manière analogue aux stylets. Elle présente des différences d'épaisseur dans sa surface, de façon à ce que, examinée par transparence, elle semble percée d'ouvertures. Enfin l'hypopygium, séparé en deux écailles, enserre le fourreau qui est court, légèrement saillant et dont l'union avec la gaîne ne semble pas bien intime. Les écailles de l'hypopygium ont souvent, à cause de leur forme variable, allongée ou raccourcie, à cause aussi de leur diverse coloration, pris place dans les descriptions des auteurs qui les ont nommées *valves*, *valvules*, *klappen*, *cerci*.

La gaîne et les stylets, quand ils sont en action, semblent sortir obliquement de l'extrémité de l'abdomen. Les derniers entament la surface des feuilles ou des rameaux tendres de façon à y pratiquer, par suite de leur mouvement rapide de va et vient, de petites incisions longitudinales où doivent s'enfermer les œufs.

Les organes sexuels mâles ne présentent pas de particularité spéciale. Ils sont représentés pl. VI, fig. 13, et contiennent les mêmes parties légèrement modifiées que celles que j'ai déjà énumérées.

Premiers états. — Les *œufs* des Tenthrédines ne diffèrent pas essentiellement de ceux des autres hyménoptères; ce sont de petits corps arrondis ou elliptiques, diversement colorés, qui sont surtout remarquables par la propriété qu'ont quelques-uns d'entre eux d'augmenter de volume après la ponte.

Les *larves* des Tenthrédines sont les seules qui soient pourvues de pattes membraneuses et qui vivent complètement à l'air libre. Elles sont parées de couleurs variées, changeant avec leur âge et le nombre de mues qu'elles ont déjà subies. J'ai dit déjà que le nombre de leurs pattes était, soit inférieur à 8, soit supérieur à 16, et que ces nombres les distinguaient de suite des chenilles de lépidoptères, dont elles ont l'aspect extérieur. Leur corps comprend 12 segments plus la tête, savoir : 3 segments thoraciques et 9 segments ventraux. Le dernier, ou segment anal, est souvent aussi pourvu de pattes membraneuses, dites pattes *anales*. La tête est munie d'yeux arrondis et les pièces de la bouche ne diffèrent pas sensiblement de ce que j'ai indiqué dans l'introduction. Les stigmates, par exception, sont au nombre de neuf paires, savoir : une sur le segment prothoracique et les huit autres sur les huit premiers segments abdominaux. Le corps est quelquefois garni d'épines de forme variée, et presque toujours l'épiderme est plissé et ridé de façon à rendre difficile la distinction des segments successifs.

Toutes ces larves sont phytophages, et elles se construisent, le plus souvent, une coque, soit en terre, soit sur les branches des arbres qui les ont nourries. Quelques-unes s'enferment dans des galles, tandis que d'autres peuvent laisser exsuder de leur corps différentes secrétions concourant à leur défense ; comme j'aurai à revenir fréquemment sur ces particularités, ce serait faire double emploi que de les détailler ici.

Ajoutons enfin, que les larves des Tenthrédines affectent souvent des positions bizarres, surtout quand on les inquiète, relevant l'abdomen d'un air menaçant et le maintenant ainsi pendant un temps très-long, ou ne se soutenant que par l'extrémité postérieure de leur corps. Elles attaquent quelquefois une feuille de compagnie, se plaçant côte à côte et avançant sur sa surface comme un bataillon destructeur. Enfin, tandis que les unes ne dévorent que l'épiderme de la feuille, les autres ne laissent subsister que les plus grosses nervures. Elles occasionnent des dégâts souvent fort importants et d'autant plus terribles qu'il est difficile de s'en préserver. La nature y a pourvu dans une certaine mesure en les désignant à la voracité d'un grand nombre de petits parasites. Nous sommes loin de connaître encore tous leurs ennemis ; j'indiquerai ceux qui ont été signalés, afin d'engager de nouveaux investigateurs à compléter ces listes.

Les nymphes ne nécessitent aucun détail particulier ; c'est toujours l'insecte parfait plus ou moins emmailloté.

Habitat et dispersion géographique. — On rencontre des Tenthrédines à l'état parfait depuis le printemps jusqu'à l'hiver, soit que les espèces se succèdent dans leur apparition, soit qu'une seule espèce ait une double génération dans l'année, ce qui se présente assez souvent.

Considérée à un point de vue général, la répartition géographique, en ce qui regarde l'Europe seule, présente peu d'intérêt, car les espèces suivent toujours la dispersion des plantes mêmes qui les nourrissent et se retrouvent souvent dans tout le continent aussi bien en Suède qu'en Italie, en Russie qu'en Angleterre. Je donnerai, d'ailleurs, ces indications pour chaque espèce, autant, du moins, que me permettront de le faire les documents existants.

Soit que les recherches aient été insuffisantes, soit que le fait existe en réalité, les Tenthrédines nous présentent un nombre d'espèces bien plus considérable en Europe et dans le nord de l'Asie et de l'Amérique que dans toutes les autres parties du monde. Elles sembleraient, d'après cela, plutôt propres aux climats tempérés ou froids qu'aux contrées tropicales habitées seulement par un nombre restreint d'espèces.

TABLEAU DES GENRES

1 Antennes de moins de 9 articles. **2**

— Antennes de 9 articles ou de plus de 9 articles. **10**

2 Antennes de 5 articles ou de plus de 5 articles. **3**

— Antennes de 4 articles au plus. **8**

3 Ailes antérieures avec 3 cellules cubitales. **4**

— Ailes antérieures avec 4 cellules cubitales.
G. 23. — **Cœnoneura,** Thomson.

4 Antennes ayant 5 articles avant la massue. **5**

— Antennes ayant 4 articles avant la massue. **6**

5 Cuisses postérieures non dentées. Premier segment abdominal suivi par une fente membraneuse. G. 1. — **Cimbex,** Oliv.

— Cuisses postérieures dentées. Premier segment abdominal non suivi par une fente membraneuse.
G. 2. — **Trichiosoma,** Leach.

6 Cellule lancéolée divisée par une nervure droite.
G. 3. — **Clavellaria,** Leach.

— Cellule lancéolée contractée au milieu. **7**

7 La première cellule cubitale reçoit les 2 nervures récurrentes.
G. 4. — **Abia,** Leach.

— La première cellule cubitale reçoit la première, la deuxième reçoit la seconde nervure récurrente. G. 5. — **Amasis,** Leach.

8 Ailes avec 2 cellules radiales et 3 cellules cubitales. Antennes de 4 articles, le quatrième très-petit. Tibias postérieurs non armés d'épines. G 44. — **Blasticotoma,** Klug.

— Ailes avec une cellule radiale. Antennes de 3 articles, le troisième très-long. **9**

9 Une épine au-dessous du milieu des tibias postérieurs. Ailes antérieures avec une cellule appendicée. G. 6. — **Hylotoma,** Latr.

— Pas d'épine au-dessous du milieu des tibias postérieurs. Cellule radiale non appendiculée. Antennes ♂ bifurquées.
G. 7. — **Schizocera,** Latr.

10 Tibias postérieurs non munis d'épines en dedans vers leur milieu. 11

— Tibias postérieurs munis d'épines en dedans vers leur milieu. 47

11 Ailes antérieures avec une cellule radiale. 12

— Ailes antérieures avec plusieurs cellules radiales. 22

12 Antennes de 9 articles. 13

— Antennes de plus de 9 articles. 21

13 Ailes antérieures avec 4 cellules cubitales (la première quelquefois peu distinctement séparée des autres. 14

— Ailes antérieures avec moins de 4 cellules cubitales. 20

14 Les 2 nervures récurrentes aboutissent à la deuxième cellule cubitale. 15

— Les nervures récurrentes aboutissent l'une à la deuxième, l'autre à la troisième cellule cubitale. 16

15 Cellule lancéolée pétiolée. G. 18. — **Nematus**, Jur.

— Cellule lancéolée contractée. G. 17. — **Leptopus**, Hart.

16 Troisième, quatrième, cinquième, quelquefois sixième articles des antennes munis d'appendices velus, allongés, filiformes. G. 10. — **Cladius** ♂, Ill.

— Articles des antennes sans appendices allongés. 17

17 Troisième article des antennes portant, à sa base en dessous, une corne saillante, poilue. G. 11. — **Trichiocampus** ♂, Hart.

— Troisième article des antennes sans corne poilue à sa base. 18

18 Articles 3, 4, 5, quelquefois 6, des antennes, tronqués obliquement, semblant porter chacun, à l'extrémité, un appendice très-court, rudimentaire. G. 10. — **Cladius** ♀, Ill.

— Articles 3, 4, 5, 6, des antennes, non tronqués obliquement, simples comme les autres. 19

19 Troisième article des antennes un peu courbé en dessous. G. 11. — **Trichiocampus** ♀, Hart.

— Troisième article des antennes droit. G. 12. — **Priophorus**, Latr.

20 Les 2 nervures récurrentes aboutissent dans la même cellule cubitale. G. 13. — **Cryptocampus**, Hart.

— Les 2 nervures récurrentes aboutissent, l'une à la première, l'autre à la deuxième cellule cubitale. G. 14. — **Pristiphora**, Latr.

21 Cellule lancéolée divisée par une nervure oblique. G. 8. — **Lophyrus**, Latr.

— Cellule lancéolée contractée au milieu. G. 9. — **Monoctenus,** Dahlb.

22 Ailes antérieures avec 3 cellules cubitales. **23**

— Ailes antérieures avec 4 cellules cubitales. **31**

23 Antennes de 9 articles. **24**

— Antennes de plus de 9 articles. **30**

24 Les deux nervures récurrentes sont insérées à la deuxième cellule cubitale. **25**

— Les 2 nervures récurrentes sont insérées l'une à la première ou à la deuxième, l'autre à la deuxième ou à la troisième cellule cubitale. **26**

25 Cellule lancéolée divisée par une nervure oblique. G. 24. — **Dolerus,** Klug.

— Cellule lancéolée pétiolée. G. 25. — **Pelmatopus,** Hart.

26 Cellule lancéolée traversée par une nervure oblique, ou ouverte sans nervure. **27**

— Cellule lancéolée pétiolée ou contractée. **29**

27 Cellule lancéolée ouverte sans nervure. G. 26. — **Aneugmenus,** Hart.

— Cellule lancéolée traversée par une nervure oblique. **28**

28 Ailes inférieures avec une cellule discoïdale fermée G. 27. — **Harpiphorus,** Hart.

— Ailes inférieures sans cellule discoïdale fermée. G. 28. — **Emphytus,** Klug.

29 Cellule lancéolée pétiolée. G. 19. — **Fenusa,** Hart.

— Cellule lancéolée contractée. Ailes inférieures sans cellule discoïdale fermée. G. 22. — **Kaliesysphinga,** Tischb.

30 Cellule lancéolée pétiolée. G. 20. — **Fenella,** Westw.

— Cellule lancéolée divisée par une nervure oblique. G. 21. — **Phyllotoma,** Fallén.

31 Les deux nervures récurrentes sont insérées à la deuxième cellule cubitale, ou au moins la deuxième prolonge la deuxième nervure transverso-cubitale. **32**

— Les 2 nervures récurrentes sont insérées l'une à la deuxième, l'autre à la troisième cellule cubitale. **33**

32 Cellule lancéolée pétiolée. G. 15. — **Dineura,** Dahlb.

— Cellule lancéolée contractée au milieu. G. 16. — **Hemichroa,** Steph.

33 Antennes de plus de 9 articles. G. 29. — **Athalia,** Leach.

— Antennes de 9 articles. 34

34 Cellule lancéolée, ouverte, entière, non contractée, ni divisée, ni pétiolée. 35

— Cellule lancéolée contractée, pétiolée ou divisée par une nervure. 36

35 Nervure costale épaissie et dilatée avant le stigma. Abdomen court, oviforme. G. 30. — **Selandria,** Leach.

— Nervure costale sans épaississement avant le stigma. Abdomen allongé cylindrique. G. 41. — **Strongylogaster,** Dahlb.

36 Cellule lancéolée pétiolée. G. 31. — **Blennocampa,** Hart.

— Cellule lancéolée contractée ou divisée par une nervure. 37

37 Hanches postérieures allongées. Extrémité des cuisses postérieures atteignant ou dépassant le bout de l'abdomen. 38

— Hanches postérieures ordinaires. L'extrémité des cuisses postérieures n'atteint pas tout à fait le bout de l'abdomen. 39

38 Antennes à peu près de la longueur du corps, sétacées. Corps en partie de couleur pâle en dessous. G. 35 — **Pachyprotasis,** Hart.

— Antennes longues seulement comme l'abdomen. Poitrine noire. G. 36. — **Macrophya,** Dahlb.

39 Cellule lancéolée contractée. 40

— Cellule lancéolée divisée par une nervure. 41

40 Antennes très-courtes. G. 33. — **Hoplocampa,** Hart.

— Antennes longues, minces, filiformes. G. 34. — **Synairema,** Hart.

41 Corps court, oviforme. G. 32. — **Triocampa,** Hart.

— Corps allongé, cylindrique. 42

42 Cellule lancéolée divisée par une nervure oblique. 43

— Cellule lancéolée divisée par une nervure droite. 44

43 Une ou deux cellules discoïdales fermées aux ailes inférieures. Corps de couleur variée. G. 40. — **Pœcilosoma,** Dahlb.

— Pas de cellule discoïdale fermée aux ailes inférieures. Corps noir ou ceint de rouge. G. 39. — **Taxonus,** Megerle.

44 Antennes un peu plus longues que le thorax, mais moins longues, ou, au plus, aussi longues que la tête et le thorax réunis, épaissies au sommet avec l'article basilaire épais. 45

— Antennes visiblement plus longues que la tête et le thorax réunis, hérissées, allongées, filiformes ou sétacées. 46

45 Yeux atteignant presque la base des mandibules.
G. 38. — **Allantus,** Jur.

— Yeux éloignés de la base des mandibules.
G. 37. — **Sciopteryx,** Steph.

46 Cellule anale des ailes inférieures courtement appendiculée.
G. 12. — **Perineura,** Hart.

— Cellule anale des ailes inférieures non appendiculée.
G. 13. — **Tenthredo,** Linné.

47 Ailes antérieures avec 2 cellules radiales et 4 cellules cubitales. Antennes de plus de 12 articles. 48

— Ailes antérieures avec 3 cellules radiales et 4 cellules cubitales. Antennes de 12 articles. G. 15. — **Xyela,** Dalm.

48 Antennes dentées en scie, de 15 à 18 articles. Tibias postérieurs avec 2 épines latérales rapprochées. G. 16. — **Tarpa,** Fabr.

— Antennes sétacées de 19 à 36 articles. Tibias postérieurs avec 3 épines latérales distantes. G. 17. — **Lyda,** Fabr.

1re Tribu. — Cimbicidæ

Caractères. — Tête plane en avant avec le bord supérieur du vertex droit ou sinué. Région occipitale concave. Antennes courtes de 5 à 7 articles claviformes ; massue de 2 ou 3 articles ou inarticulée; mandibules fortes avec 2 ou 3 dents aigües au côté interne, mâchoires membraneuses, bilobées, le lobe interne allongé, ovale; le lobe externe arrondi. Palpes maxillaires de 6 articles, palpes labiaux de 4 articles. Yeux médiocres, ovales, entiers ; ocelles disposés en triangle.

Pronotum très-étroit au milieu, élargi sur les côtés. Lobe médian du mesonotum triangulaire. Pattes ordinaires, sauf chez les mâles, où les cuisses et les tibias postérieurs sont quelquefois très-épaissis et allongés. Tibias avec deux éperons, sans épines ;

tarses de 5 articles dont les 4 premiers portent en dessous une pelote membraneuse ou patella. Prosternum très-développé.

Ailes supérieures longues, fortes, avec deux cellules radiales, trois cellules cubitales, la première longue, étroite, recevant presque toujours les deux nervures récurrentes, la deuxième étant parfois interstitiale. Cellule brachiale très-étroite, colorée ; aréole lancéolée contractée au milieu ou divisée par une nervure droite.

Ailes inférieures présentant deux cellules discoidales fermées, et portant à leur bord supérieur environ de 10 à 30 crochets.

Abdomen ovale, épais avec ses bords latéraux tranchants. Parties génitales ♀ très-apparentes sous les derniers segments.

Œufs. — Les œufs connus sont ovales, allongés, vert clair ou bleuâtre, et chez les grandes espèces peuvent atteindre plus de 2 mill. de long.

Larves. — Les larves ont le corps glabre, sillonné de plis transversaux, verruqueux avec des bandes longitudinales ou des points d'autre couleur que le fond. Elles portent 22 pattes tant écailleuses que membraneuses. La tête est ronde, les yeux petits, les mandibules courtes et épaisses, fortement dentées au côté interne. Palpes maxillaires de cinq articles, labiaux de trois articles. Pendant le jour, elles se roulent en spirale, la tête cachée un peu sous le corps, et restent ainsi immobiles d'un côté ou de l'autre des feuilles. C'est pendant la nuit qu'elles dévorent celles-ci. Les larves de plusieurs espèces peuvent, lorsqu'on les excite, lancer par des orifices spéciaux un liquide verdâtre, limpide, qui leur sert de moyen de défense. Le jet qu'elles produisent ainsi peut aller très-loin, à 25 ou 30 centimètres de leur corps. Les orifices éjaculatoires en forme de cônes membraneux sont placés de chaque côté du corps au-dessus des stigmates.

Mœurs et Métamorphoses. — Les Cimbicides ont le vol lourd et produisent un véritable bourdonnement. Leur taille est souvent au-dessus de la moyenne, et leurs larves peuvent faire des dégâts très-sensibles sur les arbres qu'elles attaquent. Les femelles pondent leurs œufs dans le parenchyme des feuilles de certains arbres ou arbustes, quelquefois aussi sur des plantes basses ou grimpantes. Elles entament les feuilles avec leur scie et déposent les œufs un à un. Cette ponte a lieu en mai, et les jeunes larves éclosent environ huit jours plus tard pour se répandre sur les feuilles qu'elles attaquent à l'envi. En juillet ou août, elles ont atteint toute leur taille, et elles se filent alors une coque, soit qu'elles s'enfoncent dans la terre, soit qu'elles se fixent sur les branches ou dans les fissures de l'écorce des arbres. Cette coque est, en général, grossière, rugueuse, de couleur foncée brune ou jaunâtre, ovale ou oblongue, d'autres fois sa surface présente un réseau comme les mailles d'un filet. Lorsqu'elle est enfermée dans cette coque, la larve tombe dans une sorte de léthargie, reste dans le repos le plus complet et observe nécessairement une entière abstinence. Elle prend une forme moins élancée, et se contracte un peu. Elle passe ainsi un temps fort long, puisque Drewsen a observé (pour le Cimbex femorata) qu'elle demeure dans la coque deux hivers consécutifs pour n'en sortir qu'au printemps suivant. Il est, à la vérité, d'autres espèces qui n'y passent qu'un seul hiver. En tous cas, ce n'est que dix jours environ avant l'éclosion définitive que la larve se métamorphose en nymphe.

L'insecte parfait vient au jour vers le mois de mai, en détachant une calotte assez régulière au sommet de son cocon. Il s'accouple presque immédiatement et Drewsen, qui a observé cet acte chez le C. femorata, nous apprend qu'il dure environ dix minutes et que le mâle saisit la femelle avec ses mandibules, s'aidant en outre de ses grosses pattes postérieures.

1er GENRE. — CIMBEX, Olivier, 1789 (213*)

κίμβηξ, sorte de guêpe.

Antennes claviformes de sept articles, dont une massue de deux articles. Ailes assez allongées, dépassant l'extrémité de l'abdomen, avec deux cellules radiales et *trois* cubitales, dont la première reçoit les deux nervures récurrentes; la deuxième est quelquefois interstitiale chez les ♂, mais cette disposition n'a rien de constant. Cellule lancéolée traversée par une nervure droite. Hanches postérieures écartées, antérieures presque contiguës. Cuisses postérieures non dentées. Entre les premier et deuxième segments abdominaux, est une fente élargie présentant à nu une membrane blanchâtre. Taille grande. Cuisses et tibias postérieurs démesurément allongés et épaissis chez le ♂.

Observation. — Les exemplaires du genre Cimbex sont extrêmement variables de nuance, de taille, et même de caractères qui pourraient sembler spécifiques. Toutes ces variétés se rapportent cependant à un très-petit nombre d'espèces, car les éducations faites en grand nombre par divers observateurs, les accouplements constatés, ont permis de se rendre compte qu'il ne faut, le plus souvent, pas se fier à l'apparence extérieure pour différencier les espèces de ce genre. Ainsi, pour une même espèce, les individus peuvent être jaunes ou noirs, glabres ou pubescents, la deuxième récurrente peut être interstitiale ou non, etc. Aussi est-ce devant cette extrême variabilité que Klug a cru devoir réunir presque tous les Cimbex sous un même nom : *Variabilis.* Cependant nous n'irons pas jusque là, et, avec les auteurs les plus modernes, nous distinguerons un petit nombre d'espèces, en nous appuyant surtout sur la nourriture différente des larves. Encore, dans l'impossibilité de séparer des individus qui sont souvent identiques, ne devrons-nous pas faire autant d'espèces que de sortes d'arbres nourrissant les larves, mais serons-nous obligé de grouper quelques-uns de ces arbres appartenant à une même série botanique pour faire une seule espèce des larves qui vivent de leurs feuilles.

1 Labre et côtés du pronotum jaune soufre clair. Antennes jaune testacé clair, les premiers articles plus foncés ; pattes ferrugineuses marquées de noir. Abdomen jaune citron avec les 1er, 2e et 4e segments noirs, les 2e et 4e seulement avec une tache jaune soufre sur les côtés, tous les autres n'ont qu'une petite tache triangulaire noire sur le milieu de leur base, rarement ils sont entièrement noirs. Ailes jaunâtres sur la moitié de leur étendue avec les nervures testacées. 2e nervure recurrente ♂ non interstitiale. Long. 22 mm. Enverg. 45 mm.

Humeralis, Fourc.

Larve blanche ou jaune, avec la partie dorsale garnie de points noirs disposés avec ordre, ornée de taches jaunes sur les côtés et de stries noires. Long. adulte, 45 mm. Vit sur le *Cratægus oxyacantha* et le *Prunus padus* — Ses parasites sont :

Mesochorus Cimbicis, Rtzb. — Ichneumonide.
— *splendidulus*, Grav. — —
Opheletes glaucopterus, L. — —

Patrie : Angleterre, Paris, Pyrénées, Allemagne méridionale, Autriche.

— Labre et côtés du pronotum ferrugineux ou noirâtres. 2

2 Abdomen avec les segments intermédiaires rouges ou marron. Ailes hyalines tachées de noir à l'extrémité et un peu sous le stigma. Antennes jaunes avec les trois premiers articles presque entièrement noirs. Tarses jaunes.

Femorata, L. Var. *Sylvarum* Fab

— Abdomen noir ou jaune, ni rouge ni marron en son milieu. 3

3 ♂ Abdomen entièrement noir avec un reflet plus ou moins violacé. Tibias noirs. Ailes hyalines avec une bordure postérieure noire.

♀ Abdomen noir, jaune, ou jaune taché de noir, glabre ou pubescent. Mésothorax noir ou mélangé de testacé et de noir. Ailes hyalines ou lavées de jaune, avec ou sans bordure postérieure noire. Long. 15 à 25 mm. Enverg. 40 à 55 mm. **Femorata**, L.

Larve adulte : corps vert clair, plus moins bleuâtre, orné de granulations blanches, et portant sur le dos une ligne foncée noire ou bleuâtre avec des stries jaunes de chaque coté. Tête ronde, jaune. Dans le jeune âge, elle est seulement verte, couverte d'une sorte de poussière blanche. Long. ad. 50 mm. — Vit sur divers saules, le hêtre, le bouleau. — Ses parasites sont :

Campoplex argentatus, Rtzb. — *Ichneumonide.*
— *holosericeus*, Rtzb. — —
— *pubescens*. Rtzb. — —
Cryptus cimbicis, Rtzb. — —
— *incubitor*, Grav. — —
Hemiteles dispar. Rtzb. — —
Mesochorus cimbicis, Rtzb. — —
— *splendidulus*, Grav. — —
Mesoleptus rufus, Grav. — —
Monodontomerus obsoletus, Fab. — *Chalcidite.*

Paniscus glaucopterus, L.	— *Ichneumonide*.
— *testaceus*, Grav.	— —
Pezomachus cursitans Grav.	— —
Tryphon mesoxanthus, Grav.	— —
— *rufus*, Grav.	— —
— *sorbi*, Saxesen.	— —

PATRIE : Angleterre, France, Allemagne, Suisse, Suède, Italie, Russie.

♂ Abdomen noir, rougeâtre à l'extrémité. Tibias rougeâtres. Ailes hyalines, bordées postérieurement de noir.

♀ Abdomen avec les premiers segments violacés, brillants, les autres jaune soufre, mats. Ailes lavées de jaune, à peine enfumées au bord postérieur et sous le stigma. Tibias testacés ferrugineux. Mesonotum noir cuivreux sombre, métallique. Ventre noir brun avec de petites taches jaunes latérales sur chaque segment. Long. 20 mm. Env. 42 mm. **Connata**, SCHR.

Larve vert clair avec 3 lignes dorsales, la médiane, interrompue par des plis transversaux, violacée ou noire, les latérales gris cendré, et avec 12 points noirs, placés de chaque coté (*d'après Zaddach*). — Long. ad. 45 mm. — Vit sur l'aulne. — Ses parasites sont :

Campoplex argentatus, Rtzb.	— *Ichneumonide*.
— *holosericeus*, Rtzb.	— —
Mesochorus splendidulus Grav.	— —
Paniscus glaucopterus, L.	— —

PATRIE : Angleterre. Paris, Gray, Allemagne, Suède, Etrurie, Autriche, Grèce.

2e GENRE. — TRICHIOSOMA, LEACH, 1814 (162*)

τρίχίας, velu, σῶμα, corps.

Epistome largement échancré en devant; antennes claviformes de 7 articles, dont 2 pour la massue. Ailes longues avec 2 cellules radiales et trois cubitales dont la 1re reçoit les 2 nervures récurrentes; cellule lancéolée traversée par une nervure droite; hanches postérieures un peu écartées. Cuisses postérieures armées d'une dent vers l'extrémité. Ongles simples; abdomen sans fente membraneuse entre les 1er et 2e segments. Corps ordinairement en partie garni de poils laineux.

♂ Hanches postérieures allongées. Abdomen avec les côtés parallèles,

1 Tibias noirs jusque vers l'extrémité. Corps noir bronzé ou violet, avec des poils gris. Long. 15 mm.

Betuleti, Kl.

La larve vit sur les *Cratægus*, où on la trouve en août. L'insecte parfait éclot en juin. — Ses parasites sont :

Monodontomerus obsoletus, Fab. — *Chalcidite.*
Tryphon sorbi, Saxs. — *Ichneumonide.*

PATRIE : Angleterre, France, Allemagne, Suède.

— Tibias jaunes, testacés ou ferrugineux. 2

2 Cuisses portant en dessus des poils noirs. Corps noir bronzé avec des poils blanchâtres. Abdomen noir, soyeux au milieu, plus ou moins rougeâtre à l'extrémité chez le mâle. Ailes jaunâtres, bordées de noir à l'extrémité. Long. 15 mm. **Sorbi, Hart.**

La larve est d'un vert assez clair en dessous, plus foncé sur le dos. Elle a la tête jaune. Elle vit sur le *Pyrus aucuparia*, en août. L'insecte parfait éclot en juin. Parasite :

Tryphon sorbi, *Saxs.* — *Ichneumonide.*

PATRIE : Angleterre, Allemagne, Suède.

— Cuisses portant en dessus des poils blanchâtres. 3

3 Abdomen entièrement noir mat, ainsi que la tête et le thorax, velu de longs poils laineux pâles. Antennes brunes, plus claires au milieu. Hanches et cuisses noires. Ailes un peu enfumées, bordées de noir à l'extrémité. Long. 16 mm. Env. 30 mm. **Lucorum, L.**

La larve a le corps vert clair couvert d'une sorte de farine blanche. Le dos est d'une couleur plus foncée. La tête est jaune verdâtre clair avec les yeux noirs. Les pattes sont blanchâtres. Long. 15 mm. — Elle vit sur les aulnes, les bouleaux et les saules, en juillet jusqu'à octobre. L'insecte parfait paraît en juin. On a signalé comme parasite :

Campoplex pubescens, Rtzb. — *Ichneumonide.*

PATRIE : Angleterre, France, Allemagne, Suède, Russie.

— Abdomen noir bronzé, brillant, avec les bords ou l'extrémité et le ventre roux ferrugineux. Le corps est noir garni de poils pâles. Les ailes sont un peu enfumées ou jaunâtres et bordées de noir à l'extrémité. Long. 20 mm. Env. 50 mm. **Vitellinæ**, L.

La larve est d'un vert plus foncé sur le dos, plus clair sous le ventre. Les stigmates sont bruns, la tête est jaune avec les yeux noirs. Long. 30 mm. — Elle vit sur le bouleau, l'aulne, le saule, à la fin de juillet et en août. L'insecte parfait vole en juin.

Patrie : Angleterre, France, Allemagne.

3e GENRE. — CLAVELLARIA, Leach., 1814 (162*)

Clavella, petite massue.

Antennes de 5 articles, dont 1 pour la massue qui est inarticulée. Ailes allongées, avec 2 radiales et 3 cubitales dont la 1re reçoit les 2 nervures récurrentes. Cellule lancéolée divisée par une nervure droite. Cuisses et ongles mutiques. Hanches postérieures presque contiguës. Jonction des 1er et 2e segments abdominaux sans fente élargie, nue, membraneuse.

♂ Abdomen à côtés parallèles.

— ♀ Corps noir. Epistome et labre blancs. Tête et 1er segment abdominal noir bleuâtre. Abdomen orné de 4 bandes jaunâtres claires, la 1re interrompue, rouge à l'extrémité. Cuisses noir bleuâtre; tibias et tarses roux pâle. Ailes hyalines, plus sombres à l'extrémité.

♂ Ventre rouge en entier. Abdomen bleuâtre en dessus, rouge à la pointe, sans bandes claires. Tibias presque noirs. Long. 16-18 mm. Env. 40 mm. **Amerinæ**, L.

La larve est d'une nuance vert clair, avec le corps garni d'une matière blanche farineuse et marquée d'une ligne longitudinale d'un vert plus obscur sur le milieu du dos. La tête est lisse, blanchâtre, ainsi que les pattes. Long. 50 mm. — Elle fixe son cocon, qui est brun luisant, à l'écorce ou aux fissures du tronc des arbres. Elle vit sur le saule, en juillet et août et on trouve l'insecte parfait en juin. C'est une des larves qui lance le plus fortement une liqueur par les côtés du corps.—Elle a pour parasites :

Campoplex pubescens. Rtzb.	— *Icheumonide.*
— *amerinæ.* Rondani.	— —
Cryptus leucocheir Rtzb.	— —
Mesochorus cimbicis. Rtzb.	— —
— *testaceus.* Grav.	— —

PATRIE : Angleterre, France, Allemagne, Suède, Russie.

4e GENRE. — ABIA, LEACH., 1814 (162*)

ἄβιος, doux, pacifique.

Antennes claviformes de 7 articles, dont 3 pour la massue. Ailes antérieures avec 2 cellules radiales et 3 cubitales, dont la première reçoit les 2 nervures récurrentes. Cellule lancéolée contractée au milieu. Hanches contigües.

♂ Abdomen à côtés plus parallèles, le plus souvent avec une impression sur le milieu des 5 derniers segments.

1 Antennes noires en entier. 5

— Antennes au moins en partie testacées. 2

2 Ailes antérieures avec une tache noirâtre à l'extrémité. Tête et abdomen vert doré cuivreux. Thorax bleu violacé brillant. Genoux, tibias et tarses blancs un peu jaunâtres. Ailes lavées de jaune sur le bord costal avec une tache noire vers l'extrémité et une autre sous le stigma. Ventre bleu verdâtre, hanches cuivreuses.

♂ Milieu des segments abdominaux 4, 5, 6, 7, orné d'une tache quadrangulaire noire veloutée. Long. 10mm. Enverg. 20mm. **Sericea, L.**

La larve a la tête noire avec les contours de la bouche plus pâles. Le dos est gris ardoisé foncé et marqué de taches noires. Les flancs et le dessous sont blanchâtres, ainsi que les pattes, qui sont surmontées chacune de 2 taches noires. Les stigmates sont bruns. Enfin des tubercules blancs forment 2 rangées sur les segments. Elle lance un liquide par des ouvertures latérales. Long. 20 mm. Elle vit de juillet à octobre sur la *Scabiosa succisa* et se métamorphose en terre dans un double cocon. L'Insecte parfait paraît en juin.

PATRIE : Angleterre, France, Espagne, Suisse, Allemagne, Autriche, Italie, Russie, Suède.

— Ailes antérieures sans tache noire à l'extrémité. **3**

3 Ailes antérieures sans tache noire sur le disque, seulement avec une petite tache testacée à la base de la 1re cubitale. Tête et Thorax vert brillant un peu doré ; abdomen vert bleu brillant. Pattes blanc jaunâtre. Ventre vert bleu plus sombre.

♂ Abdomen avec une tache quadrangulaire noire veloutée sur le milieu des segments 4, 5, 6, 7. Long. 11 mm. Env. 22 mm. **Nitens**, L.

PATRIE : France, Suisse, Allemagne, Suède.

— Ailes antérieures avec une bande noirâtre traversant presque le disque. **4**

4 Antennes noires à la base seulement. Abdomen cuivreux, métallique, brillant en dessus. Scape, labre, base des mandibules et ventre noirs. Cuisses cuivreuses ; tibias et tarses testacés. Long. 12 mm. Env. 25 mm.

♂ sans tache abdominale. **Aurulenta**, SICHEL.

PATRIE : Piémont, Savoie, Suisse, Tyrol.

— Antennes noires à la base et à l'extrémité. Couleur verte un peu terne, parfois un peu bleuâtre. Cuisses noires. Genoux, tibias et tarses testacé clair. Ventre vert sombre, violacé au milieu.

♂ Abdomen pourvu d'une tache quadrangulaire noire sur les segments 4, 5, 6, 7. Long. 10 mm. Env. 20 mm. **Fulgens**, ZADD.

PATRIE : Pyrénées, Marseille, Suisse, Autriche.

5 Ongles dentés. Tête et Thorax noir bronzé, fortement velus de poils bruns ou testacés. Abdomen vert bronzé ou doré avec une pubescence grise sur les 5 derniers segments. Genoux, tibias et tarses blanc jaunâtre. Ailes hyalines, lavées de jaune vers la base jusqu'au stigma, et avec une tache brune à l'extrémité. Ventre violacé.

♂. Abdomen avec une tache quadrangulaire, veloutée, noirâtre, sur les segments 4, 5, 6. Long. 11 mm. Env. 24 mm. **Nigricornis**, LEACH.

La larve est cendrée et marquée de taches et de points noirs de chaque côté, avec 2 lignes jaunes sur le dos; Vertex noir. Long. 22 mm. Elle vit (d'après Snellen van Voll) sur le *Symphoricarpus racemosus*.

PATRIE : Angleterre, France, Suisse, Italie, Autriche, Hollande, Suède.

— Ongles mutiques. **6**

6 Abdomen doré cuivreux pubescent; Tête et thorax noir bronzé, longuement velus de poils noirs. Genoux, tibias et tarses blanc-jaunâtre. Ailes hyalines, lavées de jaune, avec une tache testacée à l'extrémité.

♂ Abdomen avec les segments 4, 5, 6 veloutés, noirs. Long. 10 mm. **Mutica**, THOMSON.

PATRIE : Suède.

— Abdomen noir brillant avec une bande jaune sur le 1er segment (♀). Tête et Thorax noir brillant, garnis de poils gris. Tibias et tarses brun clair. Ailes hyalines, avec une large tache brun foncé traversant le disque. Ventre noir.

♂ Abdomen étroit, sans bande claire sur le 1er segment. Derniers segments munis de touffes latérales de poils noirs. Très rare (coll. Sichel). Long. 10mm. Env. 22 mm. **Fasciata**, L.

La larve est cendrée en dessus avec 5 points noirs disposés en ordre. De chaque côté est une ligne double noire et jaune. Tête noire. Long. (?) mm. (d'après

Dahlbom). Elle vit sur les *Lonicera* et les *Viburnum* en automne, L'Insecte parfait paraît en juillet. La ♀ est commune, mais le ♂ est si rare qu'il n'est même pas très sûr que les individus qu'on lui rapporte en soient d'une façon bien authentique.

PATRIE : Angleterre, France, Suisse, Allemagne, Autriche, Suède, Russie.

5e GENRE. — AMASIS, LEACH., 1817 (162*).

Amasis : nom propre.

Antennes claviformes, de 5 articles, dont un seul pour la massue qui paraît être inarticulée. Ailes longues avec 2 cellules radiales, et 3 cubitales; la première reçoit l'une des nervures récurrentes, la seconde reçoit l'autre. Cellule lancéolée contractée au milieu. Ongles bifides. Pas d'espace nu entre les 1er et 2e segments. — Taille médiocre.

♂ Facilement reconnaissables par l'absence de la tarière.

1 Corps complètement noir 4

— Corps varié de jaune. 2

2 Ventre noir au milieu. Ailes hyalines. 3

— Ventre plus ou moins jaune au milieu. Ailes légèrement enfumées à l'extrémité. Tête et Thorax noirs, ainsi que les antennes. Cuisses noires; genoux tibias et tarses blanc jaunâtre. Extrémité des tibias postérieurs et de tous les tarses noire ou brune. Segments du dos de l'abdomen bordés de jaune, plus largement sur les côtés que sur le milieu. Long. 7mm. Env. 16mm. **Læta**, FABR.

L'insecte parfait se trouve en mai dans les fleurs du *Ranunculus bulbosus*.

PATRIE : France centrale et mérid^le, Suisse, Italie, Allemagne méridionale.

3 Nervure costale et stigma jaunes; les autres nervures brunes. Thorax noir plus ou moins bordé de jaune. Ventre noir au milieu ou en entier. Dos de l'abdomen jaune sur les côtés et à l'extrémité. Pattes jaunes, avec les cuisses, sauf les genoux, une tache au coté interne des tibias postérieurs et les tarses, noirs ; les tarses antérieurs sont un peu jaune pâle à la base. Long. 6 mm. Env. 15 mm. **Amœna**, Klug.

Patrie : France, Allemagne, Turquie, Roumélie.

— Nervure costale et stigma noirs, ainsi que toutes les autres. Thorax quelquefois maculé de jaune, souvent tout noir. Ventre tout noir. Cuisses en grande partie noires, le reste des pattes jaune pâle, excepté l'extrémité des tarses qui est brune. Abdomen orné de chaque coté, du 2e au 6e segment, d'une tache jaune qui s'élargit de plus en plus; bord des 2 derniers segments entièrement jaune. Long. 8 mm. **Lateralis**, Brullé.

Patrie : Grèce, Espagne.

4 Pattes noires en entier. Ailes légèrement enfumées au milieu ; nervures noires. Corps entièrement noir, soyeux à l'extrémité abdominale. Long. 7 mm. Env. 16 mm. **Obscura**, Fabr.

L'Insecte parfait se trouve, en mai, dans les fleurs de *Geranium sylvaticum*.

Patrie : France, Angleterre, Allemagne, Suède, Russie, Sicile.

— Cuisses noires, genoux, tibias et tarses jaune clair. Ailes à peu près complètement hyalines, avec la nervure costale et le stigma brun sombre. Le reste du corps entièrement noir, soyeux à l'extrémité abdominale. Long. 9 mm. Env. 18 mm. **Krüperi**, Stein.

Patrie : Grèce, Syrie.

2e Tribu. — Hylotomidæ

Caractères. — Tête large, aplatie, plus étroite cependant que le thorax, de forme triangulaire, quand elle est vue de face. Elle est, ou non, rétrécie derrière les yeux. Antennes de trois articles seulement; le premier, ou article basilaire, est court, un peu pyriforme, le second encore plus court, aplati; le troisième est, au contraire, très-long, prismatique, atténué ou non à sa base, cylindrique ou renflé au milieu, garni de cils courts ou creusé inférieurement d'une gouttière longitudinale. Il peut être enfin, chez les mâles de quelques espèces, partagé en deux branches à peu près égales, cylindriques, ciliées, allongées. Mandibules sans dents au côté interne. Palpes maxillaires de six articles, labiaux de quatre articles. Thorax soit plus étroit (♂), soit aussi large (♀) que l'abdomen. Pronotum très-mince, sauf aux épaules. Pattes ordinaires; tibias intermédiaires et postérieurs munis ou non d'une épine particulière au-dessous du milieu de leur longueur. Tarses de cinq articles sans appendices (*patella*). Ongles simples. Ailes soit plus longues soit aussi longues que l'abdomen, mal tendues, paraissant souvent chiffonnées, soit enfumées ou colorées, soit plus rarement hyalines. Elles offrent une cellule radiale, suivie, dans certains cas, d'un appendice qui constitue une cellule appendicée, quatre cellules cubitales dont la 2e et la 3e reçoivent la 1re et la 2e nervures récurrentes. La nervure costale et le stigma sont renflés et bien visibles. La cellule lancéolée est, le plus souvent, longuement contractée, la première aréole étant fort petite; il y a même des cas où, par la disparition presque complète de la nervure inférieure de cette première aréole, la cellule lancéolée parait pétiolée, L'abdomen est étroit ou large suivant les sexes, un peu plus long que le thorax, mou et peu consistant, se déformant souvent par la dessication. Il présente à sa base un espace nu, souvent peu distinct.

Œufs. — Les œufs sont diversement colorés soit en vert, soit en jaune, ovales; ils ont environ en moyenne 3/4 de millimètre de longueur sur 1/2 millimètre de large.

Larves. — Les larves sont tout à fait semblables à des chenilles ; elles paraissent cependant plus renflées relativement à leur longueur. On admet qu'elles ont 20 pattes, mais il n'est souvent possible d'en distinguer que 18. M. Zaddach a même trouvé 22 pattes aux larves de son H. pullata. Le corps est, le plus souvent, garni de plis nombreux et porte soit éparsement, soit d'une manière régulière, des points, ou saillies verruqueuses, ordinairement noires, brillantes, et donnant naissance à des poils courts. On les remarque seulement sur le dos, mais il s'en trouve aussi de plus grandes au-dessus de chacune des pattes. Le segment ventral peut être autrement coloré que le reste du corps. La tête est arrondie ; les palpes maxillaires ont trois articles, ainsi que les palpes labiaux.

Mœurs et métamorphoses. — Les Hylotomides vivent à l'état de larve sur différents arbres et arbustes, où, grâce à leur voracité, et aussi à leur réunion en nombre sur la même plante, leurs dégâts ne sont pas à négliger. Beaucoup, sinon tous, ont une double génération dans l'année, et les métamorphoses de la seconde, qui éclot en août ou septembre, ont lieu très rapidement. Les larves de quelques espèces ont pour habitude, lorsque quelque danger leur semble s'approcher, de relever l'abdomen presqu'à angle droit et elles restent souvent fort longtemps dans cette position, qui est peut-être un moyen particulier de défense contre quelques uns de leurs ennemis. Elles rongent les feuilles entièrement, ne laissant subsister que les grosses nervures, souvent même que la nervure médiane. Parvenues au terme de leurs mues, et ayant atteint leur taille, elles se laissent tomber sur la terre, y pénètrent à une profondeur de quelques centimètres, et au moyen de leurs filières, s'y construisent une coque oblongue grise ou jaunâtre. Elle est composée de deux cocons séparés et insérés l'un dans l'autre. Le plus extérieur a l'apparence d'un filet à mailles larges; ses parois sont résistantes; souvent même des grains de sable sont incrustés dans la matière qui le compose, de façon à lui donner encore plus de solidité. Il laisse voir dans son intérieur le second réduit où s'est enfermée la larve; mais ici ,au lieu d'un tissu grossier, la fileuse a produit une enveloppe mince, soyeuse, flexible, où, passée à l'état de nymphe, elle pourra reposer doucement, tandis que la cloison extérieure la séparera du milieu grossier où elle se trouve placée et lui épargnera un contact trop rude.

Dès qu'elle est ainsi enfermée, la larve se gonfle, se contracte, se rétrecit et tombe dans l'immobilité où elle va rester pendant plusieurs mois d'hiver, en observant nécesssairement un jeûne absolu. C'est l'état de seconde larve ou larve contractée. Quand les beaux jours sont revenus, et que le moment de sa délivrance approche, la transformation s'opère complètement, en donnant naissance à la nymphe proprement dite. Celle ci ne subsiste que quelques jours et bientôt ses enveloppes se fendent pour livrer passage à l'insecte parfait, dont les mandibules, aidées sans doute par l'action d'un liquide particulier servant à ramollir la double enceinte qui l'enferme, ont rapidement raison de celle ci. Arrivée à la surface de la terre, l'Hylotome prend son essor, s'accouple, puis procède à l'importante opération de la ponte.

J'ai déja indiqué (*Introduction. page* xcv) le mécanisme général de cette ponte. Que la mère dépose ses œufs dans un rameau tendre, ou sous l'épiderme d'une feuille, c'est toujours la même manœuvre qu'elle doit exécuter. Comme je l'ai dit, elle pratique à l'aide de sa tarière en scie, une série de petites ouvertures placées les unes à la suite des autres, et dans chacune desquelles elle enferme un œuf en l'arrosant d'une liqueur mousseuse spéciale. La plaie, sous son influence, ne peut plus se refermer, noircit, et se gonfle par suite de l'accroissement de volume que prend bientôt chacun des œufs. Il en résulte une série de gibbosités formant comme un chapelet le long de la branche ou de la feuille.

Les insectes parfaits éclosent en mai après la succession de faits que j'ai énumérés, et pondent. Les jeunes larves éclosent bientôt et, trouvant immédiatement une nourriture abondante, traversent en peu de jours, toutes leurs transformations pour donner de nouveau en juillet ou en août des insectes ailés, qui forment la seconde génération annuelle. Ils pondent à leur tour et donnent naissance à des larves qui passeront l'hiver entier dans leur double coque.

6e GENRE. — HYLOTOMA, Lat., 1806 (156*)

ὕλη, bois, τέμνω, je coupe.

Antennes de trois articles, plus allongées chez le mâle que chez la femelle; les deux premiers sont très-courts, surtout le second; le troisième est long, cylindrique, garni inférieurement de cils courts chez le mâle, long aussi, mais renflé vers son milieu et creusé en dessous d'un sillon longitudinal profond chez la femelle. La Tête est plus large que longue, plus étroite que le thorax, et d'une forme un peu triangulaire. Le pronotum est très-étroit, sauf aux épaules. Le thorax est marqué de sillons profonds qui en séparent les diverses parties. Les pattes sont ordinaires, sauf que les tibias intermédiaires et postérieurs présentent une épine au-dessous de leur milieu. Les ailes sont longues, mal tendues, dépassent l'abdomen, et présentent une cellule radiale suivie d'une cellule appendicée et quatre cellules cubitales, dont la 2e et la 3e reçoivent respectivement les 1re et 2e nervures récurrentes. La cellule lancéolée est longuement contractée de façon que sa première aréole est souvent difficile à apercevoir. L'abdomen est étroit chez le ♂, élargi au milieu chez la ♀, présentant un espace ordinairement nu entre ses deux premiers segments. Les espèces sont de taille moyenne et offrent, le plus souvent, des couleurs métalliques.

♂, faciles à distinguer, en outre des caractères indiqués ci-dessus, par l'examen du dernier segment ventral qui est entier, tandis qu'il est fendu et laisse apercevoir l'extrémité de la tarière chez la femelle.

1 Corps noir bleuâtre, verdâtre ou bronzé. 2

— Corps pas entièrement de couleur foncée. 15

2 Ailes plus ou moins enfumées; sans taches foncées. 3

— Ailes hyalines ou peu colorées, avec quelques taches foncées. 9

3 Troisième nervure transverso-cubitale presque droite. Corps, antennes et pattes d'un noir bleu foncé brillant. Ailes enfumées avec une teinte bleuâtre plus foncée vers la base, presque hyalines à l'extrémité. Nervures brunes, stigma noir, un peu testacé ou blanchâtre extérieurement. Long. 9 mm. Env. 19 mm.

Cœruleipennis, Retz.

La larve est convexe en dessus, plate en dessous, de couleur verte, avec les plis latéraux jaune soufre, les stigmates noirs avec un trait blanc dans le milieu. Tous les segments portent des lignes transversales de points saillants bruns, d'où sortent de courtes soies. La tête est verte avec une tache noire sur le front, et les yeux noir brillant. Elle a 18 pattes. Long. 19 mm. Elle vit sur les saules à feuilles glabres : *salix fragilis, alba, purpurea*. On l'y trouve en juillet et en septembre. Elle se métamorphose en terre dans une coque elliptique blanchâtre. L'insecte parfait se trouve en mai et en août.

Patrie : Angleterre, France, Allemagne, Suède, Hongrie, Etrurie.

— Troisième nervure transverso-cubitale très-visiblement courbée. 4

4 Pattes antérieures noires ou bleu foncé. 5

— Pattes antérieures en partie rougeâtres ou testacées, pubescentes sur les tibias et les tarses, au moins en devant. 7

5 Ailes foncées surtout sur la cellule brachiale; corps,

antennes et pattes bleu noir brillant. Ailes enfumées, bleuâtres. Nervures brunes, stigma noir bleu. Long. 10 mm. Env. 25 mm. **Pullata.** ZADD.

La larve a 22 pattes, est jaune avec la tête bleu noir, ainsi qu'une tache anale et de nombreuses taches ou points, formant 6 séries sur le dos, 3 de chaque côté. Long. 28mm. Cocon jaunâtre garni de grains de sable. Elle vit en septembre sur le bouleau.

PATRIE : Allemagne (Dantzig).

— Ailes pas plus foncées sur la cellule brachiale que sur le disque. 6

6 Nervure transverso-discoïdale externe de l'aile inférieure aboutissant à peu près au milieu de la cellule radiale. Segment anal ♀ sans pinces. Corps entièrement bleu foncé métallique; antennes, tibias et tarses noirs. Ailes enfumées, bleuâtres. Long. 9mm. Env. 20 mm. **Enodis,** L.

La larve a 18 pattes; d'après Schranck, elle serait grise avec le dos jaune et de nombreuses taches verruqueuses noires donnant chacune naissance à un poil. Long. 20 mm. Sur les rosacées, au commencement de juillet. L'insecte parfait se trouve de mai à août, ce qui suppose une double génération. A pour parasite (d'après Giraud) :

Proterops nigripennis, Wesm. — *Braconide.*

PATRIE : Angleterre, France, Suisse, Allemagne, Suède, Russie, Dalmatie, Tyrol, Italie.

— Nervure transverso-discoïdale externe de l'aile inférieure aboutissant après le milieu de la cellule radiale. Segment anal ♀ terminé par deux pinces saillantes. Corps en entier bleu foncé métallique. Antennes, tibias et tarses noirs. Ailes enfumées, bleuâtres. Long. 9 mm. Env. 20 mm.

Berberidis, SCHRANCK.

La larve a 18 pattes; elle est blanche avec la tête et les pattes écailleuses noires. Elle porte 2 séries de taches jaunes et de nombreux points et taches noirs donnant naissance à des poils. Long. 18 mm. Elle vit sur le *Berberis vulgaris* (*Epine-vinette*) en juin et en août. Les insectes parfaits se rencontrent de mai à août Double génération. Giraud lui attribue comme parasite le :

Diplomorphus thoracicus. Giraud. — *Ichneumonide.*

PATRIE : Angleterre, France, Suisse, Allemagne, Autriche, Hongrie, Tyrol.

7 Antennes rougeâtres. Corps bleu noir brillant
métallique. Ailes brunes enfumées avec la côte et le
3 stigma noirs. Long. 8 mm. Env. 14 mm.

Gracilicornis, KLUG.

PATRIE : Angleterre, France, Suisse, Allemagne.

— Antennes noires. 8

8 Insecte long de 10 à 11 mm. En entier noir bleu brillant. Les ailes sont enfumées avec l'extrémité plus claire. La cellule discoïdale externe des ailes inférieures aboutit aux deux tiers de la cellule radiale. Long. 11 mm. **Ventricosa,** ZADD.

PATRIE : St-Pétersbourg.

— Insecte seulement long de 6 à 7 mm. Corps noir bleu métallique. Antennes noires longues ; tibias et tarses noirs. Ailes noir bleuâtre, plus claires sur les bords; troisième nervure transverso-cubitale obliquement sinuée. Long. 6, 1/2 mm. Env. 14 mm.

Cyanella, KLUG.

La larve est brillante, rougeâtre avec des taches verruqueuses, noires, sur le dos, donnant naissance à des poils ; elle est ornée de taches orangées sur les côtés. La tête est brune avec le vertex et le tour des yeux plus sombres ; elle a 18 pattes. Long. 9 mm. — Elle vit en septembre sur le *Rubus fruticosus*. L'insecte parfait se trouve en juillet et août.

PATRIE : France, Allemagne, Suisse, Suède.

9 Ailes hyalines, ou très-légèrement enfumées, et alors une grande tache sous le stigma. 10

— Ailes jaunâtres ou brunes. 12

10 Tibias postérieurs noirs en entier. Une tache foncée sous le stigma. Ailes presque complètement hyalines, à peine enfumées à l'extrémité avec la côte et le stigma noir brun. Antennes noires; tibias et tarses noirs. Tête, thorax et abdomen noir bronzé ou verdâtre brillant. Long. 10 mm. Env. 22 mm. **Fuscipes**, Fall.

La larve vit sur le *Salix caprea*. L'insecte parfait se trouve en mai.

Patrie: Angleterre, France, Allemagne, Tyrol, Suède, Russie.

— Tibias postérieurs blancs à la base. 11

11 Ailes avec une grande tache sous le stigma. Tous les tibias blancs à la base. Corps vert bronzé. Ailes hyalines. Long. 10 mm. Enverg. 20 mm.

Expansa, Klug.

Patrie : Russie septentrionale.

— Ailes hyalines sans tache sous le stigma; les tibias postérieurs seuls blancs à la base. Antennes et tarses noirs. Côte et stigma noirs. Corps bleu noirâtre brillant. Long. 8 mm. Enverg. 20 mm.

Ciliaris, Linné.

La larve à 20 pattes, est verte, avec le dos plus foncé : elle a 2 lignes latérales jaunâtres, la tête jaune, noire sur le front, les pattes écailleuses jaunes, les membraneuses vertes. Long. 18mm. — Elle vit sur le *Salix fragilis* en juillet et septembre. On rencontre l'insecte parfait de mai à août.

Patrie : Angleterre, France, Suisse, Allemagne, Suède, Russie, Autriche.

12 Tibias postérieurs seuls blancs à la base. Ailes à peu près hyalines vers l'extrémité, un peu brunes

à la base, et une tache brune sous le stigma. Corps bleu. Long. 8 mm. Enverg. 7 mm.

Corusca, Zadd.

Patrie : Allemagne (Kœnigsberg).

— Tous les tibias blancs ou jaunes. 13

13 Antennes testacées. Corps noir bronzé. Tibias blancs, plus foncés à l'extrémité. Cuisses bronzées jusqu'aux genoux qui sont blancs. Tarses bruns à l'extrémité. Ailes jaunes presque hyalines, avec une courte bande transversale brune. Long. 8mm. Env. 17mm. **Metallica**, Klug.

Insecte parfait en juin et juillet.

Patrie : Angleterre, France (Chaville, Dijon), Allemagne.

— Antennes noires. 14

14 Ailes avec une simple tache brune sous le stigma. Corps bronzé verdâtre métallique. Ailes jaunes surtout à la base. Antennes noires. Cuisses verdâtres à la base, le reste des pattes jaune clair, plus foncé à l'extrémité des tibias et sur les tarses. Long. 10mm. Env. 20mm. **Ustulata**, Linné.

La larve a 20 pattes ; elle est verte avec des saillies verruqueuses noires, portant des poils, 2 lignes dorsales et les côtés blanchâtres. Tête brune, plus foncée entre les yeux, stigmates bruns. Long. 20mm. — Elle vit en juillet et septembre sur les *Salix caprea et fragilis*, et fait sa coque non en terre, comme ses congénères, mais sur la terre et dans les feuilles sèches. L'insecte parfait paraît de mai à juillet.

Patrie : Angleterre, France, Allemagne, Suède, Russie, Autriche, Italie, Suisse, Tyrol.

— Ailes jaunes avec une tache brune allongée sous le stigma et une autre à l'extrémité, celle-ci peu visible chez le mâle où elle couvre seulement la cellule appendicée et l'extrémité de la nervure radiale. Corps noir bronzé brillant. Antennes noires. Pattes blanc jaunâtre, excepté les cuisses qui sont bronzées jusqu'aux genoux et l'extrémité des tarses qui est brune. La femelle à les segments abdominaux bordés de jaune brun. Long. 9mm. Env. 20mm.

Atrata, FORSTER.

La larve est verte avec quelques saillies verruqueuses de même couleur portant des poils. Elle a 20 pattes. Long. 21mm. — Elle vit en juillet et septembre sur l'aulne, et peut être aussi sur le saule, (*var. saliceti*). L'insecte parfait parait de mai à juillet.

PATRIE : Angleterre, France, Allemagne, Suède, Russie, Grèce, Autriche, Suisse, Tyrol.

15 Abdomen noir bleu. Thorax en partie rouge ou ferrugineux. Tête noir verdâtre métallique. Antennes noires. Prothorax noir bleu, ainsi que les écaillettes des ailes. Mesonotum rouge, avec le scutellum noir bleu, taché de rouge aux angles antérieurs. Metanotum, abdomen, poitrine et pattes noir bleu. Ailes enfumées, nervures noires. Long. 8mm. Env. 16mm.

Thoracica, SPINOLA.

PATRIE : France (Gray, Dijon), Italie, Hongrie, Russie.

— Abdomen jaune. **16**

16 Ailes teintées de noir bleuâtre sur toute la base et la nervure costale ; nervures noires. **17**

— Ailes teintées de jaune. **19**

17 Tous les tibias et tarses jaunes. Tête et thorax noir bleu brillant ; premier segment abdominal sombre; valves hypopygiales ♀ noires, le reste de l'abdomen jaune brillant; cuisses noir bleuâtre. Ailes enfumées, plus claires au bord externe; nervures et une tache sous le stigma, brunes. Long. 10mm. Env. 22mm.

Fuscipennis, H. S.

Trouvé en juin dans les prairies.

PATRIE : Allemagne (Kœnigsberg, Steyermark).

— Tibias et tarses antérieurs et intermédiaires noir bleu ou bruns. 18

18 Tibias postérieurs ♂ testacés, pâles. Valves hypopygiales ♀ noires. Tête thorax et premier segment abdominal noir violacé, le reste de l'abdomen jaune. Ailes enfumées, plus sombres à la base. Long. 9 1/2^{mm}. Env. 19^{mm}. **Tergestina**, KRIECHB.

Avril et mai. Peut-être une double génération.

PATRIE : Trieste.

— Tibias postérieurs ♂ noirs ou brun noir. Valves hypopygiales ♀ jaunes. Tête et thorax noir violacé. Antennes et pattes noires. Abdomen jaune. Long. 9^{mm}. Env. 20^{mm}. **Pagana**, PANZER.

La larve vit sur les églantiers. L'insecte parfait se trouve en mai, juin et juillet. Cette espèce a pour parasite, d'après Goureau :

Scolobates auriculatus: Fab. (*crassitarsus Grav*). *Ichneumonide.*

PATRIE: Angleterre, France, Suisse, Tyrol, Italie, Allemagne, Suède, Russie.

19 Toutes les pattes noires. Thorax ♀ en partie rouge. Valves hypopygiales ♀ noires. Thorax ♂ entièrement noir. Scutellum, métanotum et milieu de la poitrine ♀ noirs, le reste du thorax rouge. Tête, antennes et pattes noires dans les deux sexes. Ailes en partie jaunes, en partie enfumées, avec une tache plus foncée sous le stigma; la cellule brachiale et les 2 nervures qui la forment, jaunes; le stigma brun, plus clair à l'extrémité, les autres nervures noires. Long, 9^{mm}. Env. 19^{mm}. **Friwaldskyi** TISCHB.

PATRIE : Hongrie, Turquie.

— Pattes en partie jaunes. 20

20 Cuisses postérieures noir bleu ou bronzé, 21

— Cuisses postérieures jaunes, sauf à l'extrémité. 23

21 Tibias postérieurs jaunes, avec l'extrémité noire. Tête et thorax noir bleuâtre. Antennes noires. Abdomen jaune. Valves hypopygiales ♀ noires. Ailes lavées de jaune jusque vers le stigma, légèrement enfumées ensuite, avec une tache brune foncée sous le stigma. Celui-ci brun ainsi que les nervures de l'extrémité de l'aile ; celles de la base sont jaunes. Cuisses noires. Tibias jaunes, tarses bruns à l'extrémité. Long. 9mm. Env. 18mm. **Melanochroa**, GMEL.

La larve a 20 pattes ; elle est verte, plus foncée sur le dos, avec 2 lignes dorsales blanches ; l'extrémité de l'abdomen est jaune ainsi que la tête. Pattes écailleuses jaunâtres, pattes membraneuses vertes. Long. 19mm. — Elle vit sur le *Salix fragilis*. On trouve l'insecte parfait en mai, juin et juillet.

PATRIE : Angleterre, France, Espagne, Suisse, Tyrol, Allemagne, Hongrie, Russie méridionale.

— Tibias postérieurs entièrement jaunes. 22

22 Abdomen jaune avec le premier segment noir. Valves hypopygiales ♀ bordées de noir. Ventre ♀ avec 2 stries latérales noires. Tête et thorax noir bronzé. Antennes noires. Cuisses bronzées. Tibias et tarses jaunes. Ailes jaunâtres; nervure costale jaune; nervures jaunes vers la base de l'aile, brunes vers l'extrémité. Stigma brun avec une tache brune en dessous. Long. 10mm Env. 22mm **Dimidiata**, FALLÈN.

PATRIE : France, Allemagne, Suède, Russie (Oural).

— Premier segment abdominal jaune comme le reste. Valves hypopygiales ♀ jaunes. Tête, thorax, antennes et cuisses noir bleu. Tibias et tarses jaunes. Ailes jaunâtres avec le stigma et une tache transverse brun sombre chez la ♀. Long. 9mm. Env. 23mm.

Confusa, DIETRICH.

PATRIE : Suisse.

23 Tête et thorax bleu foncé en tout ou en partie. 24

— Tête et thorax noirs ou noirs et jaunes. 25

24 Antennes ferrugineuses, ainsi que les côtés du pronotum. Abdomen jaune avec l'extrémité des valves hypopygiales ♀ noire. Hanches et trochanters noirs. Cuisses jaunes, noires à la base. Tibias jaunes, noirs à l'extrémité. Tarses noirs avec la base du premier article jaune. Ailes presque hyalines, sans tache, avec le stigma et les nervures noires. Cellule brachiale brûne. Long. 9 1/2mm. Env. 21mm.

Rufescens, ZADD.

Patrie douteuse, bien qu'Européenne.

— Antennes noires. Pronotum bleu en entier. Abdomen jaune avec les valves hypopygiales ♀ seulement bordées de noir. Hanches et trochanters noirs. Cuisses antérieures et intermédiaires noires; postérieures jaunes avec l'extrémité noire. Tibias antérieurs bruns, plus foncés à l'extrémité. Tibias intermédiaires et postérieurs jaunes, avec l'extrémité noire. Tarses antérieurs brun grisâtre, les autres noirs avec la base des deux premiers articles jaune. Ailes antérieures jaunes à la base, enfumées légèrement à l'extrémité; nervures jaunes de la base au stigma, brunes ensuite. Stigma brun ayant par dessous une tache brune qui traverse l'aile. Long. 9mm. Env. 18mm. **Cyanocrocea,** FORSTER.

Insecte parfait en mai.

PATRIE : France, Suisse, Tyrol, Italie, Grèce, Autriche, Russie, Suède.

25 Cuisses antérieures noires. Tête et thorax ♂ noirs; chez la ♀, la poitrine est tachée de jaune. Abdomen jaune. Cuisses intermédiaires et postérieures jaunes, le reste des pattes noir. Ailes hyalines avec la nervure costale et le stigma noirs. Long, 7mm.

Stephensii, LEACH.

PATRIE : Angleterre.

— Toutes les cuisses jaunes ainsi que les tibias ; ceux-ci, excepté les antérieurs, noirs à l'extrémité. Tarses annelés de noir. 26

26 Poitrine jaune sur les côtés, noire dans le milieu. Pronotum quelquefois jaune en entier, d'autres fois seulement sur les bords latéraux. Ecaillette et côtés du mesonotum jaunes. Metanotum en grande partie jaune, quelquefois presque tout noir. Le dessus du thorax est aussi noir, entouré d'un cercle jaune qui diminue quelquefois, mais sans disparaître complètement ; en tous cas, la poitrine est toujours en partie jaune. Antennes noires, virant au ferrugineux ou au blanchâtre. Tête noire. Abdomen jaune, avec seulement l'extrémité des valves hypopygiales ♀ noires. Ailes jaunes vers la base, hyalines à l'extrémité ; nervures costales, cellule brachiale et stigma noirs. Long. 8 1/2 à 10mm. Env. 18 à 22mm. **Rosæ**, Degeer.

La larve est verte, plus ou moins jaune sur le dos. La face ventrale est plus sombre. La tête est jaune avec une tache grise sur le front, et les yeux noirs. Le dernier segment est jaune, précédé par une plaque noire. Tout le corps est semé de points verruqueux noirs donnant naissance à des poils. Une grande tache saillante noire est placée au dessus de chacune des pattes. Celles-ci sont au nombre de 18. Dans le jeune âge, la tête est noire. Long. 20mm. — Elle vit de juillet à septembre, quelquefois octobre, sur les rosiers et les églantiers, qu'elle dépouille de leurs feuilles, ne laissant à peine de celles-ci que la nervure médiane. Elles s'enfoncent en terre en octobre et s'y enferment dans un double cocon gris. L'insecte parfait se rencontre en avril et en août. Il y a deux générations dans l'année. Il pond sur les jeunes rameaux. On a signalé comme parasites :

Eulophus incubitor. Bé. — *Chalcidite*.
— *hylotomarum*. Bé. — —
— *nigrator*. Bé. — —

Patrie : Toute l'Europe.

— Tête et thorax noirs en entier, sans tache jaune. Antennes noires. Hanches, trochanters et base des cuisses antérieures et intermédiaires noirs ou bruns. Hanches et trochanters postérieurs noirs à la base, jaunes à l'extrémité. Cuisses postérieures entièrement jaunes. Tous les tibias jaunes avec une tache noire à l'extrémité de ceux des deux dernières paires. Tarses jaunes, annelés de noir à l'extrémité des articles. Abdomen jaune, avec seulement l'extrémité des valves hypopygiales ♀ noire. Ailes antérieures jaunes à la base, hyalines à l'extrémité. Nervures jaunes, un peu plus brunes au bout de l'aile. Nervures costales, cellule brachiale et stigma, noirs brillants. Long. 10mm. Env. 20mm.

Pyrenaica, Nov, sp.

Patrie : les 2 sexes ont été trouvés en juillet par M. Pandellé, au Cirque de Gavarnie. dans les Hautes-Pyrénées.

7e GENRE. — SCHIZOCERA, Lat., 1806 (156*)

σχίζω, je fends, κέρας, antenne.

Antennes de trois articles, plus longues chez les mâles que chez les femelles. Chez celles-ci, le troisième article peut présenter de très-légères différences dans sa forme générale, être plus ou moins cylindrique ou fusiforme, atténué ou non aux extrémités. La tête, le thorax et les pattes sont conformés comme chez les Hylotoma, avec l'exception que les tibias intermédiaires et postérieurs n'offrent point d'épine au dessous de leur milieu. Les ailes sont moins allongées et souvent dépassent à peine l'extrémité de l'abdomen. Elles portent une cellule radiale non suivie d'une cellule appendicée, 4 cellules cubitales recevant les nervures récurrentes comme chez les Hylotoma. La cellule lancéolée est longuement contractée, et la première aréole, ordinairement peu distincte, peut même s'oblitérer presque complètement, de façon à donner l'apparence d'une cellule lancéolée pétiolée.

♂. Les mâles se distinguent immédiatement, en outre des différences sexuelles qu'offre l'extrémité de l'abdomen, par la bifurcation remarquable que présente le troisième article des antennes, et sa division en deux branches à peu près égales. Dans une même espèce, les mâles diffèrent souvent des femelles par quelque partie de leur coloration.

1 Tout le corps noir bronzé, velu de gris, ainsi que les hanches et les cuisses. Genoux, tibias et tarses testacé clair. Ailes enfumées, plus blanches à la base, traversées par une bande obscure au-dessous du stigma, qui est brun ainsi que les nervures. Long. 6mm. Env. 12mm. **Geminata,** Gmel.

La larve vit sur le *Rumex acutus*. L'insecte parfait se trouve en mai et juin.

Patrie : Angleterre, France, Suède, Allemagne, Silésie, Autriche, Tyrol.

— Corps soit entièrement brun, soit varié de noir et de jaune, ou de rouge. **2**

2 Tête et thorax bruns partout, plus ou moins foncés. **3**

— Tête et thorax noirs ou en partie rouges. **4**

3 Antennes noires, un peu plus longues que le thorax. Tête, thorax et base de l'abdomen brun foncé, le reste du corps plus clair. Pattes antérieures testacées. Ailes blanchâtres, plus sombres à l'extrémité. Long. 7mm. Env. 15mm. **Fusca,** Zadd. ♂

♀ inconnue

Patrie : Kœnigsberg.

— Antennes testacées, pas plus longues que le thorax. Tête et dessus du thorax testacé foncé avec le mesonotum, le scutellum et les écaillettes noirs. Abdomen et pattes jaune clair. Ailes brunes, plus claires à l'extrémité. Long. **Bifurca**, Kl, ♂

♀ inconnue

Patrie : Kœnigsberg.

4 Abdomen à peu près entièrement noir, avec des poils cendrés, ainsi que la tête et le thorax. Epistome et scutellum rouges à l'extrémité. Hanches et cuisses noires à la base. Genoux, tibias et tarses jaunes. Ailes jaunâtres. Long. 8mm.

Pallipes, Bremi, ♂

En mai. — ♀ inconnue

Patrie : Suisse.

— Abdomen jaune en entier, ou seulement en partie noir. 5

5 Abdomen jaune en entier ou seulement avec l'extrémité noire. 13

— Abdomen avec la base noire, et quelquefois aussi l'extrémité. 6

6 Abdomen jaune avec une tache noire s'étendant sur le milieu des 4 ou 5 segments basilaires. Antennes, tête et thorax noirs, ainsi que les hanches (sauf leur extrémité,) les trochanters et la base des cuisses. Genoux et tibias jaunes. Tarses jaunes, bruns à l'extrémité. Ailes un peu longues, irisées, blanches, assombries dans leur milieu. Long. 7mm 1/2. Env. 15mm. **Instrata**, Zadd. ♂

Fin mai.— ♀ inconnue.

Patrie : Kœnigsberg

— Abdomen jaune avec le premier segment, quelquefois le second, souvent aussi le dernier segment noirs, ou noir avec les bords orangés. 7

7 Dernier segment abdominal brun ou noir. Tibias

postérieurs jaunes, avec l'extrémité noire ou brune. Tibias antérieurs et intermédiaires jaune sombre ou bruns. Antennes très-courtes. Sexe femelle. 8

— Dernier segment abdominal jaune comme le reste, ou abdomen noir avec les bords orangés. 9

8 Troisième article des antennes atténué vers la base. Antennes, tête et thorax noirs. Abdomen jaune, avec le premier et le dernier segments noirs ou bruns. Long. 7mm. Env. 15mm. **Melanura**, KLUG. ♀

PATRIE : Allemagne, Naples, Marseille.

— Troisième article des antennes non atténué vers la base. Antennes, tête et thorax noirs. Abdomen jaune avec la base et l'extrémité noires. Long. 7mm. Env. 15mm. **Cylindricornis**, THOMS. ♀

PATRIE : Suède.

9 Tibias postérieurs entièrement jaunes. 10

— Tibias postérieurs noirs ou bruns à l'extrémité. 17

10 Thorax noir. 11

— Thorax en partie rouge. Tête et antennes noires. Metanotum et poitrine tachés de noir. Abdomen et pattes jaunes, excepté le premier segment abdominal, qui est noir, et l'extrémité des articles des tarses, qui est brun foncé. Ailes enfumées, surtout à la base. Nervures et stigma noirs. Long. 7mm. Env. 14mm. **Furcata**, VILLIERS. ♀

Larve sur le *Rubus Idæus*. insecte parfait en juillet et août.

PATRIE : France (Dijon, Gray, Toulouse, Pyrénées.) Allemagne, Italie, Suède, Russie méridionale.

11 Ailes antérieures enfumées sur presque toute leur étendue, noirâtres. Antennes, tête, thorax, premier

segment abdominal, quelquefois le bord antérieur du second, noirs; hanches, trochanters et base des cuisses noirs. Troisième nervure transverso-cubitale sinuée et anguleuse. Long. 6 1/2mm. Env. 13mm.

Furcata, VILLIERS, ♂ rar' ♀

— Ailes antérieures presque hyalines à l'extrémité, de couleur plus jaunâtre. Pattes antérieures jaunes, sauf les hanches et les trochanters. Antennes bifurquées, assez longues. Sexe mâle. 12

12 Tout le corps, surtout la tête et le thorax, densément revêtu de longs poils noirs dressés. Ailes enfumées, sauf à l'extrémité. Antennes, tête et thorax noirs; abdomen jaune avec le premier segment, souvent le dernier noir. Pattes jaunes, noires à la base. Long. 7mm. **Brevicornis**, FALL. ♂

PATRIE : Suède, Allemagne.

— Tête et thorax seulement éparsement velus. Ailes enfumées, presque hyalines à l'extrémité. Antennes, tête et thorax noirs. Abdomen noir à la base. Long. 7mm. Env. 15mm. **Melanura**, KLUG. ♂

PATRIE : Allemagne, Naples, Marseille.

13 Abdomen jaune, noir seulement à l'extrémité. Antennes, tête et thorax noirs. Pattes jaune sombre avec la base noire jusqu'au milieu des cuisses. Ailes enfumées, plus claires à l'extrémité. Troisième article des antennes non atténué à la base. Long. 8mm.

Brevicornis, FALLÈN. ♀

PATRIE : Suède. Allemagne.

— Abdomen jaune en entier en dessus, les valves hypopygiales ♀ étant seules noires. 14

14 Côtés du pronotum et écaillettes noirs. 15

— Côtés du pronotum et écaillettes brun jaunâtre.

Le reste du thorax noir, ainsi que la tête et les antennes, celles-ci plus longues que le thorax. Abdomen entièrement jaune, pattes tout-à-fait jaunes, excepté la base des hanches antérieures et les ongles qui sont plus foncés. Ailes brunes, plus claires à l'extrémité. Nervures et stigma bruns. Long. 6mm. Env. 13mm. **Zaddachi**, MIHI. ♂

♀ inconnue.

PATRIE : Allemagne.

Cette espece a été décrite par Zaddach sous le nom *d'axillaris* que je n'ai pu conserver, ce nom ayant été donné antérieurement par Spinola à une espece exotique. (Voir le *Catalogue synonymique*).

15 Pattes antérieures jaunes excepté à la base des cuisses. **16**

— Pattes antérieures brun pâle. Antennes, tête et thorax noirs. Abdomen jaune en entier. Pattes postérieures jaunes, plus foncées à l'extrémité. Ailes un peu enfumées. Long. 8mm. Env. 16mm. **Gastrica**, KLUG.

PATRIE : Portugal.

16 Tibias entièrement jaunes. Antennes noires, tête et thorax noirs, densément et longuement velus de poils noirs. Abdomen jaune. Pattes jaunes avec les hanches et la base des cuisses noires. Ailes enfumées, plus claires à l'extrémité. Long: 7mm. **Cylindricornis**, THOMS. ♂

PATRIE : Suède.

— Tibias jaunes avec l'extrémité noire. Cuisses antérieures noires à la base. Hanches brunes. Antennes, tête et thorax noirs. Abdomen jaune. Valves hypopygiales ♀ noires. Ailes enfumées, presque hyalines à l'extrémité. Long. 7mm. **Bifida**, KLUG. ♂

PATRIE : Allemagne, Suède.

17 Scutellum ferrugineux, **18**

— Scutellum noir. Antennes très-courtes. Tête et thorax noir brillant. Abdomen jaune, avec le premier segment noir. Hanches, trochanters et base des cuisses noirs. Le reste des pattes jaune, avec l'extrémité des tibias postérieurs noire. Tarses annelés de noir. Ailes enfumées, plus claires à l'extrémité. Long. 7mm. Env. 15mm.

Intermedia, ZADD. ♀

PATRIE : Europe, (provenance douteuse).

18 Abdomen noir bordé de rouge. Thorax rouge orangé, avec la poitrine et trois taches dorsales noires. Genoux et tibias blancs, ceux-ci noirs à l'extrémité aux pattes postérieures. Ailes enfumées. Long. 7mm. **Scutellaris**, H. S.

PATRIE : Allemagne.

— Abdomen jaune, avec le premier ou les deux premiers segments noirs. 19

19 Premier segment abdominal seulement noir, le reste jaune ou ferrugineux. Antennes et tête noires. Thorax noir, avec les côtés du pronotum, les flancs et l'écusson ferrugineux. Valves hypopygiales ♀ noires. Pattes orangées, avec les hanches et la base des cuisses noires, ainsi que l'extrémité des tarses postérieurs. Ailes enfumées, avec la côte et les nervures noires. Long. 6 1/2mm. **Peletieri**, VILLARET. ♀

D'un cocon jaune pâle trouvé en juin dans le gazon. ♂ inconnu.

PATRIE : Paris (forêt de Bondy).

— Les deux premiers segments abdominaux sont noirs, le reste est jaune ou ferrugineux. Tête noire, avec le labre, l'épistome et les mandibules bruns. Thorax avec les lobes latéraux du mesonotum rayés de noir brun. Pattes d'un testacé clair, à l'exception des tibias postérieurs et des tarses, qui sont brun noir. Ailes à moitié enfumées, avec le stigma noir et les nervures brunes. Long. 6 1/2mm.

Vittata, MOCSARY. ♀

♂ inconnu.— En août.

PATRIE : Hongrie (Buda).

Observations. — I. La S. *Inæqualis, Bremi,* fondée seulement sur l'inégalité des branches de la fourche des antennes, n'ayant jamais été rencontrée qu'a un seul exemplaire, ne peut prendre rang comme espèce et doit être une simple aberration de la *S. Furcata.*

II. Pour un certain nombre d'espèces, un seul des sexes a été décrit, et l'autre est encore inconnu. L'étude du genre *Schizocera* ne peut donc être faite que d'une façon incomplète, et il y a lieu de souhaiter que de nouvelles découvertes viennent combler les vides de sa nomenclature, en permettant, en même temps, de contrôler l'exactitude de ce qui existe.

3e Tribu. — Lophyridæ

Caractères. — Tête convexe en avant, concave en arrière. Antennes de 17 à 32 articles, pectinées chez les ♂, dentées en scie chez les ♀. Mandibules tridentées au côté interne, fortement velues à la base. Mâchoires bilobées, avec le lobe interne pointu, épineux. Palpes maxillaires de 6 articles, labiaux de 4 articles. Lèvre trilobée. Pronotum très-étroit au milieu, élargi sur les côtés. Pattes ordinaires ; tarses de 5 articles, garnis, en dessus de leurs 4 premiers articles, d'appendices membraneux. Ongles dentés. Ailes longues, grandes, le plus ordinairement hyalines, avec une cellule radiale, un grand stigma et 4 cellules cubitales; la séparation entre la première et la deuxième est souvent incomplète; la deuxième cubitale reçoit la première, la troisième reçoit la deuxième nervure récurrente. Cellule lancéolée contractée ou divisée par une nervure droite. Ailes inférieures avec 2 cellules discoïdales fermées. Abdomen large, cylindrique chez le ♂, ovale chez la ♀, à bords latéraux arrondis. Tarière courte.

Œufs. — Les œufs de Lophyrides sont allongés, ovales, avec les bouts arrondis, blanc jaunâtre. Ils ont à peu près 1mm à 1mm 1/2 de long sur 1/2mm de diamètre.

Larves. — Les larves sont allongées, glabres, de couleur claire; elles sont marquées de taches diverses. La tête est ronde, brune, noire ou verte. Elles sont munies de 22 pattes. Leurs mandibules sont courtes, épaisses, avec une crénelure intérieure irrégulière indiquant confusément 3 ou 4 dents. Leurs palpes maxillaires ont 5 articles, les labiaux en ont 3. Lorsqu'on les excite, elles laissent couler de leur bouche une goutte de liqueur qui a l'odeur et la consistance de la résine.

Mœurs et Métamorphoses. — Les Lophyrides sont d'aspect très-différent suivant le sexe, et en outre de la forme des antennes, la couleur du corps permet de les distinguer souvent. Ils vivent tous sur les arbres résineux, auxquels ils causent de véritables dommages par leurs attaques multipliées à l'état de larve. Les femelles insèrent leurs œufs, au moyen de leur tarière, dans le parenchyme des aiguilles des conifères. Elles les font pénétrer par le bord de ces aiguilles jusqu'à la nervure médiane, et les feuilles prennent alors un aspect boursouflé; une seule peut contenir jusqu'à 20 ou même 30 œufs. La ponte a lieu le plus souvent en mai, juin ou juillet, plus rarement de septembre à octobre. La ponte totale d'une femelle peut s'élever, d'après Müller, à la quantité de 80 à 120 œufs, répartis sur plusieurs aiguilles voisines; les femelles, qui pondent en été, choisissent celles de l'année précédente, tandis que celles qui ne le font qu'en automne s'adressent aux nouvelles feuilles.

Suivant l'état de la température, les jeunes larves sortent de l'œuf deux à trois semaines après la ponte. Elles s'attaquent immédiatement aux feuilles qui sont à leur portée. Celles qui sont nées en été préfèrent les aiguilles de l'année précédente, ou même âgées de deux ans; les pousses nouvelles sont trop jeunes pour elles et peu de leur goût, à moins qu'il n'y ait disette des autres. Ces jeunes feuilles sont au contraire attaquées de préférence par les larves naissant à la fin de l'automne. Les endroits fréquentés par ces larves se distinguent de loin, car elles mangent toute la partie tendre des aiguilles pour ne laisser que la nervure qui se flétrit. Ces sociétés sont souvent si nombreuses que les arbres qu'elles ont adoptés semblent brulés. Quand elles sont jeunes, les larves se mettent à plusieurs pour attaquer une aiguille de pin. Voici la manœuvre remarquée par notre illustre observateur Perris, dans les Landes, au sujet d'une famille de larves du Lophyrus rufus.

Cette famille s'attaque ordinairement à quatre feuilles. « A « l'extrémité de chacune de celles-ci, dit-il, on voit quatre chenilles « attablées tête à tête, on devrait même dire, tête contre tête, et « s'entendant parfaitement dans ce quatuor d'érosion simultanée. « Immédiatement au dessous, d'autres larves attendent immo- « biles. Après un certain temps, un des convives, repu, se replie, « passe sur le corps des larves qui attendent et va digérer au « dernier rang. Aussitôt une de celles qui font queue marche « pour la remplacer. Ce manége de substitution individuelle, « image d'une table d'hôte où les places se rempliraient à mesure « qu'elles se vident, où le couvert serait toujours mis, le diner « toujours servi, sans impatience, comme sans précipitation de « la part de personne, m'a paru digne d'être signalé. »

Quand les larves ont grossi, elles ne restent plus que 2 à chaque feuille, puis enfin elles s'isolent complètement. Les jeunes larves mettent 3 jours pour ronger une aiguille de pin, tandis que les larves adultes en consomment presque une douzaine dans un seul jour. En septembre ou octobre, après la dernière mue, les larves cessent de manger et se mettent en devoir de se construire une coque, soit dans les aiguilles même de l'arbre, soit sous la mousse ou les détritus tombés à terre. Cette coque est ordinairement assez dure et difficile à écraser. Sa couleur est blanc jaunâtre ou plus ou moins brune. La larve, quand elle s'y est enfermée, se contracte, devient immobile et attend le printemps dans cet état. Celles qui ont passé l'hiver et ont grossi au printemps, s'enferment en juillet et l'insecte parfait éclot de 12 à 15 jours plus tard. Il y a donc de grandes différences dans la durée du séjour dans le cocon.

La transformation en nymphe a lieu peu de jours avant l'éclosion. Pour l'accomplissement de celle-ci, le Lophyre coupe incomplètement avec ses mandibules une calotte hémisphérique à une des extrémités de la coque, et cette calotte tournant autour de la partie laissée intacte comme sur une charnière, livre passage à l'insecte. Celui-ci s'accouple peu après et la même série de faits se reproduit.

J'ai cru devoir insister d'une façon particulière sur les habitudes de ces insectes, à cause des ravages qu'ils occasionnent dans nos forêts de conifères. Comme moyen de préservation, on ne peut guère indiquer que l'échenillage exécuté avec soin, et d'après l'exposé qui précède, on voit qu'il faut le faire en juillet et août, puis en octobre, pour saisir les larves alors qu'elles sont encore réunies et avant leur dispersion, comme aussi avant qu'elles aient pu commettre leurs méfaits. On peut aussi couper en hiver les branches chargées des petites coques et les brûler.

8e GENRE. — LOPHYRUS, Lat., 1806 (156*)

λοφυρος, panache.

Antennes d'un grand nombre d'articles, doublement pectinées pennacées chez les mâles, (Pl. II. fig. 15.) simples ou dentées en scie chez les femelles. (Pl. II. fig. 14) Ailes antérieures longues, avec une cellule radiale et quatre cellules cubitales dont la seconde reçoit la 1re nervure récurrente et la 3e reçoit la 2e récurrente. Souvent la disparition plus ou moins complète de la première nervure transverso-cubitale amène la réunion des deux premières cubitales. La cellule lancéolée est divisée par une nervure droite. Corps souvent un peu trapu. Les deux sexes sont très-différents, et il y a tellement de variations dans la coloration des espèces que leur distinction est parfois d'une grande difficulté. Il en résulte la nécessité de donner un tableau spécial pour chacun des sexes. J'en ai emprunté la base, pour la plus grande partie, à la clef donnée par le Dr Ratzeburg, dans ses *Forstinsecten*, Tome III, p. 83.

TABLEAU DES MALES (1)

1 Métathorax noir. Antennes de 25 articles au plus 2

— Métathorax jaune. Antennes ferrugineuses de 32 articles. Tête entièrement noire. Les premiers seg-

(1) Je ne donne ici que les caractères plus spéciaux aux mâles. La description plus complete et les autres renseignements font partie du tableau des femelles.

ments abdominaux ont en dessus, sur un fond noir, des taches triangulaires latérales jaunes; le 1er en porte aussi une semblable en son milieu, et l'extrémité est rougeâtre ainsi que le ventre. Long. 10 mm

Nemorum, Fab.

2 Thorax densément et grossièrement ponctué. 3

— Thorax uni, finement ou éparsement ponctué. 12

3 Ventre noir ou brun en entier, les parties sexuelles et l'anus tout au plus exceptés. 4

— Ventre rouge ou testacé, au moins en partie. 6

4 Cuisses postérieures tout-à-fait ou presque tout-à-fait noires. 5

— Cuisses postérieures tout-à-fait ou presque tout-à-fait rouges ou ferrugineuses. 11

5 Antennes de 22 à 23 articles. Abdomen noir avec des taches latérales rougeâtres. Tête noire, labre jaune. Thorax et ventre noirs. Cuisses noires, genoux, tibias et tarses jaunes. **Eremita**, Thoms.

— Antennes de 20 articles. Abdomen noir sans taches latérales. Tête noire avec le labre testacé. Antennes noires. Thorax noir, écaillette ferrugineuse. Abdomen noir avec le premier segment marqué, de chaque côté, d'une grande tache blanche, manquant quelquefois. Cuisses noires, genoux, tibias et tarses testacés. Ailes antérieures hyalines, nervures brunes, stigma jaune brun. Long. 9mm. Env. 22mm.

Pini, L.

6 Antennes aussi longues que le thorax ou plus courtes. 7

— Antennes plus longues que le thorax. Corps noir.

Ventre rouge rayé de brun. Pattes jaunes avec le côté interne des hanches, des trochanters et des cuisses noir. Long. 10mm. Env. 22mm. **Hercyniæ**, HART.

7 Métathorax visiblement ridé ponctué sur tout le tiers intermédiaire. Tête noire avec l'épistome et le labre rouges. Antennes noires, de 20 à 22 articles. Thorax noir avec le pronotum noir, le plus souvent bordé de rouge. Abdomen noir. Anus et ventre brun rouge. Pattes brun rouge avec la base des hanches et les ongles noirs. Tibias et tarses plus clairs. Ailes hyalines. Nervures brun clair, stigma jaunâtre. Long. 9mm. Env. 21mm. **Socius**, KLUG.

— Métathorax uni ou seulement un peu ponctué sur une ligne médiane. **8**

8 Cuisses postérieures rouges. Tête noire, rarement le labre jaune. Antennes noires, parfois rougeâtres, de 19 articles. Thorax noir, premier segment abdominal noir mat, les autres noir brillant avec les côtés, l'anus et tout le ventre ferrugineux sale. Pattes testacées avec les hanches et les trochanters noirs. Ailes antérieures hyalines. Long. 10mm. Env. 23mm. **Frutetorum**, FABR.

— Cuisses postérieures jaune sale, ou plus ou moins noires. **9**

9 Bouche claire. **10**

— Bouche sombre Tête noire. Antennes noires, de 18 à 21 articles. Thorax noir avec le pronotum quelquefois jaune sur le bord. Abdomen noir en dessus, anus rouge; ventre rouge, plus ou moins noir à la base. Pattes jaunes avec les hanches et les trochanters noirs. Cuisses antérieures et postérieures en tout ou en partie noires. Ailes hyalines, nervures brun clair, stigma blanc ou jaune. Espèce très-variable. Long. 9mm. Env. 22mm. **Variegatus**, HART.

10 Pronotum seulement rebordé de jaune ou tout noir. Tête noire avec l'épistome, le labre et une tache sur le vertex testacés. Antennes noires, de 17 à 20 articles. Thorax noir avec le bord extrême du pronotum testacé. Abdomen noir, ventre testacé. Pattes jaunes avec la base des hanches noire. Ailes hyalines. Nervures peu colorées. Nombreuses variétés. Long. 8mm. Env. 19mm. **Pallidus**, Klug.

— Pronotum presque tout jaune. Tête noire avec le labre et le devant de l'épistome jaunes. Antennes noires, de 21 articles. Thorax noir avec une grande tache triangulaire jaune sur les côtés du pronotum. Abdomen noir avec l'extrémité et les côtés jaunes ou rouges. Ventre rouge. Ailes hyalines, nervures brunes. Long. 10mm. Env. 22mm. **Virens**, Klug.

11 Stigma incolore. Tête noire avec la bouche jaune. Antennes noires, de 20 articles. Thorax noir ; abdomen noir, rarement rougeâtre en dessus. Ventre noir avec l'anus rouge. Pattes fauves, noires à la base, avec les cuisses en grande partie rouges. Long. 10mm. **Laricis**, Jur.

— Stigma sombre, brun rouge. Tête noire avec le labre ferrugineux. Antennes noires, de 22 à 24 articles. Thorax noir. Abdomen noir en dessus, noir ou brun en dessous. Pattes ferrugineuses, plus claires que le ventre. **Similis**, Hart.

12 Thorax soit uni, soit éparsement ou finement ponctué. 13

— Thorax tout uni. Tête noire; antennes noires, de 23 à 25 articles. Thorax noir. Abdomen noir en dessus. Ventre noir avec une plus ou moins grande partie de son étendue rouge, surtout vers l'extrémité. Parties génitales noires. Pattes brun rouge. Ailes hyalines. Nervures et stigma bruns. Long. 11mm. Env. 23mm. **Rufus,** RETZ.

13 Thorax portant une ponctuation excessivement fine et dense. 14

— Thorax éparsement ponctué 15

14 Tête noire avec l'épistome et le labre jaunes. Antennes noires, aussi longues que la tête et le thorax, de 22 articles. Thorax jaune en devant, noir en arrière. Dessus de l'abdomen noir. Anus et ventre rouge vif. Pattes jaunes avec la base des hanches intermédiaires et postérieures noire. Ailes enfumées, nervures noires, stigma testacé. Long 7mm. Env. 18mm. **Polytomus,** HART.

— Tête jaune paille en entier. Thorax noir avec une ligne jaune à l'angle huméral, se prolongeant en dessous entre les hanches antérieures et intermédiaires. Abdomen noir. Pattes jaune paille excepté les trochanters et la base des cuisses qui sont noirs. Ailes un peu grises avec les nervures très-noires, stigma brun en avant, noir en arrière. Long. 5mm. **Pulchricornis,** BREMI.

15 Ailes enfumées. Antennes plus longues que le thorax. Tête noire avec l'épistome bordé de blanc. Antennes noires, de 23 articles. Thorax noir avec les côtés du pronotum blancs. Abdomen noir en dessus. Ventre blanc passant au rouge ou au jaune. Pattes blanches avec le côté interne des cuisses noir. Long. 8mm. Env. 18mm. **Politus,** KL.

— Ailes hyalines. Antennes plus courtes que le thorax. Tête noire, souvent testacée sur le vertex. Antennes noires, de 18 à 20 articles. Thorax noir avec le bord du pronotum parfois testacé. Abdomen noir, ventre testacé. Pattes jaunes avec les hanches noires et les trochanters bruns. Ailes hyalines. Nervures peu colorées. Long. 7mm. Env. 16mm.

Pallipes, Fallèn.

Le ♂ du L. *pineti* n'est pas connu.

TABLEAU DES FEMELLES

1 Antennes épaissies au milieu 2

— Antennes épaissies à l'extrémité, noires, testacées à la base, de 23 articles. Tête noire avec l'épistome et quelques points jaunes. Thorax noir avec le pronotum presque entièrement jaune et 2 taches rondes de même couleur sur le scutellum. Abdomen noir orné de bandes jaunes étroites. Pattes jaunes avec les hanches, les trochanters et les cuisses (sauf les genoux) noirs. Ailes hyalines, nervures brunes. Long. 10mm. Env. 30mm. **Nemorum**, Fabr.

La larve a le corps vert clair avec une teinte plus sombre sur le dos et sur 2 larges lignes latérales. La tête est brune ou variée de noir et de brun. Les pattes écailleuses sont noires, les membraneuses et le ventre jaune verdâtre clair. Long. 10mm.— Elle se trouve sur les conifères en juillet et août. Peut-être y a-t-il deux générations par an. Elle se fait une coque brune sous la mousse. Elle a pour parasite :

Campoplex seniculus. Grav. — *Ichneumonide*.

Patrie : Suède, Allemagne, Suisse, Autriche.

2 Eperon interne des tibias postérieurs dilaté, foliacé 3

— Eperon interne des tibias postérieurs ordinaire. 6

3 Antennes noires, de 23 articles, avec la base jaune, longues comme le thorax. Tête jaune clair avec une large bande noire atteignant la base des antennes. Labre jaune. Thorax jaune avec les lobes latéraux du pronotum noirs. Poitrine noire au milieu.

Abdomen avec le premier segment jaune, noir à la base et sur les côtés ; les autres portent une large bande noire. Ventre pâle. Pattes jaune clair avec la base des tibias postérieurs et le côté interne des cuisses noir. Extrémité des tibias et des articles des tarses bruns. Ailes enfumées, nervures noires, stigma testacé. Long. 9mm. Env. 22mm. **Polytomus,** Hart.

La larve a la tête rouge et jaune variée de noire. Le corps est vert en dessus avec trois lignes d'un blanc laiteux ; le ventre est rosé. Long. 6mm. Se fait un cocon gris.— Elle vit sur les conifères, où on la rencontre en mai. L'insecte parfait paraît au milieu de juin.

Patrie : Allemagne, Autriche.

— Antennes de moins de 23 articles. 4

4 Pas de bande noire sur le front, mais seulement quelquefois des taches plus sombres vers les ocelles et le bord des yeux. Scutellum éparsement ponctué. Tête testacé pâle. Antennes de 18 articles testacés, plus claires à la base. Thorax testacé avec 3 taches noires sur le mesonotum. Pattes testacées. Abdomen pâle avec de larges fascies noires. Ailes à peu près hyalines. Nervures pâles. Long. 7mm. Env. 20mm.

Pallidus, Kl.

La larve est vert pâle avec le dos et des lignes latérales plus claires. Tête brune variée de noire. Pattes membraneuses avec deux points verts. Long. 9mm. Elle fait une coque blanc jaunâtre, se trouve sur les sapins en juin et juillet et en septembre. L'insecte parfait naît en avril et mai.— Elle a pour parasites :

Campoplex argentatus Fabr.—	*Ichneumonide.*
— *larvincola.* Schbrg.—	—
Limneria argentata. Grav.—	—
Masicera gilva. Hart.—	*Diptère.*
Mesochorus rubeculus, Hart.—	*Ichneumonide.*
Tachina bimaculata, Hart.—	*Diptère.*
— *inclusa.* Hart. —	—
Tryphon adspersus. Grav. —	*Ichneumonide.*
— *lophyrorum.* Hart. —	—
— *impressus.* Grav. —	—
— *tenthredinum.* Schbrg. —	—
— *variabilis.* Rtzb. —	—

Patrie : Angleterre, France, Suisse, Allemagne, Suède.

— Une bande noire plus ou moins grande sur le front. Scutellum densément ponctué. 5

5 La bande frontale atteint le bord inférieur des yeux. Nervures des ailes sombres. Tête brun clair avec l'épistome pâle; labre brun. Antennes noires, pâles à la base, de 21 articles. Thorax brun avec 3 taches noires en dessus, pronotum pâle, poitrine noire, écaillettes jaunes. Pattes pâles. Hanches noirâtres à la base. Base des cuisses antérieures ainsi que leur partie interne, cuisses postérieures sauf les genoux, extrémité des tibias et des articles des tarses, noirs. Abdomen brun foncé en dessus avec le premier segment et la base des autres plus clairs. Ailes enfumées à la pointe. Nervures noires, stigma testacé. Long. 7-8mm. **Hercyniæ**, Hart.

Sur les arbres résineux, en mai; a pour parasite :

Tryphon lævis. Rtzb. — *Ichneumonide*.

Patrie : France, Allemagne, Suède.

— La bande frontale ne descend que jusqu'au milieu des yeux. Nervures des ailes pâles. Antennes noires, testacées à la base, de 18 articles. Thorax testacé avec 3 taches noires sur le mesonotum et une autre grande tache au mesosternum. Abdomen avec les deux premiers segments noirs, les suivants jaunes, ornés de bandes transversales noires. Pattes testacées; ailes hyalines; écaillette testacée. Long. 12mm. Env. 29mm. **Virens**, Klug.

La larve est verte avec la tête et deux lignes dorsales de même couleur, mais plus foncées. Long. 12mm. Elle se fait une coque blanc jaunâtre ou brune. Elle vit sur le sapin en juin et juillet. L'insecte parfait éclot au milieu de mai. La larve a pour parasites :

Tachina bimaculata. Hart. — *Diptère*.
Tryphon leucostictus. Rtzb. — *Ichneumonide*.
— *scutulatus*. Hart. — —

Tryphon succinctus Grav. —	*Ichneumonide.*
— *transiens.* Grav. —	—

PATRIE : Angleterre, France, Allemagne, Suède.

6 Thorax densément et fortement ponctué. 7

— Thorax uni ou, au plus, éparsement ponctué. 14

7 Corps noir et jaune. 8

— Couleur dominante du corps brun rouge. 13

8 Cuisses postérieures et pointe des tibias rouges. Anus rouge. Tête noire. Antennes jaune-rougeâtre, de 20 articles. Bouche jaune clair. Thorax noir avec les côtés du pronotum et 2 taches arrondies sur le scutellum jaunes. Abdomen noir avec des bandes jaunes. Hanches, trochanters et ongles noirs. Ailes grisâtres avec les nervures brunes. Long. 13mm. Env. 26mm. **Laricis**, Jur.

La larve a la tête verte, le corps vert offrant deux lignes dorsales et deux lignes latérales plus foncées, étroites. Long 12mm. Elle existe en mai et juin ainsi qu'en août et septembre. L'insecte parfait parait au commencement de mai sur les pins. La larve a pour parasites :

Campoplex argentatus. Grav. —	*Ichneumonide.*
Masicera gilva. Hart. —	*Diptère.*
Mesochorus laricis. Hart. —	*Ichneumonide.*
Tachina inclusa. Hart. —	*Diptère.*
Tryphon impressus. Grav. —	*Ichneumonide.*
— *tenthredinum.* Schbrg. —	—

PATRIE : France, Suède, Allemagne, Autriche.

— Cuisses postérieures et pointe des tibias jaunes ou testacés. 9

9 Dernier segment ventral échancré triangulairement au milieu. 10

— Dernier segment ventral non échancré. 12

10 Ailes hyalines. 11

— Ailes un peu enfumées au milieu. Tête testacée avec le milieu noir. Antennes noires, de 20 articles, testacées à la base. Thorax testacé avec le milieu du mesonotum et deux autres taches latérales noires. Métanotum noir en son milieu. Poitrine testacée, brune au milieu. Pattes testacées, souvent avec la base des hanches postérieures, le milieu des cuisses, les tibias postérieurs et l'extrémité des articles des tarses noirs ou bruns. Abdomen testacé avec le milieu du dos noir. Long. 9mm. **Eremita**, THOMS.

PATRIE : Suède, Allemagne.

11 Antennes noires, brunes ou ferrugineuses, tout-à-fait jaunes à la base, de 19 à 20 articles. Tête brun sombre avec quelques parties plus claires. Thorax jaune clair avec 3 taches noires. Pattes jaune clair avec quelques taches noires. Abdomen jaune, noirâtre au milieu; ventre jaune clair. Ailes hyalines ; nervures brunes, stigma testacé. Espèce très-variable. Long. 10mm. Env. 24mm. **Pini**, L.

La larve a la tête ferrugineuse, le plus souvent tachée de noir. Le corps est vert jaunâtre, lisse avec des fines épines, et 2 taches noires sur chaque patte membraneuse. Long. 12mm. Coque brun sombre. Elle se trouve en mai et juin sur les pins. Elle paraît aussi en août et septembre. L'insecte parfait se trouve en avril, quelquefois dès la fin de mars. La larve a pour parasites :

Blepharigena trepida, Meig. — *Diptère.*
Campoplex argentatus, Fab. — *Ichneumonide.*
— *carbonarius*. Rtzb. — —
— *retectus*, Rtzb. — —
Cryptus abscissus, Rtzb. — —
— *flavilabris*, Hart. — —
— *incertus*, Rtzb. — —
— *incubator*, Rtzb. — —
— *leucomerus*, Rtzb. — —
— *leucostictus*, Rtzb. — —
— *nubeculatus*, Grav. — —
— *punctatus*, Grav. — —

Eulophus lophyrorum, Hart. —	*Chalcidite.*
Exenterus succinctus, Grav. —	*Ichneumonide.*
Hemiteles areator, Grav. —	—
— *crassiceps*, Rtzb. —	—
— *eryngii*, Rtzb. —	—
Linmeria argentata, Grav. —	—
Lissonota breviseta, Rtzb. —	—
Masicera gilva, Hart. —	*Diptère.*
— *flavoscutellata*, Zett. —	—
— *lophyri*, Desv. —	—
— *simulans*, Hart. —	—
Mesochorus areolaris, Rtzb —	*Ichneumonide.*
— *laricis*, Hart. —	—
— *scutellatus*, Grav. —	—
Metopius fuscipennis, Wesm. —	—
— *scrobiculatus*, Hart. —	—
Monodontomerus dentipes, Fab. —	*Chalcidite.*
— *obsoletus*, Fab. —	—
Ophion merdarius, Grav. —	*Ichneumonide.*
Pezomachus cursitans, Grav. —	—
Phorocera lata, Zett. —	*Diptère.*
Phygadenon pteronorum, Hart. —	*Ichneumonide.*
— *pugnax*, Hart. —	—
Pimpla rufata, Grav. —	*Ichneumonide.*
Plagia trepida, Macq. —	*Diptère.*
Pteromalus lugens, Forst. —	*Chalcidite.*
— *subfumatus*, Rtzb. —	—
Tachina bimaculata, Hart. —	*Diptère.*
— *erucastri*, Desv. —	—
— *inclusa*, Hart. —	—
— *larvarum*, L. —	—
Tryphon adspersus, Hart. —	*Ichneumonide.*
— *calcator*, Grav. —	—
— *eques*, Hart. —	—
— *frutetorum*, Hart. —	—
— *hæmorrhoicus*, Hart. —	—
— *impressus*, Grav. —	—
— *intermedius*, Rtzb. —	—
— *henneukamphii*. Tidchb. —	—
— *leucostictus*, Rtzb. —	—
— *lævis*, Rtzb. —	—
— *lophyrorum*, Hart. —	—
— *lucidulus*, Grav. —	—
— *marginatorius*, Fab —	—
— *oriolus*, Hart. —	—
— *rugosus*, Rtzb. —	—
— *scutulatus*, Hart. —	—
— *succinctus*. Grav. —	—
— *tenthredinum*, Schrbg. —	—
— *triangulatorius*, Grav. —	—
— *variabilis*, Rtzb. —	—

PATRIE : Angleterre, France, Suisse, Allemagne, Autriche, Suède, Russie.

— Antennes noires avec la base à peine plus pâle, de 20 articles. Tête noire, quelquefois jaune en dessus et entre les antennes. Thorax jaune avec 3 taches noires en dessus. Poitrine noire au moins au milieu. Abdomen jaune clair avec une tache médiane noire. Pattes jaune sombre avec quelques portions noires du côté interne. Ailes hyalines ; nervures brunes. Stigma testacé. Long. 10mm. Env. 24mm. **Similis**, HART.

La larve a la tête d'un noir brillant et le corps noir taché de jaune foncé. Long. 12mm. Elle vit sur les sapins en juin et c'est au commencement de mai qu'éclot l'insecte parfait. Elle a pour parasites :

Monodontomerus dentipes, Fab. — *Chalcidite.*
Tachina bimaculata, Hart — *Diptère.*

PATRIE : Allemagne.

12 Scutellum noir avec 2 taches jaunes. Tête noire avec une bande d'un testacé obscur sur le vertex. Antennes brunes de 20 à 21 articles, testacées à la base, plus sombres en dessous. Pronotum noir avec les côtés jaunâtres. Mesonotum noir. Pattes blanches; hanches et trochanters noirs, cuisses antérieures brunes à la base, cuisses postérieures rouges. Abdomen noir avec des bandes transversales jaunes. Ailes hyalines, nervures brunes. Ecaillette jaune. Long. 9mm. Env. 22mm. Espèce très-variable.

Variegatus, HART.

La larve a la tête brune et le corps vert avec 2 lignes dorsales étroites et une large ligne latérale plus foncées. Long. 10mm. Coque brune. Elle vit sur les pins où on la trouve presque pendant tout l'été, mais surtout en juin et juillet et en septembre. L'insecte parfait éclot en avril et mai. On lui reconnait comme parasites :

Campoplex argentatus, Grav. — *Ichneumonide.*
Exenterus oriolus, Hart. — —
Hemiteles eryngii, Ratz. — —

Masicera lophyri, Desv. — Diptère.
Mesochorus laricis, Hart. — Ichneumonide.
Tachina bimaculata, Hart. — Diptère.
— *inclusa*, Hart. — —
Tryphon impressus, Grav. — Ichneumonide.
— *laricis*, Hart. — —
— *leucostictus*, Rtzb. — —
— *lophyrorum*, Hart. — —
— *scutulatus*, Hart. — —
— *tenthredinum*, Schfbg. — —

PATRIE : France, Allemagne, Suède, Russie.

— Scutellum noir sans tache jaune. Tête noire avec le labre et l'épistome jaunes. Antennes noires, quelquefois avec la base jaune, de 19 articles. Thorax jaune, diversement taché de noir, quelquefois presque entièrement noir. Pattes jaune clair avec les cuisses postérieures, l'extrémité des tibias et des articles des tarses plus foncés, quelquefois noirs. Abdomen avec le premier et le dernier segments jaunes, les autres noirs à leur bord postérieur. Ailes hyalines, nervures brunes, stigma noir. Long. 9mm. Env. 25mm. **Frutetorum**, FABR.

La larve a la tête rouge et jaune variée de noir. Le corps est vert en dessus avec 3 lignes d'un blanc laiteux; ventre rosé. Long. 6mm. Coque grise. Elle parait sur les sapins en juin jusqu'au milieu de juillet, puis en août et septembre. L'insecte parfait éclot en avril et au commencement d'août. Ses parasites sont :

Campoplex argentatus, Grav. — Ichneumonide.
Cryptus leucostictus, Rtzb. — —
— *punctatus*, Grav. — —
Exenterus oriolus, Hart. — Ichneumonide.
— *succinctus*, Grav. — —
Exorista janitrix, Hart. — Diptère.
Hemiteles areator, Panz. — Ichneumonide.
Phygadenon pteronorum, Hart. — —
Pimpla angens, Grav. — —
Tryphon frutetorum, Hart. — —
— *impressus*, Grav. — —
— *lævis*, Rtzb. — —
— *leucostictus*, Rtzb. — —
— *marginatorius*, Fab. — —

Tryphon rugosus, Rtzb. — *Ichneumonide*
— *transiens*, Rtzb. — —

Patrie : Angleterre, France, Allemagne, Suède, Russie.

13 Antennes de 20 articles, ferrugineuses, avec la base plus claire. Tête testacée avec une tache noire vers les ocelles. Thorax testacé avec 3 taches noires; metanotum entièrement rouge. Poitrine brune. Abdomen orangé brillant. Pattes de même couleur. Ailes jaunâtres ; stigma jaune. Long. 13mm. Env. 26mm. **Pineti**, Hart.

Patrie : Carinthie.

= Antennes de 19 articles, ferrugineuses, plus foncées vers l'extrémité. Tête rouge brun avec une bande noire. Thorax rouge avec 3 taches noires plus ou moins prolongées. Métanotum noir, ou rouge bordé de noir. Scutellum noir à son bord postérieur. Poitrine noire au milieu. Pattes rouges plus ou moins claires avec les ongles noirs. Abdomen rouge en entier. Ailes presque hyalines, nervures brunes, stigma incolore. Long. 9mm. Env. 22mm. **Socius**, Kl.

La larve a la tête rouge sombre avec l'épistome noir. Le corps est vert clair verruqueux avec de larges lignes longitudinales noirâtres. Long. 10mm. Elle vit sur les arbres résineux, où on la trouve en juin et en août. L'insecte parfait éclot en avril.

Patrie : Allemagne, Suède, Russie.

14 Corps en grande partie rouge. Tête testacée avec une tache brune sombre. Antennes brunes de 23 articles. Thorax testacé avec 3 taches un peu plus foncées, noir vers la base des ailes, à la base du scutellum et au metanotum. Pattes rouges avec les hanches, les trochanters et la base des tibias plus clairs. Abdomen rouge, un peu sombre en dessus. Ventre jaunâtre. Ailes jaunâtres, nervures brunes, stigma jaune. Long. 12mm. Env. 25mm. **Rufus**, Klug.

La larve a la tête noir brillant et le corps vert sombre avec d'étroites stries plus pâles. Long. 12mm. Cocon jaune clair. On la trouve en mai et juin sur les jeunes sapins, et les insectes parfaits se rencontrent en août, septembre et octobre. Elle a comme parasites :

Campoplex argentatus, Grav. — *Ichneumonide.*
— *carinifrons*, Holmg. — —
Limneria argentata, Grav. — —
Masicera gilva, Hart. — *Diptère.*
— *gyrophaga*, Rond. — —
Mesoleptus evanescens, Rtzb. — *Ichneumonide.*
Monodontomerus obsoletus, Fab. — *Chalcidite.*
Paniscus oblongopunctatus. Hart. — *Ichneumonide.*
Phygadenon pteronorum, Hart. — *Ichneumonide.*
Pimpla angeus, Grav. — —
Tachina bimaculata, Hart. — *Diptère.*
Tryphon adspersus, Hart. — *Ichneumonide.*
— *eques*, Hart. — —
— *lophyrorum*, Hart. — —
— *marginatorius*, Fabr. — —

PATRIE : Angleterre, France, Allemagne, Suède, Russie.

— Corps entièrement noir en dessus. 15

15 Ailes hyalines. Tête noir brillant avec les parties de la bouche blanches. Antennes noires, de 18 articles. Dos du thorax noir brillant. Abdomen noir mat avec quelquefois de petites bandes jaunes en dessus; Pronotum un peu testacé. Poitrine, ventre et pattes blanc jaunâtre. Nervures noires. Long. 9mm. Env. 19mm.

Pallipes, FALLÈN.

A pour parasite :

Tryphon hæmorrhoicus, Hart. — *Ichneumonide.*

PATRIE : Angleterre, France, Allemagne, Suède.

— Ailes enfumées avec les nervures noires et le stigma brun. Tête, thorax et abdomen noirs. Antennes noires, de 18 articles. Ventre et pattes d'un blanc plus ou moins jaunâtre. Long. 9mm. Env. 21mm.

Politus, KLUG.

PATRIE : Allemagne.

9ᵉ GENRE. — MONOCTENUS, Dahlbom, 1835 (35')

μόνος, unique, κτεὶς, ενός, peigne.

Antennes des mâles pectinées avec un seul rang d'appendices. Ailes antérieures longues, avec une cellule radiale et quatre cubitales dont la seconde et la troisième reçoivent respectivement la première et la deuxième nervures récurrentes. La cellule lancéolée et contractée au milieu.

1 Toutes les pattes jaunes excepté les hanches. Cellule lancéolée courtement contractée au milieu. Tête noire avec l'épistome rougeâtre. Antennes noires. Thorax noir avec le pronotum jaune à l'arrière, un point au milieu du scutellum, deux autres à l'extrémité du lobe médian du mesonotum rouges pâles. Ecaillette jaune. Abdomen noir, un peu jaune sur les côtés et à l'extrémité. Ailes hyalines; nervure costale et stigma jaunes. Long. 7ᵐᵐ. ♂
Subconstrictus, Thoms.

Patrie : Suède.

— Pattes noires, avec les tibias jaunes. Cellule lancéolée longuement contractée au milieu. 2

2 Ailes hyalines, nervure costale et stigma jaune clair. Tarses jaunes, avec l'extrémité des articles brune. Tête noire. Antennes noires, de 16 articles ♀ et de 20 articles ♂. Thorax noir, lisse. Abdomen noir brillant avec les côtés plus ou moins jaunâtres (♀). Long. 6ᵐᵐ. Env. 18ᵐᵐ. **Juniperi**, L.

La larve a la tête brune avec le corps vert marqué de points noirs. Elle vit sur les sapins et les genèvriers en juin. L'insecte parfait se trouve sur les genèvriers en mai.

PATRIE : France, Suisse, Allemagne, Suède.

—— Ailes obscures avec les nervures et le stigma brun noirâtre. Tarses brun noir. Tête noire. Antennes noires, de 16-17 articles (♀), et de 22 articles (♂). Thorax noir, lisse. Abdomen noir brillant avec une tache basilaire pâle de chaque côté du ventre. Pattes noires, avec les genoux et les tibias antérieurs testacés, les tibias postérieurs noirs à leur extrémité. Long. 6mm.

Obscuratus, HARTIG.

La larve vit sur le genévrier.

PATRIE : Allemagne, Suède.

4e Tribu. — Nematidæ

Caractères.— Tête étroite, élargie, courbée en avant, profondément creusée dans la région occipitale pour recevoir le prothorax. Les bords latéraux ont leurs angles antérieurs formés par les yeux qui sont légèrement saillants. Les mandibules sont étroites et avec de longues pointes qui se croisent. Les antennes s'insèrent entre les yeux dans des fossettes assez profondes; elles sont longues, le plus souvent sétiformes, rarement filiformes, à articles bien séparés, les deux premiers très-courts, les suivants bien plus longs, à peu près égaux. Elles peuvent être ornées, dans quelques cas, et dans le sexe mâle, d'appendices divers ou de cornes qui sont particulières à quelques genres. Elles ont toujours 9 articles. Les palpes maxillaires ont six articles, les palpes labiaux en ont quatre; dans les uns comme dans les autres, les trois derniers sont membraneux. Thorax avec des divisions bien distinctes séparées par des sillons enfoncés. Pronotum à peine visible, très-étroit au milieu, caché sous la tête, ne laissant apercevoir avec facilité que les lobes latéraux qui s'élargissent beaucoup et dépassent les côtés de la tête. Pattes ordinaires; extrémité des tibias et premier article des tarses dans un petit nombre d'espèces, très-élargis, foliacés. Tarses de cinq articles. Ongles simples ou bifides ou encore armés d'une petite dent subapicale. Ailes longues, amples, munies d'une, rarement de deux cellules radiales et de trois ou de quatre cubitales. Cellule lancéolée ordinairement pétiolée, quelquefois longuement contractée. Dans quelques genres, la nervulation peut devenir assez irrégulière pour causer des erreurs dans les déterminations génériques. Cependant, en s'aidant des autres caractères et des traces que peuvent laisser les nervures atrophiées, on arrive, le plus souvent, à identifier facilement ces insectes. Ailes hyalines, ou plus ou moins fuligineuses, sans cesser d'être très-transparentes. Côte et stigma élargis et bien distincts. Abdomen étroit, plus ou moins pointu à l'extrémité, quelquefois, mais très-rarement, plus élargi et oviforme. Toujours il est d'une consistance très-molle, et il se déforme très-facilement par la dessication; ordinairement les segments successifs sont bien séparés. La taille de ces insectes est en général médiocre, la couleur varie à l'infini.

Œufs.— Les œufs ne donnent lieu à aucune remarque particulière. Ils sont d'ailleurs peu connus, et ne doivent pas différer de la forme habituelle.

Larves.— Les larves ont 20 pattes, dont 6 thoraciques, 12 abdominales et 2 anales. Elles sont cylindriques, quelquefois elliptiques, souvent velues et ornées de couleurs variées, changeant lors des diverses mues. Leurs mandibules, qui sont cornées, présentent ou non des dents. Les palpes maxillaires ont cinq articles. Les filières sont placées à l'extrémité de la languette. Quelques unes de ces larves donnent issue, par les côtés de leurs segments, à un liquide odorant ou nauséabond. Enfin elles offrent au dernier segment, ou segment anal, deux petits appendices caractéristiques, très-courts, cylindriques.

Mœurs et Métamorphoses. — Les Nématides forment le groupe le plus populeux de toutes les mouches à scie. Le très-grand nombre d'espèces qui le composent, et qui s'accroîtra peut-être encore, apporte à son étude une difficulté particulière. Cependant ces insectes présentent dans leurs habitudes assez de faits curieux et intéressants pour qu'on s'attache à les connaître aussi bien que possible. Les dégats, quelquefois considérables, qu'ils nous causent, justifieront aussi l'étendue des détails dans lesquels je vais entrer.

Les Nématides ont souvent deux générations par an, mais ce fait est loin d'être constant. Leurs larves vivent soit isolées, soit en société sur un grand nombre de plantes et d'arbres différents, mais la plupart choisissent de préférence le genre saule (*salix*). Leur voracité est très-grande, et un groseiller, par exemple, attaqué par l'une des espèces qui lui sont spéciales, a bientôt un aspect complètement dénudé. Ces larves rongent les feuilles de différentes manières, soit par les bords, soit en les perçant d'ouvertures ou de trous irréguliers et nombreux. Quelques unes n'attaquent que le parenchyme, en conservant seulement une fine dentelle, d'autres ne laissent subsister que la grosse nervure centrale. Quand elles ont achevé toutes les feuilles d'une branche, elles passent à une autre. Il en est un petit nombre qui savent s'enfoncer dans la moelle des jeunes rameaux ; un groupe important enfin fait naître, sur les feuilles de saule, des galles de formes variées, changeant avec chaque espèce, soit allongées ou sphériques, soit ovales ou complètement irrégulières. Ces galles, d'abord vertes, tournent ensuite au jaune, puis au rouge vif dans la partie frappée le plus directement par la lumière du jour; elles sont charnues et présentent intérieurement une loge spacieuse où se tient la larve. Tantôt elles ne paraissent que sur un côté de la feuille, tantôt elles sont saillantes des deux côtés.

Il est enfin quelques larves qui se cachent aux yeux en roulant le bord des feuilles de la plante qui les nourrit, et en s'y enfermant.

Comme habitudes spéciales à quelques unes d'entre elles, on peut signaler la position curieuse qu'elles affectionnent, relevant presque verticalement la partie inférieure de leur corps, ce qui offre un aspect inattendu et peut-être destiné à effrayer un ennemi, ichneumon ou autre, lorsqu'elles se trouvent réunies plusieurs ensemble et qu'inquiétées, elles agitent simultanément et rapidement leur abdomen. D'autres, au contraire, ont ordinairement les derniers segments courbés sous le ventre ; dans cette catégorie, il en est qui s'attachent à un rameau ou une herbe par les segments apicaux, la partie antérieure du corps vaguant dans le vide, à la recherche d'un autre appui qui lui permettra de trouver une nouvelle quantité de nourriture. Il en est enfin qui se tiennent constamment étendues sur la feuille qu'elles dévorent.

La plupart de ces larves se tiennent au dessous des feuilles, quelques unes seulement au dessus ; mais il est rare qu'elles choisissent indifféremment l'une ou l'autre face, à moins qu'elles n'attaquent le bord de ces feuilles. On en rencontre aussi qui, se tenant tout le jour, tapies, immobiles au dessous d'une feuille, semblent ne prendre leur nourriture que pendant la nuit ou le soir ; c'est encore un moyen particulier de défense, leur inertie diurne les faisant échapper facilement à l'œil investigateur des oiseaux.

Dès qu'elles sont parvenues à la taille convenable et qu'elles ont subi les mues nécessaires, ces larves songent à leur métamorphose. Elles se laissent alors très-généralement tomber à terre où elles se mettent en mesure de se construire une coque quelquefois double, comme celle des *hylotoma*, d'autres fois simple. Ces coques sont jaunâtres, grises ou brunes, parfois presque noires. Elles sont lisses ou rugueuses, et chargées de grains de sable. Enfin elles sont enfoncées en terre, ou placées seulement à la surface de celle-ci, et dans les débris de feuilles. Lorsqu'il y a deux générations par an, la transformation æstivale a lieu très-rapidement, et au bout d'une quinzaine de jours, on voit apparaître un nouvel insecte parfait. Quand au contraire, il n'y a qu'une seule génération, ou s'il s'agit de la métamorphose hivernale du premier cas, la larve reste enfermée dans son cocon pendant de longs mois, d'août ou septembre jusqu'à avril ou mai. Bien que je ne puisse citer à cet égard d'observations directes, il est probable que l'état de *larve contractée* remplit la plus grande partie de ce temps et que la nymphose n'a lieu que peu de jours avant l'éclosion définitive. Dans des cas plus rares, quand la larve s'est enfoncée dans un rameau, ou qu'elle a donné naissance à une galle, la pupaison se fait sur place et la coque, devenant moins nécessaire, présente aussi souvent un développement et une solidité bien moins considérables, se réduisant parfois à une sorte de simple enduit soyeux sur les parois de la loge.

Quand l'insecte parfait veut paraître au jour, il perfore avec ses mandibules l'extrémité de la coque, sans s'astreindre à faire cette ouverture régulière. Il s'échappe, procède à l'accouplement, et la femelle songe ensuite à mettre ses œufs en lieu convenable. Au moyen de sa tarière, elle agit comme les autres mouches à scie, et fait des séries de petites ouvertures dans chacune desquelles pénètre un œuf. Ces pontes sont placées, soit dans les jeunes rameaux, soit dans la nervure médiane, soit sur le bord des feuilles, soit dans le parenchyme de leur surface. Quelques unes aussi, paraît-il, les déposent simplement sur la feuille, sans les y insérer.

Des remarques curieuses peuvent encore être faites au sujet de la répartition géographique des Nématides. Ces insectes semblent être infiniment plus nombreux dans les contrées froides ou tempérées que dans les pays chauds. Le nord de l'Europe présente la plupart des espèces, tandis que le midi paraît beaucoup plus pauvre. Ainsi, pour ne parler que du genre *Nematus*, l'Islande, sur 6 Tenthrédines décrites par Ruthe (*Stett. Ent. Zeit. 1859*), offre 5 Nematus; le Spitzberg a donné l'occasion à Boheman d'en décrire une espéce (*ofv. a K. Vet. Ak. Forhand-lingar ar 1865*), le *Nematus frigidus*. Thomson dans ses : *Hymenoptera scandinaviæ*, cite 95 espèces de *Nematus* proprement dits, en Suède. Hartig pour l'Allemagne, dès 1840 (*Stett. Ent. Zeit*), en indiquait 91, tandis que, moins de vingt ans plus tard, en 1859, M. Zaddach (*v. n° 105 de la Bibliographie spéciale*) en dénombre 200 espèces pour l'Allemagne, dont 125 pour la Prusse seule, avec l'étendue qu'elle comportait alors. Tout récemment (1878) le (*Catalog of the British Tenthredinidæ*), par M. P. Cameron, en nomme 76. Dours (*Cat. des Hym. de France*) en cite 38 espèces seulement, mais cette liste est très-incomplète. En Amérique, la faune canadienne, c'est-à-dire restreinte à un territoire peu ou pas exploré, en contient déjà, d'après M. l'abbé Provancher (*le Naturaliste canadien, février 1878*), 13 espèces. Enfin le *Catalogus hymenopterorum Europæ*, de L. Kirchner, donne, en 1867, les noms de 203 espèces, même de 291, si l'on tient compte de celles qui font partie du supplément, espèces dont l'authencité a été niée par M. Zaddach en 1875 (10). En ne prenant que le premier chiffre de 203, et y ajoutant les espèces sssez nombreuses décrites depuis 1867, celles encore inédites, mais connues, on arrive à un total de 280 à 300 espèces sur lesquelles on n'en peut citer qu'un très-petit nombre comme étant méridionales. En effet, dans sa *Fauna di Regno di Napoli*, publiée en 1860, M. Costa, malgré le soin qu'il a mis à réunir ses documents, ne peut en indiquer que 12 espèces, et, ce qui est peut-être encore plus caractéristique, c'est l'absence à peu près complète de représentants de ce genre dans les pays intertropicaux, d'où cependant des voyageurs zélés et nombreux ont rapporté, en grande quantité, des hyménoptères d'autres familles. (1)

Ce sont donc, à proprement parler, des insectes septentrionaux, et ils prennent place parmi ceux qui remontent le plus près des régions polaires.

10ᵉ GENRE. — CLADIUS, ILLIGER, 1801 (132*)

κλάδιον, petit rameau

Antennes allongées, sétiformes, de 9 articles, ceux-ci pubescents, nettement séparés, les troisième, quatrième, cinquième, quelquefois sixième, portent de longs appendices velus, chez les mâles ; chez les femelles, ils sont seulement tronqués obliquement, de façon à présenter l'apparence d'un appendice court et rudimentaire. Les ailes ont une cellule radiale et quatre cellules cubitales, dont les deuxième et troisième reçoivent chacune une nervure récurrente. La première nervure transverso-cubitale est souvent presque indistincte ; la cellule lancéolée est contractée au milieu. Les ailes sont plus longues que le corps, la taille est médiocre, les pattes ordinaires.

(1) Voyez, à ce sujet : *The Fauna of* Scotland, par M. P. Cameron (1878), où l'auteur donne (page 5) une *Table of the Geographical. Distribution of the Sub. tribes,* tres-instructive et très-intéressante, relative spécialement aux Tenthrédines.

Les sexes se distinguent entre eux, en outre de la conformation de l'extrémité abdominale, par la présence ou l'absence des appendices antennaires.

1 Troisième article des antennes courbé en dessous, mais ne présentant pas de corne relevée, ou celle-ci n'est que rudimentaire. Antennes ♂ munies en dessus de cinq appendices velus, le cinquième très-court, les autres d'autant plus allongés qu'ils s'approchent davantage de la base de l'antenne. Tête et thorax noirs, pubescents. Pattes jaune testacé clair, avec la plus grande partie des cuisses noire et l'extrémité des tarses brune. Abdomen noir rougeâtre pubescent. Ailes hyalines. Nervures costales et stigma jaune clair, les autres nervures ferrugineuses. Ecaillette blanc jaunâtre. Long. 4mm. Env. 10mm. **Ramicornis,** RONDANI (*in coll*).

♂ (♀ inconnue).

PATRIE : Allemagne.

— Troisième articles des antennes ♂ muni à sa base en dessous d'une corne poilue, relevée. Tout le corps noir brillant, un peu pubescent. Antennes ♂ munies de 4 à 6 appendices décroissant de longueur à mesure qu'ils approchent de l'extrémité. Pattes jaune testacé clair avec la plus grande partie des cuisses noire et l'extrémité des tarses brune. Ailes légèrement enfumées vers la base, hyalines à l'extrémité. Nervure costale et stigma rouge brun foncé, les autres nervures noires. Ecaillette blanc sâle. Long. 5mm. Env. 12mm. ♂♀.

Pectinicornis, FOURC.

La larve a 5mm de longueur et est munie de 20 pattes; sa couleur est d'un vert brillant sur le dos borné par 2 lignes latérales sombres. Les côtés et le ventre sont d'un vert beaucoup plus clair, presque translucide. Le corps est revêtu de poils bruns. La tête est brunâtre avec une tache plus sombre sur le vertex et une autre en avant du front. On la rencontre en juin et en septembre sur le dessous des feuilles du rosier, qu'elle perce à jour, respectant en général les grosses nervures. Elle s'enferme dans une coque brune, simple selon Brischke, double selon Brullé. Elle y séjourne en été, seulement 13 jours, mais il y a une seconde génération qui hiverne. L'insecte parfait paraît en mai et en juillet. Il a pour parasite :

Mesochorus cimbicis, Ratz. — *Ichneumonide.*

PATRIE : Angleterre, France, Allemagne, Suède, Russie, Italie, Suisse.

11ᵉ GENRE. — TRICHIOCAMPUS, HARTIG, 1837 (61)

τρίχιας, velu, κάμπη, larve.

Antennes allongées, sétiformes, de 9 articles bien séparés, portant à la base du troisième article, chez les mâles, une corne saillante poilue, relevée. Ce même article est seulement un peu courbé en dessous chez les ♀. Les ailes antérieures ont une cellule radiale et quatre cellules cubitales, dont la deuxième et la troisième reçoivent chacune une nervure récurrente, et dont la première est souvent peu distinctement séparée de la seconde. La cellule lancéolée est contractée au milieu. Les ailes dépassent l'extrémité de l'abdomen. Taille moyenne.

Les sexes se distinguent immédiatement par la disposition indiquée dans les antennes.

1 Abdomen jaune. Tête et dessus du thorax noir brillant. Poitrine jaune, avec une tache médiane noire sur le mesosternum. Pronotum en partie jaune dans la femelle. Antennes brunes, avec les deux premiers articles noirs chez le ♂. Pattes jaunes. Ailes hyalines, légèrement jaunâtres à la base, avec les nervures et le stigma bruns. Ecaillette jaune. Long. 9ᵐᵐ. Env. 20ᵐᵐ. **Viminalis**, FALLÉN.

La larve a 20 pattes ; elle est jaune sombre, passant au vert au milieu du corps et à l'orangé aux deux extrémités. Elle porte des poils blancs. Chacun des anneaux est orné de 2 taches noires sur le dos ; l'anus est noir. Elle a la tête noir brillant avec la bouche brune. Les palpes maxillaires ont 5 articles, les labiaux en ont 3. Long. 15mm. On la trouve en août et septembre sur les peupliers dont elle mange, rangée en bataille, le parenchyme du dessous des feuilles. L'insecte parfait parait en juin. Elle a pour parasite :

Polysphincta areolaris, Rtzb. — *Ichneumonide.*
Polyblastus sanguinatorius, Rtzb. — —

PATRIE : Angleterre, France, Suède, Suisse, Allemagne, Russie.

— Abdomen noir. **2**

2 Pattes postérieures jaune rougeâtre. **3**

— Pattes postérieures blanches ou blanc brunâtre, au moins sur les tibias et les tarses. **4**

3 Hanches, trochanters et derniers articles des tarses noirs. Base des cuisses antérieures noire. Corps noir brillant. Antennes noires. Ailes enfumées vers la base. Ecaillette testacé noirâtre. Long. 7mm. Env. 15mm. **Rufipes**, LEPELLETIER.

La larve a pour parasite :

Pteromalus saltans, Rtzb. — *Chalcidite.*

PATRIE : Angleterre, France, Suède, Allemagne.

— Hanches, trochanters et tarses orangés comme le reste des pattes. Corps entièrement noir. Palpes blancs. Ailes fuligineuses. Long. 5mm. ♂. **Garbiglietti**, COSTA.

PATRIE : Italie septentrionale.

4 Trochanters noirs, ainsi que les hanches et la plus grande partie des cuisses. Corps noir brillant. An-

tennes noires. Ailes hyalines, stigma et nervures noirs. Ecaillettes brunes. Long. 7mm. Env. 15mm.

Eradiatus, Hartig.

La larve n'est pas décrite. On sait seulement qu'elle vit, rangée en société, sur la tige d'*Anthriscus sylvestris*. L'insecte parfait parait en juin. A pour parasite: *Hemiteles trichiocampi*, Boié. — *Ichneumonide*.

Patrie : Angleterre, France, Suède, Allemagne.

— Trochanters postérieurs blancs. 5

5 Ailes hyalines ou un peu fuligineuses. Côte et stigma bruns ou noirs. 6

— Ailes jaunes, un peu rousses. Côte et stigma jaunes, ce dernier taché de noir à la base. Cuisses noires. Corps noir bronzé, avec les trochanters intermédiaires et postérieurs, tous les tibias et les tarses blancs, ces derniers bruns à l'extrémité. Long. 8mm. Env. 17mm.

Æneus, Zaddach.

La larve porte 20 pattes; elle est blanche, velue, avec les 3 premiers et les derniers segments orangés. La tête est noire; chaque segment porte 2 taches noires; le dernier en a une. Long. 11mm. Elle ronge, en société, les feuilles des *Salix pentandra* et *triandra*, qu'elle crible de trous en dessous. La femelle dépose ses œufs dans l'écorce des branches. On trouve la larve en août et septembre et l'insecte parfait en juin.

Patrie : Allemagne.

6 Cuisses antérieures en grande partie brunes et noires. Cuisses postérieures noires en dessus chez le ♂. Corps noir brillant. Antennes noires. Pattes presque entièrement blanches, sauf les exceptions ci-dessus. Ailes hyalines, avec les nervures et le stigma bruns. Nervure costale plus pâle. Ecaillettes noires. Long. 6mm. ♂.

Drewseni, Thoms.

Insecte parfait en juin. Larve inconnue.

Patrie : Suède, Angleterre.

— Cuisses antérieures et postérieures blanches, ainsi que la plus grande partie des pattes. Hanches antérieures et extrémité des tarses postérieurs brunes. Ailes fuligineuses. Nervures et stigma brun noir. Long. 5mm. Env. 12mm. ♂ **Discrepans,** Costa.

Patrie : Italie méridionale.

12e GENRE. — PRIOPHORUS, Latreille, 1803 (136').

πρίων, scie, φορῶ, je porte.

Mêmes caractères que le genre *Cladius*, dont il est démembré, sauf que les antennes sont simples dans les deux sexes, sans appendices. Le troisième article est droit.

1 Hanches et cuisses antérieures entièrement noires, excepté les genoux. **2**

— Hanches et cuisses en partie blanches, ou au moins brun clair au bord extrême, quelquefois blanches en entier. Antennes un peu moins longues que le corps, visiblement pubescentes (♀), velues et hérissées chez le ♂, noires, parfois ferrugineuses. Corps noir. Tibias et tarses blancs, sauf l'extrémité des tibias postérieurs et les tarses postérieurs, qui sont brunâtres. Eperons des tibias postérieurs aussi longs que la moitié du premier article des tarses Ailes presque hyalines, surtout vers l'extrémité, avec le stigma et les nervures noirâtres. Ecaillettes brunes, plus ou moins largement bordées de blanc. Long. 6mm. Env. 12mm. **Padi,** L.

La larve est brune sur la tête avec une tache triangulaire sur le vertex et le tour des yeux noirs. Le corps est d'un beau vert, plus clair en dessous. Elle est munie de 20 pattes. On la rencontre, au commencement de l'été et en automne, sur le dessous des feuilles des cerisiers, pommiers, poiriers, pruniers, églantiers, ronces, aubépines, bouleaux. La femelle insère ses œufs dans la nervure des feuilles. La larve se laisse tomber à terre à la fin de mai et se construit un petit cocon au milieu des feuilles sèches. L'insecte parfait éclot à la fin d'avril pour la première génération, en juillet pour la seconde. Elle a pour parasite :

Tryphon lucidulus, Hart. — *Ichneumonide.*

PATRIE : Angleterre, France, Allemagne, Suède, Russie.

2 Ailes un peu enfumées. 3

= Ailes blanches, transparentes. Corps noir. Genoux, tibias et base des tarses blanc jaunâtre. Antennes noires, un peu plus longues que l'abdomen. Nervures et stigma bruns. Long. 6^{mm}. Env. 12^{mm}.

Tener, ZADD.

PATRIE : Environs de Kœnigsberg.

3 Ailes enfumées vers la base. Genoux, tibias et tarses blancs. Corps noir brillant. Antennes un peu plus longues que la moitié du corps, à peine pubescentes. Eperons des tibias postérieurs plus courts que la moitié du premier article des tarses. Ecaillettes noires ou brun foncé. Stigma brun. Long. 6^{mm}. Env. 12^{mm}.

Brullæi, DAHLB.

La larve a la tête d'un noir profond, brillant. La partie supérieure du corps, jusqu'aux stigmates, est noir brun foncé, un peu brillant; le dessous est blanc, ainsi que la base du deuxième segment et le segment anal. Corps couvert de tubercules portant de longs poils. Elle a 20 pattes blanches; elle vit sur le dessous des feuilles des *Rubus fruticosus* et *Idæus*. On la trouve en mai. En juin elle se construit une coque sur la terre. L'insecte parfait éclot en juillet. Une première génération parait en avril. Son parasite est :

Tryphon lucidulus, Hart. — *Ichneumonide.*

PATRIE : Angleterre, France, Suède, Prusse.

— Ailes enfumées au milieu, plus claires à la base et à l'extrémité. Genoux, tibias et tarses pâles. Extrémité des tarses brune, ainsi que l'extrémité interne des tibias postérieurs. Corps noir brillant. Antennes noires, peu pubescentes, un peu comprimées sur les côtés. Ecaillette jaune clair, au moins sur le bord. Nervures et stigma bruns. Long. 6^{mm}. Env. 12^{mm}. **Tristis**, ZADD.

Trouvé sur un arbre fruitier.

PATRIE : *Kœnigsberg.*

13ᵉ GENRE. — CRYPTOCAMPUS, HARTIG, 1837 (61).

κρύπτω, je cache, κάμπη, larve.

Antennes peu allongées, sétiformes, de 9 articles. Ailes supérieures avec une cellule radiale et trois cellules cubitales, la seconde nervure transverso-cubitale quelquefois nulle. Les deux nervures récurrentes aboutissent dans la même cellule cubitale. Cellule lancéolée pétiolée.

1 Bouche blanche ou brun clair. **2**

— Bouche noire. Tête noire, ainsi que les antennes, sauf chez le ♂ où leur extrémité est brune. Thorax et abdomen noir brillant. Pattes noires, avec l'extrémité des cuisses rouge, les tibias et les tarses brun clair. Ailes à peu près hyalines. Stigma brun, plus clair à la base. Ecaillettes blanches. Long. 6^{mm}. Env. 13^{mm}. **Angustus**, HART.

La larve vit en avril et en juillet sur le *Salix Viminalis*. Elle pénètre dans la moëlle des rameaux, où elle se creuse une loge de deux centimètres de longueur. Elle s'y transforme dans un cocon brun foncé. L'insecte parfait paraît au printemps et en été. Il a deux générations. M. Rondani l'indique comme fréquentant aussi les joncs (*arundo*). Il a pour parasites :

Entedon acuminatus, Rtzb. — *Chalcidite*.
— *oleinus*, Rtzb. — —
Eurytoma extincta, Rtzb. —

Patrie : Angleterre, France, Allemagne, Suède, Italie, Tyrol.

2 Corps allongé, cylindrique. **5**

— Corps oviforme, court, déprimé. **3**

3 Antennes noires. **4**

— Antennes brunes. Corps noir brillant, soyeux sur la tête, le thorax et l'extrémité de l'abdomen, ainsi que sous le ventre. Antennes brunes, aussi longues que l'abdomen. Pattes jaune brun, avec les tibias postérieurs et les tarses blancs, la base des hanches et celle des cuisses noires, tarses postérieurs bruns à l'extrémité. Ailes légèremnt nuageuses avec les nervures et le stigma bruns. Ecaillettes jaunes. Long. 5mm. Env. 11mm. **Fuscicornis,** Hart.

Patrie : Allemagne.

4 Les ailes antérieures paraissent n'avoir que deux cellules cubitales. Pour le reste, cette espèce est semblable à *Fuscicornis*, dont elle n'est peut-être qu'une variété. **Nigricornis,** Hart.

Patrie : ? (musée de Berlin).

— Les ailes antérieures ont bien trois cellules cubitales. Le corps est noir. Les pattes sont noires avec les genoux, les tibias et les tarses brun rouge, recouverts d'une pubescence grise. **Semineura**, Hart.

Patrie : Allemagne.

5 Abdomen noir. 6

— Abdomen en grande partie jaune testacé, portant seulement une tache carrée, noire, sur le milieu des deux premiers anneaux. Tête jaune avec une tache noire sur le vertex, descendant près de l'insertion des antennes, et le bord postérieur des yeux noir. Thorax noir en dessus, jaune seulement sur les côtés du pronotum et du metanotum. La poitrine est testacée avec une large bande noire au milieu, quelquefois noire en entier. Les pattes sont en entier jaune testacé. Les ailes sont hyalines, avec les nervures et le stigma testacés, ainsi que les écaillettes. **Quadrum**, Costa.

La larve vit sur le *Betula alba*.

Patrie : Naples, Fontainebleau.

6 Antennes noires en entier, ou ferrugineuses seulement à l'extrémité, minces. Ongles bifides. Tête noire avec les parties de la bouche rougeâtres ou blanches. Pattes brun clair avec la base des hanches noire ; chez le ♂, les cuisses sont noires. Abdomen noir, ferrugineux à l'extrémité ventrale. Ailes hyalines, avec le stigma brun, plus clair à la base. Écaillettes blanches. Long. 5mm. Env. 11mm. **Saliceti**, Fallén.

La larve vit sur les jeunes rameaux de divers saules.

L'insecte parfait éclot en mai.

Patrie : Angleterre, France, Allemagne, Suède.

— Antennes noires, ferrugineuses à l'extrémité et

aussi en dessous, un peu épaisses. Ongles non bifides, mais munis d'une petite dent subapicale. Tête noire avec les parties de la bouche, le bord du vertex et le bord externe des yeux bruns. Thorax noir, légèrement pubescent de blanc ; les angles du pronotum et les écaillettes sont souvent jaunâtres. Abdomen noir, un peu pâle à l'extrémité. Pattes brun rougeâtre, avec la base des hanches postérieures et le bord interne des cuisses noirs. Ailes hyalines, stigma brun, plus clair à la base. Long. 6mm. Env. 14mm. **Pentandræ**, Retz.

La larve vit dans des galles larges, irrégulières, plus ou moins globuleuses, sur les rameaux de divers saules et des peupliers. L'éclosion a lieu au commencement de mai. Les parasites connus sont :

Pimpla vescicaria, Rtzb. —	*Ichneumonide.*
Campoplex multicinctus, Grav. —	—
Elachistus Steyeri, Rtzb. —	*Chalcidite.*
Eurytoma salicis, Thoms. —	—
— *aciculata*, Rtzb. —	—
Pteromalus excrescentium. Rtzb.	—
Encyrtus tenuis, Walker. —	—
Platygaster niger, Nees. —	*Proctotrupide.*

Patrie : Angleterre. France. Allemagne, Suède.

14e GENRE. — PRISTIPHORA, Latreille, 1806 (156).

πρίστις, scie. *φέρω*, je porte.

Antennes sétacées, de 9 articles. Ailes avec une cellule radiale et 3 cellules cubitales dont la deuxième et la troisième reçoivent chacune une nervure récurrente. Cellule lancéolée petiolée (?).

Antennes noires. Tête noire avec la bouche blanche. Thorax et abdomen noirs. Pattes noires variées de blanc. Ailes hyalines. ♂

Varipes, Lepell.

Patrie : France.

Observation. — Je ne crois pas qu'on puisse rapporter ce genre, restreint comme je le fais, ni aux *Cladius* proprement dits, ni aux *Priophorus*, comme le supposent quelques entomologistes, même en tenant compte d'une nervulation irrégulière. Bien que l'insecte me soit inconnu en nature, l'examen des divisions successives de Lepelletier me rallie à l'opinion de *Hartig*, qui le considère comme un genre spécial.

15e GENRE. — DINEURA, Dahlbom, 1835 (34').

δίς, en deux, νευρά, nervures.

Antennes minces, filiformes, allongées, de 9 articles. Ailes antérieures munies de 2 cellules radiales et de 4 cellules cubitales dont la deuxième reçoit les 2 nervures récurrentes, (l'une de celles-ci fait quelquefois le prolongement de la deuxième nervure transverso-cubitale). Cellule lancéolée pétiolée. La nervulation est souvent irrégulière.

1 Tête rouge ou jaune en entier, sauf rarement une petite tache noire sur le front. Antennes jaunes. Thorax jaune rouge, excepté l'extrémité du scutellum et le metanotum qui sont, le plus ordinairement, noirs. Chez le ♂, rarement aussi en tout ou en partie chez la ♀, le mesonotum est le plus souvent en partie noir. Abdomen jaune rougeâtre avec le dos noir. Pattes jaunes avec les tarses et l'extrémité des tibias sombres. Ailes hyalines, stigma blanchâtre. Long. 7mm. Env. 16mm. **Viridiorsata**, Retzius.

La larve a la tête jaune clair avec 2 petits yeux noirs. Le corps est vert translucide, avec une large bande vert sombre sur le dos. Les côtés du corps portent des appendices charnus qui se fixent sur la feuille. Elle est munie de 20 pattes; elle se tient en août jusqu'au commencement d'octobre sur le dessus des feuilles de bouleau. Elle entre en terre à cette époque et s'y métamorphose dans un cocon épais, gris, terreux. L'éclosion a lieu au printemps suivant.

PATRIE : Angleterre, France, Allemagne, Suède.

— Tête noire ou brun foncé, au moins en partie. **2**

2 Tibias et tarses des pattes postérieures noirs ou en partie noirs. **3**

— Tibias et tarses des pattes postérieures blancs, jaunes ou brun rouge. **4**

3 Antennes seulement de la longueur de la tête et du thorax. Corps noir brillant. Tête noire; épistome et labre blancs; antennes noires. Pronotum presque en entier rougeâtre le reste du thorax noir; écaillettes blanches. Abdomen noir en dessus avec les côtés, la partie apicale et le ventre, rougeâtre sombre. Pattes testacées avec les cuisses postérieures, la moitié apicale des tibias postérieurs et les tarses postérieurs, noirs. Ailes hyalines, côte et stigma noir brun. ♀. Long. 6mm. Env. 13mm. **Selandriiformis,** CAMERON.

PATRIE : Angleterre.

— Antennes presque aussi longues que le corps, noires. Tête noire avec l'épistome et le labre blancs. Thorax noir. Abdomen noir. Pattes blanches avec les cuisses un peu noires en dessus. Extrémité des tibias postérieurs et les 4 premiers articles des tarses postérieurs noirs. Ailes hyalines. Côte et stigma pâles. ♀. Long. 4mm. Env. 8mm. **Simulans,** CAMERON.

PATRIE : Angleterre.

4 Antennes testacées par dessous. **5**

— Antennes noires. **6**

5 Abdomen entièrement noir en dessus. Corps noir brillant. Tête noire avec l'épistome et le labre blanc jaunâtre. Thorax noir avec les angles du pronotum jaunes. Ecaillettes, ventre et pattes testacés. Ailes hyalines avec les nervures brunes et le stigma plus clair. Long. 5mm. Env. 12mm.

Testaceipes, Klug.

La larve vit sur le *Pyrus aucuparia* et le *Cratægus oxyacantha*. On la trouve en juillet, août et septembre. L'insecte parfait parait en juin et juillet.

Patrie : Angleterre, Autriche, Suede, Russie.

— Abdomen rouge avec la base et, chez le ♂, l'extrémité et une tache intermédiaire noires. Thorax noir brillant, avec une grande tache latérale et les côtés du pronotum rouges. Ecaillettes et pattes rouges. Ailes hyalines; nervures noires, stigma clair. Long. 5mm. Env. 12mm. **Stilata,** Klug.

La larve vit en août sur le *Pyrus aucuparia* dont elle ronge la partie supérieure des feuilles. Elle est très indolente et ne se meut que lorsqu'on la touche; elle exhale une forte odeur, analogue à celle de certaines punaises. Quand elle s'étend sur une feuille, elle semble être desséchée. On peut la trouver jusqu'à la fin d'octobre. L'éclosion a lieu en juin.

Patrie : Angleterre, Allemagne, Suède.

6 Devant de l'épistome et labre blancs. Corps noir, pubescent. Pronotum presque entièrement rouge ou jaune sale. Mesonotum noir avec 3 taches rouges, quelquefois entièrement noir ou avec le lobe médian tout-à-fait rouge. Scutellum en grande partie rouge, quelquefois noir. Abdomen noir, souvent l'anus et

les arceaux ventraux sont plus pâles. Pattes blanches avec la base des hanches et une partie des tarses noir brun. Ailes hyalines ; nervures et stigma noir brun ♀. (le ♂ est inconnu, bien que l'espèce soit commune) Coloration très-variable. Long. 6mm. Env. 13mm. **Verna**, Klug.

La larve est en entier d'un vert tendre avec les yeux noirs, et la bouche un peu rousse. Son corps est très-plissé ; elle a 20 pattes. Pendant le repos, l'extrémité anale est souvent ramenée sous le ventre. Elle vit en mai sur les feuilles de chêne, s'enfonce en terre, à la fin de ce mois, et s'y construit une petite coque, de 7mm. de long et de 4mm. d'épaisseur, à parois noirâtres, finement réticulées et garnies de grains de sable. L'insecte parfait n'éclot, d'après Giraud, qu'au mois d'avril de l'année suivante. Les parasites sont :

Mesoleius formosus, Grav. — *Ichneumonide.*
— *armillatorius*, Grav. — —
Polyblastus palustris? Holmg. — —
Erromenus fasciatus, Grav. — —

Et un parasite exoderme :

le Plectiscus tenthredinarum, Giraud.— —

Patrie : Angleterre, France, Allemagne, Hongrie, Suède.

— Epistome et labre noirs ou ferrugineux. **7**

7 Abdomen noir en entier. Corps noir brun. Antennes de la longueur de la tête et du thorax, noires. Ecaillettes brunes. Moitié apicale des cuisses, tibias et tarses brun rouge. Ailes hyalines avec les nervures et le stigma bruns. Long. 3mm. Env. 8mm.

Despecta, Klug.

La larve ronge les feuilles du bouton d'or, suivant Kaltenbach (142).

Patrie : Allemagne. Russie.

— Abdomen noir avec l'extrémité jaune clair. Corps noir ; Antennes noires. Pattes jaune clair avec la base des cuisses noire. Ecaillettes brun clair. Ailes hyalines avec les nervures et le stigma bruns. Long. 5mm. Env. 11mm. **Parvula**, KLUG.

PATRIE : Allemagne, France.

16e GENRE. — HEMICHROA, STEPHENS, 1828 (272*).

ημι, à moitié, χροα, couleur.

Antennes sétiformes, de 9 articles. Corps un peu ramassé. Ailes antérieures avec 2 cellules radiales et 4 cellules cubitales dont la deuxième reçoit les 2 nervures récurrentes. Cellule lancéolée contractée. Nervulation quelquefois irrégulière.

1 Abdomen noir. Chez la ♀, tête, pronotum, mesonotum et scutellum rouges, metanotum noir. Antennes noires, quelquefois rougeâtres à l'extrémité. Pattes noires avec seulement le bord antérieur rouge dans la première paire. Ailes hyalines, nervures et stigma noirs.

Chez le ♂, tête et thorax noirs; antennes noires, brunes en dessous. Pattes jaunes avec les hanches noires. Ailes plus sombres. Long. 6mm. Env. 13mm. **Alni**, LINNE.

La larve vit en août sur le bouleau, l'aulne et peut-être le saule. Elle a 20 pattes et est de couleur verte. L'insecte parfait éclot en juin.

PATRIE : Angleterre, France, Tyrol, Allemagne, Suede, Russie.

— Abdomen rouge ou jaune. 2

2 Metanotum noir. 3

— Metanotum jaune rouge. Corps entièrement jaune rougeâtre avec la tête passant au jaune d'ocre. Mandibules et antennes noires. Cuisses, tibias et tarses jaunes, plus sombres aux pattes postérieures, souvent un peu fauves surtout sur les cuisses, hanches brunes. Ventre, à sa base, et valvule hypopygiale ♀ noirâtres. Ailes enfumées à la base, avec la nervure costale et le stigma bruns et les autres nervures noires. Long. 10mm. Env. 22mm. **Unicolor**, Rudow.

En juillet, sur l'aulne, et les ombellifères qui en sont voisines.

Patrie : Allemagne.

3 Abdomen rouge. Tête, pronotum, mesonotum et scutellum rouges. Metanotum noir. Poitrine rouge avec de grandes taches latérales noires. Hanches et cuisses noirâtres, celles-ci plus pâles vers la base aux pattes antérieures; tibias blanchâtres à la base. Ailes un peu enfumées à la base, hyalines à l'extrémité. Nervures et stigma noirs ou testacés. ♀. Long. 6mm. Env. 13mm. **Rufa**, Panzer.

La larve vit en août sur l'aulne et le bouleau. L'insecte parfait éclot en juin.

Patrie : Angleterre, France, Allemagne, Suède.

— Abdomen jaune pâle. Tête noire avec 2 taches jaunes de chaque côté du vertex. Pronotum rouge, bordé de noir en avant. Mesonotum jaune avec des taches noires. Scutellum et metanotum noirs. Pattes jaunâtres; cuisses avec une ligne noire en dessous; tibias blancs à la base. Ailes légèrement enfumées à la base ; stigma brun. ♀. Long. 5mm.

Nigriceps, Thomson.

Patrie : Suède.

17e GENRE. — CAMPONISCUS, Newmann, 1869 (82).
Leptopus, Hart., 1837 (61)

κάμπη, larve, *ονίσκος*, cloporte.

Observation.— Le nom de *Leptopus* ayant été appliqué par Latreille, dès 1806, à un genre d'Hémiptères Hétéroptères, j'ai dû le remplacer par un autre, donné plus récemment, pour éviter une confusion. (1)

Antennes allongées, filiformes, de 9 articles. Ailes antérieures avec une cellule radiale et 4 cellules cubitales dont la deuxième reçoit les 2 nervures récurrentes. Cellule lancéolée longuement contractée.

♀. Noir brillant. Bord du pronotum et écaillettes rougeâtres. Abdomen noir avec le ventre brun au moins à l'extrémité. Pattes rougeâtres avec la base des hanches noirâtre; les tibias postérieurs blancs à la base, obscurs à l'extrémité; les tarses postérieurs bruns, rouges à la base. Ailes presque hyalines. Nervures et stigma noirs.

♂. Noir brillant sur tout le corps, y compris le pronotum entier et les écaillettes; la valvule anale seulement rougeâtre à l'extrémité. Les pattes sont orangées avec l'extrémité des tibias postérieurs et les tarses postérieurs brun noir, la base de ces derniers jaunâtre. Côte et stigma bruns. Long. 6mm. Env. 13mm. **Luridiventris**, Fallén.

La larve est courte, velue, verte, plus foncée sur le dos, marquée de points noirs latéraux; sa tête est jaune avec les yeux noirs. Elle a 20 pattes. Elle vit sur les aulnes où on la trouve en juillet. A la fin de l'automne, elle entre en terre et s'y construit une coque légere, peu serrée où elle se change en nymphe en mai de l'année suivante. Environ quatorze jours après, a lieu l'éclosion de l'insecte parfait. Réaumur et Degeer l'ont décrite sous le nom de *larve cloporte*.

Patrie : Angleterre, France, Allemagne, Suède.

(1) Ce changement ayant été opéré après l'impression de la page 18, je n'ai pu l'y introduire et le nom de *Leptopus* s'y trouve encore.

18ᵉ GENRE. — NEMATUS, JURINE, 1807 (140*)

νῆμα, ατος, fil.

Antennes plus ou moins allongées, filiformes ou sétiformes, de 9 articles. Corps soit allongé, cylindrique, soit un peu oviforme. Ailes antérieures avec une cellule radiale et 4 cellules cubitales dont la deuxième reçoit les deux nervures récurrentes. La première et la deuxième cellules cubitales sont quelquefois confondues ou indistinctement séparées. Cellule lancéolée pétiolée.

Les sexes se distinguent facilement par l'examen de l'extrémité abdominale.

Observations. — Avant d'entrer dans le détail du grand genre *Nematus*, je dois donner ici quelques indications dont il sera bon de tenir compte.

Parmi ce grand nombre d'espèces, décrites par tant d'auteurs sur des modèles différents, il en est beaucoup dont les diagnoses sont complètement insuffisantes pour les faire distinguer à coup sûr, et il est probable que bien des espèces, reconnues encore comme distinctes, ne seront plus que des variétés d'autres espèces, quand l'observation des larves aura permis de contrôler avec plus de certitude leur identité.

L'impossibilité de voir les types d'un très-grand nombre d'espèces, à cause, soit de leur destruction, soit de leur entrée dans quelque musée public qui défend toute communication aux étrangers, et par suite la nécessité de se restreindre trop souvent à l'examen de diagnoses écourtées, ne peuvent que laisser quelquefois des doutes.

Hartig qui, en 1840 (*Stett. Ent. Zeitung*), a indiqué un assez grand nombre d'espèces nouvelles, l'a fait d'une façon si insuffisante, que, pour la plupart d'entre elles, il faut regarder ces créations comme non avenues, d'autant plus que les types en sont à peu près perdus.

C'est pour pouvoir utiliser le plus grand nombre possible de descriptions, même peu complètes, et se rapportant à des types

qui sont introuvables, que j'ai dû accueillir dans mes tableaux les seuls caractères indiqués par ces diagnoses, c'est-à-dire les couleurs, bien qu'elles soient souvent fugitives et variables. J'espère cependant, qu'en raison de l'indication que j'ai faite d'un très-grand nombre de variétés, on arrivera toujours à identifier une espèce, quand elle sera décrite.

Pour y parvenir avec certitude, il sera convenable de bien se rendre compte de la valeur des mots employés, et on acquerra rapidement cette reconnaissance avec un peu d'études sur nature, surtout quand on aura sous les yeux quelques espèces bien nommées.

Il faudra aussi se garder de prendre pour une couleur sombre l'altération que cause la dessication ou la décomposition dans un abdomen de teinte claire. Il sera enfin nécessaire d'admettre l'influence des variétés claires qui font souvent passer le noir au brun ou le jaune au blanc, et des variétés foncées qui exagèrent les teintes sombres et en augmentent l'étendue en même temps que l'intensité.

Il y a encore beaucoup à faire pour arriver à la connaissance certaine et complète des *Nematus*, et les espèces gallicoles particulièrement demandent des observations très-sérieuses fondées sur leurs premiers états. C'est un vaste champ ouvert à tous les travailleurs.

1 Abdomen noir en dessus, au moins en d'autres endroits qu'aux deux segments basilaires. . **2**

— Abdomen jaune, brun, rouge, vert ou blanc, n'offrant au plus de noir en dessus qu'aux deux segments basilaires. **340**

2 Abdomen noir en dessus avec une ceinture transversale plus ou moins large, rouge ou brune, ou seulement des bandes étroites de la même couleur au bord de chaque segment. **3**

— Abdomen noir en entier en dessus; — ou avec seulement l'anus ou les segments apicaux jaunes, testacés ou bruns ; — ou bien, bordé ou taché latéralement de jaune, rouge ou testacé, avec ou non le bord des segments de même couleur (ce qui, pour le cas le plus extrême, revient à dire que l'abdomen peut ne porter en dessus, sur un fond jaune, qu'une série de lignes transversales noires, plus ou moins longues ou courtes ou plus ou moins nombreuses, devant au plus se réduire, pour rentrer dans cette division, à une tache noire sur la base du troisième segment); —ou enfin avec le milieu du dos jaune. **19**

3 Abdomen offrant en dessus, avec la base et l'extrémité noires, une ceinture médiane brune ou rouge plus ou moins large. **4**

— Abdomen offrant seulement une étroite bordure brune ou rouge au bord de chaque segment. **14**

4 Extrémité des tibias postérieurs et premier article des tarses fortement dilatés. **5**

— Tibias et tarses postérieurs ordinaires. **8**

5 Ailes antérieures brunes depuis le stigma jusqu'à l'extrémité. Tête noire. Epistome échancré. Antennes épaisses, noires, parfois brunes en dessous chez le ♂. Thorax noir brillant. Ecaillettes noires. Ailes hyalines, tachées comme il est dit ; nervures, côte et stigma noirs. Pattes noires avec la moitié basilaire des tibias et les trochanters postérieurs blancs. Extrémité des cuisses et des tibias antérieurs rougeâtre. Tarses antérieurs blanc jaunâtre. Cuisses rouges, chez le ♂, avec les genoux postérieurs noirs. Abdomen brun rouge avec les deux premiers segments noirs, ainsi que l'anus de la ♀ et quelquefois celui du ♂. Long. ♂ 7^{mm}, ♀ 11^{mm}. Env. ♂ 16^{mm}, ♀ 24^{mm}.

Septentrionalis, L. ♂ ♀

La larve, (pl. X fig. 2) longue de 26^{mm}, a le corps

d'un vert sale, marqué sur le dos de deux séries de grandes taches noires et d'autres plus petites irrégulièrement placées sur les côtés. Le premier et les deux derniers segments sont jaunes. La tête est noire. — Elle vit en société sur l'aulne, le bouleau, le peuplier, depuis le mois de juin jusqu'à la fin d'octobre. Elle recourbe souvent son abdomen jusque sur sa tête. Elle se métamorphose en terre dans un cocon simple, allongé, de couleur brun noirâtre. Il y a deux générations par an et l'éclosion a lieu en mai et août. Elle a pour parasites :

Campoplex argentatus. Grav. —	*Ichneumonide.*
— *chrysostictus.* Rtzb.—	—
Ichneutes reunitor. Nees. —	*Braconide.*
Limneria argentata. Grav. —	*Ichneumonide.*
Mesoleptus testaceus. Grav. —	—
Microgaster alvearius. Spin. —	*Braconide.*
Pimpla angens. Grav. —	*Ichneumonide.*
Polysphinctus areolaris. Rtzb. —	—
Tryphon gibbus. Rtzb. —	—
— *melancholicus.* Grav. —	—
— *septentrionalis.* Rtzb.—	—
— *sexliturratus.* Grav. —	—

PATRIE : Angleterre, France, Italie, Allemagne, Danemark, Suède, Russie.

— Ailes antérieures avec seulement une étroite bande brune transversale, ou entièrement hyalines. 6

6 Ailes antérieures avec une étroite bande transversale brune. 7

— Ailes antérieures complètement hyalines. Tête noire avec l'extrémité de l'épistome et le labre blancs. Antennes noires. Thorax noir avec les angles du pronotum testacés; écaillettes pâles. Pattes postérieures noires à l'extrémité des tibias et aux tarses ; toutes les cuisses brunes, excepté l'extrémité des postérieures qui est noire ; hanches et trochanters blancs, les premières noires à la base. Tibias blancs, rouges à l'extrémité pour les deux premières paires; tarses antérieurs et intermédiaires blancs ou légèrement testacés. Nervures et stigma brun sombre. Abdomen ferrugineux avec les deux premiers et les trois ou quatre derniers segments noir brillant. (Pl. XIII. fig. 2). Long. 8mm. Env. 18mm. **Varus,** Villt. ♂♀.

La larve à 20mm. de long; sa tête est fauve, le corps est vert brillant avec quatre rangs de taches noires. Elle vit sur l'aulne en juillet et en septembre ; elle a les mêmes habitudes que celles du *N. septentrionalis*, Elle se transforme en terre dans un cocon simple, brun. Les insectes parfaits viennent au jour en juin et août. Il y a presque certainement deux générations annuelles.

Patrie : Angleterre, France, Allemagne, Suède.

7 Tibias intermédiaires blancs à la base, bruns à l'extrémité. Tête, antennes et thorax noirs. Pattes noires avec les genoux, les tibias et les tarses antérieurs, ainsi que la base des cuisses postérieures, ferrugineux ; base des tibias et trochanters postérieurs blancs ; chez la ♀ les tibias antérieurs ont l'extrémité noire. Ailes jaunâtres avec une bande transversale brune. Abdomen noir avec une ceinture intermédiaire ferrugineuse. Long. 7 à 10mm. Env. 15 à 22mm. **Latipes,** Villt. ♂♀.

La larve (Pl. XIII, fig. 8), longue de 26mm, a le corps noir brun, brillant, avec des taches latérales testacées autour des stigmates, et les pattes testacées. Dans son jeune âge sa couleur est d'un brun plus clair. — Elle vit en société, de juillet à septembre, sur le bouleau dont elle ronge entièrement les feuilles jusqu'à la nervure médiane; elle recourbe aussi son abdomen sur sa tête. Elle se métamorphose en terre, dans une coque simple brune. On n'a encore constaté qu'une seule génération annuelle, dont l'éclosion a lieu en mai, mais, d'après l'analogie, il est probable qu'il y en a une seconde.

Patrie : Angleterre, France, Allemagne, Hollande.

— Tibias intermédiaires entièrement blancs. Tête noire avec le labre brunâtre. Antennes noires. Thorax noir ainsi que les écaillettes. Pattes noires avec les tibias blanc sale, les postérieurs seulement à la base. Cuisses postérieures un peu ferrugineuses à la base. Ailes portant une étroite bande noirâtre. Abdomen avec les deux premiers segments noirs ainsi que les segments apicaux en nombre variable, le milieu étant brun. Long. 7 à 9mm. Env. 15 à 20mm.

Brischkii, ZADD. ♀

La larve a 17mm. de long; son corps est vert brillant avec deux ou trois séries de taches noires de chaque côté; les pattes membraneuses sont testacées et le bord des quatre derniers segments est jaune. La tête est ferrugineuse. — Elle vit en juin sur le charme. A la fin de juillet, elle entre en terre, s'y métamorphose pour donner son insecte parfait à la fin d'août, ce qui indique qu'il doit y avoir une deuxième génération dont l'éclosion aurait lieu probablement en mai.

PATRIE : Prusse.

8 Epistome tronqué droit. **9**

— Epistome plus ou moins échancré ou sinué. **11**

9 Cuisses postérieures avec les genoux noirs. **10**

— Cuisses postérieures entièrement jaunes. Tête noire avec le labre blanc. Antennes noires. Thorax noir. Pattes jaunes. Ailes hyalines avec la côte et le stigma jaune brunâtre. Abdomen noir avec les troisième, quatrième et cinquième segments brun rouge. Ventre jaune avec l'extrémité noire. Long. 5mm1/2. Env. 12mm. **Anderschi**, ZADDACH. ♀

PATRIE : Prusse.

10 Mésopleures ponctuées, mates. Tête noir brillant, avec souvent le labre blanc. Epistome tronqué. Antennes noires en dessus, brunâtres en dessous. Thorax noir avec les angles du pronotum et les écaillettes rouges, ces dernières rarement noires. Pattes rouges, avec les tarses postérieurs et l'extrémité des cuisses et des tibias noirs. Ailes hyalines ou jaunâtres ; nervure costale testacée, les autres nervures et le stigma noirs. Abdomen noir foncé, brillant, avec la base du

deuxième segment rouge, ainsi que les troisième, quatrième et cinquième segments. Ventre noir avec le sixième segment rouge. Long. 10mm. Env. 22mm.

Erichsoni, Hartig, ♀

La larve, (pl. XIII, fig. 15) de 15mm. est cendrée avec de courts poils épars, noirs et des taches noires à la base des pattes écailleuses. Tête noire. — Elle vit sur les feuilles du *Pinus larix* en septembre, et se métamorphose en terre. L'éclosion a lieu en mai. Elle a pour parasite :

Pteromalus Klugii. Rtzb. — *Chalcidite.*

Patrie : Angleterre, France, Hollande, Allemagne, Suède.

— Mesopleures unies et brillantes. Tête noire avec le labre blanc. Epistome tronqué. Antennes un peu plus longues que l'abdomen, noires. Thorax noir avec les bords postérieurs du pronotum rougeâtres. Pattes rouges avec la base des hanches noire, les trochanters bruns, les tibias postérieurs blancs, l'extrémité des tibias intermédiaires et postérieurs noire ou brune, l'extrémité des cuisses postérieures noire, les tarses intermédiaires bruns, blancs à la base, les postérieurs noirs. Ailes légèrement enfumées. Nervure costale jaune, stigma jaune ou noir, soit en entier, soit seulement à la base. Abdomen noir avec une bande rouge s'étendant du deuxième au sixième segment, ainsi que sur les bords du septième. Ventre fauve chez le ♂. Long. 6mm. Env. 13mm.

Quercus, Hartig. ♂♀

La larve a 11mm, son corps est fusiforme, rouge, marqué de lignes noires ou brunes sur la tête, de points bruns sur le dos et les cotés et porte une bande de même couleur sur l'abdomen. — Elle vit solitaire sur l'*Airelle myrtille* (*Vaccinium myrtillus*) en juin, juillet et août. Elle se métamorphose en terre et donne l'insecte parfait en juin et juillet. Elle a pour parasite :

Opius graecus. Wesm. — *Braconide.*

Patrie : Angleterre, France, Allemagne, Suède, Russie.

11 Pronotum rouge en entier. Tête noire avec la bouche brune. Epistome sinué. Antennes noires. Thorax noir avec le pronotum rouge et les écaillettes brun rouge. Pattes brun rouge avec la base des hanches, les trochanters, l'extrémité des tibias postérieurs et leurs tarses noirs. Ailes hyalines. Nervure costale brun rouge. Nervures et stigma noirs ou bruns. Abdomen noir avec une bande transversale brun marron, comprenant les premier, deuxième, troisième et quatrième segments, ou seulement une partie d'entre eux. Long. 9 à 12mm. Env. 19 à 25mm.

Lucidus, Panzer. ♂♀

La larve a 20mm. de long; son corps est brillant, vert, rugueux, plus sombre sur le dos, avec des taches noires de chaque côté du thorax au dessus des pattes, et des tubercules noirs sur l'abdomen ; les côtes portent dans les plis de petites épines noires. La tête est testacée, noirâtre sur le sommet.— Elle vit sur l'aubépine (*Cratœgus oxyacanthus*) où on la trouve en juillet. Elle se métamorphose en terre dans une coque simple, brune. L'insecte parfait parait en avril et mai. Peut-être y a-t-il deux générations par an.

Patrie : Angleterre, France, Allemagne, Hollande, Suède, Suisse, Tyrol, Naples.

— Pronotum noir en entier ou pâle seulement aux angles. 12

12 Pronotum blanc sale aux épaules.

♂. Tête, thorax, base et extrémité de l'abdomen noirs, le reste jaune rouge. Bouche, écaillettes et bords du pronotum jaunâtre pâle. Epistome échancré. Antennes noires. Ailes hyalines, côte et stigma fauves ou testacé noirâtre, souvent le stigma plus sombre sur le bord. Pattes antérieures et intermédiaires jaune sale. Pattes postérieures brunes ou noires.

♀. Vertex et dessus du thorax rouges ou tachés de noir ou entièrement noirs. Poitrine rouge ou noire. Abdomen variant du noir au rouge ou diversement taché. Le reste comme chez le ♂. Espèce très-variable dans sa coloration. Forme allongée, cylindrique. Long. 9mm. Env. 20mm. **Histrio**, LEPELETIER. ♂ ♀

La larve, longue de 24mm, est rugueuse, brillante, d'un vert bleuâtre, plus foncé sur le dos avec 3 lignes cendrées et de petites taches latérales noires. Tête verdâtre. — Elle vit sur les *Salix aurita et fragilis*, en juin et juillet. Elle se métamorphose en terre et l'insecte parfait paraît en avril.

PATRIE : Angleterre, France, Allemagne, Hollande, Suisse.

— Pronotum noir. 13

13 Antennes noires, annelées de blanc. Tête noire, labre blanc, épistome échancré. Antennes noires avec les articles quatre et cinq blancs, le quatrième seulement en partie. Thorax noir. Pattes rouges avec toutes les hanches et les trochanters antérieurs noirs, les postérieurs blancs. Cuisses et tibias postérieurs noirs à l'extrémité. Ailes jaunâtres, hyalines, nervure costale rougeâtre pâle, les autres nervures et le stigma noirs. Abdomen noir en dessus avec les segments trois à six rouges et les côtés antérieurs blancs. Ventre noir, brunâtre vers le milieu de la base. Long. 10 à 12mm. Env. 22 à 25mm.

Insignis, HARTIG, ♀

PATRIE : Allemagne, Suède.

— Antennes entièrement noires, avec seulement un peu de brun sur les trois premiers articles. Tête noire, labre brun, épistome échancré. Thorax noir. Ecaillettes testacées. Pattes rouges avec toutes les hanches noires, les trochanters antérieurs noirs presque en entier, les trochanters postérieurs blancs, les genoux, les tibias et les tarses postérieurs noirs. Ailes hyalines, un peu jaunâtres ; nervure costale rouge, les autres nervures et le stigma noirs. Abdomen noir avec les troisième et quatrième segments blancs jaunâtres. Long. 13mm.

Princeps, ZADDACH, ♀

PATRIE : Allemagne.

14 Ailes jaunes, enfumées jusque vers le stigma, hyalines à l'extrémité. Tête noire ou tachée de jaune, labre jaune, épistome échancré. Antennes noires. Thorax jaune rougeâtre, taché de noir ou presque tout noir chez le ♂. Pattes jaunes avec une tache noire aux hanches postérieures ; quelquefois, chez le ♂, les hanches, les trochanters et la moitié basilaire des cuisses sont noirs. Nervure costale et stigma jaunes. Abdomen noir, jaune, jaune rayé de noir ou noir rayé de jaune. Long. 6 à 7^{mm}. Env. 13 à 15^{mm}.

Umbripennis, Eversmann. ♂ ♀

La larve, longue de 16^{mm}, a le corps vert bleuâtre avec le bord des segments blancs, deux lignes sur le dos et deux autres sur les côtés, blanches, disparaissant après la dernière mue. Tête verte avec le tour des yeux noir. — Elle vit en juin, août et septembre sur les feuilles de *Populus tremula*, qu'elle attaque par le bord. Elle se transforme sur la terre, entre les feuilles, dans un cocon brun irrégulier. L'insecte parfait parait à la fin de mai. Il y a sans doute deux générations par an.

Patrie : Prusse, Russie.

— Ailes à peu près hyalines. 15

15 Tête, (sauf les parties de la bouche) entièrement noire. 16

— Tête, (sans parler des parties de la bouche) non entièrement noire. (♀)

♂. Entièrement noir, sauf la bouche et les bords du pronotum qui sont blancs ou pâles, et le segment anal qui, quelquefois, est blanc ou brun en dessous. Epistome légèrement échancré.

♀. La couleur est extrêmement variable et passe du jaune pâle au noir avec de grandes variations dans les taches. La tête et le thorax sont roux, tachés de noir ou presque entièrement noirs, l'abdomen porte des lignes ou des fascies transversales noires plus ou moins larges sur un fond jaune, ou vice versa. Labre pâle. Les pattes sont ou entièrement pâles, ou avec les cuisses, soit bordées de noir, soit entièrement noires. Les ailes sont hyalines, avec la côte et le stigma pâles ou brunâtres ou noirs. Long. 7mm. Env. 16mm. **Fallax**, LEPELETIER. ♂ ♀

La larve a 20mm. Elle a le corps vert avec, de chaque coté, trois lignes blanches disparaissant après la dernière mue, celle du milieu étant interrompue. En dessous se trouvent des taches vert olive. — Elle vit sur les *Salix aurita, repens, fusca,* de juin à septembre Elle se métamorphose soit en terre, soit sur la terre au milieu des feuilles, dans une coque simple, brune, elliptique. L'insecte parfait parait en juin.

PATRIE : Angleterre, France, Suisse, Italie septentrionale, Allemagne.

16 Stigma noir ou brun foncé. 17

— Stigma brun clair. Tête noire, avec la bouche jaune. Antennes noires ou brun foncé. Thorax noir avec le pronotum jaune. Pattes jaunes. Ailes hyalines avec la côte et le stigma brun clair. Abdomen noir en dessus avec le bord des segments dorsaux rouge. Ventre jaune. Long. 7mm. Env. 15mm. **Nigricans**, EVERSMANN.

L'insecte parfait se trouve en mai, juin et juillet.

PATRIE : Russie (Casan).

17 Pronotum noir. (♂)

♀. Tête noire avec la bouche jaune. Epistome échancré ou sinué. Antennes noires. Thorax jaune avec le mesonotum et deux taches pectorales noires. Mésopleures lisses. Scutellum taché de noir. Ecaillettes jaunes. Pattes jaunes, tarses postérieurs sombres. Ongles bifides. Eperons postérieurs dépassant le tiers du métatarse. Ailes un peu nuageuses, nervures et stigma bruns. Abdomen jaune.

♂. Entièrement noir en dessus, sauf que les segments abdominaux sont bordés de jaune. Poitrine noire. Long. 10mm. Env. 22mm.

Melanocephalus, HARTIG. ♂ ♀

La larve (pl. X. fig. 10) a 25mm. de long. Elle a le corps vert clair avec de grandes taches jaunes et des points noirs sur les côtés. — Elle vit en société, en juillet et août, sur les saules. Elles rongent continuellement le bord des feuilles, pliant souvent leur corps, de façon qu'il repose sur la feuille même. Inquiétées, elles agitent la partie postérieure de leur corps. Elles dépouillent successivement toutes les branches de leurs feuilles, puis entrent en terre en août et y construisent des coques ovales, doubles, brun obscur, presque noires L'insecte parfait éclot en mai et en septembre. Il a donc deux générations annuelles.

PATRIE : Angleterre, France, Allemagne, Suède, Hongrie.

— Pronotum jaune au moins en partie. **18**

18 Pattes postérieures entièrement jaunes. Tête noire avec la bouche jaune et les antennes noires. Thorax noir avec le pronotum jaune. Pattes jaunes. Ailes hyalines avec la nervure costale et le stigma noirs. Abdomen noir avec les segments dorsaux bordés de rouge. Ventre jaune. Long. 7mm. **Caudalis**, EVERSMANN. ♂

L'insecte parfait parait en juin.

PATRIE : Russie (Casan).

— Pattes postérieures jaunes et noires. Tête noire, bouche jaune. Antennes noires. Thorax noir avec le pronotum jaune ainsi que les écaillettes. Pattes jaunes ; moitié apicale des cuisses postérieures et des tibias ainsi que leurs tarses noirs. Ailes hyalines, à peine jaunâtres, nervure costale jaune à la base, stigma brun. Abdomen noir en dessus avec les segments dorsaux en partie bordés de rouge. Ventre jaune. Long. 8mm. **Breviusculus**, EVERSMANN. ♀

PATRIE : Russie (Casan).

19 Abdomen noir en entier en dessus et en dessous ; — ou seulement avec l'anus ou les segments apicaux, ou même les valvules génitales de couleur plus claire. **20**

— Abdomen bordé ou taché de jaune, ou jaune taché de noir (en dehors des deux segments basilaires), comme il est expliqué au n° 2 ; — ou noir en dessus avec le ventre en entier ou en grande partie jaune ou blanc ; — ou noir avec le milieu du dos jaune. **192**

20 Abdomen noir en entier, aussi bien en dessus qu'en dessous. (les parties génitales internes de couleur claire, quelquefois saillantes, ne doivent pas être prises en considération). **21**

— Abdomen noir avec seulement l'anus ou les segments apicaux ou même les valvules hypopygiales de couleur plus claire. Il peut même n'y avoir, comme partie claire, que le bord du dernier segment. **110**

21 Pronotum entièrement noir, ou quelquefois peu distinctement jaunâtre à l'extrême bord de l'angle postérieur. **22**

— Pronotum plus clair, soit en entier, soit seulement sur les angles ou les bords d'une façon bien sensible. **83**

22 Stigma blanc, ou blanc à peine teinté de jaunâtre. **79**

— Stigma jaune, testacé, brunâtre ou noir au moins à l'une des extrémités. **23**

23 Antennes ayant les sept derniers articles prolongés en forme de dent en dessous. Tête noire avec le labre brun. Epistome tronqué. Antennes noires. Thorax noir. Ecaillettes blanc jaunâtre. Pattes jaune pâle, avec la plus grande partie des hanches, l'extrémité des tibias postérieurs et leurs tarses noirs. Ongles bifides. Ailes hyalines avec les nervures et le stigma bruns. Abdomen noir. Long. 6mm. Env. 14mm. **Cebrionicornis**, COSTA. ♂

PATRIE : Naples, Suède.

— Antennes de forme ordinaire. **24**

24 Tibias antérieurs jaunes, rouges, brunâtres ou noirs, au moins en partie. **25**

— Tibias antérieurs blancs. **65**

25 Antennes noires au moins en dessus. **26**

— Antennes ferrugineux sombre ou testacées en entier. Tête noire. Labre et tour des yeux testacés. Thorax noir. Pattes noires avec les cuisses et les tibias ferrugineux. Ailes hyalines avec les nervures brunes. Abdomen noir. Long. 6mm. Env. 14mm. **Klugii**, GIM. ♀

L'insecte parfait a été trouvé sur des jeunes sapins.
PATRIE : Russie (Riga).

26 Antennes noires en dessus au moins à la base. **27**

— Antennes noires en entier. **30**

27 Labre noir. **28**

— Labre jaune ou ferrugineux. **29**

28 Ecaillettes blanches ou en partie blanches. Tête noire, épistome tronqué. Antennes noires, au moins à la base, brunes en dessous. Thorax noir avec rarement le bord du pronotum blanc. Pattes noires avec l'extrémité des hanches, les trochanters, la base et la pointe des cuisses, les tibias antérieurs et leurs tarses blancs (♀), ou blanc brunâtre (♂). Tarses postérieurs noirs avec la base blanche. Eperons postérieurs aussi longs que la moitié du métatarse. Ongles bifides. Ailes presque hyalines, nervure costale blanche, nervures et stigma noir plus pâles sur les bords. Abdomen noir. Long. 5mm. Env. 12mm.

Crassicornis, HARTIG.

PATRIE : France, Allemagne, Suède, Russie.

— Ecaillettes noires ou ferrugineux sombre. Tête noire. Labre noir ou ferrugineux. Epistome tronqué arrondi. Antennes noires, rarement ferrugineuses en dessous. Thorax noir. Pattes (♀) jaune rougeâtre en entier, ou avec quelquefois les tibias blancs ou la base des hanches ou des cuisses noire, ou encore les tarses postérieurs noirs. Pattes (♂) jaune rougeâtre avec les cuisses, l'extrémité des tibias postérieurs et leurs tarses noirs. Ongles munis d'une petite dent subapicale. Ailes un peu enfumées, avec les nervures et le stigma brun testacé ou noirs. Abdomen noir. Long. 4mm. Env. 10mm. **Fulvipes**, FALLÈN.

La larve a le corps vert pâle avec les intervalles des segments noirs ; sa tête est verte avec des taches noires sur le vertex et les côtés. Segment anal rouge. Elle vit sur le *Salix aurita*. L'insecte parfait paraît en juin.

PATRIE : Angleterre, France, Allemagne, Suède, Russie.

29 Cuisses postérieures pâles. Tête noire, bouche ferrugineuse. Antennes testacées en dessus, pâles en dessous, avec les deux articles basilaires noir brun. Thorax noir. Ecaillettes ferrugineuses. Pattes blanches ou jaune pâle. Ailes hyalines, nervure costale blanche, les autres nervures brun noir ; la première nervure transverso-cubitale manque. Abdomen noir. Long. ? **Peletieri**, MIHI. ♀

(**Pallipes**, LEP.).

PATRIE : Paris.

— Cuisses postérieures presque entièrement noires. Tête noire, labre jaune clair ou ferrugineux au moins à l'extrémité ; épistome tronqué ; antennes noires, rougeâtres en dessous et à l'extrémité.

Thorax noir avec souvent les angles du pronotum et les écaillettes blanchâtres. Pattes jaune rougeâtre avec les cuisses noirâtres au milieu ou à la base, les postérieures presque entièrement noires chez le ♂. Extrémité des tibias postérieurs brune, ainsi que leurs tarses ; éperons postérieurs n'atteignant pas le milieu du métatarse; ongles avec une petite dent subapicale. Ailes un peu enfumées ; la premiere nervure transverso-cubitale manque ou est peu distincte. Côte et stigma testacés, plus ou moins obscurs. Abdomen noir. Long. 5mm. Env. 12mm.

Appendiculatus, Hartig.

La larve (pl. XIII, fig. 10) est verte, mince, avec la tête brune ; elle est longue de 8 à 10mm. — Elle vit en juin et juillet sur les *Ribes rubra* et *grossularia*. L'insecte parfait se montre en juin. Il y a probablement deux générations annuelles.

Patrie : Angleterre, France, Suisse, Allemagne, Suède.

30 Antennes cylindriques. 31

— Antennes comprimées. Tête, antennes, thorax et écaillettes noirs. Pattes rouges. Ailes hyalines. Abdomen entièrement noir. Long. 6mm.

Compressicornis, Fab.

La larve vit sur le peuplier.

Patrie : Hollande, Angleterre, Allemagne. Danemark.

31 Ecaillettes jaunes, rouges, noires ou brunes. 32

— Ecaillettes blanches. 63

32 Trochanters antérieurs noirs vers la base, ou du moins un peu marqués de noir ou de brun. 33

— Trochanters antérieurs pâles en entier. 48

33 Stigma noir ou brun. 34

— Stigma jaune ou testacé. 45

34 Nervure costale pâle ou orangée. **35**

— Nervure costale d'un brun plus ou moins clair, ou noire. **36**

35 Eperons postérieurs plus longs que la moitié du métatarse. Tête, antennes, thorax et écaillettes noirs. Pattes rouges avec les hanches et les trochanters noirs, ainsi que l'extrémité des tibias postérieurs et leurs tarses. Ongles bifides. Ailes hyalines avec la nervure costale pâle et le stigma noir foncé. Abdomen noir. Long. 10^{mm}. Env. 22^{mm}. **Crassus**, Fallén.

La larve, longue de 32^{mm}, a le corps allongé, vert, plus clair en dessous, avec deux lignes noires latérales et de petits points noirs épars; au dessus des pattes membraneuses se trouvent de plus gros points noirs. — Elle vit sur le *Salix fragilis* en juin et juillet, se transforme en terre dans un très-gros cocon brun, inégal, et donne son insecte parfait en mai et juin.

Patrie : Angleterre, France, Allemagne, Suède.

— Eperons postérieurs n'atteignant que le tiers du métatarse. Tête noire, épistome échancré; antennes noires. Thorax noir ainsi que les écaillettes. Mésopleures ponctuées, mates, un peu velues. Pattes rouges avec les hanches, la base des trochanters, l'extrémité des tibias postérieurs ainsi que leurs tarses, noirs; quelquefois les trochanters sont blancs. Ongles bifides. Ailes hyalines; nervure costale testacée, les autres nervures et le stigma noir foncé. Abdomen noir, segments ventraux avec quelquefois le bord étroitement blanc brunâtre. Long. 10^{mm}. Env. 22^{mm}. **Cœruleocarpus**, Hartig.

La larve est verte avec deux lignes brunes, elle est aussi diversement marquée de taches brunes. — Elle vit en juillet sur les feuilles de saule et se transforme en terre dans un cocon brun, garni de particules terreuses. L'insecte parfait vole en mai et juin.

Patrie : France, Hollande, Allemagne, Suède.

36 Ecaillettes rouges, jaunes ou testacées au moins en partie. 37

— Ecaillettes noires. 42

37 Stigma brun foncé ou noir. 38

— Stigma brun clair. 40

38 Cuisses noires ou en partie noires. 39

— Cuisses rouges. Tête noire, labre rouge, antennes noires. Thorax noir, écaillettes rouges. Pattes rouges avec la base des hanches et des trochanters, l'extrémité des tibias postérieurs et leurs tarses noirs. Ailes rougeâtres avec la côte et le stigma noirs. Abdomen noir. Long. 12mm. Env. 22mm.

Sulcipes, Fallén.

Patrie : France, Allemagne.

39 Labre et tête noirs, épistome tronqué. Thorax noir, rarement blanc à l'angle extrême du pronotum ; écaillettes noires ou brunes, quelquefois blanches ou jaunâtres. Pattes blanches avec les hanches noires, sauf quelquefois à leur extrémité ; souvent les trochanters, les cuisses au moins en partie, l'extrémité des tibias postérieurs et leurs tarses noirs ; éperons postérieurs un peu moins longs que la moitié du métatarse ; ongles avec une petite dent subapicale. Ailes hyalines, stigma brun. Abdomen noir. Long. 5mm. Env. 13mm.

Puncticeps, Thomson.

Insecte parfait en juin.

Patrie : Angleterre, France, Suisse, Allemagne, Suède, Finlande.

— Labre brun pâle. Tête et antennes noires. Thorax noir avec les écaillettes blanc sale. Pattes blanches avec les quatre hanches antérieures, le dessus des trochanters, la moitié basilaire des cuisses antérieures, les postérieures en entier, sauf les genoux, l'extrémité des tibias postérieurs et leurs tarses noirs. Ailes hyalines, à peine nuageuses, nervures noires, stigma brun, plus foncé chez la ♀. Abdomen noir. Long. 7mm. Env. 15mm.

Funerulus, COSTA.

PATRIE : Naples, Pyrénées.

40 Ailes enfumées. Tête noire avec le labre brun rouge, antennes noires. Thorax noir, écaillettes blanches à la partie postérieure. Pattes orangées avec les hanches, les trochanters et la base des quatre cuisses antérieures noirs ; extrémité des quatre tarses antérieurs et les quatre derniers articles des tarses postérieurs rouge brun. Ailes enfumées, avec les nervures et le stigma bruns. Abdomen noir. Long. 7mm. Env. 15mm. **Selandrioides**, COSTA. ♀

PATRIE : Naples.

— Ailes à peu près hyalines. 41

41 Labre noir. Tête noire, épistome tronqué, antennes noires, de la longueur de l'abdomen. Thorax noir, quelquefois les angles du pronotum un peu plus clairs, écaillettes noires ou jaune foncé. Pattes noires, tibias et tarses blanc sale ou testacés, éperon postérieur pas plus long que le tiers du métatarse. Ailes hyalines, côte et stigma brun testacé. Abdomen noir ou (♂) un peu testacé à l'extrémité. Long. 5mm. Env. 12mm. **Lativentris**, THOMSON.

PATRIE : Angleterre, Suède.

— Labre testacé clair. Tête et antennes noires. Thorax noir avec les écaillettes testacées. Pattes testacées avec les trochanters antérieurs quelquefois très-légèrement tachés de sombre, les hanches en partie noires, l'extrémité des tibias postérieurs et tous les tarses, surtout les postérieurs, noirs ou bruns. Ailes à peu près hyalines avec la nervure costale et le stigma brun clair, les autres nervures brun foncé ou noires. Abdomen noir. Long. 6mm. Env. 14mm.

Aquilegiæ, VOLLENHOVEN.

La larve (pl. XIII fig. 13) est vert clair, légèrement pointillée de noir, avec une ligne plus foncée sur le dos et deux lignes plus claires sur les côtés; la tête est jaunâtre et les yeux bruns.—Elle vit sur l'*Aquilegia vulgaris* en mai; elle se met en cocon à la fin de ce même mois et l'insecte parfait éclot en juin.

PATRIE : France, Hollande.

42 Tibias postérieurs noirs, testacés à l'extrémité. Tête et antennes noires, épistome sinué. Thorax et écaillettes noires. Pattes noires, avec les genoux et les tibias antérieurs et intermédiaires testacés, ainsi que l'extrémité des tibias postérieurs ; tarses bruns. Ailes hyalines, côte et stigma bruns. Abdomen noir. Long. 3 1/2mm. **Microphyes**, FOERSTER. ♀

PATRIE : Aix-la-Chapelle.

— Tibias postérieurs blancs ou seulement noirs à l'extrémité. 43

43 Epistome échancré. Tête noire, labre et extrémité de l'épistome blanc sale, antennes noires. Thorax noir brillant, écaillettes noir testacé. Pattes noires avec les cuisses antérieures et intermédiaires blanc sale à leur extrémité, tibias blancs avec quelques lignes noires sur les quatre postérieurs; tarses testacé obscur ; éperons postérieurs n'atteignant pas le milieu du métatarse; ongles armés d'une petite dent subapicale. Ailes légèrement enfumées, irisées, côte et stigma brun clair. Abdomen noir. Long. 3-4mm. Env. 8-10mm. **Filicornis**, THOMSON.

PATRIE : France, Suède.

— Epistome tronqué. 44

44 Mésopleures lisses. **Puncticeps,** Thoms. (V. n° 39).

— Mésopleures mates, ponctuées.
Lativentris, Thoms. (V. n° 41).

45 Cuisses jaunes en entier. Tête noire, labre testacé obscur, un point au-dessus des yeux et une tache de chaque côté du vertex, testacés ; épistome sinué ; antennes noires. Thorax noir avec une villosité blanche, qui existe aussi sur la tête ; écaillettes noires. Pattes jaunes, avec les hanches et la base des trochanters noires ; éperons postérieurs un peu plus longs que le tiers du métatarse ; ongles bifides. Ailes hyalines, jaunâtres, nervure et stigma jaunes. Abdomen noir avec une pubescence blanche à l'extrémité. Long. 9mm. Env. 20mm,
Villosus, Thomson. ♀

Patrie : Suède.

— Cuisses noires avec les genoux jaunes. 46

46 Labre noir. Tête noire ; épistome échancré ; antennes noires, pâles en dessous. Thorax et écaillettes noirs. Pattes noires avec les genoux, les tibias et les tarses testacé obscur ; éperons ne dépassant pas le tiers du métatarse. Ailes hyalines avec le stigma testacé. Abdomen noir. Long. 4-5mm.
Dahlbomi, Thomson. ♀

Patrie : Suède.

— Labre jaune sale. 47

47 Tibias noirs avec l'extrémité jaune. Tête noire avec le labre jaune sale ; épistome très-échancré ; antennes noires. Thorax noir, écaillettes brunes. Pattes noires avec l'extrémité des cuisses et leurs tibias jaunes ; pointe des tibias postérieurs brunâtre ; tous les tarses bruns. Ailes hyalines, côte et stigma

un peu jaune brun. Abdomen noir. Long. 5mm.

Deficiens, FOERSTER. ♂

PATRIE : Aix-la-Chapelle.

— Tibias testacés. Tête noire, labre testacé ; antennes noires. Thorax noir. Pattes testacées avec la base des cuisses noires. Ailes hyalines, nervures noires. Abdomen noir. Long. 7mm. Env. 15mm.

Rufipes, LEPELETIER. ♀

PATRIE : Nord de la France.

48 Ecaillettes brun clair ou ferrugineuses. 49

— Ecaillettes noires ou presque noires. 56

49 Hanches antérieures noires, au moins à la base. 50

— Hanches antérieures pâles ou testacées en entier. 54

50 Cuisses postérieures noires ou brun foncé. 51

— Cuisses postérieures testacées ou jaunes. 52

51 Epistome échancré. Tête noire, épistome jaune ainsi que le labre ; antennes noires. Thorax noir, écaillettes brunâtres, plus claires sur le bord, quelquefois presque entièrement jaunes. Pattes jaunes, hanches noires ainsi que la base des cuisses. Cuisses postérieures brunes presque jusqu'à la pointe ; moitié apicale des tibias postérieurs et leurs tarses bruns, ceux-ci quelquefois n'ayant de brun qu'à l'extrémité de quelques articles, le reste étant jaune. Ailes hyalines, côte et stigma bruns. Abdomen noir. Long. 3mm. Env. 10mm.

Pullus, FOERSTER.

PATRIE : Aix-la-Chapelle.

— Epistome tronqué. Tête noire, épistome et labre jaunes ; antennes noires. Thorax noir, écaillettes brunes. Pattes noires, trochanters, tibias et tarses antérieurs jaunes. Ailes presque hyalines, nervure costale jaune à la base et à l'extrémité, brune au milieu ainsi que le stigma. Abdomen noir. Long. 4 1/3mm. **Amphibolus,** Foerster.

Patrie : Aix-la-Chapelle.

52 Tous les tarses un peu sombres.
Aquilegiæ, Sn. v. Voll. (V. n° 41).

— Tarses antérieurs testacé clair. **53**

53 Epistome fortement échancré. Tête noire, labre ferrugineux sombre ; antennes noires, un peu moins longues que le corps. Thorax noir, écaillettes testacées avec la base noire ; mésopleures lisses. Pattes testacé rougeâtre avec la base des hanches, l'extrémité des tibias postérieurs et leurs tarses noirs ou bruns ; les tibias et les tarses sont moins rougeâtres que les cuisses ; ongles avec une forte dent subapicale ; éperons postérieurs aussi longs que la moitié du métatarse. Ailes hyalines, nervure costale et stigma brun clair, les autres nervures brunes. Abdomen noir. Long. 4 1/2mm. Env. 11mm.
Emarginatus, Nov. sp. ♂

Patrie : France méridionale.

— Epistome tronqué ou arrondi.
Fulvipes, Fallen (V. n° 28).

54 Cuisses antérieures rouges en entier. **55**

— Cuisses antérieures noires à la base.
Rufipes. Lep. (V. n° 47).

55 Cuisses postérieures noires. Tête noire avec le labre testacé obscur ; antennes noires. Thorax noir, écaillettes pâles. Pattes antérieures pâles ; pattes postérieures noires avec la base des tibias pâle. Ailes

hyalines, nervure costale pâle, les autres nervures brunes. Abdomen noir. Long. ? **Fuscus**, LEP. ♂

PATRIE : Paris.

— Cuisses postérieures rouges. Tête noire, antennes noires. Thorax noir, écaillettes brun clair. Pattes brun rouge avec la pointe des tibias postérieurs et la base de leurs tarses brun noir. Ailes hyalines, côte et stigma gris brun, nervures noires. Abdomen noir avec de courts poils blancs, quelquefois avec le dernier segment dorsal brun très-obscur. Long. 5 à 7mm. Env. 12-15mm. **Tischbeini**, MIHI.
(**Rufipes**, TISCHBEIN).

PATRIE : Allemagne.

56 Labre noir, jaune ou brun en entier. 57

— Labre noir à la base, blanc à l'extrémité ou blanc en entier. Tête noire, épistome tronqué; antennes noires ou brunes. Thorax noir, écaillettes noirâtres. Pattes testacées, base des cuisses noire ainsi que les hanches; trochanters rouge brun; ongles avec une petite dent subapicale. Ailes hyalines, nervure costale pâle, stigma noir. Abdomen noir. Long. 5mm. Env. 12mm. **Dochmocerus**, THOMSON.

PATRIE : Suède.

57 Stigma blanc à la base, noirâtre sur la moitié postérieure. Tête noire; antennes noires. Thorax noir. Pattes jaune blanchâtre avec les quatre cuisses postérieures un peu noires sur le côté; pointe des tibias et tarses postérieurs bruns au moins en dessus. Ailes hyalines, nervure costale blanche, les autres nervures brunes Abdomen noir brillant. Long. 4mm. Env. 9mm. **Minutus**, TISCHBEIN.

PATRIE : Allemagne.

— Stigma brun ou noir en entier. 58

58 Epistome sinué ou échancré. 59

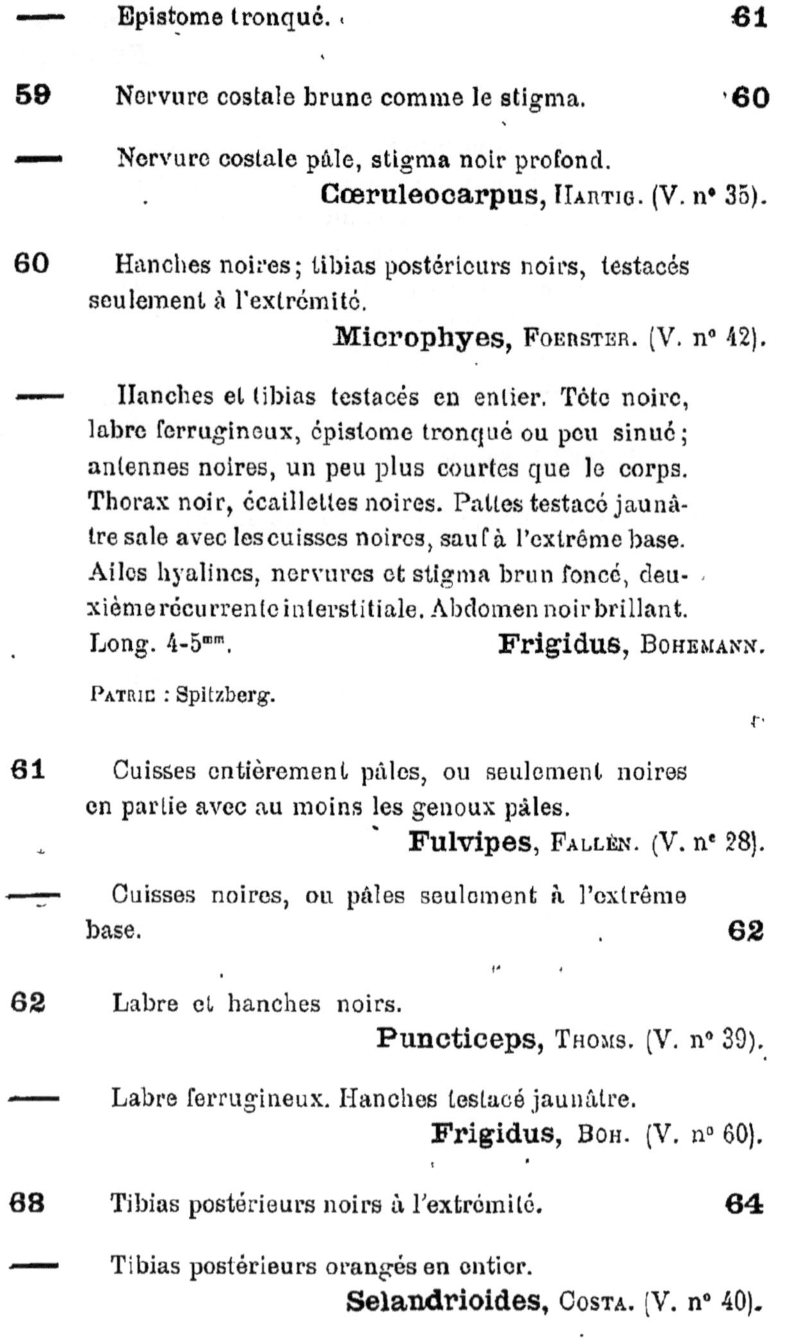

— Epistome tronqué. **61**

59 Nervure costale brune comme le stigma. **60**

— Nervure costale pâle, stigma noir profond.
Cœruleocarpus, Hartig. (V. n° 35).

60 Hanches noires; tibias postérieurs noirs, testacés seulement à l'extrémité.
Microphyes, Foerster. (V. n° 42).

— Hanches et tibias testacés en entier. Tête noire, labre ferrugineux, épistome tronqué ou peu sinué; antennes noires, un peu plus courtes que le corps. Thorax noir, écaillettes noires. Pattes testacé jaunâtre sale avec les cuisses noires, sauf à l'extrême base. Ailes hyalines, nervures et stigma brun foncé, deuxième récurrente interstitiale. Abdomen noir brillant. Long. 4-5mm. **Frigidus**, Bohemann.

Patrie : Spitzberg.

61 Cuisses entièrement pâles, ou seulement noires en partie avec au moins les genoux pâles.
Fulvipes, Fallèn. (V. n° 28).

— Cuisses noires, ou pâles seulement à l'extrême base. **62**

62 Labre et hanches noirs.
Puncticeps, Thoms. (V. n° 39).

— Labre ferrugineux. Hanches testacé jaunâtre.
Frigidus, Boh. (V. n° 60).

63 Tibias postérieurs noirs à l'extrémité. **64**

— Tibias postérieurs orangés en entier.
Selandrioides, Costa. (V. n° 40).

64 Cuisses rouges. Tête noir brillant, antennes noires. Thorax noir avec les écaillettes blanches. Pattes rouges avec les tarses postérieurs et l'extrémité des autres noirs, ainsi que l'extrémité des tibias postérieurs. Ongles bifides. Ailes un peu hyalines, enfumées au centre, nervure costale et stigma testacés, presque noirs, les autres nervures noires. Abdomen noir brillant. Long. 8mm. Env. 18mm.

Alnivorus, Hartig.

L'insecte parfait se trouve en mai et juin et aussi en août sur les saules.

Patrie : Ecosse, Allemagne.

— Cuisses au moins en partie noires.

Funerulus, Costa. (V. n° 39).

65 Antennes noires. **66**

— Antennes rougeâtres ou brunes au moins en dessous ou à l'extrémité. **76**

66 Labre noir. **67**

— Labre brun, testacé, ferrugineux ou blanc. **71**

67 Cuisses postérieures pâles ou en partie pâles. **68**

— Cuisses postérieures noires. **69**

68 Stigma blanc à la base, noirâtre à la moitié postérieure. **Minutus**, Tischbein. (V. n° 57).

— Stigma brun testacé en entier.

Fulvipes, Fallén. (V. n° 28).

69 Tibias intermédiaires noirs à l'extrémité. Tête noire, épistome tronqué droit ; antennes noires. Thorax et écaillettes noirs. Pattes noires avec les cuisses antérieures blanchâtres à la partie apicale, les tibias et les tarses antérieurs aussi blanchâtres.

Tibias intermédiaires et postérieurs blancs avec l'extrémité noire; tarses postérieurs blanchâtres avec l'extrémité noire. Ongles avec une dent subapicale. Ailes un peu enfumées avec la côte et le stigma brun clair. Abdomen noir. Long. 6mm. Env. 13mm.

Staudingeri, Ruthe.

Patrie : Islande.

— Tibias intermédiaires entièrement blancs. **70**

70 Ecaillettes noires ou brunes.

Puncticeps, Thoms. (V. n° 39).

— Ecaillettes blanches. Tête et antennes noires. Thorax noir. Pattes noires avec les genoux et les tibias blancs; extrémité des tibias postérieurs noire; tarses antérieurs brun pâle, postérieurs noirs. Ailes hyalines, nervures noires, stigma brun. Abdomen noir. Long. 5mm. Env. 11mm.

Albitibia, Costa. ♂

Patrie : Naples.

71 Trochanters et cuisses antérieurs noirs en entier, excepté les genoux. **72**

— Trochanters et cuisses antérieurs blancs ou en partie blancs. **74**

72 Ecaillettes blanches. **Albitibia**, Costa. (V. n° 70).

— Ecaillettes noir brun. **73**

73 Epistome échancré. Labre blanc.

Filicornis, Thoms. (V. n° 43).

— Epistome tronqué. Labre ferrugineux.

Fulvipes, Fallén. (V. n° 28).

74 Pattes antérieures entièrement, et pattes postérieures en partie pâles. **Fuscus**, Lep. (V. n° 55).

— Toutes les pattes variées de noir et de blanc. **75**

75 Ecaillettes blanches, stigma brun.

Funerulus, Costa. (V. n° 39).

— Ecaillettes ferrugineuses. Stigma testacé ou noir.

Fulvipes, Fallèn. (V. n° 28).

76 Pattes blanches en entier. **77**

— Pattes blanches et noires. **78**

77 Antennes testacées en dessus, pâles en dessous, avec les deux articles basilaires seulement noirs.

Peletieri, Mihi. (V. n° 29).

— Antennes brunes partout. Tête et thorax noirs. Pattes blanches, presque diaphanes. Ailes hyalines avec la nervure costale jaune et le stigma brun. Abdomen noir. Long. 5mm. Env. 12mm.

Vitreipennis, Kawal. ♀

Patrie : Oural.

78 Labre noir. **Crassicornis,** Htg. (V. n° 28).

— Labre blanchâtre à l'extrémité. Tête noire avec l'épistome tronqué ; antennes noires au moins à la base, rougeâtres à l'extrémité et en dessous. Thorax noir avec les écaillettes jaune pâle, quelquefois leur base noire, rarement l'angle extrême du pronotum blanchâtre. Pattes blanches avec la base des hanches, la moitié basilaire des cuisses antérieures et les postérieures presque entières, l'extrémité des tibias postérieurs et leurs tarses noirs ; éperons postérieurs aussi longs que la moitié du métatarse ; ongles avec une dent subapicale. Ailes enfumées au milieu avec la nervure costale pâle et le stigma noir ou brun, souvent plus pâle sur les bords ; la première nervure transverso-cubitale translucide. Abdomen noir. Long. 5 à 6mm. Env. 12 à 14mm.

Ruficornis, Olivier.

La larve est verte avec la tête plus pâle que le corps, et la bouche brune ; elle porte deux taches noires sur le thorax et une autre en face de la première paire de pattes. — Elle vit sur le bouleau, le *Salix aurita* et autres saules en juin et en automne. L'insecte parfait éclot en mai et en août. Il y a deux générations.

PATRIE : Angleterre, France, Allemagne, Suède, Russie.

79 La première nervure transverso-cubitale manque. **80**

— La première nervure transverso-cubitale est bien apparente. **81**

80 Antennes noires. Tête noire avec l'épistome et le labre blancs ; épistome échancré. Thorax noir, écaillettes blanches. Pattes blanches avec la moitié basilaire des cuisses antérieures et intermédiaires et les cuisses postérieures presque entières, l'extrémité des tibias postérieurs et presque tous leurs tarses noirs. Ailes hyalines avec la côte et le stigma blanc sale. Abdomen noir. Long. 5ᵐᵐ. Env. 12ᵐᵐ.

Hibernicus, CAMERON. ♀

PATRIE : Irlande.

— Antennes testacées, plus pâles en dessous.

Peletieri, MIHI. (V. nᵒ 29).

81 La deuxième nervure récurrente est interstitiale avec la deuxième nervure transverso-cubitale. Tête noire avec le labre testacé pâle ; épistome un peu échancré ; antennes noires. Thorax noir ainsi que les écaillettes. Pattes noires avec les tibias et les tarses testacés, obscurs ; éperons postérieurs pas plus longs que le tiers du métatarse ; ongles bifides. Ailes hyalines avec le stigma blanc sale. Abdomen noir. Long. 4ᵐᵐ. **Parvilabris,** THOMSON.

Larve dans les galles du saule.

PATRIE : Suède.

— La deuxième nervure récurrente n'est pas interstitiale. **82**

82 Labre blanc. Antennes filiformes, de la longueur de l'abdomen. Valvules hypopygiales très-allongées. Eperons postérieurs un peu plus longs que le tiers du métatarse, ou à peu près égaux. Tête noire, épistome un peu échancré, bouche pâle. Antennes noires. Thorax et écaillettes noirs. Pattes noires avec les genoux, les tibias et les tarses pâles. Ailes hyalines avec le stigma pâle ou légèrement brunâtre. Abdomen noir. Long. 3mm. Env. 8mm.

Dolichurus, THOMSON.

Larve dans les galles de saule.

PATRIE : Suède.

— Labre plus sombre. Antennes épaissies, moins longues que l'abdomen. Valvules hypopygiales ordinaires ou peu allongées. Eperons postérieurs épais, courbés, pas plus longs que le tiers du métatarse. Tête noire, épistome un peu échancré. Antennes, thorax et écaillettes noirs. Pattes noires avec les genoux, les tibias et les tarses pâles ; ongles bifides. Ailes hyalines avec le stigma pâle. Abdomen noir. Long. 3-4mm. Env. 11mm.

Crassispina, THOMSON. ♀

Larve dans les galles de saule.

PATRIE : Suède.

83 Ecaillettes blanches, ou grises, ou testacées au moins en partie. **84**

— Ecaillettes noires en entier. **109**

84 Antennes en partie jaunes ou rougeâtres. **85**

— Antennes noires. **91**

85 Epistome un peu échancré. **86**

— Epistome tronqué. **89**

86 Tête entièrement noire (sauf les parties buccales). **87**

— Tête noire avec le tour des yeux jaunes, ainsi que la face, l'épistome et le labre ; épistome faiblement échancré ; antennes noires, jaunes en dessous, sauf aux deux articles basilaires. Thorax noir avec le bord du pronotum et les écaillettes jaunes. Pattes jaunes avec la base des hanches noire ainsi qu'une partie des cuisses. Ailes hyalines, nervure costale jaune clair, stigma brun avec un point clair à la base. Abdomen noir. Long. 3mm. Env. 10mm.

Lepidus, Foerster. ♂

Patrie : Aix-la-Chapelle.

87 Epistome noir ou sombre. 88

— Epistome blanc. Tête noire, labre blanc, épistome échancré ; antennes noires, brunes en dessous chez le ♂. Thorax noir avec l'angle du pronotum et les écaillettes blanches. Pattes blanches avec l'extrême base des hanches, le milieu des cuisses, l'extrémité des tibias antérieurs et postérieurs et leurs tarses noirs ou bruns. Ailes hyalines, côte brune, stigma brun à la base, blanc à l'extrémité (♀), brun en entier chez le ♂. Abdomen noir. Long. 6mm. Env. 14mm.

Nigrolineatus, Cameron.

La larve roule les feuilles de saule comme celle du *Leucostictus* à laquelle elle ressemble tout-à-fait. (V. n° 191)

Patrie : Angleterre.

88 Cuisses seulement un peu tachées de noir. Tête noire avec le labre blanc ; épistome un peu échancré ; antennes filiformes, noires ou seulement pâles en dessous ou vers l'extrémité inférieure. Thorax noir avec quelquefois les angles du pronotum un peu blancs ; écaillettes blanches. Pattes jaune pâle, avec les hanches plus ou moins noires à leur base, et quelquefois les cuisses un peu tachées de noir ; souvent l'extrémité des tibias postérieurs et leurs tarses

sont assombris. Ongles bifides. Ailes hyalines, stigma blanc à la base, brun à l'extrémité. Abdomen noir avec la bordure extrême du dernier segment dorsal blanche. ♀

♂. Stigma entièrement brun clair. Abdomen noir en entier. Cuisses noires, les antérieures sur la moitié basilaire au moins, les postérieures presque en entier. Antennes plus longues.

Gallicola, Westwood.

La larve (pl. X. fig. 12) a le corps vert, plus clair en dessous avec la tête brune. — Elle vit dans des galles vertes ou rouges, en forme de fève, sur les feuilles de divers saules, *Salix fragilis*, *S. alba*, *S. caprea*. Il y en a souvent six à huit sur une même feuille; la larve se nourrit dans l'intérieur. On la trouve en juin et en juillet jusqu'en octobre. Elle quitte ensuite la galle, se laisse tomber et s'enferme en terre dans une coque épaisse, brune. L'insecte parfait éclot en septembre et aussi en mai. Il y a donc une double génération annuelle. On lui a reconnu comme parasites :

Allotria longicornis, Htg. —	*Cynipide.*
— *obscurata*, Htg. —	—
— *pilipennis*, Htg. —	—
Bracon caudatus, Rtzb. —	*Braconide.*
Limneria chrysosticta, Grav. —	*Ichneumonide.*
Mesoleius sanguinicollis, Grav. —	—
Tryphon extirpatorius, Grav. —	—

Patrie : Angleterre, France, Allemagne, Suisse, Suède, Russie, Tyrol, Italie, Espagne.

Note.— Sous le nom de *Gallicola*, Wstw. (*Vallisnerii*, Htg), il se peut que plusieurs petites espèces à livrée noire, issues de galles de saule, se trouvent confondues. Ce n'est que par l'étude comparative des galles et par l'éducation et les éclosions d'un grand nombre d'individus de diverses provenances que l'on arrivera à vérifier s'il s'agit d'espèces réellement différentes, ou de variétés ou de races, tenant tant à l'espèce de saule considéré qu'au pays septentrional ou méridional où l'on opérera, ou bien si tous les individus n'appartiennent qu'à une espèce unique. Tous les *Nematus* gallicoles peuvent donner lieu à des recherches nouvelles et d'autant plus intéressantes qu'elles seules permettront de fixer définitivement la nomenclature.

— Cuisses presque entièrement noires. Tête noire, partie de l'épistome et labre testacé sombre, rarement noirs ; antennes noires, pâles en dessous chez le ♂. Thorax noir avec les angles du pronotum et les écaillettes testacé pâle. Pattes testacé pâle, cuisses noires au milieu ainsi que les tarses postérieurs ; tarses antérieurs brunâtres. Ailes hyalines, côte et stigma testacé blanc, ce dernier avec la moitié apicale brun foncé. Abdomen noir, rarement le ventre est un peu testacé au milieu. ♀

♂ Hanches et trochanters noirs, segment anal testacé. Long. 5mm. Env. 12mm. **Femoralis**, Cameron.

La larve a la tête blanche, plus ou moins marquée de noir en dessus ; yeux noirs. Pattes blanc verdâtre avec une tache noire en dessus de chacune d'elles. Corps blanc sale avec le dos vert. — Elle vit solitaire dans des galles de saule. Il y a ordinairement deux galles sur une feuille, saillantes seulement d'un côté. Ces galles sont rondes, pourpres en dehors, vertes en dessous. On les trouve en juin. La larve se métamorphose en nymphe en mars et l'insecte parfait paraît quinze jours plus tard Il y a sans doute deux générations par an. On lui a trouvé comme parasites :

Sciara humeralis, Zett. — *Diptère*.
ou — *confinis*, Vim. — —

Patrie : Angleterre.

89 Cuisses antérieures seulement un peu sombres au milieu. 90

— Cuisses antérieures noires sur toute la moitié basilaire. **Ruficornis**, Olivier (V. n° 78).

90 Ongles bifides. **Crassicornis**, Htg. (V. n° 28)

— Ongles avec une petite dent subapicale. **Appendiculatus**, Htg. (V. n° 29).

91 Hanches antérieures noires. 92

— Hanches antérieures blanches ou jaunes, au moins à l'extrémité, d'une façon bien distincte. 95

92 Stigma entièrement noir ou brun. 93

— Stigma en partie blanc. Tête noire avec la bouche, l'épistome et le bord inférieur des yeux blanc sale; derrière des yeux brun; antennes noires. Thorax noir avec les angles du pronotum et les écaillettes d'un blanc pur. Pattes noires avec les trochanters, la plus grande partie des cuisses antérieures et intermédiaires, les tibias et les tarses antérieurs blanc sale; extrémité des tibias postérieurs et leurs tarses bruns. Ailes hyalines, nervure costale brune, stigma brun plus foncé, blanc dans sa moitié basilaire, les autres nervures brun clair. Abdomen noir. Long. 5mm. Env. 12mm. **Leucapsis**, TISCHBEIN.

PATRIE : Allemagne.

93 Tête et thorax lisses avec une pubescence blanche. Mésopleures lisses. Côte brune. Tête noire; antennes filiformes, noires. Thorax noir avec les angles du pronotum bruns; écaillettes grises. Pattes noires avec la moitié apicale des cuisses antérieures rouge, les trochanters, les tibias et les tarses antérieurs brunâtre clair. Tibias et tarses postérieurs avec la base blanc sale. Ailes hyalines, un peu laiteuses, surtout les postérieures, côte, stigma et nervures noirs. Abdomen noir. Long. 5mm. Env. 12mm.

Abbreviatus, HARTIG. ♀

La larve (pl. XIII, fig. 12) longue de 15mm. à l'état adulte, est verte avec le ventre et les pattes plus pâles, presque jaunes; la tête est d'un brun faible. — Elle vit en mai et en juillet sur le pommier et le poirier, où elle peut causer de réels dommages, quand elle s'y trouve réunie en nombre. Elle dévore les feuilles en y pratiquant des trous ronds ou irréguliers, sur le bord desquels elle se tient souvent courbée en arc. Elle se transforme en terre et donne son insecte parfait en avril et en juin.

PATRIE : Angleterre, France, Hollande, Allemagne.

— Tête et thorax ponctués. Mésopleures opaques. Côte brun pâle ou testacée. 94

94 Cuisses antérieures noires, seulement sur la moitié basilaire. Tête noire, rarement le labre blanc, épistome tronqué ; antennes noires. Thorax noir avec les angles du pronotum testacés, les écaillettes blanches, brunes à la base. Pattes d'un blanc à peine brunâtre, avec les hanches, la moitié basilaire des cuisses antérieures et intermédiaires noires, les cuisses postérieures presque entièrement noires et l'extrémité des tibias postérieurs brune ; éperons postérieurs un peu moins longs que la moitié du métatarse. Ongles avec une dent subapicale. Ailes hyalines avec la côte pâle, les nervures et le stigma bruns ; il y a une double tache noire dans la deuxième cellule cubitale. Abdomen noir. Long. 7mm. Env. 17mm. **Mollis,** Hartig.

La larve vit sur le pin. L'insecte parfait parait en juin. On l'a trouvé sur les montagnes jusqu'à 4000 mètres d'altitude.

Patrie : Angleterre, France, Suisse, Tyrol, Allemagne, Suède.

— Cuisses antérieures noires presque en entier. **Lativentris,** Thomson. (V. n° 41).

95 Tibias postérieurs noirs ou bruns à l'extrémité. **96**

— Tibias postérieurs tout blancs ou jaunes. **105**

96 Tibias antérieurs plus sombres à l'extrémité. **97**

— Tibias antérieurs de même teinte partout. **98**

97 Epistome et labre blancs. **Nigrolineatus,** Cameron (V. n° 87).

— Epistome et labre jaunes. Tête noire, épistome échancré ; antennes noires. Thorax noir avec le bord du pronotum jaune ; écaillettes jaune clair. Pattes jaunes avec la base des hanches noire et les cuisses rayées de noir ; extrémité des tibias postérieurs et leurs tarses bruns. Ailes hyalines, côte brun clair, stigma brun clair à l'extrémité, jaune clair à la base. Abdomen noir. Long. 3mm.

Alienatus, Foerster. ♀

Patrie : Aix-la-Chapelle.

98 Mésopleures brillantes, lisses. 99

— Mésopleures un peu mates. 104

99 Stigma blanchâtre, au moins à la base. 100

— Stigma noir ou brun. 102

100 Stigma blanc sale en entier. 101

— Stigma jaune clair à la base, brun clair à l'extrémité. **Alienatus,** Foerster. (V. n° 97).

101 Tête entièrement noire, sauf les parties buccales, labre blanc pur; épistome tronqué; antennes noires. Thorax noir avec le bord du pronotum et les écaillettes blanc pur. Pattes blanc pur avec la base des hanches, l'extrémité des cuisses postérieures, celle des tibias postérieurs et leurs tarses noirs, ces derniers bruns à la base. Ailes hyalines avec les nervures noires, la nervure costale et le stigma blanc sale. Abdomen noir, avec à peine un peu de brun au milieu de chaque segment ventral. Long. 8mm. Env. 18mm.

Leucopodius, Hartig. ♀

Patrie : Allemagne.

— Tête noire avec le tour des yeux testacé, ainsi que le labre et la face : antennes noires. Thorax noir avec les bords du pronotum blancs; écaillettes blanches. Pattes blanches avec la base des hanches et le milieu des cuisses noirs, l'extrémité des tibias postérieurs et leurs tarses bruns; tarses antérieurs bruns; éperons postérieurs blancs. Ailes hyalines, nervure costale et stigma blancs. Abdomen noir avec les valvules génitales un peu pâles. Long. 5mm. Env. 12mm. **Leucostigmus**, CAMERON. ♀

Insecte parfait en juin.

PATRIE : Angleterre.

102 Cuisses postérieures noires à l'extrémité. **103**

— Cuisses postérieures entièrement rougeâtres. Tête noire avec le labre ferrugineux sombre ; épistome échancré ; antennes noires, sétacées, un peu plus longues que l'abdomen. Thorax noir avec les lobes du pronotum étroitement bordés de testacé ; écaillettes testacé pâle. Pattes jaunes, un peu rougeâtres, avec l'extrême base des hanches noire, les trochanters et les tibias blanc sale, l'extrémité des tibias postérieurs un peu brune, ainsi que l'extrémité des articles de leurs tarses. Eperons postérieurs aussi longs que la moitié du métatarse ; ongles bifides. Ailes hyalines ; nervure costale et stigma brun noir ; base de la côte pâle, les autres nervures brunes. Abdomen noir brillant ou avec à peine le bord du dernier segment ventral un peu testacé. Long. 5mm 1/2. Env. 13mm. **Fennicus**, NOV. SP. ♀

PATRIE : Finlande.

103 Epistome tronqué.
Puncticeps, THOMSON (V. n° 39).

— Epistome échancré. Tête noire avec le labre testacé ; antennes noires, sétacées. Thorax noir avec le bord du pronotum étroitement testacé et les écaillettes blanches. Pattes jaunes avec la base des hanches noire, les trochanters blancs, les cuisses postérieures noires à l'extrémité, les tibias postérieurs blancs avec la moitié apicale noire ; tarses postérieurs noirs ; éperons postérieurs pâles, plus grands que la moitié du métatarse. Ongles bifides. Ailes hyalines, côte pâle, stigma noir. Abdomen noir. Long. 7-8mm. Env. 18mm. **Wahlbergi**, THOMSON. ♀

PATRIE : Suède.

104 Epistome tronqué. Tête noire, labre et extrémité de l'épistome blancs ; antennes noires. Thorax noir avec le pronotum testacé ainsi que les écaillettes. Pattes brun testacé avec l'extrémité des tibias postérieurs et leurs tarses noirs. Ongles avec une petite dent subapicale. Ailes hyalines, nervure costale testacée, stigma noir. Abdomen noir avec l'extrémité obscurément testacée. Long. 6 à 7mm. Env. 14 à 15mm. **Albilabris**, THOMSON.

PATRIE : Suède.

— Epistome un peu échancré. **Fallax**, LEP. (V. n° 15).

105 Cuisses en partie brunes, en partie jaunes. 106

— Cuisses entièrement jaunes ou blanc pâle. Tête noire avec le labre et l'extrémité de l'épistome blancs; épistome un peu échancré. Antennes noires, courtes. Thorax noir avec le bord des lobes du pronotum et les écaillettes blanc pâle. Pattes blanc pâle avec seulement la base des hanches noire et l'extrémité des tarses brune. Ailes hyalines avec les nervures noires. Stigma blanchâtre, brun à l'extrémité. Abdomen noir. Long. 4mm. Env. 10mm. **Albicarpus**, COSTA.

PATRIE : Naples.

106 Stigma blanc en entier. Tête noire, bouche pâle ; antennes noires. Thorax noir, pronotum bordé de blanc ; écaillettes blanches. Pattes testacé blanchâtre, cuisses noires dans le milieu, tarses bruns. Ailes hyalines, nervure costale et stigma blancs. Abdomen noir. Long. 5mm. Env. 12mm. **Vacciniellus**, CAMERON.

La larve vit en juillet dans des galles vert pâle, en forme de baie, sur le *Vaccinium Vitis-Idœa*. L'insecte parfait se trouve en mai.

PATRIE : Ecosse.

— Stigma seulement en partie blanc. 107

107 Hanches en tout ou en partie noires. 108

— Hanches pâles. **Femoralis**, CAMERON. (V. n° 88).

108 Stigma brun sur la moitié apicale. Premier article du funicule plus long que le deuxième.
Gallicola, WESTWOOD. (V. n° 88).

— Stigma jaune clair avec seulement une bordure brunâtre très-étroite au côté interne; premier article du funicule plus court que le deuxième. Tête noire; épistome, labre, tour des yeux jaunes; antennes noires. Thorax noir avec le bord du pronotum, deux taches sur le scutellum et les écaillettes jaunes. Pattes jaunes avec la base des hanches noire et la base des cuisses brun noir. Ailes hyalines, côte jaune clair. Abdomen noir. Long. 3mm 1/2. Env. 10mm.
Collactaneus, FOERSTER.

Dans les galles ligneuses du *Salix repens*.

PATRIE : Allemagne (Crefeld).

109 Tibias et tarses blanc sale.
Lativentris, THOMSON. (V. n° 41).

— Tibias et tarses en partie testacés ou noirs. Tête noire, bouche ferrugineuse ; épistome échancré ; antennes noires, un peu plus longues que l'abdomen. Thorax noir avec une petite tache claire aux angles du pronotum, prenant quelquefois une certaine extension ; écaillettes noires. Pattes blanc brunâtre, avec les hanches, sauf leur extrémité, le côté interne des cuisses noirs, et l'extrémité des tibias postérieurs et leurs tarses noir brun clair ou tout à fait noirs ; quelquefois les cuisses sont entièrement noires, sauf la base et l'extrémité, ainsi que les tibias postérieurs. Ailes hyalines, un peu troublées à l'extrémité, ou à peine nuageuses ; stigma brun. Abdomen noir, rarement blanchâtre à l'extrémité. Long. 7 à 8mm. Env. 16 à 18mm **Laricis**, Hartig. ♀

La larve vit sur le pin. Elle a donné comme parasites :

Ephialtes continuus, Rtzb. — *Ichneumonide*.
Pteromalus occultus, Foerster. — *Chalcidite*.
Tryphon expers, Rtzb. — *Ichneumonide*.
— *impressus*, Grav. — —
— *leucodactylus*, Rtzb. — —
— *mesochorides*, Rtzb. — —
— *mutillatus*, Rtzb. — —

Patrie : Suisse, Allemagne, Russie.

110 Ecaillettes noires ou brunâtres. **111**

— Ecaillettes de couleur claire, au moins en partie. **129**

111 Pronotum noir en entier, non bordé de blanc ou de jaune. **112**

— Pronotum blanc, jaune ou bordé de blanc, ou seulement de couleur plus claire sur les angles latéraux. **121**

112 Cuisses postérieures jaunes, rouges ou pâles. **113**

— Cuisses postérieures noires, sauf sur les genoux. **116**

113 Première cellule cubitale des ailes postérieures quadrangulaire. Derrière des yeux noir. Tête noire; labre rougeâtre ; antennes noires. Thorax noir, écaillettes brunes. Pattes rouges avec la base des hanches noires. Ailes hyalines ; côte et stigma jaunes, nervures claires. Abdomen noir avec l'anus rouge. Long. 4mm. Env. 10mm.

Anomalopterus, Foerster. ♀

Patrie : Aix-la-Chapelle.

— Première cellule cubitale des ailes postérieures pentagonale. **114**

114 Tête entièrement noire. **115**

— Tête rouge pâle derrière les yeux et le labre, noire sur le reste. Thorax noir. Pattes jaune rouge pâle, avec les trois derniers articles de tous les tarses brunâtres. Ailes hyalines avec le stigma blanc jaunâtre. Abdomen noir avec l'anus orangé. Long. 6mm. Env. 14mm. **Schmidtii**, Gimmerthal.

L'insecte parfait a été trouvé sur de jeunes sapins.

Patrie : Russie.

115 Extrémité de l'abdomen testacé clair. Tête noire avec la bouche brun clair ; épistome échancré ; antennes noires. Thorax noir. écaillettes jaunâtres ou testacé plus ou moins obscur. Pattes noires, genoux, tibias et tarses blanc brunâtre ; quelquefois (♂) les pattes sont presque entièrement rouges, avec seulement les hanches, la base des cuisses et l'extrémité des tarses noires ou grises. Ailes hyalines, stigma blanc sale. Abdomen noir, anus pâle. Long. 8mm. Env. 17mm. **Apicalis**, Hartig.

Insecte parfait en mai.

Patrie : Angleterre, France, Allemagne.

— Extrémité de l'abdomen brun très-obscur.

Tischbeini, Mihi. (V. nº 55).

116 Poitrine villeuse. **117**

— Poitrine non villeuse. **118**

117 Labre noir. Tête noire; antennes noires, aussi longues que le corps. Thorax et écaillettes noirs; thorax villeux. Pattes noires avec les hanches et la base des tibias testacé sale. Ailes hyalines, nervure costale et stigma blanc sale, nervures noires. Abdomen noir avec le dernier segment testacé sale. Long. 8mm. Env. 18mm. **Clibrichellus**, CAMERON. ♂

L'insecte parfait paraît fin juin ; il a été trouvé sur une montagne à une altitude de 1000 mètres.

PATRIE : Ecosse.

— Labre blanc. Tête noire, villeuse; antennes noires. Thorax noir, villeux. Pattes noires avec les genoux, les tibias et les tarses antérieurs blancs ; extrémité des tarses intermédiaires, des tibias postérieurs ainsi que leurs tarses, noirs. Ailes hyalines avec la nervure costale et le stigma blanc sale ; les autres nervures noires. Abdomen noir avec l'anus blanc sale. Long. 8mm. Env. 18mm. **Hyperboreus**, THOMSON.

Insecte parfait en juin.

PATRIE : Angleterre, Suède.

118 Stigma testacé obscur. **119**

— Stigma blanc. **120**

119 Epistome tronqué. **Lativentris**, THOMSON. (V. n° 41).

— Epistome échancré; tête noire en entier ou avec la bouche et les orbites des yeux blancs ; antennes noires. Thorax noir en entier ou avec les angles du pronotum et les écaillettes pâles. Pattes noires avec les genoux et les tarses testacés, ou entièrement grises ; quelquefois les trochanters sont blancs ; éperons postérieurs pas plus longs que le tiers du métatarse ; ongles bifides. Ailes hyalines ; stigma testacé obscur. Abdomen noir avec l'anus testacé ou livide. Long. 5 à 6mm. Env. 12 à 15mm. **Viduatus**, ZETTERSTEDT.

PATRIE : Suède.

120 Pattes variées de noir et de jaunâtre ou de brunâtre. **Apicalis**, HARTIG. (V. nº 115).

— Pattes variées de noir et de blanc. Tête noire avec le labre pâle ; épistome échancré ; antennes noires, au moins de la longueur du corps. Thorax noir avec les écaillettes d'un brun plus ou moins obscur. Mésopleures brillantes. Pattes blanches avec les hanches, les trochanters, et la base des cuisses noirs ; éperons postérieurs très-courts ; ongles avec une petite dent subapicale. Ailes à peu près hyalines ; nervure costale et stigma brun clair, presque blancs. Abdomen noir avec l'extrémité rouge ou testacée. Long. 6 à 7^{mm}. Env 15^{mm}. **Einersbergensis**, HARTIG. ♂

PATRIE : Allemagne, Forêt-noire.

121 Hanches et trochanters testacé pâle au moins à l'extrémité. **122**

— Hanches et ordinairement trochanters noirs en entier. **127**

122 Antennes entièrement noires. **123**

— Antennes rougeâtres en dessous. **126**

123 Stigma testacé. Tête noire, bas de la face et orbites des yeux testacés. Antennes noires. Thorax noir avec le pronotum testacé pâle ; écaillettes noires. Pattes testacé pâle avec une ligne noire en dessus et en dessous des cuisses ; extrémité des tibias postérieurs et leurs tarses noirs. Ailes hyalines, un peu jaunâtres, très-légèrement enfumées à l'extrémité ; côte et stigma testacés. Abdomen noir avec l'extrémité ventrale testacée. Long. 6^{mm}. Env. 14^{mm}.

Furvescens, CAMERON.

L'insecte parfait a été trouvé en mai sur les sapins.

PATRIE : Angleterre.

— Stigma brun. 124

124 Epistome tronqué. Tête noire avec la face, l'épistome, le labre et le tour des yeux jaunes; antennes noires. Thorax noir avec le pronotum jaune; écaillettes brunâtres, plus claires sur le bord. Pattes jaunes; base des hanches noire, tibias postérieurs et les quatre derniers articles des tarses bruns ainsi que les cuisses. Ailes presque hyalines, nervure costale jaunâtre à la base et à l'extrémité, brunâtre au milieu ainsi que le stigma. Abdomen noir avec l'anus rouge à la base. Long. 4mm. **Nigellus**, FOERSTER. ♀

PATRIE : Aix-la-Chapelle.

— Epistome un peu échancré. 125

125 Ecaillettes noires. **Laricis**, HARTIG. (V. n° 109).

— Ecaillettes brunes ou testacées. Tête noire avec le bas de la face et souvent des taches sur le vertex testacés; antennes noires, rougeâtres à l'extrémité, ou bien sur presque tout le dessous, de la longueur de l'abdomen. Thorax noir avec les angles du pronotum et les écaillettes testacés. Pattes testacé obscur, avec souvent la base des hanches et des cuisses noire; éperons postérieurs à peu près de la longueur du tiers du métatarse, ongles bifides. Ailes hyalines avec le stigma brun foncé en entier (♂), ou avec la base blanche (♀). Abdomen noir avec l'extrémité testacé obscur, quelquefois avec le ventre pâle. Long. 4 à 6mm. Env. 10 à 15mm. **Viminalis**, LINNÉ.

La larve est d'une couleur vert pâle en entier avec la tête brune ou grise; elle a 12 à 15mm de long. (Pl. X. fig. 8). — Elle vit dans des galles sphériques à surface tuberculeuse, lisse, ou velue, ou laineuse, fixées par un seul point de leur surface sous les feuilles de différents saules; ces galles sont en partie jaunes ou verdâtres, en partie pourprées, et de la grosseur et de la forme d'un pois. Chaque galle n'est habitée que par une seule larve, qui y occupe une cavité intérieure plus ou moins grande. La différente apparence extérieure de ces galles qui tantôt sont lisses et brillantes, tantôt veloutées, a donné lieu à la création d'espèces distinctes ; mais la similitude des insectes parfaits, des larves et de leurs mœurs, donne à penser que les variations des galles tiennent seulement à la nature différente de l'épiderme des feuilles sur lesquelles elles se sont formées. On les a observées sur le *Salix cinerea*, *S. helix*, *S. aurita*, etc., de juillet à septembre. Cette larve a été signalée aussi dans le pédoncule grossi des feuilles des mêmes arbres, mais s'agit-il bien là de la même espèce? A l'automne elle quitte la galle pour s'enfermer à la surface de la terre dans une coque d'une texture très-lâche, renforcée avec des grains de terre. L'insecte parfait apparaît en mai et juin. On a indiqué comme étant ses parasites :

Bracon discoïdeus, Wesm. —	*Braconide.*
— *gallarum*, Rtzb. —	—
— *lævigatus*, Rtzb. —	—
— *scutellaris*, Wesm. —	—
Campoplex multicinctus, Grav. —	*Ichneumonide.*
— *vestigialis*, Rtzb. —	—
Encyrtus clavellatus, Dalm. —	*Chalcidite.*
Entedon atmopterus, Rtzb. —	—
Eulophus nemati, Westw. —	—
— *Tischbeini*, Rtzb. —	—
Eupelmus urozonius, Dalm. —	—
Eurytoma aciculata, Rtzb. —	—
Ichneutes brevis, Wesm. —	*Braconide.*
— *reunitor*, N. E. —	—
Limneria multicincta, Grav. —	*Ichneumonide.*
Opius graecus, Wesm. —	*Braconide.*
Picromerus bidens, L. —	*Hémiptère.*
Pimpla alternans, Grav. —	*Ichneumonide.*
— *gallicola*, Grav. —	—
— *roborator*, Grav. —	—
— *vescicaria*, Rtzb. —	—
Polysphincta areolaris, Rtzb. —	—
Pteromalus excrescentium, Rtzb. —	*Chalcidite.*
Tetrastichus nematicidus, Giraud. —	—
Torymus caudatus, N. E. —	—
Tridymus salicis, Rtzb. —	—
Tryphon aulicus, Grav. —	*Ichneumonide.*

PATRIE : Angleterre, France, Suisse, Hollande, Allemagne, Suède, Finlande, Russie.

126 Deuxième nervure récurrente interstitiale. Tête noire, rougeâtre sur les côtés et autour des yeux, avec la bouche et la moitié de l'épistome blancs; antennes noires, rougeâtres en dessous, surtout à l'extrémité. Thorax noir; pronotum blanc. Pattes testacées avec les hanches et les trochanters plus pâles. Ailes hyalines, nervure costale et stigma blanchâtres, ce dernier un peu bordé de brun vers l'extrémité, nervures pâles. Abdomen noir avec l'extrémité légèrement pâle. Long. 6mm. Env. 13mm.

Sharpi, Cameron. ♀

Insecte parfait en juin.

Patrie : Angleterre.

— Deuxième nervure récurrente non interstitiale.

Viminalis, L. (V. n° 125).

127 Epistome tronqué.

Lativentris, Thomson. (V. n° 41).

— Epistome sinué ou échancré. **128**

128 Tibias jaunes. Tête noire avec, le plus souvent, l'épistome, le labre et le bord postérieur des yeux jaune rouge sale. Antennes noires. Thorax noir avec le bord du pronotum un peu testacé, écaillettes à moitié brunes. Pattes noires avec l'extrémité des cuisses, les tibias et les quatre tarses antérieurs jaunes, l'extrémité des tibias postérieurs et leurs tarses brunâtres. Ailes hyalines, nervure costale jaune, brune à l'extrémité, stigma brun. Abdomen noir avec l'anus rouge. Long. 5mm. Env. 12mm.

Luctuosus, Foerster. ♂

Patrie : Aix-la-Chapelle.

= Tibias noirs. **Viduatus**, Zetterstedt. (V. n° 119).

129 Hanches noires en entier. Cuisses noires au moins à la base, ou de nuance claire. **130**

— Hanches et cuisses jaunes, brunes ou testacées, avec quelquefois la base des hanches noires, celles-ci pouvant n'avoir que leur extrémité brune. . **141**

130 Labre noir, ou quelquefois pâle à l'extrémité. **131**

— Labre blanc, ou testacé au moins en partie. **132**

131 Labre noir en entier.

Lativentris, Thomson. (V. n° 41).

— Labre noir avec l'extrémité pâle. Tête noire avec l'extrémité du labre brun pâle ; épistome tronqué ; antennes noires. Thorax noir avec les côtés du pronotum et les écaillettes pâles. Pattes jaunes, base des hanches noire, cuisses antérieures avec une ligne noire en dessus et en dessous, tibias blancs; éperons postérieurs à peine plus longs que le tiers du métatarse ; ongles munis d'une petite dent subapicale. Ailes hyalines, nervure costale testacé pâle, stigma blanc sale. Abdomen noir, pâle à l'extrémité en dessous. Long. 5mm. Env. 12mm.

Punctifrons, Thomson. ♀

Patrie : Suède.

132 Stigma testacé, jaune ou noir, en entier. **133**

— Stigma à peu près blanc ou seulement foncé à la partie apicale. **137**

133 Tibias antérieurs noirs.

Viduatus, Zetterstedt. (V. n° 119).

— Tibias antérieurs jaunes ou orangés. **134**

134 Pronotum noir. **135**

— Pronotum jaune sur les bords. **136**

135 Orbites postérieurs des yeux testacés. Tête noire avec l'épistome, le labre, l'intervalle des antennes, le tour des yeux testacés; antennes noires. Thorax

noir, écaillettes jaunes Pattes testacées, hanches et base des cuisses noires; tarses rouge sombre. Ailes hyalines, base et extrémité de la côte et stigma jaunes. Abdomen noir, anus testacé. Long. 4mm. Env. 10mm. **Subæqualis,** Foerster. ♀

Patrie : Aix-la-Chapelle.

— Tête noire avec le labre brun; épistome échancré. Antennes noires. Thorax noir, écaillettes blanc sale. Mésopleures lisses. Pattes testacé rougeâtre avec les hanches noires et la base inférieure des cuisses, ainsi qu'une ligne interne noire ou brune; tibias testacés rayés de brun, tarses bruns. Ailes hyalines; nervure costale et stigma blanc un peu jaunâtre, nervures brunes. Abdomen noir brillant avec le dernier segment dorsal et ventral bordé de testacé. Long. 6mm. Env. 14mm. **Testaceipes,** Nov. sp. ♀

Patrie : Suisse, (environs de Genève).

136 Ailes hyalines. Tête noire avec le bord de l'épistome et le labre jaunes; antennes noires. Thorax noir avec le bord du pronotum et les écaillettes jaunes. Pattes noires avec les cuisses en partie jaunes ainsi que les tibias et les tarses antérieurs. Ailes hyalines avec la nervure costale et le stigma jaune clair. Abdomen noir avec le segment anal jaune en dessus et en dessous. Long. 6mm. Env. 14mm.

Mœrens, Foerster. ♀

Patrie : Aix-la-Chapelle.

— Ailes en partie enfumées jaunâtres.

Umbripennis, Eversm. (V. n° 14).

137 Stigma en partie noir.

Femoralis, Cameron. ♂ (V. n° 88).

— Stigma pâle. 138

138 Tarses postérieurs noirâtres sombres.
Mœrens, FOERSTER. (V. n° 136).

— Tarses postérieurs jaunes ou testacés. **139**

139 Tour des yeux testacé ou brun sombre **140**

— Tête noire, sauf la bouche qui est pâle ; épistome un peu échancré ; antennes noires. Thorax noir avec les écaillettes pâles. Pattes jaunes avec les hanches, les trochanters et la moitié basilaire des cuisses noirs ; éperons postérieurs très-courts, un peu courbés ; ongles bifides. Ailes hyalines avec le stigma pâle. Abdomen noir avec l'anus plus clair. Long. 4 à 5mm. Env. 12mm. **Crassipes**, THOMSON. ♀

La larve vit dans les galles du *Salix helix*.

PATRIE : Suède.

140 Bords du pronotum blancs. Tête noire avec le tour des yeux testacé ; labre jaune pâle ainsi que l'extrémité de l'épistome ; épistome échancré ; antennes noires, de la longueur de l'abdomen. Thorax noir avec le bord des lobes du pronotum et les écaillettes blanchâtres. Pattes jaunes avec les hanches, les trochanters et la base des cuisses noirs ; tarses testacés ; éperons postérieurs un peu plus courts que le tiers du métatarse ; ongles munis d'une petite dent subapicale. Ailes blanches, laiteuses, avec la nervure costale et le stigma blanc à peine jaunâtre ; nervures brunes. Abdomen noir avec le dernier segment blanc au moins sur les bords. Long. 5mm. Env. 13mm. **Leucocarpus**, NOV. SP. ♀

PATRIE : Alpes du Valais.

— Pronotum noir. Tête noire avec le labre et le bord de l'épistome testacés ; bord postérieur des orbites des yeux brun très-sombre ; épistome largement et peu profondément sinué ; antennes presque en entier brun sombre ou ferrugineuses, plus obscures en dessus et aux articles basilaires. Thorax noir, luisant, avec les écaillettes jaune pâle. Mésopleures lisses. Pattes noires avec les genoux, les tibias et les tarses jaunes, ces derniers un peu testacés ; trochanters et extrémité des hanches un peu plus clairs ; éperons postérieurs moins longs que le tiers du métatarse, épais, courbés ; ongles bifides Ailes un peu grises, légèrement brunâtres vers la base ; nervure costale et stigma blancs ou un peu jaunâtres ; les autres nervures testacées. Abdomen noir avec le dernier segment blanchâtre ou testacé, au moins sur le bord. Long. 5mm. Env. 13mm. **Rubidicornis**, Nov. sp. ♀

PATRIE : Sommets du Jura.

141 Epistome tronqué. **142**

— Epistome sinué ou échancré. **152**

142 Stigma blanc, orangé ou jaunâtre pâle. **143**

— Stigma brun ou testacé obscur. **148**

143 Labre noir au moins à la base. **147**

— Labre blanc ou jaune en entier. **144**

144 Tête en partie jaune sur la face et autour des yeux. **Leucostigmus**, Cameron. (V. n° 101).

— Tête entièrement noire, jaune seulement sur le labre et à l'extrémité de l'épistome. **145**

145 Antennes noires. Troisième article de la longueur du quatrième. **146**

— Antennes noires, un peu brunes en dessous. Troisième article plus long que le quatrième. Tête noire, labre blanc, épistome à peu près tronqué. Thorax noir, brun sur les côtes, avec le pronotum et les écaillettes blancs. Pattes blanches avec l'extrémité des tibias postérieurs et leurs tarses noirs; cuisses un peu rayées de noir en dessous ; éperons postérieurs égaux au tiers du métatarse. Ongles armés d'une petite dent subapicale. Ailes hyalines, nervure costale et stigma blancs. Abdomen noir avec le segment anal blanc brunâtre pâle. Long. 6mm. Env. 13mm.

Placidus, CAMERON. ♀

PATRIE : Angleterre, Suisse.

146 Troisième article des antennes plus long que le diamètre longitudinal des yeux. Tête noire. Extrémité de l'épistome et labre blancs ou jaune clair. Antennes noires. Epistome tronqué. Thorax noir avec le pronotum, en tout ou en partie, et les écaillettes jaunes. Mésopleures mates. Pattes testacées avec une ligne ou une tache noire sous les cuisses, l'extrémité des tibias postérieurs et leurs tarses noirs ou bruns. Eperons postérieurs aussi longs que la moitié du métatarse. Ongles munis d'une petite dent subapicale. Ailes hyalines, nervure costale et stigma testacé pâle, les autres nervures testacé obscur. Abdomen noir avec l'extrémité pâle. Long. 6mm. Env. 14mm.

Pallipes, FALLÈN.

Insecte parfait en juin.

PATRIE : Allemagne, Suède.

— Troisième article des antennes pas plus long que le diamètre longitudinal des yeux. Tête noire avec l'extrémité de l'épistome et le labre testacé pâle. Epistome tronqué. Antennes noires. Thorax noir avec les côtés du pronotum et les écaillettes jaunes. Pattes presque entièrement jaunes. Cuisses plus sombres chez le ♂. Eperons postérieurs atteignant la moitié du métatarse. Ongles munis d'une petite dent subapicale. Ailes hyalines, nervure costale et stigma testacé pâle, celui-ci plus sombre chez le ♂.

Abdomen noir avec l'extrémité pâle. Long. 6 à 7mm.

Alpinus, THOMSON.

PATRIE : Suède.

147 Mésopleures mates. Tête noire, épistome tronqué. Antennes noires. Thorax noir avec les angles du pronotum et les écaillettes jaunes. Pattes testacées avec la base des hanches, les trochanters et la base des cuisses postérieures noirs, ainsi que les genoux, l'extrémité des tibias postérieurs et leurs tarses. Ailes hyalines avec les nervures noires, côte et stigma testacés. Abdomen noir avec les valvules hypopygiales rouges. Long. 8mm. Env. 18mm.

Carinatus, HARTIG. ♂

PATRIE : Allemagne, Tyrol.

— Mesopleures brillantes.

Punctifrons, THOMSON. (V. n° 131).

148 Epistome noir ou noirâtre au moins en partie. **149**

— Epistome blanc ou jaune plus ou moins testacé. Tête noire avec la bouche et le bas de la face jaune brun ; épistome tronqué ; antennes noires, brunes en dessous chez le ♂. Thorax noir avec les angles du pronotum et les écaillettes jaunes. Pattes jaunes avec une ligne noire en dessous des cuisses, l'extrémité des tibias postérieurs et leurs tarses noirbrun ; éperons postérieurs plus courts que la moitié du métatarse ; ongles munis d'une petite dent subapicale. Ailes hyalines avec le stigma noir. Abdomen noir avec le ventre soit tout noir (♂), soit jaune pâle à l'extrémité ou en entier (♀). Long. 3mm. Env. 10mm.

Ambiguus, FALLÈN.

PATRIE : Allemagne, Suede.

149 Pronotum presque en entier testacé rougeâtre. **150**

— Pronotum noir, seulement brun à l'extrême bord.

Tête noire, non rétrécie derrière les yeux, labre testacé, épistome tronqué ; antennes brun sombre, noires à la base, un peu plus longues que la moitié du corps. Thorax noir avec le bord du pronotum testacé sombre et les écaillettes rougeâtres. Pattes jaunes, base des hanches noire ; éperons postérieurs n'atteignant pas le milieu du métatarse, ongles avec une petite dent subapicale. Ailes hyalines vers l'extrémité, enfumées sur le reste, nervure costale et stigma bruns. Abdomen noir, anus roux obscur. Long. 5mm. Env. 12mm. **Fumipennis**, THOMSON. ♀

PATRIE : Suède.

150 Mésopleures mates. 151

— Mésopleures brillantes. Tête noire avec le labre testacé pâle ainsi que l'extrémité de l'épistome, celui-ci tronqué à l'extrémité ; antennes noires. Thorax noir avec le pronotum presque en entier testacé rougeâtre ; écaillettes pâles. Pattes blanc sale, base des hanches et dessous des cuisses noirs, tibias et tarses postérieurs un peu rembrunis à l'extrémité ; éperons postérieurs à peine plus longs que le tiers du métatarse ; ongles avec une petite dent subapicale. Ailes hyalines, côte et stigma testacés obscurs, ce dernier plus pâle à la base. Abdomen noir, anus et quelquefois l'extrémité du ventre testacé obscur. Long. 3mm. Env. 10mm. **Retusus**, THOMSON. ♀

PATRIE : Suède.

151 Tarses postérieurs noirs.
Albilabris, THOMSON. (V. n° 104).

— Tarses postérieurs jaunes.
Alpinus, THOMSON. ♂ (V. n° 146).

152 Stigma blanc ou jaune pâle à la base, noir ou brun foncé à l'extrémité, ou noir ou brun en entier. 153

— Stigma blanc, testacé en entier, ou jaune brunâtre à l'extrémité avec seulement la base un peu plus claire. 169

153 Stigma seulement bordé de brun, ou brun avec la base blanche. 154

— Stigma entièrement noir ou brun. 164

154 Ecaillettes testacé obscur.

Viminalis, LINNE. (V. n° 125).

— Ecaillettes jaunâtre clair ou blanches. 155

155 Côté interne des cuisses bordé de noir, ou celles-ci noires sur la moitié basilaire. 156

— Cuisses jaune rougeâtre en entier. 161

156 Cuisses noires sur la moitié basilaire. Tête noire avec l'épistome et le labre jaunes. Antennes noires. Thorax noir avec le bord postérieur du pronotum jaune plus ou moins sombre, et les écaillettes plus pâles. Pattes jaunes avec la base des hanches et la moitié basilaire des cuisses noires; tarses bruns. Ailes hyalines, côte et stigma pâles, ce dernier bordé de brun. Abdomen noir avec l'extrémité jaune plus ou moins sombre. Long. 6mm. Env. 14mm.

Suavis, RUTHE. ♀

PATRIE : Islande.

— Cuisses seulement tachées de noir au côté interne. 157

157 Extrémité des tibias et tarses postérieurs bruns. 158

— Tibias et tarses postérieurs pâles. 160

158 Tête noire. 159

— Tête tachée de testacé sur le vertex; labre et épistome testacés, ce dernier noir à la base, échancré; antennes entièrement rougeâtres avec le troisième article plus sombre et les deux articles basilaires noirs, de la longueur de l'abdomen. Thorax noir avec le bord des lobes du pronotum testacé; mésopleures peu brillantes ; écaillettes jaune clair ; poitrine noire. Pattes jaunes ou testacées avec les hanches en grande partie noires, une ligne noire à la partie inférieure de toutes les cuisses ; tarses antérieurs et intermédiaires plus sombres à l'extrémité; extrémité des tibias postérieurs et leurs tarses noirâtres. Ailes très-légèrement nuageuses ; nervure costale brun clair, stigma brun plus foncé avec la base incolore (♀), brun en entier chez le ♂, les autres nervures brunes. Abdomen noir avec le dernier arceau dorsal brun sombre et le bord des derniers arceaux ventraux testacé ; extrémité ventrale entièrement testacée chez le ♂. Valvules hypopygiales noires. Eperons postérieurs plus courts que le tiers du métatarse. Ongles bifides. Long. 5 à 6mm. Env. 13mm. **Nigritarsis**, Nov. sp.

Patrie : France méridionale.

159 Antennes noires, seulement un peu plus claires à l'extrémité. **Alienatus**, Foerster (V. n° 97).

— Antennes avec tout le dessous ferrugineux. Tête noire, labre blanc. Epistome un peu échancré, quelquefois l'épistome est blanc et le vertex marqué de part et d'autre de taches pâles. Antennes soit noires, soit ferrugineuses en dessous. Thorax noir avec les angles du pronotum et les écaillettes testacé pâle. Pattes testacées avec les hanches noires, la base des cuisses marquée de noir. Eperons postérieurs droits, dépassant un peu le tiers du métatarse. Ongles bifides. Ailes hyalines, côte testacée à la base, stigma blanc, brun foncé à l'extrémité. Abdomen noir avec l'anus testacé pâle. Long. 3 à 4mm. Env. 8 à 10mm.

(Peut-être la même espèce que la précédente).

Ischnocerus, THOMSON.

La larve, longue de 7mm, est entièrement jaunâtre clair avec la tête un peu plus brune et les yeux noirâtres (pl. X, fig. 3). — Elle vit dans des galles allongées, noduleuses, vertes ou rouges sur les feuilles du *Salix purpurea*.

PATRIE : Allemagne, Suède.

160 Dernier segment de l'abdomen bordé de blanc.
Gallicola, WESTWOOD (V. n° 88).

— Dernier segment de l'abdomen brun testacé ou rougeâtre. **Ischnocerus**, THOMSON. (V. n° 159).

161 Tête noire avec seulement le labre blanc.
Gallicola, WESTWOOD. (V. n° 88).

— Tête noire avec le labre, la face et le tour des yeux testacés. 162

162 Hanches noires avec seulement l'extrémité brune. Tête noire avec la face, le labre, l'épistome et le tour des yeux testacés. Antennes testacées. Thorax noir avec les bords du pronotum et les écaillettes jaunâtres. Pattes testacées avec les hanches noires, brunes à l'extrémité, ainsi que les trochanters ; l'extrémité externe des tibias et les articles des tarses bruns. Ailes hyalines, nervure costale et base du stigma jaunâtres, le reste brun. Abdomen noir avec l'extrémité rouge. Long. 4 à 5mm. Env. 10 à 12mm.

Foersteri, MIHI. ♀
(**Brevicornis**, FOERSTER).

PATRIE : Aix-la-Chapelle.

— Hanches pâles en entier, ou presque en entier. 163

163 Deuxième nervure récurrente interstitiale.
Sharpi, CAMERON. (V. n° 126).

— Deuxième nervure récurrente non interstitiale. Tête noire avec le labre, l'épistome, l'intervalle des antennes et le tour des yeux largement testacés ; épistome échancré. Antennes noires, de la longueur de la tête et du thorax. Thorax noir avec le pronotum et les écaillettes jaune pâle, et le mésonotum taché de brun. Mésopleures en partie jaunes. Pattes jaunes avec l'extrême base des hanches noire, les tarses postérieurs brun clair. Eperons postérieurs n'atteignant pas tout à fait la moitié du métatarse. Ongles bifides. Ailes hyalines, nervure costale et stigma blanc brunâtre, ce dernier bordé de brun en arrière; les autres nervures brunes. Abdomen noir en dessus avec les deux derniers segments et le ventre jaunes à l'extrémité, ou sur presque toute son étendue. Long. 5mm. Env. 12mm. **Pullatus,** ZADDACH.

PATRIE : Prusse.

164 Deuxième nervure récurrente interstitiale ou presque interstitiale avec la deuxième nervure transverso-cubitale. Tête noir brillant avec la bouche blanc testacé, quelquefois le tour des yeux brun. Antennes noires. Thorax noir avec les bords du pronotum et les écaillettes blancs. Pattes jaune rougeâtre. Hanches et trochanters jaunes. Extrémité des tibias postérieurs et leurs tarses brun noir. Ailes hyalines avec la côte et les nervures pâles à la base. Stigma noir. Abdomen noir avec l'extrémité un peu obscurément testacée. Long. 6mm. Env. 13mm.

Vollenhoveni, CAMERON.

La larve, longue de 20mm, est d'une couleur orangé grisâtre brillant avec la tête gris verdâtre. Elle vit de juin à octobre dans des galles de *Salix purpurea* (qui a les feuilles glabres), vertes marquées de rose, lisses, en forme de pois ou de cerise. Cette galle est souvent couverte d'un grand nombre de petits tubercules jaunâtres qui la font ressembler à une fraise. Elle contient une grande cavité ne laissant subsister que des parois minces. Elle est placée à la surface inférieure des feuilles et n'est que légèrement saillante en dessus. Chaque feuille en porte de une à six. Leur diamètre est de 10mm. A la fin d'avril, la larve sort de la galle, en y pratiquant une ouverture ordinairement très-étroite et entre en terre où elle s'enferme dans un cocon brun. Les cocons sont filés l'un contre l'autre et les larves s'y changent de suite en nymphes. L'insecte parfait éclot depuis le mois d'avril jusqu'en juin. Cet insecte est très voisin, sinon identique, au *N. viminalis*.

PATRIE : Ecosse.

— Deuxième nervure récurrente visiblement distante de la deuxième nervure transverso-cubitale. **165**

165 Tête noire avec seulement le labre blanc ou brun sombre. **166**

— Tête noire avec le labre et au moins le bas de la face ou le dessus des yeux testacés. **167**

166 Ongles bifides. **Fennicus,** Nov. SP. (V. n° 102).

— Ongles avec une dent subapicale. Tête avec le labre et le bord de l'épistome pâles, épistome un peu sinué ; antennes entièrement noires, filiformes, un peu moins longues que le corps, thorax noir avec les lobes du pronotum presque entièrement jaune clair ainsi que les écaillettes. Pattes jaune pâle avec la base des hanches noire ; cuisses antérieures et intermédiaires noires à la base, cuisses postérieures noires avec seulement les genoux pâles ; extrémité des tibias postérieurs et articles des tarses postérieurs noirâtres, éperons postérieurs n'atteignant pas le tiers du métatarse. Ailes hyalines avec la nervure costale brun clair ; stigma brun en entier, un peu plus foncé ; nervures brunes. Abdomen noir avec l'extrémité testacée, plus largement en dessous. Long. 4mm. Env. 10mm. **Meridionalis,** Nov. SP. ♂

PATRIE : Pyrénées.

167 Tibias postérieurs et tarses jaunes.
Viminalis, Linné. ♂ (V. n° 125).

— Extrémité des tibias postérieurs et tarses sombres. **168**

168 Extrémité de l'épistome et labre testacés.
Nigritarsis, Nov. sp. (V. n° 158).

— Extrémité de l'épistome et labre blancs. Tête noire ; derrière des yeux testacé très obscur ; épistome échancré ; antennes brunes, plus foncées en dessus et à la base, de la longueur de l'abdomen, Thorax noir, écaillettes blanches, ainsi que le bord des lobes du pronotum. Pattes blanc-jaunâtre avec la base des hanches noire, l'extrémité des tibias postérieurs un peu brune, les tarses postérieurs brun plus foncé; éperons postérieurs a peu près de la longueur du tiers du métatarse; ongles bifides. Ailes hyalines avec la côte et le stigma brun clair, celui-ci plus blanchâtre vers la base. Abdomen brun foncé ou noirâtre en dessus, brun plus clair ou jaune en dessous, surtout vers l'extrémité du ventre. Long. 4 à 5mm. Env. 9mm. **Bellus,** Zaddach.

La larve, longue de 8 à 10mm, est vert jaunâtre clair en entier avec les yeux sombres. — Elle vit dans de petites galles irrégulièrement arrondies, soit vertes, soit plus ou moins pourpres, à la partie inférieure des feuilles du *Salix aurita*.

Patrie : Prusse.

169 Antennes noires en entier. **170**

— Antennes noires avec l'extrémité ou le dessous rouge ou jaune. **189**

170 Stigma blanc, jaune ou jaune brun avec la base plus claire. **171**

— Stigma testacé obscur. **188**

171 Mésonotum en partie jaune ou brun. **172**

— Mésonotum tout noir. **174**

172 Eperons postérieurs plus longs que le tiers du métatarse. **173**

— Eperons postérieurs moins longs que le tiers du métatarse. Tête jaune avec une tache noire sur le vertex, ou presque entièrement noire ; épistome échancré ; éperons postérieurs très courts ; antennes noires. Thorax noir avec le pronotum jaune ainsi que, le plus souvent, trois petites taches sur le mésonotum et une grande tache pectorale ; écaillettes jaunes. Pattes jaunes, quelquefois la base des cuisses noire. Ongles avec une petite dent subapicale. Ailes jaunâtres, nervures et stigma jaunes. Abdomen noir avec le dessous et souvent l'extrémité jaune ; quelquefois le ventre est seulement jaune à l'extrémité.

♂. Tête souvent entièrement jaune ainsi que le thorax. Métanotum noir. Antennes jaunes. Abdomen jaune avec une tache basilaire noire. Long. 4 à 5^{mm}. Env. 10 à 12^{mm}. **Rumicis**, Fallén.

La larve (pl. XIII, fig. 14) a 10 à 12^{mm}. de long, est vert sombre, plus pâle à la partie inférieure du corps; la tête est jaune pâle avec les yeux noirs. — Elle vit sur le *Rumex obtusifolius*. L'insecte parfait paraît en juin et en août.

Patrie : Angleterre, France, Allemagne, Suède.

173 Ongles bifides. **Pullatus**, Zaddach. (V. n° 163).

— Ongles avec une dent subapicale. Tête rouge, tachée de noir ; épistome et labre jaunes ; épistome échancré. Antennes noires. Thorax rouge taché de noir ou presque entièrement noir ; metanotum noir. Ecaillettes blanchâtres. Pattes jaunes avec une tache noire sur les hanches postérieures ; tarses brunâtres. Eperons postérieurs plus courts que la moitié du métatarse. Ailes hyalines, avec la côte et le stigma blancs, jaunes ou bruns. Abdomen noir chez le ♂, avec seulement l'extrémité et quelquefois les côtés jaunes; il est aussi plus ou moins entièrement mélangé de noirâtre et de jaune chez la ♀, et légèrement soyeux à l'extrémité. Coloration assez variable. Long. 7 à 8mm. Env. 16 à 18mm.

Canaliculatus, HARTIG.

La larve, de 16mm, a le corps vert bleuâtre clair avec la tête verte, brillante, et les yeux noirs; elle a aussi des lignes blanches sur le dos. — Elle vit sur le bouleau. L'insecte parfait se montre en juin.

PATRIE : Angleterre, France, Allemagne, Suède.

174 Scutellum rouge. **175**

— Scutellum noir. **177**

175 Mesopleures lisses. Ailes enfumées ou brunes jusque vers le stigma, ou hyalines. **176**

— Mesopleures ponctuées, mates. Ailes hyalines.

Canaliculatus, HARTIG. ♂ (V. nº 173).

176 Ailes hyalines. Coloration très-variable.

♂. Tête noire avec le labre, l'épistome et les côtés jaunes ou blancs ; épistome échancré ; antennes noires, un peu plus courtes que le thorax et l'abdomen. Thorax noir avec le pronotum, le scutellum et les côtés tachés de jaune. Pattes jaunes avec les hanches noires au moins à la base extrême, et les tarses brunâtres, ainsi que quelquefois la base des cuisses ; éperons postérieurs n'atteignant pas le milieu du métatarse; ongles avec une petite dent subapicale. Ailes hyalines, côte et stigma jaunes ou blancs. Abdomen noir, jaune à son extrémité.

♀. Jaune, diversement tachée de noir. Dessus de de l'abdomen jaune marqué de stries noires ou entièrement noir, excepté à l'extrémité ; ventre jaune olivâtre ou plus ou moins noir. Ailes et pattes comme chez le ♂. Long. 7 à 8mm. Env. 16 à 18mm.

Capreæ, PANZER.

La larve, longue de 15mm (pl. X. fig. 4), a le corps vert ou rouge avec des lignes blanches sur le dos, disparaissant après la dernière mue, et alors la tête devient brun foncé. — Elle vit sur le *Carex filiformis* en juillet et en automne. L'insecte parfait paraît en mai, juin et juillet.

PATRIE : Angleterre, France, Hollande, Allemagne, Suède, Russie, Finlande.

— Ailes enfumées en partie.

Umbripennis, EVERS. (V. n° 14).

177 Hanches en grande partie noires ainsi que les trochanters et la base des cuisses. **178**

— Hanches claires ou testacées, ainsi que les trochanters. **183**

178 Stigma brun clair à l'extrémité, jaune à la base.

Alienatus, FOERSTER. (V. n° 97).

— Stigma entièrement jaune. **179**

179 Lobes du pronotum jaunes ou bordés de jaune ou de blanc. **180**

— Pronotum noir. **181**

180 Tibias et tarses postérieurs entièrement pâles. Tête noire avec le labre brun sombre; épistome échancré. Antennes noires, filiformes, seulement un peu moins longues que le corps. Thorax noir avec le bord des lobes du pronotum blanc; écaillettes jaune pâle; Poitrine noire, mésopleures lisses. Pattes jaune pâle ou blanchâtres avec les hanches noires jusque près de leur extrémité, les cuisses antérieures et intermédiaires marquées d'une ligne noire en dessous. Tibias et tarses blancs. Ailes hyalines avec la côte et le stigma blancs, à peine jaunâtres. Nervures brunes ; deuxième récurrente aboutissant très-près de la deuxième nervure transverso-cubitale. Abdomen noir avec les deux derniers segments et le bord du précédent jaune en dessus et en dessous. Valvules hypopygiales jaunes. Eperons postérieurs presque aussi longs que la moitié du métatarse. Ongles munis d'une très-petite dent subapicale. Long. 6mm. Env. 13mm.

Albitarsis, Nov. sp. ♀

Patrie : Suisse.

== Extrémité des tibias postérieurs et tarses brun sombre. Tête noire avec le labre et l'épistome jaunes, ce dernier très échancré ; Antennes noires. Thorax noir avec les côtés supérieurs jaunes. Ecaillettes jaunes. Pattes jaunes avec les hanches noires, excepté la pointe qui est jaune blanchâtre, les trochanters et la base des cuises noirs. Ailes hyalines, côte et stigma jaunes. Abdomen noir avec l'anus jaune. Long. 5, 1/2mm.

Declinatus, Foerster. ♂

Patrie : Aix-la-Chapelle.

181 Pattes variées de noir et de blanc.

Einersbergensis, Hartig. (V. n° 120).

— Pattes variées de noir et de jaune pâle. 182

182 Ongles armés d'une petite dent subapicale.

Apicalis, Hartig. (V. n° 115).

== Ongles bifides. **Testaceipes**, Nov. sp. (V. n° 135).

183 Pronotum noir ou bordé de blanc. 184

== Pronotum testacé. 187

184 Pronotum noir. 186

— Pronotum bordé de blanc. 185

185 Milieu des cuisses noir.

Vacciniellus, CAMERON. (V. n° 106).

— Cuisses entièrement testacées. Tête noire avec les yeux entourés de jaune; antennes noires. Thorax noir, pronotum bordé de blanc ; écaillettes jaunâtres. Pattes testacé pâle, hanches et trochanters blancs. Ailes hyalines avec le stigma jaune rougeâtre ou blanc. Abdomen noir avec l'extrémité du ventre rouge. Long. 8^{mm}. Env. 18^{mm}.

Hæmorrhoidalis, HARTIG.

PATRIE : France, Allemagne.

186 Labre blanc, tête noire, épistome profondément échancré; antennes noires. Thorax noir avec les écaillettes jaune pâle. Mésopleures ponctuées, mates. Pattes blanc sale avec la base des cuisses noire. Eperons postérieurs presque aussi longs que la moitié du métatarse. Ongles avec une petite dent subapicale. Ailes hyalines, côte et stigma jaune pâle. Abdomen noir avec l'extrémité jaune. Long. 5^{mm}. Env. 12^{mm}.

Excisus, THOMSON. ♀

PATRIE : Suède.

— Labre testacé obscur, tête noire, antennes noires. Thorax noir, écaillettes blanchâtres. Pattes noires avec les hanches et les trochanters pâles, les genoux, les tibias et les tarses testacés obscurs. Ailes hyalines, côte et stigma blanc sale, nervures noires. Abdomen noir, anus blanc pâle. Long. 4^{mm}. Env. 10^{mm}.

Herbaceæ, CAMERON.

La larve vit dans des galles en forme de baies oblongues, vertes avec une teinte rouge plus ou moins étendue, sur les feuilles de *Salix herbacea* depuis la fin de juin jusqu'au milieu d'août. On les rencontre sur le sommet des hautes montagnes de 800 à 1000 mètres d'élévation, L'insecte parfait se montre en juin.

PATRIE : Ecosse.

187 Base des cuisses noire.
Rumicis, ♀ VAR. FALLÉN (V. n° 172).

— Cuisses entièrement testacées. Tête noire, bouche et tour des yeux testacés ; antennes noires. Thorax noir avec le pronotum et les écaillettes testacés. Pattes testacées avec les tarses bruns. Ailes hyalines, côtes et stigma testacés. Abdomen noir, anus testacé. Long. 6 à 7mm. **Brachyotus**, FOERSTER. ♀

PATRIE : Aix-la-Chapelle.

188 Anus testacé ou livide.
Viduatus, ZETTERSTEDT (V. n° 110).

— Anus brun très obscur.
Tischbeini, MIHI (V. n° 55).

189 Tête testacée avec le vertex noir. Antennes noires en dessus, testacées en dessous. Thorax testacé, taché de noir en dessus ; poitrine testacée, marquée de noir. Pattes testacé pâle. Ailes hyalines, côte, stigma et nervures pâles. Abdomen noir en dessus, ventre noir avec l'anus et des taches latérales testacés. Long.? **Oblitus**, LEPELETIER. ♀

PATRIE : Paris.

— Tête noire en entier ou en grande partie. 190

190 Stigma blanc. Antennes courtes. 191

— Stigma brun rougeâtre. Antennes allongées. Tête noire avec le bas de la face jaune, épistome noirâtre, un peu échancré. Antennes noires ou rougeâtres en partie. Thorax noir avec le pronotum, les écaillettes et les bords inférieurs du lobe médian du mésonotum jaune clair. Pattes jaune pâle avec l'extrémité des tibias postérieurs et leurs tarses bruns ; éperons postérieurs courts, droits, ongles bifides. Ailes hyalines avec la côte et le stigma jaune clair. Abdomen noir avec les segments quatre à sept jaune brun, ou jaune avec seulement les deux premiers segments noirs. Ventre jaune clair ou en partie noir. Long. 5mm. Env. 12mm. **Vesicator,** BREMI.

La larve, longue de 15mm, est vert olivâtre avec l'extrémité plus ou moins rougeâtre; les pattes écailleuses sont surmontées de taches noires; la tête est brune. — Elle vit dans de très grosses galles sur les feuilles des *Salix purpurea, S. helix et S. laurina.* Cette galle est saillante des deux cotés de la feuille, en forme d'ampoule verte avec un peu de rouge du côté de la lumière. Elle touche la nervure médiane, mais n'atteint pas le bord de la feuille. On la trouve en mai, juin, juillet et août. La métamorphose se fait dans la galle même. L'insecte parfait se voit en mai.

PATRIE : Angleterre, France, Suisse, Allemagne, Suède.

191 Bords du pronotum blancs. Tête noire en entier ou avec le vertex taché de blanc ; extrémité de l'épistome et labre blancs ; intervalle des antennes et bord postérieur des yeux souvent testacés. Epistome échancré. Antennes noires, rouge sombre à l'extrémité, ou avec seulement la base noire chez le ♂, longues comme l'abdomen. Thorax noir avec les angles du pronotum et les écaillettes blancs. Pattes testacées avec l'extrême base des hanches noire, le reste des hanches et les trochanters blancs ; éperons postérieurs courts, courbés ; ongles bifides. Ailes hyalines avec la côte brunâtre, le stigma blanc et les nervures brunes. Abdomen noir avec l'anus testacé pâle en dessous, quelquefois avec le bord des segments ventraux pâle. Long. 5 à 8mm. Env. 12 à 18mm. **Leucostictus,** HARTIG.

La larve a le corps vert brillant ou blanchâtre avec le ventre pâle ou jaunâtre ; tête orangée ; elle est longue environ de 16 à 18mm. Au commencement de juillet, la femelle pond ses œufs sur le bord des feuilles des *Salix viminalis, S. vitellina, S. caprea, S. aurita,* en ayant soin de replier ce bord en dessous et de l'y fixer dans cette position avec une substance agglutinante ; l'œuf est ainsi enfermé. Peu après, la jeune larve éclot, ronge d'abord l'épiderme de la feuille qui est à sa portée, puis dépouille tout l'intérieur du pli et enfin tout le dessous de la feuille, sans jamais percer celle-ci à jour. Le repli se gonfle à mesure que la larve grossit. Cette larve garde une posture courbée avec la partie postérieure de l'abdomen appliqué contre la feuille. En automne, lorsqu'elle a atteint sa taille, elle se laisse tomber à terre, y entre et s'y enferme dans une coque brune où elle passe l'hiver. Quand revient le mois de mai, elle se transforme en une nymphe verdâtre, et 10 à 12 jours plus tard, l'insecte parfait éclot.

PATRIE : Angleterre, Allemagne, Suède.

— Pronotum noir.

Rubidicornis, NOV. SP. (V. n° 140).

192 Abdomen noir en dessus ou ne présentant de jaune à la partie supérieure qu'à l'anus ou aux deux derniers segments. **193**

— Abdomen présentant en dessus la couleur jaune ailleurs qu'à l'anus ou aux deux derniers segments. **277**

193 Mésonotum tout noir. **194**

— Mésonotum jaune ou en partie jaune ou rouge. **253**

194 Tibias postérieurs blancs ou jaunes en entier. **195**

— Tibias postérieurs noirs ou bruns à l'extrémité. **220**

195 Stigma blanc, orangé, testacé pâle ou rougeâtre en entier, ou seulement avec l'extrémité foncée. **196**

— Stigma brun en entier. **213**

196 Antennes jaune rougeâtre en dessous, ou brunes à l'extrémité, noires sur le reste. **197**

— Antennes noires. **209**

197 Pronotum noir, ou noir étroitement bordé de blanc, ou noir avec les angles pâles. **198**

— Pronotum testacé presque en entier, avec ou sans le bord antérieur noir. **202**

198 Ventre en partie noir. **199**

— Ventre presque entièrement pâle. **200**

199 Derrière des yeux testacé. Tête testacée avec la base des antennes et la région des ocelles noires ; antennes testacées. Thorax noir avec une tache pectorale jaune, écaillettes testacées. Pattes testacées avec la base des hanches noire et les tarses postérieurs bruns. Ailes hyalines, côte et stigma testacés. Abdomen noir avec le segment anal et une partie du ventre testacés. Long. 5 à 6mm. Env. 12 à 14mm.

Notatus, Foerster. ♀

Patrie : Aix-la-Chapelle.

— Derrière des yeux noirs. **Viminalis**, L. (V. nº 125).

200 Orbites des yeux jaunes ou blancs. **201**

— Orbites des yeux noirs. Tête noire, brillante, labre et épistome en partie blancs ; antennes noires, brunâtres à l'extrémité, plus courtes que le corps. Thorax noir brillant, pronotum étroitement bordé de blanc, écaillettes blanches, pattes blanches, hanches noires à la base, cuisses brunes à la base, tarses postérieurs légèrement bruns. Ailes hyalines, côte et stigma blancs, nervures pâles. Abdomen noir, segment anal en dessus et face ventrale plus ou moins testacé pâle. Long. 4mm. Env. 9mm.

Baccarum, Cameron.

La larve vit en automne dans des galles pâles, veloutées, sur le *Salix aurita*. L'insecte parfait éclot en mai.

Patrie : Angleterre.

201 Poitrine noire (♂). Tête blanche avec une grande

tache noire sur le vertex, (♀) et, chez le mâle, blanche sur la face et l'orbite des yeux, noire sur le reste. Antennes brun foncé, noires à la base. Thorax noir avec le pronotum blanc en entier (♀), ou sur les côtés (♂). Ecaillettes blanches. Poitrine blanche ou seulement tachée de noir (♀), ou entièrement noire (♂). Pattes blanches, ongles bifides. Ailes hyalines, stigma blanc (♀), ou testacé plus ou moins obscur (♂). Abdomen blanc avec une large bande noire sur le dessus (♀), ou noir en entier en dessus (♂). Long. 6 à 7^{mm}. Env. 15 à 16^{mm}. **Lacteus**, THOMSON.

La larve a été indiquée comme vivant sur le saule. L'insecte parfait paraît en juin et en août.

PATRIE : Angleterre, Suède.

— Poitrine tachée de jaune (♀). Tête noire, bouche et orbites des yeux jaunes; épistome échancré. Antennes noires, pâles en dessous, pas plus longues que la moitié du corps. Thorax noir avec les angles du pronotum et les écaillettes jaunes, ainsi que des taches pectorales. Pattes jaunes avec les hanches et la base des cuisses noires; éperons pas plus longs que le tiers du métatarse, ongles bifides. Ailes hyalines, stigma testacé pâle. Abdomen noir avec l'anus et le ventre jaunes. Long. 5^{mm}. Env. 11^{mm}.

Arcticus, THOMSON. ♀

PATRIE : Angleterre, Suède.

202 Labre jaune pâle. 203

— Labre brun ou noir. Tête noire, face jaune clair, ainsi que le tour des yeux. Antennes noires avec le dessous du funicule brun rouge. Thorax noir avec le pronotum jaune clair. Pattes jaunes avec les tarses postérieurs bruns. Ailes hyalines, côte jaune. Abdomen noir en dessus, ventre jaune clair. Long. 5^{mm}. Env. 11^{mm}. **Fuscomaculatus**, FOERSTER. ♀

PATRIE : Aix-la-Chapelle.

203 Tarses postérieurs sombres. **204**

— Tarses postérieurs jaune clair, sauf quelquefois les derniers articles. **206**

204 Tête noire avec seulement l'épistome et le labre blancs. **205**

— Tête testacée avec une large tache noire sur le vertex et le front. Antennes brunes. Thorax brun avec trois taches noires sur le mesonotum, et pointe du scutellum noire, écaillettes rouges. Pattes rouges avec la base des hanches et le côté interne des cuisses noirs; éperons postérieurs égaux à la moitié du métatarse; ongles bifides. Ailes hyalines, nervures rouges à la base, brunes à l'extrémité, côte et stigma testacé rougeâtre. Abdomen noir en dessus, ventre rouge. Long. 6mm. Env. 14mm. **Pineti**, Hartig.

L'insecte parfait vit en mai sur les sapins.

Patrie : Allemagne.

205 Scutellum gibbeux en arrière. Tête noire avec l'épistome et le labre blancs, épistome échancré. Antennes noires, rougeâtres en dessous, ou rouges avec seulement la base noire en dessus chez le ♂. Thorax noir avec le pronotum testacé, noir au bord antérieur, écaillettes blanches, mésopleures lisses. Pattes jaunes, tarses postérieurs en grande partie brun foncé; éperons postérieurs courts, ongles bifides. Ailes hyalines, côte et stigma blancs, ce dernier noir à l'extrémité; chez le ♂, le stigma est jaune pâle. Abdomen noir, ventre jaune. Long. 5mm. Env. 12mm. **Westermanni**, Thomson.

Larve gallicole.

Patrie : Angleterre, Suède.

— Scutellum plan. **Vesicator**, Bremi. (V. n° 190).

206 Orbites des yeux pâles. **207**

— Orbites des yeux noirs. **208**

207 Epistome tronqué. Poitrine jaune au moins en partie. Tête jaune avec le front et le vertex noirs ; antennes brunes avec (♀) la base sombre. Thorax noir avec le pronotum et les écaillettes jaunes, ainsi que rarement le bord du scutellum ; quelquefois, chez le ♂, le mesonotum est taché de deux lignes jaunâtres ; poitrine orangée avec une ou deux taches noires chez la ♀. Pattes jaunes avec l'extrémité des tibias postérieurs et leurs tarses noirâtres (♀). Ailes hyalines avec la nervure costale et le stigma jaunes; première nervure transverso-cubitale atrophiée ; nervures noires. Abdomen noir en dessus, rarement avec le bord de quelques-uns des segments à peine rougeâtre. Ventre jaune ou testacé. Long. 5 à 7mm. Env. 12 à 16mm. **Wesmaeli**, Tischbein.

La larve est longue de 16mm. Elle a le corps vert clair, plus foncé sur le dos, avec deux séries de points un peu sombres sur chaque segment abdominal. La tête varie du vert jaunâtre au brun gris.— Elle vit en juin et juillet sur les jeunes rameaux du *Pinus larix*; elle se métamorphose en terre dans une coque simple, allongée et l'insecte parfait paraît en juin. On lui connaît comme parasites :

Campoplex convexus, Tischbein. — *Ichneumonide*.
Tryphon utilis, Tischbein. — —

Patrie : Allemagne, Hollande.

— Épistome échancré. Poitrine noire.
Viminalis, Linné. (V. no 125).

208 Tête noire avec seulement l'épistome et le labre jaunes. Nervure costale brunâtre. Antennes noires. Thorax noir avec le pronotum et les écaillettes jaunes. Pattes jaune clair. Ailes hyalines, stigma jaune.

Abdomen noir en dessus, ventre jaune clair. Long. 5 à 6mm. Env. 14mm. **Incompletus**, Foerster.

Patrie : Aix-la-Chapelle.

— Tête noire avec l'épistome, le labre et la bosse intra-antennaire sur la face, jaunes. Nervure costale jaune. Antennes noires, testacées en dessous. Thorax noir, pronotum testacé, écaillettes jaunes. Pattes testacées. Ailes hyalines, côte et stigma jaunes. Abdomen noir en dessus, ventre testacé. Long. 4mm. Env. 10mm. **Scataspis**, Foerster.

Patrie : Aix-la-Chapelle.

209 Pronotum entièrement pâle. **210**

— Pronotum pâle seulement sur les bords. **211**

210 Poitrine noire. **Incompletus**, Foerster. (V. n° 208).

— Poitrine tachée de jaune. Tête noire avec la face, le labre et l'épistome jaunes ; ce dernier est échancré ; antennes noires, aussi longues que le thorax et l'abdomen. Thorax noir avec le pronotum et une tache sur les côtés de la poitrine jaunes, écaillettes jaunes. Pattes jaunes. Ailes hyalines, côte et stigma jaunes. Abdomen noir en dessus avec l'extrémité jaune, ventre jaune. Long. 3mm. Env. 8mm.

Infirmus, Foerster. ♂

Patrie : Aix-la-Chapelle.

211 Mésopleures pubescentes, un peu opaques.

Fallax, Lep. ♀ (V. n° 15).

— Mésopleures lisses, brillantes. **212**

212 Stigma entièrement blanc.

Vacciniellus, Cameron. (V. n° 106).

— Stigma brun au moins en partie.

Viminalis, L. (V. n° 125).

213 Cuisses postérieures noires en dessous. **214**

— Cuisses postérieures testacées ou pâles partout. **215**

214 Épistome tronqué. Tête noire, labre blanc ; antennes noires. Thorax noir avec le pronotum testacé pâle, noir au bord antérieur. Mésopleures brillantes. Écaillettes pâles. Pattes testacées avec une ligne noire en dessous des cuisses ; éperons postérieurs n'atteignant pas la moitié du métatarse ; ongles avec une dent subapicale. Ailes hyalines, côte pâle à la base, brune ensuite, stigma brun foncé. Abdomen noir avec l'anus et quelquefois tout le ventre testacé sâle. Long. 6^{mm}. Env. 13^{mm}.

Brevicornis, Dahlbom. ♀

Patrie : Suède.

— Épistome échancré. **Fallax**, Lep. ♀ (V. n° 15).

215 Hanches noires à la base. **219**

— Hanches pâles en entier. **216**

216 Antennes entièrement noires. **217**

— Antennes en partie brunes. **218**

217 Mésopleures pubescentes, un peu opaques.

Fallax, Lep. ♀ (V. n° 15).

— Mésopleures lisses, brillantes.

Viminalis, L. (V. n° 125).

218 Pattes blanches. **Lacteus**, Thomson. (V. n° 201).

— Pattes testacées. **Viminalis**, L. (V. n° 125).

219 Mésopleures tachées de brun. Tête noire avec l'épistome, le labre, le tour des yeux testacés ; antennes noires, rougeâtres à partir du quatrième article. Tho-

rax noir, pronotum testacé, écaillettes jaunes Pattes testacées avec la base des hanches noire, et les tarses postérieurs brun rouge. Ailes hyalines, côte jaune à la base, brune ensuite ainsi que le stigma. Abdomen noir, ventre testacé. Long. 6mm. Env. 13mm.

Validicornis, FOERSTER. ♂

PATRIE : Aix-la-Chapelle.

— Mésopleures noires. **Vesicator**, BREMI. (V. no 190).

220 Stigma noir ou brun. 221

— Stigma blanc, jaune, livide ou testacé au moins à l'extrémité. 237

221 Nervure costale brune comme le stigma et de même couleur que lui. 222

— Nervure costale blanche ou de couleur plus claire que le stigma, au moins vers la base. 230

222 Épistome tronqué. 223

— Épistome un peu échancré. 226

223 Valvules hypopygiales de la longueur des cuisses, prolongées en pointe au delà de l'extrémité de l'abdomen. **Ambiguus**, FALLÉN. ♀ (V. no 148).

— Valvules hypopygiales courtes, tronquées et arrondies au bout, — ou sexe mâle. 224

224 Longueur du corps : ♂ 4 1/2mm. — ♀ 5 à 6mm. 225

— Longueur du corps : ♂ 6mm. — ♀ 7 à 8mm. Tête noire, ou brun rougeâtre avec la bouche blanche et le front noir; épistome tronqué. Antennes longues, noir-brun. Thorax noir avec le pronotum jaune ainsi que la poitrine et les écaillettes ; poitrine quelquefois noire. Pattes jaunes avec les hanches, les trochanters et les tibias blancs ; extrémité des tibias postérieurs et leurs tarses noirs. Ongles avec une petite dent subapicale ; éperons postérieurs pas plus longs que le tiers du métatarse. Ailes hyalines, légèrement jaunâtres avec les nervures noires ; nervure costale et stigma bruns. Abdomen ♂ noir en dessus, pâle en dessous, ♀ soit noir en dessus, soit jaune avec des bandes noires interrompues, jaune ou taché de noir en dessous. Env. 15mm. **Saxesenii**, HARTIG.

PATRIE : France, Allemagne, Russie, Suède.

225 Cuisses postérieures entièrement testacées. Tête noire, épistome et labre bruns ; antennes noires, brunes en dessous avec la base noire. Thorax noir avec le bord du pronotum et les écaillettes testacés ; pattes testacées avec les tarses postérieurs noirs ainsi que l'extrémité des tibias postérieurs. Ailes très-légèrement enfumées, côte et stigma bruns, celui-ci plus pâle à la base. Abdomen noir, ventre testacé. Long. 6mm. Env. 14mm.

Interstitialis, CAMERON. ♀

L'insecte parfait se trouve en juin.

PATRIE : Ecosse.

— Cuisses postérieures noires à l'extrémité et au bord inférieur. Tête brun rougeâtre avec le front et le vertex noirs, bouche blanchâtre, épistome tronqué ; antennes noires, longues comme l'abdomen. Thorax noir avec le pronotum jaune ou brun clair, ainsi qu'une tache pectorale et les écaillettes. Pattes brun clair avec les hanches et les trochanters blanchâtres. Cuisses antérieures avec le côté interne noir ; extrémité des tibias postérieurs et leurs tarses noirs, ces derniers avec la base blanche. Ongles avec une petite dent subapicale ; éperons postérieurs longs comme la moitié du métatarse. Ailes hyalines, un peu nuageuses, avec les nervures brunes ; nervure costale et stigma bruns ou noirâtres. Abdomen noir ou brun noir en dessus ; ventre brun clair ou bordé de noir. Long. 4 à 5mm. Env. 10 à 12mm. **Pini,** Retzius.

La larve, longue de 16mm, a le corps vert avec des taches latérales, et de petites épines plus obscures. Tête verte avec les yeux noirs. — Elle vit en mai et juin sur les jeunes pousses de l'*Abies excelsa*. A la fin de juin, elle entre en terre pour s'y transformer dans une coque brune, simple, ovale. L'insecte parfait apparait en mai suivant. Ses parasites sont :

Hemiteles abietinus, Htg. — *Ichneumonide*.
Mesoleptus exornatus, Grav. — —
Pimpla scambus, Htg. — —

Patrie : France, Suisse, Tyrol, Allemagne, Suède.

226 Poitrine entièrement noire. **227**

— Poitrine tachée de brun. Tête noire avec le labre testacé ; épistome échancré. Antennes noires. Thorax noir avec le pronotum et les côtés du scutellum bruns. Écaillettes testacées. Pattes testacées avec les hanches et les trochanters blancs, les premières noires à la base ; extrémité des tibias et leurs tarses bruns aux pattes antérieures, noirs aux postérieures. Ailes un peu jaunâtres avec les nervures et le stigma noirs. Abdomen noir brillant avec l'extrémité et le ventre testacés. Long. 9mm. Env. 19mm.

Leucotrochus, Hartig. ♀

Patrie : Hollande, Allemagne, Russie.

227 Pronotum entièrement jaune ♀. Tête en grande partie noire, épistome échancré, labre jaune ; antennes noires ou brunes, souvent pâles en dessous du funicule. Thorax jaune, portant sur le mesonotum trois grandes taches noires pouvant se réunir; une tache pectorale noire; extrémité antérieure du scutellum noire, écaillettes jaunes. Pattes jaunes avec l'extrémité des tibias postérieurs et les articles des tarses marqués de noir ou de brun ; tarses postérieurs noirs; hanches et trochanters blancs; éperons un peu plus longs que le tiers du métatarse, ongles bifides. Ailes hyalines avec la côte (sauf à la base) et le stigma noirs ou bruns. Abdomen jaune en entier ou avec la base noire.

♂ Antennes brun noir, pronotum jaune, mesonotum et metanotum, poitrine et dos de l'abdomen noirs ; ventre jaune, quelquefois plus ou moins taché de noir. Pattes et ailes comme chez la ♀. Long. 6 à 7ᵐᵐ. Env. 15 à 17ᵐᵐ. **Ribesii**, Scopoli.

La larve, de 16ᵐᵐ, (pl. X. fig. VI) a le corps vert parsemé de points noirs avec les côtés et le ventre jaunes ; premier et avant-dernier segments jaunes en entier ; tête noire. — Elle naît en avril et dévore en mai et juin, août et septembre, les groseillers rouges et les groseillers à maqueraux (*Ribes rubrum* L. *et R. uva crispa* L.). On la trouve aussi sur le *Ribes alpinum*. Cette larve est extrêmement nuisible. L'insecte parfait paraît en avril, mai et juillet. Il pond dans la nervure médiane. Cet insecte a pour parasites :

Cleptes nitidula, Fabr. —	*Chryside.*
Degeeria flavicans, Gour. —	*Diptère.*
Omalus auratus, Dhlb. —	*Chryside.*
Perilissus limitaris, Grav. —	*Ichneumonide.*
Polysphincta ribesii, Rtzb. —	—
Pygostolus sticticus, Fabr. —	*Braconide.*
Tryphon ambiguus, Grav. —	*Ichneumonide.*
— *armillatorius*, Grav. —	—
— *bipunctatus*, Grav. —	—
— *cephalotes*, Grav. —	—
— *compressus*, Rtzb. —	—
— *grossulariæ*, Rtzb. —	—

Patrie : Angleterre, France, Suisse, Hollande, Allemagne, Suède, Russie.

— Pronotum pâle seulement sur les angles. **228**

228 Antennes plus longues que l'abdomen.
Vesicator, Bremi. (V. nᵒ 190).

— Antennes pas plus longues que l'abdomen. **229**

229 Hanches postérieures presque entièrement noires; tarses postérieurs sombres.

Bellus, Zaddach. (V. nº 168).

— Hanches postérieures noires à la base seulement. Tarses postérieurs jaunes.

Viminalis, Linné. (V. nº 125).

230 Mesosternum rouge, brun ou jaune au moins en partie. 231

— Mesosternum noir comme le reste. 233

231 Hanches jaune rougeâtre en entier. Tête noire avec la face, l'épistome, le labre et le tour antérieur des yeux jaune blanchâtre; derrière des yeux testacé; épistome à peine échancré; antennes noires. Thorax noir avec le bord du pronotum et le mesosternum rouges; écaillettes jaunes. Pattes jaunes rougeâtres, extrémité des tibias postérieurs et leurs tarses brunâtres. Ailes hyalines, côte et stigma jaunes, ce dernier plus brunâtre. Abdomen noir, ventre rouge. Long. 4mm. Env. 10mm. **Amentorum**, Foerster. ♀

La larve vit sur les saules.

Patrie : Aix-la-Chapelle.

— Hanches noires à la base. 232

232 Mésopleures tachées de jaune. Tête noire avec l'épistome, le labre et le tour des yeux jaunes; antennes noires. Thorax noir avec le pronotum, une partie des mésopleures et les écaillettes jaunes. Pattes jaunes avec la base des hanches noire, l'extrémité des tibias postérieurs et leurs tarses brunâtres. Ailes hyalines, côte jaune à la base, le reste brun ainsi que le stigma. Abdomen noir, ventre jaune. Long. 4mm. Env. 10mm. **Prototypus**, Foerster. ♂

Patrie : Aix-la-Chapelle.

— Mésopleures noires ou brunes. Tête noire avec le tour des yeux à peine blanchâtre et le bas de la face brun clair ; épistome tronqué. Antennes brunes avec le dessus ou seulement les deux articles basilaires noirs, à peine plus courtes que le corps. Thorax noir avec le pronotum, la poitrine et les écaillettes brun clair. Pattes brun clair, avec une partie des hanches postérieures et le bord interne des cuisses postérieures noirs ; tibias postérieurs noirs à l'extrémité ainsi que leurs tarses. Éperons postérieurs atteignant presque le milieu du métatarse. Ongles avec une petite dent subapicale. Ailes hyalines, stigma brun clair, plus sombre à la base, nervures brunes. Abdomen noir avec l'extrémité et le ventre brun clair. Long. 5mm. Env. 12mm. **Truncatus,** Hartig. ♀

Patrie : Allemagne.

233 Cuisses postérieures jaune rougeâtre. **234**

— Cuisses postérieures en partie noires. **235**

234 Hanches antérieures noires à la base. Tête noire, labre jaune ; antennes noires avec le côté interne du premier article et l'extrémité du second jaunes. Thorax noir avec le pronotum et les écaillettes jaunes ou testacés. Pattes testacées avec la base des hanches noire, l'extrémité des tibias postérieurs et leurs tarses bruns. Ailes hyalines, côte jaune à la base, brun noir sur le reste ainsi que le stigma. Abdomen noir avec l'anus et le ventre testacés. Long. 5 1/2mm. Env. 10mm.

Protensus, Foerster.

Patrie : Aix-la-Chapelle.

— Hanches antérieures blanches.

Ribesii, Scop. (V. n° 227).

235 Hanches postérieures blanches. Tête noire, pubescente, avec le labre blanchâtre ; antennes noires.

Thorax noir brillant avec le bord du pronotum et les écaillettes blancs. Pattes blanches, hanches antérieures noires à la base ; cuisses postérieures noires avec la base blanche, les autres cuisses seulement irrégulièrement tachées de noir ; tibias postérieurs noirs à l'extrémité, tarses postérieurs noirs. Ailes hyalines, nervure costale blanche, stigma noir ou brun, nervures noires. Abdomen noir en dessous avec l'extrémité et le dessous blanchâtres. Long. 8^{mm}. Env. 16^{mm}. **Conductus**, RUTHE. ♀

La larve à la tête verte, aplatie sur le front, avec une teinte brune et une tache noire sur les yeux ; pattes diaphanes. Corps cylindrique, vert et couvert de longs poils, avec une ligne pâle sur les côtés. — Elle vit en juillet, août et septembre sur le gazon. Elle se métamorphose en terre et l'insecte parfait paraît en juin et août. Il y a une double génération.

PATRIE : Islande, Ecosse, France, (?).

— Hanches postérieures noires à la base. 236

236 Ventre blanc de lait. Tête noire, bouche blanche, quelquefois noirâtre, épistome sinué ; antennes noires. Thorax noir avec les angles du pronotum et les écaillettes blancs. Pattes blanches, base des hanches noire, base interne des cuisses antérieures, une partie plus ou moins grande des postérieures, extrémité des tibias postérieurs et leurs tarses noirs ; éperons postérieurs atteignant presque le milieu du métatarse ; ongles avec une petite dent subapicale peu distincte. Ailes hyalines, nervure costale blanche, stigma brun noir. Abdomen noir en dessus avec les côtés et le ventre blancs de lait. Long. 5^{mm}. Env. 12^{mm}. **Obductus**, HARTIG.

L'insecte parfait se trouve en mai et juin.

PATRIE : Angleterre, France, Tyrol, Allemagne, Suède.

— Ventre brun clair. **Truncatus**, HTG. (V. n° 232).

237 Épistome tronqué. 238

— Épistome un peu échancré. **239**

238 Abdomen avec l'extrémité claire.

Truncatus, Hartig. (V. n° 232).

— Abdomen avec l'extrémité noire.

Wesmaeli, Tischbein. (V. n° 207).

239 Ventre en grande partie noir.

Fallax, Lepeletier. ♂ (V. n° 15).

— Ventre en grande partie clair. **240**

240 Funicule des antennes entièrement rouge ou entièrement noir. **241**

— Funicule des antennes noir en dessus, rouge en dessous, ou brun rouge à l'extrémité. **249**

241 Funicule des antennes rouge. Tête noire avec la face, l'épistome, le labre et le bord des yeux testacés. Thorax noir avec le bord du pronotum et les écaillettes testacés. Pattes testacées, avec la base des hanches et les cuisses en partie noires, l'extrémité des tibias postérieurs et leurs tarses bruns. Ailes hyalines, nervure costale jaune, stigma brun, plus clair à la base. Abdomen noir avec l'anus et le ventre testacés. Long. 3 1/2mm. Env. 8mm.

Congruens, Foerster. ♂

Patrie : Aix-la-Chapelle.

— Funicule des antennes noir. **242**

242 Bord postérieur des yeux noir. **243**

— Bord postérieur des yeux jaune. **248**

243 Ongles des tarses bifides. **244**

— Ongles des tarses armés d'une petite dent subapicale. **246**

244 Pronotum entièrement jaune. Tête jaune, marquée plus ou moins de noir sur le vertex ou même tout à fait noire, la bouche exceptée ; épistome un peu échancré ; antennes noires. Thorax jaune avec l'extrémité du scutellum noire, ou avec des taches noires sur le mesonotum, ou avec celui-ci entièrement noir. Pattes jaunes avec l'extrémité des tibias postérieurs et leurs tarses bruns. Eperons postérieurs très-courts, ongles bifides. Ailes hyalines avec le stigma jaune. Abdomen jaune ou noir en dessus avec le ventre livide. Long. 5 à 7mm. Env. 12 à 15mm.
Scabrivalvis, THOMSON.

PATRIE : Suède.

— Pronotum pâle seulement sur les bords. **245**

245 Stigma blanc. **Vacciniellus,** CAMERON (V. n° 106).

— Stigma en entier ou en partie brun.
Viminalis, L. (V. n° 125).

246 Dos et côtés du mesonotum faiblement ponctués, presque lisses. **247**

— Dos et côtés du mesonotum plus fortement ponctués. Tête noire, labre blanc, antennes noires. Thorax noir avec les côtés du pronotum blancs et les écaillettes testacées. Pattes jaunes, extrémité des tibias postérieurs et leurs tarses brunâtres. Ailes hyalines avec la côte et le stigma testacés pâles. Abdomen noir avec l'extrémité et le ventre jaunes. Long. 6mm. Env. 14mm. **Punctipleuris,** THOMSON. ♀

PATRIE : Suède.

247 Abdomen en partie jaune en dessus. Tête noire avec l'extrémité de l'épistome, le labre et une tache autour des yeux testacés ; épistome échancré ; antennes noires, rougeâtres en dessous. Thorax noir avec le bord du pronotum et les écaillettes testacés ou noirs. Pattes testacées, hanches noires, extrémité des tibias postérieurs et leurs tarses légèrement bruns ; éperons postérieurs atteignant le milieu du métatarse, ongles bifides. Ailes enfumées avec la nervure costale noire et le stigma jaune, ce dernier noir à la base. Abdomen testacé brillant, pouvant tourner au brun, avec la base et quelquefois l'extrémité dorsale noires chez le ♂. Long. 6 à 7ᵐᵐ. Env. 14 à 15ᵐᵐ. **Abdominalis**, Panzer.

La larve, longue de 12 à 13ᵐᵐ, a le corps vert jaunâtre avec les segments séparés, le dos plus sombre et quatre rangées de tubercules blancs sur chaque segment ; tête jaune brun avec les yeux noirs et la bouche sombre. — Elle vit en juillet et août sur l'aulne. L'insecte parfait éclot en juin.

Patrie : France, Hollande, Suisse, Tyrol, Naples, Allemagne, Suède, Russie, Groenland.

— Abdomen noir en dessus. Tête noire, labre blanc, épistome échancré à l'extrémité, antennes noires. Thorax noir avec les côtés du pronotum et les écaillettes blancs. Pattes rouges avec la base des hanches noire, les trochanters blancs, l'extrémité des tibias postérieurs et leurs tarses foncés; éperons postérieurs atteignant le milieu du métatarse ; ongles avec une dent subapicale. Ailes hyalines avec le stigma testacé. Abdomen noir, quelquefois marqué de blanc sur les bords et à l'extrémité, ventre blanc. Long. 7ᵐᵐ. Env. 15ᵐᵐ. **Leucogaster**, Hartig. ♀

L'insecte parfait parait en juin et juillet dans les saules.

Patrie : Angleterre, France, Allemagne, Suède.

248 Hanches testacées.

Amentorum, Foerster (V. n° 231).

— Hanches noirâtres à la base. Tête noire, épistome, labre et bord postérieur des yeux jaunes. Antennes noires. Thorax noir avec le pronotum et les écaillettes jaunes. Pattes jaunes avec les hanches noirâtres à la base et l'extrémité des tibias postérieurs et leurs tarses bruns. Ailes hyalines, base de la côte et stigma jaunes. Abdomen noir avec le ventre jaune. Long. 6^{mm}. Env. 14^{mm}. **Scotonatus**, Foerster. ♂

Patrie : Aix-la-Chapelle.

249 Scutellum entièrement pâle. Tête jaune, un peu noire vers les ocelles, épistome échancré, antennes noires en dessus, rougeâtres en dessous. Thorax rouge, un peu marqué de noir en dessous en avant, et en dessus derrière le scutellum ; écaillettes jaune pâle. Pattes jaunâtres avec les tibias et les tarses postérieurs plus sombres ; éperons postérieurs plus grands que la moitié du métatarse, ongles avec une petite dent subapicale. Ailes hyalines avec la côte et le stigma jaune clair, et les nervures brunes. Abdomen jaune pâle (♀), noir en dessus, au moins en partie (♂). Long. 6 à 7^{mm}. Env. 14 à 16^{mm}.

Pallescens, Hartig.

La larve a la tête gris clair, les yeux noirs, la bouche brune ; les pattes sont blanches, surmontées d'une série de taches noires. Corps tuberculeux, blanc verdâtre en dessus, plus pâle en dessous. — Elle vit en août sur le *Salix cinerea* et s'enferme dans un cocon entre les feuilles. L'insecte parfait paraît fin juin.

Patrie : Angleterre, Allemagne.

— Scutellum noir ou seulement avec deux taches pâles. **250**

250 Mesonotum entièrement noir. **251**

= Mesonotum non entièrement noir (♀). Tête jaune verdâtre avec une tache noire sur le vertex ; épistome un peu échancré. Antennes noires. Thorax jaunâtre avec trois taches sur le mesonotum, l'extrémité du scutellum et le milieu du metanotum noirs. Pattes jaunes avec l'extrémité des tibias postérieurs et leurs tarses noirs; éperons postérieurs dépassant le milieu du métatarse, ongles armés d'une petite dent subapicale. Ailes hyalines, côte et stigma jaune pâle. Abdomen jaunâtre, avec une tache triangulaire noire sur la base. ♂ Corps en grande partie noir en dessus. Long. 8mm. Env. 18mm.

Immundus, Thomson.

Patrie : Suède.

251 Cuisses postérieures brun foncé. Tête noire avec le labre et l'épistome jaune pâle, ce dernier noir à la base, intervalle des antennes jaune brun; épistome échancré; antennes sétacées, noires, avec les derniers articles brun rouge sombre. Thorax noir mat; pronotum jaune soufre avec le bord antérieur irrégulièrement noir; écaillettes jaunes avec la base brun foncé. Pattes jaunes avec la base des hanches noire ou brune, les trochanters bruns à la base, les cuisses antérieures et intermédiaires brun marron jusque près des genoux, les postérieures entièrement de cette couleur; tibias rembrunis à l'extrémité, surtout les postérieurs; tous les tarses bruns; éperons atteignant à peine le tiers du métatarse, ongles bifides. Ailes hyalines, première nervure transverso-cubitale translucide, nervure costale et stigma testacés, les autres nervures plus brunes. Abdomen brillant, noir ou brun très foncé en dessus avec le bord des segments plus grisâtre et garni de poils blancs, surtout vers l'extrémité. Dernier segment testacé rougeâtre garni d'une pubescence blanche; ventre jaune pâle, ayant de chaque côté une série de points noirs, un sur chaque segment. Valvules hypopygiales brun foncé. Long. 8 1/2mm. Env. 18mm.

Niger, Jurine. ♀

Patrie : France, Suisse.

— Cuisses postérieures testacées. 252

252 Pronotum testacé en entier.
Scataspis, Foerster (V. n° 208)

— Pronotum pâle seulement sur les bords.
Viminalis, L. (V. n° 125).

253 Nervure costale jaune ou brune. 254

— Nervure costale blanche. 274

254 Ailes hyalines. 255

— Ailes brunâtres jusque vers le stigma.
Umbripennis, Eversmann (V. n° 14).

255 Mésopleures lisses, brillantes. 256

— Mésopleures ponctuées, mates. 270

256 Stigma noir ou brun. 257

— Stigma pâle, jaune ou rouge. 258

257 Antennes ferrugineuses en dessous. Tête verte, tournant parfois au jaunâtre, avec une tache noire sur le front et entre les antennes ; épistome échancré ; antennes noires ou brunes en dessus et à la base, ferrugineuses en dessous. Thorax vert ou jaune, plus ou moins testacé, avec trois taches noires sur le mesonotum ainsi que sur le bord postérieur du scutellum. Pattes vertes ou jaunes avec l'extrémité des tibias intermédiaires et postérieurs et les tarses brunâtres. Eperons postérieurs un peu plus longs que le tiers du métatarse, ongles bifides. Ailes hyalines avec la nervure costale et le stigma blancs, verts ou bruns, les autres nervures noires ou brunes. Abdomen vert ou jaune avec les deux premiers segments tachés de noir, souvent marqué de noir sur

le milieu des autres segments. Ventre vert ou jaune. ♂ Thorax noir ou en partie noir. Abdomen noir en dessus. Coloration variable (pl. XIII, fig. 3). Long. 10mm. Env. 23mm. **Miliaris,** PANZER.

La larve (Pl. XIII, fig. 9) est vert clair avec deux lignes dorsales noires et quelques taches noires au dessus des pattes; tête verdâtre; long. 22mm. Cette larve est très-variable. — Elle vit sur le bouleau, le saule, l'aulne, en avril, juillet, septembre et octobre. En mai et août, elle se renferme en terre dans un cocon allongé, jaune brunâtre qui donne l'insecte parfait en juin et en août. Il y a deux générations par an. Les parasites constatés sont :

Degeeria parallela, Meig. —	*Diptère.*
Mesoleius opticus, Grav. —	*Ichneumonide.*
Tryphon holosericeus, Rtzb. —	—

PATRIE : Angleterre, France, Hollande, Suisse, Tyrol, Allemagne, Suède.

— Antennes noires ou brun foncé en entier.
Ribesii, Scop. ♂ (V. n° 227).

258 Abdomen également noir partout en dessus. **259**

— Abdomen de couleur plus claire à l'extrémité en dessus. **262**

259 Base des hanches noire. **Pineti,** HARTIG. (V. n° 201).

— Hanches entièrement blanches ou jaunes. **260**

260 Mesonotum jaune. Tête jaune brillant, plus claire sur le labre et l'épistome ; base des antennes entourée de noir ; antennes jaunes avec les deux articles basilaires noirs. Thorax jaune luisant, pronotum un peu plus pâle, mesonotum avec deux ou trois bandes noires longitudinales. Pattes jaune pâle ; extrémité des tibias postérieurs et leurs tarses noirâtres. Ailes hyalines, un peu jaunâtres, côte et stigma testacés, nervures noires. Abdomen noir en dessus avec les deux derniers segments apicaux jaunes ; ventre jaune (♀).

♂. Antennes entièrement noires, tête noire avec la bouche jaune ; mésothorax, métathorax et dessus de l'abdomen noirs. Long. 10mm. Env. 22mm.

Cadderensis, CAMERON.

La larve, longue de 15mm, a le corps vert de mer obscur en dessus, blanchâtre en dessous ; les côtés portent 10 grandes taches ovales, orangées, au-dessous desquelles sont d'abord une rangée de points noirs, puis, directement sur les pattes, une série de taches allongées, noires. Au dessus des taches orangées est une ligne de points noirs ; le segment anal porte une grande tache noire ; la tête est noire. — Elle vit sur le *Salix cinerea* en juin, juillet et août, aussi quelquefois sur le bouleau. Elle attaque le bord des feuilles ; elle se métamorphose en terre ou entre les feuilles dans un cocon double. L'insecte parfait paraît en mai et en juillet. Il y a deux générations par an.

PATRIE : Angleterre.

— Mesonotum noir, seulement marqué de deux lignes jaunâtres. **261**

261 Ventre jaune ou testacé.

Wesmaeli, TISCHBEIN. (V. n° 207).

= Ventre noir avec l'extrémité et des taches latérales jaunes. **Oblitus**, LEPELETIER. (V. n° 189).

262 Ventre brun ou jaune. **263**

= Ventre rougeâtre. **269**

263 Tête noire avec le bas de la face jaune. **264**

= Tête jaune, seulement tachée de noir sur le vertex, quelquefois autour des antennes, ou noire en entier, ou noire avec seulement le tour des yeux jaunes. **265**

264 Mésopleures noires. **Vesicator**, BREMI (V. n° 190).

— Mésopleures avec une grande tache jaune.

Pullatus, ZADDACH. (V. n° 163).

265 Hanches postérieures noires sur la partie basilaire. **Capreæ**, Panzer. (V. n° 176).

— Hanches postérieures entièrement pâles. 266

266 Antennes noires. 267

— Antennes en partie jaunes.
Cadderensis, Cameron. ♀ (V. n° 260).

267 Abdomen presque entièrement noir en dessus. 268

— Abdomen en partie jaune.
Rumicis, Fallén. ♂ (V. n° 172).

268 Tête jaune tachée de noir sur le vertex.
Rumicis, Fallén. ♀ (V. n° 172).

— Tête noire en entier ou presque en entier.
Cadderensis, Cameron. ♂ (V. n° 260).

269 Ongles bifides. **Pullatus**, Zaddach. (V. n° 163).

— Ongles avec une petite dent subapicale.
Capreæ, Panzer. (V. n° 176).

270 Antennes noires. 271

— Antennes rouges en dessous au moins à l'extrémité. 273

271 Tête rétrécie derrière les yeux. Coloration très-variable, noire, diversement marquée de ferrugineux ou de jaune. Labre blanc. Antennes noires ; vertex, dessus du thorax et poitrine rouges marqués de noir. Dessus de l'abdomen noir avec l'extrémité jaune ; ventre jaune plus ou moins taché de noir. Pattes jaunes, noires à leur base. Ailes hyalines avec la nervure costale et le stigma jaunes. Long. 6 à 8mm. Env. 14 à 18mm. **Variator**, Ruthe.

Patrie : Allemagne, Islande.

= Tête élargie derrière les yeux. 272

272 Couleur foncière blanc sale. **Fallax**, LEP. (V. n° 15).

— Couleur foncière orangée. Tête jaune, bouche blanche ; épistome à peine échancré ; antennes noires. Thorax jaune avec deux lignes noires sur le mesonotum, metanotum noir ; mésopleures opaques. Pattes testacées avec les hanches et une ligne en dessous des cuisses antérieures noires ; éperons postérieurs moins longs que le tiers du métatarse ; ongles bifides. Ailes hyalines avec la côte et le stigma brun rouge. Abdomen jaune avec le premier segment noir, ou avec une tache dorsale noire, ou noir en entier en dessus ; ventre testacé. Long. 6 à 7mm. Env. 14 à 16mm. **Longiserra**, THOMSON.

La larve se trouve à la fin de juin sur le *Salix aurita*. L'insecte parfait vole en mai.

PATRIE : Angleterre, Allemagne, Suède.

273 Tête noire avec seulement la bouche et le tour des yeux pâles chez le ♂.

♀. Tête rouge, épistome échancré ; antennes noires, rouges en dessous. Thorax rouge avec le metanotum noir ; écaillettes rouges. Pattes rouges. Ailes hyalines avec le stigma testacé pâle. Abdomen rouge avec le premier segment dorsal noir.

♂. Tête noire avec la bouche et le tour des yeux testacés ; antennes noires. Thorax noir avec les lobes du pronotum et les écaillettes testacés pâles. Pattes testacées avec la base des hanches et une ligne au dessous des cuisses noires ; éperons postérieurs pas plus longs que le tiers du métatarse ; ongles bifides. Ailes hyalines, stigma testacé. Abdomen noir en dessus ; ventre testacé pâle. Long. 5 à 6mm. Env. 12 à 14mm. **Fahrei**, DAHLBOM.

La larve est grise avec les côtés vert clair. — Elle vit sur le *Ranunculus acris* L.

PATRIE : Allemagne, Suède.

— Tête entièrement jaune obscur ; épistome échancré ; antennes rougeâtres en dessous. Thorax jaune avec le milieu du metanotum noir. Pattes jaunes ; éperons postérieurs ne dépassant pas le tiers du métatarse ; ongles bifides. Ailes hyalines, stigma testacé pâle. Abdomen noir en dessus, ventre jaune. Long. 6^{mm}. Env. 13^{mm}. **Leptocephalus**, THOMSON.

PATRIE : Suède.

274 Stigma entièrement blanc. **275**

— Stigma blanc avec l'extrémité brune. Tête rouge. Thorax rouge avec le pronotum jaune sale et diverses taches noires. Pattes jaunes avec le bord des cuisses noir et les tarses bruns. Ailes hyalines, côte et stigma pâles, celui-ci brun à l'extrémité. Abdomen noir en dessus, jaune sale en dessous. Long. 6^{mm}. Env. 13^{mm}. **Imperfectus**, ZADDACH.

Insecte parfait en juin.

PATRIE : Angleterre, Allemagne, Russie.

275 Ongles bifides. **Pineti**, HARTIG. (V. nº 204).

— Ongles avec une petite dent subapicale. **Capreæ**, PANZER. (V. nº 176.

276 Tête entièrement noire en dessus, sauf les parties de la bouche. **277**

— Tête non entièrement noire. **291**

277 Antennes brunes ou noires, et jaunes en dessous. **278**

— Antennes noires ou brunes en entier. **281**

278 Stigma jaune pâle. Tête noire, bouche jaune, épistome échancré ; antennes noires, pâles en dessous. Thorax noir avec le bord du pronotum testacé et les écaillettes jaunes. Pattes jaunes avec la base des hanches noire, leur extrémité et les trochanters blancs; éperons postérieurs atteignant le milieu du métatarse; ongles bifides. Ailes hyalines, côte et stigma jaunes. Abdomen jaune avec une tache dorsale noire. Long. 6mm. Env. 14mm.

Jugicola, THOMSON. ♀

La larve est longue de 20mm, elle a le corps vert bleuâtre foncé avec le dessous du corps clair et marqué de grandes taches noires au dessus des pattes. La tête est jaune avec les yeux noirs. — Elle vit sur le *Salix aurita*.

PATRIE : Suède, Allemagne.

— Stigma noir brun sur les bords, pâle au milieu; ou brun en entier. **279**

279 Mésopleures avec une grande tache latérale jaune. Tête noire, labre et extrémité de l'épistome blancs, quelquefois une tache frontale pâle; antennes noires ou brunes, plus claires en dessous, longues comme le thorax et l'abdomen. Épistome presque tronqué. Thorax noir, pronotum presque entièrement jaune, écaillettes jaunes pâles. Pattes rouges, tarses postérieurs et extrémité des tibias bruns, tibias et trochanters blancs, éperons postérieurs atteignant le milieu du métatarse, ongles avec une dent subapicale. Ailes hyalines, légèrement enfumées au milieu, côte jaune brunâtre pâle, stigma brun sur les bords, pâle au milieu, nervures noires. Abdomen jaune avec une tache médiane dorsale noire, composée de plusieurs marques noires successives. Long. 6 à 7mm. Env. 16mm.

Conjugatus, DAHLBOM.

La larve, longue de 16mm, est verte avec les trois premiers et les deux derniers segments jaunes; la tête est noire ainsi que trois lignes de points latéraux. — Elle vit sur le *Salix fragilis* en août, et, en septembre, elle s'enfonce en terre pour s'enfermer dans un cocon brun.

PATRIE : France, Piémont, Allemagne, Suède.

— Mésopleures sans taches latérales jaunes. **280**

280 Bord interne des cuisses noir ou brun foncé. Tête noire avec le labre et la bouche jaune clair, antennes noires ou brunes. Thorax noir avec le pronotum et les écaillettes jaunes. Pattes jaunes, tibias blancs, extrémité des tibias et tarses des pattes postérieures noirs. Ailes hyalines avec les nervures brun sombre, ainsi que la côte et le stigma. Abdomen jaune en dessus avec des lignes noires, ventre noirâtre ou jaune brunâtre. Long. 5 à 7ᵐᵐ. Env. 12 à 15ᵐᵐ.

Mœstus, Zaddach.

La larve a 13ᵐᵐ de longueur; son corps est vert avec les trois derniers segments jaunes, et, de chaque côté, des séries de grandes taches noires et des points nombreux de même couleur; tête jaune avec le tour des yeux noirs. — Elle vit en juin sur le pommier, *Malus communis*. Elle se métamorphose à la fin du même mois dans une coque oblongue placée entre les feuilles et, en juillet, paraît l'insecte parfait.

Patrie : Prusse.

— Cuisses en entier jaunes ou testacées.

Vesicator, Brema. (V. nº 190).

281 Lobes du pronotum entièrement jaunes ou orangés. **282**

— Pronotum noir ou ses lobes en partie noirs. **285**

282 Ventre noir taché d'orangé. Tête noire, épistome et labre orangés; antennes noires. Thorax noir avec le pronotum orangé et les écaillettes jaunes Pattes orangées avec la base des hanches et les cuisses noires; extrémité des tibias postérieurs et leurs tarses bruns. Ailes hyalines, un peu enfumées à la pointe; nervure costale jaune à la base, brune ensuite ainsi que le stigma et les autres nervures. Abdomen noir taché de jaune sur les côtés, les deux derniers segments presque entièrement orangés. Long. 5mm. Env. 12mm. **Biscalis**, FOERSTER. ♀

PATRIE : Aix-la-Chapelle.

— Ventre testacé pâle ou jaune plus ou moins taché de brun. **283**

283 Stigma jaune. Ongles bifides. Tête noire, labre pâle ; antennes noires ou brunes. Thorax noir ; pronotum jaune ou noir, écaillettes jaunes. Pattes jaune sombre, les tarses postérieurs noirs ou bruns. Ailes hyalines avec les nervures brunes, côte et stigma jaunes ou bruns. Abdomen jaune avec une série de taches brunes qui se confondent parfois en dessus et peuvent aussi se réduire à très peu de chose. Long. 6mm. Env. 14mm. **Papillosus**, RETZIUS.

La larve, longue de 20mm, a le corps vert plus ou moins jaunâtre avec trois lignes noires sur le dos, des taches rondes noires sur les pattes ventrales et une grande tache noire sur le segment anal. — Elle vit en société sur les feuilles de saule qu'elle ronge du bord jusqu'à la nervure médiane; ces larves ont l'habitude de relever l'abdomen. On les rencontre en juin et juillet ; elles entrent en terre en août, s'y enferment dans une coque lisse, noire, brillante où elles hivernent pour donner l'insecte parfait en juin suivant.

PATRIE : Angleterre, France, Suède, Allemagne.

— Stigma brun ou noir. Ongles armés d'une petite dent subapicale. **284**

284 Ventre plus ou moins brunâtre ou taché de brun. **Mœstus**, ZADDACH. (V. nº 280).

— Ventre testacé pâle en entier. Tête noire, bouche pâle, épistome tronqué en avant ; antennes noires. Thorax noir avec le pronotum et les écaillettes testacé pâle. Pattes jaune pâle avec les tarses postérieurs et l'extrémité des tibias et des cuisses postérieures noirs ; quelquefois il y a une ligne noire en dessous des cuisses antérieures. Éperons atteignant presque le milieu du métatarse, ongles avec une dent subapicale. Ailes hyalines, stigma noir ou brun, côte blanche. Abdomen jaune pâle avec une large bande dorsale noire plus ou moins interrompue. Long. 5 à 6mm. Env. 13mm. **Pallidiventris**, FALLÉN. ♀

Insecte parfait en juin et juillet.

PATRIE : Angleterre, France, Suède.

285 Ventre noir. Tête noire avec le labre et la bouche blanc brunâtre ; antennes noires, un peu épaisses. Thorax noir avec le bord du pronotum blanc sale, ainsi que les écaillettes. Pattes presque entièrement blanc sale. Ailes hyalines légèrement jaunâtres ; côte et stigma jaune pâle. Abdomen noir avec les côtés et l'extrémité blanc sale. Long. 8mm. Env. 17mm. **Coactulus**, RUTHE.

PATRIE : Islande.

— Ventre jaune ou blanc. **286**

286 Tarses postérieurs jaunes avec un anneau brun au premier article. Tête noire avec l'épistome en partie jaune, antennes noires. Thorax noir, écaillettes noires. Pattes jaunes. Ailes hyalines. Abdomen noir avec les côtés jaunes ainsi que le bord des segments ; ventre jaune. Long. 5 1/2mm. Env. 13mm. **Segmentarius**, FOERSTER.

PATRIE : Aix-la-Chapelle.

— Tarses postérieurs noirs ou jaunes sans anneau. **287**

287 Tarses postérieurs noirs ou foncés. **288**

— Tarses postérieurs jaunes. Tête noire, bouche testacée, épistome échancré ; antennes noires. Thorax noir avec le bord du pronotum pâle ainsi que les écaillettes. Pattes jaunes avec souvent les cuisses et les hanches noires à la base. Éperons postérieurs un peu plus longs que le tiers du métatarse ; ongles bifides. Ailes hyalines, côte et stigma testacés. Abdomen jaune avec une large tache noire sur le dos, qui quelquefois est tout noir. Long. 5 à 6mm. Env. 14mm. **Monticola,** THOMSON. ♀

PATRIE : Suède.

288 Pattes jaunes. **289**

— Pattes blanches. Ongles avec une dent subapicale **290**

289 Mésopleures tachées de jaune. Tête noire, bouche jaune ; antennes noires. Thorax noir avec les écaillettes jaunes, ainsi qu'une tache sur les côtés. Pattes antérieures et hanches postérieures en partie jaune pâle, cuisses et tibias postérieurs fauves. Abdomen fauve en dessous, noir en dessus avec les côtés et le bord des segments fauves. Long. 6mm. Env. 14mm.

Consobrinus, VOLLENHOVEN.

La larve a 20mm. Son corps est vert pointillé de petits tubercules noirs disposés en rangées, plus foncé sur le dos, les côtés étant presque jaunâtres ; tête verte avec le vertex plus sombre ; premier et avant dernier segments jaunes pâles.— Elle vit sur le *Ribes grossularia* en mai et en juillet et août ; elle se métamorphose en terre dans une coque brune. L'insecte parfait éclot en juillet et en mai ; la femelle pond sur les feuilles ; il y a deux générations.

PATRIE : Angleterre, Hollande.

— Mésopleures noires. **Papillosus,** RETZIUS. (V. n° 283).

290 Stigma pâle ou testacé.

Leucogaster, HARTIG. (V. n° 247).

— Stigma brun foncé.

Obductus, HARTIG. (V. n° 236).

291 Thorax entièrement pâle. Tête pâle avec le vertex noir ; antennes testacées. Pattes de couleur plus ou moins claire. Ailes hyalines. Abdomen pâle avec des taches noires en dessus sur quelques uns des segments. **Melanopsis,** LEPELETIER. ♀

PATRIE : Paris.

— Thorax noir ou taché de noir. **292**

292 Mesonotum noir ou à peu près tout noir. **293**

— Mesonotum en partie de couleur claire. **315**

293 Pronotum noir. **294**

— Pronotum jaune, rouge, blanc ou bordé de jaune. **295**

294 Antennes noires. **Capreæ**, PANZER. (V. n° 176).

— Antennes noires en dessus, brunes en dessous. Tête jaune avec le vertex noir. Thorax noir en dessus avec le dessous pâle et une ligne noire sur les côtés. Pattes pâles. Ailes hyalines, nervures pâles. Abdomen testacé en dessus avec une série de taches noires sur le dos, pâle en dessous. Long. 7mm. Env. 15mm.

Varius, LEPELETIER.

La larve est en entier vert clair avec une ligne sombre sur le dos; yeux noirâtres.— Elle vit sur le *Salix caprea*.

PATRIE : Angleterre, France, Allemagne.

295 Tarses postérieurs clairs. **296**

— Tarses postérieurs un peu plus obscurs que les tibias, ou noirs. **302**

296 Stigma jaune (♂). **297**

— Stigma testacé rougeâtre obscur (♂), pâle (♀).

Lacteus, THOMSON. (V. n° 201).

297 Antennes claires en partie. **298**

— Antennes noires. Tête noire avec la face, l'épistome, le labre et le tour des yeux jaunes. Thorax noir avec le pronotum et une large tache sur les mésopleures jaunes ; écaillettes jaune clair. Pattes jaunes avec de petites taches noires sur les trochanters. Ailes hyalines, côte et stigma jaunes, nervures brunes. Abdomen noir avec le bord postérieur des segments et les côtés du dessus jaunes ; ventre jaune. Long. 5 1/2mm. Env. 12mm. **Dissimilis**, FOERSTER. ♂

PATRIE : Aix-la-Chapelle.

298 Antennes noires seulement sur les deux articles basilaires. Tête jaunâtre avec le vertex noir, épistome échancré ; antennes testacé-pâle, noirâtres en dessus vers la base. Thorax jaune pâle avec le mesonotum en tout (♂) ou en partie (♀) noir ; scutellum ♂ noir, écaillettes blanches. Pattes pâles, ongles bifides, éperons atteignant la moitié du métatarse. Ailes hyalines, côte et stigma blancs. Abdomen jaune pâle avec une large bande dorsale noire. Long. 5 à 6mm. Env. 12 à 14mm. **Palliatus**, DAHLBOM.

La larve de 20mm, a la tête orangé pâle, plus clair sur les côtés ; les yeux noirs entourés de brun foncé ; les pattes sont vert pâle. Le corps est vert sombre à la partie supérieure et plus pâle en dessous ; sur les pattes se trouve une ligne de taches continues, ou souvent de grandes taches noires sur chaque segment. — Elle vit en août sur les *Salix vitellina* et *S. cinerea*. L'insecte parfait naît en juin.

PATRIE : Angleterre, France, Suède.

— Antennes pâles seulement en dessous. 299

299 Scutellum noir ou seulement marqué de taches claires. 300

— Scutellum pâle en entier.
Pallescens, HARTIG. ♂ (V. n° 249).

300 Scutellum noir. 301

— Scutellum marqué de deux taches claires.
Immundus, THOMSON. ♂ (V. n° 250).

301 Ongles bifides.

Melanocephalus, HARTIG. (V. n° 17).

— Ongles avec une dent subapicale. Tête testacée avec une grande tache noire sur le vertex, ou presque entièrement noire; antennes noires en dessus, testacées en dessous. Thorax noir avec le pronotum testacé ; écaillettes jaunes. Pattes testacées, éperons postérieurs pas plus longs que le tiers du métatarse. Ailes hyalines, côte et stigma jaunes, celui-ci plus clair. Abdomen testacé avec une ligne interrompue noire en dessus. Long. 4 à 5mm. Env. 10 à 12mm.

Hypoxanthus, FOERSTER. ♂

PATRIE : France, Allemagne.

302 Stigma jaune clair, rouge ou testacé. **303**

— Stigma brun, au moins sur les bords. **309**

303 Antennes noires. **304**

— Antennes noires ou ferrugineuses en dessus, jaunes pâles en dessous. **308**

304 Abdomen noir en dessus avec seulement l'extrémité et les côtés jaunes. Tête noire avec le tour des yeux, l'épistome et le labre blancs ou blanchâtres ; antennes noires. Thorax noir brillant avec les angles du pronotum et les écaillettes blancs. Pattes testacées ; hanches, trochanters et base des cuisses blancs. Extrémité des tibias postérieurs et leurs tarses noirs bruns. Ailes à peu près hyalines, côte et stigma testacés ; ventre testacé. Long. 8mm. Env. 17mm.

Strongylogaster, CAMERON.

PATRIE : Angleterre.

— Abdomen ayant les côtés et l'extrémité jaunes, ainsi que le bord des segments. **305**

305 Tête jaune en devant avec une bande noire entre les yeux. 306

— Tête noire avec seulement les parties de la bouche et le bord externe des yeux jaunes, quelquefois tout le tour des yeux de cette couleur ; antennes noires, aussi longues que le corps, quelquefois un peu brunes en dessous. Thorax noir avec le pronotum et souvent deux petites taches près de la base des ailes jaunes. Pattes jaunes; extrémité des tibias postérieurs et leurs tarses bruns ; éperons postérieurs atteignant la moitié du métatarse ; ongles bifides. Ailes hyalines avec la côte et le stigma jaunes, nervures brunes. Abdomen jaune avec une large bande longitudinale noire sur le dos, interrompue par le bord postérieur jaune de chaque segment, cette partie noire pouvant se réduire à très-peu de chose, même seulement à une petite ligne noirâtre sur la base du troisième segment. Long. 6 à 8mm. Env. 13 à 17mm. **Myosotidis**, Fabricius.

La larve (pl. X, fig. 9) a 18mm de long, elle est vert pâle avec deux lignes dorsales blanchâtres. — Elle vit en août sur le trèfle rouge *Trifolium pratense*. L'insecte parfait se trouve en juin et juillet.

Patrie : Angleterre, France, Suisse, Tyrol, Naples, Hongrie, Allemagne, Suède, Russie.

306 Cuisses rouges en entier. Tête noire avec le bas de la face et le tour des yeux rougeâtres ; antennes noires ou quelquefois brunes en dessous. Thorax noir avec le pronotum, les angles du mesonotum et les écaillettes rouges. Pattes rouges avec souvent l'extrémité des tibias postérieurs et leurs tarses noirs. Éperons postérieurs atteignant le milieu du métatarse ; ongles bifides. Ailes un peu enfumées avec les nervures noires, la côte et le stigma rouges. Abdomen noir en dessus, chaque segment étant bordé de rouge à partir du second ; ventre rouge. Long. 9mm. Env. 20mm. **Miniatus**, Hartig.

La larve, longue de 25mm, est vert jaunâtre avec la

tête et les pattes antérieures noires ; les quatre premiers segments portent un grand nombre de points noirs ; les autres sont de couleur uniforme sur le dos, mais ponctués de noir sur les côtés. — Elle vit sur le *Populus nigra*. L'insecte parfait apparait en juin.

PATRIE : Angleterre, France, Allemagne, Suède.

— Cuisses jaunes, quelquefois noires à la base. **307**

307 Abdomen jaune rayé de noir.
Capreæ, PANZER. (V. n° 176).

— Abdomen brun rayé de noir. Tête brunâtre ou jaune rougeâtre avec une bande plus sombre sur le front entre les yeux. Thorax noir avec les bords du pronotum jaunes. Pattes jaunes avec les hanches et la base des cuisses noires, tous les tarses bruns. Ailes jaunâtres, transparentes, avec le bord et le stigma jaunes. Abdomen brun avec les premiers segments noirs et les autres plus ou moins rayés de noirâtre ; ventre jaune. Long. 7 à 8mm. Env. 16 à 18mm.
Turgidus, ZADDACH.

La larve, de 20mm, a le corps rouge avec seulement le tour des yeux noir et la bouche brun noir.— Elle a été trouvée fin juin à terre par M. Bruchke, alors qu'elle se disposait à se métamorphoser ; l'insecte parfait a paru au commencement d'août.

PATRIE : Prusse.

308 Metanotum noir en entier. Tête noire avec le tour des yeux blanc et les parties de la bouche jaunâtres ; antennes noires en dessus, jaune pâle en dessous, les deux premiers articles entièrement noirs. Thorax noir sur le dos avec les lobes du pronotum brun jaunâtre, écaillettes jaunâtres ; mesonotum avec un petit point jaune de chaque côté près des lobes du pronotum ; poitrine blanc jaunâtre. Pattes jaune pâle avec les tarses postérieurs sombres. Ailes hyalines, stigma pâle, nervures noires. Abdomen jaune en dessus avec une bande noire sur chaque anneau ;

ventre en entier jaune pâle. Long. 8mm. Env. 17mm. Peut-être n'est-ce qu'une variété du *Myosotidis*.

Hypoleucus, Costa. ♂

Patrie : Naples, Hongrie.

— Côtés du metanotum jaunes clairs. Tête pâle avec le vertex noir ; épistome échancré ; antennes pâles avec les articles basilaires sombres ou noirs, longues comme le corps. Thorax noir avec le pronotum jaune pâle, sauf au milieu antérieur ; écaillettes pâles, bords latéraux du mesonotum et du metanotum aussi jaunes pâles. Pattes jaune pâle avec l'extrémité des tibias postérieurs et leurs tarses plus sombres. Ailes hyalines, côte et stigma blancs, à peine jaunâtres, nervures brunes. Abdomen jaune pâle en dessous et sur les côtés, le dessus portant une large bande longitudinale ininterrompue, mais dont les côtés sont dentés en scie par les segments successifs. Le ♂ a la poitrine noire. Long. 5 à 6mm. Env. 12 à 14mm. **Citreus,** Zaddach.

La larve, longue de 15mm, est d'un vert plus ou moins brillant, plus clair en dessous ; elle est pointillée de noir et son dernier segment ainsi que la partie ventrale et le premier segment sont souvent jaunes ; la tête est noire ou brune. — Elle vit sur les feuilles de tremble (*populus tremula*) et des saules à feuilles lisses, dont elle ne laisse que les grosses nervures. La femelle pond sur la surface de ces feuilles.

Patrie : Prusse.

309 Cuisses antérieures et postérieures en grande partie noires. 310

— Cuisses antérieures et postérieures entièrement jaunes, sauf quelquefois les genoux postérieurs. 311

310 Ongles des tarses bifides.

Fallax, Lepeletier. (V. n° 15).

— Ongles des tarses avec une dent subapicale.

Canaliculatus, Hartig. (V. n° 173).

311 Nervure costale jaune ou brun clair. **312**

— Nervure costale brune ou noire. **313**.

312 Tête et thorax couverts de poils jaunes. Tête noire avec la bouche, l'épistome, le bord antérieur des yeux jaune soufre; antennes noires en dessus, brun rouge en dessous, les deux articles basilaires entièrement noirs. Thorax noir avec le pronotum et les écaillettes jaune soufre. Pattes jaunes avec les genoux, la pointe des tibias et les tarses noirs aux pattes postérieures. Ailes légèrement enfumées, nervure costale jaune, nervures et stigma bruns. Abdomen noir avec les côtés et le ventre jaune soufre. Long. 7mm. Env. 15mm.

Flavicomus, TISCHBEIN.

PATRIE : Allemagne.

— Tête et thorax sans poils jaunes.
Melanocephalus, HARTIG. (V. n° 17).

313 Abdomen avec des bandes noires, interrompues à chaque segment. **314**

— Abdomen avec une tache longitudinale noire, ne laissant jaunes que les côtés de l'abdomen.

Saxesenii, HARTIG. (V. n° 224).

314 Epistome tronqué ou presque tronqué. **315**.

— Epistome échancré.

Melanocephalus, HARTIG. (V. n° 17).

315 Ongles avec une dent subapicale.

Conjugatus, DAHLBOM. (V. n° 279).

— Ongles bifides. Tête pâle avec le front et le vertex noirs, épistome tronqué. Antennes brun pâle avec les articles basilaires noirs, aussi longues que le corps. Thorax noir avec le pronotum et les écaillettes jaune pâle ainsi qu'une grande partie de la poitrine, qui est seulement noire au milieu. Pattes jaune pâle avec l'extrême base des hanches noire, les tibias postérieurs rougeâtres, les tarses postérieurs noirâtres ; éperons postérieurs un peu plus longs que le tiers du métatarse; ongles bifides. Ailes hyalines avec la côte et le stigma bruns ; nervures brunes. Abdomen jaune avec les premiers segments presque entièrement noirs et les suivants marqués seulement à leur base d'une large bande transversale noire, s'élargissant au milieu pour former une ligne médiane longitudinale noire continue. Long. 7mm. Env. 16mm. **Dispar**, ZADDACH. ♂

La larve, longue de 16mm, est vert pâle avec une bande vert foncé sur le dos et une teinte jaunâtre en dessous ; dernier segment brun, corné; tête brune. — Elle vit sur le bouleau (*betula alba*).

PATRIE : Prusse.

316 Extrémité du scutellum noire ou brune ou scutellum entièrement noir. **317**

— Scutellum entièrement pâle ou avec une ligne médiane noire. **332**

317 Stigma noir profond. Tête rouge vif avec la région des ocelles noire; antennes rouges avec la base noire. Thorax rouge avec trois larges taches noires sur les lobes médian et latéraux du mesonotum ; scutellum et metanotum noirs, écaillettes rouges. Pattes noires, hanches antérieures et moitié apicale des cuisses antérieures rouges, tibias antérieurs et tarses blanc sale, brunissant à leur extrémité. Ailes hyalines, un peu enfumées à leur extrémité, nervures et stigma noir profond. Abdomen noir en dessus avec l'extrémité et les bords rouges ; ventre en partie noir. Long. 9mm. Env. 19mm.

Faustus, HARTIG.

Insecte parfait au commencement de mai sur le hêtre.

PATRIE : Allemagne.

— Stigma blanc, jaune, rougeâtre ou brun au moins à la partie basilaire. **318**

318 Antennes noires ou d'un brun plus ou moins clair, au moins en dessus. **319**

— Antennes pâles, sauf à la base, en dessus ou à l'extrémité des articles. **328**

319 Antennes noires en entier. **320**

— Antennes brunes ou pâles au moins en dessous, sauf à la base. **324**

320 Stigma entièrement blanc, jaune ou rouge. **321**

— Stigma noir brun à l'extrémité. Tête brun rougeâtre avec une tache frontale noire ; antennes noires. Thorax brun rougeâtre avec des taches noires sur le mesonotum ; extrémité du scutellum noire, ou celui-ci traversé par une ligne noire. Pattes rougeâtres avec les hanches postérieures noires à la base, l'extrémité des tibias postérieurs et leurs tarses bruns. Ailes un peu enfumées, nervures et stigma brun noirâtre, le dernier avec la base blanche. Abdomen brun rougeâtre avec une ligne dorsale noire, interrompue par le bord jaunâtre de chaque segment, ou presque entièrement clair.

Chez le ♂, l'abdomen est presque entièrement brun foncé ou noir, sauf le bord des segments. La ♀ présente des variétés plus sombres que le type. Long. 8 à 10mm. Env. 18mm. **Scutellatus**, Hartig.

Patrie : Allemagne, Hongrie.

321 Pattes rouges. **Miniatus**, Hartig. (V. n° 306).

— Pattes jaunes. **322**

322 Mésopleures lisses, brillantes. **323**

= Mésopleures ponctuées, mates.
Canaliculatus, Hartig. (V. n° 173).

333 Ongles bifides. **Fallax**, Lepeletier. (V. n° 15).

= Ongles armés d'une dent subapicale.
Capreæ, Panzer, (V. n° 176).

334 Couleur foncière rougeâtre. **325**

— Couleur foncière jaune pâle ou verdâtre. **326**

335 Antennes jaunes, sauf à la base. Tête jaune pâle avec le front taché de noir ; épistome échancré ; antennes jaunes, noires à la base. Thorax jaune avec le mesonotum taché de noir ; bord postérieur du scutellum souvent noir. Pattes jaunes avec quelquefois l'extrémité des tibias postérieurs et leurs tarses bruns ; éperons atteignant le milieu du métatarse, ongles bifides. Ailes hyalines avec la côte et le stigma testacés pâles (♀), ou bruns (♂). Abdomen jaune avec une rangée longitudinale de taches noires en dessus, quelquefois entièrement jaune. Long. 8 à 9mm. Env. 18 à 20mm. **Croceus**, Fallén.

La larve, de 25mm, a la tête noire avec la bouche pâle; le corps est vert pâle avec les segments thoraciques et les trois derniers de l'abdomen orangés ; sur la partie verte, il y a trois séries de points noirs, accompagnés en dessous d'autres points irrégulièrement placés et d'une grande tache sur l'anus.— Elle vit sur le *Salix caprea* et les autres saules de juillet à septembre. L'insecte parfait paraît en mai, juin et juillet. Cette larve a pour parasite :

Mesoleius aulicus, Grav. — *Ichneumonide.*

Patrie : France, Hollande, Naples, Allemagne, Hongrie, Suède.

— Antennes noires en dessus, seulement brunes en dessous. **Miniatus**, Hartig. (V. n° 306).

336 Mesonotum clair marqué de taches noires. **327**

— Mesonotum noir avec les bords latéraux jaunes.
Citreus, Zaddach. (V. n° 308).

337 Antennes aussi longues ou plus longues que le corps. Fossettes des antennes jaunes.
Miliaris, Panzer. (V. n° 257).

— Antennes moins longues que le corps. Fossettes des antennes noires. Tête pâle avec une tache sur le vertex ; épistome échancré, antennes brunes en dessus, ferrugineuses en dessous, moins longues que le corps. Thorax jaune avec trois taches sur le mesonotum et l'extrémité du scutellum noires ; metanotum en partie noir. Pattes jaune clair avec les tarses un peu plus sombres ; ongles bifides, éperons postérieurs à peu près de la longueur du tiers du métatarse. Ailes hyalines, côte et stigma blancs, nervures brunes. Abdomen jaune pâle avec une large tache longitudinale noire sur le dos. Long. 5 à 6mm. Env. 12 à 14mm. **Pœcilonotus**, Zaddach.

La larve, longue de 16mm, est verte, plus foncée sur le dos, avec la tête aussi plus sombre.— Elle ronge le bord des feuilles du bouleau (*betula alba*).

Patrie : Prusse.

328 Antennes rousses avec l'extrémité des articles noire. Tête testacée avec les yeux et les ocelles noirs. Thorax testacé avec deux taches noires sur le mesonotum ; scutellum noir accompagné d'un point noir de chaque côté. Pattes orangées. Ailes jaunâtres, nervures et stigma jaunes. Abdomen testacé avec le bord antérieur des cinq premiers segments noir brillant ; les segments abdominaux sont transversalement élargis. **Annulatus**, Gimmerthal. ♂

Patrie : Russie.

— Antennes testacé pâle, assombries seulement en dessus à la base. **329**

329 Pronotum blanchâtre pâle, souvent avec une tache noire au milieu du bord supérieur. **330**

— Pronotum testacé rouge en entier. Tête testacée, épistome échancré ; antennes testacées avec la base noire en dessus. Thorax testacé avec des taches noires sur les meso-et metanotum et sur le scutellum et la poitrine. Pattes testacées, éperons postérieurs pas tout-à-fait aussi longs que la moitié du métatarse, ongles bifides. Ailes hyalines, jaunâtres, stigma blanc avec le bord apical brun. Abdomen testacé avec des bandes noires sur le dos. Long. 3 à 4mm. Env. 8 à 12mm. **Puella**, THOMSON. ♀

Larve dans les galles de saule.

PATRIE : Suède.

330 Mesonotum clair avec trois taches noires. **331**

= Mesonotum noir avec les bords latéraux clairs. **Citreus**, ZADDACH. (V. n° 308).

331 Éperons postérieurs atteignant le milieu du métatarse. **Palliatus**, DAHLBOM. (V. n° 298).

— Éperons postérieurs atteignant seulement le tiers du métatarse. **Miliaris**, PANZER. (V. n° 257).

332 Corps brun rougeâtre ou testacé. **333**

— Corps jaune ou verdâtre. **336**

333 Tibias postérieurs entièrement jaunes, ou noirs seulement à l'extrémité. **334**

= Tibias postérieurs noirs en entier. Tête testacée avec le front noir ; épistome échancré ; antennes noires, souvent plus ou moins ferrugineuses en dessous. Thorax testacé avec trois taches noires sur le mesonotum et d'autres taches de même couleur sur le metanotum. Pattes jaunes avec les tibias et les tarses postérieurs noirs ; éperons postérieurs plus courts que le tiers du métatarse ; ongles bifides. Ailes un peu enfumées avec les nervures noires et le stigma en partie testacé. Abdomen jaune avec la base de tous les segments noirs. Long. 8mm. Env. 18mm.

Hortensis, Hartig.

Insecte parfait fin juin et juillet.

Patrie : Angleterre, France, Suisse, Allemagne, Suède.

334 Antennes noires.

Scutellatus, Hartig. ♀ var. (V. n° 320).

— Antennes rouges ou jaunes en partie. **335**

335 Tête jaune clair avec le vertex noir ; antennes rouges ou jaunes avec le dessus des deux articles basilaires noir. Thorax jaune avec différentes lignes ou points noirs sur le mesonotum et le scutellum ; écaillettes jaune clair. Pattes jaunes, ailes hyalines, côte et stigma jaune clair, nervures sombres. Abdomen jaune, orné en dessus d'une série de taches noires. Long. 7 1/2mm. Env. 16mm.

Polyspilus, Foerster.

Patrie : Aix-la-Chapelle.

— Tête noire avec le tour des yeux et l'intervalle des antennes testacés; bouche blanche.

Jugicola, Thomson. (V. n° 278).

336 Cuisses marquées d'une ligne noire en dessous.

Longiserra, Thomson. (V. n° 272).

— Cuisses entièrement claires. **337**

337 Extrémité des tibias et tarses antérieurs brunâtres.

Croceus, Fallèn. (V. n° 325).

— Extrémité des tibias et tarses antérieurs verdâtres ou jaunes pâles, ou presque blancs. **338**

338 Ongles bifides. **Miliaris,** PANZER. (V. nº 257).

— Ongles avec une dent subapicale. **339**

339 Scutellum pâle. **Pallescens,** HARTIG. ♂ (V. nº 249).

— Scutellum noir ou marqué de deux taches noires.
Immundus, THOMSON. ♂ (V. nº 250).

340 Abdomen jaune en dessus ou d'autre couleur claire, avec le premier ou les deux premiers segments basilaires noirs. **341**

— Abdomen jaune ou de couleur claire en dessus en entier. **381**

341 Antennes noires. **342**

— Antennes rougeâtres en dessous ou à l'extrémité. **369**

342 Scutellum entièrement noir. **343**

— Scutellum pas noir ou seulement noir en partie. **353**

343 Tête noire (sans parler du labre ni des pièces de la bouche). **344**

— Tête au moins en partie jaune. **349**

344 Pronotum noir. Tête noire avec la bouche jaune, ainsi que le tour des yeux chez la ♀ ; antennes noires. Thorax noir. Pattes testacées, hanches et base des cuisses noires. Ailes hyalines, côte et stigma jaune brun. Abdomen testacé avec le premier segment noir. Long. 8mm. Env. 18mm.

Fruticum, EVERSMANN.

PATRIE : Russie.

— Pronotum jaune. **345**

345 Ailes hyalines. **346**

— Ailes enfumées. Tête noire, bouche blanche, antennes noires. Thorax noir avec le pronotum jaune ainsi que les écaillettes. Pattes jaune pâle ; extrémité des cuisses postérieures, tibias et tarses postérieurs noirs. Ailes enfumées avec les nervures très-noires, la côte et le stigma testacés. Abdomen jaune en entier, sauf sur le segment basilaire qui est noir. Long. 8mm. Env. 18mm. **Marshalli**, CAMERON. ♀

PATRIE : Corse.

346 Mesonotum tout noir. **347**

— Mesonotum en partie jaune. Tête noire, labre blanc, épistome à peu près tronqué ; antennes noires ou brun obscur, plus longues que l'abdomen. Thorax jaune rougeâtre avec deux lignes latérales noires et quelquefois l'extrémité du scutellum noire ; poitrine rouge avec une petite tache médiane noire ainsi que la partie supérieure des épimères. Pattes jaunes pâles, extrémité des tibias postérieurs et leurs tarses noirs ; éperons postérieurs aussi longs que la moitié du métatarse, ongles avec une petite dent subapicale. Ailes hyalines, stigma jaune pâle, nervures brun clair. Abdomen jaune avec une bande noire sur le dessus du premier segment. Long. 5mm. Env. 12mm. **Nigriceps**, HARTIG. ♀

PATRIE : Allemagne, Suède.

347 Stigma jaune. **348**

— Stigma noir ou brun foncé. Tête noire avec le derrière des yeux et une tache sur le vertex testacés-obscurs ; bouche testacée pâle. Antennes noires. Thorax noir avec les lobes du pronotum et les écaillettes testacé pâle ; mésopleures brillantes. Pattes jaunes avec l'extrémité des tibias postérieurs et leurs tarses plus foncés ; quelquefois les cuisses antérieures marquées à la base en dessous d'une ligne noire ;

éperons postérieurs plus longs que le tiers du métatarse, ongles bifides. Ailes hyalines. Abdomen jaune ou brun avec la base noirâtre ou noire. Long. 6 à 7^{mm}. Env. 13 à 15^{mm}. **Bohemanni**, THOMSON. ♀

PATRIE : Suède.

348 Premier segment abdominal entièrement noir. Tête noire avec le labre et une partie de l'épistome jaunes; antennes noires. Thorax noir avec le pronotum jaune, écaillettes jaunes. Pattes testacées avec la base des hanches noire et l'extrémité des tibias postérieurs et leurs tarses brunâtres. Ailes hyalines, côte et stigma jaunes. Abdomen orangé avec les deux premiers segments un peu noirs. Long. 4^{mm}. Env. 10^{mm}.

Leptocerus, FOERSTER. ♀

PATRIE : Aix-la-Chapelle.

— Premier segment abdominal seulement marqué de deux petites taches noires. Tête noire avec le labre jaune; antennes noires, aussi longues que le corps. Thorax entièrement noir avec seulement quelques taches jaunes sur les côtés du mesonotum et (♀) du metanotum, ainsi que sur la poitrine; écaillettes jaunes. Pattes jaunes; éperons postérieurs égaux au tiers du métatarse, ongles avec une dent subapicale. Ailes hyalines avec la côte et le stigma jaunes. Abdomen jaune, quelquefois avec deux petites taches noires sur le premier segment. Long. 8^{mm}. Env. 18^{mm}.

Albipennis, HARTIG.

Trouvé en juillet et août sur les peupliers; a pour parasite :

Tryphon extirpatorius, Grav. — *Ichneumonide*.

PATRIE : France, Allemagne, Russie.

349 Mesonotum et metanotum rouges. Tête ferrugineuse avec le labre blanc jaunâtre, le front et les yeux noirs; antennes noires. Thorax rouge, scutellum noir, poitrine avec une grande tache noire.

Pattes testacées avec une ligne longitudinale noire sur les cuisses antérieures et intermédiaires ; cuisses postérieures noires avec une tache blanche à leur base. Ailes hyalines, côte et stigma testacés. Abdomen ferrugineux avec le premier segment noir en dessus et le dernier bordé seulement de noir. Long. 10mm. Env. 22mm. **Gracilis**, GIMMERTHAL.

PATRIE : Russie.

— Mesonotum et metanotum noirs ou en partie noirs. **350**

350 Mésopleures noires. **351**

— Mésopleures tachées de brun. **352**

351 Epistome brun noirâtre foncé. **Vesicator**, BREMI. (V. n° 190).

— Epistome blanchâtre comme le labre, au moins à l'extrémité. Tête noire, derrière des yeux testacé ; épistome échancré ; antennes noires, un peu ferrugineuses. Thorax noir avec le pronotum jaune clair et une tache claire au bord inférieur des lobes médians du mesonotum, écaillettes jaune clair. Pattes jaunes avec les hanches en partie noires, extrémité des tibias postérieurs et leurs tarses bruns, éperons postérieurs courts, ongles bifides. Ailes hyalines, côte et stigma blanchâtres ou jaune clair, les autres nervures brunes. Abdomen jaune avec les deux premiers segments noirs, ventre jaune. Long. 5mm. Env. 12mm. **Togatus**, ZADDACH. ♀

La larve, de 15mm, est d'un brun noir, plus pâle en dessous avec la tête tout-à-fait noire. — Elle ronge les feuilles du noisetier (*Corylus avellana*).

PATRIE : Prusse.

352 Tête jaune avec le vertex et le front rugueux et noirs, antennes noires, brunes ou rougeâtres. Thorax jaune avec la poitrine et le mesonotum noirs ou tachés de noir. Pattes jaunes ou rouges avec l'extrémité des tibias postérieurs et leurs tarses noirâtres ; base des hanches noire, ongles bifides. Ailes hyalines, jaunâtres, avec la côte et les nervures brunes, et le stigma brun noir. Abdomen jaune ou brun sombre avec le premier ou les deux premiers segments noirs. Long. 6 à 7mm. Env. 14 à 16mm. **Umbrinus**, ZADDACH.

Insecte parfait en juin.

PATRIE : Angleterre, Allemagne.

— Tête testacée avec seulement le vertex noir. Antennes noires. Thorax noir avec le pronotum et les écaillettes testacés, ainsi qu'une partie de la poitrine. Pattes testacées, extrémité des tibias postérieurs et leurs tarses bruns. Ailes hyalines, nervures testacées. Abdomen testacé avec le segment basilaire marqué d'une tache dorsale noire rectangulaire. Long. 7mm. Env. 15mm. **Pavidus**, LEPELETIER.

La larve, longue de 15mm, a le corps vert grisâtre, marqué de lignes de points noirs, plus clair en dessous ; les premiers et les derniers segments sont jaunes ; tête noire. — Elle vit en société sur les saules ; la femelle pond sur le parenchyme des feuilles. Elle a pour parasite :

Tryphon extirpatorius, Grav. — *Ichneumonide*.

353 Stigma noir ou brun. **354**

— Stigma vert, jaune, blanc ou testacé. **361**

354 Mesonotum et metanotum noirs. Tête noire, bouche et tour des yeux testacés, antennes noires. Thorax noir avec le pronotum, le scutellum et les côtés testacés, ainsi que les écaillettes. Pattes testacées avec les tibias postérieurs noirs à l'extrémité ainsi que les tarses. Ailes hyalines, nervure costale jaune, stigma noir. Abdomen testacé avec les premier et deuxième segments noirs. Long. 7mm. Env. 15mm.

Quietus, EVERSMANN.

PATRIE : Russie.

— Mesonotum en partie jaune. **355**

355 Antennes plus courtes ou pas plus longues que l'abdomen. **356**

— Antennes plus longues que l'abdomen. **357**

356 Longueur 4^{mm}. **Bellus,** Zaddach. (V. n° 168).

— Longueur 8 à 9^{mm}. **Histrio,** Lepeletier. (V. n° 12).

357 Ongles des tarses avec une dent subapicale. Tête noire, brillante, avec les angles de l'épistome saillants, rougeâtres ; labre jaune clair ; antennes un peu plus longues que l'abdomen, noires avec le dessous et la pointe jaune rouge. Thorax noir avec les bords du pronotum rougeâtres ; écaillettes jaunes. Pattes jaune rougeâtre, avec la base externe des hanches noire ; éperons postérieurs de la longueur du tiers du métatarse. Ailes hyalines, nervure costale jaune, stigma gris noirâtre. Abdomen noir avec le milieu du dos et le ventre tout entier jaune rougeâtre. Long. 5^{mm}. Env. 12^{mm}.

Posticus, Foerster. ♂

La larve a 10^{mm}, elle est d'un vert jaunâtre avec la tête jaune. — Elle vit sur l'aubépine (*Cratægus oxyacantha*), dont elle dévore tout le parenchyme des feuilles, ne laissant qu'une dentelle de nervures. L'insecte parfait parait à la fin du mois de mai.

Patrie : Allemagne.

— Ongles des tarses bifides. **358**

358 Scutellum entièrement clair.

Longiserra, Thomson. (V. n° 272).

— Scutellum non entièrement clair. **359**

359 Scutellum noir soit à la base, soit à l'extrémité. **360**

— Scutellum noir à l'extrémité et à la base en même temps. **Umbrinus**, ZADDACH. (V. n° 352).

360 Scutellum noir à la base. **Ribesii**, SCOPOLI. (V. n° 257).

— Scutellum noir à l'extrémité. **Croceus**, FALLÈN. (V. n° 325).

361 Scutellum noir à l'extrémité ou noir avec deux taches pâles. **362**

— Scutellum entièrement clair. **367**

362 Epistome tronqué ou peu concave. **363**

— Epistome échancré à l'extrémité. **364**

363 Ongles bifides. **Longiserra**, THOMSON. (V. n° 272).

— Ongles avec une dent subapicale. **Nigriceps**, HARTIG. (V. n° 346).

364 Lobes du pronotum seulement bordés de couleur claire. **365**

— Lobes du pronotum presque entièrement jaunes. **Vesicator**, BREMI. (V. n° 190).

365 Ongles des tarses bifides. **Histrio**, LEPELETIER. (V. n° 12).

— Ongles des tarses avec une dent subapicale. **366**

366 Corps entièrement pâle en dessous. **Immundus**, THOMSON. ♀ (V. n° 250).

— Corps non entièrement pâle en dessous. **Capreæ**, PANZER. ♀ (V. n° 176).

367 Hanches blanches, noires à la base, quelquefois

seulement marquées de taches brunes à l'extrême base, nervures brunes. **Capreæ**, Panzer. ♀ (V. n° 176).

— Hanches testacées en entier. **368**

368 Tête en partie noire, en partie testacée ; antennes noires. Thorax testacé avec trois taches noires sur le mesonotum et des points ou des lignes noirs sur le metanotum, écaillettes jaunes, mesosternum noir. Pattes testacées avec les tarses postérieurs brunâtres. Ailes hyalines avec la nervure costale et le stigma jaunes, nervures brunes. Abdomen jaune rougeâtre avec les deux premiers segments noirs. Long. 6mm. Env. 14mm. **Melanosternus**, Lepeletier. ♀

Patrie : France, Allemagne.

— Tête entièrement pâle, testacée ou rougeâtre, antennes noires. Thorax noir en dessus ou bien testacé avec trois taches dorsales ainsi qu'une tache pectorale noires. Pattes testacées avec les tarses brun noir. Ailes hyalines avec la côte et le stigma jaunes, nervures sombres. Abdomen testacé rougeâtre avec les deux premiers segments noirs. Long. 5mm. Env. 12mm. **Nigratus**, Retzius.

La larve a 15mm. Elle est noire avec le ventre plus clair et les pattes grisâtres. — Elle vit en juin sur les saules, dont elle ronge le bord des feuilles. Elle s'enferme sur terre, sous les feuilles sèches, dans une coque brune, mince, ovale. L'insecte parfait éclot en février.

Patrie : France, Allemagne, Suède.

369 Stigma noir ou brun. **355**

— Stigma clair, jaune, vert ou rougeâtre, soit en entier, soit avec la base plus foncée. **370**

370 Mesonotum et metanotum noirs en dessus. **371**

— Mesonotum et metanotum en partie ou en entier jaunes ou rouges. 373

371 ♂. Poitrine en partie jaune. Tête jaune rougeâtre avec le front noir, antennes rouges avec une ligne noire en dessus. Thorax noir en dessus, rouge en dessous, avec une tache pectorale noire. Pattes jaunes. Ailes hyalines, côte et stigma jaunes. Abdomen jaune rougeâtre avec le premier segment dorsal noir.

♀. Entièrement jaune rougeâtre avec les antennes, les ocelles, trois taches sur le thorax et une tache pectorale noire. Long. 7^{mm}. Env. 15^{mm}.

Contractus, EVERSMANN.

L'insecte parfait vole en mai et juin.

PATRIE : Russie.

— Poitrine noire. 372

372' Ailes enfumées ou jaunâtres, nervure costale jaune, épistome échancré.

♂. Tête testacée avec le front et le vertex noirs. Antennes ferrugineuses, noires en dessus vers la base. Thorax noir en dessus, écaillettes testacées. Pattes testacées, tarses postérieurs un peu plus sombres ; éperons postérieurs longs comme la moitié du métatarse, ongles bifides. Ailes jaunes ou enfumées, plus claires sur le bord, côte et stigma jaunes, ce dernier noir à la base, nervures noires. Abdomen jaune avec le premier segment et le bord antérieur du second noirs.

♀. Tête et thorax rouges avec des taches noires sur le metanotum ; poitrine tachée de noir. Abdomen jaune en entier. Long. 6 à 7^{mm}. Env. 14 à 16^{mm}.

Luteus, PANZER.

La larve est longue de 22^{mm}, elle a le corps vert clair, plus foncé en dessus, portant quatre rangées de tubercules blancs ; dernier segment foncé ; pattes vert clair, presque cachées dans les plis des segments du corps;

ongles bruns. Tête jaune brunâtre avec deux taches noires sur le vertex. — Elle vit sur l'aulne, (*alnus glutinosus*), en mai ; elle se tient en repos à la surface supérieure des feuilles, dont elle ronge le parenchyme, en y pratiquant des trous au milieu de la surface. Elle se transforme en terre dans un cocon compact ; l'insecte parfait se montre en juin.

PATRIE : Angleterre, France, Hollande, Suisse, Naples, Allemagne, Suède, Russie.

— Ailes enfumées, brunâtres. Nervure costale noire ou brune. **Abdominalis**, PANZER. (V. n° 247).

373 Stigma jaune ou vert. 374

— Stigma noirâtre à la base. 380

374 Ecusson noir en partie ou en entier. 375

— Ecusson jaune. 378

375 Tête presque entièrement claire, seulement tachée de noir sur le front. 376

— Tête presque entièrement noire, seulement testacée derrière les yeux. 377

376 Scutellum plat. **Miliaris**, PANZER. (V. n° 257).

— Scutellum gibbeux en arrière. **Westermanni**, THOMSON. (V. n° 205).

377 Epistome brun noir foncé. **Vesicator**, BREMI. (V. n° 190).

— Epistome blanc ou jaunâtre clair, au moins à l'extrémité. **Togatus**, ZADDACH. (V. n° 351).

378 Tête entièrement jaune ou rouge. 379

— Tête jaune avec une tache noire sur les ocelles ; antennes jaunes avec la base noire en dessus. Thorax jaune avec trois stries sur le mesosternum, quelques points du mesonotum et une tache sur le metanotum noirs, écaillettes jaune clair. Pattes jaunes avec le dernier article des tarses brunâtres. Ailes hyalines, côte et stigma jaune clair. Abdomen jaune avec les deux premiers segments noirs ou brunâtres. Long. 6mm. Env. 14mm. **Oligospilus**, Foerster. ♀

Patrie : Aix-la-Chapelle.

379 Mesonotum en partie ou presque entièrement noir. Tête jaune ou rouge ; épistome échancré ; antennes jaunes avec au moins les deux premiers articles marqués de noir. Thorax jaune ou rouge, pubescent ; pronotum plus pâle ; côtés du mesonotum et metanotum noirs. Pattes jaune pâle ou testacées; hanches, trochanters et tibias blanchâtres. Éperons postérieurs atteignant le milieu du métatarse ; ongles bifides. Ailes hyalines, un peu jaunâtres ; côte, stigma et nervures testacés. Abdomen jaune, plus ou moins taché de noir en dessus, surtout vers la base, quelquefois entièrement jaune, ou entièrement noir en dessus. Long. 8mm. Env. 18mm.

Acuminatus, Thomson.

La larve est longue de 25mm. Elle a la tête brune avec une tache noire autour des yeux et sur le vertex ; le corps est rouge brun, brillant, plus obscur sur les côtés; les pattes sont blanchâtres. — Elle vit sur le bouleau (*betula alba*) en juin, juillet et août. Cette larve est très-vive, et, si on l'irrite, elle se livre à des mouvements furieux. Elle se métamorphose en terre dans un cocon double. L'insecte parfait paraît en juin et en août ; il y a une double génération.

Patrie : Angleterre, France, Allemagne, Suède.

— Mesonotum jaune rouge en entier. Tête testacé clair, yeux et ocelles noirs, antennes jaunâtres avec les deux articles basilaires noirs. Thorax testacé ainsi que les écaillettes. Pattes jaune rougeâtre avec l'extrémité des tibias postérieurs et tous les tarses brun clair. Ailes hyalines, nervure costale et stigma jaunes, les autres nervures brunes. Abdomen testacé avec quelques points noirs à la base. Long. 9mm. Env. 20mm. **Purus**, Foerster. ♀

Patrie : Westphalie méridionale.

380 Tête noire avec le tour des yeux jaune, ainsi que la bouche ; épistome échancré. Antennes noires avec le dessous et l'extrémité jaunes. Thorax noir avec le pronotum, les côtés de la poitrine et un double point sur le scutellum jaunes. Pattes jaunes ; éperons postérieurs atteignant le milieu du métatarse, ongles bifides. Ailes nuageuses, côte et stigma jaunes, nervures noires. Abdomen jaune avec le premier segment en partie noir. Long. 7mm. Env. 17mm.
Aurantiacus, Hartig. ♀

La larve a 15mm de longueur; son corps est vert pâle avec les premiers et les derniers segments jaune orangé. Tout le corps porte des points verruqueux noir brillant. Pattes écailleuses et tête noir brillant. — Elle vit sur les *Salix caprea* et *aurita* dont elle ronge les feuilles en nombreuses sociétés de façon à ne laisser que les nervures. La femelle pond ses œufs le long du bord des feuilles et la larve y apparaît en mai et août. En juin et septembre, elle entre en terre pour s'enfermer dans de petits cocons allongés bruns, collés les uns contre les autres. L'insecte parfait en sort en mai, juin et juillet.

Patrie : Allemagne, Hollande, Suède.

— Tête jaune ou rouge. **Acuminatus**, Thomson, var.

381 Antennes entièrement noires ou brun foncé. **382**

— Antennes soit plus claires en dessous, ou au moins à l'extrémité, soit entièrement claires. **391**

382 Stigma jaune. **383**

— Stigma noir ou brun. **385**

383 Thorax presque entièrement noir.
Albipennis, Hartig. (V. n° 348).

— Thorax seulement un peu taché de noir. **384**

384 Thorax avec trois taches noires en dessus.
Contractus, Eversmann. ♀ (V. n° 371).

— Thorax avec cinq taches noires. Tête jaune rougeâtre ; antennes noires. Thorax jaune rouge avec cinq taches noires en dessus et une grande tache pectorale noire. Pattes testacées. Ailes jaunâtres, côte et stigma jaunes. Abdomen jaune rougeâtre. Long. 10^{mm}. Env. 20^{mm}. **Diaphanus**, Eversmann.

Patrie : Russie.

385 Scutellum rouge ou jaune. **386**

— Scutellum noir au moins en partie. **387**

386 Antennes brun foncé. **Ribesii**, Schranck. (V. n° 234).

— Antennes noires. Tête noire avec la bouche jaune. Thorax noir, écusson rouge. Pattes jaunes avec l'extrémité des tibias postérieurs et leurs tarses bruns. Ailes hyalines, nervure costale jaunâtre, stigma brun. Abdomen jaune. Long. 6^{mm}. Env. 14^{mm}.
Perspicillaris, Hartig.

La larve vit en septembre sur le *Salix alba* ; elle a pour parasite :

Pimpla instigator, Panzer. — *Ichneumonide*.

387 Labre tronqué ou à peine sinué. Tête noire, rétrécie derrière les yeux ; labre pâle, épistome blanc jaunâtre. Antennes noires, pas plus longues que la moitié du corps, souvent rougeâtres en dessous vers l'extrémité. Thorax noir avec le pronotum orangé, les écaillettes jaunes ainsi que les côtés du métathorax ; poitrine en partie jaune. Pattes orangées avec l'extrémité des tibias postérieurs et tous les tarses bruns, sauf les postérieurs qui sont noirs; éperons postérieurs pas aussi longs que la moitié du métatarse; ongles munis d'une grande dent subapicale. Ailes presque hyalines avec la nervure costale et le stigma brun sombre. Abdomen orangé, valvules hypopygiales ♀ noires à l'extrémité. Long. 6mm. Env. 13mm.

Betulæ, Retzius.

La larve a 20mm de long; elle a le corps vert jaunâtre clair marqué de grandes taches rouges ou orangées sur les côtés; la tête est noire. — Elle vit sur le bouleau (*betula alba*) dont elle ronge les feuilles par le bord en juillet et août. Elle entre en terre à la fin d'août pour s'enfermer dans une coque jaune sâle garnie de particules terreuses. L'insecte parfait éclot en septembre. La larve a pour parasites.

Campoplex chrysostictus, Grav.— *Ichneumonide.*
— *enops*, Rtzb.— —
— *holosericeus*, Rtzb.— —
Tryphon nemati, Tischb.— —
— *veprelorum*, Grav.— —

Patrie : France, Suisse, Hollande, Allemagne, Suède.

— Labre échancré. 388

388 Scutellum noir en entier. 389

— Scutellum jaune taché de noir.
Melanocephalus, Hartig. ♀ (V. no 17).

389 Tête noire, sauf les parties buccales. 390

— Tête jaune, seulement tachée de noir.

♀. Tête jaune avec une tache noire sur le front; épistome échancré; antennes noires, quelquefois brunes en dessous. Thorax jaune avec le mesonotum, souvent une tache sur le mesosternum et le scutellum noirs; metanotum noir au milieu. Écaillettes jaunes. Pattes testacées avec l'extrémité des tibias postérieurs et leurs tarses bruns; éperons postérieurs plus longs que le tiers du métatarse; ongles bifides.

Ailes hyalines, un peu jaunâtres avec les nervures, la côte et le stigma noirs. Abdomen jaune.

♂. Tête noire avec le bas de la face et quelquefois le tour des yeux jaunes ; antennes noires. Thorax comme chez la ♀, avec une petite tache jaune de chaque côté du scutellum. Abdomen jaune. Long. 9 à 10ᵐᵐ. Env. 19 à 20ᵐᵐ. **Salicis,** Linné.

La larve (pl. X. fig. 7) a 26ᵐᵐ; le corps est vert foncé avec les trois premiers et les deux derniers segments orangés; la tête est noire; le corps porte six séries de taches noires verruqueuses, brillantes. — Elle vit de juillet à octobre sur les feuilles de plusieurs espèces de saule, *Salix fragilis, S. alba, S. vitellina*, qu'elle ronge en société, surtout dans son jeune âge. Elle se transforme en automne, en terre, dans un cocon double, allongé noir brun, hérissé, de 14 à 15ᵐᵐ de long, et l'insecte parfait en sort en mai et août. Les parasites de la larve sont :

Bracon discoïdeum, Wsml. —	*Braconide.*
— *gallarum*, Rtzb. —	—
Campoplex chrysostictus, Grav. —	*Ichneumonide.*
— *vestigialis*, Rtzb. —	—
Cirrospilus arcuatus, Foerster. —	*Chalcidite.*
Eulophus Tischbeinii, Rtzb. —	—
Ichneutes brevis, Wsml. —	*Braconide.*
Pimpla alternans, Grav. —	*Ichneumonide.*
— *instigator*, Fabr.	—
— *scanica*, Grav. —	—
— *vescicaria*, Rtzb. —	—
Polysphincta areolaris, Rtzb. —	—
Pteromalus excrescentium, Rtzb. —	*Chalcidite.*
Torymus caudatus, Nees. —	—
— *nigricornis*, Nees. —	—
Tryphon sanguinicollis, Rtzb. —	*Ichneumonide.*
— *sexlituratus*, Grav. —	—

Patrie : Angleterre, France, Hollande, Suisse, Italie sept., Allemagne, Hongrie, Suède.

390 Poitrine noire. Tête noire, bouche jaune ; antennes noires. Thorax noir, lobes du pronotum jaunes. Pattes jaunes avec l'extrémité des tibias postérieurs et leurs tarses noirs. Ailes hyalines, côte et stigma bruns, nervures brunes. Abdomen jaune. Long. 6 à 7mm. Env. 14 à 16mm. **Similator,** Foerster. ♀

Patrie : Aix-la-Chapelle.

— Poitrine en partie jaune. Tête noire, bouche pâle, épistome échancré, antennes noires. Thorax avec le pronotum et la poitrine jaunes, celle-ci marquée de noir sur le mesosternum et les épimères; mésopleures lisses. Pattes jaunes avec l'extrémité des hanches, les trochanters et les tibias blancs, l'extrémité des tibias postérieurs et leurs tarses noirs; éperons postérieurs plus longs que le tiers du métatarse; ongles bifides. Ailes hyalines, côte brun clair, stigma noir ou brun foncé. Abdomen jaune. Long. 7mm. Env. 15mm. **Umbratus,** Thomson. ♀

Patrie : Suède.

391 Stigma blanc, jaune, ferrugineux, testacé ou vert. **392**

— Stigma noir ou brun. **404**

392 Stigma noir ou plus foncé à la base. **393**

— Stigma pas plus foncé à la base. **394**

393 Ailes jaunâtres ou enfumées au moins légèrement. **Luteus,** Panzer. (V. n° 372).

— Ailes hyalines. Tête noire marquée de testacé, bouche blanche ainsi que l'épistome ; antennes noires. Thorax testacé avec trois grandes taches noires sur le mesonotum, le scutellum et le metanotum noirs, ainsi qu'une grande tache pectorale. Pattes testacées. Ailes hyalines avec le stigma testacé, noir à la base, et les nervures brunes. Abdomen testacé. Long. 9mm. Env. 20mm. **Antennatus,** Cameron.

Pris sur l'aulne et le bouleau à la fin de juin.

Patrie : Angleterre.

394 Scutellum noir en entier ou seulement à sa partie apicale. **403**

— Scutellum partout de couleur claire. **395**

395 Mesonotum noir en entier. Tête noire avec la face, la bouche et une petite tache sur le vertex testacées ; antennes noires en dessus, testacées en dessous. Thorax testacé avec le mesonotum et une grande tache double sur le mesosternum noirs ; écaillettes testacées. Pattes jaunes. Ailes hyalines avec la côte et le stigma testacés. Abdomen testacé. Long. 6mm. Env. 14mm. **Confusus**, Foerster. ♀

Patrie : Allemagne, Suède.

— Mesonotum seulement en partie noir. **396**

396 Antennes noires en dessus, testacées en dessous. **397**

— Antennes testacées ou ferrugineuses en entier sauf le premier ou les deux premiers articles basilaires, qui sont noirs. **398**

397 Ongles bifides. **Miliaris**, Panzer. (V. n° 257).

— Ongles avec une dent subapicale. **Pallescens**, Hartig. (V. n° 249).

398 Mesonotum pâle sans tache noire. Tête jaune pâle ; antennes testacé pâle, marquées de noir en dessus de la base. Thorax jaune avec le mesonotum plus rouge. Pattes jaune pâle ; éperons postérieurs atteignant à peine le milieu du métatarse ; ongles bifides. Ailes hyalines avec les nervures et le stigma testacé pâle. Abdomen jaune. Long. 6mm. Env. 14mm. **Testaceus**, Thomson. ♀

Patrie : Suède.

— Mesonotum plus ou moins taché de noir. **399**

399 Abdomen large à l'extrémité. 400

— Abdomen rétréci à l'extrémité.
Acuminatus, Thomson. (V. n° 379).

400 Poitrine tachée de noir. Tête jaune avec quelquefois une petite tache noire sur le vertex ; antennes jaunes avec les deux premiers articles noirs. Thorax jaune avec deux, rarement trois lignes noires sur le mesonotum et (♀) deux taches noires pectorales. Pattes jaunes. Ailes hyalines, jaunâtres, stigma testacé. Abdomen jaune. Long. 6 à 7mm. Env. 14 à 16mm.
Bilineatus, Klug.

La larve, longue de 20mm, a le corps vert clair marque de quatre rangs de tubercules blancs ; la tète est jaune avec les yeux noirs.— Elle vit sur l'aulne, (*Alnus glutinosus*). La femelle place ses œufs dans la nervure médiane de la partie inférieure des feuilles. On trouve la larve en juillet et août et l'insecte parfait en juin.

Patrie : Angleterre, Allemagne, Suède.

— Poitrine non tachée de noir. 401

401 Tarses entièrement testacés. 402

— Extrémité des tarses brune. Tête ferrugineuse ; antennes testacées avec les deux articles basilaires brun sombre en dessus. Thorax ferrugineux avec deux sillons noirs sur les lobes latéraux. Pattes ferrugineuses. Ailes hyalines avec la côte et le stigma ferrugineux. Abdomen ferrugineux. Long. 8mm. Env. 18mm. **Ferrugineus**, Foerster.

Patrie : Allemagne, Russie.

402 Troisième cellule cubitale deux fois aussi longue que haute. **Bilineatus**, Klug. ♂ (V. n° 400).

— Troisième cellule cubitale moins de deux fois aussi longue que haute.
Croceus, Fallén, var. (V. n° 325).

403 Couleur foncière jaune rougeâtre. Tête noire avec la face, l'épistome et le labre jaunes; épistome échancré; antennes noires, funicule brun rouge en dessous. Thorax noir avec le pronotum, le metanotum et les écaillettes jaunes ou tachés de noir, mesonotum taché de noir. Pattes jaunes, extrémité des tibias postérieurs et leurs tarses noirs. Eperons postérieurs plus longs que le tiers du métatarse, ongles bifides. Ailes hyalines, côte noirâtre, stigma jaune, nervures brunes. Abdomen jaune ou à peine taché sur le milieu du premier segment. Long. 4 à 5mm. Env. 10 à 12mm. **Xanthogaster**, Foerster.

La larve, de 18mm, est blanchâtre avec une large ligne dorsale verte; la tête est brune.— Elle ronge les feuilles du *Salix viminalis* en les enroulant en forme de cornet comme celle du N. leucostictus. (V. n° 191).

Patrie : Allemagne, Suède.

— Couleur foncière blanche ou blanc verdâtre. **Miliaris**, Panzer. (V. n° 257).

404 Scutellum rouge avec la base noire. 405.

— Scutellum noir. 406.

405. Nervure costale noire, sauf vers la base. **Ribesii**, Scopoli. ♀ (V. n° 227).

— Nervure costale jaune jusque vers le stigma. **Melanocephalus**, Hartig. (V. n° 17).

406 Mésopleures jaunes en entier. Tête noire, bouche et tour des yeux blanc jaunâtre, épistome à peine échancré; antennes noires en dessus, rougeâtres en dessous. Thorax noir, pronotum jaune ainsi qu'une grande tache pectorale, écaillettes jaunes. Pattes jaunes avec l'extrémité des tibias postérieurs et leurs tarses bruns, ces derniers plus pâles à la base; éperons postérieurs moins longs que la moitié

du métatarse, ongles à peu près bifides. Ailes hyalines, stigma noir. Abdomen jaune. Long. 5mm. Env. 12mm. **Subbifidus**, Thomson. ♀

Patrie : Suède.

— Mésopleures jaunes seulement inférieurement ou noires. **407**

407 Mésopleures en partie jaunes. Tête noire avec la face, les organes buccaux et le bord interne des yeux jaunes ; antennes noires, un peu rougeâtres en dessous. Thorax noir avec les lobes du pronotum jaunes. Pattes jaunes avec l'extrémité des tibias postérieurs et leurs tarses bruns, hanches en partie noires. Ailes hyalines avec la côte et le stigma bruns. Abdomen jaune. Long. 6 à 7mm. Env. 14 à 16mm. **Semiorbitalis**, Foerster. ♀

Patrie : Angleterre, Allemagne, Suède.

— Mésopleures noires en entier. **Bellus**, Zaddach. (V. n° 168).

5e Tribu. — Phyllotomidæ (1)

(PLANCHES XIV ET XV)

Caractères. — Tête étroite, transversalement élargie, yeux gros et proéminents; palpes labiaux de quatre articles, palpes maxillaires de six ou sept articles ; mandibules dentées. Antennes filiformes ou moniliformes, le plus souvent de longueur médiocre,

(C'est à M. P. Cameron, de Glascow, que la science doit le plus grand nombre des observations relatives à cette difficile tribu).

d'un nombre d'articles variable, le troisième article de beaucoup le plus long.

Thorax souvent assez gibbeux. Pattes ordinaires, quelquefois cependant assez allongées, les postérieures l'étant un peu plus que les antérieures dans quelques cas. Tibias munis de deux éperons cornés, aigus aux pattes postérieures ; aux antérieures l'un deux est pointu, l'autre, aplati, porte deux dents à son extrémité. Tarses de cinq articles sans appendices (patella); le premier article est le plus long, les deuxième et troisième diminuent progressivement de longueur, le quatrième est bien plus petit, le cinquième plus long et plus renflé, sans toutefois atteindre les dimensions du premier; les ongles sont bifides, mutiques ou avec une petite dent ; généralement la base en est aplatie et élargie en forme de lamelle.

Ailes grandes, ordinairement plus ou moins teintées ou enfumées, avec deux cellules radiales et trois cellules cubitales dont la première et la deuxième reçoivent respectivement une nervure récurrente ; nervure costale épaissie vers le stigma, celui-ci grand, très-distinct ; cellule lancéolée divisée par une nervure oblique, contractée ou pétiolée. Ailes inférieures sans cellule discoïdale fermée. La nervure inférieure de la cellule lancéolée, comme celle de la cellule anale des ailes inférieures, est quelquefois incomplètement indiquée et reste indistincte dans les plis de la membrane de l'aile.

Abdomen allongé ou oblong, souvent oviforme ; un espace nu bien visible sépare les premier et deuxième segments. La tarière est ordinairement très-courte.

Œufs. — L'œuf des Phyllotomides n'a pas été décrit. Il est à supposer que rien de particulier ne le distingue ; une observation directe est cependant nécessaire à cet égard. Il est pondu à l'extrémité ou sur les côtés des feuilles de diverses plantes, dont je donnerai plus loin l'indication.

Larves. — Les larves des Phyllotomides se ressemblent toutes à peu près complètement, et il est presque impossible de distinguer entre elles celles des diverses espèces. Elles s'écartent sensiblement de la forme ordinaire des fausses chenilles, car leur genre de vie particulier rendait nécessaire quelques transformations. Leur corps est déprimé, aplati, plus large en avant qu'en arrière. La tête est très-petite, finement ponctuée sur le front, triangulaire, et en partie rétractile dans le premier segment thoracique. Leurs anneaux sont assez bien séparés et au nombre de douze, sans compter la tête. Les pattes thoraciques sont très-courtes, à peine visibles, si la larve est placée sur le ventre; les pattes membraneuses sont à peu près complètement indistinctes. Cependant on a pu en constater les vestiges au nombre de 16, savoir 14 ventrales et 2 anales; ces dernières sont réunies, en quelque sorte soudées ensemble, de façon à ne former, pour ainsi dire, qu'un seul pied placé sur la ligne médiane du corps. Ces larves auraient donc en tout 22 pattes.

La tête présente une couleur brune ou noirâtre, avec les yeux noirs et les mandibules brunes. Le premier segment thoracique porte, en dessus, une sorte de plaque cornée, noirâtre, allongée transversalement et divisée en deux parties très-rapprochées l'une de l'autre. En dessous du corps, le même segment montre une autre plaque en forme d'Y ou de fer à cheval, les autres segments thoraciques n'ont chacun, en dessous, qu'une tache brune, arrondie, fort petite. La dernière mue fait disparaître tous ces ornements.

La couleur générale du corps est toujours blanchâtre, prenant seulement une teinte verdâtre surtout à l'emplacement du canal digestif, quand celui-ci est gorgé de nourriture.

Mœurs et Métamorphoses. — De même que les insectes parfaits qui se rangent au nombre des plus petites Tenthrédines, les larves, dont je viens de donner la description, sont de taille très-exigüe; mais pourtant elles sont fort dignes d'intérêt en raison du genre de vie tout spécial auquel elles obéissent. Elles sont mineuses de feuilles et pratiquent entre les deux épidermes, dans l'épaisseur du parenchyme, une mine du genre de celles que les microlépidoptéristes nomment *mines à grande aire*, c'est-à-dire que la larve ne se contente pas de se frayer un chemin linéaire devant elle, mais ronge le parenchyme sur un espace plus ou moins considérable. La jeune larve, au sortir de l'œuf qui a été placé par la femelle comme je l'ai dit plus haut, perce l'épiderme, entre dans la partie charnue, et, se trouvant immédiatement au sein d'une abondante nourriture, elle atteint rapidement la taille qu'elle doit avoir. Elle commence par creuser autour d'elle un espace circulaire, épargnant seulement les pellicules supérieures et inférieures de la feuille, et cela d'une façon si exacte que celle-ci acquiert, en cet endroit, une transparence suffisante pour que l'habitant de la mine puisse être aperçu au travers de son épaisseur.

Chaque feuille peut nourrir trois ou quatre larves, et, à mesure qu'elles grandissent, le rayon de leur loge s'étend assez pour qu'il arrive souvent que les mines se confondent et forment un espace étendu où la feuille, privée de son parenchyme, se flétrit et jaunit ; le bord seul est respecté. Il a été observé aussi que les unes (Phœnusa, Fenella) laissent leurs excréments dans la mine, tandis que d'autres (Phyllotoma), plus délicates, nettoient leur réduit en ouvrant le bord de la feuille et rejetant au dehors les résidus de leur nutrition. Ces dernières se transforment dans la mine elle-même, en se construisant, sur les côtés de la cavité, un cocon plat, arrondi, de couleur sombre. Les autres, au contraire, quittent la feuille pour se transformer et vont construire leur coque en terre ou dans les débris qui la recouvrent.

Ces petites espèces ont ordinairement deux générations par an ; les larves qui éclosent en automne passent tout l'hiver dans l'engourdissement et ne se transforment en nymphes qu'au printemps suivant. Les végétaux qui les nourrissent sont le plus souvent des arbres ou des arbrisseaux, très-rarement des plantes herbacées.

19e GENRE. — PHŒNUSA, Leach, 1814 (162*)

φονεύς ou poét. φοινεύς, meurtrier.

Antennes de 9 articles, assez courtes, filiformes, le dernier article presque transverse ; épistome tronqué à l'extrémité, mandibules à pointe mousse, uni, ou bi-dentées, palpes maxillaires de 7 articles, yeux atteignant la base des mandibules. Thorax à peu près aussi large que la tête, ou un peu plus large. Pattes ordinaires, ongles simples ou armés d'une petite dent, à base aplatie. Ailes avec la cellule lancéolée pétiolée. Insectes de très-petite taille et de couleur sombre, à forme trapue, ramassée. Le dernier segment ventral permet, par sa forme, de distinguer facilement les ♂ des ♀.

1 Cuisses en grande partie noires. 2

— Cuisses blanches, brunes ou testacées. 7

2 Ecaillettes blanches au moins en partie Tête et antennes noires, face un peu pubescente. Pas de suture frontale ; thorax noir ; pattes noires avec les genoux, les tibias et les tarses blancs ; ongles armés d'une petite dent. Ailes enfumées ; la nervure margino-discoïdale atteint la nervure sous-costale avant l'origine de la nervure cubitale. Abdomen noir. Long. 3^{mm}. Env. 7^{mm}. **Pygmæa**, Klug.

La larve mine les feuilles de chêne en été et en automne. L'insecte parfait éclot de juin à août. Son parasite est (d'après Brischke) :

Grypocentrus incisulus, Ruthe.— *Ichneumonide*.

Patrie : Angleterre, Allemagne, Suède.

— Ecaillettes noir brillant. 3

3 Tibias et tarses antérieurs blancs ou testacés. 4

— Tibias et tarses antérieurs brun noir. Tête et antennes noires, Thorax noir; pattes noires avec les tibias et les tarses bruns. Ailes enfumées. Abdomen noir. Long. 3^{mm}. Env. 7^{mm}. **Pusilla**, Lepeletier.

Patrie : France.

4 La nervure margino-discoïdale atteint la nervure sous-costale avant l'origine de la nervure cubitale. Tête noire, sans sutures frontales distinctes, face non pubescente. Antennes noires, souvent brunes en dessous. Thorax noir; pattes noires ou brun sombre avec les genoux, les tibias et les tarses jaune clair. Ailes enfumées, plus transparentes à l'extrémité ; côte et stigma bruns. Abdomen noir ou brun sombre. Long. 3mm. Env. 7mm. (Pl. XIV. fig. 3).

Pumilio, Klug.

La larve mine les feuilles de *Rubus fruticosus* et *R. Idæus*, en été et en automne. L'insecte parfait éclot en mai et juin. On a aussi signalé cette larve dans les feuilles du *Geum urbanum*.

Patrie : Angleterre, France, Allemagne, Naples, Suède. Russie.

— La nervure margino-discoïdale atteint la nervure sous-costale à l'origine même de la nervure cubitale. 5

5 La nervure transverso-radiale aboutit à l'extrémité de la deuxième cellule cubitale et touche presque la deuxième nervure transverso-cubitale. Tête noire, sutures frontales peu distinctes, antennes noires. Thorax et pattes noirs avec les genoux, les tibias et les tarses testacé sale. Ailes un peu enfumées ; abdomen noir. Long. 3mm. Env. 7mm.

Ulmi, Sundeval.

La larve mine les feuilles de l'orme (*Ulmus campestris* et *U. montana*); l'insecte parfait se trouve en mai, juin et août. Cette espèce a pour parasite (d'après Brischke) :

Perilissus pictilis, Holmgreen.— *Ichneumonide*.

Patrie : Angleterre, France, Allemagne, Russie.

— La nervure transverso-radiale aboutit loin de l'extrémité de la deuxième cellule cubitale. 6

6 Troisième article des antennes deux fois aussi long que le quatrième. Tête noire ainsi que les antennes ; sutures frontales distinctes. Thorax noir, pattes noires avec les tibias et les tarses postérieurs bruns ou noirs ; les genoux, les tibias et les tarses antérieurs blancs. Ailes modérément enfumées, côte et stigma noirs. Abdomen noir. Long. 2 à 3mm. Env. 5 à 7mm. (Pl. XIV. fig. 10 à 16). **Pumila,** Klug.

La larve. (fig. 15 et 16) mine les feuilles de bouleau (*Betula alba*) au printemps et à l'automne. L'insecte parfait éclot en mai, juin et août.

Patrie : Angleterre, France, Allemagne, Suède, Russie.

= Troisième article des antennes plus de deux fois aussi long que le quatrième. Tête et antennes noires, sutures frontales distinctes. Thorax noir ; pattes noires avec tous les genoux, les tibias antérieurs et intermédiaires et les tarses antérieurs blanchâtres ; ongles mutiques. Ailes enfumées, nervures et stigma noirs. Abdomen noir. Long. 3mm. Env. 7mm.

Melanopoda, Cameron. ♀

La larve mine probablement les feuilles de l'aulne. Insecte parfait en juin.

Patrie : Angleterre, France, Allemagne, Suède.

7 Antennes aussi longues ou plus longues que l'abdomen. 8

— Antennes pas plus longues que le thorax. Tête noire, bouche blanche, antennes noires. Thorax noir ; poitrine rougeâtre sur les côtés. Pattes testacées. Ailes enfumées. Abdomen noir. Long. 2 1/2 à 3mm. Env. 6 à 7mm. **Hortulana,** Klug.

Patrie : Allemagne, France.

(Cet insecte, indiqué cependant dans le catalogue de Dours (59*), ne semble pas avoir été retrouvé avec certitude en France).

8 Pattes testacées. 9

— Pattes blanches, sutures frontales invisibles. Tête et antennes noires. Thorax noir. Pattes blanches avec les tarses postérieurs faiblement jaunâtres. Ailes enfumées avec les nervures et le stigma noirs. Abdomen noir. Long. 3mm. Env. 7mm. **Albipes**, CAMERON.

Pris sur des rosiers en Ecosse.

9 Bouche noire. Tête et antennes noires, sutures frontales profondes. Thorax noir; pattes fauves avec souvent l'extrémité des tibias postérieurs noire et les tarses noirâtres, quelquefois avec la base des articles plus claire. Ailes cendrées ou hyalines, surtout à l'extrémité. Abdomen noir profond. Long. 5mm Env. 12mm. **Betulæ**, ZADDACH.

La larve mine les feuilles du bouleau (*betula alba*) On a mentionné comme parasites de cette espèce, (d'après Brischke) :

Perilissus macropygus, Holmgreen.— *Ichneumonide*.
— *soleatus*, Holmgreen.— —
— *verticalis*, Brischke.— —

PATRIE : Angleterre, France, Allemagne.

— Bouche brun clair. Tête, antennes et thorax brunâtres. Pattes brun clair ; ailes un peu enfumées. Abdomen noir brun. Long. 5mm. Env. 12mm. **Nigricans**, KLUG.

PATRIE : Suède.

(Espèce non retrouvée avec certitude).

20e GENRE. — FENELLA, WESTWOOD, 1840 (295')

(Probablement diminutif de *Phœnusa*).

Antennes moniliformes ou filiformes, un peu plus courtes que l'abdomen, de 11 à 14 articles. Epistome tronqué ; mandibules fortes, courtes, dentées, yeux atteignant leur base. Pattes modérément longues ; ongles simples. Ailes assez allongées, stigma grand, nervure costale renflée ; cellule lancéolée pétiolée. Insectes très-petits, noirs, courts, oviformes.

Les ♂ se distinguent des ♀ par l'examen du dernier segment ventral.

1 Antennes de 11 ou 12 articles moniliformes. **2**

— Antennes de 14 articles. **3**

2 Antennes de 11 articles. Tête et antennes noires ; thorax et pattes noirs ; celles-ci avec les genoux, les tibias et les tarses jaune sombre. Ailes noirâtres ; Abdomen noir. Long. 2 1/2mm. Env. 6mm. (Pl. XIV. fig. 2). **Nigrita**, Westwood. ♀

Patrie : Angleterre, France, Allemagne, Italie.

— Antennes de 12 articles. Tête et antennes noires. Thorax noir ; pattes noires avec les genoux, les tibias et les tarses blancs. Ailes à peu près hyalines. Abdomen noir. Long. 2 1/2 à 3mm. Env. 6 à 7mm. **Tormentillæ**, Healy.

La larve mine les feuilles de *Tormentilla reptans* et d'*Agrimonia rupatoria*.

Patrie : Angleterre, Allemagne, Suède.

3 Dernier article des antennes plus long que large. Tibias postérieurs testacés sales. Tête et antennes noires, celles-ci filiformes. Thorax noir. Pattes noires avec les genoux, les tibias et les tarses bruns ou testacés. Ailes à peine enfumées, stigma obscur. Abdomen noir. Long. 3mm. Env. 7mm. **Minuta**, Thomson. ♀

Patrie : Suède, Allemagne.

— Dernier article des antennes moins long ou pas plus long que large. Tibias postérieurs noirs. Tête noire; antennes de 14 articles, noires, filiformes. Thorax noir; pattes noires avec tous les genoux et les tibias antérieurs testacés sales. Ailes peu enfumées; nervure transverso-radiale presque interstitiale. Abdomen noir. Long. 2 1/2 à 3mm. Env. 6 à 7mm.

Monilicornis, THOMSON.

PATRIE : Suède.

21e GENRE. — PHYLLOTOMA, FALLÈN, 1829 (44).

φύλλον, feuille, τέμνω, je coupe.

Antennes filiformes, pas plus longues que l'abdomen, de 10 à 15 articles. Epistome tronqué. Pattes ordinaires, ongles bifides à base élargie. Ailes longues, avec 2 radiales et 3 cubitales; cellule lancéolée divisée par une nervure oblique. Insectes de petite taille, assez allongés et de couleurs variées. (Pl. XIV. fig. 1.4 à 8).

♂ facile à distinguer par la forme du dernier segment ventral.

1 Abdomen noir, ou brun en dessus, ou seulement marqué de taches blanches. **2**

— Abdomen jaune, au moins en partie. **7**

2 Ailes enfumées à la base, hyalines à l'extrémité avec une fascie plus obscure sous le stigma. **3**

— Ailes également teintées partout, ou hyalines à l'extrémité, mais, en tous cas, sans fascie sous le stigma, ou hyalines en entier. **5**

3 Ecaillettes blanc jaunâtre. Tête noire avec la face presque entièrement blanche. Antennes brunes avec la base plus noire, de 10 à 11 articles. Thorax noir avec les lobes du pronotum et les écaillettes blanc jaunâtre. Pattes noires avec les genoux, les tibias et les tarses blancs. Ailes légèrement enfumées avec une fascie noirâtre sous le stigma. Abdomen noir avec des taches latérales blanches. Long. 5mm. Env. 12mm.

Nemorata, FALLÈN.

La larve mine les feuilles du bouleau (*betula alba*) au printemps et en automne. L'insecte parfait se montre en juin et en août.

PATRIE : Angleterre, Allemagne, Suède.

— Ecaillettes noires. 4

4 Hanches antérieures blanches. Tête noire avec la face et la bouche en partie blanches ; antennes noires, de 12 articles. Thorax noir ; pattes noires avec les tibias et les tarses blancs au côté externe, ainsi que les hanches et les trochanters antérieurs. Ailes enfumées. Abdomen noir. Long. 5mm. Env. 12mm.

Leucomelas, KLUG.

PATRIE : Allemagne.

— Hanches antérieures noires. Tête noire avec l'orbite interne des yeux, l'extrémité de l'épistome et le labre blancs; antennes noires, de 12 à 13 articles. Thorax noir; Pattes jaunes avec les hanches et la base des cuisses noires. Ailes enfumées, avec l'extrémité hyaline. Abdomen noir. Long. 5mm. Env. 12mm.

Ochropoda, KLUG.

La larve mine, en automne, les feuilles du peuplier noir. (*Populus nigra* L.).

PATRIE : Angleterre, Allemagne, Suède.

5 Antennes de 14 articles. Tête brune, pubescente ;

antennes brun clair. Thorax brun, écaillettes claires, pattes testacées, noires à la base. Ailes enfumées à la base, hyalines à l'extrémité. Abdomen brun. Long. 5mm. Env. 12mm. **Pinguis**, VOLLENHOVEN.

Trouvé en mai.

PATRIE : Hollande.

— Antennes de 10 à 12 articles. **6**

6 Ecaillettes blanches. Tête noire avec la face un peu marquée de blanc ; antennes brunes avec l'extrémité testacée. Thorax noir ; pronotum bordé de blanc ; écaillettes blanc obscur. Pattes blanches, avec les cuisses en grande partie noires. Ailes à moitié enfumées. Abdomen entièrement noir, sauf que les angles des segments sont quelquefois blanchâtres. Long. 3 à 3 1/2mm. Env. 7 à 8mm. **Aceris**, KALTENBACH.

La larve mine les feuilles de l'érable (*acer campestre* L.) en juin et juillet.

PATRIE : Angleterre, Allemagne.

— Ecaillettes noires ou brunes. Tête noire, le plus souvent marquée de jaune autour des yeux ou sur l'épistome et le labre, et entre les antennes, celles-ci de 10 à 12 articles, noires, velues. Thorax noir, rarement les angles du pronotum pâles, écaillettes noires. Pattes jaunes, quelquefois les tarses postérieurs noirâtres. Ailes enfumées. Abdomen jaune avec l'extrémité ou bien le premier segment noir, ou noir en dessus avec le milieu du dos jaunâtre, ou entièrement noir en dessus. Long. 3 à 5mm. Env. 7 à 12mm. (Pl. XIV. fig. 5 et 6). **Vagans**, FALLÈN.

La larve, (pl. XIV. fig. 4 et 17) mine les feuilles de l'aulne (*alnus glutinosa*) au printemps et à l'automne.

L'insecte parfait paraît en juin et en août. Il a pour parasites :

Campoplex cerophagus, Grav.— *Ichneumonide.*
Chrysocharis albipes, Giraud.— *Chalcidite.*

Patrie : Angleterre, France, Allemagne, Suède, Russie.

7 Antennes de 10 à 12 articles.
Vagans, Fallèn. (V. n° 6).

— Antennes de 14 à 15 articles. Tête noire avec l'épistome, le labre, l'orbite interne des yeux et souvent l'intervalle des antennes blanc jaunâtre. Antennes noires, quelquefois brunes en dessous avec les deux articles basilaires blanc sale. Thorax noir ; lobes du pronotum et écaillettes d'un blanc plus ou moins jaunâtre ; rarement pronotum entièrement noir. Pattes jaunes ; ailes légèrement enfumées à la base. Abdomen jaune avec l'extrémité plus ou moins noire, parfois presque entièrement noir. Long. 4mm. Env. 10mm. (Pl. XIV. fig. 1). **Microcephala**, Klug.

La larve mine les feuilles de divers saules ; on l'a trouvée aussi dans l'aulne. L'insecte parfait éclot en mai et août.

Patrie : Angleterre, France, Allemagne, Suède.

22e GENRE. — KALIOSYSPHINGA, Tischbein, 1846 (*Stett. Ent. Zeit.*)

καλιά, cellule, συσφίγγω, je contracte.

Ailes antérieures avec deux cellules radiales, trois cellules cubitales, dont la première et la deuxième reçoivent chacune une nervure récurrente ; cellule lancéolée contractée. Ailes inférieures sans cellule discoïdale fermée. Antennes de 9 articles. Corps oviforme.

— Tête noire ainsi que les antennes ; extrémité des mandibules rouge. Thorax noir; pattes noires avec les genoux, les tibias et les tarses antérieurs blanc sale, les genoux, les tibias et les tarses postérieurs bruns. Ailes enfumées avec les nervures noires et le stigma brun gris. Abdomen noir Long. 2 1/2mm. Env. 6mm. (Pl XV. fig. 2). **Dohrnii**, TISCHBEIN.

PATRIE : Allemagne.

23° GENRE. — CÆNONEURA, THOMSON, 1870 *(Opuscula entomologica)*

καινός, nouveau, étrange, *νευρά*, nervure.

Antennes épaisses, de 7 articles. Epistome un peu échancré ; yeux atteignant la base des mandibules. Pattes assez longues, surtout les postérieures ; ongles munis d'une forte dent subapicale. Ailes avec deux cellules radiales, trois cellules cubitales ; cellule lancéolée divisée par une nervure oblique. Insecte de petite taille. Corps un peu allongé.

♂ facile à distinguer par la forme du dernier segment ventral.

— Tête noire ; antennes noires, ou avec les deux articles basilaires pâles. Thorax noir, quelquefois avec les lobes latéraux du mesonotum et une tache pectorale testacé clair. Pattes entièrement testacé pâle. Ailes à peu près hyalines, stigma noir. Abdomen noir, quelquefois marqué en dessus d'une tache médiane testacée ; alors le ventre est rougeâtre. Long. 5mm. Env. 15mm. (Pl. XV. fig. 1). **Dahlbomi**, THOMSON.

Cet insecte se trouve en mai, juin, juillet et août.

PATRIE : Ecosse, Suède.

6e Tribu. — Emphytidæ

Caractères. — Tête quadrangulaire, assez grosse, concave en arrière, limitée aux angles antérieurs par deux yeux oblongs, saillants. Epistome très-fortement excavé, quelquefois avec une petite saillie au milieu du fond de l'échancrure ; labre arrondi ou triangulaire en avant ; palpes maxillaires allongés, de 6 à 7 articles, palpes labiaux de 4 articles ; mandibules fortes, aiguës, munies, surtout d'un côté, d'une grosse dent tranchante.

Antennes ordinairement courtes et épaisses, sétacées, plus rarement allongées, filiformes, de 9, très-rarement de 10 articles, insérées dans des cavités assez profondes ; le premier article est court et gros, le second plus petit, conique, les suivants à peu près cylindriques, diminuant successivement de longueur à partir du troisième qui est le plus long.

Thorax présentant des divisions profondes, pattes ordinaires, les postérieures étant plus fortes et plus longues que les deux paires antérieures. Éperons des tibias à peine aussi longs que le tiers du premier article des tarses ; ceux des deux paires postérieures sont aigus et simples ; aux pattes antérieures, l'un des éperons de chaque tibia est seulement pointu, l'autre, plus allongé, est aplati et élargi, et il présente deux petites dents à son extrémité. Les ongles sont bifides. Tarses de 5 articles, le premier le plus long, les suivants diminuant de longueur jusqu'au quatrième qui est le plus petit ; le cinquième est allongé et renflé à l'extrémité.

Ailes dépassant sensiblement l'extrémité de l'abdomen, avec deux cellules radiales et trois cellules cubitales ; la première reçoit la première nervure récurrente; la deuxième nervure récurrente aboutit dans la deuxième cellule cubitale ou bien est interstitiale avec la première nervure transverso-cubitale. La cellule lancéolée est divisée par une nervure oblique, ou ouverte sans nervure. Les ailes inférieures n'ont, le plus souvent, pas de cellule discoïdale fermée, rarement elles en présentent une ou deux.

Abdomen cylindrique, allongé, souvent aplati, déprimé, avec un espace nu entre les premier et deuxième segments; tarière courte.

Œufs. — Les œufs des Emphytides n'ont pu encore, que je sache, être observés. On a seulement remarqué que, au moins dans quelques espèces, ils sont déposés dans des sortes d'ampoules ou de sacs à la surface des feuilles de la plante nourricière de la larve.

Larves. — Les Emphytides, à l'état de larve, ne diffèrent pas sensiblement des fausses chenilles qui sont déjà décrites. Elles sont de couleurs variées, allongées, cylindriques, un peu plus étroites en arrière qu'en avant, munies de 22 pattes savoir : 6 thoraciques, 14 abdominales et 2 anales. Le corps est garni de sillons transversaux nombreux. La tête est cornée et porte deux petits yeux ronds, ordinairement noirs ; elle est arrondie, ponctuée et armée de deux fortes mandibules ; les palpes maxillaires ont quatre articles, les palpes labiaux en ont probablement deux.

Mœurs et Métamorphoses. — La femelle ayant pondu, au printemps ou au commencement de l'été, sur les feuilles de la plante assignée comme nourriture à ses larves, celles-ci en sortent bientôt et attaquent immédiatement ces feuilles sur la face inférieure desquelles elles se tiennent toujours ou presque toujours. Elles ne laissent subsister que les plus grosses nervures et causeraient un véritable dommage si elles étaient aussi abondantes que le sont quelques autres fausses chenilles. Ces larves affectionnent, dans le repos, une position en spirale sous les feuilles, la partie postérieure du corps tombant en dehors du plan de la spire. En automne, elles ont atteint toute leur taille et elles se disposent alors à hiverner. Les unes se contentent de passer la mauvaise saison sur la terre, tandis que d'autres choisissent, pour s'y creuser un refuge dans la moelle, les tiges sèches d'églantier, de ronce ou de framboisier ; ce logement a deux ou trois centimètres de profondeur. Dans l'un et l'autre cas, elles ne se construisent aucun cocon. Quelquefois, à défaut de tige convenable, les larves se cachent simplement dans les fissures ou sous les esquilles du bois. Elles y passent, dans un repos absolu, la fin de l'automne et toute la mauvaise saison, puis, au printemps, elles se transforment en nymphes, restent en cet état environ deux semaines ; après quoi l'insecte ailé s'échappe dans les airs où il vole depuis le mois de mai jusqu'à la fin d'août. Les observateurs n'ont pu constater qu'une seule génération, mais, d'après les époques d'apparition de l'insecte parfait, il est à peu près sûr qu'au moins pour certaines espèces, il y en a deux.

24e GENRE. — ANEUGMENUS, Hartig.

ἄνευ, sans, γέμω, je suis garni.

Corps oviforme. Antennes courtes, de 9 ou 10 articles. Ailes antérieures avec la cellule lancéolée ouverte sans nervure. Ailes postérieures avec deux cellules discoïdales fermées.

Antennes de 10 articles. Corps noir brillant, pattes jaunes. Ailes enfumées, plus pâles au bord externe, nervure costale et stigma noirs. Long. 5mm. **Infuscatus,** Eversmann.

Patrie : Russie (Casan).

N.-B.— Cette espèce, à cause du nombre des articles de ses antennes, se rapprocherait des *Phyllotoma* et pourrait être une variété du *Ph. vagans*, si les ailes inférieures n'avaient pas deux cellules discoïdales fermées. Il y aurait peut-être lieu d'en faire le type d'un genre spécial ; mais la description d'Eversmann est trop écourtée pour que je puisse m'appuyer solidement sur elle et je laisse provisoirement cette espèce dans le genre *Aneugmenus*.

— Antennes de 9 articles. Tête et antennes noir brillant; labre blanc. Thorax noir avec les écaillettes blanches. Pattes blanches. Ailes enfumées à la base; nervures et stigma noirs. Abdomen noir. Long. 7mm. Env. 14mm. (Pl. XVI. fig. 1). **Coronatus**, Klug.

Patrie : Allemagne.

25e GENRE. HARPIPHORUS, Hartig, 1837.

ἁρπη, crochet (nervure formant crochet), φέρω, je porte.

Corps un peu moins allongé que celui des *Emphytus*, légèrement oviforme. Antennes sétacées, de 9 articles. Ailes antérieures avec la cellule lancéolée divisée par une nervure oblique; ailes postérieures avec une cellule discoidale fermée, rarement deux.

1 Abdomen bordé latéralement de jaune, ou avec tous les segments bordés de blanc à leur bord postérieur. 2

— Abdomen noir ou marqué de taches blanches. 3

2 Abdomen bordé latéralement de jaune. Tête noire avec les parties de la bouche et le tour des yeux jaunes; antennes noires. Thorax noir brillant avec les lobes du pronotum, les écaillettes et les côtés du mesonotum jaunes. Pattes jaune blanchâtre avec les hanches et la base des cuisses noires. Ailes hyalines avec la côte et le stigma blancs, les autres nervures brunes. Abdomen noir avec une large bordure jaune, excepté aux deux derniers segments. Long. 4mm. Env. 8mm. (Pl. XVII, fig. 1). **Lepidus**, Klug.

Patrie : Angleterre, France, Allemagne, Suède.

— Abdomen avec tous les segments bordés de blanc

à leur bord postérieur. Tête noire avec le labre blanc; antennes noires. Thorax noir avec les lobes du pronotum et les écaillettes des ailes blancs. Pattes fauves avec les hanches noires marquées de blanc. Ailes hyalines, nervure costale et stigma jaune pâle.

Taeniatus, Costa.

Patrie : Piémont.

3 Abdomen noir. 4

— Abdomen noir marqué de taches blanches. Tête et antennes noires. Thorax noir avec les angles du pronotum blanc jaunâtre; écaillettes jaunâtres avec la base noire. Pattes blanches avec les hanches, une partie des trochanters, les cuisses jusqu'aux genoux, noirs; tarses bruns. Ailes hyalines avec les nervures et le stigma noir brun. Abdomen noir avec les segments 2, 3 et 4 marqués, de chaque côté, d'une grande tache blanche et d'une petite sur le milieu ; les segments 5 et 6 ont une petite tache blanche latérale et le bord finement bordé de blanc ainsi que les derniers segments. Long. 6mm. Env. 15mm.

Immersus, Klug.

Patrie : France, Allemagne, Russie, Sibérie.

4 Pronotum bordé de blanc. 5

— Pronotum noir en entier. Tête et antennes noires. Thorax noir. Pattes jaunes. Ailes enfumées avec l'extrémité hyaline ; deux discoïdales fermées aux ailes postérieures, nervures et stigma noirs. Abdomen noir. Long. 4mm. Env. 9mm.

Radialis, Eversmann. ♂

Patrie : Russie (Casan).

5 Pattes postérieures noires, sauf les genoux et le premier article des tarses. Tête, antennes et thorax noirs ; pronotum bordé de blanc sale. Pattes noires avec la moitié apicale des cuisses antérieures, le côté

interne des tibias et les tarses des quatre pattes antérieures blanc sale. Ailes hyalines. Abdomen noir. Long. 6mm. Env. 13mm. **Vernalis**, DIETRICH.
PATRIE : Angleterre, Suisse.

— Pattes entièrement blanc brunâtre ou testacé sale. Tête et antennes noires. Thorax noir avec le bord du pronotum blanc, écaillettes blanches. Pattes jaune rougeâtre avec au plus la partie supérieure des quatre tibias postérieurs et leurs tarses bruns. Ailes hyalines avec la côte et le stigma jaunes. Abdomen noir avec des taches jaunes latérales sur le ventre. Long. 8mm. Env. 18mm. **Majalis**, VOLLENHOVEN.
PATRIE : Hollande.

26e GENRE. — EMPHYTUS, KLUG, 1818 (67).

ἐν, dans, sur, φυτόν, plante.

Corps allongé. Antennes sétacées ou filiformes, de 9 articles. Ailes antérieures avec la cellule lancéolée divisée par une nervure oblique. Ailes postérieures sans cellule discoïdale fermée.

1 Corps entièrement noir, sauf la bouche, les pattes et les écaillettes. 2

— Corps non entièrement noir. 23

2 Antennes noires ou seulement pâles en dessous. 6

— Antennes annelées de blanc ou blanches à l'extrémité. 3

3 Tibias postérieurs blancs à la base. 4

— Tibias postérieurs pas blancs à la base. 5

4 Dernier article des antennes blanc. Tête noire, antennes noires en entier chez les mâles, noires avec les quatre articles apicaux blancs chez les femelles. Thorax noir, écaillettes jaunâtres. Pattes antérieures et intermédiaires rouges ainsi que les cuisses postérieures; hanches et trochanters noirs ainsi que l'extrême base des cuisses. Tibias postérieurs noirs avec le tiers antérieur blanc, tarses postérieurs noirs. Ailes très-légèrement jaunâtres, ou hyalines; nervure costale jaune, stigma noir ou brun foncé, les autres nervures noires. Abdomen noir. Long. 8 à 10mm. Env. 17 à 20mm. **Caligatus**, EVERSMANN.

Pris en août.

PATRIE : Russie (Casan).

— Dernier article des antennes noir. Tête noire. Antennes noires avec les articles 6, 7 et 8 blancs, souvent noires en entier chez le ♂. Thorax noir avec les écaillettes blanches ou jaunâtres. Pattes antérieures et intermédiaires rouges, avec les hanches et les trochanters noirs ainsi que l'extrême base des cuisses; leurs tibias sont un peu blanchâtres, surtout à la base des intermédiaires. Pattes postérieures avec les hanches, les trochanters et la base des cuisses noirs, celles-ci rouges jusqu'à l'extrémité; les tibias blancs au tiers basilaire, noirs ensuite ainsi que leurs tarses. Ailes légèrement jaunâtres avec la nervure costale testacée, le stigma et les autres nervures bruns ou noirs. Abdomen noir. Long. 7 à 8mm. Env. 15 à 16mm. **Tibialis**, KLUG.

La larve vit sur le chêne en juin et juillet. L'Insecte parfait se trouve en septembre.

PATRIE : Angleterre, France, Hollande, Allemagne, Tyrol, Suède.

5 Tibias postérieurs noirs. Tête noire; antennes noires, d'un blanc sale avant l'extrémité. Thorax

noir. Pattes noires avec les genoux, les tibias et les tarses antérieurs jaune sale. Ailes hyalines ou à peine brunâtres, stigma noir. Abdomen noir. Long. 9mm. Env. 18mm. **Parallelus**, EVERSMANN.

Pris fin juillet.

PATRIE : Russie (Casan).

— Tibias postérieurs rouges. Tête noire. Antennes noires en entier chez le ♂, noires avec les articles 6 à 9 blancs chez la ♀. Thorax noir, écaillettes blanches. Pattes rouges avec les hanches, les trochanters et la base des cuisses noirs ; tarses antérieurs et intermédiaires noirs avec la base rouge, tarses postérieurs noirs en entier. Ailes hyalines, très-légèrement brunâtres. côte testacée, stigma et nervures noirs. Abdomen noir. Long. 9mm. Env. 17mm. **Filiformis**, KLUG.

PATRIE : Angleterre, France, Hollande, Allemagne, Suède, Russie.

6 Écaillettes noires. 7

— Écaillettes blanches, ou en partie blanches ou brunâtres. 16

7 Cuisses postérieures noires ou brunes. 8

— Cuisses postérieures au moins en partie rouges ou blanches. 9

8 Tibias postérieurs noirs. Tête noire ; antennes noires. Thorax noir ; pattes noires avec les genoux, les tibias et une partie des tarses antérieurs et quelquefois intermédiaires testacé pâle. Ailes un peu enfumées ; nervure transverso-radiale presque interstitiale avec la deuxième nervure transverso-cubitale ; nervures et stigma noirs. Abdomen noir. Long. 6mm. Env. 13mm. **Tener**, FALLÉN.

Hartig l'indique comme se trouvant au commencement de mai sur les chênes et les hêtres, tandis que Dours les place sur les feuilles mortes de sapins.

PATRIE : Angleterre, France, Hollande, Tyrol, Allemagne, Suède, Hongrie, Russie.

— Tibias postérieurs en partie roux ou blancs. **14**

9 Antennes ♂ pâles en dessous sur la moitié apicale. Tête noire, antennes ♀ entièrement noires. Thorax noir. Pattes noires avec les cuisses et les tibias rouges ainsi que les tarses antérieurs et intermédiaires. Ailes hyalines. Abdomen ♂ noir, ♀ noir avec le quatrième et le cinquième segments rouges. Long. 9ᵐᵐ. Env. 14 à 15ᵐᵐ. **Dissimilis,** DIETRICH.

PATRIE : Suisse.

— Antennes noires en entier. **10**

10 Trochanters blancs. **11**

— Trochanters noirs. **12**

11 Cuisses postérieures noires et rouges, ou rouges. Stigma noir et blanc. Tête, antennes et thorax noirs. Pattes antérieures et intermédiaires rouges avec les hanches, les trochanters (sauf l'extrémité des intermédiaires qui est blanche) et la plus grande partie des cuisses noirs et leurs tarses grisâtres, surtout vers l'extrémité ; pattes postérieures avec les hanches noires, les trochanters blancs, les cuisses et les tibias rouges, l'extrémité de ceux-ci et les genoux, ainsi que les tarses, noirs. Ailes à peu près hyalines, côte brune, les autres nervures noires, stigma moitié brun foncé, moitié blanc. Abdomen noir. Long. 8ᵐᵐ. Env. 17ᵐᵐ. **Melanarius,** KLUG.

Sur les rosiers.— A pour parasite :

Campoplex cerophagus, Grav. — *Ichneumonide.*

PATRIE : Angleterre, France, Tyrol, Allemagne, Suède.

— Cuisses postérieures noires et blanches. Stigma brun en entier. Tête noire, antennes noires. Thorax noir, écaillettes blanches. Pattes blanches avec la base des hanches, la plus grande partie des cuisses, l'extrémité des tibias postérieurs et leurs tarses noirs ou brun foncé. Ailes presque hyalines, côte, nervures et stigma noirs. Abdomen noir. Long. 6mm. Env. 12mm. **Carpini**, HARTIG.

La larve vit (d'après Kaltenbach) sur le *Geranium robertianum*, sur le *Sorbus aucuparia*, d'après Dours. On trouve l'insecte parfait en mai, juin et juillet.

PATRIE : Angleterre, France, Allemagne, Suède, Russie.

12 Stigma brun avec la base blanchâtre. Tibias postérieurs entièrement rouges, sauf à l'extrémité qui est noire, mais n'ayant pas la base blanche. 13

— Stigma entièrement brun. Tibias postérieurs noirs avec la base blanche. **Tibialis**, KLUG. ♂ variété. (V. n° 4).

13 Tarses antérieurs jaunâtres. Tête et antennes noires. Thorax noir, écaillettes en partie testacées. Pattes antérieures et intermédiaires rouges, avec les hanches, les trochanters et la base des cuisses noirs, ainsi que l'extrémité des tarses ; pattes postérieures avec les hanches, une partie des trochanters, l'extrémité externe des tibias et les tarses noirs. Ailes hyalines, côte et nervures noires, stigma brun foncé avec la base blanche. Abdomen noir. Long. 7mm. Env. 13mm. **Didymus**, KLUG.

La larve vit sur les rosiers.

PATRIE : France, Hollande, Suisse, Hongrie, Caucase.

— Tarses antérieurs noirs. Tête noire, antennes noires. Thorax noir. Pattes noires avec l'extrémité des cuisses antérieures et intermédiaires, les postérieures presque tout entières d'un jaune rougeâtre ; extrémité des tibias antérieurs et intermédiaires (au côté interne seulement) et des tibias postérieurs noirs, le reste rougeâtre ; tarses noirs. Ailes hyalines, nervures noires ; stigma noir avec la base jaune. Abdomen noir. Long. 7mm. Env. 14mm. **Nigritarsis,** BRULLÉ.

PATRIE : Grèce.

14 Stigma entièrement brun ou noir.
Carpini, HARTIG. ♂ (V. n° 11).

— Stigma blanc à la base. **15**

15 Trochanters postérieurs noirs. Tête, antennes et abdomen noir brillant. Thorax noir. Pattes avec toutes les hanches et les trochanters noirs ; cuisses antérieures et intermédiaires noires avec les genoux testacés ; cuisses postérieures entièrement noires ; tous les tibias testacés. Tarses noirs en dessus, testacés en dessous et à l'extrémité des articles. Ailes un peu enfumées, stigma brun foncé avec la base blanche ; nervures noires. Long. 7mm. Env. 13mm.
Fumatus, NOV. SP.

PATRIE : Suisse.

— Trochanters postérieurs blancs. Tête, antennes et thorax noirs. Pattes antérieures et intermédiaires rousses avec les hanches, les trochanters et les cuisses, jusque près des genoux, noirs ; pattes postérieures rousses avec les hanches noires, les trochanters blancs, les cuisses, l'extrémité des tibias et les tarses noirâtres. Ailes hyalines, nervures noires, stigma noir avec le milieu de la base blanc. Abdomen noir. Long. 9mm. Env. 18mm. **Tricoloripes,** COSTA.

PATRIE : Naples.

16 La nervure médio-discoïdale partage par la moitié environ la portion de la nervure médiane située entre la nervure margino-discoïdale et la première récurrente. **17**

— La nervure médio-discoïdale atteint, à son tiers antérieur, la portion de la nervure médiane située entre la nervure margino-discoïdale et la première récurrente. **18**

17 Labre blanc. Tête et antennes noires. Thorax noir, écaillettes blanches. Pattes blanches en entier, sauf l'extrême base des hanches et une tache vers l'extrémité des cuisses postérieures qui sont noires. Ailes hyalines, nervures et stigma noirs. Abdomen noir. Long. 8mm. Env. 15mm. **Grossulariæ**, Klug.

La larve vit sur les groseillers. Elle est verte avec les trois premiers et les trois derniers anneaux jaune orangé ; elle porte en outre sur le corps six lignes de points pilifères noirs. La métamorphose a lieu en terre. L'insecte parfait paraît en mai et en août. Il a comme parasites :

Cleptes semiaurata, Fab. —	*Chryside*.
— *nitidula*, Fab. —	—
Cryptus emphytorum, Boié. —	*Ichneumonide*.

Patrie : France, Allemagne, Tyrol, Suède.

— Labre noir. **Carpini**, Hartig. ♀ (V. n° 11).

18 Cuisses antérieures noires et blanches. **19**

— Cuisses antérieures noires et rouges. **20**

19 Tibias postérieurs noirs à la moitié apicale. Tête et antennes noires. Thorax noir, écaillettes blanches. Pattes noires avec les trochanters, l'extrémité des cuisses antérieures blancs, les tibias antérieurs jaune pâle avec la base blanche, les tibias postérieurs noirs où bruns avec la base blanche. Ailes hyalines, nervures et stigma noirs ou bruns. Abdomen noir, ou noir avec une bande blanche sur le cinquième segment. Long. 8mm. Env. 16mm. **Basalis**, Klug.

Sur les rosiers.

Patrie : France, Suède, Russie.

— Tibias postérieurs rougeâtres en entier, seulement blanchâtres à la base. Tête, antennes et thorax noirs. Écaillettes blanches ou en partie blanches. Pattes antérieures blanchâtres avec les hanches, les trochanters et une partie des cuisses noirs au côté interne ; trochanters intermédiaires blancs à l'extrémité. Pattes postérieures avec les hanches noires, les trochanters blancs, les cuisses noires, les tibias rouges avec la base blanche et les tarses noirs. abdomen noir avec l'extrémité du premier segment et une ceinture sur le cinquième segment blanches, ou noir en entier. Long. 8mm. Env. 15mm. (Pl. XVI. fig. 4, 5, 6, 8).

Cinctus, Klug.

La larve a le dos vert plus ou moins sombre avec le ventre blanc grisâtre. Au milieu du dos se trouve une ligne longitudinale claire, accompagnée sur chaque segment de quatre points noirs. La tête est noire. — Elle vit en automne sur les rosiers dont elle dévore les feuilles. Elle se fait une loge dans la moelle des tiges sèches pour y subir sa métamorphose en nymphe. Celle-ci a lieu au printemps et l'insecte parfait éclot en mai. On en trouve jusqu'à la fin d'août. Il est probable qu'il y a deux générations. On indique comme son parasite :

Cryptus emphytorum, Boié. — *Ichneumonide.*

Patrie : Angleterre, France, Tyrol, Suisse, Hollande, Allemagne, Hongrie, Suède, Russie et une partie de l'Asie (Daghestan, Sibérie Orientale).

20 Tibias postérieurs noirs avec la base blanche. **22**

— Tibias postérieurs en tout ou en partie rouges. **21**

21 Écaillettes blanches en entier.

Filiformis, Klug. ♂ (V. n° 5).

— Écaillettes en partie noires.

Didymus, Klug. (V. n° 13).

22 Antennes avec un reflet brunâtre sur les articles 6, 7 et 8. **Tibialis**, Klug. ♂ (V. n° 4).

— Antennes entièrement noires ou avec le dernier article aussi brunâtre. **Caligatus**, EVERSM. ♂ (V. n° 4).

23 Abdomen noir avec une ceinture blanche, jaune ou rouge, ou noir avec l'anus testacé. **24**

— Abdomen jaune en entier, ou avec le premier segment noir, ou noir avec une tache dorsale testacée. **35**

24 Abdomen noir avec seulement l'anus testacé. Tête noire avec le tour des yeux, l'épistome et les joues jaune orangé sombre; antennes noires. Thorax noir; pattes noires. Long. 9mm. Env. 17mm.

Xantopygus, KLUG.

PATRIE : Carinthie.

— Abdomen noir avec une ceinture colorée. **25**

25 Abdomen avec une ou deux bandes blanches. **26**

— Abdomen avec une ceinture rouge ou trois bandes jaunes. **29**

26 Abdomen noir avec l'extrémité, une fascie basilaire et une ceinture sur le cinquième segment blanches. Tête noire avec le labre blanc ou brun. Antennes et thorax noirs; écaillettes blanches. Pattes noires avec l'extrémité des trochanters antérieurs et intermédiaires, les trochanters postérieurs en entier, les genoux des deux premières paires et tous les tibias blancs, sauf l'extrémité qui est testacée aux quatre antérieurs et noire aux postérieurs; tarses testacés. Ailes hyalines avec une tache enfumée sur les cellules radiales et le dessus des cellules cubitales; côte et nervures brunes, stigma testacé. Long. 9mm. Env. 15mm. **Succinctus**, KLUG.

La larve a pour parasite :

Microgaster fumipennis, Rtzb.— *Braconide.*

PATRIE : Angleterre, France, Allemagne, Suède, Russie.

— Abdomen noir avec seulement une ceinture blanche sur le cinquième segment. **27**

27 Écaillettes blanches au moins en partie.

Cinctus, KLUG. (V. n° 19).

— Écaillettes noires. **28**

28 Genoux et tarses postérieurs noirs. Tête, antennes et thorax noirs, pattes rouges avec les hanches et les trochanters noirs, sauf les trochanters postérieurs qui sont blancs ; genoux et tarses postérieurs noirs. Ailes hyalines, deuxième récurrente interstitiale avec la deuxième nervure transverso-cubitale ; nervures et stigma bruns ou noirs. Abdomen noir avec le cinquième segment blanc. Long. 9 à 10mm. Env. 18mm.

Cingillum, KLUG.

PATRIE : France, Allemagne, Suède.

— Genoux et tarses postérieurs rouges. Tête noire, antennes noires. Thorax noir. Pattes rouges avec toutes les hanches, les trochanters antérieurs et intermédiaires, la base des deux premières paires de cuisses noirs, les trochanters postérieurs blancs, rarement un peu noirs. Ailes hyalines avec les nervures et le stigma bruns. Abdomen noir avec le cinquième segment blanc ou rougeâtre, rarement le quatrième et le huitième un peu tachés ou fasciés de blanc ou de jaunâtre. Long. 7 à 9mm. Env. 15 à 16mm.

Truncatus, KLUG.

PATRIE : Allemagne, Autriche, Suède.

29 Abdomen noir avec trois bandes jaunes ainsi que l'anus. Tête noire, labre jaune, épistome jaune, largement bordé de noir ; yeux légèrement bordés de jaune, vertex avec deux taches jaunes ; antennes noires avec les deux articles basilaires blancs, le troisième et la base du quatrième testacés. Thorax noir ; écaillettes et deux points sous le scutellum jaunes. Pattes blanc-jaunâtre, avec les hanches et la base des cuisses antérieures presque jusqu'aux genoux noires; extrémités des tibias et des tarses postérieurs brunes. Ailes hyalines avec une tache enfumée sur les cellules radiales et une partie des cellules cubitales ; nervure costale et stigma testacés, les autres nervures noires. Abdomen noir avec le premier segment, le bord du quatrième et du cinquième, les angles basilaires du sixième jaune brillant, les bords du septième et du huitième et le dernier presque en entier jaune sombre. Long. 9mm. Env. 15mm. (Pl. XVI. fig. 27). **Viennensis**, SCHRANK.

La larve, longue de 15mm, a le dessus du corps vert, parfois un peu jaunâtre ; le dessous est blanc grisâtre. Le dos porte trois séries de points verruqueux blancs donnant naissance à des poils raides. La tête est jaune brunâtre avec les yeux noirs. — Elle vit sur l'églantier (*Rosa canina*) en septembre, sous les feuilles qu'elle perce de trous irréguliers. La transformation en une nymphe verdâtre a lieu au printemps et l'insecte parfait apparait peu après, en mai et juin.

PATRIE : France, Allemagne, Autriche,

— Abdomen noir en dessus avec les segments 3 à 6 ou une partie d'entre eux ou le cinquième seulement rouges. . **30**

30 Ventre en partie noir. **31**

— Ventre rouge en entier. Tête noire avec le bord de l'épistome, le labre et la face externe des mandibules blancs, yeux faiblement bordés de jaunâtre ; antennes noires. Thorax noir avec les lobes du pronotum bordés de blanc ; écaillettes blanches. Pattes antérieures et intermédiaires blanches avec un trait noir sur la face postérieure des cuisses, les tibias (excepté leur base) et la face postérieure des tarses roux pâle ; les deux pattes postérieures ont les hanches blanches avec la base noire, les trochanters blancs et les cuisses noires avec la base blanche, les tibias rouges avec la base blanche et les tarses brun rougeâtre. Ailes hyalines, nervure costale testacé pâle ; stigma brun avec la base pâle, les autres nervures noires. Abdomen noir brillant avec le cinquième segment rouge. **Elegans**, COSTA.

PATRIE : Naples.

31 Trochanters blancs, au moins les postérieurs. **32**

— Trochanters noirs. **33**

32 Cuisses noires. Tête, antennes et thorax noirs ; écaillettes bordées de jaunâtre. Pattes noires avec tous les genoux et les trochanters postérieurs blancs, les tibias et les tarses rouges ; extrémité des tibias postérieurs et de leurs tarses noirâtre. Ailes presque hyalines avec la nervure costale testacée, le stigma et les nervures brun noir. Abdomen noir avec les segments 4 et 5 et une partie du sixième rouges. Long. 9mm. Env. 18mm. **Rufocinctus**, RETZIUS.

La larve, longue de 16 à 18mm, a le corps vert foncé en dessus, parsemé de petits points verruqueux blancs; le dessous est d'un blanc sale ; la tête jaune rougeâtre avec les yeux noirs. — Elle vit en août et septembre sur le rosier dont elle ronge les feuilles sur les bords et sur lesquelles elle s'enroule volontiers en spirale, la queue sortant du plan du reste du corps. En septembre, elle se cache sous la surface de la terre où elle hiverne sans se faire de coque jusqu'en mai ou juin suivants. Elle se transforme alors en une nymphe un peu verdâtre avec les yeux noirs et les pattes blanches ainsi que les fourreaux des ailes et les antennes. L'insecte parfait éclot environ deux semaines plus tard en juin ou juillet. Cet insecte a pour parasites :

Tryphon extirpatorius, Grav.— *Ichneumonide.*
Masicera media, Goureau.— *Diptère.*

PATRIE : Angleterre, France, Hollande, Allemagne, Suède, Russie.

— Cuisses testacées. Tête, antennes et thorax noirs.

Pattes jaune-rougeâtre avec les trochanters blancs. Abdomen noir avec une ceinture rouge sur les segments 5 et 6. Long. 8mm. Env. 15mm. **Coxalis**, Klug.

Patrie : Allemagne, Tyrol.

33 Tibias postérieurs noirs. Tête, antennes et thorax noirs. Pattes noires avec la plus grande partie des cuisses rouge ainsi que les tibias antérieurs et intermédiaires ; les tarses sont bruns. Ailes hyalines ou un peu jaunâtres avec les nervures noires et le stigma brun, celui-ci blanchâtre à la base. Abdomen noir avec les segments 4 et 5, quelquefois aussi le sixième rouges. Long. 6 à 7mm. Env. 13mm.

Bucculentus, Tischbein.

En juillet et août.

Patrie : Allemagne.

— Tibias postérieurs rouges ou testacés. **34**

34 Cuisses antérieures noires à la base. Tête, antennes et thorax noirs. Pattes noires avec les genoux antérieurs, les cuisses postérieures, excepté leur base, et les tibias postérieurs, sauf leur extrémité, rouges; tibias et tarses antérieurs et intermédiaires jaune sale, souvent un peu noirâtres. Ailes à peu près hyalines avec les nervures et le stigma noirs, ce dernier blanc à sa base. Abdomen noir avec une large ceinture rouge sur les segments 3, 4, 5 et 6. ou seulement une partie d'entre eux. Long. 7 à 8mm. Env. 14mm. **Calceatus**, Klug.

La larve, longue de 20mm, a la partie supérieure du corps noir ardoisé avec quelquefois une teinte verdâtre ; le dessous est blanc ainsi que les pattes ; les stigmates sont plus obscurs. La tête est noire avec les parties de la bouche plus pâles.— Elle vit sur la Reine des prés (*Spiræa ulmaria* L.) en août et septembre. L'insecte parfait se rencontre en juin.

Patrie : Angleterre, France, Allemagne, Suède, Hongrie.

— Cuisses antérieures rouges en entier.
Dissimilis, Dietrich. ♀ (V. n° 9).

35 Abdomen noir avec une tache dorsale testacée. 36

— Abdomen entièrement jaune, sauf au premier segment, et quelquefois à la base des autres. 37

36 Épistome et labre blancs. Tête et antennes noires. Thorax noir avec les écaillettes et une tache pectorale blanches. Pattes blanc-jaunâtre avec les hanches et les trochanters blancs, les tibias et les tarses postérieurs rayés de noir. Ailes hyalines. Abdomen noir taché de rougeâtre au milieu du dos ; ventre blanc. Long. 5 à 6mm. Env. 12mm. **Perla,** Klug.

La larve ressemble tout-à-fait à celle de l'*E. cinctus*, sauf qu'elle n'a pas de ligne blanche sur le milieu du dos et que les taches noires sont moins nombreuses et plus grosses.— Elle vit au printemps et en automne sur les framboisiers (*Rubus idæus* L.). Elle creuse leur tige pour hiverner et se métamorphoser. L'insecte parfait apparaît en juin.

Patrie : Angleterre, France, Allemagne, Suède.

— Épistome et labre noirs. Tête, antennes et thorax noirs ; écaillettes blanches. Pattes jaunes avec toutes les hanches, les trochanters antérieurs et intermédiaires noirs, les trochanters postérieurs blancs, la moitié apicale des tibias postérieurs et tous les tarses noirs. Ailes hyalines, un peu jaunâtres vers la base, côte testacée, nervures et stigma noirs. Abdomen avec le premier et le dernier segments noirs, les autres noirs à la base, jaunes à l'extrémité, le bord latéral de chaque segment est bordé de blanc ; segments ventraux étroitement bordés de blanc. Long. 8 à 9mm. Env. 19mm. **Temesiensis,** Mocsary.

Patrie : France (Fontainebleau), Hongrie.

37 Antennes noires. 38

— Antennes blanches vers l'extrémité. Tête et thorax noirs. Abdomen jaune. Long. 9mm. Env. 18mm.

Cistus, Klug.

Patrie : Autriche.

38 Poitrine noire. 39

— Poitrine tachée de jaune. Tête noire, labre brun foncé ; antennes noires. Thorax noir avec le pronotum et les écaillettes jaune rougeâtre, ainsi que le dessus des mésopleures, les côtés et le dessous du métathorax. Pattes jaune rougeâtre avec la base des hanches noire ; tarses antérieurs et intermédiaires noir gris ; extrémité des tibias postérieurs et leurs tarses noirs, l'extrême base des articles de ceux-ci jaunâtre. Ailes hyalines, côte et stigma brun foncé, nervures noires. Abdomen jaune rougeâtre en entier, valvules hypopygiales ♀ noires. Long. 8mm. Env. 19mm. **Cereus**, Klug.

La larve vit sur les chênes cerris.

Patrie : France, Allemagne, Suisse, Hongrie.

39 Abdomen jaune sauf au premier segment. Trochanters postérieurs noirs, Tête et thorax noirs, écaillettes jaunes. Pattes jaunes avec toutes les hanches et les trochanters, la base des cuisses, l'extrémité des tibias postérieurs et tous les tarses, sauf la base des antérieurs, noirs. Ailes hyalines, nervures et stigma noirs. Long. 7mm. Env. 15mm. (Pl. XVI. fig. 9, 10). **Serotinus**, Klug.

La larve est longue de 15mm. Elle a le corps entièrement jaunâtre clair, quelquefois un peu verdâtre. La tête est jaune, ou avec le vertex gris; yeux noirs. — Elle vit sur le chêne en juin et juillet. L'insecte parfait éclot en septembre.

Patrie : Angleterre, France, Hollande, Allemagne, Suède.

— Abdomen jaune avec le premier segment noir et les suivants assombris à la base. Trochanters postérieurs blancs. **Temesiensis**, Mocsary. (V. n° 36).

7e Tribu. — Doleridæ

Caractères. — Tête quadrangulaire, si elle vue par dessus, excavée à l'arrière, ponctuée et velue. Epistome assez profondément échancré, le fond de l'incision formant un angle à peu près droit, labre arrondi, mandibules dentées, yeux ovales, de grandeur médiocre. Antennes de neuf articles, de longueur variable, ordinairement plus longues que l'abdomen chez les mâles, plus courtes que lui chez les femelles ; elles sont filiformes ou à peine renflées au milieu dans des cas assez rares; les deux premiers articles sont courts, épais, coniques ; l'article basilaire est plus long que le suivant; les articles 3 et 4 sont à peu près égaux, l'un dépassant l'autre ou réciproquement, suivant les espèces, les articles suivants diminuent progressivement de longueur.

Thorax un peu plus large que la tête, à sillons le plus souvent bien marqués; ordinairement il est grossièrement ponctué, quelquefois en partie lisse, souvent velu; scutellum assez grand, cordiforme; grains du métathorax grands, ovales, bien distincts, souvent d'un blanc éclatant sur un fond noir.

Pattes ordinaires, les postérieures plus robustes que les antérieures ; éperons postérieurs assez courts ; tibias plus longs que les tarses ; ongles armés d'une petite dent subapicale.

Ailes grandes, dépassant notablement l'extrémité de l'abdomen, rarement hyalines, ordinairement plus ou moins teintées ou enfumées, munies de deux cellules radiales et de trois cellules cubitales, la première petite, presque arrondie, la suivante très allongée, s'élargissant en arrière et recevant les deux nervures récurrentes, la troisième s'élargissant aussi d'avant en arrière, et atteignant le bout de l'aile, stigma le plus souvent noir, ovale. La cellule lancéolée est ou divisée par une nervure oblique, ou pétiolée.

Abdomen assez large, surtout chez les femelles où il devient parfois un peu oviforme ; chez les mâles, il est étroit avec les bords à peu près parallèles, quelquefois il est caréné en dessus en son milieu, les segments extrêmes, chez les mâles, ont le milieu de leur bord plus ou moins largement membraneux chez un certain nombre d'espèces, le premier segment porte une fente bien visible s'avançant en pointe vers le métathorax.

Œuf. — Il n'y a rien à dire de l'œuf des Dolérides, qui n'a pas été décrit ni observé.

Larves. — Les Dolérides renferment un certain nombre d'espèces communes partout, et ils donnent une preuve bien visible de tout ce qu'il y a encore à faire pour connaître nos insectes. Bien qu'on les rencontre abondamment à l'état parfait, les périodes larvaires et nymphales avaient été, jusqu'à cette année, assez peu observées pour qu'aucune description n'en eût été donnée nulle part. Nous ne connaissons maintenant, d'une façon sérieuse, qu'une seule larve, et encore bien que l'espèce, à l'état parfait, ne soit pas rare, n'est-ce pas précisément la plus commune. Il est probable qu'elles ont toutes les mêmes formes essentielles. En tous cas, voici quels sont les caractères principaux de celle du *D. hæmatodes*, dont la description est due à Snellen van Vollenhoven, et n'a été publiée qu'après la mort de ce savant si regretté (1).

Cette larve, à ne considérer que ses formes générales, présente 22 pattes, savoir : 6 écailleuses, 14 abdominales et 2 anales. Son corps est allongé, cylindrique, assez fortement plissé, et il porte une tête arrondie, petite et munie de deux yeux noirs.

Mœurs et Métamorphoses. — Toutes les observations faites sur les larves de Dolérides, si incomplètes qu'elles soient, concordent pour leur assigner, comme habitat et plantes nourricières, les graminées, les joncs et les végétaux monocotylédones aquatiques. On les rencontre dans les endroits marécageux, et c'est ce qui a conduit à indiquer souvent, comme lieu d'élection

(1) *Tijdschrift voor Entomologie*. La Haye, 1880, p. 14, pl. 3. — Snellen van Vollenhoven est décédé à Leyde le 22 mars 1880. Il était né à Rotterdam le 18 octobre 1816.

des insectes parfaits, les saules qui croissent précisément sur le bord des eaux. D'après les données recueillies, on peut conclure que les femelles effectuent leur ponte au printemps ou au commencement de l'été. Les larves dévorent ensuite, dans le courant de juin, les plantes qui leur sont spéciales. A la fin de ce mois ou en juillet, elles pénètrent dans la terre, gagnant, sans aucun doute, le rivage lorsqu'elles vivent sur des plantes aquatiques. Elles y séjournent fort longtemps dans une sorte de loge ou de réduit que, par le simple mouvement de leur corps, elles parviennent à produire dans la terre molle, et dont les parois sont lisses. Elles s'y transforment en nymphes à la fin de l'automne, sans filer de coques, et passent ainsi toute la mauvaise saison pour arriver enfin à l'état parfait au printemps suivant.

Ces renseignements sont fort incomplets, et peut-être erronés en quelques points où l'observation directe a été insuffisante. Aussi est-il à désirer que des éducations plus multipliées viennent les rendre plus certains.

27e GENRE. — DOLERUS, JURINE, 1807 (140*)

δολερος, trompeur.

Antennes de 9 articles, plus ou moins allongées. Ailes assez longues, le plus souvent troublées ou teintées, avec deux cellules radiales, trois cellules cubitales, la première petite, la seconde très-allongée et recevant les deux nervures récurrentes, la troisième atteignant le bout de l'aile. Cellule lancéolée traversée par une nervure oblique.

Les ♂ ont souvent des antennes plus longues que les femelles. On les distingue en tous cas facilement par la conformation du dernier segment ventral. Leur couleur est aussi très souvent différente de celle des femelles.

1 Corps entièrement noir, avec ou sans reflet bleu, sauf la bouche, les pattes et les écaillettes. 34

— Corps non entièrement noir. 2

2 Abdomen entièrement rouge ou testacé. 3

— Abdomen non entièrement testacé, ou noir. 5

3 Mesonotum rouge sans tache noire. Tête et antennes noires. Thorax rouge avec le scutellum, le metanotum et une grande partie des mésopleures noirs; il est garni, ainsi que la tête, d'une courte pubescence blanchâtre. Pattes noires avec de très courts poils blancs. Ailes légèrement enfumées avec la côte et le stigma noir profond ainsi que les autres nervures. Abdomen testacé avec le fourreau de la scie noir. ♀

Le mâle a la tête, les antennes, le thorax et les pattes noirs. L'abdomen est noir avec seulement les segments 2 à 6 testacés. Il a les antennes plus longues que l'abdomen. Long. 10 à 11mm. Env. 21 à 22mm.

Lateritius, KLUG.

L'insecte parfait se trouve en juin.

PATRIE : Angleterre, France, Suisse, Hollande, Allemagne, Suède, Russie.

— Mesonotum noir ou taché de noir. 4

4 Mesonotum noir. Antennes noires, tête et thorax noirs, pubescents. Pattes noires. Ailes à peu près hyalines. Abdomen testacé. Long. 10mm. Env. 20mm.

Tremulæ, KLUG. ♂

PATRIE : Allemagne, Tyrol.

— Mesonotum seulement taché de noir. Tête et antennes noires. Thorax pubescent ainsi que la tête, rouge avec une tache triangulaire noire sur le milieu de la base du lobe médian du mesonotum, et deux grandes taches noires obliques sur ses lobes latéraux ; mésopleures en partie noires. Pattes noires. Ailes légèrement enfumées, nervures et stigma noirs. Abdomen testacé. ♀

Le mâle a les antennes, la tête, le thorax et les pattes entièrement noirs ; l'abdomen est testacé avec le premier segment noir brillant. Long. 9 à 10ᵐᵐ. Env. 18 à 20ᵐᵐ. **Triplicatus,** Klug.

Patrie : Angleterre, France, Allemagne, Suisse, Russie, Corfou, Espagne.

5 Abdomen testacé en partie. **6**

— Abdomen noir en entier, avec ou sans reflet bleu. **29**

6 Abdomen seulement noir au premier segment. **7**

— Abdomen noir ailleurs qu'au premier segment. **14**

7 Thorax noir, sauf quelquefois le metanotum, ou avec seulement un point rouge sous la naissance des ailes. **8**

— Thorax en grande partie rouge. **10**

8 Pattes en partie rouges, au moins aux genoux antérieurs. Tête noire, ponctuée, velue, antennes noires. Thorax rouge avec le metanotum et souvent le scutellum noirs ; mésopleures en grande partie noires. Pattes soit entièrement noires, soit avec les genoux rouges, soit avec les cuisses et les tibias plus ou moins rouges. Ailes noirâtres, surtout vers la base, quelquefois presque hyalines, nervures et stigma noirs. Abdomen testacé avec le premier segment noir, ou quelquefois l'extrême base du second; fourreau de la scie noir à la base et à l'extrémité. ♀

Le mâle a la tête, les antennes et le thorax noirs, ses pattes sont presque noires ou rouges ou de ces deux couleurs. L'abdomen est testacé avec le premier et les deux ou trois derniers segments noirs. Long. 7 à 8ᵐᵐ. Env. 15 à 17ᵐᵐ. **Pratensis,** Linné.

La larve vit sur les joncs. On trouve l'insecte parfait en mai et juin.

PATRIE : Angleterre, France, Suisse, Hollande, Allemagne, Tyrol, Hongrie, Naples. Espagne, Russie, Suède.

— Pattes noires. 9

9 Thorax noir sans reflet bleuâtre, quelquefois avec un point rouge sous la naissance des ailes. ♂
Triplicatus, KLUG. ♂ (V. n° 4).

— Thorax noir avec un léger reflet bleu. Antennes noires. Tête et thorax noirs, légèrement pubescents. Pattes noires. Ailes presque hyalines, nervures et stigma noirs. Abdomen testacé avec le premier segment noir. Fourreau de la scie noir. Long. 9mm. Env. 20mm. **Chappelli,** CAMERON. ♀

PATRIE : Angleterre.

10 Pattes en partie de couleur claire. 11

— Pattes noires. 13

11 Tête noire en entier. 12

— Tête noire bronzée en arrière. Antennes noires. Thorax noir avec le pronotum et le mesonotum rouges. Pattes noires avec la paire antérieure en grande partie rouge. Ailes hyalines, nervures et stigma noirs. Abdomen testacé avec le premier segment noir. ♀

Le mâle a le thorax noir en entier ainsi que l'extrémité de l'abdomen. Long. 7mm. Env. 15mm.
Æriceps, THOMSON.

PATRIE : Suède.

12 Vertex avec une double impression profonde en arrière. **Pratensis,** LINNÉ. (V. n° 8).

— Vertex sans impression en arrière. Tête et antennes

noires. Thorax presque entièrement noir, seulement un peu marqué de rouge en avant. Pattes noires avec les genoux et les tibias antérieurs en partie rouges. Ailes teintées de noir. Abdomen testacé avec le premier segment noir. ♀

Le mâle a tout le thorax et l'extrémité abdominale noirs. Long. 8mm. Env. 17mm.

Arcticus, Thomson.

Patrie : Suède.

13 Lobes latéraux du mesonotum noirs. Tête et antennes noires. Thorax noir avec le pronotum, les écaillettes et le lobe médian du mesonotum rouges. Pattes noires. Ailes un peu enfumées. Abdomen testacé avec le premier segment noir brillant. ♀

Le mâle est entièrement noir. Long. 9mm. Env. 20mm.

Thoracicus, Klug.

Patrie : Allemagne, Suède, Russie.

— Lobes latéraux du mesonotum rouges au moins en partie. Antennes noires. Tête noire, pubescente. Thorax rouge avec le scutellum, la base du mesonotum et le metanotum noirs. Pattes noires. Ailes légèrement enfumées. Abdomen testacé avec le premier segment noir, fourrèau de la scie noir. ♀

Le mâle a le thorax entièrement noir, ainsi que l'extrémité de l'abdomen. Long. 10mm. Env. 19mm.

Anticus, Klug.

Patrie : Angleterre, France, Suisse, Hollande, Allemagne, Tyrol, Autriche, Hongrie, Suède.

14 Ecaillettes noires. **15**

— Ecaillettes rouges ou brun clair. **25**

15 Pattes noires en entier. **16**

— Pattes en partie rouges. **18**

16 Antennes plus longues que l'abdomen.
Lateritius, Klug. ♂ (V. nº 3).

— Antennes plus courtes que l'abdomen. **17**

17 Deuxième segment abdominal rouge.
Anticus, Klug. ♂ (V. nº 13).

== Deuxième segment abdominal noir. Tête, antennes et thorax noirs. Pattes noires. Ailes hyalines. Abdomen noir avec le troisième segment et le dessus du quatrième rouges. Long. 9^{mm}. Env. 17^{mm}.
Klugii, Scholtz. ♂

Patrie : Silésie.

18 Cuisses et tibias entièrement rouges. Tête, antennes et thorax noirs. Pattes noires avec les cuisses et les tibias testacés. Ailes hyalines. Abdomen noir taché de rougeâtre au milieu. Long. 9^{mm}. Env. 18^{mm}.
Plaga, Klug.

Patrie : Allemagne.

— Cuisses et tibias en partie noirs. **19**

19 Lobes latéraux du mesonotum avec un reflet bleuâtre. Tête, antennes et thorax noirs. Pattes noires avec les genoux, les tibias et les tarses antérieurs rouges, quelquefois aussi les postérieurs. Ailes presque hyalines avec les nervures et le stigma noirs. Abdomen noir avec les segments 2 à 5, quelquefois aussi le sixième rouges. Long. 12 à 13^{mm}. Env. 25^{mm}.
Timidus, Klug.

Patrie : Allemagne, Suède, Tyrol.

— Lobes latéraux du mesonotum sans aucun reflet bleu. **20**

20 Premier segment abdominal velu, les segments 2 et 3 marqués de fines stries. Tête, antennes et tho-

rax noirs. Pattes noires avec les genoux et les tibias antérieurs rouges. Ailes hyalines, nervures et stigma noirs. Abdomen noir avec les segments 2 à 4 rouges. Long. 10^{mm}. Env. 20^{mm}. **Dubius,** Klug.

Patrie : Angleterre, France, Hollande, Allemagne, Hongrie, Russie, Suède.

— Premier segment abdominal glabre, les segments 2 et 3 lisses. **21**

21 Ailes presque hyalines, abdomen avec les trois derniers segments entièrement noirs. **22**

— Ailes enfumées. Extrémité de l'abdomen plus ou moins tachée de noir. Sexe mâle. **23**

22 Tous les tibias testacés ou bruns. Tête, antennes et thorax noirs. Pattes noires avec les genoux, les tibias et les tarses rougeâtres. Ailes à peu près hyalines. Abdomen noir avec le premier et les trois derniers segments noirs. Long. 7 à 8^{mm}. Env. 14 à 15^{mm}. **Palustris,** Klug.

Se trouve en juin et juillet dans les terrains marécageux, où il se pose sur les saules.

Patrie : Angleterre, France, Suisse, Tyrol, Hollande, Allemagne, Suède.

— Tous les tibias rouge vif; genoux postérieures noirs. Tête, antennes et thorax noirs. Pattes noires avec les genoux antérieurs et intermédiaires et tous les tibias rouges. Ailes à peine troublées. Abdomen noir avec les segments 2 à 5 rouges. Long. 8^{mm}. Env. 16^{mm}. **Busæi,** Vollenhoven.

Patrie . Hollande.

23 Tête bronzée en arrière.

Æriceps, Thomson. ♂ (V. nº 11).

— Tête non bronzée en arrière. **24**

24 Vertex marqué d'une double impression profonde en arrière. **Pratensis**, LINNÉ. ♂ (V. n° 8).

— Vertex sans impression en arrière. **Arcticus**, THOMSON. ♂ (V. n° 12).

25 Pattes postérieures rouges ou en partie rouges. 26

— Pattes postérieures noires sauf peut être à l'extrême base des tibias. 28

26 Tibias postérieurs rouges seulement à l'extrémité. Tête, antennes et thorax noirs ; écaillettes rouges. Pattes noires avec les genoux et les tibias antérieurs et intermédiaires rouges, les tibias postérieurs rouges à l'extrémité. Ailes presque hyalines. Abdomen rouge avec le premier segment et les derniers noirs. Long. 9 à 10mm. Env. 20mm. **Tristis**, KLUG.

PATRIE : Angleterre, France, Suisse, Tyrol, Allemagne, Suède.

— Tibias postérieurs entièrement rouges. 27

27 Antennes brunes ou rougeâtres. Tête et thorax noirs, pubescents; écaillettes blanches. Pattes rouges avec les tarses noirs ou bruns. Ailes hyalines. Abdomen noir avec les segments 2 à 6 rouges. Long. 6 à 7mm. Env. 12 à 14mm. **Pratorum**, FALLÉN.

PATRIE : France, Allemagne, Suède.

— Antennes noires. Tête et thorax noirs. Écaillettes brun clair. Pattes rouges. Ailes peu enfumées. Abdomen noir avec les segments intermédiaires rouges. Long. 12mm. Env. 24mm. **Desertus**, KLUG. ♂.

PATRIE : Allemagne.

28 Pronotum noir. Tête et thorax noir mat, velus de poils blanchâtres. Antennes noires. Écaillettes rougeâtres. Pattes noires avec les genoux, les tibias

et la base des tarses antérieurs testacés. Ailes hyalines, un peu enfumées à l'extrémité. Abdomen noir avec les segments 2 à 4 ou 2 à 5 rouges. Long. 10mm. Env. 20mm. **Saxatilis**, Klug.

Patrie : France, Allemagne.

— Pronotum rouge. Tête et antennes noires. Thorax noir avec le pronotum et les écaillettes rouges. Pattes noires avec les genoux et la base des tibias antérieurs et intermédiaires rouges. Ailes noirâtres, nervures et stigma noirs. Abdomen testacé avec le premier, l'extrémité du septième et le huitième segments noirs. Long. 8mm. Env. 16mm. **Fennicus**, nov. sp.

Patrie : Finlande.

29 Mesonotum noir. 30

— Mesonotum rouge ou taché de rouge. 31

30 Ecaillettes rouges. Tête, antennes et thorax noirs, pronotum et écaillettes rouges. Le lobe médian du mesonotum est bleuâtre ainsi que la tête, les lobes latéraux ont un reflet violet. Pattes noires. Ailes légèrement et également enfumées. Abdomen noir bleu.

Le mâle est entièrement noir ou noir bleu avec des reflets bronzés et violets sur le thorax. Long. 8 à 10mm. Env. 18mm. **Hæmatodes**, Schranck.

La larve, longue de 25mm, a le dessus du corps gris noirâtre avec le ventre blanchâtre. Elle est fortement sillonnée, munie de 22 pattes, les 3 paires écailleuses surmontées chacune d'une tache noire. La tête est blanchâtre avec une tache grise sur le front et les yeux noirs. — Elle vit sur un jonc (*juncus effusus*) en juin. A la fin de ce même mois, elle entre en terre pour y subir ses métamorphoses, probablement dans le sol humide du rivage. Elle ne s'y fait pas de cocon, mais seulement une sorte de loge à parois lisses où elle se transforme en nymphe et passe l'hiver sous cet état. L'insecte parfait éclot au printemps, en mai.

PATRIE : Angleterre, France, Allemagne, Hollande, Suède, Russie.

— Ecaillettes blanches ou en partie blanches. **38**

31 Pronotum rouge ou taché de rouge. **32**

— Pronotum noir. Tête et antennes noires. Lobes médians et latéraux du mesonotum rouges ainsi que les écaillettes, le reste du thorax noir. Pattes noires. Ailes hyalines, nervures et stigma noirs. Abdomen noir. Long. 10mm. Env. 20mm. **Vulneratus,** MOCSARY. ♀

PATRIE : Sibérie.

32 Pronotum entièrement rouge. **33**

— Pronotum taché de noir et de rouge. Tête et antennes noires. Thorax noir, quelquefois taché de rouge sur le pronotum. Pattes noires avec les cuisses rouges souvent en entier et les tibias jusqu'au milieu. Ailes hyalines, nervures et stigma noirs. Abdomen noir. Long. 8mm. Env. 16mm.

Liogaster, THOMSON.

PATRIE : Suède.

33 Lobes latéraux du mesonotum noirs. Tête et antennes noires. Thorax noir avec le pronotum et le lobe médian du mesonotum rouges. Pattes noires. Ailes hyalines, nervures et stigma noirs. Abdomen noir. Long. 9mm. Env. 18mm.

Rufotorquatus, COSTA.

PATRIE : Italie (Parme).

— Lobes latéraux du mesonotum rouges. Tête et antennes noires, un peu bleuâtres. Thorax noir avec le pronotum et les lobes latéraux et médians du mesonotum ainsi que les écaillettes rouges. Mésopleures bleuâtres. Pattes noires, cuisses bleuâtres, tibias et tarses gris brun, pubescents. Ailes hyalines, nervures et stigma noirs. Abdomen noir brillant, avec les segments finement bordés de blanc. Long. 7mm. Env. 15mm. **Sanguinicollis**, Klug.

Patrie : Autriche, Espagne.

34 Pattes non entièrement noires. **35**

— Pattes noires. **49**

35 Milieu des segments abdominaux marqué de grandes taches membraneuses (♂). Tête, antennes et thorax noir mat, un peu pubescents. Ecaillettes blanches ou en partie brunes. Pattes brunes avec les genoux et les tibias antérieurs blanchâtres, tibias et tarses garnis de poils gris. Ailes presque hyalines, à peine enfumées, surtout vers l'extrémité, nervures et stigma noirs. Abdomen (♀) noir brillant, glabre ; (♂) noir brillant avec le milieu des segments, surtout sur les quatrième et cinquième, garni d'une tache allongée, étroite, blanche, membraneuse. Long. 7 à 8mm. Env. 16mm. **Palmatus**, Klug.

Patrie : Angleterre, France, Hollande, Tyrol, Allemagne, Suède.

— Segments abdominaux sans parties membraneuses bien apparentes, sauf au premier segment. **36**

36 Ecaillettes blanches ou en partie blanches. **37**

— Ecaillettes noires. **40**

37 Cuisses postérieures rouges ou testacées, au moins en dessous. **38**

— Cuisses postérieures noires. **39**

38 Stigma noir avec la base blanche. Tête, antennes et thorax noir, ce dernier avec souvent le bord du pronotum et les écaillettes blanchâtres ou rougeâ-

tres. Pattes rouges avec la base des hanches, l'extrémité des tarses et le dessus des cuisses postérieures noirs. Ailes hyalines ou à peine teintées vers l'extrémité, nervures et stigma noirs, ce dernier blanc à sa base. Abdomen noir.

Le mâle a souvent le dessous des antennes rougeâtre, le labre, l'épistome et l'orbite inférieur des yeux blanchâtres. Long. 5 à 6mm. Env. 13mm.

Gilvipes, Klug.

Patrie : Allemagne, Suède.

— Stigma noir en entier. Tête, antennes et thorax noirs, quelquefois avec le bord des lobes du pronotum rougeâtre; écaillettes en partie blanc sale. Pattes rouges avec les hanches et les trochanters, quelquefois l'extrême base des cuisses et l'extrémité des tibias noirs, tarses noirs. Ailes presque hyalines, nervures et stigma noirs. Abdomen noir avec le plus souvent le bord des segments blanc. Long. 7 à 8mm. Env. 16mm. **Vestigialis**, Klug.

Patrie : Angleterre, France, Suisse, Tyrol, Hollande, Allemagne, Suède, Russie.

39 Tibias postérieurs noirs avec la base blanche. Tête antennes et thorax noirs; écaillettes blanches. Pattes noires avec les genoux et une partie des tibias antérieurs jaunâtres, tibias postérieurs noirs avec un large anneau blanc à leur base. Ailes hyalines, nervures et stigma noirs. Abdomen noir. Long. 7mm. Env. 14mm. **Genucinctus**, Zaddach. ♀

Patrie : Allemagne, Suède.

— Tibias postérieurs noirs sans anneau blanc.

Palmatus, Klug. (V. n° 35).

40 Tibias postérieurs noirs ou bruns. 41

— Tibias postérieurs en partie rouges. 42

41 Cuisses postérieures rouges ou en partie rouges. Tête, antennes et thorax noirs. Pattes noires avec les cuisses rouges au moins à l'extrémité. Ailes presque hyalines, nervures et stigma noirs. Abdomen noir, brillant, oviforme. Long. 7 à 8mm. Env. 16mm. **Mutilatus**, KLUG. ♀

PATRIE : Allemagne, Russie (Finlande).

— Cuisses postérieures noires. Tête, antennes et thorax noirs. Pattes noires avec les genoux et la base des tibias antérieurs rouges, quelquefois aussi les tibias intermédiaires rougeâtres. Ailes un peu teintées de noir, surtout vers l'extrémité. Abdomen noir. Long, 9 à 10mm. Env. 18mm. **Gessneri**, N. SP.

PATRIE : Suisse.

42 Toutes les cuisses rouges. 43

— Cuisses en partie noires, au moins les postérieures ou les intermédiaires. 44

43 Cuisses et tibias testacé clair.
Liogaster, THOMSON, var. (V. n° 32).

— Cuisses et tibias brun sombre. Tête, antennes et thorax noirs. Pattes brun sombre. Ailes blanchâtres ou hyalines; stigma bordé de blanc. Abdomen noir. Long. 8mm. Env. 16mm. **Picipes**, KLUG.

PATRIE : Allemagne.

44 Hanches testacées. Tête, antennes et thorax noirs, antennes plus courtes que l'abdomen. Pattes testacées avec le dessus des cuisses postérieures et l'extrémité des tibias brun foncé. Ailes hyalines, nervures et stigma noirs. Abdomen noir. Long. 6mm. Env. 12mm. **Tenebrosus**, EVERSMANN. ♀

PATRIE : Russie (Orenbourg).

— Hanches noires. 45

45 Antennes aussi longues que le corps, noires. Tête et thorax noirs. Pattes rouges avec les hanches, la base des cuisses, l'extrémité des tibias et les tarses noirs. Ailes hyalines, nervures et stigma noirs. Abdomen noir. Long. 9mm. Env. 18mm.

Magnicornis, EVERSMANN.

PATRIE : Russie (Orenbourg).

— Antennes moins longues que le corps. **46**

46 Extrémité des tibias rouge. Tête, antennes et thorax noirs. Pattes noires avec la moitié apicale des cuisses et l'extrémité des tibias testacés. Ailes hyalines. Abdomen noir. Long. 9mm. Env. 18mm.

Femoratus, EVERSMANN.

PATRIE : Russie (Casan).

— Extrémité des tibias noire. **47**

47 Valvules hypopygiales rouges. Deuxième segment abdominal lisse, glabre.

Liogaster, THOMSON. (V. n° 32).

— Valvules hypopygiales noires. Deuxième segment abdominal légèrement rugueux ou strié. **48**

48 Lobes latéraux du mesonotum presque lisses. Tête, antennes et thorax noirs. Pattes noires avec les deux tiers apicaux des cuisses et la base des tibias rouges. Ailes presque hyalines, nervures et stigma noirs. Abdomen noir. Long. 9 à 10mm. Env. 18 à 20mm. **Gonager**, FABRICIUS.

La larve vit en juin et juillet sur les herbes des prairies, les fétuques (*Festuca pratensis*, etc.). L'Insecte parfait vole en avril, mai et juin.

PATRIE : Angleterre, France, Suisse, Tyrol, Hongrie, Hollande, Allemagne, Suède, Russie.

— Lobes latéraux du mesonotum garnis d'une ponctuation serrée. Tête, antennes et thorax noirs.

Pattes noires avec l'extrémité des cuisses et la base des tibias rouges. Ailes à peu près hyalines, nervures et stigma noirs. Abdomen noir. Long. 8mm. Env. 16mm. **Puncticolis,** THOMSON.

PATRIE : Suède.

49 Corps noir avec des reflets bleus, bronzés ou rougeâtres, au moins sur la tête, ou la partie antérieure du thorax. **50**

— Corps noir pur, brillant ou mat, sans reflets colorés. **58**

50 Scutellum ponctué partout, sauf qu'il est quelquefois lisse à peine sur une ligne médiane. **51**

— Scutellum non ponctué en avant sur un large espace. **56**

51 Ailes blanches ou à peine enfumées à l'extrême bord. Pubescence courte, blanche. Lobes latéraux du mesonotum noirs. Antennes noires. Tête noir bleuâtre, ponctuée ainsi que le pronotum et le lobe médian du mesonotum. Abdomen noir, à peine bleuâtre, finement garni de très petites stries, avec une ligne médiane lisse; segments ventraux un peu bordés de blanc. Mésopleures grossièrement ponctuées. Pattes noires avec les hanches et les cuisses bleuâtres, glabres, les tibias et les tarses garnis d'une fine pubescence grise. Nervures et stigma noir profond. Long. 9 à 10mm. Env. 20mm. **Æneus,** HARTIG.

PATRIE : Angleterre, France, Allemagne, Hollande, Suède.

— Ailes troublées partout, ou au moins à l'extrémité. **52**

52 Lobes latéraux du mesonotum lisses, au moins en avant. **53**

— Lobes latéraux du mesonotum entièrement et visiblement ponctués. 54

53 Antennes pas plus longues que l'abdomen.
Æneus, HARTIG. (V. n° 51).

— Antennes plus longues que l'abdomen, noires. Tête, thorax et quelquefois abdomen noir bleuâtre. Ailes à peu près également et légèrement teintées de noir. Pattes noires avec les hanches et les cuisses bleuâtres. Stigma en partie brun. Valvules hypopygiales ♀ rougeâtres ou testacées. **Elongatus**, THOMSON.

PATRIE : Allemagne, Suède.

54 Mesonotum noir. Tête bleuâtre, fortement ponctuée. Antennes noires. Thorax noir. Pattes noires avec quelquefois un reflet bleu sur les cuisses. Abdomen noir, quelquefois bleuâtre. Ailes enfumées, surtout vers l'extrémité. Long. 9 à 10mm. Env. 20mm.
Niger, LINNÉ.

PATRIE : Angleterre, France, Hollande, Suisse, Tyrol, Hongrie, Italie, Allemagne, Suède, Russie.

— Mesonotum avec le lobe médian bleu ou bronzé, les lobes latéraux carminés. 55

55 Mésopleures très velues de poils blancs.
Hæmatodes, SCHRANCK. ♂ (V. n° 30).

— Mésopleures très-ponctuées, mais très courtement velues de poils noirs. Tête bleue. Antennes noires, de la longueur de l'abdomen. Thorax ponctué, brillant, avec le lobe médian du mesonotum et le scutellum bleus ou verts bronzés ; lobes latéraux du mesonotum pourprés. Mésopleures bleu verdâtre. Pattes noires avec les cuisses un peu bleuâtres, les tibias velus de poils gris. Ailes également et légèrement teintées de noir. Abdomen brillant, noir, avec de petits poils gris vers son extrémité. Long. 8 1/2mm. Env. 16mm. **Lucens**, N. SP. ♂♀.

PATRIE : Hongrie.

56 Thorax garni d'une pubescence longue noire. Corps à peu près entièrement bleu. Ailes noirâtres ; stigma en partie brun. Long. 9mm. Env. 21mm. **Atricapillus**, HARTIG.

PATRIE : Angleterre, Suisse, Allemagne, Suède, Russie.

— Thorax garni d'une pubescence grise, courte ou longue. 57

57 La deuxième nervure transverso-cubitale est interstitiale avec la nervure transverso-radiale. Corps bleu très-sombre, la teinte bleue ne devenant apparente que dans certaines parties. L'éclat de cet insecte est très-grand ; les ailes sont translucides. Long. 9mm. Env. 18mm. **Nitens**, ZADDACH.

PATRIE : Allemagne.

— La deuxième nervure transverso-cubitale atteint la nervure radiale en arrière de la nervure transverso-radiale. Corps noir bleuâtre brillant en entier, oviforme. Tête partout très-densément et également ponctuée, pubescente de petits poils jaunâtres ou grisâtres. Thorax uni en dessus avec seulement l'arrière du scutellum et la partie externe du lobe médian du mesonotum ponctués. Abdomen avec le premier segment finement chagriné et profondément échancré; les suivants portent dans leur milieu une ligne finement ponctuée et velue qui s'élargit sur le cinquième segment. Ailes blanches et transparentes, nervures brunes ; stigma brun sombre avec le bord plus clair. Le mâle a la fente dorsale du septième segment abdominal blanche. Long. 8 à 9mm. Env. 19 à 20mm. **Anthracinus**, KLUG.

PATRIE : Angleterre, France, Allemagne, Suède.

58 Lobes latéraux du mesonotum ponctués partout. **59**

— Lobes latéraux du mesonotum en partie lisses ou éparsement ponctués. **71**

59 Ailes blanches ou hyalines. **60**

— Ailes teintées de noir ou de jaunâtre en tout ou en partie. **65**

60 Vertex sans petits espaces lisses à sa partie postérieure. **61**

— Vertex avec un ou deux petits espaces lisses en arrière. **62**

61 Segments ventraux un peu bordés de blanc. Corps entièrement noir. Tête mate, ponctuée. Thorax un peu luisant, abdomen brillant. Tête garnie de courts poils blancs, thorax avec de petits poils gris. Antennes et pattes noires. Eperons postérieurs en partie noirs, en partie blancs. Ailes presque hyalines, très légèrement teintées vers l'extrémité, nervures et stigma noirs. Long. 8mm. Env. 16mm.

Varispinus, Hartig.

Patrie : Angleterre, France, Allemagne, Suède.

— Segments ventraux non bordés de blanc. Corps entièrement noir. Tête ponctuée, mate avec de très-courts poils blancs. Thorax luisant avec de petits poils gris. Abdomen brillant ; Ailes hyalines ; nervures et stigma noirs. Pattes noires. Long. 8mm. Env. 16mm. **Leucopterus**, Zaddach.

Patrie : Allemagne.

62 Huitième et neuvième segments de l'abdomen membraneux au milieu en dessus, ou aucun segment membraneux. **63**

— Neuvième segment seul membraneux au milieu. Corps entièrement noir; vertex limité par des fossettes et des lignes enfoncées. Antennes noires, plus courtes que l'abdomen. Segments antérieurs de celui-ci lisses. Ailes presque hyalines. Nervures et stigma noirs. Pattes noires. Long. 9mm. Env. 18mm.

Tæniatus, ZADDACH. ♂

PATRIE : Allemagne.

63 Derniers segments abdominaux sans partie membraneuse (♀). Corps entièrement noir. Tête et thorax mats. Abdomen assez brillant, large, quelquefois déprimé, au moins chez la ♀, avec les segments finement bordés de blanc. Antennes noires, plus courtes que l'abdomen. Vertex avec deux petits espaces lisses derrière les ocelles. Ailes enfumées, jaunâtres, surtout vers la base, quelquefois presque hyalines. Tête et thorax garnis d'une pubescence grise; nervures et stigma noirs. Pattes noires, velues de poils gris, surtout sur les tibias et les tarses; éperons postérieurs noirs. Long. 9mm. Env. 18mm. **Fissus**, HARTIG.

PATRIE : Angleterre, France, Hollande, Tyrol, Allemagne, Suède, Russie.

— Derniers segments abdominaux avec des parties membraneuses au milieu de leur bord. **64**

64 Vertex visiblement séparé du front par un sillon, noir en entier; corps étroit, élancé. Tête finement ponctuée sur le front, plus éparsement sur l'occiput; la ponctuation laisse en arrière du vertex un espace lisse terminé de tous côtés par des fossettes. Antennes à peine plus longues que l'abdomen. Thorax finement ponctué, le scutellum l'étant plus densément. Premier segment abdominal rugueux et profondément échancré. Ailes transparentes. Long. 7mm. Env. 14mm. **Brevis**, ZADDACH. ♂

PATRIE : Allemagne.

— Vertex non séparé du front par un sillon. **Fissus**, HARTIG. ♂ (V. n° 63).

65 Tête sans espace lisse de chaque côté de l'arrière du vertex. 67

— Tête avec deux espaces lisses de chaque côté de l'arrière du vertex. 66

66 Grains du métathorax blancs, gros, très-visibles. **Fissus**, HARTIG. (V. n° 63).

— Grains du métathorax bruns. Corps noir en entier. Tête et thorax mats. Ailes troublées, nervures et stigma noirs. Abdomen presque lisse en avant, plus fortement ponctué à l'arrière. Antennes plus courtes que l'abdomen ou, au plus, aussi longues que lui. Long. 9mm. Env. 18mm. **Brevicornis**, ZADDACH.

PATRIE : Allemagne.

67 Ailes presque hyalines à la base, enfumées à l'extrémité. 68

— Ailes troublées à la base. 69

68 Premier segment abdominal brillant, glabre. **Thoracicus**, KLUG (V. n° 13).

— Premier segment abdominal chagriné au sexe ♀. **Niger**, LINNÉ. (V. n° 54).

69 Occiput muni en arrière d'un bourrelet partant du milieu du vertex et passant derrière les yeux. 70

— Occiput sans bourrelet. Corps entièrement noir, large. Tête et thorax ponctués, mats. Abdomen ponctué et velu surtout à partir du quatrième segment, ce qui lui ôte tout éclat. Long. 8 1/2mm. Env. 17mm. **Fumosus**, ZADDACH.

PATRIE : Allemagne.

70 Ailes complètement enfumées. Corps noir en entier. Vertex ponctué et bordé de sillons. Occiput muni d'un bourrelet très-remarquable. Thorax entièrement et finement ponctué, plus fortement sur le scutellum. Ailes noires, seulement un peu plus claires à l'angle interne des ailes. Le ♂ a les antennes plus longues que l'abdomen, et celui-ci est déprimé. La ♀ a les antennes plus courtes que l'abdomen qui est ovale. Long. 8mm. Env. 16mm. **Ravus**, ZADDACH.

PATRIE : Allemagne.

— Ailes non complètement enfumées. Corps noir. Tête rétrécie derrière les yeux, vertex arrondi. Premier segment abdominal lisse et glabre. Ailes cendrées. Long. 7 à 8mm. Env. 13 à 14mm.

Gracilis, ZADDACH.

PATRIE : Allemagne.

71 Ailes complètement hyalines, nervures brun sombre. Corps entièrement noir, atténué à l'extrémité. Tête également ponctuée. Lobes latéraux du mesonotum ponctués seulement au bord postérieur; scutellum ponctué seulement à l'arrière. Tête et thorax garnis de poils blancs. Abdomen avec les segments abdominaux finement bordés de blanc ou de brun clair. Antennes plus longues que l'abdomen. Long. 10mm. Env. 20mm. **Longicornis**, ZADDACH.

PATRIE : Allemagne.

— Ailes plus ou moins teintées ou enfumées. **72**

72 Ecusson entièrement ponctué. Corps noir. Thorax lisse au milieu des lobes latéraux du mesonotum, mais ponctué sur le lobe antérieur et sur le scutellum, ainsi que sur les mésopleures. Antennes plus longues que l'abdomen. Ailes troublées, nervures et stigma brun noir. Deuxième et troisième segments abdominaux lisses, les autres finement

ponctués. Grains du métathorax bruns. Long. 8mm. Env. 16mm. **Asper**, ZADDACH.

PATRIE : Allemagne.

— Ecusson lisse à la base. Corps noir en entier, pubescent de gris, indistinctement bleuâtre sur le vertex, les mésopleures et les cuisses. Lobes latéraux du mesonotum et base du scutellum lisses. Antennes longues. Grains du métathorax grands, blancs d'ivoire. Long. 9 à 10mm. Env. 20mm.
Gibbosus, HARTIG.

PATRIE : Allemagne, Suède.

28e GENRE. — PELMATOPUS, HARTIG, 1837 (61).

πελμα, semelle, patella, πους, pied.

Antennes de 9 articles, aussi longues que l'abdomen. Ailes grandes, avec deux cellules radiales, trois cellules cubitales, la seconde recevant les deux nervures récurrentes. Cellule lancéolée pétiolée. Ailes inférieures avec deux cellules discoïdales fermées. Tarses munis d'appendices ou patella bien visibles. Corps oviforme.

Tête, antennes et thorax noir brillant. Pattes noires avec les genoux, les tibias et les tarses blanc brunâtre. Ailes hyalines, nervures et stigma brun clair. La deuxième cubitale porte dans son milieu un point corné noir. Abdomen noir. Long. 4mm. Env. 9mm. **Minutus**, HARTIG.

Se trouve en mai.

PATRIE : Allemagne.

8e Tribu. — Athalidæ

(PLANCHE XVII)

Caractères. — Tête transversalement élargie, terminée latéralement par deux grands yeux arrondis, sans sillons ni marques quelconques sur le vertex. Labre grand, arrondi à l'extrémité, épistome tronqué, mandibules larges, aplaties, avec une dent mousse au côté interne; palpes maxillaires de six articles, le premier très petit; palpes labiaux de quatre articles, le premier est très court, le second le plus grand et les deux autres à peu près d'égale longueur. Antennes courtes, insérées au-dessus de l'épistome entre les yeux, de dix à onze articles; les deux premiers très courts, le troisième le plus long, les suivants diminuant progressivement de longueur en même temps qu'ils augmentent de diamètre jusqu'au dernier qui est arrondi en dessus et termine brusquement l'antenne; celle-ci présente donc dans son ensemble l'aspect d'une massue. Sa longueur égale à peine celle de la tête et du thorax réunis.

Thorax arrondi, ses diverses parties séparées par des sillons profonds. Pattes ordinaires, les postérieures un peu plus développées que les antérieures; éperons des tibias très courts, l'éperon interne des tibias antérieurs n'est pas aplati et élargi comme chez beaucoup d'autres Tenthrédines, mais il est beaucoup plus long et plus fort que son voisin et il présente un aspect spiculiforme ; ongles mutiques et simples. Ailes grandes, dépassant notablement au repos l'extrémité de l'abdomen ; elles comprennent deux cellules radiales, quatre cellules cubitales, dont la deuxième et la troisième reçoivent chacune une nervure récurrente. La nervure margino-discoïdale prend naissance à la base de la nervure cubitale ; cellule lancéolée divisée par une nervure oblique, stigma ordinaire, triangulaire; ailes inférieures avec deux cellules discoïdales fermées et la cellule anale longuement appendiculée

Abdomen oblong, un peu oviforme, renflé, sans espace nu après le premier segment, ou celui-ci à peine visible, rarement bien distinct.

Œufs. — L'œuf des Athalides (au moins parmi ceux qui sont connus) est blanc, translucide, oblong. Il est inséré par la mère sur le bord des feuilles dans une incision faite par la scie.

Larves. — Les larves des Athalides ont 22 pattes, savoir 3 paires de pattes thoraciques, 7 paires de pattes abdominales et une paire de pattes anales. Elles sont allongées, cylindriques, marquées d'un grand nombre de sillons. La tête est petite, globuleuse, et porte deux petits yeux ronds; elle est plus étroite que le corps et munie de deux courtes antennes. Le corps peut se décomposer en douze segments ; il est entièrement glabre.

Mœurs et Métamorphoses. — Les larves d'Athalides peuvent parfois causer de véritables dommages dans quelques cultures potagères ou maraîchères, et à ce titre l'une d'elles, celle de l'*Athalia spinarum*, qui nuit aux navets turneps, a été étudiée surtout en Angleterre par plusieurs savants. Ces insectes, qui sont de petite taille, ont deux, quelquefois trois générations annuelles. En mai, les femelles pondent sur le bord des feuilles de leurs plantes respectives dans de petites incisions ; quatre ou cinq jours plus tard, la larve éclot et se met de suite à dévorer les feuilles. Dans d'autres cas (*A. lugens sur Clematis erecta*) d'après Bouché et Kaltenbach, il se forme à l'endroit de la ponte, sous l'influence de l'œuf ou des liqueurs qui l'accompagnent, un grossissement foliacé dans la cavité duquel la larve commence à se développer et où elle séjourne environ de 14 à 20 jours. Ces sortes de galles se percent ensuite ; les larves se répandent sur les feuilles qu'elles rongent par le bord, pendant un temps égal. Dans l'un ou l'autre cas, les larves, parvenues à l'état adulte, entrent en terre et s'y construisent une coque brune dans laquelle elles se transforment en nymphes. L'insecte parfait en sort bientôt après et apparaît en août pour pondre de nouveau et donner une deuxième génération qui va passer l'hiver.

Les Athalides sont peut-être les Tenthrédines dont la dispersion géographique est la plus étendue. On retrouve les mêmes espèces depuis la Finlande et la Suède jusqu'au Portugal, en Algérie, sur la côte ouest d'Afrique, aux Indes, au Japon, etc.

29ᵉ GENRE. — ATHALIA, Leach, 1814 (162)

Athalia, nom propre.

Antennes de 10 à 11 articles, courtes, claviformes. Corps épais, oviforme. Ailes longues, avec deux cellules radiales, quatre cellules cubitales dont la deuxième et la troisième reçoivent chacune une nervure récurrente. Cellule lancéolée divisée par une nervure oblique.

La forme du dernier segment ventral permet de distinguer facilement les sexes.

1 Mesonotum glabre ou presque glabre. 2

— Mesonotum visiblement pubescent. 3

2 Pronotum testacé en entier, ainsi que les écaillettes. Poitrine testacée. Tête noire, épistome et labre blanc jaunâtre ; antennes noires, plus claires en dessous. Thorax testacé, excepté le meso-et le metanotum qui sont noir brillant. Pattes testacées avec l'extrémité des tibias et de chacun des articles des tarses noire. Ailes hyalines, jaunâtres à la base ; nervure costale et stigma noirs ; les autres nervures jaunes vers la base, brunes vers l'extrémité de l'aile. Abdomen entièrement testacé, avec l'espace nu du premier segment bien visible ; fourreau de la scie (♀) noir. Long. 6ᵐᵐ. Env. 14ᵐᵐ.

Glabricollis, Thomson.

Patrie : Angleterre, Suède, Hongrie, Asie-mineure.

— Pronotum noir au moins en son milieu. Poitrine noire. Tête noire ; épistome et labre jaunâtres. Antennes noires ou plus ou moins brunes. Thorax noir avec les lobes du pronotum quelquefois jaunes ou bordés de jaune, surtout chez la ♀. Pattes testacées ou jaunes avec la base des hanches, l'extrémité des tibias postérieurs et des articles de leurs tarses noirs. Ailes hyalines, jaunâtres à la base, nervure costale et stigma noirs, les autres nervures jaunes à la base, brunes à l'extrémité. Abdomen testacé-jaune avec le premier segment noir en dessus. Long. 6mm. Env. 14mm. **Annulata**, Fabricius.

La larve, qui a 12 à 15mm, a le corps noir sale, plus blanc sur les côtés. — Elle vit en juillet, puis en septembre et octobre sur la *Veronica beccabunga* dont elle dévore les feuilles par dessous. L'insecte parfait parait au printemps, en mai et juin, et en août. On le trouve sur les fleurs de différentes plantes, surtout les ombellifères.

Patrie : Angleterre, France, Tyrol, Allemagne, Hongrie, Suède, Russie.

3 Tarses postérieurs non annelés de noir. Tête noire avec la bouche pâle ; parfois, chez la ♀, l'épistome est bordé de noir. Antennes noires, ou plus ou moins brunes surtout en dessous. Thorax noir, avec les lobes du pronotum testacés. Pattes testacées avec la partie externe des tibias et tous les tarses noirs ou noir grisâtre. Ailes un peu enfumées, plus jaunâtres à la base; nervures et stigma noirs. Abdomen testacé avec souvent le premier segment et la base du second noirs. Long. 6mm. Env. 14mm. **Lugens**, Klug.

La larve, de 12 à 15mm, est cylindrique, blanc verdâtre avec la tête brune. — Elle vit durant la moitié de son existence dans des pseudogalles causées sur les feuilles de la *Clematis erecta* par la ponte de la mère en mai. Cette larve sort ensuite de son réduit et mange les feuilles à découvert. Elle prend alors une teinte vert bleuâtre. Au milieu ou à la fin de juin, elle a atteint sa taille complète et elle entre en terre pour se transformer en nymphe et donner son insecte parfait soit la même année, soit l'année suivante.

PATRIE : Angleterre, France, Allemagne, Suède.

— Tibias postérieurs jaunes annelés de noir. 4

4 Scutellum rouge. 5

= Scutellum noir. 6

5 Lobe antérieur du mesonotum rouge. Tète noire avec le labre et l'épistome blancs ; antennes noires. Thorax rouge en dessus avec les lobes latéraux du mesonotum et le metanotum noirs, ce dernier taché de rouge en son milieu ; écaillettes rouges, dessous du thorax jaune testacé. Pattes jaune testacé avec l'extrémité des tibias et des articles des tarses noire. Ailes hyalines, un peu jaunâtres à la base ; côte et stigma noirs ; nervures jaunes vers la base de l'aile, brunes à son extrémité. Abdomen jaune testacé ; fourreau de la scie (♀) noir. Long. 7mm. Env. 15mm. (Pl. XVII. fig. 2, 4 et 5). **Spinarum**, FABRICIUS.

La larve, (Pl XVII. fig. 6 à 9), est longue de 15 à 18mm. Elle est noire en dessus avec les côtés et le dessous blanc ou noirâtre. La tête est noir brillant. — Elle vit en mai et juin sur les crucifères qu'elle dépouille complètement de façon à causer de véritables désastres dans certaines cultures. En 1840, les turneps ont été ravagés en Angleterre. Elle entre en terre en juillet ; donne un insecte parfait en août et une seconde génération se développe. Celle-ci passe l'hiver en terre et fournit les insectes et les pontes du printemps. Pendant sa retraite souterraine, cette larve s'enferme dans une coque oblongue, brune, à surface irrégulière. L'insecte parfait se rencontre communément sur les fleurs des ombellifères, des églantiers, des ronces, etc. On lui a reconnu comme parasites :

Mesoleius armillatorius, Grav.— *Ichneumonide.*
— *ciliatus*, Holmg.— —
Perilampus splendidus, — *Chalcidite.*
— *violaceus*, — —
Perilissus lutescens, Holmg. — *Ichneumonide.*
Tachina bisignata, Meigen. — *Diptère.*

Tryphon brachyacanthus, Grav.—*Ichneumonide.*
— *marginellus*, Grav.— —
— *succinctus*, Grav. — —

PATRIE : Angleterre, France, Suisse, Tyrol, Italie, Allemagne, Suède, Hongrie, Russie, Sibérie, Asie orientale et méridionale.

— Lobe antérieur du mesonotum noir. Tête noire, épistome et labre blanc jaunâtre. Antennes noires. Thorax noir avec les lobes du prothorax, les écaillettes et le scutellum rouges ; dessous du thorax entièrement noir. Pattes testacées avec les hanches et une partie des trochanters noires, l'extrémité des tibias intermédiaires et postérieurs et des articles de leurs tarses noire. Ailes hyalines un peu obscures, légèrement jaunâtres à la base ; nervures et stigma noirs. Abdomen testacé avec le premier segment noir ainsi que la base du second ; quelquefois les suivants sont tachés de noir au milieu ; fourreau de la scie noir. Long. 5 à 6mm. Env. 14mm.

Rufoscutellata, MOCSARY. ♀

Se trouve assez rarement en mai.

PATRIE : Hongrie centrale et orientale.

6 Abdomen jaune en entier ou avec le premier ou les deux premiers segments noirs. 7

— Abdomen taché de noir sur le milieu de tous les segments. Tête noire, labre blanc ; antennes noires. Thorax noir, écaillettes noires ; pattes testacées avec les hanches et les trochanters, l'extrémité des tibias intermédiaires et postérieurs, celle des tarses antérieurs, les tarses postérieurs presque en entier, surtout vers leur extrémité, noirs. Ailes hyalines, jaunâtres à la base ; nervures et stigma bruns. Abdomen testacé avec les deux premiers segments et le milieu des suivants noirs. Long. 6mm. Env. 14mm.

Maculata, MOCSARY.

Se trouve en juin.

PATRIE : Hongrie centrale et méridionale.

7 Labre noir. Tête noire, épistome et base des mandibules testacés ou blancs. Thorax noir avec une pubescence noire. Pattes testacées ; hanches, trochanters, extrémité des tibias noirs ; tous les articles des tarses antérieurs et les deux premiers des tarses postérieurs annelés de noir à leur extrémité, les trois derniers des tarses postérieurs entièrement noirs. Ailes hyalines un peu obscures ; nervures et stigma noirs. Abdomen testacé avec les deux premiers segments et le fourreau de la scie noirs. Long. 5^{mm}. Env. 12^{mm}. **Paveli**, MOCSARY.

PATRIE : Brousse, en Asie mineure.

— Labre blanc ainsi que l'épistome. Tête noire. Antennes noires ou testacées en dessous ou entièrement testacées. Thorax testacé avec le mesonotum et le metanotum, quelquefois aussi le pronotum noir brillant. Écaillettes testacées. Poitrine soit entièrement testacée, soit tachée de noir, soit tout-à-fait noire. Pattes testacées avec l'extrémité des tibias et des articles de leurs tarses noire, souvent les pattes antérieures sont entièrement jaunes. Ailes hyalines, un peu jaunes à la base ; nervures et stigma bruns. Abdomen testacé jaune en entier ou avec le premier ou les deux premiers segments noirs ; fourreau de la scie noir. Long. 4 à 7^{mm}. Env. 9 à 15^{mm}. **Rosæ**, LINNÉ.

L'insecte parfait se trouve en avril et mai et de juin à août. On en trouve aussi en automne, ce qui pourrait s'expliquer par une troisième génération annuelle. Il se rencontre en abondance sur les rosiers, les ronces, les ombellifères, etc. Il doit avoir un grand nombre de parasites, mais aucun n'a encore été indiqué.

PATRIE : Toute l'Europe, une partie de l'Asie et de l'Afrique.

9e Tribu. — Selandriidæ

(PLANCHES XVII ET XVIII)

Caractères. — Corps ramassé, oviforme. Tête transversale, concave en arrière, portant de part et d'autre des yeux oblongs plus ou moins grands; labre plan, droit ou échancré, épistome tantôt tronqué, tantôt sinué ou échancré; palpes maxillaires ordinairement de six articles, palpes labiaux de quatre articles; mandibules pointues, aigües avec une forte dent au milieu de leur bord interne. Vertex sillonné ou marqué de fossettes. Antennes ordinairement courtes, filiformes, de 9 articles, les deux premiers globuleux ou coniques, le troisième allongé, le plus souvent le plus grand, rarement plus court que le quatrième, les suivants diminuant progressivement de longueur. Thorax arrondi, globuleux, marqué de profonds sillons. Pattes ordinaires; éperons des tibias courts, souvent l'un de ceux des pattes antérieures un peu foliacé et fourchu; ongles des tarses soit simples ou mutiques, soit bifides. Ailes grandes, dépassant de beaucoup l'abdomen; nervure costale quelquefois épaissie avant le stigma, celui-ci assez grand, triangulaire; deux cellules radiales, quatre cellules cubitales, la première parfois indistinctement séparée; la première et la deuxième cubitales reçoivent chacune une nervure récurrente; la nervure transverso-radiale est quelquefois interstitiale, d'autres fois éloignée de l'angle de la cellule cubitale; cellule lancéolée ouverte sans nervure, ou traversée par une nervure oblique, ou pétiolée. Ailes inférieures sans ou avec une ou deux discoïdales fermées; cellule anale le plus souvent appendiculée; très-rarement la nervure anale se prolonge sur le bord de l'aile inférieure avec les autres nervures, de façon à suivre ce bord sans discontinuité.

Abdomen oviforme avec un espace nu bien distinct après le premier segment.

Œuf. — L'œuf des Selandriides est mal connu. Il est ovale et ressemble beaucoup à celui de toutes les autres Tenthrédines.

Larves. — Les larves des Sélandriides sont de forme assez variable et leurs habitudes diffèrent aussi complètement suivant les groupes auxquels elles appartiennent. Quelques unes sont assez nombreuses et voraces pour nous causer de réels dommages. Ces larves ont les unes 20, les autres 22 pattes. Parmi les premières, il en est qui se séparent à peu près complètement de l'aspect ordinaire des fausses chenilles ; elles ont une forme allongée, très-renflée du côté de la tête, qui est peu distincte, et elles se continuent en une queue se rétrécissant rapidement pour finir presque en pointe à la manière d'un têtard de grenouille. Les pattes écailleuses sont courtes et presque invisibles par dessus. Le corps entier est lisse, gluant, couvert d'une matière visqueuse qui a permis de les comparer à la limace et a pu leur en faire donner le nom. Ces larves ont une odeur désagréable, et la matière humide qui les enduit semble destinée à les préserver d'un dessèchement rapide par les rayons du soleil et surtout doit servir à les fixer à la surface des feuilles des arbres qu'elles affectionnent, saules, poiriers, cerisiers, etc.

Une autre sorte de larves à 20 pattes, de forme cylindrique, (*Eriocampa ovata*), a le corps couvert d'une matière blanche, cotonneuse qui rappelle celle dont se revêtent quelques espèces de pucerons. Cette toison se détache facilement de la surface du corps, et, lorsqu'elle est enlevée par accident, elle se reproduit bientôt. On peut alors constater qu'elle est secrétée par des glandes dont les orifices sont répandus sur la surface du corps. Ces masses cotonneuses sont formées par la réunion de petites touffes aplaties, et écaillées à l'extrémité comme une scie.

Les larves à 22 pattes se rapprochent davantage par leur forme de celle qui est habituelle aux fausses-chenilles. Leur corps est allongé, cylindrique, précédé par une tête petite et garnie de deux yeux arrondis. Tandis que chez les unes, la peau est couverte seulement d'une série de tubercules irréguliers et diversement placés et colorés, chez d'autres, elle est couverte par une quantité de véritables épines cornées de couleurs diverses et de formes particulières. Ces piquants sont rangés avec ordre sur chaque segment de façon à former des séries régulières. Ils sont garnis d'aspérités, sont simples, bifides ou trifides, et reposent sur des sortes de tubercules élargis qui leur servent de base. Sur les côtés du corps, ces épines sont plus faibles et moins colorées. On en remarque même sur des éminences placées au dessus des pattes membraneuses. Après la dernière mue, ces appendices disparaissent, comme la matière cotonneuse des larves précédentes, pour ne laisser sur la peau qu'une trace plus foncée. Toutes ces dernières larves ont deux pattes anales.

Enfin quelques Selandriides ont des fausses-chenilles à 20 pattes qui ne diffèrent en rien de toutes les autres.

Quelle que soit leur forme, ces larves ont des palpes maxillaires de quatre articles et des palpes labiaux de trois articles. Celles qui sont épineuses ont des antennes de sept articles.

Mœurs et Métamorphoses. — Ces larves vivent presque toutes des feuilles de différents arbres parmi lesquels figurent beaucoup de nos arbres fruitiers. Des plantes herbacées nourrissent aussi quelques espèces. Tandis que les unes dévorent les feuilles de façon à n'en laisser subsister que les grosses nervures, d'autres (les larves limaces) ne s'attaquent qu'au parenchyme et leurs ravages, après s'être accusés sur les feuilles par de larges espaces jaunis, donnent ensuite une fine dentelle composée de toutes les fibres qui sont respectées.

Quelques autres signalent leur présence en recoquevillant le bord des feuilles qui les nourrissent et s'y constituent de cette façon un abri permanent. Enfin il en est encore qui s'établissent dans un fruit vert (prune) et le font avorter, l'empêchant de grossir et dévorant tout l'intérieur alors que l'amande est encore tendre.

Toutes ces larves semblent n'avoir qu'une seule génération annuelle ; arrivées à leur taille, elles entrent dans la terre pour se transformer. Elles se construisent à une profondeur de trois à cinq centimètres un cocon simple soit à peu près cylindrique, soit ovoïde ou allongé, brun, terreux, inégal, dans lequel elles passent à l'état de nymphe. Chez quelques unes un bouchon plat ferme la coque à peu de distance de l'une des extrémités.

En mai, et même souvent dès la fin d'avril apparaît l'insecte parfait. La ponte a lieu de suite sur les feuilles ou les boutons à fleur. L'éclosion se produit quelques jours plus tard et les larves se rencontrent facilement en mai et en juin ; à la fin de ce mois, elles s'enfoncent en terre. Elles y passent l'automne et l'hiver et, après avoir subi la métamorphose en nymphe, l'insecte parfait s'envole au printemps. M. le docteur Giraud a même observé un retard d'une année pour cette éclosion, ce qui donne un délai de deux ans depuis l'enfouissement de la larve. Mais ce ne peut être qu'une exception due sans doute aux mauvaises conditions d'une éducation en captivité.

Les Selandriides sont assez répandues, et leurs espèces se partagent le continent européen de façon que tous les pays en nourrissent quelques unes. Il y en a aussi beaucoup qui l'occupent en entier du nord au midi.

30e GENRE. — SELANDRIA, Klug, 1818 (67).

Etymologie inconnue.

Corps oviforme. Antennes de 9 articles, de longueur moyenne. Ailes antérieures avec deux cellules radiales, quatre cellules cubitales, la deuxième et la troisième recevant chacune une nervure récurrente; cellule lancéolée ouverte sans nervures. Nervures costale et sous-costale réunies et épaissies vers le stigma.

Les sexes se distinguent par le dernier segment ventral.

1 Abdomen pâle. 2

— Abdomen noir. 4

2 Le bord des yeux n'atteint pas la base des mandibules. Tête noire, bouche noire ou jaune, antennes noires ou avec les deux articles basilaires jaunes. Thorax noir avec quelquefois le pronotum jaune ou

bordé de jaune ; écaillettes jaunes. Pattes jaunes ou avec les cuisses en parties noires. Ailes hyalines avec le stigma noir ou gris. Abdomen jaune avec la base noire ou avec le dos taché de noir. Long. 7 à 8mm. Env. 18mm. **Flavescens**, Klug.

L'insecte parfait se trouve en juin et juillet.

Patrie : Angleterre, France, Allemagne, Suède, Russie.

— Le bord des yeux atteint la base des mandibules. **3.**

3 La deuxième récurrente est interstitiale ou presque interstitiale. Tête noire, labre brun, antennes noires. Thorax noir ; pronotum bordé de jaune, écaillettes jaunes. Pattes jaunes avec les hanches noires, celles-ci jaunes à l'extrémité aux pattes postérieures. Ailes hyalines avec la base jaune ; nervures jaunes vers la base de l'aile, brunes à l'extrémité ainsi que la côte et le stigma. Abdomen jaune, quelquefois sa base est noire. Long. 10mm. Env. 21mm. **Sixii**, Vollenhoven.

La larve est longue de 27mm. Son corps est en entier vert clair avec une ligne plus sombre sur le dos. Le ventre est blanchâtre et les stigmates bruns. Elle a 22 pattes. La tête est brun clair avec des parties plus sombres sur le vertex et entre les yeux.— Elle vit en juin et juillet sur la *Glyceria (Poa) aquatica*, *Wahl* dont elle ronge les feuilles par le bord. Au milieu de juillet, elle s'enfonce en terre où elle se construit un cocon presque cylindrique, brun, arrondi à l'un des bouts, et fermé à l'autre, un peu en dedans de l'extrémité, par un couvercle plat. Elle s'y transforme en une nymphe brillante, verdâtre. Au commencement d'août a lieu l'éclosion des insectes parfaits. Ceux-ci donnent naissance à une seconde génération qui passera l'hiver et éclora seulement au printemps suivant.

Patrie : Angleterre, France, Hollande, Allemagne, Suède.

— La deuxième récurrente est loin d'être interstitiale et aboutit dans l'intérieur de la troisième cubitale. Tête et antennes noires, rarement la bouche et la base des antennes claires. Thorax noir avec le pronotum, les écaillettes, une partie des mésopleures, le prosternum et le metasternum jaunes. Pattes jaunes avec les hanches noires au moins à la base. Ailes hyalines, jaunâtres à la base. Côte jaune à la base, noire à l'extrémité ainsi que le stigma. Abdomen jaune, rarement taché de noir. ♂ mésopleures noires. Long. 9 à 10mm. Env 18 à 20mm.

Serva, Fabricius.

La larve n'a pas été décrite, mais l'insecte parfait se trouve communément sur les plantes aquatiques ; peut être est-ce une variation de l'espèce précédente. Une éducation sur un grand nombre d'individus résoudrait la question. On le rencontre en mai et en août.

Patrie : Angleterre, France, Hollande, Suisse, Italie, Allemagne, Suède, Tyrol, Hongrie, Russie

4 Cuisses jaunes ou blanches. **5**

— Cuisses noires. **9**

5 Écaillettes blanches. **6**

— Écaillettes noires. **8**

6 Anus blanc en dessus. Tête noire, labre blanc, antennes noires. Thorax noir, écaillettes blanches. Pattes blanches avec la base des hanches noire. Ailes hyalines. Abdomen noir avec l'extrémité blancheen dessus. Long. 5mm. Env. 10mm. **Analis**, Thomson. ♀

La larve vit sur le *Polystichum filix-mas*. Roth.

Patrie : Angleterre, Hollande, Suède.

— Anus noir comme le reste de l'abdomen. **7**

7 Derrière des yeux rebordé. Tête et antennes noires, labre jaune. Thorax noir, écaillettes blanches. Pattes entièrement jaune clair sauf la base des hanches et l'extrémité des tarses qui sont assombris. Ailes hyalines, côte et stigma bruns, ce dernier plus clair sur le bord inférieur, les autres nervures brunes. Abdomen noir avec les segments ventraux bordés de blanc. Long. 5 à 6^{mm}. Env. 14^{mm}.

Stramineipes, Klug.

Insecte parfait en mai et juin.

Patrie : Angleterre, France, Suisse, Tyrol, Allemagne, Suède, Russie.

— Derrière des yeux non rebordé. Tête et antennes noires; labre jaune. Thorax noir; écaillettes jaunes. Pattes jaune clair avec les hanches noires. Ailes hyalines, stigma brun. Abdomen noir. Long. 5 à 6^{mm}. Env. 14^{mm}. **Temporalis,** Thomson.

Patrie : Suède.

8 Scutellum vert grisâtre. Tête noire avec la bouche verdâtre; antennes noires. Thorax noir avec le pronotum et le scutellum vert-grisâtre. Pattes grises, rayées extérieurement de noir. Ailes hyalines, stigma gris bordé de noirâtre ainsi que l'extrémité de la nervure costale. Abdomen noir, brillant, bordé de gris verdâtre. Long. 8^{mm}. Env. 16^{mm}.

Albomarginata, Rudow.

Patrie : Allemagne.

— Scutellum noir. Tête et antennes noires. Thorax noir, écaillettes noires. Pattes jaunes avec les hanches et l'extrémité des tarses assombries. Ailes un peu enfumées; nervures et stigma noirs. Abdomen noir. Long. 5^{mm}. Env. 10^{mm}. (Pl. XVII. fig. 3).

Morio, Fabricius.

La larve a 10 à 12^{mm} de long; elle porte 20 pattes. Son corps est vert garni d'un grand nombre de points noirs; la tête est noire. — Elle vit en mai en société sur les groseillers. Elle se métamorphose en terre dans une coque à la fin de mai et l'éclosion a lieu 10 à 13 jours plus tard, au commencement de juin.

Patrie : Angleterre, France, Suisse, Hollande, Allemagne, Suède.

9 Bord postérieur des segments abdominaux coloré en vert clair. Tête verte avec l'occiput noir. Antennes noires en dessus avec l'article basilaire et le dessous verts. Thorax noir avec le scutellum vert chez la ♀. Pattes vertes avec une ligne étroite noire en dessus. Ailes hyalines, stigma vert, nervures noires. Abdomen vert. Long. 7 à 8mm. Env. 16mm.

Virescens, RUDOW.

Se trouve en mai sur le saule.

PATRIE : Allemagne.

— Abdomen entièrement noir. 10

10 Cellule anale des ailes inférieures appendiculée. 11

— Cellule anale des ailes inférieures non appendiculée. Tête noire ainsi que les antennes et le thorax. Pattes noires avec les genoux et les tibias blancs, ceux-ci bruns vers l'extrémité. Ailes peu enfumées. Stigma noir. Abdomen noir. Long. 5mm. Env. 10mm.

Foveifrons, THOMSON.

PATRIE : Suède.

11 Métatarse noir. Tête, antennes et thorax noirs. Pattes noires avec les genoux et les tibias blancs, ceux-ci noirâtres vers l'extrémité et au côté interne. Ailes un peu enfumées, surtout à la base. Stigma noir. Abdomen noir. Long. 5mm. Env. 10mm.

Aperta, HARTIG.

Se trouve fin mai et juin.

PATRIE : Angleterre, France, Suisse, Allemagne, Suède, Russie.

= Métatarse blanc. Tête, antennes et thorax noirs. Pattes noires avec les genoux, les tibias et le métatarse blancs. Ailes un peu enfumées. Abdomen noir. Long. 5 à 6mm. Env. 12mm. **Annulitarsis**, THOMSON.

PATRIE : Suède.

31e GENRE. — BLENNOCAMPA, HARTIG, 1837 (61).

βλέννα, mucosité, κάμπη, larve.

Corps oviforme. Antennes ordinairement courtes, de 9 articles, filiformes. Ailes antérieures avec deux cellules radiales, quatre cellules cubitales, dont la deuxième et la troisième reçoivent chacune une nervure récurrente. Cellule lancéolée pétiolée. Ailes postérieures avec ou sans cellule discoïdale fermée. (1)

Les sexes se distinguent immédiatement par le dernier arceau ventral.

1 Troisième article des antennes plus court que le quatrième. Tête et antennes noires ; celles-ci sont longues, filiformes, velues, ciliées chez les ♂; les articles en sont très séparés, et elles affectent à peu près la forme des antennes de Trichiocampus. Thorax noir; pattes noires; ongles bifides. Ailes longues, très enfumées, avec un point corné dans la deuxième cubitale; nervures et stigma noirs. Abdomen noir en entier. Long. 9mm. Env. 20mm. **Aterrima**, KLUG.

La larve (pl. XVIII. fig. 13), est longue de 22 à 25mm, assez replète, sillonnée, munie de 22 pattes, dont les six écailleuses sont tout à fait noires, les autres étant de la couleur du corps. Celui-ci est d'un gris clair, garni de nombreux tubercules noirs, parmi lesquels ceux de la partie supérieure des premiers segments sont garnis en dessus d'une sorte de couronne dentée. Il devient bleu grisâtre après la dernière mue. La tête est noire. — Elle vit sur les *Convallaria multiflora, polygonata*, etc. en juin et juillet ; elle ronge le bord des feuilles, puis en août, elle entre en terre, s'y enferme

(1) Le genre *Monophadnus*, établi par Hartig pour les Blennocampa qui ont une cellule discoïdale fermée aux ailes postérieures, ne peut subsister, puisque chez certaines espèces, le mâle a cette cellule fermée, tandis que la femelle ne la possède pas.

dans une coque brune, rugueuse, où elle se change en nymphe. En mai paraît l'insecte parfait.

PATRIE : Angleterre, France, Hollande, Suisse, Tyrol, Italie, Allemagne, Suède, Russie.

— Troisième article des antennes plus grand que le quatrième. 2

2 Scutellum noir. 3

— Scutellum coloré. 18

3 Abdomen noir en dessus, testacé en dessous. Tête, et antennes noires. Thorax noir, pattes rarement testacées en entier, mais le plus souvent avec les hanches, les trochanters et la plus grande partie des cuisses noirs; extrémité des tarses grise. Ailes un peu enfumées, nervures et stigma noirs, une cellule fermée aux ailes inférieures. Abdomen noir brillant en dessus, au moins en partie, avec le bord latéral des arceaux dorsaux et le ventre testacés ; dernier arceau ventral noir, rarement aussi testacé. Long. 6mm. Env. 12mm. **Ventralis**, SPINOLA. ♂

PATRIE : France, Hollande, Tyrol, Hongrie, Naples, Allemagne.

= Abdomen noir ou testacé en même temps en dessus et en dessous. 4

4 Pronotum noir en entier. 19

= Pronotum clair ou bordé de couleur claire. 5

5 Pronotum rouge. 6

= Pronotum avec les lobes blancs ou bordés de blanc. 7

6 Base des tibias antérieurs blanche. Tête et antennes noires. Thorax rouge avec le scutellum, le métathorax et une tache pectorale médiane noirs. Pattes

noires avec les genoux, la base des tibias et des tarses blancs, l'extrémité de ceux-ci grise. Ailes un peu enfumées, nervures et stigma noirs. Abdomen noir brillant. Long. 4 à 6mm. Env. 10 à 12mm. (Pl. XVIII, fig. 2). **Ephippium**, PANZER.

La larve vit sur les aulnes (*Dours*).

PATRIE : Angleterre, France, Hollande, Suisse, Tyrol, Allemagne, Espagne, Italie, Hongrie, Suède, Russie.

— Base des tibias antérieurs rouge. Tête et antennes noires. Thorax noir avec le pronotum, le mesonotum et les écaillettes, rouges. Pattes antérieures noires avec les genoux et la base des tibias antérieurs rouge. Pattes intermédiaires noires; pattes postérieures rouges avec les hanches noires. Ailes enfumées avec les nervures et le stigma noir. Abdomen rouge. Long. 7mm. Env. 16mm. **Thoracica**, TISCHBEIN. ♀

PATRIE : Dalmatie.

7 Abdomen noir ou avec seulement les segments finement bordés de blanc. 8

— Abdomen jaune ou en partie jaune. 14

8 Segments abdominaux bordés de blanc. 9

— Segments abdominaux non bordés de blanc. 10

9 Ailes partout faiblement obscures. Tête et antennes noires. Thorax noir avec la bordure des angles du pronotum et les écaillettes blanchâtres. Pattes noires avec les genoux, les tibias et les tarses d'un blanc grisâtre passant progressivement au brun vers l'extrémité. Ailes faiblement enfumées, nervures et stigma noirs. Abdomen noir. Tout le corps garni d'une pubescence soyeuse.

♂ avec une cellule discoïdale ouverte aux ailes inférieures.

♀ avec une cellule discoïdale fermée aux ailes inférieures. **Bipunctata,** Klug.

La larve a 15 à 18mm de longueur; elle a 22 pattes, est gris-jaunâtre ou verdâtre, couverte de piquants nombreux rangés en deux séries transversales sur chaque segment, d'un noir intense, ordinairement bifides, et couverts d'aspérités reposant sur une large base; sur les côtés se trouvent des épines plus faibles, souvent simples, pâles ou vitreuses; pattes écailleuses noires; tête noire. — Elle vit sur le chêne en avril et mai, s'enfonce en terre dans ce mois, et se transforme en nymphe dans une coque cylindrique, arrondie aux deux bouts et fermée par un bouchon plat à l'une des extrémités. L'éclosion de l'insecte parfait a lieu à la fin d'avril ou au commencement de mai de l'année suivante. Cette larve a donné comme parasites.

Mesoleius formosus, Grav. — *Ichneumonide.*
Perilissus macropygus, Holmg. — —
Trematopygus aprilinus, Giraud. — —

Patrie : Angleterre, France, Hollande, Allemagne, Suède.

== Ailes hyalines ou avec l'extrémité seule obscure. Ailes inférieures sans cellule discoïdale fermée. Tête, et antennes noires. Thorax noir avec le bord du pronotum et les écaillettes blanches. Pattes noires avec les genoux, les tibias et les tarses blancs. Abdomen noir bordé de blanc à l'extrémité des segments. Long. 7mm. Env. 15mm. **Lineolata,** Klug.

Patrie : Allemagne.

10 Ailes inférieures avec une cellule discoïdale fermée. **11**

== Ailes inférieures avec une cellule discoïdale ouverte. **12**

11 Extrémité des tibias et tarses noirâtres. Tête et antennes noires. Thorax noir avec les bords postérieurs du pronotum et les écaillettes d'un roux clair. Pattes noires avec les genoux et les tibias testacés. Extrémité des tibias postérieurs et extrémité interne

des autres noirâtres, ainsi que les tarses. Ailes presque hyalines, nervures et stigma noirs. Abdomen noir. Long. 7mm. Env. 14mm. **Ruficruris**, Brullé.

Insecte parfait en mars, sur les chênes.

Patrie : Allemagne, Dalmatie, Morée.

— Tibias et tarses blancs (♀). Tête et antennes noires. Thorax noir avec le bord interne des lobes du pronotum blanc, écaillettes blanches. Pattes blanc jaunâtre avec les hanches, les trochanters et la moitié basilaire ou un peu plus des cuisses noirs. Ailes hyalines, nervures et stigma bruns. Abdomen noir (♀), noir avec les anneaux dorsaux médians ornés postérieurement, au milieu, de brun rouge (♂). Long. 6mm. Env. 12mm. **Dissimilis**, Costa.

Patrie : Hongrie, Naples.

12 Ailes enfumées au milieu. Tête et antennes noires. Thorax noir avec les bords du pronotum blancs, ainsi que les écaillettes. Pattes noires avec les genoux, les tibias et les tarses blanc jaunâtre. Abdomen noir. Long. 4mm, Env. 8mm. **Nana**, Klug.

En mai, sur les chênes.

Patrie : Angleterre, France, Allemagne, Russie.

— Ailes hyalines. 13

13 Antennes (♂) aussi longues que le corps, (♀) plus longues que l'abdomen. Tête et antennes noires. Thorax noir avec le pronotum bordé de blanc. Pattes brunes, genoux, tibias et tarses antérieurs blanc rougeâtre. Ailes hyalines, stigma noir. Abdomen noir. Long. 5 à 7mm. Env. 14mm.

Alchemillæ, Cameron.

La larve est verte, épineuse. — Elle vit en automne sur l'*Alchemilla vulgaris* et peut-être l'*A. alpina* sur les montagnes élevées. L'insecte parfait se trouve en juin.

Patrie : Ecosse.

— Antennes (♂♀) plus courtes que l'abdomen. Tête et antennes noires. Thorax noir avec le pronotum bordé de blanc. Pattes brunes avec la base noire ainsi que l'extrémité des tarses. Ailes hyalines. Abdomen noir. Long. 6mm. Env. 14mm. **Uncta**, Klug.

Patrie : France, Allemagne, Suisse, Suede.

14 Côtés du pronotum entièrement blancs. 15

— Lobes du pronotum seulement bordés de blanc. 16

15 Segments abdominaux entièrement testacés, sauf le premier segment qui est noir. Tête noire, labre jaune, antennes noires. Thorax noir avec le pronotum et les écaillettes blanchâtres. Pattes noires. Ailes hyalines. Abdomen testacé en dessus, blanc en dessous. Long. 7mm. Env. 15mm.

Albiventris, Klug.

Patrie : Allemagne.

= Segments abdominaux testacés ou jaunâtres, avec leur base noire. Tête noire avec le bord inférieur de l'orbite, les angles de l'épistome, le labre et les palpes blancs. Antennes noires, ferrugineuses vers l'extrémité. Thorax noir avec les lobes du prothorax et les écaillettes blancs, ainsi que deux taches sur le prosternum et une partie des mésopleures. Pattes jaunes avec les hanches et les trochanters blanc jaunâtre, tachés de noir ; les quatre cuisses postérieures ont l'articulation basilaire noire. Ailes hyalines avec la côte et le stigma blancs, les autres nervures brunes. Abdomen blanc jaunâtre avec les deux premiers anneaux noirs, jaunâtres sur leurs bords latéral et postérieur; les segments suivants sont aussi blanc jaunâtre avec une bande noire à leur base interne et au milieu, mais qui n'atteint pas les côtés. Long. 5mm. Env. 12mm.

Albidopicta, Costa. ♀

Patrie : Italie (Basilicate), Hongrie.

16 Abdomen noir avec une bordure latérale rouge ou brun rouge, ou noir avec le milieu des segments rougeâtre. 17

— Abdomen entièrement brun clair. Tête et antennes noires. Thorax noir avec le bord des lobes du pronotum blanc et les écaillettes brunes. Pattes noires avec les genoux, les tibias et la base des tarses blancs. Ailes hyalines, nervures brunes. Abdomen brun marron clair. Long. 7mm. Env. 16mm.

Brunniventris, Hartig. ♀

Sur les rosiers.

Patrie : Hollande, Allemagne.

17 Abdomen bordé latéralement de brun rouge. Tête noire avec le labre blanchâtre. Antennes noires. Thorax noir avec le bord des angles du pronotum et les écaillettes blanchâtres. Pattes noires avec les cuisses testacées, un peu noires à la base, les tibias et les tarses gris, pubescents. Ailes hyalines, nervures et stigma noirâtres. Ailes inférieures ♂ sans discoïdale fermée; ♀ avec une discoïdale fermée. Abdomen noir avec les deux premiers segments bordés de blanc ou de blanc jaunâtre, et tous les suivants fauves au milieu et blanchâtres sur les côtés; ventre taché de noir et de blanc, plaque anale d'un blanc un peu glauque. Chez la femelle l'abdomen est noir avec une bande latérale rouge sombre tachée de noir et comprenant toute la partie rabattue des segments dorsaux. Long. 7mm. Env. 15mm.

Pubescens, Zaddach.

La larve a 18 à 20mm de longueur. Elle a 22 pattes, est d'un vert bleuâtre clair avec le dos plus sombre. La tête est noir brillant. Le corps est garni d'épines noires, bifides, formant deux rangées sur les segments. Sur les côtés sont quelques spinules vertes ou blanchâtres, les unes bifides, les autres simples. Les pattes écailleuses sont brunes. — Elle vit en juin sur le chêne, entre en terre en juillet pour s'enfermer dans un cocon brun, rugueux, (pl. XVIII. fig. 14). L'Insecte parfait en sort en avril. Cet insecte a pour parasites :

Mesoleius armillatorius, Grav.— *Ichneumonide.*
— *formosus*, Grav.— —
Polyblastus palustris, Holmg.— —
Trematopygus selandrivorus, Giraud.— —

Patrie : France, Allemagne.

— Abdomen taché de jaune rougeâtre au milieu du bord postérieur des segments.
Dissimilis, Costa. ♂ (V. n° 11).

18 Abdomen testacé avec le premier segment noir à la base. Tête noire ainsi que les antennes, qui sont courtes. Thorax ferrugineux, brillant. Scutellum ponctué, noirâtre à la pointe; metanotum et poitrine noirs, sauf une tache ferrugineuse en dessus des mésopleures. Pattes jaune-rougeâtre avec les tarses un peu plus clairs. Ailes hyalines, côte et stigma jaunes, les autres nervures brun clair. Long. 5mm. Env. 12mm. **Inquilina**, Foerster. ♀

La larve vit dans des galles en champignon à nombreuses loges sur les branches du chêne. L'insecte parfait parait dès la fin de mars.

Patrie : Allemagne.

— Abdomen testacé en entier en dessus. Tête et antennes noir mat. Epistome et labre rougeâtres. Thorax rouge avec une tache pectorale médiane noire et le metanotum brun; d'autres fois le thorax est entièrement noir avec seulement le scutellum rouge (♀); il y a aussi beaucoup de variétés intermédiaires. Pattes testacées avec les hanches, les trochanters et l'extrême base des cuisses seulement un peu tachés de noir. Ailes hyalines, un peu jaunâtres, nervure costale et stigma jaunes, les autres nervures brunes. Long. 7mm. Env. 16mm. **Melanocephala**, Fabricius.

La larve, (pl. XVIII. fig. 8 et 9) a 12mm de long. Elle est d'un vert pâle garnie de piquants bifides placés en deux rangées sur les segments, la base de ces épines, n'est pas noire et l'extrémité des parties fourchues est d'un gris blanchâtre. La tête et les pattes thoraciques sont verdâtres, rarement un peu rousses.— Elle vit sur le chêne et le frêne en mai et juin, se transforme en terre dans une coque brune, terreuse et donne son insecte parfait au commencement du mois de mai. Elle a comme parasites :

Mesochorus politus, Grav. — *Ichneumonide.*
Mesoleius armillatorius, Grav.— —
— *formosus*, Holmg.— —
Perilissus macropygus, Holmg.— —
Plectiscus tenthredinarum, Giraud.— —
Trematopygus aprilinus, Giraud.— —
— *selandrivorus*, Giraud.— —
Tryphon ephippium, Holmg.— —
— *lateralis*, Giraud.— —

Patrie : Angleterre, France, Hollande, Suisse, Allemagne.

19 Toutes les cuisses sont entièrement de couleur claire, sauf quelquefois la base des antérieures. **51**

— Cuisses en tout ou en partie noires. **20**

20 Abdomen noir en dessus en entier. **21**

— Abdomen clair ou en partie clair en dessus. **45**

21 Tibias postérieurs noirs à peu près en entier. **22**

— Tibias postérieurs blancs, au moins à la base ou au côté externe. **35**

22 Ailes enfumées. **23**

— Ailes blanches ou hyalines. **34**

23 Tibias antérieurs blanchâtres. **25**

— Tibias antérieurs noirs. **24**

24 Troisième article des antennes presque deux fois aussi long que le quatrième. Tête et antennes noires. Thorax noir brillant. Pattes noires avec les genoux

antérieurs testacé obscur. Ailes enfumées, avec l'extrémité hyaline, nervures et stigma noirs. Abdomen noir. Corps couvert d'une pubescence noire. Long. 7 à 8mm. Env. 18mm. **Nigrita**, Fabricius.

La larve est entièrement verte et munie de 22 pattes.

Patrie : Angleterre, France, Hollande, Tyrol, Hongrie, Allemagne.

— Troisième article des antennes à peu près égal au quatrième. Tête et antennes noires, celles-ci plus longues que l'abdomen. Thorax noir brillant. Pattes noires avec les genoux jaunâtres, les tibias et les tarses cendrés noirâtres, pubescents. Ailes fuligineuses, à peine un peu plus sombres à la base qu'à l'extrémité, nervures et stigma noirs. Abdomen noir. Long. 6mm. Env. 14mm. **Gracilicornis**, Zaddach.

Sans être absolument sûr de leur identité, à cause de l'absence de types, je crois pouvoir rapporter à cette espèce le *Monophadnus iridis*, de Kaltenbach. Dans tous les cas, voici les indications biologiques que donne cet auteur sur son espèce :

La larve, longue de 20 à 25mm, serait glabre, vert-jaunâtre sâle avec une teinte brune sur le dos. Elle porte un très grand nombre de stries ou de sillons transversaux et des tubercules épineux rangés par séries, au nombre de 8 sur le premier segment, de 12 sur les deux suivants ainsi que sur l'avant dernier segment abdominal, savoir 4 en avant et 8 en arrière. Les autres segments ont deux rangées de 8 tubercules. Le segment anal de couleur plus claire porte 4 de ces épines. Les six pattes thoraciques sont brunes et les autres empruntent la couleur du corps. — Elle vit en nombre, fin juillet, sur les feuilles de divers *Iris*. Elle subit ses métamorphoses en terre et l'insecte parfait éclot fin avril ou au commencement de mai.

Patrie : Allemagne.

25 Antennes brunes, surtout à la pointe. Tête et thorax noirs. Pattes noires avec les genoux, le dessous des tibias antérieurs et les tarses brun clair. Abdomen noir. Long. 7mm. Env. 15mm. **Plana,** Klug.

Patrie : Hollande, Allemagne, Suisse, Tyrol.

— Antennes noires. **26**

26 Abdomen velu ou soyeux à l'extrémité. **27**

— Abdomen non velu à l'extrémité. **30**

27 Tibias antérieurs noirs au côté interne. **28**

— Tibias antérieurs testacé pâle au côté interne. **29**

28 Ailes inférieures sans cellule discoïdale fermée. Antennes, tête et thorax noirs. Pattes noires avec les genoux et les tibias antérieurs testacés. Ailes enfumées, nervures et stigma noirs. Abdomen noir, velu ou soyeux à l'extrémité. Long. 8mm. Env. 19mm.

Elongatula, Klug.

Patrie : Allemagne.

— Ailes inférieures avec une cellule discoïdale fermée. Tête, antennes et thorax noirs. Pattes noires avec tous les genoux, le côté externe des tibias et des tarses antérieurs et la base des tarses postérieurs blancs. Ailes un peu enfumées, nervures et stigma noirs. Abdomen noir un peu pubescent. Long 5mm. Env. 10mm. **Geniculata**, Hartig.

La larve est verte et garnie d'épines. — Elle vit en juillet et août sur la *Spiræa ulmaria*. L'insecte parfait se rencontre en mai et juin.

Patrie : Angleterre, France, Allemagne, Hongrie, Tyrol, Suède, Russie.

29 Deuxième cubitale avec un point corné distinct. Antennes, tête et thorax noirs. Pattes noires avec les genoux, les tibias antérieurs et, chez la femelle, aussi les tibias postérieurs brun clair. Ailes fortement enfumées avec les nervures et le stigma noirs. Abdomen velu, soyeux sur les côtés et à la pointe. Long. 8mm. Env. 19mm. **Sericans**, Hartig.

A pour parasite :

Degeeria parallela, Meig — *Diptère*.

Patrie : Angleterre, France, Hollande, Allemagne.

— Deuxième cellule cubitale sans point corné distinct. Antennes, tête et thorax noirs. Pattes noires avec le devant des tibias antérieurs et les genoux testacé pâle. Ailes un peu enfumées, côte et stigma noir obscur. Abdomen noir, pubescent, surtout sur les côtés, à l'extrémité et sous le ventre. Long. 7mm. Env. 16mm. **Micans**, KLUG.

Insecte parfait en juin. A pour parasite :

Perilissus luteocephalus, Giraud.— *Ichneumonide*.

PATRIE : Angleterre, France, Hollande, Tyrol, Allemagne.

30 Ailes inférieures avec une cellule discoïdale fermée. Tête, antennes et thorax noirs. Pattes noires avec l'extrémité des cuisses et les tibias blancs; extrémité des tibias postérieurs et tarses brun pâle. Ailes densément fuligineuses, plus claires vers l'extrémité. Nervures et stigma bruns. Abdomen brun noirâtre, passant au marron. Long. 6mm. Env. 8mm. **Fuliginipennis**, COSTA.

PATRIE : Naples.

— Ailes inférieures sans cellule discoïdale fermée. **31**

31 Ongles bifides. Antennes, tête et thorax noirs. Pattes noires avec tous les genoux et les tibias antérieurs blanc sâle. Ailes noirâtres; nervures et stigma noirs. Abdomen noir luisant. Long 6mm Env. 15mm. **Cinereipes.** KLUG.

Insecte parfait en mai et juin.

PATRIE : Angleterre, France, Hollande, Allemagne, Hongrie, Italie, Suède, Russie.

— Ongles mutiques. **32**

32 Nervure margino-discoïdale non parallèle à la première récurrente. **33**

— Nervure margino-discoïdale parallèle à la première

récurrente. Antennes, tête et thorax noir brillant, très-brièvement pubescents. Pattes noires avec les genoux et les tibias antérieurs testacés. Ailes un peu enfumées, nervures et stigma noirs. Abdomen noir brillant. Long. 4^{mm}. Env. 8^{mm}. **Recta,** Thomson.

Patrie : Suède.

33 Ailes hyalines à l'extrémité, un peu enfumées à la base. Pas de point corné dans la deuxième cubitale. Antennes, tête et thorax noirs. Pattes noires avec les genoux, les tibias et le côté interne des tarses blanc grisâtre. Abdomen noir. Long. 6^{mm}. Env. 13^{mm}. **Ephippium,** Panzer. variété. (V. n° 6).

Patrie France, Italie, Allemagne, Suède.

= Ailes enfumées avec un point corné dans la deuxième cellule cubitale. Antennes, tête et thorax noirs brillants. Pattes noires, pubescentes, avec les genoux et les tibias antérieurs testacés. Abdomen noir brillant. Long. 7^{mm}. Env. 15^{mm}. **Fuliginosa,** Schranck.

Patrie : Angleterre, France, Hollande, Allemagne, Hongrie.

34 Ongles des tarses simples. Tête, antennes et thorax noirs avec une pubescence grise. Pattes noires avec les genoux et les tibias antérieurs testacés. Ailes hyalines, nervures et stigma noirs. Ailes inférieures avec une cellule discoïdale fermée. Abdomen noir. Long. 5^{mm}. Env. 12^{mm}. **Exarmata,** Thomson.

Patrie : Suède, Espagne.

= Ongles des tarses bifides. Antennes, tête et thorax noirs, lisses. Pattes noires avec les genoux et les tibias antérieurs blanc-jaunâtre. Ailes à peu près hyalines ou blanches ; nervures et stigma noirs ; ailes inférieures sans cellule discoïdale fermée. Abdomen noir, lisse. Long. 6^{mm}. Env. 15^{mm}. **Alternipes,** Klug.

Patrie : France, Allemagne, Suède.

35 Articles terminaux des antennes plolongés un peu en dessous. Antennes, tête, thorax et abdomen noirs. Pattes noires avec les genoux et les tibias blancs, ceux-ci noirs à l'extrémité; tibias postérieurs presque entièrement noirs ; tarses blancs à la base. Ailes un peu enfumées à l'extrémité; nervures et stigma noirs. Long. 5mm. Env. 12mm. **Subserrata**, THOMSON

PATRIE : Angleterre, Suède.

— Antennes ordinaires. **36**

36 Antennes blanches ou jaunes, surtout en dessous. Tête et thorax noirs. Pattes blanc-jaunâtre avec les hanches, la base des cuisses et l'extrémité des tarses brunes. Ailes hyalines ; les inférieures sans cellule discoïdale fermée. Abdomen noir. Long. 5mm. Env. 13mm. **Tenuicornis**, KLUG.

PATRIE : Hollande, Allemagne, Suisse, Suède.

— Antennes noires. **37**

37 Abdomen soyeux ou pubescent. **38**

— Abdomen glabre, brillant. **39**

38 Ecaillettes noires. **Sericans**, HARTIG. (V. n° 29).

— Ecaillettes testacées. Antennes, tête et thorax noirs. Pattes noires avec les genoux, les tibias et les tarses blanc-jaunâtre. Ailes hyalines ; nervures et stigma noirs. Abdomen noir avec le bord des segments ventraux blancs. Long. 6mm. Env. 12mm.

Semicincta, HARTIG.

En mai, dans les bois de chênes.

PATRIE : Hollande, Allemagne.

39 Tibias antérieurs blancs seulement au côté externe ou à la base. **40**

— Tibias antérieurs jaunes ou blanc en entier. sauf quelquefois à l'extrême pointe. **42**

40 Antennes longues comme la tête et le thorax. **41**

— Antennes plus courtes que le thorax, noires. Tête et thorax noirs. Pattes noires avec les genoux et les tibias blancs extérieurement ; extrémité des tibias noire, surtout aux pattes postérieures. Ailes enfumées, noires à la base ; nervures noires. Long. 7mm. Env. 16mm. **Feriata,** ZADDACH.

PATRIE : Allemagne.

41 Ailes enfumées. Antennes, tête et thorax noirs. Pattes noires avec les genoux, les tibias et les tarses blancs à la base ou au côté externe. Abdomen noir. Long. 7mm. Env. 18mm. **Monticola,** HARTIG.

L'insecte parfait se trouve communément au premier printemps, dès la fin de février, sur l'*Helleborus fœtidus* L. dans les lieux montagneux et arides.

PATRIE : France, Hollande, Suisse, Allemagne, Tyrol.

— Ailes hyalines. Antennes, tête et thorax noirs. Pattes noires avec les tibias antérieurs et intermédiaires pâles en dehors, noirâtres en dedans ; tibias postérieurs noirs à l'extrémité ainsi que les tarses entiers. Ailes hyalines, nervures noires. Abdomen noir. Long. 7mm. Env. 13mm. **Subcana,** ZADDACH.

PATRIE : Angleterre, Allemagne.

42 Ongles bifides. Taille petite. Antennes, tête et thorax noirs. Pattes noires avec les genoux, les tibias et les tarses jaune blanchâtre. Ailes un peu enfumées. Abdomen noir luisant. Long. 3 à 4mm. Env. 10mm. **Pusilla,** KLUG.

La larve, longue de 8 à 9mm, est sillonnée, courbée, verdâtre, plus ou moins jaune avec la tête noire ou brune ; elle porte de petits poils épineux sur le sommet de chaque segment. Elle a 22 pattes. — L'insecte parfait, d'après Bouché et Vollenhoven, parait en mai et juin et place ses œufs dans les feuilles de rosiers, *Rosa canina*, et au bord de celles-ci. Elles se roulent à moitié sous l'influence de la blessure, de façon à donner l'apparence de feuilles linéaires. Dans l'intérieur se tient la larve et elle ronge le bord de la feuille. Quand une feuille est consommée, elle en prend une autre, qui, par la morsure, se roule de la même manière. En août, elle pénètre en terre et s'y fait une petite coque noire, fermée à l'un de ses bouts par un couvercle plat.

PATRIE : Angleterre, France, Hollande, Suisse, Tyrol, Allemagne, Hongrie, Suède, Russie.

— Ongles mutiques. **43**

43 Tibias postérieurs entièrement jaunes. Antennes, tête et thorax noirs. Pattes testacées avec les hanches et la base des cuisses noires. Ailes enfumées ; nervures et stigma noirs. Abdomen noir brillant. Long. 5 à 6^{mm}. Env. 13^{mm}. **Gagathina,** KLUG.

PATRIE : France, Hollande, Suisse, Tyrol, Allemagne.

— Tibias postérieurs blancs en entier, ou noirâtres extérieurement. **44**

44 Tibias postérieurs entièrement blancs. Antennes tête et thorax noirs. Pattes noires avec les genoux, les tibias et les tarses blancs. Ailes hyalines, nervures et stigma noirs. Abdomen noir, lisse. Long. 7^{mm}. Env. 16^{mm}. **Albipes,** LINNÉ.

La larve vit sur les *Ranunculus*. Elle a pour parasite :

Exenterus lucidulus, Htg.— *Ichneumonide.*

PATRIE : Angleterre, France, Hollande, Tyrol, Suisse, Hongrie, Allemagne, Suède.

— Tibias postérieurs jaunâtres en dehors, noirs ou bruns en dedans. Tête, antennes et thorax noirs. Pattes jaunes avec les hanches antérieures noires, les tarses intermédiaires assombris à l'extrémité ; pattes postérieures noires avec le côté externe des tibias et des tarses jaune sombre. Ailes fuligineuses, plus claires à l'extrémité. Abdomen noir. Long. 5mm. Env. 12mm. . **Croceipes,** Costa. ♂

Patrie : Italie septentrionale.

45 Ailes hyalines ou peu enfumées. 46

— Ailes densément fuligineuses. . 48

46 Abdomen entièrement testacé. Antennes, tête et thorax noirs; écaillettes testacées. Pattes testacées avec les hanches et la base des cuisses noires. Ailes hyalines avec la côte et le stigma jaunes. Long. 6mm. Env. 14mm. **Umbrosa,** Eversmann. ♀

Patrie : Russie.

— Abdomen taché de noir au moins au premier segment. 47

47 Abdomen noir seulement au premier segment. Antennes, tête èt thorax noirs. Pattes noires avec les genoux et les tibias antérieurs testacés. Ailes à peine enfumées avec le stigma noir. Abdomen testacé avec le premier segment noir. Long. 6mm. Env. 13mm. **Nigripes.** Klug.

Patrie : Angleterre, France, Suisse, Tyrol, Allemagne, Suède.

— Abdomen noir au premier segment et en outre taché de noir sur le dos et à l'extrémité. Antennes, tête et thorax noirs. Pattes testacées avec les hanches et la base des cuisses noires. Ailes un peu enfumées. Nervures et stigma noirs. Abdomen testacé, plus ou moins taché de noir en dessus. Long. 7mm. Env. 15mm. **Fuscipennis,** Fallén.

Patrie : Angleterre, France, Hollande, Suisse, Tyrol, Allemagne, Suède, Russie.

48 Abdomen noir avec le deuxième segment rouge. Tête noire avec une tache rouge au bord supérieur

des yeux ; antennes noires. Thorax noir. Pattes noires avec l'extrémité des cuisses antérieures, les cuisses et les tibias postérieurs ainsi que le côté antérieur des hanches testacés. Ailes fuligineuses avec le stigma et les nervures noir profond ; un point noir dans la deuxième et la troisième cellules cubitales. Ailes postérieures avec une cellule discoïdale fermée. Long. 10^{mm}. Env. 20^{mm}. **Rufonigra**, TISCHBEIN. ♀

PATRIE : Hongrie.

— Abdomen noir ou brun en entier ou testacé avec des taches noires. **49**

49 Dessus de l'abdomen entièrement noir ou brun. **Fuliginipennis**, COSTA. (V. nᵒ 30).

— Dessus de l'abdomen testacé ou marqué de taches noires. **50**

50 Abdomen noir seulement au premier segment. **Nigripes**, KLUG. (V. nᵒ 47).

— Abdomen noir au premier segment et en outre taché de noir sur le dos et à l'extrémité. **Fuscipennis**, FALLÈN. (V. nᵒ 47).

51 Abdomen jaune en entier. Antennes, tête et thorax noirs. Pattes testacées avec seulement les hanches antérieures un peu tachées. Ailes enfumées. Nervures et stigma noirs. Long. 8 à 9^{mm}. Env. 20^{mm}. **Croceiventris**, KLUG.

PATRIE : France, Tyrol, Autriche.

— Abdomen noir en tout ou en partie. **52**

52 Abdomen noir en entier. **53**

— Abdomen jaune avec le premier ou les derniers segments noirs. **54**

53 Ailes inférieures sans cellule discoïdale fermée. Antennes, tête et thorax noirs. Pattes jaunes avec les hanches et les trochanters noirs. Ailes enfumées. Abdomen noir. Long. 6^{mm}. Env. 13^{mm}. **Betuleti**, KLUG.

La larve vit sur le bouleau et a pour parasite :

Exenterus sorbi, Sax.— *Ichneumonide.*

PATRIE : Angleterre, France, Hollande, Tyrol, Allemagne, Suède.

— Ailes inférieures avec une cellule discoïdale fermée. Antennes, tête et thorax noirs. Pattes testacées avec les hanches et les trochanters noirs. Ailes un peu enfumées, plus sombres à la base. Abdomen noir. Long. 7^{mm}. Env. 13^{mm}. **Funerea**, KLUG.

PATRIE : France, Hollande, Suisse, Tyrol, Allemagne, Suède.

54 Antennes blanches. Tête et thorax noirs. Pattes jaunâtres avec la base des hanches noire. Ailes hyalines sans cellule discoïdale fermée aux ailes postérieures. Abdomen testacé. Long. 5^{mm}. Env. 12^{mm}.
Tenella, KLUG. ♂

PATRIE : France, Italie, Allemagne, Suède.

— Antennes noires. 55

55 Abdomen testacé avec le premier ou les deux derniers segments noirs, ou seulement l'extrémité avec des taches sur le dos noires. 56

— Abdomen testacé avec seulement le premier segment noir bordé de blanc. Ventre blanc.
Melanocephala, FABRICIUS. ♂ (V. n° 18).

56 Ailes inférieures avec une cellule discoïdale fermée. 57

— Ailes inférieures sans cellule discoïdale fermée. 58

57 Abdomen noir en dessus.
Ventralis, SPINOLA. (V. n° 3).

— Abdomen pas entièrement noir en dessus.

Fuscipennis, FALLÈN. (V. n° 47).

58 Abdomen noir à la base et à l'extrémité. Antennes, tête et thorax noirs. Pattes testacées, avec les tarses et l'extrémité des tibias bruns. Ailes hyalines, un peu grisâtres. Abdomen testacé, avec les deux premiers et le dernier segments noirs. Long. 7mm. Env. 15mm.

Assimilis, FALLÈN.

La larve vit sur le *Sorbus aucuparia* (Dours).

PATRIE : France, Hollande, Allemagne, Hongrie, Suède, Tyrol.

— Abdomen noir seulement à la base. Antennes, tête et thorax noirs. Pattes noires avec les hanches et les trochanters jaunes. Ailes un peu enfumées ; stigma brun. Abdomen testacé avec les deux premiers segments noirs. Long. 4 à 5mm. Env. 10mm.

Tiliæ, KALTENBACH.

La larve a 7 à 9mm de longueur ; elle est blanchâtre, glabre, brillante, laissant voir le canal intestinal verdâtre. La tête est brune, avec de petits yeux ronds noirs.— Elle mine, à la fin de mai et en juin, les feuilles de *Tilia platiphylla* Scop. Il y a souvent deux larves dans une feuille. Elle se métamorphose en terre.

PATRIE : Allemagne.

32e GENRE. — ERIOCAMPA, HARTIG, 1837 (61).

Ἔριον, laine, κάμπη, larve.

Corps oviforme. Antennes courtes, filiformes, de 9 articles. Ailes antérieures avec deux cellules radiales et quatre cellules cubitales dont la deuxième et la troisième reçoivent chacune une nervure récurrente. Cellule lancéolée divisée par une nervure oblique. Ailes postérieures sans cellule discoïdale fermée, ou avec une ou deux cellules fermées.

1 Corps entièrement noir. 4

— Corps non entièrement noir. 2

2 Pronotum rouge. Tête noire, extrémité des mandibules rouge. Antennes noires avec l'extrémité, à partir du quatrième article, blanche ou jaunâtre, quelquefois noires en entier. Thorax rouge avec le scutellum, le metanotum et tout le dessous noirs. Quelquefois la partie rouge s'assombrit jusqu'à devenir brune, plus ou moins foncée. Pattes soit entièrement noires, soit avec les genoux, une partie des tibias et des tarses bruns ou testacés. Ailes hyalines avec une ligne un peu sombre sous le stigma traversant transversalement l'aile ; nervures et stigma noirs. Abdomen noir brillant. Long. 7 à 9mm. Env. 14 à 17mm. (Pl. XVIII. fig. 3). **Ovata,** Linné.

La larve (pl. XVIII. fig. 10, 12) est longue de 22 à 25mm. Elle est d'un vert plus ou moins blanchâtre avec la tête verte ou grise. La couleur du corps disparait sous une couche de matière cotonneuse ou soyeuse blanche, secrétée par la peau, facile à detacher par le frottement, mais que la larve peut régénerer bientôt si elle a une nourriture suffisante à sa portée. Avec la dernière mue ce vêtement disparait. Elle a 22 pattes.— On la rencontre en juin, juillet et août à la face inférieure des feuilles d'aulne, où elle aime à se tenir courbée dans le repos. Elle entre en terre en août et septembre où elle se construit une coque double ; la plus extérieure est brune, dure, solide, élastique et garnie de particules terreuses ; l'intérieure est, au contraire, jaunâtre et marquée en son milieu d'un anneau blanc, elle est très-fine, douce et transparente. L'insecte parfait éclot depuis avril jusqu'à la fin de septembre. La femelle pond en entamant avec sa scie les feuilles dans le voisinage de la nervure médiane.

Patrie : Angleterre, France, Hollande, Suisse, Tyrol, Allemagne, Hongrie, Suède, Russie.

— Pronotum noir. 3

3 Abdomen testacé. Tête noire, milieu de l'épistome et labre testacés ; antennes noires, plus claires et

jaunâtres en dessous. Thorax avec le pronotum et les écaillettes jaunes ; lobes latéraux du mesonotum un peu tachés de jaune, côtés du metanotum jaunes, poitrine noire. Pattes entièrement jaune testacé. Ailes enfumées, jaunâtres surtout vers la base, nervures et stigma bruns. Abdomen jaune testacé avec le premier segment taché de noir en son milieu ; fourreau de la scie noir. Ailes postérieures avec une cellule discoïdale fermée. Long. 8mm. Env. 14mm.

Luteola, Klug.

Patrie : Angleterre, France, Hollande, Italie, Suisse, Hongrie, Allemagne, Suède.

— Abdomen noir avec le bord des segments blancs. Tête noire avec la bouche et une tache vers les yeux blanches. Antennes noires. Thorax noir avec le bord du pronotum blanc. Pattes mélangées de noir et de blanc. Ailes postérieures sans cellule discoïdale fermée. Abdomen noir avec le bord des segments et des taches latérales blanches. Long. 8mm. Env. 17mm.

Repanda, Klug.

Patrie : Allemagne.

4 Ailes inférieures avec les nervures suivant, tout le long, les bords de l'aile. **5**

— Ailes inférieures avec les nervures écartées du bord postérieur de l'aile. **6**

5 Ailes nuageuses sous le stigma. Tête et antennes noires ; celles-ci renflées au milieu. Thorax noir. Pattes noires avec les tibias et les tarses gris, les genoux antérieurs et l'extrémité des tibias postérieurs blancs. Ailes noirâtres sous le stigma, nervures et stigma bruns. Abdomen noir. Long. 5mm. Env. 10mm.

Varipes, Klug. ♂

Patrie : Angleterre, France, Allemagne, Italie, Suède.

— Ailes entièrement fuligineuses. Tête noire ainsi

que les antennes ; celles-ci renflées vers le milieu. Thorax noir. Pattes noires avec la moitié apicale des cuisses antérieures et intermédiaires, la base et la face antérieure de leurs tibias blanc sale ; base des tibias postérieurs blanche. Ailes fuligineuses, nervures et stigma bruns. Abdomen noir. Long. 5mm. Env. 10mm. **Sebetia,** COSTA. ♂

PATRIE : Naples.

6 Ailes postérieures sans cellule discoïdale fermée. Tête, antennes et thorax noirs. Pattes noires avec les tibias antérieurs et intermédiaires brun jaune, les tibias postérieurs et tous les tarses brun gris. Ailes enfumées, nervures et stigma noirs. Abdomen noir. Long. 5mm. Env. 10mm. **Nitida,** TISCHBEIN.

PATRIE : Allemagne.

— Ailes postérieures avec une ou deux cellules discoïdales fermées. 7

7 Ailes hyalines ou à peu près hyalines 8

— Ailes enfumées ou seulement avec une bande sombre au milieu de l'aile. 10

8 Tibias postérieurs jaunâtres. Tête, antennes et thorax noirs. Pattes noires avec les tibias et les tarses jaune sale. Ailes hyalines, nervures et stigma noirs. Abdomen noir. Long. 5mm. Env. 10mm. **Dolosa,** EVERSMANN.

PATRIE : Russie.

— Tibias postérieurs noirs. 9

9 Epistome tronqué. Tête, antennes et thorax noirs. Pattes noires avec les tibias antérieurs jaunes. Ailes presque hyalines. Abdomen noir. Long. 5mm. Env. 10mm. **Atratula,** THOMSON.

PATRIE : Suède.

— Epistome échancré. Tête, antennes et thorax noirs. Pattes noires avec les genoux antérieurs et intermédiaires et les tibias antérieurs testacés sales. Ailes presque hyalines ; nervures et stigma noirs. Abdomen noir. Long. 5mm. Env. 10mm. **Umbratica,** Klug.

Patrie : Hollande, Allemagne, Suède.

10 Ailes enfumées en entier ou au moins à la base avec l'extrémité hyaline. **11**

— Ailes hyalines avec seulement une bande transversale sous le stigma, ou, au moins, hyalines à la base. **13**

11 Tibias et tarses postérieurs noirs, gris ou testacés, sans anneau blanc à la base. **12**

— Tibias et tarses postérieurs avec un large anneau blanc à la base. Tête, antennes et thorax noirs. Pattes noires avec les tibias antérieurs et intermédiaires presque entièrement blancs ainsi que les genoux ; la base des tibias et des tarses postérieurs couverte par un anneau blanc. Ailes enfumées à la base, hyalines à l'extrémité, nervures et stigma noirs. Abdomen noir. Long. 5 à 6mm. Env. 12mm. **Annulipes,** Klug.

La larve a la forme d'une larve limace (voyez page 291). Elle est longue de 7mm. Le corps est jaune blanchâtre avec une ligne verte intérieure indiquant le canal intestinal ; l'anus est noir et la tête brune ou testacée. — Elle vit sur les feuilles de saule dont elle ronge le parenchyme en juin et juillet. En août, elle se métamorphose en terre, et, en juin suivant, paraît l'insecte parfait qui pond sur le parenchyme des feuilles dans des sortes de petites bourses.

Patrie : Angleterre, France, Hollande, Allemagne.

12 Tibias postérieurs noirs. Tête, antennes et thorax noirs. Pattes noires avec les quatre tibias antérieurs blancs ainsi que leurs tarses ; genoux postérieurs

seulement un peu pâles. Ailes enfumées à la base. Abdomen noir. Long. 5mm. Env. 10mm.

Soror, VOLLENHOVEN.

La larve vert jaunâtre vit sur les rosiers.

PATRIE : Angleterre, Allemagne.

— Tibias postérieurs testacés. Antennes, tête et thorax noirs. Pattes noires avec les genoux, les tibias et les tarses testacés. Ailes enfumées, nervures et stigma noirs. Abdomen noir. Long. 5mm. Env. 10mm.

Testaceipes, CAMERON.

PATRIE : Angleterre.

13 Epistome tronqué. Antennes, tête et thorax noirs. Pattes noires avec la base de tous les tibias blanche. Ailes enfumées seulement au milieu. Abdomen noir. Long. 5mm. Env. 10mm. **Cinxia**, KLUG.

PATRIE : Angleterre, Hollande, Allemagne, Suède.

— Epistome échancré. 14

14 Tibias sans anneau blanc à la base. Antennes, tête et thorax noirs. Pattes noires avec les tibias antérieurs jaunes et les intermédiaires bruns. Ailes enfumées seulement au milieu. Nervures et stigma noirs. Abdomen noir. Long. 5mm. Env. 10mm.

Limacina, RETZIUS.

La larve (pl. XVIII. fig. 4, 5, 6, 7), longue de 10mm, est une larve limace (V. page 291). Son corps est brillant, humide, brun foncé ou noirâtre. Après la dernière mue elle devient jaune plus ou moins brunâtre. Elle vit en juin, juillet et août sur les feuilles des arbres fruitiers dont elle dévore le parenchyme, et auxquels elle peut causer un véritable dommage, lorsqu'elle est abondante. En août ou septembre elle entre en terre pour se transformer dans un cocon rugueux, brun. L'insecte parfait éclot en mai et juin. Elle a pour parasites :

Perilissus Gorskii, Rtzb. — *Ichneumonide.*
Tryphon excavatus, Rtz. — —
— *Ratzeburgii*, Gorsky. — —
— *translucens*, Rtz. — —

PATRIE : Angleterre, France, Suisse, Hollande, Allemagne, Suède, Russie.

— Tous les tibias avec un large anneau blanc à la base. Tête, antennes et thorax noirs. Pattes noires avec la base des tibias blanche, les tibias antérieurs testacé sale. Ailes enfumées seulement sous le stigma. Nervures et stigma noirs. Abdomen noir. Long. 5mm. Env. 10mm. **Varipes,** KLUG. ♀ (V. n° 5).

La larve qui est limaciforme vit sur le chêne. Elle est entièrement verte avec la tête noire et possède 22 pattes.

PATRIE : Angleterre, France, Allemagne, Italie, Suède.

33e GENRE. — HOPLOCAMPA, HARTIG, 1837 (61).

Ὅπλον, arme défensive, κάμπη, larve.

Corps oviforme. Antennes courtes, de 9 articles, filiformes. Ailes antérieures avec deux cellules radiales, quatre cellules cubitales dont la première et la deuxième reçoivent chacune une nervure récurrente. Cellule lancéolée contractée au milieu. Ailes inférieures avec deux cellules discoïdales fermées.

Les sexes se distinguent facilement par la forme du dernier arceau ventral.

1 Abdomen jaune en dessous. 2

— Abdomen noir en dessous. 12

2 Stigma entièrement blanc, jaune, brun ou rouge. 3

— Stigma pâle avec la base noire ou brune. 11

3 Mésopleures noires. Tête noire avec la bouche testacée ; antennes noires. Thorax noir ; écaillettes

testacées. Pattes testacées avec l'extrémité des tibias postérieurs et leurs tarses noirs. Ailes hyalines, stigma brun, nervures brunes. Abdomen noir brun avec le ventre testacé. Long. 3mm. Env. 7mm.

Chrysorrhea, Klug.

Patrie : Angleterre, Hollande, Allemagne, Algérie.

— Mésopleures testacées. 4

4 Thorax noir en dessus, sauf aux bords du pronotum. Tête noire avec la face blanc pâle au dessous des antennes ; celles-ci noires avec le côté externe plus pâle. Thorax noir avec les bords du pronotum et les mesopleures testacé pâle ; écaillettes pâles. Pattes testacé pâle avec l'extrémité des tibias postérieurs et les tarses noirs. Ailes hyalines, nervures et côte noir pâle, stigma testacé pâle. Abdomen noir sur le dos, pâle à la jonction des segments, avec l'anus et le ventre testacés. Long. 4 à 5mm. Env. 8 à 10mm.

Gallicola, Cameron. ♂

La larve de cette espèce produit des galles velues, laineuses, en forme de pois, analogues à celles du *Nematus viminalis* L. Ces galles sont placées sur les feuilles d'une espèce de saule.

Patrie : Angleterre.

— Thorax testacé ou seulement taché de noir ou de brun, ou avec le pronotum et le metanotum testacés. 5

5 Thorax testacé sans tache. Tête testacé sombre avec une tache brune sur le vertex ; antennes brunes. Pattes testacées. Ailes hyalines, avec le stigma testacé. Abdomen testacé sombre avec la base brune. Long. 5mm. Env. 12mm. **Plagiata**, Klug.

La larve vit sur le *Mespylus oxyacanthus* (Dours).

Patrie : Angleterre, France, Autriche.

— Thorax taché de noir ou avec le metanotum noir. 6

6 Mesonotum non taché, metanotum noir. Tête et antennes testacées, ces dernières noires en dessus. Thorax testacé avec le metanotum sombre. Pattes testacées avec les tarses gris ; ailes hyalines, côte et stigma à peine jaunâtres ; nervures brunes. Abdomen testacé avec le dos en partie noir vers la base. Long. 4mm. Env. 9mm. (Pl. XVIII. fig. 1).

Ferruginea, PANZER.

PATRIE : Angleterre, France, Suisse, Tyrol, Allemagne.

— Mesonotum taché de noir. 7

7 Dos de l'abdomen entièrement noir. 8

— Dos de l'abdomen testacé au moins en partie. 9

8 Mesonotum mat. Tête et antennes ferrugineuses. Thorax ferrugineux taché de noir. Pattes testacées. Ailes à peu près hyalines ; nervures pâles. Abdomen noir en dessus, ferrugineux en dessous. Long. 5mm. Env. 10mm.

Brevis, KLUG. ♀

La larve (d'après Hartig) a seulement 8mm ; elle est verte et a le corps couvert de petits tubercules ; elle porte des épines fourchues à tige courte et même les deux branches sont souvent insérées directement sur une verrue épaisse, noire ; la tête est brune. — Elle apparait au printemps sur les feuilles de rosier qu'elle roule sur elles-mêmes à la manière des chenilles de *Tortrix*. La larve entre en terre au commencement de juin pour s'y transformer en nymphe. On trouve l'insecte parfait dès le milieu d'avril sur les rosiers.

PATRIE : France, Hollande, Allemagne, Suède.

— Mesonotum brillant. Tête jaune avec une petite tache noire sur le vertex ; antennes brunes ou jaunes. Thorax jaune avec le mesonotum taché de noir ou même quelquefois entièrement noir. Pattes jaunes avec les tarses intermédiaires et postérieurs et les tibias postérieurs brun noir ; ailes presque hyalines.

Côte et stigma jaunes, ce dernier brun à la base. Abdomen jaune avec la base noire (♀), ou presque entièrement noir en dessus (♂). Long. 4mm. Env. 9mm.

Cratægi, Klug.

L'insecte parfait se trouve en juin sur les *Pyrus aucuparia*.

Patrie : Angleterre, France, Hollande, Tyrol, Allemagne, Suède.

9 Tibias blanchâtres en dehors.

Ferruginea, Panzer. ♂ (V. n° 6).

— Tibias postérieurs noirs, sauf à la base, ou entièrement pâles. 10

10 Stigma brunâtre ou testacé.

Cratægi, Klug. (V. n° 8).

— Stigma blanc. Tête et antennes testacé pâle, ces dernières à peine brunes en dessus (♀). Thorax testacé avec trois taches brunes sur le mesonotum. Pattes testacées (♂), avec les tarses postérieurs noirâtres (♀). Ailes blanches, hyalines; nervures et stigma blancs. Abdomen testacé pâle. Long. 4mm. Env. 9mm. **Alpina**, Zetterstedt.

Patrie : Suède.

11 Antennes noires. Tête presque entièrement noire, seulement tachée de testacé sur le vertex et au milieu du front. Thorax jaune avec le milieu du bord du pronotum, le meso-et le metanotum noirs ainsi qu'une tache pectorale. Pattes jaunes avec l'extrémité des tibias et la base des tarses noires. Ailes hyalines avec la base du stigma et la nervure costale brunes. Abdomen jaune avec la base noire. Long. 5mm. Env. 12mm. **Pectoralis**, Thomson. ♀

Patrie : Angleterre, Suède.

— Antennes testacées. Tête testacée avec le vertex brun noir. Thorax testacé, plus ou moins brun en dessus ; pattes testacées. Ailes hyalines ; côte et nervures brunes, ainsi que la base du stigma. Abdomen testacé, brun noirâtre en dessus. Long. 6 à 7^{mm}. Env. 14^{mm}. **Testudinea,** Klug.

Patrie : Angleterre, France, Allemagne, Suède.

12 Cuisses antérieures noires sauf les genoux. Tête et antennes noires ; épistome et labre roux obscurs. Thorax noir; écaillettes rousses. Pattes noires avec les genoux d'un roussâtre abscur, les tibias et les tarses noir de poix, les premiers quelquefois un peu plus clairs. Ailes légèrement enfumées ; stigma jaune roussâtre ; les ailes postérieures ont une cellule discoïdale fermée. Abdomen noir. Long. 4 $1/2^{mm}$. Env. 9^{mm}. **Xylostei,** Giraud. ♀

La larve a 8 à 10^{mm} de long. Elle est d'un blanc faiblement verdâtre ; les segments sont plissés sur le dos. Tête rousse avec de petits yeux ronds, noirs. Elle a 22 pattes. — Elle vit dans des galles ou gonflements variqueux qui déforment les jeunes tiges du *Lonicera xylosteum*. Ces galles commencent à se montrer en avril, et, en trois semaines, elles atteignent leur grandeur. Tantôt elles sont arrondies, tantôt fusiformes ou irrégulières. Elles sont d'abord vertes puis prennent souvent une teinte rougeâtre sur une partie de leur surface. Elles n'ont qu'une consistance très-faible. A l'intérieur est une cavité qui occupe la place du canal médullaire et contient une seule larve qui ronge les parois. Vers la première quinzaine de mai, cette larve perfore la galle et va se transformer en terre. La galle abandonnée s'affaisse, devient méconnaissable ; mais le rameau continue à croître, ne laissant apparaître qu'une petite cicatrice, sans reprendre cependant beaucoup de vigueur. Ces galles sont ordinairement en grand nombre sur les mêmes rameaux. La larve, arrivée en terre, s'enferme dans un cocon ovoïde, simple, terreux a l'extérieur, lisse et noirâtre en dedans. L'insecte parfait n'éclot qu'au printemps suivant, dès le mois de février.

Patrie : France (Dours), Autriche (Laaerberg, près Vienne).

— Cuisses antérieures testacées. **13**

13 Pattes mêlées de noir et de rouge. Tête noire, labre velu de poils jaunes; antennes noires, brunes à l'extrémité. Thorax noir, pattes testacé clair en entier ou avec toutes les hanches et la moitié basilaire des cuisses postérieures noires. Ailes hyalines ou très-légèrement cendrées, nervures et stigma jaunâtre sale. Abdomen noir. Long. 3 1/2mm. Env. 10mm.

Fulvicornis, Fabricius.

La larve, (pl. XV. fig. 6, 7 et 8) longue de 8mm, est en entier jaune brunâtre avec les pattes thoraciques et la tête testacées. Elle porte de nombreux sillons, est renflée et ventrue et a 20 pattes seulement. — Elle vit en juin dans l'intérieur des prunes encore vertes et qu'elle empêche de grossir et de venir à bien. Elle s'en fait un logement et en sort seulement en juillet, par un petit trou rond, pour entrer en terre et s'y transformer en nymphe dans un cocon brun parcheminé. En mai de l'année suivante éclot l'insecte parfait qui doit pondre sur les jeunes fruits encore peu avancés.

Patrie : France, Hollande, Suisse, Allemagne, Suède, Russie.

— Pattes entièrement rouge pâle. Tête noire avec la bouche rouge; antennes rouges. Thorax noir avec le pronotum roux obscur; pattes rouges. Ailes hyalines; côte et stigma gris, ce dernier un peu plus sombre à la base, les autres nervures brunes. Abdomen noir avec l'anus roux. Long. 3mm. Env. 7mm.

Rutilicornis, Klug.

Sur *Prunus spinosa*.

Patrie : Angleterre, France, Allemagne, Tyrol, Suède.

10e Tribu. — Tenthredinidæ

(PLANCHES XIX, XX, XXI)

Caractères. — Tête large, rectangulaire vue en dessus, ordinairement plus épaisse vers les joues; yeux grands, ovales, situés aux angles antérieurs de la tête; mandibules plus ou moins dentées ; épistome ordinairement sinué ou échancré ; palpes maxillaires de six articles, palpes labiaux de quatre articles. Antennes de neuf articles, filiformes ou sétiformes, quelquefois un peu claviformes ou falciformes, pouvant être aussi longues que le corps ou bien à peine plus longues que le thorax ; les deux premiers articles sont gros et globuleux, le troisième assez long, les suivants coniques, diminuant progressivent de longueur jusqu'au dernier.

Thorax arrondi, fortement impressionné par les sillons qui en séparent les diverses parties, peu séparé de la tête dans la partie concave de laquelle il s'enchasse ; parfois on aperçoit un col court et mince. Pattes ordinaires, assez longues, quelquefois les hanches postérieures très-allongées de façon que les cuisses atteignent ou dépassent l'extrémité de l'abdomen ; tibias postérieurs à peu près de la longueur des cuisses ; tarses ordinairement plus longs que les tibias, le premier article allongé, le suivant un peu plus court, le troisième encore moins long, le quatrième tout-à-fait petit, le cinquième enfin aussi long ou plus long que le deuxième ; ongles ordinaires, mutiques ou bifides, ou encore armés d'une petite dent subapicale ; éperons postérieurs assez courts, ne dépassant guère la moitié du métatarse ; éperons antérieurs externes, aplatis et foliacés d'un côté ou simplement bifides. Ailes assez longues, le plus souvent hyalines ou subhyalines, rarement enfumées en tout ou en partie, munies de deux cellules radiales et de quatre cellules cubitales dont la deuxième et la troisième reçoivent chacune une nervure récurrente ; cellule lancéolée avec une nervure droite ou oblique, ou encore contractée ; ailes postérieures avec ou sans cellule discoïdale fermée ; quelquefois les nervures suivent le bord de l'aile ; cellule anale appendiculée ou non.

Abdomen allongé, cylindrique ou déprimé, ordinairement un peu retréci vers le thorax, terminé en pointe obtuse chez la ♀, arrondi à l'extrémité chez le ♂.

Œuf. — L'œuf des Tenthrédinides, assez peu connu, et peu remarquable, est ordinairement lisse, blanc jaunâtre, plus convexe d'un côté que de l'autre.

Larve. — Les larves de Tenthrédinides ont de très-grands rapports avec les chenilles de lépidoptères. Elles ont 22 pattes dont 6 thoraciques, 14 abdominales et 2 anales. Leur corps, ordinairement lisse, est allongé, cylindrique, diversement coloré; la tête est petite, brillante, arrondie, un peu déprimée en devant et munie de deux petits yeux. Les palpes maxillaires ont quatre articles, les palpes labiaux deux articles ; mandibules dentées, antennules de quatre ou cinq articles.

Mœurs et Métamorphoses. — Les larves des Tenthrédinides vivent sur des familles de plantes très-diverses et on les rencontre aussi bien sur les grands arbres que sur les végétaux herbacés. On les trouve au printemps ou en automne et quelques espèces ont deux générations annuelles. Elles rongent les feuilles soit en les entamant par le bord, soit en pratiquant des trous dans la surface du parenchyme. Quelques unes ont été signalées comme s'enfonçant dans la moelle des rameaux coupés ou brisés pour atteindre les bourgeons placés plus bas, et il en résulte, par exemple dans la vigne, des dégâts appréciables. Celles qui vivent de feuilles, se mettent en boule lorsqu'elles sont inquiétées ; si elles tombent à terre, elles restent assez longtemps sans se décider à remonter sur les rameaux. En général, elles ne sortent que la nuit pour prendre leur nourriture. Il en est aussi qui, pour se défendre, rejettent par la bouche un liquide brunâtre ; presque toutes changent considérablement de couleur après la dernière mue. A la fin de l'automne, ou en mai pour la première génération, elles entrent en terre pour s'y transformer en nymphe. Cette métamorphose a lieu aussi entre de petites mottes de terre, ou seulement parmi les feuilles mortes. Elles s'enferment dans une coque irrégulière, plus ou moins terreuse où celles qui hivernent passent toute la mauvaise saison. D'autres, au contraire, se filent une coque soyeuse dans la tige creuse de diverses plantes. Au printemps se produit la nymphose et, quelques jours après, à la fin d'avril ou au commencement de mai, l'insecte parfait s'échappe. Après l'accouplement la femelle procède à la ponte ; les unes placent leurs œufs dans les nervures des feuilles ; d'autres, au contraire, les insèrent dans le parenchyme, et ils se trouvent alors enfermés dans une sorte d'ampoule ou ovisac de forme irrégulière qui protége l'œuf; la jeune larve, en éclosant, en déchire la paroi et commence ses ravages en juillet ou au commencement d'août.

Les Tenthrédinides, tout en se trouvant en grand nombre au Nord, offrent beaucoup d'espèces tout-à-fait méridionales et certains genres ont de nombreux représentants en Espagne et sur les côtes méditerranéennes, contrairement à la plupart des autres tribus de cette famille. Il en résulte qu'elles ont été moins étudiées que les premiers genres et qu'il est possible d'indiquer un assez grand nombre d'espèces non encore décrites.

34e GENRE. — PŒCILOSOMA (1), Dahlbom, 1835 (34).

ποικίλος, bigarré, *σῶμα*, corps

Antennes filiformes, assez courtes, de 9 articles. Pattes ordinaires. Corps assez allongé ; yeux éloignés de la base des mandibules. Ailes antérieures avec 2 cellules radiales, 4 cellules cubitales ; la cellule lancéolée est divisée par une nervure oblique. Ailes postérieures avec une cellule discoïdale fermée, quelquefois deux, très-rarement aucune.

Les ♂ se distinguent des ♀ par la forme du dernier segment ventral.

1	Abdomen noir marqué de taches blanches, quelquefois testacé à la pointe.	2
—	Abdomen jaune, ou rayé de rouge, ou avec seulement l'extrémité noire.	8
2	Écaillettes blanches en entier.	3

(1). Dahlbom (conspectus Tenthredinidum, etc. p. 13) a écrit : *Pœcilostoma*. Mais il y a là erreur évidente de copie ou d'impression, car le mot *στομα* signifiant *bouche*, l'étymologie n'aurait plus sens. Thomson, son compatriote, bien placé pour se rendre compte des intentions de Dahlbom, a d'ailleurs déjà en 1871 rectifié ce mot comme je le fais ; je crois que sans empiéter sur les droits de Dahlbom, et sans violer les lois de la nomenclature, il est permis de maintenir cette rectification.

— Écaillettes noires, ou blanches seulement sur le bord. 5

3 Antennes noires, aussi longues ou plus longues que l'abdomen ; épistome noir. Tête noire, couverte d'une pubescence grise sur le vertex; labre et palpes blanc sale. Thorax noir, pubescent. Pronotum étroitement bordé de blanc ; écaillettes blanches. Pattes noires avec la plus grande partie des cuisses et des tibias jaune sale ; ongles bifides. Ailes subhyalines, nervure costale pâle à la base, brun testacé ensuite ainsi que le stigma. Abdomen noir avec les segments à peine bordés de blanc. Long. 6 à 7mm. Env. 12 à 13mm. **Fletcheri**, Cam.

Insecte parfait en juin.

Patrie : Angleterre, Suède.

— Antennes pas plus longues que le thorax. 4

4 Épistome blanc. Tête et antennes noires. Thorax noir avec les écaillettes blanches. Pattes brunes ou testacées. Ailes presque hyalines ; côte et stigma brun foncé. Abdomen noir avec le bord des segments blanc, et des taches latérales blanches quelquefois peu visibles. Long. 7mm. Env. 14mm. **Obtusum**, Klug.

Patrie : Hongrie.

— Éptstome noir. Tête et antennes noires. Thorax noir avec le bord du pronotum blanc ; écaillettes blanches. Pattes testacé pâle ou brun clair. Ailes hyalines. Côte grisâtre, stigma brun ainsi que les nervures. Abdomen noir, taché latéralement de blanc et avec le bord des segments blanc, quelquefois l'extrémité testacée. Long. 7 à 9mm. Env. 14 à 18mm.

Pulveratum, Retzius.

La larve, (pl. XX. fig. 4, 6, 8) est longue de 18mm. Elle a le corps allongé, cylindrique, blanc ou verdâtre plus ou moins accentué, avec une ligne plus foncée sur le dos et deux autres sur les côtés. Elle devient brune après la dernière mue et la tête passe au brun testacé. Elle a 22 pattes. — Elle vit en août sur les aulnes (*alnus glutinosa*); elle en ronge les feuilles en faisant des trous dans le milieu. Pour passer l'hiver, elle s'enfonce en terre où elle se file un cocon brun plus ou moins terreux, ovale, un peu allongé. Au printemps, vers le mois de mai, apparait l'insecte parfait.

PATRIE : Angleterre, France, Hollande, Suisse, Tyrol, Danemark, Allemagne, Suède.

5 Ongles bifides. **6**

— Ongles presque mutiques, ou avec une très-petite dent subapicale. **7**

6 Éperons postérieurs dépassant le tiers du métatarse. Tête et antennes noires. Thorax noir. Pattes noires avec les genoux et les tibias antérieurs d'un blanc sale au côté externe. Ailes noirâtres ; côte et stigma noirs. Abdomen noir avec de grandes taches latérales, carrées, blanches, sur la plupart des segments. Long. 7mm. Env. 14mm. **Guttatum**, FALLÈN.

PATRIE : Angleterre, France, Allemagne, Suède.

— Éperons postérieurs courts, n'atteignant pas le tiers du métatarse. Tête et antennes noires, assez longues ; thorax noir. Pattes noires avec les genoux et les tibias antérieurs blanchâtres. Ailes subhyalines, nervures et stigma noirs. Abdomen noir, marqué de taches latérales blanchâtres. Long. 6 à 7mm. Env. 14mm. **Longicorne**, THOMSON.

PATRIE : Suède.

7 Tibias et tarses postérieurs noirs. Tête et antennes noires. Thorax noir. Pattes noires avec les genoux et les tibias antérieurs blanc sale ; ongles avec une petite dent subapicale. Ailes subhyalines, nervures et stigma noirs. Abdomen noir, marqué de taches latérales blanches. Long. 5 à 6mm. Env. 10 à 12mm.

Submuticum, THOMSON.

Insecte parfait en mai et juin.

PATRIE : Angleterre, France, Suisse, Suède.

— Tibias et tarses postérieurs blancs à la base. Tête noire avec le labre blanc sale, épistome largement échancré ; antennes noires, palpes brun noir. Thorax noir brillant ; écaillettes noires avec la base blanche. Pattes blanc sale, avec les hanches, les trochanters, les cuisses jusqu'au genoux, noirs ; tibias antérieurs marqués légèrement par une ligne noirâtre en dessus ; tibias intermédiaires et postérieurs noirâtres à leur extrémité ; tarses noirs, blancs à la base ; éperons postérieurs plus courts que le tiers du métatarse. Ailes hyalines à la base, enfumées sur la moitié apicale, nervure costale brune, stigma brun ou noir, nervures brunes ; la première nervure transverso-cubitale peut quelquefois manquer totalement. Abdomen noir avec le bord des segments blanc grisâtre mat, et de grandes taches de même couleur ne laissant entre elles, sur le milieu des segments 2, 3 et 4, qu'une ligne étroite brillante ; ces taches s'écartent d'avantage sur le cinquième segment et plus encore sur le sixième. Elles disparaissent sur les trois derniers. Ventre noir. Long. 6 à 7mm. Env. 15mm. (Pl. XX. fig. 2).

Excisum, THOMSON.

PATRIE : Angleterre, France, Suède.

8 Abdomen jaune.

Eriocampa luteola, KL. (1) (V. à ce genre).

— Abdomen avec une bande rouge ou avec seulement l'extrémité noire. 9

(1) C'est uniquement dans le but de faciliter les déterminations pour les débutants peu exercés que je place ici 3 espèces appartenant à d'autres genres, mais qu'à première vue, on pourrait faire rentrer dans les Pœcilosoma.

9 Pattes rouges.
Taxonus agrorum, Fallén. (V. à ce genre).

— Pattes noires avec la base des tibias blanche.
Strongylogaster filicis, Kl. (V. à ce genre).

35ᵉ GENRE. — TAXONUS, Hartig, 1837 (61).

ταχύς, rapide, agile, ὄνος, insecte.

Antennes plus courtes que l'abdomen, filiformes, de 9 articles. Pattes ordinaires. Corps élancé. Ailes antérieures avec deux cellules radiales, quatre cellules cubitales ; cellule lancéolée divisée par une nervure oblique ; ailes postérieures sans cellule discoïdale fermée.

Les ♂ se distinguent des ♀ par la forme du dernier segment ventral.

1 Écaillettes noires ou brunes. 2

— Écaillettes blanches. 6

2 Cuisses rougeâtres. 3

— Cuisses noires. Tête et antennes noires. Pattes noires avec seulement les genoux, les tibias antérieurs et la base des tarses testacé sale. Ailes un peu enfumées ; nervure costale et stigma noirâtres, ce dernier pâle à la base. Abdomen noir. Long. 6ᵐᵐ. Env. 12ᵐᵐ. **Glottianus**, Caméron.

Patrie : Angleterre.

3 Abdomen orné d'une bande rouge. 4

— Abdomen sans bande rouge. 5

4 Trochanters postérieurs blancs. Tête et antennes

noires. Thorax noir ainsi que les écaillettes. Pattes rouges avec les hanches et la base des cuisses noires ; genoux postérieurs, extrémité des tibias et tarses postérieurs noirs. Ailes hyalines, nervures et stigma noirs. Ailes inférieures avec deux cellules discoïdales fermées. Abdomen noir avec les segments 3, 4 et 5 rouges. Long. 9mm. Env. 18mm. **Agrorum,** Fallén.

Insecte parfait en juin.

Patrie : Angleterre, France, Hollande, Allemagne, Hongrie, Suède.

— Trochanters postérieurs noirs. Tête et antennes noires. Thorax noir. Pattes fauves avec les hanches et les trochanters noirs ; cuisses marquées d'une fine ligne noire au côté interne; tarses intermédiaires bruns, postérieurs noirs. Ailes hyalines, nervures et stigma noirs. Abdomen noir avec les segments 3, 4 et 5 fauves. Long. 8mm. Env. 16mm.
Pulchellus, Costa.

Insecte parfait au commencement de mai.

Patrie : Naples.

5 Abdomen entièrement noir violacé. Tête et antennes noires ; labre roux. Thorax noir, écaillettes noires. Pattes rouges avec la base des hanches noire, tarses postérieurs bruns ou noirâtres. Ailes hyalines; nervures et stigma noirs. Abdomen noir avec un reflet violacé bien visible. Long. 7 à 9mm. Env. 15 à 18mm. **Glabratus,** Fallén.

La larve, après sa dernière mue, est d'un brun olivâtre en dessus avec les intersections segmentaires noirâtres. Le dessous est blanc jaunâtre ou grisâtre. — Elle vit, d'après M. Cameron, sur le *Polygonum bistorta.* M. le Dr Laboulbène l'a rencontrée dans le roseau commun (*Arundo phragmites*) et elle formait une coque soyeuse brillante dans l'intérieur de la tige. L'insecte parfait se rencontre en mai et juin.

Patrie : Angleterre, France, Allemagne, Hollande, Suisse, Tyrol, Suède, Russie.

— Abdomen noir avec les segments finement bordés de blanc et marqués, de part et d'autre, d'une tache carrée opaque. Tête et antennes noires. Thorax noir. Pattes rouges. Ailes hyalines, nervure costale et stigma bruns. Long. 6mm. Env. 12mm.

Opacomaculatus, EVERSMANN. ♂

Insecte parfait fin mai.

PATRIE : Russie (Casan).

N.-B. C'est un vrai Pœcilosoma, sauf que les ailes postérieures n'ont pas de cellule discoïdale fermée. Ces deux genres ont de nombreux rapports ensemble et peut-être faudra-t-il les réunir lorsque des matériaux plus nombreux permettront de mieux saisir leurs affinités et les passages qu'il y a de l'un à l'autre.

6 Stigma en partie blanc, en partie noir. Tête et antennes noires. Thorax noir; écaillettes blanches. Pattes ferrugineuses. Ailes hyalines; nervures et stigma noirs. Abdomen noir avec les segments 3 à 6 ferrugineux. Long. 8mm. Env. 16mm. **Sticticus**, KLUG.

PATRIE : Allemagne, Hongrie.

— Stigma entièrement noir ou brun. 7

7 Abdomen noir ou noir bordé de blanc. Tête et antennes noires; labre blanc-jaunâtre. Thorax noir; écaillettes blanchâtres. Pattes jaune blanchâtre avec l'extrémité des tibias postérieurs et leurs tarses noirs. Ailes hyalines, nervure transverso-radiale presque interstitiale, stigma noir. Abdomen noir un peu bronzé. Long. 6mm. Env. 12mm. **Albipes**, THOMSON.

PATRIE : Suède,

— Abdomen ceint de rouge. Tête et antennes noires; labre blanc. Thorax noir, écaillettes blanches. Pattes rouges avec la base des hanches noire; tarses intermédiaires et postérieurs noirâtres. Ailes hyalines; nervures et stigma noirs. Abdomen noir avec les segments 3, 4 et 5 rouges, ou seulement une partie d'entre eux. Long. 6 à 8mm. Env. 12 à 16mm. (Pl. XX. fig. 3). **Equiseti**, Fallèn.

La larve, longue de 15mm, a le corps vert en dessus, quelquefois rougeâtre ridé, stigmates brunâtres ; ventre à peu près blanc. La tête est noir brun à la partie supérieure, blanche sur le reste avec les mandibules brunes.— Elle vit sur le *Rumex acetosella* et sur les *Veronica* en automne. L'insecte parfait éclot en juin.

Patrie : Angleterre, France, Hollande, Allemagne, Suède, Russie.

36e GENRE. — PACHYPROTASIS, Hartig, 1837 (61).

παχύς, épais, robuste, προτασις, allongement.

Antennes sétiformes, de 9 articles, plus longues que l'abdomen. Hanches postérieures très-allongées, pattes postérieures longues ; cuisses postérieures atteignant ou dépassant le bout de l'abdomen. Ailes avec 2 cellules radiales, 4 cellules cubitales ; la cellule lancéolée est divisée par une nervure droite ou bien est contractée au milieu ; ailes inférieures avec 2 cellules discoïdales fermées.

1' Cellule lancéolée divisée par une nervure droite. Tête noire avec le labre, l'épistome, l'intervalle des antennes et le tour des yeux jaunes ; antennes brunes en dessus, pâles en dessous. Thorax noir avec le pronotum presque tout jaune, les écaillettes jaunes ; poitrine jaune blanchâtre avec le dessus des mésopleures et une ligne oblique mince au bas de celles-ci noires. Pattes jaunâtres ou testacées, avec une ligne noire sur le dessus des cuisses, des tibias et des tarses. Ailes hyalines avec la nervure costale testacée, le stigma brun, sauf à la base qui est étroitement testacée, les autres nervures brunes. Abdomen noir avec les segments 3, 4 et 5 en entier et les suivants sur les côtés, testacés ; ventre jaune blanchâtre taché de noir. Long. 6mm. Env. 13mm.

Discolor, Klug.

Patrie : France, Hollande, Autriche, Russie.

— Cellule lancéolée contractée au milieu. 2

2 Pattes postérieures blanchâtres rayées ou tachées de noir en dessus, ou noires. 3

— Pattes postérieures en partie rouges. Tête noire avec le labre, l'épistome, l'intervalle des antennes et le tour des yeux jaunes, antennes noires. Thorax noir avec le lobe médian du mesonotum bordé de jaune clair; scutellum de même couleur ainsi qu'une tache au dessus et au dessous de lui ; mésopleures noires avec la partie inférieure et une large bande transversale au milieu jaune clair. Pattes jaune clair avec les genoux, le côté externe des tibias et des tarses antérieurs et intermédiaires noirs ; cuisses antérieures et intermédiaires moitié jaunes, moitié rouges ; cuisses postérieures rouges ainsi que leurs tibias ; extrémité de ceux-ci et leurs tarses noirs. Ailes hyalines, ou à peine grisâtres ; nervures et stigma noir brun. Abdomen noir en dessus avec les segments finement bordés de blanc ; ventre jaunâtre taché de noir. Long. 9mm. Env. 20mm.

Variegata, Klug.

Se trouve sur le hêtre (*fagus*) en juin.

Patrie : Angleterre, France, Allemagne, Tyrol, Suède.

3 Poitrine blanc verdâtre ou jaunâtre en entier. 5

— Poitrine blanchâtre plus ou moins tachée de noir, ou noire en entier. 4

4 Abdomen avec les segments presque tous blancs sur le bord. 6

— Abdomen noir en entier en dessus. 7

5 Thorax entièrement noir en dessus, sauf les écaillettes. Tête noire avec la bouche, le tour des yeux blanc grisâtre ainsi que les antennes. Thorax noir en dessus, blanc grisâtre en dessous; écaillettes blanchâtres. Pattes noires mêlées de blanchâtre. Ailes hyalines. Nervures et stigma noirs. Abdomen noir en dessus, blanchâtre en dessous. Long. 9 à 10mm. Env. 12mm. **Tenuis,** RUDOW.

Se trouve en juillet sur l'aulne (*Alnus glutinosa*).

PATRIE. Allemagne.

— Thorax taché de jaune en dessus ou sus des écaillettes. Tête jaune avec le front et le milieu du vertex noirs; antennes noires avec les deux premiers articles jaunes en dessous. Thorax noir; pronotum et écaillettes jaunes; scutellum et postscutellum jaunes; poitrine entièrement jaune. Pattes jaunes avec une tache noire en dedans des genoux postérieurs et les tibias postérieurs noirs presque en entier, ne laissant de jaune qu'un anneau au dessus de l'extrémité et une ligne interne; les autres tibias marqués d'une fine ligne noire en dehors ainsi que leurs tarses; tarses postérieurs entièrement noirs, sauf l'extrême base de chaque article. Ailes hyalines, nervures noires, stigma noir avec la base blanche. Long. 8mm. Env. 19mm. (Pl. XIX. fig. 1). **Antennata,** KLUG.

PATRIE : Angleterre, France, Hollande, Allemagne, Tyrol, Suède.

6 Tête et thorax lisses, noirs, tachés de blanc. Écaillettes noires ou en partie blanches. Pattes noires tachées de blanc. Ailes hyalines, nervures et stigma noirs. Abdomen noir en dessus avec les segments bordés de blanc, l'anus plus taché de la même couleur. Ventre ainsi que les hanches et la poitrine blanc verdâtre plus ou moins taché de noir. Long. 7mm. Env, 15mm. **Simulans,** KLUG.

PATRIE : Angleterre, France, Autriche, Tyrol, Suède.

— Tête et thorax un peu ponctués, noirs tachés de blanc sur la bouche, l'intervalle des antennes, le tour des yeux, les bords du lobe médian du mesonotum, le scutellum ainsi qu'une tache au dessus et au dessous de lui. Mésopleures blanchâtres, traversées par une ligne longitudinale noire et une autre plus large transversale. Pattes blanches rayées de noir au côté interne ; genoux, tibias et tarses postérieurs noirs. Ailes hyalines, nervures et stigma noirs. Abdomen noir en dessus, jaune blanchâtre ou verdâtre en dessous, plus ou moins taché de noir. Long. 8mm. Env. 16mm. **Rapæ**, Linné var.

L'insecte parfait se trouve communément en juin et juillet.

Patrie : Angleterre, France, Suisse, Hollande, Tyrol, Italie, Allemagne, Hongrie, Suède, Russie.

7 Mésopleures blanc jaunâtre au moins en partie. 8

— Mésopleures noires. Tête et antennes noires. Thorax noir, avec le bout extrême des lobes du pronotum blanchâtre. Pattes antérieures et intermédiaires noires en dedans, blanchâtres en dehors ; pattes postérieures noires. Ailes hyalines, nervures noires, stigma testacé clair. Abdomen noir. Long. 8mm. Env. 17mm. **Dolens,** Eversmann.

Patrie : France, Suisse, Allemagne, Russie.

8 Mésopleures blanc jaunâtre traversées par une ligne oblique noire. **Rapæ,** Linné. (V. no 6).

— Mésopleures sans ligne oblique noire.
Variegata, Klug. ♂ (V. no 2).

37e GENRE. — MACROPHYA

μακρος, grand, φυη, forme.

Antennes de 9 articles, falciformes ou un peu épaissies au milieu. Hanches postérieures ordinairement très-allongees ; cuisses postérieures atteignant ou dépassant le bout de l'abdomen. Ailes antérieures avec deux cellules radiales, quatre cellules cubitales ; cellule lancéolée divisée par une nervure droite, rarement contractée en un point au milieu, très-rarement traversée par une nervure oblique ; ailes postérieures avec deux cellules discoïdales fermées.

1 Abdomen noir en entier en dessus. 2

— Abdomen marqué de lignes ou de points de couleur claire, ou en partie clair. 19

2 Scutellum noir. 3

— Scutellum clair. 14

3 Cuisses postérieures noires en grande partie, au moins sur la moitié de leur longueur. 4

— Cuisses postérieures claires en entier ou presque en entier. 10

4 Cuisses antérieures entièrement jaunes.

♂. Tête noire ; épistome et labre blancs ; antennes noires. Thorax noir ; écaillettes en partie blanc sale. Pattes antérieures et intermédiaires jaune clair avec l'extrémité de leurs tarses noirâtre. Pattes postérieures jaunes avec la base des hanches, la moitié apicale des cuisses, les tibias sauf une tache blanche externe près de leur extrémité, le premier et le dernier articles des tarses noirs. Ailes hyalines, un peu enfumées vers l'extrémité, nervures et stigma noirs. Abdomen noir.

♀. Tête noire avec le labre et l'épistome blancs ; antennes noires. Thorax noir avec le bord du pronotum et les écaillettes jaunes. Pattes antérieures et intermédiaires jaunes avec la base des hanches et les tarses noirs ; pattes postérieures jaunes avec la moitié basilaire des hanches, l'extrémité des cuisses, les tibias, sauf une tache externe ovale blanche avant l'extrémité, et les tarses noirs. Ailes hyalines, un peu jaunâtres ; nervures et stigma noirs. Abdomen noir avec le premier segment bordé de jaune et des taches allongées jaunes sur les côtés des 5, 6 et 7e segments, 9e segment jaune en entier en dessus. Long. 10 à 11^{mm}. Env. 25^{mm}. (Pl. XIX. fig. 2, 6, 7).

Rustica, LINNÉ.

L'insecte parfait se trouve communément en juin et juillet sur les ombellifères.

PATRIE : Angleterre, France, Hollande, Suisse, Tyrol, Hongrie, Espagne, Italie, Allemagne, Suède, Russie, Grèce.

— Cuisses antérieures en partie noires ou entièrement noires. 5

5 Tibias postérieurs blancs au moins sur la moitié apicale ou annelés de blanc. 7.

— Tibias postérieurs noirs. 6

6 Hanches postérieures entièrement noires.

Neglecta, KLUG VAR. (V. n° 57).

= Hanches postérieures marquées de blanc.

♂. Tête, antennes et thorax noirs. Pattes antérieures noires, rayées de blanc en dehors ; pattes intermédiaires et postérieures noires ; hanches postérieures portant une grande tache carrée blanche en dessous. Ailes hyalines, un peu enfumées vers le bout. Abdomen noir en entier ou avec de petites taches rouges latérales.

♀. Tête et antennes noires ; épistome et labre légèrement tachés de blanc ou de brun. Thorax noir. Pattes antérieures noires, rayées de blanc sale en dehors sur les cuisses et les tibias ; pattes intermédiaires noires avec seulement une tache blanche à l'extrémité externe des cuisses ; pattes postérieures noires avec une grande tache ovale blanche sur les côtés des hanches. Ailes hyalines un peu enfumées vers le bout. Abdomen noir avec les 2e, 3e, 4e et 5e segments rouge foncé ou seulement une partie d'entre eux. Long. 11mm. Env. 22mm. **Blanda**, FABRICIUS.

PATRIE : Angleterre, France, Hollande, Suisse, Tyrol, Italie, Hongrie Allemagne, Suède, Russie, Caucase.

7 Tibias postérieurs blancs au moins à l'extrémité. Tête et antennes noires, celles-ci de la longueur de l'abdomen. Thorax noir. Pattes noires avec les trochanters, les genoux et les tibias blanc sale ; tarses jaunes. Ailes hyalines, nervure costale et stigma bruns. Abdomen noir, ou très-légèrement bordé de blanc au bord des segments. Long. 7mm. Env. 15mm. **Magnicornis**, KAWALL. ♂

PATRIE : Russie (Casan).

— Tibias postérieurs noirs à l'extrémité, seulement annelés de blanc ou tachés de blanc en dessous. 8

8 Tibias postérieurs tachés de blanc en dessous. Tête et antennes noires, épistome et labre blancs. Thorax noir. Pattes noires en dedans, blanches en dehors ; toutes les hanches noires à la base. Cuisses postérieures noires bordées de blanc sur les genoux. Tibias postérieurs noirs tachés de blanc en dessous avant l'extrémité ; leurs tarses noirs. Ailes hyalines,

un peu noircies vers l'extrémité. Abdomen noir. Long. 7 à 8^{mm}. Env. 14 à 16^{mm}. **Ribis**, SCHRANCK.

La larve est mal connue. Schranck la décrit comme ayant le corps vert avec deux petites taches sur la tête. Kaltenback dit qu'elle a la tête jaune avec une tache noire, et le corps brun. Peut-être est-ce la même à différents âges. — Ils s'accordent pour lui donner le groseiller (*Ribes grossularia*) comme plante nourricière. Dours (59) enfin indique, comme ses parasites, d'après l'autorité du colonel Goureau :

Pygostolus sticticus, Hal. — *Ichneumonide.*
Tryphon armillator, Grav. — =

PATRIE : Angleterre, France, Hollande, Suisse, Tyrol, Allemagne, Suède.

— Tibias postérieurs tout-à-fait annelés de blanc. 9

9 Pronotum noir. Tête et antennes noires. Thorax noir. Pattes noires avec les genoux et les tibias blancs, sauf la base et une ligne interne des tibias antérieurs, la base et l'extrémité des postérieurs qui sont noires ; quelquefois les hanches, les trochanters et la base des cuisses sont aussi blancs. Abdomen noir. Long. 7^{mm}. Env. 15^{mm}. **Liciata**, EVERSMANN. ♀

PATRIE : Russie (Oural, Casan).

— Pronotum blanc ou bordé de blanc. Tête noire ; épistome et une partie du labre blancs. Antennes noires. Thorax noir avec le bord du pronotum blanc ; écaillettes noires ou en partie blanches ; la base du scutellum est aussi souvent blanche. Pattes noires ; hanches tachées de blanc, surtout les postérieures. Côté externe des pattes antérieures blanc ; cuisses intermédiaires presque entièrement noires, leurs tibias blancs tachés de noir en dehors ; tarses avec la base des articles blanche. Trochanters postérieurs en partie blancs ainsi que l'extrémité des genoux et un anneau de même couleur avant l'extrémité des tibias ; tarses postérieurs tout noirs. Ailes presque hyalines, à peine jaunâtres ; nervures et stigma noirs. Abdomen noir. Long. 10 à 11mm. Env. 20mm.

Melanosoma, RUDOW.

Se trouve en juin sur les ronces.

PATRIE : Allemagne.

10 Tibias postérieurs noirs à l'extrémité. **11**

— Tibias postérieurs rouges à l'extrémité, noirs ou plus sombres à la base. **12**

11 Ventre taché de blanc. Tête noire, bouche blanche. Antennes noires avec un reflet brunâtre. Thorax noir. Pattes noires avec les cuisses, les tibias et la base des tarses des antérieures blanc sale, leurs tarses bruns à l'extrémité ; trochanters blanc jaunâtre ; pattes postérieures noires avec les cuisses ferrugineuses au milieu, noires à la base et à l'extrémité, les tibias ferrugineux avec l'extrémité noire, les tarses blanc sale avec le premier article noir. Ailes légèrement troublées de brun. Abdomen noir avec des taches blanches sur les 3e et 4e segments ventraux. Long. 9mm. Env. 19mm. **Pœcilopus**, AISCHINGER.

Trouvé en juin sur *Prunus padus*.

PATRIE : Tyrol.

— Ventre noir en entier.

Quadrimaculata, FABRICIUS VAR. (V. n° 33).

12 Hanches postérieures noires en entier. **13**

— Hanches postérieures noires à la base avec leur extrémité jaune. Tête noire, épistome et labre jaunes; antennes noires. Thorax noir. Pattes antérieures et intermédiaires jaunes avec l'extrémité des tarses brune; pattes postérieures avec les hanches en grande partie noires, leur extrémité et les trochanters jaunes, les cuisses rouge pourpre avec l'extrême base noire, les tibias noirs avec l'extrémité rouge, les tarses noirs. Ailes hyalines ou légèrement enfumées; nervures et stigma bruns. Abdomen noir ♂.

♀ diffère par le pronotum et le scutellum jaunes, les pattes rouges excepté les hanches qui sont noires, tous les trochanters et les tibias antérieurs et intermédiaires jaunes, les tarses postérieurs noirs. Long. 10mm. Env. 20mm. **Corallipes**, EVERSMANN.

PATRIE : Russie (Oural, Astrakan).

13 Hanches antérieures et éperons postérieurs entièrement noirs. Tête noire avec le labre blanc (♀), l'épistome et le labre jaunes (♂); antennes noires. Thorax noir. Pattes antérieures et intermédiaires avec les hanches noires, les cuisses, les tibias et les tarses jaune brillant chez le ♂, les cuisses rouges, les tibias jaunâtres et les tarses bruns chez la ♀; pattes postérieures avec les hanches noires (♀) ou en partie jaunes (♂), les trochanters blancs ou en partie blancs, les cuisses rouges avec la base noire, les tibias ♂ rouges, ♀ rouges avec la base et l'extrémité noires, les tarses noirs. Ailes hyalines ou à peine enfumées. Abdomen noir avec des taches latérales blanches chez le ♂, noir avec seulement des petits points blanchâtres souvent très-peu visibles chez la ♀. Long. 8 à 9mm. Env. 18 à 20mm.

Hæmatopus, PANZER.

Insecte parfait en juin sur les *Corylus*.

PATRIE : France, Hollande, Suisse, Tyrol, Italie, Allemagne, Hongrie, Russie, Sibérie.

— Hanches antérieures jaunes à l'extrémité; éperons postérieurs blancs à l'extrémité. Tête noire, bouche jaune, antennes noires. Thorax noir avec les mésopleures marquées de deux taches oblongues, jaunes. Pattes antérieures jaunes avec la plus grande partie des hanches noires, leurs tarses bruns à l'extrémité ;

pattes postérieures avec les hanches noires, les trochanters jaunes, les cuisses et les tibias rouge orangé, ces derniers noirs à la base ; les tarses noir brun. Abdomen noir ou avec une tache blanche sur les côtés du 3e segment. Long. 12mm. Env. 25mm.

Halensis, AISCHINGER. ♂

PATRIE : Tyrol.

14 Pronotum noir. 15

— Pronotum blanc, jaune ou rouge ou bordé de couleur claire. 17

15 Cuisses postérieures rouges. Tête noir brillant, antennes noires, épistome très-échancré. Thorax noir avec le scutellum blanc-jaunâtre. Pattes antérieures et intermédiaires noires avec les genoux et la face interne des tibias blancs ou gris ; pattes postérieures noires avec les cuisses rouges, sauf les genoux qui sont noirs, les tibias rouges avec leur extrémité noire ; éperons postérieurs plus longs que la moitié du métatarse. Ailes un peu cendrées ; côte et stigma brun clair, ce dernier blanc ou incolore en dessus ; les autres nervures noires. Abdomen noir avec le 9e segment bordé de blanc d'une façon peu visible. Chez le ♂, le scutellum peut devenir plus sombre ainsi que les tibias. Long. 8mm. Env. 16mm.

Femoralis, KAWALL.

PATRIE : Espagne, France méridionale, Oural.

— Cuisses postérieures noires. 16

16 Tibias postérieurs marqués de blanc. Tête noire, velue, avec l'épistome roux foncé taché de jaunâtre aux angles basilaires, le labre blanc jaunâtre sale. Antennes noires avec les deux articles basilaires roux. Thorax noir, velu, avec les écaillettes et les bords latéraux et postérieurs roux ; mésopleures

rousses. Pattes rousses avec les genoux et le côté interne des tibias antérieurs blancs; hanches postérieures marquées d'une grande tache blanche ; tibias et tarses postérieurs noirs, les premiers marqués en dessus d'une tache blanche allongée avant leur extrémité. Ailes légèrement jaunâtres, nervures et stigma roux. Abdomen noir ou avec le premier segment un peu roussâtre. Long. 10mm. Env. 20mm.

Brunnipes, N. SP. ♀

PATRIE : Sibérie occidentale.

— Tibias postérieurs noirs en entier. Tête noire avec le labre noir bordé antérieurement de blanc ; mandibules rayées de blanc à la base. Antennes noires. Thorax noir avec le scutellum blanc. Pattes antérieures noires en dehors, blanches en dedans ; pattes intermédiaires presque entièrement noires, marquées seulement de blanc à l'extrémité interne des cuisses et des tibias ; pattes postérieures noires avec une large tache blanche sur les hanches ; trochanters bruns à l'extrémité ; éperons blanchâtres. Ailes jaunes, enfumées ; côte et stigma bruns, les autres nervures noires. Abdomen noir. Long. 11mm. Env. 25mm.

Tristis, N. SP. ♀

PATRIE : Sibérie occidentale.

17 Hanches antérieures noires.

Corallipes, EVERSMANN. ♀ (V. n° 12).

— Hanches antérieures de couleur claire ou ponctuées de blanc. **18**

18 Mesonotum noir. **Melanosoma**, RUDOW. (V. n° 9).

— Mesonotum rouge. Tête et antennes noires. Thorax rouge en dessus ; scutellum rouge, le dessous jaune chez le ♂. Pattes jaunes avec les postérieures en partie noires. Ailes hyalines. Abdomen noir, anus ♂ jaune en dessous. Long. 7mm. Env. 14mm.

Teutona, PANZER.

PATRIE : Allemagne.

19 Abdomen seulement ponctué ou taché de blanc, de jaune ou de rouge en dessus, ces points pouvant s'élargir de façon à former des fascies interrompues au milieu, ou avec le segment anal seul jaune. **20**

— Abdomen avec une ou plusieurs fascies plus ou moins larges, mais ininterrompues, jaunes, blanches ou rouges, ou avec les segments bordés de couleur claire. **53**

20 Abdomen noir avec seulement le segment anal clair en dessus. **21**

— Abdomen taché ou ponctué de blanc, de jaune ou de rouge. **24**

21 Pronotum bordé de blanc. **23**

— Pronotum noir en entier. **22**

22 Labre blanc. Tête et antennes noires. Thorax noir avec le scutellum blanc. Pattes antérieures et intermédiaires avec la moitié des cuisses, les tibias et les tarses blancs en devant ; cuisses et tibias postérieurs rouges avec la base des premières, l'extrémité des seconds et leurs tarses noirs. Ailes hyalines, nervures et stigma bruns, celui-ci pâle à la base. Abdomen noir avec le milieu du segment anal blanc. Long. 7 à 8mm. **Cognata**, MOCSARY. ♀

PATRIE : Montagnes de Hongrie.

— Labre noir. Tête et antennes noires. Thorax noir avec le scutellum jaune pâle. Pattes antérieures et intermédiaires noires avec la face antérieure des genoux, des tibias et des tarses blanche; pattes postérieures avec les cuisses et les tibias rouge sang; l'extrémité de ces derniers, les hanches, les trochanters et les tarses noirs. Ailes hyalines, nervures et stigma brun noir. Abdomen noir avec le dernier segment dorsal jaune pâle. Long. 7mm. Env. 15mm. **Erythrocnema**, COSTA.

PATRIE : Naples.

23 Tibias postérieurs rouges. Tête noire, labre blanc; antennes noires. Thorax noir avec les bords du pronotum tachés de blanc; scutellum blanc. Pattes antérieures et intermédiaires noires en dedans, blanches en dehors; pattes postérieures avec les hanches et les trochanters noirs, les cuisses et les tibias rouges, l'extrémité de ceux-ci et leurs tarses noirs. Ailes hyalines. Abdomen noir avec le dernier segment jaune en dessus; quelquefois le premier segment bordé de blanc. Long. 8mm. Env. 16mm.

Chrysura, KLUG.

PATRIE : Allemagne, Hongrie.

— Tibias postérieurs noirs, marqués de blanc vers l'extrémité. Tête noire, épistome et labre blancs; antennes noires. Thorax noir avec les lobes du pronotum et le scutellum ordinairement blanc-jaunâtre. Pattes antérieures et intermédiaires noires en dedans, blanches en dehors; pattes postérieures, avec les hanches, les trochanters et les cuisses noires, hanches marquées d'une grande tache blanc-jaunâtre; tibias noirs avec un large anneau blanc-jaunâtre au milieu, étroitement interrompu en arrière; tarses noirs. Ailes hyalines, jaunâtres; nervures et stigma testacé clair. Abdomen noir avec le segment anal et, le plus souvent, de grandes taches latérales sur les segments 4, 5 et 6. Long. 10mm. Env 20mm. **Duodecimpunctata**, LINNÉ.

La larve est longue de 20mm. Elle a le corps tout strié transversalement, vert jaunâtre; la tête est lisse, verte avec deux très-petits yeux bruns. — Elle vit en juillet et août sur les aulnes. L'insecte parfait se trouve en mai et juin sur les *ombellifères*.

PATRIE : Angleterre, France, Suisse, Tyrol, Hollande, Allemagne, Hongrie, Suède, Russie.

24 Scutellum noir. **25**

— Scutellum clair ou en partie clair. **37**

25 Pronotum blanc ou bordé de blanc. **26**

— Pronotum noir. **30**

26 Écaillettes noires ou en partie noires. **27**

— Écaillettes blanches. Tête noire, bouche blanche : antennes noires. Thorax noir avec le pronotum et les écaillettes blancs. Pattes variées de noir et de blanc. Ailes inférieures avec seulement une cellule discoïdale fermée. Abdomen noir avec une tache blanche à la base. Long. 7mm. Env. 15mm.

Carinthiaca, KLUG. ♀

PATRIE : Carinthie.

27 Cuisses postérieures noires. **28**

— Cuisses postérieures rouges. Tête noire, épistome et labre blancs; antennes noires. Thorax noir avec le bord du pronotum jaune, scutellum jaune verdâtre; écaillettes en partie rouges, en partie noires. Pattes antérieures et intermédiaires avec les hanches et l'extrémité des tarses noires, les trochanters, les tibias et la base des tarses jaunes, les cuisses rouges ♀, jaunes ♂. Pattes postérieures avec les hanches noires, les trochanters jaunes, les cuisses et les tibias rouges, l'extrémité de ceux-ci et les tarses noirs. Ailes légèrement brunâtres; stigma testacé clair, nervures brunes. Abdomen noir avec deux grandes taches jaunes sur les côtés des segments 5 et 6 et le 9e segment entièrement jaune en dessus. Long. 8mm. Env. 17mm. **Eximia,** Mocsary.

Patrie : Hongrie.

28 Premier segment abdominal bordé ou taché de blanc. **29**

= Premier segment abdominal noir. Segments 4, 5, 6 bordés de blanc sur les côtés. Stigma testacé clair. Tibias postérieurs noirs.
Duodecimpunctata, Linné. (V. n° 23).

29 Tibias postérieurs entièrement noirs (♂).

♂. Tête noire. Antennes noires. Thorax noir avec le pronotum et les écaillettes bordés de blanc sur les côtés. Pattes noires avec la moitié apicale des cuisses, les tibias et le premier article des tarses blancs en avant dans les pattes antérieures et intermédiaires. Ailes hyalines avec l'extrémité un peu enfumée, nervures et stigma bruns. Abdomen noir avec deux grandes taches blanches sur le premier arceau dorsal et le dessus du segment anal blanc. Long. 7mm.

♀. Tête noire avec le labre blanc ; antennes noires. Thorax noir ; scutellum blanc, écaillettes bordées de blanc. Pattes antérieures et intermédiaires noires avec la moitié apicale des cuisses, les tibias et le premier article des tarses blancs en devant ; cuisses postérieures rouges avec la base noire ; tibias postérieurs rouges avec l'extrémité noire, le reste des pattes postérieures noires. Ailes hyalines un peu enfumées à l'extrémité, nervures et stigma bruns. Abdomen noir avec deux grandes taches blanches sur le premier arceau dorsal et le dessus du segment anal orangé. Long. 8 à 8 1/2. **Albimacula,** Mocsary.

Patrie : Hongrie centrale et méridionale.

— Tibias postérieurs tachés de blanc. Tête noire, épistome et labre blanc sale. Antennes noires. Thorax noir avec le bord du pronotum et ordinairement le scutellum tachés de blanc jaunâtre. Pattes antérieures et intermédiaires noires en dehors, blanches en dedans; pattes postérieures noires avec l'extrémité des hanches, une tache vers leur base, une partie des trochanters, les genoux et un anneau avant l'extrémité des tibias blanc jaunâtre; éperons postérieurs ferrugineux ou noirs. Ailes un peu jaunâtres; nervures noires, stigma brun sombre. Abdomen noir avec le bord du premier segment blanc. Long. 9mm. Env. 18mm. **Albicincta**, SCHRANCK.

La larve (pl. XIX, fig. 1, 5, 8, 9, 10, 11, 12), est longue de 20mm. Son corps en dessus est verdâtre dans le jeune âge, brun à l'état adulte; on remarque sur le dos deux lignes longitudinales sombres. Le ventre est blanc grisâtre ou verdâtre; la tête est blanc jaunâtre, garnie de deux petits yeux noirs et ornée sur le vertex d'une grande tache noire ou brune. Elle a 22 pattes. — Elle vit en juin et juillet sur les feuilles des sureaux (*Sambucus nigra* L. et S. *racemosa* L.). Elle s'enferme en terre, en automne, dans une coque brune, irrégulière, terreuse et l'insecte parfait éclot l'année suivante en mai et juin. Les femelles pondent leurs œufs sur les feuilles et ceux-ci sont contenus dans des sortes d'ampoules protectrices en forme de sacs.

PATRIE : Angleterre, France, Suisse, Hollande, Tyrol, Italie, Allemagne, Hongrie, Suède.

30 Abdomen taché de blanc. **31**

— Abdomen noir avec le deuxième segment marqué de deux taches orangées. **57**

31 Pattes postérieures noires ou en partie rouges. **32**

— Pattes postérieures en grande partie jaunes. Tête noire, labre blanc; antennes noires. Thorax noir. Pattes antérieures et intermédiaires jaunes avec les hanches, les trochanters et les quatre derniers articles des tarses noirs ; pattes postérieures jaunes avec les tarses entièrement noirs et les tibias un peu noirâtres à leur base. Ailes hyalines. Abdomen noir avec des points blancs sur les côtés des 4e, 5e et 6e segments ; celui du 4e segment manque quelquefois. Long. 9mm. Env. 20mm.

Flavipes, TISCHBEIN. ♀

PATRIE : Allemagne.

32 Tibias postérieurs noirs à la base, rouges à l'extrémité, ou tachés de noir en dessous. **33**

— Tibias noirs en entier ou au moins à l'extrémité. **35**

33 Éperons noirs. **34**

— Éperons noirs avec l'extrémité blanche.

Halensis, AISCHINGER. (V. n° 13).

34 Nervure costale noire.

Hæmatopus, PANZER. (V. n° 13).

— Nervure costale testacée (♂).

Eximia, MOCSARY. (V. n° 27).

35 Cuisses postérieures rouges avec l'extrémité noire, ou sexe ♂. Tête noire, épistome et mandibules tachés de blanc, antennes noires. Thorax noir. Pattes antérieures et intermédiaires noires avec l'extrémité des cuisses, les tibias et le premier article des tarses blancs au côté interne. Pattes postérieures avec les hanches noires et pourvues d'une large tache ovale d'un blanc pur; trochanters blanc sale; cuisses rouges avec les genoux noirs; tibias rouges avec l'extrémité et leurs tarses noirs. Ailes hyalines, légèrement jaunâtres; nervures et stigma bruns. Abdomen noir avec de petites taches blanches sur les côtés des 3e, 4e et 5e segments. Long. 8 à 9mm. Env. 18mm.

Quadrimaculata, FABRICIUS.

PATRIE : France, Hollande, Suisse, Tyrol, Hongrie, Allemagne, Suède, Finlande, Russie.

— Cuisses postérieures rouges avec la base et l'extrémité noires, ou noires. 36

36 Cuisses postérieures noires.
Blanda, FABRICIUS. (V. n° 6).

— Cuisses postérieures rouges avec la base et l'extrémité noires. Tête et antennes noires. Thorax noir. Pattes antérieures noires avec la face antérieure des genoux, des tibias et de la base des tarses blanchâtre ; pattes intermédiaires entièrement noires ; pattes postérieures avec les hanches noires et ornées d'une grande tache blanche sur la moitié supérieure de la face externe ; trochanters blanc sale ; cuisses rouges avec les deux extrémités noires ; tibias rouges sur la moitié basilaire, noirs sur le reste ; tarses noirs. Ailes hyalines, légèrement ombrées, avec les nervures et le stigma noirs. Abdomen noir avec la partie latérale des anneaux dorsaux du deuxième au cinquième segments bordée postérieurement de blanc. Long. 8mm. Env. 16mm. **Trochanterica**, COSTA. ♀

PATRIE : Naples.

37 Pronotum noir. 38

— Pronotum jaune ou bordé de blanc ou de jaune. 40

38 Troisième segment abdominal marqué en dessus de taches rouges. Tête noire ; épistome et labre jaune clair, le premier assez profondément excavé ; face avec de gros sillons parallèles à l'orbite interne des yeux et entre celui-ci et les antennes ; vertex avec deux points profondément enfoncés ; antennes noires en entier. Thorax noir, écaillettes en partie jaunes ; scutellum jaune à l'extrémité. Pattes entièrement jaune clair avec les hanches noires jusque

près de leur extrémité et les cuisses rougeâtres ; extrémité des articles des tarses noire ; base des cuisses postérieures noire au côté interne ; tibias postérieurs noirs avec le tiers apical rouge comme les cuisses. Ailes jaunes à la base jusque vers le stigma, grises ou cendrées ensuite jusqu'au bout ; nervure costale testacée ainsi que le stigma et les nervures qui enferment la cellule lancéolée ; les autres nervures brunes. Abdomen noir avec une ligne jaune clair, interrompue au milieu, sur le 6ᵉ segment et près de son bord, sans cependant l'atteindre ; deux points latéraux jaunes sur les côtés du 7ᵉ segment ; 9ᵉ segment entièrement jaune sauf à sa base extrême ; 3ᵉ segment marqué au milieu du dos de deux petites taches allongées, rouges, très-voisines, pouvant se réunir pour former une petite ligne transversale. Long. 9ᵐᵐ. Env. 20.

Rufipes, Linné variété. ♀ (V. nᵒ 41).

Patrie : Corse.

— Troisième segment abdominal noir en entier. **39**

39 Cuisses postérieures rouges. Tête noire avec l'épistome et le labre jaunes ; antennes noires. Thorax noir, scutellum jaune ; écaillettes rousses avec la base noire. Pattes antérieures et intermédiaires avec les hanches noires, leur bord extrême, les trochanters et les tibias blancs ; cuisses testacées ou rouges avec la base noirâtre ; tarses brun noirâtre ; pattes postérieures avec les hanches noires, les trochanters et la base des cuisses blancs ; cuisses et tibias rouges ; éperons et tarses noirs. Ailes presque hyalines ou légèrement enfumées ; nervure costale et stigma testacé clair, ce dernier noir à l'extrémité, les autres nervures noires. Abdomen noir avec les segments 4, 5, 6 et 7 tachés latéralement de jaune ; 9ᵉ segment entièrement roux ; ventre noir. Long. 9ᵐᵐ. Env. 21ᵐᵐ.

Caucasica, n. sp. ♀

Patrie : Caucase.

— Cuisses postérieures noires. Tête noire avec l'épistome et le labre blancs, tous deux avec l'extrême bord noir ; épistome très échancré ; antennes noires. Thorax noir mat avec le scutellum blanc jaunâtre. Pattes noires avec le côté interne des cuisses antérieures en partie blanc ainsi que toute la partie interne des tibias antérieurs ; les tibias intermédiaires et postérieurs ont chacun un large anneau blanc avant leur extrémité, interrompu en arrière. Ailes teintées de jaunâtre avec l'extrémité plus grise; nervure costale et stigma testacés ; les autres nervures brunes. Abdomen entièrement noir avec une tache blanche sur chaque côté des 5e et 6e segments et une autre de même couleur au milieu du 9e, occupant la plus grande partie de la surface dorsale de celui-ci. Long. 9 1/2mm. Env. 21mm.

Novemguttata, Costa. ♀

Patrie : Naples, France méridionale.

40 Écaillettes noires ou en partie noires. **41**

— Écaillettes jaunes ou blanches. **49**

41 Cuisses postérieures rouges ou testacées. **42**

— Cuisses postérieures noires au moins en partie, ou à la base. **45**

42 Tibias postérieurs rouges ou testacés. **43**

— Tibias postérieurs noirs avec la moitié apicale blanche ou rouge. **44**

43 Abdomen avec seulement le segment anal jaune et le premier segment bordé de blanc.

Albimacula, Mocsary. (V. n° 29).

— Abdomen ayant aussi des taches blanches sur les segments 4, 5 et 6. **Eximia,** Mocsary. (V. n° 27).

44 Moitié apicale des tibias rouge.

♂. Tête noire ; épistome et labre jaunes ; antennes noires. Thorax noir ; écaillettes jaunes ou en partie jaunes. Pattes antérieures et intermédiaires jaune citron en entier ; pattes postérieures avec les hanches en grande partie jaune citron, les trochanters et la base inférieure des cuisses de même couleur, base supérieure des cuisses noire, moitié apicale des cuisses rouge ; tibias et tarses noirs. Ailes un peu enfumées de jaunâtre, grisâtres à l'extrémité. Abdomen noir avec les segments 4, 5 et 6 rouges.

♀. Tête noire, épistome et labre jaunes ; antennes noires. Thorax noir avec le bord du pronotum, les écaillettes, au moins en partie, et le scutellum jaunes. Pattes antérieures et intermédiaires avec les hanches noires, trochanters jaunes, cuisses et tibias rougeâtre clair, tarses brunâtres ; pattes postérieures avec les hanches noires, les trochanters jaunes, les cuisses rouges marquées de noir au côté interne de la base, les tibias rouges avec la moitié basilaire noire, les tarses noirs. Ailes enfumées, jaunâtres ; nervures brunes, stigma testacé. Abdomen noir avec les segments 3 et 4 ou une partie d'entre eux rouges, les 6e et 7e marqués latéralement de taches allongées, blanches, le 9e entièrement blanc. Long. 11mm. Env. 20mm. **Rufipes**, LINNÉ. (V. n° 38).

PATRIE : Angleterre, France, Hollande, Suisse, Tyrol, Hongrie, Italie, Allemagne, Suède, Russie.

— Moitié apicale des tibias blanche.

♂. Tête et antennes noires. Thorax noir avec le bord du pronotum finement bordé de blanc ; pattes antérieures et intermédiaires avec les hanches noires, les cuisses, les tibias et les tarses noirs en dehors, blancs en dedans ; pattes postérieures avec les hanches et les cuisses noires ; tibias noirs avec la moitié apicale blanche ; tarses noirs. Ailes légèrement enfumées ; nervures et stigma noirs. Abdomen noir.

♀. Tête et antennes noires. Thorax noir avec les lobes du pronotum et le scutellum jaunes. Pattes antérieures et intermédiaires avec les hanches noires, le côté interne des cuisses, des tibias et des tarses blanc, le côté externe noir; pattes postérieures avec les hanches noires marquées d'une grande tache blanche, les trochanters noirs, les cuisses rouges, les tibias noirs avec la moitié apicale blanche ; tarses noirs. Ailes légèrement enfumées ; nervures et stigma noirs. Abdomen noir avec des taches latérales blanches sur les segments 4, 5, 6, 7 et 8. Long. 7^{mm}. Env. 15^{mm}. **Punctum album,** Linné.

La larve vit sur les frênes (*Fraxinus excelsior* L.). les troènes (*Ligustrum vulgare* L.), et aussi les *Cratægus* (ex Rudow). L'insecte parfait se trouve en juin.

Patrie : Angleterre, France, Hollande, Suisse, Italie, Hongrie, Espagne, Tyrol, Allemagne, Suède.

45 Mesonotum noir en entier. **46**

— Mesonotum taché de jaune sale. Tête noire avec les joues, le tour des yeux, le bas de la face, le labre et l'épistome jaune sale ; antennes noires. Thorax noir avec le pronotum taché de jaune en dessous, le lobe médian du mesonotum bordé en partie de jaune, le scutellum et le postscutellum jaunes. Pattes jaune sale avec les cuisses et les tibias antérieurs et intermédiaires rayés longitudinalement de noir ainsi que leurs tarses ; pattes postérieures jaunes avec les genoux, les tibias et les tarses noirs. Ailes presque hyalines ou légèrement enfumées ; nervures costale, stigma et nervures noirs. Abdomen noir en dessus avec le bord latéral de tous les segments jaune roux de façon à former une bordure claire à tout le dessus de l'abdomen ; ventre noir taché de jaune sale. Long. 10^{mm}. Env. 20^{mm}. **Limbata,** N. SP. ♀

Patrie : Caucase.

46 Postscutellum bordé de blanc ; tibias postérieurs entièrement noirs. Tête noire avec le labre bordé de brun sombre ; antennes noires. Thorax avec les lobes du pronotum finement bordés de blanc ; scutellum blanc ; postscutellum bordé de blanc en arrière. Pattes noires avec la partie interne des antérieures blanc brunâtre ; les hanches postérieures garnies d'une grande tache blanche, les trochanters postérieurs en partie blanc brunâtre. Ailes jaunes ; nervures et stigma noir brun. Abdomen noir avec les segments 3, 4 et 5 tachés latéralement de blanc sale ; 7e segment avec une tache médiane blanche ; ventre noir. Long. 10 à 11mm. Env. 24mm.

Dibowskii, N. SP. ♀

PATRIE : Sibérie occidentale.

— Postscutellum non bordé de blanc ; tibias postérieurs en partie blancs. **47**

47 Abdomen taché de blanc sur les côtés des segments 4, 5, 6. **12-Punctata,** LINNÉ. (V. n° 23).

— Abdomen non taché de blanc sur les côtés des segments 4, 5, 6. **48**

48 Tibias postérieurs noirs tachés de blanc.

Albicincta, SCHRANCK. (V. n° 29).

— Tibias postérieurs en grande partie rouges.

Albimacula, MOCSARY. ♀ (V. n° 29).

49 Dernier segment abdominal jaune en entier. **51**

— Le dernier segment abdominal n'est pas jaune en entier. **50**

50 Tibias et tarses presque blancs en entier Tête noire ; labre blanc taché de noir sur les côtés ; épistome et taches sur le vertex blancs. Antennes noires. Thorax noir avec le pronotum, les écaillettes et le

scutellum presque entièrement blancs. Pattes noires avec l'extrémité des hanches et des taches sur celles des pattes antérieures et postérieures blanches ; trochanters postérieurs et tous les genoux blancs ; cuisses antérieures et intermédiaires en grande partie blanches en avant; tibias et tarses blancs, à peine tachés de noir. Ailes hyalines, un peu jaunâtres, nervures et stigma noirs. Abdomen noir avec le bord postérieur du premier segment dorsal largement taché de blanc au milieu, les côtés du troisième et le bord des suivants faiblement blancs. Long. 9mm.

Tibialis, MOCSARY. ♀

PATRIE : Hongrie méridionale.

— Tibias et tarses noirs. Tête noire, bouche blanche ; antennes noires ; thorax noir avec le bord du pronotum, les écaillettes et une ligne oblique de chaque côté du mesosternum blancs. Pattes noires avec l'extrémité des hanches, tous les trechanters, une ligne en dessus et en dessous des cuisses blancs. Ailes presque hyalines ; nervures noires, stigma testacé au milieu. Abdomen noir avec le bord des segments très-légèrement blanc, cette bordure étant plus large sous le ventre. Long. 8mm. Env. 17mm.

Albipuncta, FALLÉN.

PATRIE : Angleterre, Allemagne, Suède.

51 Cuisses postérieures noires sur la partie apicale, ou noires en entier, sauf aux genoux et à l'extrême base. **52**

— Cuisses postérieures rouges ou testacées à la partie apicale. Tête noire; épistome et labre jaunes ; antennes noires. Thorax noir avec les lobes du pronotum, les écaillettes et le scutellum jaunes. Pattes jaunes avec la moitié apicale des cuisses postérieures, leurs tibias et leurs tarses d'un jaune rougeâtre ; côté interne des cuisses marqué d'une ligne noire presque sur toute sa longueur. Ailes jaunâtres, nervures rousses. Abdomen avec le premier segment largement bordé de jaune, les segments 4, 5, 6 et 7 marqués, de chaque côté, d'une tache jaune rétrécie en un point sur le 7ᵉ ; anus jaune ainsi que le bord postérieur du 8ᵉ segment ; ventre noir. Long. 12ᵐᵐ. Env. 25ᵐᵐ. **Erythropus,** BRULLÉ. ♀

PATRIE : Morée.

52 Nervure costale et stigma noirs. Tête noire, épistome et labre blancs ; antennes noires. Thorax noir avec le bord du pronotum, les écaillettes et le scutellum jaune clair ; mésopleures marquées d'une tache jaune en leur milieu. Pattes antérieures et intermédiaires avec les hanches noires, les trochanters en partie jaunes, les cuisses noires avec les genoux jaune clair, les tibias antérieurs jaunes en dedans, noirs en dehors, les tibias intermédiaires jaunes avec l'extrémité noire, les quatre tarses jaunes en dedans, noirs en dehors; pattes postérieures avec les hanches noires, leur bord extrême et une partie des trochanters jaune clair, les cuisses noires avec les genoux jaunes, les tibias jaunes avec l'extrémité noire, les éperons jaunes, les tarses noirs. Ailes presque hyalines, nervures et stigma noirs. Abdomen noir avec le premier segment taché de blanc sur le bord, les 3ᵉ, 4ᵉ, 5ᵉ et 6ᵉ segments tachés latéralement de lignes blanc jaunâtre sur le bord ; 9ᵉ segment jaune ; ventre noir. Long. 9ᵐᵐ. Env. 17ᵐᵐ.

Crassula, KLUG.

En juin sur les *Corylus* (ex Rudow)

PATRIE : France, Hollande, Suisse, Italie, Allemagne Hongrie.

— Nervure costale noire ; stigma testacé. Tête noire avec l'épistome et le labre jaunes ; antennes noires. Thorax noir avec une grande partie des lobes du pronotum, les écaillettes, le scutellum, le postscutellum et une tache au milieu des mésopleures jaunes. Pattes antérieures et intermédiaires avec les hanches noires bordées de jaune, les trochanters et les cuisses jaunes, les tibias blanc jaunâtre, plus bruns à leur extrémité, tarses jaunes avec l'extrémité des articles brune ; pattes postérieures avec les hanches noires, sauf leur bord extrême et leur extrémité inférieure qui sont jaunes ; trochanters jaunes ; cuisses jaunes sur la moitié basilaire, noires ensuite avec les genoux testacés ; tibias testacés ; tarses testacés, noirâtres à l'extrémité ; éperons testacés. Ailes hyalines, un peu jaunâtres vers la base, nervures noires, stigma testacé. Abdomen noir avec le premier segment marqué de deux larges taches jaunes, très-larges sur les côtés, se rejoignant au milieu en un point ; segments 3, 4, 5 et 6 marqués latéralement de taches linéaires jaunes allant en grandissant du 3e au 6e segments. Long. 9mm. Env. 20mm. **Postica**, BRULLÉ.

PATRIE : Hongrie, Grèce. Caucase, Syrie.

53 Scutellum noir. **54**

— Scutellum clair au moins en partie. **65**

54 Tibias postérieurs blancs en entier ou bien rouges ou jaunes en tout ou en partie. **55**

— Tibias postérieurs annelés ou tachés de blanc, ou noirs à peu près entièrement. **59**

55 Segments abdominaux très-légèrement bordés de blanc. **Magnicornis**, KAWALL. (V. n° 7).

— Abdomen rouge sur les segments 2 à 4 ou 3 à 6, ou bien avec tout ou partie des segments bordés ou tachés de jaune. **56**

56 Abdomen bordé ou taché de jaune. **57**

— Abdomen en partie rouge. **58**

57 Labre blanc. Tête noire ; antennes noires. Thorax

noir : écaillettes jaunes. Pattes jaunes avec l'extrémité des articles des tarses antérieurs et intermédiaires, l'extrémité des cuisses postérieures, leurs tibias et leurs tarses noirs ; les tibias postérieurs présentent seulement quelques lignes jaunes surtout en dessous; éperons blancs. Ailes hyalines, nervures et stigma bruns ; bases de celui-ci et de la côte pâles. Abdomen noir avec le bord des segments dorsaux étroitement jaune, plus largement sur les côtés. Long. 7 1/2mm. **Marginata**, Mocsary.

Patrie : Dalmatie.

— Labre noir. Tête noire ; antennes noires. Thorax noir. Pattes antérieures avec les hanches noires, les trochanters noirs en dehors, roux en dedans, les cuisses et les tibias noirs en dehors, blanchâtres en dedans : pattes intermédiaires avec les hanches noires, les trochanters, les cuisses, les tibias et les tarses testacés, les tibias plus clairs à la base, les tarses avec l'extrémité des articles plus foncée; pattes postérieures avec les hanches noires surmontées d'une tache jaune, les trochanters et les cuisses testacés, les tibias blanc jaunâtre avec l'extrémité testacée et les tarses testacés. Ailes hyalines, teintées de jaune autour des nervures ; nervure costale et stigma bruns, ce dernier plus clair à la base ; les autres nervures noires. Abdomen noir avec le premier segment finement bordé de blanc et marqué latéralement de deux grandes taches jaunes ; les 2e et 3e segments entièrement noirs, le 4e largement bordé de jaune, cette bordure avec une interruption, quelquefois très-étroite, sur le milieu du dos, le 5e bordé en entier de jaune en dessus, le milieu de cette bordure étant plus étroit, le 6e avec deux taches latérales jaunes allongées, se rejoignant parfois pour faire une bordure continue ; ventre noir. Long. 10mm. Env. 22mm. **Radoskowskii**, n. sp. ♀

Patrie : Caucase.

58 Antennes noires. Tête noire. Thorax noir. Pattes testacées. Ailes noirâtres. Abdomen noir avec les segments 3 à 6 testacés. Long. 6mm. Env. 14mm.

Angustula, KAWALL. ♂

PATRIE : Oural.

— Antennes rouges, sauf à la base. Tête noire. Thorax noir. Pattes antérieures et intermédiaires jaunes avec les hanches et les trochanters noirs ainsi que la base des cuisses ; pattes postérieures avec les hanches, les trochanters, l'extrémité des cuisses et celle des tibias noirs, le reste rouge brun, les tarses jaunâtres. Ailes presque hyalines, nervures noires, stigma testacé avec la base blanchâtre ; cellule lancéolée divisée par une nervure oblique ; ailes inférieures avec deux cellules discoïdales fermées. Abdomen noir avec une partie du 2e, les 3e et 4e segments rouges. Long. 10mm. Env. 24mm. **Sturmii,** KLUG.

PATRIE : France, Allemagne.

59 Tibias postérieurs annelés ou tachés de blanc. **60**

— Tibias postérieurs noirs à peu près en entier. **63**

60 Abdomen rayé ou taché de jaune.

Rustica, LINNÉ. ♀ (V. n° 4).

— Abdomen rayé ou taché de blanc ou avec seulement le premier segment bordé de blanc. **61**

61 Abdomen noir brillant avec seulement le bord du premier segment blanc et le dernier taché de blanc.

Albicincta, SCHRANCK. (V. n° 27).

— Abdomen avec d'autres parties blanches que le bord du premier segment, et que le dernier segment. **62**

62 Moitié apicale des cuisses antérieures blanche.

Albipuncta, FALLÉN. (V. n° 50).

— Face inférieure des cuisses antérieures blanche.

Tête noire avec l'épistome, le labre et une tache sur la face externe des mandibules blancs. Antennes noires. Thorax noir avec le bord postérieur interne des lobes du prothorax blanc ; écaillettes noires avec le bord externe blanc. Pattes noires; les quatre antérieures avec la face antérieure des cuisses, des tibias et des tarses blanche. ; les postérieures avec une petite tache sur la face externe de la base des hanches, les trochanters et un large anneau sur les tibias, interrompu à la face postérieure, blancs. Ailes hyalines ; nervures et stigma bruns. Abdomen noir, avec les six premiers anneaux, tant dorsaux que ventraux, garnis d'une ceinture blanche au bord postérieur. Long. 8mm. Env. 16mm. **Alboannulata,** Costa. ♂

Patrie : Naples.

63 Hanches postérieures tachées de blanc ou jaunes tachées de noir. **64**

— Hanches postérieures noires sans tache blanche. Tête et antennes noires. Thorax noir. Pattes noires avec la partie externe des genoux et des tibias antérieurs blanchâtre. Ailes grises presque hyalines. Abdomen noir, ou le plus souvent avec les segments 2, 3, 4 et une partie du 5e rouges. Long. 11 à 12mm. Env. 22mm. **Neglecta,** Klug.

Patrie : Angleterre, France, Hollande. Suisse, Tyrol, Italie, Albanie, Hongrie. Allemagne, Suède, Russie.

64 Pattes antérieures noires presque entièrement, au moins au côté externe. **Blanda,** Fabr. (V. n° 6).

— Pattes antérieures jaune clair en entier. **Rufipes,** Linné. (V. n° 44).

65 Tibias postérieurs rouges, en partie rouges ou testacés au moins à l'extrémité. **66**

— Tibias postérieurs noirs ou noirs et blancs. **69**

66 Abdomen ceint de jaune. **67**

— Abdomen ceint de rouge. **68**

67 Tibias et tarses postérieurs testacés.
Postica, BRULLÉ. (V. nº 52).

— Tibias et tarses postérieurs rouge sang. Tête noire avec le labre et l'épistome jaunes ; antennes noires. Thorax noir avec le pronotum, les écaillettes et le scutellum jaunes. Pattes antérieures et intermédiaires jaunes avec l'extrémité des tibias et des tarses brunâtre ; pattes postérieures noires avec les hanches jaunes, sauf le dessus de la base, les cuisses jaunes avec la base noire ; au milieu elles sont, ainsi que les tibias et les tarses, d'une couleur rouge sang ; le côté interne des cuisses porte encore une tache allongée noire. Ailes hyalines, jaunâtres. Abdomen noir avec une bande jaune sur les 1ᵉʳ, 4ᵉ, 5ᵉ et 6ᵉ segments ; celle du 4ᵉ segment est un peu éteinte. Long. 9ᵐᵐ. Env. 18ᵐᵐ. **Superba**, TISCHBEIN. ♂

PATRIE : Asie mineure.

68 Ailes antérieures sans fascie nébuleuse sous le stigma. **Rufipes**, LINNÉ. (V. nº 44).

— Ailes antérieures avec une fascie nébuleuse sous le stigma. Tête velue de roux, noire, avec l'épistome, le labre, les mandibules et la base des yeux jaunes ; orbite antérieur des yeux roux ; antennes (?). Thorax noir, velu comme la tête, avec le scutellum et le postscutellum jaunes. Pattes testacé pâle avec les hanches et une partie des trochanters noires ; les cuisses antérieures noires à la base, les intermédiaires noires jusqu'aux genoux et les postérieures noires en entier ; tibias postérieurs assombris à l'extrémité ; une tache jaune au dessus des hanches postérieures. Ailes antérieures jaunâtre clair avec une fascie brun foncé les traversant entièrement sous le stigma ; nervure costale et stigma testacés, la base de ce dernier noire, les autres nervures brunes. Abdomen noir avec une tache claire de chaque côté du milieu du premier segment qui est brillant ; les segments 2 et 3 roux avec le milieu du dos noir, les segments 4 et 5 presque entièrement roux, à peine noirs au milieu, le 6e segment noir et roux sur les côtés, les suivants noirs en entier ; ventre noir. Long. 12mm. Env. 26mm. **Nebulosa**, N. SP. ♀

PATRIE : Caucase.

69 Abdomen ceint de rouge. **70**

— Abdomen avec le premier segment blanc ou jaune. **71**

70 Stigma noir. Tête noire, épistome et labre blancs ; antennes noires. Thorax noir, bord du pronotum, écaillettes et scutellum blancs ou tachés de blanc. Pattes antérieures et intermédiaires jaune sombre avec les cuisses tachées de noir au côté externe, l'extrémité des tibias et celle des articles des tarses noires ; pattes postérieures noires avec l'extrémité des hanches, les trochanters et la base des cuisses blanc jaunâtre. Ailes subhyalines, un peu jaunâtres, sauf à leur extrémité. Abdomen noir avec les 3e, 4e et 5e segments rouges ou en partie rouges ; les suivants tachés latéralement de points blanchâtres. Long. 11mm. Env. 24mm. **Militaris**, KLUG.

PATRIE : France, Hollande, Autriche, Espagne.

— Stigma jaune. Tête et antennes noires ; épistome tronqué. Thorax noir avec le scutellum blanc. Pattes noires ; côté externe des cuisses, des tibias et des tarses antérieurs blanc ; articles intermédiaires des tarses des deux autres paires blanchâtres. Ailes hyalines, stigma jaune, nervures brunes. Abdomen rouge avec le 1er et le 2e segments noirs. Long. 9mm. Env. 18mm. **Erythrogaster**, SPINOLA. ♀

PATRIE : Espagne.

71 Abdomen taché de jaune sur les 5e et 6e segments. **Rustica**, LINNÉ, ♀ var. (V. n° 4).

— Abdomen non taché de jaune sur les 5e et 6e segments. **Albicincta**, SCHRANCK. (V. n° 29).

38° GENRE. — ALLANTUS, JURINE, 1807 (140)

ἀλλᾶς, ἀλλᾶντος, saucisson.

Antennes de 9 articles, courtes, un peu claviformes, le troisième à peu près deux fois plus long que le quatrième. Pattes ordinaires, un peu allongées, sans que les cuisses postérieures atteignent l'extrémité de l'abdomen. Ailes antérieures avec deux cellules radiales, quatre cellules cubitales ; cellule lancéolée divisée par une nervure droite ; ailes inférieures avec deux cellules discoïdales fermées.

Les sexes se distinguent facilement par la forme du dernier arceau ventral.

1 Premier segment abdominal entièrement noir. **2**

— Premier segment abdominal jaune ou bordé de jaune ou de blanc en dessus, au moins sur les côtés. **31**

2 Premier article des antennes noir. **3**

— Premier article des antennes jaune au moins en partie. **18**

3 Labre noir. **4**

— Labre jaune ou blanc. **10**

4 Abdomen avec seulement le troisième segment jaune en entier. Tête et antennes noires. Thorax noir,

pattes noires. Tête et thorax couverts de poils noirs. Ailes un peu enfumées, jaunâtres vers la base. Nervure costale ferrugineuse ; stigma testacé, les autres nervures noires. Abdomen noir avec le troisième segment jaune en entier. Long. 11mm. Env. 24mm.

Unifasciatus, Mocsary.

Patrie : Hongrie, Caucase.

— Abdomen avec plus d'un segment jaune ou bordé de jaune. **5**

5 Tibias intermédiaires noirs. Tête, antennes et thorax noirs. Pattes antérieures et intermédiaires noires avec le côté interne de leurs tibias plus ou moins jaunâtre ; pattes postérieures noires avec les tibias jaunes excepté à leur extrémité qui est noire. Ailes très-enfumées avec un reflet violacé ; nervure costale testacée, stigma brun, les autres nervures noires. Abdomen noir violacé avec le troisième segment jaune soufre sur ses deux tiers apicaux, cette bande jaune quelquefois interrompue, et le quatrième taché de jaune sur les côtés. Long. 13mm. Env. 25mm.

Viduus, Rossi.

Patrie : Angleterre, France, Suisse, Tyrol. Italie, Hongrie, Grèce, Russie méridionale.

— Tibias intermédiaires jaunes. **6**

6 Troisième segment noir. Tête et antennes noires ; Thorax noir. Pattes jaunes avec les hanches, les trochanters et la plus grande partie des cuisses noirs ; genoux testacés ainsi que la partie externe des tibias ou au moins leur extrémité et les tarses ; une tache jaune au dessus des hanches postérieures. Ailes jaunâtres ; nervure costale testacée, sous-costale noire ; stigma testacé à la base, brun à l'extrémité, les autres nervures noires. Abdomen noir avec le premier segment, les 4e, 5e et 6e largement bordés de jaune, 9e segment entièrement jaune ; ventre noir.

Chez le ♂, le premier et le 6ᵉ segments abdominaux sont noirs, et il n'y a point de tache au dessus des hanches postérieures. Long. 10ᵐᵐ. Env. 20ᵐᵐ.

Koehleri, Klug.

Se trouve en juin et juillet.

Patrie : France, Suisse, Tyrol, Allemagne, Hongrie, Naples, Russie, Caucase.

— Troisième segment jaune ou taché de jaune. 7

7 Quatrième segment seulement jaune sur les côtés. 8

— Quatrième segment entièrement bordé de jaune. 9

8 Cinquième segment taché de jaune sur les côtés. Tibias antérieurs jaunes. Pronotum taché latéralement de blanc. Tête noire ainsi que les antennes. Thorax noir avec les bords du pronotum blancs. Pattes noires avec les tibias jaunes, sauf à leur extrémité ; premier article des tarses jaunâtre à la base. Ailes un peu brunes ; nervures et stigma noirs ; nervure costale et cellule brachiale rouge brun. Abdomen noir avec le 3ᵉ, le 4ᵉ et le 5ᵉ segments abdominaux portant latéralement une tache jaune presque quadrangulaire diminuant successivement de grandeur du 3ᵉ au 5ᵉ segment. Long. 12ᵐᵐ. Env. 25ᵐᵐ.

Costatus, Klug. ♀

Patrie : Hongrie.

— Cinquième segment noir. Tibias antérieurs noirs. Pronotum noir. Tête et antennes noires. Thorax noir. Pattes noires avec le côté interne des genoux et des tibias antérieurs, les tibias intermédiaires et postérieurs en entier, excepté leur extrémité, et le premier article de leurs tarses jaune clair. Ailes enfumées, jaunes sur les deux tiers basilaires, grises à l'extrémité, souvent avec un reflet violacé ; nervures et stigma testacés ou bruns. Abdomen noir brillant avec les deux tiers apicaux du 3ᵉ segment et une tache de chaque côté du 4e jaune soufre. Long. 11mm. Env. 20mm. **Tenulus,** Scopoli.

La larve est longue de 23 à 25mm ; elle a le corps vert brunâtre avec deux lignes plus sombres sur le dos ; les segments sont ponctués de brun et marqués de stries foncées, l'anus est brun ; le corps entier est couvert de poils. La tête est brune et les yeux noirs. — Elle vit de juin à septembre (ex Rudow).

Patrie : Angleterre, France, Suisse, Tyrol, Hongrie, Allemagne, Grèce, Russie, Suède.

9 Partie foncée de l'abdomen noir violacé très-brillant. Antennes noires, tête noire, légèrement violacée. Thorax noir violacé avec l'extrême bord des lobes du pronotum légèrement jaunâtre. Pattes antérieures noires avec le côté interne des genoux et des tibias jaune clair ; pattes intermédiaires et postérieures noires avec les tibias jaune clair, sauf leur extrémité qui est noire, et le premier article des tarses jaune clair au côté interne. Ailes presque hyalines, à peine jaunâtres de la base au stigma et grisâtres ensuite, nervures costale et sous costale testacées, les autres noires, stigma testacé clair. Abdomen noir violacé brillant avec le bord des 4e et 5e segments jaune, cette bande étroite sur le milieu du dos, large sur les côtés des segments ; ventre noir bleu. Long. 10mm. Env. 19mm. **Violaceus,** n. sp.

Patrie : Russie méridionale, Caucase.

— Partie foncée de l'abdomen noir mat. Tête noire ainsi que les antennes. Thorax noir avec le pronotum taché, de part et d'autre, de testacé sale. Pattes noires ; tibias et tarses testacés avec l'extrémité brune. Ailes hyalines, jaunâtres, enfumées à l'extrémité ; nervure costale et stigma fauves. Abdomen noir avec l'arrière des segments dorsaux 3 à 6 bordé de jaune. Long. 12mm. **Obesus,** Mocsary.

Patrie : Bulgarie (Balkans).

10 Segments intermédiaires de l'abdomen rouges ou bordés de rouge. 11

— Quelques segments abdominaux sont bordés de jaune ou tout l'abdomen est noir. 13

11 Carènes aboutissant au scutellum et au postscutellum jaunes. 12

— Pas de carènes jaunes vers le scutellum ou le postscutellum. Tête grosse, noire avec le labre et l'épistome jaunes, celui-ci très échaneré ; antennes noires. Thorax noir avec le bord des lobes du pronotum et les écaillettes jaunes ; scutellum jaune ; poitrine noire. Pattes jaunes avec le côté externe des cuisses postérieures, l'extrémité des tibias postérieurs et celle de tous les tarses noirs ; base des hanches antérieures et intermédiaires noire. Ailes à peu près hyalines ou légèrement jaunâtres de la base au stigma, grisâtres ensuite jusqu'au bout ; nervure costale testacée, nervure sous costale noire ainsi que les autres nervures : stigma brun avec la base testacée. Abdomen noir avec quelquefois le bord extrême du premier segment jaune ; 3e, 4e et 5e segments rouges en entier en dessus et en dessous ♂.

La ♀ est semblable sauf que le 5e segment abdominal est en partie noir et que les côtés des segments portent sur chacun d'eux, à partir du 2e, une large tache blanc jaunâtre. Les segments ventraux sont tous entièrement noirs. Long. 9mm. Env. 18mm.

Rufoniger. N. SP.

PATRIE : Algérie.

12 Lobes du pronotum jaunes. Tête noire ; épistome et labre jaunes ; antennes noires. Thorax noir avec les lobes du pronotum, les écaillettes, le scutellum et les carènes métathoraciques jaunes. Pattes jaunes

avec l'extrémité des tibias et des tarses noire ; cuisses postérieures noires en dehors à la base. Ailes hyalines, un peu jaunâtres vers la base ; nervure costale testacée, nervure sous-costale et les autres nervures noires ; stigma testacé à la base, brun foncé à l'extrémité. Abdomen avec les segments 1 et 2 noirs, 3, 4 et 5 rouges ; le 6e rouge et taché de noir en son milieu, le 7e et le 8e noirs bordés de jaune sur les côtés, le 9e jaune ; ventre noir à la base, rouge au milieu, jaune clair rayé de noir sur les trois derniers segments. Long. 9mm. Env. 19mm.

Semirufus, N. SP. ♂

PATRIE : Espagne.

— Lobes du pronotum noirs. Tête et antennes noires ; épistome et labre jaunes. Thorax noir avec une partie des écaillettes et les carènes aboutissant au scutellum et au postscutellum jaunes ; pattes jaune clair, passant au testacé aux postérieures avec la partie supérieure des cuisses et les tarses, à partir du deuxième article, noirs, ainsi que l'extrémité externe des tibias. Ailes subhyalines, un peu jaunâtres ; nervure costale et stigma testacé clair, les autres nervures noires. Abdomen rouge avec les deux premiers segments, la base du milieu du 3e, une tache au milieu du 6e, les 7e et 8e, excepté sur leur bord, noirs ; ventre à peu près entièrement rouge excepté à sa base. Long. 10mm. Long. 21mm.

Balteatus, KRIECHBAUMER. ♂

PATRIE : Tunis, Portugal.

13 Stigma entièrement testacé clair ; nervure costale rougeâtre, nervure sous costale brune. **14**

— Stigma brun avec la base plus claire **15**

14 Ecaillettes noires. Deuxième segment abdominal noir en entier. Tête noire avec l'épistome jaune et le labre testacé. Thorax noir avec les lobes du prono-

tum jaunes ; scutellum jaune. Pattes jaunes avec le côté externe des cuisses plus ou moins largement taché de noir, l'extrémité des tibias et les tarses ferrugineux. Ailes subhyalines, jaunâtres ; nervure costale et stigma testacés ; nervure sous costale et toutes les autres, sauf celles qui enferment la cellule lancéolée, brunes. Abdomen noir avec le premier, le quatrième et le cinquième segments largement bordés de jaune ; le troisième est aussi souvent bordé de même, surtout sur les côtés ; le sixième et le septième portent sur leur bord deux taches latérales jaunes, le huitième et le neuvième sont entièrement jaunes ou un peu testacés ; ventre noir plus ou moins taché de jaune ♀.

Le ♂ a les 3e, 4e et 5e segments souvent entièrement jaunes tandis que le premier est tout noir ou à peine taché sur le bord, le ventre est entièrement jaune ; les pattes antérieures et intermédiaires sont entièrement jaunes sauf quelquefois l'extrémité des tibias qui est noire ; les pattes postérieures sont jaunes avec les cuisses tachées de noir en dessus, le tiers apical des tibias et tous les tarses noirs en dessus. Le labre enfin est jaune comme l'épistome, et les mandibules sont de même couleur avec l'extrémité noire. Long. 10mm. Env. 20mm.

Schæfferi, Klug.

La larve, d'après le Dr Rudow, aurait 18mm de long ; son corps serait vert, avec le bord des segments jaune, la tête verte et les yeux bruns. — Elle vivrait sur l'aulne (*Alnus glutinosa*) en juillet. On a trouvé des individus de cette espèce à l'état parfait dont la partie dorsale de l'abdomen portait un cryptogame parasite : *Entomophtora Tenthredinis* Fresenius.

Patrie : France, Suisse, Italie, Hollande, Allemagne, Hongrie, Russie.

— Écaillettes en partie jaunes ou tachées ou bordées de jaune. Deuxième segment abdominal latéralement jaune. Tête noire avec le labre et l'épistome jaunes : antennes noires en entier ou avec le premier article jaune en tout ou en partie. Thorax noir avec le bord du pronotum et les écaillettes jaunes ; scutellum jaune ou taché de noir ou entièrement noir ; quelquefois le postscutellum est jaune. Pattes jaunes rayées de noir sur les cuisses ; extrémité des hanches jaune ainsi qu'une partie des trochanters, tibias postérieurs noirs à l'extrémité externe ; tarses noirs en dehors en entier, seulement annelés de noir à l'extrémité des articles en dedans. Ailes subhyalines, grisâtres ; nervure costale et stigma testacés ; les autres nervures noires, y compris la nervure sous-costale. Abdomen noir bordé latéralement de jaune sur toute sa longueur, cette bordure s'avançant plus ou moins sur le bord des segments successifs de façon à former des fascies jaunes plus ou moins larges et plus ou moins nombreuses, plus étroites sur le dos que sur les côtés, souvent interrompues au milieu, en tous cas très-variables dans leur disposition ; ventre noir fascié de jaune ♀, ou entièrement jaune ♂. L'abdomen de cette espèce est souvent déprimé. Long. 9 à 10mm. Env. 18 à 20mm.

Arcuatus, Forster.

Espèce très-répandue.

Patrie : Angleterre, France, Suisse, Tyrol, Hongrie, Hollande, Espagne, Italie, Allemagne, Suède, Russie, Caucase.

15 Nervure costale brune. Tête noire, épistome et labre blancs, mandibules noires ; antennes noires. Thorax noir avec l'extrême bord du pronotum et une partie des écaillettes blancs ; carènes aboutissant au scutellum et au postscutellum blanches. Pattes blanc jaunâtre avec la base des hanches, le dessus et une partie du dessous des cuisses, le dessus des tibias et des tarses noirs aux pattes antérieures et intermédiaires ; les pattes postérieures ont seulement le tiers apical des cuisses, l'extrémité des tibias et les tarses, surtout en dessus, noirs. Ailes hyalines,

à peine jaunâtres jusqu'au stigma et grises ensuite; nervure costale brun rougeâtre, les autres nervures noires; stigma blanc avec une tache brune à la partie inférieure. Abdomen noir avec le premier segment très-légèrement bordé de blanc, le second et le troisième bordés de blanc seulement sur les côtés, tous les suivants bordés en entier, mais étroitement de blanc; ventre noir avec les segments bordés latéralement de blanc. Long. 7 à 8^{mm}. Env. 17^{mm}.

Hispanicus, N. SP. ♂ ♀

PATRIE : Espagne.

— Nervure costale testacé clair. 16

16 Scutellum noir. 17

— Scutellum verdâtre. Tête noire avec le labre et l'épistome jaunes; antennes noires. Thorax noir, lobes du pronotum et écaillettes jaunes; carènes aboutissant au scutellum et au postscutellum jaunes. Pattes jaune clair avec la base des hanches, l'extrémité des tibias et des tarses noires. Ailes subhyalines, jaunâtres; nervure costale testacée, nervure sous-costale noire ainsi que les autres nervures; stigma jaune clair à la base, brun foncé à l'extrémité. Abdomen noir avec le premier segment très-faiblement bordé de blanc, les suivants avec une légère bordure jaune sur les côtés, celle-ci se complétant sur les derniers segments et s'élargissant en même temps; segments ventraux noirs bordés de jaune sale. Long. 9^{mm}. Env. 20^{mm}. **Varicarpus**, N. SP. ♀

PATRIE : Espagne.

17 Le cinquième segment abdominal seul est jaune. Tête noire avec le labre et l'épistome jaunes; antennes noires. Thorax noir avec le pronotum étroitement bordé de jaune sur les côtés; rarement les écaillettes un peu jaunes sur le bord. Pattes jaune

pâle avec les hanches antérieures, la base des postérieures, la première moitié des trochanters, deux traits longitudinaux, l'un supérieur, l'autre inférieur, aux cuisses antérieures, le bout des postérieures, l'extrémité externe des tibias et le bout des articles des tarses postérieurs noirs ; quelquefois les cuisses postérieures sont entièrement noires. Ailes hyalines, un peu enfumées vers le bout, nervure costale ferrugineuse, stigma pâle à la base, brun à l'extrémité ; les autres nervures brunes. Abdomen noir avec le cinquième segment d'un jaune lavé de fauve et le dernier étroitement bordé de jaune dans la ♀ ; celle-ci a le ventre noir fascié de jaune sur les 4e, 5e et 6e segments ; le ♂ a le ventre tout jaune ou seulement maculé de noir. Long. 11mm. Env. 22mm.

Frauenfeldi, Giraud.

Se trouve en juin.

Patrie : Carniole.

— Les segments 3 à 8 du dos de l'abdomen et tout le ventre sont blancs un peu testacés. Tête et thorax avec une pubescence noire en dessus, le reste du corps avec une pubescence grise. Tête noire ; labre et épistome blancs ; antennes noires. Thorax noir ; mésopleures rayées de blanc-jaunâtre ; pattes noires avec le devant des hanches et des trochanters, les cuisses, les tibias, les tarses antérieurs et intermédiaires et le dessous des cuisses postérieures testacé blanchâtre ; extrémité des éperons et ongles rougeâtres. Ailes hyalines ; nervure costale brune, les autres nervures et le stigma noirâtres. Long. 10mm.

Albiventris, Mocsary.

Patrie : Caucase.

18 Funicule noir. 19

— Funicule jaune ou ferrugineux. Tête noire, mandibules rouges ; antennes ferrugineuses avec les deux premiers articles noirâtres en dessus. Thorax noir avec une courte pubescence jaune. Pattes jaune rougeâtre avec les cuisses noires sur la moitié basilaire. Ailes jaunâtres; stigma jaune. Abdomen noir avec les deuxième et troisième segments jaune roux. Long. 10mm. Env. 20mm. **Ruficornis**, GIMMERTHAL.

PATRIE : Russie.

19 Tête noire, sauf les parties de la bouche. **20**

— Tête blanche, jaune ou rouge ou tachée de noir. **30**

20 Poitrine jaune traversée par une fascie noire. Tête noire ; antennes noires avec la base jaune. Thorax noir en dessus, avec la poitrine en grande partie jaune, des taches de même couleur peuvent apparaître aussi en dessus. Pattes jaunes tachées de noir. Ailes hyalines, stigma jaune ; nervure transverso-radiale anguleusement courbée. Abdomen noir en dessus, jaune verdâtre fascié de noir en dessous. Long. 9mm. Env. 18mm. **Pectoralis**, KRIECHBAUMER. ♀

PATRIE : Tunis.

— Poitrine noire ou seulement un peu tachée de jaune. **21**

21 Ventre clair en entier. **22**

— Ventre noir ou en partie noir. **24**

22 Face jaune en dessous des antennes. Tête noire avec la bouche et une partie de la face jaunes; antennes noires avec la base jaune. Thorax noir taché de jaune. Pattes variées de noir et de jaune. Ailes hyalines. Abdomen ♀ noir en dessus avec le bord des derniers segments et le ventre entièrement jaunes: abdomen ♂ fauve avec la base et les derniers segments noirs au milieu : ventre blanc. Long. 7 à 8mm. Env. 16mm. **Parvulus**, KRIECHBAUMER.

PATRIE : Anatolie.

— Face entièrement noire.

23 Mésopleures noires. Tête noire avec la base des mandibules, l'épistome et le labre jaunes ; antennes noires avec leur premier article jaune. Thorax noir avec le pronotum jaune, sauf en son milieu, les écaillettes, les carènes aboutissant au scutellum et au postscutellum jaunes. Pattes noires avec le devant des hanches et des trochanters, les cuisses et les tibias jaunes ; les cuisses sont seulement rayées de noir en dessus et les tibias tachés de noir à leur extrémité ; premier article des tarses antérieurs et intermédiaires jaune. Ailes hyalines, un peu jaunâtres sur plus de leur moitié basilaire, grisâtres ensuite ; nervure costale fauve, stigma testacé, rembruni à son extrémité ; les autres nervures noires. Abdomen fauve avec le dessus du segment basilaire et les segments 6 à 8 plus ou moins rembrunis en dessus et en dessous ; valvules génitales et dernier arceau ventral testacés. Long. 10ᵐᵐ.

Fulviventris, Mocsary. ♂

Patrie : Espagne (Malaga).

— Mésopleures tachées de jaune. Tête noire avec une mince bordure jaune au côté externe des yeux et seulement deux petites taches jaunes sur leur bord interne ; épistome et labre jaunes ; antennes noires avec le premier article jaune. Thorax noir avec le pronotum et les écaillettes jaunes ainsi qu'une bande longitudinale irrégulière jaune sur les mésopleures ; scutellum jaune ; metanotum taché de jaune. Pattes jaunes ou testacé clair avec les hanches jaunes ; tarses postérieurs bruns. Ailes enfumées, jaunâtres, subhyalines ; nervure costale jaune, stigma testacé avec le bord brun, les autres nervures noires. Abdomen noir à la base avec le deuxième segment rouge sur les côtés et sur le bord, les troisième, quatrième et cinquième segments rouges, les autres noirs au milieu, jaunes sur les côtés; ventre testacé, plaque anale jaune. Long. 8mm. Env. 16mm. **Ornatus,** N. SP.

PATRIE : Caucase.

24 Deuxième article des antennes jaune. 25

— Deuxième article des antennes noir. 28

25 Segments abdominaux 3, 4 et quelquefois 5 entièrement rouges ou bordés de jaune. 26

— Cinquième segment abdominal rouge, segments 2, 3 et 4 avec seulement les côtés rouges. Tête noire, labre et une partie de l'épistome jaunes ; antennes noires avec les deux premiers articles jaunes. Thorax noir avec le bord du pronotum, les écaillettes, les carènes métathoraciques et les côtés du métathorax jaunes ou tachés de jaune. Pattes jaunes avec la base des hanches et une partie des trochanters postérieurs noires ; extrémité externe des tibias postérieurs et dessus des tarses intermédiaires et postérieurs noirs. Ailes hyalines ; nervure costale rougeâtre à la base ; stigma jaune brunâtre avec l'extrémité plus sombre. Abdomen noir avec le 5e segment rouge testacé, les côtés des précédents de même couleur, excepté le premier ; bord des derniers segments et de ceux du ventre jaune pâle. Long. 8mm. Env. 16mm. **Monozonus,** KRIECHBAUMER. ♀

PATRIE : Crimée.

26 Cinquième segment noir. Tête noire, pubescente avec le labre et l'épistome jaunes ; antennes noires avec les deux articles basilaires jaunes. Thorax noir, pubescent de gris; pronotum jaune, écaillettes jaunes ou quelquefois en partie noires ; scutellum jaune. Pattes jaunes ou en partie ferrugineuses ; hanches noires, extrémité des cuisses postérieures

noire. Ailes hyalines, stigma testacé rouge ; nervure costale jaune, les autres nervures noires. Abdomen noir en entier avec une ceinture rouge, plaque anale jaune. Long. 9 à 11mm. Env. 23mm.

Pubescens, N. SP.

PATRIE : Caucase.

— Cinquième segment rouge ou bordé de jaune. 27

27 Mésopleures noires en entier. Tête noire avec l'épistome et le labre jaunes ; antennes noires avec les deux premiers articles et le devant de l'extrême base du troisième jaunes. Thorax noir avec les lobes du pronotum, les écaillettes, les carènes aboutissant au scutellum et au postscutellum jaunes. Pattes jaunes ; ♂ extrémité des tibias postérieurs, dernier article des tarses antérieurs et intermédiaires, tarses postérieurs en entier, sauf le premier article, noirs, ♀ extrémité des tarses antérieurs et intermédiaires, extrémité des tibias intermédiaires noirs, cuisses postérieures rayées de noir, extrémité des tibias postérieurs annelée de noir, extrémité des tarses postérieurs noire. Ailes hyalines, jaunâtres, nervure costale jaune d'ocre, stigma pâle, rembruni en dessous, les autres nervures noires. Abdomen ♂ noir avec les segments dorsaux 3 à 5 ceints de jaune et le dernier jaune ; ventre un peu jaune à l'extrémité ; ♀ noir avec les segments dorsaux 3 à 5 fasciés de jaune, 8 et 9 bordés de jaune sale ; ventre et valvules hypopygiales noirs. Long. 10mm.

Sabariensis, MOCSARY.

PATRIE : Pannonie supérieure (Hongrie occidentale).

— Mésopleures rayées de blanc ou de jaune. Tête noire, labre et épistome jaunes ; antennes noires avec les deux premiers articles jaunes. Thorax noir avec les écaillettes et le pronotum jaunes. Pattes jaunes, hanches noires en dessus à la base, premier et deuxième articles des tarses noirs à l'extrémité, les autres noirs en entier. Ailes jaunâtres en partie, nervure costale jaune à la base, brune à l'extrémité ; stigma jaune, un peu rembruni vers le milieu. Abdomen ♂ noir avec les segments 3, 4 et 5 rouges, le 6e rouge sur les côtés; extrémité blanchâtre; ♀ abdomen noir avec le premier segment presque entièrement jaune, les suivants jaunes sur le bord, cette couleur s'étendant aux derniers segments sur toute leur largeur. Long. 11^{mm}. Env. 23^{mm}. **Flavipes**, Fourcroy.

Patrie : Angleterre, France, Tyrol, Allemagne, Hongrie.

28 Cinquième segment entièrement jaune. Tête noire avec l'épistome et le labre jaune brillant ; antennes noires avec le premier article jaune. Thorax noir ; lobes du pronotum et écaillettes jaune vif. Pattes jaunes avec la base des hanches noire ; genoux, extrémité des tibias et tarses, sauf le premier article, noirs aux pattes postérieures seulement ; les tarses des paires antérieures ne sont noirs que tout à fait à l'extrémité. Ailes hyalines, légèrement jaunâtres jusqu'au stigma, grises ensuite ; nervure costale testacé sombre, noircie vers l'extrémité ; stigma testacé sur le tiers basilaire, le reste brun foncé. Abdomen noir avec le premier segment le plus ordinairement jaune, quelquefois, mais très-rarement, presque noir ; cinquième segment jaune en entier, septième et huitième segments largement jaunes au milieu, neuvième segment à peu près entièrement jaune. Ventre noir en entier avec le cinquième segment jaune en entier. Long. 10 à 11^{mm}. Env. 18^{mm}. **Bicinctus**, Fabricius.

Patrie : Angleterre, France, Suisse, Italie, Hongrie, Allemagne, Russie, Caucase.

— Cinquième segment non entièrement jaune. **29**

29 Scutellum noir. Tête noire avec l'épistome et le labre jaune clair ; antennes noires avec le premier article jaune. Thorax noir ; angles du pronotum et écaillettes jaune clair ; mésopleures tachées de jaune ; deux fines carènes jaunes de chaque côté du scutellum et deux autres semblables de chaque côté du postscutellum. Pattes jaunes avec la base des hanches noire ; cuisses tachées de noir en dehors ainsi que l'extrémité des tibias et des tarses; tarses postérieurs presque entièrement noirs. Ailes jaunes à la base, un peu grisâtres à l'extrémité ; nervure costale, sous costale et stigma jaune ferrugineux ; les autres nervures noires. Abdomen rouge au milieu avec le premier segment et le milieu du second noir ; le milieu des sixième, septième et huitième noir ; côtés de ces trois segments tachés de jaune d'ocre ; ventre en grande partie rouge avec l'extrémité jaune mélangé de noir. Long. 10^{mm}. Env. 20^{mm}.

Tricolor, KRIECHBAUMER. ♂

PATRIE : Tunis.

— Scutellum jaune ou verdâtre.

Varicarpus, N. SP. (V. n° 16).

30 Tibias postérieurs noirs à l'extrémité. Tête blanche marquée de taches noires ; antennes noires avec la base blanche. Thorax blanc taché de noir. Pattes blanches avec les cuisses tachées de noir, l'extrémité des tibias et celle des articles des tarses noires. Ailes hyalines ; nervure transverso-radiale presque droite. Abdomen blanc avec le bord des segments antérieurs noir. Long. 9^{mm}. Env. 18^{mm}.

Maculatus, KRIECHBAUMER. ♀

PATRIE : Syrie.

— Tibias postérieurs ferrugineux à l'extrémité. Tête noire avec l'orbite interne des yeux, les joues, l'espace interantennaire jaunes ; épistome et labre bruns ; antennes noires avec le premier article brun ou testacé. Thorax noir avec les lobes du pronotum, les écaillettes, les bords du lobe médian du mesonotum, les angles internes des lobes latéraux, le scutellum, le postscutellum et le dessus des mésopleures jaunes ; les carènes qui aboutissent au scutellum et au postscutellum sont aussi jaunes ainsi que les côtés du metasternum. Pattes testacées avec souvent une ligne noire sur le côté interne des tibias antérieurs ; extrémité des tarses noire ou grise. Ailes hyalines ; nervures costale et sous-costale testacées, les autres nervures noires ; stigma testacé. Abdomen noir avec, le plus souvent, le bord extrême du premier segment jaunâtre ; les autres segments sont bordés de jaune, les antérieurs seulement sur les côtés, les postérieurs plus largement et sur le bord entier ; ventre jaune grisâtre. Long. 8mm. Env. 16mm. **Syriacus**, N. SP.

PATRIE : Algérie, Syrie, Caucase.

31 Le premier ou les deux premiers articles des antennes sont noirs. **32**

— Le premier ou les deux premiers articles des antennes sont jaunes ou ferrugineux au moins en partie. **49**

32 Funicule des antennes jaune ou ferrugineux. **Scrophulariæ**, LINNÉ VAR. (V. n° 52).

— Funicule des antennes noir. **33**

33 Pronotum noir en entier. **34**

— Pronotum jaune ou bordé de jaune ou de blanc au moins très étroitement. **36**

34 Scutellum noir. **35**

— Scutellum jaune. Tête noire, épistome et labre jaunes ; antennes noires. Thorax noir ; écaillettes et scutellum jaunes. Pattes jaunes ; hanches noires avec une tache blanchâtre à leur face inférieure, tarses et côté supérieur des cuisses noirs. Ailes hyalines ; nervure costale et stigma rougeâtres, les autres nervures noires. Abdomen rouge avec le dessus des deux premiers et des trois derniers segments noir et bordé de rouge ; ventre jaunâtre. Long. 12mm. Env. 25mm. **Xanthopus,** SPINOLA. ♂

PATRIE : Espagne.

35 Stigma entièrement obscur. Tête noire, épistome et labre blancs ; épistome tronqué ; antennes noires. Thorax noir avec le postscutellum blanchâtre. Pattes pâles avec l'extrémité des cuisses, des tibias et des tarses noire, surtout chez le ♂. Ailes hyalines, nervures et stigma obscurs. Abdomen noir avec le bord des sept premiers segments blanc. Long. 8 1/2mm. Env. 17mm. **Limbalis,** SPINOLA.

PATRIE : Espagne.

— Stigma en partie brun, en partie testacé. **Kœhleri,** KLUG. (V. n° 6).

36 Labre noir. **Kœhleri,** KLUG. (V. n° 6).

— Labre jaune ou blanc. **37**

37 Ailes avec une tache brun foncé à l'extrémité. Antennes noires, souvent avec le premier article jaune. Tête noire avec le labre et l'épistome jaune clair ; souvent l'épistome seul est jaune et le labre est brun ou noir. Thorax noir en entier ou le plus souvent avec le bord du pronotum et les écaillettes jaunes ; souvent aussi le scutellum est jaune. Pattes antérieures et intermédiaires noires avec les trochanters en partie ferrugineux, le côté interne des cuisses taché de jaune, le côté externe des tibias et les tarses testacés, pattes postérieures noires avec l'extrémité des hanches jaune, les trochanters et la base des cuisses testacés, les genoux et une grande partie des tibias ferrugineux plus ou moins foncés ainsi que les tarses ; côté interne des tibias et des tarses noir au moins en partie ; souvent les hanches intermédiaires sont jaunes à leur extrémité. Ailes subhyalines à la base, marquées d'une tache allongée, brune, souvent assez foncée, occupant presque toutes les cellules radiales, sauf leur base vers le stigma, et la partie supérieure des cellules cubitales ; nervure costale et stigma testacés, les autres nervures noires. Abdomen noir avec le bord du premier et ceux des 3e, 4e et 5e segments jaunes ; les 7e et 8e sont largement tachés de jaune au milieu de leur bord apical ; ventre en grande partie noir, avec quelques fascies jaunes. Ces bordures jaunes peuvent varier beaucoup dans leur importance et dans leur disposition ; le 6e segment peut aussi être bordé de jaune ou ne porter que des taches latérales. Long. 8 à 12mm. Env. 18 à 22mm.

Tricinctus, Fabricius.

La larve, longue de 20 à 25mm, a le corps brun ou jaune, plus foncé en dessus, et marqué sur le dos de chaque anneau de taches irrégulières ou plus ou moins triangulaires, brunes ; la tête est noire, pubescente. — Elle vit en août et septembre sur les feuilles de *Viburnum opulus*, *Lonicera caprifolium*, les *Jasminum*, les *Syringa*, les *Simphoricarpus*, les frênes (*Fraxinus*) et même sur l'aulne (*Alnus glutinosa*) d'apres M. le Dr Rudow. Elle entre en terre en automne pour se transformer et s'enferme dans une loge tapissée de soie où elle attend le printemps ; l'insecte parfait paraît en juillet. Cette espèce est signalée comme attaquant, à l'état parfait, les petits insectes qu'elle surprend sur les fleurs. Elle a pour parasite :

Campoplex tesselatus, Rtzb. — *Ichneumonide.*

Patrie : Angleterre, France, Suisse, Tyrol, Hollande, Allemagne, Portugal, Suède, Russie, Sibérie.

— Ailes sans tache à l'extrémité. 38

38 Stigma noir brun en entier ou avec la base pâle. **39**

— Stigma jaune ou testacé. **43**

39 Segments 3, 4 et quelquefois 5 de l'abdomen rouges. **Rufoniger**, N. SP. (V. n° 11).

— Segments abdominaux noirs ou bordés de jaune. **40**

40 Scutellum jaune verdâtre.
Varicarpus, N. SP. (V. n° 16).

— Scutellum noir. **41**

41 Mésopleures noires. **42**

— Mésopleures tachées de jaune. Tête noire, épistome et labre testacés ; antennes noires. Thorax noir avec le pronotum, les écaillettes, les carènes aboutissant au scutellum et au postscutellum testacées ainsi qu'une tache sur les mésopleures. Pattes testacées avec les hanches noires en arrière, et les postérieures même presque entièrement noires ; cuisses rayées de noir ; tibias noirs à leur extrémité ; tarses antérieurs en partie, postérieurs tout à fait noirs. Ailes hyalines, nervures noires, stigma brun avec la base pâle. Abdomen noir avec le bord postérieur de tous les segments étroitement testacé, sauf le premier segment qui l'est d'une façon plus étendue ; côtés des arceaux ventraux testacés. Long. 7 1/2mm. **Caucasicus**, MOCSARY. ♀

PATRIE : Caucase.

42 Premier segment abdominal seulement très-faiblement bordé de jaune ou de blanc.
Hispanicus, N. SP. (V. n° 15).

— Premier segment abdominal presque entièrement jaune. Tête noire, épistome et labre jaunes ; antennes noires. Thorax noir avec le pronotum étroitement bordé de jaune, écaillettes jaunes au moins en partie, carènes aboutissant au scutellum et au postscutellum jaunes. Pattes jaunes avec la base des hanches noire ; cuisses noires en dedans et en dehors, laissant un intervalle jaune en dessus et en dessous, leur base et les genoux sont aussi jaunes; les cuisses postérieures sont toutes noires sauf à la base et à l'extrémité, tibias postérieurs marqués de noir grisâtre à l'extrémité ; les tarses noir grisâtre, sauf à leur base. Ailes subhyalines, jaunâtres, nervure costale jaune, toutes les autres nervures noires, sauf celles qui forment la cellule lancéolée ; stigma jaune à la base, brun foncé à l'extrémité. Abdomen noir avec le premier segment largement jaune ; bord des 4e, 5e et 6e segments blanc, étroitement sur le dos, plus largement sur les bords ; ventre noir. Long. 9 à 10mm. Env. 20mm. **Dahlii,** Klug.

Patrie : Hongrie, Bulgarie, Crimée, Syrie.

43 Nervure costale brun noir. 44

— Nervure costale testacée ou jaune. 45

44 Abdomen avec presque tous les segments jaunes. Thorax mat. Tête noire, bouche jaune; antennes noires. Thorax noir, pronotum jaune. Pattes noires avec les tibias et les tarses jaunes. Ailes enfumées. Abdomen avec presque tous les segments jaunes, anus jaune. Long. 12 à 13mm. Env. 25mm.

Multicinctus, Rudow.

La larve, longue de 19 à 20mm, est verte avec le dos blanc et deux lignes blanches latérales ; tête petite, brune, yeux noirs.

Patrie : Allemagne.

— Abdomen avec seulement le premier, le quatrième et une partie du cinquième segments jaunes. Thorax brillant. Tête noire, bouche jaune, antennes noires.

Thorax noir avec le pronotum jaune. Pattes noires avec le milieu des tibias jaune. Ailes enfumées, stigma jaune. Abdomen noir avec les premier et quatrième segments en entier et la moitié du cinquième jaunes ainsi que l'anus. Long. 13mm. Env. 24mm. **Semifasciatus**, Rudow.

Se trouve sur l'*Heracleum spondylium* en juin et juillet.

Patrie : Allemagne.

45 Tibias antérieurs en grande partie blancs, le reste brun ou jaune, cuisses en grande partie fauves. Tête noire, épistome et labre blancs; antennes noires. Thorax noir avec le pronotum et les côtés fauves ; écaillettes fauves. Pattes noires avec l'extrémité des hanches, la plus grande partie des trochanters et des cuisses fauves, les tarses antérieurs et la plus grande partie des tibias blancs. Ailes hyalines. Abdomen noir avec les côtés fauves. Long. 8mm. Env. 16mm. **Vittatus**, Kriechbaumer.

Patrie : Syrie.

— Tibias antérieurs en grande partie ferrugineux, le reste jaune ou plus ou moins marqué de noir. Cuisses en partie noires. **46**

46 Scutellum clair. **47**

— Scutellum noir. Tête noire, épistome et labre jaunes ; antennes noires. Thorax noir ; pronotum avec les lobes bordés de jaune, quelquefois d'une façon peu sensible. Pattes avec les hanches noires, les trochanters fauves, les cuisses noires en dehors, blanches en dedans, sauf les postérieures qui sont d'un brun presque noir en dedans ; tibias blancs tachés de noir à l'extrémité externe ; tarses noirs en dehors, blancs en dedans, les postérieurs ferrugineux en dedans ; éperons postérieurs ferrugineux.

Ailes subhyalines, un peu grisâtres ou enfumées ; nervure costale testacée, nervure sous-costale noire, stigma testacé ou brun, les autres nervures noires. Abdomen noir avec le premier segment et la moitié apicale des quatrième et cinquième jaune ; bord du huitième et neuvième segment entier ferrugineux. Long. 11mm. Env. 26mm. **Trivittatus**, N. SP. ♀

PATRIE : Caucase.

47 Nervure sous-costale testacée. Tête noire avec l'épistome et le labre jaunes, quelquefois le labre brun ; antennes noires avec le premier article jaune et le funicule soit entièrement noir, soit d'un brun plus ou moins rougeâtre ; dans ce dernier cas, le second article est plus foncé que les suivants. Thorax noir avec les lobes du pronotum et le scutellum en tout ou en partie jaunes. Pattes jaunes avec le côté externe des cuisses antérieures et intermédiaires noir, les cuisses postérieures presque entièrement noires ; tibias et tarses en partie ferrugineux, surtout aux pattes postérieures ; hanches postérieures tachées de noir au côté externe avec une tache jaune soufre au dessus de leur base. Ailes subhyalines, jaunâtres jusqu'au stigma, grisâtres ensuite ; nervures costale et sous-costale testacées, les autres brunes ; stigma testacé. Abdomen noir avec le bord du premier segment, celui du quatrième, celui du cinquième, au moins sur les côtés, jaunes ; quelquefois le septième et le huitième sont aussi jaunes ; dans d'autres cas ils sont noirs ; le neuvième est toujours jaune. Ventre noir plus ou moins taché de jaune. Long. 9mm. Env. 20mm.

Viennensis, SCHRANCK.

PATRIE : Angleterre, France, Suisse, Tyrol, Hollande, Italie, Allemagne, Hongrie, Suède, Russie.

— Nervure sous-costale brun noir. 48

48 Ecaillettes noires. Deuxième segment abdominal noir en entier. **Schæfferi**, Klug. (V. nº 14).

— Ecaillettes en partie jaunes. Deuxième segment abdominal latéralement jaune.
Arcuatus, Forster. (V. nº 14).

49 Funicule jaune ou brun. **50**

— Funicule noir. **55**

50 Postscutellum jaune. **51**

— Postscutellum noir. **53**

51 Mesonotum entièrement noir. **52**

— Mesonotum taché de jaune.
Syriacus, n. sp. (V. nº 30).

52 Cinquième segment abdominal seulement bordé de jaune. Tête noire, labre jaune, épistome jaune taché de noir en son milieu ; antennes ferrugineuses, quelquefois les articles basilaires noirâtres. Thorax noir avec le bord du pronotum et les écaillettes jaunes, celles-ci noires à la base ; scutellum et postscutellum jaunes ou en partie jaunes ; mésopleures avec une petite tache jaune sous la naissance des ailes. Pattes noires avec les tibias et les tarses jaunes ou ferrugineux ; rarement les cuisses tachées de jaune ; hanches antérieures et postérieures surmontées d'une tache jaune au dessus de leur base. Ailes jaunes, un peu tachées de brun dans les cellules radiales, légèrement grisâtres à l'extrémité. Nervures et stigma testacés. Abdomen noir avec le premier segment largement bordé de jaune, le second et le troisième soit entièrement noirs, soit faiblement bordés de jaune sur les côtés, tous les suivants largement bordés de jaune, le dernier entièrement jaune, ventre noir avec tous les segments aussi bordés de jaune.

Chez les ♂, les cuisses sont en partie jaunes ainsi que les hanches intermédiaires et postérieures.

Un exemplaire du Caucase, que je ne puis considérer que comme une variété, a les cuisses postérieures ferrugineuses et les bandes abdominales plus étroites et d'un jaune plus clair; ses antennes sont obscures à l'extrémité.

Long. 13 à 14mm. Env. 27mm. **Scrophulariæ**, Linné.

La larve, longue de 25mm, a le corps gris verdâtre, passant au blanc sous le ventre, et marqué de lignes de points noirs plus gros sur le dos. La tête est noire. Après la dernière mue, elle prend une couleur brun jaunâtre. — Elle vit en août et septembre à la partie inférieure des feuilles de *Scrophularia nodosa* dans le parenchyme desquelles elle perce des trous irréguliers. Elle aime à s'y tenir enroulée sur elle même dans le repos. On la trouve aussi sur les *Verbascum*. Arrivée à l'état adulte, elle entre en terre où elle se fait une loge oblongue qu'elle tapisse de soie. L'insecte parfait éclot au printemps.

Patrie : Angleterre, France, Hollande, Suisse, Tyrol, Italie. Hongrie, Allemagne, Suède, Russie, Sibérie.

— Cinquième segment abdominal entièrement jaune. Tête noire ; épistome et labre jaunes ; antennes jaunes avec l'extrémité un peu brune. Thorax noir avec les lobes du pronotum, les écaillettes et le scutellum jaunes. Pattes jaunes, le dessous des cuisses antérieures et intermédiaires, le côté interne de celles-ci et les postérieures noirs ; trochanters postérieurs jaunes ; tibias postérieurs un peu bruns à l'extrémité. Ailes légèrement lavées de jaune avec les nervures d'un roux brun et la nervure costale rousse. Abdomen noir avec le premier segment largement bordé de jaune, le quatrième garni d'une bordure semblable étroite, le cinquième entièrement jaune ainsi que le bord postérieur des trois suivants et l'anus ; ventre noir avec le bord des trois derniers segments et la plaque anale jaunes. Long. 11mm. Env. 22mm. **Flavipennis,** Brullé.♂

Patrie : Grèce.

53 Hanches postérieures noires non surmontées d'une tache jaune ; trochanters noirs. **54**

— Hanches postérieures tachées de jaune ou surmontées d'une tache jaune.
Viennensis, Schranck. (V. n° 47).

54 Premier article des antennes noir avec seulement une tache latérale jaune ; ailes violacées à l'extrémité ; labre noir. Tête noire, antennes jaunes, noires à la base. Thorax noir avec les lobes du pronotum et le bord des écaillettes jaunes ; scutellum jaune. Pattes noires avec une ligne jaune au côté interne des cuisses antérieures ; tibias et tarses jaunes plus ou moins ferrugineux. Ailes jaunâtres avec l'extrémité légèrement violacée. Nervures et stigma testacés. Abdomen noir avec tous les segments, excepté le second, très-largement bordés de jaune, surtout sur les côtés ; ventre noir. Long. 12mm. Env. 24mm.
Meridianus, Lepeletier.

Patrie : France, Espagne.

— Premier article des antennes entièrement jaune. Ailes cendrées légèrement à l'extrémité ; épistome et labre jaunes. Tête noire ; antennes ferrugineuses, plus jaunes au premier article. Thorax noir avec les lobes du pronotum et le scutellum jaunes. Pattes noires avec les genoux et les tibias jaunes, l'extrémité de ceux-ci et les tarses ferrugineux. Ailes jaunes avec l'extrémité grise, nervures et stigma testacé clair. Abdomen noir avec le premier segment presque tout jaune, le second jaune seulement sur les bords latéraux, tous les suivants jaunes sur tout leur bord, de plus en plus largement à mesure qu'on s'approche d'avantage de l'extrémité ; ventre noir. Long. 13mm. Env. 26mm. **Annulatus,** KLUG.

PATRIE : Hongrie, Caucase.

55 Pronotum noir. **56**

— Pronotum jaune ou bordé de jaune. **57**

56 Bouche jaune ; tête noire ; antennes noires avec les deux articles basilaires jaunes. Thorax noir avec le bord du pronotum, les écaillettes, le scutellum, les carènes métathoraciques et trois taches latérales sur les mésopleures jaunes. Pattes entièrement jaunes. Ailes jaunâtres avec l'extrémité noirâtre. Abdomen jaune avec l'extrême base des segments noire, sauf le deuxième segment qui n'est jaune que sur les côtés ; ventre jaune en entier. ♂.

La ♀ diffère du ♂ en ce que le thorax est entièrement noir, le second segment abdominal sans tache jaune, les hanches et une ligne sur les cuisses antérieures noires. Long. 12mm. Env. 24mm.

Luteocinctus, EVERSMANN.

PATRIE : Russie (Astrakan).

— Bouche noire. **Kœhleri,** KLUG. (V. n° 6).

57 Scutellum noir. **58**

— Scutellum jaune ou taché de jaune. **69**

58 Stigma jaune ou rougeâtre clair unicolore ou avec la base plus foncée. **59**

— Stigma brun ou testacé avec la base plus pâle. **64**

59 Cellule radiale couverte par une tache foncée. **Tricinctus,** FABRICIUS. (V. n° 37).

— Cellule radiale pas plus foncée que le reste du bout de l'aile. **60**

60 Nervure sous-costale jaune. 61

— Nervure sous-costale noire ou brune. 62

61 Tous les segments abdominaux jaunes sur les côtés et le premier entièrement, ou milieu de l'abdomen testacé ou rouge. **Flavipes,** Fourcroy. (V. n° 27).

— Second et troisième segments entièrement noirs, les autres bordés de jaune. **Viennensis,** Schranck. (V. n° 47).

62 Carènes aboutissant au scutellum et au postscutellum jaunes. Tête noire, épistome et labre jaunes; antennes noires avec les deux articles basilaires jaunes. Thorax noir avec le bord du pronotum, une tache de chaque côté du meso- et du metasternum jaunes. Pattes jaunes avec la base des hanches, l'extrémité externe des tibias et celle du premier article des tarses noirs, leurs autres articles en entier noirs. Ailes hyalines, jaunâtres, avec le stigma et la côte jaune rougeâtre clair ; les autres nervures brunes. Abdomen noir avec le premier segment jaune, le second taché de jaune sur les côtés, cette tache jaune s'avançant vers le milieu sur le bord des segments suivants ; neuvième segment presque entièrement jaune ; ventre noir taché de jaune. Long. 11mm. Env. 22mm. **Orientalis,** Kriechbaumer.

Patrie : Syrie, Grèce.

— Pas de carènes jaunes au métathorax. 63

63 Ecaillettes noires. Deuxième segment abdominal noir en entier. **Schæfferi,** Klug. (V. n° 14).

— Ecaillettes en partie jaunes. Deuxième segment abdominal latéralement jaune. **Arcuatus,** Forster. (V. n° 14).

64 Ecaillettes noires. **Kœhleri,** Klug. (V. n° 6).

— Écaillettes jaunes. **65**

65 Deuxième article des antennes noir. **66**

— Deuxième article des antennes jaune. **68**

66 Deuxième et troisième segments abdominaux non entièrement noirs. Tête noire, épistome et labre jaunes ; antennes noires avec le premier article jaune. Thorax noir avec les lobes du pronotum, les écaillettes, une tache sur les mésopleures jaunes. Pattes jaunes avec la base des hanches, l'extrémité des tibias et les trois derniers articles des tarses noirs. Ailes jaunâtres ; nervure costale testacée, stigma en partie jaune et en partie noir, les autres nervures brunes. Abdomen noir avec une bordure étroite et interrompue aux quatre premiers segments; valvules génitales jaunes. Long. 10 1/2mm. Env. 20mm.

Bœticus, SPINOLA. ♀

PATRIE : Espagne.

— Deuxième et troisième segments abdominaux noirs en entier. **67**

67 Septième segment abdominal taché de jaune.

Bicinctus, FABRICIUS. (V. n° 28).

— Septième segment abdominal non taché de jaune. Tête noire, épistome et labre jaunes ; antennes noires avec le premier article jaune. Thorax noir avec le bord du pronotum et les écaillettes jaunes. Pattes jaunes avec les hanches noires, les genoux postérieurs, l'extrémité des tibias intermédiaires et postérieurs et les tarses postérieurs, sauf la base du premier article, noirs. Ailes grisâtres; nervure costale pâle à la base, brune ensuite ; stigma blanc ou testacé à la base, brun foncé à l'extrémité ; les autres nervures noires. Abdomen noir avec le premier, le cinquième, quelquefois le quatrième, le sixième, le huitième et le neuvième segments jaunes, ou une partie d'entre eux ; ventre noir, taché de jaune sur le cinquième segment. Long. 7 à 8mm. Env. 17mm.

Zonula, KLUG.

PATRIE : Angleterre, France, Suisse, Tyrol, Hollande, Italie, Hongrie, Allemagne, Suède, Russie, Caucase.

68 Troisième segment abdominal jaune. Tête noire, épistome et labre jaunes ; antennes noires avec les deux premiers articles jaunes. Thorax noir avec les lobes du pronotum et les écaillettes jaunes. Pattes jaunes ; hanches, la moitié basilaire des quatre cuisses antérieures à leur face externe et le tiers apical des deux cuisses postérieures noirs ; les quatre tarses postérieurs avec l'extrémité de leurs tibias sont jaune ferrugineux. Ailes hyalines légèrement teintées de jaune ; nervure costale testacée, stigma testacé, plus clair à la base ; les autres nervures brunes. Abdomen noir avec le bord des segments 1, 3, 7, 8 jaune ; ventre noir avec le cinquième segment jaune. Long. 10mm. Env. 20mm.

Apicimacula, COSTA.

PATRIE : Italie (Terre d'Otrante).

— Troisième segment abdominal noir. Tête noire, épistome et labre jaunes ; antennes noires avec les deux articles basilaires jaune rougeâtre. Thorax noir avec les lobes du pronotum et les écaillettes jaunes. Pattes jaunes avec la face externe des cuisses antérieures et tout le milieu des autres noirs ; extrémité des tibias intermédiaires et postérieurs ferrugineux ou bruns ; tarses ferrugineux. Ailes hyalines, blanc grisâtre surtout vers la base ; cellule radiale avec une tache brune ; nervure costale testacée, les autres nervures noires ; stigma testacé à la base, brunâtre à l'extrémité. Abdomen noir avec le premier segment bordé de jaune clair, le cinquième en entier, le septième, le huitième et le neuvième avec une très large bordure de même couleur ; ventre noir avec le cinquième segment jaune. Long. 10 à 11mm. Env. 20mm. **Quadricinctus**, UDDMANN.

PATRIE : France, Suède.

69 Pattes entièrement jaunes ou fauves. 70

— Pattes en partie noires ou tachées de noir. 72

70 Lobe médian du mesonotum bordé de jaune.

Syriacus, N. SP. (V. n° 30).

— Lobe médian du mesonotum entièrement noir. 71

71 Ventre jaune en entier.

Luteocinctus, EVERSMANN, ♂ (V. n° 56).

— Ventre en partie noir. Tête noire, épistome et labre jaunes ; antennes noires avec les deux articles basilaires jaunes. Thorax noir ; pronotum jaune clair, sauf au milieu du bord antérieur ; écaillettes jaune clair ; mésopleures de même teinte sur le tiers basilaire ; scutellum et postscutellum jaunâtre sale ; carènes qui y aboutissent jaune clair ; metasternum avec une tache latérale jaune. Pattes entièrement jaune clair, un peu brunâtres à l'extrémité des tibias; tarses bruns ou noirs à partir de l'extrémité du premier article. Ailes hyalines, un peu jaunâtres ; nervure costale et stigma testacés, les autres nervures brunes. Abdomen noir avec le premier segment en entier en dessus, le bord latéral de tous les autres et le dernier à peu près en entier jaune pâle ; les taches latérales peuvent s'avancer plus ou moins vers le milieu, surtout vers l'extrémité abdominale. Ventre noir avec les segments légèrement bordés de couleur claire. Long. 10mm. Env. 20mm.

Caspius, N. SP. ♀

PATRIE : Bords de la mer Caspienne, Astrakan.

72 Stigma jaune ou rougeâtre clair unicolore, ou avec la base plus foncée. **73**

— Stigma brun ou testacé avec la base plus pâle. **90**

73 Extrémité des tibias postérieurs noire. **74**

— Extrémité des tibias postérieurs jaune ou testacée. **78**

74 Cellules radiales troublées de brun. Tête noire ; épistome et labre jaunes ; antennes noires avec le premier article jaune. Thorax noir avec les lobes du pronotum et le scutellum, au moins en partie, jaunes. Pattes jaunes avec la partie externe des cuisses, l'extrémité des tibias et les tarses noirs ; hanches postérieures surmontées d'une petite tache jaune. Ailes subhyalines, jaunâtres jusqu'au stigma, grisâtres ensuite, avec les cellules radiales plus foncées ; nervure costale testacée ainsi que le stigma ; nervure sous-costale et toutes les autres noires. Abdomen noir avec le premier et le quatrième segments bordés de jaune ; le cinquième présente seulement une tache latérale ; septième et huitième segments jaunes plus ou moins largement au milieu de leur bord postérieur ; ventre noir ou plus ou moins taché de jaune. Long. 10mm. Env. 20mm.

Succinctus, Lepeletier. ♂

Patrie : France. Allemagne, Portugal.

— Cellules radiales pas plus troublées que le reste. **75**

75 Ventre noir. Tête noire ; épistome et labre jaunes. Antennes noires avec le premier article jaune. Thorax noir avec le bord du pronotum, les écaillettes, le scutellum ou seulement deux points sur sa surface, jaunes ; postscutellum taché de jaune ainsi que les méso-et les métapleures. Pattes jaunes avec les cuisses tachées de noir (♂), l'extrémité des tibias et les tarses postérieurs, souvent presque entiers, noirs. Ailes hyalines, un peu jaunâtres ; nervure costale et stigma jaunes. Abdomen noir ; le ♂ a les segments 1, 4 et 5 étroitement bordés de jaune et les segments 3 et 6 tachés de jaune sur les côtés ; la ♀ a le premier segment largement bordé de jaune, les segments 4 à 6 avec une étroite bordure semblable, enfin les segments 3 et 7 sont seulement tachés sur les côtés ; ventre noir. Long. 10mm. Env. 20mm.

Sulphuripes, KRIECHBAUMER.

PATRIE : Autriche.

— Ventre en partie jaune verdâtre. 76

76 Cinquième segment abdominal entièrement jaune ou presque entièrement jaune. 77

— Cinquième segment abdominal seulement étroitement bordé de jaune, au plus sur la moitié du segment. **Arcuatus**, FORSTER. (V. n° 14).

77 Quatrième segment abdominal noir. Stigma noir à l'extrémité, blanc à la base.

Bicinctus, FABRICIUS. ♂ (V. n° 28).

— Quatrième segment abdominal jaune. Stigma testacé, presque unicolore. **Schæfferi**, KLUG. (V. n° 14).

78 Cellules radiales troublées de brun. 79

— Cellules radiales pas plus troublées que le reste du bout de l'aile. 81

79 Ecaillettes noires.

Succinctus, LEPELETIER. (V. n° 74).

— Ecaillettes jaunes ou testacées. 80

80 Derniers segments abdominaux et écaillettes jaune soufre. **Tricinctus**, FABRICIUS. (V. n° 37).

— Derniers segments abdominaux et écaillettes testacés. Tête noire, épistome et labre jaunes, joues testacées; antennes noires avec les deux premiers articles fauves. Thorax noir avec les angles du pronotum jaune soufre et les écaillettes fauves; scutellum taché de jaune; metanotum avec une bordure jaune clair, large sur les côtés, mince au milieu. Pattes antérieures noires au côté externe, jaune sale en dedans; pattes intermédiaires et postérieures avec les hanches noires, les trochanters en partie fauves, les cuisses noires, les genoux, les tibias et les tarses fauves ou testacés. Ailes jaunâtres avec une large tache enfumée occupant la moitié des cellules radiales, atteignant le bord de l'aile derrière le stigma, et s'en éloignant ensuite pour traverser la cellule lancéolée et s'arrêter au bord inférieur avant la base de l'aile. Abdomen noir avec le bord du premier segment jaune clair en son milieu, le troisième à peu près jaune en entier, le quatrième jaune sur les côtés, les huitième et neuvième segments testacés avec leurs côtés noirs; ventre noir avec le bord des troisième et quatrième anneaux plus clair. Long. 12mm. Env. 26mm. **Analis**, N. SP.

PATRIE : Sibérie occidentale.

81 Deuxième article des antennes jaune. Tête noire, labre jaune; antennes noires avec les deux premiers articles jaunes. Thorax noir, taché de jaune aux épaules; pattes jaunes; cuisses noires, jaunes à la base; extrémité des tibias un peu rougeâtre, tarses rougeâtres avec l'extrémité des articles un peu assombrie. Ailes enfumées, surtout à l'extrémité; stigma jaune. Abdomen noir avec le premier segment jaune, plus largement sur les côtés, le cinquième avec une bordure basilaire étroite jaune, le sixième, le septième et le huitième avec une bordure

apicale étroite jaune. Long. 10mm. Env. 18mm.

Quinquecinctus, GIMMERTHAL.

PATRIE : Russie.

— Deuxième article des antennes noir. **82**

82 Tibias postérieurs bruns ou noirâtres en entier. Tête noire, bouche jaune ; antennes noires avec le premier article jaune. Thorax noir avec le pronotum et le scutellum jaunes. Pattes jaunes avec les tibias et les tarses sombres. Ailes hyalines, jaunâtres, stigma jaune. Abdomen noir avec les segments 1, 4, 5, 7, 8 et 9 jaunes. Long. 14mm. Env. 26mm.

Heraclei, RUDOW.

Se trouve en juillet et août sur *Heracleum spondylium.*

PATRIE : Allemagne.

— Tibias postérieurs testacés, ferrugineux ou jaunes au moins en partie. **83**

83 Nervure sous-costale ferrugineuse au moins en dessus. **84**

— Nervure sous-costale noire en entier. **88**

84 Cuisses postérieures non marquées de noir.

Syriacus, N. SP. (V. n° 30).

— Cuisses postérieures marquées de noir. **85**

85 Cuisses postérieures seules marquées de noir.

Flavipes, FOURCROY. (V. n° 27).

— Toutes les cuisses marquées de noir. **86**

86 Valvules hypopygiales noires.

Viennensis, SCHRANCK. (V. n° 47).

— Valvules hypopygiales jaunes ou bordées de jaune. **87**

87 Mésopleures noires ou seulement tachées de jaune. Joues noires. **Schæfferi**, Klug. (V. n° 14).

— Mésopleures entièrement jaunes ainsi que les joues, ou étroitement bordées de noir. Tête noire ; épistome et labre jaunes ; antennes noires avec le premier article jaune. Thorax noir, pronotum et écaillettes jaunes ; scutellum, postscutellum et carènes y aboutissant jaunes ; poitrine jaune. Pattes jaunes avec les cuisses intermédiaires et postérieures rayées de noir en dehors ; extrémité interne des tibias postérieurs noirâtre. Ailes jaunes, subhyalines ; nervures costale, sous-costale et stigma jaunes ; les autres nervures noires. Abdomen noir avec presque tous les segments bordés de jaune, excepté le deuxième ; le troisième et le quatrième le sont plus largement que les autres ; ventre jaune. Long. 10mm. Env. 20mm. **Ouralensis**, n. sp.

Patrie : Sibérie occidentale.

88 Cellules radiales enfumées. Valvules hypopygiales ♀ noires. 89

— Cellules radiales non enfumées. Valvules hypopygiales ♀ jaunes. **Schæfferi**, Klug. (V. n° 14).

89 Lobes du pronotum presque entièrement jaunes. **Succinctus**, Lepeletier. (V. n° 74).

— Pronotum plus ou moins étroitement bordé de jaune. **Tricinctus**, Fabricius. (V. n° 37).

90 Deuxième article des antennes jaune. Tête noire, épistome et labre jaunes ; antennes noires avec les deux premiers articles et la base du troisième jaunes. Thorax noir avec les lobes du pronotum, les écaillettes et le scutellum jaunes. Pattes noires avec l'extrémité des hanches, les trochanters, les cuisses, les tibias et les tarses jaunes ; dessous des cuisses

intermédiaires, extrémité des postérieures rembrunis ; extrémité des tibias postérieurs et tous les tarses plus sombres. Ailes hyalines, jaunâtres, nervures et stigma bruns, ce dernier pâle à la base ; nervures costale et sous-costale fauves. Abdomen noir avec le premier segment bordé de jaune ainsi que les segments 5 à 8. Ventre noir fascié de jaune ; plaque anale (♂) jaune. Long. 12mm. Env. 24mm.

Friwaldskyi, Mocsary.

Patrie : Hongrie méridionale.

— Deuxième article des antennes noir. **91**.

91 Cinquième segment abdominal entièrement jaune ou au moins avec la base jaune. **92**

— Cinquième segment abdominal noir ou très-étroitement bordé de jaune blanchâtre.

Varicarpus, n. sp. (V. n° 16).

92 Derniers arceaux ventraux jaunes.

Schæfferi, Klug. (V. n° 14).

— Derniers arceaux ventraux noirs. Tête noire ; épistome et labre jaunes ; antennes noires avec le premier article jaune. Thorax noir avec les lobes du pronotum, souvent une partie des écaillettes et le scutellum jaunes. Pattes jaunes avec la plus grande partie des cuisses postérieures, l'extrémité des tibias intermédiaires et postérieurs, celle des articles des tarses intermédiaires, et tous les tarses postérieurs noirs. Ailes grisâtres ; nervure costale et base du stigma testacé foncé, l'extrémité de ce dernier brune, toutes les autres nervures noires. Abdomen noir avec le bord du premier segment, le cinquième en entier, les bords du septième et du huitième, le neuvième en entier jaunes. Ventre noir fascié de jaune au milieu. Long. 10mm. Env. 20mm.

Zona, Klug.

Patrie : Angleterre, France, Suisse, Tyrol, Italie, Hongrie, Hollande, Allemagne, Suède, Russie.

39e GENRE. — SCIAPTERYX, STEPHENS, 1829 (272)

σκιά, ombre, πτέρυξ, aile.

Antennes courtes, de 9 articles, épaissies à l'extrémité. Yeux n'atteignant pas la base des mandibules. Hanches postérieures pas particulièrement allongées. Ailes grandes, avec deux cellules radiales, quatre cellules cubitales ; cellule lancéolée divisée par une nervure droite ; ailes inférieures avec deux cellules discoïdales fermées. Corps trapu ; tête grosse.

Les ♂ se distinguent des ♀ par la forme du dernier arceau ventral.

1 Abdomen fascié de jaune ou de testacé. **2**

— Abdomen fascié de blanc, surtout sur les segments apicaux. **3**

2 Tête brune, velue de poils noirs, bouche pâle ; antennes noires. Thorax brun, velu de noir. Pattes noires avec les tibias et les tarses jaunes, genoux antérieurs pâles. Ailes jaunâtres. Abdomen noir avec les 5 ou 6 derniers segments en partie testacés. Long. 10 à 12mm. Env. 22mm. **Arctica,** THOMSON.

PATRIE : Suède.

— Tête noire ; antennes noires, brun jaunâtre en dessous. Thorax noir ; bord du prenotum et écaillettes jaune blanchâtre. Pattes noires avec les tibias postérieurs et la face externe des cuisses testacés. Abdomen noir avec les segments 3 à 5 testacés. Long. 6mm. Env. 14mm. **Collaris,** DIETRICH.

PATRIE : Suisse.

3 Stigma en partie brun noir, en partie testacé. **4**

— Stigma entièrement noir brun. Tête noire en entier (♀), épistome et tour des yeux blanc chez le ♂. Antennes noires. Thorax noir, bord du pronotum étroitement blanc, écaillettes bordées extérieurement de blanc. Pattes noires avec la face interne des genoux et des tibias rayée ou tachée de blanc brunâtre. Ailes hyalines ; nervures et stigma noirs. Abdomen noir avec le bord de tous les segments blanc. Long. 8mm. Env. 18mm. **Consobrina,** Klug.

Patrie : France, Suisse, Tyrol, Allemagne, Suède.

4 Écaillettes jaunâtre pâle en entier. Thorax plan, finement ponctué. Tête noire, labre jaune, épistome (♂), tour des yeux et une tache quadrangulaire sous l'intervalle des antennes blancs. Thorax noir avec le bord du pronotum étroitement blanc ; écaillettes jaunâtres, carènes métathoraciques blanches. Pattes noires avec l'extrémité des hanches, une partie des trochanters, la face interne des cuisses, des tibias et des tarses blanc sale. Ailes gris noirâtre, plus claires après le stigma ; nervure costale pâle à la base, brune ensuite ; nervure sous-costale ♂ entièrement jaune, ♀ noire sauf à la base ; stigma testacé clair avec le tiers apical brun noirâtre ; toutes les autres nervures noires. Abdomen noir avec le bord de tous les segments, sauf le premier, blanc sale ; cette bordure s'interrompant sur le dos des segments basilaires, s'élargissant au contraire sur les 4 derniers, de façon à les couvrir presque en entier. Ventre noir fascié de blanc. Long. 7 à 9mm. Env. 17mm.
Costalis, Fabricius.

Patrie : Angleterre, France, Suisse, Allemagne.

— Écaillettes en partie noires. Thorax grossièrement et rugueusement ponctué, un peu gibbeux. Tête noire ; parties latérales et postérieure de l'épistome, une tache triangulaire sous l'intervalle des antennes, le tour des yeux blancs. Thorax noir avec le bord du pronotum et des écaillettes étroitement blanc ; carènes métathoraciques blanches. Pattes noires avec une partie des hanches et des trochanters, la face interne des cuisses et des tibias blancs. Ailes subhyalines, grises surtout vers la base ; nervures costale et sous-costale testacées, la première rembrunie un peu avant le stigma ; les autres nervures noires ; stigma testacé avec le tiers apical noir. Abdomen noir avec le bord de tous les segments étroitement blanc, cette bordure étant interrompue sur le dos, excepté aux deux derniers segments. Ventre noir fascié de blanc. Long. 5 1/2mm. Env. 12mm.

Levantina, N. SP. ♂

PATRIE : Syrie.

40e GENRE. — STRONGYLOGASTER, DAHLBOM, 1835 (34).

στρογγύλος, cylindrique, *γαστήρ*, abdomen.

Antennes filiformes, plus courtes que l'abdomen, de 9 articles. Pattes ordinaires. Corps étroit, allongé. Ailes antérieures avec deux cellules radiales, quatre cellules cubitales ; la cellule lancéolée est ordinairement ouverte sans nervure, rarement divisée par une nervure oblique ; ailes inférieures avec deux cellules discoïdales fermées.

Le ♂ se distingue facilement de la ♀ par la forme du dernier arceau ventral.

1 Cellule lancéolée divisée par une nervure oblique. 2

— Cellule lancéolée ouverte. 5

2 Base du ventre rouge (♂). Tête et antennes noires. Thorax noir, écaillettes ♂ blanches. Pattes ♂ testacé pâle avec les hanches noires, et les cuisses jaunes ; pattes ♀ noires avec la base des tibias postérieurs,

les tibias et les genoux antérieurs testacés. Ailes hyalines avec le stigma noir. Abdomen noir avec la base du ventre rouge chez le ♂, et une tache indécise brune ou rouge sur le dos chez la ♀. Long. 9 à 10mm. Env. 20mm. **Filicis,** Klug.

Patrie : Angleterre, Allemagne, Suède, Russie.

— Base du ventre noire. **3**

3 Abdomen noir avec seulement le bord du dernier segment blanchâtre. Tête noire, labre brun ; antennes noires. Thorax noir avec les angles du pronotum et les écaillettes blanc jaunâtre. Pattes blanc jaunâtre avec les hanches, les trochanters et les genoux plus pâles, l'extrémité des tibias postérieurs et leurs tarses bruns. Ailes hyalines ; nervure costale pâle, stigma brun. Abdomen noir avec l'extrémité de son dernier segment blanc jaunâtre. Long. 5mm. Env. 11mm. **Sharpi,** Cameron.

Patrie : Angleterre.

— Abdomen avec une large ceinture rouge. **4**

4 Pattes en grande partie noires. **Filicis,** Klug. ♀

— Pattes en grande partie rouges. Tête noire, antennes noires. Thorax noir. Pattes rouges, trochanters jaunes, une ligne à la face externe des tibias antérieurs et la base des cuisses noires ; tibias antérieurs presque blancs. Ailes hyalines, nervure costale et stigma noirs. Abdomen noir avec les segments 3 à 5 rouges. Long. 9mm. Env. 18mm.

Subjectus, Eversmann. ♀

Patrie : Russie (Kasan).

5 Antennes rouges avec seulement l'extrémité noire. Tête noire, labre pâle. Thorax noir, écaillettes blanches. Pattes rouges avec les genoux blancs, les hanches et les cuisses noires ; ongles bifides. Ailes hyalines, stigma jaune. Abdomen noir. Long. 9 à 10mm. Env. 20mm. **Geniculatus**, THOMSON. ♀

PATRIE : Suède.

— Antennes noires ou avec les deux premiers articles blancs ou rouges. **6**

6 Antennes noires avec la base blanche ou rouge. **7**

— Antennes noires. **9**

7 Thorax noir en entier (sauf les écaillettes). Tête noire ; antennes noires avec les deux premiers articles rouges. Thorax noir, écaillettes blanches. Pattes noires avec les genoux blancs, les tibias et les tarses jaunes plus ou moins testacés, les tarses postérieurs noirs à leur extrémité. Ailes hyalines, nervure costale testacée, nervure sous-costale noire ainsi que toutes les autres ; stigma testacé avec la partie supérieure noire. Abdomen noir avec tous les segments, excepté le premier, bordés de testacé jaunâtre. Le ♂ a l'abdomen presque entièrement testacé et les antennes entièrement noires. Long. 9 à 10mm. Env. 20mm. **Cingulatus**, FABRICIUS.

La larve, longue de 18 à 20mm, a le corps vert marqué de deux larges bandes jaunes sur le dos et taché de même couleur au dessus des pattes. La tête est testacée avec deux taches brunes sur le vertex et elle porte deux petits yeux ronds noirs entourés de brun.— Elle vit en juillet et août sur le *Pteris aquilina*, quelquefois aussi sur le *Polystichum filix mas*. Elle se cache en terre en automne et l'insecte parfait éclot en mai et juin. Il a pour parasites :

Campoplex transiens, Rtzb.— *Ichneumonide.*
Cubocephalus fortipes, Grav. — —
Ichneumon Mussii, Rtzb. — —
Mesoleius niger, Grav. — —

PATRIE : Angleterre, France, Suisse, Tyrol, Allemagne, Suède, Russie, Portugal.

— Thorax blanc ou vert taché de noir. **8**

8 Corps blanc ou rougeâtre. Tête noire, bouche blanche, antennes brunes avec les deux premiers articles blancs ou testacés. Thorax blanc marqué de trois taches noires ; poitrine noire au milieu. Pattes blanches. Ailes hyalines avec la côte et le stigma blancs. Abdomen blanc taché de brun sur le bord des segments et sur les côtés. Long. 7mm. Env. 15mm.

Delicatulus, Fallén.

Patrie : Angleterre, France, Allemagne, Suède.

— Corps vert plus ou moins jaunâtre, surtout après la mort. Tête noire, bouche blanc verdâtre ; antennes obscures avec deux premiers articles pâles. Thorax vert avec des taches noires en dessus et aussi sur la poitrine. Pattes vertes. Ailes hyalines avec la nervure costale et le stigma verts, les autres nervures noires. Abdomen vert avec tous les segments marqués, de chaque côté, de taches brunes ; celles des derniers segments s'agrandissent et se rejoignent. Long. 6mm. Env. 13mm.

Viridis, Smiedeknecht. ♀

Paraît en juin.

Patrie : Thuringe, Schleswig.

9 Mésopleures glabres, brillantes. 10

— Mésopleures pubescentes, mates. 11

10 Cuisses jaunes. Tête noire, épistome et labre blancs ; antennes noires. Thorax noir avec le bord du pronotum et les écaillettes blancs ; pattes noires avec les cuisses jaunes, la base des tibias blancs, les tibias et les tarses testacés, rayés de noir aux pattes postérieures ; tibias postérieurs ♂ presque tout noirs ainsi que la base des cuisses antérieures ♂. Ailes hyalines, nervures et stigma noirs. Abdomen noir avec les segments légèrement rougeâtres sur le bord et en son milieu ; ventre noir

fascié de rougeâtre. Long. 6 à 7^{mm}. Env. 15^{mm}.

Mixtus, KLUG.

PATRIE : Angleterre, Allemagne.

— Cuisses presque entièrement noires. Tête noire en entier; antennes noires. Thorax noir avec le bord du pronotum et les écaillettes blancs. Pattes testacées avec les cuisses presque entièrement noires. Ailes hyalines, stigma noir. Abdomen noir avec une large fascie rousse. Long. 8^{mm}. Env. 16^{mm}.

Femoralis, CAMERON.

PATRIE : Angleterre.

11 Ongles bifides. **Cingulatus**, FABRICIUS. ♂

— Ongles mutiques. Tête noire avec souvent l'épistome blanc; antennes noires. Thorax noir avec le bord du pronotum et les écaillettes blancs ou bruns plus ou moins foncés. Pattes testacées ; base des cuisses postérieures ♂ noire. Ailes hyalines ; nervures et stigma noirs. Abdomen noir avec une tache rouge sur le dos et les côtés testacés. Long. 6 à 7^{mm}. Env. 15^{mm}. **Macula**, KLUG.

PATRIE : France, Tyrol, Allemagne, Suède.

41° GENRE. — SYNAIREMA, HARTIG, 1837 (61).

συναίρεμα, partie (cellule) contractée.

Antennes longues ♀, même plus longues que le corps ♂, de 9 articles, filiformes. Corps allongé, cylindrique. Pattes ordinaires. Ailes antérieures avec deux cellules radiales; quatre cellules cubitales; cellule lancéolée contractée au milieu ; ailes postérieures ♂ sans cellule discoïdale fermée, ♀ avec deux de ces cellules ; leur nervure anale se prolonge avec les suivantes le long du bord de l'aile chez le ♂.

Le ♂ se distingue facilement de la ♀ par la nervulation des ailes inférieures et la forme du dernier arceau ventral.

1 ♀. Tête noire tachée de blanc au bord interne des yeux et sur le vertex; labre blanc ainsi que l'extrémité de l'épistome; antennes blanches à l'extrémité. Thorax noir avec le bord du pronotum et les écaillettes blancs ainsi que l'arrière des parapsides, les deux côtés du scutellum et une ligne sur les mésopleures. Pattes blanches avec la base des hanches, presque toutes les cuisses et les tarses postérieurs noirs. Ailes hyalines avec le stigma brun, pâle à la base. Abdomen noir avec une tache brun jaunâtre clair en son milieu; ventre noir avec le bord des derniers segments rougeâtre.

♂. Tête et thorax noir brillant; antennes rougeâtres avec les deux articles basilaires jaunâtres. Pronotum, mésopleures, suture entre les lobes médian et latéraux du mesonotum; scutellum et une tache triangulaire sous celui-ci jaune clair vif. Pattes testacées avec les hanches jaune clair. Ailes hyalines; nervures brun clair, stigma pâle en entier. Abdomen testacé, jaune clair en dessus à la base et à l'extrémité, les premier et deuxième segments dorsaux noirs au milieu de leur base. Long. 6 à 7mm. Env. 14mm. **Rubi**, PANZER.

PATRIE : France, Hollande, Tyrol, Allemagne, Suède.

— ♀. Tête noire avec l'épistome jaune; antennes, de la longueur de la tête et du thorax, avec les deux premiers articles blancs, les suivants jaune paille clair, les quatre derniers un peu plus sombres. Thorax jaune paille, en partie blanc d'ivoire très-brillant; metanotum noir ainsi qu'un petit point entre les ailes, une petite tache longitudinale ronde allongée sur l'insertion des ailes antérieures, une autre allant des ailes postérieures au scutellum et deux points sous celui-ci. Pattes jaune paille clair avec seulement le dessous des tarses noirâtre. Ailes jaunâtre clair avec la côte et le stigma blanchâtres; les autres nervures noires. Abdomen jaune paille sale avec une petite tache noirâtre près du bord latéral de chaque segment. ♂ inconnu. Long. 5ᵐᵐ Env. 10ᵐᵐ.

Alpina, Bremi. ♀

Patrie : Suisse (St. Gothard).

42ᵉ GENRE. — PERINEURA, Hartig, 1837 (61).

περί, touchant, par rapport à, νευρά. nervure.

Antennes sétiformes ou filiformes, aussi longues ou plus longues que le thorax et la tête réunis, souvent plus longues que l'abdomen, de 9 articles. Corps allongé, ordinairement déprimé. Pattes assez grandes. Ailes antérieures avec deux cellules radiales, quatre cellules cubitales ; cellule lancéolée divisée par une nervure droite. Ailes postérieures avec deux cellules discoïdales fermées ; cellule anale appendiculée ; quelquefois, chez les ♂, la nervure anale se prolonge le long du bord de l'aile.

Les ♂ se distinguent par la forme du dernier arceau ventral, par le parallélisme des côtés du corps, et parfois par la nervulation spéciale des ailes inférieures.

1 Scutellum noir en entier. **2**

— Scutellum de couleur claire au moins en partie. **10**

2 Premier segment abdominal marqué de deux taches blanches. **23**

— Premier segment abdominal sans taches blanches. **3**

3 Antennes noires annelées de blanc ; tête noire. Thorax noir ainsi que les écaillettes. Pattes brunes avec les cuisses antérieures et postérieures, les tibias et les tarses postérieurs noirs. Ailes hyalines avec la nervure costale noire et le stigma à moitié blanc. Abdomen brun avec les segments 1, 2, 8 et 9 noirs. ♂

La ♀ diffère en ce qu'elle a le scutellum blanc ainsi que le postscutellum. Long. 9 à 10mm.

Gynandromorpha, RUDOW.

Sur le hêtre, en juin.

PATRIE : Allemagne.

— Antennes non annelées de blanc, seulement souvent plus claires en dessous ou à l'extrémité. 4

4 Abdomen noir avec les segments intermédiaires rouges. 5

— Abdomen noir bordé de blanchâtre sur les côtés et le bord des segments. 9

5 Ailes antérieures avec une fascie sombre sous le stigma. Tête noire avec l'épistome, des taches en avant et en arrière des yeux et la base des mandibules de couleur blanchâtre. Antennes noires. Thorax noir avec le bord du pronotum et les écaillettes blancs ; pattes rouges avec les trochanters blancs ; les antérieures un peu rembrunies, tarses postérieurs jaunâtres clairs ; extrémité des tibias postérieurs et de leurs tarses noirâtre. Ailes hyalines ; nervure costale et stigma jaunes, ce dernier brun à la base, les autres nervures brunes. Une fascie brune traverse l'aile du stigma à l'angle postérieur. Abdomen noir avec les segments 3, 4, 5 et 6 rouges. Le ventre est d'une teinte plus claire avec une ligne longitudinale noirâtre de chaque côté. Long. 10mm. Env. 20mm. **Insignis**, KLUG.

PATRIE : Hongrie.

— Ailes antérieures sans fascie sombre sous le stigma. 6

6 Espace nu visible sur le premier segment abdominal. Epistome ordinairement tronqué. 7

— Pas d'espace nu visible sur le premier segment

abdominal. Epistome échancré. Tête noire avec l'orbite interne des yeux et des taches sur le vertex blancs. Antennes noires, fauves en dessous et à l'extrémité. Thorax noir avec le bord du pronotum blanc. Écaillettes ♂ blanches, ♀ noires avec le bord brun. Pattes antérieures ♀ testacées avec les hanches, les trochanters et la base des cuisses noirs; pattes intermédiaires et postérieures noires avec les genoux et l'extrémité des tarses testacés. Chez le ♂, les pattes antérieures et intermédiaires sont testacées avec les hanches, les trochanters et l'extrême base des cuisses noirs, les pattes postérieures ont en outre les cuisses brunes et l'extrémité des tarses presque blanche. Ailes hyalines; nervures et stigma bruns, ce dernier blanc à la base; la nervure anale de l'aile postérieure ♂ en suit le bord inférieur. Abdomen noir avec les segments 3, 4, 5 et 6 rouges. Long. 8 à 9mm. Env. 18mm.

Corcyrensis, Mocsary.

Patrie : Corfou.

7 Premiers et derniers segments abdominaux noirs en entier. 8

— Premiers et derniers segments abdominaux noirs et bordés latéralement de blanc sale. Tête ♀ noire avec le labre et l'orbite interne des yeux blanc jaunâtre, ♂ noire seulement sur le front et le vertex, blanc jaunâtre sur le reste; antennes noires avec le dessous jaune clair. Thorax noir avec le bord du pronotum, les écaillettes, une partie des mésopleures, une tache au dessus des hanches postérieures et quelquefois toute la poitrine jaune clair; pattes testacées avec les hanches et les trochanters jaunes ou noirs plus ou moins tachés de jaune. Ailes hyalines, nervures et stigma brun rougeâtre; la nervure anale des ailes postérieures n'en suit pas le bord inférieur. Abdomen rouge sur les segments intermédiaires, noir à la base et à l'extrémité, cette partie noire étant limitée latéralement par une bordure blanchâtre. Long. 7 à 8mm. Env. 16mm.

Lateralis, FABRICIUS.

L'insecte parfait se trouve en mai

PATRIE : Angleterre, France, Suisse, Allemagne, Hollande, Hongrie, Suède, Russie.

8 Segments intermédiaires de l'abdomen rouges avec une bordure jaune citron sur les côtés; tarses postérieurs testacés; épistome échancré. Tête noire avec le labre et l'épistome jaune citron; antennes noires. Thorax noir avec les angles du pronotum et les écaillettes jaune clair; pattes antérieures et intermédiaires noires avec le côté externe des cuisses et des tibias jaune clair et les tarses testacés, plus clairs en dehors; pattes postérieures noires avec toute la partie intermédiaire des tibias jaune clair, ne laissant subsister de noir qu'à l'extrémité et à l'extrême base, les tarses testacés. Ailes hyalines, un peu teintées de jaunâtre sur les antérieures; nervures et stigma noirs. Abdomen noir avec les segments 3, 4 et 5 rouges, ce dernier est même bordé de noir; la partie des segments colorés en rouge qui se recourbe vers le ventre est revêtue d'une teinte jaune clair formant, vue en dessus, comme un liseré étroit. Long. 10mm. Env. 24mm. **Fulvitarsis,** N. SP. ♀

PATRIE : France méridionale.

— Segments intermédiaires de l'abdomen entièrement rouges en dessus et en dessous : tarses postérieurs noirâtres, au moins à la base; épistome tronqué. Tête noire avec le labre et quelquefois une partie de l'épistome blancs. Antennes noires. Thorax noir avec le bord du pronotum et les écaillettes blanc jaunâtre, pattes rouges avec les hanches et les trochanters noirs tachés de blanc surtout à la paire antérieure; extrême base des cuisses noire, tarses postérieurs noirâtres ainsi que l'extrémité externe de leurs tibias. Ailes hyalines; nervure costale et base du stigma blanc sale, les autres nervures et l'extrémité du stigma brunes. La nervure anale ♂ ne suit pas le bord inférieur de l'aile postérieure. Abdomen rouge avec les deux premiers et les trois derniers segments noirs. Long. 6 à 7mm. Env. 14mm. **Solitaria**, Schranck.

Sur les groseillers et les saules.

Insecte parfait en mai.

Patrie : Angleterre, France, Suisse, Hollande, Allemagne, Italie, Tyrol, Hongrie, Suède.

9 Mésopleures noires. Tête et antennes noires ; labre et une partie de l'épistome blancs. Thorax noir avec le bord du pronotum et les écaillettes blancs ; pattes noires avec les cuisses antérieures, sauf leur extrême base et les tibias antérieurs testacés. Ailes hyalines ; nervure costale et stigma blancs, celui-ci brun à sa partie inférieure, les autres nervures brunes, la nervure anale des ailes postérieures n'en suit pas le bord inférieur. Abdomen blanc sale en dessus avec le milieu des segments noir ; ventre noir ♂.

La ♀ ne diffère du ♂ qu'en ce que les cuisses et les tibias intermédiaires ainsi que les tibias postérieurs sont en tout ou en partie testacés et que le scutellum est en partie clair. Long. 8 à 9mm. Env. 18mm. **Lactiflua**, Klug.

Se trouve en mai.

Patrie : Allemagne, Hongrie.

— Mésopleures tachées de couleur claire. Tête noire avec l'épistome, les joues, la base des mandibules et le tour des yeux blancs plus ou moins jaunâtres ; antennes noires avec le dessous et l'extrémité blanchâtres. Thorax noir avec le bord du pronotum, les écaillettes et une tache allongée de chaque côté de la poitrine blanchâtres ; pattes noires avec une partie des trochanters et la partie inférieure des cuisses, des tibias et des tarses blanchâtres. les cuisses postérieures restant seulement plus sombres, Ailes hyalines avec les nervures et le stigma brun clair. Abdomen noir avec ses côtés et le bord postérieur des premiers segments blanchâtres ; le ventre de même couleur un peu plus sombre. Long. 8mm. Env. 16mm. **Pinguis,** KLUG. ♀

PATRIE : Autriche.

10 La nervure transverso-lancéolée coupe la cellule lancéolée avant son milieu. Tête noire ; antennes noires en dessus, pâles en dessous, excepté aux deux articles basilaires qui sont entièrement noirs. Thorax noir, scutellum verdâtre pâle ; pattes antérieures et intermédiaires fauves avec les hanches et les trochanters noirs ; pattes postérieures noires avec les quatres derniers articles des tarses blanchâtres et les tibias brun testacé en arrière. Ailes hyalines, nervures et stigma bruns, celui-ci blanchâtre à la base. Abdomen noir avec les segments 3 à 6 et le bord postérieur du second testacés. Long. 8mm. Env. 18mm. **Floricola,** COSTA. ♀

PATRIE : Italie méridionale.

— La nervure transverso-lancéolée coupe la cellule lancéolée après son milieu. **11**

11 Articles 6, 7 et quelquefois 8 des antennes entièrement blancs, les autres étant bruns plus clairs en dessous. **12**

— Antennes sans aucun anneau blanc. **17**

12 Le premier segment abdominal porte deux points blancs. **13**

— Premier segment abdominal sans points blancs. **14**

13 Articles 3, 4 et 5 des tarses noirs ou bruns. Tête noire avec le milieu des mandibules, le labre, l'épistome, l'orbite interne des yeux, une tache de chaque côté du bord du vertex, blancs ; antennes noires, brunes en dessous, avec un anneau blanc sur les segments 5, 6 et 7. Thorax noir avec le pronotum, le scutellum, le postscutellum et une tache au milieu du metanotum blancs ; pattes jaunes ; hanches noires marquées de blanc ; trochanters noirs ; base des cuisses antérieures et intermédiaires et cuisses postérieures en entier noires ; extrémité des tarses rembrunie. Ailes hyalines, nervures et stigma noirs, ce dernier pâle à la base ; nervure costale jaunâtre. Abdomen jaune avec le premier segment noir marqué de deux taches blanches, le second et le huitième segments noirs en leur milieu, et le neuvième noir en entier. Long. 10^{mm}. Env. 20^{mm}.

Balkana, Mocsary. ♀

Patrie : Bulgarie.

— Articles 3, 4 et 5 des tarses blancs. Tête noire avec le labre et le bord de l'occiput blancs ; antennes noires avec les articles 6, 7 et une partie du huitième blancs. Thorax noir avec les bords des lobes du pronotum et le scutellum blanc jaunâtre, écaillettes brunes ; pattes rouges avec les hanches noires, les trochanters noirs tachés de blanc surtout aux postérieures ; l'extrémité des tibias et les deux premiers articles des tarses sont bruns ou noirs aux pattes postérieures, le reste des tarses blanchâtre. Ailes hyalines ; nervures et stigma bruns, celui-ci blanc à la base. Abdomen rouge avec les deux premiers, la base du troisième et les deux derniers segments noirs ; le premier porte en outre deux grandes taches blanches. Long. 8^{mm}. Env. 16^{mm}.

Albopunctata, Tischbein. ♀

Patrie : Asie mineure (Brousse).

14 Pronotum noir. 15

— Pronotum bordé de blanc. Tête noire avec le labre et l'épistome blancs ; orbite interne des yeux et taches latérales du vertex blanc sale ; antennes noires, plus claires en dessous avec l'extrémité du cinquième article, les sixième, septième et huitième blancs. Thorax noir avec le bord du pronotum, le scutellum et le postscutellum blancs ; pattes rouges avec les hanches et les trochanters noirs bordés de blanc, la base des cuisses antérieures et intermédiaires et les cuisses postérieures en entier noires ainsi que l'extrémité des tibias postérieurs. Ailes hyalines ; nervure costale jaune, stigma brun avec la base blanche ; les autres nervures noires. Abdomen rouge avec le premier segment, le milieu du second, une petite tache médiane sur le troisième et les deux derniers en entier noirs. Long. 9mm. Env. 20mm. **Tischbeini,** Mocsary. ♀

Patrie : Hongrie.

15 Cuisses antérieures noires. **Gynandromorpha,** Rudow. ♀ (V. n° 3).

— Cuisses antérieures rouges. 16.

16 Abdomen noir seulement à la base. Tête noire, épistome et labre blancs ; antennes noires, brunâtres en dessous avec les articles 6 et 7 blancs. Thorax noir, scutellum blanc ; pattes rouges. Ailes hyalines ; stigma brun avec la base blanche. Abdomen rouge avec les deux premiers segments noirs. Long. 9 à 10mm. **Annuligera,** Eversmann. ♂

Patrie : Sarepta.

— Abdomen noir à la base et à l'extrémité. Tête noire ; milieu des mandibules rouge ; épistome, labre, orbite interne des yeux et une tache de chaque côté du vertex blancs ; antennes noires, pâles en dessous avec (♀) les articles 6 et 7 plus d'à moitié blancs ;

(♂) les articles 6 à 8 blanc testacé. Thorax noir avec le scutellum et une tache sur le metanotum blancs; pattes noires avec les cuisses, les tibias et une partie des tarses rouges ; hanches postérieures tachées de blanc. Ailes jaunâtres ; nervures et stigma noirs, ce dernier largement blanc à la base. Abdomen rouge avec les deux premiers segments noirs au moins en partie, ainsi que l'extrémité du huitième et le neuvième ; chez la ♀, celui-ci est étroitement bordé de blanc. Long. 9 à 10mm. **Picticornis,** Mocsary.

Patrie : Dobrutscha.

17 Corps vert ou verdâtre. **37**

— Corps testacé, rouge ou blanc, ou taché de ces couleurs ou entièrement noir. **18**

18 Labre noir ou brun foncé au moins en partie. **19**

— Labre de couleur claire en entier. **24**

19 Premier segment abdominal noir sans taches blanches. **20**

— Premier segment abdominal noir marqué de blanc. **22**

20 Extrémité de l'abdomen noire. **21**

— Extrémité de l'abdomen rouge. Tête noire ; antennes noires. Thorax noir avec le scutellum blanc ; pattes noires. Ailes hyalines ; stigma brun avec la base blanche. Abdomen rouge avec les deux premiers segments noirs. Long. 9mm. **Coquebertii,** Klug.

Patrie : Allemagne, Hollande, Tyrol, Suisse, Russie.

21 Epistome tronqué. Tête et antennes noires. Thorax noir ; scutellum et une tache sur le metanotum blancs, jaunâtres ou testacés. Pattes antérieures rouges ou testacées avec les hanches ou les trochanters noirs, ainsi que la base des cuisses ; pattes intermédiaires noires avec les genoux, les tibias et la base des tarses testacés ; pattes postérieures noires en entier avec seulement les éperons testacés et les articles 3 et 4 des tarses blancs ; quelquefois l'extrémité du second article est blanche aussi. Ailes hyalines, nervures et stigma noirs, la base de celui-ci blanchâtre chez la ♀ ; la nervure anale des ailes postérieures (♂) ne suit pas leur bord inférieur. Abdomen ♂ noir brillant, ♀ noir avec les segments 3 à 7 rouge sombre ; le septième a même son bord postérieur noir. Long. 10 à 11^{mm}. Env. 19^{mm}.

Lusitanica, N. SP.

PATRIE : Portugal.

— Epistome échancré. Tête noire, antennes noires, un peu plus claires en dessous ; labre noir ou brun ; orbites et vertex marqués de taches jaunes plus ou moins visibles. Thorax noir avec le bord du pronotum et le scutellum jaunes ; pattes testacées avec les hanches et les trochanters, aussi l'extrême base des cuisses noirs, les tarses intermédiaires plus foncés ; pattes postérieures assombries, quelquefois irrégulièrement, ou même pouvant devenir presque entièrement noires. Ailes hyalines ou légèrement jaunâtres ; nervure costale jaune, les autres nervures brunes, stigma brun avec la base blanche ; la nervure anale des ailes postérieures en suit le bord inférieur. Abdomen rouge avec les segments 1, 2, 7, 8 et 9 noirs ; chez le ♂ surtout la partie rouge offre souvent une ligne longitudinale noire en son milieu, plus ou moins discontinue. Long. 9 à 10^{mm}. Env. 20^{mm}.

Histrio, KLUG.

PATRIE : Allemagne, Italie, Hongrie, Tyrol, Transcaucasie.

22 Les trois derniers articles des tarses sont blancs en tout ou en partie. Tête noire, labre noir, à peine un peu plus clair sur l'extrême bord ; orbites et vertex un peu tachés de jaune ; antennes noires, brunes en dessous, sauf aux deux premiers articles. Thorax noir avec le bord des lobes du pronotum (♂), les écaillettes (♀) et le scutellum (♀) jaunes. Pattes testacées avec les hanches, les trochanters et l'extrême base des cuisses noirs ; les hanches postérieures sont seulement un peu marquées de blanc chez la ♀ ; trochanters postérieurs tachés de blanc ; tibias postérieurs noirs à l'extrémité ainsi que les quatre derniers articles des tarses antérieurs et intermédiaires ; tarses postérieurs noirs avec l'extrémité du second article, les articles 3 et 4 en entier et la base du cinquième blancs. Ailes hyalines, nervure costale blanchâtre au moins à la base, les autres nervures brunes ; stigma brun avec la base blanche. Abdomen rouge avec le premier segment noir marqué de deux taches carrées blanches, le second en entier, et une partie du troisième noirs, le huitième et le neuvième noirs ; la partie rouge portant, chez le ♂ au milieu des segments, de petites taches triangulaires noires formant une ligne médiane longitudinale discontinue. Long. 10mm. Env. 20mm. **Benthini**, RUDOW.

PATRIE : Dalmatie.

— Les trois derniers articles des tarses sont noirs ou bruns comme les premiers. Tête noire avec les orbites et le vertex tachés de jaune ou de blanc ; labre brun ou blanc jaunâtre ; antennes noires, un peu plus claires en dessous. Thorax noir avec le bord des lobes du pronotum, le scutellum et une tache sur le metanotum blanc jaunâtre ainsi que les écaillettes ; pattes antérieures testacées avec les hanches, les trochanters, la base des cuisses et les tarses noirs ; pattes intermédiaires semblables aux antérieures ou bien passant plus ou moins au noir ;

pattes postérieures noires avec les hanches tachées de blanc et souvent l'extrême base du premier article des tarses blanche, les autres articles étant alors rougeâtres à leur extrémité. Ailes hyalines ; nervure costale blanche vers la base ; les autres nervures noires ; stigma noir avec la base blanche. Abdomen rouge avec le premier segment noir marqué de deux taches carrées blanches, le second noir seulement en son milieu, les septième et huitième noirs en entier et le neuvième noir avec une étroite bordure blanche. Long. 10mm. Env. 20mm.

Albonotata, Brullé. ♀

Patrie : Grèce, Syrie.

23 Les trois derniers articles des tarses sont noirs ou bruns. Tête noire, avec le labre, l'épistome, une tache sur les mandibules, l'orbite inférieur des yeux, un point entre les antennes blanc jaunâtre ; antennes noires. Thorax noir avec les lobes du pronotum tachés de blanc jaunâtre ; métathorax taché de la même couleur au dessus des hanches postérieures, écaillettes testacées ; pattes testacées avec les hanches, les trochanters et les cuisses postérieures noirs. Ailes hyalines, nervure costale testacée, les autres nervures et le stigma bruns. Abdomen noir avec les segments 3 à 5 testacés. Long. 10mm. Env. 19mm. **Quadriguttata**, Costa.

Patrie : Naples.

— Les trois derniers articles des tarses sont blancs au moins en partie. **Benthini**, Rudow. ♂ (V. n° 22).

24 Epistome tronqué, ou seulement un peu concave. Antennes aussi longues ou plus longues que l'abdomen. **30**

— Epistome échancré, cette échancrure occupant au moins le tiers de la hauteur de l'épistome. Antennes plus courtes que l'abdomen. **25**

25 Abdomen rouge sur les segments intermédiaires. **26**

— Abdomen blanc sur les côtés, taché de noir au milieu. **27**

26 Epistome et écaillettes noirs en entier.
Histrio, Klug. (V. nº 21).

— Epistome et écaillettes jaunes au moins en partie. Tête noire, orbites internes des yeux et vertex tachés de jaune, parfois très-faiblement ; l'épistome est soit jaune en entier, soit taché de noir à son bord basilaire et en son milieu ; antennes noires en dessus, testacées en dessous. Thorax avec le bord du pronotum jaune, excepté en son milieu, les écaillettes jaunes, quelquefois tachées de noir; scutellum, postscutellum et souvent une tache au milieu du metanotum jaunes ; pattes testacées avec les hanches et les trochanters noirs tachés de jaune, l'extrémité interne des cuisses et quelquefois des tibias postérieurs noire; chez le ♂, on trouve des individus où les couleurs des pattes sont assombries, surtout aux tarses postérieurs ; quelques uns même ont les hanches et les trochanters entièrement noirs. Ailes hyalines, un peu lavées de jaunâtre ; nervures costale et sous-costale jaunes, les autres nervures brunes, le stigma brun avec la base blanche. La nervure anale des ailes postérieures (♂) suit le bord inférieur de l'aile. Abdomen rouge avec les deux premiers segments noirs, sauf les côtés du second, les segments 7, 8 et 9 noirs, les intermédiaires marqués en leur milieu de taches oblongues noires formant une ligne médiane et longitudinale discontinue noire ; chez le ♂ la partie rouge s'assombrit ordinairement et les taches médianes s'agrandissent, plus rarement elles disparaissent en entier ; le ventre, dans les deux sexes, est presque tout noir ou testacé très-sombre. Long. 8 à 11mm. Env. moyenne 20mm. **Ornata,** LEPELETIER.

PATRIE : Angleterre, France, Suisse, Allemagne, Suède, Russie.

27 Mésopleures noires ou à peine tachées de couleur claire. 28

— Mésopleures largement tachées de blanc jaunâtre. 29

28 Hanches postérieures tachées de jaune. Tête noire avec le labre blanc, l'épistome, les joues, l'orbite interne des yeux et deux taches sur le vertex jaunes; antennes noires, fauves en dessous. Thorax noir avec le bord des lobes du pronotum, les écaillettes, une partie du scutellum, le postscutellum et une tache médiane sur le mesonotum blanc jaunâtre, quelquefois les mésopleures portent, en leur milieu, un point de couleur claire ; pattes testacées avec les hanches et les trochanters jaunes tachés de noir, souvent les cuisses, les tibias et les tarses noirs ou rayés de noir au côté externe, surtout chez le ♂. Ailes hyalines, nervure costale jaune, les autres nervures brunes, stigma brun avec la moitié basilaire blanche chez la ♀, presque brun en entier chez le ♂. La nervure anale de l'aile inférieure ♂ suit son bord postérieur. Abdomen blanc jaunâtre avec le premier segment noir, marqué de deux taches jaunes latérales, le second segment noir sur toute sa base, cette couleur atteignant l'autre bord sur le milieu, les autres segments portent au milieu une tache triangulaire noire dont la pointe marque le milieu du bord du segment ; ces taches successives vont en diminuant de grandeur de façon à ne devenir qu'une ligne médiane sur les derniers segments; chez le ♂, ces taches sont moins bien délimitées, de façon que l'abdomen a un aspect plus sombre et les segments apicaux deviennent foncés à peu près en

entier; ventre ♀ noirâtre en son milieu, ♂ presque tout noir. Long. 9ᵐᵐ. Env. 18ᵐᵐ. **Tesselata**, Klug.

Patrie : Allemagne méridionale, Italie, Hongrie, Russie.

— Hanches postérieures noires en entier.
Lactiflua, Klug. (V. nᵒ 9).

29 Stigma blanc à la base et en dessus, noirâtre vers l'extrémité inférieure. Tête noire avec le labre et l'épistome blanc jaunâtre ainsi que tout le derrière des yeux et l'orbite interne ; antennes noires. Thorax noir avec le bord des lobes du pronotum, les écaillettes, des taches allongées sur les lobes latéraux du mesonotum, le scutellum et une tache au milieu du metanotum blanc jaunâtre ou verdâtre ; Mésopleures rayées obliquement par une grande tache irrégulière de même couleur ; pattes antérieures et intermédiaires testacé blanchâtre avec les hanches et les trochanters tachés de noir, les cuisses, les tibias et les tarses rayés de noir au côté externe ; pattes postérieures noires, tachées de jaune aux hanches et aux trochanters et de testacé à l'extrémité des cuisses, ou bien avec les cuisses testacées en dedans, noires en dehors ; les tibias jaunes en dedans, noirs en dehors. Ailes hyalines ; nervure costale blanche, les autres nervures brunes, stigma brun avec la base blanche. Abdomen blanc jaunâtre avec la base et le milieu des segments noirs. Ventre presque tout noir ou noir au milieu des segments. Long. 9ᵐᵐ. Env. 18ᵐᵐ. **Hungarica**, Klug.

Patrie : Hongrie,

— Stigma brun foncé en entier, surtout en dessus. Tête noire avec le labre, l'épistome, la plus grande partie des mandibules et l'intervalle des antennes jaunes ainsi que tout le derrière des yeux ; antennes courtes, noires. Thorax noir avec les lobes du pronotum, les écaillettes, la partie basilaire du scutellum, le postscutellum, une ligne médiane sur le metanotum et une tache inférieure se prolongeant de chaque côté par une ligne étroite, jaunes; mésopleures jaunes, largement tachées de noir ; pattes jaunes ; cuisses, tibias et tarses plus ou moins rayés de noir au côté externe. Ailes hyalines, à peine teintées de gris jaunâtre sur la paire antérieure ; nervures et stigma noirs. Abdomen noir en dessus avec une bordure latérale jaune, plus large au milieu qu'à la base et à l'extrémité ; ventre jaune. Long. 9 1/2mm. Env. 19mm. **Moscovita,** NOV. SP. ♀

PATRIE : Russie (environs de Moscou).

30 Vertex rebordé. **31**

— Vertex non rebordé. Tête noire, bouche, orbite des yeux et une grande tache vers les ocelles, blanchâtres ; antennes noires. Thorax noir avec le bord du pronotum, les écaillettes, le scutellum, une partie des mésopleures blanchâtres ; pattes rouges avec les hanches blanches, et l'extrémité des pattes postérieures noire. Ailes hyalines, stigma blanc avec la partie supérieure brune, Abdomen rougeâtre en dessus avec la base des segments noire ; ventre livide. Long. 9mm. Env. 18mm. **Alpina,** THOMSON. ♀

PATRIE : Suède.

31 Abdomen blanc jaunâtre taché de noir en dessus. Ventre ♀ blanchâtre avec deux lignes latérales et longitudinales noires. Stigma presque entièrement brun. Tête jaune sâle, tachée de noir sur le vertex plus ou moins largement ; antennes testacées avec les articles basilaires tachés de noir en dessus, entièrement noires en dessus chez le ♂. Thorax noir avec la plus grande partie du pronotum, les écaillettes, le scutellum, le postscutellum, une tache médiane sur le metanotum et une autre en dessous

prolongée de chaque côté par une ligne étroite, jaunes ; mésopleures entièrement jaunes ; souvent (♂) une tache noire au milieu de la poitrine ; chez la ♀, le noir du thorax passse au rouge testacé sur le mesonotum, ainsi que celui du vertex ; pattes testacées, un peu maculées de noir sur la paire postérieure ; chez le ♂, les tibias postérieurs sont presque entièrement noirs ainsi que le premier et le dernier article des tarses. Ailes hyalines avec les nervures et le stigma bruns ; la nervure anale des ailes postérieures en suit le bord inférieur. Abdomen blanchâtre avec le milieu et une partie de la base des segments tachés de noir, de façon à former une tache longitudinale médiane plus régulière chez la ♀, que chez le ♂ ; ventre jaune taché (♀) latéralement de noir. Long. 10mm. Env. 20mm. **Sordida**, KLUG.

PATRIE : France, Hollande, Allemagne, Hongrie, Autriche, Suisse, Tyrol, Italie, Russie.

— Abdomen testacé, noir et testacé, ou entièrement noir. Ventre soit entièrement testacé, soit avec l'extrémité noire, sans (♀) ligne latérale noire. **32**

32 Abdomen soit entièrement noir, soit rouge avec la base, ou avec la base et l'extrémité noires. **33**

— Abdomen entièrement testacé ou seulement marqué de taches médianes noires ou fascié de jaune. **35**

33 Premier segment abdominal noir marqué de deux taches blanches.

Albonotata, BRULLÉ. (V. n° 22). (Variété).

— Premier segment abdominal sans taches blanches. **34**

34 Abdomen ♀ tout noir, ou avec la moitié apicale rouge. Dernier segment ventral ♂ échancré à l'extrémité. Tête noire avec le labre et l'épistome jau-

nes, ainsi que l'orbite interne des yeux et une tache de part et d'autre du vertex ; antennes longues, noires en dessus, plus claires en dessous. Thorax noir avec le scutellum, le postscutellum et une tache médiane sur le metanotum jaunes ou verdâtres. Pattes testacées avec les hanches et les trochanters plus ou moins largement bordés de jaune, le reste des pattes peut se foncer de plus en plus, surtout à la paire postérieure, de manière à arriver au brun et même au noir presque complet. Ailes hyalines ; nervure costale jaunâtre au moins à la base, les autres nervures noires ; stigma brun avec la base blanche. Abdomen noir en entier ou seulement sur les segments basilaires en plus ou moins grand nombre, le reste étant rouge ou testacé, souvent taché de noir au milieu des segments. Long. 12 à 14mm. Env. 25 à 28mm.

Le ♂ a la tête quelquefois davantage tachée de jaune ; certains exemplaires ont les antennes entièrement testacées, sauf aux articles basilaires ; les écaillettes peuvent être de couleur claire ; l'abdomen a les côtés parallèles et est de couleur plus sombre que chez la ♀, quelquefois rougeâtre seulement en son milieu. La nervure anale des ailes inférieures en suit le bord inférieur. **Cordata**. FOURCROY.

A pour parasite :

Tryphon gibbus, Rtz. — *Ichneumonide*.

PATRIE : Angleterre, France, Suisse, Allemagne, Italie, Tyrol, Suède, Russie.

— Abdomen ♀ rouge en son milieu, noir à la base et à l'extrémité. Dernier segment ventral ♂ non échancré à l'extrémité. Tête noire avec le labre et l'épistome jaunes, rarement brunâtres, ainsi que l'orbite interne des yeux et le dessus du vertex d'une façon plus ou moins complète ; antennes noires en dessus, plus claires en dessous. Thorax noir avec le scutellum, le postscutellum et une tache médiane sur le metanotum jaunes, souvent un peu verdâtres; rarement le bord du pronotum est de même teinte. Pattes testacées avec les hanches, les trochanters et souvent les cuisses postérieures noirs ; toutes les pattes, mais plus spécialement les tibias et les tarses postérieurs peuvent s'assombrir et tourner au brun ou au noir. Ailes hyalines, nervure costale jaune, surtout vers la base, les autres nervures noires ; stigma brun, avec la base blanche. Abdomen rouge avec les deux premiers et les trois ou quatre derniers segments noirs ; la partie intermédiaire rouge porte souvent, en son milieu, des taches triangulaires noires formant une ligne longitudinale irrégulière et discontinue ; le premier segment est aussi quelquefois bordé de jaune; le ventre est coloré comme le dessus ou est un peu plus sombre. Long. 12^{mm}. Env. 24^{mm}.

Le ♂ diffère de la ♀ par la forme de son abdomen qui est à bords parallèles et par une coloration ordinairement beaucoup plus sombre sur celui-ci. La nervure anale suit le bord inférieur de l'aile postérieure. Enfin les écaillettes ont rarement une couleur claire ainsi que les mésopleures.

Scutellaris, Fabricius.

Patrie : Angleterre, France, Hollande, Suisse, Allemagne, Italie, Espagne, Portugal, Hongrie, Suède, Russie.

35 Stigma tout blanc. Abdomen sans taches noires. Corps entièrement testacé avec seulement des parties plus blanches. Long. 10^{mm}.

Auriculata, Thomson. ♀

Patrie : Suède.

— Stigma en partie brun. Abdomen souvent taché de noir en son milieu. 36

36 Cuisses postérieures testacées. Tête jaune, testacée sur le vertex ; antennes jaunes. Thorax testacé;

scutellum, postscutellum et une tache sur le milieu du metanotum jaunes ; quelquefois le mesonotum ou le metanotum tachés irrégulièrement de noir ; pattes testacées avec les hanches et les trochanters plus pâles ; tarses postérieurs souvent plus sombres. Ailes hyalines ; nervure costale et stigma jaunes, ce dernier brun à son extrémité ; les autres nervures brunes. Abdomen entièrement testacé ou avec les segments successifs marqués, en leur milieu, de taches triangulaires ou quadrangulaires noires, plus ou moins grandes, formant une ligne médiane, longitudinale et discontinue ; fourreau de la scie noir ou testacé. Long. 10 à 11mm. Env. 22mm.

Le ♂ se distingue par la forme à bords parallèles de son abdomen, qui est un peu assombri, et par son thorax le plus souvent taché de noir ainsi que le vertex. La nervure anale des ailes postérieures suit leur bord inférieur. (Pl. XXI. fig. 3).

Nassata, Linné.

Sur les tilleuls.

Patrie : Angleterre, France, Suisse, Allemagne, Italie, Hongrie, Suède, Russie.

— Cuisses postérieures noires. Tête noire avec le labre blanc, l'épistome, les joues et la base des mandibules blancs ; antennes noires. Thorax noir avec le pronotum, les écaillettes, le scutellum et des taches pectorales blanches ; pattes testacées avec les hanches et les trochanters tachés de blanc ; cuisses postérieures noires, leurs tibias blanchâtres et noirs à l'extrémité ; tous les tarses noirâtres. Ailes hyalines, avec la nervure costale blanche, le stigma brun avec la base blanche, les autres nervures brunes. La nervure anale des ailes postérieures ♂ n'en suit pas le bord inférieur. Abdomen noir avec une fascie blanche, étroite, à peine interrompue dans le milieu sur chaque segment ; ventre blanc. Long. 9mm. Env. 18mm.

Nivosa, Klug.

Patrie : Hongrie, Russie.

37 Stigma brun à l'extrémité, blanc verdâtre à la base. 38

— Stigma entièrement transparent ou vert. 39

38 Mésonotum entièrement noir. Tête noire, le labre, l'épistome, la base des mandibules, l'orbite des yeux et l'intervalle des antennes vert pâle ; antennes noires en dessus, vertes en dessous. Thorax noir avec le bord des lobes du pronotum, le scutellum et une tache allongée sur les mésopleures verts ; pattes vertes avec une tache noire à la base des hanches, une autre plus petite de même couleur à la face postérieure de l'extrémité des cuisses, une ligne sur la face postérieure des tibias, l'extrémité des tibias intermédiaires et postérieurs et leurs tarses noirs. Ailes hyalines avec les nervures et le stigma noirs, celui-ci pâle à la base. Abdomen noir, avec une bande latérale étroite vert jaunâtre ; ventre verdâtre. Long. 8^{mm}. Env. 16^{mm}.

Breviuscula, Costa. ♀

Patrie : Naples.

— Mesonotum plus ou moins taché de jaune. Tête noire avec l'épistome, le labre, l'intervalle des antennes, tout le tour des yeux, les joues et les côtés du vertex jaunes ; antennes noires, verdâtres en dessous vers la base. Thorax noir avec le pronotum, quatre taches allongées et obliques sur le mesonotum, la moitié basilaire des mésopleures, le scutellum et une tache au milieu du metanotum jaune verdâtre ; pattes jaunes ou vertes avec la partie externe des genoux, des tibias et des tarses noire ; aux pattes postérieures, l'extrémité des tibias est seule noire avec les tarses. Ailes hyalines ; nervure costale verte à la base ; stigma vert ou jaune avec l'extrémité noire ; les autres nervures noires ; la nervure anale des ailes postérieures n'en suit pas le bord inférieur. Abdomen noir avec les bords latéraux et quelquefois une petite tache au milieu du bord des segments ou une bordure très-étroite à chacun d'eux, verts ou jaunes ; ventre vert, fourreau de la scie noir. Long. 7 à 8^{mm}. Env. 15^{mm}.

Picta, Klug.

La larve est vert jaunâtre garnie de verrues brunes portant des poils. Les pattes sont noires. Sa longueur est de 12 à 13^{mm}.— Elle vit sur l'aulne *(Alnus glutinosa)*. L'insecte parfait se trouve en mai et juin. La femelle pond vers les nervures des feuilles.

Patrie : Angleterre, France, Suisse, Allemagne, Hollande, Tyrol, Hongrie, Russie centrale et méridionale, Transcaucasie.

39 Abdomen vert avec un simple ou un double point noir sur les côtés de chaque segment. **40**

— Abdomen vert sans points noirs latéraux, souvent plus ou moins fortement taché de noir en son milieu Tête verte avec la région des ocelles plus ou moins largement tachée de noir, cette partie noire enclavant toujours deux petites taches quadrangulaires vertes ; antennes noires en dessus, vertes en dessous. Thorax vert avec une tache triangulaire, allongée, noire sur le milieu du lobe médian du mesonotum, deux taches obliques noires sur chacun de ses lobes latéraux, occupant souvent les angles supérieurs du lobe médian ; le metanotum est aussi taché de noir de chaque côté ; quelquefois ces taches se réunissent de façon à rendre le dessus du thorax tout noir, excepté sur une petite partie du scutellum ; les mésopleures sont rarement ponctuées de noir ; pattes vertes avec les cuisses, les tibias et les tarses rayés de noir en dehors : extrémité des articles de ces derniers noire. Ailes hyalines, nervure costale et stigma verts, les autres nervures noires ; la nervure anale des ailes postérieures n'en suit pas le bord inférieur. Abdomen vert, le plus souvent avec des taches noires plus ou moins accentuées au milieu des segments ; ces taches peuvent se réunir et s'élargir de façon à ce que le dessus de l'abdomen paraisse tout noir ; elles peuvent aussi disparaître complètement. Ventre vert un peu jaunâtre. Toutes les parties vertes passent souvent, après la mort, au jaune plus ou moins verdâtre. Long. 10mm. Env. 20mm. (Pl. XXI. fig. 4, 5 et 11). **Viridis**, Linné.

La larve est longue de 14 à 16mm ; elle a 22 pattes, la tête est gris verdâtre tachée de noir et velue ; le corps est vert olivâtre sale avec des séries de taches plus sombres ou plus claires ; sur chaque segment se trouvent aussi deux séries transversales de verrues.— Elle vit depuis la fin d'août jusqu'au milieu d'octobre sur les feuilles de divers saules (*Salix alba, vitellina, monandra*), sur l'aulne (*Alnus glutinosa*). Elle attaque les feuilles par le bord, les dévore jusqu'à la nervure médiane, ne prenant sa nourriture que pendant la nuit. Elle passe l'hiver en terre et l'insecte parfait paraît au mois de mars suivant. Celui-ci a été surpris dévorant d'autres insectes ; il serait donc parfois carnassier.

Patrie : Angleterre, France, Hollande, Suisse, Allemagne, Tyrol, Italie, Espagne, Hongrie, Suède, Russie, Japon.

40 Les points latéraux de l'abdomen sont géminés. Tête verte avec une tache noire en forme de fer à cheval double dans la région des ocelles ; antennes noires, vertes en dessous. Thorax vert avec quelques taches allongées noires sur le mesonotum et le metanotum ; pattes vertes rayées de noir au côté externe et à l'extrémité des articles des tarses. Ailes hyalines, nervure costale et stigma verts ou presque incolores ; les autres nervures noires ; la nervure anale des ailes postérieures (♂) n'en suit pas le bord inférieur. Abdomen vert avec une ligne noire très-étroite à la base de chaque segment et un double point noir sur les côtés de chacun d'eux. Long. 10mm. Env. 20mm. **Punctulata**, Klug.

Patrie : Angleterre, France, Hollande, Suisse, Allemagne, Italie, Suède.

— Les points latéraux de l'abdomen sont simples. Tête vert jaunâtre pâle avec une grande tache noire sur le vertex renfermant trois traits jaunes. Antennes noirâtres en dessus, plus pâles en dessous. Thorax noir avec les écaillettes, les bords latéraux du lobe médian du mesonotum, deux taches sur les lobes latéraux, le scutellum, deux traits en devant de sa base et le postscutellum jaunes ; pattes jaunâtre pâle à leur base, un peu rousses à leur extrémité avec un trait à la face supérieure des cuisses antérieures près des genoux, une ligne entière sur les postérieures, une petite tache au bout des tibias postérieurs noirâtres. Ailes hyalines, nervures et stigma jaune très pâle. Abdomen vert jaunâtre avec la base du premier et du deuxième segments noire, le bord postérieur de celui-ci et des suivants noirâtre ; les bords latéraux des 5 ou 6 premiers segments portent un très-petit point noir, non géminé. Long. 10mm. Env. 20mm. **Idriensis**, GIRAUD.

En juin, dans les clairières des bois.

PATRIE : Carniole.

43e GENRE. — TENTHREDO, LINNÉ, 1759 (181)

τενθρηδών, espèce de guêpe ou d'abeille sauvage.

Antennes sétiformes ou filiformes, de 9 articles, aussi longues ou plus longues que la tête et le thorax réunis. Pattes grandes. Ailes antérieures avec deux cellules radiales, quatre cellules cubitales dont la deuxième et la troisième reçoivent respectivement la première et la deuxième nervures récurrentes ; cellule lancéolée divisée par une nervure droite. Ailes postérieures avec deux cellules discoïdales fermées; cellule anale non appendiculée.

Les ♂ se distinguent des ♀ par la forme du dernier arceau ventral, par le parallélisme des côtés du corps et souvent par une coloration très-différente.

1 Scutellum noir en entier. 2

— Scutellum de couleur claire, au moins en partie. 55

2 Pronotum noir. 3

— Pronotum clair, au moins en partie. 39

3 Antennes noires en entier. 4

— Antennes claires ou en partie claires. 21

4 Abdomen noir en dessus en entier. 5

— Abdomen de couleur claire au moins en partie. 12

5 Écaillettes noires. 6

— Écaillettes de couleur claire au moins en partie. 10

6 Tête entièrement noire (sauf la bouche). 7

— Tête offrant une fine bordure blanche à l'orbite interne des yeux; bouche blanche: antennes noires. Thorax noir; quelquefois le scutellum et le postscutellum sont blancs; pattes testacées avec l'extrémité des tarses noire. Ailes presque hyalines, nervures et stigma noirs. Abdomen noir. Long. 13^{mm}. Env. 25^{mm}. **Microcephala,** LEPELETIER. ♀

PATRIE : France, Suisse.

7 Pattes postérieures noires ou seulement avec une tache blanche à la base des hanches. 8

— Pattes rouges avec l'extrémité des tibias postérieurs et leurs tarses, souvent aussi les hanches, noirs. 9

8 Pattes antérieures noires. Antennes noires, un peu plus longues que la tête et le thorax réunis.

Tête noire. Thorax et pattes noirs ; ailes brunes, nervures et stigma blancs. Abdomen soit noir avec le troisième segment jaune, soit entièrement noir. Long. 12mm. Env. 24mm. **Caucasica,** Eversmann. ♀

Patrie : Russie méridionale, Astrakan, Caucase, Transcaucasie.

Pattes antérieures jaune brunâtre ou mélangées de noir et de blanc. Tête et antennes noires ; mandibules blanches. Thorax noir ; pattes noires, les deux antérieures jaune brunâtre ; base des hanches surmontée d'une tache blanche. Ailes hyalines ou un peu brunâtres ; nervures et stigma noirs. Abdomen noir. Long. 12mm. Env. 23mm. **Mandibularis,** Panzer.

Patrie : Angleterre, France, Suisse, Allemagne, Suède.

9 Bouche blanche, au moins en partie. Tête noire, antennes noires. Thorax noir ; écaillettes noires ou rouges. Pattes rouges avec toutes les hanches et une partie des trochanters noirs ; extrémité des tibias postérieurs noire ainsi que leurs tarses, excepté l'extrémité de leur dernier article et les ongles qui sont rouges chez le ♂, les cuisses postérieures sont rayées de noir en dedans. Ailes hyalines, à peine brunâtres sur la moitié basilaire ; nervure costale souvent testacée, quelquefois noire ; les autres nervures et le stigma noirs, ce dernier souvent rouge. Abdomen (♀) noir brillant, (♂) testacé sombre avec le premier et les deux derniers segments noirs. Long. 11mm. Env. 21mm. **Atra,** Linné.

La larve a 25 à 28mm de longueur ; elle a le corps vert obscur, marqué de noir sur les plis de la peau ; le dos est marqué de taches d'un vert plus sombre ; les plis portent des verrues blanchâtres sur deux rangs par segment ; le dessous et les côtes sont d'un vert plus clair ; la tête est noire avec la face et les côtés verts. Après la dernière mue, tout le corps devient d'un vert vitreux pâle.— Elle vit en juillet et août sur l'aulne (*Alnus glutinosa*); si elle se trouve inquiétée, elle se roule en boule et rejette par la bouche un liquide brunâtre. Elle subit ses métamorphoses en terre ; l'insecte parfait paraît en mai et juin.

Patrie : Angleterre, France, Suisse, Hollande, Tyrol, Italie, Allemagne, Suède, Russie.

— Bouche noire en entier. Tête noire, antennes noires. Thorax noir ; pattes rouges avec l'extrémité des tibias postérieurs et leurs tarses noirs. Ailes jaunâtres à la base, noirâtres vers la pointe ; nervures et stigma noirs. Abdomen noir. Long. 8mm. Env 16mm. **Melas**, Rudow. ♀

Elle dépose ses œufs en juillet sur les feuilles de *Corylus*.

Patrie : Allemagne.

10 Hanches noires. 11

— Hanches avec une double tache blanche à la base des postérieures. Tête noire avec la bouche blanche, antennes noires. Thorax noir avec les écaillettes rouges ; pattes rouges avec les hanches noires, les postérieures portant une double tache blanche. Ailes hyalines ; nervure et stigma noirs. Abdomen noir. Le ♂ a une tache pectorale, les trochanters et les hanches de couleur blanche. Long. 11mm. Env. 22mm. **Procera**, Klug.

Patrie : France, Suisse, Allemagne.

11 Epistome échancré triangulairement. Tête noire, épistome et labre blancs ; antennes noires. Thorax noir, écaillettes rouges ; pattes rouges ; toutes les hanches, l'extrémité des tibias postérieurs et leurs tarses noirs. Ailes hyalines ; nervures noires ; stigma noir avec la base rouge. Abdomen (♀) noir, (♂) noir avec les segments 2 à 5 rouges ; et le ventre jaune. Long. 12 à 14mm. Env. 25mm. **Caligator**, Eversmann.

Patrie : Russie (Caucase, Astrakan), Transcaucasie.

— Epistome échancré soit semicirculairement, soit quadrangulairement. **Atra**, Linné. (V. n° 9).

12 Ecaillettes noires, au moins en partie. **13**

— Ecaillettes de couleur claire. **20**

13 Pattes noires. **Caucasica,** EVERSMANN. ♀ var. (V. n° 8).

— Pattes claires en partie ou brunes. **14**

14 Abdomen ceint de jaune soufre. **15**

— Abdomen ceint de rouge ou de testacé, ou n'ayant que la base noire, ou entièrement rouge pourpré luisant. **16**

15 Stigma noir profond. Tête noire avec l'épistome et le labre jaunes ; antennes noires. Thorax noir ; souvent une petite tache jaune sur le postscutellum et le milieu du metanotum, se prolongeant de part et d'autre par de fines carènes de même couleur ; pattes jaunes avec la base des hanches, la plus grande partie des cuisses et l'extrémité des tibias postérieurs noirs ; tarses postérieurs brun foncé. Ailes subhyalines, jaunâtres jusque vers le stigma, grisâtres ensuite avec l'extrême pointe plus sombre ; nervure costale testacée, les autres nervures et le stigma noirs. Abdomen noir brillant avec l'extrême bord du milieu du premier segment, le troisième en entier, les côtés du quatrième et seulement une tache sur ceux du cinquième, deux petites taches vers le milieu du septième pouvant soit se réunir, soit disparaître, le huitième et le neuvième en entier, jaune soufre. Le ♂ a les derniers segments abdominaux presque tout noirs. Ventre noir. Long. 11^{mm}. Env. 24^{mm}.

Bicincta, LINNÉ.

L'insecte parfait se trouve en mai.

PATRIE : Angleterre, France, Hollande, Suisse, Allemagne, Tyrol, Suède, Hongrie, Russie.

— Stigma testacé clair ou verdâtre. Sexe ♂.

Coryli, PANZER. variété. (V. n° 25).

16 Abdomen entièrement rouge. Antennes noires ;

tête noire avec les mandibules tachées de blanc. Thorax noir ; pattes rouges ou brunes ; trochanters noirs ; tarses postérieurs brun foncé. Ailes hyalines, nervures et stigma noirs ; partie médiane de l'aile traversée par une bande noirâtre offrant un reflet pourpre. Abdomen pourpre luisant. Long. 13mm.

Purpurea, Puls.

Patrie : Transcaucasie.

— Abdomen présentant au moins la base noire. **17**

17 Tibias postérieurs noirs annelés de blanc. Tête noire, bouche blanche, antennes noires. Thorax noir avec l'extrémité des écaillettes blanche ; pattes noires ; côté externe des cuisses, des tibias et des tarses antérieurs blanc ; tibias postérieurs annelés de blanc. Ailes hyalines, à peine plus sombres à l'extrémité ; nervures et stigma noirs. Abdomen noir avec le troisième, le quatrième et une grande partie du cinquième segment testacés. Long. 12mm. Env. 23mm. **Palustris,** Klug.

Patrie : Autriche.

— Tibias postérieurs rouges ou en partie rouges. **18**

18 Cuisses postérieures entièrement rouges en dehors. **19**

— Genoux postérieurs noirs. Tête noire, bouche blanche ; antennes noires. Thorax noir ; pattes rouges avec les genoux postérieurs noirs. Ailes subhyalines ; nervures et stigma noirs. Abdomen noir avec les segments 3 à 5 rouges en dessus. Long. 12mm. Env. 23mm. **Ignobilis,** Klug.

Patrie : Allemagne, Suède.

19 Cuisses postérieures rayées de noir en dedans. Sexe ♂. **Atra,** Linné. (V. n° 9).

— Cuisses postérieures entièrement rouges. Sexe ♀. Tête noire, bouche jaune ; antennes noires. Thorax noir; pattes rouges avec toutes les hanches et les tarses postérieurs noirs. Ailes légèrement enfumées; nervures et stigma noirs. Abdomen noir avec les segments 3 à 5 rouges en dessus. Long. 11mm. Env. 21mm. **Hybrida,** Eversmann. ♀

Patrie : Kirghises orientales.

20 Ventre jaune. **Caligator,** Eversmann. ♂ (V. n° 11)

— Ventre noir fascié de rouge. Tête noire, épistome et labre blanc jaunâtre; antennes noires. Thorax noir, écaillettes rouges; pattes rouges avec les hanches et une partie des trochanters noirs; extrémité externe des tibias postérieurs, et les quatre premiers articles de leurs tarses, excepté la base du premier, noirs. Ailes un peu rembrunies, surtout vers l'extrémité; nervure costale jaune; les autres nervures et le stigma noirs. Abdomen noir avec les segments 3, 4 et 5 rouges. Long. 12mm. Env. 24mm. **Plebeja,** Klug. ♀

Patrie : France (Savoie), Allemagne, Tyrol.

21 Ecaillettes rouges. 22

— Ecaillettes noires au moins en grande partie. 24

22 Antennes en partie noires. 23

— Antennes entièrement jaunes ou orangées. Tête noire, épistome et labre jaunes. Thorax noir ou plus ou moins entièrement testacé; écaillettes rouges ou noires bordées de rouge; pattes testacées avec les hanches, les trochanters, la base des cuisses antérieures, les cuisses intermédiaires sauf les genoux, les cuisses postérieures en entier, noires; très souvent aussi les cuisses sont entièrement jaunes; hanches postérieures surmontées d'une tache carrée jaune. Ailes jaunes de la base au stigma, grises du stigma à l'extrémité, nervure costale et stigma jaune testacé ; les autres nervures noires. Abdomen rouge avec souvent la plus grande partie du premier segment et les segments 6 (en partie), 7, 8 et 9 noirs. Long. 12 à 13mm. Env. 26mm.

Flava, Scopoli.

Patrie : France, Hollande, Suisse, Italie, Tyrol, Allemagne, Suède, Hongrie, Russie.

23 Hanches noires. Tête noire, très rarement pronotum bordé de blanc ; antennes noires, blanchâtres seulement sur les articles 6 et 7 et à l'extrémité du cinquième ; épistome et labre blancs. Thorax noir, écaillettes rouges ou brun rouge ; pattes rouges avec l'extrémité des cuisses postérieures noire, quelquefois toutes les cuisses brun foncé ; hanches et trochanters noirs, hanches postérieures surmontées de deux taches blanches. Ailes hyalines, nervure costale jaune, les autres nervures et le stigma bruns ou noirs. Abdomen noir ou brun ou avec l'extrémité rouge. Long. 12mm. Env. 24mm. **Colon**, Klug.

A pour parasite :

Campoplex cryptocentrus, Grav.— *Ichneumonide.*

Patrie : Angleterre, France, Hollande, Allemagne, Italie, Hongrie, Suède, Russie, Transcaucasie.

— Hanches blanches. Tête noire avec l'épistome et le labre blanc d'ivoire ainsi que la base des mandibules et des joues ; antennes noires avec les articles 7, 8 et 9 blancs, ce dernier noir sur sa moitié apicale. Thorax noir, écaillettes rouges ; pattes antérieures et intermédiaires blanches avec le côté externe des cuisses, le dessus des tibias et des tarses un peu testacé ; les cuisses sont rayées de noir en dessus, pattes postérieures avec les hanches noires en dessus, blanches en dessous, et surmontées d'un point blanc, voisin d'un autre placé sur le premier segment abdominal ; les cuisses blanches à la base, le reste testacé, rayées de noir en dessus ; les tibias testacés, tachés de noir à l'extrémité interne ; les tarses noirs avec le cinquième article testacé. Ailes hyalines, nervure costale jaune, les autres nervures et le stigma noirs. Abdomen avec les segments 1 et 2 noirs, le premier marqué, de chaque côté, d'une tache ovale blanche, les suivants rouges, à peine rayés de noir à la base, le dernier en grande partie noir; ventre livide à la base, rouge ensuite, son extrémité est presque noire. Long. 10mm. Env. 22mm. **Rudowi**, NOV. SP. ♂

PATRIE : Allemagne.

24 Tête entièrement noire (sauf la bouche, le labre et l'épistome). 26

— Tête blanche ou jaune sur la face, au moins inférieurement ou autour des yeux. 25

25 Abdomen en partie jaune pâle en dessus (♂). Tête noire; labre, épistome, joues et mandibules (excepté à leur extrémité) blanc jaunâtre ; antennes noires avec les articles 6 à 9 blanc jaunâtre ou verdâtre ; base du sixième et extrémité du neuvième noires. Thorax noir avec la poitrine blanc jaunâtre ; écaillettes noires ; pattes jaunâtres rayées de noir au côté externe des cuisses, des tibias et des tarses. Ailes hyalines, nervures noires, stigma jaune. Abdomen jaune pâle avec seulement les segments 1 et 2, 8 et 9 et la base des autres noirs ; ventre blanc jaunâtre.

♀. Tête noire ; labre, épistome, base des mandibules blanc jaunâtre ; antennes noires avec les articles 5 à 9 jaune clair ; le dessus du cinquième et l'extrémité du neuvième sont noirs. Thorax noir, écaillettes noires ; pattes antérieures et intermédiaires noires avec le côté interne jaune clair ; hanches et trochanters noirs ; pattes postérieures avec les hanches, les trochanters et les cuisses noirs, les tibias testacés avec l'extrémité noire, les tarses noirs excepté à leur cinquième article qui est testacé ; hanches postérieures surmontées d'une tache blanche. Ailes subhyalines, très-légèrement enfumées, nervure costale jaunâtre, les autres nervures noires, le stigma jaune avec la pointe brune. Abdomen noir avec le premier segment taché latéralement de blanc jaunâtre, les segments 4, 5, 6 et le bord du septième rouges. Long. 10mm. Env. 19mm. **Coryli**, Panzer.

Trouvé en mai sur le coudrier (*Corylus avellana*) et aussi sur l'euphorbe.

Patrie : Angleterre, France, Hollande, Suisse, Allemagne, Hongrie, Russie.

— Abdomen en partie rouge en dessus. Tête noire avec l'épistome, le labre, l'intervalle des antennes et le tour des yeux blanc jaunâtre ; antennes noires avec les articles 4 à 9 blancs ; la base du quatrième et l'extrémité du neuvième articles sont noirs. Thorax noir avec le bord des lobes du pronotum blanc; écaillettes noires ; pattes rouges avec les hanches et les trochanters noirs tachés de blanc jaunâtre ; cuisses rayées de noir en dessus. Ailes hyalines, un peu jaunâtres à l'extrémité, nervure costale testacée, stigma brun, les autres nervures noires. Abdomen rouge avec les segments 1, 2, 8, 9 et une partie du septième, noirs. Long. 10mm. Env. 20mm.

Balteata, Klug.

Patrie : Angleterre, Tyrol, Allemagne, Suède.

26 Hanches postérieures ou intermédiaires marquées de blanc à la base ou au dessus de la base. **27**

— Hanches postérieures sans points blancs à la base. **36**

27 Abdomen noir ou brun en entier. **28**

— Abdomen en partie noir et en partie rouge brun ou jaune. **29**

28 Stigma brun avec la base blanche.

♂. Tête noire avec l'épistome et le labre blancs ainsi que la base des mandibules ; antennes noires avec les articles 7 et 8 blancs, le neuvième noirâtre à peu près en entier. Thorax noir avec les écaillettes noires, souvent en partie rouges ; pattes antérieures et intermédiaires blanches avec le côté externe des cuisses et des tibias noir, les tarses un peu testacés en dessus ; pattes postérieures avec les hanches et les trochanters blanc sale en dessous, noirs en dessus, les cuisses rouges rayées de noir en dessus, les tibias rouges, noirs à l'extrémité ; les tarses noirs avec le cinquième article testacé. Ailes hyalines, grisâtres vers l'extrémité ; nervure costale jaunâtre, les autres nervures noires ; stigma brun à l'extrémité, blanchâtre à la base. Abdomen avec les segments 1 et 2 noirs, et deux taches blanches sur les côtés du premier, 3 et 4 noirs à la base et sur les côtés, livides au milieu, 5, 6 et 7 rouges bordés latéralement de noir, 8 et 9 rouges en entier. Ventre livide à la base, rouge à l'extrémité.

♀. Tête noire avec l'épistome et le labre blancs ; antennes noires avec les articles 7, 8, la base du neuvième et l'extrémité du sixième blancs. Thorax noir ; pattes antérieures blanches en dedans, noires en partie en dehors ; pattes intermédiaires et postérieures rouges, rayées de noir, pouvant se foncer beaucoup, surtout à la paire postérieure ; tarses postérieurs noirs, excepté leur cinquième article ; hanches et trochanters noirs ; hanches postérieures surmontées d'un point blanc, voisin d'un autre qui se trouve sur le premier segment abdominal. Ailes jaunâtres, nervure costale jaune, les autres nervures noires ; stigma brun avec la base blanche. Abdomen noir en entier avec seulement une tache blanche sur les côtés du premier segment, ou noir seulement sur les deux ou trois segments basilaires, rouge sur le reste. Long. 13mm. Env. 26mm.

Livida, Linné.

Patrie : Angleterre, France, Suisse, Hollande, Tyrol, Allemagne, Hongrie, Suède, Russie.

— Stigma brun ou noir en entier. Tête noire ; épistome et labre jaune clair ; antennes noires avec les articles 7, 8, 9 en entier et le dessous des trois précédents, blancs. Thorax noir ; pattes rouges avec les hanches et les trochanters noirs, hanches postérieures avec une tache carrée blanche à la base ; les cuisses antérieures tachées de noir à la base, les cuisses postérieures rayées de noir en dedans, ou devenant presque noires ainsi que leurs tibias ; tarses postérieurs noirs excepté leur cinquième article qui est rouge. Ailes subhyalines, très-légèrement enfumées ; nervure costale brune, les autres nervures et le stigma noirs. Abdomen noir. Long. 12mm. Env. 24mm. **Velox,** Fabricius.

Patrie : Angleterre, France, Suisse, Allemagne.

29 Abdomen rouge ou livide avec la base et l'extrémité noires. 30

— Abdomen rouge, livide ou brun avec seulement la base noire. 33

30 Pattes antérieures rouges en entier. Tête noire, épistome et labre blancs, antennes noires avec l'extrémité blanche. Thorax noir ; pattes rouges ; hanches postérieures surmontées de deux taches blanches. Ailes subhyalines avec la nervure costale et le stigma jaunes, les autres nervures noires. Abdomen noir avec les segments intermédiaires, en nombre variable, rouges ; rarement l'extrémité est rouge aussi. Long. 10mm. Env. 20mm.

Sobrina, Eversmann. ♀

Patrie : Russie (Kasan).

— Pattes antérieures jaunes ou jaunes et noires. **31**

31 Antennes entièrement jaunes.

Flava, Scopoli. (V. n° 22).

— Antennes en partie noires. **32**

32 Abdomen rouge en son milieu.

Coryli, Panzer. ♀ (V. n° 24.

— Abdomen jaune ou livide au milieu, noir à la base, brun ou noir à l'extrémité.

Livida, Linné ♂ var. (V. n° 27).

33 Antennes entièrement claires.

Flava, Scopoli var. (V. n° 22).

— Antennes en partie noires. **34**

34 Antennes noires en dessus, claires en dessous. Tête noire avec le labre et l'épistome blancs ; antennes noires avec le dessous jaunâtre, sauf aux trois articles basilaires. Thorax noir, pattes antérieures et intermédiaires jaunes en dedans, noires en dehors ; pattes postérieures rouges avec le coté interne des cuisses noir, l'extrémité des tibias noire en dedans et souvent les tarses noirs, excepté à leur dernier article ; hanches postérieures surmontées d'une tache blanche. Ailes hyalines, nervure costale jaune, les autres nervures et le stigma noirs. Abdomen rouge avec les deux premiers segments, quelquefois la base du troisième, noirs ; le second n'est aussi parfois noir qu'à sa base. Long. 9 à 10mm. Env. 18mm.

Biguttata, Hartig.

Patrie : Suisse, Allemagne, Hongrie.

— Antennes noires à la base, claires à l'extrémité. **35**

35 Pattes antérieures blanches ou jaunes en devant.

Livida, Linné. (V. n° 27).

— Pattes antérieures rouges.

Sobrina, EVERSMANN. (V. n° 29).

36 Abdomen noir ou seulement taché de blanc à la base. 37

— Abdomen noir et rouge. 38

37 Abdomen noir en entier. Tête noire, base des mandibules jaune ; antennes noires avec les articles 7, 8 et 9 blanc jaunâtre. Thorax noir ; pattes noires avec le dessus des cuisses antérieures et quelquefois intermédiaires, tous les tibias et les tarses, jaunes. Ailes jaunes de la base au stigma, noirâtres du stigma à l'extrémité ; nervure costale et stigma jaunes, les autres nervures brunes. Abdomen noir. Long. 14mm. Env. 28mm. **Albicornis,** FABRICIUS.

PATRIE : Suisse, Tyrol, Italie, Allemagne, Hongrie, Russie méridionale.

— Abdomen noir avec une tache blanche de chaque côté du premier segment. Tête noire, labre noir avec un point blanc au milieu, mandibules blanches à pointe brunâtre ; antennes noires avec les articles 8 et 9 et la moitié du septième blancs. Thorax noir ; pattes noires avec les tibias et les tarses brun testacé, les postérieures plus pâles. Ailes hyalines, nervures et stigma noirs. Abdomen noir avec le premier segment marqué d'une tache blanche de chaque côté. Long. 12mm. Env. 24mm. **Albopicta,** PEL.

PATRIE : Transcaucasie (Persathi).

38 Sixième et septième segments abdominaux entièrement noirs en dessus. Tête noire, base des mandibules tachée de blanc ; antennes noires avec les articles 8 et 9 et l'extrémité du septième noirs. Thorax noir ; pattes noires avec les tibias et les tarses antérieurs et intermédiaires testacés ainsi que le

dernier article des tarses postérieurs et tous les éperons. Ailes jaunes de la base au stigma, noires avec un reflet violacé du stigma à l'extrémité ; nervure costale et stigma jaunes, les autres nervures brunes. Abdomen noir avec les segments 2, 3 et 4 ainsi que l'extrême base et les côtés du cinquième, rouges. Long. 14mm. Env. 28mm. **Luteipennis**, EVERSMANN. ♀

PATRIE : Astrakan, Caucase, Transcaucasie.

— Sixième et septième segments abdominaux marqués d'une petite tache testacée de chaque côté de leur bord antérieur. Tête noire, base des mandibules blanche ; antennes noires avec l'extrémité du septième, les huitième et neuvième articles en entier, blancs. Thorax noir ; pattes noires avec les tibias et les tarses antérieurs et intermédiaires, les deux derniers articles des tarses postérieurs et tous les éperons, testacés. Ailes jaunes à la base, enfumées à partir du stigma ; nervure costale et stigma jaunes, les autres nervures brunes. Abdomen noir avec les segments 2 à 4 rouges, le cinquième rouge, mais largement taché de noir en son milieu, le sixième et le septième marqués de deux petites taches rouges à leur bord antérieur. Long. 11mm. Env. 22mm. **Fallax**, MOCSARY.

PATRIE : Caucase.

39 Ecaillettes noires. 52

— Ecaillettes claires au moins en partie. 40

40 Antennes noires, sauf quelquefois à leur base. 41

— Antennes de couleur claire vers l'extrémité ou en dessous. 47

41 Antennes noires en entier en dessus. 42

— Antennes noires avec les trois segments basilaires rougeâtres ; tête noire, mandibules rougeâtres avec la base légèrement tachée de blanc sale. Thorax noir ; bord du pronotum ordinairement jaune, écaillettes brun noirâtre avec la moitié apicale blanche; pattes fauves ou blanc brunâtre avec la base et le dessus des cuisses noirs, ainsi que les hanches et les trochanters ; métasternum marqué d'une tache jaune au dessus des hanches postérieures. Ailes subhyalines, un peu enfumées, avec une tache plus foncée qui occupe toute la partie radiale, sous-costale et basilaire de l'aile. Abdomen noir violacé avec le bord du premier segment et la moitié apicale du cinquième jaune clair ; ventre noir violacé avec le bord du dernier arceau ventral (♂) ou les valvules hypopygiales (♀) jaunes. Long. 14 à 15mm. Env. 29mm.

Sibirica, KRIECHBAUMER.

PATRIE : Sibérie.

42 Orbites des yeux ou occiput en partie blancs. **43**

— Tête toute noire (sauf la bouche). **44**

43 Cuisses postérieures noires. Tête noir brillant ; labre, épistome, mandibules, orbites internes des yeux, une tache triangulaire entre les antennes, blancs ; antennes noires. Thorax noir mat, avec les angles du pronotum, les écaillettes et deux taches au dessus des hanches postérieures, blancs ; pattes noires avec l'extrémité des quatre cuisses antérieures, les tibias et les tarses rouge pâle. Ailes subhyalines ; nervures et stigma bruns. Abdomen noir brillant avec les segments 3, 4 et 5 rouges. Long. 11mm. Env. 22mm. **Lachlaniana,** CAMERON.

PATRIE : Angleterre, Suisse, Allemagne, Finlande.

— Cuisses postérieures rouges.

Atra, LINNÉ, variété. (V. n° 9).

44 Hanches postérieures noires avec une tache blanche au dessus de leur base. **45**

— Hanches postérieures rouges. Tête noire, antennes noires. Thorax noir avec le pronotum, les écaillettes, une tache longitudinale sur les mésopleures et une tache métasternale au dessus des hanches postérieures, jaunes ; poitrine rouge ; pattes rouges avec une ligne externe noire aux cuisses antérieures et intermédiaires. Ailes hyalines, nervure costale et stigma jaunâtres. Abdomen rouge avec les deux premiers et la base des deux derniers segments noirs. Long. 11mm. Env. 21mm. **Pœcila,** EVERSMANN. ♂

PATRIE : Oural.

45 Poitrine noire. Tête noire, épistome, labre et mandibules blancs, la pointe de ces dernières rouge ; antennes noires. Thorax noir avec le bord du pronotum blanc sur les côtés ; écaillettes rouges. Pattes rouges avec les hanches, les trochanters, l'extrémité des tibias postérieurs, leurs tarses, excepté leur dernier article à son extrémité, noirs ; une tache métasternale blanche au dessus des hanches postérieures. Ailes hyalines, nervure costale testacée ; les autres nervures et le stigma noirs. Abdomen (♀) noir, (♂) noir avec les segments 3 à 5, quelquefois 2 à 6 rouges. Long. 12mm. Env. 23mm. **Dispar,** KLUG.

La larve se trouve en automne sur la *Scabiosa succisa*. L'insecte parfait parait en juin.

PATRIE : Angleterre, France, Suisse, Allemagne, Hongrie, Russie.

— Poitrine tachée de blanc. 46

46 Abdomen bordé de jaune verdâtre. Tête noire, bouche blanc verdâtre ; antennes noires. Thorax noir, bord et côtés du pronotum, écaillettes et ordinairement le scutellum, blanc verdâtre ; poitrine souvent de même couleur avec les mésopleures rayées de noir, d'autres fois toute noire ; pattes verdâtres. Ailes hyalines ou brunâtres ; nervures et

stigma noirs. Abdomen noir avec les bords et le dessous verdâtre. Long. 10mm. Env. 20mm.

Obsoleta, Klug.

Patrie : Angleterre, Hollande, Allemagne, Suède, Russie.

— Abdomen taché de testacé en son milieu. Tête noire avec le labre, l'épistome et la plus grande partie des mandibules blanc d'ivoire ; une tache latérale blanche ; antennes noires. Thorax noir avec les bords latéraux du pronotum, les écaillettes, une tache pectorale très grande, de couleur blanc rougeâtre ; une tache métasternale au dessus des hanches postérieures blanc d'ivoire ; pattes noires avec les deux paires de hanches antérieures en entier et une partie des postérieures blanches ; tous les trochanters blancs, tachés de noir en dessus ; cuisses blanches sur leur moitié basilaire, un peu tachées de noir à la base : le reste des cuisses, les tibias et les tarses antérieurs et intermédiaires rougeâtre clair ; moitié basilaire des tibias postérieurs de même couleur, leur extrémité et leurs tarses noirs; le dernier article de ceux-ci rougeâtre. Ailes hyalines, nervures et stigma bruns. Abdomen noir avec les segments 3 à 5 en partie testacés, le premier taché de blanc sur les côtés ; ventre blanchâtre ou livide. Long. 9mm. Env. 18mm. **Pœcilopus**, Mocsary. ♂

Patrie : Autriche.

47 Abdomen rouge en entier. 48

— Abdomen noir au moins à la base, quelquefois aussi à l'extrémité. 49

48 Tête rouge avec l'intervalle des antennes et l'occiput noirs ; bouche blanche. Antennes noires avec l'extrémité blanche sur 5 articles. Thorax noir, bord du pronotum et écaillettes blancs ; pattes rouges avec les cuisses rayées de noir en dessus. Ailes hya-

lines, nervure costale et stigma jaunâtres, les autres nervures noires. Abdomen rouge. Long. 12mm. Env. 24mm. **Rubecula,** Eversmann. ♀

Patrie : Russie (*Kasan*).

— Tête noire avec la face blanche ou jaunâtre ainsi que le tour des yeux ; joues parfois testacées ; antennes noires avec les articles 5 à 8 jaunes, le neuvième seulement un peu noirâtre. Thorax noir avec les lobes du pronotum et les écaillettes blanc jaunâtre ; mésopleures noires ou avec une tache arrondie moitié jaune, moitié testacée, ou entièrement blanc jaunâtre, ainsi que toute la poitrine ; pattes rouge clair avec les hanches antérieures et leurs trochanters jaunes, ces derniers tachés de noir en dessus ; les hanches intermédiaires noires bordées de testacé, leurs trochanters blanchâtres ; les hanches postérieures noires ; cuisses antérieures et intermédiaires rayées de noir en dessus, cuisses postérieures plus ou moins entièrement noires, rayées seulement de testacé en dessous ; quelquefois toute la base des pattes est jaunâtre ; ailes hyalines, un peu jaunâtres ; nervure costale et stigma jaunes, les autres nervures brunes. Abdomen rouge en entier ou avec la base des segments noire. Long. 13mm. Env. 26mm. **Rufiventris,** Fabricius.

Se trouve en juin et juillet.

Patrie : Angleterre, France, Hollande, Allemagne, Suède.

49 Stigma brun ou jaune en entier. **50**

— Stigma noir avec la base claire. **51**

50 Antennes avec les deux derniers ou le dernier article noirs ou gris. **Rufiventris,** Fabr. ♀ (V. n° 48).

— Antennes avec les derniers articles blancs ou testacés au moins en dessus.

Balteata, Kl. (V. n° 25).

51 Abdomen noir à la base, livide au milieu, rougeâtre vers l'extrémité. **Livida**, LINNÉ. ♂ (V. n° 28).

— Abdomen noir, au moins à la base et à l'extrémité. Tête noire avec le labre, l'épistome, l'intervalle des antennes, blancs ; antennes noires avec le dessous des articles 5 à 7 blancs. Thorax noir avec le bord du pronotum et un point sur les côtés du mesonotum blancs ; pattes testacées, rayées de noir en arrière. Ailes hyalines avec la nervure costale testacée, le stigma brun, pâle à la base, les autres nervures noires ; un nuage testacé occupe le dessous du stigma. Abdomen (♀) noir avec les côtés des segments 2 à 5 blancs, (♂) rouge avec les deux segments basilaires noirs et leurs côtés blancs, et les deux segments apicaux noirs. Long. 12mm. Env. 25mm.

Silensis, COSTA.

PATRIE : Italie méridionale.

52 Antennes noires. 53

— Antennes claires sur les troisième, quatrième et cinquième articles, noires sur le reste ; tête noire avec le tour des yeux, l'épistome et les joues blancs. Thorax noir ; pattes rouges avec les cuisses postérieures noires en entier, les antérieures noires seulement en dessus. Ailes hyalines avec un nuage sombre en avant du stigma des antérieures ; nervure et stigma bruns. Abdomen noir avec les côtés des deuxième, troisième, quatrième et cinquième segments blancs, plus largement du côté du ventre qu'en dessus. Long. 12mm. Env. 24mm.

Limbata, KLUG. ♀

PATRIE : Istrie, montagnes de la Hongrie septentrionale.

53 Hanches tachées de blanc à la base ou au desssus de la base. 54

— Hanches non tachées de blanc à la base. Tête noire, labre et épistome jaunes ; antennes noires. Thorax noir avec le bord du pronotum jaune ; pattes noires; tibias postérieurs annelés de jaune. Ailes hyalines, nervures et stigma noirs. Abdomen noir avec les segments 3, 4 et la moitié du cinquième rouges. Long. 12mm. Env. 24mm. **Trabeata**, Klug.

Patrie : Silésie, Autriche.

54 Abdomen noir. Tête noire, bouche blanche ; antennes noires. Thorax noir avec le bord du pronotum et une tache au dessus des hanches postérieures blancs ; pattes rouges. Ailes hyalines ; nervures et stigma noirs. Abdomen noir. Long. 12mm. Env. 24mm. **Rufipes**, Klug. ♀

Patrie : Tyrol, Allemagne.

— Abdomen en partie rouge. Tête noire, bouche jaune ; antennes noires. Thorax noir avec le bord du pronotum et une tache métasternale jaunes, écaillettes rouges ; pattes rouges avec l'extrémité des cuisses postérieures noire. Ailes hyalines, nervures et stigma noirs. Abdomen noir avec les segments 3, 4 et 5 rouges. Long. 12mm. Env. 24mm. **Moniliata**, Klug.

Sur *Heracleum spondylium*. Insecte parfait entomophage.

Patrie : Angleterre, Tyrol, Allemagne, Suède, Russie.

55 Antennes noires ou brunes. **56**

— Antennes claires au moins en partie, annelées ou claires en dessous. **61**

56 Pronotum entièrement noir.
Microcephala, Lepeletier. (V. n° 6).

— Pronotum en tout ou en partie clair. **57**

57 Abdomen noir avec une large ceinture jaune. Tête noire avec le labre et l'épistome jaunes ; man-

dibules jaunes avec l'extrémité rouge sombre; antennes noires avec l'extrémité jaune, ou noires en entier. Thorax noir avec les lobes du pronotum, les écaillettes, une tache pectorale, le scutellum et une tache métasternale au dessus des hanches postérieures, jaunes; pattes jaunes avec les cuisses antérieures et intermédiaires rayées de noir, les cuisses postérieures à peu près entièrement noires: tibias postérieurs et premier article de leurs tarses souvent tachés de noir. Ailes hyalines ou un peu jaunâtres; nervure costale jaune, les autres nervures brunes; stigma brun foncé ou jaune. Abdomen (♀) noir avec les côtés du troisième segment, le quatrième et le cinquième en entier et le bord des trois derniers jaune soufre, (♂) jaune avec les deux premiers segments noirs en leur milieu et les deux derniers noirs en entier, quelquefois aussi la base de presque tous les segments noire, le troisième segment restant souvent seul entièrement jaune. Long. 14ᵐᵐ. Env. 26ᵐᵐ. **Maculata**, Fourcroy.

L'insecte parfait se trouve en mai sur les chênes.

Patrie : Angleterre, France, Suisse, Allemagne, Hongrie, Russie.

— Abdomen noir ou en partie vert plus ou moins jaunâtre, ou rouge. **58**

58 Stigma noir. **59**

= Stigma clair, jaune, blanc ou vert. Tête verte tachée de noir sur le vertex; antennes noires en dessus, vertes en dessous. Thorax vert olive plus ou moins taché de noir en dessus; pattes vert olive avec les cuisses rayées de noir en dessus. Ailes hyalines; nervure costale et stigma vert clair; les autres nervures noires. Abdomen vert olive en entier ou rayé de noir. Long. 10ᵐᵐ. Env. 20ᵐᵐ. **Olivacea**, Klug.

Patrie : Angleterre, France, Allemagne, Suède.

59 Derniers articles des antennes courts, presque transverses. 60

— Derniers articles des antennes oblongs. Tête noire avec toute la bouche, l'intervalle des antennes et les joues vert clair ; antennes noires. Thorax noir en dessus avec presque tout le pronotum, les écaillettes, le scutellum, le postscutellum et des taches médianes sur le metanotum, verts ; dessous vert clair avec seulement une ligne oblique noire, sinuée sur les mésopleures ; pattes vert clair, rayées de noir au côté externe ; tarses postérieurs à peu près entièrement noirs. Ailes hyalines, un peu brunâtres, nervures et stigma noirs. Abdomen noir presque en entier en dessus ou vert jaunâtre sur ses bords latéraux ; chez le ♂ tous les segments sont bordés étroitement de vert jaunâtre, excepté quelquefois les derniers ; dessous vert brunâtre, souvent assez obscur ; chez le ♂ la couleur du dessous est vert jaunâtre comme celle du thorax. Long. 12 à 13mm. Env. 26mm. **Mesomelas**, Linné.

La larve, de 25mm de longueur, a la partie supérieure du corps d'un noir profond avec les côtés pâles tachetés de brun ; les pattes sont blanches et les ongles noirs ; la tête est noir profond brillant avec les parties de la bouche pâles. Le corps est couvert de tubercules blancs et de poils courts. Après la dernière mue, il devient vert olive brillant. — Elle vit sur les *Ranunculus*, les *Heracleum*, les *Veronica*, dans les mois d'août et de septembre. Après avoir subi ses métamorphoses en terre, l'insecte parfait vient au jour en juin.

Patrie : Angleterre, France, Hollande, Suisse, Tyrol, Italie. Allemagne, Hongrie, Suède, Russie.

60 Mésopleures presque entièrement noires. Tête noire avec la bouche verte, antennes noires. Thorax noir avec une partie du pronotum, les écaillettes, une bande sur le scutellum, et la partie postérieure de la poitrine vertes ; pattes vertes en dessous, noires en dessus. Ailes hyalines ou brunatres ;

nervures et stigma noirs. Abdomen noir avec les bords latéraux et le ventre vert pâle. Long. 10mm. Env. 20mm. **Arctica**, Thomson.

Patrie : Suède.

— Mésopleures seulement avec une ligne noire. **Obsoleta**, Klug. (V. n° 46).

61 Antennes en partie noires ou brunes, au moins en dessus. 62

— Antennes entièrement claires. 67

62 Ecaillettes entièrement noires. 63

— Ecaillettes claires ou en partie claires. 65

63 Abdomen rouge en entier. Tête blanche avec le vertex noir ; antennes noires avec l'extrémité blanche. Thorax blanc en dessous, noir brillant en dessus ; pattes rouges. Ailes hyalines, nervures et stigma bruns. Abdomen rouge. Long. 13mm. Env. 25mm. **Conspicua**, Klug.

Patrie : Autriche.

— Abdomen brun ou noir, au moins à la base. 64

64 Ventre blanc, livide ou rouge. Tête noire, épistome et labre blanc d'ivoire ainsi que la base des joues et les mandibules ; celles-ci ont seulement la pointe brun rouge ; antennes noires avec les articles 6 à 9 blanc jaunâtre, le dernier est cependant un peu plus noirâtre. Thorax noir, scutellum en partie blanc ; pattes antérieures blanches en dessous, noires en dessus ; pattes intermédiaires avec les cuisses blanches en dessous, noires en dessus, les tibias un peu testacés en dessous, aussi rayés de noir en dessus, les tarses testacés avec l'extrémité des articles noire en dessus ; pattes postérieures avec les han-

ches noires marquées de blanc au dessus de leur base, les trochanters en partie blancs, les cuisses noires presque en entier, blanches seulement à leur extrême base en dessous ; tibias testacé foncé, noirâtres vers l'extrémité, tarses noirs. Ailes blanches, hyalines, un peu brunâtres vers leur extrémité, nervure costale testacé foncé ; les autres nervures et le stigma bruns. Abdomen noir à la base, brun à l'extrémité, blanc livide sur les segments intermédiaires (3 à 6); le premier segment porte sur ses côtés une petite tache blanche. Long. 13mm. Env. 25mm. **Maura**, Fabricius. ♂

— Ventre noir. Tête noire, épistome et labre blancs; antennes noires avec les articles 6, 7 et 8 blancs. Thorax noir avec le scutellum blanc; pattes noires avec le dessous des tibias et des tarses antérieurs et intermédiaires blanc, les tibias postérieurs testacés vers la base, ainsi que le dernier article des tarses ; hanches postérieures marquées d'un point blanc métasternal au dessus de leur base, voisin d'un autre semblable placé sur les côtés du premier segment abdominal. Ailes hyalines, nervure costale testacée, les autres nervures et le stigma noirs. Abdomen noir avec seulement une tache blanche sur les côtés du premier segment. Long. 13mm. Env. 27mm. **Maura**, Fabricius. ♀

Patrie : Angleterre. France, Hollande, Suisse, Tyrol, Italie, Allemagne, Suède, Russie.

65 Tibias postérieurs jaunes ou rouges, au moins en dessus. **66**

— Tibias postérieurs bruns ou noirs en entier. Tête noire, bouche jaune ; antennes noires, pâles en dessous. Thorax noir avec le pronotum, les écaillettes, le scutellum et une tache métasternale au dessus des hanches, jaunes ; pattes antérieures rouges, postérieures noires. Ailes hyalines, nervure costale et stigma bruns ; les autres nervures noires. Abdomen noir avec les segments 2 à 6 rouge pâle. Long. 9mm. Env. 18mm. **Islandica,** EVERSMANN.

PATRIE : Russie (Kasan).

66 Abdomen entièrement rouge, sauf à la base. **Rufiventris,** FABR. VAR. (V. n° 48).

— Abdomen jaune avec au moins l'extrémité noire. **Maculata,** FOURCROY. VAR. (V. n° 57).

67 Ailes enfumées à l'extrémité. 68

— Ailes non enfumées à l'extrémité. Tête noire, labre pâle ; antennes jaunes. Thorax noir avec les lobes du pronotum et le scutellum blancs ; pattes jaunes, cuisses souvent noires. Ailes hyalines, un peu jaunâtres. Abdomen jaune, noir seulement à la base ou avec la base de tous les segments noire. Long. 15mm. Env. 28mm. **Pallicornis,** FABRICIUS.

PATRIE : France, Allemagne.

68 Tête noire. **Flava,** SCOPOLI. (V. n° 22).

— Tête en grande partie testacée, noire seulement sur le front, avec l'épistome et le labre jaune brillant ; antennes entièrement testacées. Thorax testacé en dessus avec tout le dessous noir ; le métasternum porte une tache jaune clair au dessus des hanches postérieures ; pattes testacées avec les hanches noires, excepté à leur bord apical. Ailes hyalines, jaunes de la base au stigma, grises ensuite jusqu'à l'extrémité. Nervure costale et stigma jaune testacé, les autres nervures brunes. Abdomen testacé avec les segments 5 à 9 noirs. Long. 14mm. Env. 31mm. (Pl. XXI. fig. 2). **Fulva,** KLUG.

PATRIE : Russie.

11e Tribu. — Blasticotomidæ

(PLANCHE XXII)

Caractères. — Tête rebordée en arrière, épistome échancré, yeux n'atteignant pas la base des mandibules. Antennes composées de quatre articles, le premier oblong, le second un peu plus allongé, le troisième très-long, fusiforme, le quatrième enfin très-petit, presque arrondi. Thorax profondément sillonné, pattes ordinaires ; cuisses assez grosses ; tarses pas plus longs que les tibias ; ongles courbés, armés d'une dent près de leur extrémité. Ailes antérieures avec deux cellules radiales, et trois cellules cubitales dont la première et la seconde reçoivent chacune une nervure récurrente ; cellule lancéolée divisée par une nervure oblique, la nervure margino-discoïdale aboutit dans la première cellule cubitale. Ailes inférieures avec deux cellules discoïdales fermées. Abdomen presque cylindrique.

Nous n'avons encore aucune donnée sur les premiers états et sur les mœurs de ces insectes.

44e GENRE. — BLASTICOTOMA, Klug, 1834 (70).

βλαστικὸς, bourgeon ou qui tient aux bourgeons, τέμνω, je coupe.

Mêmes caractères que ceux de la tribu.

Tête noire, antennes noires avec les deux premiers articles velus. Thorax noir, pattes testacées, hanches et trochanters noirs. Ailes enfumées, pas plus longues que l'abdomen; les supérieures portent trois points cornés, l'un près de la nervure sous-costale, les deux autres dans les première et deuxième cubitales. Abdomen noir, glabre. Long. 8mm. (Pl. XXII. fig. 4). **Filiceti**, Klug.

Se trouve au printemps sur les fougères, au bord de la mer.

Patrie : Allemagne, Suède.

12e Tribu. — Pinicolidæ

(PLANCHE XXII)

Caractères. — Tête quadrangulaire, de la largeur du thorax ; mandibules armées intérieurement l'une de trois, l'autre de quatre dents; labre peu saillant, presque caché, palpes maxillaires de six articles, coudés à partir du troisième; le premier article est petit, le second et surtout le troisième très-grands et allongés, portant de courtes soies fines ; les trois autres articles sont courts et peu distincts, quelquefois garnis d'une longue villosité frisée ; palpes labiaux de trois articles. Antennes de 12 articles, le premier allongé, le deuxième épais et court, le troisième est énorme relativement aux précédents, renflé au milieu en forme de fuseau et suivi de neuf autres articles, si ténus qu'on peut à peine les distinguer les uns des autres et que leur ensemble forme comme un fil implanté à l'extrémité du troisième article. Le thorax, bien séparé de la tête, offre un pronotum étroit et les autres parties dans leur proportions ordinaires. Les pattes sont assez fortes et un peu allongées, les tibias antérieurs ont deux éperons dont l'un est aplati à l'extrémité, les tibias intermédiaires et postérieurs ont, en outre des éperons habituels, 3 ou 4 épines placées entre le milieu et l'extrémité ;

ongles simples. Les ailes sont grandes et présentent trois cellule radiales et quatre cellules cubitales ainsi qu'un grand stigma corné ; la deuxième et la troisième reçoivent chacune une nervure récurrente, cellule lancéolée grande et divisée par une nervure oblique; ailes inférieures avec deux cellules discoïdales fermées. Abdomen assez renflé vers le milieu, terminé, chez la femelle, par une tarière mince, longue, atteignant ou dépassant quelquefois la longueur de l'abdomen; cette tarière rigide affecte, le plus souvent, la forme et la courbure d'un sabre; la scie est improprement nommée ainsi puisque cet organe ne présente aucune dentelure sur le bord. Le ♂ offre à l'extrémité abdominale, deux sortes de crochets.

Mœurs et métamorphoses. — Il n'est pas possible de rien dire du genre de vie ni des premiers états de ces insectes, qui sont tous de petite taille et propres surtout aux pays septentrionaux et centraux. Aucune donnée n'est encore venue éclairer la science sous ce rapport; tout ce que l'on sait, c'est que les insectes parfaits se rencontrent sur les arbres résineux, conifères et genévriers ; on en a aussi trouvé sur le bouleau.

Ces insectes ont été décrits en 1819 par Dalman ,sous le nom générique de *Xyela* (de ξυήλη, outil à travailler le bois), dans un article intitulé : « *Nagra nya Insekt-genera, beskrifna* » et inséré dans *Vetenskaps Academiens Handlingar*, tome 40, et ce nom a été depuis universellement adopté. Cependant, dès l'année précédente, (1818), M. de Brébisson, dans les mémoires de la Société Philomatique, et Latreille, dans le tome XXVI de la deuxième édition du dictionnaire de Déterville, avaient donné de ce genre une description suffisamment détaillée et complète sous le nom de *Pinicola*. Celui-ci a par conséquent la priorité et doit être restitué. (1)

(1). C'est par erreur, que la planche XXII porte comme légende : *Xyélides* ; c'est *Pinicolides* qu'il faut lire.

45e GENRE. — PINICOLA, Brébisson, 1818 (3)

Mêmes caractères que ceux de la tribu.

1 Tarière plus courte que l'abdomen. 5

— Tarière de la longueur de l'abdomen ou plus longue que lui. 2

2 Tarière jaune, droite, à peine aussi longue que l'abdomen. Tête jaune clair avec la région des ocelles et une tache allongée entre les yeux, brunes; mandibules et palpes jaunes, antennes jaunes, quatrième article brun. Thorax jaune clair, mesonotum brun taché de jaune, pattes jaunes avec le dehors du premier article des tarses postérieurs et l'extrémité des suivants bruns. Ailes hyalines, stigma jaune clair. Abdomen brun avec le bord postérieur des segments jaune; tarière droite, à peu près de la longueur de l'abdomen, tronquée obliquement à son extrémité, jaune clair. Long. avec la tarière 4mm. Env. 8mm. **Græca**, Stein. ♀

Patrie : Grèce.

— Tarière courbée en dessus, aussi ou plus longue que l'abdomen, souvent brune. 3

3 Nervure margino-discoïdale aboutissant dans la première cubitale. Tête brune avec la bouche et le tour des yeux jaunes, antennes rousses. Thorax brun, diversement taché de jaune, pattes jaunes, cuisses brunes. Ailes hyalines, nervures et stigma jaune pâle. Abdomen brun ou plus ou moins jaunâtre. Tarière ♀ jaune, aussi ou plus longue que

l'abdomen. Long. 4mm. Env. 9mm. (Pl. XXII. fig. 11 à 15). **Julii,** BRÉBISSON.

Cet insecte marche plutôt qu'il ne vole. On le rencontre en mai sur les arbres résineux. les jeunes sapins, les genévriers, etc. Kirchner indique que sa larve vit sur les chatons du bouleau. (1).

PATRIE : Angleterre, France, Suède, Allemagne.

— Nervure margino-discoïdale interstitiale. 4

4 Tarière presque glabre. Tête et thorax bruns, tachés de jaune ; antennes brunâtres, pattes jaunes avec le milieu des cuisses brun. Ailes subhyalines. Abdomen brun, tarière jaune, de la longueur du corps. Long. 5mm. Env. 12mm. **Longula,** DALMAN. ♀

PATRIE : Suède.

— Tarière velue. Tête et thorax bruns à peine tachés de jaune, pattes brunes. Ailes enfumées ou grisâtres. Abdomen brun, tarière de la longueur du corps. Long. 5mm. Env. 12mm. **Piliserra,** THOMSON. ☿

PATRIE : Suède.

5 Abdomen entièrement noir brun. Tête et thorax bruns, antennes brun jaunâtre clair avec le quatrième article brun ; pattes brun jaunâtre clair. Ailes brunes. Abdomen noir. Long. 5mm. Env. 12mm. **Dahlii,** KLUG. ♀

PATRIE : Autriche.

— Abdomen brun avec le segment anal jaune. Tête noir brillant ; antennes brunes, palpes ferrugineux, noirs à la base ; thorax noir, écaillettes jaunes ; poitrine jaune clair avec une tache triangulaire noire au milieu ; pattes brun noir avec les genoux, les

(1). Les parasites indiqués par cet auteur et, après lui, par Dours, comme ayant été obtenus par le Dr Giraud, sont plutôt attachés au *Xiphydria dromedarius*, si l'on en croit la liste des éclosions observées par Giraud et insérées : *Ann. Soc. fr. 1877 p. 397 à 436.*

tibias et les tarses ferrugineux. Ailes subhyalines avec la côte et le stigma légèrement lavés de jaunâtre ; nervures brunes. Abdomen noir avec le bord des segments blanchâtre et le segment anal fauve ; tarière pas plus longue que la moitié de l'abdomen, noire avec la moitié apicale fauve. Long. 5mm. Env. 13mm. (Pl. XXII. fig. 3). **Coniferarum**, KLUG. ♀

PATRIE : France, Vosges, Autriche.

13e Tribu. — Lydidæ

(PLANCHE XXII)

Caractères. — Tête grande, à peu près aussi large que le thorax, plus ou moins aplatie ou globuleuse, mandibules uni- ou tridentées, labre entier ou peu échancré ; palpes maxillaires de six articles, labiaux de quatre articles, le deuxième le plus long, renflé au milieu ; antennes d'un grand nombre d'articles variant de 14 à 36, tantôt épaisses et plus courtes que l'abdomen, dans ce cas plus ou moins brièvement pectinées au moins chez les ♂, tantôt très-allongées, filiformes avec l'article basilaire plus épais. Thorax court, aussi large que long ; pattes assez fortes, peu allongées, offrant aux tibias intermédiaires et postérieurs, ou seulement à ces derniers et vers leur milieu, deux ou trois petites épines aiguës ; rarement les tibias antérieurs portent une épine semblable à leur partie médiane. Ailes grandes, larges, à nervures souvent épaisses, pourvues de deux radiales et quatre cubitales dont la deuxième et la troisième reçoivent chacune une nervure récurrente ; cellule lancéolée divisée par une nervure oblique ; stigma petit, quelquefois allongé ; ailes postérieures avec deux cellules discoïdales fermées. Abdomen tantôt court, épais, plus ou moins convexe en dessus, tantôt allongé, élargi, plat. Tarière courte, obtuse.

Œufs. — Autant qu'ils sont connus, on peut dire que les œufs des Lydides sont gros, allongés, courbés, arrondis à une extrémité, plus aigus à l'autre, colorés de couleurs variées, verte ou jaune. Ils ne sont déposés qu'à la surface des feuilles et non dans l'intérieur du parenchyme comme cela a lieu chez la plupart des autres mouches à scie. Un enduit glutineux qui les recouvre sert à les fixer à la feuille.

Larves. — Les larves de Lydides se séparent, au premier coup d'œil, de toutes celles des autres Tenthrédines, par l'absence de pattes membraneuses ou plutôt la réduction de leur nombre qui ne laisse plus subsister que deux sortes de pattes anales.

La tête est cornée, arrondie. plus ou moins sillonnée ; elle porte des mandibules fortes, dentées ou non, couvertes en partie par le labre ; les palpes maxillaires ont quatre articles et les palpes labiaux trois. Elle est munie de deux antennes assez allongées, de 7 à 8 articles, minces, filiformes, Yeux petits, ronds, saillants.

Thorax portant ordinairement, sur les côtés de ses segments, des plaques cornées, ainsi qu'une autre allongée, étroite, sur le dessus du segment prothoracique. Pattes écailleuses assez fortes, coniques, de cinq articles, le dernier en forme de pointe fine, droite et dépourvue d'ongles ou de crochets.

Tous les arceaux dorsaux, aussi bien ceux de l'abdomen que ceux du thorax, sont séparés des arceaux ventraux par un repli saillant au dessus duquel se trouvent les stigmates.

Abdomen cylindrique, plus ou moins ridé transversalement, de neuf segments dépourvus complètement de pattes membraneuses, sauf le dernier. Le repli latéral de l'avant-dernier segment abdominal est pourvu d'un tubercule ambulatoire qui semble surtout utile après la dernière mue, comme nous le verrons dans l'exposé des mœurs ; enfin le segment anal porte, à l'extrémité de sa partie supérieure, une sorte d'appendice corné ; de chaque côté de son arceau dorsal se trouve une dépression sur le milieu de laquelle naît un petit crochet dont la pointe se dirige en avant parallèlement au corps, et dont l'usage ne peut être indiqué d'une façon certaine. Ce même segment est muni, de chaque côté, d'organes analogues à des pattes anales, mais qui en diffèrent cependant par leur forme et leur direction. Ces pattes sont composées de trois articles sans ongle terminal et sont à peu près parallèles au corps. Elles servent à faire progresser la larve dans le fourreau ou les habitations étroites qu'elle occupe, en l'aidant à se pousser en avant.

Mœurs et métamorphoses. — C'est particulièrement sur les arbres ou arbustes d'essence résineuse que vivent les larves de Lydides: Cependant un bon nombre d'entre elles affectionnent aussi les arbres ou autres plantes à larges feuilles comme le peuplier, le bouleau, le rosier, le poirier, etc. Le genre de vie de ces larves présente des différences assez notables suivant l'espèce à laquelle elles appartiennent, mais le but commun qu'elles poursuivent toutes est de se soustraire aux regards et de se construire un abri où leur corps mou puisse échapper aux attaques de ses ennemis. Tandis que les unes se contentent de replier le bord d'une feuille et de s'installer dans la cavité ainsi formée, qu'elles renouvellent à mesure qu'elles en rongent les parois, d'autres, plus industrieuses, découpent le bord des feuilles du rosier, contournent le fragment obtenu pour en façonner une sorte de cornet fixé à la feuille et d'où émerge seulement leur tête qui est dure et résistante ; les hélices de ce cornet, fixées entre elles par des fils de soie, se multiplient en augmentant de diamètre à mesure que la larve grandit, et celle-ci transporte avec elle cette habitation quand elle va à la recherche de nourriture fraîche.

Mais, pour les espèces pinicoles, les aiguilles dont elles se nourrissent ne se prêteraient pas à de semblables constructions, et des abris d'un autre genre sont nécessaires. Ici les parois sont formées, non plus par la feuille elle-même, mais par un réseau soyeux dans lequel sont enchassés et englobés les excréments des larves. Celles-ci vivent alors en société et concourent toutes à la sécurité générale par leurs déjections et leurs fils. Outre cela, chacune d'elles en particulier exécute pour elle-même, dans la bourse que je viens de décrire, un petit fourreau spécial qui est comme une cellule dans une grande habitation. Mais les larves sont tenues de changer continuellement de place pour pourvoir à leur subsistance; aussi elles allongent leur fils le long des rameaux, les garnissent peu à peu de particules solides et constituent ainsi un fourreau qui s'étend plus ou moins ; ces sociétés de larves ne laissent pas que de causer de véritables dégâts.

Une espèce qui s'attaque aux poiriers et à l'aubépine se réunit aussi en société; serrées les unes contre les autres et enveloppées d'un réseau soyeux au travers duquel on les aperçoit assez facilement, ses larves enlacent un bouquet de feuilles qu'elles dévorent; celui-ci terminé, elles passent à un autre qu'elles garnissent de même avec leurs fils et ainsi de suite jusqu'à leur dernière mue. Lorsqu'elles sont inquiétées, elles font sortir par leur bouche une gouttelette de liquide brun. D'autres espèces peuvent même lancer assez loin un autre liquide sortant d'ouvertures situées latéralement sur leurs segments.

Toutes ces larves ne peuvent pas marcher, mais progressent au moyen de mouvements de contraction et de distension au milieu des fils dont elles ont soin de s'entourer sans cesse. Si l'on tire l'une d'elles de son fourreau et qu'on la place sur une surface plane, son premier soin est de jeter, à droite à gauche, des fils qui lui servent comme d'échelons pour se transporter d'un endroit dans un autre. Quelques unes font ce manège en se couchant et en se glissant sur le dos; d'autres restent au contraire appuyées sur le ventre. Enfin, soit pour pourvoir à leur sécurité et échapper à un ennemi, soit pour tout autre raison inconnue, ces larves ont la faculté de descendre jusqu'à terre en se suspendant à un fil de soie comme le font beaucoup de chenilles ; seulement elles remontent assez difficilement et en formant une série de boucles sur lesquelles elles s'appuient comme elles le feraient sur une échelle de corde.

Les ♀ se tiennent ordinairement sur les plantes qui doivent nourrir leurs larves et elles y collent 40 ou 60 œufs à la surface inférieure des feuilles. Cette ponte a lieu en mai et juin.

Dès leur éclosion, les jeunes larves, obéissant à leur instinct, se construisent un abri et commencent leurs ravages, soit qu'elles continuent à rester en société, soit qu'elles s'éloignent chacune de leur côté. Les mues successives n'apportent que peu de changement dans leur vêtement. La secrétion de la soie, contrairement à ce qui se passe chez les autres larves de Tenthrédines, fort abondante pendant toute la croissance, cesse à peu prés, d'après Hartig, après la dernière mue, et la larve adulte, obligée pour se nourrir, de quitter son dernier abri, n'assure plus sa progression que par un mouvement vermiforme dans lequel elle est aidée par le tubercule de l'avant-dernier segment. Mais cet état dure peu, et bientôt elle se laisse tomber de la branche qu'elle occupe jusqu'à terre, où elle se hâte de s'enfoncer à une profondeur de 6 à 8 centimètres. La faculté de filer venant de lui être retirée, elle ne se fait point de coque pour y subir sa métamorphose et elle se contente de former dans la terre, au moyen de mouvement divers, une cellule à parois unies et nues.

Les larves, arrivées à ce point, restent en repos et comme engourdies pendant tout l'automne et l'hiver, et ce n'est qu'au printemps qu'a lieu la transformation en nymphes. Cet état ne dure plus alors que 12 à 14 jours, et l'insecte parfait sort de terre en mai et juin pour travailler à la reproduction de son espèce.

Ces larves, surtout celles qui vivent en société, sont assez voraces pour avoir pu être rangées au nombre des insectes nuisibles. On a surtout signalé celles qui s'attaquent aux arbres fruitiers, et l'on a conseillé, pour s'en débarrasser, un échenillage fait avec soin et de la même manière qu'il est pratiqué contre les chenilles de Bombyx.

Les Lydides sont de taille moyenne et habitent en grande partie les régions méridionales de l'Europe ; quelques unes seulement se retrouvent au nord et, sur 64 espèces connues, M. Thomson n'en cite que 23 qui vivent en Suède.

Ces larves sont, comme celles des autres mouches à scie, attaquées par un assez grand nombre de parasites qui viennent en aide à l'horticulteur. En raison de leur long hivernage, il est très-difficile de les élever avec succès en captivité.

46e GENRE. — TARPA, Fabricius, 1801 (89)

τάρπη; corbeille, natte, claie.

Antennes courtes, épaisses, de 14 à 22 articles, le premier étant le plus long, sétacées ; chez les ♂, chacun des articles porte, à partir du troisième ou quatrième, un appendice latéral foliacé de longueur variable ; chez les ♀, cet appendice existe souvent aussi dans beaucoup d'espèces ; les articles successifs forment seulement dans ce sexe une sorte de scie. Tête grosse, arrondie. Abdomen convexe, un peu déprimé. Ailes avec deux radiales, quatre cubitales dont la deuxième et la troisième reçoivent chacune une nervure récurrente ; cellule lancéolée divisée par une nervure oblique. Ailes inférieures avec deux cellules discoïdales fermées. Tibias antérieurs inermes en leur milieu, tibias postérieurs munis de deux épines médianes et latérales. Insectes centraux et méridionaux, surtout orientaux.

Le ♂ se distingue de la ♀ par la forme de son dernier arceau ventral.

1 La tête et le thorax portent des dessins rouges. Tête noire, rugueuse, ornée de sept taches rouges ; mandibules jaunes à la base ; antennes jaunes, deuxième article noir ; les appendices foliacés ♂ de la longueur de quatre articles. Thorax noir ; bord du pronotum, quatre taches obliques sur le thorax et une tache sous les ailes, rouges ; pattes jaunes, avec la moitié basilaire des cuisses noire. Ailes jaunâtres avec les cellules radiales et cubitales rembrunies, stigma testacé. Abdomen noir avec le premier segment marqué de deux taches latérales jaunes, le deuxième avec trois taches jaunes, celle du milieu très-petite, les autres entièrement bordés de jaune. Long. 11mm. Env. 22mm. (Pl. XXII. fig. 2).

Speciosa, MOCSARY. ♀

PATRIE : Bosnie.

— La tête et le thorax portent des dessins jaunes ou blancs.

2 Mesonotum noir en entier, ou jaune taché de noir. 3

— Mesonotum noir taché de jaune ou de blanc. 6

3 Mesonotum jaune taché de noir. Tête jaune soufre, avec les mandibules, les pièces de la bouche, des lignes et des taches, d'un roux ferrugineux; antennes jaunes. Thorax jaune soufre avec une tache en avant et une bande arquée au milieu, noires, sur le mesonotum; pattes jaunes avec les jambes et les tarses antérieurs roux ferrugineux. Ailes jaunes. Abdomen jaune. Long. 11mm.

Olivieri, BRULLÉ. ♂

PATRIE : Bagdad.

— Mesonotum noir en entier. 4

4 Antennes de 20 (♀) à 22 (♂) articles. Tête noire avec deux taches claires, blanchâtres entre les yeux et les antennes, et une ligne étroite de même couleur derrière les yeux sur le vertex; antennes testacées ou ferrugineuses avec les deux premiers ou au moins le second article noirs, leurs appendices de la longueur d'un seul article. Thorax noir avec les lobes du pronotom, une tache sous l'insertion des ailes antérieures et une autre de chaque côté du scutellum, blanc jaunâtre; pattes testacées avec les hanches, les trochanters et l'extrême base des cuisses, noirs. Ailes hyalines, un peu brunâtres avec une large tache brune le long de la nervure costale, s'élargissant vers l'extrémité de l'aile; nervures et stigma testacés. Abdomen noir brillant avec le quatrième et quelquefois le cinquième segment bordés de blanc jaunâtre; le sixième, le septième et le huitième sont tachés latéralement, ou, plus rarement,

étroitement bordés de même couleur ; ventre noir avec le bord des segments 5, 6 et 7 tachés de blanchâtre. Long. 12 à 13mm. Env. 24mm. **Fabricii**, LEACH.

PATRIE : Allemagne, Hongrie.

— Antennes de 15 à 17 articles. 5

5 Dessins blancs. Tête noire, plus ou moins tachée de blanc sur le front et vers les yeux ; vertex bordé d'une ligne étroite blanche ; antennes de 15 à 17 articles, testacées avec le premier article soit de même couleur, soit noir, soit au contraire jaune clair ; le deuxième article est souvent noir ; leurs appendices n'ont que la longueur d'un seul article. Thorax noir avec le bord du pronotum blanchâtre et souvent deux taches semblables sur les lobes latéraux du mesonotum, près du scutellum ; pattes testacées avec les hanches, les trochanters, les cuisses antérieures et intermédiaires presque entières et la base seulement des postérieures, noires ; extrémité des tibias postérieurs et leurs tarses rembrunis. Ailes brunâtres, transparentes ; nervures et stigma brun pâle. Abdomen noir avec le premier segment taché souvent de blanc sur les côtés, ainsi que le troisième segment ; le quatrième est plus ou moins largement bordé de blanc, les suivants ont une bordure semblable, étroite, entière ou interrompue, n'existant quelquefois que sur les côtés extrêmes ; segment anal en grande partie blanc jaunâtre ; ventre noir avec une partie des segments bordés de blanc jaunâtre. Long. 10 à 12mm. Env. 21mm. **Plagiocephala**, FABRICIUS.

PATRIE : France, Allemagne, Hongrie, Russie.

— Dessins jaunes. Tête noire avec une tache triangulaire jaune entre les antennes, l'orbite des yeux et une ligne sur le bord du vertex, entière ou interrompue, jaunes ; antennes de 17 articles, testacées, souvent presque noires à l'extrémité, ou aussi à leur base ; leurs appendices flabelliformes, noirs, ont la longueur de deux de leurs articles. Thorax noir avec le bord du pronotum jaune, plus largement sur les côtés qu'au milieu où cette bordure est quelquefois interrompue ; mesonotum noir ou marqué de deux petites taches jaunes sur les lobes latéraux près du scutellum ; pattes testacées, un peu blanchâtres sur les tibias et les genoux, avec les hanches, les trochanters et la base des cuisses noirs, surtout aux paires antérieures. Ailes hyalines. un peu brunâtres avec une tache allongée d'un brun plus foncé le long de la nervure costale, cette tache s'élargissant peu à peu jusqu'à l'extrémité de l'aile ; nervures et stigma testacés. Abdomen noir brillant avec les côtés du premier segment tachés de jaune; ainsi que quelquefois ceux du troisième segment ; tous les suivants sont plus ou moins largement bordés de jaune, cette bordure plus accentuée sur le quatrième que sur les suivants où elle est souvent interrompue, surtout chez les ♂ ; ventre noir avec une partie des segments étroitement bordés de jaune. Long. 12 à 13mm. Env. 25mm.

Spissicornis, Klug.

La larve, d'après les curieuses recherches de M. A. Hiendlmayr, de Munich, vit sur le *Laserpitium latifolium* L. en juillet et août ; elle entre en terre en septembre, y passe l'hiver et donne naissance à l'insecte parfait au commencement de juin. Cet entomologiste a obtenu, en même temps, deux Braconides indéterminés.

Patrie : Angleterre, France, Suisse, Tyrol, Hongrie, Russie.

6 Pattes postérieures noires. 7

— Pattes postérieures jaunes ou testacées. 8

7 Premier article des antennes noir. Tête noire avec le vertex garni de quatre petites lignes jaunes diver-

gentes ; antennes noires. Thorax noir avec le bord du pronotum et deux lignes sur le mesonotum, jaunes ; pattes noires. Ailes brun foncé. Abdomen noir avec le premier segment muni de deux petites taches jaunes latérales ; les autres segments ont des taches latérales, et sur leur bord inférieur une grande tache dorsale, jaunes ; segment anal taché de jaune en dessus. Long. ? **Cæsariensis**, LEPELETIER. ♀

PATRIE : Syrie.

— Premier article des antennes noir taché de jaune. Tête jaune en avant, avec le labre et l'extrémité des mandibules noirs ; front et vertex noirs, ce dernier portant quatre lignes divergentes et deux points près des yeux, jaunes ; antennes noires avec le premier article taché de jaune. Thorax noir avec les lobes du pronotum et deux lignes sur le mesonotum jaunes ; pattes noires. Ailes noirâtres. Abdomen avec une petite tache jaune de chaque côté du premier segment, une tache semblable sur les côtés des autres et, en outre, une grande tache dorsale au bord inférieur de chacun d'eux ; segment anal taché de noir en dessus. Long. ? **Judaïca**, LEPELETIER. ♀

PATRIE : Syrie.

8 Hanches antérieures en grande partie jaunes. 9

— Hanches antérieures noires ou avec seulement leur bord apical jaune. 10

9 Abdomen muni de quatre fascies jaunes. Tête noire ; mandibules jaunes ; antennes jaunes avec leurs appendices noirâtres ; le ♂ a la face jaune. Thorax noir avec le pronotum et deux taches sur le mesonotum jaunes ; les mésopleures du ♂ offrent en outre de grandes taches de même couleur ; pattes testacées, hanches ♂ jaunes. Abdomen noir avec quatre fascies jaune. Long. ? **Spiræae**, KLUG.

PATRIE : Tauride.

— Abdomen avec sept fascies jaunes, la plupart interrompues au milieu. Tête jaune avec le vertex noir, marqué de deux grandes taches allongées jaunes; antennes testacées avec le premier article jaune, le second et le dessus du troisième brun foncé; appendices flabelliformes en forme de lamelles étroites, aplaties, noires et très-allongées, ceux des premiers articles égalant au moins la longueur des 8 ou 9 articles qui suivent, ou près des deux tiers de la longueur totale de l'antenne; les neuf premiers articles sont très courts et très serrés, les suivants sont bien plus longs; leur nombre total est 18. Thorax noir avec les lobes du pronotum, les écaillettes, une tache triangulaire à la pointe du lobe médian du mesonotum et deux autres taches allongées sur les lobes latéraux, jaune citron; pattes entièrement jaune clair, excepté les tarses qui sont plus ou moins testacés, surtout les postérieurs. Ailes jaune rougeâtre, nervures et stigma testacés. Abdomen noir avec une bordure jaune très large à chacun des segments : cette bordure est seulement étroitement interrompue sur le milieu du dos; le dernier segment est presque entièrement jaune. Long. 10^{mm}. Env. 22^{mm}. **Caucasica**, NOV. SP. ♀

PATRIE : Caucase.

10 Mesonotum avec seulement deux taches claires. **11**

— Mesonotum avec quatre taches claires. **20**

11 Dessins blancs. **12**

— Dessins jaunes. **18**

12 Antennes noires en entier, sauf que le premier article est taché de blanc en dessous. Tête noire avec la face depuis le bord de l'épistome jusqu'au milieu du front et les côtés de celui-ci blanc bril-

lant, ne laissant que les fossettes des antennes noires; mandibules avec une tache blanche à leur base; vertex avec une ligne marginale blanchâtre; antennes courtes, noires, de 14 articles, avec la base du premier article tachée de blanc en dessous; les appendices flabelliformes égalent seulement la longueur d'un article. Thorax noir avec le bord du pronotum, sauf en son milieu, les écaillettes et deux lignes vers le scutellum, blancs, ainsi qu'une tache sur les hanches antérieures et deux autres sous l'insertion des ailes; pattes noires avec l'extrémité des cuisses intermédiaires et postérieures pourvue d'une tache blanche, plus grande sur les dernières; le côté interne des tibias porté aussi des taches blanches à leur base; les tibias et les tarses sont garnis de petits poils jaunâtres. Ailes brunes, nervures noires, stigma blanc avec une petite tache noire au milieu. Abdomen noir avec des taches blanches sur les côtés du premier et du second segments, les autres bordés de blanc, cette bordure ordinairement interrompue au milieu. Long. 8 à 9mm. **Leucosticta**, Zaddach. ♂

Patrie : Syrie.

— Antennes en partie de couleur claire. **13**

13 Premier segment abdominal sans tache latérale. **14**

— Premier segment abdominal taché de blanc sur les côtés. **16**

14 Antennes de 20 à 22 articles. **Fabricii**, Leach. (V. n° 4)

— Antennes de 15 à 17 articles. **15**

15 Appendices flabelliformes des antennes égaux à un seul de leurs articles.

Plagiocephala, Fabricius (V. n° 5)

— Appendices flabelliformes des antennes égaux à

4 ou 5 articles. Tête noire ; mandibules ferrugineuses, tachées de jaune en dehors ; front, orbite des yeux et côtés du vertex tachés de blanc jaunâtre ; antennes de 17 articles, testacées avec le premier article noir en dessus, blanc en dessous, et le second entièrement noir ; appendices noirâtres. Thorax noir avec le bord des lobes du pronotum blanc, ainsi que deux petites taches à l'extrémité des lobes latéraux du mesonotum près du scutellum ; pattes jaune blanchâtre ; tarses testacés ; hanches, trochanters et base des cuisses noirs. Ailes jaunâtres, surtout vers la côte. Nervures et stigma testacés, ce dernier blanchâtre à la base. Abdomen noir brillant avec les côtés des deuxième et troisième segments tachés de blanc, les cinq suivants bordés de blanc ; ventre noir avec les segments intermédiaires bordés de blanc en leur milieu. Long. 10mm. Env. 18mm.

Mocsaryi, NOV. SP. ♂

PATRIE : Hongrie.

16 Ecaillettes noires. Tête noire ; mandibules rougeâtres à l'extrémité ; front marqué de trois taches blanches ; vertex bordé d'une ligne de même couleur ; antennes de 17 articles, fauves avec les deux premiers articles noirs, les appendices intermédiaires égaux à deux articles, brun foncé. Thorax noir ; pronotum avec une bordure blanche, un peu interrompue au milieu et une tache oblique semblable de chaque côté du scutellum ; sous l'insertion des ailes est une autre tache blanche ; pattes jaune pâle ; hanches, trochanters et base des cuisses noirs. Ailes hyalines, jaunâtres, enfumées le long de la côte ; nervures et stigma fauves. Abdomen noir avec les trois premiers segments tachés de blanc sur les côtés, les suivants bordés de la même couleur ; ventre noir avec les segments 4 à 6 bordés de blanc. Long. 11mm. **Orientalis**, MOCSARY. ♀

PATRIE : Syrie (Brousse).

— Ecaillettes blanches. . 17

17 Premier article des antennes jaune. Tête noire avec les mandibules ferrugineuses, des taches blanches sur le front et une ligne semblable sur le bord postérieur du vertex ; antennes de 18 articles, testacées avec le premier article jaune ; appendices intermédiaires égaux en longueur à deux articles. Thorax noir avec le bord du pronotum et deux taches sur les lobes latéraux du mesonotum, blancs ; pattes testacées avec la base noire. Ailes brunâtres ; nervures et stigma testacés. Abdomen noir avec les trois premiers segments tachés de blanc sur les côtés, les suivants avec le bord blanc. Long. 12mm. Env. 24mm. **Flavicornis,** Klug.

Patrie : France, Allemagne, Hongrie.

— Premier article des antennes testacé ou noir. Antennes de 15 à 17 articles ; appendices égaux à un seul article. **Plagiocephala,** Fabricius. (V. n° 5).

18 Extrême base des cuisses antérieures seulement noire. Tête noire, mandibules rougeâtres à l'extrémité ; front orné de trois taches blanches ; vertex bordé d'une ligne semicirculaire blanche ; antennes de 18 articles, fauves ; les deux premiers articles noirs, appendices brun foncé, les intermédiaires égaux en longueur à trois articles des antennes. Thorax noir ; pronotum avec une ligne interrompue blanche sur le bord ; deux taches obliques de même couleur de chaque côté du scutellum et une autre sous l'insertion des ailes antérieures ; pattes jaune brunâtre, hanches, trochanters et base des cuisses noirs. Ailes hyalines, jaunâtres, les supérieures largement enfumées à leur bord antérieur, nervures et stigma fauves. Abdomen noir avec les segments

4 à 8 bordés d'une fascie blanche ainsi que les segments ventraux 5 et 6. Long. 11^{mm}.

Turcica, Mocsary. ♀

Patrie : Asie-Mineure.

— Moitié basilaire des cuisses antérieures noire. **19**

19 Mandibules et antennes jaunes ; abdomen avec quatre fascies jaunes. **Spirææ,** Klug. (V. nº 9).

— Mandibules et antennes brunes ou noirâtres ; abdomen avec cinq fascies jaunes.

Spissicornis, Klug. (V. nº 5).

20 Fascies abdominales blanches. **21**

— Fascies abdominales jaunes. **22**

21 Abdomen avec cinq fascies claires. Tête noire, mandibules jaunes avec la pointe brun sombre ; épistome, une tache triangulaire sur le front, deux autres allongées sur le bord interne des yeux, deux petites lignes en avant du vertex, d'autres derrière les yeux et sur l'occiput, blancs ; antennes jaunes avec le deuxième article presque noir ; appendices flabelliformes bruns ; les intermédiaires égaux à quatre articles des antennes. Thorax noir avec les lobes du pronotum blanc jaunâtre ; sous la base des ailes et près de celles-ci sont trois taches jaunes. Mesonotum avec deux taches obliques blanc jaunâtre en avant et en arrière ; pattes jaune vif, avec les cuisses antérieures et intermédiaires noires presque jusqu'au milieu. Ailes jaunes, ombrées, brunes le long de la côte. Abdomen noir avec les deuxième et troisième segments tachés latéralement de blanc ; bord postérieur des segments 4 à 6 fascié de blanc. Ventre noir en entier (♂) ou avec deux étroites fascies blanches sur les deux derniers segments. Long. 11^{mm}. Env. 23^{mm}. **Exornata,** Zaddach.

Patrie : Macédoine, Grèce.

— Abdomen avec sept fascies abdominales. Tête noire; antennes rougeâtres, appendices noirs. Thorax noir avec quatre taches blanches sur le mesonotum. Abdomen noir avec sept fascies blanches. Long. ? **Quinquecincta**, KLUG. ♀

PATRIE : Tauride.

22 Les deux premiers articles des antennes sont jaunes. **23**

— Les deux premiers articles des antennes sont noirs ou au moins l'un d'eux. **26**

23 Cuisses antérieures et intermédiaires entièrement jaunes. **24**

— Cuisses antérieures et intermédiaires noires sur leur moitié basilaire. **25**

24 Bordure jaune des segments 2, 3 et 4 de l'abdomen interrompue au milieu. Tête jaune avec des lignes noires sur le vertex entre les yeux; antennes jaunes, appendices flabelliformes violacés. Thorax noir, lobes du pronotum et quatre taches linéaires obliques sur le mesonotum, jaunes, pattes jaunes. Ailes jaune brunâtre. Abdomen noir; premier segment marqué d'un petit point jaune de chaque côté; segments 2, 3 et 4 avec une large bordure jaune interrompue au milieu; segments 5 à 8 avec une large bordure jaune continue, échancrée en dessus au milieu. Anus jaune. Long. ?

Phœnicia, LEPELETIER. ♂

PATRIE : Syrie.

— Bordure jaune des segments 2, 3 et 4 très large, ininterrompue. Tête jaune, avec une large tache noire sur le vertex s'étendant à la partie supérieure des yeux et formant deux prolongements jusqu'à la base des antennes. Antennes testacées de 15 articles avec les 2 premiers articles jaunes ; appendices égaux à 2 articles. Thorax noir avec les lobes du pronotum, les écaillettes et quatre taches sur le mesonotum jaunes ; poitrine jaune, pattes jaunes avec les tarses roussâtres. Ailes un peu roussâtres avec les nervures et le stigma jaunes. Abdomen jaune presque en entier, présentant seulement d'étroites lignes noires à la base des segments ; cette partie noire s'élargit sur les segments 6 et 7, de façon à échancrer la bordure jaune ; ventre jaune. Long. 16mm. Env. 29mm. **Levaillantii**, Lucas. ♂

Patrie : Algérie (Oran).

25 Vertex ponctué partout. Tête noire, tachée de jaune entre les antennes, au bord interne des yeux et sur le vertex où une ligne étroite de cette couleur en embrasse le contour d'une façon plus ou moins continue ou interrompue, envoyant même parfois des branches vers les ocelles et le long de l'orbite externe des yeux ; antennes testacées, de 17 articles, avec le premier article jaune ; appendices flabelliformes égaux seulement à un de leurs articles. Thorax noir avec le bord du pronotum en tout ou en partie jaune, deux petites taches sur les bords du lobe médian du mesonotum et deux autres à l'extrémité de ses lobes latéraux, jaunes ; pattes testacées avec les hanches, les trochanters et la base des cuisses noirs ; ailes hyalines, brunâtres, avec une tache plus foncée le long de la nervure costale ; nervures et stigma testacés, passant au brun vers l'extrémité de l'aile. Abdomen noir avec les trois premiers segments tachés latéralement de jaune, les suivants bordés de la même couleur, plus largement sur le quatrième ; ventre noir avec les segments 5 et 6 bordés de jaune. Long. 11 à 12mm. Env. 25mm.

Cephalotes, Fabricius.

Patrie : Angleterre, France, Suisse, Tyrol, Allemagne, Hongrie, Italie.

— Vertex ponctué seulement vers les ocelles. Tête noire, mandibules jaunes à pointe brune, côtés internes des yeux tachés de jaune ; vertex avec deux lignes parallèles tronquées en avant, rétrécies en arrière, jaunes ; antennes jaunes ; deuxième article brun rouge, appendices flabelliformes brun clair. Thorax noir avec les lobes du pronotum tachés de jaune citron ; deux autres taches semblables se trouvent vers l'insertion des ailes ; mesonotum avec quatre taches jaunes ; pattes jaune clair, cuisses antérieures et intermédiaires noires jusqu'en leur milieu. Ailes jaune ambré. Abdomen noir en dessus, côtés du premier segment tachés de jaune, deuxième segment avec une large bande jaune interrompue à son bord postérieur ; troisième segment avec une fascie semblable étroitement interrompue, les autres segments sont entièrement bordés de jaune. Long. 13 mm. Env. 27mm. **Loewii,** Stein. ♂

Patrie : Asie-Mineure.

26 Les deux premières fascies abdominales seules sont interrompues. **27**

— Les quatre premières fascies abdominales sont interrompues. Tête noire avec une grande tache triangulaire jaune sur l'épistome et des taches jaunes assez grandes à l'orbite interne des yeux ; mandibules jaunes avec l'extrémité noire. Antennes de 16 articles, fauves avec le premier article jaune, le second noir ; appendices flabelliformes brun foncé, les intermédiaires égaux à trois des articles des antennes. Thorax noir avec une bordure jaune interrompue au bord du pronotum, les écaillettes, quatre taches obliques sur le mesonotum et une autre grande tache sur les mésopleures, jaunes ; pattes jaune clair avec les hanches, les trochanters et la base des cuisses antérieures et intermédiaires, noirs, hanches postérieures tachées de jaune ; tarses testacés, rembrunis à l'extrémité. Ailes hyalines, jaunâtres, un peu enfumées à l'extrémité ; nervures et stigma fauves. Abdomen noir avec une tache jaune de chaque côté du premier segment, les autres segments bordés de jaune assez largement, les fascies des segments 2 à 4 interrompues d'une manière de plus en plus étroite ; ventre noir avec les segments 4 et 5 tachés latéralement de jaune, les suivants fasciés de jaune, tarière noire. Long. 10 mm. Env. 21 mm. **Gratiosa**, MOCSARY. ♀

PATRIE : Espagne (Grenade).

27 Troisième article des antennes noir. Tête noire avec la face, excepté les fossettes des antennes, jaune ; vertex avec une ligne jaune semi-circulaire interrompue et rameuse ; antennes de 15 articles, noirâtres, avec le premier article noir et portant seulement une petite ligne claire très ténue au côté interne (♂) ; jaune chez la ♀ ; le deuxième et le troisième sont aussi noirs, les suivants passent au brun. Appendices flabelliformes égaux à un ou un article et demi. Thorax noir avec le pronotum presque entièrement jaune, quatre lignes obliques de la même couleur sur le mesonotum, mésopleures tachées de jaune ; pattes jaune rougeâtre clair avec les hanches, les trochanters et la base des cuisses, noirs ; tarses testacés. Ailes lavées de jaune, nervures et stigma testacés. Abdomen noir avec deux taches latérales jaunes sur le premier segment, deux autres plus grandes sur les côtés du second, une fascie à peine interrompue sur le bord du troisième, enfin tous les suivants bordés entièrement de jaune ; ventre noir avec le bord des derniers segments jaune. Long. 10 à 11mm. Env. 24mm.

Bucephala, KLUG.

PATRIE : Espagne, Portugal.

— Troisième article des antennes jaune ou testacé. 28

28 Appendices antennaires inférieurs égaux à deux articles. Tête noire, mandibules, trois taches sur le front et quatre lignes sur le vertex, jaunes; antennes jaunes, deuxième article noir; appendices flabelliformes allongés. Thorax noir avec les lobes du pronotum, deux lignes formant un angle à l'extrémité du lobe médian du mesonotum et deux autres lignes obliques sur les lobes latéraux, jaunes ainsi que de petites taches sous l'insertion des ailes; pattes jaunes avec les hanches, les trochanters et la base des cuisses antérieures et intermédiaires, noirs. Ailes ferrugineuses, nervures brunes vers le bout de l'aile, testacées à la base; stigma testacé ou brun avec la base plus jaune. Abdomen noir; les deux premiers ou seulement le second segments tachés latéralement de jaune, les suivants bordés de la même couleur; segment anal jaune en entier chez le ♂, noir bordé de jaune chez la ♀; ventre (♂) jaune avec la base des segments noire, ou (♀) noir avec deux fascies jaunes vers l'extrémité. Long. 11 à 12ᵐᵐ. Env. 25ᵐᵐ. **Flabellicornis**, Germar.

Patrie : Illyrie.

— Appendices antennaires inférieurs égaux à quatre articles. Tête noire, partie externe des mandibules jaune; antennes de 16 articles, dont le premier est jaune clair, le deuxième noir et les suivants testacés. Thorax noir avec le pronotum bordé de jaune et le mesonotum marqué de quatre taches de même couleur; pattes jaunâtres avec la base noire. Ailes jaunâtres; nervures et stigma testacés. Abdomen noir avec le premier segment taché latéralement de jaune ainsi que le second, les suivants bordés de jaune; ventre noir avec deux fascies jaunes vers son extrémité. Long. 11ᵐᵐ. (Cette espèce n'est peut-être qu'une variété de la précédente).

Coronata, Zaddach. ♀

Patrie ? (Européenne).

47e GENRE. — LYDA, Fabricius, 1801 (89)

Lyda, de Lydie (?).

Tête large, aplatie; antennes longues, sétiformes, de 18 à 36 articles. Pattes munies d'épines au milieu des tibias postérieurs et intermédiaires, quelquefois aussi au milieu des antérieurs. Ailes grandes, à nervulation d'aspect différent de celle des autres Tenthrédines, avec deux cellules radiales, quatre cellules cubitales, dont la deuxième et la troisième reçoivent chacune une nervure récurrente; cellule lancéolée divisée par une nervure oblique, ailes inférieures avec deux cellules discoïdales fermées. Abdomen large, aplati.

Les sexes se distinguent facilement par la forme du dernier arceau ventral.

1	Tibias antérieurs armés d'une épine médiane.	2
—	Tibias antérieurs sans épine médiane.	8
2	Abdomen bleu foncé.	3
—	Abdomen noir et jaune, ou rouge.	4

3 Ailes subhyalines.

♂. Tête bleue avec l'épistome et la bouche jaunes; antennes noires, de 26 articles, dont le premier est très-épais. Thorax bleu brillant, pattes bleues avec les genoux, les tibias et les tarses antérieurs jaunes. Ailes blanches, hyalines, avec l'extrémité un peu troublée; nervures et stigma brun noir. Abdomen bleu.

♀. Semblable au ♂, sauf que la tête est testacée avec seulement le vertex et le front tachés de bleu et que les tibias antérieurs sont noirs. Long. 11 à 12mm. Env. 25mm. **Flaviceps**, Retzius.

Patrie : Allemagne, Autriche, Suède.

— Ailes enfumées.

♂. Tête bleue avec l'épistome, les mandibules et tout le bas de la face jusqu'aux antennes, blanc jaunâtre ; antennes noires, de 30 articles. Thorax bleu brillant métallique ; pattes bleues avec les genoux, les tibias et les tarses antérieurs testacés ; l'extrémité des tarses est seulement un peu plus sombre ; tibias et tarses intermédiaires et postérieurs noirs. Ailes enfumées avec l'extrémité plus claire ; nervures et stigma noirs. Abdomen bleu, violacé vers sa base.

♀. Tête testacée avec la région des ocelles bleue et l'extrémité des mandibules noire ; antennes noires. Thorax bleu ; pattes bleues avec les genoux, les tibias et les tarses antérieurs testacés, ces derniers rembrunis ; tibias et tarses intermédiaires et postérieurs noirs. Ailes enfumées, surtout vers la base ; nervures et stigma noirs. Abdomen bleu. Long. 12mm. Env. 24mm. **Erythrocephala**, Linné.

La larve adulte a une longueur de 25mm environ; elle a le corps gris verdâtre brillant, marqué de séries de points plus sombres et avec les plaques cornées des segments thoraciques noir luisant; extrémité anale jaunâtre, pattes rougeâtre clair avec l'article basilaire noir ; tête jaune pouvant passer au brun avec quelques taches noirâtres. Elle vit en société, en mai et juin, dans des nids soyeux qu'elle attache aux rameaux de différents pins, *Pinus pumilio, picea larix, abies* et surtout *sylvestris*. Ce nid, d'après Hartig, plus ou moins garni d'excréments, est arrondi, de la dimension d'une noix verte et fixé de préférence aux pousses de l'année précédente, à peu de distance du sol. En juillet ou en août, ces larves s'enfoncent en terre, y passent tout l'hiver pour donner naissance à l'insecte parfait dans les derniers jours d'avril ou la première quinzaine de mai. La ♀, après accouplement, pond sur les aiguilles de l'année précédente, les nouvelles étant encore trop peu développées. Les larves ont pour parasites:

Paniscus testaceus, Grav. — *Ichneumonide.*

PATRIE : Angleterre, France, Suisse, Tyrol, Allemagne, Autriche, Russie, Suède.

4 Stigma clair avec la base noire, ou clair en entier. 5

— Stigma noir. 7

5 Stigma rougeâtre unicolore. Tête noire avec les parties de la bouche, le bas de la face, l'intervalle des antennes et des lignes ou taches sur le vertex, jaunes, ces dernières plus grandes et plus visibles chez la ♀ que chez le ♂ qui en est quelquefois presque dépourvu ; antennes testacées avec les deux articles basilaires noirs ou tachés de noir, de 32 articles. Thorax noir avec le bord du pronotum, deux taches triangulaires, contiguës quelquefois peu distinctes, sur le lobe médian du mesonotum et, le plus souvent, deux lignes obliques sur les lobes latéraux, jaunes ainsi que les écaillettes ; poitrine et mésopleures presque entièrement jaunes, surtout chez la ♀; pattes jaunes avec les genoux, les tibias et les tarses passant au testacé, ces derniers plus ou moins rembrunis ; les hanches, les trochanters et les cuisses en partie noirs en dessus chez le ♂. Ailes hyalines, un peu grises à l'extrémité, plus largement chez le ♂ ; nervure costale et stigma testacés ou ferrugineux, les autres nervures noires ou brunes ; nervure intercalaire bifurquée. Abdomen noir en dessus avec ses côtés plus ou moins largement testacés ; arceaux ventraux jaunes, rayés ou tachés de noir à leur base. Long. 12mm. Env. 24mm.

Stellata, CHRIST.

La larve, à l'état adulte, mesure 25mm de longueur. Elle est verte ou olivâtre en dessus, jaune sur les côtés; les plaques thoraciques sont brun sombre, le dos porte une ligne longitudinale brune et les côtés en offrent chacun une semblable; le segment anal est en partie jaune ; pattes brunes. La tête est jaune brunâtre parsemée de points noirs. Elle vit en juin et juillet jusqu'au milieu d'août ; elle reste solitaire et chacune enveloppe les rameaux de fils soyeux sous lesquels elle s'abrite ; c'est aussi sur le *Pinus sylvestris* qu'on la rencontre, parfois sur le *P. pumilio*. En août, elle se laisse tomber, entre en terre et livre son insecte parfait en mai suivant. Celui-ci pond bientôt, sur les jeunes aiguilles du pin, des œufs allongés, pointus, de couleur verte, qui éclosent huit jours plus tard. On a reconnu comme étant parasites des œufs :

L'Entedon ovulorum, Rtz. — *Chalcidite.*

Et de la larve

Tachina larvarum, Maq. — *Diptère.*

PATRIE : Angleterre, France, Hollande, Suisse, Tyrol, Allemagne, Suède, Russie.

— Stigma clair avec la base noire ou bleue. 6

6 Abdomen rouge sur les bords, noir au milieu. Tête noire avec la bouche et divers dessins jaune pâle ; antennes ferrugineuses avec le bout un peu obscur et le premier article noir, au moins en partie ; de 23 à 26 articles. Thorax noir avec le bord du pronotum, au moins sur les côtés, une tache triangulaire sur l'angle apical du lobe médian du mesonotum, deux taches obliques sur les lobes latéraux et une partie des mésopleures, jaunes ainsi que les écaillettes ; pattes noires avec le bout des cuisses, les tibias et les tarses d'un ferrugineux pâle. Ailes hyalines avec une bande enfumée occupant toute la première cellule radiale, la seconde cubitale et allant, en s'affaiblissant, jusqu'au bord postérieur de l'aile. Nervures et stigma noirs, ce dernier jaunâtre dans sa moitié apicale ; ailes inférieures enfumées sur leur moitié externe. Abdomen noir, étroitement bordé de ferrugineux pâle ou de testacé sur les côtés, avec le bord postérieur des segments un peu nuancé de blanchâtre ; la partie repliée des arceaux dorsaux ferrugineuse et tachée de noir ;

arceaux ventraux noirs. bordés de blanc ; chez le ♂, le dernier segment est entièrement ferrugineux. Long. 10 à 11mm. Env. 22mm. **Laricis**, Giraud.

Trouvé en juin et au commencement de juillet sur de jeunes mélèzes (*Pinus larix*).

Patrie : Autriche.

— Abdomen noir à la base et à l'extrémité, testacé au milieu. Tête noire ; épistome taché triangulairement de jaune en son milieu, bordé aussi de jaune chez le ♂; yeux bordés intérieurement de jaune, antennes jaune clair (♀), brunâtres surtout vers l'extrémité, avec le premier article jaune taché de noir en dessus (♂), de 34 à 36 articles. Thorax noir presque en entier chez le ♂, avec seulement les écaillettes et une tache sous l'insertion des ailes, testacé sombre ; chez la ♀, il est noir avec la pointe du lobe médian du mesonotum jaune clair ainsi que les écaillettes et le scutellum ; poitrine noire ; pattes jaunes avec les hanches, les trochanters et la base des cuisses, noirs ; chez la ♀, les cuisses sont noires jusqu'aux genoux ; tarses testacés. Ailes jaunâtres avec l'extrémité grise ; nervures testacées, sauf vers l'extrémité où elles deviennent brunes ; stigma testacé sur la moitié apicale, noir sur la base qui surmonte une tache très-sombre occupant le tiers basilaire de la première cellule radiale et noircissant en même temps les portions de nervures qu'elle touche. Abdomen testacé avec le premier segment, le milieu du sixième et les trois derniers en entier, noirs ; le septième est souvent aussi plus ou moins largement testacé sur les côtés ; les mêmes couleurs se reproduisent sous le ventre. Long. 11 à 17mm. Env. 22 à 34mm. **Campestris**, Linné.

La larve, longue de 25 à 40mm, est vert olivâtre avec des bandes noires en dessus et en dessous et des series de taches noires de chaque côté du dos ; la plaque cornée du premier segment thoracique est verte, bordée de brun ; les pattes sont verdâtres, et la tête est jaune, très-finement couverte de points noirs. — Elle vit, en juillet et août, solitairement dans un nid soyeux, dont elle recouvre les jeunes rameaux du *Pinus sylvestris*, et qui est garni de ses excréments. L'insecte parfait vient au jour au mois de mai. On a indiqué comme ses parasites :

Exetastes fulvipes, Grav. — *Ichneumonide.*
Sigalphus Tenthredinum, Htg.— —

PATRIE : France, Espagne, Allemagne, Autriche, Suède.

7 Pronotum testacé en partie. Tête noire plus ou moins largement testacée sur la face et l'occiput ; antennes testacées, quelquefois noires à la base en dessus, de 32 articles. Thorax noir avec les côtés du pronotum, les écaillettes et des taches sur les méso-pleures, rouges ou testacés ; pattes testacées avec les hanches, les trochanters et le côté interne des cuisses, noirs ou tachés de noir. Ailes brunâtres avec les nervures et le stigma noirs. Abdomen noir en dessus avec les côtés et le bord de quelques segments brun rouge ; ventre rougeâtre, un peu taché ou bordé de noir. Long. 14mm. Env. 28mm.

Populi, LINNÉ.

PATRIE : France, Allemagne, Suède.

— Pronotum entièrement bleu obscur. Tête vert bleuâtre obscur, avec seulement les mandibules ferrugineuses chez le ♂ ; chez la ♀, la tête est rouge cerise avec toute la face, jusqu'au bord postérieur des ocelles, d'un vert obscur bronzé ; bord de l'épistome et mandibules ferrugineux ; antennes de 24 à 28 articles avec le scape noir, les deuxième et troisième articles noirs en dessus, fauves en dessous, les suivants fauves, les derniers bruns ; souvent, chez le ♂, le troisième article est entièrement clair et les derniers passent au brun foncé. Thorax bleu verdâtre obscur ; écaillettes noires. Pattes noir bleuâtre ; les tibias et les tarses testacés en entier chez le ♂, seulement aux pattes antérieures chez la ♀. Ailes subhyalines ; nervures et stigma noirs. Abdomen rouge cerise avec le premier segment, une partie du second et une grande tache apicale comprenant les deux derniers segments et une partie des deux précédents, d'un bleu violet ; chez le ♂, le second segment est entièrement bleu ainsi qu'une partie du troisième. Long. 10 à 14mm. Env. 25mm. **Pumlionis**, GIRAUD.

Trouvé au milieu de juillet, sur le *Pinus pumilio*.

PATRIE : Autriche.

8 Stigma brun ou noir avec la base plus claire. 9

— Stigma entièrement clair ou entièrement brun foncé ou noir. 16

9 Corps entièrement bleu foncé. Tête bleu obscur, ponctuée, pubescente, avec une petite tache claire vers la base des mandibules ; celles-ci entièrement jaunes, un peu fauves, avec les dents ferrugineuses ; antennes noires, de 24 articles. Thorax bleu sombre, les lobes latéraux du mesonotum, les écaillettes et l'écusson presque noirs ; pattes bleu verdâtre, les tibias et les tarses noirâtres, excepté la face externe des tibias postérieurs qui est blanche sur les deux tiers basilaires. Ailes hyalines, nervures brunes, stigma noir avec une petite tache testacé obscur à la base. Abdomen bleu verdâtre ; ventre garni d'une pubescence grise, plus obscure vers le bout anal. Long. 9mm. Env. 18mm. **Mandibularis.** TASCHENBERG. ♀

Trouvé fin mai sur le chêne.

PATRIE : France, Allemagne.

— Corps noir ou noir et jaune. 10

10 Troisième article des antennes presque deux fois plus long que le quatrième. 11

— Troisième article des antennes à peine plus long que le quatrième. **15**

11 Premier article des antennes jaune. Tête noire, un peu bronzée, avec le bas de la face et de l'orbite des yeux jaune ; antennes brunes avec le premier article et la base du second jaunes, de 25 articles. Thorax noir avec les lobes du pronotum, les écaillettes et une tache au dessous de l'insertion des ailes, jaunes ; pattes entièrement jaunes avec la base des hanches noire et les tarses rougeâtres. Ailes hyalines ; nervures costale et sous-costale et la base de celles qui aboutissent à l'insertion, jaunes ainsi que la moitié basilaire du stigma ; le reste des nervures et du stigma brun noir. Abdomen testacé avec l'extrémité (7e et 8e segments) noirâtre. Long. 9mm. Env. 19mm. **Alternans,** Costa.

Patrie : Naples.

— Premier article des antennes noir au moins en dessus. **12**

12 Scutellum clair ou taché de couleur claire. **13**

— Scutellum entièrement noir. **14**

13 Ailes avec une fascie brune. Tête noir bronzé avec l'épistome, une tache sous les antennes et à l'orbite intérieur des yeux, ainsi que quatre lignes sur le vertex et une grande tache sur les joues, jaunes ; antennes testacées avec le premier article noir au moins en dessus. Thorax noir avec le bord du pronotum, une tache à l'angle apical du lobe médian du mesonotum, d'autres taches sur la poitrine, les écaillettes, le scutellum et le postscutellum d'un blanc jaunâtre ; pattes jaunes avec la base des hanches noire. Ailes hyalines avec une fascie brune qui va du stigma à l'angle postérieur des ailes antérieures et s'étend aussi sur l'extrémité des ailes postérieures ; nervures brunes. Stigma jaune avec l'extrémité foncée. Abdomen jaune rougeâtre avec les deux ou trois segments basilaires noirs ; les derniers segments sont rayés ou ponctués de noir à leur base. Long. 10 à 11mm. Env. 20mm.

Vafra, LINNÉ.

PATRIE : France, Allemagne, Hongrie, Suède.

— Ailes non fasciées de brun. Tête noire plus ou moins tachée de jaune, bouche jaune ; antennes noires. Thorax noir avec le bord du pronotum, les écaillettes, et le scutellum blancs ; pattes testacées. Ailes hyalines, nervures brunes, stigma brun sur une moitié et jaune sur l'autre. Abdomen noir avec les segments 3 à 5 rouges ou fauves. Long. 11mm.

Arbustorum, FABRICIUS.

PATRIE : Angleterre, France, Allemagne, Suède, Russie.

14 Ailes fasciées de brun. Tête noir profond, mandibules ferrugineuses; antennes noires, de 28 articles, avec l'extrémité du quatrième article et tous les suivants jusqu'au onzième, jaune blanchâtre ; en dessous de la base du premier article se trouve un point blanc. Thorax noir brillant ; pattes noires ; tibias antérieurs ferrugineux avec l'extrémité brune, genoux antérieurs ferrugineux. Ailes hyalines, très-légèrement brunâtres avec une fascie noirâtre allant du stigma à l'angle postérieur des ailes antérieures et envahissant aussi l'extrémité des ailes postérieures ; nervures noires ; stigma noir avec la pointe jaune. Abdomen noir brillant, violacé sur les côtés avec les segments 2 à 5 ferrugineux et marqués seulement de noir en leur milieu en forme de tache triangulaire. Long. 9 à 11mm. Env. 20 à 22mm.

Hartigii, BREMI.

PATRIE : Suisse.

— Ailes sans fascie brune. Tête noire avec la bouche et une ligne étroite sur l'orbite des yeux, jaunes; antennes noires à la base (le reste manque). Thorax noir, écaillettes jaunes; pattes jaunes avec la base noire jusqu'au milieu des cuisses. Ailes hyalines, nervures brunes, stigma brun avec la base jaune. Abdomen noir avec la moitié postérieure du troisième segment, le quatrième et le cinquième en entier et les bords latéraux du sixième, brun rouge. Long. 11mm. **Arbuti**, ZADDACH.

PATRIE : Allemagne.

15 Scutellum jaune. Tête noire avec une ligne jaune allant de l'orbite interne des yeux au bord postérieur du vertex ; mandibules jaunes ; antennes de 24 ou 25 articles, brunes avec les articles basilaires noirs. Thorax noir, écaillettes et scutellum jaunes ; pattes noires jusqu'au milieu des cuisses, jaunes ensuite avec l'extrémité des tibias et des articles des tarses testacée. Ailes hyalines ; nervures et stigma bruns, ce dernier jaune à la base. Abdomen avec les deux premiers segments noirs, le troisième testacé avec la base noire, les trois suivants testacés, le sixième a seulement un peu de noir sur le bord, le septième est noir avec les bords latéraux jaunes et les deux derniers sont entièrement noirs. Long. 9mm. Env. 16,1/2mm. **Jucunda**, EVERSMANN.

PATRIE : Russie (Oural).

— Scutellum noir. Tête jaune blanchâtre avec les joues, une tache au dessus des yeux, le front et le vertex depuis l'insertion des antennes, noirs ; antennes de 20 à 23 articles, ferrugineuses avec le premier article plus jaune. Thorax noir avec les lobes du pronotum et les écaillettes jaune pâle ; pattes jaune pâle, un peu ferrugineuses sur les tarses. Ailes jaunâtres jusqu'au stigma, subhyalines ou grisâtres ensuite ; nervures jaunes de la base à la moitié de l'aile, brunes ensuite ; stigma brun avec la moitié basilaire jaune pâle. Abdomen avec le premier (♀) ou avec les deux premiers (♂) segments noirs ainsi que les segments 6, 7 et 8 ; les segments 2 à 5 et le dernier sont ferrugineux. Long. 10 à 11mm. Env. 20 à 22mm. (Pl. XXII. fig. 6). **Inanita**, DE VILLIERS.

La larve a 14 à 15mm de longueur ; son corps est vert tendre ou légèrement jaunâtre, ridé transversalement; pattes vertes. Tête fauve pâle un peu verdâtre. — On la trouve de juin à août sur les rosiers, les églantiers et les noisetiers. — Elle ronge les feuilles et vit solitaire dans une sorte de fourreau très-curieux qu'elle sait se construire. « Il a la forme d'un tube un peu conique, ouvert aux deux bouts ; sa longueur varie selon l'âge de la larve et atteint quelquefois cinq centimètres. Il est formé d'un nombre variable de lanières étroites et assez longues, detachées du bord d'une feuille, enroulées en spirale et comme imbriquées les unes sur les autres de telle manière que le bord de la lanière formé par celui de la feuille se trouve toujours en bas et en dehors, tandis que le bord opposé, qui est sans aspérités, se trouve plus directement en rapport avec la larve. Quelques fils de soie servent à fixer toutes les spires entre elles. A mesure que la larve grandit, elle allonge son tuyau en y ajoutant une nouvelle pièce et l'agrandit en même temps. C'est dans ce tuyau protecteur qu'elle se tient entièrement cachée, à moins qu'elle ne veuille chercher sa nourriture ou changer de place, Dans le premier cas, elle dégage la moitié ou les trois quarts de son corps pour atteindre la partie de la feuille qu'elle va entamer. Veut-elle se transporter sur un point voisin, elle se dégage de son sac de manière que son extrémité anale seule ne s'en sépare pas ; elle jette alors quelques fils de soie entre l'orifice du sac et le point qn'elle veut atteindre, puis fixant ses pattes sur ce point, elle ramène vivement son corps et le fourreau avec lui, surmontant ainsi tous les obstacles qui peuvent résulter de l'entrelacement des feuilles et du sac. Cette progression, quoique laborieuse, lui permet cependant, non seulement de changer de feuille, mais de se porter d'un rameau sur un autre. Comme toutes ses congénères, elle est fort craintive, le moindre mouvement l'effraie et elle se retire précipitamment dans son abri. » (1). En août, elles se laissent tomber sur la terre, s'y enfoncent et

(1). Giraud, Soc. Zool. bot. Vienne 1861. p. 90.

s'y internent dans une petite loge unie et nue. A la fin d'avril ou en mai suivant, l'insecte parfait naît et procède immédiatement au rôle reproducteur qu'il a à remplir. Il est encore utile d'ajouter que le fourreau complet comprend environ 10 spires et que sa partie extérieure présente la surface supérieure de la feuille. Enfin ce fourreau reste souvent fixé à la feuille et par conséquent vert, ce qui doit se produire plus fréquemment quand la larve vit sur un arbre à larges feuilles, comme le noisetier, que lorsqu'elle se tient sur le rosier ; car la nourriture lui fait alors plus vite défaut. Giraud cite comme étant son parasite :

Odynerus spiricornis, Spin. — *Vespide.*
qui en approvisionne son nid.

PATRIE : Angleterre, France, Allemagne, Autriche, Suède, Russie.

16 Stigma blanc, jaune, ferrugineux ou testacé. **17**

— Stigma noir ou brun foncé. **35**

17 Ailes hyalines ou jaunes. **18**

— Ailes maculées de taches brunes, ou entièrement noirâtres, ou fasciées de brun ou de jaune. **31**

18 Tête en grande partie noire, tachée seulement de jaune. **19**

— Tête en grande partie jaune, tachée seulement de noir. **27**

19 Ailes hyalines, transparentes. **20**

— Ailes teintées de jaunâtre. **24**

20 Stigma jaune clair ou ferrugineux. **21**

— Stigma brun, seulement plus clair que les nervures. Tête noire avec deux lignes jaunes sur le vertex ; antennes noires, plus claires sur la moitié basilaire, avec les deux premiers articles noirs ou en partie noirs, de 22 articles. Thorax noir avec les lobes du pronotum, les écaillettes, le scutellum et le postscutellum jaune pâle ; pattes jaune paille avec la base des hanches noire et les tarses testacés. Ailes hyalines, nervures brunes, stigma brunâtre clair, les contours plus foncés que le milieu. Abdomen noir, pouvant passer au bleu ou au violacé, avec l'extrême bord du troisième, les quatrième et cinquième segments tachés de rouge avec au moins la base noire ; tous les segments finement bordés de blanc ; ventre noir avec les segments largement bordés de blanc (♀), à peu près entièrement jaunâtre (♂). Long. 10mm. Env. 20mm. **Balteata**, Fallén.

La larve vit sur les rosiers.

Patrie : France, Allemagne, Autriche, Suède, Russie.

21 Troisième article des antennes moins de deux fois aussi long que le quatrième. Tête noire avec le bord de l'épistome et quatre bandes ou taches sur le vertex, jaune clair; mandibules jaunes avec l'extrémité ferrugineuse ; antennes de 22 articles, brunes avec les deux articles basilaires noirs ou tachés de noir. Thorax noir avec le bord des lobes du pronotum, les écaillettes, le scutellum et le postscutellum jaune clair ; pattes jaune paille avec la base des hanches noire et les tarses ferrugineux. Ailes hyalines, nervures de la base presque blanches, les autres brunes ; stigma jaune ou testacé très-clair. Abdomen noir ou violacé avec tous les segments tachés de blanc sale sur les côtés et finement bordés de la même couleur ; les segments 4, 5, 8 et 9 sont en partie rouges, la couleur rouge est encore plus étendue chez le ♂. Ventre jaune clair avec la base de tous les segments noire. Long. 10mm. Env. 20mm.

Stramineipes, Hartig.

A pour parasite :

Tryphon pyriformis, Rtzb. — *Ichneumonide.*

Patrie : France, Allemagne.

— Troisième article des antennes plus de deux fois aussi long que le quatrième. **22**

22 Abdomen avec les segments apicaux noirs. **23**

— Abdomen avec les segments apicaux jaunes. Tête noire avec les mandibules, l'épistome, l'orbite des yeux, les joues et de nombreuses bandes ou taches sur le vertex, jaunes, surtout chez la ♀ ; le ♂ n'a que la face, les joues et souvent deux petites lignes sur le vertex qui sont jaunes ; antennes brunes, surtout en dessus, de 22 articles, avec les deux articles basilaires jaunes et tachés de noir en dessus. Thorax noir avec le bord du pronotum, les écaillettes, une tache triangulaire sur le lobe médian du mesonotum, deux lignes ou taches sur ses lobes latéraux, le scutellum, le postscutellum, une partie des mésopleures et de la poitrine, jaune clair ; ces taches sont surtout nombreuses chez la ♀ et elles peuvent disparaître en partie ; chez le ♂, il peut n'en subsister en dessus que le bord du pronotum, les écaillettes et une tache sur le disque du scutellum ; pattes jaunes avec les tarses testacés ou plus ou moins rembrunis. Ailes hyalines ; nervures jaunes vers la base de l'aile, brunes ensuite ; stigma jaune clair. Abdomen jaune avec le premier ou les deux premiers segments noirs ou tachés de noir, les côtés des autres segments marqués seulement d'une tache noire arrondie. Ventre jaune en entier ou rayé de noir à la base des segments. Long. 10mm. Env. 20mm. (Pl. XXII. fig. 5 et 8). **Depressa**, SCHRANCK.

La larve, longue de 20 à 25mm, est jaune ou verdâtre, plus obscure sur le dos avec des points ou des lignes brunes sur la tête, le premier segment thoracique et à la base des pattes. La tète est jaune.— Elle vit en juin et juillet, sur l'aulne (*Alnus glutinosa*, *Alnus incana*), elle reste solitaire et s'abrite sous le bord des feuilles qu'elle roule en forme de tube et qu'elle maintient en cet état au moyen de quelques fils de soie. Elle ne sort de cet abri que pour chercher sa nourriture et ronger le bord de la feuille. En août, elle gagne la terre, s'y enfonce assez profondément et s'y loge dans une cavité nue. L'insecte parfait paraît en avril ou mai.

PATRIE : Angleterre, France, Suisse, Hollande, Allemagne, Autriche, Russie, Suède.

23 Segments intermédiaires de l'abdomen orangés, non bordés de jaune. Tête noire avec la face jaune ; antennes de 19 articles, jaunes à la base, brunes sur le reste de leur longueur. Thorax noir avec les angles du pronotum, les écaillettes, le scutellum et le postscutellum jaunes; pattes entièrement jaune pâle. Ailes hyalines, nervures brunes, sauf vers la base de l'aile où elles sont jaunes ; nervure costale et stigma jaune pâle. Abdomen orangé avec le premier segment, la base du second, et les derniers à partir du sixième noirs ; ventre plus clair. Long. 8mm. Env. 16mm. **Aurantiaca**, GIRAUD.

PATRIE : Autriche.

— Segments intermédiaires de l'abdomen rouges, bordés de jaune. Tête noire tachée de jaune sur l'épistome, le front, les orbites des yeux et le vertex ; mandibules jaunes à la base, noires au milieu, ferrugineuses à l'extrémité. Antennes de 23 articles, testacées avec la pointe plus sombre et le premier article jaune. Thorax noir avec le bord du pronotum, les écaillettes, la pointe du lobe médian du mesonotum, quelquefois des taches sur les lobes latéraux, le scutellum, le postscutellum et souvent des lignes pectorales jaunes, ou bien jaune taché de noir ; pattes jaune clair avec la base des hanches noire et les tarses un peu testacés. Ailes subhyalines, un peu jaunâtres ; nervures brunes excepté celles de la base qui sont jaunes ; nervure costale et stigma jaunes. Abdomen avec le premier et le deuxième segments noirs ainsi que le milieu au moins du troisième, et les segments 6, 7 et 8 ; segments 4 et 5 rouges tachés de noir avec les côtés jaunes; cette bordure jaune se prolonge sur les segments suivants jusqu'au neuvième qui est testacé, bordé de jaune ; la partie repliée des arceaux dorsaux est jaune ; les arceaux ventraux sont noirs, plus ou moins largement bordés de jaune clair. Long. 11mm. Env. 25mm. **Latifrons**, FALLÉN.

PATRIE : Allemagne, Suède.

24 Ailes seulement teintées de jaunâtre. 25

— Ailes jaune sombre avec l'extrémité blanche. Tête noire avec la face testacée; antennes de 23 articles, testacées avec l'article basilaire jaune clair. Thorax noir avec seulement les angles extrêmes du pronotum, les écaillettes, le scutellum et le postscutellum jaune clair ; pattes jaune clair. Ailes jaune sombre, nervures testacées vers la base, brun sombre ensuite ; nervure costale et stigma testacés. Abdomen noir sur les segments 1 et 6 à 8 ; du deuxième au cinquième, il est en dessus et en dessous brun rouge clair ; le neuvième segment est jaune clair. Long. 12mm. Env. 24mm. **Neglecta**, ZADDACH. ♀

PATRIE : Autriche.

25 Vertex lisse. Tête noire tachée de jaune ; antennes brunes avec les deux articles basilaires noirs ou tachés de noir, de 22 articles. Thorax noir avec différents dessins jaunes, se bornant, chez le ♂, au bord du pronotum et aux écaillettes, s'étendant au contraire, chez la ♀, sur les lobes du mesonotum, le scutellum et la poitrine : pattes jaunes avec la base des hanches noires. Ailes légèrement jaunâtres ; nervures brunes, plus claires vers la base de l'aile, nervure costale et stigma jaunes. Abdomen rouge sur les segments intermédiaires, un peu bordé de jaune et noir sur les 2 ou 3 premiers et sur les trois

derniers segments. Long. 11^{mm}. Env. 23^{mm}.

Infida, ZADDACH.

PATRIE : Russie, Sibérie.

— Vertex ponctué et plus ou moins rugueux. 26

26 Antennes brunes, plus claires en dessous, avec l'article basilaire jaune taché de noir. Tête noire tachée de jaune sur l'épistome et le vertex. Thorax noir taché de jaune en dessus et en dessous chez la ♀, noir presque entier, excepté au bord du pronotum et sur les écaillettes, chez le ♂; pattes jaunes avec la base des hanches noires. Ailes jaunâtres, nervures brunes, stigma ferrugineux. Abdomen noir avec le bord latéral jaune et les segments intermédiaires rouges. Long. 10^{mm}. Env. 20^{mm}.

Pallipes, FALLÈN.

PATRIE : Allemagne, Suède.

— Antennes pas plus claires en dessous qu'en dessus, testacées avec le premier article jaune.

Latifrons, FALLÈN. (V. nº 23).

27 Pattes entièrement jaune clair. 28

— Pattes jaunes, rayées de noir sur les cuisses. Tête testacée, marquée de lignes et de points noirs ; antennes de 19 articles, rouges avec les deux premiers articles tachés de noir, l'extrémité brune ou noirâtre, le troisième article à peine aussi long que les deux suivants. Thorax testacé en dessus, jaune clair en dessous, avec des taches noires sur les lobes du mesonotum et le metanotum, ainsi que sur la poitrine ; pattes jaune clair avec les genoux les tibias et les tarses testacés, les hanches et les trochanters un peu tachés de noir et les cuisses rayées de noir. Ailes hyalines, rougeâtres, avec la nervure costale et le stigma de la même couleur, les autres nervures brunes. Abdomen noir en dessus avec ses côtés et le bord des segments finement rayés de jaune; ventre jaune clair. Long. 9mm. Env. 20 mm. **Fulvipennis**, ZADDACK.

PATRIE: Angleterre. Allemagne, Autriche.

28 Abdomen noir avec seulement les côtés et le dernier segment jaunes. Tête jaune avec une grande tache noire sur le vertex; antennes testacées, de 20 articles. Thorax noir avec les lobes du pronotum et les écaillettes jaune pâle; mesonotum quelquefois finement rayé de couleur pâle. Scutellum rarement taché d'un point pâle; mésopleures, tachés de jaune pâle, pattes jaunes avec les tibias et les tarses testacés. Ailes hyalines, à peine jaunâtres; nervure costale et stigma jaunes; les autres nervures jaunes sur la base de l'aile, brunes sur le reste. Abdomen noir en dessus avec ses bords latéraux et le segment anal jaune pâle; ventre noir avec le bord des segments largement coloré en jaune. Long. 10 mm. — Env. 20mm **Marginata**, LEPELETIER.

PATRIE: France, Allemagne, Suède.

— Abdomen testacé ou seulement taché ou rayé de noir. 29

29 Abdomen avec seulement le premier segment et des points latéraux noirs.
Depressa, SCHRANCK. (V. n° 22).

— Abdomen plus ou moins taché de noir, ailleurs qu'au premier segment et sur les côtés. 30

30 Abdomen presque entièrement testacé à partir du troisième segment, les suivants seulement rayés de noir à leur base, et avec les bords latéraux jaunes. Tête en grande partie jaune diversement tachée de noir sur le front, le vertex et autour des yeux; antennes de 23 articles, testacées, un peu brunâtres à

la pointe, jaunes à l'article basilaire. Thorax noir avec le pronotum largement bordé de jaune, les écaillettes, une tache triangulaire à la pointe du lobe médian du mesonotum, deux autres sur chacun des lobes latéraux, le scutellum, le post-scutellum et une ligne oblique sur les mésopleures, jaunes; pattes entièrement jaune clair ou testacées. Ailes grandes, jaunâtres, nervure costale et stigma jaunes, les autres nervures jaunes, à la base de l'aile, brunes à partir du niveau du stigma. Abdomen avec le premier, le second et le milieu du troisième segments noirs; les suivants jaune sombre ou testacés avec les bords latéraux jaune clair et la base des segments 6, 7 et 8 noire. Ventre jaune clair avec la base de tous les segments noire. Long. 11mm. Env. 25mm. **Histrio**. LATREILLE. ♀

Trouvé sur *Carpinus* ou *Populus tremula*.

PATRIE : France, Allemagne.

— Abdomen noir presque en entier avec seulement une tache rougeâtre au milieu du dos et les bords latéraux jaunes. **Latifrons,** FALLÈN (V. n° 23).

31 Ailes traversées par une fascie brune ou jaune plus ou moins apparente. 32

— Ailes mélangées de taches pâles et d'autres foncées. Tête noire avec une partie de l'épistome, l'orbite des yeux, les yeux et quelques taches sur le vertex jaune pâle; antennes noires, de 31 à 32 articles, le troisième garni de bourrelets qui lui donnent l'apparence de quatre articles différents. Thorax noir; pronotum et écaillettes jaune pâle; pattes noires avec les hanches postérieures tachées de jaune pâle à leur base. Ailes grandes; nervures costale, sous-costale et l'espace qui les sépare presque blancs, ainsi que le stigma; les autres nervures blanches, excepté sur le bout de l'aile où elles sont brunes; membrane de l'aile brun foncé avec l'extrémité et des taches transversales blanches et transparentes; les nervures forment aussi des dessins blancs sur le fond brun; pendant la vie ces nervures sont rouge cerise. Abdomen testacé pâle avec le premier et le milieu des trois derniers segments noirs; les bords latéraux sont plus pâles que le milieu; ventre presque blanc avec des taches noires au milieu et sur les côtés des segments et les trois derniers anneaux noirs en entier, Long. 12 à 15mm. Env. 25 à 30mm. **Reticulata**, LINNÉ.

D'après Ratzeburg, la larve serait brun foncé avec la tête et les points cornés du thorax plus sombres. Elle atteindrait une grandeur remarquable et vivrait sur le pin (*Pinus sylvestris*).

PATRIE: France, Allemagne, Autriche, Suède, Russie.

32 Tête entièrement rouge ou testacée, excepté à l'emplacement des ocelles; mandibules ferrugineux très-sombre ou même noires sur la moitié apicale; antennes de 24 à 28 articles, testacées, le premier article très-gros relativement aux autres. Thorax noir avec le pronotum, les écaillettes et le prosternum jaune rougeâtre; pattes jaune rougeâtre avec seulement l'extrême base des hanches postérieures noire. Ailes hyalines ou légèrement jaunâtres, blanches à l'extrémité et ornées d'une large fascie brune partant de l'extrémité du stigma et se dirigeant obliquement en arrière. Abdomen jaune ou testacé avec le premier segment et les trois derniers ainsi que le milieu du sixième noirs en dessus et en dessous. Long. 12 à 15mm. Env. 25 à 30mm.

Le mâle diffère en ce qu'il a le vertex noir, la poitrine jaune et la fascie des ailes jaune. (Pl. XXII. fig. 1). **Betulæ**, LINNÉ.

La ♀ est beaucoup plus commune que le ♂. On les trouve en juin sur les *Betula*, *Carpinus*, *Corylus*, *Populus* ou sur les plantes qui les avoisinent.

PATRIE: Angleterre, France, Tyrol, Italie, Espagne, Allemagne, Autriche, Suède, Russie.

— Tête noire ou en partie noire. **33**

33 Mesonotum non taché de jaune.
Betulæ, LINNÉ. ♂ (V. n° 32).

— Mesonotum plus ou moins taché de jaune. **34**

34 Segments abdominaux rayés ou ponctués seulement de noir à leur base à partir du quatrième.
Vafra, LINNÉ (V. n° 13).

— Segments abdominaux noirs sur tout leur milieu à partir du quatrième. Tête noire avec la face et diverses taches sur les joues et le vertex, jaunes ou blanchâtres; antennes de 21 articles, testacées avec l'article basilaire jaune. Thorax noir avec les angles du pronotum, les écaillettes, une tache triangulaire sur le lobe médian du mesonotum, souvent une autre sur chacun des lobes latéraux, le scutellum et le postscutellum blanchâtres; pattes jaune clair avec la base des hanches noire, l'extrémité des tibias et les tarses testacés. Ailes subhyalines avec une fascie transversale brune, plus visible chez le ♂ que chez la ♀; nervures brunes, stigma blanchâtre. Abdomen noir avec les bords latéraux jaunes et les quatrième, cinquième et neuvième segments rouges ou tachés de rouge.

Chez le ♂, presque tout le dessous du corps est jaune clair. Long. 11mm. Env. 23mm.
Gyllenhali, DAHLBOM.

PATRIE: Allemagne, Suède.

35 Ailes hyalines ou jaunes. **36**

— Ailes maculées de taches brunes ou noirâtres ou seulement rembrunies au bord extrême et un peu fasciées, sous le stigma, ou entièrement sombres sauf à l'extrémité **40**

36 Antennes noires ou presque entièrement noires ou brunes. **38**

— Antennes fauves ou rougeâtres. **37**

37 Abdomen noir en dessus, seulement taché de rouge sur les segments 4 et 5, ventre en partie rouge, en partie noir. Tête noire; mandibules ferrugineuses; antennes testacées, quelquefois ferrugineuses avec le premier ou les deux premiers articles noirs, de 22 articles. Thorax noir avec les angles du pronotum, les écaillettes, le scutellum et le postscutellum jaune clair; pattes jaune pâle avec la base des hanches noire et les tarses testacés. Ailes hyalines plus ou moins rembrunies vers le stigma, nervures et stigma brun sombre. Abdomen avec les deux ou trois premiers segments et les quatre derniers noirs, sauf que le segment anal est bordé de couleur claire, la partie intermédiaire, sur les segments 4 et 5 et sur les côtés du troisième est rouge brunâtre. Long. 11 à 12mm. Env. 22 à 24mm. **Hortorum**, Klug.

En juin et juillet sur l'aulne.

Patrie : Angleterre, France, Allemagne, Russie, Suède.

— Abdomen noir en entier en dessus; ventre tout noir. Tête noire, mandibules brunes; antennes testacé pâle, rembrunies souvent vers la pointe, avec le premier article jaune pâle, de 26 à 28 articles, pouvant n'en présenter quelquefois que 23, allant d'autres fois jusqu'à 31. Thorax noir avec le scutellum et le postscutellum jaune pâle ainsi que les écaillettes, et rarement les angles du pronotum et un point double sur le lobe médian du mesonotum, jaune pâle; pattes blanc jaunâtre avec les hanches, les trochanters et la base des cuisses noirs. Ailes hyalines; nervures et stigma noirs. Abdomen noir, quelquefois un peu bleuâtre ou violacé. Long. 10mm. Env. 20mm. **Sylvatica,** Linné.

La larve, longue de 20 à 25mm. a une couleur vert pâle et porte sur le dos une ligne plus sombre; la tête est d'un noir brunâtre brillant avec le front rougeâtre. Elle vit en juillet et août sur le tremble (*Populus tremula*) et sur le saule (*Salix caprea*) dont elle roule le bord des feuilles en forme de tuyau fixé par des fils de soie; elle se loge dans cet abri pendant tout le jour et elle le garnit en partie de ses excréments. Elle entre en terre à l'automne et s'échappe à l'état d'insecte parfait au mois de mai suivant. On l'a aussi indiquée, mais peut être par erreur, comme vivant sur le *Prunus padus* et le *Sorbus aucuparia*. Rondani signale comme son parasite :

Tryphon involutor, Grav. — *Ichneumonidæ*.

Patrie : Angleterre, France, Hollande, Suisse, Tyrol, Allemagne, Autriche, Suède, Russie.

38 Abdomen noir en dessus avec seulement ses bords latéraux clairs ; ventre jaune. Tête noire avec la face jaune jusque dans l'intervalle des antennes ; l'orbite des yeux et une petite tache au dessus de ceux-ci, jaunes ; antennes noires avec le premier article taché de jaune en dessous, de 19 articles. Thorax noir ; mésopleures tachées de jaune ; pattes jaune foncé avec les hanches et une ligne sur la partie supérieure des cuisses noires. Ailes hyalines, brunes à l'extrémité ; nervures jaunes vers la base, brun foncé, puis noires ensuite ; stigma noir. Abdomen noir avec les bords latéraux jaunes ; ventre jaune. Long. 8mm. Env. 17mm.

Nigricornis, Vollenhoven.

Patrie : Hollande.

— Abdomen noir taché de blanc sur les bords latéraux et aussi sur le dos, ou noir taché de rouge ; ventre noir avec les segments bordés de blanc. 39

39 Abdomen noir taché de blanc. Tête noire, man-

dibules ferrugineuses ; épistome avec une ligne longitudinale jaune ; diverses autres taches jaune clair se trouvent sur le bord des yeux et sur le vertex ; antennes noires ou brun foncé, de 20 articles. Thorax noir avec le bord du pronotum, les écaillettes et diverses taches sur le mesonotum blanc jaunâtre ; scutellum et postscutellum en tout ou en partie de même couleur ; pattes jaune pâle avec les hanches, une partie des trochanters et la base des cuisses noires. Ailes hyalines, nervures noires, plus claires vers la base de l'aile ; stigma noir. Abdomen noir taché de blanc sur ses bords latéraux et sur le bord des segments postérieurs ; ventre noir avec le bord des segments largement bordé de blanc. Long. 8mm. Env. 18mm. **Nemoralis**, LINNÉ.

La larve est verte avec le dos plus sombre ; tête, antennes, pattes ainsi que les parties cornées du premier segment thoracique noires. — Elle vit en société sur diverses espèces de pruniers (*Prunus spinosa*). La ♀ pond en avril ses œufs à l'extrémité des jeunes feuilles. Ils sont blanchâtres et cylindriques. Les larves éclosent en mai et restent en société au milieu d'un paquet de feuilles roulées. Elles entrent en terre en automne et l'insecte parfait en sort en avril de l'année suivante.

PATRIE : Angleterre, France, Allemagne, Suède, Autriche, Russie.

— Abdomen noir taché de rouge.
Balteata, FALLÈN. (V. n° 20).

40 Ailes rembrunies seulement à l'extrémité ou avec une étroite ligne plus sombre sous le stigma. 41

— Ailes traversées par une fascie transversale assez larges, ou tachées de points isolés, ou toute noires avec l'extrémité blanche. 45

41 Front presque lisse. Tête noire diversement marquée de taches testacées, ou fauve ; antennes testacées, de 26 ou 27 articles. Thorax noir avec le pro-

notum, les écaillettes et une tache triangulaire à l'extrémité du lobe médian du mesonotum, jaune clair ; la ♀ offre en outre de grandes taches semblables sur les lobes latéraux du mesonotum, le bord antérieur du scutellum et les mésopleures ; pattes testacées avec les hanches, les trochanters et la moitié basilaire des cuisses, noirs. Ailes hyalines ou jaunâtres à la base, rembrunies à l'extrémité d'une façon peu sensible ; nervures jaunes, stigma brun. Abdomen rouge ou testacé brillant avec le premier segment noir. Long. 9mm. Env. 18mm.

Erythrogaster, Hartig.

Patrie : Tyrol, Allemagne.

— Front densément ponctué. **42**

42 Cuisses antérieures noires. **43**

— Cuisses antérieures claires. **44**

43 Abdomen en grande partie noir ; antennes noires à la base et à l'extrémité, les autres articles rouges, tachés de blanc jaunâtre à l'extrémité, de 24 à 26 articles ; grains du métathorax noirs. Tête noire tachée de blanc jaunâtre sur l'épistome, l'orbite des yeux et le vertex ; antennes noires avec quelques articles intermédiaires, à partir du troisième, roux ou ferrugineux, tachés de blanchâtre à leur extrémité. Thorax noir avec les bords du pronotum, les écaillettes et les lobes du mesonotum tachés de jaune pâle, ainsi que le scutellum et le postscutellum ; mésopleures rayées de blanc sale ; pattes testacées avec les hanches, les trochanters et les cuisses noirs ; les tibias postérieurs sont noirâtres ; tous les tarses bruns. Ailes hyalines avec le bord extrême rembruni et une ligne transversale, étroite, noirâtre, partant de l'angle antérieur du stigma et suivant les nervures jusqu'à l'angle postérieur de l'aile ; nervures et stigma noirs. Abdomen noir avec les bords latéraux et ceux de la plupart des segments blanc sale aussi bien en dessus qu'en dessous. Long. 10 à 12mm. Env. 20 à 25mm.

Fallenii, DALMAN.

Sur le melèze et les conifères.

PATRIE : France, Suisse, Tyrol, Allemagne, Autriche, Suède, Russie.

— Abdomen en partie jaune. Grains du metanotum testacés, rarement gris. Tête noire rayée de jaune sale ; antennes noires à l'article basilaire et vers l'extrémité, testacées sur le milieu, de 22 à 28 articles. Thorax noir avec le pronotum, les écaillettes, le scutellum, le postscutellum jaunes ainsi que quelques taches du mesonotum ; pattes testacées avec les cuisses en partie noires. Ailes hyalines, rembrunies au bord extrême et offrant sous le stigma une ligne étroite brunâtre ou au moins l'amorce d'une pareille ligne ; nervures et stigma noirs. Abdomen jaune plus ou moins taché de noir. Long. 12 à 14mm. Env. 22 à 25mm. (Pl. XXII. fig. 7, 9 et 10).

Hypotrophica, HARTIG.

La larve adulte est verte ou plus ou moins jaune, avec la tête, les pattes, le segment anal et les parties cornées du thorax brun rouge ou noires ; le dos porte deux ou trois lignes longitudinales rouges ; elle est longue de 25 à 30mm. — Elle vit en juin et juillet sur les *Pinus picea* et *abies* dont elle ronge les aiguilles. Elle se réunit en société sous une toile soyeuse dont elle enveloppe les rameaux et qu'elle garnit plus ou moins de ses excréments. Elle allonge ce réseau suivant ses besoins pour avoir toujours de la nourriture à sa portée. Vers le milieu de juillet, elle se laisse tomber sur la terre, s'y enfonce à la profondeur de 10 à 15 centimètres et y reste en repos dans une petite cavité unie et nue jusqu'au commencement d'avril. A ce moment a lieu la métamorphose en nymphe et, 12 à 15 jours plus tard, l'insecte parfait se montre sur les arbres où il pond.

PATRIE : France, Suisse, Allemagne, Suède, Russie.

44 Grains du métathorax testacés.

Hypotrophica, HARTIG. ♂ (V. n° 43).

— Grains du métathorax noirs ou gris. Tête noire ordinairement tachée de jaune, ou jaune tachée de brun ; antennes de 25 à 28 articles brunes ou testacées avec la base et l'extrémité brunes ou noires. Thorax noir avec des taches jaunes ne nombre et de forme très-variables ; pattes janne pâle. Ailes hyalines, rembrunies à l'extrême bord et ordinairement avec une bande étroite, brune sous le stigma. Abdomen en grande partie jaune ou testacé, plus ou moins rayé ou taché de noir, quelquefois avec les bords blanchâtres. Espèce de coloration très-variable. Long. 10 à 12mm. Env. 20 à 25mm.

Arvensis, Panzer.

Selon Herric-Schœffer, la larve de cette espèce vivrait sur le bouleau. Elle a pour parasite :

Tryphon lævis, Rtzb. — *Ichneumonide.*

Patrie : France, Suisse, Allemagne, Autriche, Suède, Russie.

45 Cuisses noires. Tête jaune, avec un large sillon sur le vertex ; la région des ocelles et les mandibules brun noir, ces dernières jaunes à la base ; en dessous de chaque antenne se trouve un point noir; antennes noires avec l'article basilaire jaune et l'extrémité du second article blanche. Thorax noir avec le pronotum blanc jaunâtre ainsi que deux taches aux angles antérieurs du scutellum ; milieu du metanotum brun clair ; pattes noires avec les tarses brun sombre. Ailes jaune ambré clair ; les extrémités sont enfumées, brunâtre ; chaque aile antérieure porte à sa base une tache brun clair, et dans la première et la deuxième discoïdales se trouvent des taches rondes d'un brun sombre, nervures et stigma noirs. Abdomen jaune brunâtre ; le premier segment et une tache latérale sur ce dernier sont brun sombre ; sur le ventre, chaque segment porte une tache ronde, latérale, brune. Long. 9 à 10mm. Env. 20mm.

Maculipennis, Stein. ♀

Patrie : Syrie (Smyrne).

— Cuisses jaunes en partie. 46

46 Ailes traversées par une fascie noire. Tête noire avec la face jaune chez le ♂, une tache frontale de même couleur chez la ♀, épistome jaune ; antennes noires ou brun sombre en dessus, plus claires en dessous, avec les deux articles basilaires jaune clair, de 20 à 24 articles. Thorax noir ; pattes jaunes avec les hanches, et la base des cuisses noires. Ailes hyalines traversées par une fascie brun jaunâtre ; nervures et stigma noirs. Abdomen (♂) jaune avec la base noire, (♀) noir avec des taches latérales jaunes, quelquefois aussi coloré comme chez le ♂. Long. 12mm. Env. 24mm. **Flaviventris,** Retzius.

La larve, longue de 25 à 30mm, est jaune avec la tête et les plaques cornées du premier segment thoracique noires.— Elle vit en société dans des bourses soyeuses sur les arbres fruitiers, pommiers, poiriers et aussi sur les *Cratœgus*, *Mespilus*, etc. On les rencontre en juin et juillet ; elles s'enfoncent ensuite en terre, s'y métamorphosent au mois d'avril suivant et l'insecte parfait s'échappe peu de temps après. Elle a pour parasites :

Ophion mercator, Grav. — *Ichneumonide.*
— *mixtus*, Grav. — —
Tryphon armillatorius, Grav. — —

Patrie : Angleterre, France, Allemagne, Italie, Autriche, Suède.

— Ailes toutes noires avec l'extrémité blanche. Tête rouge avec seulement les ocelles noirs ; antennes brun rouge avec les articles basilaires tachés de noir, de 22 à 25 articles. Thorax noir avec (♀) les angles du pronotum, les écaillettes, des taches sur le scutellum et le postscutellum, rouges, ainsi que les mésopleures ; pattes jaunes avec les tarses testacés. Ailes noires avec la nervure costale jaune, les autres nervures et le stigma noirs ; extrémité des ailes blanche, translucide. Abdomen rouge avec la base et l'extrémité noires ; ventre ♂ jaune, ♀ noir

largement rayé de jaune au bord des segments.
Long. 8 à 9mm. Env. 17 à 20mm. **Fausta,** Klug.

Patrie : Autriche, Hongrie, Allemagne.

2e FAM. — CEPHIDÆ

(PLANCHE XXIII)

Caractères généraux. — Abdomen sessile. Tibias antérieurs munis d'un seul éperon. Antennes composées d'un grand nombre d'articles, fusiformes ou claviformes. Ailes antérieures avec deux cellules radiales et quatre cellules cubitales dont la première est plus grande que la deuxième; la deuxième et la troisième reçoivent chacune une nervure récurrente.

Tête. — La tête est arrondie avec une concavité du côté de l'occiput; labre ordinairement plus ou moins caché sous l'épistome ; palpes maxillaires allongés, de six articles, dont le quatrième est le plus grand, le cinquième le plus petit, et le dernier offrant une forme différente de celle des précédents, est filiforme ou fusiforme. Les palpes labiaux sont de quatre articles dont le troisième est le plus petit et le dernier est fusiforme ; mandibules assez grandes, tridentées; épistome quelquefois denté latéralement. Antennes composées d'un nombre d'articles assez grand, variant de 16 à 27, filiformes avec l'extrémité renflée en massue, ou complètement fusiformes et amincies plus ou moins distinctement aux deux extrémités; le premier article assez grand, renflé, le second très court, subconique, le troisième e le quatrième assez longs et de grandeurs relatives variables; les suivants diminuant progressivement de longueur ; les antennes sont insérées au milieu de la face, au niveau du milieu des yeux, ceux-ci sont ovales, les ocelles sont petits, disposés en triangle sur le vertex.

Thorax. — Le thorax est allongé et renflé au milieu ; le pronotum est grand, plus large en arrière qu'en avant, souvent échancré à son bord postérieur; ses côtés, très déclives, embrassent étroitement le cou ; mesonotum rayé par des sillons peu profonds ; écaillettes convexes, bien visibles ; scutellum assez large, presque arrondi ; *cenchri* cachés dans un profond sillon du métathorax. Pattes allongées, minces, cuisses épaisses ; tibias plus courts que les cuisses aux pattes antérieures, plus longs qu'elles aux pattes postérieures; éperon des tibias antérieurs unique, muni d'une sorte de membrane foliacée ; tibias intermédiaires armés d'un ou de deux éperons ordinaires ; tibias postérieurs avec deux éperons aigus et en outre une épine dressée au tiers apical de leur longueur, tarses ordinaires ; le premier article est le plus long, le quatrième est le plus court ; le cinquième, renflé à l'extrémité, porte deux ongles arqués et armés d'une petite dent subapicale qui s'allonge quelquefois de façon à les rendre bifides ; les tarses postérieurs sont un peu plus longs que les tibias. Ailes de longueur moyenne, n'atteignant pas tout-à-fait l'extrémité de l'abdomen, hyalines ou plus ou moins assombries à leur insertion, les ailes supérieures se dilatent en un petit lobe peu visible ; elles présentent deux cellules radiales dont la première est bien plus petite que la seconde, quatre cellules cubitales dont la première est visiblement plus grande que la seconde ; celle-ci et la troisième reçoivent chacune une nervure récurrente près de l'angle antérieur. Cellule lancéolée grande, traversée avant son milieu par une nervure à peu près droite, quelquefois un peu courbée ; cellule basale très étroite, sans nervure intercalaire. Stigma petit, allongé. Ailes inférieures avec deux cellules discoïdales fermées et une cellule anale longuement appendiculée.

Abdomen. — L'abdomen est sessile, très allongé, étroit et donne, par sa forme ordinairement comprimée, un aspect particulier à ces insectes en les faisant reconnaître de suite. Le premier arceau dorsal est assez court, il semble formé de deux parties qui se rejoignent en avant en une pointe aiguë et sont séparées presque immédiatement par une fente mince : en arrière il est très fortement concave, de façon que sa fente médiane se continue dans un espace nu (*nuditas*) très large, membraneux et de couleur claire ; la forme singulière de cet arceau est précisément celle que prendrait un segment ordinaire s'il était fortement tiré en avant par le milieu de sa base, les deux côtés restant fixes ; les segments suivants ont la forme habituelle, sauf qu'ils sont souvent excessivement comprimés et que le milieu du dos forme alors comme une arête saillante surtout vers la moitié de la longueur de l'abdomen ; dans d'autres cas, celui-ci est à peu près cylindrique, et cette différence de forme correspond ordinairement à une différence sexuelle. Chez les ♂, l'extrémité de l'abdomen est obtus et simplement ouvert pour laisser passer les organes de la génération. Chez les ♀, la même extrémité est tronquée obliquement en dessous et laisse saillir, au delà de l'extrémité anale, une partie du fourreau de la scie ; celle-ci, conformée comme chez les Tenthrédines, est employée aux mêmes usages.

Premiers états. — Les œufs des Céphides n'ont pas encore été observés, que je sache, et il n'est pas possible d'en rien dire.

Les larves, au contraire, inconnues encore il y a peu d'années, puisque Hartig ignorait complètement leur forme et leur manière de vivre, ont donné lieu depuis ce temps, à d'assez nombreuses observations, surtout en France, par les Goureau, les Perris, les Giraud, les Guérin-Méneville. On trouvera, à leur place respective, la description des différentes larves qu'ils ont étudiées; je veux seulement donner ici leurs caractères généraux : Ce sont de véritables vers blancs, glabres, peu agiles, munis de six pattes écailleuses, mais absolument dépourvus de pattes abdominales. La tête est assez petite, arrondie, bien séparée du corps; le thorax est la partie la plus grosse de la larve, il semble même être bossu et donne un aspect assez disgracieux à l'ensemble du corps. L'abdomen est plus étroit, et contourné en forme d'S. Les nymphes n'offrent absolument rien de particulier ; leur forme est donnée par celle de l'insecte parfait qui serait emmailloté de toutes parts dans une fine membrane.

Les larves des Céphides ne sont plus phyllophages comme

celles de la plupart des Tenthrédines, mais elles prennent leur nourriture, qui est toujours végétale, dans l'intérieur même des tiges ou des rameaux. Elles sont donc toujours absolument cachées aux regards et leur présence n'est décelée que par l'état de souffrance de la plante qui les abrite ou plus rarement par un renflement de la tige qui les contient. Arrivées à l'état adulte, elles se transforment aux lieux même où elles ont vécu, après s'être enfermées dans une coque soyeuse qui a pour caractère général d'être beaucoup plus longue d'abord que la larve, puis que la nymphe qu'elle est destinée à protéger.

Malgré leur existence si bien cachée, elles ne sont nullement à l'abri des parasites et on a pu déjà signaler plusieurs de leurs ennemis.

Quelques espèces enfin, qui attaquent nos céréales les plus précieuses, peuvent s'y multiplier au point de devenir un véritable fléau, et, à ce point de vue, leur étude présente un intérêt des plus grands.

Répartition géographique. — Toute l'Europe nourrit diverses espèces de Céphides ; cependant on peut dire que ces insectes sont surtout méridionaux ; beaucoup d'espèces en effet ne quittent pas les pays où le soleil est le plus ardent et celles qui s'avancent le plus au nord, jusqu'en Suède, se retrouvent presque toutes dans la faune méditerranéenne. Il est même à peu près certain que bien des découvertes restent à faire dans ce groupe, et que la Grèce, la Turquie, la Syrie, l'Algérie et l'Espagne sont loin de nous avoir livré tous les Céphides qu'elles nourrissent.

TABLEAU DES GENRES

— Antennes épaissies en massue à l'extrémité.
Cephus, LATREILLE.

— Antennes filiformes ou plus minces à l'extrémité qu'au milieu.
Phyllœcus, NEWMANN.

N.-B.— Cette division de l'ancien genre *Cephus*, fondée sur une différence d'organisation très-appréciable, ne peut être poussée plus loin et la coupe qui avait reçu le nom de *Janus* et s'appuyait sur la forme cylindrique ou comprimée de l'abdomen ne peut subsister, puisque j'ai pu remarquer que, pour un certain nombre d'espèces, ce n'était là qu'une différence sexuelle, le ♂ ayant l'abdomen cylindrique et la ♀ plus ou moins comprimé.

Cependant, en raison du petit nombre d'espèces de cette famille, pour tenir compte surtout de l'incertitude où nous laissent beaucoup de descriptions trop incomplètes sur la forme des antennes, et pour couper court à toute erreur qui pourrait se produire par ce fait, j'ai cru pouvoir réunir dans un seul tableau dichotomique l'ensemble de tous les Céphides, me réservant de les séparer, d'après leurs genres respectifs, dans le catalogue synonymique.

Ce triage ne pourra même être fait d'une façon complète à cause des descriptions insuffisantes dont je parlais plus haut et je devrai réunir au genre *Cephus* les espèces décrites sous ce nom et que je ne pourrai classer autrement avec sécurité.

1er GENRE. — CEPHUS, Latreille, 1796 (154)

Cephus, nom donné par Pline à un animal inconnu.

2e GENRE. — PHYLLŒCUS, Newmann, 1840 (entom.)

φύλλον, feuille, *οἰκέω*, j'habite.

1 Abdomen soit entièrement jaune, soit jaune un peu taché ou rayé de noir, soit enfin avec seulement le premier ou les deux premiers segments et l'anus noirs. **2**

— Abdomen soit noir en entier, soit noir avec des fascies ou des taches jaunes ou blanches. **10**

2 Tibias antérieurs noirs. **3**

— Tibias antérieurs jaunes. **4**

3 Cuisses antérieures noires. Tête et antennes noires, celles-ci claviformes à leur extrémité. Thorax noir; pattes noires avec la partie interne des tibias antérieurs blanchâtre. Ailes enfumées avec l'extrémité plus claire ; nervures et stigma noirs ou brun foncé. Abdomen jaune avec le premier segment noir, souvent une petite tache sur le milieu de la base des sixième et septième segments et une autre sur le milieu du bord du neuvième, noires. Fourreau de la tarière (♀) noir. Long. 11mm. Env. 21mm.

C. abdominalis, LATREILLE.

Cet insecte est accusé de ronger, sans doute à l'état de larve, les boutons à fleur de quelques arbres fruitiers.

PATRIE : France.

— Cuisses antérieures jaunes. Antennes noires avec leur extrémité claviforme, jaune. Tête jaune sur la face, avec seulement le vertex et la région des ocelles noirs, ou presque entièrement noire, tachée seulement de jaune sur la face. Thorax noir avec le pronotum jaune presque en entier et offrant seulement une petite ligne médiane noire ; d'autres fois au contraire (♂) le pronotum est à peu près entièrement noir et ne présente la couleur jaune qu'à l'extrémité de ses lobes ; les mésopleures sont tachées de jaune sous l'insertion des ailes ; enfin les écaillettes sont jaunes ; pattes antérieures et intermédiaires jaunes avec les hanches, les trochanters et l'extrême base des cuisses noirs ; leurs tarses sont bruns ; pattes postérieures noires avec le milieu des cuisses jaune ; tibias postérieurs ♂ en partie jaunes. Ailes jaune brunâtre, subhyalines ; nervure costale et stigma jaune clair, les autres nervures noires. Abdomen jaune avec le premier et le second segments noirs, ce dernier taché de jaune à ses angles latéraux ; cinquième segment ordinairement noir excepté sur les côtés ; septième segment avec une tache noire au milieu de la base, huitième noir bordé de jaune ; ventre noir. Long. 10 à 12mm. Env. 20 à 24mm. **C. idolon**, ROSSI.

PATRIE : Espagne, Portugal, Italie, Sicile, Caucase, Syrie, Algérie.

4 Tibias intermédiaires noirs. 5

— Tibias intermédiaires jaunes ou blancs tachés de noir. 6

5 Abdomen jaune en entier, sauf au premier segment. Antennes, tête et thorax noirs ; pattes antérieures jaunes, intermédiaires et postérieures noires. Ailes enfumées. Abdomen d'un jaune d'ocre assez vif. Long. 15mm. **C. flaviventris,** Guérin.

Patrie : Egypte.

— Abdomen jaune, taché de noir sur les segments 7 et 8 et avec les deux premiers segments noirs. **C. idolon,** Rossi. (V. n° 3).

6 Bords du pronotum jaunes. 9

— Pronotum noir. 7

7 Ailes enfumées. Tête noire avec la base des mandibules et le bas de la face jaunes ; antennes noires, à extrémité claviforme. Thorax noir ; pattes antérieures et intermédiaires noires avec les tibias et les tarses jaunes, sauf le dernier article de ceux-ci ; pattes postérieures noires avec les hanches et les trochanters jaunes. Ailes enfumées, nervures et stigma noirs. Abdomen jaune en entier, ou avec le premier segment noir. Long. 11mm. Env. 20mm. **C. nigripennis,** Sichel.

Patrie : France méridionale, Espagne, Sicile.

— Ailes hyalines ou presque hyalines. 8

8 Cinquième segment abdominal jaune. Tête et antennes noires, celles-ci filiformes ; mandibules et palpes jaunes. Thorax noir avec le bord du pronotum jaune chez le ♂ ; pattes noires avec les tibias antérieurs blancs, et les tibias intermédiaires blancs

tachés de noir, les genoux postérieurs blancs ; tarses antérieurs et intermédiaires blanchâtres. Ailes hyalines. Abdomen jaune rougeâtre, avec les deux premiers segments et l'anus noirs. Long. 7 à 9mm. Env. 15 à 20mm. **P. compressus**, Fabricius.

La larve est longue de 6mm. Elle est blanche, arrondie et courbée en forme d'S ; les trois premiers segments sont plus gros que les autres et portent trois paires de pattes écailleuses très-petites : les autres segments moins renflés n'ont pas de pattes ; le dernier, un peu plus grand que les précédents, est terminé par un petit appendice caudal brun, corné, granuleux, velu. — Elle vit dans les bourgeons du poirier. « Pendant la deuxième quinzaine de mai, dit le colonel Goureau, et tout le mois de juin, on remarque des bourgeons de poirier qui s'inclinent, se courbent et se flétrissent ; ils font de plus en plus la crosse et bientôt ils noircissent et meurent. Si on les examine avec attention, on y aperçoit de petits points noirs également espacés qui tournent en spirale autour du bourgeon dont ils font une ou deux fois la circonvolution. Ces points sont des piqûres qui pénètrent jusqu'au bois tendre et qui, interrompant la libre ascension de la sève, produisent la flétrissure des feuilles. La sève, arrêtée en ce point, s'accumule et produit un léger gonflement du bois qui, se trouvant très-affaibli par les blessures qu'il a reçues, se casse facilement, mais il est en état de résister aux agitations du vent et le bourgeon se soutient pendant tout l'été. Si l'on fend la branche malade au mois d'août, on voit que l'intérieur du bourgeon est miné et qu'il s'y trouve une petite larve blanche qui, partie de l'une des blessures, s'est avancée dans le tuyau médullaire et a creusé une galerie devant elle en marchant du côté de la branche d'où sort le bourgeon ; elle a mangé la moelle et une partie de la substance ligneuse environnante pour se nourrir et a laissé derrière elle ses excréments sous la forme d'une poussière brune qui remplit sa galerie. Cette larve marche lentement et ce n'est que vers le mois de septembre ou d'octobre qu'elle arrive à la base du bourgeon et qu'elle acquiert toute sa taille. Elle s'enveloppe alors dans un léger cocon de soie qui remplit sa cellule et elle passe l'hiver dans le repos et l'engourdissement jusque dans les premiers jours de mai ; elle se change alors en chrysalide, puis en insecte parfait vers le quinze du même mois. Celui-ci perce un trou rond, à l'aide de ses mandibules, dans la paroi de sa cellule et se met en liberté pour accomplir sa destinée. » (Insectes nuisibles, 1867. p. 63).

Pour combattre ce *Cephus*, il faut enlever toutes les jeunes pousses flétries ou noircies en les coupant contre la branche ou la tige qui leur sert de base et les brûler. On lui connaît un parasite, le :

Pimpla stercorator, Grav. — *Ichneumonide.*

Patrie : France, Suisse, Italie, Allemagne, Dalmatie.

— Cinquième segment abdominal en partie noir. Tête noire, épistome et parties de la bouche jaune clair ; antennes noires, un peu rembrunies à l'extrémité qui est claviforme. Thorax noir en dessus, jaune en dessous ; pattes jaune clair avec des points noirs sur le dehors des hanches ; le côté externe de toutes les cuisses est noir ; les tibias postérieurs portent aussi en dehors une ligne brune. Ailes presque hyalines ; nervure costale et stigma jaune brun. Abdomen avec le premier segment noir ; le deuxième est noir avec les angles postérieurs jaunes, le troisième est jaune avec un dessin noir en dessus, qui enferme une petite tache triangulaire et forme en outre, des deux côtés à la base, un petit point noir; les quatrième et sixième segments sont entièrement jaunes et portent seulement un point noir de chaque côté de la base ; le cinquième est noir avec les angles postérieurs jaunes ; le septième est étroitement noir à la base ; le huitième est noir avec les côtés et le bord postérieur jaunes ; enfin le dernier est jaune avec sa base noire. Long. 8mm. Env. 15mm.

C. variegatus, Stein. ♂

Patrie : Dalmatie.

9 Anus noir. **P. compressus**, Fabricius (V. n° 8).

— Anus jaune. Tête noire ; mandibules jaunes, testacées à l'extrémité ; antennes noires, un peu testacées en dessus, presque sétiformes. Thorax noir avec le pronotum étroitement bordé de jaune citron, les écaillettes et la base des mésopleures jaunes ; pattes jaune clair avec les hanches et les trochanters antérieurs et intermédiaires noirs au moins en dessus ; tarses testacés ou noirâtres. Ailes subhyalines, irisées ; nervure costale et stigma jaunes, les autres nervures noires. Abdomen jaune avec le premier segment et la base du second jaunes. Long. 5mm. Env. 10mm. **C. Foersteri**, NOV. SP.

PATRIE : France, Algérie, Allemagne.

10 Antennes fauves, ou noires avec l'extrémité rouge brune ou rousse, ou noires en dessus et claires en dessous. 11

— Antennes noires en entier. 21

11 Antennes fauves en leur milieu, un peu claviformes. Tête noire. Thorax noir avec le bord du pronotum largement jaune, écaillettes jaunes; scutellum jaune avec un point noir à la base ; pattes testacées avec les hanches, les trochanters, la base des cuisses antérieures et intermédiaires, les cuisses postérieures presque en entier, noirs. Ailes hyalines, un peu jaunâtres vers la base ; nervure costale et stigma jaunes, les autres nervures brunes. Abdomen noir avec le deuxième segment taché de jaune à ses angles latéraux, le troisième et le quatrième largement bordés de jaune, le sixième jusqu'au neuvième bordés de jaune, ce dernier souvent même jaune en entier ; ventre presque noir sauf aux angles latéraux de quelques uns des segments. Long. 10 à 12mm. Env. 20 à 22mm. (Pl. XXIII, fig. 12).

C. fulvicornis, LUCAS.

PATRIE : Algérie, Espagne.

— Antennes noires à extrémité fauve, ou claires en dessous. 12

12 Quatrième segment abdominal noir. 13

— Quatrième segment abdominal rouge ou bordé de jaune. 14

13 Deuxième et troisième segments jaunes.
C. idolon, Rossi VAR. (V. n° 3).

— Deuxième et troisième segments noirs. Tête noire ; antennes noires avec les 8 ou 10 articles terminaux bruns. Thorax noir ; chez la ♀, il porte seulement une tache jaune sous l'insertion des ailes ; pattes noires avec les genoux et les tibias jaune rougeâtre, les tarses intermédiaires et postérieurs brun noirâtre ainsi que l'extrémité des tibias postérieurs. Ailes subhyalines, un peu grises ; nervures et stigma bruns. Abdomen (♀) noir en entier, (♂) noir avec les segments 4 à 6 bordés de jaune, les suivants tachés latéralement et le dernier bordé de la même couleur. Long. 6 à 7mm. Env. 12 à 15mm.
C. pallipes, KLUG.

PATRIE : Angleterre, France, Hollande, Suisse, Allemagne, Russie, Suède.

14 Cinquième segment abdominal rouge ou en partie jaune. 15

— Cinquième segment abdominal noir. 17

15 Pattes et ventre blancs. Tête noire avec le labre blanc ; antennes noires, filiformes, un peu plus claires en dessous. Thorax noir avec les lobes du pronotum, les écaillettes et une tache au milieu des mésopleures, d'un blanc d'ivoire; pattes entièrement blanc d'ivoire avec les tarses un peu rembrunis. Ailes hyalines, nervure costale et stigma brun foncé, les autres nervures noires. Abdomen comprimé avec les deux premiers segments noirs étroitement bordés de blanc, le troisième noir avec une grande tache jaunâtre triangulaire au milieu de son bord apical ; sur les segments suivants, cette tache s'agrandit de façon à refouler de plus en plus le noir vers les côtés des segments et à en faire deux taches latérales séparées ; sur les sixième et septième seg-

ments ces taches noires se rapprochent au contraire et se ressoudent à la base du huitième segment ; l'extrémité de celui-ci et le dernier entier sont blanc d'ivoire et garnis d'une longue pubescence de même couleur ; ventre entièrement blanc à peine jaunâtre ; fourreau de la scie noir. Long. 6mm. Env. 11mm.

P. eburneus, NOV. SP. ♀

PATRIE : Finlande.

— Pattes en partie noires ; ventre noir. **16**

16 Troisième et quatrième segments abdominaux rouges. Tête noir brillant ; parties de la bouche rouges ; mandibules brunes à leur pointe, quelquefois un petit point blanc à l'orbite interne des yeux. Antennes noires avec les derniers articles rougeâtres. Thorax noir brillant ; pattes noires avec la base des cuisses, les genoux, les tibias et les tarses jaune rouge ; tarses postérieurs rembrunis en dehors. Ailes enfumées, transparentes, irisées ; nervure costale et stigma jaune rouge, les autres nervures noires ; la deuxième cubitale reçoit les deux nervures récurrentes. Abdomen noir avec les segments 2, 3 et 4 ou 3, 4 et 5 rouges ; fourreau de la scie brun. Long. 16 à 20mm. Env. 30 à 35mm.

C. Parreyssii, SPINOLA.

PATRIE : Espagne, Dalmatie, Grèce, Asie mineure.

— Troisième et quatrième segments abdominaux noirs bordés de jaune.

C. pygmæus, LINNÉ VAR. (V. n° 34).

17 Pronotum jaune. **C. idolon**, ROSSI. (V. n° 3).

— Pronotum noir. **18**

18 Thorax jaune en dessous.

C. variegatus, STEIN. (V. n° 8).

— Thorax noir en dessous. **19**

19 Ailes enfumées. 20

— Ailes hyalines en entier. Tête noire avec la base des mandibules et un point à la partie inférieure de l'orbite interne des yeux, jaunes ; antennes claviformes, noires avec l'extrémité brun rougeâtre. Thorax noir avec seulement un point en dessous de l'insertion des ailes et quelquefois le prosternum jaunes ; pattes jaune clair avec la partie supérieure des hanches, des trochanters et des cuisses, l'extrémité des tibias postérieurs et celle des tarses intermédiaires et postérieurs brun noirâtre. Ailes hyalines, à peine un peu grises ; nervure costale et bord supérieur du stigma jaune clair ; stigma brun ; les autres nervures noires. Abdomen comprimé, noir un peu brunâtre avec le bord postérieur des quatrième, sixième et neuvième segments, quelquefois les angles latéraux du septième, jaune citron ; ventre noir. Long. 6 à 7mm. Env. 12mm. **C. pumilus**, Mocsary.

Patrie : Finlande, Hongrie.

20 Troisième segment abdominal rouge.
C. Parreyssii, Spinola. (V. n° 16).

— Troisième segment abdominal noir bordé de jaune. Tête noir brillant avec la base des mandibules jaune ; antennes un peu claviformes, noires, avec le dessous brun rougeâtre, surtout vers l'extrémité. Thorax noir, un peu taché de jaune citron sous l'insertion des ailes ; pattes jaunes avec les hanches, les trochanters et la base des cuisses noirs ; extrémité des tarses noirâtre. Ailes d'une teinte enfumée brun foncé depuis la base jusqu'au niveau du stigma, le reste plus transparent, seulement un peu gris ; la deuxième cubitale porte un point corné noir près de sa base ; nervure costale et dessus du stigma jaune clair ; stigma brun, les autres nervures noires. Abdomen cylindrique chez le ♂ ; un peu comprimé chez la ♀, noir avec le bord des quatrième, sixième et septième segments jaune ainsi que, chez la ♀, les angles latéraux du cinquième et le bord du neuvième ; ventre noir. Long. 9mm. Env. 16mm. **C. infuscatus**, NOV. SP.

PATRIE : France.

21 Abdomen noir en entier. **22**

— Abdomen rayé ou taché de couleur claire. **25**

22 Tibias postérieurs jaunes ou testacés au moins à la base. **23**

— Tibias postérieurs noirs en entier. Tête noire ; mandibules jaunes ; antennes noires. Thorax noir ; pattes antérieures noires, rayées de jaune en avant ; pattes intermédiaires et postérieures noires. Ailes subhyalines, nervures noires. Abdomen noir. Long. ? **C. nigritus**, LEPELETIER.

PATRIE : France.

23 Tibias postérieurs bruns ou noirs à l'extrémité. **24**

— Tibias postérieurs testacés en entier. Tête noire ; mandibules et base de l'orbite interne des yeux jaune rougeâtre ; antennes noires, filiformes. Thorax noir ; pattes noires avec les tibias et les tarses testacés, l'extrémité de ceux-ci rembrunie. Ailes subhyalines ; nervure costale testacée ; les autres nervures et le stigma noirs. Abdomen presque cylindrique, noir. Long. 12 à 13mm. Env. 19mm.

P. phtisicus, FABRICIUS.

La larve vit dans le canal médullaire des branches de rosiers et s'y enferme dans une coque soyeuse beaucoup plus longue qu'elle. Elle s'y transforme successivement en nymphe et en insecte ailé qui s'échappe en mai. (Perris).

PATRIE : France, Suède, Italie.

24 Antennes plus épaisses à l'extrémité qu'au milieu. Tête et antennes noires. Thorax noir ; pattes noires avec les genoux, les tibias et les tarses testacé pâle ainsi que la base des tibias postérieurs. Ailes hyalines ; nervures et stigma noirs. Abdomen noir. Long. 6 à 7mm. **C. nigrinus**, Thomson.

Patrie : Suède.

— Antennes moins épaisses à l'extrémité qu'au milieu. Tête noire ; antennes filiformes, noires. Thorax noir avec quelquefois le bord du pronoium jaunâtre; pattes antérieures et intermédiaires avec les hanches, les trochanters et ordinairement les cuisses noirs ou brun noir ; les genoux, les tibias et les tarses testacés ; pattes postérieures noires avec la base des tibias blanche, leur moitié apicale et leurs tarses testacés plus ou moins brunâtres ou noirs. Ailes hyalines ; nervures et stigma bruns. Abdomen noir, cylindrique ; anus ♂ testacé. Long. 6 à 7mm. Env. 15mm. (Pl. XXIII, fig. 2). **P. cynosbati**, Linné.

La larve, semblable en tout à celle du *C. compressus* Fab. vit dans l'intérieur des branches du chêne pédonculé. Elle attaque de préférence les rameaux des branches basses où elle provoque à leur extrémité un renflement en forme de fuseau. Celui-ci, de couleur rousse ou brune, se dessèche en entier ou conserve encore sa base verte, et son diamètre est souvent plus fort de moitié que celui de la tige ; sa surface est fréquemment marquée de légères bosselures déterminées par de faibles dépressions circulaires ou en spirales. A la fin d'avril et au commencement de mai, l'insecte parfait se dégage en perçant les parois de son réduit vers le bas du gonflement. La coque d'où il sort n'est qu'une mince membrane, d'un gris opalin, semi-transparente. (Giraud). On lui connaît un parasite :

Ephialtes inanis, Grav. — *Ichneumonide*.

Patrie : Angleterre, France, Hollande, Italie, Allemagne. Autriche.

25 Abdomen noir avec l'anus seul taché de couleur claire. 26

— Abdomen noir avec des taches ou des fascies claires ailleurs qu'à l'anus. **29**

26 Tibias postérieurs testacés. **27**

— Tibias postérieurs noirs. **28**

27 Cuisses rouges ou ferrugineuses.
P. cynosbati, LINNÉ. ♂ (V. n° 24).

— Cuisses noires. Tête noire avec les mandibules et les palpes jaunes ; antennes noires. Thorax noir ; pattes testacées avec les cuisses noires. Ailes hyalines. Abdomen noir avec l'extrémité du segment anal jaune. Long. ? (Peut être n'est-ce qu'une variété du *femoratus*). **P. luteipes**, LEPELETIER. ♂

PATRIE : France,

28 Pronotum rouge. Tête et antennes noires, celles-ci claviformes. Thorax noir avec le prothorax rouge ; pattes noires, genoux rouges. Ailes noirâtres. Abdomen noir avec le segment anal rouge. Long. 13mm. Env. 25mm. **C. cruentatus**, EVERSMANN ♀.

PATRIE : Astrakan.

— Pronotum noir. Tête noire avec les mandibules jaunes ; antennes noires, claviformes. Thorax noir avec une petite tache jaune sous l'insertion des ailes ; pattes noires avec les genoux, les tibias et les tarses antérieurs et intermédiaires et les genoux postérieurs jaunes ; tarses antérieurs souvent rembrunis. Ailes grises, nervures et stigma noirs. Abdomen noir avec le segment anal jaune rougeâtre. Long. 7mm. Env. 11mm.
C. hæmorrhoïdalis, GMELIN.

PATRIE : Angleterre, France, Suisse, Italie, Allemagne.

29 Abdomen taché seulement sur les côtés, le segment anal pouvant cependant être clair en entier. **30**

— Abdomen avec une ou plusieurs fascies jaunes complètes. **32**

30 Tibias postérieurs noirs. **31**

— Tibias postérieurs testacés ou jaunes. Tête noire avec un très petit point blanc entre la fossette des antennes et les yeux, et un autre à la partie supérieure de l'orbite interne ; mandibules en partie blanches ; antennes à peu près filiformes, noires. Thorax noir avec une petite tache blanche sous l'insertion des ailes antérieures ; pattes noires avec les genoux, les tibias et les tarses testacés ; dernier article des tarses postérieurs noir. Ailes un peu enfumées, nervure costale testacée ; les autres nervures et le stigma noirs. Abdomen comprimé, noir, brillant, avec les 3e, 4e et 6e segments tachés de blanc sur les angles latéraux ; le 5e segment quelquefois finement bordé de blanc ainsi que le huitième ; ventre noir ou avec le bord postérieur des segments jaunâtre. Long. 15mm. Env. 21mm.

P. fumipennis, Eversmann ♀.

Je crois devoir rapporter à cette espèce un Cephus dont notre grand observateur Perris a décrit les métamorphoses, bien que sa description de l'insecte parfait présente de légères différences dans la répartition des taches abdominales. Ayant donc la bonne fortune de posséder une description complète de cette larve par ce savant regretté, je ne puis mieux faire que de la transcrire ici, car elle donnera le type des larves de Phyllœcus.

« Long. 15mm. Blanche, molle, glabre et cylindrique. Tête arrondie, bien détachée, inclinée, très lisse, avec deux taches latérales noirâtres simulant des yeux. Ces taches semblent intérieures et n'être apparentes que grâce à la transparence de la peau, comme si c'était les yeux de l'insecte parfait qui seraient visibles dans la larve ; épistome lavé de roussâtre, labre transversal, subéchancré, subcorné et roux. Mandibules larges, cornées, roussâtres de la base au milieu, d'un noir ferrugineux depuis le milieu jusqu'à l'extrémité qui est tridentée. Près de la base externe de chaque mandibule, une petite antenne conique de 4 articles ; machoires à lobes larges, ciliés intérieurement de soies rousses et raides surmontés d'un appendice palpiforme de 2 articles ; palpes maxillaires coniques, de 4 articles courts ; lèvre inférieure portant deux palpes labiaux, coniques et triarticulés, et s'avançant entre eux en une languette large et arrondie ; les palpes sont lavés de roussâtre avec les articulations plus foncées. Corps de 12 segments, le premier sensiblement rétréci antérieurement, les autres égaux avec un étranglement sensible aux intersections à partir du cinquième ; dernier segment conoïde, hérissé de petites soies fauves et prolongé en une pointe cornée, subconique, tronquée et couverte d'aspérités dirigées en arrière. Cette pointe sert aux mouvements de la larve de concert avec un bourrelet longitudinal placé de chaque côté du corps et très dilaté sur les deux pénultièmes segments ; des mamelons pseudopodes au nombre de quatre, sous chacun des trois premiers segments, les deux intermédiaires du propectus plus saillants que les autres ; des rides irrégulières sur toute la face dorsale et principalement sur les quatre premiers segments qui sont comme rugueux. Stigmates roussâtres et latéraux au nombre de 9 paires, la première sur la ligne d'intersection du prothorax et du mésothorax. les autres près du bord extérieur des 8 premiers segments abdominaux.

Nymphe cylindrique, de la longueur de la larve, blanche, moins les yeux et les ocelles qui sont roussâtres; présente toutes les parties de l'insecte parfait ; dernier segment abdominal trilobé à l'extrémité avec trois rainures longitudinales en dessous et une petite papille charnue sur les côtés.

La larve vit dans les branches vertes de la ronce où elle pratique des galeries cylindriques du diamètre de son corps et qu'elle remplit de détritus. Une seule larve fait quelquefois deux ou trois galeries parallèles. Elle se transforme en nymphe en mars après s'être enveloppée d'une coque satinée, fine et fragile, cylindrique et deux à trois fois plus longue que le corps.

A pour parasite la larve de :

Pimpla rufata, Grav. — *Ichneumonide.*

PATRIE : France méridionale, Naples, Dalmatie, Russie.

31 Pronotum avec une tache jaune de chaque côté de son bord postérieur. Tête noire ; antennes d'un brun noir sombre, claviformes, de 16 articles. Thorax noir avec une tache jaune de chaque côté du bord postérieur du pronotum et un point blanc jaunâtre sous l'insertion des deux paires d'ailes ; pattes noires, hanches postérieures tachées de jaune ; tibias brun noir, éperons brunâtres. Ailes hyalines, un peu enfumées à l'extrémité. Abdomen cylindrique, noir avec une tache latérale de chaque côté du troisième segment, une fascie interrompue au bord du cinquième, une tache quadrangulaire de chaque côté du sixième, un petit point sur les côtés du septième et la partie supérieure du huitième jaune citron. Long. 11mm. Env. 17mm.

C. Smyrnensis, STEIN. ?

PATRIE : Smyrne.

— Pronotum entièrement noir. Tête noire, mandibules jaunâtres. Antennes claviformes, noires. Thorax noir avec une petite tache blanchâtre sous l'insertion des ailes ; pattes noires avec le côté interne des tibias antérieurs testacé. Ailes subhyalines, grisâtres. Abdomen peu comprimé, noir avec les côtés des segments marqués de taches triangulaires testacées plus ou moins grandes et pouvant simuler, par leur ensemble, une ligne latérale plus ou moins large, testacée ; ventre noir, légèrement taché aussi de testacé sur les côtés. Long. 9mm. Env. 16mm.

C. tabidus, FABRICIUS.

PATRIE : Angleterre, France, Suisse. Espagne. Algérie, Italie, Allemagne, Syrie.

32 Tibias postérieurs noirs ou bruns au moins en dessous. . **33**

— Tibias postérieurs testacés ou jaunes. **40**

33 Segment anal clair ou bordé de couleur claire. **34**

— Segment anal noir. **35**

34 Segment anal noir bordé de jaune. Tête noire avec la base des mandibules et l'épistome (♂) jaunes; antennes claviformes, noires. Thorax noir avec un point jaune sous l'insertion des ailes ; quelquefois (♂) le prosternum est jaune ; pattes noires avec les genoux, les tibias et les tarses jaunes, excepté à la paire postérieure où le côté interne des tibias et des tarses est brun ou noir ; chez le ♂, les pattes sont jaunes avec le côté externe des cuisses rayé de noir ; à la paire postérieure, dans le même sexe, les cuisses et les tibias sont noirs en dedans, et les tarses entièrement sombres. Ailes hyalines, nervures et stigma noirs. Abdomen comprimé, noir avec la plupart des segments soit fasciés, soit tachés latéralement de jaune citron à partir du second ; ventre noir. Long. 6 à 7mm. Env. 13mm. (Pl. XXIII, fig. 1 et 4 à 8). **C. pygmæus**, LINNÉ.

La larve, longue de 10 à 15mm, est blanche, pourvue seulement de très petites pattes écailleuses, cylindrique, contournée en forme d'S avec les segments thoraciques un peu bossus; sa tête est brune. — Elle vit dans les tiges de blé où elle se multiplie souvent assez pour devenir un fléau de l'agriculture. C'est à la fin de mai que les ♀ pondent leurs œufs sur les tiges au dessous des épis ; la petite larve, qui éclôt bientôt et est encore très-tenue, pénètre dans l'intérieur du chaume où elle ronge peu à peu l'intérieur en descendant toujours vers la racine ; l'épi continue à croître, mais il reste rabougri et forme ce qu'on appelle un épi clair. Au moment de la moisson, elle ronge intérieurement le chaume, circulairement, et de manière à ne laisser subsister à peu près que l'épiderme afin de faciliter la sortie ultérieure de l'insecte parfait moins bien armé qu'elle par ses mandibules plus faibles. Puis elle se dirige vers la racine et se construit dans la paille, sous le collet, une coque transparente comme du talc, allongée, où elle passe l'hiver. En raison de la section dont je viens de parler, le moindre vent fait casser la paille et si ces insectes sont nombreux, on n'a à moissonner que des champs où tous les épis sont clairs et où les pailles viennent joncher la terre et s'y détériorer avant que la faucille les ait tranchées. Il peut donc en résulter de très grands dégâts et on a signalé, à diverses époques, des invasions qui ont ruiné les récoltes de tout un pays. Au commencement de mai a lieu la transformation en nymphe, puis quelques jours plus tard en insecte parfait. Connaissant les habitudes de ce parasite, on peut facilement en déduire un moyen radical de le détruire dans les pays où il sévit. On sait en effet qu'il passe tout l'hiver enfermé dans une coque au dessous du collet de la racine. Il faudra donc arracher celle-ci et la brûler. Si on les laisse, comme cela se fait habituellement, dans la terre, les déprédations continueront naturellement l'année suivante. Avant que l'on ne connût les mœurs de ce Cephus, on attribuait cette maladie du blé à diverses causes atmosphériques ou à la nature du terrain, et on lui donnait différents noms : sidération, rachitisme, etc. On connait un parasite du Cephus pygmæus ; c'est le :

Pachymerus calcitrator, Grav.— *Ichneumonide.*

PATRIE : Angleterre, France, Espagne, Hollande, Suisse, Tyrol, Italie, Allemagne, Hongrie, Russie, Suède, Caucase, Syrie.

— Segment anal jaune en entier. Tête noire, base des mandibules jaune ; antennes claviformes, noires. Thorax noir ; pattes noires ; tibias antérieurs et leurs tarses brun jaune ; cuisses et tibias intermédiaires brun clair à leur extrémité. Ailes hyalines, nervures et stigma bruns. Abdomen comprimé, noir, avec deux taches latérales sur tous les segments à partir du quatrième et souvent une fascie sur le cinquième ; segment anal jaune. Long. 7mm. Env. 12mm. **C. punctatus**, KLUG.

PATRIE : Allemagne.

35 Tête noire tachée de jaune (sans parler de la bouche). **36**

— Tête noire en entier (sauf la bouche). **37**

36 Abdomen avec les côtés et deux fascies jaunes. Tête noire avec les mandibules et deux points entre les yeux, jaunes ; antennes noires. Thorax noir avec une petite tache jaune en avant des ailes et une autre plus grande sur les mésopleures ; pattes noires avec les tibias antérieurs jaunes. Ailes hyalines, nervures et stigma noirs. Abdomen noir avec les côtés et deux fascies jaunes. Long. ?

C. macilentus, FABRICIUS.

PATRIE : Algérie.

— Abdomen avec 4 à 5 fascies jaunes. Tête noire avec le front, le bord des yeux et les joues tachés de jaune ; antennes noires. Thorax noir avec deux taches jaunes sous l'insertion des ailes ; pattes antérieures jaunes avec la partie externe noire, pattes intermédiaires jaunes tachées de noir ; pattes postérieures noires avec les hanches et les cuisses tachées de jaune, les tibias et les tarses plus ou moins brun foncé. Ailes brunâtres avec la nervure costale jaune, stigma et nervures bruns. Abdomen noir avec les troisième, quatrième, cinquième et sixième et quelquefois septième segments bordés de jaune. Long. 9^{mm}. Env. 15^{mm}. **C. elongatus**, VOLLENHOVEN.

PATRIE : Hollande.

37 Deuxième segment abdominal noir. 38

— Deuxième segment abdominal bordé de jaune. Tête noire ; mandibules testacé rougeâtre à la base ; antennes noires. Thorax noir ; pattes noires avec les tibias et les tarses antérieurs et intermédiaires d'un testacé faiblement rougeâtre; les tarses intermédiaires seulement un peu assombris ; tarses postérieurs noir brun. Ailes très-faiblement lavées de roussâtre, irisées ; nervure costale testacée, nervures et stigma noirs. Abdomen noir avec les segments 2 à 6 bordés de jaune verdâtre. Long. 10^{mm}. Env. 17^{mm}. **C. Arundinis**, GIRAUD.

La larve vit dans le canal médian des tiges de roseau (*Arundo phragmites*) choisissant celles de faible dimension. L'insecte parfait perce les parois du canal au niveau du point où il s'est transformé.

PATRIE : France, Autriche, Hongrie.

38 Sixième segment noir.

C. pygmæus, Linné. (V. n° 34).

— Sixième segment bordé et taché latéralement de jaune. 39

39 Tarses postérieurs noirs. Tête noire, mandibules jaunes ; antennes noires. Thorax noir avec un point jaune sous l'insertion des ailes ; pattes (♀) noires avec les tibias et les tarses antérieurs jaunes ; pattes (♂) jaunes avec seulement les trochanters, le côté externe des cuisses antérieures et les genoux postérieurs noirs, ainsi que les tibias postérieurs et leurs tarses. Ailes légèrement brunâtres, nervure costale jaune, stigma brun. Abdomen noir avec les segments 4 à 6 bordés de jaune. Long. 8 à 10mm. (Peut être n'est-ce qu'une variété du C. pygmæus).

C. filiformis, Eversmann.

Patrie : Russie méridionale, Suède.

— Tarses postérieurs ferrugineux. Tête noire ; mandibules brunes, antennes noires. Thorax noir ; pattes noires, avec les genoux, les tibias et les tarses antérieurs et intermédiaires brun rouge, sauf le dernier article des tarses qui est noir ; pattes postérieures brunes avec les tarses rougeâtres. Ailes hyalines, irisées, nervure costale rougeâtre, nervures et stigma bruns. Abdomen noir avec une fascie jaune interrompue sur le troisième segment, d'autres plus larges continues sur les segments 4 à 6, enfin le septième n'a qu'une étroite bordure jaune ; ventre noir taché latéralement de jaune sur les segments 3 à 9. Long. 12mm. Env. 17mm.

C. Erberi, Damianitch.

Patrie : Grèce.

40 Tête tachée de jaune. 41

— Tête noire en entier (sauf la bouche) 51

41 Pronotum noir en dessus. **42**

— Pronotum jaune ou bordé ou taché de jaune en dessus. **43**

42 Deuxième segment abdominal bordé de jaune. Tête noire avec la face et la bouche testacé rougeâtre; antennes filiformes, noires. Thorax noir; pattes noires, testacées à la base. Ailes hyalines lavées de jaunâtre. Abdomen comprimé avec tous les segments bordés postérieurement de jaune. Long. 13mm.

P. facialis, Costa.

Patrie : Turin.

— Deuxième segment abdominal taché seulement de jaune aux angles postérieurs. Tête noire, épistome avec une grande tache médiane jaune; une ligne de même couleur de chaque côté sous les antennes, au bord interne des yeux; mandibules jaunes, antennes noires. Thorax noir avec le prosternum et une tache sous l'insertion des ailes, jaunes; écaillettes jaunes, pattes antérieures jaunes avec les hanches, les trochanters et les cuisses noirs, tarses brunâtres à l'extrémité; pattes intermédiaires jaunes avec la base des cuisses noire en dedans; pattes postérieures jaunes avec le côté postérieur de la base des hanches, des trochanters et des cuisses noirs, au côté antérieur, il n'y a de noir que la base des cuisses et une tache à leur extrémité, les tibias et les tarses sont brunâtres. Ailes jaunâtres, nervure costale jaune, les autres nervures et le stigma bruns. Abdomen comprimé, noir avec les angles postérieurs du deuxième segment, le bord apical des 3e 6e et 7e jaunes; la bordure des segments 4 et 5 est très large, celle des autres est au contraire très étroite; segment anal jaune; ventre noir avec une bordure jaune interrompue au milieu à tous les segments. Long. 11mm. Env. 17mm.

C. marginatus, Kawall.

Patrie : Russie (Courlande).

43 Deuxième segment abdominal noir. **44**

— Deuxième segment abdominal bordé de jaune ou taché latéralement de couleur claire. **45**

44 Scutellum noir. Tête noire avec un point blanc en bas et un autre en haut de l'orbite interne des yeux ; antennes courtes, filiformes, noires. Thorax noir avec le bord du pronotum blanc et un petit point de même couleur sous l'insertion des ailes antérieures ; pattes noires avec les genoux, les tibias et les tarses testacés ; derniers articles des tarses noirâtres. Ailes hyalines, un peu brunâtres, nervure costale et stigma rougeâtres ou plus ou moins bruns ; les autres nervures brunes. Abdomen noir avec une fascie blanche ou seulement un point blanc aux angles latéraux du troisième segment, une fascie blanche sur le bord des 4e, 6e, 7e, 8e et 9e segments ; quelquefois aussi un point blanc aux angles latéraux du deuxième ; ventre noir avec des points blancs aux angles latéraux des 3e, 4e, 6e, et 7e segments. Long. 15mm. Env. 20mm. (Pl. XXIII. fig. 9 à 11, 13 et 14)

P. xanthostoma, Eversmann ♀ (V. n° 47).

La larve vit dans la tige de la Reine des prés *(spiræa ulmaria)*, elle y creuse une galerie très longue et assez spacieuse. L'œuf est pondu vers le haut de la tige, et la larve qui en naît et qui est toujours solitaire creuse son réduit en descendant jusqu'au collet de la racine, en en augmentant progressivement le diamètre. Arrivée au terme de sa course, elle se retourne, élargit sa galerie en montant et se transforme vers le milieu de la tige, toujours tournée vers le haut ; elle s'enferme là dans une coque de soie assez transparente et beaucoup plus longue que son corps; elle y passe l'hiver, s'y transforme en nymphe vers le milieu d'avril et, au commencement de mai, l'insecte parfait apparaît.

Patrie : France, Allemagne, Russie.

— Scutellum blanc. Tête noire avec la base des mandibules, celle de l'épistome, une tache au bas de l'orbite des yeux, une autre à leur partie supérieure, blanches ; antennes noires. Thorax noir avec le bord du pronotum et le scutellum blancs ; pattes noires avec les genoux, les tibias et les tarses testacés, dernier article de ceux-ci noir. Ailes subhyalines, un peu grisâtres, nervure costale testacée, les autres nervures et le stigma noirs. Abdomen comprimé, noir avec le deuxième segment ordinairement taché latéralement de blanc, les 3e, 4e, et 6e segments largement bordés de blanc, cette bordure devenant testacée à sa jonction avec la partie noire, le 5e segment bordé de même, mais cette bordure est interrompue au milieu, le 7e segment est seulement taché latéralement d'un point blanc vers sa base ; ventre noir avec la plupart des segments étroitement bordés de blanc. Long. 16 à 17mm. Env. 24mm. **P. algiricus**, NOV. SP. ♀

PATRIE : Algérie (Province de Constantine).

45 Scutellum blanc. **P. algiricus**, NOV. SP. (V. n° 44).

— Scutellum noir. **46**

46 Abdomen taché ou fascié de blanc.
P. xanthostoma, EVERSMANN. ♀ (V. n° 44).

— Abdomen taché ou fascié de jaune. **47**

47 Cinquième segment noir ou seulement taché latéralement de jaune. Tête noire avec la base des mandibules jaune ; épistome jaune taché de noir en son milieu ; orbites internes des yeux jaunes à leur partie inférieure ; enfin un point jaune se trouve encore placé à la partie supérieure de ces orbites ; antennes filiformes, noires. Thorax noir avec le pronotum étroitement bordé de jaune ; pattes noires avec les genoux et les tibias jaunes, et les tarses ferrugineux ; hanches postérieures tachées de jaune.

Ailes subhyalines, jaunâtres, un peu enfumées ; nervure costale et stigma testacés ; les autres nervures brunes. Abdomen noir, cylindrique, avec les deuxième et troisième segments tachés latéralement de jaune, les quatrième, sixième, septième et huitième bordés de jaune, le cinquième quelquefois très légèrement taché latéralement de jaune ; segment anal noir bordé de jaune ou de testacé ; ventre noir avec les segments 7 et 8 tachés latéralement de jaune. Long. 12mm. Env. 21mm.

P. xanthostoma, Eversmann. ♂ (V. n° 44).

— Cinquième segment abdominal bordé de jaune. **48**

48 Deuxième segment abdominal avec seulement un point jaune de chaque côté. **49**

— Deuxième segment abdominal presque entièrement bordé de jaune. Tête noire avec un point testacé vers le dessus des yeux; antennes noires, courtes, filiformes. Thorax noir avec le bord latéral du pronotum testacé obscur ; pattes noires avec les tibias et les tarses ferrugineux; dernier article de ceux-ci noir ; hanches postérieures tachées de jaune citron. Ailes presque hyalines, nervures et stigma testacé obscur. Abdomen comprimé, noir, avec des fascies jaune citron presque entières sur le bord des segments 2, 3, 5 et 6 ; chez le ♂, les segments 3 à 9 portent tous des fascies entières jaunes; ventre noir avec les segments un peu bordés de jaune. Long. 9 à 10mm. Env. 15mm. **P. faunus,** Newmann.

Patrie : Angleterre, Hongrie, Suède.

49 Pronotum taché de jaune sur les côtés. Tibias et tarses postérieurs jaunes ; stigma clair. **50**

— Pronotum entièrement orangé ; extrémité des tibias et tarses postérieurs noirs ; stigma brun foncé. Tête noire avec tout le bas de la face jusqu'aux antennes jaune brillant ; mandibules jaunes, avec l'extrémité noire ; chez la ♀, il y a en outre une tache jaune sur le front au-dessus des antennes, et l'orbite interne des yeux est en entier de la même couleur. Antennes claviformes, noires. Thorax noir avec le pronotum, le prosternum et le scutellum entièrement jaune rougeâtre, les écaillettes et une tache sous l'insertion des ailes antérieures, jaune citron ; pattes jaunes avec l'extrémité des hanches, les trochanters et la base des cuisses noirs aux pattes antérieures ; les pattes intermédiaires sont jaunes avec les hanches, les trochanters et la moitié basilaire des cuisses noirs ; enfin les pattes postérieures ont les hanches, les trochanters, les cuisses en entier et l'extrémité des tibias noirs ; les tarses antérieurs ont leurs derniers articles noirs ; les intermédiaires ont seulement le premier article jaune ; les postérieurs sont entièrement noirs. Ailes hyalines ; nervure costale jaune clair ; les autres nervures et le stigma bruns. Abdomen comprimé, noir, avec les deuxième et troisième segments tachés latéralement de jaune, tous les autres largement bordés de la même couleur ; le segment anal est presque entièrement jaune, avec les segments 6, 7 et 8 bordés de jaune, le 9e (♂) jaune en entier, bordé de noir à l'extrémité ; fourreau de la scie (♀) noir. Long. 8mm. Env. 15mm.

C. libanensis, NOV. SP.

Commun sur les blés.

PATRIE : Syrie (Nazareth).

50 Cuisses jaunes, excepté à leur base ; tibias et tarses jaune clair. Tête noire avec les mandibules, les joues, le bas de la face jusqu'aux antennes, et tout l'orbite interne des yeux jaune clair ; mandibules brunes à leur extrémité ; antennes claviformes, de

20 articles, noires. Thorax noir avec deux grandes taches sur le pronotum, le prosternum, les écaillettes, une tache sous l'insertion des ailes antérieures et le scutellum jaune clair; pattes jaunes avec seulement les trochanters et la base des cuisses noirs ou bruns; extrémité des tarses rembrunie. Ailes hyalines, nervure costale et stigma jaunes, les autres nervures brunes. Abdomen cylindrique, noir, avec un point jaune sur les côtés du deuxième segment; le troisième porte une bordure jaune interrompue et tous les autres sont bordés de jaune; le segment anal est tout jaune, ventre presque entièrement jaune, taché seulement de jaune à la base des segments. Long. 6 à 7mm. Env. 10mm.

C. pulcher, TISCHBEIN. ♂

PATRIE : France, Hongrie, Autriche.

— Cuisses noires en entier; extrémité des tibias et tarses postérieurs noirs. Tête noire avec le bas de la face jusqu'aux antennes, l'orbite inférieur des yeux, un point à leur partie supérieure, la plus grande partie des mandibules, jaunes; antennes claviformes, noires. Thorax noir avec deux grandes taches sur le pronotum, le prosternum, une grande tache sous l'insertion des ailes antérieures, les écaillettes et le scutellum, jaunes; pattes noires avec une tache sur les hanches, le côté interne des cuisses antérieures, celui de tous les tibias et la base des tarses antérieurs et intermédiaires jaunes. Ailes un peu enfumées, nervure costale jaune, les autres nervures et le stigma bruns. Abdomen noir avec les deux premiers segments tachés latéralement de jaune et tous les autres bordés de cette même couleur, plus largement sur les 3e, 4e, 6e et 9e; segments ventraux noirs bordés de jaune. Long. 6mm. Env. 10mm.

C. nigritarsis, NOV. SP.

PATRIE : Syrie (Tibériade).

51 Segment anal jaune ou bordé de jaune. 52

— Segment anal noir. 55

52 Mandibules jaune pâle avec l'extrémité noire ou blanchâtre. 53

— Mandibules noires en entier; tête noire; antennes claviformes, noires. Thorax noir avec une petite tache jaune sous l'insertion de chacune des ailes; pattes antérieures jaunes avec les hanches, les trochanters, la base des cuisses et l'extrémité des tarses noirs; pattes intermédiaires noires avec seulement les genoux et les tibias jaune clair; pattes postérieures noires en entier. Ailes hyalines, légèrement grisâtres, nervure costale jaune à la base, noire sur le reste; les autres nervures et le stigma noirs. Abdomen noir avec le troisième segment taché de jaune verdâtre sur ses angles latéraux, les 4e, 5e, 6e et 7e segments bordés de la même couleur; 9e segment noir bordé de jaune vif; ventre noir avec seulement le dernier arceau jaune verdâtre sur les côtés. Long. 10mm. Env. 16mm.

C. nigricarpus, NOV. SP.

PATRIE : Syrie (Bloudan. Antiliban).

53 Ailes enfumées sur leur moitié basilaire.

C. infuscatus, NOV. SP. (V. n° 20).

— Ailes hyalines. 54

54 Segment anal entièrement jaune. Tête noire; antennes brun noir. Thorax noir avec un point jaune sous la racine des ailes antérieures et un espace pâle sur les côtés du métathorax; pattes brunes avec les tibias et les tarses jaunes; extrémité des tibias postérieurs et tarses de cette paire bruns. Ailes un peu grisâtres, irisées; nervures brunes; stigma testacé pâle. Abdomen noir brun; bord pos-

térieur des segments 3 à 7 jaune, surtout sur le 6e ; neuvième segment entièrement jaune, ventre noir avec une tache jaune de chaque côté des segments formant la continuation des fascies dorsales. Long. 6mm. Env. 10mm. **C. gracilis**, COSTA.

PATRIE : Naples.

— Segment anal noir bordé de jaune. Tête et antennes noires, mandibules claires. Thorax noir ; pattes noires avec les genoux antérieurs et tous les tibias testacé clair, extrémité des tibias postérieurs et leurs tarses brun foncé. Ailes hyalines, un peu grises, nervures et stigma noirs. Abdomen avec de grandes taches triangulaires jaune citron sur les segments 4 à 6 ; extrémité du segment anal de même couleur, le sixième segment et souvent le quatrième entièrement bordés de jaune verdâtre ; ventre noir. Long. 7 à 8mm. Env. 12mm.

C. brachycerus, THOMSON.

PATRIE : France, Suède.

55 Quatrième segment abdominal entièrement noir. Tête noire, bouche testacée ; antennes noires. Thorax noir ; pattes noires avec les genoux, les tibias et les tarses testacés. Ailes hyalines, jaunâtres ; nervure costale et stigma jaunes ; les autres nervures brunes. Abdomen noir avec un point aux angles latéraux du second segment et le bord postérieur des troisième, cinquième et sixième segments étroitement jaunes. Long. 9 à 10mm. Env. 15mm.

C. satyrus, PANZER.

PATRIE : France, Hollande, Suisse, Allemagne.

— Quatrième segment abdominal bordé de jaune. 56

56 Poitrine à peine pubescente. 57

— Poitrine longuement pubescente ; tête noire, mandibules jaunes, antennes claviformes, noires. Thorax noir ; pattes noires avec les genoux antérieurs et tous les tibias jaune citron ; extrémité des tibias postérieurs noire. Chez le ♂ le côté interne des cuisses antérieures et les mésopleures sont tachés de jaune. Ailes hyalines, nervures et stigma bruns. Abdomen noir marqué de deux fascies et de quelques taches jaune citron. Long. 6 à 8mm.

C. pilosulus, Thomson.

Patrie : Suède, Hongrie.

57 Ailes très enfumées à la base.

C. infuscatus, nov. sp. ♂ (V. nº 20).

— Ailes subhyalines partout. Tête noire avec la base des mandibules tachée de jaune ; antennes claviformes, noires. Thorax noir avec une petite tache claire sous l'insertion des quatre ailes ; pattes noires avec les genoux, les tibias et les tarses testacés, extrémité des tibias postérieurs rembrunie. Ailes subhyalines, un peu grises, nervure costale et stigma testacés ; les autres nervures noires. Abdomen noir avec des points latéraux jaunes aux angles des segments 3 et 7 et les segments 4 et 6 entièrement bordés de jaune ; ventre noir. Long. 9 à 12mm. Env. 14 à 20mm.

C. troglodyta, Fabricius.

Patrie : Angleterre, France, Suisse, Italie, Allemagne, Hongrie, Suède.

3e FAM. — SIRICIDÆ

Caractères généraux.— Corps allongé, abdomen sessile, cylindrique. Tibias antérieurs munis d'un seul éperon. Tarière ♀ presque toujours saillante. Antennes de plus de 9 articles.

Tête. — La tête des Siricides est de grosseur moyenne, souvent petite relativement à la grandeur du corps. Elle peut être fortement dilatée en arrière des yeux, ou bien arrondie, presque globuleuse ; yeux moyens ; ocelles disposés en triangle. Mandibules tridentées, palpes maxillaires soit de un, soit de cinq articles ; palpes labiaux de deux à quatre articles. Antennes ordinairement allongées, filiformes, quelquefois fusiformes, de 11 à 22 articles, le premier grand et plus ou moins renflé, le second très court ; elles sont insérées sur la face, entre les yeux, plus près de l'épistome que du front.

Thorax. — Le thorax est ordinairement plus large que la tête, quelquefois ovale, le plus souvent avec les épaules carrées et même un peu relevées aux angles en forme de courtes dents obtuses. Le lobe médian du mesonotum est, dans ce cas, très grand et refoule en arrière les lobes latéraux. Les écaillettes sont à peu près invisibles et cachées sous les angles du pronotum. Le metanotum est étroit, très profondément sillonné ; les *cenchri* sont oblongs, quelquefois à peine visibles. Pattes ordinaires ; tibias antérieurs et ordinairement intermédiaires pourvus d'un seul éperon ; tibias et tarses postérieurs allongés, le premier article de ceux-ci très long. Chez les mâles, les tibias postérieurs et le premier article de leurs tarses sont très comprimés, élargis et sillonnés longitudinalement. Ongles fortement dentés en dessous. Ailes longues, assez étroites, munies de fortes nervures, comprenant deux radiales et trois ou quatre cubitales, dont la première est plus petite que la deuxième. Rarement il n'y a qu'une radiale et deux cubitales. Cellule lancéolée ordinairement divisée par une nervure oblique, quelquefois pétiolée. Ailes inférieures presque toujours avec deux cellules discoïdales fermées.

Abdomen. — L'abdomen des Siricides est de forme assez variable, soit cylindrique avec les bords parallèles, soit conique avec la base un peu plus étroite et l'extrémité pointue, surtout chez les femelles. Le premier segment n'offre point de partie nue, mais parfois une fente en son milieu ou seulement une impression longitudinale ou une soudure. Le dernier segment est beaucoup plus caractéristique. Chez les mâles, il est simplement arrondi et il laisse saillir à l'intérieur des mamelons cornés faisant partie des organes sexuels. Chez les femelles, il est prolongé par une pointe quelquefois tronquée, le plus souvent aiguë et spatuliforme. A l'extrémité du ventre saillissent les valves du fourreau de la scie, souvent très allongées, semi-cylindriques, quelquefois aplaties et cultriformes. La scie elle-même est en forme de râpe et très puissante : c'est un véritable outil à forer le bois.

Premiers états. — Rœsel (243*) indique que les œufs des Siricides sont en forme de fuseau et insérés par la tarière de la mère dans l'épaisseur du bois que doit habiter la larve. Celle-ci est à peu près cylindrique ; la tête est plus petite que le reste du corps et armée de très-fortes mandibules dentées ; elle est absolument privée d'yeux, dont elle n'aurait d'ailleurs nul besoin confinée qu'elle est pendant toute son existence dans l'intérieur des arbres. Elle est toujours de couleur blanchâtre, jaune ou rosée et de consistance molle ; trois paires de très-petites pattes thoraciques constituent seules ses moyens de locomotion. La tête est la partie la plus compliquée ; car outre les mandibules dont j'ai parlé plus haut, elle possède tout l'appareil des palpes et des parties buccales ordinaires ainsi que de très petites antennes d'un seul article. Les palpes maxillaires n'ont aussi qu'un article ou plutôt semblent un prolongement en forme de lobe des côtés des mâchoires ; les palpes labiaux au contraire présentent trois articles bien distincts.

Le thorax, plus large que la tête, outre les petites pattes tri-articulées dont il est pourvu, offre encore un stigmate entre le premier et le second segment.

L'abdomen, de huit segments, plus ou moins lisses ou plissés, est terminé par une partie pointue précédée d'une large surface convexe. Cette pointe cornée, qui prend son origine à l'extrémité de la partie ventrale, est armée en dessus de trois petites dents dont l'usage n'est pas bien défini, mais qui doivent aider à pousser le corps en avant dans l'étroit canal où il est enfermé.

La nymphe des Siricides n'a aucun caractère spécial et elle présente toutes les formes de l'insecte parfait.

Mœurs. — C'est en juillet et août qu'apparaissent les Siricides ailés : c'est aussi à cette époque qu'ont lieu l'accouplement et la ponte.— D'après Bechstein, chaque ♀ produirait cent œufs, mais ce chiffre semble bien exagéré. Pour effectuer sa ponte, la mère introduit sa tarière aiguë dans le bois et y pratique une cavité profonde où elle dépose à la fois seulement un œuf ou deux. Elle s'adresse indifféremment aux arbres debout ou abattus, même à ceux qui ont été déjà travaillés. Il est même probable que lorsque la ponte a lieu sur un arbre sur pied, celui-ci doit être en mauvais état et près de succomber, de façon que l'afflux de sève soit peu gênant pour la larve. Au bout de quelques jours, l'œuf se crève et le petit ver qui en sort se met immédiatement à creuser une galerie plus ou moins sinueuse dans l'épaisseur du bois. Cette galerie, cela se conçoit facilement, augmente progressivement de diamètre en même temps que s'accroit la grosseur de la larve. Le bois lui même constitue la nourriture de celle-ci et l'on comprend quels dégats peut produire cet insecte dans des billes ou des madriers qui le logent en plus ou moins grand nombre. La marche de la larve dans l'épaisseur du bois n'a lieu d'ailleurs qu'assez lentement et les *Sirex* restent longtemps sous cette première forme, deux ou trois ans, et pendant ce temps la galerie peut atteindre une longueur de 50 à 60 centimètres sur un diamètre final de 7 à 8 millimètres. On a vu des insectes parfaits sortir de bois mis depuis longtemps en place dans des constructions; des poutres et des solives, qui avaient reçu des pontes de *Sirex* avant leur emploi, demander au bout de deux ans à être remplacées par suite des ravages des larves qui s'y trouvaient logées. Les essences surtout fréquentées par ces ennemis dangereux sont assez variées et non exclusives. Le sapin, le chêne, le bouleau, le saule, le peuplier, reçoivent le plus souvent leurs visites. Ces larves ont de 4 à 6 centimètres de longueur quand elles sont arrivées à l'état adulte, et leurs mandibules sont si puissantes qu'elles ne connaissent aucun obstacle qui puisse les arrêter dans leur marche. Le besoin impérieux de la nourriture, joint à l'impossibilité où elles se trouvent de changer leur itinéraire, les pousse toujours en avant et c'est ce qui explique ces faits curieux qui ont retenti jusque dans les salles de l'Institut, quand le maréchal Vaillant présentait à l'Académie des Sciences des paquets de cartouches dont les balles de plomb étaient percées par les larves du *Sirex juvencus*, et quand plus tard le même fait se reproduisit à l'arsenal de Grenoble sous l'action des mandibules de la larve du *Sirex gigas*.

Arrivées au terme de leur existence vermiforme, elles cessent leur travail, restent dans un repos complet et se métamorphosent en nymphes à l'extrémité du canal, soit dans une coque soyeuse comme l'indique Bernstein pour le *Sirex gigas*, soit sans aucune enveloppe, comme le dit Hartig pour le *Sirex juvencus*.

Peu de temps après a lieu l'éclosion de l'insecte parfait. Celui-ci sort de ses langes au fond du réduit où était emprisonnée la nymphe; il aspire immédiatement à voir le jour et à profiter de son nouvel état pour parcourir librement les airs ; il est donc obligé de percer encore une nouvelle galerie qui le conduit directement au dehors ; ses fortes mandibules y arrivent bientôt et, l'insecte parti, un trou circulaire à la surface du bois indique l'extrémité de son tunnel. Celui-ci se distingue toujours facilement du canal creusé par la larve par suite de l'absence d'excréments.

La grosseur des Sirex et le bourdonnement assez violent qu'ils produisent en traversant les airs les ont fait remarquer de tous temps. On les a même accusés dans le dernier siècle (1) d'avoir piqué des hommes et des animaux et d'avoir causé la mort d'un certain nombre d'entre eux. Il ne peut y avoir là qu'une fable ou plutôt l'explication très-inexacte d'un fait d'autre nature.

Les Siricides varient de taille d'une façon vraiment extraordinaire, et de plus du simple au double ; les ♂ surtout présentent des individus très grands et d'autres relativement fort petits. Les ♀ peuvent devenir encore plus grosses que les ♂. C'est surtout dans les pays septentrionaux qu'abondent les Sirex ; le voisinage des grandes forêts, surtout celles de sapins, les installations de scieries dans leur intérieur, amènent surtout un

(1) Ephémérides des Curieux de la nature. — Coll. acad. part etr. tome 3. p. 411. — Dict. de Deterv. tome 35, p. 146.

grand nombre de Sirex ; l'Est paraît, en France, leur pays de prédilection et si l'on en rencontre un peu partout, mais moins fréquemment, il faut alors surtout attribuer leur présence aux bois de charpente qui sont amenés de loin dans chaque localité. Dans tout le nord de l'Europe, Suède, Allemagne, Russie, ils sont beaucoup plus communs. Quelques espèces cependant descendent jusqu'en Grèce et en Italie, mais elles demeurent toujours rares.

On a indiqué comme parasites des Siricides les espèces suivantes :

Aulacus exaratus, Rtzb. — *Evanide.*
Ephialtes mediator, Fab. — *Ichneumonide.*
Pteromalus Meyerinckii. — *Chalcidite.*
Rhyssa amœna, Kl. — *Ichneumonide.*
— *approximator*, Fab. — —
— *clavata*, Fab. — —
— *curvipes*, Grav. — —
— *leucographa*, Grav. — —
— *nigricornis*, Rtzb. — —
— *obliterata*, Grav. — —
— *persuasoria*, L. — —
— *superba*, Schr. — —
— — var *Schwerinensis*, Brauns. — —
Spathius Giraudi, Rond. — *Braconide.*

Les indications qui précèdent se rapportent surtout aux *S. gigas*, *Juvencus* et *Spectrum*, *T. fuscicornis* et je ne les répéterai pas à ces espèces pour ne pas faire double emploi.

TABLEAU DES GENRES

---

1 Ailes antérieures avec une cellule radiale; cellule lancéolée pétiolée. **4. Oryssus**, Fabricius.

— Ailes antérieures avec deux cellules radiales, cellule lancéolée divisée par une nervure oblique. 2

2 Tibias intermédiaires munis d'un seul éperon. 3

— Tibias intermédiaires munis de deux éperons. **3. Xiphydria**, Latreille.

3 Ailes antérieures avec trois cellules cubitales, dont la deuxième reçoit les deux nervures récurrentes. **2. Tremex**, Jurine.

— Ailes antérieures avec quatre cellules cubitales dont la deuxième et la troisième reçoivent chacune une nervure récurrente. **1. Sirex**, Linné.

1er GENRE. — SIREX, Linné, 1735 (175)*

σειρά, lien, tresse, *ἴξ ou dial. ἶξ* ver, insecte.

Tête petite, assez fortement dilatée en arrière; antennes longues, filiformes ou sétacées, de 18 à 24 articles. Pattes ordinaires, tibias et premier article des tarses postérieurs dilatés chez les ♂. Ailes grandes, avec deux radiales, quatre cubitales dont la deuxième et la troisième reçoivent chacune une nervure récurrente; cellule lancéolée divisée par une nervure oblique, écaillettes invisibles. Abdomen cylindrique, allongé, déprimé chez les ♂, avec le dernier segment ♀ muni d'un appendice en forme de spatule; ce sexe présente aussi une longue tarière saillante.

Outre les différences indiquées ci-dessus, le ♂ se distingue à première vue de la ♀ par l'absence de la tarière.

1 Tête entièrement noire ou bleue. 5

— Tête tachée de jaune sur le vertex. 2

2 Tibias postérieurs armés d'un seul éperon. Tarière ♀ aussi longue ou plus longue que l'abdomen. Tête noire marquée de deux petites taches jaunes derrière les yeux ; antennes noires, longues, filiformes, de 24 articles. Thorax noir avec le pronotum concave et anguleux en avant, très rugueux, marqué latéralement d'une ligne d'un jaune ocreux qui se prolonge sur la base des ailes ; pattes testacées avec les genoux, les tibias et les tarses plus jaunes. Ailes hyalines, nervures costale jaune, les autres nervures brunes. Abdomen noir avec l'extrémité du dernier arceau ventral et la base de la tarière jaunes, fourreau de celle-ci très allongé, noir.

Chez le ♂, les couleurs sont semblables excepté aux pattes qui sont noires avec une partie des cuisses testacée, les genoux, la base des tibias et des tarses blancs ; ceux-ci en grand partie testacés. Long. ♀ 23 à 25mm., sans la tarière. Env. 40 à 45mm. Long. de la tarière 15 à 20mm. Long. ♂ 20mm. Env. 30mm. **Spectrum**, Linné.

La larve, qui atteint 25 à 30mm de long, est molle, blanche, glabre et vit dans l'intérieur du bois coupé et plus ou moins détérioré, particulièrement dans le chêne.

Patrie : France, Suisse, Tyrol, Italie, Allemagne. Hongrie, Suède, Russie.

— Tibias postérieurs armés de deux éperons. 3

3 Thorax entièrement noir. Tête noire avec une ta-

che testacée sur la base des mandibules, une autre tache ronde, jaune sombre sur l'épistome et deux grande taches jaune brillant sur le vertex derrière les yeux ; antennes longues, filiformes, de 22 à 26 articles, jaune clair. Thorax noir, velu, particulièrement sur le pronotum qui est aussi très rugueux et coupé droit en avant, pattes jaune clair ou un peu testacé avec les hanches, les trochanters et les cuisses, jusqu'aux genoux, noirs. Ailes légèrement jaunâtres, à peine enfumées vers l'extrémité; nervure costale jaune, stigma testacé, les autres nervures brunes. Abdomen jaune, plus ou moins rougeâtre avec la base du premier segment, les segments 3 à 6 noirs en entier, ainsi que la base du neuvième ; tarière jaune brunâtre; ventre brun.

Le ♂ diffère en ce qu'il n'a point de taches sur les mandibules, ni sur l'épistome, que le premier article des antennes est noir, que les tibias postérieurs sont en partie noirs ainsi que le premier article de leurs tarses, enfin que l'abdomen est presque entièrement testacé et offre seulement des taches noires aux angles des segments et sur leur bord extrême, avec le premier, le second et la moitié apicale du dernier segment entièrement noirs; ventre brun noirâtre. Long. ♀ 22 à 35mm. sans la tarière. Env. 45 à 70mm. Long. de la tarière : 10 à 15mm. Long. ♂ 20 à 30mm. Env. 32 à 45mm.

Gigas, Linné. (pl. XXIV, fig. 4).

Patrie : France, Hollande, Suisse, Tyrol, Italie, Allemagne, Hongrie, Suède, Russie.

— Thorax en partie jaune. **4**

4 Abdomen jaune avec seulement le sixième et le septième segments bordés de noir, quelquefois le quatrième et le cinquième tachés de noir sur les côtés. Tête noire avec le vertex jaune jusque vers les ocelles, parfois une ligne de même couleur à l'orbite interne des yeux ; antennes jaune clair, de 26 articles. Thorax noir ou brun avec le pronotum, une tache sous l'insertion des ailes et le metanotum jaune brunâtre ; pattes jaunes avec la base noire. Ailes brun clair, plus foncé sur le bord costal ; nervures et stigma rougeâtres. Long. 30mm. Env. 42mm. **Fantoma**, Fabricius.

Patrie : France, Allemagne, Grèce.

— Abdomen ♂ jaune avec la base et l'extrémité noires, ♀ jaune avec les 3e, 4e et 5e segments entièrement noirs ainsi que le bord des 6e et 7e segments, d'autres fois chez le ♂ les deux ou trois derniers segments sont tout à fait noirs, ou bien l'abdomen est tout jaune avec le bord du dernier segment noir. Tête noire avec l'épistome, la base des mandibules et l'orbite des yeux jaune brunâtre, et le vertex ainsi que les joues jaune clair ; antennes jaune clair chez le ♂, le premier article peut être brun. Thorax noir avec les lobes du pronotum, diverses taches sur le mesonotum et les mésopleures jaune brunâtre ; quelquefois il est presque entièrement brun plus ou moins pâle ; pattes jaunes avec les hanches, les trochanters et la base des cuisses antérieures et intermédiaires, l'extrémité des tibias intermédiaires, les cuisses postérieures presque entières, et les deux tiers apicaux des tibias postérieurs, noirs. Ailes jaunes, un peu rougeâtres, tournant au gris au bord postérieur ; nervures et stigma jaune rougeâtre. Long. 30 à 40mm. Env. 60 à 65mm.

Augur, Klug.

Patrie : France, Suisse, Allemagne, Russie.

5 Tibias postérieurs armés d'un seul éperon.

Spectrum, Linné ♀ var.

— Tibias postérieurs armés de deux éperons. Tête noire, le plus souvent avec un reflet bleu ou vert métallique; antennes noires en entier ou avec les articles 2 à 8 ou seulement une partie d'entre euxplus ou moins testacés; ellessont filiformes, de 20 à 22 articles. Thorax noir ou bleu; pattes (♀) testacées avec les hanches et les trochanters noirs, bleus ou verts ainsi que le dernier article des tarses postérieurs, (♂) testacées avec les hanches et les trochanters bleus ou verts, les tibias postérieurs, le premier article de leurs tarses et le dessus des deux suivants noirs. Ailes brunes ou jaunes, plus enfumées vers l'extrémité, avec les nervures et le stigma d'un brun plus ou moins foncé, la base de ce dernier ainsi que la nervure costale testacées. Abdomen ♀ bleu métallique avec un reflet violacé sur les segments intermédiaires ; base de la tarière testacée ; fourreau de celle-ci noir; chez le ♂ l'abdomen est testacé rougeâtre avec les deux premiers segments et la base du troisième bleu métallique ; les deux derniers segments dorsaux sont aussi souvent de la même couleur ; ventre testacé avec l'extrémité noir bleu.

Chez le ♂, outre les différences indiquées ci-dessus, on peut encore signaler comme variétés la couleur testacée qui revêt souvent le premier article antennaire, la couleur noire qui s'étend parfois sur tous les tarses postérieurs, tandis que, au contraire, la base des tibias peut devenir testacée. Long. ♂ 15 à 32mm. Env. 24 à 50mm. Long. ♀ (sans la tarière) 22 à 35mm. Env. 38 à 55mm.

Juvencus, Linné. (pl. XXIV, fig. 1).

Patrie : France, Hollande, Suisse, Allemagne, Suède, Russie Grèce.

2ᵉ GENRE. — TREMEX, JURINE, 1807 (140)*

τρέμω, craindre, avoir peur, ἴξ ou *dial.* ἦξ ver, insecte.

Tête relativement petite, dilatée en arrière ; antennes courtes, épaisses, fusiformes, de 12 à 16 articles. Pattes ordinaires, tibias et base des tarses aplatis aux pattes postérieures. Ailes souvent assez courtes, avec deux radiales, trois cubitales dont la deuxième reçoit les deux nervures récurrentes ; cellule lancéolée divisée par une nervure oblique ; écaillettes invisibles. Abdomen cylindrique, déprimé chez les mâles ; dernier segment ♀ muni d'un appendice pointu ; tarière allongée.

Le mâle se distingue de suite par la forme de son abdomen et par l'absence de la tarière.

1 Ailes jaunes, surtout vers le bord costal et le stigma. Tête rousse, tournant quelquefois au noir ; antennes de 12 à 15 articles, testacées à la base et noires à l'extrémité ou noires presque en entier. Thorax roux ou plus ou moins noir. Pattes jaunes ou un peu testacées, souvent avec les cuisses plus foncées ; hanches et trochanters testacés ou noirs. Chez le mâle, les pattes postérieures sont noires, ordinairement avec l'extrémité des tarses testacée. Ailes d'un jaune ambré avec la côte et les nervures testacées ; l'extrémité est un peu grisâtre. Abdomen ♀ jaune, plus ou moins rougeâtre, mat ou luisant, avec l'extrémité des segments noire, quelquefois assez largement, d'autres fois d'une manière peu distincte ; le premier segment est tout noir ou avec de petites taches testacées ; le huitième est soit tout jaune, soit noir sur la moitié de sa surface ; le dernier porte souvent aussi de grandes taches noires latérales. Ventre presque tout jaune. Abdomen ♂

noir en entier, ou avec de petites taches testacées sur la base et les côtés des premiers segments ; ventre noir avec le milieu des segments testacé ; tarière ♀ jaune ou en partie noire. Long. ♂ 15 à 28mm. Env. 27 à 40mm. Long. ♀ 16 à 35mm. Env. 31 à 60mm.

Fuscicornis, Fabricius. (pl. XXIV, fig. 3).

Patrie : France, Suisse, Allemagne, Hongrie, Russie, Suède.

— Ailes enfumées. Tête noire. Antennes ♂ noires, ♀ noires avec les derniers articles blancs, de 15 à 16 articles. Thorax noir ou noir bleu ; pattes noires ou brunes avec la base des tibias, celle des premiers articles des tarses et le dernier article de ceux-ci blancs. Ailes enfumées avec un reflet un peu violacé ; nervures et stigma noirs. Abdomen noir avec les segments plus ou moins tachés de blanc sur les côtés, sauf le premier et le dernier ; ventre blanc en son milieu ; base de la tarière testacée ; fourreau de celle-ci noir.

Le mâle a les pattes toutes noires et l'abdomen entièrement noir bleu en dessus et en dessous. Long. 20 à 25mm. Env. 35 à 40mm. **Magus**, Fabricius.

Patrie : France, Suisse, Allemagne, Hongrie, Russie.

3e GENRE. — XIPHYDRIA, Latreille.

ξιφύδριον, petite épée.

Tête assez grosse, ronde, globuleuse ; antennes ordinaires, filiformes, de 18 à 22 articles. Ailes antérieures avec deux cellules radiales et quatre cellules cubitales dont la deuxième et la troisième reçoivent chacune une nervure récurrente ; cependant la deuxième peut aussi être interstitiale avec la deuxième nervure transverso-cubitale ; cellule lancéolée divisée par une nervure oblique. Ailes inférieures avec deux cellules discoïdales fermées. Pattes ordinaires ; tibias postérieurs munis de deux éperons. Abdomen conique, pointu à l'extrémité, tarière saillante.

Le mâle se distingue par son abdomen à bords plus parallèles et par l'absence de tarière.

1 Abdomen noir taché de blanc sur les côtés. 2

— Abdomen rouge sur les segments intermédiaires. Tête noire avec les joues, l'orbite inférieur des yeux, l'extrême base des antennes et deux lignes étroites sur le vertex d'un blanc à peine jaunâtre ; le bord postérieur du vertex porte encore deux taches allongées latérales semblables ; antennes noires. Thorax noir avec les bords latéraux du pronotum blancs ; pattes testacées avec les hanches noires et les tibias (♀) tachés de blanc à leur base ; chez le ♂, l'extrémité des hanches et les trochanters portent des taches blanches, et les tibias postérieurs sont noirâtres ainsi que l'extrémité de leurs tarses. Ailes courtes, hyalines, à peine enfumées vers l'extrémité ; nervures et stigma noirs. Abdomen rouge avec les segments 1, 2, 7 à 9 noirs chez le ♂; chez la ♀ les deux premiers et le dernier segments sont seulement noirs. Dans les deux sexes, mais surtout chez le ♂, les côtés des segments abdominaux sont tachés de blanc à partir du troisième ; tarière noire. Long. 12 à 15mm. Env. 16 à 20mm.

Dromedarius, Fabricius.

Patrie : France, Hollande, Suisse, Allemagne, Suède, Russie.

2 Pattes tachées de blanc aux genoux. Tête noire tachée de blanc sur l'orbite des yeux, entre les antennes et sur le vertex ; antennes noires. Thorax noir avec le bord du pronotum, deux taches en avant du scutellum et d'autres sur la poitrine blanc jaunâtre ; pattes brunes ou testacées avec les ge-

noux, la base des tibias et celle des tarses et une tache sur les côtés des tibias postérieurs blanchâtres. Ailes subhyalines, nervures et stigma noirs. Abdomen noir taché de blanc sur les côtés des segments. Long. 15mm. Env. 20mm. **Annulata**, JURINE.

PATRIE : France, Suisse, Italie, Allemagne, Hongrie.

— Pattes non tachées de blanc aux genoux. Tête noire avec l'intervalle des antennes et l'orbite des yeux tachés de blanc ; vertex avec quatre grandes lignes blanches ; antennes noires. Thorax noir avec les lobes du pronotum bordés de blanc ; pattes testacées avec les hanches et le dernier article des tarses noirs ou bruns. Ailes subhyalines, nervures et stigma noirs. Abdomen noir avec les côtés des segments tachés de blanc ; tarière saillante, cultriforme, noire. Long. 15 à 18mm. Env. 25 à 27mm. **Camelus**, LINNÉ. (pl. XXIV, fig. 2).

PATRIE : France, Hollande, Suisse, Tyrol, Italie, Allemagne, Suède, Russie.

4e GENRE. — ORYSSUS, FABRICIUS

'ορύσσω, je creuse.

Tête de la largeur du thorax, rugueuse, globuleuse ; antennes assez épaisses, de 11 à 12 articles. Ailes n'atteignant pas l'extrémité de l'abdomen, avec une cellule radiale et deux cellules cubitales peu distinctement séparées ; cellule lancéolée pétiolée ; ailes inférieures sans discoïdale fermée ; écaillettes invisibles. Pattes ordinaires. Tarière non saillante.

Le ♂ se distingue suffisamment de la ♀ par l'examen du dernier arceau ventral.

— Tête et antennes noires ; orbite interne des yeux

et dessus des antennes vers leur base blanc jaunâtre. Thorax noir, avec seulement les angles extrêmes du pronotum blancs chez le ♂; pattes noires avec les tibias intermédiaires postérieurs et les tarses d'un testacé plus ou moins foncé. Genoux et dessus des tibias tachés de blanc. Ailes hyalines, rarement incolores, le plus souvent avec de grandes taches brunes partant du niveau de la base du stigma jusqu'à l'extrémité, ne laissant de parties transparentes qu'à la pointe de l'aile et à l'extrémité du stigma ; nervures et stigma noirs. Abdomen rouge avec les deux premiers segments et l'extrémité anale du ventre noir ; le ♂ porte encore en dessus du dernier segment une tache ovale blanche. Long. 12mm. Env. 16mm. **Abietinus**, SCOPOLI. (Pl. XXIII, fig. 15 à 20).

PATRIE : France, Suisse, Tyrol, Italie, Allemagne, Suède, Russie, Grèce.

N.-B. — Latreille (Encycl. méthod.) a décrit très brièvement sous le nom d'*Oryssus unicolor* un insecte « de moitié plus petit que le précédent, tout noir avec un peu de blanc sur une partie des antennes et des pattes, » qu'il a trouvé aux environs de Paris. Est-ce une espèce distincte (bien insuffisamment décrite dans ce cas) ou seulement une variété sombre du ♂ de la précédente ?

SUPPLÉMENT

A L'INTRODUCTION

Page xxviii — La composition de la *colle entomologique* telle qu'elle est indiquée, a l'inconvénient de la laisser jaunir ou brunir plus ou moins rapidement. Ce défaut disparaît complètement si l'on remplace l'acide phénique par le bichlorure de mercure (sublimé corrosif). Seulement ce produit étant très-vénéneux, le maniement de la colle demande à être fait avec précaution.

Page xciii — Le peu que j'ai dit sur la *Parthénogénèse* devient de jour en jour plus incomplet, car les expériences se multiplient et avec elles s'accroît rapidement le nombre des faits de cette nature que la science doit enregistrer.

Il faut bien le dire d'ailleurs, cette question de la Parthénogénèse, c'est-à-dire de la reproduction sans le secours de l'union sexuelle, devient chaque jour plus attachante. Encore presque inconnue il y a peu d'années, elle va devenir, grâce aux savants qui en poursuivent l'étude, depuis les révélations du professeur Siebold, (1) le pivot de la science, et c'est évidemment de ce côté que doivent se tourner les investigations des chercheurs patients, des obser-

---

(1). — Wahre Parthenogenesis bei Schmetterlingen und Bienen. — Leipzig, 1856.

vateurs avides de vérités. C'est aussi un problème de haute philosophie, comme tout ce qui touche à la reproduction, car il renferme un des secrets de la vie ; et, résolu, il formera un des principaux échelons qui nous élèveront peu à peu aux sommets de la science et nous permettront peut-être un jour de laisser planer nos regards émerveillés sur l'ensemble majestueux, mais encore presque complètement inconnu des rouages de la création.

Il serait maintenant téméraire d'asseoir une théorie parthénogénétique sur le petit nombre des faits constatés ; nous devons, sous peine de faire fausse route, nous borner encore à faire des expériences et laisser les faits s'accumuler avant de chercher à les classer et à en tirer des conséquences plus générales.

La Parthénogénèse, chez les hyménoptères, a été observée surtout dans deux familles bien distinctes, les Mouches à scie et les Cynipides. J'aurai aussi plus tard à parler de quelques faits analogues surpris chez les guêpes ; l'abeille elle-même est soumise à ses lois.

Les observations parthénogénétiques se partagent en diverses séries. Dans la première se rangent les espèces dont le mâle est complètement inconnu et dont l'existence se maintient par le fait seul des femelles. En second lieu se placent celles dont la reproduction alternante est unisexuée pour une génération, bisexuée pour celle qui la suit, et ainsi de suite. Enfin une troisième catégorie peut comprendre les faits accidentels ou provoqués par les soins d'un observateur et par suite desquels une femelle privée de mâle pond néanmoins des œufs fertiles.

Les Cynipides ont donné lieu à des observations nombreuses de *parthénogénèse alternante*, montrant des individus issus de parents tout-à-fait distincts d'eux-mêmes, et donnant naissance, à leur tour, à des produits qui ne leur ressemblent pas davantage et offrent au contraire l'aspect de leurs grands parents.

Le Dr Adler (de Schleswig) s'illustre chaque jour davantage par ses minutieuses recherches à cet égard, et les travaux de premier ordre, dont il a doté la science depuis peu, resteront impérissables.

Mais je veux m'arrêter ici d'une façon plus particulière sur les faits observés chez les Mouches à Scie.

On a pu voir, dans les pages qui précèdent, que des espèces fort communes dans le sexe ♀ ont des mâles tout-à-fait inconnus (*Dineura verna*, *Eriocampa ovata*, *Pœcilosoma pulveratum*, peut être *Abia fasciata*, etc.) ou excessivement rares (*Strongylogaster cingulatus, Nematus pavidus* etc.).

Les premières (mâles inconnus) placées par divers savants dans des conditions telles que ces individus, tous ♀, étaient nécessairement vierges, ont donné des œufs fertiles qui ont reproduit des femelles semblables à leur mère et capables d'engendrer seules aussi des femelles, sans que jamais apparaisse aucun mâle. Ce sont des espèces à *parthénogénèse complète* et dont les mâles non seulement ne sont pas connus, mais même n'existent vraisemblablement pas.

Les secondes (mâles connus et plus ou moins rares) ont été mises dans les mêmes conditions que celles que j'indiquais ci-dessus, c'est-à-dire que des femelles vierges ont été séquestrées jusqu'à leur ponte. Celle-ci a eu lieu et les œufs fertiles ont donné des larves, puis des insectes parfaits ; mais où le phénomène prend une autre face, c'est que, lors de l'éclosion, ces œufs non fécondés ont produit toujours et uniquement des mâles ; les très rares exceptions qui se sont présentées peuvent être attribuées soit à des erreurs, soit plutôt à des circonstances qui seront peut être dans la suite des jalons précieux pour éclairer ces recherches.

Cette profusion de mâles provenant d'œufs non fécondés se reproduit chez l'Abeille à laquelle on a interdit tout rapport sexuel. Ce serait l'extinction de ces espèces si le fait exceptionnel auquel on les doit se généralisait. C'est là la *parthénogénèse mixte ou incomplète*, ne se produisant pas normalement. Les Chalcidites[1] (Hyménoptères parasites) ont donné, sous les yeux du Dr Adler (*Pteromalus puparum*), des résultats semblables.

Tels sont les faits constatés jusqu'à ce jour. Je ne puis entrer ici dans le détail des expériences et je dois me borner à les citer comme suit, en ce qui regarde les Mouches à Scie :

ESPÈCES EXPÉRIMENTÉES	RÉSULTATS	OBSERVATEURS
Nematus ribesii, Scop.	La ♀ vierge n'a donné que des ♂.	Thorn, Kessler, Siebold, Cameron
— *miliaris*, Pz.	La ♀ vierge a pondu des œufs fertiles. — Larves non transformées.	Cameron.
— *gallicola*, Westw.	id.	Fletcher.
— *curtispina*, Th.	La ♀ vierge n'a donné que des ♂ et une ♀.	Fletcher.
— *palliatus*, Dhlb.	La ♀ vierge n'a donné que des ♂.	Fletcher.
— *pavidus*, Lep.	id.	Cameron.
Hemichroa rufa, Pz.	La ♀ vierge a pondu des œufs fertiles. — Larves non transformées.	Cameron.
Phyllotoma nemorata, Fal	id.	Cameron.
Eriocampa ovata, L.	La ♀ vierge n'a donné que des ♀.	Cameron.
Pœcilosoma pulveratum, Retz.	id.	Cameron.
Taxonus glabratus, Fall.	La ♀ vierge a pondu des œufs fertiles. — Larves non transformées.	Cameron.
Strongylogaster cingulatus, Fabr.	id.	Cameron.

Ces faits sont trop peu nombreux pour permettre qu'il en soit tiré des conséquences sérieuses, et les naturalistes ont devant eux un large champ d'observations qu'ils ne laisseront pas improductif. Ce n'est que lorsqu'ils auront constaté toutes les circonstances de ces modes singuliers de reproduction, lorsqu'ils auront élucidé les rares exceptions qui se présentent, qu'ils pourront tenter un essai de généralisation.

Il faut cependant dire dès à présent que le Dr Adler, dans le travail si consciencieux qu'il vient de publier (1), admet que, chez les Hyménoptères, la forme ♂ est une phase dégénérée, impropre

(1) Ueber den Generationswechsel der Eichen-Gallwespen (ex *Zeitschrift für Wissensch. Zoologie* XXXV, 1880, 151-246, pl. X-XII).

par elle-même à la reproduction et qu'elle ne se présente que lorsque l'espèce a perdu une partie de son activité première; que la forme ♀, au contraire, lui serait supérieure en ce sens qu'en outre des manifestations instinctives si éclatantes que nous lui connaissons, elle peut se reproduire seule et sans le secours d'un mâle, tant que l'espèce n'a pas subi un commencement de dégénérescence. Suivant lui, la parthénogénèse est la forme primordiale de la génération et celle qui est douée de toute sa perfection, la reproduction sexuée ne venant que plus tard et lui étant subordonnée.

Quel intérêt présenteront ces questions si curieuses lorsqu'on pourra les appuyer sur des faits plus nombreux et lorsque la discussion pourra embrasser des observations portant sur d'autres ordres d'articulés ou d'annelés, quand il sera possible de mettre en balance le rôle presque passif de certaines femelles d'hémiptères, de lépidoptères et même de coléoptères, celui non moins effacé des mâles d'autres êtres (d'annelides, par exemple, où ils finissent parfois par faire presque partie intégrante de la femelle), quand enfin, nous appuyant sur l'influence d'une espèce d'insecte dans le cadre de la nature, pour juger du rang qu'il faut lui attribuer, nous arriverons à relever les larves elles mêmes ou les formes larvaires et agames de l'état d'infériorité dans lequel nous les avons confinées jusqu'à présent !

PAGE CLI. Malgré le soin que j'ai apporté à la rédaction du glossaire explicatif, il s'est glissé des omissions trop nombreuses, parmi lesquelles je veux seulement signaler ici la suivante comme étant la plus importante :

Quand il s'agit, dans une diagnose latine, de désigner les différentes paires de pattes, on emploie les mots :

Anticus, pour les pattes de la première paire.

Anterior pour les pattes de la première et de la seconde paires simultanément.

Posticus pour les pattes de la troisième paire.

Posterior pour les pattes de la seconde et de la troisième paires simultanément.

A propos des mots composés de deux autres s'appliquant soit à la sculpture des téguments, soit à leur coloration (ex : *punctato-*

striatus, *luteo-viridis*) il est utile de consigner la remarque suivante :

Dans les mots composés allemands, le mot *déterminant*, qui exprime l'idée spéciale, précède toujours le mot *déterminé*, qui exprime l'idée générale. Dans la langue française au contraire, l'inverse a lieu et, soit que ces mots soient juxtaposés avec ou sans trait d'union ou qu'ils soient assemblés à l'aide d'une préposition ou autre particule, le mot déterminé précède le mot déterminant. Dans la langue latine, ces mots sont en très petit nombre et ne paraissent pas soumis à une règle bien rigoureuse pour l'ordre à observer dans la place respective des deux mots composants ; toutefois la règle paraît plutôt être analogue à celle qui régit nos mots composés français, excepté dans le cas où les mots composants latins sont eux-mêmes tirés du grec et où alors la règle paraît rentrer dans celle qui s'applique aux mots allemands.

De cette opposition de règles dans les langues allemande et française et celles aussi qui en sont dérivées, combinée avec la neutralité sur ce point de la langue latine, sort une difficulté qu'il serait peut-être urgent de trancher par une loi internationale. En effet les savants des deux pays, ayant à formuler des diagnoses latines, y appliquent chacun les règles propres à leur pays, de sorte que : *thorace punctato-striato* écrit par un Allemand sera synonyme de : *thorace striato-punctato* écrit par un Français; et cependant les deux expressions ont un sens différent, aussi bien dans une langue que dans l'autre, la première indiquant (en France par exemple) un thorax ponctué, les points étant disposés en stries, la seconde s'appliquant, au contraire, à un thorax strié et garni en outre de points. Il en résulte que, pour exprimer la même idée, les deux peuples doivent nécessairement employer en latin une expression différente. Les naturalistes étant tenus de se servir d'ouvrages de toute provenance, on voit quelle confusion doit entrer dans leur esprit. C'est là une source d'inexactitude dans les traductions et d'incertitude sur la véritable nature des insectes décrits (Note communiquée par M. A. Rouget, de Dijon).

SUPPLÉMENT

AUX MOUCHES A SCIE

(20 Août 1881)

Page 17. — Rectifier ainsi le tableau des genres :

4	Antennes ayant cinq articles avant la massue.	4*bis*
4*bis*	Cellule lancéolée divisée par une nervure droite.	5
—	Cellule lancéolée contractée au milieu.	
	G. 3 bis. **Praia,** VANKOWICZ.	

Page 21.

46 Cellule anale des ailes inférieures courtement appendiculée.

Cette expression : Cellule anale *appendiculée* a laissé subsister des doutes dans l'esprit de beaucoup de lecteurs, c'est pourquoi je viens l'expliquer ici.

J'appelle : cellule anale *non appendiculée*, celle qui est suivie immédiatement de nervures formant un X avec celles qui la constituent.

Et cellule anale *appendiculée* celle qui est d'abord suivie d'une nervure simple terminée elle même par un demi X.

Page 29. Ajouter :

3e bis. GENRE. — PRAIA, Vankowicz. (in litt.).

πρᾶος, εια. doux, apprivoisé.

Antennes claviformes, de 7 articles dont 2 pour la massue qui est allongée. Ailes antérieures avec deux cellules radiales et trois cubitales dont la première reçoit la première nervure récurrente, la deuxième faisant le prolongement de la seconde nervure transverso-cubitale. Cellule lancéolée contractée au milieu. Hanches presque contiguës ; ongles simples. Jonction des premier et deuxième segments abdominaux sans espace nu, membraneux.

Noir opaque, très-finement chagriné. Tête et corselet à pubescence laineuse blanchâtre ; ce dernier à ponctuation fine, peu dense. Bord des segments abdominaux avec des bandes régulières blanc-jaunâtre, sauf au deuxième où elles sont réduites à des taches latérales. Ailes jaunâtres. Pattes d'un jaune ferrugineux avec les hanches, les cuisses antérieures, excepté leurs genoux, et deux bandes longitudinales aux cuisses intermédiaires, noires. Dernier segment ventral ♀ largement et anguleusement échancré avec une profonde fossette triangulaire au milieu. Long. 16mm. Env. 33mm. **Taczanowskii**, Wank. ♀

Patrie : Lithuanie (environs de Minsk).

5e GENRE. — AMASIS, Leach.

Page 32. — Ajouter :

1 Corps complètement noir. 4

— Corps en partie jaune ou rouge. 1*bis*

1*bis* Thorax noir. 2

— Thorax en partie rouge. Tête purpurine avec les antennes et une grande tache transversale sur le vertex noires ainsi que les yeux. Thorax rouge pourpre avec une tache longitudinale noire de chaque côté du mésothorax. Pattes rouge clair, à l'exception des hanches, des trochanters, de l'extrême base des cuisses et des deux derniers articles des tarses qui sont noirs. Ailes hyalines, nervures et stigma roussâtres. Deuxième récurrente interstitiale. Abdomen rouge avec le premier segment (excepté ses deux côtés), le milieu du deuxième et une raie transversale sur le troisième, noirs.

Sanguinea, VOLLENHOVEN.

PATRIE ; Maroc.

Page 33. — Ajouter :

4 Pattes noires en entier. **Obscura**. FAB.

— Pattes en partie blanches ou jaune clair. **5**

5 Tibias antérieurs et intermédiaires entièrement jaune clair. **Krüperi**, STEIN.

— Tibias antérieurs et intermédiaires noirâtres sur la moitié apicale. Corps noir ; abdomen luisant, soyeux. Pattes noires avec les genoux, les tibias et les tarses blancs, excepté aux deux pattes antérieures où les tibias sont en partie assombris ; extrémité interne des tibias postérieurs et leurs tarses noirâtres. Ailes hyalines, nervures et stigma brun noir. - Long. 9^{mm}. **Similis**, MOCSARY.

(Termesz. Füz. IV 1880).

PATRIE ; Syrie (Beyrouth)

6e GENRE. — HYLOTOMA, LATR.

Page 43. — Ajouter :

15 Abdomen noir bleu. **15 bis**

— Abdomen jaune ou testacé au moins en partie. **15 ter**

15 bis Mesonotum rouge. **Thoracica**, SPIN.

— Mesonotum bleu foncé. Tête, thorax et abdomen bleu foncé brillant avec quelques reflets vert métallique ; antennes noires ; pronotum avec les lobes rouges. Hanches et cuisses bleu sombre ; tibias noir grisâtre avec des reflets verts sur ceux des pattes postérieures ; tarses noir grisâtre avec l'extrémité des articles un peu roussâtre. Ailes enfumées, noirâtres surtout vers la base, sans taches ; nervures noires ; stigma roux à la base. Long. 7^{mm}. Env. 16^{mm}. **Sanguinicollis.** N. SP. ♂

PATRIE : Caucase (environs d'Erivan).

15ter Abdomen presque tout jaune avec seulement la base et quelques taches intermédiaires bleues. 15^{V}

— Abdomen avec tous les segments en partie bleus. 15^{IV}

15^{IV} Cellule brachiale jaune. **Atrata,** FORSTER ♀ (V. n° 14).

— Cellule brachiale hyaline. Tête bleu sombre brillant ; mandibules noires avec l'extrémité rouge, palpes blanchâtres ; antennes noires. Thorax vert sombre bronzé ; la tête et le thorax sont recouverts d'une longue pubescence laineuse cendrée ; pattes vert bronzé avec les genoux antérieurs, tous les tibias et la base des tarses blanc sale ; extrémité des tibias intermédiaires et postérieurs noirâtre, ainsi que les tarses presque entiers. Ailes hyalines, un peu grisâtres du stigma à l'extrémité ; nervures noires, stigma brun, surmontant une tache bistrée qui occupe la base de la cellule radiale et la moitié de la deuxième cellule cubitale. Abdomen bleu brillant métallique avec la base et l'extrémité de tous les segments bordées de testacé fauve ou rougeâtre, cette bordure plus large sur le milieu du dos, ventre bleu, pubescent, avec le bord des segments cendré. Long. 8^{mm}. Env. 16^{mm}. **Flavomixta,** N. SP.

PATRIE : Sibérie occidentale (Irkoutsk).

15^{V} Abdomen jaune ou avec le premier segment bleu ou noir. 16

— Abdomen jaune avec les segments 1, 7 et 8 bleus ou tachés de bleu (♀). Tête et thorax vert bronzé métallique, mandibules noires ; pattes vert bronzé avec les genoux, les tibias et les tarses testacés, plus ou moins blanchâtres ; extrémité des tibias postérieurs noire ainsi que celle des articles des tarses, ceux-ci entièrement brun noir aux articles terminaux. Ailes hyalines, très-légèrement jaunâtres jusqu'au stigma ; nervures et stigma bruns. Abdomen testacé avec le premier segment bleu métallique et de plus, mais seulement chez la ♀, une large tache de même couleur sur les côtés des segments 7 et 8 ; valvules hypopygiales ♀ testacées comme l'abdomen ; chez le ♂, le deuxième segment est aussi en grande partie bleu. Long. 7 à 8^{mm}. Env. 14^{mm}.

Scita, Mocsary.

Sur les Euphorbes.

Patrie : Syrie (Beyrouth), Rhodes.

Page 44. — Ajouter :

20 Cuisses postérieures noir bleu ou bronzé. 20bis

— Cuisses postérieures jaunes sauf à l'extrémité. 23

20bis Tibias postérieurs jaunes avec l'extrémité noire. 20ter

— Tibias et tarses noir bleu. Tête et thorax bleu verdâtre, brillants, un peu pubescents ; extrémité des mandibules rougeâtre ; antennes noir brun. Pattes noir bronzé sur les cuisses, noir bleuâtre sur les tibias et les tarses ; ailes hyalines, teintées de jaune, un peu grises à l'extrémité, stigma et une tache au dessous de lui, brun violet. Abdomen jaune ; valvules hypopygiales ♀ vert bleuâtre. Long. 7 à 7 1/2^{mm}.

Syriaca, Mocsary.

(Termesz. Füz. IV 1880).

Patrie : Syrie.

20 ter Deuxième segment abdominal en grande partie bleu métallique. **Scita**, Mocsary. ♂ (V. n° 15 V).

— Deuxième segment abdominal jaune. 20 IV

20 IV Premier segment abdominal noir. Valvules hypopygiales ♀ noires. 21

— Premier segment abdominal bleu d'acier. Valvules hypopygiales ♀ jaunes. Tête entièrement vert bronzé métallique, couverte d'une très-courte pubescence jaunâtre, mandibules noires ; palpes blanc sale ; antennes noires, assez minces. Thorax lisse, brillant, vert bronzé, avec les côtés du metanotum bleu d'acier ; poitrine bleuâtre ; pattes avec les hanches, les trochanters et les cuisses vert bronzé ; tibias testacés chez le ♂, presque blancs chez la ♀ ; extrémité des tibias postérieurs noire dans les deux sexes ; tarses blanchâtres ou testacés avec l'extrémité des articles brune, les deux derniers articles presque entièrement noirs. Ailes jaunes de la base au stigma, grisâtres ensuite ; nervures jaunes, passant au brun foncé à l'extrémité de l'aile ; stigma noir brunâtre, surmontant une petite tache enfumée qui occupe la base de la cellule radiale et la moitié de la deuxième cellule cubitale. Abdomen jaune un peu testacé avec le premier segment bleu métallique, plus largement chez le ♂ ; valvules hypopygiales ♀ de la même couleur jaune que l'abdomen. Long. 7 1/2^{mm}. Env. 15 1/2^{mm}. **Proxima**, n. sp.

Patrie : Syrie (Bloudan).

Page 55. — Ajouter :

7e bis GENRE. — NEMATONEURA, n. gen.

νεματος, Nematus, *νευρα*, nervure.

Antennes courtes, claviformes (♀), de trois articles. Tête, thorax et pattes comme chez les *Schizocera*. Ailes assez allongées, avec une cellule radiale suivie d'une cellule appendicée, quatre cellules cubitales, la première et la troisième petites, la seconde allongée et recevant les deux nervures récurrentes ; cellule lancéolée longuement contractée. Tibias intermédiaires et postérieurs sans épine médiane.

Tête noire, lisse, brillante ; antennes noires. Thorax rouge en dessus avec seulement le scutellum noir très brillant et le metanotum aussi noir ; cenchri gris ; pattes entièrement noires. Ailes enfumées, surtout vers la base, avec un reflet violacé ; abdomen testacé avec le premier segment noir bordé de brun, le second noir en son milieu, ne laissant de testacé que les deux côtés ; les suivants (3 à 5) avec une petite tache triangulaire noire en leur milieu, diminuant de grosseur du troisième au cinquième ; ventre testacé ; valvules hypopygiales noires sur les deux tiers apicaux. Long. 8^{mm}. Env. $18\ 1/2^{mm}$.

Violaceipennis, N. SP. ♀

PATRIE : Caucase.

15e GENRE. — DINEURA, DAHLBOM.

Page 93. — Ajouter :

6 Devant de l'épistome et labre blancs. **Verna**, KL.

— Epistome et labre noirs ou ferrugineux. 6 *bis*

6 *bis* Cuisses noires à la base. 7

— Cuisses testacées en entier. Tête et antennes noires. Thorax noir ; pattes testacées avec la base des hanches noire ; éperons postérieurs atteignant à peine le tiers du métatarse. Ailes presque hyalines, stigma brun. Abdomen noir. Long. 5^{mm}. Env. 12^{mm}.

Mentiens, THOMSON.

PATRIE : Suède.

26e GENRE. — EMPHYTUS, KL.

Page 246. — Ajouter :

6 Écaillettes noires. 7

— Écaillettes blanches, rouges ou en partie blanches ou brunâtres. 6 bis.

6 bis Écaillettes blanches ou en partie blanches ou brunes. 16.

— Écaillettes rouges. Tête noire, mandibules rougeâtres à leur extrémité ; antennes noires, atténuées au bout. Thorax noir avec l'extrême bord des lobes du pronotum et les écaillettes rouges ; cenchri blanchâtres. Pattes noires avec la moitié apicale des cuisses antérieures et intermédiaires, les cuisses postérieures en entier, tous les tibias, sauf l'extrémité des postérieurs et une partie des premiers articles des tarses antérieurs, rouges. Ailes hyalines un peu rembrunies à partir du stigma ; nervures costale et sous costale brunes, les autres nervures noires ; stigma noir avec la base testacée. Abdomen entièrement noir brillant. Long. 7 1/2mm. Env. 15mm.

Tegulatus, N. SP.

PATRIE : Syrie (Beyrouth).

Page 246. — Ajouter :

Larve de l'*Emphytus tener* Fallèn (patellatus Kl.). Long. 8mm. Corps vert bleuâtre en dessus, lilas clair en dessous et sur les côtés. A la jonction de ces deux couleurs se trouvent des points stigmaticaux sombres, sauf sur deux ou trois segments. La tête est brun clair avec les yeux noirs et l'occiput sombre. — Elle a été trouvée en nombre enfoncée dans une cavité creusée dans la moelle sèche du *Cirsium lanceolatum*, au printemps et en automne. La métamorphose a lieu dans le même endroit, et, après la nymphose qui dure 10 à 12 jours, l'insecte parfait éclôt, puis reste encore un jour ou deux dans son réduit avant de s'échapper. Ces transformations ont lieu de la fin de fevrier jusqu'en mai et du mois de juin jusqu'à la fin d'août. (Stein).

Page 252. — Ajouter :

25 Abdomen avec une ou deux bandes blanches. 26.

— Abdomen avec une ceinture rouge ou deux ou trois bandes jaunes. **25** *bis*

25 *bis* Abdomen avec une ceinture rouge ou trois bandes jaunes ; dans ce dernier cas, le front non caréné et deux taches jaunes sur le vertex. **29**

— Abdomen avec deux bandes jaunes ; front caréné ; vertex sans tache jaune. Tête noire avec seulement le bord du labre brun ; antennes filiformes avec les quatre derniers articles, une partie du quatrième et du cinquième testacés. Thorax noir ; écaillettes et cenchri jaunes ; pattes blanc jaunâtre avec les hanches et la plus grande partie des cuisses antérieures noires, les postérieures toutes noires. Ailes hyalines avec une tache enfumée sur les cellules radiales, occupant aussi la moitié de la première cellule cubitale et le bord des deux suivantes ; nervure costale et stigma brunâtres, les autres nervures noires. Long. 8mm.

Succinctus, Kl., var. **Steini**, Schmiedeknecht. ♀

Patrie : Thuringe.

Page 253. — Ajouter :

Larve de l'*Emphytus cingillum* Klug. — Long. 10mm. Corps d'un vert clair sale, passant au blanchâtre en dessous. La tête est grosse, épaisse, pubescente et colorée en noir avec quelques lignes vertes. — Elle vit en août sur le *Betula alba*. (Stein.)

Page 258. — Ajouter :

39 Abdomen jaune sauf au premier segment. **40**

— Abdomen jaune avec le premier segment noir et les suivants assombris à la base. Cuisses jaunes.

Temesiensis, Mocs.

40 Trochanters postérieurs noirs. **Serotinus**, Klug.

— Trochanters postérieurs blancs. Tête noire, brillante, mandibules rouges sur la moitié apicale. Thorax noir; écaillettes en partie blanches; pattes blanches avec les hanches, les trochanters et la base des cuisses des deux premières paires, les hanches postérieures, les trois quarts apicaux des cuisses, noirs, les deux tiers apicaux des tibias et leurs tarses brun foncé. Ailes hyalines, rembrunies à l'extrémité; nervures et stigma bruns ou noirs. Abdomen jaune rougeâtre avec la base (segments 1 et 2) noir brun foncé; l'extrémité noirâtre chez la ♀; ventre jaune avec l'extrémité noirâtre. Long. 7^{mm}. Env. 12^{mm}. **Barbarus**, N. SP.

PATRIE : Algérie (Constantine).

27e GENRE. — DOLERUS, JUR.

Page 262. — Ajouter :

3 Mesonotum rouge sans tache noire. **3 bis**

— Mesonotum noir ou taché de noir. **4**

3 bis Pattes entièrement noires, ainsi qu'une grande partie de la poitrine. **Lateritius**, KLUG.

— Pattes rougeâtres sur les hanches et aux genoux antérieurs; poitrine rouge avec seulement une ligne oblique noire sur les mésopleures. Tête noire avec deux taches sur l'épistome et une autre sur l'occiput, rouges; antennes noires. Thorax rouge avec une petite tache sur le scutellum, le postscutellum, et une ligne sur les mésopleures, noirs; pattes noires avec les hanches et les genoux antérieurs rougeâtres. Ailes hyalines, nervures et stigma noirs. Abdomen jaune. Long. 9^{mm}.

Hispanicus, MOCSARY. ♀ (in litt.).

PATRIE : Espagne (Grenade).

29e GENRE. — ATHALIA, Leach.

Page 287. — Ajouter :

4 Scutellum rouge ou jaune, au moins en partie. 5

— Scutellum noir. 6

5 Lobe antérieur du mesonotum rouge ou jaune. 5 *bis*

— Lobe antérieur du mesonotum noir.

Rufoscutellata, Mocs.

5 *bis* Mésopleures entièrement jaunes. Scutellum rouge.

Spinarum, Fab.

— Mésopleures et scutellum en partie noirs. Tête jaune, pubescente, avec l'extrémité de l'épistome et le labre blancs ; antennes noires, de onze articles, testacées à la partie inférieure. Thorax noir, pubescent, avec le pronotum, les écaillettes, l'extrémité du lobe médian du mesonotum, la plus grande partie du scutellum et la moitié ou les deux tiers inférieurs des mésopleures jaunes ; pattes jaunes avec l'extrémité des quatre tibias postérieurs et les articles de tous les tarses largement annelés de noir. Ailes hyalines, nervures et stigma noirs. Abdomen jaune ♀.

Le ♂ est en tout semblable, et n'en diffère qu'en ce que le mesonotum et le scutellum sont entièrement noirs. Long. 5mm. Env. 10mm.

Scutellariæ, Cameron.

La larve est d'un noir profond mat ; les côtés du dos portent douze tubercules blancs, plus longs que larges ; au dessus des pattes se trouve une double série d'autres tubercules de même couleur. La tête est noire, pubescente, les pattes écailleuses brun foncé et les pattes membraneuses blanches. — Elle vit sur la *Scutellaria geniculata*, subit ses métamorphoses dans les mêmes conditions que les autres espèces du genre, et l'insecte parfait apparait à la fin de juin.

PATRIE : Angleterre.

Page 289. — Ajouter :

7 Labre noir. **Paveli**, MOCSARY.

— Labre blanc. 8

8 Base des articles des tarses plus blanchâtres que la base des tibias. **Rosæ**, L.

— Base des articles des tarses de la même couleur jaune que la base des tibias. **Scutellariæ**, CAM. ♂

(Ent. monthly mag 1880 p. 66).

30e GENRE. — SELANDRIA, KLUG.

Page 295. — Ajouter :

Larve de la *Selandria Serva*, Fabr.—Long. 20 à 25mm. Son corps, plus épais au milieu, a une belle couleur vert clair, avec des plis nombreux et fins. La tête est vert brunâtre clair avec une bande transversale plus sombre entre les yeux ; ceux-ci se trouvent placés au milieu d'une petite tache noire ; les pièces de la bouche sont brunes. — Elle vit d'août en octobre, en grand nombre, sur diverses plantes aquatiques : *Carex acuta*, *Juncus conglomeratus*, *J. effusus*, *Scirpus palustris*, etc. Elle se tient toujours allongée sur sa plante nourricière, s'enroule sur elle même et tombe à terre quand l'on vient à la toucher. Après la dernière mue, elle se laisse tomber sur la terre, y pénètre et s'y enferme dans une coque olivâtre, allongée, à laquelle elle donne plus de solidité en lui adjoignant quelques particules terreuses. La larve se transforme en nymphe à la fin de mai et les insectes parfaits paraissent au commencement de juin. Elle a donné comme parasite : *Euryproctus geniculosus*, Grav.— *Ichneumonide.*

(Stein).

31e GENRE. — BLENNOCAMPA, HARTIG.

Page 302. — Ajouter :

13 Antennes plus longues que l'abdomen.

Alchemillæ, CAM.

— Antennes plus courtes que l'abdomen. **13** *bis*

13 *bis* Pattes brunes avec la base noire. **Uncta,** Kl.

— Pattes en partie blanc sale. Tête, antennes, thorax et abdomen noir brillant ; bord du pronotum blanc ; cuisses noires avec la partie supérieure des antérieures et des intermédiaires noire ; genoux, tibias et tarses blanc jaunâtre, extrémité des tibias postérieurs brune. Ailes hyalines, nervures et stigma bruns. Long. 4 1/2mm. Env. 10mm. **Lugens,** n. sp. ♂

Patrie : Syrie (Beyrouth).

Page 305. — Ajouter :

18 Abdomen en partie noir. **18** *bis*

— Abdomen entièrement testacé. **18** IV

18 *bis* Abdomen testacé avec seulement le premier segment noir à la base. **Inquilina,** Foerster.

— Abdomen noir en entier ou avec tous les segments bordés de noir. **18** *ter*

18 *ter* Abdomen noir en entier. Tête et antennes noires. Thorax noir avec le pronotum, les écaillettes, le mesonotum, le scutellum et le postscutellum rouge sang ; pattes noires avec tous les genoux et les tarses antérieurs testacé sombre. Ailes un peu enfumées, nervures et stigma noirs. Long. 6 1/2mm.

Sanguinicollis, Mocsary.
(Termesz. Füz. 1880).

Patrie : Hongrie.

— Abdomen rayé de noir. Tête rouge avec le labre, l'épistome et le bas de la face blanc d'ivoire ; mandibules blanches avec l'extrémité rouge et la pointe noire ; antennes noires avec le dessous testacé ; vertex marqué d'un sillon semicirculaire noir passant par les deux ocelles postérieurs ; un point noir enfoncé existe aussi derrière la base de chaque antenne. Thorax rouge avec le pronotum et les écaillettes blanc d'ivoire ; hanches et trochanters blancs ; extrême base des premières bordée de noir ; cuisses rougeâtre pâle, tibias blanchâtres ainsi que les tarses qui sont cependant un peu plus assombris. Ailes hyalines à peine teintées vers la côte ; nervure costale et stigma blancs ; les autres nervures un peu brunes, surtout vers l'extrémité de l'aile. Abdomen jaune rougeâtre pâle avec tous les segments étroitement bordés de noir, cette bordure interrompue au milieu sur les segments apicaux ; ventre blanc sale, un peu rembruni en son milieu. Long. 5 1/2^{mm}. Env. 11^{mm}. **Strigata**, N. SP. ♀

PATRIE : Syrie (Beyrouth).

18 IV Ailes jaunâtres, nervure costale et stigma pâles. **Melanocephala**, FABR.

— Ailes enfumées, noirâtres ; nervure costale et stigma noir profond. Tête noire, ainsi que les antennes. Thorax noir en entier avec le scutellum et une partie du metanotum rouges, quelquefois aussi une partie du mesonotum ; mésopleures et tout le dessous du thorax jaunes, pattes jaunes avec l'extrémité des tarses rembrunie. Ailes enfumées, nervures et stigma noirs. Abdomen jaune orangé, fourreau de la scie noir. Long. 6 1/2^{mm}. Env. 13^{mm}. **Scutellaris**, N. SP.

PATRIE : France méridionale.

Page 315. — Ajouter :

50 Abdomen noir seulement au premier segment. **50 bis**

50 bis Tête entièrement noire. **50 ter**

— Tête avec une ligne rouge derrière les yeux et sur le vertex, interrompue derrière les ocelles ; antennes noires. Thorax noir brillant ; pattes noires avec les genoux antérieurs et intermédiaires tachés de testacé, les cuisses postérieures jaunes sur les deux tiers apicaux, leurs tibias de même couleur avec seulement leur extrémité noire. Ailes enfumées, surtout vers la base, jusqu'au stigma ; nervures et stigma noirs ; ailes inférieures avec une cellule discoïdale fermée. Abdomen jaune rougeâtre avec le premier et un peu l'extrême base du second segment noirs ; fourreau de la scie ♀ noir. Long. 7mm. Env. 13mm. **Coronata**, N. SP. ♀

PATRIE : France (Marseille).

50 *ter* Tibias postérieurs noirs. **Nigripes**, KL.

— Tibias postérieurs jaunes. Tête noire, pubescente ; antennes noires. Thorax noir, pubescent ; pattes jaune orangé avec les hanches noires en entier, sauf les antérieures qui sont un peu tachées de jaune ; trochanters noirs. Ailes enfumées, noirâtres, nervures et stigma noirs. Abdomen jaune orangé avec le premier segment et l'extrême base du second noirs ; le plus souvent les derniers segments sont aussi assombris, surtout chez le ♂. Long. 6 1/2mm. Env. 13mm. **Melanopygia**, COSTA.

La larve, longue de 9mm, est d'un vert un peu jaunâtre avec une ligne plus sombre sur le dos et deux autres sur les côtés. La tête est d'un vert bleu, bien différent de la teinte du corps. Elle vit sur le frêne (*fraxinus*) dont elle dévore les feuilles de façon à nuire sensiblement à l'arbre. Elle subit ses métamorphoses en terre et l'insecte parfait se rencontre en avril. Peut-être y a-t-il deux générations annuelles.

PATRIE : Italie méridionale, Sicile.

32e GENRE. — ERIOCAMPA, HARTIG.

Page 319. — Ajouter :

Larve de l'*Eriocampa luteola* Klug. — Long. 12 à 15mm, Tête et partie supérieure du corps blanc bleuâtre mat ; cette couleur est formée par une poudre ou une pruinosité, et si on détache celle-ci par le frottement, la tête devient jaune brunâtre et les yeux noirs avec une petite tache noir brillant sur le vertex. Les stigmates apparaissent au nombre de 10 à 11 au milieu d'une grande tache noire. Le ventre est de teinte plus claire que le dos et une petite tache noire surmonte chacune des pattes membraneuses. — Elle vit en septembre et octobre en troupes nombreuses sur les feuilles de la *Lysimachia vulgaris*. Elle se tient dans le repos, enroulée à la partie inférieure de ces feuilles. Elle subit ses métamorphoses en terre et l'insecte parfait paraît en mai.

36e GENRE. — PACHYPROTASIS, HARTIG.

Page 340. — Ajouter :

6 Thorax entièrement noir en dessus, sauf les écaillettes. **Tenuis**, RUDOW.

— Thorax taché de jaune en dessus en sus des écaillettes. 6 *bis*

6 *bis* Nervures et stigma noirs, celui-ci avec la base blanche. **Antennata**, KLUG.

— Nervure costale et stigma jaunes. Tête jaune, tachée de noir sur le front ; antennes noires avec le dessous jaune. Thorax jaune, diversement taché de noir en dessus ; pattes jaunes avec des lignes noires internes. Ailes hyalines, irisées ; nervure costale et stigma jaunes, les autres nervures brun sombre. Abdomen jaune marqué de lignes noires ou noir. Long. 8mm. Env. 19mm. **Nigronotata**, KRIECHBAUMER.

PATRIE : Allemagne (Bavière).

M. le Dr Schmiedeknecht décrit (Entom. Nachr. 1881 p. 214) un individu de ce genre sous le nom de *P. formosa*. Cette espèce ne semble différer de la précédente que par son abdomen entièrement pâle en dessus. Peut-être n'en est-ce qu'une variété claire, en tous cas fort curieuse.

37ᵉ GENRE. — MACROPHYA, Dahlbom.

Page 346. — Ajouter :

10 Tibias postérieurs noirs à l'extrémité ou en dessous. 11

— Tibias postérieurs rouges à l'extrémité, noirs ou plus sombres à la base. 12

11 Ventre taché de blanc. **Pœcilopus**, Aisch.

— Ventre noir en entier. 11 *bis*

11 *bis* Hanches postérieures tachées de blanc. Cellule lancéolée contractée au milieu.
Quadrimaculata, Fabr.

— Hanches postérieures non tachées de blanc. Tête noire, labre jaune ; antennes noires. Thorax noir ; pattes noires ; tibias et tarses antérieurs et intermédiaires jaune soufre, leurs éperons blancs ; toutes les cuisses rouge sang, sauf leur extrémité qui est noire ; cuisses postérieures rayées de noir au côté interne ; tibias postérieurs rouges, un peu assombris en dessous, avec les deux premiers articles de leurs tarses noirs, le premier rougeâtre au milieu en dessus, les autres orangés, assombris en dessous ; éperons postérieurs bruns avec l'extrémité pâle ; tous les ongles noirs. Ailes hyalines, nervures et stigma noirs, ce dernier pâle à la base. Abdomen noir. Long. 9ᵐᵐ. **Tricoloripes**, Mocsary.
(Termesz. Füz. 1881).

Patrie : Espagne (Grenade).

Page 352. — Ajouter :

27 Cuisses postérieures noires ou noires rayées de blanc. 28

— Cuisses postérieures rouges au moins en grande partie. 27 *bis*

27 *bis* Cuisses antérieures jaunes ou rouges.

Eximia, Mocsary.
(Variété à scutellum noir).

— Cuisses antérieures noires avec la moitié apicale interne blanche. Tête noire avec le bord de l'épistome blanc ; antennes noires. Thorax noir, bord du pronotum et moitié externe des écaillettes blanc pur ; une petite tache blanche sous l'insertion des ailes antérieures. Pattes antérieures et intermédiaires noires rayées de blanc en dessous ; pattes postérieures noires avec les cuisses rouges, sauf leur extrême base et leur pointe, moitié basilaire des tibias rouge. Ailes hyalines, nervure et stigma noirs. Abdomen noir avec le dernier segment blanc en dessus, et deux très petites taches de même couleur au bord du premier segment. Long. 7^{mm}. Env. 15^{mm}.

Consobrina, Mocsary. ♀
(Termesz. Füz. 1881).

Patrie : Syrie.

28 Premier segment abdominal noir.

Duodecimpunctata, Linné.

— Premier segment abdominal bordé ou taché de blanc. 29

29 Tibias postérieurs tachés de blanc.

Albicincta, Schk.

— Tibias postérieurs noirs en entier. 29 *bis*

29 *bis* Cuisses postérieures noires en entier (♂) ou rouges (♀). **Albimacula**, Mocsary.

— Cuisses postérieures noires rayées de blanc. Tête noire avec le bord antérieur du labre marqué de blanc et l'extrémité des mandibules rouge ; antennes noires. Thorax noir avec le bord des lobes du pronotum, la moitié externe des écaillettes et un point sous l'insertion des ailes antérieures blancs. Toutes les pattes noires avec toutes les cuisses, les tibias et le premier article des tarses antérieurs et intermédiaires rayés de blanc en dessus. Abdomen noir avec le bord du premier segment, une tache au milieu du bord du huitième et le neuvième blancs. Ailes hyalines, un peu enfumées vers l'extrémité ; nervures et stigma noirs. Long. 6 1/2^{mm}. Env. 13^{mm}.

Lineata, MOCSARY. ♂
(Termesz. Füz. 1881).

PATRIE : Syrie.

Page 362. — Ajouter :

51a Cuisses postérieures noires sur la partie apicale. **52**

— Cuisses postérieures rouges en entier ou à la partie apicale. **51** *bis*

51 *bis* Tarses postérieurs jaune rougeâtre.

Erythropus, BRULLÉ.

— Tarses postérieurs noirs. Tête noire, épistome et labre jaunes ; antennes noires. Thorax noir avec le bord du pronotum, les écaillettes et le scutellum jaunes ; pattes antérieures jaunes avec le milieu des cuisses rougeâtre et l'extrémité des articles des tarses noire ; pattes intermédiaires semblables avec les tibias aussi un peu rougeâtres ; pattes postérieures avec les trochanters et la base des cuisses jaunes tachés de rouge en dessous, celles-ci rouges ensuite entièrement, avec seulement une tache noire à la base au côté interne, les tibias rouges avec le tiers basilaire et leurs éperons noirs, les tarses noirs ; toutes les hanches noires bordées de jaune. Ailes jaunâtres, subhyalines avec l'extrémité un peu enfumée, l'extrême bord du limbe restant cependant plus transparent. Abdomen noir avec le premier segment taché latéralement de blanc jaunâtre, le sixième segment porte aussi, de chaque côté, une tache allongée de même couleur; segment anal entièrement blanc jaunâtre; ventre noir. Long. 11^{mm}. Env. 22^{mm}. **Rubripes**, N. SP.

PATRIE : Grèce.

Page 364. — Ajouter :

55 Segments abdominaux légèrement bordés de blanc. 55 *bis*

— Abdomen fascié ou bordé de rouge ou de jaune. 56

55 *bis* Lobes du pronotum et écaillettes noirs; tibias postérieurs blanc sale. **Magnicornis**, KAWALL.

— Lobes du pronotum et écaillettes jaunes; tibias postérieurs jaunes. Tête noire, pubescente; épistome et labre blancs ainsi que les mandibules; extrémité de celles-ci noire; palpes jaunes. Thorax noir avec les lobes du pronotum et les écaillettes jaunes; mésopleures rayées de blanc; pattes jaunes avec les tibias antérieurs rayés de noir en dessous, les postérieurs tachés de noir à leur extrémité; hanches postérieures blanches; tarses noirs, leur premier article aux pattes antérieures et intermédiaires jaune en devant; éperons antérieurs blancs en devant, les postérieurs noirs. Ailes hyalines, nervures et stigma noirs. Abdomen noir avec les segments 3 à 6 étroitement bordés de blanc en dessus; en dessous les segments 2 à 7 ont une large bordure blanche. Long. 6 $1/2^{mm}$. **Tenella**, MOCSARY. ♀ (Termesz. Füz. 1880).

PATRIE : Hongrie centrale.

Page 364. — Ajouter :

57 Labre blanc ou jaune. 57 *bis*

— Labre noir. **Radoszkowskii**, ANDRÉ. ♀

57 bis Tibias postérieurs noirs presque en entier.
Marginata, MOCSARY.

— Tibias postérieurs en grande partie rouges. Tête noire, épistome et labre jaunes ; antennes noires avec le premier article jaune. Thorax noir avec les lobes du pronotum et les écaillettes jaunes ; pattes antérieures et intermédiaires jaunes avec l'extrémité des tibias et des tarses fauve ; pattes postérieures avec le devant des hanches et les trochanters jaunes, les cuisses noires avec seulement l'extrême base jaune, les genoux, les tibias et les tarses rouge sang ; les tibias sont seulement rayés de noir en dessous et le premier article de leurs tarses assombri aussi en dessous. Ailes jaunâtres, subhyalines, enfumées à l'extrémité, nervure costale et stigma fauves, les autres nervures brunes. Abdomen noir avec le premier segment bordé de jaune et taché de même de chaque côté, le troisième taché latéralement de jaune, le quatrième et le cinquième avec des fascies interrompues jaunes à l'arrière, le sixième bordé de jaune de chaque côté, le dernier jaune pâle. Long. 10mm. **Ottomana**, MOCSARY. ♂
(Termesz. Füz. 1881. p. 29).

Page 370. — Ajouter :

71 Abdomen taché de jaune. **Rustica**, L.

— Abdomen taché de blanc. 71 bis

71 bis Tarses en grande partie noirs. **Albicincta**, SCHK.

— Tarses en grande partie blancs.
Tibialis, MOCSARY. ♀ (V. n° 50).

38e GENRE. — ALLANTUS, Jurine.

Page 381. — Ajouter :

23 Mésopleures noires. 23 bis

— Mésopleures tachées de jaune. **Ornatus,** André.

23 bis Orbite interne des yeux un peu taché de jaune. Tête noire, pubescente de gris ; épistome très échancré, jaune ainsi que le labre ; mandibules jaunes à la base, noires à l'extrémité, orbite interne marqué d'une ligne jaunâtre interrompue sur une partie de sa longueur ; palpes jaunes avec le dernier article noir ; antennes noires, les premier et deuxième articles un peu tachés de testacé à leur extrémité. Thorax noir, pubescent de gris ; lobes du pronotum en grande partie et écaillettes jaunes ; une petite tache jaune sous l'insertion des ailes antérieures ; scutellum et carènes métathoraciques jaunes ; cenchri blancs un peu testacés ; postscutellum en partie jaune. Pattes pubescentes, testacées, presque rouges aux paires intermédiaires et postérieures avec les genoux intermédiaires tachés de jaunâtre ; base des hanches, une ligne au côté interne des cuisses et extrémité des articles des tarses noires, les antérieurs presque entièrement gris. Ailes un peu enfumées, presque hyalines ; nervure costale jusque près du stigma et partie supérieure de la sous-costale testacées ; stigma noir en dessus, testacé en dessous ; les autres nervures noires avec la base testacée. Abdomen rouge avec une tache dorsale noire occupant tout le premier segment et le milieu des autres, sa largeur diminuant du deuxième au cinquième de façon à former un triangle noir ; sur les segments 6, 7 et 8, elle va au contraire en s'élargissant ; ventre rouge un peu testacé en entier. Long. 10mm. Env. 20 1/2mm. **Pictus,** n. sp. ♂

Patrie : Syrie (Ramleh).

— Orbite interne des yeux noirs. **Fulviventris**, Mocsary.

Page 389. — Ajouter :

40 Scutellum jaune verdâtre ou en partie jaune. 40 *bis*

— Scutellum noir. 41

40 *bis* Ventre noir avec tous les segments bordés de jaune. **Varicarpus**, André.

— Ventre noir avec le cinquième arceau jaune. Tête noire, épistome très échancré, jaune ainsi que le labre et la base des mandibules ; antennes noires avec les deux premiers articles et la base du troisième jaunes. Thorax noir avec les lobes du pronotum, les écaillettes et une partie du scutellum jaunes. Pattes jaunes, pubescentes, avec presque toutes les hanches, les genoux postérieurs au côté interne et l'extrémité des tibias postérieurs noirs, extrémité des articles des tarses testacée, presque noire aux postérieurs. Ailes hyalines, un peu brunâtres, nervure costale et stigma testacés ; l'extrémité de ce dernier brune, les autres nervures noires. Abdomen noir en dessus avec le premier segment, le milieu du bord apical du quatrième, le cinquième, le septième, le huitième et le neuvième jaunes ; ventre noir avec le cinquième arceau jaune. Long. 9mm. Env. 18mm. **Nazareensis**, n. sp. ♀

Patrie : Syrie (Nazareth).

41 Mésopleures noires. 42

— Mésopleures tachées de jaune. 41 *bis*

41 *bis* Abdomen noir avec le bord postérieur de tous les segments étroitement testacé. **Caucasicus**, Mocs.

— Abdomen jaune avec le milieu des segments noir. Tête noire, luisante, peu ponctuée ; épistome très échancré, blanc jaunâtre ainsi que le labre; palpes jaunes; antennes noires; mandibules blanches avec l'extrémité noire. Thorax noir, finement ponctué, avec le pronotum, les écaillettes, la moitié basilaire des mésopleures, les côtés du lobe médian du mesonotum, jaune orangé; cenchri blancs. Pattes jaune clair avec le bord basilaire des hanches antérieures, l'extrémité interne des tibias antérieurs et intermédiaires et le dessus de leurs tarses, l'extrémité entière des tibias postérieurs et leurs tarses noirs. Ailes hyalines, nervures et stigma noirs, nervure costale jaune à la base. Abdomen jaune avec le milieu des segments dorsaux et ventraux noir; fourreau de la scie noir. Long. 7^{mm}. Env. 15 $1/2^{mm}$.

Abeillei, N. SP. ♀

Patrie : Syrie.

Page 392. — Rectifier :

Une rectification importante doit-être faite ici ; il faut en effet supprimer le nom : *Allantus viennensis* Schk. et le remplacer par *A. marginellus* Fabr. La *Tenthredo viennensis* de Schranck fournit déjà son nom (page 254) à l'*Emphytus viennensis* et c'est bien à cette espèce que se rapporte la description de l'auteur. Le nom de *T. sexannulata* Schk. est aussi indiqué au catalogue (p. 48*) par erreur à la date de 1781. Ce nom est postérieur à celui de Fabricius qui a la priorité.

Page 406. — Ajouter :

92 Derniers arceaux ventraux jaunes.

Schæfferi, Klug.

— Derniers arceaux ventraux noirs. **92** *bis*

92 *bis* Cuisses postérieures en partie noires. **Zona,** Klug.

— Cuisses postérieures entièrement jaunes. Tête

noir brillant ; épistome très échancré, jaune ainsi que le labre ; mandibules jaunes avec l'extrémité noire ; antennes noires avec le premier article jaune. Thorax noir, lisse ; lobes du pronotum, écaillettes et scutellum jaunes ; mésopleures très finement ponctuées ; pattes jaunes, pubescentes, avec la plus grande partie des hanches noire ; extrémité des tibias postérieurs et des articles de tous les tarses noire ou brune ; éperons noirs tranchant sur la couleur claire des tibias et des tarses. Ailes hyalines ; nervure costale testacée, les autres nervures noires ; stigma brun avec la base pâle. Abdomen noir luisant ; premier segment à peu près entièrement jaune ; quatrième segment largement taché de jaune sur le milieu du bord apical ; segments 5, 7, 8 et 9 entièrement jaunes ; ventre noir avec le cinquième arceau jaune. Long. 8^{mm}. Env. 15^{mm}.

Calcaratus, N. SP. ♀

PATRIE : Syrie (Ramleh).

43e GENRE. — TENTHREDO, LINNÉ.

Page 460. — Ajouter :

59 Derniers articles des antennes courts, presque transverses. **60**

— Derniers articles des antennes oblongs. **59 bis**

59 bis Nervure costale noire. **Mesomelas, L.**

— Nervure costale testacée. Tête noire, garnie d'une pubescence grise ; épistome échancré, jaune soufre ainsi que le labre et la base des mandibules ; extrémité de celles-ci rouge avec la pointe noire ; palpes jaune clair ; antennes noires (les deux premiers articles seulement existent). Thorax noir avec tout le pronotum, les écaillettes, le scutellum et les carènes métathoraciques jaune clair ; tout le dessous de même couleur avec une tache noire au milieu de la poitrine; mésopleures pubescentes; pattes entièrement jaune clair en dehors, noires en dedans; extrémité des tarses un peu testacée. Ailes un peu jaunâtres, nervure costale testacée; stigma testacé, un peu noirâtre à la partie inférieure, les autres nervures noires. Abdomen jaune clair en entier, brillant, avec toute la base du premier segment et une tache au milieu de celle du second noires. Long. 11 1/2mm. Env. 24mm. **Vestita**, N. SP.

PATRIE : Caucase (Coll. Radoszkowski).

1er GENRE. — CEPHUS, LATREILLE.

Page 522, ligne 26, après : *l'extrême base des cuisses*, ajouter : *et rarement les tibias.*

Page 525, ligne 7, rectifier ainsi :

Cinquième segment abdominal en partie noir. **8** *bis*

8 *bis* Cuisses rayées de noir. **Variegatus**, STEIN.

— Cuisses entièrement jaunes. **Idolon**, ROSSI.

Page 525, ligne 31, rectifier ainsi :

Anus jaune. **9** *bis*

9 *bis* Cinquième segment jaune. **Fœrsteri**, ANDRÉ.

— Cinquième segment noir ou en grande partie noir. **Idolon**, ROSSI.

ERRATA

ADDENDA ET CORRIGENDA

Introduction

Page XCIII, ligne 24. — Au lieu de : Adler, lire : Siebold.

Page CXXXIV.— N° 21, ajouter la date : 1792.

Page CXXXVI. — Les numéros 61, 62, 63, 64, 65 et 66 sont de *L. Dufour* seul et non de *Dufour et Perris*.

Page CXL. — N° 144, au lieu de 1804, lire 1864.

Page CXL. — N° 151, supprimer *Laicharting*, qui ne parle pas d'hyménoptères.

Page CXLIV.— N° 224, ajouter la date : 1830-34.

Page CLVIII. — Après interruptus, ajouter : interstitialis, *interstitial*. Se dit de deux nervures dont les extrémités se rencontrent et qui forment le prolongement l'une de l'autre.

Page CLVIII.— Après limbatus, ajouter : limbus, *limbe*. Bord d'une surface. Opposé à *discus*.

Page CLXXIII.— Je ne relève pas ici les fautes de terminaison ou d'adoucissement qui peuvent se rencontrer dans les mots allemands. Chacun fera facilement ces rectifications.

Page CLXXIII. — Au lieu de : aufstehend, *reflexus*, lire : *elatus, erectus*.

Page CLXXIV. — Erhaben, *exsertus*, ajouter : *elevatus*.

Page CLXXIV. — Au lieu de : erlængert, lire : verlængert.

Page CLXXV. — Au lieu de : faltig, *rugatus*, lire : *plicatus*.

Page CLXXV.—Au lieu de : geflammt, *igneus*, lire : *flammatus*.

Page CLXXIX.— Au lieu de : spiessfœrmig, *specularis*, lire : *hastatus*.

Page CLXXIX.— Au lieu de : summen, *bombus*, lire : *bombinare*.

Page CLXXX. — Au lieu de : zottig, *fasciculatus*, lire : *villosus*.

Species

Page 6. — Les numéros 14 à 19 sont extraits de *Entom. monthly Magazine* et non de *Scottish naturalist*.

Page 18, n° 15. — Au lieu de : Leptopus Htg., lire : Camponiscus, New.

Page 18, n° 20. — Au lieu de : l'une à la première, l'autre à la deuxième cellule cubitale, lire : l'une à la deuxième, l'autre à la troisième cellule cubitale.

Page 18, n° 21.— Au lieu de : divisée par une nervure oblique, lire : divisée par une nervure droite.

Page 19, n° 25 — Au lieu de : G. 24, Dolerus, lire : G. 27, Dolerus.

Page 19, n° 25. — Au lieu de : G. 25, Pelmatopus, lire : G. 28, Pelmatopus.

Page 19, n° 27. — Au lieu de : G. 26, Aneugmenus, lire : G. 24, Aneugmenus.

Page 19, n° 28. — Au lieu de : G. 27, Harpiphorus, lire : G. 25, Harpiphorus.

Page 19, n° 28. — Au lieu de : G. 28, Emphytus, lire : G. 26, Emphytus.

Page 20, n° 35. — Au lieu de : G. 41, Strongylogaster, lire : G. 40, Strongylogaster.

Page 20, n° 38. — Au lieu de : G. 35, Pachyprotasis, lire : G. 36, Pachyprotasis.

Page 20, n° 38. — Après corps, ajouter : le plus souvent.

Page 20, n° 38. — Au lieu de : G. 36, Macrophya, lire : G. 37, Macrophya.

Page 20, n° 40. — Au lieu de : G. 34, Synairema, lire : G. 41, Synairema.

Page 20, n° 43. — Au lieu de : G. 40, Pœcilosoma, lire : G. 34, Pœcilosoma.

Page 20, n° 43. — Au lieu de : G. 39, Taxonus, lire : G. 35, Taxonus.

Page 21, n° 45. — Au lieu de : G. 37, Sciapteryx, lire : G. 39, Sciapteryx.

Page 21, n° 47. — Au lieu de : Xyela, Dalm., lire : Pinicola, Breb.

Page 43, n° 15. — Au lieu de : prothorax noir bleu, lire : prothorax rouge, noir bleu en son milieu.

Page 128, ligne 8. — Ajouter : Long. 3 à 4^{mm}. Env. 7^{mm}.

Page 163. — Chiffres à la droite du lecteur, au lieu de 277, lire 276.

Page 193. — — — 315, lire 316.

Page 202. — Chiffres à la gauche du lecteur, au lieu de 333, lire 323
— 334 — 324
— 335 — 325
— 336 — 326

Page 203 — — 337 — 327.

Page 220.— La plupart des parasites indiqués dans cette page semblent se rapporter plutôt au *Nematus gallicola* Westw. qu'au *N. salicis*, les observateurs ayant confondu ces deux noms.

Page 238, 23e genre, Cœnoneura.—Au lieu de : trois cellules cubitales, lire : quatre cellules cubitales.

Page 289, 4e ligne. — Au lieu de : tibias postérieurs, lire : tarses postérieurs.

Page 318, n° 2, 2e phrase. — Au lieu de : pronotum noir, lire : pronotum jaune ou borde de blanc.

Page 342, 1re ligne. — Lire : 37e Genre. — Macrophya, Dahlbom, 1835 (34).

Page 348, n° 15. — Au lieu de : Femoralis, Kawall, lire : Erythroenema Costa, var.

Page 368, n° 67. — Au lieu de : Superba, Tischbein, lire : Erythropus Brullé.

Page 381, 1re ligne. — Ajouter à droite le chiffre de renvoi : 23.

Page 387, 2e ligne au bas de la page.— Au lieu de : le côté externe des tibias, lire seulement : les tibias.

Pages 392, 395, 397 et 404.— Au lieu de : Viennensis, Schk, lire : Marginellus, Fab.

Page 399, ligne 3. — Ajouter : Ventre presque tout jaune chez le mâle.

Page 402, n° 79. — Ajouter, après succinctus Lep. l'indication ♀.

Page 418, 5e ligne au bas de la page.— Après : antennes noires, ajouter : jaunes en dessous.

Page 420, n° 10 — La nervure transverso-lancéolée coupe la cellule lancéolée avant son milieu : C'est plutôt l'inverse qu'il faudrait dire, cette nervure transversale se trouvant exceptionnellement, dans cette espèce, plus loin que le milieu de la cellule lancéolée par rapport à l'insertion de l'aile. — Pour la 2e partie du dichotome, cette nervure transversale est entre l'insertion de l'aile et le milieu de la cellule lancéolée.

Page 440, 21e ligne. — Après : chez le ♂, ajouter : dont.

Page 442, n° 15. — Après : ventre noir, ajouter : chez la ♀, jaune chez le ♂.

Page 452.— Au lieu de : Fallax, Mocsary, lire : Mocsaryi, André. Ce nom de *fallax* est déjà employé par F. Smith. (The second Yarkand mission, Calcutta, 1878, p. 20).

Page 475, 4e ligne. — Ajouter à droite le chiffre de renvoi : 2.

Page 553. — Ajouter à la liste des parasites : Ibalia cultellator Latr. (parasite de Sirex juvencus).

Catalogue Synonymique

Page 11. — Rectifier ainsi :
6. bis. Mentiens, Thomson.
Blennocampa mentiens, Th. 1871 (282)*
7. Parvula, Klug.
Tenthredo parvula, Kl. 1818 (67).
Dineura parvula, Htg. 1837 (61).
Blennocampa parvula, Th. 1871 (282)*

Page 23, n° 168. — Au lieu de : Flavicornis, Tisch., lire : Flavicomus, Tisch.

Page 30, n° 10.— Nigritarsis, Brullé ; ajouter le synonyme : Emphytus ruficrus, Moc. 1880 (Termez. Füz.).

Page 31. n° 16. — Succinctus, Kl., ajouter le synonyme (variété) : Steini Schmied. 1881 (Ent. Nachr.).

Page 32, n° 25. — Au lieu de : Emphytus vicinus, Lep., lire : Dolerus vicinus, Lep.

Page 43. — Supprimer le n° 1 : Superba, Tisch.

Page 44. — Ajouter au n° 12 la synonymie : Macrophya superba, Tisch. 1852 (100).

Page 45. — Supprimer le n° 24 : Femoralis, Kawall, et ajouter au n° 21 la synonymie, Macrophya femoralis, Kawall. 1865 (65).

Page 47. — Dans les synonymes du n° 8, supprimer Allantus brevis Mocs, qui n'a pas été publié.

Page 48. n° 13. — Au lieu de Viennensis, Schk., lire : Marginellus Fab. (V. S. p. 594).

Page 52. — Supprimer dans Synairema rubi le synonyme : Tenthredo delicatula, Fall., qui ne se rapporte qu'à Strongylogaster delicatulus.

Page 54. — Ajouter aux synonymes du n° 34 : Tenthredo rufimana, Spin. 1843 (Soc. ent. fr.).

Page 57. — Ajouter au n° 32 (biguttata, Htg.) le synonyme suivant : Tenthredo gracilenta, Mocs. 1879 (Termesz. Füz.).

Page 57. — Au lieu de : 39. Fallax, Mocsary, lire : 39. Mocsaryi, André. (Smith a déjà employé la dénomination de *fallax* en 1878, the second Yarkand mission).

Page 64, n° 35. — Au lieu de Lyda saltunus, lire Lyda saltuum.

Page 68, n° 9. — Au lieu de Facinus, lire Faunus.

Page 69, n° 4, au-dessus de la page. — Au lieu de Feis Hameli, lire : Feisthameli

Planches

Planche I, légende, fig. 15. — Ajouter : *a* épistome, *b* fossette clypéale, *c* fossette antennaire, *d* front, *e* aire frontale ; fig. 16, ajouter : *a* tige, *b* lobe, *c* palpe maxillaire ; fig. 17, supprimer les mots : mêmes lettres que figure 5.

Planche II, légende, fig. 16. — A l'extrémité de la ligne, au lieu de : fusiforme, lire : pectinée ; fig. 17, à l'extrémité de la ligne, au lieu de : pectinée, lire : fusiforme.

Planche IV, légende, fig. 5. — Au lieu de Cynipide, lire Braconide. (Alysia punctigera Hâl.).

Planche VI, légende, fig. 3. — Ajouter : *c* gaine, *n* stylets ; fig. 11, ajouter : *a* pinces extérieures, *b* pinces intérieures, *c* penis, *d7* septième arceau dorsal, invisible à l'exterieur ; fig. 13, ajouter : *a* pinces extérieures, *b* pinces intérieures, *c* penis.

Planche XXII. --- Au lieu de Xyelides, lire Pinicolides.

LISTE ALPHABÉTIQUE

DES PLANTES FRÉQUENTÉES PAR LES MOUCHES A SCIE, AVEC L'INDICATION DE CELLES-CI.

Abies excelsa D. C.

Lophyrus frutetorum Fabr.
— pallidus Kl.
— rufus Kl.
— similis Htg.
— virens Kl.
Monoctenus juniperi L.
Nematus furvescens Cam.
— Klugii Gim.
— mollis Htg.
— pineti Htg.
— pini Retz.
— Schmidti Gim.
Emphytus tener Fall.
Pinicola Julii Breb.
— erythrocephala L.
Lyda hypotrophica Htg.
Sirex gigas L.

Abies larix Lam.

Nematus Erichsoni Htg.
— laricis Htg.
— Wesmaeli Tisch.
Lyda erythrocephala L.
— Fallenii Dalm.

Abies pectinata D. C.

Lyda erythrocephala L.
— hypotrophica Htg.

Acer campestre L.

Phyllotoma aceris Kalt.

Agrimonia Eupatoria L.

Fenella tormentillæ Healy.

Alchemilla vulgaris L.

Blennocampa alchemillæ Cam.

Alnus glutinosa G. et **incana** D.C.

Cimbex connata Schk.
Trichiosoma lucorum L.
— vitellinæ L.
Hylotoma atrata Forst.
Hemichroa alni L.
— rufa Pz.
— unicolor Rud.
Camponiscus luridiventris Fall.
Nematus abdominalis Pz.
— antennatus Cam.
— bilineatus Kl.
— luteus Pz.
— miliaris Pz.
— septentrionalis L.
— varus Villt.
Phœnusa melanopoda Cam.
Phyllotoma vagans Fall.
— microcephala Kl.
Blennocampa ephippium Pz.
Eriocampa ovata L.
Pœcilososoma pulveratum Retz.
Pachyprotasis tenuis Rud.
Macrophya 12-punctata L.
Allantus Schæfferi Kl.
— tricinctus Fabr.
Perineura picta Kl.
— viridis L.
Tenthredo atra L.
Lyda depressa Schk.
— hortorum Kl.

Anthriscus sylvestris Hoffm.

Trichiocampus eradiatus Htg.

Aquilegia vulgaris L.

Nematus aquilegiæ Sn.V.

Arbres fruitiers
(sans désignation spéciale)

Eriocampa limacina Retz.
Lyda flaviventris Retz.
Cephus abdominalis Latr.

Arundo phragmites L.
(V. *Phragmites communis* Trin.)

Aubépine
(V. *Cratægus oxyacantha* L.)

Aulne (V. *Alnus glutinosa* G.).

Berberis vulgaris L.

Hylotoma berberidis Schk.

Blé (V. *Triticum vulgare* Vill.)

Betula alba L.

Cimbex femorata L.
Trichiosoma lucorum L.
— vitellinæ L.
Hylotoma pullata Zdd.
Priophorus padi L.
Cryptocampus quadrum Costa.
Dineura viridiдorsata Retz.
Hemichroa alni L.
— rufa Pz.
Nematus acuminatus Th.
— antennatus Cam.
— betulæ Rtz.
— canaliculatus Htg.
— dispar Zdd.
— latipes Vill.
— miliaris Pz.
— ruficornis Ol.
— septentrionalis L.
Phœnusa betulæ Zdd.
— pumila Kl.
Phyllotoma nemorata Fall.
Emphytus cingillum Kl.
Blennocampa betuleti Kl.
Lyda betulæ L.
— arvensis Pz.

Bouleau (V. *Betula alba* L.).

Carex acuta Fr.

Selandria serva Fabr.

Carex filiformis L.

Nematus capreæ Pz.

Carpinus betulus L.

Nematus Brischkii Zdd.
Lyda betulae L.
— histrio Latr.

Cerasus padus D. C.

Cimbex humeralis, Fourc.
Priophorus padi L.
Macrophya pœcilopus Aisch.
Lyda sylvatica L.

Charme (V. *Carpinus betulus* L.)

Chêne (V. *Quercus pedunculata* Eh.

Cirsium lanceolatum Scop.

Emphytus tener Fall.

Clematis erecta L.

Athalia lugens Kl.

Conifères
(Sans désignation spéciale.)

Lophyrus hercyniæ Htg.
— laricis Jur.
— nemorum Fabr.
— polytomus Htg.
— socius Kl.
— variegatus Htg.

Convallaria majalis L.

Blennocampa aterrima Kl.

Convallaria multiflora L. et
— **polygonata** L.
(V. C. *majalis* L.)

Corylus avellana L.

Nematus togatus Zdd.
Macrophya crassula Kl
— hæmatopus Pz.
Tenthredo melas Rud.
— coryli Pz.
Lyda betulae L.
— inanita Vill.

Cratægus oxyacantha L.

Cimbex humeralis Fourc.
Trichiosoma betuleti Kl.
Priophorus padi L.
Dineura testaceipes Kl.
Nematus lucidus Pz.
— posticus Foerst.
Macrophya punctum album L.
Lyda flaviventris Retz.

Crucifères (en général)

Athalia spinarum Fabr.

Eglantier (V. *Rosa canina* L.)

Erable (V. *Acer campestre* L.)

Euphorbe (sans désignation)

Tenthredo coryli Pz.

Fagus sylvatica L.

Cimbex femorata L.
Nematus faustus Htg.
Emphytus tener Fall.
Pachyprotasis variegata Kl.

Festuca pratensis Huds.

Dolerus gonager Fabr.

Fougère (V. *Pteris aquilina* L.)

Framboisier (V. *Rubus idæus* L.)

Fraxinus excelsior L.

Blennocampa melanocephala Fabr.
— melanopygia Costa.
Macrophya punctum album L.
Allantus tricinctus Fabr.

Frêne (V. *Fraxinus*)

Genevrier (V. *Juniperus*)

Geranium robertianum L.

Emphytus carpini Htg.

Geranium sylvaticum L.

Amasis obscura Fabr.

Glyceria aquatica Wahl.

Selandria Sixii Sn. V.

Groseiller (V. *Ribes*)

Helleborus fœtidus L.

Blennocampa monticola Htg.

Heracleum spondylium L.

Allantus semifasciatus Rud.
— Heraclei Rud.
Tenthredo moniliata Kl.
— mesomelas L.

Hêtre (V. *Fagus*).

Iris (en général)

Blennocampa gracilicornis Zdd.

Jasminum officinale L.

Allantus tricinctus Fabr.

Juncus conglomeratus L.

Selandria serva Fabr.

Juncus effusus L.

Dolerus hæmatodes Htg.
— palustris Kl.
— pratensis L.
Selandria serva Fabr.

Juniperus communis L.

Monoctenus juniperi L.
— obscuratus Htg.
Pinicola Julii Breb.

Laserpitium latifolium L.

Tarpa spissicornis Kl.

Ligustrum vulgare L.

Macrophya punctum album L.

Lilas (V. *Syringa vulgaris* L.)

Lonicera caprifolium L.

Abia fasciata L.
— sericea L.
Allantus tricinctus Fabr.

Lonicera xylosteum L.

Hoplocampa xylostei Gir.

Lysimachia vulgaris L.

Eriocampa luteola Kl.

Malus communis Lam.

Priophorus padi L.
Nematus abbreviatus Htg.
— mœstus Zdd.

Mespylus germanica L.

Hoplocampa plagiata Kl.
Lyda flaviventris Retz.

Mespylus oxyacantha D. C.
(V. M. *germanica* L.)

Orme (V. *Ulmus* L.)

Peuplier (V. *Populus*)

Phragmites communis Trim.

Taxonus glabratus Fall.
Cephus arundinis Gir.

Pin (V. *Pinus*)

Pinus abies (V. *Abies excelsa* D.C)

Pinus larix (V. *Abies larix* Lam.)

Pinus picea
(V. *Abies pectinata* D. C.)

Pinus pumilio W.

Lyda erythrocephala L.
— pumilionis Gir.
— stellata Chr.

Pinus sylvestris L.

Lyda campestris L.
— erythrocephala L.
— reticulata L.
— stellata Chr.

Poirier (V. *Pyrus communis* L.)

Polygonum bistorta L.

Taxonus glabratus Fall.

Polystichum filix mas Rth.

Selandria analis Th.
Strongylogaster cingulatus Fab.
Blasticotoma filiceti Kl.

Pommier (V. *Malus communis* Lam)

Populus alba L.

Trichiocampus viminalis Fall.
Cryptocampus pentandræ Retz.
Nematus septentrionalis L.
— compressicornis Fabr.
— albipennis Htg.
Lyda betulæ L.

Populus nigra L.

Nematus miniatus Htg.
Phyllotoma ochropoda Kl.

Populus tremula L.

Nematus umbripennis Ev.

Nematus citreus Zdd.
Lyda histrio Latr.
— sylvatica L.

Prunellier (V. *Prunus spinosa* L.)

Prunier (V. *Prunus domestica* L.)

Prunus domestica L.

Hoplocampa fulvicornis Fab.

Prunus padus
(V. *Cerasus padus* D. C.)

Prunus spinosa L.

Holocampa rutilicornis Kl
Lyda nemoralis L.

Pteris aquilina L.

Strongylogaster cingulatus Fabr.

Pyrus aucuparia
(V. *Sorbus aucuparia* L.)

Pyrus communis L.

Nematus abbreviatus Htg.
Phyllœcus compressus Fabr.

Quercus cerris L.

Emphytus cereus Kl.

Quercus pedonculata Ehrh.

Dineura verna Kl.
Phœnusa pygmæa Kl.
Emphytus tibialis Kl.
— tener Fall.
— serotinus Kl.
Blennocampa bipunctata Kl.
— inquilina Foerst.
— melanocephala Fabr.
— nana Kl.
— pubescens Zdd.
— ruficruris Brullé.
— semicincta Htg.
Eriocampa varipes Kl.
Tenthredo maculata Fourc.
Lyda mandibularis Tasch.
Phyllœcus cynosbati L.
Sirex spectrum L.

Ranunculus acris L.

Nematus Fahrei Dhlb.

Ranunculus bulbosus L.

Amasis læta Fabr.
Dineura despecta Kl.
Blennocampa albipes L.
Tenthredo mesomelas L.

Ribes alpinum L.

Nematus ribesii Scop.

Ribes grossularia L.
(V. *Ribes uva-crispa* L.)

Ribes rubrum L.

Nematus appendiculatus Htg.
— salicis L.
Nematus ribesii Scop.
Emphytus grossulariæ Kl.
Selandria morio Fabr.

Ribes uva-crispa L.

Nematus appendiculatus Htg.
— consobrinus Sn. V.
— ribesii Scop.
Emphytus grossulariæ Kl.
Selandria morio Fabr.
Macrophya ribis Schk.
Perineura solitaria Schk.

Ronce (V. *Rubus fruticosus* L.)

Rosa canina L.

Hylotoma pagana Pz.
— rosæ Degeer.
— enodis L.
Cladius pectinicornis Fourc.
Priophorus padi L.
Phœnusa albipes Cam.
Emphytus basalis Kl.
— cinctus Kl.
— didymus Kl.
— melanarius Kl.
— rufocinctus Retz.
— viennensis Schr.
Athalia rosæ L.
Blennocampa brunniventris Htg.
— pusilla Kl.
Eriocampa soror Sn. V.
Hoplocampa brevis Kl.
Lyda balteata Fall.
— inanita Vill.
Phyllœcus phthisicus Fabr.

Rubus fruticosus L.

Hylotoma cyanella Kl.
Priophorus padi L.
— Brullœi Dhlb.
Phœnusa pumilio Htg.
Athalia rosæ L.
Macrophya melanosoma Rud.
Phyllœcus fumipennis Ev.

Rubus Idœus L.

Schizocera furcata Vill.
Priophorus Brullœi Dhlb.
Phœnusa pumilio Kl.
Emphytus perla Kl.

Rumex acetosella L.

Taxonus equiseti Fall.

Rumex acutus L.

Schizocera geminata Gmel.

Rumex obtusifolius D. C.

Nematus rumicis Fall.

Salix alba L.

Hylotoma cœruleipennis Retz.
Nematus gallicola Westw.
— perspicillaris Htg.

Nematus salicis L.
Perineura viridis L.

Salix aurita L.

Nematus aurantiacus Htg.
— baccarum Cam.
— bellus Zdd.
— fallax Lep.
— fulvipes Fall.
— histrio Lep.
— jugicola Th.
— leucostictus Htg
— longiserra Th.
— viminalis L.

Salix caprea L.

Hylotoma fuscipes Fall.
— ustulata L.
Nematus aurantiacus Htg.
— croceus Fall.
— gallicola Wstw.
— leucostictus Htg.
— varius Lep.
Lyda sylvatica L.

Salix cinerea L.

Nematus cadderensis Cam.
— pallescens Htg.
— palliatus Dhbm.
— viminalis L.

Salix fragilis L.

Hylotoma cœruleipennis Retz.
— ciliaris L.
— melanochroa Gm.
— ustulata L.
Nematus conjugatus Dhbm.
— crassus Fall.
— gallicola Wstw.
— histrio Lep.
— salicis L.

Salix fusca (V. S. *fragilis* L.)

Salix helix L.

Nematus crassipes Th.
— vesicator Bremi.
— viminalis. L.

Salix herbacea L.

Nematus herbaceae Cam.

Salix lapponum L.

Nematus vesicator Bremi.

Salix laurina Lois.
(V. S. *lapponum* L.)

Salix mollissima Ehrb.

Perineura viridis L.

Salix monandra Hoff.
(V. S. *mollissima* Ehrb.

Salix pentendra L.

Trichiocampus aeneus Zdd.

Salix purpurea L.

Hylotoma cœruleipennis Retz.
Nematus ischnocerus Th.
— vesicator Bremi.
— Vollenhoveni Cam.

Salix repens L.

Nematus fallax Lep.

Salix triandra L.

Trichiocampus aeneus Zdd.

Salix viminalis L.

Cryptocampus augustus Htg.
Nematus leucostictus Htg,
— xanthogaster Fœrst.

Salix vitellina L.

Nematus leucostictus Htg.
— palliatus Dhbm.
— salicis L.
Perineura viridis L.

Sambucus nigra L.
et Sambucus racemosa L.

Abia nigricornis Leach.
Macrophya albicincta Schk.
Allantus tricinctus Fab.

Sapin (V. *Abies excelsa* D. C.)

Saules (sans indication d'espèces)

Cimbex femorata L.
Trichiosoma lucorum L.
— vitellinæ L.
Clavellaria amerinæ L.
Hylotoma atrata Forst.
Cryptocampus saliceti Fall.
— pentandræ Retz.
Hemichroa alni L.
Nematus alnivorus Htg.
— amentorum Foerst.
— cœruleocarpus Htg.
— crassispina Th.
— croceus Fall.
— dolichurus Th.
— femoralis Cam.
— lacteus Th.
— leucogaster Htg.
— melanocephalus Htg.
— miliaris Pz.
— nigratus Retz.
— nigrolineatus Cam.
— papillosus Retz.
— pavidus Lep.
— puella Th.
— ruficornis Ol.
— Westermanni Th.
Phyllotoma microcephala Kl
Eriocampa annulipes Kl.
Hoplocampa gallicola Cam.
Sirex gigas, juvencus, etc.

Scabiosa succisa L.

Abia sericea L.

Teuthredo dispar Kl.

Scirpus palustris L.

Selandria serva Fab.

Scrophularia nodosa L.

Allantus scrophulariæ L.

Scutellaria geniculata

Athalia scutellariæ Cam.

Sorbus aucuparia L.

Trichiosoma sorbi Htg.
Dineura testaceipes Kl.
— stilata Kl.
Emphytus carpini Htg.
Blennocampa assimilis Fal'.
Hoplocampa cratægi Kl.
Lyda sylvatica L.

Spiraea ulmaria L.

Emphytus calceatus Kl.
Blennocampa geniculata Htg.
Phyllœcus xanthostoma Ev.

Symphoricarpus racemosus L
(V. *Sambucus racemosus* L.)

Syringa vulgaris L.

Allantus tricinctus Fab.

Tilia platiphylla Scop.

Blennocampa tiliæ Kalt.
Perineura nassata L.

Tilleul (V. *Tilia*)

Tormentilla reptans L.

Fenella tormentillæ Healy.

Tremble (V. *Populus tremula* L.)

Trifolium pratense L.

Nematus myosotidis Fab.

Triticum vulgare L.

Cephus pygmæus L.
— libanensis André.

Troène (V. *Ligustrum vulgare*)

Ulmus campestris Sm.

Phœnusa ulmi Sund.

Vaccinium myrtillus L.

Nematus quercus Htg.

Verbascum thapsus L.

Allantus scrophulariæ L.

Veronica beccabunga L.

Athalia annulata Fabr.
Taxonus equiseti Fall.
Tenthredo mesomelas L.

Viburnum opulus L.

Abia fasciata L.
Allantus tricinctus Fab.

Viorne (V. *Viburnum*)

TABLE ALPHABÉTIQUE

DES PARASITES CITÉS DANS CE VOLUME

Allotria longicornis Htg. 128
— obscurata Htg. 128
— pilipennis Htg. 128
Aulacus exaratus Retz. 553
Blepharigena trepida Meig. 67
Bracon caudatus Rtzb. 128
— discoideus Wsm. 141 220
— gallarum Rtzb. 141 220
— laevigatus Rtzb 141
— obliteratus Nees 553
— scutellaris Wsm. 141
Campoplex albipes Gir. 237
— amerinæ Rond. 27
— argentatus Rtzb. 25 26 64 66 67 69 70 72 100
— carbonarius Rtzb. 67
— carinifrons Holm. 72
— cerophagus Gr. 237 247
— chrysostictus Rtzb. 100 219 220
— convexus Tischb. 147
— cryptocentrus Grav. 445
— enops Rtzb. 219
— holosericeus Rtzb. 25 26 49
— larvincola Schbg. 64
— multicinctus Ev. 89 141
— pubescens Rtzb 25 27 29
— retectus Rtzb. 67
— seniculus Grav. 63
— tesselatus Rtzb, 388
— transiens Rtzb. 411
— vestigialis Rtzb. 141 220
Cirrospilus arcuatus Fœrst. 220
Cleptes nitidula Fabr. 173 250
— semiaurata Fab. 250
Cryptus abscissus Rtzb. 67
— cimbicis Rtzb. 25
— emphytorum Boié. 250 251
Cryptus flavilabris Htg. 67
— incertus Rtzb. 67
— incubitor Grav 25 67
— leucocheir Rtzb. 29
— leucomerus Rtzb. 67
— leucostictus Rtzb. 67 70
— nubeculatus Grav. 67
— punctatus Grav. 67 70
Cubocephalus fortipes Gr. 411
Degeeria flavicans Gour. 173
— parallela Meig. 183 308
Diplomorphus thoracicus Gr. 40
Elachistus Steyeri Rtzb. 89
Encyrtus clavellatus Dalm. 141
— tenuis Walk. 89
Entedon acuminatus Rtzb, 87
— atmopterus Rtzb. 141
— oleinus Rtzb. 87
— ovulorum Rtzb. 492
Ephialtes continuus Rtzb. 136
— inanis Gr. 531
— mediator Fab. 553
Erromenus fasciatus Gr. 93
Eulophus incubitor Boié. 47
— hylotomarum Boié. 47
— lophyrorum Htg. 68
— nemati Westw. 141
— nigrator Boié. 47
— Tischbeini Rtzb. 141 220
Eupelmus urozonius Dalm. 141
Euryproctus geniculosus 582
Eurytoma aciculata Rtzb. 89 141
— extincta Rtzb. 87
— salicis Th. 89
Exenterus oriolus Htg. 69 70
— succinctus Gr. 68 70
Exetastes fulvipes Gr. 494
Exorista janitrix Htg. 70

Hemiteles abietinus Htg. 172
— areator Gr. 68 70
— crassiceps Rtzb. 68
— dispar Rtzb. 25
— eryngii Rtzb. 68 69
— trichiocampi Boié. 83
Ibalia cultellator
Ichneumon Mussii Rtzb. 411
Ichneutes brevis Wsm. 141 220
— reunitor Nees. 100 141
Limneria argentata Grav. 64 68 72 100
— chrysosticta Gr. 128
— multicincta Gr. 141
Lissonota breviseta Rtzb. 68
Masicera flavoscutellata Htg. 68
— gilva Htg. 64 66 68 72
— gyrophaga Rond. 72
— lophyri Htg. 68 70
— media Gour. 255
— simulans Htg. 68
Mesochorus arcolaris Rtzb. 68
— cimbicis Rtzb. 25 29 81
— laricis Htg. 66 68 70
— politus Gr. 306
— rubeculus Htg. 64
— scutellatus Gr. 68
— splendidulus Gr. 25 26
— testaceus Gr. 29
Mesoleius (Tryphon) armillatorius Gr. 93 287 305 306
— aulicus Gr. 202
— ciliatus Holm. 287
— formosus Gr. 93 301 305 306
— niger Gr. 411
— opticus Gr. 183
— sanguinicollis Gr. 128
Mesoleptus evanescens Rtzb. 72
— exornatus Gr. 172
— rufus Gr. 25
— testaceus Gr. 100
Metopius fuscipennis Wsm 68
— scrobiculatus Htg. 68
Microgaster alvearius Spin. 100
— fumipennis Rtzb. 252
Monodontomerus dentipes Fab. 68 69
— obsoletus Fab. 25 27 68 72
Odynerus spiricornis Spin. 500
Omalus auratus Dahlb. 173
Opheletes (Paniscus) glaucopterus L. 25 26
Ophion mercator Gr. 516
— merdarius Gr. 68
— mixtus Gr. 516
Opius græcus Wsm. 103 141
Pachymerus calcitrator Gr. 537
Paniscus glaucopterus L. 26
— oblongo-punctatus Htg 72
— testaceus Gr. 26 491
Perilampus splendidus 287
— violaceus 287
Perilissus Gorskii Rtzb. 322
— limitaris Gr. 173
— luteocephalus Gr. 309
— lutescens Holmg. 287
— macropygus Holmg. 232 301 306
— pictilis Holmg. 230
— solcatus Holm. 232
— verticalis Brischke. 232
Pezomachus cursitans G. 26 68
Phygadeuon pteronorum Htg. 68 70 72
— pugnax Htg. 68
Picromerus bidens L. 141
Pimpla alternans Gr. 141 220
— angens Gr. 70 72 100
— gallicola Gr. 141
— instigator Pz. 218 220
— roborator Gr. 141
— rufata Gr. 68 534
— scambus Htg. 172
— scanica Gr. 220
— stercorator Gr. 525
— vesicaria Rtzb. 89 141 220
Plagia trepida Macq. 68
Platygaster niger Nees. 89
Plectiscus Tenthredinarum 93 306
Polyblastus palustris Holmg. 93 305
— sanguinatorius Rtzb. 82
Polysphincta arcolaris Rtzb. 82 100 141 220
— ribesii Rtzb. 173
Proterops nigripennis Wesm. 39
Pteromalus excrescentium Rtzb. 89 141 220
— Klugii Rtzb. 103
— lugens Foerst 68
— Meyerincki Rtzb. 553
— occultus Foerst 136
— saltans Rtzb. 82
— subfumatus Rtzb. 68
Pygostolus sticticus Fab. 173 345
Rhyssa amœna Kl. 553
— approximator Fab. 553
— clavata Fab. 553
— curvipes Grav. 553
— leucographa Grav. 553
— nigricornis Rtzb. 553
— obliterata Grav. 553
— persuasoria L. 553
— superba Schk. 553
— schwerinensis Br. 553
Sciara confinis Vinn. 129
— humeralis Zett. 129
Scolobates auriculatus Fab. 44
Sigalphus tenthredinum Htg. 494
Spathius Giraudi Rond. 553
Tachina bimaculata Htg. 64 65 68 69 70 72
— bisignata Meig. 287
— erucastri Desv. 68
— inclusa Htg. 64 66 68 70
— larvarum L. 68 492
Tetrastichus nematicidus Gir. 141
Torymus caudatus Nees. 141 220
— nigricornis Nees 220
Trematopygus aprilinus Gir. 301 306
— selandrivorus Gir. 305 306

Tridymus salicis Rtzb. 141
Tryphon adspersus Gr. 64 68 72
— ambiguus Gr. 173
— armillatorius Gr. 173 345 516
— aulicus Gr. 141
— bipunctatus Gr. 173
— brachyacanthus Gr. 288
— calcator Gr. 68
— cephalotes Gr. 173
— compressus Rtzb. 173
— ephippium Holmg. 306
— eques Htg. 68 72
— excavatus Rtzb. 322
— expers Rtzb. 136
— extirpatorius Gr. 128 208 255
— frutetorum Htg. 68 70
— gibbus Rtzb. 100 432
— grossulariæ Rtzb. 173
— hœmorrhoicus Rtzb. 68 72
— holosericeus Rtzb. 183
— impressus Gr. 64 66 68 70 128
— intermedius Rtzb. 68
— involutor Gr. 511
— Kennenkampfii Tichb. 68
— lævis Rtzb. 65 68 70 515
— laricis Htg. 70
— lateralis Gir. 306
— leucodactylus Rtzb. 128
— leucostictus Rtzb. 65 68 70
— lophyrorum Htg. 64 68 70 72
— lucidulus Htg. 68 85
— marginatorius Fab, 68 70 72
— marginellus Gr. 288
— melancholicus Gr. 100
— mesochorides Rtzb. 136
— mesoxanthus Gr. 26
— mutillatus Rtzb. 136
— nemati Tisch. 219
— oriolus Htg. 68
— pyriformis Rtzb. 501
— Ratzeburgi Gorski 322
— rufus Gr. 26
— rugosus Rtzb. 68 70
— sanguinicollis Rtzb. 220
— scutulatus Htg. 65 68 70
— septentrionalis Rtzb. 100
— sexlituratus Grav. 100 220
— sorbi Sax. 26 27
— succinctus Gr. 66 68 288
— tenthredinum Schleg 64 66 68 70
— transiens Gr. 66 70
— translucens Rtzb. 322
— triangulatorius Gr. 68
— utilis Tischb. 167
— variabilis Rtzb. 64 68
— vepretorum Gr. 219

TABLE GÉNÉRALE

DES FAMILLES, TRIBUS, GENRES, ESPÈCES

ET DE LEURS SYNONYMES

Les noms adoptés sont en caractères ordinaires. Chacun d'eux est suivi de deux ou de plusieurs numéros ; le dernier de ceux-ci est le numéro de la page du catalogue synonymique où figure ce nom ; les précédents sont ceux des différentes pages du texte où il est cité ; celui qui est placé le premier correspond, le plus souvent, à la description de l'espèce, les autres ne conduisent qu'à des renvois.

Les synonymes sont en caractères italiques. Ils ne sont suivis que d'un seul numéro, qui est celui de la page du catalogue où ils sont inscrits. Quand ils ne sont accompagnés que d'un seul mot entre parenthèses, celui-ci est le nom adopté pour l'espèce, le genre restant le même ; s'ils sont accompagnés de deux mots (générique et spécifique), c'est que le genre lui-même est changé.

Le signe S indique que la page qui suit est dans le supplément.

Le signe E indique que la page qui suit est dans l'erratum.

Abia, Leach. 29 3
Aurulenta, Sich. 30 3
Aurulenta Zdd. (fulgens). 3
Bifida Thoms. (nigricornis). 3
Brevicornis Leach. (sericea). 3
Dorsalis Costa (sericea). 3
Fasciata L. 31 3
Fulgens Zdd. 30 3
Mutabilis Tisch. (Amasis amœna Kl.) 4
Mutica Th. 31 3
Nigricornis Leach. 31 3
Nitens L. 30 3
Nitens Th. (sericea). 3
Sericea L. 29 3

Allantus Jur. 370 47
Abdominalis Jur. (Athalia lugens Kl). 35
Abeillei André. S. 594
Æthiops Jur. (Eriocampa limacina Retz.). 41
Affinis Leach. (tricinctus Fab). 47
Albicornis Jur. (Tenthredo albicornis Fab.). 58
Albiventris Mocs. 379 50
Albonotatus Brullé. (Perineura albonotata Brullé). 54

Analis André. 403 49
Annulatus Kl. 396 49
Annulatus Jur. (Athalia annulata Fab.). 36
Apicimacula Costa. 399 48
Arcuatus Forst. 377 393 397 402 50
Ater Jur. (Tenthredo atra L.). 55
Balteatus Kriech. 375 50
Bicinctus Fabr. 384 398 402 48
Bicinctus Rud. (succinctus Lep.). 47
Bicinctus Rud. (zona Kl.). 47
Bicinctus Rud. (zonula Kl.). 48
Bifasciatus Th. (tenulus Scop.). 47
Blandus Jur. (Macrophya blanda Fab.). 46
Bœticus Spin. 398 49
Brevis Mocs. (4-cinctus Udd.) 47
Calcaratus André. S 595
Caspius André. 400 50
Caucasius Mocs. 389 49
Cinctus Jur. (Schæfferi Kl.) 48
Cingulatus Jur. (Strongylogaster cingulatus Fab). 51
Cingulum Cam. (zona Kl.). 47
Cingulum Cam. (zonula Kl.) 48
Cingulum Cam. (bicinctus Fab.) 48
Cingulum Ilg. (bicinctus Fab.). 48
Consobrinus Schlecht. (Sciapteryx consobrina Kl.) 51
Coryli Jur. (Tenthredo coryli Pz.). 57
Costalis Jur. (Sciapteryx costalis Fabr.). 51
Costalis Costa (Schæfferi Kl.) 48
Costatus Kl. 372 49
Dahlii Kl. 390 49
Decipiens Foerst. (succinctus Lep). 47
Dimidiatus Jur. (Perineura cordata Fourc.). 54
Dispar Hlg. (flavipes Fourc.). 48
Duodecimpunctatus Jur. (Macrophya 12-punctata L.). 45
Ephippium Jur. (Blennocampa ephippium Pz.). 39
Ferrugineus Jur. (Hoplocampa ferruginea Pz.). 41
Ferus Jur. (Macrophya 12-punctata L.), 45
Flavicornis Jur. (Tenthredo flava Scop.) 58
Flavipennis Brullé. 395 50
Flavipes Fourc. 384 397 404 48
Frauenfeldi Gir. 379 49
Friwaldskii Mocs. 406 49
Fulvicornis Jur. (Hoplocampa fulvicornis Fab.). 42
Fulviventris Mocs. 381 50
Heraclei Rud. 404 49
Hispanicus André. 378 389 50
Hæmatopus Jur. (Macrophya hæmatopus Fab.). 45
Kœhleri Kl. 372 387 396 397 47
Lateralis Jur. (Perineura lateralis Fab.), 53
Laticinctus Brullé. (Strongylogaster cingulatus Fab.). 51
Leucozonias Rud. (Pœcilosoma pulveratum Retz.). 42
Limbalis Spin. 387 50
Lividus Jur. (Tenthredo livida L.). 56
Luteicornis Jur. (Tenthredo flava Scop.). 58
Luteocinctus Evers. 390 400 50
Maculatus Kriechb. 385 50
Mandibularis Jur. (Tenthredo mandibularis Fab.). 55
Marginellus Rud. (flavipes Fourc.). 48
Marginellus Dhlb. (viennensis Schk). 48
Marginellus Rud. (Schæfferi Kl.). 48
Marginellus Fab. S 594
Marginellus Jur. (arcuatus Forst.). 50
Maurus Jur. (Tenthredo maura Fab) 56
Melanotus Rud. (arcuatus Forst.). 50
Meridianus Lep. 395 49
Monozonus Kriech. 382 49
Morio Jur. (Selandria morio Fab.). 37
Multicinctus Rud. 390 50
Multifasciatus Rud. (multicinctus Rud.). 50
Nassatus Jur. (Perineura nassata L.). 52
Nazareensis André. S 593
Nigrilabrus Friwal. (Kœhleri Kl.). 47
Nigritus Jur. (Blennocampa nigrita Fab.) 37
Nothus Dhlb. (arcuatus Forst.). 50
Obesus Mocs. 373 50
Omissus Foerst. (viennensis Schk.) 48
Orientalis Kriechb. 397 49
Ornatus André. 382 50
Ouralensis André, 405 49
Ovatus Jur. (Eriocampa ovata L.). 40
Parvulus Kriech. 380 50
Pavidus Jur. (Perineura scutellatus Pz.) 54
Pectoralis Kriech. 380 50
Pictus André. S 592
Propinqua Hlg. (scrophulariæ L.). 49
Pubescens André. 383 50
Punctum Jur. (Macrophya punctum album L.). 44
Quadricinctus Udd. 400 47
Quadrimaculatus Jur. (Macrophya 4-maculata Fab.). 45
Quinquecinctus Gimm. 404 49
Rapæ Jur. (Pachyprotasis rapæ L.) 43
Ribis Jur. (Macrophya ribis Schk.). 46
Rossii Jur. (viduus Rossi). 47
Rubi Jur. (Synairema rubi Pz.). 52
Ruficornis Gimm 380 50
Rufocingulatus Tischb. (flavipes Fourc.) 48
Rufoniger, André. 374 389 50
Rusticus Jur. (Macrophya rustica L) 43
Sabariensis Mocs. 383 50
Schæfferi Kl. 376 393 397 402 405 406 48
Scrophulariæ L. 386 394 49
Scutellaris Jur. (Perineura scutellaris Pz.) 54
Semifasciatus Rud. 391 49
Semirufus André. 375 50

Sibiricus Kriechb. (Tenthredo sibirica Kriechb.) 56
Spinarum Jur. (Athalia spinarum Fab.) 36
Stigma Jur. (Perineura scutellaris Pz.) 54
Succinctus Lep. E. 401 402 405 47
Sulphuripes Kriechb. 402 49
Syriacus André 386 393 400 404 50
Tenulus Scop. 373 47
Teutonus Jur. (Macrophya teutona Pz.) 44
Tiliæ Jur. (Perineura nassata Jur.) 52
Tricinctus Fabr. 388 396 402 405 47
Tricolor Kriechb. 385 50
Trivittatus André. 392 49
Unicinctus Brullé. (Dahlii Kl.) 49
Unifasciatus Mocs. 371 47
Varicarpus André. 378 385 38.) 4 6 59
Velox Jur. (Tenthredo velox Fab.) 56
Viduus Rossi. 371 47
Viennensis Schk. 392 395 3.7 404 S 5.4 48
Villosus Brullé (Dahlii Kl.) 49
Violaceus André. 373 47
Viridis Jur. (Perineura viridis L.) 52
Vittatus Kriechb. 3?1 49
Xanthopus Spin. 387 59
Xanthorius Kriechb. (Dahlii Kl.) 49
Zona Kl. 406 47
Zona Th. (bicinctus Fab.) 48
Zonatus Jur. (Tenthredo maculata Fourc.) 57
Zonula Kl. 399 48
Zonula Costa (bicinctus L.) 48
Zwickoviensis Schlecht. (Sciapteryx consobrina Kl.) 51

Amasis Leach 32 4

Albipes Sich. (Krüperi Stein.) 4
Amœna Zdd. 33 4
Concinna Stein (amœna Zdd.) 4
Krüperi Stein. 33 4
Læta Fab. 32 4
Lateralis Brullé 33 4
Obscura Fabr. 33 4
Sanguinea Sn. V. S. 573
Similis Mocs. S. 573

Aneugmenus Hartig. 241 29

Coronatus Kl. 242 29
Infuscatus Evers. 241 29

Aphadnurus Costa.

Tantillus Costa (Phœnusa pumila Kl.) 28

Arge Schranck

Berberidis Sch. (Hylotoma berberidis Sck.) 4
Bicolor Sch. (Hylotoma cyanocrocea Foerst.) 6
Enodis Sch. (Hylotoma cœruleipennis Retz.) 4
Rosincola Sch. (Hylotoma rosæ De. Geer.) 6
Ustulata Sch. (Hylotoma atrata Forst) 5

Astatus Klug.

Pygmæus Kl. 66
Satyrus Pz. 67
Tabidus Pz. 67
Troglodyta Pz. 67

Asticta Newm.

Ianthe Newm. (Harpiphorus lepidus Kl.) 30

Athalia Leach. 285 35

Abdominalis Lep. (lugens Kl. 35
Ancilla Lep. (rosæ L.) 36
Annulata Fab.. 286 36
Bicolor Lep. (rosæ L.) 36
Blanchardi Brullé. (rosæ L.) 36
Centifoliæ Lep. (spinarum Fab. 36
Cordata Lep. (rosæ L.) 36
Glabricollis Th. 285 36
Lineolata Lep. (rosæ L.) 36
Lugens Kl. 286 35
Maculata Mocs. 288 35
Paveli Mocs. 289 35
Rosæ L. 289 36
Rufoscutellata Mocs. 288 35
Scutellariæ Cam. S 581
Spinarum Fab. 287 36
Suessionensis Lep. (rosæ L.) 36

ATHALIDÆ 283 35

Banchus Panzer

Spinipes Pz. 66
Viridator Fab. 66

Bedeaude du saule (la) (Nematus salicis, larve) 23

Blasticotoma Kl. 464 58

Filiceti Kl. 465 58

BLASTICOTOMIDÆ 464 58

Blennocampa Hartig 298 37

Æthiops Htg. (ephippium Pz.) 39
Albida Htg. (melanocephala Fab.) 39
Albidopicta Costa 303 40
Albipes Gmel. 313 38
Albiventris Kl. 303 40
Alchemillæ Cam. 302 39
Alternipes Kl. 310 38
Assimilis Fall. 317 40
Aterrima Kl. 298 37
Betuleti Kl. 316 39
Bicolor Tischb. (nigripes Kl). 40
Bipunctata Htg. 301 38
Brunniventris Htg. 304 40
Cinereipes Kl. 309 38
Coronata André. S 585
Croceipes Costa. 314 38

Croceiventris Kl. 315 40
Dissimilis Costa. 302 305 39
Elongatula Kl. 308 37
Ephippium Pz. 300 310 39
Exarmata Th. 310 38
Feriata Zdd. 312 38
Fuliginipennis Costa 309 38
Fuliginosa Schk. 310 38
Funerea Kl. 316 39
Fuscipennis Fall, 314 315 317 40
Gagathina Kl. 313 38
Geniculata Htg. 308 37
Gracilicornis Zdd. 307 37
Hyalina Htg. (assimilis Fall.) 40
Inquilina Foerst. 305 39
Lineolata Kl. 301 38
Lugens André S. 583
Melanocephala Fab. 305 316 39
Melanopygia Costa S. 585
Mentiens Th. E. 599
Micans Kl, 309 37
Monticola Htg. 312 38
Nana Kl. 302 39
Nigripes Kl. 314 315 40
Nigrita Fab. 307 37
Parvula Th. E. 599
Plana Kl. 307 37
Pubescens Zdd. 304 39
Pusilla Kl. 312 38
Recta Th. 310 39
Ruficruris Brullé. 302 38
Rufonigra Tischb. 315 39
Sanguinicollis Mocs, S. 583
Scutellaris André. S. 584
Semicincta Htg. 311 38
Sericans Htg. 308 311 37
Strigata André. S. 584
Subcana Zdd. 312 38
Subserrata Th. 311 38
Tenella Kl. 316 40
Tenuicornis Kl. 311 38
Tenuicornis Th. (tenella Kl. 40
Thoracica Tischb. 300 39
Tiliæ Kalt. 317 40
Umbrosa Ev. 314
Uncta Kl. 303 39
Ventralis Spin. 299 316 39

Cænoneura Thoms 238 29

Dahlbomi Th. 239 29

Caliroa Costa

Sebetia Costa. (Eriocampa sebetia Costa.) 40

Camponiscus Newman 96 12

Healaei Newm (luridiventris Fall.) 12
Luridiventris Fall. 96 12

Cephaleia Jurine

Arvensis Pz. 64
Betulæ Pz. 63
Cephalotes Jur. 60
Clarkii Jur. 65
Depressa Jur. 63
Erythrocephala Jur. 61
Nemorum Pz. 63
Pratensis Jur. 60
Sylvatica Jur. 63
Testacea Gim. 64

CEPHIDÆ 517 65

Cephus Latr. 512 65

Abdominalis Latr. 522 65
Albomaculatus Stein. (Phyllœcus fumipennis Ev.) 68
Analis Spin. (hæmorrhoidalis Gm.) 65
Arundinis Gir. 538 67
Belleri Sich. (Idolon Rossi.) 65
Brachycercus Th. 547 66
Brachypterus Dam. (troglodyta Fab) 67
Compressus Fabr. (Phyllœcus compressus Fab.) 67
Cruentatus Evers. 532 66
Cultrarius Htg. (pallipes Kl.) 66
Elongatus Sn. V. 538 66
Erberi Dam. 539 67
Fasciata Steph. (troglodyta Fab.) 67
Faunus Th. (Phyllœcus faunus New.) 68
Femoratus Curtis. (Phyllœcus cynosbati L.) 67
Filiformis Ev. 539 67
Flaviventris Foerst. (Foersteri André.) 65
Flaviventris Guer. 523 65
Floralis Kl. (pygmæus L.) 66
Foersteri André. 526 65
Fulvicornis Luc. 526 65
Fumipennis Ev. (Phyllœcus fumipennis Ev.) 68
Gracilis Costa. 547 66
Helleri Tasch. (Phyllœcus fumipennis Ev.) 68
Hæmorrhoidalis Gmel. 532 65
Idolon Rossi. 522 523 527 528 S. 576 65
Immacula Steph. (pallipes Kl.) 66
Infuscatus André 530 546 548 66
Leskii Lep. (pygmæus L.) 66
Libanensis André. 545 66
Luteipes Lep. (Phyllœcus luteipes Lep.) 68
Luteomarginatus Gir. (pulcher Tisch) 66
Macilentus Fab. 538 67
major Evers. (Phyllœcus xanthostoma Ev.) 68
Mandibularis Lep. (tabidus Fab.) 67
Marginatus Kaw. 540 67
Miltraci Guer. (Idolon Rossi) 65
Nigricarpus André. 546 67
Nigrinus Th. 531 66
Nigripennis Sich. 523 65
Nigritarsis André. 545 66
Nigritus Lep. 530 66
Orientalis Tischb. (Parreyssii Spin) 65
Pallipes Kl. 527 65
Parreyssii Spin. 528 529 65
Phtisicus Fab. (Phyllœcus phtisicus Fab.) 68

Phtisicus Perris. (Phyllœcus xanthostoma Ev.) 68
Pilosulus Th. 548 66
Pulcher Tischb. 545 66
Pumilus Mocs, 529 66
Punctatus Kl. 537 66
Pygmæus L. 528 536 539 66
Quadricinctus Dhlb. (filiformis Ev.) 67
Satyrus Pz. 547 67
Smyrnensis Stein. 535 66
Spectabilis Stein. (Parreyssii Spin.) 65
Spinipes Kl. (pygmæus L. 66
Tabidus Fab. 535 66
Tricinctus Dhlbm. (pallipes Kl. 66
Troglodyta Fab. 548 67
Variegatus Stein. 525 528 65
Xanthostoma Evers. (Phyllœcus xanthostoma Ev.) 68

Cerobactrus Costa

Facialis Costa (Phyllœcus facialis Costa) 68
Major Costa (Phyllœcus fumipennis Ev.) 68

Cimbex Olivier 23 1

Ænea Kl. (Abia nigricornis Leach) 3
Amerinæ Fabr. (Clavellaria amerinæ L.) 3
Amœna Kl. (Amasis amœna Kl.) 4
Annulata Leach. (femorata L.) 2
Axillaris Klug. (humeralis Fourc.) 1
Betulæ Zdd. (femorata L.) 2
Betuleti Dhlb. (Trichiosoma betuleti Kl.) 2
Biguetina Lep. (femorata L.) 2
Brevispina Th. (connata Schk.) 1
Connata Schk. 26 1
Cuprea Aisch. (Abia aurulenta Sich) 3
Duodecim maculata Leach. (femorata L.) 2
Epaulettes (à) Dum. (humeralis Fourc.) 1
Europæa Leach. (femorata L.) 2
Fagi Zadd. (femorata L.) 2
Fasciata Oliv. (Abia fasciata L.) 3
Femorata L. 25 1
Femorata Dhlb. (connata Schk.) 1
Griffinii Leach. (femorata L.) 2
Humboldtii Retz. (femorata L.) 2
Humeralis Fourc. 24 1
Italica Lep. (Amasis obscura Fab.) 4
Jucunda Kl. (Amasis lateralis Br.) 4
Jurinei Lep. (Amasis lateralis Fab.) 4
Laeta Fabr. (Amasis laeta Fal.) 4
Loniceræ Lep. (Abia nigricornis Leach.) 3
Lucorum Fabr. (Trichiosoma lucorum L.) 2
Lucorum var Illg. (Trichiosoma vitellinæ L.) 3
Lutea Fall. (connata Schk.) 1
Lutea Vill. (femorata L.) 2
Luteola Lep. (femorata L.) 2
Maculata Oliv. (connata Schk.) 1
Marginata Lep. (Clavellaria amerinæ L.) 3
Montana Latr. (connata Schk.) 1
Nigricornis Lep. (Abia nigricornis Leach.) 3
Nitens Lep. (Abia sericea L.) 3
Nitens Fall. (Abia mutica Th.) 3
Obscura Ol. (Amasis obscura Fab.) 4
Olivieri Lep. (Amasis laeta Fab.) 4
Ornata Lep. (connata Schk.) 1-2
— (femorata L.) 2
Pallens Lep. (femorata L.) 2
Quadrifasciata Ol. (Clavellaria amerinæ L. 3
Saliceti Zdd. (femorata L.) 2
Scapularis Stein. (humeralis Fourc.) 1
Sericea Ol. (Abia sericea L.) 3
— (Abia nigricornis Leach.) 3
Schaefferi Lep. (femorata L.) 2
Sorbi Illg. (Trichiosoma sorbi Htg.) 2
Splendida Kl. (Abia nitens L.) 3
Sylvarum Fabr. (femorata L.) 2
Sylvatica Kl. (Amasis laeta Fabr.) 4
Tristis Oliv. (femorata L.) 2
Variabilis Kl. (connata, femorata) 1
Varians Leach. (femorata L.) 2
Violascens Th. (femorata L.) 2
Vitellinæ Fabr. (Trichiosoma vitellinæ L.) 3

CIMBICIDÆ 21 1

Cladius Illig. 79 9

Æneus Zdd. (Trichiocampus aeneus Zdd.) 10
Albipes Kl. (Priophorus padi L.) 10
Brullæi Th. (Priophorus Brullæi Dhbl.) 10
Difformis Ill. (pectinicornis Fourc) 9
Discrepans Costa (Trichiocampus discrepans Costa) 10
Drewseni Th. (Trichiocampus Drewseni Th.) 10
Eradiatus Htg. (Trichiocampus Eradiatus Htg.) 10
Eucera Htg. (Trichiocampus viminalis Fall.) 10
Geoffroyi Lep. (pectinicornis Fourc) 9
Immunis Steph. (Priophorus padi L) 10
Luteiventris Dhlb. (Trichiocampus viminalis Fall.) 9
Morio Lep. (Priophorus padi L.) 10
Padi Th. (Priophorus padi L.) 10
Pallipes Lep. (Priophorus padi L.) 10
Pectinicornis Fourc. 80 9
Pilicornis Curtis (Priophorus padi L.) 10
Ramicornis Rond. 80 9
Rufipes Lep. (Trichiocampus rufipes Lep.) 10
Tener Zdd. (Priophorus tener Zdd.) 10
Tristis Zdd. (Priophorus tristis Zdd.) 10
Uncinatus Illg. (Trichiocampus rufipes Lep.) 10

Viminalis Brischke. (Trichiocampus viminalis Fall.) 10

Clavellaria Leach 28 3

Amerinæ L. 28 3
Marginata Leach. (amerinæ L. ♀) 3

Crabro Fourc.

Annulatus Fourc. (Cimbex femorata L.) 2
Humeralis Fourc. (Cimbex humeralis Fourc.) 1
Lunulatus Fourc. (Cimbex femorata L.) 1
Maculatus Fourc. (Cimbex connata Schk.) 1

Crœsus Leach.

Laticrus Htg. (Nem. septentr. L.) 12
Laticrus Evers. (Nem. latipes Villt.) 12
Latipes Htg. (Nem. latipes Htg.) 12
Septentrionalis Leach. (Nem. septentr. L.) 12
Varus Htg. (Nematus varus Villt.) 12

Cryptocampus Htg. 86 10

Angustus Htg. 86 10
Fuscicornis Htg. 87 11
Medullarius Htg. (pentandræ Retz.) 10
Mucronatus Sn. V. (pentandræ Retz.) 10
Mucronatus Htg. (saliceti Fall.) 10
Nigricornis Htg. 87 11
Pentandræ Retz. 89 10
Populi Htg. (pentandræ Retz.) 10
Quadrum Costa. 88 11
Saliceti Fall. 88 10
Saliceti var Th. (angustus Htg.) 10
Semineura Htg. 88 11

Cryptus Jurine.

Angelicæ Jur. (Schizocera furcata Vill.) 7
Cœrulescens Jur. (Hylotoma cyanocrocea Foerst.) 6
Enodis Jur. (Hylotoma cœruleipennis Retz.) 4
Furcatus Jur. (Schizocera furcata Vill.) 7
Paganus Jur. (Hylotoma pagana Pz.) 5
Pallipes Leach. (Schizocera geminata Gm.) 7
Rosæ Jur. (Hylotoma rosæ de Geer.) 6
Segmentarius Pz. (Hylotoma atrata Foerst.) 5
Villersii Leach. (Schizocera furcata Vill.) 7

Cynips Linné.

Amerinæ L. (Crytocampus pentandræ Retz.) 10
Capreæ L. (Nematus gallicola Westw.) 16

Cyphona Dhlb.

Angelicæ Th. (Schizocera furcata Vill). 7
Furcata Dhlb. (Schizocera furcata Vill.) 7
Geminata Dhlb. (Schizocera geminata Gm.) 7

Dineura Dhlb. 90 11

Alni L. (Hemichroa alni L.) 11
Degeeri Dhlb. (viridi dorsata Retz.) 11
Despecta Htg. 93 11
Flaveola Ev. (stilata Kl.) 11
Hartigii Gimm. (viridi dorsata Retz.) 11
Mentiens Th. S 577 E 599 11
Opaca Htg. (verna Kl.) 11
Pallipes Htg. (verna Kl.) 11
Parvula Kl. 94 E 599 11
Rufa Htg. (Hemichroa rufa Pz.) 11
Selandriiformis Cam. 91 11
Simulans Cam. 91 11
Stilata Kl. 92 11
Testaceipes Kl. 92 11
Unicolor Rud. (Hemichroa unicolor Rud. 12
Ventralis Zdd. (testaceipes Kl.) 11
Verna Kl. 93 11
Viridi dorsata Retz. 90 11

Diphadnus Htg

Fuscicornis Htg. (Cryptocampus fuscicornis Htg.) 11
Nigricornis Htg. (Cryptocampus nigricornis Htg.) 11
Semineurus Htg. (Cryptocampus semineurus Htg.) 11

Diprion Schk.

Cephalotes Schk. (Tarpa cephalotes Fab.) 60

DOLERIDÆ 259 32

Dolerus Jurine. 261 32

Abdominalis Lep. (Emphytus serotinus Kl.) 32
Abietis Jur. (pratensis L.) 33
Æneus Htg. 275 276 34
Æriceps Th. 264 267 33
Annulipes Th. (genucinctus Zdd.) 34
Anthracinus Kl. 277 34
Anticus Kl. 265 266 32
Atricapillus Htg. 277 34
Arcticus Th. 265 268 33
Asper Zdd. 282 35
Bajulus Lep. (pratensis L.) 33
Brachygaster Htg. (brevis Zdd.) 35
Brevicornis Zdd. 280 35
Brevicornis Th. (thoracicus Kl.) 32
Brevis Zdd. 279 35
Brevitarsis Htg. (varispinus Htg.) 35
Busaci Sn. V. 267 33
Carbonarius Zdd. (fissus Htg.) 35
Carinatus Scholtz (niger L.) 35

Cenchris Htg. (fissus Htg.) 35
Chappelli Cam. 264 33
Cinctus Jur. (Emphytus cinctus L.) 31
Cingulatus Lep. (Emphytus cinctus L.) 31
Cœrulescens Htg. (hæmatodes Schk.) 32
Cothurnatus Lep. (pratensis L.) 33
Desertus Kl. 268 33
Dimidiatus Lep. (triplicatus Kl.) 32
Dubius Kl. 267 33
Eglanteriæ Jur. (pratensis L.) 33
Elongatus Th. 276 34
Equiseti Kl. (pratorum Fall.) 33
Erythrogonus Lep. (pratensis L.) 33
Fasciatus Lep. (Emphytus rufocinctus Retz.) 31
Femoratus Ev. 274 34
Fennicus André. 269 34
Ferrugatus Lep. (anticus Kl.) 32
Fissus Htg. 279 280 35
Fumosus Zdd. 280 35
Fuscipennis Steph. (anticus Kl.) 32
Geniculatus Lep. (pratensis L.) 33
Genucinctus Zdd. 272 34
Germanicus Jur. (pratensis L.) 33
Gessneri André. 273 34
Gibbosus Htg. 282 35
Gilvipes Kl. 272 34
Gonager Fabr. 274 34
Gracilis Zdd. 281 35
Hæmatodes Schk. 269 276 32
Hartigii Scholtz. (fissus Htg.) 35
Hispanicus Mocs. S 580
Incertus Zdd. (aeneus Htg.) 34
Klugii Scholtz. 266 33
Lacteus Scholtz, (aeneus Htg.) 34
Latecinctus Lep. (Emphytus rufocinctus Retz.) 31
Lateritius Kl. 262 266 32
Leucobasis Htg. (fissus Htg). 35
Leucopodus Lep. (Emphytus grossulariæ Kl.) 31
Leucopterus Zdd. 278 35
Liogaster Th. 270 273 274 34
Longicornis Zdd. 281 35
Lucens André 277 34
Lugubris Gim. (triplicatus Kl.) 32
Madidus Kl. (lateritius Kl.) 32
Magnicornis Ev. 274 34
Micans Zdd. (hæmatodes Schk.) 33
Minutus Htg. (Pelmatopus minutus Htg) 35
Mutilatus Kl. 273 34
Niger L. 276 280 35
Nigritus Lep. (Phœnusa pumila Kl) 28
Nitens Zdd. 277 35
Opacus Jur. (hæmatodes Schk.) 32
Pachycerus Htg. (thoracicus Kl. 32
Pallimacula Lep. (Harpiphorus immersus Kl.) 30
Pallipes Lep. (Phœnusa ulmi Sund) 28
Palmatus Kl. 271 272 34
Palustris Kl. 267 33
Picipes Kl. 273 34
Plaga Kl. 266 33
Planatus Htg. (fissus Htg.) 35
Pratensis L. 263 264 268 33
Pratorum Fall. 268 33
Puncticollis Th. 275 34
Pusillus Lep. (Phœnusa pusilla Lep) 27
Ravus Zdd. 281 35
Rufipes Lep. (vestigialis Kl.) 34
Rufotorquatus Costa. 270 34
Sanguinicollis Kl. 271 34
Saxatilis Htg. 269 34
Tæniatus Zdd. 279 35
Tenebrosus Evers. 273 34
Thoracicus Kl. 265 280 32
Tibialis Jur. (Emphytus tibialis Pz) 30
Timidus Kl. 236 33
Togatus Jur. (Emphytus cinctus L.) 31
Togatus Lep. (Emphytus succinctus Kl.) 31
Tremulæ Kl. 262 32
Trimaculatus Lep. (triplicatus Kl.) 32
Triplicatus Kl. 263 264 32
Tristis Lep. (saxatilis Htg.) 34
Tristis Fabr. 268 33
Uliginosus Kl. (anticus Kl.) 32
Varipes Lep. (Emphytus carpini Htg.) 30
Varispinus Htg. 278 35
Vestigialis Kl. 272 34
Vicinus Lep. (Emphytus calceatus Kl.) 32
Vulneratus Mocs. 270 34

Dosythæus Leach

Eglanteriæ Leach. (Dolerus pratensis L.) 33
Junci Leach. (Dolerus palustris Kl.) 33
Lateritius Leach. (Dolerus lateritius Kl.) 32
Trimaculatus Leach. (Dolerus triplicatus Kl.) 32
Tristis Leach. (Dolerus tristis Fabr) 33

Druyda Newmann

Parviceps Newm. (Phyllotoma nemorata Fall.) 28

Ebolia Costa

Floricola Costa. (Perineura floricola Costa.) 53

EMPHYTIDÆ 230 30

Emphytus Kl. 244 30

Amaurus Htg. (Phyllotoma vagans Fall.) 29
Apicalis Htg. (filiformis Kl.) 30
Barbarus André. S 580
Basalis Kl. 250 31
Bohemanni Dhlb. (perla Kl.) 32
Bucculentus Tischb. 256 32
Calceatus Kl. 256 32
Caligatus Evers. 245 252 30
Carpini Htg. 248 249 250 30

Cereus Kl. 258 32
Cervus Koll. (cereus Kl.) 32
Cinctus L. 251 253 31
Cingulum. Kl. 253 S. 579 31
Cistus Kl. 258 32
Coronatus Kl. (Aneugmenus coronatus Kl.) 29
Coxalis Kl. 256 31
Didymus Kl. 248 251 30
Dissimilis Dietr. 247 257 30
Elegans Costa 255 31
Fenestratus Evers. (Harpiphorus immersus Kl.) 30
Filiformis Kl. 246 251 30
Fulvipes Th. (truncatus Kl.) 31
Fulvocinctus Rud. (bucculentus Tischb.) 32
Fumatus André 249 30
Grossulariæ Kl. 250 31
Hortulanus Htg. (Phœnusa hortulana Kl.) 27
Immersus Kl. (Harpiphorus immersus Kl.) 30
Infuscatus Evers. (Aneugmenus infuscatus Ev.) 29
Klugii Th. (filiformis Kl.) 30
Lepidus Kl. (Harpiphorus lepidus Kl.) 30
Leucomelas Kl. (Phyllotoma leucomelas Kl.) 28
Majalis Sn. V. (Harpiphorus majalis Sn. V.) 30
Melanarius Kl. 247 30
Melanopygus Htg. (Phyllotoma vagans Fallen.) 29
Microcephalus Htg. (Phyllotoma microcephala Kl.) 29
Neglectus Zdd. (cinctus L.) 31
Nigricans Kl. (Phœnusa nigricans Kl.) 27
Nigritarsis Brullé 249 E 599 30
Ochropodus Htg (Phyllotoma ochropoda Kl.) 29
Parallelus Evers 246 30
Patellatus Kl. (tener Fall.) 30
Perla Kl. 257 32
Proximus Costa. (didymus Kl.) 30
Pumilio Htg. (Phœnusa pumilio Htg.) 27
Pumilus Htg. (Phœnusa pumila Kl) 28
Pygmaeus Kl. (Phœnusa pygmaea Kl.) 27
Radialis Evers. (Harpiphorus radialis Ev.) 30
Ruficorus Mc c. E 599
Rufocinctus Retz. 255 31
Schœnherri Dhlb. (truncatus Kl.) 31
Serotinus Kl. 253 32
Steini Schmiedl. S 579 E 599
Succinctus Kl. 252 31
Tegulatus André. S 578
Temesiensis Mocs. 257 253 32
Tener Fall. 246 S 578 30
Tibialis Pz. 245 248 251 30
Tricoloripes Costa 249 30
Truncatus Kl. 253 31
Vernalis Dietr. (Harpiphorus vernalis D.) 30
Viennensis Schk. 254 31
Xanthopygus Kl. 252 31

Eniscia THOMSON

Arctica Th. (Sciapteryx arctica Th.) 51
Consobrina Th. (Sciapteryx consobrina Th.) 51

Ephippionotus COSTA 67

Cephalotes Costa. (Phyllœcus cynosbati L.) 67
Luteiventris Costa. (Phyllœcus compressus Fab.) 67

Eriocampa 317 40

Adumbrata Htg. (limacina Retz.) 41
Annulipes Kl. 321 41
Atratula Th. 320 40
Caninæ Cam. (soror Sn. V.) 41
Cinxia Kl 322 41
Crassicornis Tischb. (varipes Kl.) 41
Dolosa Evers. 320 40
Limacina Retz. 322 41
Luteola Kl. 319 S 583 40
Nitida Tischb. 320 40
Ovata L. 318 40
Repanda Kl. 319 40
Sebetia Costa 320 40
Soror Sn. V. 322 41
Testaceipes Cam. 322 41
Umbratica Kl. 321 41
Varipes Kl. 319 323 41

Ermilia COSTA

Pulchella Costa. (Taxonus pulchellus Costa.) 42

Fausse Chenille

Cloporte, de Geer. 12
Tetard, Reaumur. 41
Sans pattes membraneuses du poirier, de Geer. 64
Sans pattes membraneuses du tremble, de Geer. 63
Verte sans pattes membraneuses de l'abricotier, de Geer. 64

Fenella WESTW. 232 28

Minuta Th. 233 28
Monilicornis Th. 234 28
Nigrita Westw. 233 28
Nigrita Th. (tormentillæ Healy) 28
Pygmæa Healy. (tormentillæ Healy) 28
Tormentillæ Healy. 233 28

Fenusa

(V. *Phœnusa*)

Frelon GEOF.

A échancrure et à ventre jaune Geoffr. (Cimbex connata Schk.) 1

A épaulettes Geoffr. (Cimbex humeralis Fourc.) 1
Noir à échancrure Geoffr. (Cimbex femorata L.) 1

Harpiphorus HTG. 242 29

Immersus Kl. 243 30
Lepidus Kl. 242 29
Majalis Sn. V. 244 30
Radialis Evers. 243 30
Tæniatus Costa. 243 30
Vernalis Dietr. 244 30

Hemichroa

Alni L. 94 11
Nigriceps Th. 95 12
Rufa Pz. 95 11
Unicolor Rud. 95 12

Heterarthrus STEPH.

Ochropodus Steph. (Phyllotoma ochropoda Kl.) 29

Hoplocampa HTG. 323 41

Alpina Zett. 326 41
Brevis Kl. 325 41
Brunnea Htg. (ferruginea Pz.) 41
Chrysorrhea Kl. 324 41
Cratægi Kl. 326 41
Ferruginea Pz. 325 326 41
Fulvicornis Fabr. 328 42
Gallicola Cam. 324 41
Pectoralis Th. 326 41
Plagiata Kl. 324 41
Rutilicornis Pz. 328 42
Testudinea Kl. 327 41
Xylostei Gir. 327 41

Hybonotus KL. 70

Camelus Kl. (Xiphydria camelus L.) 70
Dromedarius Kl. (Xiphydria dromedarius L.) 70

Hylotoma LATR. 37 4

Abdominalis Fabr. (Athalia lugens Kl.) 35
Æneseens Foerst. (melanochroa Gm) 6
Albicruris Brullé. (atrata Foerst) 5
Angelicæ Fabr. (Schizocera furcata Vill.) 7
Anglica Leach. (fuscipes Fall.) 5
Annulata Fabr. (Athalia annulata Fabr.) 33
Atrata Kl. (enodis L.) 4
Atrata Forst. 43 5
Atrocærulea Lep. (fuscipes Fall.) 5
Berberidis Schk. 39 4
Bicolor Gimm. (melanochroa Gm.) 6
Bifida Kl. (Schizocera bifida Kl.) 7
Bifurca Kl. (Schizocera bifurca Kl.) 7
Brevicornis Fall. (Schizocera brevicornis Fall.) 7
Ciliaris L. 41 5
Cingulata Fabr. (Strongylogaster cingulatus Fabr.) 51
Clavipennis Rud. (ustulata L.) 5
Cærulea Kl. (ciliaris L.) 5
Cœruleipennis Retz. 38 4
Cærulescens Fab. (cyanocrocea Forst.) 6
Confusa Dietr. 45 6
Coruscа Zdd. 42 5
Costalis Fabr. (Sciapteryx costalis Fab.) 51
Costata Fall. (Schizocera geminata Gm.) 7
Cyanella Kl. 40 5
Cyanocrocea Forst. 46 6
Dimidiata Fall. 45 6
Dimidiata Lep. (melanochroa Gm.) 6
Discus Costa. (atrata Forst.) 5
Dorsata Fab. (Lophyrus pini L.) 8
Eglanteriæ Fab. (Dolerus pratensis L.) 33
Enodis Fab. (cœruleipennis Retz.) 4
Enodis L. 39 4
Ephippium Fab. (Blennocampa ephippium Panz.) 39
Expansa Kl. 42 5
Fasciata Lep. (dimidiata Fall.) 6
Femoralis Kl. (melanochroa Gm.) 6
Ferruginea Fab. (Hoplocampa ferrurinea Pz.) 41
Flaviventris Fabr. (pagana Pz.) 5
Flavomixta André. S 574
Friwaldskyi Tischb. 44 6
Frutetorum Fab. (Lophyrus frutetorum Fab.) 8
Furcata Fab. (Schizocera furcata Vill.) 7
Fuscipennis Panz. 43 6
Fuscipes Fall. 41 5
Gastrica Kl. (Schizocera gastrica Kl) 7
Geminata Kl. Schizocera geminata Gm.) 7
Gracilicornis Kl. 40 5
Juniperi Fabr. (Monoctenus juniperi L.) 9
Klugii Leach. (atrata Forst.) 5
Mediata Fall. (dimidiata Fall.) 6
Melanocephala Latr. (Schizocera furcata Vill.) 7
Melanochroa Gmel. 45 6
Melanura Kl. (Schizocera melanura Kl.) 7
Metallica Kl. 42 5
Nemorum Fabr. (Lophyrus nemorum Fab.) 8
Ovata Fab. (Eriocampa ovata L.) 40
Pagana Pz. 44 5
Pilicornis Leach. (gracilicornis Kl.) 5
Pini Fabr. (Lophyrus pini L.) 8
Pleuritica Kl. (thoracica Spin.) 5
Proxima André. S 576
Pullata Zdd. 39 4
Pyrenaica André. 48 9
Rosæ de Geer. 47 6
Rosarum Kl. (rosæ de Geer.) 6
Rufescens Zdd. 46 6
Saliceti Rud. (atrata Forst.) 5

Sanguinicollis André. S 574
Scita Mocs. S 575
Scutellaris H. Sch. (Schizocera scutellaris H. S.) 8
Segmentaria Spin. (atrata Forst.) 5
Serva Fabr. (Selandria serva Fab.) 36
Similis Rud. (melanochroa Gm.) 6
Spinarum Fab. (Athalia spinarum Fab.) 36
Stephensii Leach. 46 6
Syriaca Mocs. S 575
Tarda Kl. (Schizocera brevicornis Fall.) 7
Tergestina Kriechb. 44 6
Thoracica Spin. 43 5
Ustulata L. 42 5
Vagans Fall. (Phyllotoma vagans Fall.) 29
Ventralis Spin. (Blennocampa ventralis Spin.) 39
Ventricosa Zdd. 40 5
Violacea Kl. (fuscipes Fall.) 5
Vulgaris Kl. (cœruleipennis Retz.) 4

HYLOTOMIDÆ 34 4

Ichneumon

Bleu (grand) de Geer. (Sirex juvencus.) 69
Flavus L. (Sirex gigas L.) 68
Gigas Poda (Sirex gigas L.) 68
Idolon Rossi. 65
De Laponie Reaum. (Sirex gigas L.) 68
Noir (grand) de Geer (Sirex spectrum L.) 69
A ventre demi-noir (grand) de Geer. (Sirex gigas L.) 68
Dont le ventre se termine en une queue pointue, de Geer. (Sirex gigas L.) 68

Janus Steph.

Compressus Gir. (Phyllœcus compressus Fab.) 67
Connectens Steph. (Phyllœcus cynosbati L.) 67
Femoratus Steph. (Phyllœcus cynobasti L.) 67

Kaliosysphinga Tischb. 237 29

Dohrni Tischb. 238 29

Leachia Lep.

Dorsalis Forst. (Dineura verna Kl.) 11
Labialis Lep. (Dineura verna Kl.) 11

Leptocercus Thoms.

Alni Th. (Hemichroa alni L.) 11
Luridiventris Th. (Camponiscus luridiventris Fall.) 12
Nigriceps Th. (Hemichroa nigriceps Th.) 12
Rufus Th. (Hemichroa rufa Pz.) 11

Leptopus Htg.

Hypogastricus Htg. (Camponiscus luridiventris Fall.) 12
Rufipes Foerst. (Camponiscus luridiventris Fall.) 12

La lettre hebraïde verte. Geoffr.

(Perineura viridis L.) 52

LOPHYRIDÆ 55 8

Lophyrus Latr. 58 8

Austriacus Mocs.
Difformis Fall. (Cladius pectinicornis Foerst.) 9
Elongatulus Kl. (pallipes Fall.) 9
Eremita Th. 59 67 8
Frutetorum Fabr. 60 70 8
Hercyniæ Htg. 60 65 8
Juniperi Kl. (Monoctenus Juniperi L.) 9
Laricis Jur. 61 66 8
Minor Lep. (pallidus Kl.) 8
Nemorum Fabr. 59 63 8
Pallidus Kl. 61 64 8
Pallipes Fall. 63 72 9
Piceæ Lep. (rufus Retz.) 9
Pineti Kl. 71 9
Pini L. 59 67 8
Politus Kl. 62 72 9
Polytomus Htg. 62 64 8
Pulchricornis Bremi. 62 9
Rufus Retz. 62 71 9
Similis Htg. 61 69 9
Similis var Htg. (eremita Th.) 8
Socius Kl. 60 71 9
Variegatus Htg. 59 69 8
Virens Kl. 61 65 8
Virens Zett. (laricis Jur.) 8

Lyda Fabr. 489 60

Abietina Htg. (Fallenii Dalm.) 65
Adusta Dietr. (depressa Schk.) 63
Albifrons Fall. (flaviventris Retz.) 64
Albopicta Th. (depressa Schk.) 63
Alpina Kl. (arvensis Pz.) 64
Alternans Costa 496 61
Annulata Htg. (Fallenii Dalm.) 64
Annulicornis Htg. (Fallenii Dalm) 65
Arbustorum Fab. 497 62
Arbuti Zdd. 498 62
Arvensis Pz. 515 64
Arvensis Lep. (hypotrophica Htg.) 64
Arvensis Zdd. (Fallenii Dalm.) 65
Aurantiaca Gir. 503 62
Aurita Kl. (betulæ L.) 63
Balteata Fall. 501 512 62
Betulæ L. 508 509 63
Bicolor Pz. (marginata Lep.) 64
Bimaculata Taschb. (campestris L.) 61
Campestris L. 493 61
Campestris Fall. (hypotrophica Htg) 64
Cingulata Lep. (balteata Fall.) 62
Clypeata Kl. (flaviventris Retz.) 64
Cyanea Kl. (flaviceps Retz.) 61

Cynosbati Fabr. (Phyllœcus cynosbati Fab.) 67
Depressa Schk. 502 506 63
Erythrocephala L. 490 61
Erythrocephala var. Fall. (flavipes Retz.) 61
Erythrogaster Htg. 513 64
Fallax Lep. (inanita Vill.) 63
Fallenii Dalm. 514 64
Fasciata Westw. (flaviventris Retz.) 64
Fasciatipennis Costa. (flaviventris Retz.) 64
Fausta Kl. 517 65
Flaviceps Retz. 490 61
Flavipes Zett. (pallipes Zett.) 62
Flaviventris Retz. 519 64
Fulvipennis Zdd. 506 64
Geoffroyi Lep. (Phyllœcus cynobati Fabr.) 67
Gyllenhali Dhlb. 509 62
Hartigii Bremi. 497 62
Hilaris Evers. (inanita Vill.) 63
Histrio Latr. 507 62
Hæmorrhoidalis Fab. (Cephus hæmorrhoïdalis Gm.) 65
Hortorum Kl. 510 62
Hypotrophica Htg. 514 64
Inanis Kl. (inanita Vill.) 62
Inanita Vill. 499 62
Infida Zdd. 505 62
Irrorata Th. (arvensis Pz.) 64
Jucunda Evers. 498 62
Klugii Htg. (arvensis Pz.) 64
Laricis Gir. 493 60
Latifrons Fall. 504 505 507 62
Latifrons Zdd. (vafra L.) 62
Lucorum Fall. (nemoralis L.) 64
Lutescens Lep. (flaviventris Retz.) 64
Maculifrons Sn V. (nemoralis L.) 64
Maculipennis Stein. 515 65
Maculosa Zadd. (latifrons Fall.) 62
Mandibularis Taschb. 495 61
Marginata Lep. 506 63
Neglecta Zdd. 504 62
Nemoralis L. 512 64
Nemoralis Th. (stellata Chr.) 60
Nemorum Fabr. (sylvatica L.) 63
Nigricornis Sn. V. 511 64
Pallipes Fall. 505 62
Parisiensis Gir. (mandibularis Tasch.) 61
Populi L. 494 61
Populi Fall. (stellata Chr.) 60
Pratensis Fab. (stellata Chr.) 60
Pumilionis Gir. 495 61
Punctata Fab. (nemoralis L.) 64
Pyri Zadd. (flaviventris Retz) 64
Reticulata L. 508 65
Saltuum Th. (hypotrophica Htg.) 64
Saxicola Htg. (arvensis Pz.) 64
Scutellaris Th. (hypotrophica Htg.) 64
Semicincta Zadd. (alternans Costa) 61
Stellata Christ. 491 60
Stramineipes Htg. 501 62
Suffusa Htg. (balteata Fall.) 62
Sylvatica L. 511 63
Vafra L. 497 509 61
Vafra Zett. (depressa Sch.) 63
Varia Lep. (vafra L.) 61
Variegata Zdd. (pallipes Zett.) 62

LYDIDÆ 469 59

Macrocephus Schlecht

Ulmariæ Schlecht. (phyllœcus xanthostoma Ev.) 68

Macrophya Dhlb. 342 43

Albicincta Schk. 354 361 366 370 46
Albicincta Th. (ribis Schk.) 46
Albimacula Mocs. 353 358 361 47
Albipuncta Fall. 362 366 46
Albipunctata Cam. (albipuncta Fall.) 46
Alboannulata Costa. 367 45
Angustula Kaw. 366 43
Blanda Fabr. 344 356 367 46
Brevicornis Gradl. (blanda Fabr.) 46
Brunnipes André. 349 45
Carinthiaca Kl. 352 44
Caucasica André 357 44
Chrysura Kl. 351 45
Cognata Mocs. 350 46
Consobrina Mocs S 588
Corallipes Evers. 347 349 45
Crassula Kl. 363 45
Dibowskii André. 361 43
Discolor Evers. (Pachyprotasis discolor Kl.) 43
Dolens Evers. (Pachyprotasis dolens Ev.) 43
Dumetorum Htg. (rufipes L.) 44
Duodecimpunctata L. 351 553 361 44
Erythrocnema Costa. 351 E 598 45
Erytrogaster Spin. 369 46
Erythropus Brullé. 363 E 598 44
Eximia Mocs. 353 355 358 S 588 44
Femoralis Kaw. 348 E 598 45
Flavipes Tischb. 355 44
Halensis Aisch. 348 355 45
Histrionica Sn. V. (postica Brullé). 44
Hæmatopus Fabr. 347 355 45
Ischiadica Kaw. 47
Klugii Sn. V. (crassula Kl.) 45
Lepeletieri Costa. (militaris Kl.) 46
Liciata Evers. 345 46
Limbata André. 360 43
Lineata Mocs. S 589
Magnicornis Kaw. 344 364 45
Marginata Mocs. 365 47
Melanosoma Rud. 346 349 45
Militaris Kl. 369 46
Nebulosa André. 369 44
Neglecta Kl. 343 367 46
Novemguttata Costa. 358 44
Ottomana Mocs. S 591
Pœcilopus Aisch. 346 45
Postica Brullé. 364 368 44
Punctum album L. 360 44
Quadrimaculata Fabr. 346 355 45

Radoszkowskii André. 365 44
Rapæ Dhlb. (Pachyprotasis rapæ L)43
Ratzeburgi Tischb. (postica Brullé.) 44
Ribis Schk. 345 46
Ribis Th. (albicincta Schk.) 46
Rubripes André. S 590
Rufipes L. 357 359 367 368 44
Rustica L. 343 366 370 43
Strigosa Dhlb. (rufipes L.) 44
Sturmii Kl. 366 46
Superba Tischb. 368 E 598 43
Tenella Mocs. S 590
Teutona Panz. 350 44
Tibialis Mocs. 362 S 591 47
Tricoloripes Mocs. S 587 46
Tristis André. 349 45
Trochanterica Costa. 356 44
Variegata Dhlb. (Pachyprotasis variegata Kl.) 43

Megalodontes LATR.

Cephalotes Latr. (Tarpa cephalotes Fab.) 60
Plagiocephala Latr. (Tarpa plagiocephala Fab.) 60
Vidua Spin. (Allantus viduus Rossi) 47

Melinia COSTA.

Minutissima Costa. (Fenella tormentillæ Healy,) 28

Mesoneura HTG.

Stilata Htg. (Dineura stilata Htg.) 11

Monoctenus DHLB. 73 9

Juniperi L. 73 9
Obscuratus Htg. 74 9
Subconstrictus Th. 73 9

Monophadnus HTG.

Albidopictus Costa. (Blennoc. albidopicta Costa.) 40
Albipes Htg. (Blennoc. albipes Gm.)38
Bipunctata Htg. (Blennoc. bipunctatus Kl.) 38
Brunniventris Htg. (Blennoc. brunniventris Htg.) 40
Croceiventris Htg. Blennoc. croceiventris Kl.) 40
Dissimilis Costa (Blennoc. dissimilis Costa). 39
Fuliginipennis Costa. (Blennoc. fuliginipennis Costa.) 38
Funereus Htg.(Blennoc. funerea Kl)39
Gagathinus Kl.(Blennoc. gagathina Kl.) 38
Gastricus Costa. (Blennoc. ventralis Spin.) 39
Geniculatus Htg. (Blennoc. geniculata Htg.) 37
Inquilinus Foerst.(Blennoc. inquilina Foerst.) 39
Iridis Kalt.(Blennoc. gracilicornis Zdd.) 37
Longicornis Htg. (Blennoc. geniculata Htg.) 37
Luteiventris Htg. (Blennoc. fuscipennis Fall.) 40
Melanocephalus Htg. (Blennoc. melanocephala Htg.) 40
Melanopygius Costa. (Blennoc. melanopygia Costa.) 39
Micans Htg. (Blennoc. micans Kl.) 37
Monticola Htg. (Blennoc. monticola Htg.) 38
Nigerrimus Htg. (Blennoc. nigrita Fabr.) 37
Nigripes Kl. (Blennoc. nigripes Kl) 40
Planus Htg. (Blennoc. plana Kl.) 37
Pleuriticus Costa. (Blennoc. croceiventris Kl.) 40
Rufoniger Tischb. (Blennoc. rufonigra Tischb). 39
Semicinctus Htg. (Blennoc. semicincta Htg.) 38
Sericans Htg. (Blennoc. sericans Htg. 37
Spinolæ Htg. (Blennoc. ventralis Spin.) 39
Tenuicingulatus Costa. (Blennoc. bipunctata Htg.) 38
Thoracicus Costa. (Blennoc. thoracica Costa.) 39
Tiliae Kalt. (Blennoc. tiliæ Kalt.) 40

Monostegia COSTA

Dolosa Ballion. (Eriocampa dolosa Ev.) 40
Luteola Costa. (Eriocampa luteola Kl.) 40

Mouche à Scie DEGEER.

Antennes (à) barbues la grande, de Geer. (Lophyrus pini L.) 8
Antennes (à) barbues la petite, de Geer. Lophyrus pallidus Kl.) 8
Antennes (à) barbues rousse, de Geer (Lophyrus rufus de Geer.) 9
Antennes (à) blanches au bout, de Geer. (Tenthredo livida L.) 56
Antennes (à) pectinées Geoffr. (Cladius pectinicornis Foerst.) 9
Bleue à ailes bleues, de Geer. (Hylotoma cœruleipennis Retz.) 4
Ceinture (à) rousse, de Geer, (Emphytus rufocinctus Retz.) 31
Colonneuse, de Geer. (Eriocampa ovata L,) 40
Deux (à) bandes jaunes, Geoffr. (Allantus bicinctus L.) 48
Galles ligneuses du saule (des), de Geer. (Cryptocampus pentandræ Retz.) 10
Galles rondes du Saule (des), de Geer (Nematus viminalis L.) 17
Guêpe, de Geer.(Allantus tricinctus Fab.) 47
Jaune et noire du bouleau, de Geer. (Nematus betulae Retz.) 24

Larges pattes (*à*), *de Geer*. (Nematus septentrionalis L.) 12
Larve (*à*) *à dos vert*, *de Geer*.(Dineura viridi dorsata Retz.) 11
Larve limace (*de la*) *de Geer*. (Eriocampa limacina Retz.) 41
Larve (*à*) *à mamelons*, *de Geer*. (Nematus papillosus Retz.) 22
Larve noire (*à*), *de Geer*. (Nematus nigratus Retz.) 24
Longues antennes (*à*), *Geoffr*. (Cephus pygmæus L.) 66
Noire à ailes jaunes, *Geoffr*. (Hylotoma ustulata L.) 5
Noire bleuâtre, *Geoffr*. (Blennocampa nigrita Fabr.) 37
Noire à pattes argentées, *Geoffr*. (Macrophya albicincta Schk.) 46
Noire à pattes argentées et milieu du ventre fauve, *Geoffr*. (Macrophya blanda Fabr.) 46
Noire à pattes et corselet variés de jaune, *Geoffr*.(Macrophya 12-punctata L.) 44
Noire à pattes fauves, *Geoffr*. (Tenthredo atra L.) 55
Noire à pattes jaunes et milieu du ventre fauve, *de Geer*. (Allantus flavipes Fourc.) 48
Noire à points du devant jaune et milieu du ventre fauve. *Geoffr*. (Macrophya rufipes L.) 44
Porte cœur Geoffr. (Perineura cordata Fourc.) 54
Poudrée, *de Geer*.(Pœcilosoma pulveratum Retz.) 42
Quatre (*à*) *bandes jaunes*, *Geoffr*.(Allantus tricinctus Fabr.) 47
Rosier (*du*) *Geoffr*. (Hylotoma rosæ de Geer.) 6
Safranée à tête noire, *Geoffr*. (Dolerus pratensis L.) 33
Sapin (*du*), *de Geer*. (Nematus pini Retz.) 26
Scrophulaire (*de la*), *Geoffr*.(Allantus scrophulariæ L.) 49
Séticorne à tête jaune, *de Geer*.(Lyda flaviceps Retz.) 61
Séticorne rousse à derrière noir, *de Geer*. (Lyda betulæ L.) 63
Séticorne noire à pattes jaunes, *de Geer*. (Lyda sylvatica L.) 63
Séticorne noire à ventre jaune, *de Geer*. (Lyda flaviventris Retz.) 64
Ventre (*à*) *et pattes fauves et corselet panache*, *Geoffr*.(Lyda depressa Schk.) 63

NEMATIDÆ 74 9

Nematoneura André S 576
Violaceipennis André. S 577

Nematus Jur. 97 12
Abbreviatus Htg. 130 16
Abdominalis Panz. 179 215 25
Abietinus Zdd. (pini Retz.) 26
Abietum Htg. (pini Retz.) 26
Acerosus Htg (collactaneus Foerst) 17
Acuminatus Th. 216 217 223 24
Æstivus Th. (viminalis L.) 17
Æthiops Spin. (Eriocampa limacina Retz.) 41
Affinis Lep. (leucostictus Htg.) 16
Albicarpus Costa. 134 17
Albilabris Th. 134 149 19
Albipennis Htg. 208 218 24
Albitarsis André. 159 20
Albitibia Costa. 123 16
Alienatus Foerst. 132 151 158 17
Alnivorus Htg. 122 15
Alpinus Th. 148 149 19
Ambiguus Fall. 148 170 26
Ambiguus Foerst. (melanosternus Lep.) 24
Amentorum Foerst. 174 179 20
Amphibolus Foerst. 119 15
Anderschi Zdd. 102 13
Anglicus Cam. (gallicola Westw.) 17
Angustus Htg. (Cryptocampus angustus Htg.) 10
Annulatus Gm. 203 27
Annulatus Spin. (Athalia annulata Fabr.) 36
Anomalopterus Foerst. 137 20
Antennatus Cam. 221 24
Aphantoneurus Foerst. (fulvipes Fall.) 15
Apicalis Htg. 137 139 159 19
Appendiculatus Htg. 112 129 15
Approximatus Foerst. (perspicillaris Htg.) 21
Aquilegiae Sn. V. 116 119 16
Arcticus Th. 165 27
Armatus Th. (crassicornis Htg.) 15
Aurantiacus Htg. 217 23
Baccarum Cam. 164 18
Bellus Zadd. 155 174 211 225 17
Bergmanni Dhbm. (miliaris Pz.) 25
Betulæ Retz. 219 24
Betularius Htg. (betulæ Retz.) 24
Bilineatus Kl. 223 24
Bipartitus Lep. (acuminatus Th.) 24
Biscalis Foerst. 190 22
Bistriatus Th. (nigriceps Htg.) 20
Bohemanni Th. 208 21
Brachyacanthus Th. (cœruleocarpus Htg.) 14
Brachyotus Foerst. 161 20
Brevicornis Foerst. (Foersteri André.) 18
Brevicornis Dhbm. 169 19
Brevis Htg. (fulvipes Fall.) 15
Brevispinus Foerst. (cœruleocarpus Htg.) 14
Breviusculus Ev. 108 23
Brevivalvis Th. (miliaris Pz.) 25
Brischkii Zdd. 102 12
Buccatus Th. (Cryptocampus pentandræ Retz.) 10

Caddorensis Cam. 184 185 23
Callicerus Th. (cebrionicornis Costa). 15
Canaliculatus Htg. 157 198 202 14
Capreæ Latr. (salicis L.) 23
Capreæ Panz. 158 185 187 193 197 202 212 213 13
Capreæ Htg. (rumicis Fall.) 21
Carinatus Htg. 148 22
Cathoraticus Foerst. (appendiculatus Htg.) 15
Caudalis Ev. 108 23
Cebrionicornis Costa. 110 15
Cinctus Spin. (Emphytus cinctus L.) 31
Cinctus Lep. (lucidus Panz.) 13
Cinereæ Th. (viminalis L.) 17
Circumscriptus Foerst. (capreæ Pz.) 14
Citreus Zdd. 198 203 204 22
Clibrichellus Cam. 138 19
Coactulus Ruthe. 191 16
Cœruleocarpus Htg. 113 121 14
Collactaneus Foerst. 135 17
Compressicornis Fabr. 112 15
Compressus Htg. (Saxesenii Htg.) 26
Conductus Ruthe. 176 19
Confusus Foerst. 222 23
Congruens Foerst. 177 20
Conjugatus Dhbm. 188 199 24
Consobrinus Sn. V. 192 22
Continuus Ev. (capreæ Pz.) 14
Contractus Ev. 214 218 21
Crassicornis Htg. 111 124 129 15
Crassipes Th. 145 18
Crassispina Th. 126 17
Crassiventris Cam. (semiorbitalis Foerst.) 22
Crassulus Dhbm. (leucostictus Htg.) 16
Crassus Fall. 113 14
Crocatus Dhbm. (acuminatus Th.) 25
Croceus Fall. 202 205 212 223 23
Croceus Dhbm. (miliaris Pz.) 25
Cubitalis Dhbm. (leucogaster Htg.) 19
Curtispina Th. (miliaris Pz.) 25
Dahlbomi Th. 117 27
Danicus Dhlb. (Dineura stilata Kl.) 11
Declinatus Foerst. 159 20
Deficiens Foerst. 118 15
Degeeri Th. (Dineura viridi dorsata Retz.) 11
Depressus Htg. (posticus Foerst.) 20
Deutschi Dhbm. (histrio Lep.) 13
Diaphanus Ev. 218 24
Dimidiatus Lep. (ribesii Scop.) 21
Dispar Zdd. 200 24
Dissimilis Foerst. 194 16
Dochmocerus Th. 120 16
Dolichurus Th. 126 17
Dorsalis Lep. (acuminatus Th.) 24
Dorsatus Cam. (acuminatus Th.) 25
Einersbergensis Htg. 139 159 20
Emarginatus André. 119 15
Erichsoni Htg. 103 13
Erythrogaster Th. (semiorbitalis Foerst.) 22
Erythropygus Foesrt. (leucostictus Htg. 16
Excisus Th. 160 21
Exoletus Ev. (nigriceps Htg.) 20
Fahrei Dhbm. 186 27
Fallax Lep. 107 134 168 169 177 186 198 202 13
Faustus Htg. 200 14
Femoralis Cam. 129 135 144 17
Fennicus André. 133 154 14
Ferrugineus Foerst. 223 23
Filicornis Th. 116 123 19
Flavescens Steph. (pallescens Htg.) 25
Flavicornis Tischb. 199 23
Flavipennis Cam. (rumicis Fall.) 21
Flavipes Dhbm. (appendiculatus Htg.) 15
Flavus Gim. (ferrugineus Foerst.) 23
Foersteri André. 152 18
Fraxini Htg. (ruficornis Oliv.) 16
Friesii Dhbm. (quercus Htg.) 12
Frigidus Boh. 121 15
Fruticum Ev. 206 24
Fulvipes Fall. 111 119 121 122 123 124 15
Fulvus Htg. (croceus Fall.) 23
Fumipennis Th. 149 22
Fumipennis Steph. (abdominalis Pz.) 25
Funerulus Costa. 115 122 124 16
Furvescens Cam. 189 26
Fuscicornis Htg. (Cryptocampus fuscicornis Htg.) 11
Fuscipennis Lep. (abdominalis Pz.) 25
Fuscomaculatus Foerst. 165 18
Fuscus Lep. 120 128 15
Gallarum Htg. (viminalis L.) 17
Gallicola Westw. 128 135 152 E 598 16
Gracilis Gim. 209 28
Graminis Cam. (conductus Ruthe). 19
Grandis Lep. (Trichiocampus viminalis Fall.) 9
Gravenhorstii Gim. (abdominalis Pz.) 25
Griseus Ev. (capreæ Pz.) 14
Grossulariæ Moorc. (ribesii Scop.) 21
Hæmorrhoidalis Htg. 160 20
Hæmorrhoidalis Lep. (fallax Lep.) 13
Helicinus Brischke. (vesicator Bremi). 18
Herbaceæ Cam. 160 17
Hibernicus Cam. 125 19
Histrio Lep. 105 211 212 13
Hortensis Htg. 205 26
Hospes Dhbm. (pini Retz.) 26
Humeralis Lep. (fallax Lep.) 13
Hyperboreus Th. 138 19
Hypogastricus Htg. (Camponiscus luridiventris Fall.) 12
Hypoleucus Foerst. (leucogaster Htg.) 19
Hypoleucus Costa. 198 10
Hypoxanthus Foerst. 195 26
Immundus Th. 181 194 206 212 25
Imperfectus Zdd. 187 14
Incanus Foerst. (fallax Lep.) 13

Incompletus Foerst. 168 18
Infirmus Foerst. 168 18
Inflatus Th. (salicis L.) 23
Insignis Htg. 105 13
Intercus Jur. (viminalis L.) 17
Interstitialis Cam. 171 26
Interruptus Lep. (myosotidis Fabr.) 22
Ischnocerus Th. 152 18
Jugicola Th. 188 205 22
Kirbyi Dhbm. (capreæ Panz.) 13
Klugii Gim. 110 15
Klugii Dhbm. (bilineatus Kl.) 24
Lacteus Th. 165 169 193 25
Laricis Htg. 136 140 20
Laticrus Villt. (septentrionalis H.) 12
Laticrus Evers. (latipes Villt.) 12
Latipes Villt. 101 12
Lativentris Th. 115 117 131 135 138 142 143 15
Leachii Dhbm. (Erichsonii Htg.) 13
Lepidus Foerst. 127 17
Leptocephalus Th. 187 27
Leptocerus Foerst 208 18
Leucaspis Tischb 130 18
Leucocarpus André. 145 16
Leucogaster Htg. 179 192 19
Leucopodius Htg. 132 15
Leucostictus Htg. 162 16
Leucostigmus Cam. 133 146 26
Leucotrochus Htg. 172 19
Limbatus Dhbm. (pini Retz.) 26
Longiserra Th. 186 205 211 212 13
Lucidus Panz. 104 13
Luctuosus Foerst. 142 20
Lugdunensis Sn, V. (vesicator Bremi.) 18
Luteicornis Steph. (Trichiocampus viminalis Fall.) 10
Luteus Panz. 214 221 24
Marshalli Cam. 207 24
Medullarius Htg. (Cryptocampus pentandræ Retz.) 10
Melanocephalus Htg. 108 195 199 219 224 22
Melanoleucus Htg. (fallax Lep.) 13
Melanopsis Lep. 192 26
Melanosternus Lep. 213 24
Melanostigma Steph. (crassus Fall.) 14
Meridionalis André 154 19
Microcercus Th. (miliaris Pz.) 25
Microphyes Foerst 116 121 17
Miliaris Panz. 183 203 204 206 215 222 224 25
Miniatus Htg. 196 201 202 14
Minutus Tischb. 120 122 18
Moerens Foerst. 144 145 20
Moestus Zdd. 189 190 26
Mollis Htg. 131 14
Monticola Th. 192 22
Mucronatus Htg. (Cryptocampus saliceti Fall.) 10
Myosotidis Fab. 196 22
Myosotidis Brischke. (aurantiacus Htg.) 23
Nigellus Foerst. 140 18
Niger Jur. 181 20
Nigratus Retz. 213 24
Nigricans Evers. 107 23
Nigriceps Htg. 207 212 20
Nigricornis Htg. (Cryptocampus nigricornis Htg.) 11
Nigricornis Lep. (fallax Lep.) 13
Nigritarsis André. 151 155 18
Nigritus Spin. (Blennocampa nigrita Fabr.) 37
Nigrolineatus Cam. 127 131 16
Notatus Foerst 164 18
Obductus Htg. 176 192 19
Oblitus Lep. 161 184 15
Occultus Foerst. (ambiguus Fall) 26
Ochraceus Htg. (papillosus Retz.) 22
Ochropus Th. (confusus Foerst.) 23
Oligospilus Foerst. 216 26
Oliraceus Th. (pallescens Htg.) 25
Opacus Th. (Dineura verna Kl.) 11
Pallescens Htg. 180 194 206 222 25
Palliatus Dhbm. 194 204 25
Pallicarpus Htg. (pallescens Htg.) 25
Pallicercus Th. (turgidus Zdd.) 14
Pallicercus Htg. (capreæ Pz.) 13
Pallidiventris Fall. 191 21
Pallipes Fall. 147 19
Papillosus Retz. 190 192 22
Papillosus Th. (myosotidis Fabr.) 22
Parvilabris Th. 125 18
Parvus Htg (ambiguus Fall.) 26
Pavidus Lep. 210 22
Pectoralis Sn. V. (capreæ Pz.) 14
Pedunculi Htg. (viminalis L.) 17
Peletieri André. 111 124 125 15
Pentandræ Th. (Cryptocampus pentandræ Rtz.) 10
Perspicillaris Htg. 218 21
Perspicillaris Brischke. (melanocephalus Htg.) 23
Piliserra Th. (xanthogaster Foerst.) 16
Pineti Htg. 166 183 187 20
Pini Retz. 172 26
Placidus Cam. 147 19
Platycerus Htg. (compressicornis Fab.) 15
Pleuralis Th. (canaliculatus Htg.) 14
Pœcilonotus Zdd. 203 25
Polyspilus Foerst. 205 25
Populi Htg. (Cryptocampus pentandræ Retz.) 10
Posticus Foerst. 211 20
Prasinus Htg. (miliaris Pz.) 25
Princeps Zdd. 105 13
Propinquus Dhbm. (cœruleocarpus Htg.) 14
Protensus Foerst. 175 20
Prototypus Foerst. 174 20
Proximus Lep. (femoralis Cam.) 17
Puella Th. 204 18
Pullatus Zdd. 153 156 184 185 18
Pullus Foerst. 118 17
Puncticeps Th. 114 117 121 123 133 16
Punctifrons Th. 143 148 22
Punctipleuris Th. 178 21

Punctulatus Dhbm. (leucogaster Htg.) 19
Purus Foerst. 217 24
Quercus Htg. 103 12
Quietus Ev. 210 21
Redii Cont. (gallicola Westw.) 17
Retusus Th. 149 19
Ribesii Scop. 173 175 183 212 218 224 21
Ribis Duf. (ribesii Scop.) 21
Rubidicornis André. 146 163 16
Rufescens Htg. (histrio Lep.) 13
Ruficornis Ol. 124 129 16
Rufipes Lep. 118 119 15
Rufipes Tischb. (Tischbeini André.) 15
Rumicis Fall. 156 161 185 21
Saliceti Th. (Cryptocampus saliceti Fall.) 10
Saliceti Ztt. (viminalis L.) 17
Salicis Th. (melanocephala Htg.) 23
Salicis L. 220 E 598 23
Saxesenii Htg. 171 193 26
Scabrivalvis Th. 178 13
Scataspis Foerst. 168 182 18
Schmidtii Gim. 137 20
Scotonatus Foerst. 180 20
Segmentarius Foerst. 191 23
Selandrioides Costa. 115 121 16
Semineura Htg. (Cryptocampus semineurus Htg. 11
Semiorbitalis. Foerst. 225 22
Septentrionalis L. 99 12
Scutellatus Htg. 201 205 25
Sharpi Cam. 142 152 18
Simulator Foerst. 221 21
Solea Sn. V. (Wesmaeli Tischb.) 26
Squalidus Ev. (fallax Lep.) 13
Staudingeri Ruthe. 123 16
Stenogaster Foerst. (canaliculatus Htg.) 14
Stilatus Th. (Dineura stilata Kl.) 11
Striatipes Htg. (ambiguus Fall.) 26
Striatus Htg. (fallax Lep.) 13
Strongylogaster Cam. 195 18
Suavis Ruthe. 150 18
Subæqualis Foerst 144 26
Subbifidus Th. 225 24
Sulcipes Fall. 114 14
Sulphureus Zdd. (citreus Zdd.) 22
Tæniatus Lep. (Fallax Lep.) 13
Testaceipes Th. (Dineura testaceipes Kl.) 11
Testaceipes André. 144 159 20
Testaceus Th. 222 25
Testaceus Steph. (pallescens Htg.) 25
Tibialis New. (hortensis Htg.) 26
Tischbeini André. 120 137 161 15
Togatus Zdd. 209 215 21
Trimaculatus Sn. V. (croceus Fall) 23
Trimaculatus Lep. (ribesii Scop.) 21
Trisignatus Foerst. (capreae Pz.) 14
Truncatus Htg. 175 176 177 26
Turgidus Zdd. 197 14
Umbratus Th. 221 21
Umbrinus Zdd. 210 212 26
Umbripennis Ev. 106 144 158 182 14
Vacciniellus Cam. 134 160 168 178 18
Validicornis Foerst. 170 18
Vallator Sn. V. (compressicornis Fab.) 15
Vallisnierii Htg. (gallicola Westw.) 17
Vanus Dhbm. (melanocephalus Htg.) 22
Variabilis Tischb. (fallax Lep.) 13
Variator Ruthe. 185 14
Varius Lep. 193 27
Varus Vill. 101 12
Ventralis Htg. (abdominalis Pz.) 25
Ventricosus Kl. (ribesii Scop.) 21
Vernalis Htg. (capreæ Pz.) 14
Vesicator Bremi. 162 166 170 173 184 189 209 212 215 18
Vicinus Lep. (crassus Fall.) 14
Viduatus Dhlbm. (Dahlbomi Th.) 27
Viduatus Zett. 138 142 143 161 26
Villosus Th. 117 19
Viminalis L. 140 142 150 155 164 167 168 169 174 178 182 17
Virescens Htg. (miliaris Pz.) 25
Viridis Steph. (miliaris Pz.) 25
Vitreipennis Kaw. 124 16
Vittatus Lep. (fallax Lep). 13
Vollenhoveni Cam. 153 17
Wahlbergi 134 14
Westermanni Th. 166 215 17
Wesmaeli Tischb. 167 177 184 26
Whewaali Sn. V. (pavidus Lep.) 22
Whitei Cam. (laviventris Th.) 15
Xanthogaster Foerst. 224 16
Xanhtopterus Htg. (scataspis Foerst) 18
Xanthopterus Dhbm. (rumicis Fall) 21
Xanthopus Zdd. (posticus Foerst.) 20
Zetterstedti Dhbm. (miniatus Htg.) 14

Oryssus Fabr. 562 70

Abietinus Scop. 563 70
Coronatus Fabr. (abietinus Scop.) 70
Hyalinipennis Costa. (abietinus Scop) 70
Unicolor Latr. (abietinus Scop.) 70
Vespertilio Kl. (abietinus Scop.) 70

Pachycephus Stein

Smyrnensis Stein. (Cephus smyrnensis Stein.) 66

Pachyprotasis Htg. 338 43

Antennata Kl. 340 43
Discolor Kl. 339 43
Dolens Evers. 341 33
Formosa Schm. (nigronotata Kr.?) S 586
Lævicollis Th. (simulans Kl.) 43
Nigronotata Kriechb. S 586
Rapae L. 341 43
Simulans Kl. 340 43
Tenuis Rud. 340 43
Variegata Kl. 339 341 43

Pamphilius LATR.

Alpinus Latr. (Lyda arvensis Pz.) 64
Arbustorum Latr. (Lyda arbustorum Fabr.) 62
Arvensis Latr. (Lyda arvensis Pz) 64
Auritus Latr. (Lyda betulæ L.) 63
Betulæ Latr. (Lyda betulæ L.) 63
Campestris Latr. (Lyda campestris L.) 61
Cingulatus Lat. (Lyda balteata Fall.) 62
Cyaneus Latr. (Lyda flaviceps Retz.) 61
Depressus Latr. (Lyda depressa Schk.) 63
Erythrocephalus Latr. (Lyda erythrocephala L.) 61
Faustus Latr. (Lyda fausta L.) 65
Haemorrhoïdalis Latr. (Cephus haemorrhoidalis Gm.) 65
Histrio Latr. (Lyda histrio Latr.) 62
Inanitus Latr. (Lyda inanita Vill.) 62
Lutescens Latr. (Lyda flaviventris Retz.) 64
Populi Latr. (Lyda populi L.) 61
Pratensis Latr. (Lyda stellata Ch.) 60
Punctatus Latr. (Lyda nemoralis L.) 64
Reticulatus Latr. (Lyda reticulata L.) 65
Sylvaticus Latr. (Lyda sylvatica L.) 63

Pelmatopus HTG. 282 35

Minutus Htg. 282 35

Perineura HTG. 415 52

Albonotata Brullé 426 431 54
Albopunctata Tiscb. 421 54
Alpina Th. 430 53
Annuligera Evers. 422 53
Auriculata Th. 433 53
Balkana Mocs 421 54
Benthini Rud. 425 4 6 54
Brevispina Th. (scutellaris Pz.) 54
Breviuscula Costa. 435 52
Coquebertii Kl. 423 54
Corcyrensis Mocs. 417 54
Cordata Fourc. 432 54
Dimidiata Cam. (cordata Fourc.) 55
Excisa Th. (ornata Lep.) 54
Floricola Costa 420 53
Fulvitarsis André. 418 53
Gynandromorpha Rudow. 416 422 53
Histrio Kl. 424 427 54
Hungarica Kl. 429 53
Idriensis Gir. 438 52
Insignis Kl. 416 54
Lactiflua Kl. 419 429 53
Lateralis Fabr. 418 53
Lusitanica André. 424 53
Moscovita André. 430 53
Nassata L. 434 52
Nassata Th. (cordata Fourc) 54
Nivosa Kl. 434 53
Ornata Lep. 428 54
Picta Kl. 436 52
Picticornis Mocs. 423 54
Pinguis Kl. 420 53
Punctulata Kl. 437 52
Quadriguttata Costa. 426 53
Rubi Htg. (Synairema rubi Pz.) 52
Scalaris Th. (viridis L.) 52
Scutellaris Pz. 433 54
Solitaria Schk. 419 53
Sordida Th. (nassata L.) 53
Sordida Kl. 431-53
Tesselata Kl. 429 53
Tischbeini Mocs. 422 53
Viridis L. 437 52

Phœnusa LEACH. 228 27

Albipes Cam. 232 27
Betulæ Zdd. 232 27
Fuliginosa Healy. (pumilio Kl.) 28
Hortulana Kl. 231 27
Intermedia Th. (ulmi Sund.) 28
Melanopoda Cam. 231 28
Nigricans Kl. 232 27
Nigricans Th. (melanopoda Cam.) 28
Pumila Kl. 231 28
Pumila Wailes. (pumilio Htg.) 27
Pumilio Htg. 230 27
Pusilla Lep. 229 27
Pygmæa Kl. 229 27
Rubi Boie. (pumilio Htg.) 27
Ulmi Sund. 230 28

Phyllæcus NEW. 521 67

Algiricus André. 542 68
Compressus Fabr. 524 525 67
Cynosbati L. 531 532 67
Eburneus André. 528 67
Facialis Costa. 540 68
Faunus Newm. 543 68
Fumipennis Evers. 533 68
Giraudi Licht. (fumipennis Ev.) 68
Luteipes Lep. 532 68
Phtisicus Fabr. 530 68
Xanthostoma Evers. 541 542 543 68

Phyllotoma FALL. 234 28

Aceris Kalt. 236 29
Ephippium Fall. (Blennocampa ephippium Pz.) 39
Leucomelas Kl. 235 28
Leucopoda Th. (vagans Fall.) 29
Melanopyga Sn. V. (vagans Fall.) 29
Melanopyga Healy. (microcephala Kl.) 29
Mellita Newm. (Phœnusa betulæ Zdd.) 27
Microcephala Kl. 237 29
Nemorata Fall. 235 28
Ochropoda Kl. 235 28
Pinguis Sn. V. 236 29
Spinarum Fall. (Athalia spinarum Fall.) 36
Tenella Zdd. (nemorata Fall.) 28
Vagans Fall. 236 237 29

PHYLLOTOMIDÆ 225 27

Phymatocera DHBM.

Aterrima Dhbm. (Blennocampa aterrima Kl.) 37

Pinicola BREB. 467 59

Coniferarum Kl. 469 59
Dahlii Kl. 468 59
Græca Stein. 467 59
Julii Breb. 468 59
Longula Dalm. 468 59
Piliserra Th. 468 59

PINICOLIDÆ 465 59

Pœcilosoma DHBM 332 41

Pœcilostoma DHBM. 331 42

Equisiti Dhbm. (Taxonus equisiti Fall.) 42
Excisum Th. 334 42
Fletcheri Cam. 332 42
Glabrata Dhbm. (Taxonus glabratus Fall.) 43
Guttatum Fall. 333 42
Impressa Htg. (guttatum Fall.) 42
Longicorne Th. 333 42
Luteola Th. (Eriocampa luteola Kl.) 40
Obesa Htg. (pulveratum Retz.) 42
Obtusum Kl. 332 42
Obtusa Th. (Fletcheri Cam.) 42
Pulveratum Retz. 332 42
Submuticum Th. 334 42

Pontania COSTA

Gallicola Costa. (Nematus gallicola Westw.) 17
Vallisnieri Costa. (Nematus gallicola Westw.) 17

Praia WANKOWICZ S 571

Taczanowskii Vank. S. 572

Pristiphora LATR. 89 11

Atra Lep. (Cryptocampus angustus Htg.) 10
Duplex Lep. (Cryptocampus pentandræ Retz.) 10
Fusca Lep. (Nematus fuscus Lep.) 15
Myosotidis Lep. (Nematus papillosus Retz.) 22
Pallipes Lep. (Nematus Peletieri André.) 15
Testacea Lep. (Nematus betulæ Retz) 24
Testaceicornis Lep. (Nematus ruficornis Ol.) 16
Varipes Lep. 90 11

Priophorus HTG. 84 10

Brullæi Dhlbm. 85 10
Geniculatus Dhlbm. (Brullæi Dhbm.) 10
Padi L. 84 10
Tener Zdd. 85 10
Tristis Zdd. 86 10

Psen SCHK.

Caprifolii Schk. (Lyda nemoralis L.) 64
Depressus Schk. (Lyda depressa Schk.) 63
Pyri Schk. (Lyda flaviventris Retz.) 64
Sylvaticus Schk. (Lyda sylvatica L.) 63

Pteronus JUR.

Ater Jur. (Cryptocampus angustus Htg.) 10
Difformis Jur. (Cladius pectinicornis Fourc.) 9
Dorsatus Jur. (Lophyrus pini L.) 8
Juniperi Jur. (Monoctenus Juniperi L.) 9
Laricis Jur. (Lophyrus laricis Jur.) 8
Myosotidis Jur. (Nematus myosotidis Fabr.) 22
Niger Jur. (Cryptocampus angustus Htg.) 10
Pini Jur. (Lophyrus pini L.) 8
Testaceus Jur. (Nematus betulæ Retz.) 24

Ptilia LEP.

Pilicornis Lep. (Hylotoma gracilicornis Kl.) 5

Schizocera LATR. 48 6

Axillaris Zdd. (Zaddachi André.) 7
Bifida Kl. 53 7
Bifurca Kl. 50 7
Brevicornis Fall. 52 7
Cognata Costa. (melanura Kl.) 7
Cylindricornis Th. 51 53 7
Flavipes Zdd. (melanura Kl.) 7
Furcata Vill. 51 52 7
Fusca Zdd. 49 7
Fusicornis Th. (intermedia Zdd.) 7
Gastrica Kl. 53 7
Geminata Gmel. 49 6
Geniculata Th. (bifida Kl.) 7
Instrata Zdd. 50 7
Intermedia Zdd. 54 7
Melanura Kl. 51 52 7
Pallipes Bremi. 50 7
Peletieri Villt. 54 7
Scutellaris H. Sch. 54 8
Tarda Zdd. (brevicornis Fall.) 7
Vittata Mocs. 55 8
Zaddachi André. 53 7

Sciapteryx STEPH. 407 51

Arctica Th. 407 51
Collaris Dietr. 407 51
Consobrina Kl. 408 51
Costalis Fabr. 408 51
Levantina André. 409 51

Selandria KL. 293 36

Adumbrata Sn. V (Eriocampa limacina Retz.) 41
Æthiops Westw. (Eriocampa soror Sn. V.) 41

Albipennis Zdd. (Blennocampa lineolata Kl.) 38
Albomarginata Rud. 296 35
Analis Th. 295 36
Annulipes Sn. V. (Eriocampa annulipes Kl.) 41
Annulitarsis Th. 297 37
Aperta Htg. 297 37
Aterrima Zdd. (Blennocampa aterrima Kl.) 37
Biloba Steph. (Dineura verna Kl.) 11
Bipunctata Kl. (Blennocampa bipunctata Kl.) 38
Cereipes Sn. V. (analis Th.) 36
Dolosa Evers. (Eriocampa dolosa Ev) 40
Feriata Zdd. (Blennocampa feriata Zdd.) 38
Flavens Htg. (flavescens Kl.) 36
Flavescens Kl. 294 36
Foverons Th. 297 37
Fulvicornis Sn. V. (Hoplocampa fulvicornis Fab.) 42
Gracilicornis Zdd. (Blennocampa gracilicornis Zdd.) 37
Grandis Zdd. (Sixii Sn. V.) 36
Humeralis Sn. V. (Blennocampa alchemillæ Cam.) 80
Interstitialis Th. (Sixii Sn. V.) 36
Labialis Brullé. (Dineura verna Kl.) 11
Lineolata Zdd (Blennocampa bipunctata Kl.) 38
Melanocephala Zdd. (Blennocampa melanocephala Fab.) 39
Morio Fab. 296 37
Ovata Sn. V. (Eriocampa ovata L.) 40
Phtisica Sn V. (Strongylogaster delicatulus Fall.) 51
Pubescens Zdd. ♂ (Blennocampa bipunctata Kl.) 38
Pubescens Zdd. ♀ (Blennocampa pubescens Zdd.) 39
Pubescens Gir. (Blennocampa pubescens Zdd.) 39
Robinsoni Curt. (Blennocampa aterrina Kl.) 37
Ruficruris Brullé. (Blennocampa ruficruris Br.) 38
Scapularis Steph. (Harpiphorus lepidus Kl.) 29
Serva Fab. 295 S 582 36
Sixii Sn. V. 294 36
Socia Htg. (serva Fab.) 36
Soror Sn. V. (Eriocampa soror Sn V.) 41
Stramineipes Kl, 296 37
Subcana Zdd. (Blennocampa subcana Zdd.) 38
Temporalis Th. 296 37
Virescens Rud. 297 36
Xylostei Gir. (Hoplocampa xylostei Gir.) 41

SELANDRIIDÆ 290 36

Sirex L. 554 64

Augur Kl. 557 69
Camelogigas Ch. (Tremex fuscicornis Fab.) 69
Camelus L. (Xiphydria camelus L.) 70
Compressus Fab. (Phyllœcus compressus Fab.) 67
Dromedarius Fab. (Xiphydria dromedarius Fab.) 70
Emarginatus Fab. (spectrum L.) 69
Fantoma Fab. 557 69
Fuscicornis Fab. (Tremex fuscicornis Fab.) 69
Gigas L. 556 68
Hungaricus Chr. (gigas L.) 68
Juvencus L. 558 69
Macilentus Fab. (Cephus macilentus Fab.) 67
Magus Fab. (Tremex magus Fab.) 70
Mariscus L. (gigas L.) 68
Melanocerus Th. (juvencus L.) 69
Nigrita Fab. (Tremex magus Fab.) 70
Noctilio Fab. (juvencus L.) 69
Psyllius Fab. (gigas L.) 68
Pygmæus L. (Cephus pygmæus L.) 66
Spectrum L. 555 557 69
Tabidus Fab. (Cephus tabidus Fab.) 66
Troglodyta Fab. (Cephus troglodyta Fab.) 67
Vespertillo Fab. (Oryssus abietinus Scop.) 70

Sphex Scop.

Abietina Scop. (Oryssus abietinus Scop.) 70

Strongylogaster Dhlb. 409 51

Carinata Htg. (filicis Kl.) 51
Cingulatus Fabr. 411 413 51
Delicatulus Fall. 412 51
Eborina Htg. (delicatulus Fall.) 51
Femoralis Cam. 413 51
Filicis Kl. 410 51
Geniculatus Th. 411 51
Linearis Htg. (cingulatus Fabr.) 51
Macula Kl. 413 51
Mixtus Kl. 413 51
Sharpi Cam. 410 52
Subjectus Ev. 410 51
Viridis Schmied. 412 51

Synairema Htg. 413 52

Alpina Bremi. 415 52
Delicatula Htg. (rubi Pz.) 52
Rubi Panz. 414 52

Tarpa Fabr. 474 59

Albicincta Stein. (exornata Zdd.) 59
Bucephala Kl. 487 59
Cæsariensis Lep. 478 59
Caucasica André. 479 59
Cephalotes Fabr. 485 60
Cephalotes Lep. (spissicornis Kl.) 60
Coronata Zdd. 488 59
Exornata Zdd. 483 59
Fabricii Leach. 476 480 60

Flabellata Evers. (exornata Zdd.) 59
Flabellicornis Germ. 488 59
Flavicornis Kl. 482 60
Gratiosa Mocs. 487 59
Hispanica Spin. (bucephala Kl.) 59
Judaica Lep. 476 59
Klugii Leach. (spissicornis Kl.) 60
Leucosticta Zdd. 480 59
Levaillantii Luc. 485 59
Lœwii Stein. 486 60
Megacephala Kl. (Fabricii Leach.) 60
Mocsaryi André. 481 60
Olivieri Brullé. 475 59
Orientalis Mocs. 481 60
Panzeri Leach. (cephalotes, Fab.) 60
Pectinicornis Kl. (spissicornis Kl.) 60
Phœnicia Lep. 484 59
Plagiocephala Fabr. 476 480 482 60
Quinquecincta Kl. 484 59
Speciosa Mocs. 475 59
Spireæ Kl. 478 483 59
Spissicornis Kl. 477 483 60
Turcica Mocs. 483 60

Taxonus Meg. 335 42

Agilis Htg. (glabratus Fall.) 43
Agrorum Fall. 336 42
Albipes Th. 337 43
Bicolor Htg. (equiseti Fall.) 43
Coxalis Htg. (equiseti Fall.) 43
Equiseti Fall. 338 42
Glabratus Fall. 336 43
Glottianus Cam. 335 42
Minutus Costa. (equiseti Fall.) 43
Nitidus Htg. (agrorum Fall.) 42
Opacomaculatus Ev. 337 42
Pulchellus Costa. 336 42
Sticticus Kl. 337 42

TENTHREDINIDÆ 328 42

Tenthredo Linné 438 55

Abdominalis Pz. (Nematus abdominalis Pz.) 25
Abietina Chr. (Nematus pini Retz.) 26
Abietis Pz. (Dolerus pratensis L.) 33
Adumbrata Kl. (Eriocampa limacina Retz.) 41
Æthiops Fabr. (Eriocampa limacina Retz.) 41
Æthiops Kl. (Blennocampa ephippium Pz.) 39
Agilis Fab. (Taxonus glabratus Fall.) 43
Agrorum Fall. (Taxonus agrorum Fall.) 42
Albamacula Lep. (Pœcilosoma submuticum Th.) 42
Albicincta Schk. (Macrophya albicincta Schk.) 46
Albicornis Fabr. 451 58
Albicornis Fourc. (livida L.) 56
Albida Kl. (Blennocampa melanocephala Fabr.) 39
Albilabris Fall. (Dineura verna Kl.) 11
Albipes Fall. (Priophorus padi L.) 10
Albipes Fourc. (Macrophya albicincta Schk.) 46
Albipes Gmel. (Blennocampa albipes Gm.) 38
Albipes Lep. (Selandria straminеipes Lep.) 37
Albipes Lep? (Selandria morio Fab.) 37
Albipuncta Fall. (Macrophya albipuncta Fall.) 46
Albiventris Kl (Blennocampa albiventris Kl.) 40
Albomacula Lep. (Pœcilosoma submuticum Th.) 42
Albopicta Puls. 451 57
Albopunctata Tischb. (Perineura albopunctata Tischb.) 54
Alces Thunb. (Cladius pectinicornis Fourc.) 9
Alneti Schk. (Perineura viridis L.) 52
Alni L. (Hemichroa alni L.) 11
Alpina Zett. (Hoplocampa alpina Zett.) 41
Alternipes Kl. (Blennocampa alternipes Kl.) 38
Amaura Kl. (Phyllotoma vagans Fall.) 29
Ambigua Fall. (Nematus ambiguus Fall.) 26
Ambigua Kl. (Perineura histrio Kl) 54
Amerinæ Deg. (Trichiosoma vitellinæ L.) 3
Amerinæ L. (Clavellaria amerinæ L.) 3
Analis Steph. (Perineura cordata Fourc.) 54
Angelicæ Pz. (Schizocera furcata Vill.) 7
Angustata Zett. (Emphytus truncatus Kl.) 31
Annularis Schk. (livida L.) 56
Annulata Fabr. (Athalia annulata Fabr.) 36
Annulata Kl. (Allantus annulatus Kl.) 49
Annuligera Ev. (Perineura annuligera Ev.) 53
Annulipes Kl. (Eriocampa annulipes Kl.) 41
Anomala Ev. (Taxonus agrorum Fall.) 42
Antennata Kl. (Pachyprotasis antennata Kl.) 43
Arbustorum Fabr. (Lyda arbustorum Fabr.) 62
Arctica Th. 461 58
Arcuata Foerst. (Allantus arcuatus Foerst.) 50
Assimilis Fall. (Blennocampa assimilis Fall.) 40
Aterrima Kl. (Blennocampa aterrima Kl.) 37
Atra L. 440 441 443 453 55
Atrata Foerst. (Hylotoma atrata Foerst.) 5
Aucupariæ Kl. (Perineura solitaria

Schk.) 53
Axillaris Panz. (Cimbex humeralis Fourc.) 1
Balkana Mocs. (Perineura balkana Mocs.) 54
Balteata Kl. 447 456 57
Basimacula Mocs. (Perineura Benthini Rud.) 54
Bella Lep. (maculata Foerst.) 57
Benthini Rud. (Perineura Benthini Rud.) 54
Betulæ L. (Lyda betulæ L.) 63
Betulæ Retz. (Nematus betulæ Retz.) 24
Betuleti Kl. (Blennocampa betuleti Kl.) 39
Bicincta L. 442 57
Bicincta L. (Allantus bicinctus L.) 48
Bicincta Schh. (Allantus schœfferi Kl.) 48
Bicolor Kl. (Taxonus equiseti Fall.) 42
Bifasciata Fourc. (Allantus bicinctus L.) 48
Bifasciata Kl. (Allantus tenulus Scop.) 47
Biguttata Htg. 450 57
Bilineata Kl. (Nematus bilineatus Kl.) 24
Bipunctata Kl. (Blennocampa bipunctata Kl.) 38
Bipunctata Lep. (Pœcilosoma pulveratum Retz.) 42
Bipunctula Kl. (velox Fabr.) 56
Blanda Fabr. (Macrophya blanda Fabr.) 46
Blanda Fall. (Macrophya neglecta Kl.) 46
Bœtica Spin. (Allantus bœticus Spin.) 49
Borealis Zett. (Nematus quercus Htg.) 13
Brevis Kl. (Hoplocampa brevis Kl.) 41
Breviuscula Costa (Perineura breviuscula Costa.) 52
Brunnea Kl. (Hoplocampa ferruginea Pz.) 41
Caligator Ev. 441 444 55
Caliginosa Steph. (Perineura cordata Fourc.) 54
Campestris L. (Lyda campestris L.) 61
Capreæ Fab.? (Nematus capreæ Fab.) 13
Capreæ Fab. (Nematus salicis L.) 23
Capreæ Fall. (Nematus fallax Lep.) 13
Capreæ Preyssl. (Hylotoma rosæ de Geer.) 6
Carbonaria Gm. (Macrophya rustica L.) 43
Carinata Kl. (Strongylogaster filicis Kl.) 51
Carinthiaca Kl. (Macrophya carinthiaca Kl.) 44
Carpini Pz. (livida L.) 56
Caucasica Ev. 440 442 55
Centifoliæ Pz. (Athalia spinarum Fab.) 36
Cephalotes Fabr. (Tarpa cephalotes Fab.) 60
Cephalotes Schk. (Tarpa spissicornis Kl.) 60
Cerasi Dhbm. (Eriocampa limacina Retz.) 41
Cerasi Fall. (Selandria stramineipes Kl.) 37
Cerasi Zett. (Taxonus albipes Th.) 43
Chloros Rud. (mesomelas L.) 58
Chrysorrhœa Kl. (Hyplocampa chrysorrhœa Kl.) 41
Chrysura Kl. (Macrophya chrysura Kl.) 45
Ciliaris L. (Hylotoma ciliaris L.) 5
Cincta Fabr. (bicincta L.) 57
Cincta L. (Emphytus cinctus L.) 31
Cincta Rossi. (Allantus Schaefferi Kl.) 48
Cinereipes Kl. (Blennocampa cinereipes Kl.) 38
Cingulata Kl. (Strongylogaster cingulatus Kl.) 51
Cingulum Kl. (Allantus bicinctus L.) 48
Cingulum Spin. (Emphytus rufocinctus Retz.) 31
Cinxia Kl. (Eriocampa cinxia Kl.) 41
Citreipes Lep. (Macrophya rufipes L.) 44
Clitellatus Lep. (Nematus capreæ Lep.) 13
Cœruleipennis Retz. (Hylotoma cœruleipennis Retz.) 4
Cœrulescens Fourc.? (Blennocampa nigrita Fabr.) 37
Cognata Fall. (Macrophya blanda Fabr.) 46
Colibri Chr. (Athalia spinarum Fabr.) 36
Collaris Don. (Dolerus haematodes Schk.) 32
Colon Kl. 445 57
Compressicornis Fabr. (Nematus compressicornis Fabr.) 15
Conformis Fall. (Selandria aperta Htg.) 37
Connata Schk. (Cimbex connata Schk.) 1
Connata Vill. (Cimbex humeralis Fourc.) 1
Consobrina Kl. (Sciapteryx consobrina Kl.) 51
Conspicua Kl. 461 56
Coquebertii Kl. (Perineura Coquebertii Kl.) 54
Corcyrensis Mocs. (Perineura corcyrensis Mocs.) 54
Cordata Fourc. (Perineura cordata Fourc.) 54
Coryli Pz. 442 447 450 57
Costalis Kl. (Sciapteryx costalis Kl.) 51
Costata Kl. (Allantus costatus Kl.) 49
Coxalis Htg. (Taxonus equiseti Fall.) 43
Crassa Fall. (Nematus lucidus Pz.) 13

Crassa var. Fall (Nematus crassus Fall.) 14
Crassa Pz. (Dolerus gonager Fabr.) 34
Crassicornis Rossi. (Amasis læta Fabr.) 4
Crassula Kl. (Macrophya crassula Kl.) 45
Cratægi Kl. (Hoplocampa cratægi Kl.) 41
Crocea Fall. (Nematus croceus Fall) 23
Croceiventris Kl. (Blennocampa croceiventris Kl.) 40
Cyanocrocea Foerst. (Hylotoma cyanocrocea Foerst.) 6
Cylindrica Pz. (Macrophya blanda Fabr.) 46
Cynosbati L. (Phyllœcus cynosbati L.) 67
Degeeri Kl. (Dineura viridi dorsata Retz.) 11
Delicatula Fall. (Strongylogaster delicatulus Fall.) 51
Delicatula Kl. (Synairema rubi Pz.) E 593 52
Depressa Schk. (Lyda depressa Schk.) 63
Difformis Pz. (Cladius pectinicornis Fourc.) 9
Dimidiata Fabr. (Perineura cordata Fourc.) 54
Discolor Kl. (Pachyprotasis discolor Kl.) 43
Discolor Lep. (Pœcilosoma obtusum Kl.) 42
Dispar Kl. 454 55
Dispar Kl. (Allantus flavipes Kl.) 48
Dorsalis Lep. (Perineura sordida Kl.) 53
Dorsata Vill. (Lophyrus pini L.) 8
Dubia Gmel. (Blennocampa ephippium Pz.) 39
Dumetorum Fourc. (Macrophya rufipes L.) 44
Duodecimpunctata L. (Macrophya 12-punctata L.) 44
Duplex Lep. (Pachyprotasis antennata Kl.) 43
Eborina Kl. (Strongylogaster delicatulus Fall.) 51
Eglanteriæ Spin. (Dolerus pratensis L.) 33
Elongatula Kl. (Blennocampa elongatula Kl.) 37
Enodis Fab. (Hylotoma cœruleipennis Retz. 4
Enodis L. (Hylotoma enodis L.) 4
Ephippium Pz. (Blennocampa ephippium Pz.) 39
Eques Schk. (Lophyrus frutetorum Fabr.) 8
Equestris Pz. (maculata Fourc.) 57
Equiseti Fall. (Taxonus equiseti Fall.) 42
Erythrocephala L. (Lyda erythrocephala L.) 61
Erythrogaster Spin. (Macrophya erythrogaster Spin.) 46
Erythrogona Schk. (Dolerus gonager Fab.) 34
Erythrogona Spin. (Dolerus pratensis L.) 33
Erythropus Brullé. (Macrophya erythropus Brullé.) 44
Eversmanni Ball. (fulva Kl.) 58
Explanata Rud. (mesomelas L.) 58
Fagi Pz. (maura Fab.) 56
Fallax Moes. 452 E 598 599 57
Fasciata Fall. (Allantus bicinctus L.) 48
Fasciata L. (Abia fasciata L.) 3
Fasciata Rud.? Perineura nassata L.) 53
Femorata L. (Cimbex femorata L.) 1
Fera Fall. (Macrophya ribis Schk.) 46
Fera Scop. (Macrophya 12-puncta-ta L.) 45
Ferruginea Pz. (Hoplocampa ferruginea Pz.) 41
Filicis Kl. (Strongylogaster filicis Kl.) 51
Flava L. (Nematus rumicis Fall.) 21
Flava Scop. 445 450 463 58
Flaveola Lep. (Allantus arcuatus Forst.) 50
Flavescens Kl. (Selandria flavescens Kl. 36
Flaviceps Retz. (Lyda flaviceps Retz.) 61
Flavicornis Ev. (fulva Kl.) 58
Flavicornis Vill. (flava Scop.) 58
Flavipennis Brullé. (Allantus flavipennis Br.) 50
Flavipes Fourc. (Allantus flavipes Fourc.) 48
Flavipes Retz. (Hylotoma ustulata L.) 5
Flaviventris Retz. (Lyda flaviventris Retz.) 64
Fuliginosa Fall. (Blennocampa aterrima Kl.) 37
Fuliginosa Schk. (Blennocampa fuliginosa Schk.) 38
Fulva Klug. 463 58
Fulva Retz. (Lyda betulæ L.) 63
Fulvicornis Fabr. (Hoplocampa fulvicornis Fabr.) 42
Fulvipes Fall. (Nematus fulvipes Fall.) 15
Fulvipes Fall. (Emphytus truncatus Kl.) 31
Fulvipes Lep. (Machrophya rufipes L.) 44
Flavipes Retz. (Lyda sylvatica L.) 63
Fulciventris Scop. (Dolerus pratensis L.) 33
Funerea Kl. (Blennocampa funerea Kl.) 39
Furcata Vill. (Schizocera furcata Vill.) 7
Fuscipennis Fall. (Blennocampa fus-

cipennis Fall.) 40
Fuscipes Gmel. (atra L.) 55
Gagathina Kl. (Blennocampa gagathina Kl,) 38
Geminata Gmel. (Schizocera geminata Gmel.) 6
Geniculata Fourc. (Dolerus gonager Fabr.) 34
Geniculata Htg. (Blennocampa geniculata Htg.) 37
Germanica Sch. (Dolerus pratensis L.) 33
Gibbosa Cam. (Perineura solitaria Schk.) 53
Glabrata Fall, (Taxonus glabratus Fall.) 42
Gonagra Fabr. (Dolerus gonager Fabr.) 34
Gossypina Retz. (Eriocampa ovata L.) 40
Gracilenta Mocs. (Tenthredo bigutlata Htg.) E 599 57
Guttata Fabr. (Pœcilosoma guttatum Fabr.) 42
Gynandromorpha Rud. (Perineura gynandromorpha Rud.) 53
Hæmatodes Panz. (Eriocampa ovata L.) 40
Hæmatodes Schk (Dolerus hæmatodes Schk.) 32
Hæmatopus Fabr, (Macrophya hæmatopus Fabr.) 45
Hæmorrhoïdalis Gmel. (Cephus hæmorrhoïdalis Gmel.) 65
Hæmorrhoïdalis Spin. (Nematus Fallax Lep.) 13
Hebraïca Fourc. (Perineura viridis L.) 52
Hieroglyphica Chr. (Lyda campestris L.) 61
Histrio Kl. (Perineura histrio Kl.) 54
Hortulana Kl. (Phœnusa hortulana Kl.) 27
Hungarica Kl. (Perineura hungarica Kl.) 53
Hungarica Tischb. (Perineura Tischbeini Mocs.) 53
Hyalina Kl. (Blennocampa assimilis Fall.) 40
Hybrida Ev. 444 56
Idriensis Gir. (Perineura idriensis Gir.) 52
Idriensis Lep.? 52
Ignobilis Kl. 443 55
Impressa Kl. (Pœcilosoma guttatum Fall.) 42
Inanita Vill. (Lyda inanita Vill.) 62
Insignis Kl. (Perineura insignis Kl.) 53
Instabilis Kl. (Perineura nassata L) 52
Instabilis Kl. (Perineura scutellaris Pz.) 54
Instabilis Kl. (Perineura cordata Fourc.) 54
Intermedia Kl. (coryli Panz). 57
Interrupta Fabr. (mesomelas L.) 58
Islandica Ev. 463 58
Juniperi L. (Monoctenus juniperi L.) 9
Koehleri Kl (Allantus Kœhleri Kl.) 47
Labiata Fourc. (Macrophya 12-punctata L.) 45
Lachlaniana Cam. 453 56
Lacrymosa Lep. (Macrophya blanda Fab.) 46
Lactiflua Kl. (Perineura lactiflua Kl.) 53
Læta Jur. (Amasis læta Fab.) 4
Lapponica Zett. (Nematus mollis Htg.) 14
Largipes Retz. (Nematus septentrionalis L.) 12
Lateralis Fabr (Perineura lateralis Fabr.) 53
Latizona Lep. (maculata Fourc.) 57
Leucomelas Kl. (Phyllotoma leucomelas Kl.) 28
Leucopus Gmel. (Macrophya ribis Schk.) 46
Leucozonias Htg. (Pœcilosoma pulveratum Retz.) 42
Ligustrina Fourc. (Macrophya blanda Fabr.) 46
Limacina Retz. (Eriocampa limacina Retz.) 41
Limbalis Spin. (Allantus limbalis Spin.) 50
Limbata Kl. 457 57
Linearis Kl. (Strongylogaster cingulatus Fabr.) 51
Linearis Schk. (Cephus pygmæus L.) 66
Lineolata Kl. (Blennocampa lineolata Kl.) 38
Litterata Fourc. (Lyda depressa Schk.) 63
Liturata Gmel. (Pœcilosoma pulveratum Retz.) 42
Livida L. 449 450 457 56
Lividiventris Fall. (Synairema rubi Pz.) 52
Longicollis Fall. (Cephus tabidus Fab.) 66
Longicornis Fourc. (Cephus pygmæus L.) 66
Longicornis Htg. (Blennocampa geniculata Htg.) 37
Loniceræ L. (Abia fasciata L.) 3
Lucida Pz. (Nematus lucidus Pz.) 13
Lucorum Fab (Lyda arbustorum Fabr.) 62
Lucorum L. (Trichiosoma lucorum L.) 2
Luctuosa Lep. (Macrophya albicincta Schk.) 46
Lugens Kl. (Athalia lugens Kl.) 35
Luridiventris Fall. (Camponiscus luridiventris Fall.) 12
Lutea Linné. (Cimbex femorata L.) 2
Lutea Panz. (Nematus luteus Pz.) 24
Lutea Rossi. (Cimbex connata Schrk) 1

Luteicornis Fab. (flava Scop.) 58
Luteipennis Ev. 452 57
Luteiventris Kl.(Blennocampa fuscipennis Fall.) 40
Luteiventris Lep. (Allantus bicinctus L.) 48
Luteocincta Ev.(Allantus lutescens Ev.) 50
Luteola Kl.(Eriocampa luteola Kl.) 40
Lutescens Pz. (Lyda flaviventris Retz.) 64
Macula Kl.(Strongylogaster macula Kl.) 51
Maculata Fourc. 459 463 57
Mandibularis Fabr. 440 55
Marginata L.(Clavellaria amerinae L.) 3
Marginella Fabr.(Allantus viennensis Schk.) 48
Marginella Fabr. (Allantus armatus Foerst.) 50
Marginella Panz. (Allantus flavipes Fourc.) 48
Maura Fall. 462 56
Maura Fall. (livida L.) 56
Melanocephala Fabr. (Blennocampa melanocephala Fabr.) 39
Melanocephala Fourc. (Dolerus pratensis L.) 33
Melanocephala Pz.(Schizocera furcata Vill.) 7
Melanochroa Gmel.(Hylotoma melanochroa Gm.) 6
Melanopyga Kl. (Phyllotoma vagans Fall.) 29
Melanorrhœa Lep. (Perineura nassata L.) 52
Melas Rud. 441 55
Meridiana Lep. (Allantus meridiatus Lep.) 49
Mesomelas L. 460 58
Micans Kl. (Blennocampa micans Kl.) 37
Microcephala Kl. (Phyllotoma microcephala Kl.) 29
Microcephala Lep. 439 458 55
Microcephala Steph. (Perineura cordata Fourc.) 54
Miliaris Pz.(Nematus miliaris Pz.) 25
Militaris Kl. (Macrophya militaris Kl.) 46
Minutus Costa.
Mixta Kl. (Strongylogaster mixtus Kl.) 51
Mocsaryi André. E 597 599
Moniliata Kl. 458 55
Montana . Pz. (Cimbex connata Schk.) 1
Monticola Htg.(Blennocampa monticola Htg.) 38
Morio Fabr.(Selandria morio Fab.) 37
Morio Fall. (Blennocampa funerea Kl.) 39
Morio Lep. (Blennocampa albipes Gmel.) 38
Myosotidis Fabr.(Nematus myosotidis Fabr.) 22
Nana Kl.(Blennocampa nana Kl.) 39
Nassata L. (Perineura nassata L.) 52
Neglecta Kl. (Macrophya neglecta Kl.) 46
Neglecta Lep. (Perineura ornata Lep.) 54
Nemoralis L. (Lyda nemoralis L.) 64
Nemorata Fall.(Phyllotoma nemorata Fall.) 28
Nemorum Pz, (Lyda sylvatica L.) 63
Nigerrima Kl. (Blennocampa nigrita Fab.) 37
Nigra L (Dolerus niger L.) 35
Nigrata Retz. (Nematus nigratus Retz.) 24
Nigripes Kl. (Blennocampa nigripes Kl.) 40
Nigrita Fab. (Blennocampa nigrita Fab.) 37
Nigrita Fall. (Eriocampa umbratica Kl.) 41
Nigritarsis Puls. (caligator Ev.) 55
Nitens L. (Abia nitens L.) 3
Nitens var. L. (Abia nigricornis Leach.) 3
Nitida Kl. (Taxonus agrorum Fall.) 42
Nivosa Kl. (Perineura nivosa Kl.) 53
Notata Pz. (Macrophya rustica L.) 43
Notha Kl. (Allantus arcuatus Forst) 50
Obesa Kl. (Pœcilosoma pulveratum Retz.) 42
Obscura Fab. (Amasis obscura Fab.) 4
Obsoleta Kl. 455 461 58
Obtusa Kl. (Pœcilosoma obtusum Kl.) 42
Ochropoda Kl. (Phyllotoma ochropoda Kl.) 28
Ochroptera Fourc. (Hylotoma ustulata L.) 5
Ochropus Gmel. (Hylotoma rosæ de Geer.) 6
Olivacea Kl. 459 58
Opaca Pz. (Dolerus hæmatodes Schk.) 32
Opacomaculata Ev. (Taxonus opacomaculatus Ev). 42
Orbitalis Dietr. (Microcephala Lep.) 55
Ornata Lep. (Perineura ornata Lep.) 54
Ovata L. (Eriocampa ovata L.) 40
Padi L. (Priophorus padi L.) 10
Pagana Pz. (Hylotoma pagana Pz.) 5
Pallescens Gmel. (Blennocampa albipes Gmel.) 38
Pallicornis Fab. 463 58
Pallidiventris Fall. (Nematus pallidiventris Fall.) 21
Pallipes Fall. (Lophyrus pallipes Fall.) 9
Pallipes Fall. (Nematus pallipes Fall.) 19
Palustris Kl. 443 55
Papillosa Retz.(Nematus papillosus

Retz.) 22
Parvula Kl. (Dineura parvula Kl.) 11
Pavida Fab. (Emphytus rufocinctus Retz.) 31
Pavida Fall. (atra L.) 55
Pavida Lep. (Perineura scutellaris Pz.) 54
Pectinata major Retz. (Lophyrus pini L.) 8
Pectinata minor Retz. (Lophyrus pallidus Kl.) 8
Pectinata rufa Retz. (Lophyrus rufus Retz.) 9
Pectinicornis Fourc. (Cladius pectinicornis Fourc.) 9
Pedestris Pz. (Dolerus pratensis L.) 33
Pellucida Kl. (maura Fab.) 56
Picta Kl. (Perineura picta Kl.) 52
Picticornis Mocs. (Perineura picticornis Mocs.) 54
Pilicornis Preyssl. (Hylotoma ustulata L.) 5
Pinastri Bechst. (Lophyrus pallidus Kl.) 8
Pinguis Kl. (Perineura pinguis Kl.) 53
Pini L. (Lophyrus pini L.) 8
Pini Retz. (Nematus pini Retz.) 26
Pini minor Vill. (Lophyrus pallidus Kl.) 8
Pini rufa Vill. (Lophyrus rufus Retz.) 9
Plagiata Kl. (Hoplocompa plagiata Kl.) 41
Plana Kl. (Blennocampa plana L.) 37
Plebeja Kl. 444 56
Pœcila Ev. 454 56
Pœcilochroa Schk. (flava Scop.) 58
Pœcilopus Mocs. 455 56
Populi L.? (Nematus conjugatus Dhbm.) 24
Populi L. (Lyda populi L.) 61
Postica Brulle. (Macrophya postica Br.) 44
Pratensis Fabr. (Lyda stellata Chr) 60
Pratensis L. (Dolerus pratensis L() 33
Pratorum Fall. (Dolerus pratorum Fall.) 33
Procera Kl. 441 55
Prolongata Vill. (Cephus compressus Fab.) 67
Propinqua Kl. (Allantus scrophulariæ L.) 49
Propinqua Mocs. (Perineura albonotata Brullé.) 54
Pterophorus Salz. (Monoctenus juniperi L.) 9
Puella Fall. (Sclandria flavescens Kl.) 36
Pulverata Retz. (Pœcilosoma pulverum Retz.) 42
Pumila Kl. (Phœnusa pumila L.) 28
Punctata Fabr. (Lyda nemoralis L.) 64
Punctigera Lep. (Dineura verna Kl) 11
Punctulata Kl. (Perineura punctulata Kl.) 52
Punctum Fabr. (Macrophya punctum album L.) 44
Punctum album L. (Macrophya punctum album L.) 44
Purpurea Puls. 443 56
Pusilla Kl. (Blennocampa pusilla Kl.) 38
Pygmæa Kl. (Phœnusa pygmæa Kl) 27
Pygmæa Zett. (Phœnusa pumila Kl.) 28
Quadricincta Uddm. (Allantus 4-cinctus Ud.) 47
Quadrimaculata Fabr. (Macrophya 4-maculata Fabr.) 45
Rapæ L. (Pachyprotasis rapæ L.) 43
Repanda Kl. (Eriocampa repanda Kl.) 40
Reticulata L. (Lyda reticulata L.) 65
Ribis Schk. (Macrophya ribis Schk.) 46
Rosæ Deg. (Hylotoma rosæ Deg.) 6
Rosæ L. (Athalia rosæ L.) 36
Rossii Pz. (Allantus tenulus Scop.) 47
Rubecula Ev. 456 56
Rubi Pz. (Synairema rubi Pz.) 52
Rubi Idæi Rossi. (Schizocera furcata Kl.) 7
Rudowi André. 446 57
Rufa Retz. (Clavellaria amerinæ L) 3
Rufa Pz. (Hemichroa rufa Pz.) 11
Rufimana Spin. (Perineura Coquebertii Kl.) *E* 559
Rufipes Kl. 458 55
Rufipes Lep. (atra L.) 55
Rufipes L. (Macrophya rufipes L.) 44
Rufiventris Fabr.) 456 463 56
Rufocincta Retz. (Emphytus rufocinctus Retz.) 31
Rumicis Fall. (Nematus rumicis Fall.) 21
Russa Pz. (Cimbex femorata L.) 2
Rustica Fourc. (Allantus tricinctus Fabr.) 47
Rustica L. (Macrophya rustica L.) 43
Rutilicornis Pz. (Hoplocampa rutilicornis Pz.) 42
Saliceti Fall. (Cryptocampus saliceti Fall.) 10
Saliceti Zett. (Cryptocampus pentendræ Retz.) 10
Salicis Fall. (Nematus ribesii Scop.) 21
Salicis L. (Nematus salicis L.) 23
Salicis Retz. (Nematus melanocephalus Htg.) 22
Salicis Schk. (Athalia rosæ L.) 36
Salicis cinereæ Retz. (Nematus viminalis L.) 17
Salicis pentandræ Retz. (Cryptocampus pentandræ Retz.) 10
Salicis pentandræ Vill. (Nematus viminalis L.) 17
Sambuci Pz. (Macrophya 4-maculata Fabr.) 45
Sareptana Ev. (Allantus viduus Rossi.) 47

Scalaris Kl. (Perineura viridis L) 52
Schæfferi Kl.(Allantus Schæfferi Kl.)48
Schæfferi Lep. (Macrophya militaris Kl) 46
Scrophulariæ L. (Allantus scrophulariæ L.) 49
Scutellaris Pz. (Perineura scutellaris Pz.) 54
Secsana Rud. (Perineura picta Kl) 52
Securifera Fourc. (Lophyrus rufus Retz.) 9
Semicincta Hlg. (Blennocampa semicincta Hlg.) 38
Semicincta Pz. (bicincta L.) 57
Septentrionalis Fall. (Nematus varus Villt.) 12
Septentrionalis L. (Nematus septentrionalis L.) 12
Sericans Hlg. (Blennocampa sericans Hlg.) 37
Sericea L. (Abia sericea L.) 3
Sericea Pz.(Abia nigricornis Leach) 3
Serva Fabr. (Selandria serva Fabr) 36
Sexannulata Schk. (Allantus viennensis Schk.) 48
Sibirica Kriechb. 453 56
Silensis Costa. 457 56
Simplex Fall. (Hoplocampa ferruginea Pz.) 41
Simulans Kl.(Pachyprotasis simulans Kl.) 43
Sobrina Ev. 449 451 57
Socia Kl. (Selandria serva Fabr) 36
Solitaria Cam. (maura Fabr.) 56
Solitaria Schk.(Perineura solitaria Schk.) 53
Sordida Kl. (Perineura sordida Kl) 53
Soror Zett. (balteata Kl.) 57
Spectabilis Mocs. (sibirica Kriechb.) 56
Spinarum Fab. (Athalia spinarum Fab.) 36
Spinolæ Kl. (Blennocampa ventralis Spin.) 39
Spreta Lep. (Perineura scutellaris Pz.) 54
Spuria Zett. (Emphytus carpini Htg.) 31
Stellata Chr. (Lyda stellata Chr.) 60
Stictica Kl. (Taxonus sticticus Kl.) 42
Stigma Fab. (Perineura scutellaris Pz.) 54
Stilata Kl. (Dineura stilata Kl.) 11
Stramineipes Kl. (Selandria stramineipes Kl.) 37
Strigosa Fab. (Macrophya rufipes L.) 44
Sturmii Kl. (Macrophya Sturmii Kl.) 46
Subjecta Ev. (Strongylogaster subjectus Ev.) 51
Succincta Lep. (Allantus succinctus Lep.) 47
Sulcipes Fall. (Nematus sulcipes Fall.) 14
Sulphurata Gmel. (Macrophya rustica L.) 43
Sylvarum Fab. (Cimbex femorata L.) 2
Sylvatica L. (Lyda sylvatica L.) 63
Taraxaci Pz. (Schizocera furcata Vill.) 7
Tarsata Pz.(Macrophya 4-maculata Fab.) 45
Tenella Kl. (Blennocampa tenella Kl.) 40
Tenera Fall. (Emphytus tener Fall) 30
Tenuicornis Kl. (Blennocampa tenuicornis Kl.) 38
Tenula Scop.(Allantus tenulus Scop) 47
Tessclata Kl. (Perineura tessolata Kl.) 53
Testaceipes Kl. (Dineura testaceipes Kl.) 11
Testudinea Kl. (Hoplocampa testudinea Kl.) 41
Teutona Pz. (Macrophya teutona Pz.) 44
Tibialis Pz. (Emphytus tibialis Pz.) 30
Tiliæ Pz. (Perineura nassata L.) 52
Tischbeini Mocs. (Perineura Tischbeini Mocs.) 53
Togata Fall. (Emphytus succinctus Kl.) 31
Togata Pz. (Emphytus cinctus L.) 31
Trabeata Kl 458 57
Trichocera Lep. (Blennocampa fuliginosa Schk.) 38
Tricincta Fab. (Allantus tricinctus Fab.) 47
Tristis Fab. (Dolerus tristis Fab.) 33
Ulmi Fall. (Dineura viridiorsata Retz.) 11
Ulmi L.(Nematus abdominalis Fall.) 25
Umbratica Kl. (Eriocampa umbratica Kl.) 41
Uncta Kl. (Blennocampa uncta Kl) 39
Unifasciata Fourc. (maculata F.) 57
Ustulata L. (Hylotoma ustulata L.) 5
Vafra L. (Lyda vafra L.) 64
Varia Gmel. (Perineura cordata Fourc.) 54
Variegata Kl. (Pachyprotasis variegata Kl.) 43
Varipes Kl. (Eriocampa varipes Kl) 41
Velox Fab. 449 56
Verna Kl. (Dineura verna Kl.) 11
Vespa Retz. (Allantus tricinctus Fab.) 47
Vespiformis Lep. (Allantus tricinctus Fab.) 47
Vestita André. S 596
Vidua Rossi (Allantus viduus Ros.) 47
Viduata Zett. ((Nematus viduatus Zett.) 26
Viennensis Fall.(Allantus arcuatus Foerst) 50
Viennensis Schk. (Allantus viennensis Schk.) 48
Viennensis Fall. (Emphytus viennensis Schk.) 31
Viminalis Fall. (Trichiocampus viminalis Fall.) 9
Viminalis L.(Nematus viminalis L.) 17

ViridIdorsata Retz. (Dineura viridorsata Retz.) 11
Viridis Cam. (Perineura picta Kl.) 52
Viridis Kl. (mesomelas L.) 58
Viridis L. (Perineura viridis L.) 52
Vitellinæ L. (Trichiosoma vitellinæ L.) 3
Zona Kl. (Allantus zona Kl.) 47
Zonata Fall. (Allantus tenulus Scop.) 47
Zonata Pz. (maculata Fourc.) 57
Zonula Dhbm. (Allantus bicinctus L.) 48
Zonula Kl. (Allantus zonula Kl.) 48

Tenthredopsis Costa.

Ambigua Costa (Perineura hi rio Kl.) 54
Dimidiata Cam. (Perineura cordata Fourc.) 54
Excisa Cam (Perineura ornata Lep) 54
Instabilis Costa. (Perineura cordata Fourc.) 54
Instabilis Costa. (Perineura scutellaris Pz.) 54
Nassata Costa. (Perineura nassata L.) 53
Quadriguttata Costa. (Perineura 4-guttata Costa.) 53
Scutellaris Cam. (Perineura scutellaris Pz.) 54
Sordida Costa. (Perineura sordida Kl.) 53
Tesselata Costa (Perineura tesselata Kl.) 53

Trachelus Jur.

Compressus Jur. (Phyllœcus compressus Fabr.) 67
Hæmorrhoidalis Jur. (Cephus hæmorrhoidalis Gmel.) 65
Pygmæus Jur. (Cephus pygmæus L.) 66
Satyrus Jur. (Cephus satyrus Pz.) 67
Tabidus Jur. (Cephus tabidus Fab.) 66
Troglodyta Jur. (Cephus troglodyta Fab.) 67

Tremex Jur. 559 60

Fuscicornis Fabr. 560 60
Magus Fab. 560 70

Trichiocampus Htg. 81 9

Æneus Zdd. 83 10
Discrepans Costa 84 10
Drewseni Th. 83 10
Eradiatus Htg. 83 10
Garbiglietti Costa 82 10
Rufipes Lep. 82 10
Viminalis Fall. 81 9

Trichiosoma Leach. 26 2

Betuleti Kl. 27 2
Biverrucatum Steph. (lucorum L.) 2
Cratægi Zdd. (betuleti Kl.) 2
Laterale Leach. (vitellinæ L.) 3
Latreillei Leach. (lucorum L.) 2
Lucorum var Kl. (vitellinæ L.) 3
Lucorum L. 27 2
Pusillum Steph. (lucorum L.) 2
Scalesii Leach. (lucorum L.) 2
Sorbi Htg. 27 2
Sylvaticum Leach. (vitellinæ L.) 3
Tibiale Steph. (betuleti Kl.) 2
Unidentatum Leach. (lucorum L.) 2
Vitellinæ L. 28 3

Tritokreion Sch. 59

Urocère Geoffr. (Sirex gigas L.) 68

Urocerus Fourc.

Annulatus Jur. (Xiphydria annulata Jur.) 70
Camelus Jur. (Xiphydria camelus L.) 70
Cœrulescens Latr. (Sirex juvencus L.) 69
Dromedarius Jur. (Xiphydria dromedarius Fab.) 70
Feisthameli Brul. (Sirex juvencus L.) 69
Fuscicornis Fab. (Tremex fuscicornis Fab.) 69
Gigas Fourc. (Sirex gigas L.) 68
Spectrum Latr. (Sirex spectrum L.) 69

Xyela Dalm. 59

Coniferarum Kl. (Pinicola coniferarum Kl.) 59
Dahlii Kl. (Pinicola Dahlii Kl.) 59
Græca Stein. (Pinicola græca Stein) 59
Longula Dalm. (Pinicola longula Dalm.) 59
Piliserra Th. (Pinicola piliserra Th.) 59
Pusilla Dalm. (Pinicola Julii Breb.) 59

Xyloterus Htg.

Fuscicornis Htg. (Tremex fuscicornis Htg.) 69
Magus Htg. (Tremex magus Htg.) 70

Xiphydria Latr. 560 70

Annulata Jur. 562 70
Camelus L. 562 70
Camelus Fab. (Xiphydria dromedarius Fab.) 70
Dromedarius Fab. 561 70
Emarginata Fab. (Sirex spectrum L.) 69
Fasciata Lep. (Xiphydria dromedarius Fab.) 70

Xiphiura Dhbm.

Camelus Dhlb. (Xiphydria camelus L.) 70

Zaraea Leach.

Fasciata Leach. (Abia fasciata Leach.) 4

TABLE MÉTHODIQUE

DES MATIÈRES CONTENUES DANS CE VOLUME

Dédicace v
Préface vii
Introduction I

I. De l'Entomologie en général.

1. Les études entomologiques I
2. La nomenclature entomologique VI
3. Aperçu historique sur la classification des insectes en général XIII

II. Etude particulière des Insectes hyménoptères.

§ Ier. Formation des Collections.

1. Chasse aux hyménoptères XVII
2. Préparation XXVI
3. Conservation des collections XXXIV
4. Rédaction du catalogue XXXVI
5. Détermination des insectes et usage des tables dichotomiques XXXVII

§ II. Structure externe XXXIX

1. Tête XL
2. Pièces fixes de la tête XLI
   1. Yeux XLII
   2. Ocelles XLIII

3. Pièces mobiles de la tête.
1. Antennes XLIV
2. Parties de la bouche XLVII
4 Thorax LIII
1. Prothorax LIV
2. Mésothorax LV
3. Métathorax LVI
5. Appendices du thorax.
1. Pattes LIX
2. Ailes LXII
Tableau synonymique des différentes parties de l'aile antérieure des hyménoptères LXXII
1. Bords de l'aile .... »
2. Nervures .... »
A. Nervures longitudinales .... »
B. Nervures transversales LXXIV
3. Cellules LXXV
Tableau spécial de la synonymie des différentes parties de l'aile des Chalcidites LXXIX
Synonymie du carpe ou stigma LXXX
6. Abdomen LXXX
7. Appendices de l'abdomen.
1. Organes femelles LXXXIV
2. Organes mâles LXXXVIII
8. Neutres LXXXIX
§ III. **Fonctions de Reproduction.**
1. Accouplement XC
2. Parthénogenèse XCIII
3. Ponte XCIV
§ IV. **Métamorphoses** XCVI
1. Œufs XCVII
2. Larves XCVII
3. Nymphes CIII
§ V. **Physiologie et biologie générales.**
1. Nourriture CVI
2. Station---Progression CVIII
3. Produits de sécrétion CX
4. Moyens de défense, parasitisme CXI

5. Instinct.................................... CXIII
6. Industrie, mœurs CXV
§ VI. Distribution géographique CXIX
§ VII. Division des Hyménoptères en familles naturelles.............................. CXXII
§ VIII. Tableau analytique des familles CXXVII
III. Bibliographie des ouvrages généraux...... CXXXIII
IV. Glossaire CXLIX
Glossaire latin-français................ CLI
V. Terminologie française.................... CLXVI
VI. Terminologie allemande CLXXII
VII. Terminologie anglaise.................... CLXXXI
VIII. Abréviations............................ CLXXXIII
IX. Liste des premiers Souscripteurs.......... C

LES MOUCHES A SCIE.................. 3
Bibliographie spéciale.................. 5

1re Famille. — Tenthredinidæ.................. 11
Tableau des genres 17
1re tribu — Cimbicidæ........... 21
2e tribu — Hylotomidæ 34
3e tribu — Lophyridæ........... 55
4e tribu — Nematidæ 74
5e tribu — Phyllotomidæ 225
6e tribu — Emphytidæ.......... 239
7e tribu — Doleridæ 259
8e tribu — Athalidæ............. 283
9e tribu — Selandriidæ.......... 290
10e tribu — Tenthredinidæ....... 328
11e tribu — Blasticotomidæ 464
12e tribu — Pinicolidæ........... 465
13e tribu — Lydidæ.............. 469

2e Famille. — Cephidæ......................... 517

3e Famille. — Siricidæ......................... 548

Supplément à l'introduction.............................. 565
Supplément aux Mouches à scie.......................... 571
Addenda et Errata...................................... 597
Liste des plantes fréquentées par les Mouches à scie...... 601
Table des parasites cités................................ 607
Table des familles, genres, espèces et synonymes........ 611
Table méthodique des matières contenues dans le volume. 639
Dates des publications des différentes parties du volume.. 643
Avis au relieur.. 644
Catalogue méthodique et synonymique.
1re famille. — Tenthredinidæ. 1*
2e famille. — Cephidæ....... 65*
3e famille. — Siricidæ....... 68*

DATES DE PUBLICATION

DES DIFFÉRENTES PARTIES DE CE VOLUME

—

Texte : pages	Catalogue	Date
I à LX		Avril 1879
LXI à CXXXII		Juillet —
CXXXIII à CXLVIII ; 1 à 48	Catalogue pages.. 1* à 8*	Octobre —
CXLIX à CXCVI ; 49 à 96		Janvier 1880
97 à 160	Catalogue p. 9* à 16*	Avril —
161 à 236	p. 17* à 28*	Juillet —
237 à 300	p. 29* à 36*	Octobre —
301 à 380	p. 37* à 48*	Janvier 1881
381 à 484	p. 49* à 56*	Avril —
485 à 564	p. 57* à 70*	Juillet —
565 à 596		Octobre —
597 à 644		Janvier 1882

AVIS AU RELIEUR

POUR LE TOME I

1. Les fascicules successifs doivent être décousus, afin de remettre en leur place les diverses parties de l'ouvrage morcelées dans chacun d'eux. On devra, pour l'agencement de ces parties, suivre les indications de la table des matières et respecter l'ordre dans lequel elles y sont placées.

2. Les planches, au nombre de 24, savoir 6 noires et 18 coloriées, devront être placées à la fin du volume avec l'explication en face de chacune d'elles, celle-ci étant parconséquent à droite et la planche à gauche.

3. L'explication de la planche VIII est imprimée deux fois. Il faut supprimer celle qui commence par ces mots : Hylotoma cœrulescens et la remplacer par l'autre commençant par : Hylotoma cyanocrocea.

4. La légende de la planche XXI a été imprimée deux fois ; l'une se présentant vers la droite du lecteur doit être supprimée et remplacée par l'autre qui est dans son sens normal.

5. Quelques planches ont été malheureusement tirées de façon que la marge de gauche, qui doit être la plus petite, se trouve, au contraire la plus grande. Il faudra, dans ce cas, rogner cette marge de gauche de façon à la ramener à la dimension habituelle et pouvoir la coller au fond de la feuille qui contient son explication.

CATALOGUE MÉTHODIQUE & SYNONYMIQUE

DES HYMÉNOPTÈRES D'EUROPE (1)

I. — Les Mouches à Scie

1re FAM. — TENTHREDINIDÆ

1re Tribu. — Cimbicidæ

G. I. — CIMBEX, Ol. 1789 (213·)

1 Humeralis, Fourcroy.

—Frelon à épaulettes, *Geof.* 1764 (102)'
—Crabro humeralis, *Fourc.* 1785 (94)'
—Tenthredo connata, *Vill.* 1789 (289)'
—Cimbex humeralis, *Ol.* 1789 (213)'
—Tenthredo axillaris, *Pz.* 1801 (218)'
—Cimbex humeralis, *Wlk.* 1802 (293)'
— — axillaris, *Lat.* 1805 (155)'
— — — *Spin.* 1806 (268)'
— — — *Jur.* 1807 (140)'
— — humeralis, *Leach.* 1814 (162)'
— — axillaris, *Klug.* 1818 (67).
— — à épaulettes, *Dum* 1833 (72)'
— — humeralis, *Lep.* 1823 (75).
— — scapularis, *Stein.* 1876 (98).

2 Connata, Schranck.

—Frelon à échancrure et à ventre jaune, *Geof.* 1764 (102)'
—Tenthredo connata, *Schk.* 1781 (257)'
—Crabro maculatus, *Fourc.* 1785 (94)'
—Cimbex maculata, *Oliv.* 1789 (213)'
—Tenthredo lutea, *Rossi.* 1790 (247)'
— — montana, *Pz.* 1801 (218)'
—Cimbex maculata, *Wlk.* 1802 (293)'
— — lutea, *Fallèn.* 1802 (90)'
— — montana, *Lat.* 1806 (156)'
— — maculata, *Leach.* 1817 (162)'
— — variabilis, *Kl.* 1818 (67).
— — montana, *Lep.* 1823 (75).
— — ornata, *Lep.* 1823 (75).
— — maculata, *Steph.* 1829 (272)'
— — femorata, *Dhlb.* 1835 (34).
— — variabilis, *Illg.* 1837 (61).
— — brevispina, *Thom.* 1871 (282)'

3 Femorata, Linné.

Variété noire

—Tenthredo femorata, *L.* 1740 (176)'
— — — *Degeer* 1752 (101)'
— — — *Schaef.* 1766 (252)'
—Frelon noir à échancrure, *Geof.* 1764 (102)'
—Crabro lunulatus, *Fourc.* 1785 (94)'
—Tenthredo femorata, *Vill.* 1789 (289)'

(1) Pour abréger, je remplace, dans ce catalogue, les citations d'ouvrage par un simple numéro de concordance placé entre parenthèses. Quand ce numéro est suivi d'un simple point, il se rapporte à la bibliographie spéciale de la famille; quand il est surmonté d'un', il renvoie à la bibliographie générale publiée dans l'introduction.

—Tenthredo femorata, *Rossi* 1790 (247)*
—Cimbex tristis, *Ol.* 1790 (214)*
—Tenthredo femorata, *Pz* 1793 (218)*
— — russa, *Pz.* 1973 (218)*
—Cimbex tristis, *Fab.* 1804 (89)*
— — femorata, *Jur.* 1807 (140)*
— — varians, *Leach.* 1814 (162)*
— — europæa, *Leach.* 1814 (162)*
— — variabilis, *Kl.* 1818 (67).
— — femorata, *Lep.* 1823 (75).
— — variabilis, *Htg.* 1837 (61).
— — Humboltii, *Rtzb.* 1844 *Stett. Ent. Zeit*
— — saliceti, *Zadd.* 1863 (7).
— — betulæ var. B. *Zd.* 1853 (7).
— — violascens ♂, *Th.* 1871 (282)*

Variété à abdomen rouge en son milieu

—Cimbex lutea, *Vill* 1789 (289)*
—Tenthredo sylvarum, *Fab* 1793 (87)*
— — — *Pz.* 1801 (218)*
—Cimbex femorata var. *Fal* 1802 (90)*
— — sylvarum, *Fab.* 1804 (89)*
— — — *Lat.* 1805 (155)*
— — variabilis, *Klug.* 1818 (67).
— — femorata, var. *Lep.* 1823 (75).
— — — *Dahlb.* 1835 (34).
— — variabilis, *Htg.* 1837 (61).
— — betulæ, *Zadd* 1853 (7).
— — fagi, *Zadd.* 1863 (7).
— — lutea, *Thoms.* 1871 (282)*

Variété à abdomen jaune taché de noir

—Tenthredo lutea, L. 1740 (176)*
— — — *de Geer.* 1752 (101)*
— — — *Scop.* 1763 (260)*
— — — *Schrk.* 1781 (257)*
—Crabro annulatus, *Fourc.* 1785 (94)*
—Tenthredo lutea, *Rossi.* 1790 (247)*
— — — *Fabr.* 1804 (89)*
— — — *Latr.* 1806 (156)*
—Cimbex varians var, *Lea.* 1814 (162)*
— — 12-maculata, *Lea.* 1814 (162)*
— — annulata, *Leach.* 1814 (162)*
— — variabilis, *Klug.* 1818 (67).
— — Schæfferi, *Lep.* 1823 (75).
—Cimbex ornata, *Lep.* 1823 (75).
— — luteola, *Lep* 1823 (75).
— — biguetina, *Lep* 1833 (76).
— — variabilis, *Htg.* 1837 (61).
— — betulæ var, *Zad.* 1863 (7).
— — saliceti var. *Zad.* 1863 (7).
— — violascens ♀, *Th.* 1871 (282)*
— — lutea var, *Thoms* 1871 (282)*

Variété à abdomen jaune plus ou moins testacé, glabre ou pubescent.

—Cimbex Griffinii, *Leach.* 1814 (162)*
— — variabilis, *Kl.* 1818 (67).
— — pallens, *Lep.* 1823 (75).
— — variabilis, *Htg.* 1837 (61).
— — betulæ var, *Zad.* 1863 (7).
— — saliceti var, *Zad.* 1863 (7).
— — lutea var, *Thoms.* 1871 (282)*

G. 2.— TRICHIOSOMA, LEACH, 1814 (162*)

1 Lucorum, LINNÉ.

—Tenthredo lucorum, *L.* 1720 (171)*
— — — *Vill.* 1789 (289)*
—Cimbex lucorum, *Fabr.* 1804 (89)*
—Trichiosoma Latreilli, *Leach.* 1814 (162)*
— — Scalesii, *Leach.* 1814 (162)*
— — 1-dentatum, *Lea.* 1814 (162)*
— — pusillum, *Steph* 1828 (272)*
— — 2-verrucatum, *Step.* 1828 (272)*
—Cimbex lucorum, *Htg.* 1837 (61).
—Trichiosoma lucorum, *Th.* 1871 (282)*

2 Betuleti, KLUG.

—Cimbex betuleti, *Kl.* 1818 (67).
—Trichiosoma tibiale, *Step.* 1828 (272)*
—Cimbex betuleti, *Dahlb.* 1835 (34).
— — — *Htg.* 1837 (61).
—Trichiosoma cratægi, *Zd* 1863 (7).
— — betuleti, *Thoms.* 1871 (282)*

3 Sorbi, HARTIG.

—Cimbex sorbi, *Htg.* 1840 (*Stett. Ent. Zeit*).

—Trichiosoma sorbi, *Zadd.* 1863 (7).
— — — *Thoms.* 1871 (282)*

4 Vitellinæ, Linné.

—Tenthredo vitellinæ, *L.* 1720 (174)*
— — amerinæ, *de G.* 1752 (101)*
— — vitellinæ, *Vill.* 1789 (289)*
—Cimbex vitellinæ, *Fab.* 1804 (89)*
—Tenthredo vitellinæ, *Jur.* 1807 (140)*
—Trichiosoma sylvaticum, *Leach.* 1814 (162)*
— — laterale, *Leach.* 1814 (162)*
— — lucorum var, *Kl.* 1818 (67).
—Cimbex lucorum var, *Htg.* 1837 (61).
—Trichiosoma vitellinæ *Th.* 1871 (282)*

G. 3. — CLAVELLARIA, Leach 1814 (162*)

1 Amerinæ, Linné.

—Tenthredo amerinæ ♂ *L.* 1720 (174)*
—Tenthredo marginata ♀ *L.* 1759 (184)*
— — amerinæ, *Scop* 1763 (260)*
— — — *Schæf.* 1766 (252)*
— — rufa, *Retz.* 1783 (239)*
—Cimbex 4-fasciata, *Oliv.* 1789 (213)*
—Tenthredo amerinæ, *Vill.* 1789 (289)*
— — — *Pz.* 1793 (218)*
—Cimbex amerinæ, *Fab.* 1804 (89)*
—Tenthredo amerinæ, *Jur.* 1807 (140)*
—Clavellaria amerinæ, *Lea.* 1814 (162)*
— — marginata, *Lea.* 1814 (162)*
—Cimbex amerinæ, *Lep,* 1823 (75).
— — marginata, *Lep.* 1823 (75).
— — amerinæ, *Kl.* 1818 (67).
— — — *Htg.* 1837 (61).
—Clavellaria amerinæ, *Zad* 1863 (7).
—Clavellaria amerinæ, *Th.* 1871 (282)*

G. 4. — ABIA. Leach, 1814 (162)*

1 Sericea, Linné.

—Tenthredo sericea, *L.* 1767 (186)*
— — — *Vill.* 1789 (289)*
— — — *Rossi.* 1790 (247)*
—Cimbex sericea, *Oliv.* 1789 (213)*
— — sericea, *Fab.* 1804 (89)*
—Tenthredo sericea, Jur. 1807 (140)*
—Abia sericea, *Leach.* 1814 (162)*
— — brevicornis, *Leach,* 1814 (162)*
—Cimbex sericea, *Kl.* 1818 (67).
— — nitens, *Lep.* 1823 (75).
— — — *Dalhb.* 1835 (34).
— — sericea, *Htg.* 1837 (61).
—Abia dorsalis, *Costa.* 1861 (42)*
—Abia sericea, *Zadd.* 1863 (7).
— — nitens, *Thoms.* 1871 (282)*

2 Nitens, Linné.

—Tenthredo nitens, *L.* 1759 (184)*
— — — *Vill.* 1789 (289)*
—Cimbex splendida, *Kl.* 1818 (67).
— — — *Htg* 1837 (61).
—Abia nitens, *Zadd.* 1862 (7).

3 Aurulenta, Sichel.

—Abia aurulenta, *Sichel.* 1856 (95),
—Cimbex cuprea, *Aisch.* 1870 (3)*

4 Fulgens, Zaddach *(in coll.)*

—Abia aurulenta, *Zadd.* 1863 (7).

5 Nigricornis, Leach.

—Tenthredo nitens var, *L.* 1759 (184)*
—Cimbex sericea, *Oliv.* 1789 (213)*
—Tenthredo sericea, *Pz.* 1801 (218)*
—Cimbex sericea var, *Fabr* 1804 (89)*
—Abia nigricornis, *Leach.* 1814 (162)*
—Cimbex aeneo, *Kl.* 1818 (67).
— — lonicerœ, *Lep.* 1823 (75).
— — nigricornis, *Lep.* 1823 (75).
—Abia bifida, *Thoms.* 1871 (282)*

6 Mutica, Thomson.

—Cimbex nitens, *Fallén.* 1802 (90)*
—Abia mutica, *Thoms.* 1871 (282)*

7 Fasciata, Linné.

—Tenthredo fasciata, L. 1758 (184)*
— — lonicerœ, L. 1758 (184)*
— — fasciata, *Schæf.* 1766 (252)*
— — — *Vill.* 1789 (289)*
—Cimbex fasciata, *Kl.* 1789 (213)*
—Tenthredo fasciata *Pz.* 1801 (218)*

—Cimbex fasciata, *Fabr.* 1804(89)*
—Tenthredo fasciata, *Jur.* 1807(140).
—Zaræa fasciata, *Leach.* 1814(162)*
—Cimbex fasciata, *Kl.* 1818(67).
— — — *Lep.* 1823(75).
— — — *Dahlb.* 1835(34).
— — — *Htg.* 1837(61).
—Abia fasciata, *Zadd.* 1863(7).
— — — *Thoms.* 1871(282)*

G. 5. — AMASIS, Leach, 1814 (162*)

1 Læta, Fabricius.

—Cimbex sylvatica ? *Kl.* 1789(213)*
—Tenthredo crassicornis ? *Rossi.* 1790(217)*
—Cimbex læta. *Fabr.* 1804(89)*
— — — *Spin.* 1806(268)*
—Tenthredo læta, *Jur.* 1807(140)*
—Amasis læta, *Leach.* 1814(162)*
—Cimbex læta, *Klug.* 1818(67).
— — Jurinei, *Lep.* 1823(75).
— — læta, *Lep.* 1823(75).
— — Olivieri, *Lep.* 1823(75).
— — læta, *Htg.* 1837(61).
— — læta. *Zadd.* 1863(7).

2 Amœna, Klug.

—Cimbex amœna, *Kl.* 1818(67).
—Abia mutabilis, *Tischb.* 1852(100).
—Amasis amœna, *Zadd.* 1863(7).
— — concinna, *Stein.* 1876(98).

3 Lateralis, Brullé.

—Amasis lateralis, *Br.* 1832(27)*
—Cimbex jucunda, *Kl.* 1839 *Reil's Spanien Reise.*
—Amasis lateralis, *Zadd.* 1863(7).

4 Krüperi, Stein.

—Amasis albipes, *Sich.* (In-coll.)
—Amasis Krüperi, *Stein,* 1876(98).

5 Obscura, Fabricius.

—Tenthredo obscura, *Fab.* 1781(85)*
— — — *Vill.* 1789(289)*
—Cimbex obscura, *Ol.* 1789(213)*
— — — *Fall.* 1802(90)*
—Amasis obscura, *Leach.* 1811(162)*
—Cimbex obscura, *Kl.* 1818(67).
— — — *Lep,* 1823(75).
— — italica, *Lep.* 1823(75)*
— — obscura, *Dhlb.* 1835(34).
— — — *Htg.* 1837(61).
—Amasis obscura. *Zadd.* 1863(7).
— — — *Thoms* 1871(282)*

2e Tribu. — Hylotomidæ

G. 6. — HYLOTOMA, Latreille, 1801.

1 Cœruleipennis, Retzius.

—Mouche à scie bleue à ailes bleues, — *Geoff.* 1764(102)*
—Arge enodis, *Schranck.* 1781(257)*
—Tenthredo enodis, *Fab.* 1781(85)*
—Tenthredo cœruleipennis, *Retz* 1783(239)*
—Tenthredo enodis, *Vill.* 1789(289)*
—Hylotoma enodis, *Fab.* 1801(89)*
—Cryptus enodis, *Jur,* 1807(140)*
—Hylotoma vulgaris, *Kl.* 1818(67).
— — enodis, *Lep,* 1823(75).
— — — *Dhlb.* 1835(34).
— — — *Htg.* 1837(61).
— — vulgaris, *Zadd.* 1863(7).
— — cœruleipennis, *Thomson.* 1871 (282)*

2 Pullata, Zaddach.

—Hylotoma pullata, *Zadd.* 1859(105).
— — — — 1863(7).

3 Enodis, Linné.

—Tenthredo enodis, *L.* 1766(186)*
—Hylotoma enodis, *Fall.* 1807(90)*
— — atrata, *Kl.* 1818(67).

4 Berberidis, Schranck.

—Arge berberidis, *Schk.* 1781(257)*
—Hylotoma berberidis, *Kl,* 1818(67).
— — — *Dhlb.* 1835(34).
— — — *Htg.* 1837(61).
— — — *Zad.* 1863(7).

5 Gracilicornis, Klug.

—Hylotoma gracilicornis,K1808 (67).
— — pilicornis, *Leac.*1814 (162)*
—Ptilia pilicornis, *Lep.* 1823 (75).

6 Ventricosa, Zaddach.

—Hytoloma ventricosa, *Zd.*1863 (7).

7 Cyanella, Klug.

—Hylotoma cyanella, *Kl.* 1818 (67).
— — — *Htg.* 1837 (61).
— — — *Zadd.* 1863 (7).
— — — *Thoms*1871 (282)*

8 Fuscipes, Fallén.

—Hylotoma fuscipes, *Fall.* 1807 (90)*
— — violacea, *Kl.* 1808 (67).
— — anglica, *Leach*1814 (162)*
— — atrocœrulea, *Lep.*1823 (75).
—Hylotoma violacea, *Htg.*1837 (61).
— — — *Zadd.* 1863 (7).
— — fuscipes, *Thoms*1871 (282)*

9 Expansa, Klug.

—Hylotoma expansa, *Kl.* 1834 (70).
— — — *Zadd.*1863 (7).

10 Ciliaris, Linné.

—Tenthredo ciliaris, *L.* 1766 (186)*
— — — *Vill.* 1789 (289)*
—Hylotoma ciliaris, *Fall.* 1807 (90)*
— — cœrulea, *Kl.* 1818 (67).
— — — *Htg.* 1837 (61).
— — ciliaris, *Zadd.* 1863 (7).
— — — *Thoms.*1871 (282)*

11 Corusca, Zaddach.

—Hylotoma corusca, *Zadd*1859 (105).
— — — — 1863 (7).

12 Metallica, Klug.

—Hylotoma metallica, *Kl.* 1834 (70).
— — — *Htg.* 1837 (61).
— — — *Zadd.* 1863 (7).

13 Ustulata, Linné.

—Mouche à scie noire à ailes jaunes, *Geoff.* 1764 (102)*
—Tenthredo ustulata, *L.* 1766 (186)*
— — pilicornis, *Preyssl*1779 (231)*
— — flavipes, *Retz.* 1783 (239)*
— — ochroptera, *Fourc*1785 (94)*
—Hylotoma ustulata, *Fab.* 1804 (89)*
— — — *Fallèn.*1807 (90)*
— — — *Latr.* 1808 (156)*
— — — *Kl.* 1818 (67).
— — — *Lep.* 1823 (75).
— — — *Dhlb.* 1835 (34).
— — — *Htg.* 1837 (61).
— — — *Zadd.* 1863 (7).
— — — *Thoms* 1871 (282)*
— —claripennis, *Rudow.*1871 (86).

14 Atrata, Forster.

—Tenthredo atrata, *Forst.* 1771 (92)*
—Argo ustulata, *Schk.* 1781 (257)*
—Tenthredo atrata, *Gmelin*1788 (114)*
—Cryptus segmentarius, *Pz*1793 (218)*
—Cimbex segmentarius, *L.*1796 (154)*
—Hylotoma segmentaria,*S.*1806 (268)*
— — — *Jur.* 1807 (140)*
— — Klugii, *Leach.* 1814 (162)*
— — segmentaria, *Kl*1818 (67).
— — — *Lep.* 1823 (75).
— — albicruris, *Brûl.* 1832 (27)*
— — segmentaria, *Ht*1837 (61).
— — discus, *Costa.* 1861 (42)*
— — atrata, *Zadd.* 1863 (7).
— — segmentaria *Th.*1871 (282)*
— — saliceti, *Rudow.* 1871 (86).

15 Thoracica, Spinola.

—Hylotoma thoracica, *Spin* 1806 (268)*
— — — *Kl.* 1818 (67).
— — — *Lep.* 1823 (75).
— — pleuritica, *Kl.* 1834 (70).
— — thoracica, *Htg.* 1837 (61)*
— — — *Zadd.* 1863 (7).

16 Pagana, Panzer.

—Tenthredo pagana, *Panz.*1793 (218)*
—Hylotoma flaviventris, *F.* 1807 (90)*

—Cryptus paganus, *Jur* 1807(140)*
—Hylotoma pagana, *Latr.* 1809(156)*
— — — *Kl.* 1818(67).
— — — *Lep.* 1823(75).
— — — *Dhlb.* 1835(34).
— — — *Htg.* 1837(61).
— — — *Zadd.* 1863(7).
— — — *Thoms*1871(282)*

17 Tergestina, KRIECHBAUMER.

— Hylotoma tergestina, *Kriechb* 1876 *(Soc.z.b. Vienne)*.

18 Fuscipennis, H. S.

—Hylotoma fuscipennis, *Panz. H-S.* 1878(218)*
— — — *Zadd.* 1859(105).
— — — — 1863(7).

19 Dimidiata, FALLÉN.

—Hylotoma dimidiata, *Fall*1808 (90)*
— — mediata, *Fall.* 1813(91)*
— — fasciata, *Lep.* 1823(75).
— — mediata, *Zdd.* 1863(7).
— — dimidiata, *Th.* 1871(282)*

20 Cyanocrocea, FORSTER.

—Tenthredo cyanocrocea, *Forst.* 1771(92)*
—Arge bicolor, *Schk.* 1781(257)*
—Tenthredo cyanocrocea, *Gmel.* 1788(114)*
— — — *Vill.* 1789(289)*
—Hylotoma cœrulescens, *F*1804(89)*
—Cryptus cœrulescens, *Jur*1807(140)*
—Hylotoma cœrulescens, *Latreille.* 1809(156)*
— — — *Kl.* 1818(67).
— — — *Lep.* 1823(75).
— — — *Dhlb.* 1835(34).
— — — *Htg.* 1837(61).
— — cyaneocrocea, *Zad*1863(7).
— — cœrulescens *Tho.*1871(282)*

21 Melanochroa, GMELIN.

—Tenthredo melanochroa, *Gmel.* 1788(114)*
—Hylotoma femoralis, *Kl.* 1818(67).
—Hylotoma dimidiata, *Lep.* 1823(75)
— — femoralis, *Htg.* 1837(61)
—Hylotoma cœrulescens, var bicolor. *Gim.* 1844 (52).
— — ænescens *Fœnt.*1844(48).
— — Melanochroa, *Za*1863(7).
— — Similis, *Rudow*1871(86).

22 Confusa, DIETRICH.

—Hylotoma confusa, *Dietr.* 1868(56).

23 Rufescens, ZADDACH.

—Hylotoma rufescens, *Zad* 1863(7).

24 Friwaldskyi, TISCHBEIN.

—Hylotoma Friwaldskyi, *Tisch.* 1852 (100).
— — — *Zadd.*1863(7).

25 Pyrenaica, ANDRÉ. 1879.

26 Rosæ, DEGEER.

—Tenthredo rosæ, *Deg.* 1752(101)*
—Mouche à scie du rosier, *Geof.* 1764 (102).
—Tenthredo rosæ, *Fourc.* 1785(94).
— — ochropus, *Gmel*1788 (114)*
— — capreæ *Preyssl.*1799(231)*
—Arge rosincola, *Schk.* 1802(257)*
—Hylotoma rosæ, *Fabr.* 1804(89)*
—Cryptus rosæ, *Jur.* 1807(140)*
—Hylotoma rosæ, *Latr.* 1809(156)*
— — rosarum, *Kl.* 1818(67).
— — rosæ, *Lep.* 1823(75).
— — rosarum, *Dhlb.* 1835(34).
— — — *Htg.*. 1837(61).
— — rosæ, *Zadd.* 1863(7).
— — rosarum, *Thoms*1871 (282).

27 Stephensi, LEACH.

—Hylotoma Stephensi, *Lea.* 1814 (162)*
— — — *Lep.* 1823 (175).
— — — Kl. 1834(70).

G. 7. — SCHIZOCERA, LATREILLE, 1806 (156).

1 Geminata, GMELIN.

—Tenthredo geminata *Gmel*1788 (114)*

—Hylotoma costata, *Fall.* 1808(90)'
—Cryptus pallipes, *Leach.* 1814 (162)'
—Hylotoma geminata, *Kl.* 1818 (67).
—Cryptus pallipes, *Lep.* 1823 (75).
—Cyphona geminata, *Dhlb.* 1835 (34).
—Hylotoma geminata, *Htg.* 1837 (61).
—Schizocera geminata *Zad.* 1863 (7).
—Cyphona geminata, *Th.* 1871 (282)'

2 Pallipes, Bremi.

—Schizocera pallipes *Bremi* 1849(26)'
— — — *Zadd.* 1863 (7).

3 Fusca, Zaddach.

—Schizocera fusca, *Zadd.* 1863 (7).

4 Bifurca, Klug.

—Hylotoma bifurca, *Klug.* 1834 (70).
— — — *Htg.* 1837 (61).
—Schizocera bifurca, *Zdd.* 1863 (7).

5 Instrata, Zaddach.

—Schizocera instrata, *Zdd.* 1859(105).
— — — — 1863 (7).

6 Melanura, Klug.

—Hylotoma melanura, ♀ *Kl.* 1818 (67).
— — — *Htg.* 1837 (61).
—Schizocera cognata, ♀ *C.* 1861 (42)'
— — flavipes ♂ *Zadd* 1863 (7).
— — melanura ♀ *Zad* 1863 (7).
— — melanura, ♂ ♀ *Thoms.* 1871 (282)'

7 Cylindricornis, Thomson.

—Schizocera cylindricornis *Thoms.* 1871 (282)'

8 Brevicornis, Fallén.

—Hylotoma brevicornis, *Fall.* 1808 (90)'
— — tarda, *Kl.* 1818 (67).
— — — *Htg.* 1837 (61).
—Schizocera tarda, *Zdd.* 1863 (7).
— — brevicornis, *Th.* 1871 (282)'

9 Furcata, Villiers.

—Tenthredo furcata, *Vill.* 1789 (289)'
— — rubi Idæi, *Rossi* 1790 (247)'
— — melanocephala, *Pz* 1793 (218)'
— — taraxaci, *Panz.* 1793 (218)'
— — angelicæ, *Panz* 1793 (218)'
—Hylotoma furcata ♂ *Fab.* 1804 (89)'
— — angelicæ ♀ *Fab* 1804 (89)'
— —melanocephala, *Lat* 1806 (156)'
— — furcata, *Latr.* 1806 (156)'
—Cryptus furcatus, *Jur.* 1807 (140)'
— — angelicæ, *Jur.* 1887 (140)'
— — Villersii, *Leach.* 1814 (162)'
—Hylotoma furcata, *Kl.* 1818 (67).
— — angelicæ, *Kl.* 1818 (67).
—Cryptus furcatus, *Lep.* 1823 (75).
— — angelicæ, *Lep.* 1823 (75).
—Cyphona furcata, *Dhlb.* 1835 (34).
—Hylotoma furcata, *Htg.* 1837 (61).
— — angelicæ, *Htg.* 1837 (61).
—Schizocera furcata, *Zadd* 1863 (7).
—Cyphona angelicæ, *Thoms* 1871 (282)'

10 Zaddachi mihi.

—Schizocera axillaris, *Zad* 1863 (7).
(Il y a déjà une S. axillaris, de *Spinola*, de Cayenne. — V. *Ann. Soc. ent fr.*, 1840, p. 130.

11 Gastrica, Klug.

—Hylotoma gastrica, *Kl.* 1818 (67).
—Schizocera gastrica, *Zad* 1863 (7).

12 Bifida, Klug.

—Hylotoma bifida, *Kl.* 1834 (70).
— — — *Htg.* 1837 (61).
—Schizocera bifida, *Zadd.* 1863 (7).
— — geniculata, *Th.* 1871 (282)'

13 Intermedia, Zaddach.

—Schizocera intermedia, *Zadd.* 1863 (7).
— — fusicornis, *Th.* 1871 (282)'

14 Peletieri, de Villaret.

—Schizocera Peletieri, *Vill.* 1832 (103).
—Schizocera Peletieri, *Zad* 1863 (7).

15 Vittata, Mocsary.

—Schizocera vittata, Mocs. 1789 *(Acad. hongr.)*.

16 Scutellaris, Herrich-Schæffer.

—Hylotoma scutellaris, *H. S.* 1838 (218)*
—Schizocera scutellaris, *Zadd.* 1863 (7).

3e Tribu. — Lophyridæ

G. 8. — LOPHYRUS, Latreille 1806 (156)*

1 Nemorum, Fabricius.

—Hylotoma nemorum, *Fab.* 1801 (89)*
—Lophyrus nemorum, *Kl.* 1818 (67).
— — — *Lep.* 1823 (75).
— — — *Zett.* 1828 (299)*
— — — *Fall.* 1829 (44).
— — — *Htg.* 1837 (61).
—Lophyrus nemorum, *Th.* 1871 (282)*

2 Virens, Klug.

—Lophyrus virens, *Kl.* 1818 (67).
— — — *Fall.* 1829 (44).
— — — *Htg.* 1837 (61).
— — — *Thoms* 1871 (282)*

3 Hercyniæ, Hartig.

—Lophyrus herquiæ, *Htg.* 1837 (61).
— — — *Thoms* 1871 (282)*

4 Polytomus, Hartig.

—Lophyrus polytomus, *Htg* 1837 (61).

5 Pallidus, Klug.

—Mouche à scie à antennes barbues (la petitte), *de Geer.* 1752 (101)*
—Tenthredo pectinata minor *Retz.* 1783 (239)*
— — pini minor, *Vill* 1789 (289)*
— — pinastri, *Bechst* 1804 (12)*.
—Lophyrus pallidus, *Kl.* 1818 (67).
— — minor, *Lep.* 1823 (75).
—Lophyrus pallidus, *Fall.* 1829 (44).
— — — *Htg.* 1837 (61).
— — — *Thoms* 1871 (282)*

6 Laricis, Jurine.

—Pteronus laricis, *Jur.* 1807 (140)*
—Lophyrus laricis, *Kl.* 1818 (67).
— — — *Lep.* 1823 (75).
— — virens, *Zett.* 1828 (299)*
— — laricis, *Htg.* 1837 (61).
— — — *Thoms* 1871 (282)*

7 Frutetorum, Fabricius.

—Hylotoma frutetorum *Fab* 1778 (82)*
—Tenthredo eques, *Schr.* 1798 (257)*
—Lophyrus frutetorum, *Kl.* 1818 (67).
— — — *Lep.* 1823 (75).
— — — *Htg.* 1837 (61).
— — — *Thoms* 1871 (282)*

8 Variegatus, Hartig.

—Lophyrus variegatus, *Htg* 1837 (61).
— — — *Thoms* 1871 (282)*

9 Pini, Linné.

—Mouche à scie à antennes barbues (la grande), *de Geer* 1752 (101)*
—Tenthredo pini, *L* 1759 (184)*
—Hylotoma pini, *Fab.* 1775 (81)*
— — dorsata, *Fab.* 1775 (81)*
—Tenthredo pectinata major *Retz.* 1783 (239)*
—Tenthredo pini, *Vill.* 1789 (289)*
— — dorsata, *Vill.* 1989 (289)*
—Lophyrus pini, *Latr.* 1806 (156)*
—Pteronus pini, *Jur.* 1807 (140)*
— — dorsatus, *Jur.* 1807 (140)*
—Lophyrus pini, *Kl.* 1818 (67).
— — — *Zett.* 1828 (299)*
— — — *Fall.* 1829 (44).
— — — *Htg.* 1837 (61).
— — — *Thoms* 1871 (282)*

10 Eremita, Thomson.

—Lophyrus similis, *H. var3.* 1837 (61).
—Lophyrus eremita, *Thoms* 1871 (282)*

11 Similis, Hartig.

—Lophyrus similis, *Htg.* 1837(61).

12 Rufus, Retzius.

—Mouche à scie à antennes barbues rousses, *de Geer.* 1752(101)*
—Tenthredo pectinata rufa, *Retz.* 1783(239)*
—Tenthredo securifera, *Fourc.* 1785(94)*
—Tenthredo pini rufa, *Vill.*1789(289)*
—Lophyrus rufus, *Klug.* 1818(67).
— — piceæ, *Lep.* 1823(75).
— — rufus, *Fall.* 1829(44).
— — rufus, *Htg.* 1837(61).
— — rufus, *Thoms.* 1871(282)*

13 Pineti, Klug.

—Lophyrus pineti *mus.* Kl.
— — — *Htg.* 1837(61).

14 Socius, Klug.

—Lophyrus socius, *Kl.* 1818(67).
— — — *Htg.* 1837(61).
— — — *Thoms*1871(282)*

15 Pallipes, Fallén.

—Tenthredo pallipes, *Fall.*1807(90)*
—Lophyrus elongatulus,*Kl*1818(67).
— — — *Fall.*1829(44).
— — — *Htg.*1837(61).
— — pallipes,*Thoms.*1871(282)*

16 Politus, Klug.

—Lophyrus politus, *Kl.* 1818(67).
— — — *Htg.* 1837(61).

17 Pulchricornis, Bremi.

—Lophyrus pulchricornis, *Bremi.* 1849(4).

G. 9. — MONOCTENUS, Dahlbom 1835(34).

1 Subconstrictus, Thomson.

—Monoctenus subconstrictus,*Thoms.* 1871(282)*

2 Juniperi, Linné.

—Tenthredo juniperi, *L.* 1758(181)*
—Tenthredo pterophorus, *Sulzer.* 1776(277)*
—Tenthredo juniperi, *Vill.*1789(289)*
— — — *Panz.*1793(218)*
—Hylotoma juniperi, *Fab.* 1804(89)*
—Pteronus juniperi, *Jur.* 1807(140)*
—Lophyrus juniperi, *Kl.* 1818(67).
— — — *Lep.* 1823(75).
— — — *Fall.* 1829(44).
—Monoctenus juniperi,*Dhl.*1835(34).
— — — *Htg.* 1837(61).
— — — *Thoms.*1871(282)*

3 Obscuratus, Hartig.

—Monoctenus obscuratus, *Htg.* 1837(61).
—Monoctenus obscuratus, *Thoms.* 1871(282)*

4e Tribu. — Nematidæ

G. 10. — CLADIUS, Illiger 1801(132)*

1 Ramicornis, Rondani, *in coll.*

2 Pectinicornis, Fourcroy.

—Mouche à scie à antennes pectinées. *Geof.* 1764(102)*
—Tenthredo pectinicornis, *Fourc.* 1785(94)*
—Tenthredo pectinicornis, *Rossi.* 1792(248).
—Tenthredo difformis,*Panz*1793(218)*
— — alces, *Thunberg*1795(283)*
—Cladius difformis, *Ill.* 1801(132)*
— — — *Latr.* 1806(156)*
— — — *Spin.* 1806(268)*
—Pteronus difformis, *Jur.* 1807(140)*
—Cladius difformis, *Leach.*1814(162)*
— — — *Lep.* 1823(75).
— — Geoffroyi, *Lep.* 1823(75).
—Lophyrus difformis, *Fall.*1829(44).
—Cladius difformis, *Htg.* 1837(61).
—Cladius difformis (larve), *Brishke.* 1855(6).
—Cladius difformis,*Thoms.*1871(282)*

G. 11. — TRICHIOCAMPUS, Hartig

1 Viminalis, Fallén.

—Tenthredo viminalis,*Fall.*1807(90)*
—Nematus grandis, *Lep.* 1823(75).

—Nematus luteicornis, *Steph.* 1828(272)*
—Cladius eucera, *Htg* 1837(61).
—Cladius viminalis (larve), *Brischke* 1855 (6).
—Cladius viminalis, *Thoms.* 1871(282)*

2 Rufipes, Lepelletier.

—Cladius rufipes, *Lep.* 1823(75).
— — uncinatus, *Htg* 1837(61).
— — rufipes, *Thoms.* 1871(282)*

3 Eradiatus, Hartig

—Cladius eradiatus, *Htg.* 1837(61).
— — — *Thoms.* 1871(282)*

4 Drewseni, Thomson.

—Cladius Drewseni, *Thoms.* 1871(282)*

5 Discrepans, Costa.

—Cladius discrepans, *Costa* 1861(42)*

6 Æneus, Zaddach.

—Cladius æneus, *Zadd.* 1859(105).

7 Garbiglietti, Costa.

—Trichiocampus Garbiglietti, *Costa* 1864(43)*

G. 12. — PRIOPHORUS, Latreille 1806(156)*

1 Padi, Linné.

—Tenthredo padi, *L.* 1720(174)*
— — albipes, *Fall.* 1807(90)*
—Cladius albipes, *Kl.* 1818(67).
— — morio, *Lep.* 1823(75).
— — pallipes, *Lep.* 1823(75).
— — pilicornis, *Curtis.* 1824(48)*
— — immunis, *Steph.* 1835(272)*
— — albipes, *Htg.* 1837(61).
—Cladius albipes (larve), *Brischke.* 1855(6).
—Cladius padi, *Thoms.* 1871(282)*

2 Brullæi, Dahlbom.

—Priophorus Brullæi, *Dhlb* 1835(34).
— — geniculatus, *Dhlb.* 1835(34).
—Cladius Brullæi, *Thoms.* 1871(282)*

3 Tristis, Zaddach.

—Cladius tristis, *Zadd.* 1859(105).

4 Tener, Zaddach.

—Cladius tener, *Zadd.* 1859(105).

G. 13. — CRYPTOCAMPUS, Hartig 1837(61).

1 Pentandræ, Retzius.

—Mouche à scie des galles ligneuses du saule, *de Geer* 1752(101)*
—Cynips amerinæ, *L.* 1759(184)*
—Tenthredo salicis pentandræ, *Retz.* 1783(239)*
—Pristiphora duplex, *Lep.* 1823(75).
—Tenthredo saliceti, *Zett.* 1828(299)*
—Nematus medullarius, *Hartig.* 1837(61).
—Nematus populi, *Htg.* 1837(61).
—Cryptocampus medullarius, *Htg.* 1840 (*Stett. ent. Zeit.*).
—Cryptocampus populi, *Hartig.* 1840 (*l. c.*).
—Cryptocampus mucronatus, *Sn. V.* 1860(97).
—Nematus buccatus, *Thomson* 1863 (*Of. of. vet. Ac. For*).
—Nematus pentandræ, *Thomson* 1871(282)*

2 Saliceti, Fallén.

—Tenthredo saliceti, *Fall.* 1807(90).
—Nematus mucronatus, *Hartig.* 1837(61).
—Cryptocampus mucronatus, *Htg.* 1840 (*l. c.*).
—Nematus saliceti, *Thoms.* 1863(*l. c.*).
— — — — 1871(282)*

3 Angustus, Hartig.

—Pteronus ater (planche), *Jurine.* 1807(140)*?
—Pteronus niger (texte), *Jurine.* 1807(140)*?
—Pristiphora atra, *Lep.* 1823(75).?
—Nematus angustus, *Htg.* 1837(61).
—Cryptocampus angustus, *Hartig.* 1840(*l. c.*).
—Cryptocampus saliceti var. c. *Thms.* 1863 (*l. c.*).

—Cryptocampus angustus, *Thoms.* 1871(282)*

4 Quadrum, Costa.

—Cryptocampus quadrum, *Costa.* 1861(42)*

5 Fuscicornis, Hartig.

—Nematus (Diphadnus) fuscicornis, *Htg* 1837(61).
—Diphanus fuscicornis, *Htg* 1840(*l.c.*).

6 Nigricornis, Hartig.

—Nematus nigricornis, *Htg.* 1837(61).
—Diphadnus nigricornis, *Hartig.* 1840(*l. c*).

7 Semineurus, Hartig.

—Nematus semineura, *Htg.* 1837(61).
—Diphadnus semineurus, *Hartig.* 1840(*l. c.*).

G. 14.— PRISTIPHORA, Latreille 1806(156)*

1 Varipes, Lepeletier.

—Pristiphora varipes, *Lep.* 1823(75).
— — — *Htg.* 1837(61).

G. 15. — DINEURA, Dahlbom 1835(34).

1 Virididorsata, Retzius.

—Mouche à scie a larve à dos vert, *de Geer.* 1752(101)*
—Tenthredo virididorsata, *Retzius.* 1783(230)*
—Tenthredo ulmi, *Fall.* 1807(90)*
— — Degeeri, *Kl.* 1818(67).
—Dineura Degeeri, *Dhlb.* 1835(34).
— — — *Htg.* 1837(61).
— — Hartigii, *Gimm.* 1844(52).
—Nematus Degeeri, *Thom.* 1871(282)*

2 Stilata, Klug.

—Tenthredo stilata, *Kl.* 1818(67).
—Nematus Danicus, *Dhlb.* 1835(34).
—Dineura (mesoneura) stilata, *Htg.* 1837(61).
—Dineura flaveola, *Eversm.* 1847(43).
—Nematus stilatus, *Thoms* 1871(282)*

3 Testaceipes, Klug.

—Tenthredo testaceipes, *Kl.* 1818(67).
—Dineura testaceipes, *Htg.* 1837(61).
— — ventralis, *Zdd.* 1859(105).
—Nematus testaceipes, *Thomson.* 1871(282)*

4 Despecta, Hartig.

—Dineura despecta, *Htg.* 1837(61).

5 Selandriiformis, Cameron.

—Dineura selandriiformis, *Cameron* 1875(21).

6 Simulans, Cameron.

—Dineura simulans, *Cameron* 1877(26).

7 Parvula, Klug.

—Tenthredo parvula, *Kl.* 1818(67).
—Dineura parvula, *Htg.* 1837(61).

8 Verna, Klug.

—Tenthredo verna, *Kl.* 1818(67).
— — punctigera, *Lep.* 1823(75)
— — albilabris, *Fall.* in litt.
—Selandria biloba var. *Stephens* 1835(272)*
—Selandria labialis, *Brull* 1836(27)*?
—Dineura opaca, *Htg.* 1837(61).
— — pallipes, *Htg.* 1837(61).
—Leachia labialis, *Lep.* (in coll).
— — dorsalis, var. *Forst.* 1844(48).
—Nematus opacus, *Thoms.* 1871(282)*

G. 16. — HEMICHROA, Stephens. 1835(272)*

1 Alni, Linné.

—Tenthredo alni, *L.* 1720(174)*
—Hemichroa alni, *Steph.* 1835(272)*
—Dineura alni, *Htg.* 1837(61).
—Leptocercus alni, *Thoms.* 1871(282)*

2 Rufa, Panzer.

—Tenthredo rufa, *Pz.* 1793(218)*
— — — *Kl.* 1818(67).
—Dineura rufa, *Htg.* 1837(61).
—Leptocercus rufus, *Thomson.* 1871(282)*

3 Nigriceps, THOMSON.

—Leptocercus nigriceps, *Thomson.* 1781(282)*

4 Unicolor, RUDOW.

—Dineura unicolor, *Rud.* 1871(86).

G. 17. — CAMPONISCUS,
NEWMANN 1869(82).

1 Luridiventris, FALLÈN.

—Fausse chenille cloporte, *de Geer.* 1752(101)*
—Tenthredo luridiventris, *Fallèn.* 1807(90)*
—Nematus hypogastricus, *Hartig.* 1837(61).
—Leptopus hypogastricus, *Hartig.* 1840(*l. c.*).
—Leptopus rufipes ♂ *Foerster.* 1854(19).
—Camponiscus Healæi, *Newmann.* 1869(82).
—Leptocercus luridiventris, *Thoms.* 1871(282)*

G. 18. — NEMATUS, JURINE
1807(140)*

1 Septentrionalis, LINNÉ.

—Mouche à scie à larges pattes, *de Geer.* 1752(101)*
—Tenthredo septentrionalis, *Linné.* 1758(184)*
—Tenthredo septentrionalis, *Schæffer* 1769(252)*
—Tenthredo septentrionalis, *Schr.* 1781(257)*
—Tenthredo largipes, *Retzius.* 1783(239)*
—Tenthredo septentrionalis, *Ol.* 1789(213)*
—Tenthredo septentrionalis, *Fab.* 1792(87)*
—Tenthredo septentrionalis, *Panz.* 1793(218)*
—Tenthredo septentrionalis, *Fab.* 1804(89)*
—Nematus septentrionalis, *Jurine.* 1807(140)*
—Tenthredo septentrionalis, var. *Fall* 1808(90)*
—Crœsus septentrionalis, *Leach.* 1814(162)*
—Nematus septentrionalis, *Lep.* 1823(75).
—Tenthredo septentrionalis, *Zett.* 1828(295)*
—Crœsus septentrionalis, *Steph.* 1828(272)*
—Nematus septentrionalis, *Vill.* 1832(103).
—Nematus laticrus, *Vill.* 1832(103).
—Nematus septentrionalis, *Hartig.* 1837(61).
—Nematus laticrus, *Htg.* 1837(61).
—Crœsus septentrionalis, *Hartig.* 1840 (*l. c.*).
—Crœsus laticrus, *Htg.* 1840(*l. c.*).
—Nematus septentrionalis, *Sn V.* 1860(93).
—Crœsus septentrionalis, *Costa.* 1860(42)*
—Nematus septentrionalis, *Thoms.* 1871(282)*
—Nematus septentrionalis, *Zadd.* 1875(10).

2 Varus, DE VILLARET.

—Tenthredo septentrionalis, *Fallèn.* 1808(90)*
—Nematus varus, *Vill.* 1832(103).
— — — *Htg.* 1837(61).
—Crœsus varus, *Htg.* 1840(*l. c.*).
—Nematus varus, *Sn. V.* 1862(96).
— — — *Thoms.* 1871(282)*
— — — *Zadd.* 1875(10).

3 Latipes, DE VILLARET.

—Nematus latipes, *Vill.* 1832(103).
— — — *Htg.* 1837(61).
—Crœsus latipes, *Htg.* 1840(*l. c.*).
—Nematus laticrus, *Eversm.* 1867(43).
— — latipes, *Zdd.* 1875(10).

4 Brischkii, ZADDACH.

—Nematus Brischkii, *Zdd* 1875(10).

*
* *

5 Quercus, HARTIG.

—Nematus Friesii, *Dhlb.* 1835(34). (sans descr.).
—Nematus quercus, *Htg.* 1837(61).
— — — — 1840(*l. c.*).

—Tenthredo borealis, *Zett.* 1840(300)*
—Nematus quercus, *Thoms.* 1871(282)*
— — — *Zadd.* 1875(10).

6 Erichsonii, Hartig.

—Nematus Leachii, *Dhlb.* 1835(34).
(sans descr.).
—Nematus Erichsonii, *Htg.* 1837(61).
— — — *Htg.* 1840(*l. c.*).
— — — *Thoms.* 1871(282)*
— — — *Zadd.* 1875(10).

7 Anderschi, Zaddach.

—Nematus Anderschi, *Zdd.* 1875(10).

* * *

8 Lucidus, Panzer.

—Tenthredo lucida, *Pz.* 1793(218)*
— — crassa var. *Fall.* 1807(90)*
—Nematus lucidus, *Jur.* 1807(140)*
— — — *Ol.* 1808(213)*
— — — *Lep.* 1823(75).
— — cinctus, *Lep.* 1823(75).
— — lucida, *Htg.* 1837(61).
— — lucidus, *Htg.* 1840(*l. c.*).
— — — *Costa.* 1860(42)*
— — — *Thoms.* 1871(282)*
— — — *Zadd.* 1875(10).

* * *

9 Insignis, Hartig.

—Nematus insignis, *Htg.* 1840(*l. c.*).
— — — *Thoms.* 1871(282)*
— — — *Zadd.* 1875(10).

10 Princeps (*Palmèn*), Zaddach.

—Nematus princeps *Palmèn* (in coll.)
— — — *Zadd.* 1875(10).

* * *

11 Histrio, Lepeletier.

—Nematus histrio, *Lep.* 1823(75).
— — Deutschi, *Dhlb.* 1835(34).
— — rufescens, *Htg.* 1837(61).
— — — *Htg.* 1840(*l. c.*).
— — — *Thoms.* 1871(282)*
— — histrio, *Zadd.* 1875(10).

12 Longiserra, Thomson.

—Nematus longiserra, *Thomson.* 1871(282)*
—Nematus longiserra, *Zaddach.* 1875(10).

13 Scabrivalvis, Thomson.

—Nematus scabrivalvis, *Thomson.* 1871(282)*

14 Fallax, Lepeletier.

—Tenthredo hæmorroïdalis, *Spin.* 1806(268)*?
—Tentredo capreæ, *Fall.* 1808(93)*
—Nematus fallax, *Lep.* 1823(75).
— — vittatus, *Lep.* 1823(75).
— — nigricornis, *Lep.* 1823(75).
— — humeralis, *Lep.* 1823(75).
— — tæniatus, *Lep.* 1823(75).
—Nematus hæmorrhoïdalis, *Lep.* 1823(75).
—Tenthredo capreæ, *Zett.* 1828(299)*
—Nematus striatus, *Htg.* 1837(61).
— — — — 1840(*l. c.*).
—Nematus melanoleucus, *Hartig.* 1840(*l. c.*).
—Nematus humeralis, var. *Zett.* 1840(300)*
—Nematus squalidus, *Evrs.* 1847(43).
— — variabilis, *Tischb.* 1852(100).
—Nematus incanus, var. *Foerster.* 1854(49).
—Nematus striatus (larve), *Brischke.* 1855(6).
—Nematus striatus, *Thoms* 1871(282)*
— — humeralis, *Thoms* 1871(282)*
— — fallax, *Zadd.* 1875(10).

* * *

15 Capreæ, Panzer.

—Tenthredo capreæ, *Fab.* 1792(87)*?
— — — *Pz.* 1793(218)*
— — — *Fab.* 1804(89)*
— — — *Spin.* 1806(268)*
—Nematus capreæ, *Jur.* 1807(140)*
—Tenthredo capreæ, *Lat.* 1808(156)*
— — clitellatus, *Lep.* 1823(75).
— — capreæ, *Lep.* 1823) 75)?
— — — *Dalc.* 1834
(*Mag. of nat. II.*).
—Nematus Kirbyi, *Dhlb.* 1835(34).
— — pallicercus, *Htg.* 1837(61).

—Nematus pallicercus, *Htg.* 1840(*l.c.*).
— — vernalis, *Htg.* 1840(*l.c.*).
— — griseus, *Evers.* 1847(43).
— — continuus, *Evers.* 1847(43).
—Nematus trisignatus, *Foerster.* 1854(49).
—Nematus circumscriptus, *Foerster.* 1854(49).
—Nematus pectoralis, *Sn. V.* 1867(96).
— — Kirbyi, *Thoms.* 1871(282)*
— — capreæ, *Zadd.* 1875(10).

16 Canaliculatus, Hartig.

—Nematus canaliculatus, *Hartig.* 1840(*l. c.*).
—Nematus stenogaster, *Foerster.* 1854(49).
—Nematus pleuralis, *Thomson.* 1871(282)*
—Nematus canaliculatus, *Zaddach.* 1875(10).

17 Variator, Ruthe.

—Nematus variator, *Ruthe.* 1859 (*Stett. ent. Zeit.*)
—Nematus variator, *Zadd.* (1875(10).

18 Umbripennis, Eversmann.

—Nematus umbripennis, *Eversmann.* 1847(43).
—Nematus umbripennis, *Zaddach.* 1875(10).

19 Turgidus, Zaddach.

—Nematus pallicercus, *Thomson.* 1871(282)*?
—Nematus turgidus, *Zadd.* 1875(10).

20 Imperfectus, Zaddach.

—Nematus imperfectus, *Zaddach.* 1875(10).

* * *

21 Cœruleocarpus, Hartig.

—Nematus propinquus, *Dahlbom.* 1835(34).
—Nematus cœruleocarpus, *Hartig.* 1837(61).
—Nematus cœruleocarpus, *Hartig.* 1840(*l. c.*).
—Nematus brevispinus, *Foerster.* 1854(49).
—Nematus cœruleocarpus, *Sn. V.* 1857(96).
—Nematus brachyacanthus, *Thoms.* 1871(282)*

22 Crassus, Fallèn.

—Tenthredo crassa, *Fall.* 1808(90).*
—Nematus vicinus, *Lep.* 1823(75).
—Nematus melanostigma, *Steph.* 1828(272)*
—Nematus crassus (larve), *Dhlb* 1848(*Isis*).
—Nematus crassus, *Thoms.* 1871(282)*
—Nematus crassus (larve), *Zaddach.* 1875(10).

23 Wahlbergi, Thomson.

—Nematus Wahlbergi, *Thomson.* 1871(282)*

24 Sulcipes, Fallèn.

—Tenthredo sulcipes, *Fall.* 1829(44).
—Nematus sulcipes, *Htg.* 1837(61).
— — — — 1840(*l. c.*).

25 Fennicus, André.

* * *

26 Miniatus, Hartig.

—Nematus Zetterstedti. *Dahlbom.* 1835(34) *s. d.*
—Nematus miniatus, *Htg.* 1837(61).
— — — — 1840(*l.c.*).
—Nematus Zetterstedti, *Thomson.* 1871(282)*

27 Faustus, Hartig.

—Nematus faustus, *Htg.* 1837(61).
— — — — 1840(*l.c.*).

* * *

28 Mollis, Hartig.

—Nematus mollis, *Htg.* 1837(61).
— — — — 1840(*l. c.*).
—Tenthredo lapponica, *Zett.* 1840(300)*
—Nematus mollis, *Thoms.* 1871(282)*

29 Leucopodius, HARTIG.

—Nematus leucopodius, *Htg* 1837(61).
— — — — 1840(*l. c.*).

30 Lativentris, THOMSON.

—Nematus lativentris, *Thomson*. 1871(282)'
—Nematus Whitei, *Cam.* 1878(31).

***

31 Rufipes, LEPELETIER.

—Nematus rufipes, *Lep.* 1823(75).

32 Tischbeini, MIHI.

—Nematus rufipes, *Tischb.* 1846 (*Stett. ent. Zeit*).
(Il y a déjà un *rufipes* Lep. n° 31).

33 Oblitus, LEPELETIER.

—Nematus oblitus, *Lep.* 1823(75).

34 Fuscus, LEPELETIER.

—Pristiphora fusca, *Lep.* 1823(75).
—Nematus fuscus, *Frauenfeld*. 1864 (*Ver. zol. bot. Vien*).

35 Deficiens, FOERSTER.

—Nematus deficiens, *Foerst* 1854(49).

***

36 Fulvipes, FALLÈN.

—Tenthredo fulvipes, *Fall.* 1808(93)'
—Nematus brevis, *Htg.* 1837(61).
— — — — 1840(*l. c.*).
—Nematus aphantoneurus, *Foerster*. 1854(49).
—Nematus fulvipes, *Thoms.* 1871(282)'

37 Peletieri, MIHI.

—Pristiphora pallipes, *Lep.* 1823(75).
(Il y a déjà un *pallipes* Fall. n° 102).

38 Klugii, GIMMERTHAL.

—Nematus Klugii, *Gimm.* 1844(52).

39 Frigidus, BOHEMAN.

—Nematus frigidus, *Boh.* 1865 (*Öfvers. af Kongl. Vet. Akad. forhandl*).

40 Crassicornis, HARTIG.

—Nematus crassicornis, *Hartig*. 1837(61).
—Nematus crassicornis, *Hartig*. 1840(*l. c.*).
—Nematus armatus, *Thoms.* 1871(282)'

41 Compressicornis, FABRICIUS.

—Tenthredo compressicornis, *Fab.* 1804(89)'
—Nematus platycerus, *Hartig* 1840(*l. c.*).
—Nematus vallator, *Sn. V.* 1857(96).

42 Cebrionicornis, COSTA.

—Nematus cebrionicornis, *Costa*. 1860(42)'
—Nematus callicerus, *Thomson*. 1871(282)'

43 Appendiculatus, HARTIG.

—Nematus flavipes, *Dhlb.* 1835(34). (*s. d.*).
—Nematus appendiculatus, *Hartig*. 1837(61).
—Nematus appendiculatus, *Hartig*. 1840(*l. c.*).
—Nematus cathoraticus, *Foerster*. 1854(49).
—Nematus appendiculatus, *Sn. V.* 1869(96).
—Nematus appendiculatus, *Thomson* 1871(282)'

44 Amphibolus, FOERSTER.

—Nematus amphibolus, *Foerster*. 1854(49).

45 Alnivorus, HARTIG.

—Nematus alnivorus, *Htg.* 1840(*l. c.*).
—Nematus alnivorus (larve)? *Brisch.* 1855(6).
—Nematus alnivorus, *Cam.* 1874(16).

46 Emarginatus, ANDRÉ.

47 Coactulus, RUTHE.

—Nematus coactulus, *Rut.* 1859(*l. c.*).

* * *

48 Puncticeps, THOMSON.

—Nematus puncticeps, *Thomson.* 1871(282)*

49 Staudingeri, RUTHE.

—Nematus Staudingeri, *Ruthe.* 1859(*l. c.*).

50 Selandrioides, COSTA.

—Nematus selandrioides, *Costa.* 1860(42)*

51 Ruficornis, OLIVIER.

—Nematus ruficornis, *Ol.* 1808(213)*
— — — *Lep.* 1823(75).
—Pristiphora testaceicornis, *Lep.* 1823(75).
—Nematus fraxini, *Htg.* 1837(61).
— — — — 1840(*l. c.*).
— — — *Thoms.* 1871(282)*

52 Aquilegiæ, VOLLENHOVEN.

—Nematus aquilegiæ, *Sn. V.* 1861(96).

53 Funerulus, COSTA.

—Nematus funerulus, *Costa.* 1860(42)*

54 Dochmocerus, THOMSON.

—Nematus dochmocerus, *Thomson.* 1871(282)*

55 Albitibia, COSTA.

—Nematus albitibia, *Costa.* 1860(42)*

56 Abbreviatus, HARTIG.

—Nematus abbreviatus *Htg* 1837(61).
— — — 1840(*l. c.*).
— — — *Sn. V.* 1868(96).

57 Vitreipennis, KAWALL.

—Nematus vitreipennis, *Kawall.* 1864(144)*
—Nematus vitreipennis, *Cameron.* 1873(13).

* * *

58 Leucostictus, HARTIG.

—Nematus crassulus, *Dhlb.* 1835(34). (*s. d.*).
—Nematus affinis, *Lep.* 1823(75)?
— — leucostictus, *Htg.* 1837(61).
— — — — 1840(*l. c.*).
—Nematus erythropygus, *Foerster.* 1854(49)?
—Nematus crassulus, *Thomson.* 1871(282)*
—Nematus leucostictus (larve), *Zadd.* 1875(10).

59 Xanthogaster, FOERSTER.

—Nematus xanthogaster, *Foerster.* 1854(49).
—Nematus piliserra, *Thomson.* 1871(282)*
—Nematus xanthogaster (larve), *Zdd.* 1875(10).

60 Rubidicornis, ANDRÉ.

61 Nigrolineatus, CAMERON.

—Nematus nigrolineatus, *Cameron.* 1879(33).

62 Leucocarpus, ANDRÉ.

63 Dissimilis, FOERSTER.

—Nematus dissimilis, *Foerster.* 1854(49).

* * *

64 Gallicola, WESTWOOD.

—Cynyps capreæ, *L.* 1766(186)* (*ex parte*).
—Nematus gallicola, *Westwood.* 1830(*Zool. J.*)
—Nematus gallicola, *Stephens.* 1835(272)*

—Nematus Vallisnierii, *Hartig.* 1837(61).
—Nematus Vallisnierii, *Hartig.* 1840(*l. c.*).
—Nematus Redii *Contarini*, 1852 (*Memor. dell. Intit. Venet.*).
—Pontania gallicola, *Costa*, 1858 (*Ricerch. entom.*).
—Pontania Vallisnieri, *Costa.* 1860(42)*
—Nematus Vallisnierii, *Thomson.* 1871(282)*
—Nematus Vallisnierii, *Muller.* 1871 (*Ent. M. M.*).
—Nematus Vallisnierii (larve et galle), *Zdd.* 1875(10).
—Nematus anglicus, *Cam.* 1878(28).

65 Pullus, FOERSTER.

—Nematus pullus, *Foerst.* 1854(49).

66 Microphyes, FOERSTER.

—Nematus microphyes, *Foerster.* 1854(49).

67 Lepidus, FOERSTER.

—Nematus lepidus, *Foerst.* 1854(49).

68 Herbaceæ, CAMERON.

—Nematus herbaceæ, *Cameron.* 1876(23).

69 Femoralis, CAMERON.

—Nematus proximus, *Lep.* 1823(75)?
—Nematus femoralis, *Cam* 1876 [(*Proc. of the Nat. H. Soc. of Glasc.*)

70 Dolichurus, THOMSON.

—Nematus dolichurus, *Thomson.* 1871(282)*

71 Crassispina, THOMSON.

—Nematus crassispina, *Thomson.* 1871(282)*

72 Collactaneus, FOERSTER.

—Nematus acerosus, *Htg.* 1840(*l.c.*)?
—Nematus collactaneus, *Foerster.* 1854(49).

73 Bellus, ZADDACH.

—Nematus bellus, *Zadd.* (in litt).
—Nematus bellus (larve et galle), *Zdd.* 1875(10).

74 Alienatus, FOERSTER.

—Nematus alienatus, *Foerster* 1854(49).

75 Albicarpus, COSTA

—Nematus albicarpus, *Costa.* 1860(42)*

* * *

76 Viminalis, LINNÉ.

—Mouche à scie des galles rondes du saule, *de Geer.* 1752(101)*
—Tenthredo viminalis, *L.* 1758(184)*
—Tenthredo salicis cinereæ, *Retzius.* 1783(239)*
—Tenthredo salicis pentandræ, *Vill.* 1789(289)*
—Tenthredo salicis cinereæ, *Vill.* 1789(289)*
—Nematus intercus, *Jur.* 1807(140)*
— — — *Ol.* 1808(213)*
— — gallarum, *Htg.* 1837(61).
— — pedunculi, *Htg.* 1837(61).
— — gallarum, *Htg.* 1840(*l c.*).
— — pedunculi, *Htg.* 1840(*l. c*).
— — saliceti var. *Zett.* 1840(300)*
— — saliceti, *Foerst.* 1854(49).
— — viminalis, *Sn. V.* 1858(96).
— — æstivus, *Thoms.* 1863 (*Ofo. of Vet.*).
— — pedunculi, *Muller.* 1869 (*Ent. M. M.*).
— — cinereæ, *Thoms.* 1871(582)*
— — viminalis (larve et galle), *Zdd.* 1875(10).

77 Vollenhoveni, CAMERON.

—Nematus Vollenhoveni, *Cameron* 1874(15).

78 Westermanni, THOMSON.

—Nematus Westermanni, *Thomson.* 1871(282)*

79 Vaccinielius, CAMERON.

—Nematus vacciniellus, *Cameron.* 1875(18).

80 Crassipes, THOMSON.

—Nematus crassipes, *Thomson.* 1871(282)*

81 Suavis, RUTHE.

—Nematus suavis, *Ruthe.* 1859(*l. c.*).

82 Strongylogaster, CAMERON.

—Nematus strongylogaster, *Cameron* 1878(31).

83 Sharpi, CAMERON.

—Nematus sharpi, *Cam.* 1876(23).

84 Scataspis, FOERSTER.

—Nematus xanthopterus, *Hartig.* 1840(*l.c.*)?
—Nematus scataspis, *Foerster.* 1854(49).

85 Puella, THOMSON.

—Nematus puella, *Thoms.* 1871(282)*

86 Parvilabris, THOMSON.

—Nematus parvilabris, *Thomson.* 1871(282)*

87 Nigritarsis, ANDRÉ.

88 Nigellus, FOERSTER.

—Nematus nigellus, *Foerst.* 1854(49).

89 Minutus, TISCHBEIN.

—Nematus minutus, *Tischbein.* 1846(*l.c.*).

90 Leucapsis, TISCHBEIN.

—Nematus leucapsis, *Tischbein.* 1846(*l.c.*).

91 Ischnocerus, THOMSON.

—Nematus ischnocerus, *Thomson.* 1871(282)*
—Nematus ischnocerus(larveetgalle). *Zdd.* 1875(10).

92 Incompletus, FOERSTER.

—Nematus incompletus, *Foerster.* 1854(49).

93 Fuscomaculatus, FOERSTER.

—Nematus fuscomaculatus, *Foerst.* 1854(49).

94 Foersteri, ANDRÉ.

—Nematus brevicornis, *Foerster.* 1854(49).
(Il y a déjà un *N. brevicornis* Dhlb. n°103)

95 Baccarum, CAMERON.

—Nematus baccarum, *Cameron.* 1876(23).

*
* *

96 Vesicator, BREMI.

—Nematus vesicator, *Brm.* 1849(4).
— — helicinus, *Brisck.* 1850(5).
— — lugdunensis, *Sn. V.* 1871(96).
— — helicinus, *Thoms.* 1871(282)*
— — vesicator(larve et galle), *Zdd.* 1875(10).

97 Validicornis, FOERSTER.

—Nematus validicornis, *Foerster.* 1854(49).

98 Pullatus, ZADDACH.

—Nematus pullatus, *Zdd.* (in litt).

99 Notatus, FOERSTER.

—Nematus notatus, *Foerster.* 1854(49).

100 Leptocerus, FOERSTER.

—Nematus leptocerus, *Foerster.* 1854(49).

101 Infirmus, FOERSTER.

—Nematus infirmus, *Foerster.* 1854(49).

*
* *

102 Pallipes, Fallén.

—Tenthredo pallipes, *Fallen.* 1808(90)*
—Nematus pallipes, *Thomson.* 1871(282)*

103 Brevicornis, Dahlbom.

—Nematus brevicornis, *Dahlbom.* 1835(34).
—Nematus brevicornis, *Thomson.* 1871(282)*

104 Alpinus, Thomson.

—Nematus alpinus, *Thomson.* 1871(282)*

105 Albilabris, Thomson.

—Nematus albilabris, *Thomson.* 1871(282)*

106 Retusus, Thomson.

—Nematus retusus, *Thomson.* 1871(282)*

107 Placidus, Cameron.

—Nematus placidus, *Cameron.* 1878(31).

*
* *

108 Villosus, Thomson.

—Nematus villosus, *Thomson.* 1871(282)*

109 Hyperboreus, Thomson.

—Nematus hyperboreus, *Thomson.* 1871(282)*

110 Clibrichellus, Cameron.

—Nematus clibrichellus, *Cameron.* 1878(31).

*
* *

111 Filicornis, Thomson.

—Nematus filicornis, *Thomson.* 1871(282)*

112 Hibernicus, Cameron.

—Nematus hibernicus, *Cameron.* 1878(31).

113 Meridionalis, André.

*
* *

114 Leucogaster, Hartig.

—Nematus punctulatus, *Dahlbom.* 1835(34).
—Nematus cubitalis, *Dahlbom.* 1835(34).
—Nematus leucogaster, *Hartig.* 1840(*l. c.*).
—Nematus hypoleucus, *Foerster.* 1854(49).
—Nematus punctulatus, *Thomson.* 1871(282)*

115 Leucotrochus, Hartig.

—Nematus leucotrochus, *Hartig.* 1837(61).
—Nematus leucotrochus, *Hartig.* 1840(*l. c.*).

116 Obductus, Hartig.

—Nematus obductus, *Hartig.* 1837(61).
—Nematus obductus, *Hartig.* 1840(*l. c.*).
—Nematus obductus, *Thomson.* 1871(282)*

117 Hypoleucus, Costa.

—Nematus hypoleucus, *Costa.* 1860(42)*

118 Conductus, Ruthe.

—Nematus conductus, *Ruthe.* 1859(*l. c.*).
—Nematus graminis, *Cameron.* 1874(16).

*
* *

119 Apicalis, Hartig.

—Nematus apicalis, *Hartig.* 1837(61).
—Nematus apicalis, *Hartig.* 1840(*l. c.*).

120 Hæmorroïdalis, HARTIG.

—Nematus hæmorrhoïdalis, *Hartig.* 1840(*l. c.*).

121 Einersbergensis, HARTIG.

—Nematus einersbergensis, *Hartig.* 1840(*l. c.*).

122 Schmidtii, GIMMERTHAL.

—Nematus Schmidtii, *Gimmerthal.* 1844(52).

123 Mœrens, FOERSTER.

—Nematus mœrens, *Foerster.* 1854(49).

124 Luctuosus, FOERSTER.

—Nematus luctuosus, *Foerster.* 1854(49).

125 Declinatus, FOERSTER.

—Nematus declinatus, *Foerster.* 1854(49).

126 Brachyotus, FOERSTER.

—Nematus brachyotus, *Foerster.* 1854(49).

127 Anomalopterus, FOERSTER.

—Nematus anomalopterus, *Foerster.* 1854(49).

128 Albitarsis, ANDRÉ.

129 Testaceipes, ANDRÉ.

* * *

130 Pineti, HARTIG.

—Nematus pineti, *Hartig.* 1837(61).
— — — — 1840(*l. c.*).

131 Niger, JURINE.

—Nematus niger, *Jurine,* 1807(140)*
— — — *Ol.* 1808(213)*
— — — *Lep.* 1823(75).

132 Nigriceps, HARTIG.

—Nematus nigriceps, *Hartig.* 1840(*l. c.*).
—Nematus exoletus, *Eversmann.* 1847(13).
—Nematus bistriatus, *Thomson.* 1871(282)*

133 Posticus, FOERSTER.

—Nematus posticus, *Foerster.* 1854(49).
—Nematus depressus, *Hartig.* 1848(*l. c.*)?
—Nematus xanthopus (larve), *Zadd.* 1875(10).

* * *

134 Laricis, HARTIG.

—Nematus laricis, *Htg.* 1837(61).
— — — — 1840(*l. c.*).
— — — *Jæger.* 1850 (*Ver. nat. Wurtemberg*).

* * *

135 Prototypus, FOERSTER.

—Nematus prototypus, *Foerster.* 1854(49).

136 Scotonatus, FOERSTER.

—Nematus scotonatus, *Foerster.* 1854(49).

137 Protensus, FOERSTER.

—Nematus protensus, *Foerster.* 1854(49).

138 Amentorum, FOERSTER.

—Nematus amentorum, *Foerster.* 1854(49).

139 Congruens, FOERSTER.

—Nematus congruens, *Foerster.* 1854(49).

* * *

140 Ribesii, Scopoli.

—Nematus Ribesii, *Scop.* 1763(260)*
—Tenthredo salicis, *Fall.* 1808(90)*
—Nematus ventricosus, *Kl.* 1818(67).
—Nematus trimaculatus, *Lepeletier.* 1823(75).
—Nematus dimidiatus, *Lepeletier.* 1823(75).
—Nematus grossulariæ, *Moore.* 1831 (*Mém. Soc. Manchester*).
—Nematus Ribesii, *Dale.* 1831 (*Mag. of. Nat. H.*).
—Nematus grossulariæ, *Dahlbom.* 1835(34).
—Nematus ventricosus, *Hartig.* 1837(61).
—Nematus ventricosus, *Hartig.* 1840(*l. c.*).
—Nematus ribis, *Dufour.* 1847 (*Soc. ent. fr.*).
—Nematus Ribesii, *Dahlbom.* 1848(*Isis*).
—Nematus ribis, *Goureau.* 1857 (*Soc. ent. fr.*).
—Nematus trimaculatus, *Rayner.* 1862(*Soc. ent. Lond.*).
—Nematus ribis, *Sn. V.* 1869(96).
—Nematus ventricosus, *Kessler.* 1866(*Cassel*).
—Nematus Ribesii, *Thomson.* 1871(282)*
—Nematus Ribesii, *Cameron.* 1873(13).
—Nematus Ribesii (larve), *Zaddach.* 1875(10).

141 Umbratus, Thomson.

—Nematus umbratus, *Thomson.* 1871(282)*
—Nematus umbratus, *Zaddach.* 1875(10).

142 Togatus, Zaddach.

—Nematus togatus, *Zaddach.* (in litt.)
— — — (larve), *Zaddach.* 1875(10).

143 Similator, Foerster.

—Nematus similator, *Foerster.* 1854(49).

144 Quietus, Eversmann.

—Nematus quietus, *Evers.* 1847(43).

145 Punctipleuris, Thomson.

—Nematus punctipleuris, *Thomson.* 1871(282)*

146 Perspicillaris, Hartig.

—Nematus perspicillaris, *Hartig.* 1840(*l. c.*).
—Nematus approximatus, *Foerster.* 1854(41)?

147 Contractus, Eversmann.

—Nematus contractus, *Eversmann.* 1847(43).

148 Bohemanni, Thomson.

—Nematus Bohemanni, *Thomson.* 1871(282)*

* * *

149 Rumicis, Fallén.

—Tenthredo flava, *L.* 1720(174)*?
— — rumicis, *Fall.* 1808(90)*
—Nematus xanthopterus, *Dahlbom.* 1835(34).
—Nematus capreæ, *Htg.* 1837(61).
— — — — 1840(*l. c.*).
—Tenthredo rumicis, *Zett.* 1840(300)*
—Nematus rumicis, *Thms.* 1871(282)*
— — — (larve), *Zaddach.* 1875(10).
—Nematus flavipennis, *Cameron.* 1876(23).

150 Excisus, Thomson.

—Nematus excisus, *Thms.* 1871(282)*

* * *

151 Pallidiventris, Fallén.

—Tenthredo pallidiventris, *Fallén.* 1808(90)*
—Nematus pallidiventris, *Thomson.* 1871(282)*

152 Fumipennis, Thomson.

—Nematus fumipennis, *Thomson*. 1871(282)*

153 Punctifrons, Thomson.

—Nematus punctifrons, *Thomson*. 1871(282)*

154 Carinatus, Hartig.

—Nematus carinatus, *Htg*. 1837(61).
— — — — 1840(*l. c.*).

* * *

155 Papillosus, Retzius.

—Mouche à scie à larve à mamelons, *de Geer*. 1752(101)*
—Tenthredo papillosa, *Retzius*. 1783(239)*
—Nematus papillosus, *Latreille*. 1803(156)*
—Pristiphora myosotidis, *Lepeletier*. 1823(75).
—Pristiphora ochraceus, *Hartig*. 1837(61).
—Pristiphora ochraceus, *Hartig*. 1840(*l. c.*).
—Pristiphora myosotidis(larve), *Brk*. 1855(6)

156 Consobrinus, Vollenhoven.

—Nematus consobrinus, *Sn. V*. 1871(96).

157 Biscalis, Foerster.

—Nematus biscalis, *Foers*.1854(49).

* * *

158 Myosotidis, Fabricius.

—Tenthredo myosotidis, *Fabricius*. 1804(89)*
—Tenthredo myosotidis, *Spinola*. 1806(268)*
—Pteronus myosotidis, *Jurine*. 1807(140)*
—Tenthredo myosotidis, *Fallén*. 1808(90)*
—Nematus interruptus, *Lepeletier*. 1823(75).
—Nematus myosotidis, *Hartig*. 1837(61).
—Nematus myosotidis, *Hartig*. 1840 *l. c.*).
—Nematus papillosus, *Thomson*. 1871(282)*
—Nematus myosotidis (larve), *Zadd*. 1875(10).

159 Monticola, Thomson.

—Nematus monticola, *Thomson*. 1871(282)*

160 Jugicola, Thomson.

—Nematus jugicola, *Thomson*. 1871(282)*
—Nematus jugicola (larve), *Zaddach*. 1875(10).

161 Citreus, Zaddach.

—Nematus citreus, *Zadd*. (in litt.).
—Nematus sulphureus (larve), *Zadd*. 1875(10).

* * *

162 Pavidus, Lepeletier.

—Nematus pavidus, *Lepeletier*. 1823(75).
—Nematus Whewaalli, *Sn. V*. 1832(96).
—Nematus pavidus (larve), *Zaddach*. 1875(10).

163 Semiorbitalis, Foerster.

—Nematus semiorbitalis, *Foerster*. 1854(49).
—Nematus erythrogaster, *Thoms*. 1871(282)*
—Nematus crassiventris, *Cameron*. 1878(31).

* * *

164 Melanocephalus, Hartig.

—Mouche à scie jaune et noire du saule, *de Geer*. 1752(101)*
—Tenthredo salicis, *Retzius*. 1783(239)*

—Tenthredo salicis, *Fourcroy*. 1785(91)*
—Nematus vanus, *Dhlb.* 1835(34). *s. d.*
—Nematus melanocephalus, *Hartig*. 1837(61).
—Nematus melanocephalus, *Hartig*. 1840(*l. c.*).
—Nematus perspicillaris (larve), *Brk.* 1855(6).
—Nematus salicis, *Thms.* 1871(282)*
—Nematus melanocephalus (larve), *Zdd* 1875(10).

165 Segmentarius, Foerster.

—Nematus segmentarius, *Foerster*. 1854(49).

166 Nigricans, Eversmann.

—Nematus nigricans, *Eversmann*. 1847(43).

167 Cadderensis, Cameron.

—Nematus cadderensis, *Cameron*. 1875(21).

168 Flavicornis, Tischbein.

—Nematus flavicornis, *Tischbein*. 1846(*l. c*).

169 Caudalis, Eversmann.

—Nematus caudalis, *Eversmann*. 1847(43).

170 Breviusculus, Eversmann.

—Nematus breviusculus, *Eversmann*. 1847(43).

***

171 Salicis, Linné.

—Larve no 17, sans nom, *de Geer*. 1752(101)*
—Tenthredo salicis, *L.* 1720(174)*
— — — *L* 1740(176)*
—la Bedeaude du saule, *Geoffroy*. 1764(102)*
—Tenthredo capreæ, *Fabr.* 1792(87)*
— — — — 1801(89)*
—Nematus salicis, *Jur.* 1807(140)*
— — capreæ, *Latr.* 1808(156)*
— — salicis, *Lep.* 1823(75).
— — — *Htg.* 1837(61).
— — — — 1840(*l. c.*).
— — — *Dhlb.* 1848(*l. c*).
— — —(larve), *Brk.* 1855(6).
— — — *Sn. V.* 1862(96).
— — inflatus, *Thms.* 1871(282)*
— — salicis (larve), *Zaddach*. 1875(10).

172 Croceus, Fallén.

—Tenthredo crocea, *Fall.* 1808(90)*
—Nematus fulvus, *Htg.* 1837(61).
— — — — 1840(*l. c*).
— — trimaculatus, *Sn. V.* 1862(96).
—Nematus croceus, *Thms.* 1871(282)*
— — fulvus (larve), *Zaddach* 1875(10).

173 Confusus, Foerster.

—Nematus confusus, *Foerster*. 1854(49).
—Nematus ochropus, *Thomson*. 1871(282)*

174 Ferrugineus, Foerster.

—Nematus flavus, *Gimm.* 1841(52). (Il y a déjà un N. flavus, *Fabr.* 1801, exotique).
—Nematus ferrugineus, *Foerster*. 1854(49).

175 Gracilis, Gimmerthal.

—Nematus gracilis, *Gimm.* 1836(51).

***

176 Aurantiacus, Hartig.

—Nematus aurantiacus, *Hartig*. 1837(61).
—Nematus aurantiacus, *Hartig*. 1840(*l. c*).
—Nematus myosotidis (larve), *Brk.* 1855(6).
—Nematus aurantiacus, *Sn. V.* 1863(96).
—Nematus aurantiacus, *Thomson*. 1871(282)*

*
* *

177 Betulæ, RETZIUS.

—Mouche à scie jaune et noire du bouleau, *de Geer*. 1752(10)*
—Tenthredo betulæ, *Retz.* 1783(239)*
— — — *Vill.* 1789(289)*
—Pteronus testaceus, *Jur.* 1807(140)*
—Pristiphora testacea, *Lep.* 1823(75).
—Tenthredo betulæ, *Lep.* 1823(75).
—Nematus betulæ, *Htg.* 1837(61).
— — betularius, *Htg.* 1837(61).
— — betulæ, *Htg.* 1840(*l. c*).
— — betularius, *Htg.* 1840(*l. c.*).
— — — *Sn. V.* 1867(96).
— — betulæ, *Thms.* 1871(282)*

178 Albipennis, HARTIG.

—Nematus albipennis, *Hartig.* 1837(61).
—Nematus albipennis, *Hartig.* 1840(*l. c*).

179 Subbifidus, THOMSON.

—Nematus subbifidus, *Thomson.* 1871(282)*

180 Nigratus, RETZIUS.

—Mouche à scie à larve noire, *de Geer.* 1752(101)*
—Tenthredo nigrata, *Retzius.* 1783(239)*

181 Melanosternus, LEPELETIER.

—Nematus melanosternus, *Lepel.* 1823(75).
—Nematus ambiguus, *Foerster.* 1854(49).

182 Fruticum, EVERSMANN.

—Nematus fruticum, *Eversmann.* 1847(43).

183 Diaphanus, EVERSMANN.

—Nematus diaphanus, *Eversmann.* 1847(43).

*
* *

184 Conjugatus, DAHLBOM.

—Tenthredo populi, *L.* 1720(174)*?
—Nematus conjugatus, *Dahlbom.* 1835(34).
—Nematus conjugatus, *Dahlbom.* 1848(*l. c.*).
—Nematus conjugatus, *Thomson.* 1871(282)*

185 Dispar, ZADDACH.

—Nematus dispar, *Zaddach.* (in litt.).
— — — (larve), *Zaddach.* 1875(10).

*
* *

186 Luteus, PANZER.

—Tenthredo lutea, *Pz.* 1793(218)*
— — — *Fabr.* 1804(89)*
— — — *Latr.* 1806(150)*
— — — *Fall.* 1807(90)*
—Nematus luteus, *Jur.* 1807(140)*
— — — *Ol.* 1808(213)*
— — — *Lep.* 1823(75).
— — — *Htg.* 1837(61).
— — — *Htg.* 1840(*l. c.*).
— — — *Gimm.* 1844(52).
— — — *Costa.* 1860(42)*
— — — *Thms.* 1871(282)*
— — — *Zadd.* 1875(10).

187 Purus, FOERSTER.

—Nematus purus, *Foerst.* 1854(49).

188 Marshalli, CAMERON.

—Nematus Marshalli, *Cam.* 1875(22).

189 Bilineatus, KLUG.

—Tenthredo bilineata, *Kl.* 1818(67).
—Nematus Klugii, *Dhlb.* 1835(34).
— — — *Thms.* 1871(282)*
— — bilineatus, *Zdd.* 1875(10).

190 Antennatus, CAMERON.

—Nematus antennatus, *Cameron.* 1877(26).

191 Acuminatus, THOMSON.

—Nematus dorsalis, *Lep.* 1823(75).?
—Nematus bipartitus, *Lepeletier* 1823(75).?

—Nematus crocatus, *Dahlbom.* 1835(34). s. d.
—Nematus acuminatus, *Thomson.* 1871(282)*
—Nematus dorsatus, *Cameron.* 1875(21).
—Nematus acuminatus, *Zaddach.* 1875)10).

192 Abdominalis, PANZER.

—Tenthredo ulmi, *L.* 1720(174)*?
—Tenthredo abdominalis, *Panzer.* 1793(218)*
—Tenthredo abdominalis, *Fallen.* 1808(90)*
—Nematus fuscipennis, *Lepeletier.* 1823(75).
—Nematus fumipennis, *Stephens.* 1828(272)*
—Nematus abdominalis, *Dahlbom.* 1835(34).
—Nematus Gravenhorstii, *Gimm.* 1836(51).
—Nematus ventralis, *Htg.* 1837(61).
— — — — 1840(*l c*).
— — (larve), *Brischke.* 1855(6).
—Nematus ventralis, *Thomson.* 1871(282)*
—Nematus abdominalis, *Zaddach.* 1875(10).

* * *

193 Miliaris, PANZER.

—Tenthredo miliaris, *Pz.* 1793(218)*
—Nematus miliaris, *Jur.* 1807(140)*
— — — *Lep.* 1823(75).
— — viridis, *Steph.* 1828(272)*
— — croceus, *Dhlb.* 1835(34).
— — Bergmanni, *Dhb.* 1835(34).
— — virescens, *Htg.* 1837(61).
— — prasinus, *Htg.* 1837(61).
— — virescens, *Htg.* 1840(*l. c.*).
— — prasinus, *Htg.* 1840(*l c.*).
— — virescens, *Sn. V.* 1867(96).
— — — *Thms.* 1871(282)*
— — Bergmanni, *Thm* 1871(282)*
— — brevivalvis, *Thomson.* 1871(282)*
—Nematus microcercus, *Thomson.* 1871(282)*
—Nematus curtispina, *Thomson.* 1871(282)*
—Nematus croceus (ex parte), *Thms.* 1871(282)*

194 Testaceus, THOMSON.

—Nematus testaceus, *Thomson* 1871(282)*

195 Scutellatus, HARTIG.

—Nematus scutellatus, *Hartig.* 1837(61).
—Nematus scutellatus, *Hartig.* 1840(*l c*).

196 Lacteus, THOMSON.

—Nematus lacteus, *Thms.* 1871(282)*

197 Palliatus, DAHLBOM.

—Nematus palliatus, *Dahlbom.* 1835(34).
—Nematus palliatus, *Thomson.* 1871(282)*

198 Immundus, THOMSON.

—Nematus immundus, *Thomson.* 1871(282)*

199 Pallescens, HARTIG.

—Nematus testaceus, *Stephens.* 1828(272)*?
—Nematus flavescens, *Stephens.* 1828(272)*?
—Nematus pallescens, *Htg.* 1837(61).
— — — — 1840(*l. c.*).
—Nematus pallicarpus, *Hartig.* 1840(*l. c*).
—Nematus olivaceus, *Thomson.* 1871(282)*

200 Polyspilus, FOERSTER.

—Nematus polyspilus, *Foerster.* 1854(19).

201 Pœcilonotus, ZADDACH.

—Nematus pœcilonotus, *Zaddach.* (in litt).
—Nematus pœcilonotus (larve), *Zadd.* 1875(10).

202 Oligospilus, FOERSTER.

—Nematus oligospilus, *Foerster.* 1854(19).

203 Hypoxanthus, FOERSTER.

—Nematus hypoxanthus, *Foerster.* 1854(19).

204 Hortensis, HARTIG.

—Nematus hortensis, *Htg.* 1837(61).
— — — — 1840(*l. c.*).
— — — *Sn V.* 1857(96).
— — tibialis, *New* 1859(82).
— — hortensis, *Thms.* 1871(282)*

205 Melanopsis, LEPELETIER.

—Nematus melanopsis, *Lepeletier.* 1823(75).

***

206 Pini, RETZIUS.

—Mouche à scie du sapin, *de Geer.* 1752(101)*
—Tenthredo pini, *Retz.* 1783(239)*
—Tenthredo abietina, *Christ.* 1791(38)*
—Nematus abietinus, *Dahlbom.* 1835(34).
—Nematus limbatus, *Dahlbom.* 1835(34)
—Nematus hospes, *Dhlb.* 1835(34).
— — abietum, *Htg.* 1837(61).
— — — — 1840(*l c.*).
— — — *Thms.* 1871(282)*
— — abietinus, *Zadd.* 1875(10).

207 Saxesenii, HARTIG.

—Nematus Saxesenii, *Htg.* 1837(61).
— — compressus, *Htg.* 1837(61).
— — Saxesenii, *Htg.* 1840(*l. c.*).
— — compressus, *Htg* 1840(*l. c.*).
— — Saxesenii, *Zadd.* 1875(10).

208 Wesmaeli, TISCHBEIN.

—Nematus Wesmaeli, *Tischbein.* 1853(100).
—Nematus solea, *Sn. V.* 1869(96)
—Nematus Wesmaeli, *Zaddach* 1875(10).

209 Umbrinus, ZADDACH.

—Nematus umbrinus, *Zaddach.* 1875(10).

210 Truncatus, HARTIG.

—Nematus truncatus, *Htg* 1837(61).
— — — — 1840(*l c*).
— — — *Thms.* 1871(282)*

211 Ambiguus, FALLÉN.

—Tenthredo ambigua, *Fallen.* 1808(90)*
—Nematus parvus, *Htg* 1837(61).
— — — — 1840(*l c.*).
— — striatipes, — 1840(*l.c.*)?
— — occultus, *Foerst.* 1851(49)?
—Nematus ambiguus, *Thomson.* 1871(282)*

212 Mœstus, ZADDACH.

—Nematus mœstus, *Zdd.* 1875(10).

213 Leucostigmus, CAMERON.

—Nematus leucostigmus, *Cameron.* 1876(*l.c.*).

214 Interstitialis, CAMERON.

—Nematus interstitialis, *Cameron.* 1876(*l.c*).

215 Furvescens, CAMERON.

—Nematus furvescens, *Cameron.* 1876(*l c.*).

***

216 Viduatus, ZETTERSTEDT.

—Tenthredo viduata, *Zetterstedt.* 1840(300)*
—Nematus viduatus, *Thomson.* 1871(282)*

217 Subæqualis, FOERSTER.

—Nematus subæqualis, *Foerster.* 1854(49).

218 Dahlbomi, THOMSON.

—Nematus viduatus, *Dahlbom*. 1835(34). s. d.
—Nematus Dahlbomi, *Thomson*. 1871(282)*

* * *

219 Varius, LEPELETIER.

—Nematus varius, *Lepeletier*. 1823(75).
—Nematus varius (larve), *Zaddach*. 1875(10).

220 Annulatus, GIMMERTHAL.

—Nematus annulatus, *Gimmerthal*. 1836(51).

* * *

221 Fahrei, DAHLBOM.

—Nematus Fahrei, *Dahlbom*. 1835(34).
—Nematus Fahrei, *Thomson*. 1871(282)*
—Nematus Fahrei (larve), *Zaddach*. 1875(10).

222 Leptocephalus, THOMSON.

—Nematus leptocephalus, *Thomson*. 1871(282)*

223 Arcticus, THOMSON.

—Nematus arcticus, *Thomson*. 1871(282)*

5e Tribu. — Phyllotomidæ

G. 19. — PHŒNUSA, LEACH 1814(162)*

1. Hortulana, KLUG.

—Tenthredo hortulana, *Kl*. 1818(67).
—Emphytus hortulanus, *Hartig*. 1837(61).
—Fenusa hortulana, *Cam*. 1878(32).

2 Albipes, CAMERON.

—Phœnusa albipes, *Cameron*. 1875(21).
—Phœnusa albipes, *Cameron*. 1875 (*Proc. Soc. Glascow*).
—Fenusa albipes, *Cam*. 1878(31).
— — — — 1878(32).

3 Betulæ, ZADDACH.

—Fenusa betulæ, *Zadd*. 1859(105).
—Phyllotoma mellita, *Newmann*. 1869 (*Entom.*).
—Phœnusa betulæ, *Cam*. 1875. (*Proc. Soc. Glascow*).
—Phœnusa betulæ, *Cam*. 1878(31).
— — — — 1878(32).

4 Nigricans, KLUG.

—Emphytus nigricans, *Kl*. 1818(67).
— — — *Htg*. 1837(61).

5 Pygmæa, KLUG.

—Tenthredo pygmæa, *Kl*. 1818(67).
—Fenusa pygmæa, *Steph*. 1828(272)*
—Emphytus pygmæus, *Htg*. 1837(61).
—Tenthredo pygmæa, ♀ *Zett*. 1840(390)*
—Fenusa pygmæa, *Healy*. 1869 (*Entomologist*).
—Fenusa pygmæa, *Thms*. 1871(282)*
—Phœnusa pygmæa, *Cam*. 1875 (*Proc. Soc. Glasc.*).
—Phœnusa pygmæa, *Cam*. 1878(31).
— — — — 1878(32).

6 Pusilla, LEPELETIER.

—Dolerus pusillus, *Lep*. 1823(75).

7. Pumilio, HARTIG.

—Emphytus pumilio, *Htg*. 1837(61).
—Fenusa rubi, *Boie*. 1818 (*Stett. Ent. Zeit.*).
—Fenusa pumila, *Wailes*. 1856 (*Zoologist*).
—Fenusa pumilio, *Costa*. 1860(42)*
—Fenusa pumila, *West*. 1862 (*Ent. annual*).
—Fenusa pumila, *Healy*. 1869 (*Entomologist*).
—Fenusa pumilio, *Thms*. 1871(282)*

—Phœnusa pumilio, *Cam.* 1875 (*Proc. Soc. Glasc.*).
—Phœnusa pumilio, *Cam.* 1878(31).
— — — — 1878(32).

8 **Ulmi**, Sundeval.

—Dolerus pallipes, *Lep.* 1823(75)?
—Fenusa ulmi, *Sund.* 1844 (*Vorh. Skand. Naturf*).
—Fenusa ulmi, *Healy.* 1869(*l. c.*).
— — — *Hall.* 1864(142)*
—Fenusa intermedia, *Thm.* 1871(282)*
— — ulmi, *Cam.* 1875 (*Proc Soc. Glasc.*).
—Fenusa ulmi, *Cam.* 1878(31).
— — — — 1878(32).

9 **Pumila**, Klug.

—Tenthredo pumila, *Kl.* 1818(67).
—Dolerus nigritus, *Lep* 1823(75)?
—Fenusa pumila, *Steph.* 1828(272)*
—Emphytus pumilus, *Hlg.* 1837(61).
—Tenthredo pygmæa, ♂ *Zett.* 1840(300)*
—Fenusa pumila, *West.* 1849 (*Gardener's Chronicle*).
—Aphadnurus tantillus, *Costa.* 1860(42)*
—Fenusa fuliginosa, *Healy* 1869(*l. c.*).
—Fenusa pumila, *Thms.* 1871(282)*
— — — *Cam.* 1878(31).
— — — — 1878(32).

10 **Melanopoda**, Cameron.

—Fenusa nigricans, *Thms.* 1871(282)*
—Fenusa melanopoda, *Cam* 1875 (*Proc. Soc. Glasc.*)
—Fenusa melanopoda, *Cam* 1878(31).
— — — — 1878(32).

G. 20. — FENELLA, Westwood 1840(295)*

1 **Nigrita**, Westwood.

—Fenella nigrita, *West.* 1840(295)*
— — — *Cam.* 1875 (*Proc. Soc. Glasc.*)
—Melinia minutissima, *Costa.* 1860(42)*
—Fenella nigrita, *Thms.* 1870 (*Opusc. Ent.*)
—Fenella nigrita, *Thms.* 1871(282)*
— — — *Cam.* 1875 (*Proc. Soc. Glasc.*)
—Fenella nigrita, *Cam.* 1878(32).

2 **Tormentillæ**, Healy.

—Fenella tormentillæ, *Hel.* 1868
— — pygmæa, *Healy.* 1869

3 **Minuta**, Thomson.

—Fenella minuta, *Thms.* 1870(*l. c.*).
— — — — 1871(282)*

4 **Monilicornis**, Thomson.

—Fenella monilicornis, *Thomson* 1870(*l. c.*).
—Fenella monilicornis, *Thomson.* 1871(282)*

G. 21. — PHYLLOTOMA Fallén 1829(14)

1 **Nemorata**, Fallén.

—Tenthredo nemorata, *Fallen.* 1808(90)*
—Phyllotoma nemorata, *Fallén.* 1829(14).
—Phyllotoma tenella, *Zaddach.* 1859(105).
—Druyda parviceps, *Newmann.* 1869(*Entomologist.*)
—Phyllotoma nemorata, *Thomson.* 1871(282)*
—Phyllotoma nemorata, *Cameron.* 1876(*Proc. Soc. Glas.*).
—Phyllotoma nemorata, *Cameron.* 1878(31).
—Phyllotoma nemorata, *Cameron.* 1878(32).

2 **Leucomelas**, Klug.

—Tenthredo leucomelas, *Klug.* 1818(67).
—Emphytus leucomelus. *Hlg.* 1837(61).

3 **Ochropoda**, Klug.

—Tenthredo ochropoda, *Klug.* 1818(67).

—Heterarthus ochropodus, *Steph.* 1828(272)*
—Emphytus ochropodus, *Hartig.* 1837(61).
—Phyllotoma ochropoda, *Thomson.* 1870(*l. c.*).
—Phyllotoma ochropoda, *Thomson.* 1871(282)*
—Phyllotoma ochropoda, *Cameron* 1876(*l. c.*).
—Phyllotoma ochropoda, *Cameron.* 1878(32).

4 Pinguis, VOLLENHOVEN.

—Phyllotoma pinguis, *Sn. V.* 1860(96).

5 Aceris, KALTENBACH.

—Phyllotoma aceris, *Kalt.* 1864(142)*
— — — *Mac Lach.* 1867 (*Ent. Mont. Mag.*).
—Phyllotoma aceris, *Healy.* 1867 (*Ent. Mont. Mag.*).
—Phyllotoma aceris, *Cam* 1867(*l. c.*).
— — — — 1878(32).

6 Vagans, FALLEN.

—Hylotoma vagans, *Fall* 1808(90)*
—Tenthredo melanopyga, *Klug.* 1818(67).
—Tenthredo amaura, *Kl.* 1818(67).
—Emphytus melanopygus, *Hartig.* 1837(61).
—Emphytus amaurus, *Htg.* 1837(61).
—Phyllotoma melanopyga, *Sn. V.* 1866(96).
—Phyllotoma leucopoda, *Thomson.* 1870(*l. c.*).
—Phyllotoma vagans, *Thm.* 1871(282)*
— — — *Cam.* 1876(*l. c.*).
— — — — 1878(31).
— — — — 1878(32).

7 Microcephala, KLUG.

—Tenthredo microcephala, *Klug.* 1818(67).
—Emphytus microcephalus, *Hartig.* 1837(61).
—Phyllotoma microcephala, *Kalt.* 1864(142)*
—Phyllotoma melanopyga, *Healy.* 1868(*Entomologist*).
—Phyllotoma microcephala, *Thoms.* 1871(282)*
—Phyllotoma microcephala, *Cam.* 1876(*l. c.*)
—Phyllotoma microcephala, *Cam.* 1878(31).
—Phyllotoma microcephala, *Cam.* 1878(32).

G. 22. — KALIOSYSPHINGA, TISCHBEIN 1846 (*Stett. Ent. Zeit.*).

1 Dohrnii, TISCHBEIN.

—Kaliosysphinga Dohrnii, *Tischbein.* 1846(*l. c.*)

G. 23. — CÆNONEURA, THOMSON 1870 (*Opuscula entomologica*).

1 Dahlbomi, THOMSON.

—Cænoneura Dahlbomi, ♀ *Thomson.* 1870(*l. c.*).
—Cænoneura Dahlbomi, *Thomson.* 1871(282)*
—Cænoneura Dahlbomi, ♂ *Cameron.* 1874(16).
—Cænoneura Dahlbomi, *Cameron.* 1878(31).

6ᵉ Tribu. — **Emphytidæ**

G. 24. — ANEUGMENUS, HARTIG. 1837(61).

1 Infuscatus, EVERSMANN.

—Emphytus infuscatus, *Eversmann* 1847(43).

2 Coronatus, KLUG.

—Emphytus coronatus, *Kl.* 1818(67).
— — — *Htg.* 1837(61).

G. 25. — HARPIPHORUS, HARTIG 1837(61).

1 Lepidus, KLUG.

—Emphytus lepidus, *Kl.* 1818(67).

—Selandria scapularis, *Steph.* 1828(272)*
—Emphytus lepidus, *Htg.* 1837(61).
—Asticta ianthe, *Newmann* 1838 (*Ent. M. M.*).
—Harpiphorus lepidus, *Thomson.* 1871(282)*

2 Tæniatus, Costa.

—Harpiphorus tæniatus. *Costa.* 1869(46)*

3 Immersus, Klug.

—Emphytus immersus, *Klug.* 1818(67).
—Dolerus pallimacula, *Lep.* 1823(75).
—Emphytus immersus, *Hartig.* 1837(61).
—Emphytus fenestratus, *Eversmann.* 1847(43).

4 Radialis, Eversmann.

—Emphytus radialis, *Eversmann.* 1847(43).

5 Vernalis, Dietrich.

—Emphytus vernalis, *Dietrich.* 1868(56)*

6 Majalis, Vollenhoven.

—Emphytus majalis, *Sn. V.* 1869(96).

G. 26. — EMPHYTUS, Klug 1818(67).

1 Caligatus, Eversmann.

—Emphytus caligatus, *Eversmann.* 1847(43).

2 Tibialis, Panzer.

—Tenthredo tibialis, *Pz.* 1792(218)*
—Dolerus tibialis, *Jurine.* 1807(140)*
—Emphytus tibialis, *Kl.* 1818(67).
—Dolerus tibialis, *Lep.* 1823(75).
—Tenthredo tibialis, *Fall.* 1829(41).
—Emphytus tibialis, *Htg.* 1837(61).
— — — *Sn. V.* 1859(96).
— — — *Thms.* 1871(282)*

3 Parallelus, Eversmann.

—Emphytus parallelus, *Eversmann.* 1847(43).

4 Filiformis, Klug.

—Emphytus filiformis, *Kl.* 1818 ♂ (67).
—Emphytus apicalis, *Kl.* 1818 ♀ (67).
— — filiformis, *Htg* 1837 ♂ (61).
— — apicalis, *Htg.* 1837 ♀ (61).
— — Klugii, *Thm.* 1871(282)*

5 Tener, Fallèn.

—Tenthredo tenera, *Fall.* 1808(90)*
—Emphytus patellatus, *Kl.* 1818(67).
— — — *Htg.* 1837(61).
— — tener, *Thms.* 1871(282)*

6 Dissimilis, Dietrich.

—Emphytus dissimilis, *Dietrich.* 1868(56)*

7 Melanarius, Klug.

—Emphytus melanarius, *Klug.* 1818(67).
—Emphytus melanarius. *Hartig.* 1837(61).
—Emphytus melanarius, *Thomson.* 1871(282)*

8 Carpini, Hartig.

—Dolerus varipes, *Lep.* 1823(75)?
—Emphytus carpini. *Htg.* 1837(61).
—Tenthredo spuria, *Zett.* 1840(300)*
—Emphytus carpini, *Thm.* 1871(282)*

9 Didymus, Klug.

—Emphytus didymus, *Kl.* 1818(67).
— — — *Htg.* 1837(61).
— — proximus, *Costa* 1860(42)*

10 Nigritarsis, Brullé.

—Emphytus nigritarsis, *Brullé.* 1836(27)*

11 Fumatus, André.

12 Tricoloripes, Costa.

—Emphytus tricoloripes, *Costa.* 1860(42)*

13 Grossulariæ, Klug.

—Emphytus grossulariæ, *Klug.* 1818(67).
—Dolerus leucopodus, *Lep.* 1823(75).
—Emphytus grossulariæ, *Hartig.* 1837(61).
—Emphytus grossulariæ, *Thomson.* 1871(282)*

14 Basalis, Klug.

—Emphytus basalis, *Kl.* 1818(67).
— — — *Htg.* 1837(61).
— — — *Thms.* 1871(282)*

15 Xantopygus, Klug.

—Emphytus xantopygus, *Klug.* 1818(67).
—Emphytus xantopygus, *Hartig.* 1837(61).

16 Succinctus, Klug.

—Emphytus succinctus, *Klug.* 1818(67).
—Dolerus togatus, *Lep.* 1823(75).
—Tenthredo togata, *Fall.* 1829(44).
—Emphytus succinctus, *Hartig.* 1837(61).
—Emphytus succinctus, *Dhlb.* 1844 (*Forhand. Skand. Naturf.*).
—Emphytus succinctus, *Thomson.* 1871(282)*

17 Cinctus, Linné.

—Tenthredo cincta, *Linne.* 1760(186)*
— — — *Schr.* 1781(257)*
— — — *Vill.* 1789(289)*
— — togata, *Panz.* 1792(218)*
— — — *Fabr.* 1804(89)*
—Dolerus cinctus, *Jur.* 1807(140)*
— — togatus, — 1807(140)*
—Nematus cinctus, *Spin.* 1808(268)*
—Emphytus cinctus, *Kl.* 1818(67).
—Dolerus cinctus, *Lep.* 1823(75).
— — cingulatus, *Lep.* 1823(75).
—Tenthredo cincta, *Bouché.* 1833(23)* (larve)
—Tenthredo cincta, *Dhlb.* 1835 (clavis), larve.
—Emphytus cinctus, *Htg.* 1837(61).
—Tenthredo togata, *Zett.* 1840(300)*
—Emphytus cinctus, *Brsk.* 1855(6). (larve)
—Emphytus cinctus, *Wstw* 1856 (*Gardener's Chronicle*)
—Emphytus neglectus, *Zdd* 1859(105).
— — cinctus, *Sn. V.* 1865(96).
— — — *Thms.* 1871(282)*

18 Cingillum, Klug.

—Emphytus cingillum, *Kl.* 1818(67).
— — — *Htg.* 1837(61).
— — — *Thm.* 1871(282)*

19 Truncatus, Klug.

—Emphytus truncatus, *Kl.* 1818(67).
—Tenthredo fulvipes, *Fall.* 1829(44).
—Emphytus schœnherri, *Dahlbom.* 1835(34)?
—Emphytus truncatus, *Htg* 1837(61).
—Tenthredo angustata, *Ztt* 1840(300)*
—Emphytus fulvipes, *Thms* 1871(282)*

20 Viennensis, Schranck.

—Tenthredo viennensis, *Schranck.* 1781(257)*
—Emphytus viennensis, *Klug.* 1818(67).
—Emphytus viennensis, *Hartig.* 1837(61).
—Emphytus viennensis, *Brischke.* 1855(6) larve.

21 Elegans, Costa.

—Emphytus elegans, *Costa.* 1860(42)*

22 Rufocinctus, Retzius.

—Mouche à scie à ceinture rousse, *de Geer.* 1752(101)*
—Tenthredo rufocincta, *Retzius.* 1783(239)*
—Tenthredo pavida, *Fab.* 1804(89)*
— — cingulum, *Spin.* 1806(268)*
—Emphytus rufocinctus, *Kl.* 1818(67).
—Dolerus latecinctus, *Lep.* 1823(75).
— — fasciatus, *Lep.* 1823(75).
—Taxonus ruralis, *Dhlb* 1835(34).
—Tenthredo rufocincta, *Dahlbom.* 1835(34).
—Emphytus rufocinctus, *Hartig* 1837(61).
—Emphytus rufocinctus, *Thomson.* 1871(282)*

23 Coxalis, Klug.

—Emphytus coxalis, *Kl* 1818(67).
— — — *Htg.* 1837(61).

24 Bucculentus, TISCHBEIN.

—Emphytus bucculentus, *Tischbein.* 1846 (*Stett. Ent. Zeit.*).
—Emphytus fulvocinctus, *Rudow.* 1872(88).

25 Calceatus, KLUG.

—Emphytus calceatus, *Kl.* 1818(67).
— — vicinus, *Lep.* 1823(75).
— — calceatus, *Htg.* 1837(61).
— — — *Thms.* 1871(282)*
— — — *Cam.* 1877(27). (larve).

26 Perla, KLUG.

—Emphytus perla, *Kl* 1818(67).
— — Bohemanni, *Dahlbom.* 1835(31).
—Emphytus perla, *Htg.* 1837(61).
— — — *Thms.* 1871(282)*

27 Temesiensis, MOCSARY.

—Emphytus temesiensis, *Mocsary* 1879 (*Acad. Hongr.*).

28 Serotinus, KLUG.

—Emphytus serotinus, *Kl.* 1818(67).
—Dolerus abdominalis, *Lep.* 1823(75).
—Emphytus serotinus, *Htg.* 1837(61).
— — — *Thms* 1871(282)*

29 Cereus, KLUG.

—Emphytus cereus, *Kl.* 1818(67).
— — — *Htg.* 1837(61).
— — cerris, *Kollar.* 1850 (*Akad. Vien.*).

30 Cistus, KLUG.

—Emphytus cistus, *Kl.* 1818(67).
— — — *Htg.* 1837(61).

7e Tribu. — Doleridæ

G. 27. — DOLERUS, JURINE 1807(140)*

1 Lateritius, KLUG.

—Dolerus lateritius, *Kl.* 1814(67).
— — madidus, *Kl.* 1814(67).
—Dosytheus lateritius, *Leach* 1814(162)*
—Dolerus lateritius, *Htg.* 1837(61).
— — madidus, *Htg* ♂ 1837(61).
— — lateritius, *Thms.* 1871(282)*

2 Tremulæ, KLUG.

—Dolerus tremulæ, *Kl.* 1818(67).
— — — *Htg.* 1837(61).

3 Triplicatus, KLUG.

—Dolerus triplicatus, *Kl.* 1814(67).
—Dosytheus trimaculatus, *Leach.* 1814(162)*
—Dolerus trimaculatus, *Lep.* ♀ 1823(75).
—Dolerus dimidiatus, *Lep.* ♂ 1823(75).
—Dolerus lugubris, *Gim.* 1834 (*Soc. Nat. Moscou*).
—Dolerus triplicatus, *Htg.* 1837(61).
— — — *Thms.* 1871(282)*

4 Anticus, KLUG.

—Dolerus anticus, *Kl* 1818(67).
— — uliginosus, *Kl.* 1818(67)!
— — ferrugatus, *Lep.* 1823(75).
— — fuscipennis, *Steph* 1828(272)*
— — anticus, *Htg.* 1837(61).
— — uliginosus, *Htg.* 1837(61)!
— — anticus, *Thms.* 1871(282)*

5 Thoracicus, KLUG.

—Dolerus thoracicus, *Kl.* 1818(67).
— — — *Htg.* 1837(61).
— — pachycerus, *Htg* ♂ 1837(61).
— — — *Zdd.* 1859(105).
— — thoracicus, *Thms.* 1871(282)*
— — brevicornis, — 1871(282)*

6 Hæmatodes, SCHRANCK.

—Tenthredo hæmatodes, *Schranck.* 1781(257)*
—Tenthredo hæmatodes, *Vill.* 1789(289)*
—Tenthredo opaca, *Panz.* 1792(218)*
— — — *Fab.* 1792(87)*
— — collaris, *Don* 1792(57)*
— — opaca, *Fab.* 1804(89)*
—Dolerus opacus, *Jur.* 1807(140)*
— — hæmatodes, *Kl.* 1818(67).
— — opacus, *Lep.* 1823(75).
— — hæmatodes, *Htg.* 1837(61).
— — cœrulescens, — 1837(61).

—Dolerus micans, *Zdd.* 1859(105).
— — hæmatodes, *Thms.* 1871(282)*
— — — *Sn. V.* 1880(96). (larve).

7 Pratorum, FALLÉN

—Tenthredo pratorum, *Fal* 1808(93)*
—Dolerus equiseti, *Kl.* 1818(67).
— — — *Htg* 1837(61).
— — pratorum, *Thms.* 1871(282)*

8 Timidus, KLUG

—Dolerus timidus, *Kl.* 1818(67).
— — — *Htg.* 1837(61).
— — *Thms.* 1871(282)*

9 Dubius, KLUG.

—Dolerus dubius, *Kl.* 1818(67).
— — — *Htg.* 1837(61).
— — — *Thms.* 1871(282)*

10 Tristis, FABRICIUS.

—Tenthredo tristis, *Fab.* 1804(89)*
—Dolerus tristis, *Jur* 1807(140)*
—Dosythæus tristis, *Leach.* 1814(162)*
—Dolerus tristis, *Kl* 1818(67).
— — — *Htg.* 1837(61).
— — — *Thms.* 1871(282)*

11 Palustris, KLUG.

—Dolerus palustris, *Kl.* 1814(67).
—Dosythæus junci, *Leach.* 1814(162)*
—Dolerus palustris, *Htg.* 1837(61).
— — — *Thms.* 1871(282)*

12 Articus, THOMSON.

—Dolerus arcticus, *Thms.* 1871(282)*

13 Æriceps, THOMSON.

—Dolerus æriceps, *Thms.* 1871(282)*

14 Pratensis, LINNÉ.

—Tenthredo pratensis, *L* 1758(184)*
— — fulviventris, *Scop.* 1763(260)*
—Mouche à scie safranée à tête noire. *Geoff.* 1764(102)*
—Tenthredo germanica, *Schæf.* 1769(263)*
—Tenthredo fulviventris, *Schr.* 1781(257)*
—Tenthredo melanocephala, *Fourc.* 1785(91)*
—Tenthredo fulvlventris, *Villt.* 1789(289)*
—Tenthredo germanica, *Villt.* 1789(289)*
—Tenthredo germanica, *Rossi.* 1790(217)*
—Tenthredo germanica, *Panzer.* 1792(218)*
—Tenthredo pedestris, *Pz.* 1792(218)*
— — abietis, *Pz* 1792(218)*
— — germanica, *Fab* 1792(87)*
—Hylotoma eglanteriæ *Fab* 1792(87)*
— — — *Fab.* 1804(89)*
—Tenthredo germanica *Fab* 1804(89)*
— — eglanteriæ, *Sp.* 1806(268)*
— — germanica, *Sp* 1806(268)*
— — erythrogona, *Sp* 1806(268)*
—Dolerus eglanteriæ, *Jur.* 1807(140)*
— — germanicus, *Jur.* 1807(140)*
— — abietis, *Jur.* 1807(140)*
—Dosythæus eglanteriæ, *Leach.* 1814(162)*
—Dolerus eglanteriæ, *Kl.* 1818(67).
— — erythrogonus, *Lep* 1823(75)?
— — cothurnatus, *Lep.* 1823(75)?
— — geniculatus, *Lep.* 1823(75).
— — bajulus, *Lep.* 1823(75).
— — germanicus, *Lep.* 1823(75).
— — eglanteriæ, *Lep.* 1823(75).
— — — *Htg.* 1837(61).
— — pratensis, *Thms.* 1871(282)*

15 Chappelli, CAMERON.

—Dolerus Chappelli, *Cam.* 1877(27).

16 Klugii, SCHOLTZ

—Dolerus Klugii, *Scholtz.* 1847(93(.

17 Plaga, KLUG.

—Dolerus plaga, *Kl.* 1818(67).
— — — *Htg.* 1837(61).

18 Busæi, VOLLENHOVEN.

—Dolerus busæi, *Sn. V.* 1858. (*Herklots Bowstoffen*).

19 Desertus, KLUG.

—Dolerus desertus, *Kl.* 1818(67).
— — — *Htg* 1837(61).

20 Mutilatus, KLUG.

—Dolerus mutilatus, *Kl.* 1818(67).
— — — *Htg.* 1837(61).

21 Fennicus, N. SP.

22 Saxatilis, HARTIG.

—Dolerus tristis, *Lep.* 1823(75).
— — saxatilis, *Htg.* 1837(61).

23 Vulneratus, MOCSARY.

—Dolerus vulneratus, *Mocs* 1877(78).

24 Rufotorquatus, COSTA.

—Dolerus rufotorquatus, *Costa*, 1864(13)*

25 Sanguinicollis, KLUG.

—Dolerus sanguinicollis, *Kl.* 1818(67).
— — — *Htg* 1837(61).

26 Palmatus, KLUG.

—Dolerus palmatus, *Kl.* 1818(67).
— — — *Htg.* 1837(61).
— — — *Thms.* 1871(282)*

27 Gilvipes, KLUG.

—Dolerus gilvipes, *Kl.* 1818(67).
— — — *Htg.* 1837(61).
— — — *Thms.* 1871(282)*

28 Vestigialis. KLUG.

—Dolerus vestigialis, *Kl* 1818(67).
— — rufipes, *Lep* 1823(75).
— — vestigialis, *Htg.* 1837(61).
— — — *Thms.* 1871(282)*

29 Gessneri, N. SP.

30 Genucinctus, ZADDACH.

—Dolerus genucinctus, *Zdd.* 1859(105).
— — annulipes, *Thms.* 1871(282)*

31 Picipes, KLUG.

—Dolerus picipes, *Kl.* 1818(67).
— — — *Htg.* 1837(61).

32 Tenebrosus, EVERSMANN.

—Dolerus tenebrosus, *Ev.* 1847(43).

33 Magnicornis, EVERSMANN.

—Dolerus magnicornis, *Ev.* 1847(43).

34 Femoratus, EVERSMANN.

—Dolerus femoratus, *Ev.* 1847(43).

35 Liogaster, THOMSON.

—Dolerus liogaster, *Th.* 1871(282)*

36 Puncticollis, THOMSON.

—Dolerus puncticollis, *Th.* 1871(282)*

37 Gonager, FABRICIUS.

—Tenthredo gonagra, *Fab.* 1775(81)*
— — erythrogona, *Schr* 1781(257)*
— — geniculata, *Four.* 1785(91)*
— — gonagra, *Panz.* 1792(218)*
— — crassa, *Panz.* ♂ 1792(218)*
— — gonagra, *Fab.* 1804(89)*
—Dolerus gonager, *Jur* 1807(140)*
— — — *Kl.* 1818(67).
— — — *Lep.* 1823(75).
— — — *Htg.* 1837(61).
— — — *Thms.* 1871(282)*

38 Æneus, HARTIG.

—Dolerus æneus, *Htg.* 1837(61).
— — lacteus, *Scholtz* 1847(93)?
— — æneus, *Zadd.* 1859(105).
— — incertus, *Zadd.* 1859(105)?
— — — *Thms.* 1871(282)*

39 Elongatus, THOMSON.

—Dolerus elongatus, *Thms.* 1871(282)*

40 Anthracinus, KLUG.

—Dolerus anthracinus, *Kl* 1818(67).
— — — *Htg.* 1837(61).
— — — *Zadd.* 1859(105).
— — — *Thms* 1871(282)*

41 Lucens, N. SP.

42 Atricapillus, HARTIG.

—Dolerus atricapillus, *Htg.* 1837(61).
— — — *Zadd.* 1859(105).
— — — *Thms.* 1871(282)*

43 Nitens, Zaddach.

—Dolerus nitens, *Zadd.* 1859(105).

44 Niger, Linné.

—Tenthredo nigra, *L.* 1768(186)*
— — — *Fab.* 1775(81)*
— — — *Schr.* 1781(257)*
— — — *Vill.* 1789(289)*
— — — *Panz.* 1792(218)*
— — — *Fab.* 1804(89)*
—Dolerus niger, *Jur* 1807(140)*
— — — *Klug.* 1818(67).
— — — *Lep.* 1823(95).
— — — *Htg.* 1837(61).
— — carinatus, *Scholtz.* 1847(93)?
— — niger, *Zadd* 1859(105).
— — — *Thoms.* 1871(282)*

45 Varispinus, Hartig.

—Dolerus varispinus, *Htg.* 1837(61).
— — brevitarsis, *Htg.*♂1837(61).
— — varispinus, *Thms.* 1871(282)*

46 Leucopterus, Zaddach.

—Dolerus leucopterus, *Zdd.* 1859(105).

47 Tæniatus. Zaddach.

—Dolerus tæniatus, *Zdd.* 1859(105).

48 Fissus, Hartig.

—Dolerus fissus, *Htg* 1837(61).
— — cenchris, *Htg.* 1837(61).
— — leucobasis, *Htg.* 1837(61)
— — planatus, *Htg.* 1837(61).
— — Hartigii, *Scholtz* 1847(93).
— — fissus, *Zdd* 1859(105).
— — carbonarius, *Zdd* 1859(105).
— — fissus, *Thms.* 1871(282)*

49 Brevis, Zaddach.

—Dolerus brachygaster, *Hartig.* 1837(61)?
—Dolerus brevis, *Zdd* 1859(105).

50 Brevicornis, Zaddach.

—Dolerus brevicornis, *Zdd.* 1859(105).

51 Fumosus, Zaddach.

—Dolerus fumosus, *Zdd.* 1859(105).

52 Ravus, Zaddach.

—Dolerus ravus, *Zdd.* 1859(105).

53 Gracilis, Zaddach.

—Dolerus gracilis, *Zdd.* 1859(105).

54 Longicornis, Zaddach.

—Dolerus longicornis, *Zdd.* 1859(105).

55 Asper, Zaddach.

—Dolerus asper, *Zdd.* 1859(105).

56 Gibbosus, Hartig.

—Dolerus gibbosus, *Htg.* 1837(61).
— — — *Thms.* 1871(282)*

G. 28. — PELMATOPUS, Hartig. 1837(61).

1 Minutus, Hartig.

—Dolerus (Pelmatopus) minutus, *Htg.* 1837(61).

8e Tribu. — Athalidæ

G. 29.—ATHALIA Leach. 1814(162).

1 Lugens, Klug.

—Hylotoma abdominalis, *Fabricius.* 1804(89)*?
—Allantus abdominalis, *Jurine.* 1807(140)*?
—Tenthredo lugens, *Kl* 1818(67).
—Athalia abdominalis, *Lep.* 1823(75).
— — lugens, *Htg* 1837(61).
— — — *Thms.* 1871(282)*

2 Paveli, Mocsary.

—Athalia Paveli, *Mocs.* 1879 (*Termesz fuzetek*).

3 Maculata, Mocsary.

—Athalia maculata, *Mocs.* 1879(*l. c.*).

4 Rufoscutellata, Mocsary.

—Athalia rufoscutellata, *Mocsary.* 1879(*l. c*).

5 Spinarum, FABRICIUS.

—Tenthredo spinarum, *Fab.* 1775(81)*
— — colibri, *Christ.* 1791(38)*
— — centifoliæ, *Pz.* 1792(218)*
—Allantus spinarum, *Jur.* 1807(140)*
—Hylotoma spinarum, *Fab.* 1804(89)*
—Tenthredo spinarum, *Kl.* 1818(67).
—Athalia centifoliæ, *Lep.* 1823(75).
—Phyllotoma spinarum, *Fal* 1829(44).
—Athalia spinarum, *Duncan.* 1834. (*Journal Highland Soc.*)
—Athalia spinarum, *Htg.* 1837(61).
—Athalia spinarum. *F. Morris.* 1837 (*Naturalist*).
—Athalia centifoliæ, *Newp.* 1838(83).
— — — *Manning.* 1839 (*soc. ent. London*).
—Tenthredo spinarum, *Zett.* 1840(300)*
—Athalia spinarum, *Curtis.* 1841 (*R. agric. Soc. engl. Journal*).
—Athalia centifoliæ, *Menz.* 1851 (*über Weissrüben Blattwespe*).
—Athalia spinarum, *Cornelius.* 1858 (*Stett. ent. Zeit*).
—Athalia centifoliæ, *Westw* 1858 (*London Gardeners Magazine*)
—Athalia spinarum, *Sn V.* 1860(96).
— — — *Frauenfeld.* 1865 (*Verh. Ges. Vien*).
—Athalia centifoliæ, *Forel.* 1867 (*Soc. Vaudoise*).
—Athalia spinarum, *Thms.* 1871(282)*

6 Glabricollis, THOMSON.

—Athalia glabricollis, *Th.* 1871(282)*

7 Annulata, FABRICIUS.

—Tenthredo annulata, *Fab.* 1792(87)*
— — — *Panz.* 1792(218)*
—Hylotoma annulata, *Fab.* 1804(89)*
—Nematus annulatus, *Spin.* 1806(268)*
—Allantus annulatus, *Jur.* 1807(140)*
—Tenthredo annulata, *Kl.* 1818(67).
—Athalia annulata, *Lep.* 1823(75).
— — — *Htg.* 1837(61).
— — — *Thms.* 1871(282)*

8 Rosæ, LINNÉ.

—Tenthredo rosæ, *L.* 1759(184)*
— — — *Schk.* 1783(257)*
— — salicis, *Schk.* 1783(257)*
— — rosæ, *Kl.* 1818(67).
—Athalia ancilla, *Lep.* 1823(75).
— — cordata, *Lep.* 1823(75).
— — lineolata, *Lep.* 1823(75).
— — suessionensis, *Lep* 1823(75).
— — bicolor, *Lep.* 1823(75).
—Tenthredo rosæ, *Fal.* 1829(44).
—Athalia rosæ, *Htg.* 1837(61).
—Tenthredo rosæ, *Zett.* 1840(300)*
—Athalia Blanchardi, *Brullé.* d'après le type. 1840(169)*
—Athalia Blanchardi, *Lucas* 1845(191)*
— — rosæ, *Thms.* 1871(282)*

9e Tribu. — Selandriidæ.

G. 30.—SELANDRIA. KLUG. 1818(67)

1 Serva, FABRICIUS.

—Tenthredo serva, *Fab.* 1792(87)*
—Hylotoma serva, *Fab.* 1804(89)*
— — — *Spin.* 1806(268)*
—Tenthredo serva, *Kl.* 1818(67).
— — socia, *Kl.* 1818(67).
— — serva, *Lep.* 1823(75).
— — — *Steph.* 1828(272)*
—Selandria serva, *Htg.* 1837(61).
— — socia, *Htg.* 1837(61).
— — serva, *Thms.* 1871(282)*

2 Sixii, VOLLENHOVEN.

—Selandria Sixii, *Sn. V.* 1858 (*Bouwstoffen*).
—Selandria grandis, *Zdd.* 1859(105).
— — interstitialis, *Th.* 1871(282)*
— — Sixii, *Sn. V.* 1880(96).

3 Flavescens, KLUG.

—Tenthredo flavescens, *Kl.* 1818(67).
— — puella, *Fal.* 1829(44).
—Selandria flavens, *Htg.* 1837(61).
— — flavescens, *Th.* 1871(282)*

4 Analis THOMSON.

—Selandria analis, *Thms.* 1871(282)*
— — cereipes, *Sn. V.* 1873(96).

5 Virescens, RUDOW.

—Selandria virescens, *Rud.* 1871(86).

6 Albomarginata, RUDOW.

—Selandria albomarginata, *Rudow.* 1871(86).

7 Temporalis, THOMSON.

—Selandria temporalis, *Th.* 1871(282)*

8 Stramineipes, KLUG.

—Tenthredo stramineipes, *Klug.* 1818(67).
—Tenthredo albipes, *Lep.* 1823(75).
— — cerasi, *Fallen.* 1829(44)?
—Selandria stramineipes, *Hartig.* 1837(61).
—Selandria stramineipes, *Thoms.* 1871(282)*

9 Morio, FABRICIUS.

—Tenthredo morio, *Fab.* 1792(87)*
— — — *Fab.* 1804(89)*
— — — *Fallèn.* 1807(90)*
—Allantus morio, *Jur.* 1807(140)*
—Tenthredo morio, *Klug.* 1818(67).
— — albipes, *Lep.* 1823(75)?
—Selandria morio, *Htg.* 1837(61).
— — — *Thoms.* 1871(282)*

10 Aperta, HARTIG.

—Tenthredo conformis, *Fal.* 1829(44)?
—Selandria aperta, *Htg.* 1837(61).
— — — *Th.* 1871(282)*

11 Annulitarsis, THOMSON.

—Selandria annulitarsis, *Thomson.* 1871(282)*

12 Foveifrons, THOMSON.

—Selandria foveifrons, *Th.* 1871(282)*

G. 31. — BLENNOCAMPA, HARTIG. 1837(61).

1 Aterrima, KLUG.

—Tenthredo fuliginosa, *Fal.* 1808(90)*
— — aterrima, *Kl.* 1818(67).
—Selandria Robinsoni, *Cirt.* 1824(48)*
—Tenthredo fuliginosa, *Bouché.* 1831(21)*
—Phymatocera atterrima, *Dahlbom.* 1835(31).
—Phymatocera aterrima, *Hartig.* 1837(61).
—Selandria aterrima, *Zadd.* 1859(105).
—Phymatocera aterrima, *Sn. V.* 1862(96).
—Blennocampa aterrima, *Thomson.* 1871(282)*
—Blennocampa aterrima, *Cameron.* 1878(31).

2 Nigrita, FABRICIUS.

—Mouche à scie noire bleuâtre, *Geoff.* 1764(102)*?
—Tenthredo cœrulescens, *Fourc.* 1785(95)*?
—Tenthredo nigrita, *Fab.* 1804(89)*
—Nematus nigritus, *Spin.* 1806(268)*
—Tenthredo nigrita, *Fal.* 1807(90)*
—Allantus nigritus, *Jur.* 1807(140).
—Tenthredo nigerrima, *Kl.* 1818(67).
— — nigrita, *Lep.* 1823(75).
— — (Monophadnus) nigerrima, *Htg.* 1837(61).
—Blennocampa nigrita, *Th.* 1871(282)*

3 Gracilicornis, ZADDACH.

—Selandria gracilicornis, *Zaddach.* 1859(105).
—Monophadnus iridis, *Kalt* 1872(142)*?

4 Plana, KLUG.

—Tenthredo plana, *Kl.* 1818(67).
— — (monophadnus) plana, *Htg.* 1837(61).

5 Elongatula, KLUG.

—Tenthredo elongatula, *Kl.* 1818(67).
— — (Blennocampa) elongatula, *Htg.* 1837(61).

6 Geniculata, HARTIG.

—Tenthredo (monophadnus) geniculata, *Htg.* 1837(61).
—Tenthredo (monophadnus) longicornis, *Htg.* 1837(61).
—Blennocampa geniculata, *Thomson.* 1871(282)*
—Monophadnus geniculatus, *Kalt.* larve. 1872(142)*

7 Sericans, HARTIG.

—Tenthredo (monophadnus) sericans, *Htg.* 1837(61).

8 Micans, KLUG.

—Tenthredo micans, *Kl.* 1818(67).
— — (monophadnus) micans, *Htg.* 1837(61).

9 Fuliginipennis, COSTA.

—Monophadnus fuliginipennis, *Costa.* 1860(12)*

10 Fuliginosa, SCHRANCK.

—Tenthredo fuliginosa, *Sch.* 1781(257)*
— — — *Kl.* 1818(67).
— — trichocera, *Lep.* 1823(75).
— — (Blennocampa) fuliginosa, *Htg* 1837(61).
—Blennocampa fuliginosa, *Thomson.* 1871(282)*

11 Cinereipes, KLUG.

—Tenthredo cinereipes, *Kl.* 1818(67).
— — (Blennocampa) cinereipes, *Htg.* 1837(61).
—Blennocampa cinereipes, *Thomson.* 1871(282)*

12 Exarmata, THOMSON.

—Blennocampa exarmata, *Thomson.* 1871(282)*

13 Alternipes, KLUG.

—Tenthredo alternipes, *Kl.* 1818(67).
— — (Blennocampa) alternipes, *Htg.* 1837(61).
—Blennocampa alternipes, *Thomson.* 1871(282)*

14 Subserrata, THOMSON.

—Blennocampa subserrata, *Thomson.* 1871(282)*

15 Tenuicornis, KLUG.

—Tenthredo tenuicornis, *Kl.* 1818(67).
— — (Blennocampa) tenuicornis, *Htg.* 1837(61).
—Blennocampa tenuicornis, *Thoms.* (ex parte) 1871(282)*

16 Semicincta, HARTIG.

—Tenthredo (monophadnus) semicincta, *Htg.* 1837(61).

17 Feriata, ZADDACH.

—Selandria feriata, *Zdd.* 1859(105).

18 Monticola, HARTIG.

—Tenthredo (monophadnus) monticola, *Htg.* 1837(61).

19 Subcana, ZADDACH.

—Selandria subcana, *Zdd.* 1859(105).
—Blennocampa subcana, *C.* 1877(24).

20 Pusilla, KLUG.

—Tenthredo pusilla, *Kl.* 1818(67).
— — (Blennocampa) pusilla, *Htg.* 1837(61).
—Blennocampa pusilla, *Bouché.* larve. (*Stett. Ent. Zeit.*) 1846
—Blennocampa pusilla, *Th.* 1871(282)*

21 Gagathina, KLUG.

—Tenthredo gagathina, *Kl.* 1818(67).
— — (monophadnus) gagathina, *Htg.* 1837(61).

22 Albipes, GMELIN.

—Tenthredo albipes, *Gm.* 1788(114)*
— — pallescens, *Gm.* 1788(114)*
— — albipes, *Kl.* 1818(67).
— — morio, *Lep.* 1823(75).
— — (monophadnus) albipes, *Htg.* 1837(61).
—Blennocampa albipes, *Th.* 1871(282)*

23 Croceipes, COSTA.

—Blennocampa croceipes, *Costa.* 1864(43)*

24 Bipunctata, KLUG.

—Tenthredo bipunctata, *Kl.* 1818(67).
— — (monophadnus) bipunctata, *Htg.* 1837(61).
—Selandria lineolata, ♀ *Zd.* 1859(105).
— — pubescens, ♂ *Zd.* 1859(105).
—Monophadnus tenuicingulatus, *Cost.* 1860(12)*
—Selandria bipunctata, *Klug.* Giraud. 1871(59).
—Blennocampa bipunctata, *Thomson.* 1871(282)*

25 Lineolata, KLUG.

—Tenthredo lineolata, *Kl.* 1818(67).
— — (Blennocampa) lineolata, *Htg.* 1837(61).
—Selandria albipennis, *Zd.* 1859(105).

26 Ruficruris, BRULLÉ.

—Selandria ruficruris, *Br.* 1836(27)*
— — — *Zdd.* 1859(105).

27 Dissimilis, Costa.

—Monophadnus dissimilis, *Costa.* 1860(42)*

28 Nana, Klug.

—Tenthredo nana, *Kl.* 1818(67).
— — (Blennocampa) nana, *Htg.* 1837(61).

29 Alchemillæ, Cameron.

—Selandria humeralis, *Sn. Vollenh.* 1869(96)?
—Blennocampa alchemillæ, *Cameron.* 1877(24).

30 Uncta, Klug.

—Tenthredo uncta, *Kl.* 1818(67).
— — Blennocampa uncta, *Htg.* 1837(61).
—Blennocampa uncta, *Th.* 1871(282)*

31 Betuleti, Klug.

—Tenthredo betuleti, *Kl.* 1818(67).
— — (Blennocampa) betuleti, *Htg.* 1837(61).
—Blennocampa betuleti, *Th.* 1871(282)*

32 Funerea, Klug.

—Tenthredo morio, *Fal.* 1807(90)*?
— — funerea, *Kl.* 1818(67).
— — (Monophadnus) funerea, *Htg.* 1837(61).
—Blennocampa funerea, *Th.* 1871(282)*

33 Recta, Thomson.

—Blennocampa recta, *Th.* 1871(282)*

34 Ephippium, Panzer.

—Tenthredo dubia, *Gm.* 1788(114)*?
— — ephippium *Pz.* 1792(218)*
—Hylotoma — *Fab.* 1804(89)*
—Allantus — *Jur.* 1807(140)*
—Tenthredo ephippium, *Fal.* 1807(90)*
— — — *Kl.* 1818(67).
— — æthiops, *Kl.* 1818(67).
— — ephippium, *Lep.* 1823(75).
—Phyllotoma ephippium, *Fallèn.* 1829(44).
—Tenthredo (Blennocampa) ephippium, *Htg.* 1837(61).
—Tenthredo (Blennocampa) æthiops, *Htg.* 1837(61).
—Blennocampa ephippium, *Thomson.* 1871(282)*

35 Pubescens, Zaddach.

—Selandria pubescens, ♀ *Zaddach.* 1859(105).
—Selandria pubescens, ♂ *Giraud.* 1871(59).

36 Ventralis, Spinola.

—Hylotoma ventralis, *Spin.* 1806(268)*
—Tenthredo Spinolæ, *Kl.* 1818(67).
— — (Monophadnus) Spinolæ, *Htg.* 1837(61).
—Monophadnus gastricus, *Costa.* 1860(42)*

37 Thoracica, Tischbein.

—Monophadnus thoracicus, *Tischb.* 1852(100).

38 Rufonigra, Tischbein.

—Monophadnus rufoniger, *Tischbein.* 1852(100).

39 Melanocephala, Fabricius.

—Tenthredo melanocephala, *Fabric.* 1775(81)*
—Tenthredo melanocephala, *Panzer.* 1792(218)*
—Tenthredo melanocephala, *Fabric.* 1804(89)*
—Tenthredo melanocephala, *Klug.* 1818(67).
—Tenthredo albida, ♂ *Kl.* 1818(67).
— — melanocephala, *Lep.* 1823(75).
—Tenthredo (Monophadnus) melanocephala, *Htg.* 1837(61).
—Tenthredo (Blennocampa) albida, *Htg.* 1837(61).
—Selandria melanocephala, *Zaddach.* 1859(105).
—Selandria melanocephala, *Giraud.* 1871(59).
—Blennocampa melanocephala *Th.* 1871(282)*

40 Inquilina, Foerster.

—Monophadnus inquilinus, *Foerster.* 1844(48).

41 Albiventris, Klug.

—Tenthredo albiventris, *Kl.* 1818(67).
— — (Blennocampa) albiventris, *Htg* 1837(61).

42 Albidopicta, Costa.

—Monophadnus albidopictus, *Costa.* 1860(42)*

43 Brunniventris, Hartig.

—Monophadnus brunniventris, *Hart.* 1837(61).

44 Nigripes, Klug.

—Tenthredo nigripes, *Kl.* 1818(67).
— — (Monophadnus) nigripes, *Htg.*1837(61).
—Blennocampa bicolor, *Tis.*1852(100)?
— — nigripes, *Th.*1871(282)*

45 Fuscipennis, Fallèn.

—Tenthredo fuscipennis, *Fallèn.* 1807(100)*
—Tenthredo luteiventris, *Kl.*1818(67).
— — (Monophadnus) luteiventris, *Htg* 1837(61).
—Monophadnus melanopygius, *Costa.* 1860(42)*
—Blennocampa fuscipennis, *Thoms.* 1871(282)*

46 Assimilis, Fallèn.

—Tenthredo assimilis, *Fal.* 1807(90)*
— — hyalina, *Kl.* 1818(67).
— — (Blennocampa) hyalina, *Htg.*1837(61).
—Blennocampa assimilis, *Thomson.* 1871(282)*

47 Tiliæ, Kaltenbach.

—Monophadnus tiliæ, *Kalt.*1872(142)*

48 Tenella, Klug.

—Tenthredo tenella, *Kl.* 1818(67).
— — (Blennocampa) tenella, *Htg.*1837(61).
—Blennocampa tenuicornis, *Thoms.* (ex parte)1871(282)*

49 Croceiventris, Klug.

—Tenthredo croceiventris, *Klug.* 1818(67).
—Tenthredo (Monophadnus) croceiventris, *Htg.*1837(61).
—Monophadnus pleuriticus, *Costa.* 1860(42)*

G. 32. — ERIOCAMPA, Hartig. 1837(61).

1 Ovata, Linné.

—Tenthredo ovata, *L.* 1761(188)*
— — — *L.* 1766(186)*
—Mouche à scie cotonneuse Degeer. 1770(101)*
—Tenthredo ovata, *Fab.* 1775(81)*
— — — *Schk.* 1781(257)*
— — gossypina, *Retz* 1783(239)*
— — hæmatodes, *Pz.*1792(218)*
—Hylotoma ovata, *Fab.* 1804(89)*
— — — *Spin.* 1806(268)*
—Allantus ovatus, *Jur.* 1807(140)*
—Tenthredo ovata, *Fal.* 1807(90)*
— — — *Kl.* 1818(67).
— — — *Lep.* 1823(75).
— — — *Fal.* 1820(44).
— — — *Dahlbom.* larve. 1835(34).
—Eriocampa ovata, *Htg.* 1837(61).
—Selandria ovata, *Sn. V.* 1863(96).
—Eriocampa ovata, *Th.* 1871(282)*

2 Luteola, Klug.

—Tenthredo luteola, *Kl.* 1818(67).
—Eriocampa — *Htg.* 1837(61).
—Monostegia — *Costa.* 1860(42)*
—Pœcilosoma — *Th.* 1871(282)*

3 Repanda, Klug.

—Tenthredo repanda, *Kl.* 1818(67)
—Triocampa — *Htg.* 1837(61).

4 Sebetia, Costa.

—Caliroa sebetia, *Costa.* 1860(42)*

5 Nitida, Tischbein.

—Eriocampa nitida, *Tischb.*1846 (*Stett. Ent. Zeit*).

6 Dolosa, Eversmann.

—Selandria dolosa, *Ev* 1847(43).
—Monostegia — *Ballion.*1869. (*Soc. Nat. Moscou*).

7 Atratula, Thomson.

—Eriocampa atratula, *Th.* 1871(282)*

8 Umbratica, KLUG.

—Tenthredo umbratica, *Kl.* 1818(67).
— — nigrita, *Fal.* 1829(44).
—Eriocampa umbratica, *Ht.* 1837(61).
— — — *Th.* 1871(282)*

9 Annulipes, KLUG.

—Tenthredo annulipes, *Kl.* 1818(67).
—Eriocampa — *Htg.* 1837(61).
—Selandria — *Sn. Voll.* larve. 1867(96).
—Eriocampa — *Th.* 1871(282)*

10 Testaceipes, CAMERON.

—Eriocampa testaceipes, *C.* 1874(17).

11 Cinxia, KLUG.

—Tenthredo cinxia, *Kl.* 1818(67).
—Eriocampa cinxia, *Htg.* 1837(61).
— — — *Th.* 1871(282)*

12 Varipes, KLUG.

—Tenthredo varipes, *Kl.* 1818(67).
—Eriocampa — *Htg.* 1837(61).
— — crassicornis, *Tisc.* 1846(l. c.).
— — varipes, *Th.* 1871(282)*

13 Limacina, RETZIUS.

—Fausse chenille têtard, Réaumur. 1742(236)*
—Mouche à scie de la larve limace, Degeer. 1752(101)*
—Tenthredo limacina, *Retz.* 1783(239)*
— — æthiops, *Fab.* 1792(87)*
— — cerasi, *Peck.* 1799. (*Massachusets. agric. rep*)
—Tenthredo æthiops, *Fab.* 1804(89)*
—Nematus æthiops, *Spin.* 1806(268)*
—Allantus — *Jur.* 1807(140)*
—Tenthredo adumbrata, *Kl.* 1818(67).
— — æthiops, *Lep.* 1823(75).
— — cerasi, *Dhlb.* 1835(34). (Nec. Linné).
—Eriocampa adumbrata, *Ht* 1837(61).
—Tenthredo cerasi, *Westw.* 1852 (*Gardeners chronicle*).
—Eriocampa adumbrata *Th.* 1871(282)*
—Selandria adumbrata, *Sn. Vollenh.* 1879(96).

14 Soror, VOLLENHOVEN.

—Selandria æthiops, *Westw.* 1848. (*Garden. chronicle*)?
—Selandria soror, *Sn. V.* 1860. (*Tijdsch. v. Ent.*)
—Eriocampa æthiops, *Cam.* 1876(23).
— — caninæ, *Cam.* 1878(32).

G. 33. — **HOPLOCAMPA** HARTIG. 1837(61).

1 Chrysorrhea, KLUG.

—Tenthredo chrysorrhea, *Klug.* 1818(67).
—Hoplocampa chrysorrhea, *Hartig.* 1837(61).

2 Plagiata, KLUG.

—Tenthredo plagiata, *Kl.* 1818(67).
—Hoplocampa — *Htg.* 1837(61).

3 Ferruginea, PANZER.

—Tenthredo ferruginea, *Pz.* 1792(218)*
—Hylotoma — *Fab.* 1804(89)*
—Allantus ferrugineus, *Jur.* 1807(140)*
—Tenthredo simplex, *Fal.* 1808(90)*
— — brunnea, *Kl.* 1818(67).
— — ferruginea, *Lep.* 1823(75).
—Hoplocampa brunnea, *Htg.* 1837(61).
— — ferruginea, *Th.* 1871(282)*

4 Brevis, KLUG.

—Tenthredo brevis, *Kl.* 1818(67).
—Hoplocampa — *Htg.* 1837(61).
— — — *Th.* 1871(282)*

5 Cratægi, KLUG.

—Tenthredo cratægi, *Kl.* 1818(67).
—Hoplocampa — *Htg.* 1837(61).
— — — *Th.* 1871(282)*

6 Alpina, ZETTERSTEDT.

—Tenthredo alpina, *Zett.* 1840(300)*
—Hoplocampa — *Th.* 1871(282)*

7 Pectoralis, THOMSON.

—Hoplocampa pectoralis, *Thomson.* 1871(282)*

8 Testudinea, KLUG.

—Tenthredo testudinea, *Kl.* 1818(67).
—Hoplocampa — *Htg.* 1837(61).
— — — *Th.* 1871(282)*

9 Xylostei, GIRAUD.

—Selandria xylostei, *Gir.* 1863(56).

10 Fulvicornis, Fabricius.

—Tenthredo fulvicornis, *Fabricius.* 1804(89)*
—Allantus fulvicornis, *Jur.* 1807(140)*
—Tenthredo — *Kl* 1818(67).
—Hoplocampa — *Htg.* 1837(61).
— — — *Th.* 1871(282)*
—Selandria — *Sn. V.* 1880(96).

11 Rutilicornis, Panzer.

—Tenthredo rutilicornis, *Pz.* 1792(218)*
— — — *Kl.* 1818(67).
—Hoplocampa — *Htg.* 1837(61).
— — — *Th* 1871(282)*

10e Tribu. — Tenthredinidæ.

G. 34. — PŒCILOSOMA Dahlbom.

1 Fletcheri, Cameron.

— Pœcilosoma obtusa, *Th.* 1871(282)*
— — Fletcheri, *C.* 1878(31).

2 Obtusum, Klug.

—Tenthredo obtusa, *Kl.* 1818(67).
— — discolor, *Lep.* 1823(75)?
—Pœcilostoma obtusa, *Htg.* 1837(61).

3 Pulveratum, Retzius.

—Mouche à scie poudrée, de Geer. 1752(101)*
—Tenthredo pulverata, *Retz* 1763(239)*
— — liturata, *Gm.* 1788(114)*
— — pulverata, *Fal.* 1808(90)*
— — obesa, *Kl.* 1818(67).
— — b-punctata, *Lep.* 1823(75).
—Pœcilostoma pulverata, *Dahlbom.* 1835(4).
—Pœcilostoma obesa, *Htg.* 1837(61).
—Tenthredo leucozonias, *Hartig* 1837(61).
—Tenthredo obesa, *Brischke.* larve. 1855(6).
—Pœcilosoma pulverata, *Thomson.* 1871(282)*
—Allantus leucozonias, *Rudow.* 1871(87).
—Pœcilosoma pulveratum, *Cameron.* 1878(32).
—Pœcilosoma pulveratum, *Sn. Vol.* larve 1880(96).

4 Guttatum, Fallèn.

—Tenthredo guttata, *Fal.* 1808(90)*
— — impressa, *Kl.* 1818(67).
—Pœcilostoma guttata, *Dahlbom.* 1835(34).
—Pœcilostoma impressa, *Hartig.* 1837(61).
—Pœcilosoma guttata, *Th.* 1871(282).

5 Longicorne Thomson.

—Pœcilosoma longicornis, *Thomson.* 1871(282)*

6 Submuticum, Thomson.

—Tenthredo alba macula, *Lepeletier.* 1823(75)?
—Pœcilosoma submutica, *Thomson.* 1871(282)*

7 Excisum, Thomson.

—Pœcilosoma excisa, *Th.* 1871(282)*

G. 35.— TAXONUS Megerle. 1801. *(Catal. Insect.)*

1 Opacomaculatus, Eversmann.

—Tenthredo opacomaculata, *Eversm.* 1847(43).

2 Glottianus, Cameron.

—Taxonus glottianus, *Cam.* 1884(15).

3 Agrorum, Fallèn.

—Tenthredo agrorum, *Fal.* 1808(90)*
— — nitida, *Kl.* 1818(67).
—Taxonus nitidus, *Htg.* 1837(61).
—Tenthredo anomola, *Ev.* 1847(43).
— — agrorum, *Th.* 1871(282)*

4 Pulchellus, Costa.

—Ermilia pulchella, *Costa.* 1860(42)*

5 Sticticus, Klug.

—Tenthredo stictica, *Kl.* 1818(67).
—Taxonus sticticus, *Htg.* 1837(61).

6 Equiseti, Fallèn.

—Tenthredo equiseti, *Fàl.* 1808(90)*
— — bicolor, *Kl.* 1818(67).
—Pœcilostoma equiseti, *Dahlbom.* 1835(34).

—Taxonus bicolor, *Htg* 1837(61).
— — coxalis, — 1837(61).
— — minutus, *Costa*.1860(42)*
— — equiseti, *Th.* 1871(282)*
— — — *Cameron*. larve 1877(27).

7 Albipes, Thomson.

—Tenthredo albipes, *Lep.* 1823(75)?
— — cerasi, ♂ *Zett.*1840(300)*?
—Taxonus albipes, *Th.* 1871(282)*

8 Glabratus, Fallèn.

—Tenthredo glabrata, *Fal.* 1808(90)*
— — agilis, *Kl.* 1818(67).
—Pœcilostoma glabrata, *Dahlbom*, 1835(34).
—Taxonus agilis, *Htg.* 1837(61).
— — glabratus, *Th.* 1871(282)*

G. 36. – PACHYPROTASIS, Hartig. 1837(61).

1 Discolor, Klug.

—Tenthredo discolor, *Kl.* 1818(67).
—Pachyprotasis — *Htg.*1837(61).
—Macrophya — *Ev.* 1847(43).

2 Variegata, Klug.

—Tenthredo variegata, *Kl.* 1818(67).
—Macrophya variegata, *Dahlbom*. 1835(34).
—Pachyprotasis variegata, *Hartig*. 1837(61).
—Pachyprotasis variegata, *Thomson*. 1871(282)*

3 Antennata, Klug.

—Tenthredo antennata, *Kl.* 1818(67).
— — duplex, *Lep.* 1823(75).
—Pachyprotasis antennata, *Hartig* 1837(61).
—Pachyprotasis antennata, *Thomson*. 1871(282)*

4 Tenuis, Rudow.

—Pachyprotasis tenuis, *Rudow*. 1871(86).

5 Rapæ, Linné.

—Tenthredo rapæ, *L.* 1768(186)*
— — — *Schr.* 1781(257)*
— — — *Gm.* 1788(114)*
— — scripta, *Gm.* 1788(114)*
— — rapæ, *Villers*.1789(289)*
— — — *Rossi*. 1790(247)*
— — — *Fab.* 1804(89)*
—Allantus rapæ, *Jur.* 1807(140)*
—Tenthredo — *Fal.* 1808(90)*
— — — *Kl.* 1818(67).
— — scripta, *Lep.* 1823(75).
—Macrophya rapæ, *Dhlb.* 1835(34).
—Pachyprotasis rapæ, *Htg.*1837(61).
—Macrophya — *Ev.* 1847(43).
—Pachyprotasis — *Th.* 1871(282)*

6 Simulans, Klug.

—Tenthredo simulans, *Kl.* 1818(67).
—Pachyprotasis — *Htg.*1837(61).
—Pachyprotasis lævicollis, *Thomson*. 1871(282)*

7 Dolens, Eversmann.

—Macrophya dolens, *Ev.* 1847(43).

G. 37. — MACROPHYA, Dahlbom. 1835(34).

1 Superba, Tischbein.

—Macrophya superba, *Tisb.*1852(100).

2 Dibowskii, André.

3 Limbata, André.

4 Angustula, Kawall.

—Macrophya angustula, *Kawall* 1864(65).

5 Rustica, Linné.

—Tenthredo rustica, *L.* 1768(186)*
— — — ♀ *Schk.*1781(257)*
— — — ♀ *Gm.* 1788(114)*
— — carbonaria, ♂ *Gm.*1788(114)*
— — sulphurata, ♂ *Gm.*1788(114)*
— — rustica, ♀ *de Vil.* 1789(289)*
— — carbonaria, ♂ *de Villers*. 1789(289)*
—Tenthredo rustica, ♀ *Ros.*1790(247)*
— — — *Fab.* 1792(87)*
— — notata, *Pz.* 1792(218)*
— — carbonaria, ♂ *Fab.*1792(87)*
— — — ♂ *Pz.* 1792(218)*
— — — ♂ *Fab.*1804(89)*
— — rustica, ♀ *Fab.* 1804(89)*
— — — *Spin* 1806(268)*
—Allantus rusticus, *Jur.* 1807(140)*

—Tenthredo rustica, *Kl.* 1818(67).
— — — *Lep.* 1823(75).
— — — *Fal.* 1829(44).
—Macrophya rustica, *Dhlb.*1835(34).
— — — *Htg.* 1837(61).
— — — *Ev.* 1847(43).
— — — *Costa.*1860(42)*
— — — *Th.* 1871(282)*

6 Nebulosa, André.

7 Teutona, Panzer.

—Tenthredo teutona, *Pz.* 1792(218)*
—Allantus teutonus, *Jur.* 1807(140)*
—Tenthredo teutona, *Kl.* 1818(67).
— — — *Lep.* 1823(75).
—Macrophya teutona, *Htg.* 1837(61).
— — — *Ev.* 1847(43).

8 Caucasica, André.

9 Flavipes, Tischbein.

—Macrophya flavipes, *Tischbein.* 1852(100).

10 Radoskowskii, André.

11 Novemguttata, Costa.

—Macrophya 9-guttata, C. 1860(42)*

12 Erythropus, Brullé.

—Tenthredo erythropus, *Br.* 1836(27)*

13 Rufipes, Linné.

—Tenthredo rufipes, *L.* 1759(184)*
—La mouche à scie noire, à points de devant jaunes et milieu du ventre fauve, *Geoffr.*1764(102)*
—Tenthredo dumetorum, *Fourc* 1785(94)*
—Tenthredo rufipes, *Gm.* 1788(114)*
— — — *Vill.* 1789(289)*
— — strigosa, *Fab.* 1792(87)*
— — — *Fab.* 1804(89)*
— — rufipes, *Fal.* 1808(90)*
— — strigosa, ♀ *Kl.* 1818(67).
— — dumetorum, ♂ *Kl.* 1818(67).
— — strigosa, ♀ *Lep.* 1823(75).
— — citreipes, ♂ *Lep.* 1823(75).
— — fulvipes, *Lep.* 1823(75).
— — ruvipes, *Fal.* 1829(44)
—Macrophya strigosa, *Dahlbom.* 1835(34).
—Macrophya strigosa, ♀ *Hartig.* 1837(61).
—Macrophya dumetorum, ♂ *Hartig.* 1837(61).
—Macrophya strigosa, *Ev.* 1847(43).
— — dumetorum, *C.* 1860(42)*
— — rufipes, *Th.* 1871(282)*
— — — *Cam.* 1878(22).

14 Punctum album, Linné.

—Tenthredo punctum album, *Linné.* 1768(186)*
—Tenthredo punctum album, *Schr.* 1781(257)*
—Tenthredo punctum album, *Gmelin.* 1788(114)*
—Tenthredo punctum album, *Villiers.* 1789(289)*
—Tenthredo punctum album, *Rossi.* 1790(247)*
—Tenthredo punctum, *Fab.*1792(87)*
— — — *Pz.* 1792(218)*
— — — *Fab.*1804(89)*
— — — *Spin.*1806(268)*
—Allantus — *Jur.* 1807(140)*
—Tenthredo — *Kl.* 1818(67).
— — — *Lep.* 1823(75).
—Macrophya — *Dhlb.*1835(34).
— — — *Htg.* 1837(61).
— — — *Costa.*1860(42)*
—Macrophya punctum album, *Thoms.* 1871(282)*
—Macrophya punctum album, *Cam.* 1878(32).

15 Postica, Brullé.

—Tenthredo postica, *Br.* 1836(27)*
—Macrophya Ratzeburgi, *Tischbein.* 1852(100).
—Macrophya histrionica, *Sn. Vollenh.* 1878(96).

16 Trochanterica, Costa.

—Macrophya trochanterica, *Costa.* 1860(42)*

17 Eximia, Mocsary.

—Macrophya eximia, *Mocs.*1878 (*Acad. hong.*)

18 Carinthiaca, Klug.

—Tenthredo carinthiaca, *Kl.*1818(67).
—Macrophya — *Htg.*1837(61).

19 12-punctata Linné.

—Tenthredo 12-punctata, *L.* 1759(184)*

—Tenthredo fera, *Scop.* 1763(260)*
—La mouche à scie noire à pattes et corcelet variés de jaune, *Geoff.* 1764(162)*
—Tenthredo labiata, *Fourc.* 1785(94)*
— — 12-punctata, *Gm.* 1788(114)*
— — — *Vill.* 1789(289)*
— — — *Rossi.* 1790(247)*
— — — *Fab.* 1792(87)*
— — fera, *Fab.* 1792(87)*
— — — *Pz.* 1793(218)*
— — — *Fab.* 1804(89)*
— — 12-punctata, *Fab.* 1804(89)*
— — — *Spin.* 1806(268)*
—Allantus 12-punctatus, *Jurine.* 1807(140)*
—Allantus ferus, *Jur.* 1807(140)*
—Tenthredo 12-punctata, *Fallén.* 1808(90)*
—Tenthredo 12-punctata, *Kl.* 1818(67).
— — — *Lep.* 1823(75).
— — fera, *Lep.* 1823(75).
—Macrophya 12-punctata, *Dahlbom.* 1835(34).
—Macrophya 12-punctata, *Hartig.* 1837(61).
—Macrophya 12-punctata, *Eversm.* 1847(43).
—Macrophya 12-punctata, *Thomson.* 1871(282)*
—Macrophya 12-punctata, *Cameron.* 1878(32).

20 Chrysura, Klug.

—Tenthredo chrysura, *Kl.* 1818(67).
—Macrophya — *Htg.* 1837(61).

21 Erythrocnema, Costa.

—Macrophya erythrocnema, *Costa.* 1860(42)*

22 Tristis, André.

23 Brunnipes, André.

24 Femoralis, Kawall.

—Macrophya femoralis, *Kawall.* 1864(65).

25 Corallipes, Eversmann.

—Macrophya corallipes, *Ev.* 1847(43).

26 Hæmatopus, Fabricius.

—Tenthredo hæmatopus, *Fabricius.* 1792(87)*
—Tenthredo hæmatopus, *Panzer.* 1792(218)*
—Tenthredo hæmatopus, *Fabricius.* 1804(89)*
—Tenthredo hæmatopus, *Spinola.* 1806(268)*
—Allantus hæmatopus, *Jur.* 1807(140)*
—Tenthredo — *Kl.* 1818(67).
— — — *Lep.* 1823(75).
—Macrophya — *Htg.* 1837(61).
— — — *Cost.* 1860(42)*
— — — *Cam.* 1878(32).

27 Quadrimaculata, Fabricius.

—Tenthredo 4-maculata, *Fabricius.* 1792(87)*
—Tenthredo tarsata, ♀ *Pz.* 1793(218)*
— — sambuci, *Pz.* 1793(218)*
— — 4-maculata, *Fab.* 1804(89)*
—Allantus 4-maculatus, *Jur* 1807(140)*
—Tenthredo 4-maculata, *Kl.* 1818(67).
— — — *Lep* 1823(75).
—Macrophya — *Dhlb.* 1835(34).
— — — *Htg.* 1837(61).
— — — *Ev.* 1847(43).
— — — *Th.* 1871(282)*

28 Pœcilopus, Aischinger.

—Macrophya pœcilopus, *Aischinger.* 1870(3)*

29 Halensis, Aischinger.

—Macrophya halensis, *Aischinger.* 1870(3)*

30 Crassula, Klug.

—Tenthredo crassula, *Kl.* 1818(67).
— — — *Htg.* 1837(61).
— — Klugii, *Sn. V.* 1869(96).

31 Alboannulata, Costa.

—Macrophya alboannulata, *Costa.* 1860(42)*

32 Melanosoma, Rudow.

—Macrophya melanosoma, *Rudow.* 1871(86).

33 Magnicornis, Kawall.

—Macrophya magnicornis, *Kawall.* 1864(65).

34 Albicincta, Schranck.

—La mouche à scie noire à pattes argentées, *Geoff* 1764(102)*
—Tenthredo albicincta, *Schranck*, 1781(257)*
—Tenthredo albipes, *Fourc* 1785(94)*
— — — *Gm.* 1788(114)*
— — — *Vill.* 1789(289)*
— — — *Kl.* 1818(67).
— — — *Lep.* 1823(75).
— — luctuosa, *Lep.* 1823(75).
—Macrophya albicincta, *Dahlbom.* 1835(34).
—Macrophya albicincta, *Hartig.* 1837(61).
—Macrophya albicincta, *Ct.* 1860(42)*
—Macrophya albicincta, *Sn. V.* larve. 1866(96).
—Macrophya ribis, *Th.* 1871(282)*
— — albicincta, *Cam.* 1878(32).

35 Albipuncta, Fallén.

—Tenthredo albipuncta, *Fallen.* 1808(90)*
—Macrophya albipuncta, *Dahlbom.* 1835(34).
—Macrophya albipuncta, *Thomson.* 1871(282)*
—Macrophya albipunctata, *Cameron.* 1878(32).

36 Liciata, Eversmann.

—Macrophya liciata, *Ev.* 1847(43).

37 Ribis, Schranck.

—Tenthredo ribis, *Schk.* 1781(257)*
— — — *Gm.* 1788(114)*
— — leucopus, *Gm.* 1788(114)*
— — ribis, *Vill.* 1789(289)*
— — — *Pz.* 1792(218)*
— — — *Fab.* 1804(89)*
— — — *Spin.* 1806(268)*
—Allantus — *Jur.* 1807(140)*
—Tenthredo fera, *Fal.* 1808(90)*
— — ribis, *Kl.* 1818(67).
— — — *Lep.* 1823(75).
—Macrophya — *Dhlb.* 1835(34)*
— — — *Htg.* 1837(61).
— — — *Costa.* 1860(42).
— — albicincta, *Th* 1871(282)*?
— — ribis, *Cam.* 1878(32).

38 Blanda, Fabricius.

—La mouche à scie noire à pattes argentées et milieu du ventre fauve, *Geoff.* 1764(102)*
—Tenthredo blanda, *Fab.* 1775(81)*
— — ligustrina, *Fourc.* 1785(94)*
— — blanda, *Gm.* 1788(114)*
— — — *Vill.* 1789(289)*
— — — *Fab.* 1792(87)*
— — — *Pz.* 1793(218)*
— — cylindrica, *Pz.* 1793(218)*
— — blanda, *Fab.* 1804(89)*
— — cylindria *Fab.* 1804(89)*
— — — *Spin.* 1806(268)*
—Allantus blandus, *Jur.* 1807(140)*
—Tenthredo blanda, *Kl* 1818(67).
— — — *Lep.* 1823(75).
— — lacrymosa, *Lep.* 1823(75).
— — cognata, *Fal.* 1829(44).
—Macrophya blanda, *Dhlb.* 1835(34).
— — — *Htg.* 1837(61).
— — — *Ev.* 1847(43).
— — — *Cost.* 1860(42)*
— — — *Th.* 1871(282)*
— — — *Cam.* 1878(32).
—Macrophya brevicornis-var-*Gradl.* (*Ent. Nachrichten*) 1878.

39 Neglecta, Klug.

—Tenthredo neglecta, *Kl.* 1818(67).
— — blanda, *Fal* 1829(44)
—Macrophya neglecta, *Dhb.* 1835(34).
— — — *Htg.* 1837(61).
— — — *Ev.* 1847(43).
— — — *Costa.* 1860(42)*
— — — *Th.* 1871(282)*
— — — *Cam.* 1878(32).

40 Militaris, Klug.

—Tenthredo militaris, *Kl.* 1818(67).
— — schaefferi *Lep.* 1823(75).
—Macrophya militaris, *Htg.* 1837(61)
— — Lepeletieri, *Costa.* 1860(42)*

41 Erythrogaster, Spinola.

—Macrophya erythrogaster, *Spinola.* (*Soc. ent. Fr.*) 1843.

42 Sturmii, Klug.

—Tenthredo Sturmii, *Kl* 1818(67).
—Macrophya — *Htg.* 1837(61).

43 Tricoloripes, Mocsary.

—Macrophya tricoloripes, *Mocsary* (*Term. Fuz.*) 1880.

44 Albimacula, Mocsary.

—Macrophya albimacula, *Mocsary.* 1880(*l. c*).

45 Cognata, Mocsary.

—Macrophya cognata, *Mocs.* 1880(*l. c*)

46 Marginata, Mocsary.

—Macrophya marginata, *Mocsary.* 1880(*l. c*).

47 Tibialis, Mocsary.

—Macrophya tibialis, *Mocs.* 1880(*l. c.*).

N.-B. — La *M. tricoloripes* Mocs. n'a pu entrer dans le tableau dichotomique, celui-ci s'étant trouvé en partie imprimé lors de la publication de cette espèce.—
La *Macrophya ischiadica* Kawall 1864(65) est trop insuffisamment décrite pour qu'il soit possible de la reconnaître et de la ranger au nombre des espèces ci-dessus.

G. 38. — ALLANTUS, Jurine. 1807(140).

1 Viduus, Rossi.

—Tenthredo vidua, *Rossi.* 1790(247)*
—Megalodontes vidua, *Spin.* 1806(268)*
—Allantus Rossii, *Jur.* 1807(140)*
—Tenthredo vidua, *Kl.* 1818(67).
— — — *Lep.* 1823(75).
— — sareptana, *Ev.* 1847(43).
—Allantus viduus, *Costa.* 1860(42)*

2 Tenulus, Scopoli.

—Tenthredo tenula, *Scop.* 1763(260)*
— — — *Vill.* 1789(289)*
— — — *Rossi.* 1790(247)*
— — Rossii, *Pz.* 1792(218)*
— — zonata, *Fal.* 1808(90)*
— — bifasciata, *Kl.* 1818(67).
— — Rossii, *Lep.* 1823(75).
— — bifasciata, *Dhlb.* 1835(34).
— — — *Htg.* 1837(61).
— — — *Ev.* 1847(43).
—Allantus bifasciatus, *Th.* 1871(282)*
— — — *Rud.* 1872(87).
— — tenulus, *Cam.* 1878(32).
— — — — 1880(*E. M.*).

3 Unifasciatus, Mocsary.

—Allantus 1-fasciatus, *Mocs.* 1877(78).

4 Kœhleri, Klug.

—Tenthredo kœhleri, *Kl.* 1018(67).
—Allantus kœhleri, *Htg.* 1837(61).
— — — *Costa.* 1860(42)*
— — nigrilabris Friwaldski, 1876(50).

5 Violaceus, André.

6 Tricinctus, Fabricius.

—La mouche à scie guêpe, *Degeer* 1852(101)*
—La mouche à scie à quatre bandes jaunes, *Geoff.* 1764(102)*
—Tenthredo vespa, *Retz.* 1783(239)*?
— — rustica, *Fourc.* 1785(94)*
— — tricincta, *Fab.* 1804(89)*
—Allantus affinis, *Leach.* 1814(162)*
—Tenthredo tricincta, *Kl.* 1818(67).
— — vespa, *Latr.* 1819(158)*
— — vespiformis, *Lep* 1823(75).
—Allantus tricinctus, *Dhlb.* 1835(34).
— — — *Htg.* 1837(61).
—Tenthredo tricincta, *Ev.* 1847(43).
—Allantus tricinctus, *Brischke.* larve. 1855(6).
—Allantus tricinctus, *Th.* 1871(282)*
— — — *Rud.* 1872(87).
— — — *Cam.* 1878(32).
— — — *Cam.* 1880(*E. M. M.*).

7 Succinctus, Lepeletier.

—Tenthredo succincta, *Lep.* 1823(75).
—Allantus decipiens, *Foert.* 1843(48).
— — bicinctus (ex parte) *Rudow.* 1872(87).

8 Quadricinctus, Uddmann.

—Tenthredo quadricincta, *Uddmann.* 1790(286)*
—Allantus 4-cinctus, *Th.* 1871(282)*
— — — *Cam.* 1880(*E. M. M.*).
— — brevis, *Mocs.* 1880. (*Termez. Fuz.*)

9 Zona, Klug.

—Tenthredo zona, *Kl.* 1818(67)
—Allantus — *Htg.* 1837(61)
— — — *Costa.* 1860(42)*
— — — *Th.* 1871(282)*
— — bicinctus, (ex parte) *Rud.* 1871(87).
—Allantus zona, *Cam.* 1878(32).
— — cingulum, (ex parte) *Cam.* 1880(*E. M. M.*).

10 Zonula, Klug.

—Tenthredo zonula, *Kl.* 1818(67).
—Allantus — *Htg.* 1837(61).
— — — *Ev.* 1847(43).
— — — *Costa.*1860(42)*
— — — *Th.* 1871(282)*
— — bicinctus, (ex parte) *Rud.* 1877(87).
—Allantus cingulum, (ex parte) *Cam.* 1878(32).
—Allantus cingulum, (ex parte) *Cam.* 1880(*E. M. M.*).

11 Bicinctus, Linné.

—Tenthredo bicincta, *L.* 1759(184)*
— — fasciata, *Scop* 1763(260)*
—La mouche à scie à deux bandes jaunes, *Geoff.*1764(102)*
—Tenthredo bifasciata, *Fourcroy.* 1785(94)*
—Tenthredo bicincta, *Fab.* 1792(87)*
— — — *Fab.* 1804(89)*
— — fasciata, *Fal.* 1807(90)*
—Allantus bicinctus, *Jur.* 1807(140)*
—Tenthredo cingulum, *Kl.* 1818(67).
— — bicincta, *Lep.* 1823(75).
— — luteiventris var, *Lepelet* 1823(75).
—Tenthredo fasciata, *Fal.* 1829(41).
— — zonula, (ex parte) *Dhlb.* 1835(34).
—Allantus cingulum, *Htg.* 1837(61).
— — — *Ev.* 1847(43).
— — zonula, (ex parte) *Costa.* 1860(42)*
—Allantus zona, *Th.* 1871(282)*
— — bicinctus, (ex parte) *Rud.* 1872(87).
—Allantus zona, *Cam.* 1878(32).
— — cingulum, (ex parte) *Cam.* 1880(*E. M. M.*).

12 Apicimacula, Costa.

—Allantus apicimacula, *Costa.* 1860(42)*

13 Viennensis, Schranck.

—Tenthredo viennensis, *Schranck.* 1781(257)*
—Tenthredo 6-annulata, *Schranck.* 1781(257)*
—Tenthredo viennensis, *Gmel.* 1788(111)*
—Tenthredo viennensis, *Villiers.* 1789(289)*
—Tenthredo viennensis, *Rossi.* 1790(247)*
—Tenthredo viennensis, *Panzer.* 1792(218)*
—Tenthredo marginella, *Fabricius.* 1792(87)*
—Allantus viennensis, *Jur.*1807(140)*
—Tenthredo marginella, *Kl.*1818(67).
— — viennensis, *Lep.*1823(75).
— — marginella, *Fal.*1829(41).
—Allantus marginellus, *Dahlbom.* 1835(34).
—Allantus marginellus, *Hartig.* 1837(61).
—Allantus omissus, *Foerst.*1843(48).
— — marginellus, *Ev.* 1847(43).
— — — *Costa.*1869(42)*?
— — — *Th.* 1871(282)*
— — viennensis, *Rud.*1872(87).
— — — *Cam.*1878(32).
— — — *Cam.*1880(*E.M.M.*)

14 Schæfferi, Klug.

—Tenthredo bicincta, *Schk.*1781(257)*?
— — cincta, *Rossi.* 1790(247)*?
— — — *Fab.* 1792(87)*?
— — — *Pz.* 1792(218)*?
— — — *Fab.* 1804(89)*?
—Allantus cinctus, *Jur.* 1807(140)*?
—Tenthredo schæfferi, *Kl.* 1818(67).
— — cincta, *Lep.* 1823(75).
— — bicincta, *Fal.* 1829(41).
—Allantus schæfferi, *Htg.* 1837(61).
— — — *Ev.* 1847(43).
— — costalis, *Cost.* 1858(*Ricerche*).
— — schæfferi, *Costa.*1860(42)*
— — marginellus (ex parte) *Rud.* 1872(87).
—Allantus schæfferi, *Cameron* 1880(*E. M. M.*).

15 Flavipes, Fourcroy.

—La mouche à scie noire à pattes jaunes et milieu du ventre fauve, *Geoff.*1764(102)*
—Tenthredo flavipes, *Fourc.*1785(94)*
— — marginella, *Pz.*1792(218)*
— — dispar, *Kl.* 1818(67).
— — flavipes, *Lep.* 1823(75).
—Allantus dispar, *Htg.* 1837(61).
— — — *Ev.* 1847(43).
— — rufocingulatus, *Tischbein* 1852(100).
—Allantus marginelius, (ex parte) *Rud.* 1872(87).

—Allantus flavipes, *Cam.* 1878(32).
— — — — 1880 (*E. M. M.*).

16 Ouralensis, André.

17 Sulphuripes, Kriechbaumer.

—Allantus sulphuripes, *Kriech.* 1869(71).

18 Orientalis, Kriechbaumer.

—Allantus orientalis, *Krie.* 1869(71).

19 Monozonus, Kriechbaumer.

—Allantus monozonus, *Kr.* 1869(71).

20 Analis, André.

21 Dahlii, Klug.

—Allantus Dahlii, *Kl.* 1818(67).
— — villosus, *Brullé.* 1836(27)*
— — 1-cinctus, — 1836(27)*
— — xanthorius, *Kr.* 1869(71).

22 Costatus, Klug.

—Tenthredo costata, *Kl.* 1818(67).

23 Caucasicus, Mocsary.

—Allantus caucasicus, *Moc* 1880 (*Term. Fuz.*).

24 Vittatus, Kriechbaumer.

—Allantus vittatus, *Kriech* 1869(71).

25 Trivittatus, André.

26 Frauenfeldi, Giraud.

—Allantus Frauenfeldi, *Gir.* 1857(53).

27 Quinquecinctus, Gimmerthal.

—Allantus 5-cinctus, *Gim.* 1834(51).

28 Semifasciatus, Rudow.

—Allantus semifasciatus, *Rudow.* 1872(37).

29 Bæticus, Spinola.

—Allantus bæticus, *Spin.* 1843 (*Soc. ent. fr.*).

30 Heraclei, Rudow.

—Allantus heraclei, *Rudow* 1871(87).

31 Friwaldskyi, Mocsary.

—Allantus Friwaldskyi, *Mocsary*, 1871(*Termes Füz).*

32 Annulatus, Klug.

—Tenthredo annulata, *Kl.* 1818(67).

33 Meridianus, Lepeletier.

—Tenthredo meridiana, *Lep* 1823(75).

34 Scrophulariæ, Linné.

—Tenthredo scrophulariæ, *Linné.* 1759(184)*
—La mouche à scie de la scrophulaire, *Geoffroy.* 1764(102)*
—Tenthredo scrophulariæ, *Schranck* 1781(237)*
—Tenthredo scrophulariæ, *Fourc.* 1785(94).
—Tenthredo scrophulariæ, *Gmel.* 1788(114)*
—Tenthredo scrophulariæ, *Vill.* 1789(289)*
—Tenthredo scrophulariæ, *Rossi.* 1790(247)*
—Tenthredo scrophulariæ, *Panz.* 1792(218)*
—Tenthredo scrophulariæ, *Fab.* 1792(87)*
—Tenthredo scrophulariæ, *Fab.* 1804(89)*
—Tenthredo scrophulariæ, *Spin.* 1806(268)*
—Allantus scrophulariæ, *Jurine,* 1807(140)*
—Tenthredo scrophulariæ, *Fall.* 1808(90)*
—Tenthredo scrophulariæ, *Klug.* 1818(67).
—Tenthredo propinqua, *Kl.* 1818(67).
—Tenthredo scrophulariæ, *Lep.* 1823(75).
—Tenthredo scrophulariæ, *Fall.* 1829(44).
—Allantus scrophulariæ, *Dahlbom.* 1835(34).
—Allantus scrophulariæ, *Hartig.* 1837(61).
—Allantus propinqua, *Htg.* 1837(61)
—Allantus scrophulariæ, *Eversm.* 1847(43).

—Allantus scrophulariæ, *Brischke.* 1855(6) *larve.*
—Allantus scrophulariæ, *Costa.* 1862(42)*
—Allantus scrophulariæ, *Thomson.* 1871(282)*
—Allantus scrophulariæ, *Rudow.* 1872(87).
—Allantus scrophulariæ, *Cameron.* 1878(32).
—Allantus scrophulariæ, *Cameron.* 1880(*E. M. M.*)

35 Ruficornis, Gimmerthal.

—Allantus ruficornis, *Gim.* 1834(51)

36 Flavipennis, Brullé.

—Tenthredo flavipennis, *Brullé.* 1836(27)*

37 Luteocinctus, Eversmann.

—Tenthredo luteocincta, *Evers.* 1847(43).

38 Hispanicus, André.

39 Limbalis, Spinola.

—Allantus limbalis, *Spin.* 1843 (*Soc. ent. fr.*)

40 Caspius, André.

41 Varicarpus, André.

42 Syriacus, André.

43 Arcuatus, Forster.

—Tenthredo arcuata, *Fors.* 1771(92)*
— — marginella, *Fab.* 1792(87)*
— — — *Panz.* 1792(218)*
— — — *Fab.* 1804(89).
— — — *Spin.* 1806(268)*
—Allantus marginellus, *Jur.* 1807(140)*
—Tenthredo viennensis, *Fallen.* 1808(90)*
—Tenthredo notha, *Klug.* 1818(67)
— — marginella, *Lep.* 1823(75).
— — flaveola, *Lep.* 1823(75).
—Allantus nothus, *Dhlb.* 1835(34).
— — — *Htg.* 1837(61).
— — — *Eversm.* 1847(43).
— — marginellus, *Cost.* 1860(42)*?
— — nothus, *Thms.* 1871(282)*
— — marginellus (ex parte), *Rud.* 1871(87).
—Allantus melanotus, *Rud.* 1872(87).
— — arcuatus, *Cam.* 1878(32).
— — — — 1880 (*E. M. M.*)

44 Parvulus, Kriechbaumer.

—Allantus parvulus, *Krie.* 1869(71).

45 Pectoralis, Kriechbaumer.

—Allantus pectoralis. *Krie.* 1869(71).

46 Maculatus, Kriechbaumer.

—Allantus maculatus, *Krie.* 1869(71).

47 Multicinctus, Rudow.

—Allantus multicinctus, *Rudow.* 1872(87).
—Allantus multifasciatus, *Rudow.* (*l. c.*) catal.

48 Rufoniger, André.

49 Semirufus, André.

50 Balteatus, Kriechbaumer.

—Allantus balteatus, *Kr.* 1869(71).

51 Ornatus, André.

52 Pubescens, André.

53 Sabariensis, Mocsary.

—Allantus sabariensis, *Mocsary.* 1880(*Termez. Fuz.*)

54 Tricolor, Kriechbaumer.

—Allantus tricolor, *Krie.* 1869(71).

55 Xanthopus, Spinola.

—Allantus xanthopus, *Spin.* 1843 (*Soc. ent. fr.*)

56 Fulviventris, Mocsary.

—Allantus fulviventris, *Moc.* 1880 (*Termez. Fuz.*)

57 Albiventris, Mocsary.

—Allantus albiventris, *Moc.* 1880 (*Termez. Fuz.*)

58 Obesus, Mocsary.

—Allantus obesus, *Moc.* 1880 (*Termez. Fuz.*)

G. 39. — SCIAPTERYX, Stephens. 1829(272)*

1 Costalis, Fabricius.

—Hylotema costalis, *Fabr.*1792(87)*
— — — — 1804(89)*
—Allantus costalis, *Jur.* 1807(140)*
—Tenthredo costalis, Kl. 1818(67).
— — — *Lep.* 1823(75).
—Allantus costalis, *Htg.* 1837(61).
—Sciapteryx costalis, *Cam.*1878(32)

2 Consobrina, Klug.

—Tenthredo consobrina, Kl1818(67).
— — — *Htg.*1837(61).
—Eniscia consobrina,*Thm.*1871(282)*
—Allantus consobrinus, var. Zwickoviensis, von Schlechtendal, 1873 *(Stett. Ent. Zeit.)*

3 Arctica, Thomson.

—Eniscia arctica, *Thms.* 1871(282)*

4 Levantina, André.

G. 40. — STRONGYLOGASTER, Dahlbom, 1835(34).

1 Geniculatus, Thomsom.

—Strongylogaster geniculatus,*Thms.* 1871(282)*

2 Cingulatus, Fabricius.

—Hylotoma cingulata,*Fab.*1792(87)*
— — — — 1804(89)*
—Allantus cingulatus, *Jur.*1807(140)*
—Tenthredo cingulata, Kl. 1818(67).
— — linearis, *Kl.* 1818(67).
— — cingulata, *Lep.*1823(75).
—Strongylogaster cingulatus, *Dhlb.* 1835(34).
—Allantus laticinctus, *Brullé.* 1836(27)*?
—Strongylogaster cingulatus, *Htg* 1837(61).
—Strongylogaster linearis, *Hartig.* 1837(61).
—Strongylogaster cingulatus, *Evers.* 1847(43)*
—Strongylogaster cingulatus, *Costa.* 1860(42)*
—Strongylogaster cingulata, *Thms.* 1871(282)*
—Strongylogaster cingulatus, *Cam.* 1878(32).

3 Mixtus, Klug.

—Tenthredo mixta, *Kl.* 1818(67).
— — — *Dhlb.* 1835(34).
—Strongylogaster mixta, *Hartig.* 1837(61).
—Strongylogaster mixta, *Thoms.* 1871(282)*
—Strongylogaster mixtus, *Cam.* 1878(32).

4 Femoralis, Cameron.

—Strongylogaster femoralis, *Cam.* 1875(22).

5 Delicatulus, Fallén.

—Tenthredo delicatula,*Fal.*1808(90)*
— — eborina, *Kl.* 1818(67).
—Strongylogaster eborina, *Hartig.* 1837(61).
—Selandria phtisica, *Sn. V.*1869(96).
—Strongylogaster delicatula, *Thoms.* 1871(282)*
—Strongylogaster delicatulus, *Cam.* 1878(32).

6 Viridis, Schmiedeknecht.

—Strongylogaster viridis, *Schm.* 1880*(Ent. Nachr.)*

7 Macula, Klug.

—Tenthredo macula. Kl. 1818(67).
—Strongylogaster macula, *Hartig.* 1837(61).
—Strongylogaster macula, *Thomson.* 1871(282)*

8 Subjectus, Eversmann.

—Tenthredo subjecta,*Ev.* 1847(43).

9 Filicis, Klug.

—Tenthredo filicis, Kl. 1818(67).
— — carinata, Kl. 1818(67).
—Strongylogaster filicis, *Dahlbom.* 1835(34).
—Strongylogaster filicis, *Hartig.* 1837(61).
—Strongylogaster carinata, *Hartig.* 1837(61).
—Tenthredo filicis,*Evers.* 1847(43).

—Strongylogaster filicis, *Thomson.* 1871(282)*
—Strongylogaster filicis, *Cameron.* 1878(32).

10 Sharpi, CAMERON.

—Strongylogaster sharpi, *Cameron.* 1880(*E. M. M.*)

G. 41. — SYNAIREMA, HARTIG, 1837(61).

1 Rubi, PANZER.

—Tenthredo rubi, *Panz.* 1793(218)*
—Allantus rubi, *Jur.* 1807(140)*
—Tenthredo lividiventris, *Fallén.* 1808(90)*
—Tenthredo delicatula, *Fallén.* 1808(90)*
—Tenthredo delicatula, *Kl.* 1818(67).
— — rubi, *Kl.* 1818(67).
— — — *Lep.* 1823(75).
— — delicatula, *Dhlb.* 1835(34).
—Perineura rubi, *Htg.* 1837(61).
—Synairema delicatula, *Hartig.* 1837(61).
—Synairema rubi, *Thms.* 1871(282)*

2 Alpina, BREMI.

—Synairema alpina, *Breml.* 1849(4).

G. 42.— PERINEURA, HARTIG, 1837(61).

1 Bruviuscula, COSTA.

—Tenthredo breviuscula, *Costa.* 1861(42)*

2 Punctulata, KLUG.

—Tenthredo punctulata, *Kl.* 1818(67).
— — — *Htg.* 1837(61).
— — — *Cos.* 1861(42)*
—Perineura punctulata, *Thomson.* 1871(282)*
—Tenthredo punctulata, *Rudow.* 1871(86).
—Tenthredo punctulata, *Cameron.* 1878(32).

3 Viridis, LINNÉ.

—Tenthredo viridis, *L.* 1761(188)*
—*La lettre hébraïque verte, Geoffroy.* 1764(102)*
—Tenthredo viridis, *Schk.* 1781(257)*
— — alneti, — 1781(257)*
— — hebraica, *Four.* 1785(94)*
— — viridis, *Gmel.* 1788(114)*
— — — *Vill.* 1789(289)*
— — — *Panz.* 1792(218)*
— — — *Fabr.* 1792(87)*
— — — — 1804(89)*
— — — *Spin.* 1806(268)*
—Allantus viridis, *Jur.* 1807(140)*
—Tenthredo scalaris, *Kl.* 1818(67).
— — viridis, *Lep.* 1823(75).
— — scalaris, *Dhb.* 1835(34).
— — — *Htg.* 1837(61).
— — — *Evers.* 1847(43).
— — — *Costa.* 1861(42)*
— — — *Rud.* 1871(86).
—Perineura viridis, *Thms.* 1871(282)*
— — scalaris, — 1871(282)*
—Tenthredo scalaris, *Cam.* 1878(32).

4 Picta, KLUG.

—La lettre hébraïque verte, var. *Geof.* 1764(102)*
—Tenthredo picta, *Kl.* 1818(67).
— — — *Htg.* 1837(61).
— — — *Evers.* 1847(43).
— — scesana, *Rud.* 1871(86).
— — viridis, *Cam.* 1878(32).

5 Idriensis, GIRAUD.

—Tenthredo idriensis, *Gir.* 1857(53).

Lepeletier, 1823 (75), p. 128. n° 384, a fait une *Tenth. idriensis* dont il est impossible de connaître même le genre, et qui ne peut par conséquent primer el empêcher le nom de Giraud.

6 Nassata, LINNÉ.

—Tenthredo nassata, *L.* 1768(186)*
— — melanorrhaea, *Gmel.* 1788(114)*
—Tenthredo nassata, *Vill.* 1789(289)*
— — — *Rossi.* 1790(247)*
— — tiliæ, *Panz.* 1792(218)*
— — nassata, *Fab.* 1791(87)*
— — — *Panz.* 1799(218)*
— — — *Fab.* 1804(89)*
— — tiliæ, *Spin.* 1806(268)*
—Allantus tiliæ, *Jur.* 1807(140)*
— — nassatus, *Jur.* 1807(140)*
—Tenthredo nassata, *Fall.* 1808(90)*
— — instabilis, *Kl.* 1818(67).
— — nassata, *Lep.* 1823(75).
— — melanorrhœa, *Lep.* 1823(75).

—Tenthredo tiliæ, *Lep.* 1823(75).
— — instabilis, *Dhlb.* 1835(34).
— — nassata, *Htg.* 1837(61).
— — instabilis, *Ev.* 1847(43).
—Tenthredopsis nassata, *Costa.* 1861(42)*
—Tenthredo nassata, *Rud.* 1871(86).
— — fasciata, *Rud.* 1871(86)?
—Perineura sordida, *Th.* 1871(282)*
— — — *Cam.* 1878(31).
—Tenthredopsis nassata, *Cameron.* 1878(32).

7 Auriculata, THOMSON.

—Perineura auriculata, *Th.* 1871(282)*

8 Nivosa, KLUG.

—Tenthredo nivosa, *Kl.* 1818(67).
— — — *Htg.* 1837(61).
— — — *Ev.* 1847(43).

9 Sordida, KLUG.

—Tenthredo sordida, *Kl.* 1818(67).
— — dorsalis, *Lep.* 1823(75)?
— — sordida, *Htg.* 1837(61).
— — — *Ev.* 1847(43).
—Tenthredopsis sordida, *Costa.* 1861(42)*
—Tenthredo sordida, *Rud.* 1871(86).

10 Lactiflua, KLUG.

—Tenthredo lactiflua, *Kl.* 1818(67).
— — — *Htg.* 1837(61).

11 Hungarica, KLUG.

—Tenthredo hungarica, *Kl.* 1818(67).
— — — *Htg.* 1837(61).

12 Moscovita, ANDRÉ.

13 Tesselata, KLUG.

—Tenthredo tesselata, *Kl.* 1818(67).
— — — *Htg.* 1837(61).
— — — *Ev.* 1847(43).
—Tenthredopsis, tesselata, *Costa.* 1861(42)*
—Tenthredo tesselata, *Rud.* 1871(86).

14 Lusitanica, ANDRÉ.

15 Alpina, THOMSON.

—Perineura alpina, *Th.* 1871(282)*

16 Pinguis, KLUG.

—Tenthredo pinguis, *Kl.* 1818(67).
— — — *Htg.* 1837(61).

17 Lateralis, FABRICIUS.

—Tenthredo lateralis, *Fab.* 1792(87)*
— — — *Pz.* 1802(218)*
— — — *Fab.* 1804(89)*
—Allantus lateralis, *Jur.* 1807(140)*
—Tenthredo — *Fal.* 1808(90)*
— — — *Kl.* 1818(67).
— — — *Lep.* 1823(75).
— — — *Dhlb.* 1835(34).
— — — *Htg.* 1837(61).
— — — *Ev.* 1847(43)*
— — — *Rud.* 1871(86).
—Perineura lateralis, *Th.* 1871(282)*
—Tenthredo — *Cam.* 1878(32).

18 Solitaria, SCHRANCK.

—Tenthredo solitaria, *Schk.* 1781(257)*
— — — *Fal.* 1808(90)*
— — aucupariæ, *Kl.* 1818(67).
— — solitaria, *Dhlb.* 1835(34).
— — aucupariæ, *Htg.* 1837(61).
— — — *Rud.* 1871(86).
—Perineura solitaria, *Th.* 1871(282)*
—Tenthredo gibbosa, *Cam.* 1878(32).

19 Fulvitarsis, ANDRÉ.

20 Tischbeini, MOCSARY.

—Tenthredo hungarica, *Tischbein.* 1852(100).
—Tenthredo Tischbeini, *Mocsary.* 1878(*Termez Fuz.*).

21 Floricola, COSTA.

—Ebolia floricola, *Costa.* 1861(42)*

22 Quadriguttata, COSTA.

—Tenthredopsis 4-guttata, *Costa.* 1861(42)*.

23 Annuligera, EVERSMANN.

—Tenthredo annuligera, *Ev.* 1847(43).

24 Gynandromorpha, RUDOW.

—Tenthredo gynandromorpha, *Rud.* 1871(86).

25 Picticornis, MOCSARY.

—Tenthredo picticornis, *Mocsary.* 1880(*Termes. Fuz.*).

26 Balkana, MOCSARY.

—Tenthredo balkana, *Moc.*1880. (*Termes. Fuzet.*).

27 Albopunctata, TISCHBEIN.

—Tenthredo albopunctata, *Tischbein.* 1852(100).

28 Insignis, KLUG.

—Tenthredo insignis, *Kl.* 1818(67).
— — — *Htg.* 1837(61).

29 Corcyrensis, MOCSARY.

—Tenthredo corcyrensis, *Mocsary.* (*in litt.*).

30 Albonotata, BRULLÉ.

—Allantus albonotatus, *Br.*1832(27)*
—Tenthredo propinqua, *Mocsary.* 1880(*Termes. Fuz.*).

31 Benthini, RUDOW.

—Tenthredo Benthini, *Rud.*1871(86).
— — basimacula, *Moes.*1880. (*Termes. Fuz.*).

32 Histrio, KLUG.

—Tenthredo histrio, *Kl.* 1818(67).
— — ambigua, *Kl.* 1818(67).
— — histrio, *Htg.* 1837(61).
— — ambigua, *Htg.* 1837(61).
—Tenthredopsis ambigua, *Costa.* 1861(42)*
—Tenthredo histrio, *Rud* 1871(86).
— — ambigua, *Rud.*1871(86).

33 Ornata, LEPELETIER.

—Tenthredo ornata, *Lep.* 1823(75).
— — neglecta, *Lep.* 1823(75).
—Perineura excisa, *Th.* 1871(282)*
—Tenthredopsis, excisa, *Cameron.* 1878(32).
—Perineura excisa, *Cam.* 1878(31).

34 Coquebertii, KLUG.

—Tenthredo Coquebertii, *Kl*1818(67).
— — — *Htg.*1837(61).
— — — *Ev.* 1847(43).
— — — *Rud.*1871(86).

35 Scutellaris, PANZER.

—Tenthredo scutellaris, *Pz.*1792(218).
— — stigma, *Fab.* 1798(88)*
— — — *Coq.* 1799(41)*
— — scutellaris, *Fab.*1804(89)*
— — stigma, *Fab.* 1804(89)*
— — — *Spin.* 1806(268)*
— — scutellaris, *Spin.*1806(268)*
—Allantus stigma, *Jur.* 1807(140)*
— — pavidus, *Jur.* 1807(140)*
— — scutellaris, *Jur.* 1807(140)*
—Tenthredo instabilis, *Kl.* 1818(67).
— — pavida, *Lep.* 1823(75).
— — scutellaris, *Lep.*1823(75).
— — spreta, *Lep.* 1823(75).
— — stigma, *Lep.* 1823(75).
— — instabilis, *Dhb.*1835(34).
— — scutellaris, *Htg.*1837(61).
— — instabilis, *Ev.* 1847(43).
—Tenthredopsis instabilis, *Costa.* 1861(42)*
—Tenthredo scutellaris, *Rudow.* 1871(86).
—Perineura brevispina, *Thomson.* 1871(282)*
—Tenthredopsis scutellaris, *Cam.* 1878(32).
—Perineura brevispina, *Cameron.* 1878(31).

36 Cordata, FOURCROY.

—La mouche à scie porte-cœur, *Geoff.* 1764(102)*
—Tenthredo cordata, *Fourc.*1785(94)*
— — varia, *Gm.* 1788(114)*
— — dimidiata, *Fab.*1804(89).
—Allantus dimidiatus, *Jur.*1807(140)*
—Tenthredo dimidiata, *Fal.*1808(90)*
—Tenthredo instabilis, (ex parte) *K.* 1818(67).
—Tenthredo dimidiata, *Lep.*1823(75).
— — analis, *Steph.* 1828(272)*
— — caliginosa, *Steph.*1828(272)*
—Tenthredo microcephala, *Steph.* 1828(272)*
—Tenthredo instabilis, *Dhb.*1835(34).
— — dimidiata, *Htg.*1837(61).
— — instabilis, *Ev.* 1847(43).
—Tenthredopsis instabilis, *Costa.* 1861(42)*
—Tenthredo dimidiata, *Rud*1871(86).
—Perineura nassata, *Th.* 1871(282)*.
—Tenthredopsis dimidiata, *Cameron.* 1878(32).
—Perineura nassata, *Cam.* 1878(31).

—Perineura dimidiata, *Cam.* 1878(31). (*Post.script.*).

G. 43. — TENTHREDO, Linné. 1759(184)*

1 Microcephala, Lepeletier.

—Tenthredo microcephala, *Lepelet.* 1823(75).
—Tenthredo orbitalis, *Distr.* 1868(56)*

2 Atra, Linné.

—Tenthredo atra, *L.* 1759(184)*
—La mouche à scie noire à pattes fauves, *Geoffr.* 1764(102)*
—Tenthredo atra, *Fourc.* 1785(94)*
— — fuscipes, *Gm.* 1788(114)*
— — atra, *Gm.* 1788(114)*
— — — *Vill.* 1789(289)*
— — — *Rossi.* 1790(247)*
— — — *Fab.* 1792(87)*
— — — *Panz.* 1798(218)*
— — — *Fab.* 1804(89)*
— — — *Spin.* 1806(268)*
— — pavida, *Fal.* 1807(90)*
—Allantus ater, *Jur.* 1807(140)*
—Tenthredo atra, *Kl.* 1818(67).
— — — *Lep.* 1823(75).
— — rufipes, *Lep.* 1823(75).
— — atra, *Dhlb.* 1835(34).
— — — *Htg.* 1837(61).
— — — *Ev.* 1847(43).
— — — *Costa.* 1861(42)*
— — — *Th.* 1871(282)*
— — — *Rud.* 1871(86).
— — —(larve) *Cam.* 1877(27).
— — — *Cam.* 1878(32).

3 Mandibularis, Fabricius.

—Tenthredo mandibularis, *Fabricius.* 1804(89)*
—Tenthredo mandibularis, *Panzer.* 1805(218)*
—Allantus mandibularis, *Jurine.* 1807(140)*
—Tenthredo mandibularis, *Klug.* 1818(67).
—Tenthredo mandibularis, *Lepeletier.* 1823(75).
—Tenthredo mandibularis, *Dahlbom.* 1835(34).
—Tenthredo mandibularis, *Hartig.* 1837(61).
—Tenthredo mandibularis, *Cameron.* 1878(32).

4 Caucasica, Eversmann.

—Tenthredo caucasica, *Ev.* 1847(43).
— — — *Puls.* 1870. (*Hym. de Transcaucasie*).

5 Melas, Rudow.

—Tenthredo melas, *Rud.* 1871(86).

6 Procera, Klug.

—Tenthredo procera, *Kl.* 1818(67).
— — — *Htg.* 1837(61).

7 Caligator, Eversmann.

—Tenthredo caligator, *Ev.* 1847(43).
— — nigritarsis, *Puls.* 1870. (*Hym. de Transc.*).

8 Dispar, Klug.

—Tenthredo dispar, *Kl.* 1818(67).
— — — *Dhlb.* 1835(34).
— — — *Htg.* 1837(61).
— — — *Ev.* 1847(43).
— — — *Rud.* 1871(86).
— — — *Cam.* 1878(32).

9 Rufipes, Klug.

—Tenthredo rufipes, *Kl.* 1818(67).
— — — *Htg.* 1837(61).

10 Moniliata, Klug.

—Tenthredo moniliata, *Kl.* 1818(67).
— — — *Dhlb.* 1835(34).
— — — *Htg.* 1837(61).
— — — *Ev.* 1847(43).
— — — *Th.* 1871(282)*
— — — *Rud.* 1871(86).
— — — *Cam.* 1878(32).
— — — *Gradl.* 1878. (*Ent. Nachr.*).

11 Ignobilis, Klug.

—Tenthredo ignobilis, *Kl.* 1818(67).
— — — *Dhlb.* 1835(34).
— — — *Htg.* 1837(61).
— — — *Th.* 1871(282)*
— — — *Rud.* 1871(86).

12 Palustris, Klug.

—Tenthredo palustris, *Kl.* 1818(67).
— — — *Htg.* 1837(61).

13 Hybrida, EVERSMANN.

—Tenthredo hybrida, *Ev.* 1847(43).

14 Plebeja, KLUG.

—Tenthredo plebeja, *Kl.* 1818(67).
— — — *Htg.* 1837(61).
— — — *Rud.* 1871(86).

15 Pœcila, EVERSMANN.

—Tenthredo pœcila, *Ev.* 1847(43).

16 Lachlaniana, CAMERON.

—Tenthredo lachlaniana, *Cameron.* 1878(31).

17 Sibirica, KRIECHBAUMER.

—Allantus sibiricus, *Kriec.* 1869(71).
—Tenthredo spectabilis, *Mocsary.* 1878(*Tijdschrift voor Ent.*).
—Tenthredo sibirica, *Mocs.* 1881. (*Entom. Nachr.*).

18 Pœcilopus, MOCSARY.

—Tenthredo pœcilopus, *Mocsary.* 1880(*Termez. Fuz.*).

19 Rubecula, EVERSMANN.

—Tenthredo rubecula, *Ev.* 1847(43).

20 Purpurea, PULS.

—Tenthredo purpurea, *Puls.* 1870. (*Hym. de Transc.*).

21 Conspicua, KLUG.

—Tenthredo conspicua, *Kl.* 1818(67).
— — — *Dhlb.* 1835(34).
— — — *Htg.* 1837(61).

22 Rufiventris, FABRICIUS.

—Tenthredo rufiventris, *Fabricius.* 1792(87)*
—Tenthredo rufiventris, *Pz.* 1799(218)*
— — — *Fab.* 1804(89)*
— — — *Fal.* 1807(90)*
— — — *Kl.* 1818(67).
— — — *Lep.* 1823(75).
— — — *Fal.* 1829(44).
— — — *Dhlb.* 1835(34).
— — — *Htg.* 1837(61).
— — — *Th.* 1871(282)*
— — — *Cam.* 1878(32).

23 Velox, FABRICIUS.

—Tenthredo velox, *Fab.* 1798(88)*
— — — *Fab.* 1804(89)*
—Allantus velox, *Jur.* 1807(140)*
—Tenthredo velox, *Kl.* 1818(67).
— — bipunctula *Kl.* 1818(67).
— — velox, *Lep.* 1823(75).
— — — *Htg.* 1837(61).
— — bipunctula, *Htg.* 1837(61).
— — velox, *Cam.* 1878(32).

24 Maura FABRICIUS.

—Tenthredo maura, *Fab.* 1792(87)*
— — fagi, *Pz.* 1798(218)*
— — maura, *Fab.* 1804(89)*
— — — *Spin.* 1806(268)*
—Allantus maurus, *Jur.* 1807(140)*
—Tenthredo fagi, *Kl.* 1818(67).
— — pellucida *Kl.* 1818(67).
— — maura, *Lep.* 1823(75).
— — fagi, *Htg.* 1837(61).
— — pellucida, *Htg.* 1837(61).
— — fagi, *Ev.* 1847(43).
— — — *Costa.* 1861(42)*
— — — *Th.* 1871(282)*
— — solitaria, *Cam.* 1878(32).

25 Livida, LINNÉ.

—Tenthredo livida, *L.* 1759(184)*
—La mouche à scie à antennes blanches au bout. *Geoff.* 1764(102)*
—Tenthredo annularis, *Sch.* 1781(257)*
— — livida, *Schk.* 1781(257)*
— — albicornis, *Fourc.* 1785(94)*
— — livida, *Fab.* 1792(87)*
— — — *Pz.* 1798(218)*
— — carpini, *Pz.* 1799(218)*
— — livida, *Fab.* 1804(89)*
— — maura, *Fal.* 1807(90)*
—Allantus lividus, *Jur.* 1807(140)*
—Tenthredo livida, *Kl.* 1818(67).
— — — *Lep.* 1823(75).
— — maura, *Fal.* 1829(44).
— — livida, *Dhlb.* 1835(34).
— — — *Htg.* 1837(61).
— — — *Ev* 1847(43).
— — — *Rud.* 1871(86).
— — — *Th.* 1871(282)*
— — — *Cam.* 1878(32).

26 Silensis. COSTA.

—Tenthredo silensis, *Costa.* 1861(42)*

27 Colon, Klug.

—Tenthredo colon, *Kl.* 1818(67).
— — — *Dhlb.* 1835(34).
— — — *Htg.* 1837(61).
— — — *Evers.* 1847(43).
— — — *Costa.* 1861(42)*
— — — *Puls.* 1870 (*Hym. de Transc.*).
—Tenthredo colon, *Rud.* 1871(86).
— — — *Thms.* 1871(285)*
— — — *Cam.* 1878(32).

28 Rudowi, André.

29 Balteata, Klug.

—Tenthredo balteata, *Kl.* 1818(67).
— — — *Dhlb.* 1835(34).
— — — *Htg.* 1837(61).
— — soror, *Zett.* 1840(300)*
— — balteata, *Thm*1871(282)*
— — — *Cam.* 1878(32).

30 Coryli, Panzer.

—Tenthredo coryli, *Panz.* 1799(218)*
— — — *Fab.* 1804(89)*
—Allantus coryli, *Jur* 1807(140)*
—Tenthredo coryli, *Kl.* 1818(67).
— — intermedia, *Kl.*1818(67).
— — coryli, *Lep.* 1823(75).
— — — *Htg.* 1837(61).
— — intermedia,*Htg*1837(61).
— — — *Evers.*1847(43).
— — coryli,*Giraud.*1857(53).
— — — *Rud.* 1871(86).
— — intermedia,*Rud*1871(86).
— — coryli, *Cam.* 1878(32).

31 Sobrina, Eversmann.

—Tenthredo sobrina,*Evers.*1847(43).

32 Biguttata, Hartig.

—Tenthredo biguttata, *Htg*1837(61).

33 Albopicta, Puls.

—Tenthredo albopicta,*Puls*1870 (*Hym. de Transcaucasie*)

34 Limbata, Klug.

—Tenthredo limbata, *Kl.* 1818(67).
— — — *Dhlb.* 1835(34).
— — — *Htg.* 1837(61).
— — — *Thms.*1871(282)*

35 Trabeata, Klug.

—Tenthredo trabeata, *Kl.* 1818(67).
— — — *Htg.*1837(61).

36 Maculata, Fourcroy.

—La mouche à scie noire à ventre jaune, noir en haut et en bas, *Geoffroy*, ♂ 1764(102)*
—La mouche à scie à une bande jaune *Geoffroy*, ♀ 1764(102)*
—Tenthredo maculata, *Fourcroy*, 1785(94)*
—Tenthredo unifasciata, *Fourcroy*, 1785(94)*
—Tenthredo maculata, *Vill.*1789(289)*
— — zonata, *Panz.* 1805(218)*
— — equestris, — 1805(218)*
—Allantus zonatus, *Jur.* 1807(140)*
—Tenthredo zonata, *Kl.* 1818(67).
— — — *Lep.* 1823(75).
— — latizona, *Lep.* 1823(75).
— — bella, *Lep.* 1823(75).
— — zonata, *Fall.* 1829(44).
— — — *Htg.* 1837(61).
— — — *Evers.* 1847(43).
— — — *Rud.* 1871(86).
— — — *Cam.* 1868(32).

37 Bicincta, Linné.

—Tenthredo bicincta, *L.* 1766(186)*
— — cincta, *Fab.* 1793(87)*
— — semicincta, *Pz.*1793(218)*
— — cincta, *Fab.* 1804(89)*
— — bicincta, *Fall.* 1808(90)*
— — — *Kl.* 1818(67).
— — — *Fall.* 1829(44)
— — — *Dhlb.* 1835(34).
— — — *Htg.* 1837(61).
— — — *Evers.*1847(43).
— — — *Costa.*1861(42)*
— — — *Rud.* 1871(86).
— — — *Thms.*1871(282)*
— — — *Cam.* 1878(32).

38 Luteipennis, Eversmann.

—Tenthredo luteipennis, *Eversmann.* 1847(43).
—Tenthredo luteipennis, *Puls.* 1870 (*Hym. de Transc.*).

39 Fallax, Mocsary.

—Tenthredo fallax, *Mocs.* 1880 (*Termes. Fuz.*).

40 Albicornis, FABRICIUS.

—Tenthredo albicornis, *Fab.* 1792(87)*
— — — *Panz.* 1793 (218)*
— — — *Fab.* 1804(89)*
— — — *Spin.* 1808(268)*
—Allantus albicornis, *Jur.* 1807(140)*
—Tenthredo albicornis, *Kl.* 1818(67).
— — — *Lep.* 1823(75).
— — — *Htg.* 1837(61).
— — — *Evers.* 1847(43).
— — — *Costa.* 1861(42)*

41 Pallicornis, FABRICIUS.

—Tenthredo pallicornis, *Fabricius.* 1798(88)*
—Tenthredo pallicornis, *Fabricius.* 1804(89)*
—Tenthredo pallicornis, *Klug.* 1818(67).
—Tenthredo pallicornis, *Lepeletier.* 1823(75).
—Tenthredo pallicornis, *Hartig.* 1837(61).
—Tenthredo pallicornis, *Radow.* 1871(86).

42 Flava, SCOPOLI.

—Tenthredo flava, *Scop.* 1766(260)*
— — — *Schæff.* 1769(253)*
— — poecilochroa, *Schk* 1781(257)*
— — flavicornis, *Vill.* 1789(289)*
— — — *Gmel.* 1789(111)*
— — — *Rossi.* 1790(247)*
— — — *Fab.* 1792(87)*
— — luteicornis, *Fab.* 1792(87)*
— — flavicornis, *Pz.* 1798(218)*
— — luteicornis, *Pz.* 1799(218)*
— — flavicornis, *Fab.* 1804(89)*
—Allantus flavicornis, *Jur.* 1807(140)*
— — luteicornis, — 1807(140)*
—Tenthredo flavicornis, *Fall* 1808(90)*
— — — *Kl.* 1818(67).
— — — *Lep.* 1823(75).
— — — *Dhlb.* 1835(34).
— — — *Htg.* 1837(61).
— — luteicornis, *Evers.* 1847(43).
— — flavicornis, *Costa* 1861(42)*
— — — *Rad.* 1871(86)*
— — — *Thms.* 1871(282)*

43 Fulva, KLUG.

—Tenthredo fulva, *Kl.* 1818(67).
— — flavicornis, *Evers.* 1847(43).
—Tenthredo Eversmanni, *Ballion.* 1869 (*Bull. de Moscou*).

44 Islandica, EVERSMANN.

—Tenthredo islandica, *Eversmann.* 1847(43).

45 Olivacea, KLUG.

—Tenthredo olivacea, *Kl.* 1818(67).
— — — *Htg.* 1837(61).
— — — *Rad.* 1871(86).
— — — *Thms.* 1871(282)*
— — — *Cam.* 1878(32).

46 Obsoleta, KLUG.

—Tenthredo obsoleta, *Kl.* 1818(67)
— — — *Htg.* 1837(61).
— — — *Evers.* 1847(43).
— — — *Rad.* 1781(86).
— — — *Thms.* 1871(282)*
— — — *Cam.* 1878(32).

47 Arctica, THOMSON.

—Tenthredo arctica, *Thms.* 1871(282)*

48 Mesomelas, LINNÉ.

—Tenthredo mesomelas, *L.* 1761(188)*
— — interrupta, *Fab.* 1804(89)*
— — viridis, *Kl.* 1818(67).
— — interrupta, *Lep.* 1823(75).
— — — *Dhlb.* 1835(34).
— — — *Htg.* 1837(61).
— — — *Evers.* 1847(43).
— — — *Costa.* 1861(42)*
— — — *Rad.* 1871(86).
— — chloros, *Rad.* 1871(86).
— — explanata, *Rad.* 1871(86).
— — mesomela, *Thms.* 1871(282)*
— — — *Cam.* 1878(32).

11ᵉ Tribu. — Blasticotomidæ

G. 45. — BLASTICOTOMA, KLUG 1834(70).

1 Filiceti, KLUG.

—Blasticotoma filiceti, *Kl.* 1834(70).
— — — *Htg.* 1837(61).
— — — *Thms* 1871(282)*

12e Tribu. — Pinicolidæ

G. 46. — PINICOLA, Brébisson. 1818(3).

1 Julii, Brébisson.

—Pinicola Julii, *Breb.* 1818(3).
— — — *Latr.* 1818(158)'
—Xyela pusilla, *Dalm.* 1819(36).
— — — *Lep.* 1823(75).
—Tritokreion Schilling. 1825.
(*Arbeit. schles. Gesellsch. f. vaterl Kultur.*).
—Xyela pusilla, *Steph.* 1828(272)'
— — — *Dhlb.* 1835(34).
— — — *Htg.* 1837(61).
— — — *Zett.* 1840(300)'
— — — *Thoms.* 1871(282)'
— — — *Cam.* 1878(32).

2 Græca, Stein.

—Xyela græca, *Stein.* 1876(98).

3 Longula, Dalman.

—Xyela longula, *Dalm.* 1819(36).
— — — *Lep.* 1823(75).
— — — *Dhlb.* 1835(34).
— — — *Htg.* 1837(61).
— — — *Thoms.* 1871(282)'

4 Piliserra, Thomson.

—Xyela piliserra, *Thoms.* 1871(282)'

5 Dahlii, Klug.

—Xyela Dahlii, *Kl. Mus. Ber.*
— — — *Htg.* 1837(61).

6 Coniferarum, Klug.

—Xyela coniferarum, *Kl. Mus. Ber.*
— — — *Htg.* 1837(61).

13e Tribu. — Lydidæ

G. 47. — TARPA, Fabricius. 1804(89)'

1 Speciosa, Mocsary.

—Tarpa speciosa, *Mocs.* 1877(78).

2 Flabellicornis, Germar.

—Tarpa flabellicornis, *Germar.* 1817. (*Fauna Ins. Europ.*).

3 Coronata, Zaddach.

—Tarpa coronata, *Zadd.* 1865(9).

4 Bucephala, Klug.

—Tarpa bucephala, *Kl.* 1818(67).
— — hispanica, *Spin.* 1843
(*Soc. Ent. Fr.*).
—Tarpa bucephala, *Zdd.* 1865(9).

5 Exornata, Zaddach.

—Tarpa flabellata, *Evers.* 1847(43)?
— — exornata, *Zadd.* 1865(9).
— — albicincta, *Stein.* 1876(98).

6 Olivieri, Brullé.

—Tarpa Olivieri, *Br.* 1846(169)'
— — — *Zadd.* 1865(9).

7 Levaillantii, Lucas.

—Tarpa Levaillantii, *Lucas.* 1845(191)'

8 Quinque cincta, Klug.

—Tarpa 5-cincta, *Kl.* 1818(67).
— — — *Zadd.* 1865(9).

9 Phœnicia, Lepeletier. (ex Savigny).

—Tarpa phœnicia, *Lep.* 1823(75).
— — — *Zadd.* 1865(9).

10 Leucosticta, Zaddach.

—Tarpa leucosticta, *Zadd.* 1865(9).

11 Caesariensis, Lepeletier. (ex Savigny).

—Tarpa caesariensis, *Lep.* 1823(75).
— — — *Zadd.* 1865(9).

12 Judaïca, Lepeletier. (ex Savigny).

—Tarpa judaïca, *Lep.* 1823(75).
— — — *Zadd.* 1865(9).

13 Spiræae, Klug.

—Tarpa spirææ, *Kl.* 1818(67).
— — — *Zadd.* 1865(9).

14 Caucasica, André.

15 Gratiosa, Mocsary.

—Tarpa gratiosa, *Mocs.* 1881.
(*Termesz. Fuz.*).

16 Turcica, MOCSARY.

—Tarpa turcica, *Moes.* 1881.
(*Termez. Fuz.*).

17 Orientalis, MOCSARY.

—Tarpa orientalis, *Moes.* 1881.
(*Termez. Fuz.*).

18 Flavicornis, KLUG.

—Tarpa flavicornis, *Kl.* 1818(67).
— — — *Htg.* 1837(61).
— — — *Zadd.* 1865(9).

19 Mocsaryi, ANDRÉ.

20 Plagiocephala, FABRICIUS.

—Tarpa plagiocephala, *Fabricius.* 1804(89)*
—Tarpa plagiocephala, *Klug.* 1808 (*Berl. Mag.*).
—Megalodontes plagiocephala, *Latr.* 1818(258)*
—Tarpa plagiocephala, *Kl.* 1818(67).
— — — *Lep.* 1823(75).
— — — *Htg.* 1837(61).
— — — *Zadd.* 1865(9).

21 Fabricii, LEACH.

—Tarpa plagiocephala, var. *Klug.* 1808 (*Berl. Mag.*).
—Tarpa Fabricii, *Leach.* 1814(162)*
— — megacephala, *Kl.* 1818(67).
— — Fabricii, *Zadd.* 1865(9).

22 Lœwii, STEIN.

—Tarpa Lœwii, *Stein.* 1876(98).

23 Spissicornis, KLUG.

—Tenthredo cephalotes, *Schranck.* 1781(257)*
—Tarpa spissicornis, *Kl.* 1808.
(*Berl Mag.*).
—Tarpa Klugii, *Leach.* 1814(162)*
— — spissicornis, *Kl.* 1818(67).
— — pectinicornis, *Kl.* 1818(67).
— — cephalotes, *Lep.* 1823(75).
— — spissicornis, *Htg.* 1837(61).
— — — *Zadd.* 1865(9).

24 Cephalotes, FABRICIUS.

—Tenthredo cephalotes, *Fabricius.* 1775(81)*
—Tenthredo cephalotes, *Gmelin.* 1788(114)*
—Tenthredo cephalotes, *Villiers.* 1789(289)*
—Tenthredo cephalotes, *Rossi.* 1790(247)*
—Tenthredo cephalotes, *Fabricius.* 1792(87)*
—Tenthredo cephalotes, *Panzer.* 1799(218)*
—Megalodontes Latreille, 1802(155)*
—Diprion cephalotes, *Schr.* 1802(259)*
—Tarpa cephalotes, *Fab.* 1804(89)*
—Megalodontes cephalotes, *Latreille.* 1806(156)*
—Megalodontes cephalotes, *Spinola.* 1806(268)*
—Cephaleia cephalotes, *Jur.* 1807(140)*
—Tarpa cephalotes, *Kl.* 1808.
(*Berl. Mag.*).
—Tarpa Panzeri, *Leach.* 1814(162)*
— — cephalotes, *Kl.* 1818(67).
— — — *Lep.* 1823(75).
— — Panzeri, *Lep.* 1823(75).
— — cephalotes, *Htg.* 1837(61).
— — — *Zadd.* 1865(9).

G. 48.— LYDA, FABRICIUS. 1804.

1 Stellata, CHRIST.

—Tenthredo stellata, *Chr.* 1791(38)*
— — pratensis, *Fab* 1792(87)*
— — — *Walk.* 1802(293)*
— — — *Schrk.* 1802(259)*
—Lyda pratensis, *Fab.* 1804(89)*
—Cephaleia pratensis, *Jur.* 1807(140)*
—Lyda pratensis, *Kl.* 1808.
(*Berl. Mag.*).
—Lyda populi, *Fal.* 1808(90)*
—Pamphilius pratensis, *Latreille.* 1811(*Enc.*).
—Lyda pratensis, *Lep.* 1823(75).
— — — *Steph.* 1828(272)*
— — — *Dhlb.* 1835(34).
— — — *Htg.* 1837(61).
— — — *Zett.* 1840(300)*
— — — *Gir.* 1861(51).
— — stellata, *Zadd.* 1865(9).
— — nemoralis, *Thoms.* 1871(282)*
— — stellata, *Cam.* 1878(32).

2 Laricis, GIRAUD.

—Lyda laricis, *Gir.* 1861(51).
— — — *Zadd.* 1865(9).

3 Populi, LINNÉ.

—Tenthredo populi, *L.* 1766(186)*
— — — *Fab.* 1775(81)*
— — — *Gmel.* 1788(114)*
— — — *Vill.* 1789(289)*
— — — *Christ.* 1791(38)*
— — — *Fabr.* 1792(87)*
— — — *Walk.* 1802(293)*
—Lyda populi, *Fabr.* 1804(89)*
—Pamphilius populi, *Latr.* 1881. (*Enc.*).
—Lyda populi, *Lep.* 1823(75).
— — — *Steph.* 1828(272)*
— — — *Zadd.* 1865(9).

4 Erythrocephala, LINNÉ.

—Tenthredo erythrocephala, *Linné.* 1766(186)*
—Tenthredo erythrocephala, *Fabric.* 1775(81)*
—Tenthredo erythrocephala, *Gmel.* 1788(114)*
—Tenthredo erythrocephala, *Villiers* 1789(289)*
—Tenthredo erythrocephala, *Panzer.* 1792(218)*
—Tenthredo erythrocephala, *Fabric.* 1792(87)*
—Lyda erythrocephala, *Fab* 1804(89)*
—Cephaleia — *Jur.* 1807(140)*
—Lyda — *Fal.* 1808(90)*
— — — *Kl.* 1808. (*Berl. Mag.*).
—Pamphilius erythrocephalus, *Latr.* 1811 (*Enc.*).
—Lyda erythrocephala, *Kl.* 1818(67).
— — — *Lep.* 1823(75).
— — — *Dhlb* 1835(34).
— — — *Htg* 1839(61).
— — — *Zett.* 1840(300)*
— — — *Gir.* 1861(54).
— — — *Zadd.* 1865(9).
— — — *Thoms.* 1871(282)*
— — — *Cam.* 1878(32).

5 Flaviceps, RETZIUS.

—Mouche à scie séticorne à tête jaune, *De Geer.* 1752(101)*
—Tenthredo flaviceps, *Rtz.* 1780(239)*
—Lyda erythrocephala, var *Fallèn* 1808(90)*
—Lyda cyanea, *Kl.* 1808. (*Berl. Mag.*).
—Pamphilius cyaneus, *Lat.* 1811. (*Enc.*).
—Lyda cyanea, *Kl.* 1818(67).
— — — *Lep.* 1823(75).
— — — *Dhlb.* 1835(34).
— — — *Htg.* 1837(61).
— — — *Gir.* 1861(54).
— — flaviceps, *Zadd.* 1865(9).
— — — *Thoms.* 1871(282)*

6 Pumilionis, GIRAUD.

—Lyda pumilionis, *Gir.* 1861(54).
— — — *Zadd.* 1865(9).

7 Campestris, LINNÉ.

—Tenthredo campestris, *L.* 1766(186)*
— — — *Gmel.* 1788(114)*
— — — *Will.* 1789(289)*
— — — *Christ.* 1791(38)*
—Tenthredo hieroglyphica, *Christ.* 1791(38)*
—Tenthredo campestris, *Fabricius.* 1792(87)*
—Tenthredo campestris, *Walk.* 1802(293)*
—Lyda campestris, *Fab.* 1804(89)*
— — — *Kl.* 1808. (*Berl. Mag.*).
—Pamphilius campestris, *Latreille.* 1811(*Enc.*).
—Lyda campestris, *Kl.* 1818(67).
— — — *Lep.* 1823(75).
— — — *Dhlb.* 1835(34).
— — — *Htg.* 1837(61).
— — — *Gir.* 1861(54).
— — bimaculata, *Tasch.* 1861. (*Berl. Ent. Zeitschr.*).
—Lyda campestris, *Zadd.* 1865(9).

8 Mandibularis, TASCHENBERG.

—Lyda mandibularis, *Tasc.* 1857(99).
— — — *Zadd.* 1865(9).
— — parisiensis, *Gir.* 1869(57).

9 Alternans, COSTA.

—Lyda alternans, *Costa.* 1860(12)*
— — semicincta, *Zadd.* 1865(9).

10 Vafra, LINNÉ.

—Tenthredo vafra, *L.* 1766(186)*
— — — *Gmel.* 1788(114)*
— — — *Vill.* 1789(289)*
— — — *Fab.* 1792(87)*
—Lyda vafra, *Fab.* 1804(89)*
— — — *Lep.* 1823(75).
— — varia, *Lep* 1823(75).
— — — *Zett.* 1840(300)*

—Lyda latifrons, *Zadd.* 1865(9).
— — vafra, *Thoms.* 1871(282)*

11 Arbustorum, FABRICIUS.

—Tenthredo lucorum, *Fab.* 1787(86)*
— — — *Vill.* 1789(289)*
— — — *Christ.*1791(38)*
— — arbustorum,*Fab.*1793(87)*
— — — *Walk.*1802(293)*
—Lyda arbustorum, *Fab.* 1804(89)*
— — — *Kl.* 1808.
(*Berl. Mag.*).
—Pamphilius arbustorum, *Latreille.* 1811(*Enc.*).
—Lyda arbustorum, *Kl.* 1818(67).
— — — *Lep* 1823(75).
— — — *Htg.* 1837(61).
— — — *Ev.* 1847(43).
— — — *Zadd.* 1865(9).
— — — *Thoms.*1871(282)*
— — — *Cam.* 1878(32).

12 Hortorum, KLUG.

—Lyda hortorum, *Kl.* 1808.
(*Berl. Mag.*).
—Lyda hortorum, *Steph.* 1828(272)*
— — — *Dhlb.* 1835(34).
— — — *Htg.* 1837(61).
— — — *Gir.* 1861(54).
— — — *Zadd.* 1865(9).
— — — *Cam.* 1878(32).

13 Balteata, FALLÉN.

—Lyda balteata, *Fal.* 1808(90)*
—Pamphilius cingulatus, *Latreille.* 1811(*Enc.*).
—Lyda cingulata, *Lep.* 1823(75).
— — — *Dhlb.* 1835(34).
— — suffusa, *Htg.* 1837(61).
— — — *Ev.* 1847(43).
— — — *Gir.* 1861(54).
— — balteata, *Zadd.* 1865(9).
— — — *Rud.* 1871(86).
— — suffusa, *Thoms.* 1871(282)*
— — balteata, *Thoms.* 1871(282)*

14 Arbuti, ZADDACH.

—Lyda arbuti, *Zadd.* 1865(9).

15 Jucunda, EVERSMANN.

—Lyda jucunda, *Ev.* 1847(43).
— — — *Zadd.* 1865(9).

16 Aurantiaca, GIRAUD.

—Lyda aurantiaca, *Gir.* 1857(53).
— — — *Gir.* 1861(54).
— — — *Zadd.* 1865(9).

17 Gyllenhali, DAHLBOM.

—Lyda Gyllenhali, *Dhlb.* 1835(34).
(*fig.*).
—Lyda Gyllenhali, *Zadd.* 1865(9).
— — Gyllenhalii,*Thoms.* 1871(282)*

18 Latifrons, FALLÉN.

—Lyda latifrons, *Fal.* 1808(90)*
— — — *Dhlb.* 1835(34).
— — maculosa, *Zadd.* 1865(9).
— — latifrons, *Thoms.* 1871(282)*

19 Histrio, LATREILLE.

—Pamphilius histrio, *Latr.*1811.
(*Enc.*).
—Lyda histrio, *Lep.* 1823(75).
— — — *Zadd.* 1865(9).

20 Infida, ZADDACH.

—Lyda infida, *Zadd.* 1865(9).

21 Pallipes, ZETTERSTEDT.

—Lyda pallipes, *Zett.* ♀ 1840(300)*
— — flavipes, *Zett.*♂ 1840(300)*
— — variegata, *Zadd.* 1865(9).
— — pallipes, *Thoms.* 1871(282)*

22 Stramineipes, HARTIG.

—Lyda stramineipes, *Htg.* 1837(61).
— — — *Zadd.*1865(9).
— — — *Rud.* 1871(86).

23 Neglecta, ZADDACH.

—Lyda neglecta, *Zadd.* 1865(9).

24 Hartigii, BREMI.

—Lyda Hartigii, *Bremi.* 1849(4).
— — — *Zadd.* 1865(9).

25 Inanita, VILLIERS.

—Tenthredo inanita, *Vill.* 1789(289)*
—Lyda inanis, *Kl.* 1808.
(*Berl. Mag.*).
—Pamphilius inanitus,*Latr*1811.
(*Enc.*).
—Lyda inanita, *Lep.* ♂ 1823(75).

—Lyda fallax, *Lep.* ♂ 1823(75).
— — inanita, *Dhlb.* 1835(31).
— — — *Htg.* 1837(61).
— — inanita, *Westw.* 1843(295)*
— — — *Huber.* 1843(63).
— — hilaris, *Ev.* 1847(18).
— — inanita, *Gir.* 1861(51).
— — — *Gir.* 1863(110)*
— — — *Zadd.* 1865(9).
— — hilaris, *Zadd.* 1865(9).
— — inanita, *Loew.* 1867.
(*Soc. z. bot. Vienne*).
—Lyda inanis, *Thoms.* 1871(282)*
— — inanita, *Cam.* 1878(32).

26 Sylvatica, Linné.

—La mouche à scie séticorne noire à pattes jaunes, *De Geer.*1752(101)*
—Fausse chenille sans pattes membraneuses du tremble, *De Geer.* 1752(101)*
—Tenthredo sylvatica, *L.* 1766(186)*
— — — *Fab.*1775(81)*
— — fulvipes, *Retz.* 1783(239)*
— — sylvatica, *Gm.* 1788(114)*
— — — *Vil.* 1789(289)*
— — — *Fab.* 1792(87)*
—Psen sylvaticus, *Schk.* 1798(259)*
—Tenthredo sylvatica, *Pz.* 1799(218)*
— — nemorum, *Pz.* 1801(218)*
—Lyda sylvatica, *Fab.* 1804(89)*
— — nemorum, *Fab.* 1804(89)*
—Cephaleia nemorum, *Pz.* 1805(218)*
— — sylvatica, *Jur.* 1807(140)*
—Lyda sylvatica, *Kl.* 1808.
(*Berl. Mag.*).
—Lyda sylvatica, *Fal.* 1808(99)*
—Pamphilius sylvaticus, *Latreille.* 1811(*Enc.*).
—Lyda sylvatica, *Lep.* 1823(75).
— — — *Dhlb.* 1835(31).
— — — *Htg.* 1837(61).
— — — *Ev.* 1847(43).
— — — *Gir.* 1861(51).
— — — *Zadd.* 1865(9).
— — — *Thoms.* 1871(282)*
— — — *Rud.* 1871(86).
— — — *Cam.* 1878(32).

27 Betulæ, Linné.

—La mouche à scie séticorne rousse à derrière noir, *De Geer.*1752(101)*
—Tenthredo betulæ, *L.* 1766(186)*
— — fulva, *Retz.* 1783(239)*
— — betulæ, *Gm.* 1788(114)*
—Tenthredo betulæ, *Vil.* 1789(289)*
— — — *Rossi.* 1790(247)*
— — — *Christ.* 1791(38)*
— — — *Fab.* 1792(87)*
— — — *Schk.* 1798(259)*
—Lyda betulæ, *Fab.* 1804(89)*
—Cephaleia betulæ, *Pz.* 1805(218)*
— — — *Jur.* 1807(140)*
—Lyda betulæ, *Kl.* 1808.
(*Berl. Mag.*).
—Lyda aurita, *Kl.* ♂ 1808(*l. c.*).
— — — *Fal.* 1808(99)*
—Pamphilius betulæ, *Latr.*1811.
(*Enc.*).
—Pamphilius auritus, *Latreille.* ♂ 1811(*Enc.*).
—Lyda betulæ, *Lep.* 1823(75).
— — aurita, *Lep.* 1823(75).
— — betulæ, *Dhlb.* 1835(31).
— — — *Htg.* 1837(61).
— — — *Ev.* 1847(43).
— — — *Gir.* 1861(51).
— — — *Zadd.* 1865(9).
— — — *Rud.* 1871(86).
— — — *Thoms.* 1871(282)*
— — — *Cam.* 1878(32).

28 Depressa, Schranck.

—La mouche à scie à ventre et pattes fauves et corcelet panaché, *Geoff.* 1764(102)*
—Tenthredo depressa,*Schk.*1781(257)*
— — litterata,*Fourc.*1785(91)*
— — depressa, *Gm.* 1788(114)*
— — — *Vil.* 1789(289)*
— — — *Rossi.*1790(247)*
—Psen depressus, *Schk.* 1798(259)*
—Cephaleia depressa, *Jur.*1807(140)*
—Lyda depressa, *Kl.* 1808.
(*Berl. Mag.*).
—Pamphilius depressus, *Latreille.* 1811(*Enc.*).
—Lyda depressa, *Lep.* 1823(75).
— — — *Dhlb.* 1835(31).
— — — *Htg.* 1837(61).
— — vafra, *Zett.* 1840(300)*
— — depressa, *Ev.* 1847(43).
— — — *Gir.* 1861(51).
— — — *Zadd.* 1865(9).
— — adusta, *Dietrich.* 1868(37).
— — depressa, *Rud.* 1871(86).
— — — *Thoms.* 1871(282)*
— — albopicta, *Thoms.* 1871(282)*
— — depressa, *Cam.* 1878(32).

29 Marginata, Lepeletier.

—Lyda marginata, *Lep.* 1823(75).

—Lyda bicolor, *Pz.* 1830(218)'
— — marginata, *Zadd.* 1865(9).
— — — *Thoms.* 1871(282)'

30 Fulvipennis, ZADDACH.

—Lyda fulvipennis, *Zadd.* 1865(9).
— — — *Cam.* 1878(32).

31 Nigricornis, VOLLENHOVEN.

—Lyda nigricornis, *Sn. Vol.* 1858. (*Bouwstoffen*).
—Lyda nigricornis, *Zadd.* 1865(9).

32 Nemoralis, LINNÉ.

—Fausse chenille verte sans pattes membraneuses de l'abricotier, *De Geer*. 1752(101).
—Tenthredo nemoralis, *L.* 1766(186)'
— — — *Schk.* 1781(257)'
— — — *Gm.* 1788(114)'
— — — *Vil.* 1789(289)'
— — — *Christ.* 1791(38)'
— — punctata, *Fab.* 1792(87)'
—Psen caprifolii, *Schk.* 1798(259)'
—Lyda punctata, *Fab.* 1804(89)'
— — — *Kl.* 1808. (*Berl. Mag.*).
—Lyda lucorum, *Fal.* 1808(90)'
—Pamphilius punctatus, *Latreille*. 1811(*Enc.*).
—Lyda punctata, *Lep.* 1823(75)
— — nemoralis, *Lep.* 1823(75).
— — punctata, *Dhlb.* 1835(34).
— — — *Htg.* 1838(61).
— — — *Ev.* 1847(43).
— — maculifrons, *Sn. Vollenhoven*. 1858(*Bouwstoffen*).
—Lyda punctata, *Gir.* 1861(54).
— — nemoralis, *Zadd.* 1865(9).
— — — *Rud.* 1871(86).
— — punctata, *Thoms.* 1871(282)'

33 Flaviventris, RETZIUS.

—La mouche à scie séticorne noire à ventre jaune, *De Geer*. 1752(101)'
—La fausse chenille sans pattes membraneuses du poirier, *De Geer*. 1752(101)'
—Tenthredo flaviventris, *Retzius*. 1783(239)'
—Psen pyri, *Schk.* 1798(259)'
—Lyda flaviventris, *Fal.* 1808(90)'
— — albifrons, *Fal.* ♂ 1808(90)'
— — clypeata, *Kl.* 1808. (*Berl. Mag.*).
—Tenthredo lutescens, *Pz.* 1809(218)'
—Pamphilius lutescens, *Latreille*. 1811(*Enc.*).
—Lyda lutescens, *Lep.* 1823(75).
— — flaviventris, *Lep.* 1823(75).
— — — *Dhlb.* 1835(34).
— — clypeata, *Htg.* 1837(61).
— — fasciata, *Westw.* 1843(295)'
— — clypeata, *Gir.* 1861(54).
— — fasciatipennis, *Cost.* 1861(43)'
— — pyri, *Zadd.* 1865(9).
— — flaviventris, *Thoms.* 1871(282)'
— — pyri, *Cam.* 1878(32).

34 Erythrogaster, HARTIG.

—Lyda erythrogaster, *Htg.* 1837(61).
— — — *Zadd.* 1865(9).

35 Hypotrophica, HARTIG.

—Lyda campestris, *Fal.* 1808(90)'
— — arvensis, *Lep.* 1828(75).
—Cephaleia testacea, *Gim.* 1836(51)?
—Lyda hypotrophica, *Htg.* 1837(61).
— — — *Gir.* 1861(54).
— — — *Zadd.* 1865(9).
— — saltuum, *Thoms* 1871(282)' (ex parte).
—Lyda scutellaris, *Thoms.* 1871(282)'

36 Arvensis, PANZER.

—Psen lucorum, *Schk.* 1798(259)'?
—Cephaleia arvensis, *Pz.* 1805(218)'
— — — *Jur.* 1807(140)'
—Lyda arvensis, *Kl.* 1808. (*Berl. Mag.*).
—Lyda alpina, *Kl.* 1808(*l. c.*).
—Pamphilius arvensis, *Latreille*. 1811(*Enc.*).
—Pamphilius alpinus, *Latr.* 1811(*l. c.*).
—Lyda arvensis, *Lep.* 1823(75).
— — — *Dhlb.* 1835(34).
— — — *Htg* 1837(61).
— — alpina, *Htg.* 1837(61).
— — saxicola, *Htg.* 1837(61).
— — Klugii, *Htg.* 1837(61).
— — arvensis, *Gir.* 1861(54).
— — — *Zadd.* 1865(9).
— — irrorata, *Thoms.* 1871(282)'

37 Fallenii, DALMAN.

—Lyda Fallenii, *Dalm.* 1823. (*Anal. Ent.*).
—Lyda Fallenii, *Dhlb.* 1835(34).
— — annulata, *Htg.* 1837(61).

—Lyda abietina, *Htg.* 1837(61).
— — annulicornis, *Htg.* 1837(61).
— — Fallenii, *Gir.* 1861(54).
— — arvensis, *Zadd.* 1865(9).
— — Falleni, *Thoms.* 1871(282)*

38 Maculipennis, Stein.

—Lyda maculipennis, *Stein.* 1876(98).

39 Reticulata, Linné.

—Tenthredo reticulata, *L.* 1766(186)*
— — — *Gm.* 1788(114)*
— — — *Vil.* 1789(289)*
— — — *Christ* 1791(38)*
—Cephaleia Clarkii, *Jur.* 1807(140)*
—Lyda reticulata, *Kl.* 1808. (*Berl. Mag.*).
—Pamphilius reticulatus, *Latreille.* 1811(*Enc.*).
—Lyda reticulata, *Lep.* 1823(75).
— — — *Dhlb.* 1835(34).
— — — *Htg.* 1837(61).
— — — *Gir.* 1861(54).
— — — *Zadd.* 1865(9).
— — — *Thoms.* 1871(282).

40 Fausta, Klug

—Lyda fausta, *Kl.* 1808. (*Berl. Mag.*).
—Pamphilius faustus, *Latr.* 1811. (*Enc.*).
—Lyda fausta, *Lep.* 1823(75).
— — — *Htg.* 1837(61).
— — — *Gir.* 1861(54).
— — — *Zadd.* 1865(9).

2ᵉ FAM. — CEPHIDÆ

G. I. — CEPHUS, Latreille. 1796(154)*

1 Abdominalis, Latreille.

—Cephus abdominalis, *Latr.* 1816(158)*
— — — *Lep.* 1823(75).

2 Flaviventris, Guérin.

—Cephus flaviventris, *Guér.* 1844(120)*

3 Nigripennis, Sichel.

—Cephus nigripennis, *Sich.* 1860. (*Soc. Ent. Fr.*).
—Cephus nigripennis, *Duf.* 1861(41).

4 Idolon, Rossi.

—Ichneumon idolon, *Rossi.* 1794(248)*
—Cephus idolon, *Spin.* 1806(268)*
— — — *Lep.* 1823(75).
— — Mittrei, *Guér.* 1844(120)*
— — Bellieri, *Sich.* 1860. (*Soc. Ent. Fr.*).

5 Fœrsteri, André.

—Cephus flaviventris, *Foerster.* 1844(48).

6 Parreyssii, Spinola.

—Cephus Parreyssii, *Spin.* 1843. (*Soc. ent. fr.*).
—Cephus orientalis, *Tischb.* 1852(100).
— — spec. *Frauenfeld.* 1861. (*Soc. z. b. Vienne*).
—Cephus spectabilis, *Stein.* 1876(98).

7 Fulvicornis, Lucas.

—Cephus fulvicornis, *Luc.* 1845(191)*

8 Variegatus, Stein.

—Cephus variegatus, *Stein.* 1876(98).

9 Hæmorrhoïdalis, Gmelin.

—Tenthredo hæmorrhoïdalis, *Gmelin.* 1788(114)*
—Tenthredo hæmorrhoïdalis, *Villiers* 1789(289)*
—Tenthredo hæmorrhoïdalis, *Fabr.* 1792(87)*
—Astatus analis, *Kl.* 1803(66).
—Lyda hæmorrhoïdalis, *Fabricius.* 1804(89)*
—Lyda hæmorrhoïdalis, *Spinola.* 1806(268)*
—Cephus analis, *Spin.* 1806(268)*
—Trachelus hæmorrhoïdalis, *Jurine.* 1807(140)*
—Pamphilius hæmorrhoïdalis, *Latr.* 1811(*Enc.*).
—Cephus analis, *Kl.* 1818(67).
—Lyda hæmorrhoïdalis, *Lepeletier.* 1823(75).
—Cephus analis, *Lep.* 1823(75).
— — — *Htg.* 1837(61).
— — — *Costa.* 1860(42)*
— — — *Cam.* 1878(32).

10 Pallipes, Klug.

—Cephus pallipes, *Kl.* 1818(67).

—Cephus immacula, *Steph.* 1828(272)*
— — tricinctus, *Dhlb.* 1835(34).
— — pallipes, *Htg.* 1837(61).
— — cultrarius, *Htg.* ♀ 1837(61).
— — pallipes, *Ev.* 1847(43).
— — — *Thoms.* 1871(282)*
— — — *Cam.* 1878(32).

11 Infuscatus, André.

12 Pilosulus, Thomson.

—Cephus pilosulus, *Th.* 1871(282)*

13 Brachycercus, Thomson.

—Cephus brachycercus, *Th.* 1871(282)*

14 Nigrinus, Thomson.

—Cephus nigrinus, *Th.* 1871(282)*

15 Nigritus, Lepeletier.

—Cephus nigritus, *Lep.* 1823(75).

16 Pygmæus, Linné.

—Sirex pygmæus, *L.* 1766(186)*
—La mouche à scie à longues antennes, *Geoff.* 1764(102)*
—Tenthredo linearis, *Schk.* 1781(257)*
— — longicornis, *Fourcroy.* 1785(94)*
—Tenthredo linearis, *Vil.* 1789(289)*
—Sirex pygmæus, *Rossi.* 1790(247)*
— — — *Fab.* 1792(87)*
—Cephus, *Latr.* 1796(154)*
—Banchus spinipes, *Pz.* 1801(218)*
—Sirex pygmæus, *Coq.* 1801(41)*
—Astatus pygmæus, *Kl.* 1803(66).
—Banchus viridator, *Fab.* 1804(89)*
—Cephus pygmæus, *Fab.* 1804(89)*
— — — *Spin.* 1806(268)*
—Trachelus pygmæus, *Jur.* 1807(140)*
—Cephus pygmæus, *Latr.* 1816(158)*
— — — *Kl.* 1818(67).
— — floralis, *Kl.* 1818(67).
— — spinipes, *Kl.* 1818(67).
— — Leskii, *Lep.* 1823(75).
— — pygmæus, *Lep.* 1823(75).
—Cephus pygmæus, *Dugaigneau.* 1823(42).
—Cephus pygmæus, *de Tristan.* 1823(*Ann. agric. fr.*).
—Cephus pygmæus, *Dhlb.* 1835(34).
— — — *Htg.* 1837(61).
— — spinipes, *Htg.* 1837(61).
— — floralis, *Htg.* 1837(61).
—Cephus pygmæus, *Dagonnet.* 1840(*Soc. hist. nat. Marne*).
—Cephus pygmæus, *Guér.* 1844(120)*
— — — *Curtis.* 1846. (*Gardeners chronicle.*).
—Cephus pygmæus, *Costa.* 1860(42)*
— — floralis, *Costa.* 1860(42)*
— — pygmæus, *Starke.* 1860( ).
— — — *Goureau.* 1862. (*Ins. nuis.*).
—Cephus pygmæus, *Gir.* 1870(58).
— — — *Th.* 1871(282)*
— — floralis, *Cam.* 1878(32).
— — pygmæus, *Cam.* 1878(32).

17 Gracilis, Costa.

—Cephus gracilis, *Costa.* 1860(42)*

18 Nigritarsis, André.

19 Libanensis, André.

20 Punctatus, Klug.

—Cephus punctatus, *Kl.* 1818(67).
— — — *Htg.* 1837(61).

21 Pulcher, Tischbein.

—Cephus pulcher, *Tischb.* 1852(100).
— — luteomarginatus, *Giraud.* 1857(53).

22 Elongatus, Vollenhoven.

—Cephus elongatus, *Sn. V.* 1858. (*Bouwst.*).

23 Pumilus, Mocsary.

—Cephus pumilus, *Mocs.* 1881. (*In litt.*).

24 Cruentatus, Eversmann.

—Cephus cruentatus, *Ev.* 1847(43).

25 Smyrnensis, Stein.

—Pachycephus smyrnensis, *Stein.* 1876(98).

26 Tabidus, Fabricius.

—Sirex tabidus, *Fab.* 1775(81)*
—Tenthredo longicollis, *Fourcroy.* 1785(94)*
—Tenthredo longicollis, *Villiers.* 1789(289)*
—Sirex tabidus, *Rossi.* 1790(247)*

—Sirex tabidus, *Fab.* 1792(87)*
—Astatus tabidus *Pz.* 1798(218)*
—Sirex tabidus, *Coq.* 1801(41)*
—Astatus tabidus, *Kl.* 1803(66).
—Cephus tabidus, *Fab.* 1804(89)*
—Trachelus tabidus, *Jur.* 1807(140)*
—Cephus tabidus, *Kl.* 1818(67).
— — — *Lep* 1823(75).
— — mandibularis, *Lep.* 1823(75).
— — tabidus, *Dhlb.* 1835(34).
— — — *Htg.* 1837(61).
— — — *Costa.* 1860(42)*
— — — *Tischb.* 1871 (*Giebel's. Zeitsch.*).
—Cephus tabidus, *Cam.* 1878(32).

27 Macilentus, Fabricius.

—Sirex macilentus, *Fab.* 1792(87)*
— — — *Coq.* 1801(41)*
—Cephus macilentus, *Fab.* 1804(89)*
— — — *Lep.* 1823(75).

28 Filiformis, Eversmann.

—Cephus 1-cinctus, *Dhlb.* 1835(34). (*sans descript.*).
—Cephus filiformis, *Ev.* 1847(43).
— — 4-cinctus, *Th.* 1871(282)*

29 Arundinis, Giraud.

—Cephus arundinis, *Gir.* 1863(56).

30 Erberi, Damianitsch.

—Cephus Erberi, *Dam.* 1866. (*Soc. z. b. Vienne*).

31 Marginatus, Kawall.

—Cephus marginatus, *Kaw.* 1864(65).

32 Nigricarpus, André.

33 Satyrus, Panzer.

—Astatus satyrus, *Pz.* 1805(218)*
—Trachelus satyrus, *Jur.* 1807(140)*
—Cephus satyrus, *Lep.* 1823(75).

34 Troglodyta, Fabricius.

—Sirex troglodyta, *Fab.* 1787(86)*
— — — *Fab.* 1792(87)*
—Astatus troglodyta, *Pz.* 1801(218)*
— — — *Kl.* 1803(66).
—Cephus troglodyta, *Fab.* 1804(89).
—Trachelus troglodyta, *Jur* 1807(140)*
—Cephus troglodyta, *Kl.* 1818(67).
— — — *Lep.* 1823(75).
— — fasciata, *Steph.* 1828(272)*
—Cephus troglodyta, *Dhlb.* 1835(34)*
— — — *Htg.* 1837(61).
— — — *Costa.* 1860(42)*
—Cephus brachypterus, *Damianitsch.* 1866. (*Soc. z. b. Vienne*).
—Cephus troglodyta, *Th.* 1871(282)*
— — — *Cam.* 1878(32).

G. 2. — PHYLLŒCUS, Newmann. 1840(entomol).

1 Compressus, Fabricius.

—Sirex compressus, *Fab.* 1775(81)*
—Tenthredo prolongata, *Fourcroy.* 1785(91)*?
—Tenthredo prolongata *Vil* 1789(289)*
—Sirex compressus, *Fab.* 1792(87)*
— — — *Coq.* 1801(41)*
—Cephus compressa, *Fab.* 1804(89)*
—Trachelus compressus, *Jurine.* 1807(140)*
—Cephus compressus, *Lep.* 1823(75).
— — — *Vestw.* 1840(295)*
—Ephippionotus luteiventris, *Costa.* 1860(42)*
—Cephus compressus, *Goureau.* 1862(*Dus nuis*).
—Cephus compressus, *Rogenhofer.* 1863(*Soc. z. b. Vienne*).
—Cephus compressus, *Lœw.* 1866. (*Soc. z. b. Vienne*).
—Janus compressus, *Gir.* 1870(58).

2 Eburneus, André.

3 Cynosbati, Linné.

—Tenthredo cynosbati, L. 1759(184).
— — — *L.* 1761(188).
—La mouche à scie à jambes variées, *Geoff.* 1764(102)*
—Tenthredo cynosbati, *Schranck.* 1781(257)*
—Tenthredo cynosbati, *Fourcroy.* 1785(91)*
—Tenthredo cynosbati, *Vil.* 1789(289)*
— — — *Fab.* 1792(87)*
—Lyda cynosbati, *Fab.* 1801(89)*
—Pamphilius cynosbati, *Latreille.* 1811(*Enc.*).
—Lyda cynosbati, *Lep.* 1823(75).
— — Geoffroyi, *Lep.* 1823(75).
—Cephus femoratus, *Curtis* 1830(48)*
—Janus femoratus, *Steph.* 1835(272)*
— — connectens, *Steph.* 1835(272)*
—Ephippionotus, cephalotes, *Costa.* 1860(42)*
—Janus femoratus, *Gir.* 1870(58).
— — — *Cam.* 1878(32).

4 Phtisicus, FABRICIUS.

—Cephus phtisicus, *Fab.* 1804(89)*
—Cephus phtisicus, *Spin.* 1806(268)*
— — — *Lep.* 1823(75).

5 Luteipes, LEPELETIER.

—Cephus luteipes, *Lep.* 1823(75).

6 Fumipennis, EVERSMANN.

—Cephus fumipennis, *Ev.* 1847(43).
—Cerobactrus major, *Costa* 1860(12)*
—Cephus Helleri, *Taschbg.* 1871. (*Giebeli zeitschr*).
—Cephus albomaculatus, *Stein.* 1876(98).
—Phyllœcus Giraudi, *Licht.* (*In litt.*).

7 Facialis, COSTA.

—Cerobactrus facialis, *Cost* 1864(43)*

8 Algiricus, ANDRÉ.

9 Facinus, NEWMANN.

—Phyllœcus faunus, *Newm.* 1840. (*Entom.*).
—Cephus faunus, *Th.* 1871(282)*
—Phyllœcus faunus, *Cam.* 1878(32).

10 Xanthostoma, EVERSMANN.

—Cephus xanthostoma, *Eversman.* ♂ 1847(43).
—Cephus major, *Ev.* ♀ 1847(43).
— — phtisicus, *Perris.* 1876. (*Soc. ent. fr.*).
—Macrocephus ulmariæ, *Schlecht.* 1878(92).
—Macrocephus ulmariæ, *Schlecht.* 1880(*Ent. Nachr.*).

3e FAM. — SIRICIDÆ

G. I. — SIREX, LINNÉ. 1735(175)*

1 Gigas, LINNÉ.

—Ichneumon flavus abdomine medio nigro, etc. *L.* 1736 (*Acta Holmsiensa*).
—Ichneumon, *L.* 1739(*Acta Stockholm*
—Ichneumon de Laponie, *Réaumur.* 1742(236)*
—Grand ichneumon à ventre demi-noir et demi-jaune, *de Geer.* 1752(101)*
—Grand ichneumon dont le ventre se termine en une queue pointue, etc. *de Geer.* 1752(101)*
—Sirex gigas, *L.* 1759(184)*
— — mariscus, *L.* ♂ 1759(184)*
— — gigas, *L.* 1761(188)*
— — mariscus, *L.* ♂ 1761(188)*
—Ichneumon gigas, *Poda.* 1761(229)*
— — — *Scop.* 1763(260)*
—Sirex gigas, *Rœsel.* 1763(243)*
—L'Urocère, *Geoffroy.* 1764(102)*
—Sirex gigas, *Schæffer.* 1769(253)*
— — — *Fabr.* 1775(81)*
— — mariscus, *Fabr.* ♂ 1775(81)*
— — gigas, *Schranck.* 1781(257)*
— — — *Retzius.* 1783(239)*
—Urocerus gigas, *Fourc.* 1785(94)*
—Sirex mariscus, *Cyril* ♂ 1787(51)*
— — gigas, *Gmel.* 1788(114)*
— — — *Vil.* 1789(289)*
— — — *Rossi* 1790(247)*
—Sirex hungaricus, *Christ.* 1791(38)*
— — gigas, *Fab.* 1792(87)*
— — mariscus, *Fab.* ♂ 1792(87)*
— — psyllius, *Fab.* 1792(87)*
— — gigas, *Panzer.* 1798(218)*
— — mariscus, *Panz* ♂ 1798(218)*
— — *Latreille.* 1796(154)*
—Urocerus gigas, *Latr.* 1802(155)*
—Sirex gigas, *Kl.* 1803(66).
— — psyllius, *Kl.* 1803(66).
— — gigas, *Fabr.* 1804(89)*
— — mariscus, *Fab.* ♂ 1804(89)*
— — psyllius, *Fab.* 1804(89)*
—Urocerus, gigas, *Latr.* 1806(156)*
—Sirex gigas, *Jur.* 1807(140)*
— — psyllius, *Jur.* 1807(140)*
— — gigas, *Kl.* 1818(67).
—Urocerus gigas, *Latr.* 1819(158)*
— — — *Foggo.* 1825(47).
—Sirex gigas, *Dhlb.* 1835(34).
— — — *Htg.* 1837(61).
— — — *Zett.* 1840(300)*
— — — *Spin.* 1843 (*Consid. sopra Sirex*).
—Sirex gigas, *Ratz.* 1844* (*Forstins*).
—Sirex gigas, *Evers.* 1847(43).
— — — *Doubleday.* 1849 (*Proc. of. Soc. ent. Lond*).
—Sirex gigas, *Westwood* 1850 (*Gardeners Chronicle*).
—Sirex gigas, *Lucas.* 1853 (*Soc. ent. fr.*).

—Sirex gigas, *Mac Intosch* 1851 (*Injur. Insect*).
—Sirex gigas, *Dufour*. 1834(40).
— — — *Dhlb*. 1859 (*Soc. ent. fr.*).
—Sirex gigas, *Costa*. 1860(42).
— — — *Lucas*. 1861 (*Soc. ent. fr.*).
—Sirex gigas, *Taschbg*. 1861 (*Sammelbericht*).
—Sirex gigas, *Thomson*. 1871(282)*

2 Fantoma, FABRICIUS.

—Sirex fantoma, *Fabr*. 1775(81)*
— — — *Schæffer*. 1778(253)*
— — — *Fab*. 1781(85)*
— — — *Fab*. 1792(87)*
— — — *Kl*. 1803(66).
— — — *Fab*. 1804(89)*
— — — *Jur*. 1807(140)*
— — — *Kl*. 1818(67).
— — — *Dhlb* 1835(34).
— — — *Htg*. 1837(61).
— — — *Evers*. 1847(43).
— — — *Thoms*. 1871(282)*

3 Augur, KLUG.

—Sirex augur, *Kl* 1803(66).
— — — *Jur* 1807(140)*
— — — *Kl*. 1818(67).
— — — *Htg*. 1837(61).
— — — *Evers*. 1847(43).

4 Juvencus, LINNÉ.

—Grand ichneumon bleu, *de Geer*. 1752(101)*
—Sirex juvencus, *L*. 1759(184)*
— — — *L*. 1761(188)*
— — — *Schæff*. 1769(253)*
— — — *Fab*. 1775(81)*
—Sirex noctilio, *Fab*. ♂ 1775(81)*
— — juvencus, *Retz* 1783(239)*
— — — *Fab*. 1792(87)*
— — noctilio, *Fab*. ♂ 1792(87)*
— — juvencus, *Pz*. 1798(218)*
— — — *Kl*. 1803(66).
— — noctilio, *Kl*. ♂ 1803(66).
— — juvencus, *Fab*. 1804(89)*
— — noctilio, *Fab* ♂ 1804(89)*
—Urocerus cœrulescens, *Latreille*. 1806(156)*
—Sirex juvencus, *Jur*. 1807(140)*
— — — *Kl*. 1818(67).
—Urocerus cœrulescens, *Latreille* 1819(158)*
—Sirex juvencus, *Dhlb*. 1835(34).
—Urocerus Feis Hameli, *Brullé*. 1830(27)*
—Sirex juvencus, *Htg*. 1837(61).
— — — *Sells*, 1839 (*Soc. ent. lond.*).
—Sirex juvencus, *Zett*. 1840(300)*
— — — *Rtzb*. 1844. (*Forst.*).
—Sirex juvencus, *Ev*. 1847(43).
— — — *Kollar*. 1857. (*Soc. z. b. Vienne*).
—Sirex juvencus, *Bianconi*. 1866. (*Acad. Bologna*).
—Sirex juvencus, *Thoms*. 1871(282)*
— — melanocerus, *Th*. 1871(282)*

5 Spectrum, LINNÉ.

— Grand Ichneumon noir à pattes ferrugineuses, *De Geer*. 1752(101)*
—Sirex spectrum, *L*. 1759(184)*
— — — *L*. 1761(188)*
— — — *Schæff* 1769(253)*
— — — *Fab*. 1775(81)*
— — — *Retz*. 1783(239)*
— — — *Fabr*. 1792(87)*
— — emarginatus, *Fab* ♂ 1792(85)*
— — spectrum, *Pz*. 1798(218)*
— — — *Kl* 1803(66).
— — — *Fab*. 1804(89)*
—Xiphydria emarginata, *Fabricius* ♂ 1804(89)*
—Urocerus spectrum, *Latr*. 1806(156)*
—Sirex spectrum, *Jur* 1807(140)*
— — — *Kl*. 1818(67).
—Urocerus spectrum, *Latr*. 1819(158)*
—Sirex spectrum, *Dhlb*. 1835(34).
— — — *Htg* 1837(61).
— — — *Rtz* 1844. (*Forst*).
—Sirex spectrum, *Ev*. 1847(43).
—Sirex spectrum, *Costa*. 1860(42)*
— — — *Thoms*. 1871(282)*

G. 2. — TREMEX, JURINE. 1807(140)*

1 Fuscicornis, FABRICIUS.

—Sirex fuscicornis, *Fab*. 1787(86)*
— — camelogigas, *Christ* 1791(38)*
— — fuscicornis, *Fab*. 1792(87)*
— — — *Kl*. 1803(66).
— — — *Fab*. 1804(89)*
—Urocerus fuscicornis, *Lat* 1806(156)*
—Tremex fuscicornis, *Jur*. 1807(140)*
—Sirex fuscicornis, *Kl*. 1818(67).
— — (Xyloterus) fuscicornis, *Htg*. 1837(61).
—Sirex fuscicornis, *Rtzb*. 1844. (*Forst.*).

—Sirex fuscicornis, *Ev.* 1847(43).
—Xyloterus fuscicornis, v. *Heyden.* 1868.(*Berl ent. Zeitsch.*)
—Sirex fuscicornis, *Th.* 1871(282)*
— — — *Brauns.*1881. (*Ent. Nach.*).

2 Magus Fabricius.

—Sirex magus, *Fab.* 1792(87)*
— — nigrita, *Fab.* ♂ 1792(87)*
— — magus, *Kl.* 1803(66).
— — — *Fab.* 1804(89)*
— — nigrita, *Fab* ♂ 1804(89)*
—Tremex magus, *Jur.* 1807(140)*
—Sirex magus, *Kl.* 1818(67).
— — (Xyloterus) magus, *Hartig.* 1837(61).
—Sirex magus, *Rtz.* 1844. (*Forst*)
—Sirex magus, *Ev.* 1847(43).

G. 3. — XYPHYDRIA, Latreille. 1802(155)*

1 Camelus, Linné.

—Sirex camelus, *L* 1759(184)*
— — — *L.* 1761(188)*
— — — *Schæff.* 1766(253)*
— — — *Fabr.* 1775(81)*
— — — *Vill.* 1789(289)*
— — — *Fab.* 1792(87)*
— — — *Panz.* 1798(218)*
—Xiphydria camelus, *Latr.*1802(155)*
—Hybonotus camelus, *Kl.* 1803(66)*
—Xiphydria camelus,♂*Fab*1804(89)*
— — — *Latr.* 1806(156)*
— — — *Spin.* 1806(268)*
—Urocerus camelus, *Jur.* 1807(140)*
—Xiphydria camelus, *Latr.*1819(158)*
— — — *Lep.* 1823(75).
—Xiphiura — *Dhlb.* 1835(34).
—Xiphydria — *Htg.* 1837(61).
— — — *Zett.* 1840(300)*
— — — *Evers.*1847(13).
— — — *Frauenf.*1868 (*Soc. b. Vienne*).
—Xiphydria camelus, *Thm.*1871(282)*

2 Dromedarius, Fabricius.

—Sirex dromedarius, *Fab.* 1775(81)*
— — — *Vill.* 1789(289)*
— — — *Rossi.*1790(247)*
— — — *Fab.* 1792(87)*
—Hybonotus dromedarius, *Klug* 1803(66).
—Astatus dromedarius, *Panzer.* 1804(218)*
—Xiphydria dromedarius, *Fabricius.* 1804(89)*
—Xiphydria camelus, ♀ *Fabricius.* 1804(89)*
—Xiphydria dromedarius, *Latreille.* 1806(156)*
—Urocerus dromedarius, *Jurine.* 1807(140)*
—Xiphydria dromedarius, *Lepeletier.* 1823(75).
—Xiphydria fasciata, *Lep.* 1823(75).
—Xyphiuria dromedarius, *Dhlb* 1835(34).
—Xiphydria dromedarius, *Hartig.* 1837(61).
—Xiphydria dromedarius, *Rtzb.* 1844(*Forst*).
—Xiphydria dromedarius, *Evers.* 1847(13).
—Xiphydria dromedarius, *Thoms.* 1871(282)*

3 Annulata, Jurine.

—Sirex camelus, *Rossi.* 1790(247)*?
—Urocerus annulatus, *Jur.*1807(140)*
—Xiphydria annulata,*Latr.*1819(158)*
— — — *Lep.* 1823(75).
— — — *Htg.* 1837(61).
— — — *Rtzb.*1844 (*Forst*).
—Xiphydria annulata, *Cost.*1860(42)*

G. 4.— ORYSSUS, Fabr. 1792(87)*

1 Abietinus, Scopoli.

—Sphex abietina, *Scop.* 1763(260)*
—Sirex vespertilio, *Fab.* 1792(87)*
—Oryssus coronatus, *Fab.* 1798(88)*
—Sirex vespertilio, *Pz.* 1798(218)*
— — — *Coq.* 1799(41)*
—Oryssus coronatus, *Latr.*1802(155)*
— — vespertilio, *Kl.* 1803(66).
— — coronatus, *Fab.* 1804(89)*
— — — *Latr.*1806(156)*
— — — *Jur.* 1807(140)*
— — unicolor, *Latr.* 1815(158)*?
— — coronatus, — 1818(158)*
— — vespertilio, *Kl.* 1818(67).
— — — *Dhlb.* 1835(34).
— — — *Htg.* 1837(61).
— — coronatus, *Zett.* 1840(300)*
— — vespertilio, *Ev.* 1847(43).
— — hyalinipennis, *Costa.* 1860(42)*
—Oryssus coronatus, *Thm.*1871(282)*

EXPLICATION

DES PLANCHES

TOME I.

PLANCHE I.

Tête et Pièces de la Bouche

Fig. 1. Devant de la tête de *Vespa Crabro*.

a Occiput.
b Vertex.
c Ocelles.
d Front.
e Scape.
f Epistome cachant le labre.
g Mandibules.
h Joues.
i Yeux.
k Fossettes antennaires.
l Radicule ou Torulus.
m Antennes.

Fig. 2. Mâchoire de *Vespa Crabro*.

a Tige.
b Lobe.
c Palpe maxillaire.

Fig. 3. Mandibule de *Blastophaga*, pourvue d'un appendice (d'après Westwood).
Fig. 4. Mandibule de *Blastophaga*, vue latéralement (d'après Westwood).
Fig. 5. Lèvre de *Vespa Crabro*.

a Menton.
b Languette.
c Palpe labial.

Fig. 6. Labre de *Vespa Crabro*.
Fig. 7. Mandibule de *Leucospis gigas* (d'après Blanchard).
Fig. 8. Labre de *Leucospis gigas* —
Fig. 9. Mandibule de *Bethylus formicarius* (d'après Audouin).
Fig. 10. Mâchoire de *Perilampus auratus* (d'après Blanchard), mêmes lettres que figure 2.
Fig. 11. Mandibule d'*Amasis læta*.
Fig. 12. Bouche de *Megachile centuncularis*.

a Tige de la machoire.
b Lobe de la machoire
c Palpe maxillaire.
d Menton.
e Languette.
f Palpe labial.
g Place des paraglosses invisibles.

Fig. 13. Mâchoire de *Bombus lapidarius*.

a Tige.
b Lobe.
c Palpe maxillaire.
d Membrane du pharynx.

Fig. 14. Mandibules de *Polyergus rufescens*.
Fig. 15. Mandibules et devant de la tête de *Formicide*.
Fig. 16. Mâchoire de *Leucospis gigas* (d'après Blanchard).
Fig. 17. Lèvre de *Leucospis gigas* — mêmes lettres que fig. 5.
Fig. 18. Palpe labial d'*Astata boops* —
Fig. 19. — d'*Evania appendigaster* —
Fig. 20. Mâchoire de *Lycophaga crassipes* (d'après Westwood).
Fig. 21. — de *Chalcis minuta* (d'après Audouin).
Fig. 22. Lèvre de *Lycophaga crassipes* (d'après Westwood).
Fig. 23. Mâchoire de *Blastophaga* —
Fig. 24. Mandibules d'*Emphytus* (d'après Hartig).
Fig. 25. — de *Myrmica* (d'après Lepelletier).
Fig. 26. — de *Tenthredo* (d'après Hartig).
Fig. 27. Pièces de la bouche de *Cladius* (d'après Hartig).

a Machoire.
b Lèvre.

Fig. 28. Mandibule de *Bombus lapidarius*.

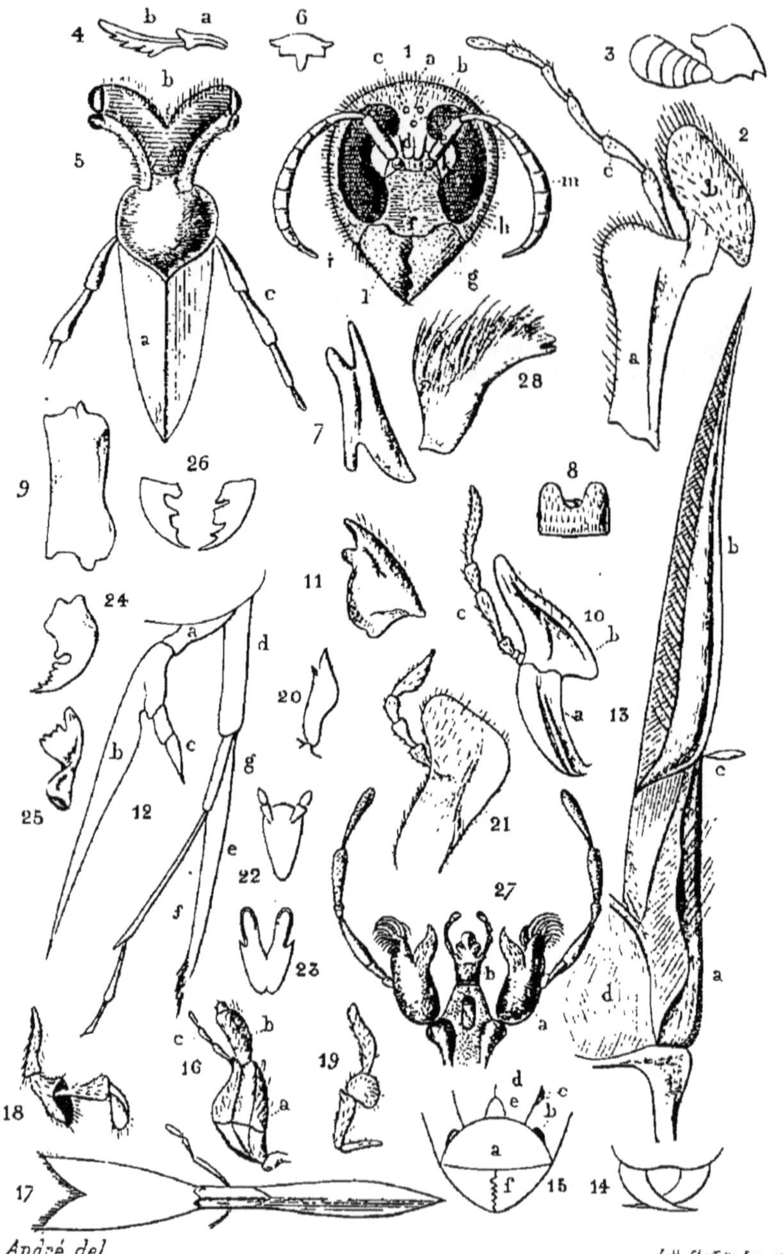

Ed. André, del.

Lith. Chaffotte, Beaune

TÊTE — PIÈCES de la BOUCHE.

PLANCHE II.

Antennes

Fig. 1. Antenne de *Phasganophora* ♀ (coudée, filiforme).
Fig. 2. — d'*Hylotoma rosarum*.
Fig. 3. — d'*Encyrtus* (coudée, moniliforme, massue foliacée)
Fig. 4. — de *Pteromalus* ♀ (filiforme).
Fig. 5. — — ♂ (moniliforme).
Fig. 6. — de *Torymus bedequaris* ♂ (moniliforme coudée).
Fig. 7. — de *Podagrion pachymerus* (claviforme, coudée).
Fig. 8. Scape de *Tetrastichus obscuratus* ♀
Fig. 9. — — — ♂
Fig. 10. Antenne de *Misochoris oomysus* (d'après Rondani).
Fig. 11. — d'*Encyrtus triozæ* (Scape et massue foliacés).
Fig. 12. — d'*Abia nitens* (massue articulée).
Fig. 13. — de *Chalcis minuta* (épaisse).
Fig. 14. — de *Lophyrus pini* ♀ (d'après Hartig) (dentée en scie).
Fig. 15. — — ♂ — (pectinée pennacée)
Fig. 16. — de *Chalcis pectinicornis* ♂ (d'après L. Dufour) (fusiforme).
Fig. 17. — — ♀ — (pectinée).
Fig. 18. — d'*Ichneumonide* (sétacée).
Fig. 19. — de *Cladius* ♂ (d'après Hartig) (pectinée).
Fig. 20. Scape d'*Halticella denticornis*.
Fig. 21. Antenne d'*Omphale viticola* (d'après Rondani)
Fig. 22. — de *Blastophaga* (d'après Westwood) (irrégulière).
Fig. 23. Base de l'Antenne d'un *Thynnus* ♀ (cupuliforme).
Fig. 24. Antenne de *Cephus pygmæus* (claviforme, non coudée)
Fig. 25. — de *Lyda* (sétiforme).
Fig. 26. — d'*Arpactus* (extrémité) (en crochet).
Fig. 27. — d'*Amasis obscura* (massue inarticulée).
Fig. 28. — de *Schizocera furcata* ♂ (fourchue).
Fig. 29. — de *Chirocerus* (d'après Lepelletier) (flabellée).
Fig. 30. — de *Celonites abbreviatus* (massue avec une apparence inarticulée).
Fig. 31. — de *Philanthus triangulum* (cultriforme).
Fig. 32. — de *Elachistus phytomizæ* (d'après Rondani).
Fig. 33. — de *Bombus terrestris* (filiforme).
Fig. 34. — de *Pompilus viaticus* (filiforme).
Fig. 35. — de *Joppa antennata* (d'après Lepelletier) (subulée).

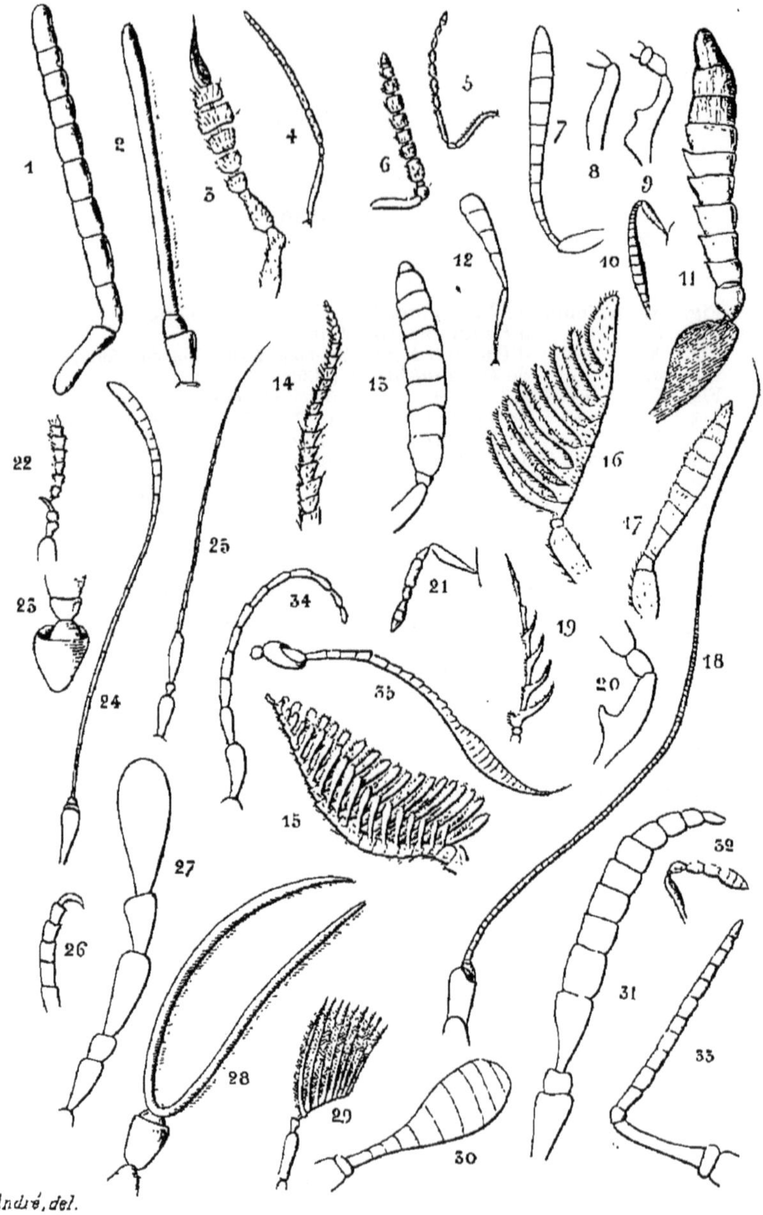

1 2 3 4 5 6 7 8 9 10 11 12 13 14 15 16 17 18 19 20 21 22 23 24 25 26 27 28 29 30 31 32 33 34 35

Ed André, del.

Lith. Chaffette, Beaune.

ANTENNES.

PLANCHE III.

Thorax. — Pattes.

Fig. 1. Thorax de *Vespa crabro* (vu de côté), mêmes lettres qu'à la fig. 2
Fig. 2. — — (vu par dessus.)

a Pronotum.
b Prosternum.
c Scutum du mésothorax.
d Scutellum du mésothorax.
e Division du scutum formant parapsides.
f Ecaillette.
g Episternum du mésothorax.
h Epimères —
i Articulation de l'aile antérieure.
j Scutum du métathorax.
k Scutellum —
k[1] Episternum du métathorax.
l Epimère —
m Articulation de l'aile postérieure.
n Faux stigmate.
o Hanche antérieure.
p — intermédiaire.
q — postérieure.
r Segment médiaire ou premier segment abdominal.
s Funiculus.
t Abdomen.
y Stigmates du segment médiaire

Fig. 3. Thorax de *Torymus* (vu de côté), mêmes lettres qu'à la fig. 2
Fig. 4. — de *Formica pratensis* ☿.
Fig. 5. Ecaillette de *Vespa crabro*.
Fig. 6. Patte postérieure de *Torymus*.

a Hanche.
b Trochanter bi-articulé.
c Cuisse.
d Tibia.
e Eperon.
f Tarse de 5 articles.
g Ongles.

Fig. 7. Patte postérieure de *Podagrion pachymerus*.
Fig. 8. — d'Abeille ouvrière.
Fig. 9. — de *Smicra*.
Fig. 10. Hanche (dentée) de *Monodontomerus*.
Fig. 11. Patte postérieure de *Blastophaga* (d'après Westwood).
Fig. 12. Ongle bidenté.
Fig. 13. — unidenté.

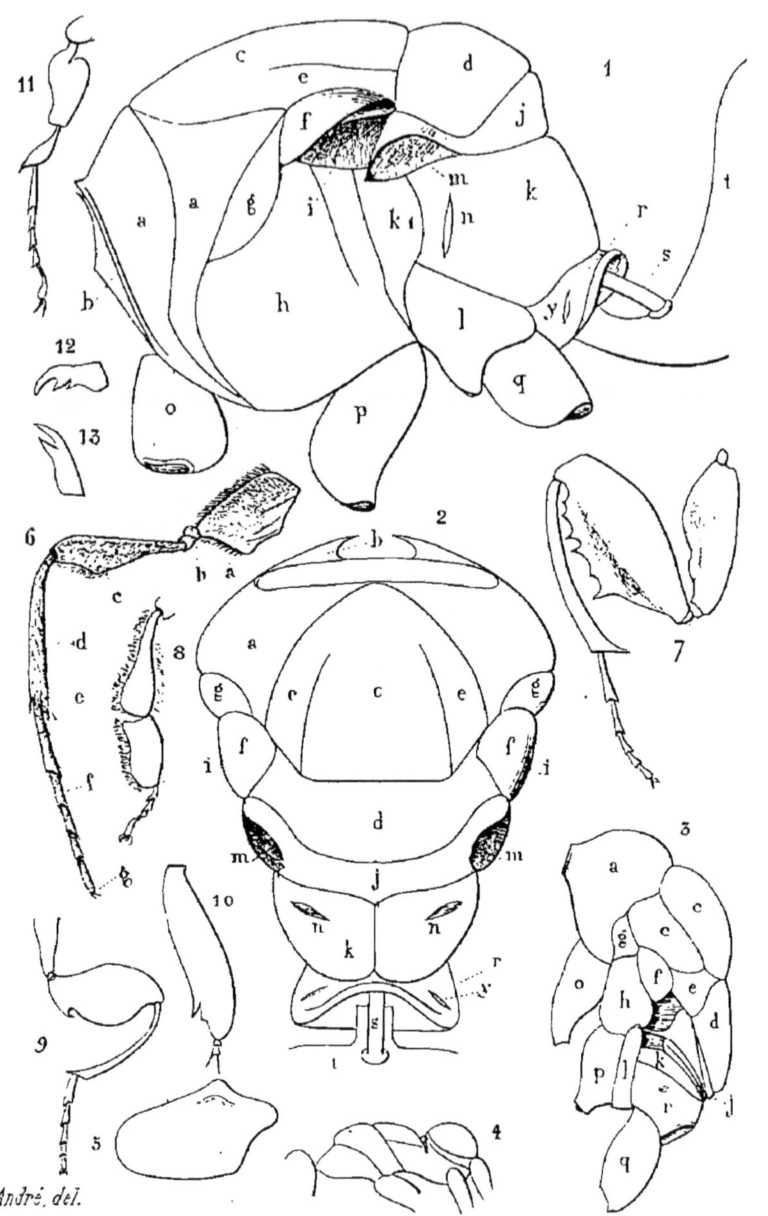

Ed. André, del.

THORAX-PATTES.

PLANCHE IV.

Ailes.

1. Aile supérieure d'un hyménoptère contenant toutes les cellules et toutes les nervures qui peuvent y exister (figure théorique).

a f n Nervure costale.
b f — sous-costale.
c i j — médiane.
d w h l — anale.
e h — accessoire.
f x t g — radiale.
f p h — cubitale.
i o — margino-discoïdale.
i i1 — médio-discoïdale.
j l — transverso-discoïdale.
q j Première nervure récurrente.
p k Deuxième — —
x y Nervure transverso-cubitale.
t r — — —
g h — — —
v v1 Nervure transverso-radiale.
u u1 — — —
g n Appendice de la radiale.

l k z Nervure postérieure.
ζ — intercalaire fourchue.
θ — transverso-brachiale.
w — — lancéolée.
m h — inférieure.
S Stigma.
B Cellule brachiale.
C T — costale.
M — médiane.
A N — anale.
L — lancéolée.
D_1 D_2 D_3 Cellules discoïdales.
C_1 C_2 C_3 C_4 — cubitales.
R_1 R_2 R_3 — radiales.
AP Cellule appendicée.
P_1 P_2 Cellules postérieures.

2. Aile inférieure d'un hyménoptère (figure théorique).

a' n' o Nervure costale.
b' n' — Sous-costale.
n' g' j' — radiale.
c' h' m' k' — médiane.
d' f' i' — anale
e' f' — médio discoïdale.
g' h' — transverso-discoïdale.
l' m' — — —

B Cellule brachiale.
C — costale.
M — médiane.
A — anale.
D D — discoïdales.
P — postérieure.
R — radiale.
z' Crochets.

3. Aile supérieure de Chalcidite (figure théorique).

x β γ δ Nervure sous-costale.
x β Rameau huméral.
β γ — marginal.
γ ω Rameau stigmatical.
γ δ — post-marginal.

4. Aile supérieure théorique d'Ichneumonide.

a Aréole.

5. Aile supérieure de *Cynipide*.
6. — de *Proctotrupide* (Platygaster).
7. — — (Prosacantha).
8. — — (Mymar pulchellus).
9. — de *Chalcidite* (Macrostigma aphidum) d'après Rondani.
10. — de *Proctotrupide* (Flabrinus fabarius) —
11. Cellule lancéolée pétiolée.
12. — ouverte.
13. — longuement contractée.
14. — brièvement contractée.
15. — divisée par une nervure oblique.
16. — — droite.
17. Aile supérieure de *Chalcidite* (Torymus bedeguaris), montrant la disposition des cils et des poils.
18. Aile inférieure du même.

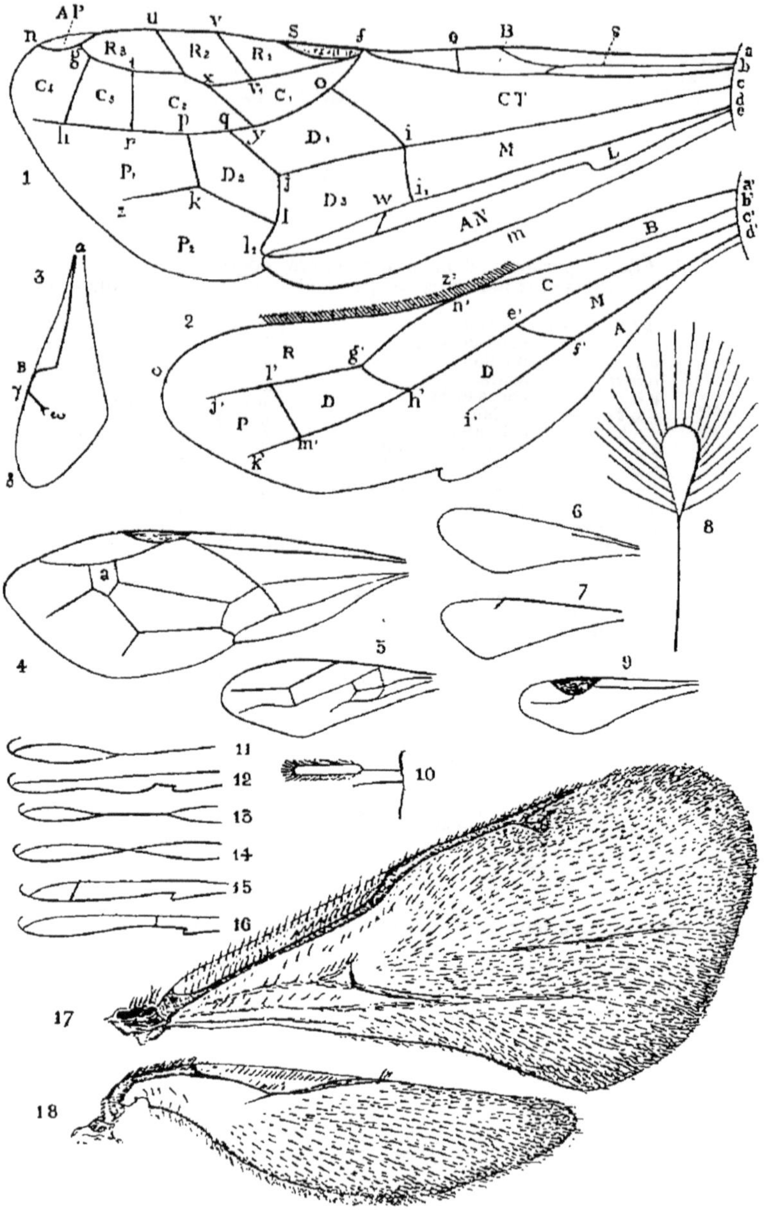

Ed. André, del. Lith. Chaffille, Beaune

AILES

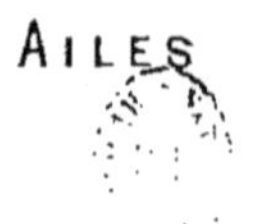

PLANCHE V.

Abdomen.

1. Abdomen de *Vespa Crabro* ☿

a	Segment médiaire avec ses stigmates.	e_1 à e_6	Arceaux ventraux de l'abdomen.
b	Funiculus.	*s*	Stigmates.
c	Pédicule.	d_6 e_6	Segment apical ou anal.
d_1 à d_6	Arceaux dorsaux de l'abdomen.	*f*	Aiguillon.
		g	Thorax.

2. Septième segment abdominal de *Vespa Crabro* entièrement caché dans l'intérieur du sixième segment.

d_7 Arceau dorsal.	e_7 Arceau ventral presque membraneux.

(Le huitième et dernier segment enveloppe directement les organes génitaux et se voit sur la planche VI).

3. Abdomen de *Cynipide* (Rhodites rosæ).
4. — de *Chalcidite* (Torymus bedeguaris) ♀.
5. — de *Chryside* (Chrysis ignea).
6. — de *Formicide* (Formica sanguinea) ☿.
7. Abdomen de *Myrmicide* (Aphænogaster barbara) ☿.
8. — de *Chalcidite* (Phasganophora conica) ♀.
9. — de *Siricide* (Sirex gigas) ♀.
10. — d'*Ichneumonide* (Paniscus glaucopterus).
11. — de *Tenthrédine* (Hylotoma).
12. — d'*Ichneumonide* (Hemiteles).
13. — de *Vespide* (Eumenes pomiformis).
14. — d'*Evanide* (Evania appendigaster) ♀.
15. Extrémité de l'abdomen d'un *Stelis* (mellifère).
16. Abdomen de *Sphegide* (Ammophila sabulosa).
17. — de *Mellifère* (Bombus lapidarius).
18. — — (Chelostoma maxillosa).
19. — de *Sphégide* (Pelopæus spirifex).
20. — de *Stephanide* (Pelecinus polycerator).
21. — de *Sphégide* (Cerceris ornata).
22. Extrémité de l'abdomen d'un *Mellifère* (Cœlioxys ♂).
23. — — d'un *Chryside* (Chrysis).
24. — — d'un *Mellifère* (Chelostoma ♂).

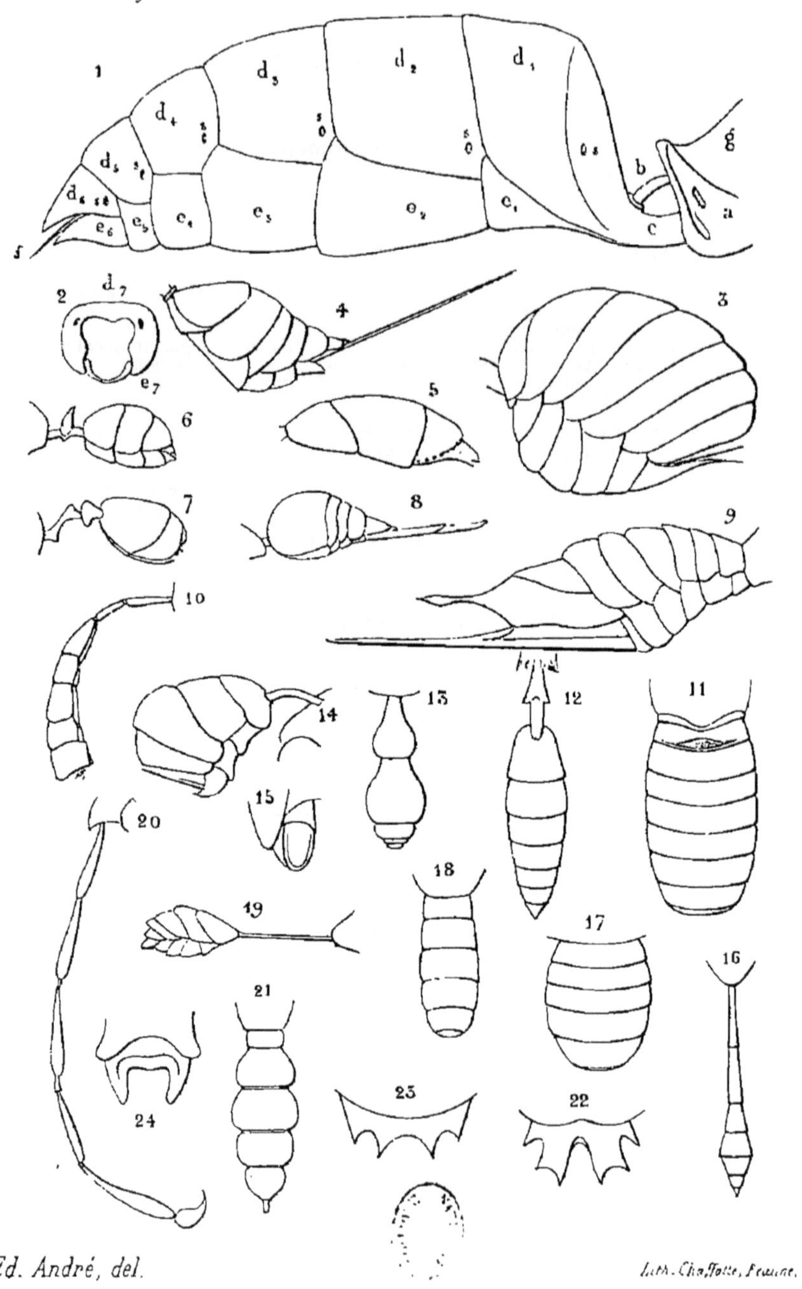

Ed. André, del. Lith. Chaffotte, Beaune.

ABDOMEN.

PLANCHE VI

Appareils de reproduction et de défense.

1. Aiguillon de *Vespa Crabro*, et pièces annexes.

(L'aiguillon est abaissé hors de sa position normale pour en montrer les diverses parties).

a Rectum.
b Oviducte.
c Gaine de l'aiguillon.
ds Epipygium, ou huitième arceau dorsal transformé en une double écaille.
es Hypopygium ou huitième arceau ventral transformé aussi en une double écaille.
f Glande à venin.
g Canal déférent de la glande à venin conduisant le venin dans la gaine.
h Support des stylets relié à l'épipygium et, par un prolongement en arc, à l'hypopygium.
k Support de la gaine, relié à l'hypopygium.
m Fourreau, prolongement de l'hypopygium enserrant la gaine, quand elle est dans sa position de repos.

2. Gaine vue de face (mêmes lettres que fig. 1).
3. Coupe grossie de la gaine et des stylets, montrant l'emboitement de ceux-ci.
4. Extrémité de la gaine et des stylets de *Vespa Crabro*.
5. — du stylet d'un *Chalcidite* (Torymus).
6. — — *Stephanide* (Pelecinus).
7. Stylet ou scie de *Cimbex* (d'après Hartig).
8. Extrémité du stylet d'un *Ichneumonide* (Ephialtes).
9. — — *Evanide* (Evania).
10. — — *Chalcidite* (Phasganophora).
11. Organes générateurs externes ♂ d'un *Bourdon* (Bombus terrestris).
12. Gaine de la tarière d'un *Cimbex* (d'après Hartig).
13. Organes générateurs ♂ externes de *Lophyrus pini* (d'après Hartig).
14. Extrémité de l'abdomen d'un *Proctotrupide* (Blastophaga) avec la tarière naissant à la pointe de cet abdomen.
15. Abdomen d'un *Ichneumonide*, montrant la naissance de la tarière sous le ventre.
16. Fragment de l'extrémité de l'abdomen d'un *Leucospis* (Chalcidite), montrant la tarière recourbée sur le dos.

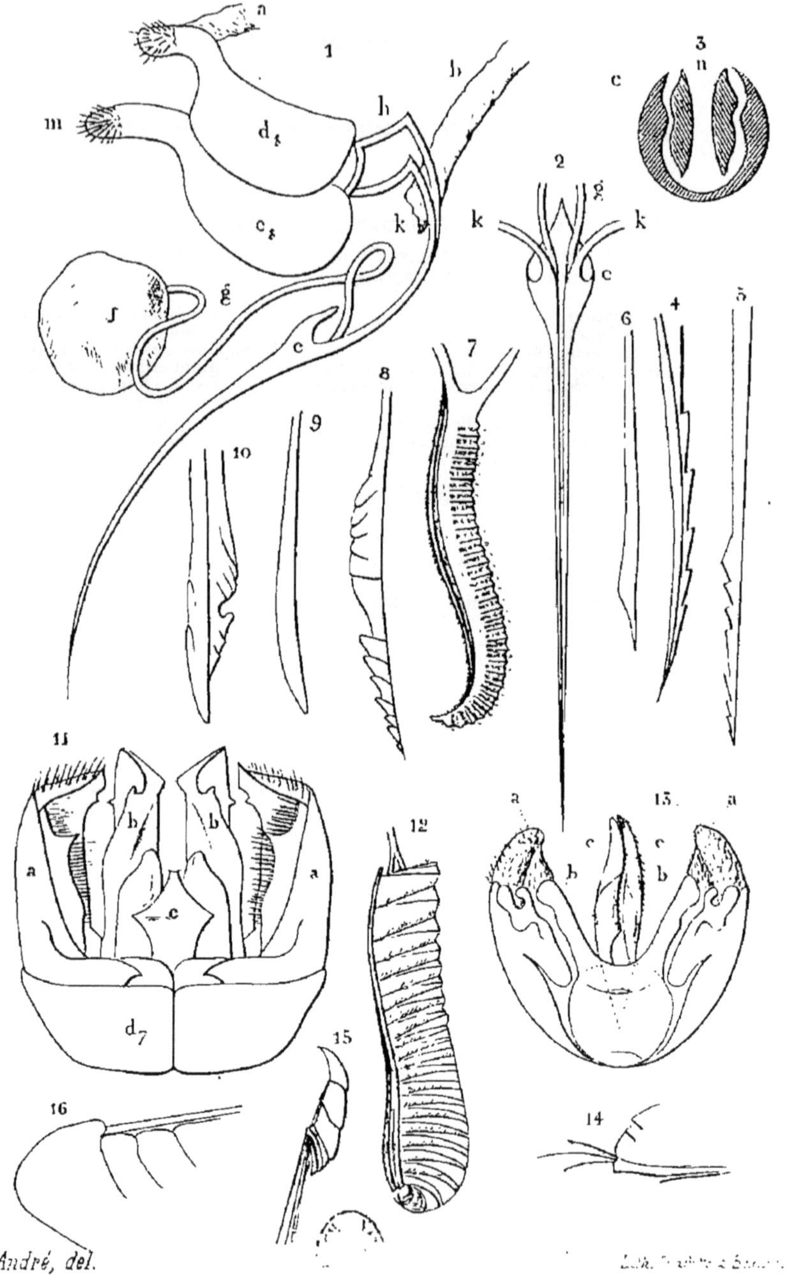

Ed. André, del.

ORGANES de la REPRODUCTION.

PLANCHE VII

Cimbicides

1 *Cimbex femorata* ♀.
  1a Antennes.
  1b Grandeur naturelle.

2 *Trichiosoma lucorum* ♂.
  2a Cuisse postérieure.
  2b Grandeur naturelle.

3 *Clavellaria amerinæ* ♀.
  3a Grandeur naturelle.

4 *Abia sericea.*
  4a Antenne.
  4b Grandeur naturelle.

5 *Amasis obscura.*
  5a Antenne.
  5b Grandeur naturelle.

6 Un segment de la larve du *Cimbex humeralis,* vu par dessous.

7 Coque de *Trichiosoma lucorum.*

8 Larve de *Cimbex femorata.*

PLANCHE VII

Cimbicides

1 *Cimbex femorata* ♀.
 1a Antennes.
 1*b* Grandeur naturelle.

2 *Trichiosoma lucorum* ♂.
 2a Cuisse postérieure.
 2*b* Grandeur naturelle.

3 *Clavellaria amerinæ* ♀.
 3*a* Grandeur naturelle.

4 *Abia sericea.*
 4*a* Antenne.
 4*b* Grandeur naturelle.

5 *Amasis obscura.*
 5a Antenne.
 5*b* Grandeur naturelle.

6 Un segment de la larve du *Cimbex humeralis,* vu par dessous.

7 Coque de *Trichiosoma lucorum.*

8 Larve de *Cimbex femorata.*

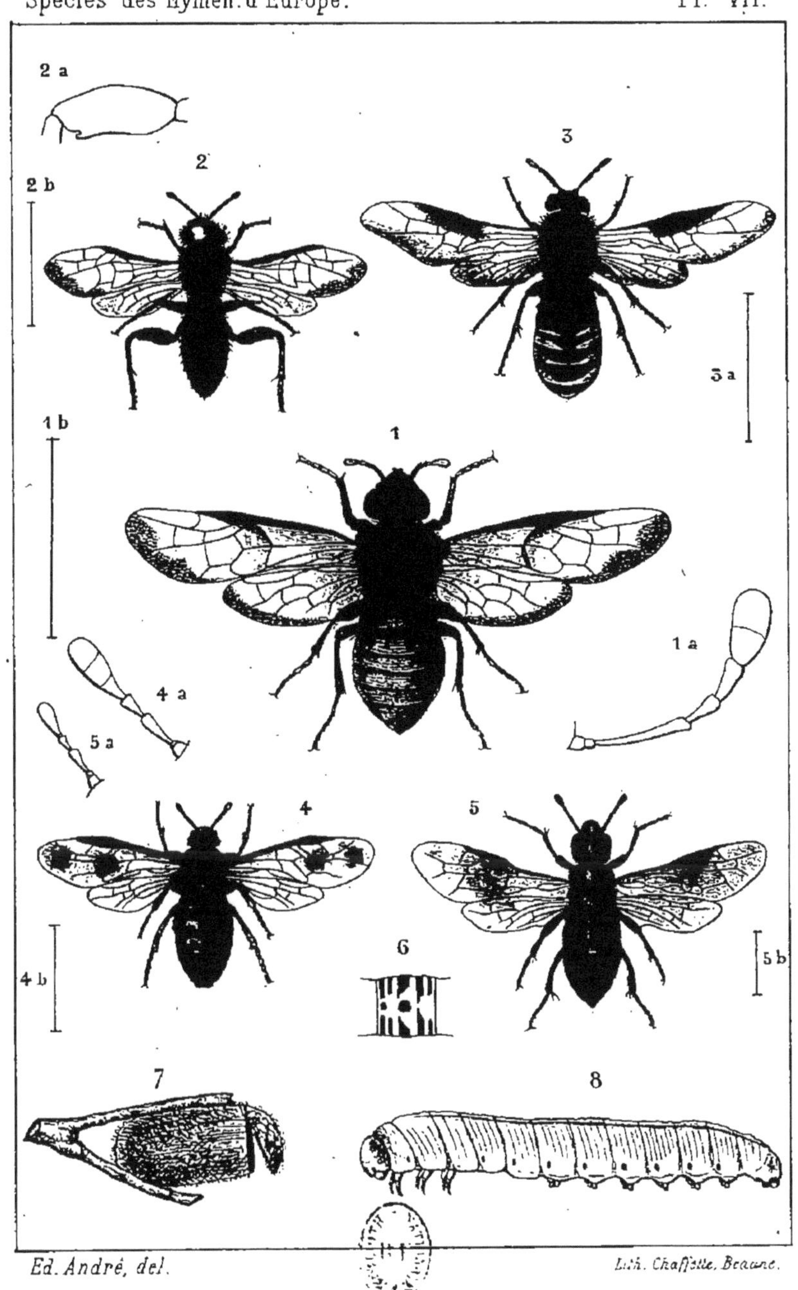

Ed. André, del. Lith. Chaffotte, Beaune.

CIMBICIDES.

PLANCHE VIII

Hylotomides

1 *Hylotoma cyanocrocea*, Foerster. ♂
  1a Sa grandeur naturelle.

2 *Hylotoma berberidis*, Schranck. ♀
  2a Sa grandeur naturelle.

3 *Schizocera furcata*, Vill. ♀
  3a Sa grandeur naturelle.

4 Tête de *Schizocera* ♂, vue par devant.

5 Coque de *Hylotoma rosæ*, Deg.
  5a Sa grandeur naturelle.

6 La même coupée longitudinalement, laissant voir la larve qui s'est contractée.

7 Branche d'églantier portant des larves d'*Hylotoma rosæ*.

8 Rameau d'églantier portant une ponte d'*Hylotoma rosæ* (très-grossi).

9 Œuf très-grossi d'*Hylotoma rosæ*.

10 Larve d'*Hylotoma cæruleipennis*, Retz.

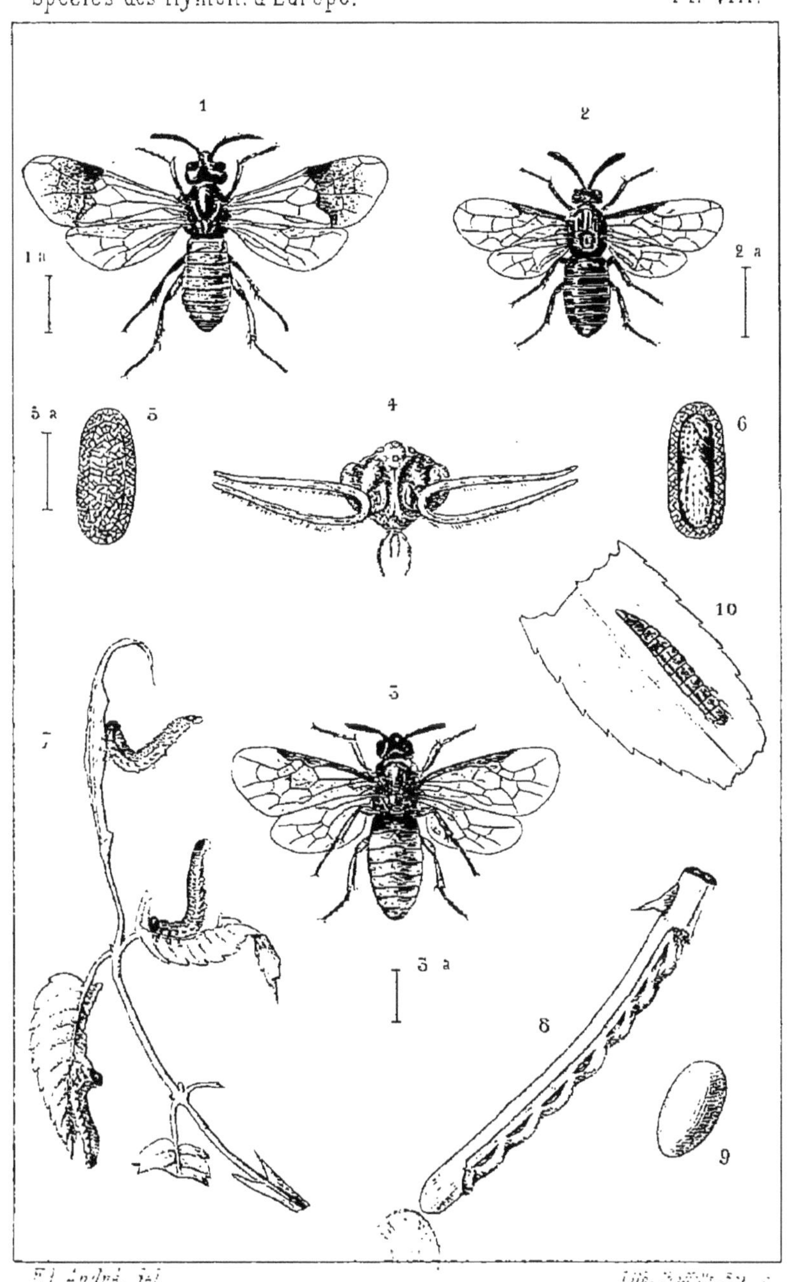

Ed André, del.

HYLOTOMIDES.

PLANCHE IX

Lophyrides

1 *Monoctenus juniperi* ♂.
1a Mesure de sa longueur.

2 *Lophyrus hercyniæ* ♀.
2a Mesure de sa longueur.

3 *Lophyrus pini* ♀.
3a Mesure de sa longueur.

4 Segment de la larve du *L. pini*, grossi.

5 Coque de *L. pini* percée par un parasite.

6 Coque de *L. pini* ayant donné issue à l'insecte.

7 Branche de pin portant des larves et des coques de *L. pini*.

8 Aiguille de pin dévorée par le *L. pini*.

9 Aiguille de pin portant une ponte de *L. pini*.
a Partie coupée laissant voir les œufs.

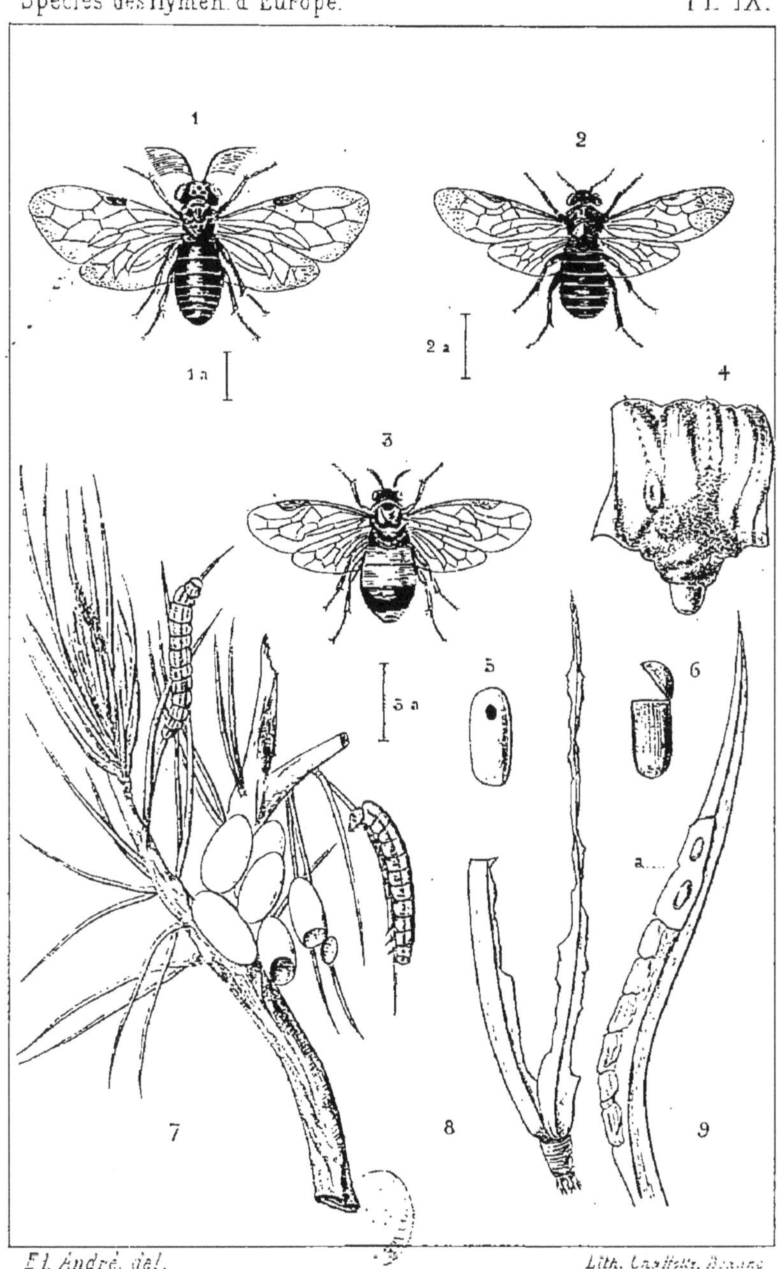

El. André, del. Lith. [illegible]

LOPHYRIDES.

PLANCHE X

Nematides

1 Larve de *Camponiscus luridiventris*, sur une feuille d'aulne.

2 Larves de *Nematus septentrionalis*, sur une feuille de bouleau.

3 Galles formées par la larve du *Nematus ischnocerus*, sur une feuille de *Salix purpurea*.

4 Larves de *Nematus capreæ*, sur un brin de gazon.

5 Larves de *Cladius pectinicornis*, sur des feuilles de rosier.

6 Larves de *Nematus ribesis*, sur une feuille de groseiller (*Ribes grossularia*).

7 Larve de *Nematus salicis*, sur une feuille de saule.

8 Galle formée par la larve du *Nematus viminalis*, sur une feuille de saule (*Salix helix*).

9 Larve de *Nematus myosotidis*, sur une feuille de trèfle.

10 Larves de *Nematus perspicillaris*, sur une feuille de *Salix alba*.

11 Larve de *Trichiocampus viminalis*, sur un rameau de tremble (*Populus tremula*).

12 Galles formées par la larve du *Nematus Valisnieri*, sur une feuille de *Salix alba*.

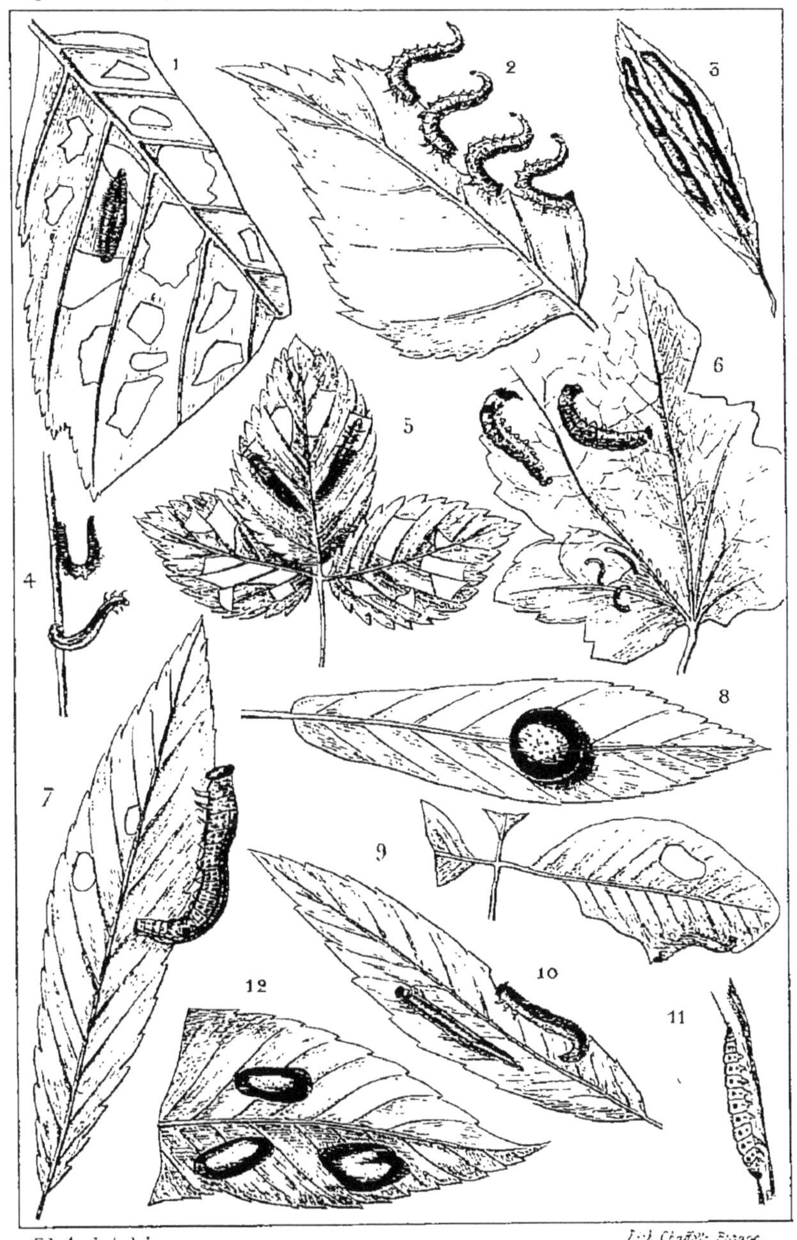

Ed André del. *Lith. Chaffotte Beaune.*

NEMATIDES

PLANCHE XI

Nematides

1 *Cladius pectinicornis* ♀, Fourc.
   1a Sa grandeur.

2 *Trichiocampus Drewseni* ♂, Thoms.
   2a Sa grandeur.

3 *Priophorus Brullæi* ♂, Dahlb.
   3a Sa grandeur.

4 Base de l'antenne d'un *Trichiocampus* ♂.

5 Eperons de *Cladius*.

6 Antenne de *Cladius pectiniformis* ♀, Fourc.

7 Mandibule de *Priophorus padi*, L.

8 Ongle de *Cladius pectinicornis*.

9 Tarse postérieur de *Cladius pectinicornis*, Fourc.

10 Larve de *Priophorus Brullæi*, sur une feuille de *rubus*. — D'après Brischke (6).

11 Tête de la larve du *Priophorus padi*. — D'après Hartig (61).

12 Patte — — — (61).

13 Languette et mâchoire de la larve du *P. padi*. — (61).

14 Mandibule de la larve du *P. padi*. — (61).

15 Troisième article de l'antenne d'un *Priophorus*.

16 Troisième article de l'antenne d'un *Trichiocampus*. ♀

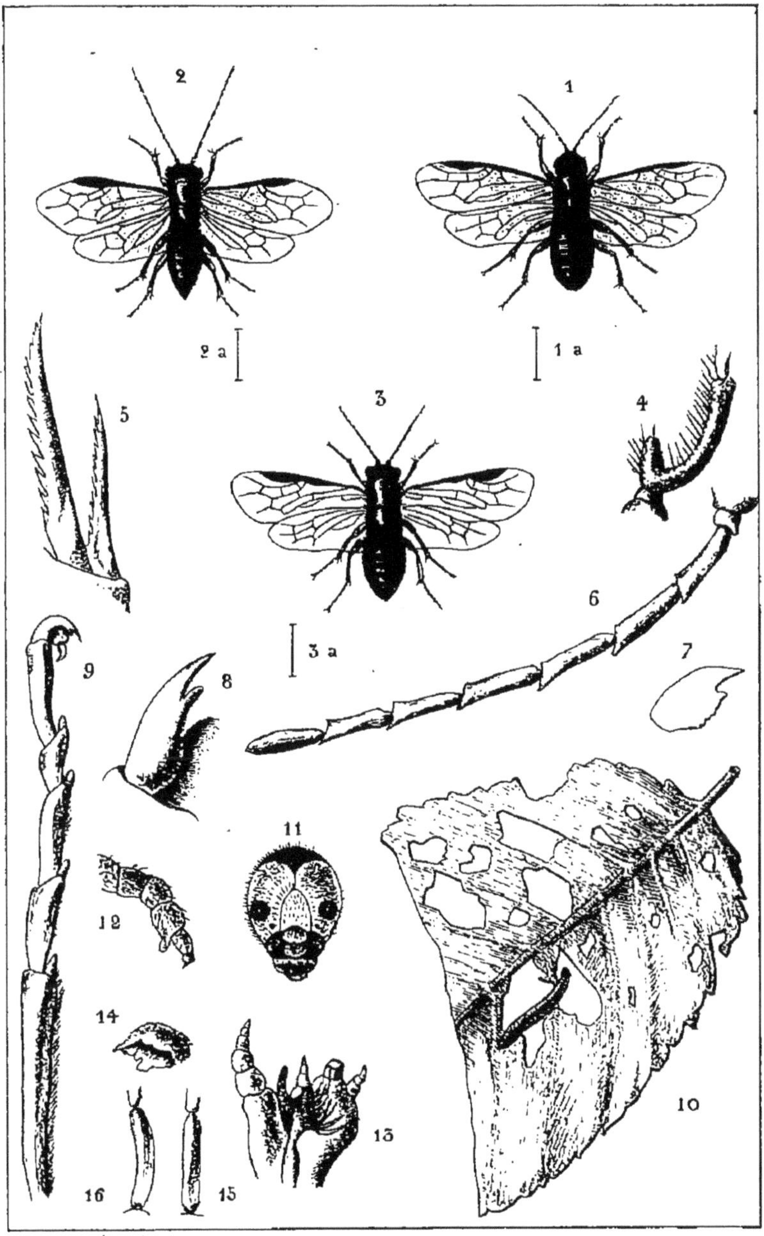

Ed. André, del. Lith. Chaffotte, Beaune.

NÉMATIDES

PLANCHE XII

Nematides

1 *Dineura verna*, Klug.
 1a Sa grandeur naturelle.

2 *Cryptocampus quadrum*, Costa.
 2a Sa grandeur naturelle.

3 *Hemichroa rufa*, Panzer.
 3a Sa grandeur naturelle.

4 Extrémité de l'abdomen d'un *Cryptocampus*, (d'après Hartig).

5 Scie de *Cryptocampus*, (d'après Hartig).

6 Fragment de cette scie, —

7 Larve de *Dineura testaccipes*, Klug, sur une feuille de *Pyrus aucuparia*.

8 Ailes de *Nematus*.
 A. Aile supérieure.
 B. Aile inférieure.

9 Larve de *Trichiocampus viminalis*, Fallén, sur une feuille de tremble.

10 Labre et mandibule de cette larve, (d'après Brischke).

11 Languette et machoire de cette larve, —

12 Lèvre de la même larve, —

13 Machoire de la même larve vue par dessus, —

14 — — — dessous, —

15 Mandibule — —

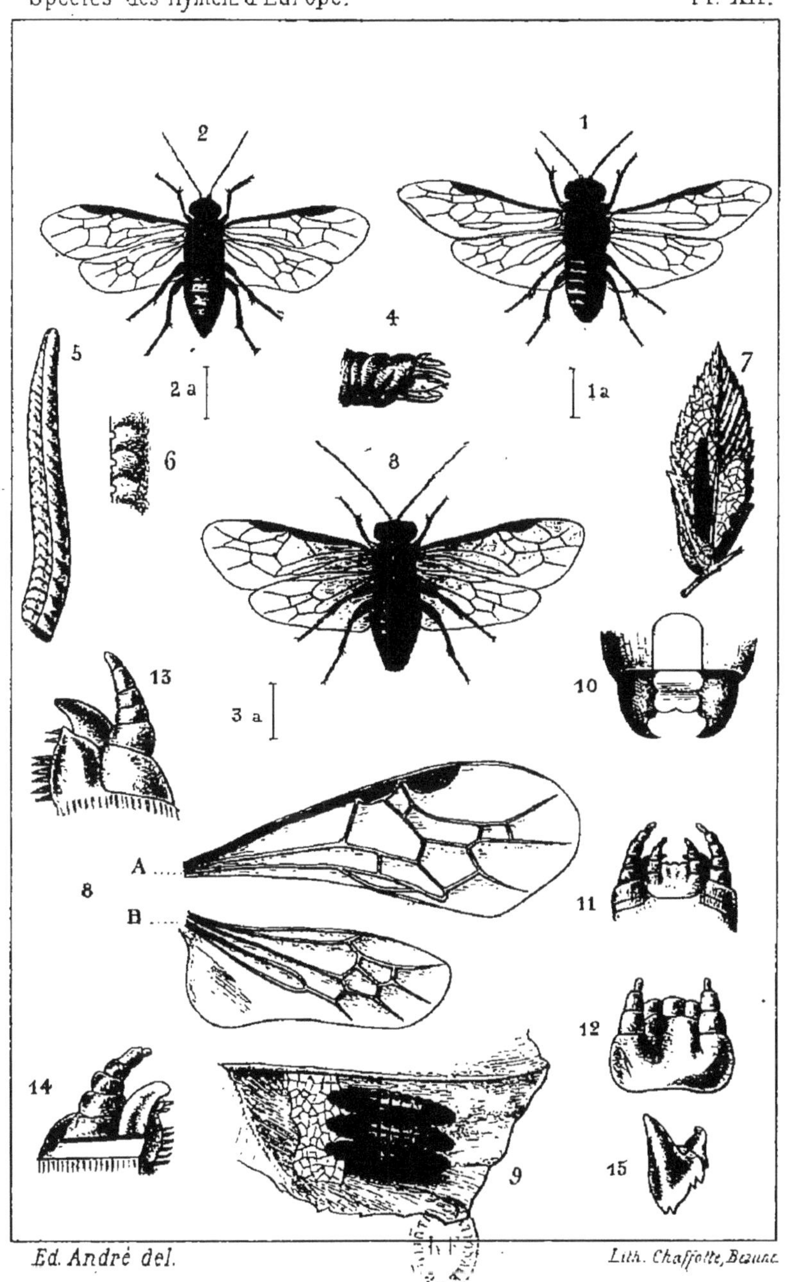

Ed. André del.

Lith. Chaffotte, Beaune.

NÉMATIDES

PLANCHE XIII

Nematides

1 *Camponiscus luridiventris*, Fallèn.
  1a Sa grandeur.

2 *Nematus varus*, de Villaret.
  2a Sa grandeur.

3 *Nematus miliaris*, Panzer, (très-grossi pour mieux faire voir les différentes parties).
  3a Sa grandeur.

4 Epistome sinué.

5 Epistome tronqué.

6 Ongle bifide.

7 Ongle muni d'une petite dent subapicale.

8 Larve de *Nematus latipes*, Villt, sur le bouleau. (d'après Vollenhoven).

9 — *miliaris*, Panzer, sur le saule. —

10 — *appendiculatus*, Htg, sur le groseiller. —

11 — *pavidus*, Lep. sur le saule. —

12 — *abbreviatus*, Htg. sur le pommier. —

13 — *aquilegiæ*, Sn.V. sur l'*Aquilegia vulgaris*.—

14 — *rumicis*, Fall. sur le *Rumex obtusifolius*. (d'après Zaddach).

15 — *Erichsoni*, Htg. sur le *Pinus larix*. (d'après Zaddach).

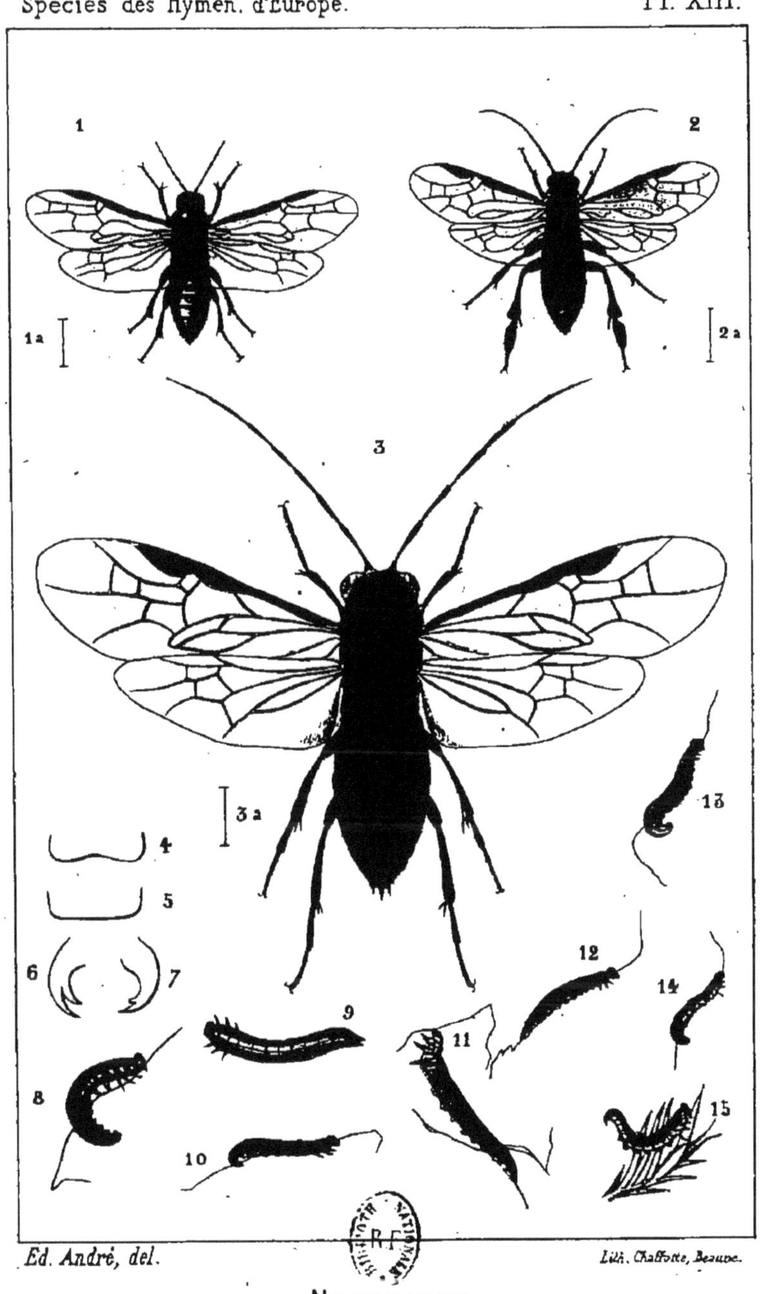

Ed. André, del. Lith. Chaffotte, Beaune.

NEMATIDES.

PLANCHE XIV

Phyllotomides

1 *Phyllotoma microcephala*, Klug. ♀
 1a Sa grandeur.

2 *Fenella nigrita*, Westwood. ♀
 2a Sa grandeur.

3 *Fenusa pumilio*, Hartig. ♀
 3a Sa grandeur-

4 Larve de *Phyllotoma vagans*, Fallén. (d'après Vollenhoven).
 4a Sa tête et son thorax vus par dessous. —
 4b Sa grandeur. —

5 Antenne de *Phyllotoma vagans*. —

6 Tarière, ou scie, de *Ph. vagans*. —

7 Ongle bifide à base élargie de *Phyllotoma*, (d'après Hartig).

8 Labre et mandibule de *Phyllotoma*. —

9 Eperons des tibias antérieurs de *Fenusa*. —

10 Antenne de *Fenusa pumila*, Klug. ♀ —

11 Ongle simple à base élargie de *Fenusa*. —

12 Labre et mandibule de *Fenusa pumila*. —

13 Lèvre de *Fenusa pumila*, Klug. —

14 Machoire de *Fenusa pumila*. —

15 Larve de *Fenusa pumila*, vue en dessous. (d'après Zaddach).
16 — vue en dessus. —

17 Portion de feuille d'aulne minée par la larve d'un *Phyllotoma vagans*.
 a endroit où elle s'est transformée, (d'après Vollenhoven).

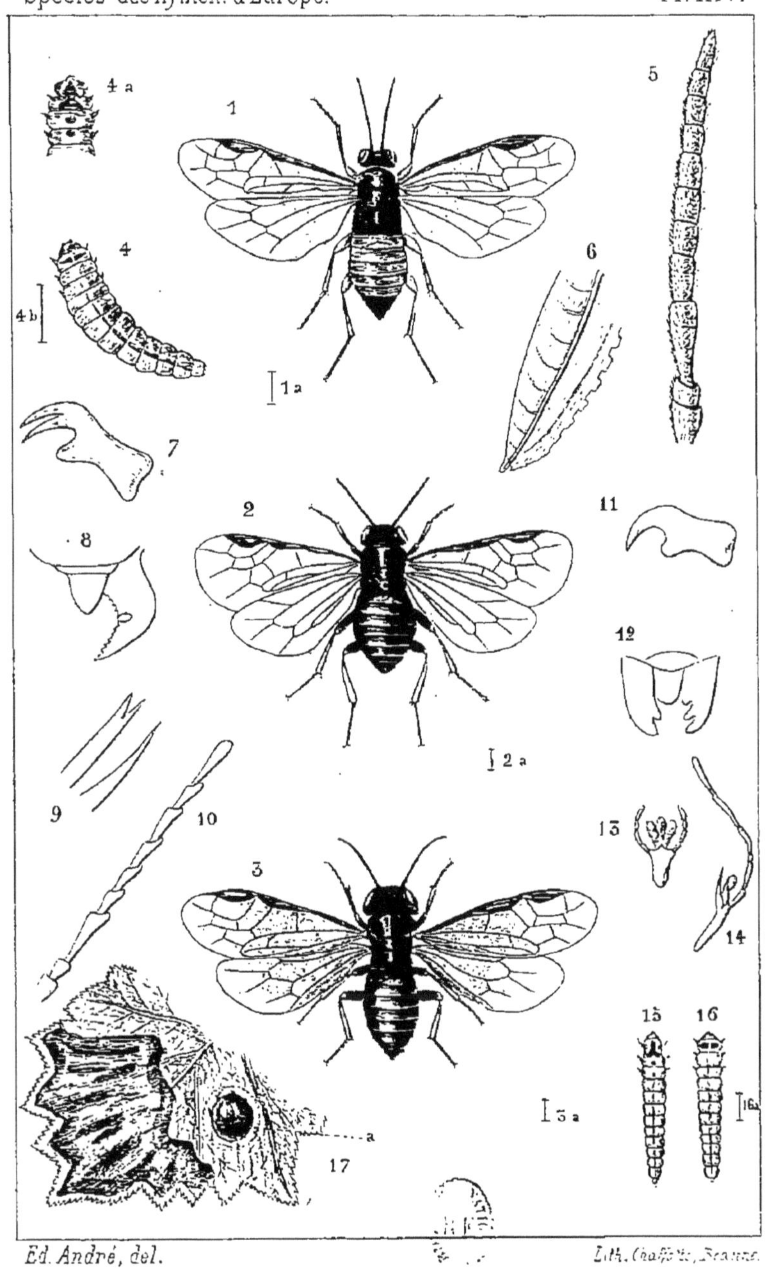

Ed. André, del.

Lith. Chaffotte, Beaune.

PHYLLOTOMIDES.

PLANCHE XV

Phyllotomides, Dolérides, Sélandriides.

1 *Cænoneura Dahlbomi*, Thomson.
   1a Sa grandeur naturelle.

2 *Kaliosysphinga Dohrnii*, Tischbein.
   2a Sa grandeur naturelle.

3 *Dolerus hæmatodes*, Schranck. ♀
   3a Sa grandeur naturelle.

4 Larve de *Dolerus hæmatodes*, Schranck, sur une tige de *juncus* (d'après Vollenhoven).

5 Nymphe du même (d'après Vollenhoven).

6 Larve d'*Hoplocampa fulvicornis*, Fabricius (d'après Vollenhoven).

7 Prune d'où est sortie la larve ci-dessus (d'après Vollenhoven).

8 La même prune coupée par la moitié. —

9 Larve de *Selandria Sixii*, Vollenhoven, sur une feuille de *Glyceria spectabilis* (d'après Vollenhoven).

10 Sa coque (d'après Vollenhoven).

11 Tête de cette larve (d'après Vollenhoven).

12 Un des anneaux de cette larve, grossi (d'après Vollenhoven).

13 Nymphe de la même. —

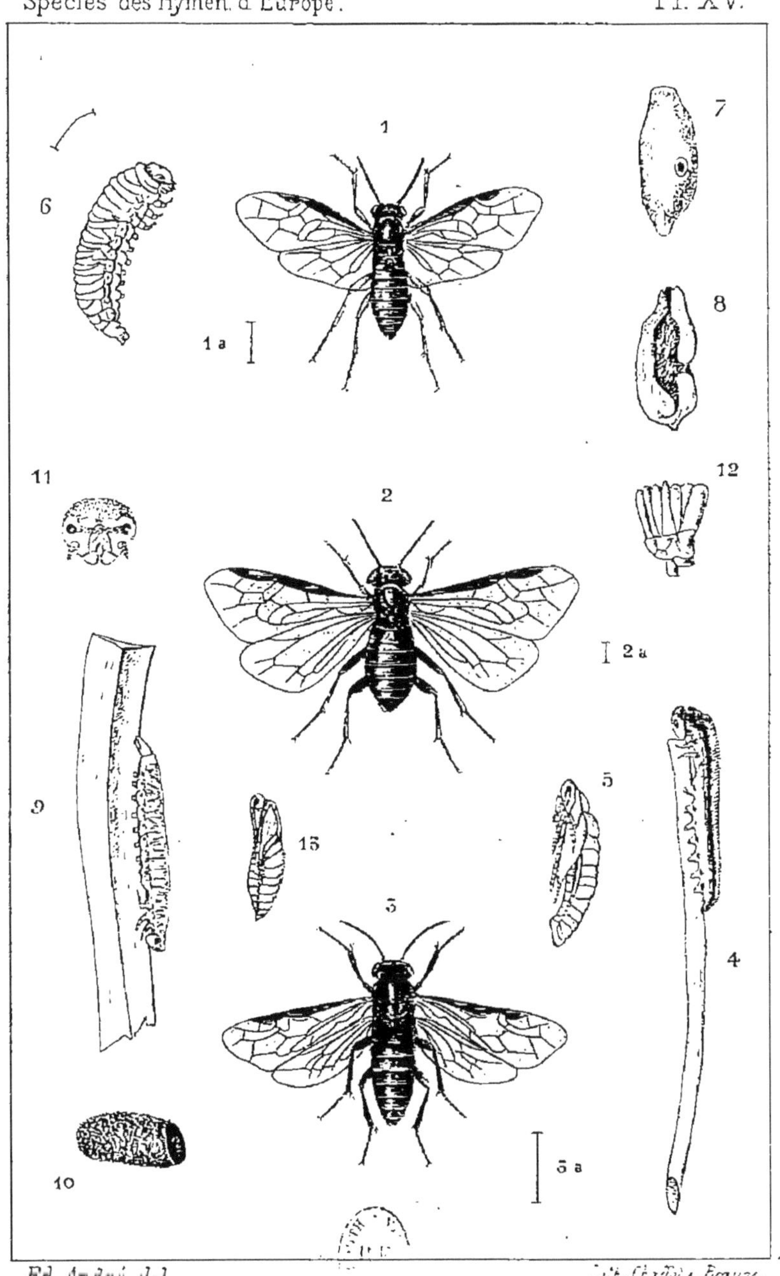

Ed. André, del.

Lith. Chaffotte, Beaune.

PHYLLOTOMIDES - DOLERIDES

PLANCHE XVI

Emphytides, Dolerides.

1 *Aneugmenus coronatus*, Klug.

1a Sa grandeur naturelle.

2 *Emphytus viennensis*, Schranck.

2a Sa grandeur naturelle.

3 *Dolerus pratensis*, Linné.

3a Sa grandeur naturelle.

4 Piéces supérieures de la bouche de l'*Emphytus cinctus* L. (d'après Hartig).

5 Ongle du même, (d'après Hartig).

6 Larve du même sur une feuille de rosier, grandeur naturelle (d'après Brischke).

6a Variations des taches de la tête de cette larve.

6*b* Un segment de la même larve (d'après Vollenhoven).

7 Larve d'*Emphytus viennensis*, Schk, sur une feuille de rosier, grandeur naturelle (d'après Brischke).

8 Nymphe d'*Emphytus cinctus*, L. logée dans une tige creuse de rosier, (d'après Vollenhoven).

9 Larve d'*Emphytus serotinus*, Klug. sur une feuille de chéne (d'après Vollenhoven).

10 La même larve grossie.

10a Sa grandeur naturelle.

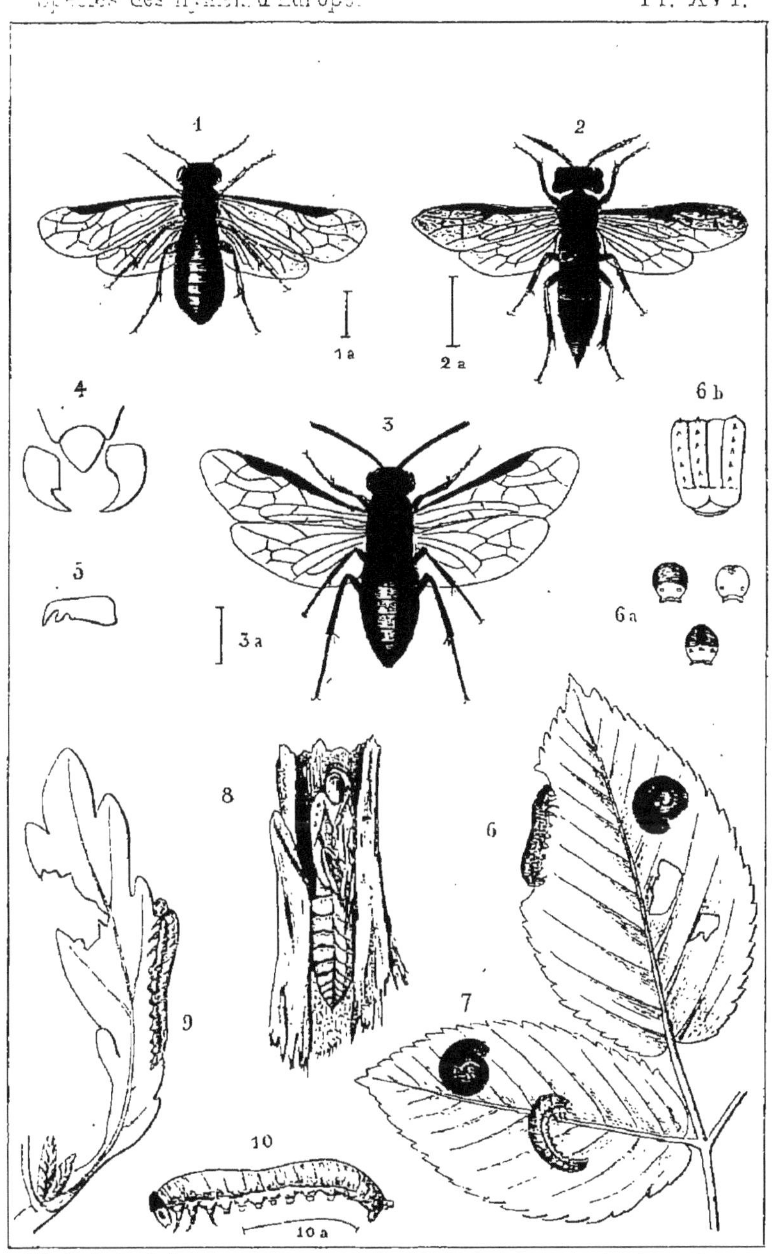

Ed. André, del.

DOLERIDES-EMPHYTIDES

PLANCHE XVII

Emphytides, Athalides, Selandriides.

1 *Harpiphorus lepidus*, Klug.
 1a Sa grandeur naturelle.

2 *Athalia spinarum*, Fabr.
 2a Sa grandeur naturelle.

3 *Selandria morio*, Fab.
 3a Sa grandeur naturelle.

4 Scie de l'*Athalia spinarum*, Fab. (d'après Vollenhoven).

5 Pièces de la bouche de la même (d'après Hartig).
 a Palpe maxillaire.
 b Machoire de gauche.
 c Palpe labial.
 d Lèvre.
 e Labre.
 f Mandibule.

6 Larve de l'*Athalia spinarum*, sur un fragment de feuille de chou (d'après Vollenhoven).

7 Portion de feuille de chou portant des œufs d'*Athalia spinarum* (d'après Vollenhoven).

8 Cocon d'*Athalia spinarum*, (d'après Vollenhoven).

9 Nymphe — — —
 9a Sa grandeur naturelle.

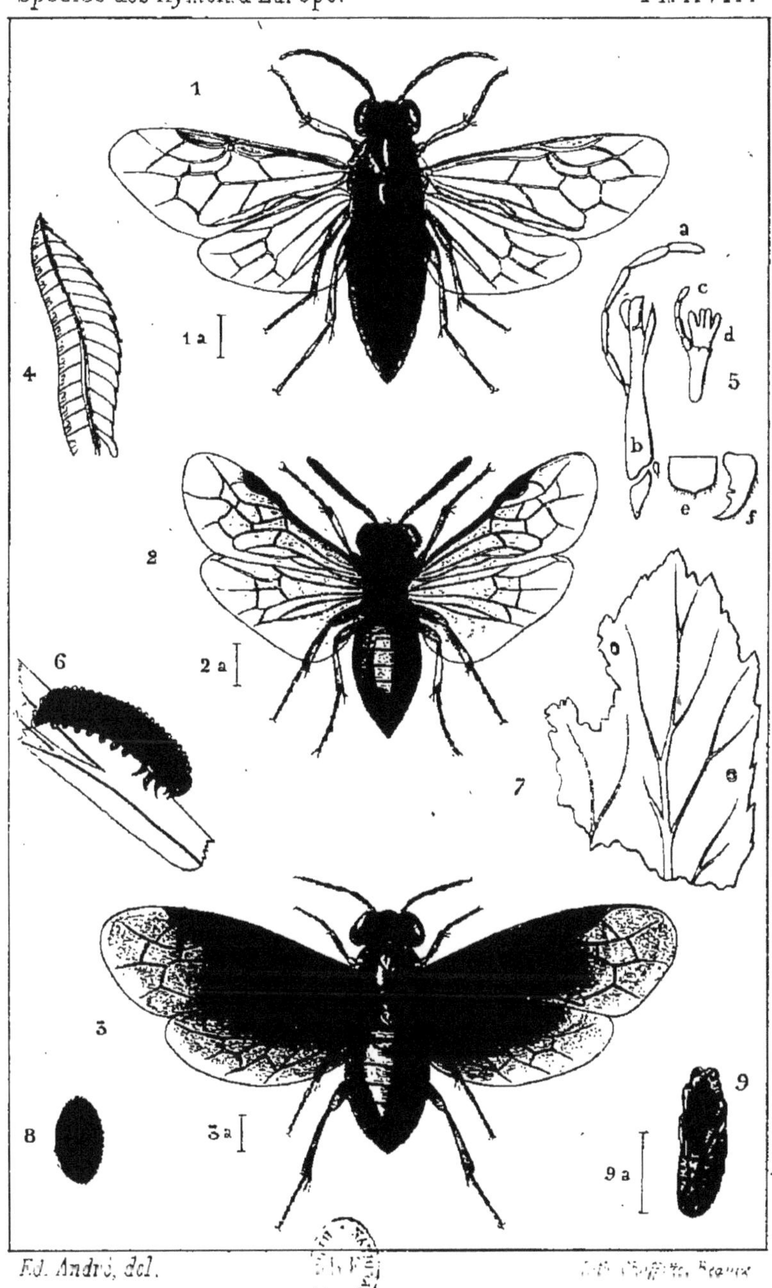

Ed. André, del.

EMPHYTIDES — ATHALIDES — SELANDRIIDES.

PLANCHE XVIII

Sélandriides.

1 *Hoplocampa ferruginea*, Panzer.

1a Sa grandeur naturelle.

2 *Blennocampa ephippium*, Panzer.

2a Sa grandeur naturelle.

3 *Eriocampa ovata*, Linné.

3a Sa grandeur naturelle.

3b Son antenne.

4 Larve d'*Eriocampa limacina*, Retzius (d'après Vollenhoven).

4a Sa grandeur naturelle.

4b Partie antérieure vue en dessous, grossie (d'après Vollenhoven).

4c Une des pattes de cette larve, très grossie. —

5 Portion de feuille de poirier rongée par la larve ci-dessus. —

6 La même larve après la dernière mue, grossie. —

7 Coque de cette larve. —

8 Larve de *Blennocampa melanocephala*, Fabricius. —

8a Sa grandeur naturelle

8b Un des segments de cette larve, très grossi. —

8c Epines qui couvrent le corps de cette larve, encore plus grossies. —

8d Patte écailleuse de cette larve. —

9 La même larve après la dernière mue. —

10 Larve d'*Eriocampa ovata*, dévorant une feuille d'aulne, de grandeur naturelle (d'après Vollenhoven).

11 Pièces de la bouche d'une larve épineuse de *Selandria* (d'après Hartig).

12 Coque d'*Eriocampa ovata* (d'après Vollenhoven).

13 Larve de *Blennocampa aterrima*, Klug, sur une feuille de *Convallaria polygonata* (d'après Vollenhoven).

13a Segments antérieurs de cette larve, très grossis (d'après Vollenhoven).

13b Un des tubercules épineux des trois premiers segments de cette larve, très grossi (d'après Vollenhoven).

14 Coque de *Blennocampa pubescens*, Zaddach (d'après Zaddach).

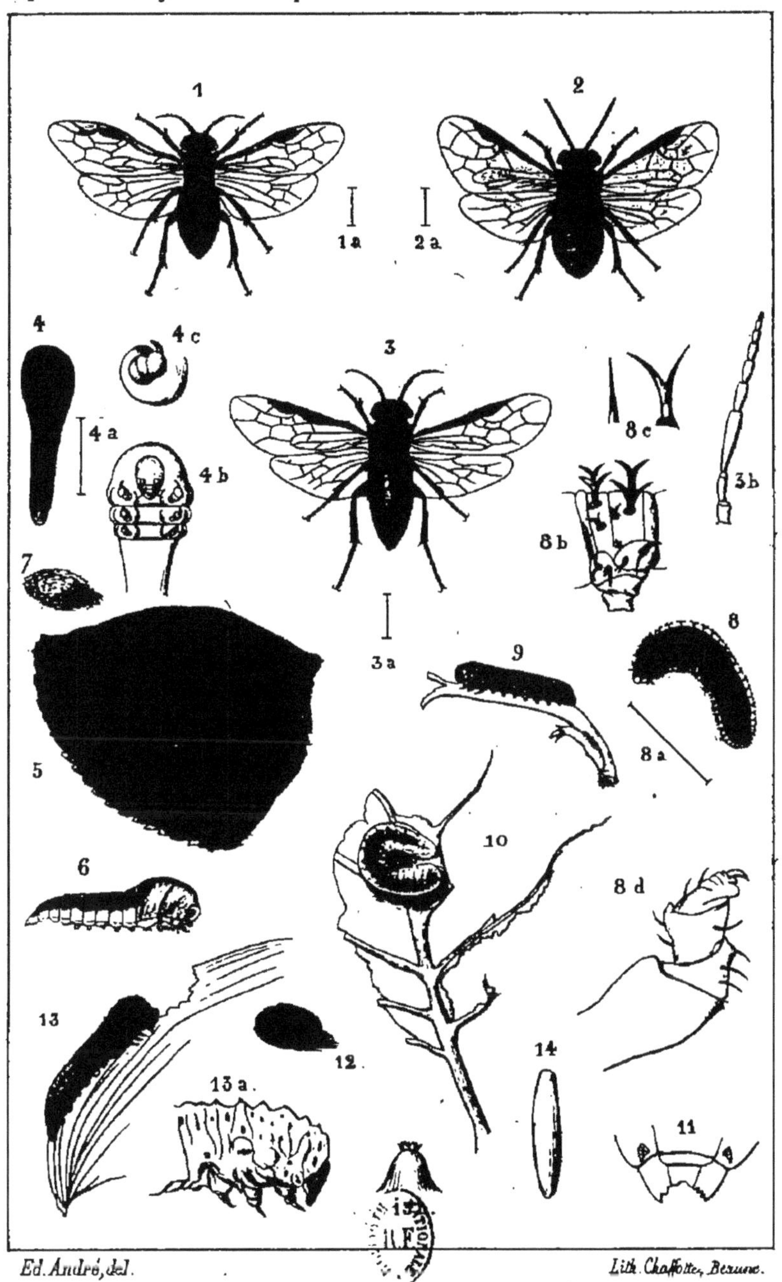

Ed. André, del. Lith. Chaffotte, Beaune.

SELANDRIIDES

PLANCHE XIX

Tenthrédinides

1 *Pachyprolasis antennata*, Klug.

1*a* Sa grandeur naturelle.

2 *Macrophya rustica*, Linné.

2*a* Sa grandeur naturelle.

3 *Sciapterix costalis*, Fabricius.

3*a* Sa grandeur naturelle.

4 Œuf de *Macrophya albicincta*, Schranck (d'après Vollenhoven).

5 Cocon de la même (d'après Vollenhoven).

6 Ongle de *Macrophya rustica* Linné.

7 Eperons antérieurs de la même.

8 Larve de *Macrophya albicincta*, Schranck (d'après Vollenhoven).

9 Une des pattes antérieures de la larve ci-dessus.

10 Feuille de sureau portant :

en *a* des ampoules contenant des œufs de *Macrophya albicincta*, Schranck.

en *b* les mêmes ampoules déchirées par la jeune larve et vides, (d'après Vollenhoven).

11 Ampoules (*b*) grossies, (d'après Vollenhoven).

12 Un des segments abdominaux de la larve de *Macrophya albicincta*, détaché et grossi, (d'après Vollenhoven).

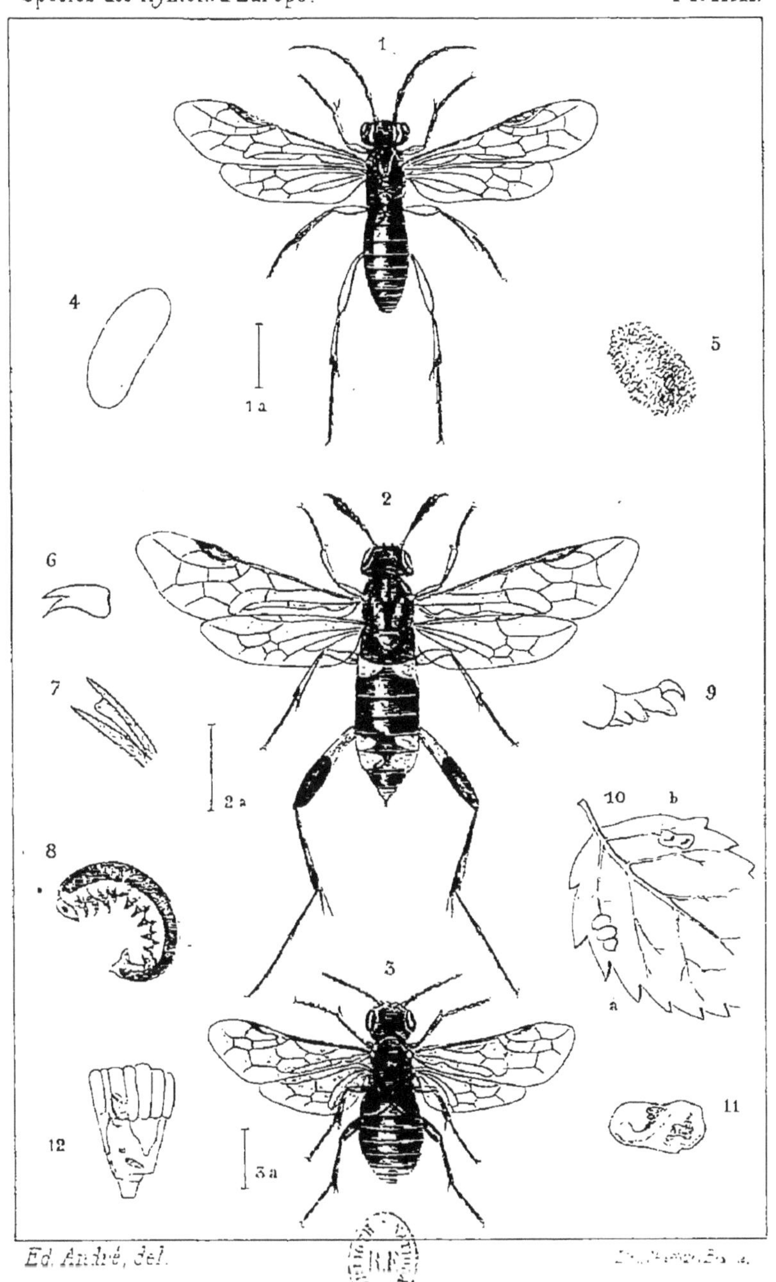

Ed. André, del.

TENTHRÉDINIDES

PLANCHE XX

Tenthrédinides.

1 *Allantus arcuatus*, Forster.
   1a Sa grandeur naturelle.

2 *Pœcilosoma excisum*, Thomson.
   2a Sa grandeur naturelle.

3 *Taxonus equiseti*, Fallèn.
   3a Sa grandeur naturelle.

4 Larve de *Pœcilosoma pulveratum*, Retzius, sur une feuille d'aulne (d'après Vollenhoven).

5 Larve d'*Allantus scrophulariæ* L. sur une feuille de *Scrophularia nodosa* (d'après Vollenhoven et Brischke).

6 Un anneau de la larve de *Pœcilosoma pulveratum* (d'après Vollenhoven).

7 Un anneau de la larve d'*Allantus scrophulariæ* (d'après Vollenhoven).

8 Cocon de *Pœcilosoma pulveratum*, Retzius. —

9 Larve d'*Allantus tricinctus*, Fabricius (d'après Degeer et Brischke).

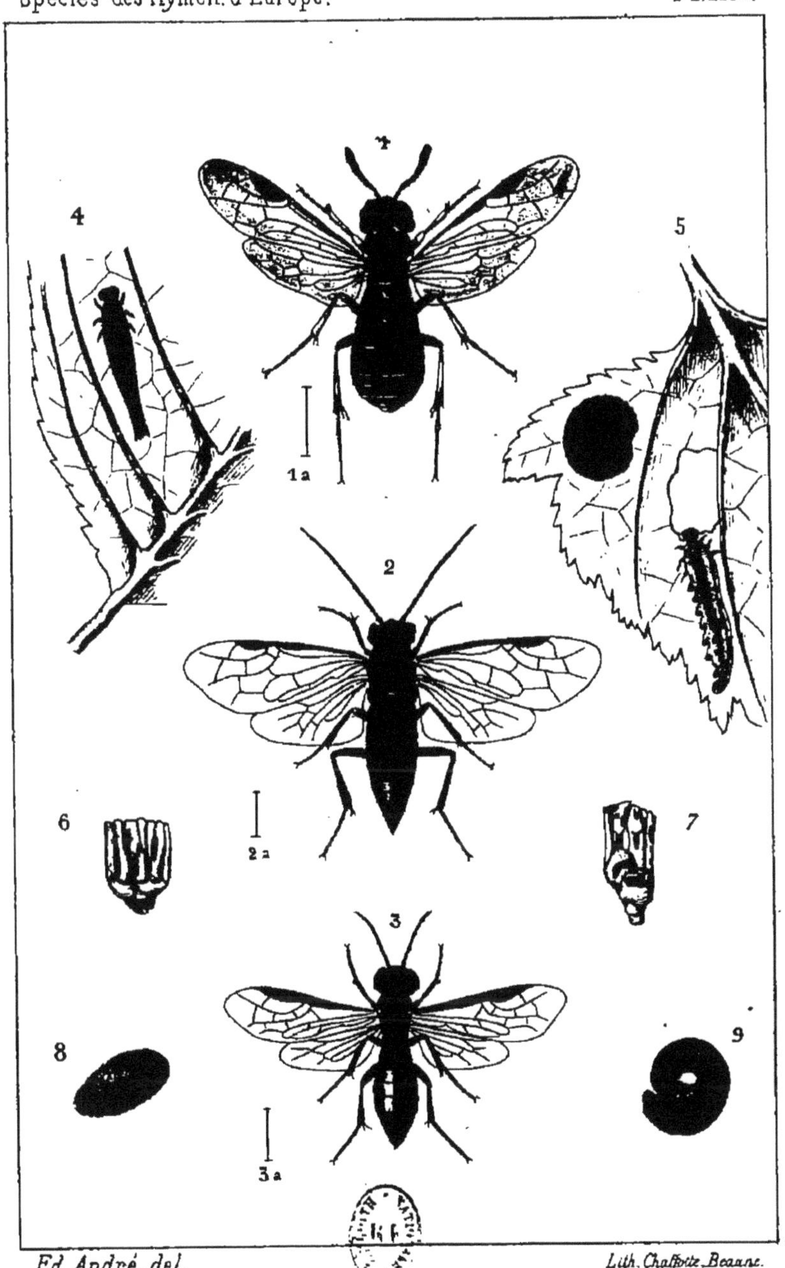

Ed. André, del.

Lith. Chaffotte, Beaune.

TENTHREDINIDES

PLANCHE XXI

Tenthrédinides

1 *Strongylogaster cingulatus*, Fabricius.
1a Sa grandeur naturelle.

2 *Tenthredo fulva*, Klug.
2a Sa grandeur naturelle.

3 *Perineura nassata*, Linné. ♀
3a Sa grandeur naturelle.

4 Eperons des tibias antérieurs de la *Perineura viridis*, L. (d'après Hartig).

5 Scie de *Perineura viridis*, L. (d'après Hartig).

6 Larve de *Strongylogaster cingulatus*. Fabr.

7 Mandibules de *Perineura viridis*, L. (d'après Hartig)

8 Mâchoire et lèvre de *Perineura viridis*, —

9 Aile inférieure de *Synairema rubi*, Panzer.

10 Mandibule de *Strongylogaster cingulatus*. Fabr.

11 Ongle bifide de *Perineura viridis*, L.

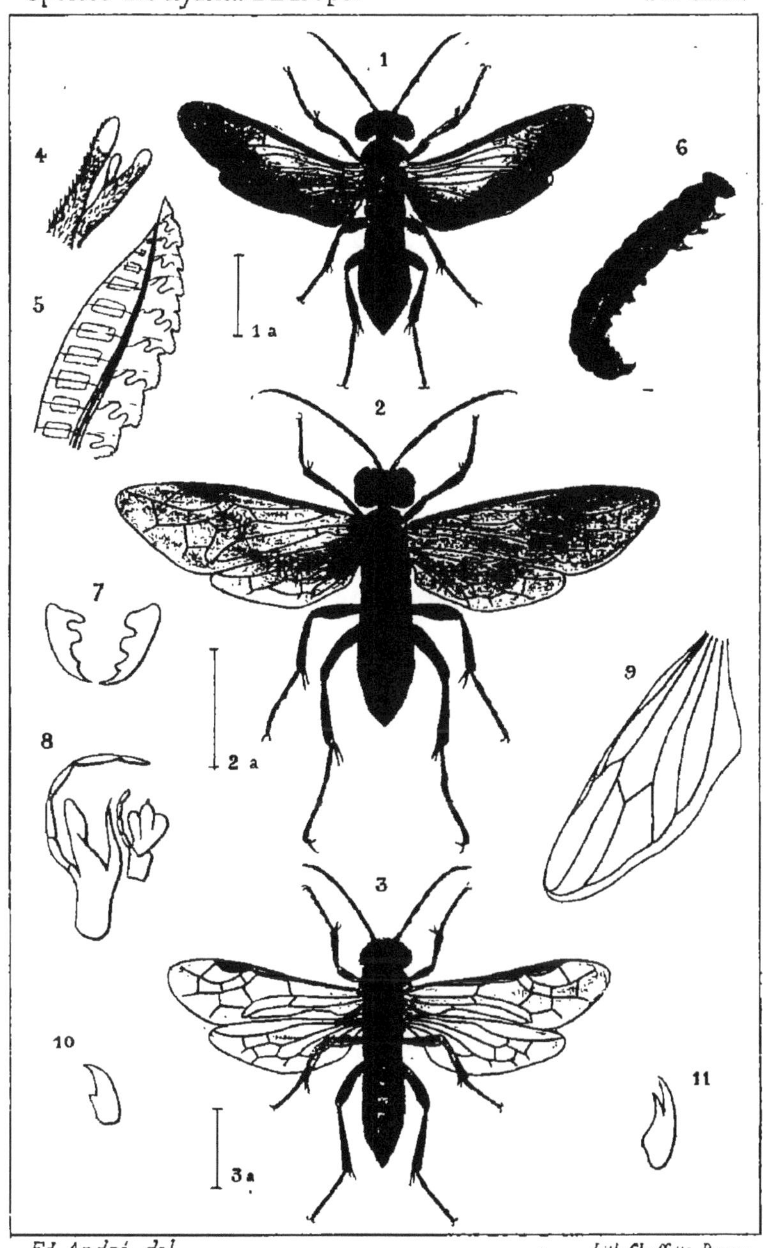

Ed. André, del. Lith. Chaffotte, Beaune

TENTHREDINIDES

PLANCHE XXII

Lydides, Pinicolides

1 *Lyda betulæ*, Hartig.
 1a Sa grandeur naturelle.

2 *Tarpa speciosa*, Mocsary.
 2a Sa grandeur naturelle.

3 *Pinicola coniferarum*, Klug. ♀
 3a Sa grandeur naturelle.

4 Antennes de *Blasticotoma filiceti*, Hartig.

5 Feuille d'aulne roulée par la larve de la *Lyda pratensis*, Fab. (d'après Brischke),

6 Feuille de rosier découpée et roulée en cornet par la larve de la *Lyda inanita*, Vill. (d'après Huber).

7 Nidification de la larve de la *Lyda hypotrophica*, Htg. (d'après Htg).

8 Larve de la *Lyda pratensis*, Fab. (d'après Brischke).

9 Larve de la *Lyda hypotrophica*, Htg. (d'après Hartig).
 9a Sa grandeur naturelle.

10 Patte anale de la larve ci-dessus.

11 Palpe maxillaire de *Pinicola Julii*, Latr. (d'après Hartig).

12 Palpe labial — — —

13 Ongle de *Pinicola* (d'après Hartig).

14 Eperons antérieurs de *Pinicola* (d'après Hartig).

15 Scie de *Pinicola Julii*, Latr. —

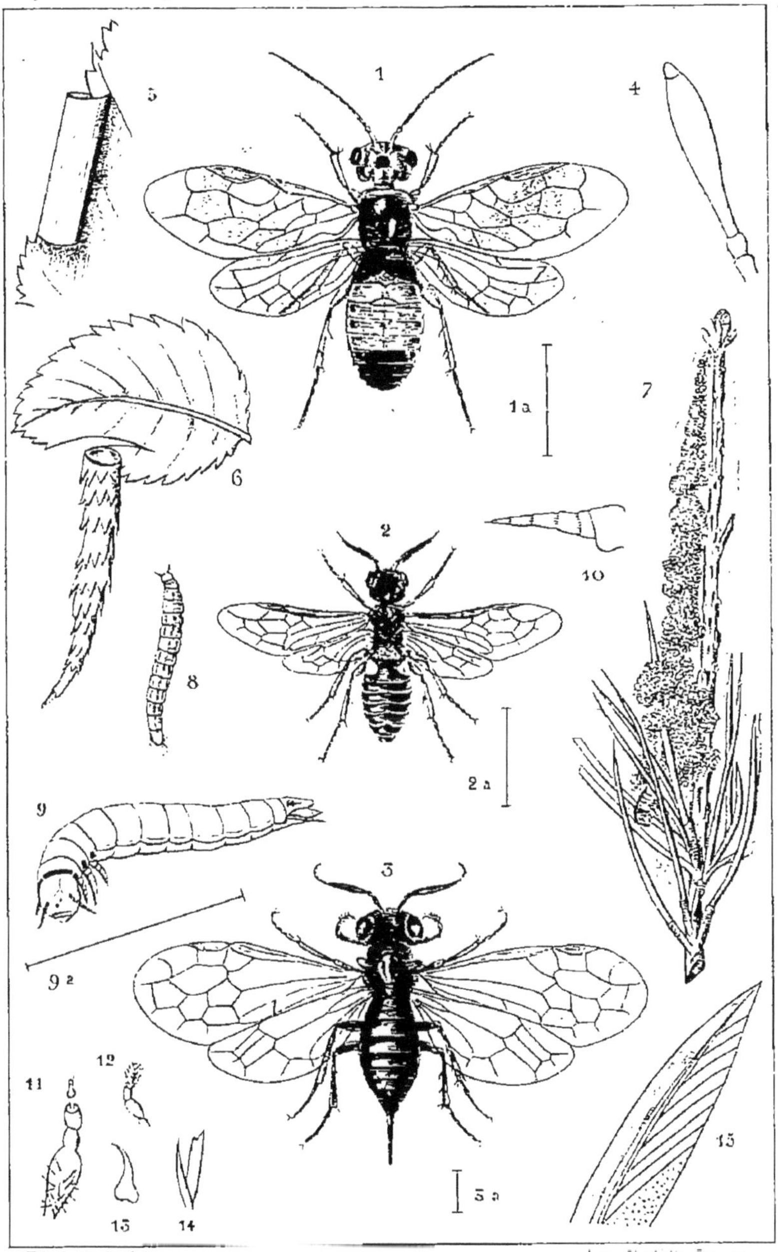

Ed. André, del. *Lith. Chapelle, Beaune.*

XYELIDES - LYDIDES.

PLANCHE XXIII

Céphides — Siricides

1 *Cephus pygmæus*, L. ♀
 1a Sa grandeur naturelle.

2 *Phyllœcus cynosbati*, L. ♀
 2a Sa grandeur naturelle.

3 *Oryssus abietinus*, Scop. ♂
 3a Sa grandeur naturelle.

4 Larve de *Cephus pygmæus*, L. (d'après Guérin-Méneville).
 4a Sa grandeur naturelle.

5 Mandibule de *Cephus pygmæus*, L. (d'après Hartig).

6 Mâchoires et lèvre de *C. pygmæus*, L. —
 a palpes maxillaires de 6 articles.
 b mâchoire bilobée.
 c lèvre trilobée.
 d palpe labial de 4 articles.

7 L'un des éperons antérieurs de *C. pygmæus*, L. (d'après Hartig).

8 Ongle de *C. pygmæus*, L. —

9 Larve de *Phyllœcus xanthostoma*, Evers. (d'après Schlechtendal),
 9a Sa grandeur naturelle.

10 Tête de la larve ci-dessus, (d'après Schlechtendal).
 a yeux.
 b antennes.
 c mandibules.
 d palpes maxillaires.
 e palpes labiaux.
 f menton.

11 Nymphe de *Phyllœcus xanthostoma*, Ev. (d'après Schlechtendal).

12 Antenne de *C. fulvicornis*, Luc. (d'après Lucas).

13 Coque de *Phyllœcus xanthostoma*, Ev.

14 Fragment de branche de *Spiræa ulmaria* contenant des coques de *P. xanthostoma*, Ev.

15 Mâchoires et levre d'*Oryssus abietinus*, Scop. (d'après Hartig).
 a palpe maxillaire.
 b mâchoire bilobée.
 c palpe labial.
 d levre.

16 Mandibules du même, (d'après Hartig).

17 Extremité de la tarière du même, (d'après Hartig).

18 Antenne du même, —

19 Extrémité de l'abdomen de la ♀ du même — vue en dessous.

20 Patte anterieure du même, —

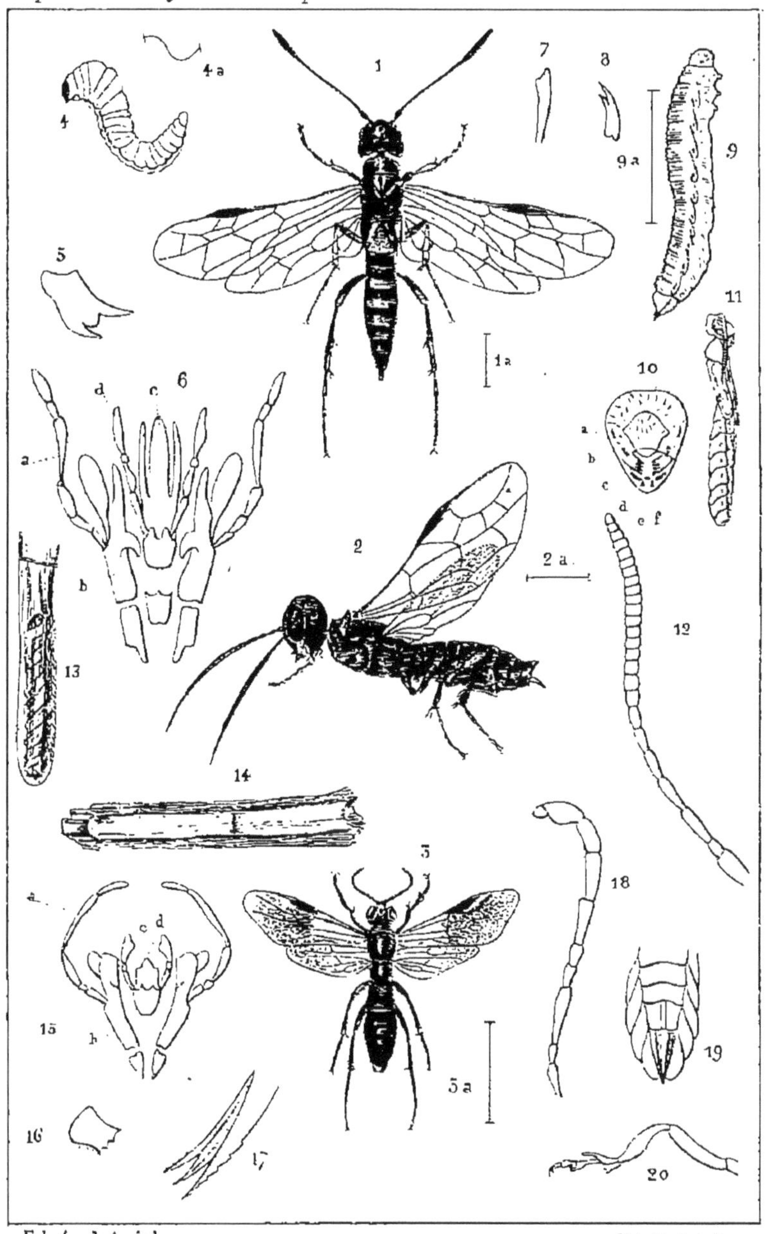

Ed. André, del. Lith. Chafotte, Beaune

CEPHIDES — SIRICIDES.

PLANCHE XXIV

Siricides

1 *Sirex juvencus*, Linné. ♀ (grandeur naturelle).

2 *Xiphydria camelus*, Linné. ♀
  2a Sa grandeur naturelle.

3 *Tremex fuscicornis*, Fabr. ♀ (grandeur naturelle).

4 *Sirex gigas*, Linné. ♂ (grandeur naturelle). Les ailes sont seulement amorcées.

5 Larve de *Sirex juvencus*, L. (profil), (grandeur naturelle — d'après Ratzeburg).

6 La même larve, vue de dos.

7 Extrémité anale de la larve ci-dessus.

8 Tronc d'un arbre habité par la larve du *Sirex juvencus* (réduit au quart), d'après Ratzeburg.

9 Mandibule de la larve du *Sirex juvencus*, L.

10 Coupe de la tarière du *Sirex gigas*, L. ♀, montrant l'emboîtement des deux stylets *a* dans la gaine ou gorgeret *b*, (d'après Lacaze-Duthiers).

11 Extrémité bifide de la gaine *b* ci-dessus,

12 Tarière du *Sirex gigas*, L. ♀
  a stylets.
  b gaine ou gorgeret.

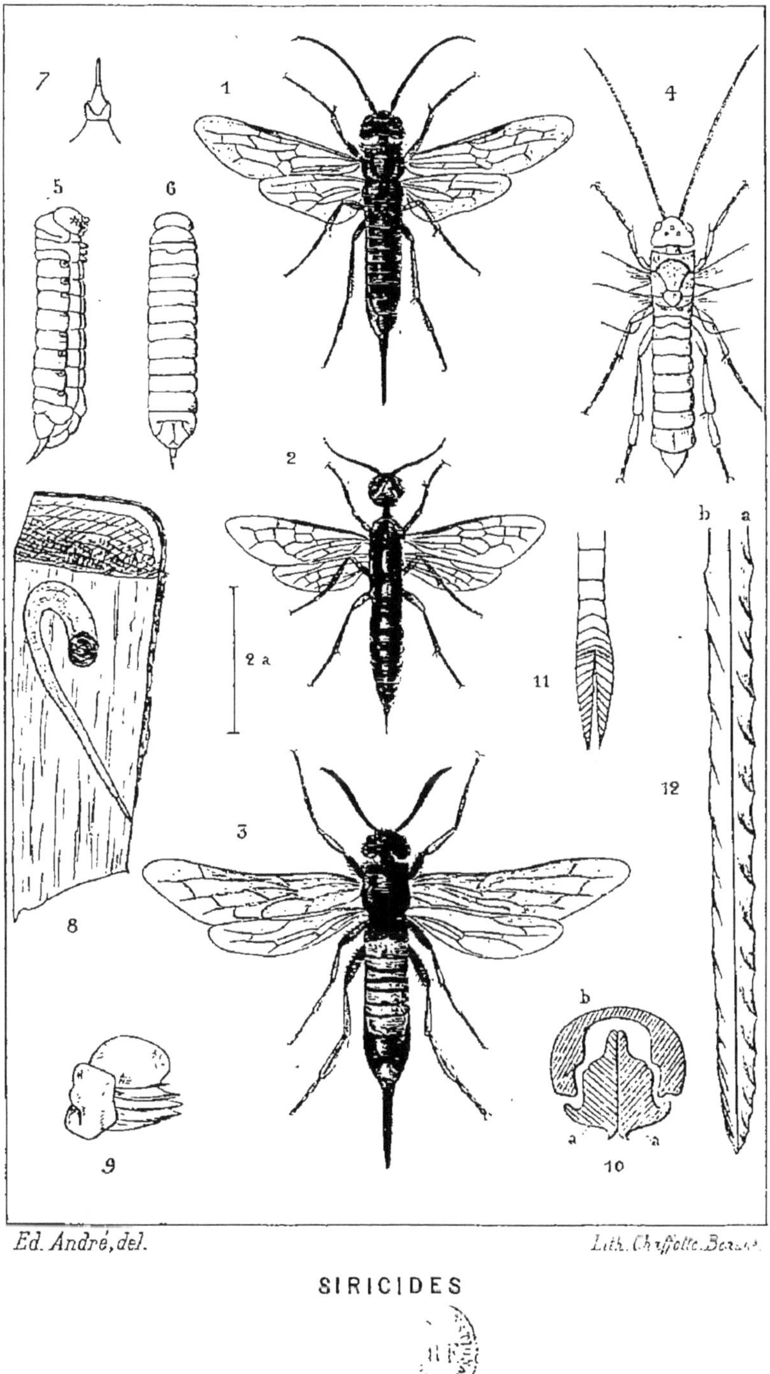

Ed. André, del. Lith. Chaffotte, Beaune.

SIRICIDES

www.ingramcontent.com/pod-product-compliance
Ingram Content Group UK Ltd.
Pitfield, Milton Keynes, MK11 3LW, UK
UKHW021835190726
13855UKWH00001B/4